José Galizia Tundisi
Takako Matsumura Tundisi

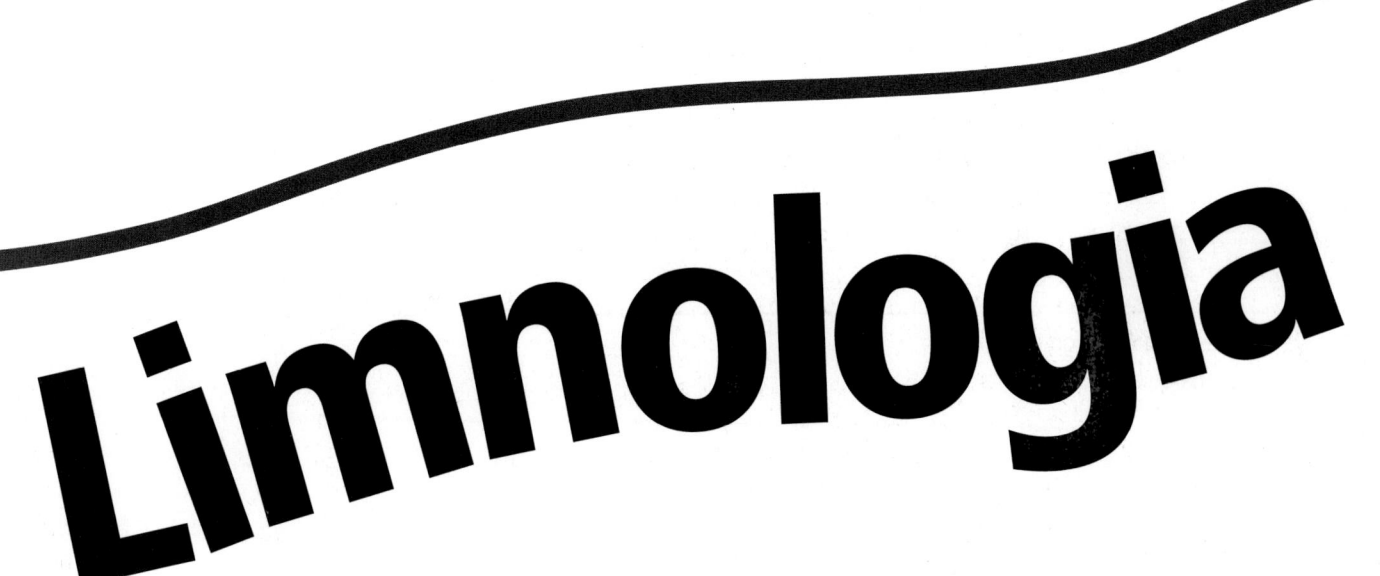

reimpressão revisada

© Copyright 2008 Oficina de Textos
1ª reimpressão revisada 2013

G̲e̲r̲ê̲n̲c̲i̲a̲ ̲e̲d̲i̲t̲o̲r̲i̲a̲l̲ Ana Paula Ribeiro
C̲a̲p̲a̲,̲ ̲D̲i̲a̲g̲r̲a̲m̲a̲ç̲ã̲o̲ ̲e̲ ̲p̲r̲o̲j̲e̲t̲o̲ ̲g̲r̲á̲f̲i̲c̲o̲ Malu Vallim
P̲r̲e̲p̲a̲r̲a̲ç̲ã̲o̲ ̲d̲e̲ ̲f̲i̲g̲u̲r̲a̲s̲ Eduardo Rossetto (resolvo ponto com)
P̲r̲e̲p̲a̲r̲a̲ç̲ã̲o̲ ̲d̲e̲ ̲t̲e̲x̲t̲o̲s̲ Gerson Silva
R̲e̲v̲i̲s̲ã̲o̲ ̲t̲é̲c̲n̲i̲c̲a̲ ̲d̲e̲ ̲f̲i̲g̲u̲r̲a̲s̲ Sueli Thomaziello
R̲e̲v̲i̲s̲ã̲o̲ ̲d̲e̲ ̲t̲e̲x̲t̲o̲s̲ Ana Paula Luccisano, Ana Paula Ribeiro,
    Diego M. Rodeguero e Thirza Bueno Rodrigues

Dados Internacionais de Catalogação na Publicação (CIP)
(Câmara Brasileira do Livro, SP, Brasil)

Tundisi, José Galizia
Limnologia / José Galizia Tundisi, Takako Matsumura
Tundisi. -- São Paulo : Oficina de Textos, 2008.

Bibliografia.
ISBN 978-85-86238-66-6

1. Limnologia I. Tundisi, Takako Matsumura.   II. Título.

07-10124   CDD-551.48

Índices para catálogo sistemático:
1. Limnologia : Ciência da terra   551.48

Todos os direitos reservados à Oficina de Textos
Trav. Dr. Luiz Ribeiro de Mendonça, 4
CEP 01420-040   São Paulo - SP - Brasil
tel. (11) 3085 7933   fax (11) 3083 0849
site: www.ofitexto.com.br   e-mail: ofitexto@ofitexto.com.br

Esta obra é dedicada a José Eduardo Matsumura Tundisi, que nos acompanhou em todas as fases deste trabalho. Ao José Eduardo, pela compreensão, pelo estímulo e compartilhamento em todos os momentos.

Os autores

Prefácio

Ao idealizar este livro, os autores desenvolveram uma estratégia que levou em conta as seguintes condições, perspectivas e necessidades teóricas e aplicadas: i) a evolução do conhecimento científico básico sobre ecossistemas aquáticos continentais e estuários, especialmente nos últimos 30 anos e, em particular, nos trópicos e subtrópicos; nesse contexto, procurou-se dar atenção ao desenvolvimento da Limnologia no Brasil, à sua integração com outras ciências e, principalmente, ao papel relevante que essa ciência pode ter no planejamento e na gestão dos recursos hídricos; ii) a ampliação consistente das fontes de informação em Limnologia e o papel relevante que essa informação científica tem na formação de recursos humanos, principalmente em nível de pós-graduação; iii) a intensificação dos serviços de consultoria e a diversificação e interdisciplinaridade necessárias à resolução dos grandes problemas de recursos hídricos no Brasil: construção de hidrelétricas, obras de saneamento básico, transposição de águas entre bacias, abastecimento público de água, avaliação de impactos ambientais nos recursos hídricos superficiais e subterrâneos. As referidas diversificação e interdisciplinaridade exigem abordagens que incluem diferentes conhecimentos científicos e aplicações – essa foi a proposta dos autores ao elaborar a presente obra. A aplicação da ciência não pode se distanciar de uma base teórica respeitável e consolidada; isso, por um lado, aumenta a consistência dessa aplicação prática e torna mais seguros os resultados; por outro, abre novas fronteiras para trabalhos básicos e informações; iv) a necessidade amplamente reconhecida de preservar, recuperar e utilizar racionalmente a biota aquática continental no neotrópico, altamente diversificada e fundamental para o desenvolvimento do País dentro do conceito de sustentabilidade.

O desenvolvimento das estratégias acima delineadas conferiu ao conteúdo deste livro a seguinte progressão: até o 11° capítulo, procura-se descrever, analisar e sintetizar o conhecimento científico acumulado sobre a história da Limnologia; a água como substrato; a origem dos lagos; a biota aquática e seus principais mecanismos de interações com fatores físicos e químicos; a diversidade e a distribuição geográfica. Ao descrever a dinâmica ecológica das comunidades aquáticas, a produção de matéria aquática e o fluxo de energia, os autores descrevem os resultados da pesquisa sobre os ecossistemas aquáticos continentais e seus mecanismos de funcionamento. Ciclos biogeoquímicos, que são o resultado de relevantes interações de organismos com ambientes físico e químico, completam essa síntese.

A seguir, os autores analisam e detalham os mecanismos de funcionamento dos principais sistemas aquáticos continentais, sua dinâmica, variabilidade e caracterização: lagos, represas, áreas alagadas, lagos salinos, estuários e lagoas costeiras. Estes últimos, como são sistemas intermediários de oceanos e sistemas continentais, têm importantes interfaces qualitativas e quantitativas, especialmente no Brasil, com seus 8.000 km de costa marítima e inúmeros estuários e lagoas costeiras.

Os dois capítulos sobre Limnologia Regional foram escritos com a perspectiva de oferecer uma visão conjunta dos principais ecossistemas aquáticos continentais de vários continentes e regiões, além de discutir as abordagens utilizadas nos diferentes estudos e pesquisas. Por outro lado, apresentam-se importantes exemplos das interações de áreas de pesquisa e aplicações em Limnologia, Ecologia e Ciências Ambientais em diferentes contextos continentais e regionais resultantes de processos geomorfológicos, usos das bacias hidrográficas pelo homem e usos múltiplos dos recursos hídricos.

Finalmente, nos últimos capítulos, os autores tratam dos impactos provocados nos recursos hídricos pelas atividades humanas e da consequente necessidade de recuperação das bacias hidrográficas, dos ecossistemas continentais e dos estuários. Neles aborda-se como o conhecimento científico acumulado tem sido utilizado na resolução de problemas práticos para a conservação e recuperação dos ecossistemas aquáticos continentais. A recuperação de lagos, rios, represas e estuários é uma necessidade urgente no Brasil, com potencial para a aplicação de inovações e a implantação de novas tecnologias e mecanismos eficientes de gestão. Abordagens, metodologias de estudo e propostas para novos estudos e pesquisas são apresentadas no capítulo final.

Vale ressaltar que este livro é parte integrante – e importante – do esforço e do trabalho que o Instituto Internacional de Ecologia (São Carlos/SP) vem dedicando à síntese e consolidação da literatura especializada nas áreas de Limnologia, Recursos Hídricos, Ecologia e Gerenciamento Ambiental.

Os autores propõem que a presente obra seja utilizada em cursos de graduação em Biologia, Ecologia, Ciências e Engenharia Ambiental; em cursos de pós-graduação em Ecologia, Biologia Aquática e Engenharia Ambiental; por consultores que necessitem de bases científicas e aplicações para seu trabalho profissional; e por todos aqueles que têm interesse em sistemas aquáticos continentais e suas inúmeras inter-relações e conexões científicas, tecnológicas e econômicas.

São Carlos/SP, março de 2008.

Os Autores

Agradecimentos

Ao CNPq, à Capes, à Finep e à Fapesp, pelo apoio a inúmeros projetos de pesquisa limnológica, pela participação em reuniões científicas e publicações e pelo apoio permanente aos nossos bolsistas de mestrado e doutorado. À Fapesp, pelo auxílio a três projetos temáticos: Tipologia de Represas, Comparação de Barra Bonita e Jurumirim e Biota/Fapesp.

Agradecimentos também à Organização dos Estados Americanos, à National Science Foundation, ao Ministério da Educação, Ciência e Cultura do Japão, ao Instituto Estadual de Florestas (MG), à Eletronorte, Eletrobrás e Elektro, pelo apoio a projetos de pesquisa limnológica em represas do Brasil, e à Cesp (SP), pelo incentivo em pesquisas nos lagos do Parque Florestal do Rio Doce e lagos amazônicos. À Furnas, que apoiou, recentemente, um projeto de pesquisa de grande envergadura (O Balanço de Carbono nos Reservatórios de Furnas Centrais Elétricas). O apoio do PNUMA (Programa das Nações Unidas para o Meio Ambiente); da Investco; da Universidade de São Paulo e da Universidade Federal de São Carlos também é reconhecido pelos autores.

À Fundação Conrado Wessel, pela concessão do Prêmio Ciência Aplicada à Água (2005), a José Galizia Tundisi, que foi um importante estímulo para a continuidade deste trabalho. À Academia Brasileira de Ciências e à Universidade das Nações Unidas.

Agradecimentos especiais ao dr. José Eduardo Matsumura Tundisi, pelo constante apoio e incentivo ao nosso trabalho; aos profs. drs. Aristides Pacheco Leão e José Israel Vargas, pelo apoio decisivo aos estudos dos lagos do Parque Florestal do Rio Doce; ao prof. dr. Paulo Emílio Vanzolini, pelo apoio e estímulo ao nosso trabalho de pesquisa limnológica; aos ex-reitores da Universidade Federal de São Carlos e aos profs. Luiz Edmundo Magalhães e Heitor Gurgulino de Souza, pelo apoio à pesquisa limnológica e sua consolidação na UFSCar; às profas. dras. Odete Rocha, pela revisão de partes da obra e pela cessão de bibliografia, e Vera Huszar, pela revisão de algumas figuras; ao prof. dr. Naércio Aquino Menezes, pela revisão e cessão da tabela sobre as ordens de peixes de águas continentais. Agradecemos também aos drs. Milan Straškraba; Colin Reynolds; Ramón Margalef; Henry Dumont; Clóvis Teixeira; Yatsuka Saijo; Francisco A. Barbosa; Ernesto González; Guilhermo Chalar; Marcos Gomes Nogueira; Adriana Jorcin; Arnola Rietzler; Raoul Henry; Evaldo Espíndola; Sven Jorgensen; Joan Armengol, Abílio Lopes de Oliveira Neto, pela oportunidade de troca de informações, publicações e compartilhamento de trabalhos que resultaram na publicação desta obra, e aos profs. drs. Sidnei Thomaz Magela e Luiz Maurício Bini, pela autorização para publicação de figuras do volume "Macrófitas Aquáticas" (Eduem). Agradecemos aos fotógrafos Mario Pinedo Panduro e Luiz Marigo e ao New York Botanical Gardens, pela cessão de algumas fotos.

Agradecimentos aos pesquisadores do Instituto Internacional de Ecologia que colaboraram com fotografias, revisões de partes da obra, sugestões e críticas; aos drs. Donato Seiji Abe e Corina Sidagis Galli; a Daniela Cambeses Pareschi; Anna Paula Luzia; Guilherme Ruas Medeiros;

Thaís Helena Prado; Fernando de Paula Blanco; Nestor Freitas Manzini; Paulo Henrique Von Haelin; Eduardo Henrique Frollini; José Augusto Fragale Baio; Juan Carlos Torres Fernández; Heliana Rosely Neves Oliveira; e Rogério Flávio Pessa. Às secretárias Miriam Aparecida Meira; Denise
Helena Araújo; Luciana Zanon; Natalia Andricioli Periotto; Suelen Botelho; e ao secretário José Jesuel da Silva, que digitaram, corrigiram e formataram as primeiras versões da obra. Ao sr. João Gomes da Silva, pelo apoio contínuo ao trabalho de campo (40 anos), e a Marta Vanucci.

Por fim, mas não por último, os nossos agradecimentos à incansável, profissional e competente equipe da Oficina de Textos: à nossa editora Shoshana Signer, pelo apoio decisivo e decidido; à gerente editorial Ana Paula Ribeiro; à diretora de arte Malu Vallim; e ao preparador de textos Gerson Silva.

Apresentação

Los autores me solicitan que haga una presentación de su libro. Un honor que acepto con gusto porque me permite expresar la admiración que les tengo, y que está basada en el conocimiento de su trabajo realizado a lo largo de una vida de estudio de las aguas continentales, así como de una profunda amistad fruto de múltiples colaboraciones.

José G. Tundisi y Takako Matsumura Tundisi escriben este libro después de muchos años de ejercer la docencia de la Limnología y por este motivo el libro sigue un esquema típico de los cursos de esta especialidad. Pero, además, este libro es el resultado de muchos años de investigación en el campo y en el laboratorio, de investigación de base y aplicada, de exploración en ecosistemas acuáticos repartidos por todo el Brasil, y de búsqueda de soluciones para reducir el impacto del hombre, de establecer criterios de gestión de los recursos acuáticos y de restauración de sistemas alterados o contaminados. En síntesis, un libro poliédrico por la versatilidad de conceptos y de sistemas estudiados.

Quiero destacar que el libro tiene un claro componente geográfico, Brasil, y por ende con énfasis en la Limnología tropical y subtropical.

La estructura del libro sigue un enfoque moderno, con una primera parte de 10 capítulos dedicada a procesos, lo que podríamos llamar Limnología física, química y biológica. La segunda parte del libro, capítulos 11 a 17, corresponde a la Limnología de sistemas. Finalmente, el libro acaba con tres capítulos dedicados a Limnología aplicada.

Con independencia de esta estructura del libro, hay que destacar algunos aspectos de su contenido que me parecen especialmente novedosos. Siguiendo el orden de aparición me parece muy adecuado el tratamiento que se da a la hidrodinámica, con una presentación ágil pero a la vez rigurosa de los procesos físicos que rigen el movimiento de masas de agua. Se nota la experiencia de los autores en el estudio de embalses en los que la estratificación hidráulica y el efecto meteorológico tienen una especial relevancia para estudiar los procesos químicos y biológicos que tienen lugar en ellos. Otro aspecto a destacar es la fuerte componente naturalista, como es lógico esperar por la formación de los autores. Los embalses son tratados de forma intensiva como corresponde a unos investigadores que han dedicado buena parte de su investigación a estos ecosistemas. Se agradece mucho que el libro tenga una parte dedicada a estuarios y lagunas costeras, no solo por su importancia y entidad propia, sino porque como ecosistemas de transición acostumbran a no ser tratados de forma adecuada en muchos de los tratados sobre aguas continentales o marinas. Siento una gran predilección por los capítulos, dedicados a la Limnología regional. No solo por ser uno de los temas pioneros en la Limnología y la base de muchas de las teorías modernas de la ecología acuática continental, sino por que en el segundo los autores tratan buena parte de los estudios realizados a escala planetaria. Siempre he creído que la especialidad que mejor define a los autores es la de limnólogos regionales. Su estudio sobre la tipología de los embalses de São Paulo, no solo es el inicio de esta especialidad en Sudamérica, sino que es el comienzo de una escuela de limnólogos formados bajo su maestrazgo. No es pues exagerado destacar que bajo los auspicios de este proyecto se formó toda una generación de limnólogos brasileños que en la actualidad se encuentran distribuidos por todo el país trabajando en esta disciplina. Finalmente, toda la experiencia aplicada se encuentra volcada en los tres últimos capítulos.

Para ser sincero, los capítulos de embalses, Limnología regional y Limnología aplicada son, los que dan personalidad al libro, porque son los temas en los que los autores han dejado la impronta de toda una vida de trabajo y, por ello, reflejan de forma muy concreta su visión de la Limnología.

Quiero destacar que un libro de este calibre no es un hecho casual, sino que surge como resultado de un proceso de formación, primero, y de estudio más tarde. De formación de especialistas, docencia y maestrazgo, de estudio en función de las necesidades de un país. No hay que olvidar que Brasil tiene el 14% de las reservas de agua dulce de la Biosfera, que ha apostado claramente por el desarrollo de la energía hidráulica y que tiene a la vez el río más caudaloso del Planeta y una extensa parte del país con un grave déficit hídrico, entre otros muchos aspecto a destacar. Todo ello ha generado una necesidad de conocimiento, de información de base y de aplicación de resultados. De estos mimbres se ha hecho este cesto. Por este motivo el libro tiene unos autores, Jose Tundisi y Takako Matsumura Tundisi, pero a la vez tiene unos acompañantes, que lejos de ser anónimos, son parte de los que han hecho posible que Brasil haya alcanzado tal nivel de conocimiento que haya permitido escribir un libro como este.

Prof. Joan Armengol Bachero
Prof. Catedrático de Ecologia do Departamento de Ecologia
na Universidade de Barcelona

Apresentação

La Limnología, considerada ciencia apenas en el siglo XIX, ha experimentado importantes avances en los últimos años. Entre las recientes aportaciones destaca el mejor conocimiento de los cuerpos de agua superficiales ubicados en regiones de climas cálidos y semicálidos, tema en el cual los autores de este libro, el doctor José Galizia Tundisi y la doctora Takako Matsumura Tundisi, han hecho brillantes y numerosas contribuciones. Por ello, este texto permite al lector no sólo penetrar al conocimiento de los principios básicos de la Limnología Universal, sino también entender las características hasta hoy poco conocidas de los cuerpos de agua de climas tropicales y neotropicales, comunes en muchos países en desarrollo. Ello es relevante ya que a pesar de la importancia dichos cuerpos, éstos han sido escasamente abordados en la literatura internacional.

El empleo en el texto de numerosos ejemplos de cuerpos de agua de Brasil mismos es afortunado ya que por Brasil ser un país donde abunda el agua (cuenta con casi 14% de los recursos hídricos del mundo) y poseer una gran variedad de climas por su extensión y ubicación geográfica, los ejemplos representan una gran diversidad de regiones geográficas que ilustran condiciones de muchos otros países del mundo. Además, para efectuar una cobertura verdaderamente universal, los autores describen ejemplos de otras regiones del mundo como son Africa, Asia y Europa, donde su experiencia ha sido también aplicada. Por otra, el texto cubre prácticamente la totalidad de tipos de cuerpos de agua continentales, no siempre considerados en libros de Limnología, como es el caso de los estuarios, y que son cuerpos de especial interés para la mayor parte de los países de América Latina y del Caribe.

Finalmente, el libro no se limita al enfoque académico, sino que cada capítulo está escrito haciendo una equilibrada mezcla de los aspectos científicos y técnicos con los prácticos para entender, analizar y hacer un mejor uso del agua en todos sentidos. De hecho, en varios de sus capítulos finales analiza el como conservar y recuperar los ecosistemas acuáticos con un enfoque de cuenca. Esta mezcla hace que el libro constituya un excelente apoyo para estudiantes de licenciatura y posgraduados, pero también para profesionales de diversas disciplinas orientados al manejo y utilización razonada del recurso agua. En especial, el libro, al destacar la importancia de compaginar el desarrollo sustentable con el desarrollo económico, provee conocimiento al lector con un enfoque muy necesitado en los países en desarrollo.

Con esta perspectiva, dejo al lector la tarea de disfrutar el libro y a los autores la invitación a traducir su obra al idioma español con objeto de compartir sus conocimientos en forma más extensa.

Dra. Blanca Elena Jiménez Cisneros
Professora sênior e pesquisadora do Departamento de Engenharia Ambiental da Unam
(Universidade Nacional Autônoma do México), recebeu Prêmio Nacional em Ecologia (2006).

Apresentação

Este livro é de grande importância no contexto da Ecologia Aquática e da Limnologia brasileira, pois vem preencher uma grande lacuna de livros texto e livros de difusão da ciência Limnologia, tornando-a mais acessível à população de língua portuguesa. Representa também um marco na Limnologia tropical, por inserir de forma ampla e cuidadosa resultados oriundos das pesquisas realizadas nos neotrópicos, tão pouco contempladas em obras similares, escritas e publicadas por autores de outros continentes.

A vasta experiência dos autores deste livro no campo da Limnologia, à qual eles têm dedicado enorme esforço e grande parte do tempo em suas carreiras profissionais, encontra-se refletida nesta obra, sem dúvida, de excelente qualidade.

Este livro poderá ser utilizado por um público amplo, em diferentes níveis acadêmicos, por contemplar os temas fundamentais desta ciência, escritos em linguagem acessível, com exemplos e ilustrações que facilitam o entendimento dos assuntos abordados. Por incluir e sintetizar resultados de pesquisas desenvolvidas em ecossistemas tropicais, além de outras regiões, servirá ainda como fonte de informações a inúmeros pesquisadores de diferentes áreas. Será também uma obra de relevância para a consulta de administradores, gerentes e tomadores de decisão em atividades relacionadas aos recursos hídricos no País.

Apesar de ser o Brasil um país detentor de considerável patrimônio em recursos aquáticos continentais, que incluem desde a megabacia amazônica até uma rede infindável de microbacias hidrográficas, o uso racional e a preservação desses recursos dependem da educação em Limnologia, para a qual o presente livro contribui substancialmente.

Dra. Odete Rocha
Profa. titular do Departamento de Ecologia e Biologia Evolutiva
na Universidade Federal de São Carlos

Sumário

1 Limnologia, definição e objetivos 19
    1.1 Conceitos e Definições 20
    1.2 Histórico e Desenvolvimento da Limnologia 21
    1.3 Limnologia Tropical 27
    1.4 A Limnologia no Limiar do Século XXI 27
    1.5 Limnologia no Brasil 28
    1.6 Importância da Limnologia como Ciência 30

2 A água como substrato 35
    2.1 Principais Características Físicas e Químicas da Água 36
    2.2 O Ciclo Hidrológico e a Distribuição da Água no Planeta 38

3 Origem dos lagos 47
    3.1 Características Gerais de Lagos e Bacias de Drenagem 48
    3.2 Origem dos Lagos 48
    3.3 Morfologia e Morfometria de Lagos 52
    3.4 Zonação em Lagos 56
    3.5 Represas Artificiais 60
    3.6 Distribuição Global de Lagos por Origem 61

4 Processos físicos e circulação em lagos 65
    4.1 Penetração de energia radiante na água 66
    4.2 Balanço de Calor nos Sistemas Aquáticos 72
    4.3 Processos Físicos em Lagos, Reservatórios e Rios 73
    4.4 Tipos de Fluxos 75
    4.5 Turbulência em Águas Superficiais, Números de Reynolds e de Richardson,
        Efeitos da Densidadee Estratificação 77
    4.6 Estratificação Térmica e Circulação Vertical e Horizontal em Ecossistemas
        Aquáticos Continentais 78
    4.7 Estratificação e Desestratificação Térmica em Represas 83
    4.8 Variações Nictemerais de Temperatura 84
    4.9 Estabilidade nos Lagos e Represas 86
    4.10 Importância do Processo de Estratificação e Desestratificação
         Térmica e dos Ciclos Diurnos e Noturnos de Temperatura da Água 86
    4.11 Significado Ecológico do Metalímnio e Importância da Meromixia 88
    4.12 Principais Interações de Processos de Circulação, Difusão, Composição Química da Água
         e as Comunidades em Lagos, Represas e Rios 88
    4.13 Circulação em Lagos, Represas e Rios 89
    4.14 Difusão 89
    4.15 Intrusão em Lagos e Represas 90

5 Composição química da água 95
    5.1 Introdução 96
    5.2 Substâncias Dissolvidas na Água 97
    5.3 A Composição Iônica dos Lagos Salinos e das Áreas Alagadas Continentais 105
    5.4 Funções de Cátions e Ânions nos Sistemas Biológicos 108
    5.5 Gases Dissolvidos na Água: Interações Ar-Água e Solubilidade de Gases na Água ... 108
    5.6 O Sistema CO_2 114

5.7	Variações Diurnas e Estacionais de O_2 e CO_2	117
5.8	Outros Gases Dissolvidos na Água	120
6	**OS ORGANISMOS E AS COMUNIDADES DE ECOSSISTEMAS AQUÁTICOS CONTINENTAIS E ESTUÁRIOS**	**121**
6.1	A Colonização de Ambientes Aquáticos	122
6.2	Diversidade e Distribuição de Organismos: Fatores que as Limitam e Controlam	126
6.3	As Comunidades de Ecossistemas Aquáticos Continentais	128
6.4	Dispersão, Extinção, Especiação e Isolamento da Biota Aquática	128
6.5	Descrição dos Principais Grupos de Organismos que Compõem as Comunidades Aquáticas	129
6.6	A Organização Espacial das Comunidades Aquáticas	149
6.7	A Biodiversidade Aquática do Estado de São Paulo	163
6.8	A Fauna de Águas Subterrâneas	163
7	**A ECOLOGIA DINÂMICA DAS POPULAÇÕES E COMUNIDADES VEGETAIS AQUÁTICAS**	**167**
7.1	Importância do Estudo das Populações nos Sistemas Aquáticos	168
7.2	Principais Dependências dos Processos Biológicos	168
7.3	Sucessão nas Populações e Comunidades	169
7.4	O Fitoplâncton: Características Gerais	170
7.5	O Perifíton	194
7.6	Macrófitas Aquáticas	198
8	**A ECOLOGIA DINÂMICA DAS POPULAÇÕES E COMUNIDADES ANIMAIS AQUÁTICAS**	**209**
8.1	Zooplâncton	210
8.2	Macroinvertebrados Bentônicos	223
8.3	Composição e Riqueza de Espécies do Plâncton e a Abundância de Organismos nas Zonas Pelágica e Litoral de Lagos e Represas	226
8.4	Peixes	228
8.5	Cadeias e Redes Alimentares	233
8.6	Os Organismos como Indicadores de Águas Naturais não Contaminadas e da Poluição e Contaminação – os Bioindicadores	242
9	**O FLUXO DE ENERGIA NOS ECOSSISTEMAS AQUÁTICOS**	**247**
9.1	Definições e Características	248
9.2	As Ddeterminações da Atividade Fotossintética das Plantas Aquáticas	250
9.3	Fatores que Limitam e Controlam a Produtividade Fitoplanctônica	259
9.4	Coeficientes e Taxas	263
9.5	Eficiência Fotossintética	264
9.6	Modelagem da Produção Primária Fitoplanctônica	265
9.7	Métodos para a Medida de Produção Primária do Perifíton	267
9.8	A Determinação da Produtividade Primária de Macrófitas Aquáticas e Comparações com Outros Componentes Fotoautotróficos	267
9.9	Determinações Indiretas da Produção Primária *In Situ*	*269*
9.10	Medidas da Produção Primária em Diferentes Ecossistemas	269
9.11	A Produção Primária de Regiões Tropicais e de Regiões Temperadas	270
9.12	Produção Secundária	272
9.13	As Bactérias e o Fluxo de Energia	276
9.14	Eficiência das Redes Alimentares e a Produção Orgânica Total	280
9.15	Produção Pesqueira e sua Correlação com a Produção Primária	282
10	**CICLOS BIOGEOQUÍMICOS**	**285**
10.1	A Dinâmica dos Ciclos Biogeoquímicos	286
10.2	Ciclo do Carbono	286
10.3	Ciclo do Fósforo	287
10.4	Ciclo do Nitrogênio	288

10.5	Ciclo da Sílica	290
10.6	Outros nNutrientes	291
10.7	A Interface Sedimento-Água e a Água Intersticial	292
10.8	Distribuição Vertical dos Nutrientes	294
10.9	O Transporte de Sedimentos de Origem Terrestre e os Ciclos Biogeoquímicos	295
10.10	Os Organismos e os Ciclos Biogeoquímicos	295
10.11	O Conceito de Nutriente Limitante	296
10.12	Produção "Nova" e Produção "Regenerada"	300
10.13	Gases de Efeito Estufa e os Ciclos Biogeoquímicos	301

11 Os lagos como ecossistemas ... 303

11.1	O Sistema Lacustre como Unidade	304
11.2	Estruturas Ecológicas, Principais Processos e Interações	305
11.3	Princípios de Ecologia Teórica Aplicados às Interações Bacia Hidrográfica-Lagos-Represas	309
11.4	Funções de Força como Fatores de Efeito Externo em Ecossistemas Aquáticos	311
11.5	As Interações da Zona Litoral dos Lagos e da Zona Limnética	313
11.6	Lagos, Represas e Rios como Sistemas Dinâmicos: Respostas às Funções de Força Externas e aos Impactos	314
11.7	Paleolimnologia	316
11.8	Transporte de Matérias Orgânicas Particulada e Dissolvida e Circulações Vertical e Horizontal em Ecossistemas Aquáticos	317

12 Represas artificiais ... 319

12.1	Impactos Positivos, Negativos e Características Gerais	320
12.2	Aspectos Técnicos da Construção de Reservatórios	321
12.3	Variáveis de Importância na Hidrologia e Funcionamento dos Reservatórios	323
12.4	Interações do Reservatório e das Bacias Hidrográficas – Morfometria de Represas	326
12.5	Sucessão e Evolução do Reservatório durante o Enchimento	328
12.6	Sistemas de Reservatórios	328
12.7	Principais Processos e Mecanismos de Ffuncionamento de Represas	329
12.8	Os Ciclos Biogeoquímicos e a Composição Química da Água em Represas	334
12.9	Pulsos em Reservatórios	335
12.10	Comunidades em Reservatórios: a Biota Aquática, sua Organização e suas Funções em Represas	337
12.11	A Biomassa e a Produção Pesqueira em Represas	348
12.12	"Evolução" e Envelhecimento do Reservatório	351
12.13	Usos Múltiplos e Gerenciamento de Reservatórios	352
12.14	Reservatórios Urbanos	352
12.15	Perspectivas da Pesquisa em Reservatórios	353

13 Rios ... 355

13.1	Como Ecossistemas	356
13.2	Processos de Transporte	356
13.3	Perfil Longitudinal e a Classificação da Rede de Drenagem	357
13.4	As Flutuações de nível e os Ciclos de Descarga	358
13.5	Composição Química da Água e os Ciclos Biogeoquímicos	359
13.6	A Classificação e a Zonação	363
13.7	Rios e Riachos Intermitentes	368
13.8	Produção Primária	369
13.9	Fluxo de Energia	370
13.10	A rede Alimentar	370
13.11	Grandes Rios	372

- 13.12 A Comunidade de Peixes dos Sistemas Lóticos 373
- 13.13 A Deriva 375
- 13.14 Impactos das Atividades Humanas 378
- 13.15 Recuperação de Rios 379

14 Estuários e lagoas costeiras 381
- 14.1 Características Gerais...382
- 14.2 Sedimentos dos Estuários 384
- 14.3 Composição Química e Processos em Águas Salobras...385
- 14.4 As Comunidades de Estuários...386
- 14.5 Distribuição dos Organismos nos Estuários e a Tolerância à Salinidade..........................387
- 14.6 Manutenção do Estoque das Populações Planctônicas e Bentônicas em Estuários........389
- 14.7 Produtividade Pprimária em Estuários...391
- 14.8 A Rede Alimentar em Estuários...392
- 14.9 Detritos nos Estuários 393
- 14.10 A Região Lagunar de Cananéia 393
- 14.11 Lagoas Costeiras 399
- 14.12 A Lagoa dos Patos..406
- 14.13 O Estuário do Rio da Prata – Argentina/Uruguai 411
- 14.14 Importância de Estuários e Lagoas Costeiras...413
- 14.15 Eutrofização e Impactos em Estuários 414
- 14.16 O Gerenciamento de Estuários e Lagoas Costeiras 415

15 Áreas alagadas, águas temporárias e lagos salinos 417
- 15.1 Áreas Alagadas 418
- 15.2 Águas Temporárias...429
- 15.3 Lagos Salinos (Águas Atalássicas)...431

16 Limnologia regional nas Américas do Sul e Central 439
- 16.1 A Limnologia Regional Comparada e Sua Importância Teórica e Aplicada.....................440
- 16.2 Limnologia Regional nas Américas do Sul e Central 442
- 16.3 Os Ecossistemas Continentais da América do Sul 445

17 Limnologia regionalno continente africano e em regiões temperadas 479
- 17.1 Lagos e Represas do Continente Africano...480
- 17.2 Estudos Limnológicos nos Lagos da Inglaterra 486
- 17.3 Outros Estudos na Europa..489
- 17.4 Os Grandes Lagos da América do Norte 492
- 17.5 Outros Lagos em Regiões Temperadas no Hemisfério Norte 494
- 17.6 Lagos do Japão..494
- 17.7 Lagos Muito Antigos 498

18 Impactos nos ecossistemas aquáticos 505
- 18.1 Principais Impactos e suas Consequências..506
- 18.2 Eutrofização de Águas Continentais: Consequências e Quantificação 511
- 18.3 Introdução de Espécies Exóticas em Lagos, Represas e Rios 530
- 18.4 Substâncias Tóxicas...532
- 18.5 Água e Saúde Humana 535
- 18.6 Mudanças Globais e seus Impactos sobre os Recursos Hídricos 536

19 Planejamento e gerenciamento de recursos hídricos 543
- 19.1 Limnologia, Planejamento e Gerenciamento de Recursos Hídricos................................544
- 19.2 LImnologia e Aspectos Sanitários 545
- 19.3 Limnologia e PlanejamentoRegional..545
- 19.4 Os Avanços Conceituais no Gerenciamento de Recursos Hídricos..................................546

19.5	Técnicas de Recuperação, Gestão e Conservação de Recursos Hídricos	550
19.6	Gerenciamento Integrado: Consequências e Perspectivas	559
19.7	Modelos Ecológicos e seu Uso no Gerenciamento	560

20 ABORDAGENS, MÉTODOS DE ESTUDO, PRESENTE E FUTURO DA LIMNOLOGIA 567

20.1	A Complexidade dos Ecossistemas Aquáticos Continentais	568
20.2	Abordagem Descritiva ou de História Natural	568
20.3	Abordagem Experimental	568
20.4	Modelagem Ecológica e Matemática	570
20.5	Limnologia Preditiva	572
20.6	Balanços de Massa	572
20.7	Tecnologias de Monitoramento de Lagos, Rios e Represas	573
20.8	Monitoramento e Limnologia Preditiva	574
20.9	Interpretação de Resultados em Limnologia	574
20.10	Formação de Recursos Humanos em Limnologia	579
20.11	Limnologia: Teoria e Prática	580
20.12	O Futuro da Limnologia: Pesquisa Básica e Aplicação	581
20.13	Futuros Desenvolvimentos	587
20.14	Instrumentos e Tecnologia	587

ANEXOS E APÊNDICES 591

ÍNDICE CORPOS DE ÁGUA 603

ÍNDICE REMISSIVO GERAL 609

REFERÊNCIAS BIBLIOGRÁFICAS 625

O **lago Leman** foi objeto dos primeiros estudos intensivos de Limnologia. Esse lago deu origem aos livros publicados por Forel (1892, 1895, 1904)

1 Limnologia, definição e objetivos

Resumo

A história da Limnologia mostra uma constante evolução conceitual e tecnológica nos últimos 120 anos. A partir da obra clássica de Forel, sobre o lago Leman (dividida em três volumes, publicados em 1892, 1895 e 1904), e de outra obra clássica de Forbes (1887), sobre os lagos como **microcosmos**, ocorreu um grande interesse científico pelos trabalhos de pesquisa em Limnologia, englobando física, química e biologia de lagos. Estabeleceram-se, desde o início do século XX, laboratórios de pesquisa em muitos países do Hemisfério Norte, que promoveram pesquisa e formação de recursos humanos continuamente. A princípio considerada a ciência dos lagos, o estudo limnológico abrange, atualmente, lagos de **água doce** e **lagos salinos** no interior dos continentes, rios, estuários, **represas**, áreas alagadas, pântanos e todas as interações físicas, químicas e biológicas nesses ecossistemas.

A Limnologia contribuiu de maneira decisiva para a fundamentação e a expansão da **Ecologia Teórica**, e, atualmente, o gerenciamento de sistemas aquáticos continentais não pode prescindir da base limnológica de conhecimento avançado para promover o **gerenciamento** efetivo e de longo prazo.

A **Limnologia tropical** progrediu mediante estudos proporcionados por expedições geográficas, e sua consolidação ocorreu após a instalação e o progresso da pesquisa em laboratórios situados em vários sistemas lacustres da América do Sul, da África e do Sudeste da Ásia. No Brasil, o início dos estudos limnológicos foi relacionado com **pesca**, piscicultura e estudos aplicados na área de saúde. Nos últimos 30 anos, a Limnologia no Brasil progrediu consideravelmente por causa dos estudos em vários ecossistemas naturais e artificiais, da implantação da Sociedade Brasileira de Limnologia, da realização do Congresso Internacional de Limnologia em São Paulo (1995) e da necessidade de aplicação de resultados de pesquisa básica no gerenciamento de **bacias hidrográficas**, da pesca e de lagos, represas e **áreas alagadas**.

1.1 Conceitos e Definições

Limnologia é o estudo científico do conjunto das **águas continentais** em todo o Planeta, incluindo lagos, represas, rios, lagoas, costeiras, **áreas pantanosas**, lagos salinos e também estuários e áreas pantanosas em regiões costeiras.

Há várias definições de Limnologia: Forel (1892) a definiu como a Oceanografia dos lagos, Lind (1979), como a Ecologia Aquática e Margalef (1983), como a Ecologia das Águas não marinhas. A Oceanografia e a Limnologia abordam problemas e processos paralelos, uma vez que o meio líquido, ou seja, o **substrato** água, é comum a **oceanos**, lagos e rios, e apresenta certas propriedades fundamentais. Entretanto, os oceanos constituem um *continuum* em espaços e são muito mais antigos que as águas interiores. Estas são descontínuas no espaço, relativamente efêmeras, considerando-se o tempo geológico, e distribuídas irregularmente no interior dos continentes. A continuidade dos oceanos permite que espécies de animais e de plantas estejam distribuídas mais amplamente. As águas interiores dependem de processos diversificados de **colonização** e, portanto, a diversidade da fauna, flora e sua distribuição são mais limitadas e menores.

Além disso, as águas marinhas, especialmente as águas oceânicas, têm uma composição relativamente constante de 35 a 39 g de sais por kg de água, e o principal componente é o cloreto de sódio (NaCl). As águas doces, continentais, têm como regra geral menos de 1 g de sais por kg de água. A composição desses sais varia enormemente nas águas interiores. Os lagos salinos no interior dos continentes têm, em muitos casos, uma proporção de sais muito maior do que as águas marinhas. Os lagos salinos ocupam uma posição especial nos continentes, sendo ecossistemas muito peculiares e, evidentemente, também constituem objeto de estudo da Limnologia (ver Cap. 15).

Processos e mecanismos químicos ocorridos em águas interiores dependem muito da geoquímica dos solos das bacias hidrográficas. Os sistemas aquáticos continentais interagem com sua bacia hidrográfica e com os diversos subsistemas e componentes. Esse conceito e o estudo integrado de bacias hidrográficas, e sua relação com lagos, rios, represas e áreas alagadas, são mais recentes (Borman e Likens, 1967 e 1979). As características das bacias hidrográficas determinam, por exemplo, a origem do material que contribui para a formação e o funcionamento de lagos, rios e represas (ver Cap. 11).

Entre as várias definições de Limnologia, deve-se destacar também a de Baldi (1949), que a definiu como a ciência que estuda as "inter-relações de processos" e os métodos pelos quais a matéria e a energia são transformadas em um lago. Ele considerou que a essência da Limnologia é o estudo da circulação de material em um corpo de água.

Em todas essas definições, devem-se levar em conta dois aspectos fundamentais: o descritivo e o funcional, e a necessária síntese.

Em uma abordagem ampla e sintética, foi feita a seguinte definição:

"Limnologia é a ciência das águas interiores estudadas como ecossistemas:

▶ O ecossistema é uma unidade natural que consiste em componentes vivos (bióticos) e não vivos (abióticos), pertencentes a um sistema de **fluxo de energia** e ciclos de materiais.

▶ Na análise estrutural, dois aspectos básicos estão incluídos: primeiro, a descrição dos componentes abióticos e suas propriedades (**fatores físicos** e químicos, concentrações, intensidades); segundo, uma avaliação das comunidades bióticas (composição de espécies, abundância, **biomassa**, ciclos de vida).

▶ A análise das inter-relações funcionais em um ecossistema inclui a investigação dos elementos responsáveis pelos ciclos de materiais, os **processos dinâmicos** nos sistemas abióticos, as relações dos organismos com os fatores ambientais e as relações dos organismos entre si.

▶ A pesquisa limnológica inclui o trabalho analítico no campo e no laboratório, cujos resultados são as sínteses limnológicas. Mesmo em estudos com objetivos limitados, ligações realísticas ao sistema como um todo devem ser estabelecidas. Tais estudos deveriam fazer parte do conhecimento da estrutura e da função de todo o sistema.

▶ Uma avaliação dos méritos da pesquisa limnológica deve ser feita com base na análise da profundidade do trabalho científico, didático e outros conhecimentos, como o científico limnológico geral. Um limnólogo que adquire experiência com sua própria pesquisa (em trabalho de equipe ou individual) terá mais capacidade para dirigir uma pesquisa e proporcionar um treinamento interdisciplinar em Limnologia. Desenvolvimento e consolidação da pesquisa em um dos tópicos centrais da Limnologia devem ser valorizados, em vez da pesquisa em problemas periféricos". (Resumo baseado em comunicação feita à Sociedade Internacional de Limnologia – Munique, Alemanha, 1989.)

1.1.1 Contribuições da Limnologia à Ecologia teórica

Ao longo de sua história como ciência, a Limnologia contribuiu decisivamente para o desenvolvimento da Ecologia teórica. As contribuições foram:

- **sucessão das comunidades** e fatores que a controlam (estudos da **sucessão fitoplanctônica**, desenvolvimento da comunidade bêntica em diversos tipos de substratos, **sucessão do perifíton** e das **comunidades de peixes**);
- **evolução das comunidades** (estudos sobre a eutrofização de lagos, **recuperação de lagos** eutrofizados e reservatórios);
- **diversidade das comunidades** e **heterogeneidade espacial** (estudos sobre perifíton e fitoplâncton em diferentes ecossistemas, **insetos aquáticos**, estudos comparados em lagos e represas, em áreas alagadas. Teoria e estudos sobre **ecótonos**);
- **produção primária** e fluxo de energia (estudos sobre a produtividade primária de fitoplâncton, **macrófitas aquáticas** e perifíton, a **alimentação** do zooplâncton e de peixes. Respostas fisiológicas do fitoplâncton a intensidades luminosas e **concentração de nutrientes**);
- **distribuição de organismos** e fatores que controlam mecanismos de dispersão e colonização (estudos sobre a **migração vertical** do zooplâncton, a distribuição vertical do fitoplâncton, colonização em represas e **águas temporárias**, distribuição de **organismos aquáticos** em lagos, rios e represas);
- evolução de ecossistemas (estudos sobre **eutrofização**, reservatórios, acompanhamento de represas e alterações produzidas por **atividades humanas**).

Essa contribuição da Limnologia à Ecologia teórica ocorreu em um período de aproximadamente 100 anos, desde os primórdios do estudo limnológico e de sua organização como ciência nas últimas décadas do século XIX. Em razão das relativas facilidades do estudo de organismos, **populações** e comunidades, essa contribuição foi fundamental à Ecologia teórica. O paradigma dessa contribuição pode ser considerado a partir da síntese produzida por Reynolds (1997) e das várias sínteses e hipóteses produzidas por Margalef (1998).

1.2 Histórico e Desenvolvimento da Limnologia

É impossível considerar as definições e o escopo de qualquer ciência sem levar em conta o histórico de seu desenvolvimento e os indivíduos, grupos ou instituições que contribuíram para seu progresso. Essa análise histórica tem por objetivo destacar alguns marcos importantes, bem como tendências teóricas e linhas de raciocínio fundamentais implementadas em muitos países e regiões. A história da Limnologia foi descrita por Elster (1974) e Ueno (1976).

Organismos aquáticos sempre atraíram a atenção de cientistas e naturalistas dos séculos XVII e XVIII, destacando-se os trabalhos de Leeuwenhoek, Müller, Schaffer, Trembly, Eichhorn, Bonnet, Goetze. Esses estudos focavam os organismos aquáticos, seu comportamento e propagação na água.

Com a descoberta e as primeiras descrições do **plâncton** marinho por Muller, em 1845, o interesse por organismos de água doce aumentou, especialmente pelo plâncton de lagos (Schwoerbel, 1987).

A descrição e as medidas de **ondas** internas realizadas por F. Duvillier; as primeiras descrições de estrutura térmica, **ação do vento** e a penetração de luz em lagos profundos efetuadas por J. Leslie (1838) são marcos importantes no progresso da Limnologia (Goldman e Horne, 1983). Também **variações diurnas** em atividades fotossintéticas foram descritas por Morren e Morren (1841).

Junge (1885) e Forbes (1887) foram os primeiros a tratar os lagos como microcosmos. Especialmente o trabalho de Forbes (1887), *The lake as a microcosm* (Fig. 1.1), teve muita repercussão, pois destacou o fato de que os lagos "formam um microcosmo, no qual todas as forças elementares estão em jogo e as formas de vida constituem um complexo que se relaciona" (Forbes, 1887, p. 537).

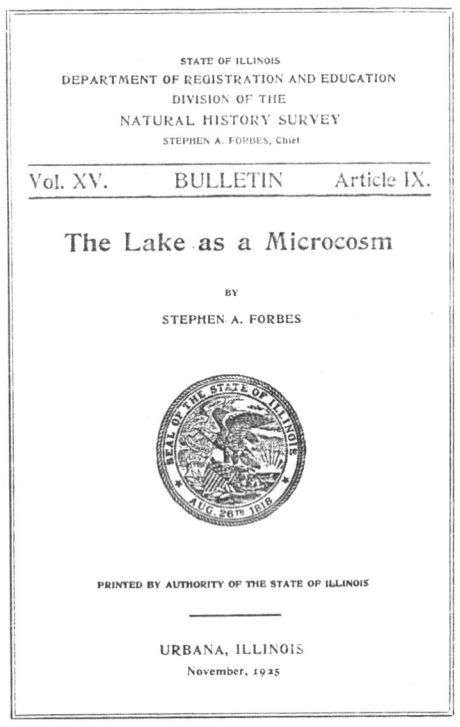

Fig. 1.1 Reprodução da capa do trabalho de Forbes como foi reimpressa em 1925 pelo Estado de Illinois (EUA) (vol. XV; Bulletin, Article IX)

O trabalho de Forbes teve consequências importantes no estímulo à Limnologia, mas o trabalho de F. A. Forel (1901) é a primeira síntese e o primeiro livro sobre essa ciência.

Em sua extensa monografia sobre o lago Leman (Quadro 1.1), Forel estudou sua biologia, física e química, e também formulou os primeiros conceitos sobre diferentes tipos de lagos.

O desenvolvimento da Limnologia como ciência organizada começou, portanto, no final do século XIX, e já nos primórdios do século XX muitas estações limnológicas ou laboratórios de trabalho próximos a lagos estavam estabelecidos. Em 1901, por exemplo, Otto Zacharias fundou o laboratório de Plon, que teve papel importante durante todo o século XX e, seguramente, continuará tendo no futuro.

O desenvolvimento mais recente da Limnologia, ainda no início do século XX, deve-se aos trabalhos de Thienemann (Thienemann, 1882/1960), na Alemanha, e Naumann (Naumann, 1891/1934), na Suécia, que trabalharam independentemente e, depois, em conjunto estabeleceram os primeiros estudos comparativos no continente europeu. Essa comparação visava a uma classificação ordenada, levando em conta características regionais e os **ciclos biogeoquímicos**. Assim, o sistema oligotrofia-eutrofia introduzido a partir desses estudos, tomando conceitos de Weber (1907), constituiu uma base muito importante para o desenvolvimento posterior da Limnologia. A classificação de lagos por graus de trofia é uma primeira etapa do desenvolvimento dessa ciência.

A **tipologia de lagos** proposta por Birge e Juday (1911) levava em conta as relações entre produtividade de matéria orgânica, profundidade dos lagos, sua morfologia e o balanço de **oxigênio dissolvido**.

Na América do Norte, L. Agassiz (1850) foi um pioneiro importante; mais tarde, contribuições fundamentais foram dadas por Birge (Birge, 1851/1950) e Juday (Juday, 1872/1944), que relacionaram **estratificação térmica** e química com a composição do plâncton. Eles realizaram também estudos comparativos em lagos norte-americanos e estudaram propriedades como transparência da água, matéria orgânica e **fósforo**, desenvolvendo correlações gráficas com distribuições de frequência e tendências (Juday e Birge, 1933). Juday (1916) também estudou alguns lagos da América Central com a finalidade de comparação.

Uma diferença muito importante entre o desenvolvimento da Limnologia na Europa e nos Estados Unidos é a de que neste país, desde muito cedo, levaram-se em conta os ciclos químicos nos sistemas, ao passo que na Europa prevaleceu o estudo das comunidades (Margalef, 1983). Por exemplo, Birge e Juday utilizaram a concentração e a distribuição de oxigênio dissolvido como a expressão de um conjunto de fatores para descrever o funcionamento dos lagos.

Quadro 1.1 Volumes publicados por F. A. Forel e seu conteúdo

Volume 1 (1892)	Volume 2 (1895)	Volume 3 (1904)
1 - Geografia	6 - Hidráulica	11 - Biologia
2 - Hidrografia	7 - Técnica	12 - História
3 - Geologia	8 - Ótica	13 - Navegação
4 - Climatologia	9 - Acústica	14 - Pesca
5 - Hidrologia	10 - Química	

Fonte: Le Leman. *Monografie limnologique.*

Eventos importantes no desenvolvimento da Limnologia foram a criação da Sociedade Internacional de Limnologia Teórica e Aplicada (1922), por Thienemann e Naumann, e o estabelecimento de um laboratório em Windermere (1931), para apoio à Freshwater Biological Association, fundada em 1929. Essa associação produziu importantes trabalhos no distrito de lagos, no norte da **Inglaterra** (Macan, 1970). No **Japão**, os trabalhos de Yoshimura (1938) foram de fundamental importância para estabelecer uma base de informações científicas. Uma característica muito importante, do ponto de vista científico, é a de que muitos limnólogos japoneses também produziram trabalhos científicos em Oceanografia. É muito provável que o Japão seja um dos poucos países em que a Oceanografia e a Limnologia estejam mais próximas, principalmente em razão do enfoque comum de aplicação que trata de problemas da eutrofização de águas interiores e águas costeiras. Lá, existe uma grande preocupação com a **aquicultura**, o que demanda um conhecimento aprofundado dos principais processos limnológicos e oceanográficos até de uma forma comparativa, com a finalidade de utilizar técnicas comuns de aproveitamento dos sistemas lacustre e marinho, do ponto de vista da produção de alimentos.

O desenvolvimento da Limnologia nos Estados Unidos e na Europa deve-se também ao fato de que se estabeleceram laboratórios de pesquisa próximos aos lagos ou sistemas regionais, os quais serviram basicamente de embriões às grandes instituições hoje existentes, as quais têm relevância internacional. Os laboratórios foram centros profícuos de coletas de informações científicas e de experimentação em **ecossistemas aquáticos** regionais. Essa persistência e a continuidade do trabalho limnológico contribuíram acentuadamente para o desenvolvimento de teorias, o avanço da Limnologia e o conhecimento científico de sistemas regionais.

Outro fator importante na expansão e no aprofundamento dessa ciência foi a constante persistência na formação de pesquisadores qualificados, que puderam, através dos anos, contribuir preponderantemente para o avanço científico em diversas áreas.

A Limnologia Tropical, em grande parte, progrediu com base em grupos de pesquisa de regiões temperadas. Conforme destaca Margalef (1983), uma compreensão dos processos limnológicos fundamentais deve, certamente, levar em conta os sistemas de **regiões tropicais**. A **Expedição Sunda**, em 1928-1929, de Thienemann, Rutner e Fenerborn (Rodhe, 1974), produziu importantes dados para comparação, bem como os primeiros trabalhos de Beadle (1932) na África. Os trabalhos de Thieneman (1931) destacaram a ausência de oxigênio hipolimnético em lagos de Java, Sumatra e Bali e indicaram problemas na classificação tradicional **oligotrófica/ eutrófica** já caracterizada para lagos de regiões temperadas.

As classificações produzidas por Thienemann e Naumann tiveram um importante efeito catalisador sobre o processo de desenvolvimento científico na Limnologia, e na década de 1950 a classificação de lagos passou a ser um assunto fundamental. Thienemann (1925) acrescentou aos termos eutrofia-oligotrofia apresentados, o termo distrofia, para caracterizar lagos com alta concentração de **substâncias húmicas**.

Nas Américas do Sul e Central alternaram-se as influências americana e européia. Na América do Sul, grandes rios e **deltas** internos foram objeto de intensos estudos por pesquisadores do Max Plank (Sioli, 1975) e do Instituto Nacional de Pesquisas da Amazônia (Inpa). Os rios Paraná, Uruguai e Bermejo foram estudados intensivamente por Bonetto (1975, 1986a, b), Neiff (1986), Di Persia e Olazarri (1986).

Na América Central, foram desenvolvidos trabalhos resultantes de expedições a vários países. Um dos mais antigos, já citado, foi realizado por Juday (1908). Lagos da Guatemala e Nicarágua foram estudados por Brezonik e Fox (1975), Brinson e Nordlie (1975), Cole (1963), Covich (1976), Cowgill e Hutchinson (1966); com os estudos sobre o **lago Amatitlán**, na Guatemala (Basterrechea, 1986), e o **lago Manágua** (lago Xolotlán), na Nicarágua (Montenegro, 1983, 2003), renovou-se recentemente o interesse pela Limnologia nesses dois países.

No Chile, trabalhos de Limnologia se desenvolveram a partir da **represa Rapel** (Bahamonde e Cabrea, 1984) e na **Venezuela**, estudos limnológicos foram realizados por Infante (1978, 1982), Infante e Riehl (1984) e, mais recentemente, por Gonzales (1998, 2000).

Limnologia comparada nos trópicos também foi desenvolvida na África, com base em inúmeras expedições que estudaram os lagos profundos (Beadle, 1981). Contribuições fundamentais à Limnologia Tropical foram feitas com o estudo de **lagos africanos**, como o **lago Vitória** (Talling, 1964, 1966) e outros lagos (Talling, 1969). Talling e Lemoalle (1998) fizeram uma síntese extremamente relevante sobre a Limnologia tropical (ver Cap. 16).

Mais recentemente, no **Programa Biológico Internacional** (PBI), foram estudados intensivamente os lagos Chad (Carmouze *et al.*, 1983) e George Ganf (1974) (Viner, 1975, 1977).

O PBI foi muito importante para a Limnologia, pois permitiu comparar lagos de diversas latitudes, padronizar metodologias e quantificar processos. Em particular, estimulou o **estudo de processos ecológicos**, possibilitando uma visão mais dinâmica e comparativa. Além disso, estabeleceu bases científicas para uma abordagem quantitativa mais abrangente no estudo de lagos e um estudo comparativo de processos, tais como a **produção primária do fitoplâncton** e seus **fatores limitantes** (Worthington, 1975).

As sínteses elaboradas pelo PBI promoveram inúmeras alterações na metodologia de estudos de **produtividade primária** (Vollenweider, 1974), ciclos biogeoquímicos (Golterman *et al.*, 1978) e também estimularam tratamento mais avançado de dados e interpretações das correlações entre componentes climatológicos, hidrológicos, os ciclos biogeoquímicos e a produtividade primária de lagos, rios e reservatórios (ver Cap. 11).

O avanço dos estudos limnológicos teve também muitas relações com a construção de grandes represas (Van der Heide, 1982) na América do Sul e na África (Balon e Coche, 1974). Na Espanha, um trabalho comparado com 100 reservatórios abriu enormes perspectivas no processo de classificação e **tipologia de represas** (Margalef, 1975, 1976), principalmente levando-se em conta a conceituação de que as represas, no plano espacial e temporal, podem indicar os processos que ocorrem nas bacias hidrográficas. Esse trabalho estabeleceu uma linha teórica conceitual importante em Limnologia.

O estudo de represas difere daquele dos lagos pelo fato de elas serem muito mais recentes, apresentarem características peculiares, com um fluxo contínuo e, em muitos casos, variações de nível muito grande, o que se reflete na estrutura ecológica do sistema. Portanto, represas possibilitam uma importante comparação teórica qualitativa e quantitativa com **lagos naturais** (ver Caps. 3 e 12).

A Fig. 1.2 mostra as inter-relações entre as várias áreas da Ecologia, Limnologia, Oceanografia, **Hidrobiologia** e Gerenciamento da Pesca, segundo as concepções de Uhlmann (1983).

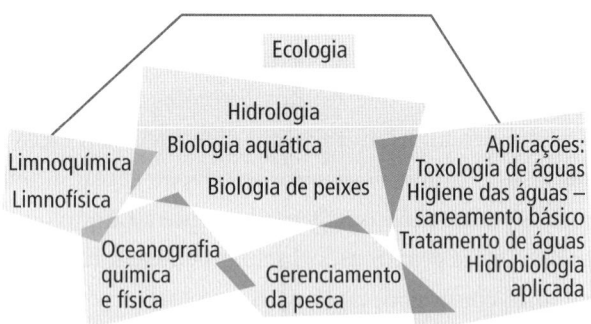

Fig. 1.2 Reprodução da concepção de Uhlmann (1983) sobre Ecologia, Limnologia, Oceanografia, Hidrobiologia e Gerenciamento da Pesca suas inter-relações e aplicações

O número expressivo de sínteses publicadas nos últimos 30 anos é uma clara demonstração do vigor e da diversidade de idéias em Limnologia. A grande obra clássica da Limnologia no século XX é o trabalho de Hutchinson (1957, 1967, 1975, 1993). Outras obras clássicas e de grande repercussão na pesquisa científica e na formação de novos pesquisadores foram as de Whipple, Fair e Whippel (1927), Welch, P. (1935, 1948), Ruttner (1954), Dussart (1966), Hynes (1972), Golterman (1975), Wetzel (1975), Whitton (1975), Cole (1983), Uhlmann (1983), Stumm (1985) e, mais recentemente, Mitsch e Gosselink (1986), Burgis (1987), Schwoerbel (1987), Moss (1988), Margalef (1983, 1991, 1994), Patten (1992a, b), Goldman e Horne (1994), Hakanson e Peters (1995), Schiemer e Boland (1996), Lampert e Sommer (1997), Margalef (1997), Talling e Lemoalle (1998), Kalff (2002) e Carpenter, S. (2003).

Também foram publicados muitos trabalhos sobre lagos individuais (ver Cap. 15).

O Quadro 1.2 mostra os principais estágios da Limnologia e os avanços conceituais promovidos a partir do trabalho de Forel. Essa é uma avaliação não exaustiva dos diferentes desenvolvimentos e procura situar os principais marcos e as lideranças científicas que introduziram os principais conceitos e os fundamentos da ciência.

Os avanços científicos da Limnologia foram consideráveis no século XX. Após a época descritiva e comparativa que se desenvolveu desde os trabalhos de Thienemann e Naumann até princípios da década de 1960, houve um grande avanço no conhecimento dos processos que ocorrem nos lagos, represas, rios e áreas alagadas. Esses processos podem ser reunidos em:

▶ sucessão fitoplanctônica e as principais **funções de força** que a determinam e controlam. **Escalas temporais** e espaciais na sucessão fitoplanctônica (Harris, 1978, 1984, 1986; Reynolds, 1994, 1995, 1996, 1997; Bo Ping Han *et al.*, 1999);

▶ **transferência de energia**, os mecanismos de integração fito-zooplâncton e a composição e estrutura da **rede alimentar** (Porter, 1973; Lampert, 1997; Lampert e Wolf, 1986);

▶ **estudos hidrogeoquímicos**, **geoquímica** dos sedimentos, interações **sedimento-água** e processos químicos nos lagos (Stumm e Morgan, 1981);

Quadro 1.2 Principais estágios da Limnologia e os avanços conceituais promovidos a partir do trabalho de Forel

1901	F. A. Forel	Classificação física baseada nas **características térmicas** de lagos
1911	E. A. Birge e C. Juday	**Classificação química** baseada em **estratificação** e oxigênio dissolvido
1915	A. Thienemann	Classificação química e **zoológica** baseada no balanço de oxigênio e na **colonização de sedimentos**
1917	E. Naumann	Produção biológica foto-autotrófica na coluna de água, acoplada à concentração de matéria orgânica no sedimento e balanço de oxigênio
1932	A. Thienemann e F. Rutner	Expedição Sunda, na Indonésia
1938	S. Yoshimura	Oxigênio e **distribuição vertical de temperatura** em lagos no Japão. Análises comparativas
1941	C. H. Mortimer	**Interações sedimento-água**. Circulação em lagos
1942	R. Lindeman	**Teoria trófico-dinâmica** aplicada a lagos. Introdução ao conceito de lagos como sistemas funcionais
1952	E. Steeman Nielsen	Introdução da técnica de medidas da produtividade primária com rádio-isótopos (^{14}C)
1956	E. P. Odum	Desenvolvimento da técnica de medidas de **metabolismo** de rios
1956	G. E. Hutchinson e H. Löffler	**Classificação térmica** de lagos
1958	R. Margalef	Introdução da teoria da informação nos processos de sucessão fitoplanctônica
1964	R. Margalef	Início dos estudos da teoria da informação nos processos de sucessão fitoplanctônica
1964	PBI	Início formal do Programa Biológico Internacional.
1968	R. Vollenweider	Conceito de carga proveniente das bacias hidrográficas e seus efeitos na eutrofização dos lagos
1974	H. Mortimer	**Hidrodinâmica de lagos**
1974	J. Overbeck	Microbiologia aquática e bioquímica
1975	G. E. Likens e Borman	Introdução ao estudo da bacia hidrográfica como unidade
1990	R. Wetzel	Interações entre os sistemas litorâneos e a **zona pelágica** em lagos
1994	J. Imberger	Hidrodinâmica de lagos. Novas metodologias para medidas em tempo real
1997	C. S. Reynolds	Síntese sobre as escalas temporais e espaciais nos ciclos do fitoplâncton
2004	Goldman e Sakamoto e Kumagai	**Impactos das mudanças globais** em lagos e reservatórios

Fonte: organizado a partir de várias fontes.

▶ avanços no conhecimento sobre a distribuição de espécies, **biogeografia**, **biodiversidade** e fatores que as regulam (Lamotte e Boulière, 1983);
▶ avanços no conhecimento científico sobre as interações entre os componentes geográficos, climatológicos, hidrológicos e seus efeitos na produtividade primária e nos ciclos biogeoquímicos (Straškraba, 1973; Le Crenn e Lowe McConnel, 1980; Talling e Lemoalle, 1998).

Deve-se ainda considerar dois marcos conceituais importantes discutidos por Kalff (2002):
▶ 1960-1970 – Desenvolvimento acentuado de medidas de taxas e processos, além das determinações de abundância e número de organismos. Desenvolvimento de sistemas de **modelagem** para a elaboração de cenários e avaliações de impactos em lagos. Estabelecimentos e expansão do conceito de carga por Vollenweider (1968). Estudos da exportação de nutrientes para os sistemas aquáticos.
▶ 1970-2000 – Ênfase no papel de áreas alagadas como sistemas funcionais. Reintegração dos estudos de ictiologia à Limnologia. Desenvolvimento relevante da pesquisa com **substâncias tóxicas**, **acidificação** e eutrofização. Maior interesse no estudo das interações entre estrutura e função de lagos, rios, represas e áreas alagadas.

Os estudos sobre a **microbiologia aquática** e as interações fitobacterioplâncton, fitozooplâncton apresentaram forte impulso. As fontes de concentração e distribuição de carbono dissolvido e a variabilidade dos estoques de carbono dissolvido foram intensamente estudadas, bem como a variação temporal do COD e do COP (Sondergaard, 1997). A **alça microbiana**, que já havia sido estudada por Krogh (1934), foi mais tarde matéria de estudo para Pomeroy (1974). Azam et al. (1983), em seu modelo de relações tróficas e interações no pelagial, incluem produção bacteriana como um processo quantitativamente importante, baseado na liberação de COD pelo fitoplâncton e também por zooplâncton. Cladóceros ocupam uma posição relevante na rede alimentar por causa da capacidade de pastar com eficiência em **bactérias**. Relações qualitativas e quantitativas fundamentais foram descobertas a partir do **carbono orgânico dissolvido**, sucessão de bactérias e interações com o zooplâncton (Wetzel e Richard, 1996).

Um grande incremento nos estudos de distribuição, **dinâmica de populações** e biogeografia dos peixes relacionada à composição química, ao **estado trófico** e à contaminação ocorreu nas últimas décadas, incluindo-se aqui os estudos sobre a **morfometria** e a estrutura funcional de lagos e represas e a fauna ictíica (Barthem e Goulding, 1997).

Como já foi salientado neste capítulo, esses avanços ocasionaram grande impacto nos estudos ecológicos e na formulação de conceitos de Ecologia Teórica e sua aplicação.

Em nível de ecossistemas, grandes progressos foram obtidos no conhecimento sobre a hidrologia de rios e as interações com os lagos de várzea (Neiff, 1996; Junk, 1997); nos mecanismos de funcionamento de áreas alagadas (Mitsch, 1996); no estudo comparado de represas (Margalef et al., 1976; Straškraba et al., 1993; Thorton et al., 1990); nos lagos salinos (Williams, 1996); nas interações dos sistemas terrestre e aquático (Decamps, 1996) e na ecologia de rios de grande e pequeno portes (Bonetto, 1994; Walker, I., 1995).

O conhecimento de processos e de mecanismos de funcionamento, em nível de interações entre os componentes do sistema ou em nível de ecossistema, deu origem a um grande número de contribuições sobre a recuperação e o gerenciamento de lagos e represas. Destacam-se nesse campo os trabalhos de Henderson e Sellers (1984) e Cooke et al. (1993) e as aplicações de modelagem no gerenciamento e **predição** de cenários e impactos (Jorgensen, 1980).

Na última década, os trabalhos de **biomanipulação** acoplaram o conhecimento científico e os avanços em Limnologia experimental ao gerenciamento de lagos e à restauração dos sistemas aquáticos (De Bernardi e Giussani, 2000; Starling, 1998).

Apresentaram grande progresso os estudos sobre lagos rasos (profundidade média: < 3 m) **polimíticos**, colonizados em sua grande extensão por macrófitas aquáticas e submetidos a constantes oscilações em razão das **flutuações de nível** e de efeitos climatológicos, como vento e radiação solar, e com grandes interações entre os sedimentos e a coluna de água (Scheffer, 1998).

Uma discussão que abrange teorias e aplicações, filosofia da ciência e usos da Limnologia para resolução de problemas aplicados foi apresentada por Rigler e Peters (1995).

1.3 Limnologia Tropical

No século XIX, a descrição cartográfica dos principais rios e bacias hidrográficas dos continentes sul-americano e africano foi completada.

Os principais rios (Amazonas, Zambezi, Niger e **Congo**) foram explorados e suas dimensões e **rede hidrográfica**, catalogadas. Já em 1910, Wesemberg-Lund chamou a atenção para a necessidade de estudos comparativos em lagos tropicais, a fim de ampliar a base conceitual. Certo número de expedições ocorreu a partir de 1900 (Quadro 1.3), com a finalidade de estudar principalmente a biogeografia, hidrologia e geografia. Expedição Sunda (1928-1929) foi o grande evento que reuniu limnólogos para um projeto conjunto: Thienemann, Ruttner, Feuerborn e Hermann (Talling, 1996).

Um conjunto de expedições acrescentou valiosas informações básicas sobre lagos tropicais e proporcionou fundamentos para futuras pesquisas de mais longa duração, principalmente em lagos africanos (Talling, 1965) e, no início da década de 1950 na região amazônica (Sioli, 1984; Junk, 1997).

As obras de síntese sobre a Limnologia Tropical deram mais ênfase à Limnologia dos **grandes lagos** africanos e pouca atenção à Limnologia Tropical nas Américas do Sul e Central. Essa tendência tem se alterado nos últimos anos, principalmente em razão do aumento de publicações internacionais oriundas do continente sul-americano, o que coloca na medida certa a contribuição de limnólogos de regiões tropicais à Limnologia.

Os avanços do conhecimento sobre o funcionamento de lagos tropicais provêm de várias fontes e de estudos intensivos, desenvolvidos por cientistas que trabalharam permanentemente em muitos lagos e represas tropicais, nos últimos 50 anos (Beadle, 1981).

1.4 A Limnologia no Limiar do Século XXI

Na última década do século XX, o avanço conceitual da Limnologia e o investimento científico na descoberta de processos levaram a um incremento muito grande nos programas de manejo e recuperação de sistemas aquáticos continentais; portanto, a ciência básica pode apoiar decisivamente essa aplicação. Os sistemas de recuperação têm apresentado uma grande sofisticação e a **modelagem ecológica** tem um papel relevante no **planejamento** e na elaboração de cenários (Jorgensen, 1992).

Também ocorreu nessa década um avanço significativo na tecnologia e no desenvolvimento de métodos mais acurados, principalmente na automação de medidas e na obtenção de dados em tempo real.

Quadro 1.3 Expedições de relevância ecológica para a Limnologia Tropical, arranjadas de forma cronológica para o período 1894-1940

	Neotrópico	África	Oriente
1940		Brunelli[16]	
		Cannicci	
—		Morandini	
	Gilson et al.[4]	Beauchamp[15]	
1930	Omer-Cooper[11]	Woltereck[18]	
—		Damas[14]	
		Cambridge[13]	
	Carter[3]	Jenkin[12]	Sunda Exp
	Carter e Beadle[2]	Worthington[10]	
		Graham e Worthington[9]	
1920		Stappers[8]	
—	Juday[1]	Cunnington[7]	Bogert[17] (Apstein)
1910		Fulleborn[6]	
		Moore[5]	
1900			

Os números identificam as localidades e os lagos
1 – Guatemala, Salvador; 2 – Paraguai, Brasil; 3 – Guiana Britânica, Belize; 4 – Lago Titicaca, Andes; 5 – **Lago Tanganica**; 6 – **Lago Niassa**, Malawi; 7 – Lagos Tanganica, Niasa e Vitória; 8 – Lagos Tanganika, Moero; 9 – Lago Vitória; 10 – Lagos Kioga, **Albert**; 11 – Etiópia; 12 – *Kenyan rift lakes*; 13 – Quênia, Uganda; 14 – **Lagos Kivu**, Edward, Ndalaga; 15 – Lagos Tanganica, Niassa; 16 – Etiópia: **Lago Tana**, *rift lakes*; 17 – Ceilão (Sri Lanka); 18 – Filipinas, Ilhas Celebi
Fonte: Talling (1996).

As principais conclusões a que se chega ao analisar o avanço da Limnologia são:

▸ o conhecimento de processos levou à conclusão de que os lagos não são "ilhas de água doce" isoladas nos continentes, mas dependem da interação com a bacia hidrográfica (Likens, 1992);

▸ as respostas dos lagos às atividades humanas nas bacias hidrográficas são muito diversas, pois dependem da morfometria e da intensidade das atividades humanas (Borman e Likens, 1979);

▸ os lagos respondem às mais variadas atividades humanas nas bacias hidrográficas próximas ao lago e também a mudanças que ocorrem em pontos distantes da bacia hidrográfica;

▸ o acúmulo de informações pelos lagos resulta em respostas que vão desde os processos físicos e químicos até as respostas das comunidades em termos de produtividade, biodiversidade, composição e mudanças genéticas (Kajak, Z. e Hillbricht-Ilkowska, 1972; Reynolds, 1997a, b; Talling e Lemoalle, 1998);

▸ a reconhecida **complexidade dos ecossistemas aquáticos continentais** deve ser fonte de permanente estudo analítico e síntese, e de comparações. Cada sistema aquático em sua bacia hidrográfica é único (Margalef, 1997);

▸ o **tempo de resposta** aos **fatores climatológicos** e às **atividades antropogênicas** nas bacias hidrográficas varia com a intensidade das ações, as características dos ecossistemas e seu estágio de organização (Falkenmark, 1999). Avanços foram realizados na compreensão das **escalas espaciais** e temporais em lagos e no tempo da resposta às funções de força. Por exemplo, as escalas espaciais e temporais da circulação vertical e horizontal em lagos, represas e rios foram compreendidas como respostas a vários fatores, como forças fundamentais nos processos físicos e químicos (Imberger, 1994);

▸ qualquer progresso no gerenciamento de sistemas aquáticos continentais depende e dependerá do conhecimento dos princípios de funcionamento desses sistemas, e um gerenciamento sustentável só será possível com um **gerenciamento integrado** da bacia hidrográfica (Murdroch, 1999). A **capacidade de auto-organização** dos ecossistemas aquáticos está relacionada aos mecanismos de feedback e ajustes permanentes com mudanças dinâmicas estruturais (Jorgensen e De Bernardi, 1998).

1.5 Limnologia no Brasil

A Limnologia no Brasil se desenvolveu com base em estudos científicos que tiveram início no final do século XX, tendo sido Oswaldo Cruz (1893) um pioneiro importante. Muitas outras observações e estudos iniciais de sistemas continentais e estuários foram realizados nos séculos XVIII e XIX (Esteves, 1988). Outras contribuições ao desenvolvimento da Limnologia no Brasil foram iniciadas com base em aplicações médicas, **microbiologia** e para estudos da comunidade de peixes com a finalidade de ampliar a capacidade de produção de alimento (pesca e piscicultura). Para estabelecer bases sólidas para a piscicultura era necessário conhecer melhor o sistema aquático, especialmente lagos naturais e

---

A EXPEDIÇÃO SUNDA E A LIMNOLOGIA TROPICAL

A Expedição Sunda foi realizada em 1928-1929 durante 11 meses (7 de setembro, 1928 a 31 de julho, 1929), em lagos, rios e áreas alagadas de Java, Bali e Sumatra (atual Indonésia). Foi dirigida por quatro participantes: Thienemann, Ruttner, Feuerborn e Herpmann, que viajaram extensivamente por essa região realizando observações, coletando material biológico e mantendo uma rotina de medidas meteorológicas. Os limnólogos participantes da expedição, principalmente Thienemann e Ruttner, eram, respectivamente, especialistas em tipologia de lagos (Thienemann foi influenciado pelo limnólogo sueco Naumann) e em processos de circulação hidroquímica e distribuição de plâncton. Os principais resultados da expedição destacaram as áreas de taxonomia: florística e faunística; estratificação e circulação em lagos; comparação e tipologia de lagos. Uma síntese dos resultados da expedição foi publicada por Thienemann (1931).

A Expedição Sunda estabeleceu um padrão para futuras expedições em Limnologia nos trópicos, especialmente com relação à biogeografia e às características ecológicas da flora e fauna aquáticas de regiões tropicais, na África. Outras expedições na África foram realizadas (Damas, 1937) com o estímulo dos trabalhos publicados pela Expedição Sunda.

Fonte: Schiemer e Boland, 1996.

represas, e, consequentemente, manter bases conceituais sólidas necessárias à sua aplicação. Nesse estágio da Limnologia no Brasil, tiveram papel relevante os trabalhos de Spandl (1926), Wright (1927, 1935, 1937), Lowndes (1934) e Dahl (1894).

Esteves (1988) publicou uma descrição detalhada da evolução da Limnologia no Brasil, mostrando os principais marcos que delinearam o progresso dessa ciência no século XX. Esteves, Barbosa e Bicudo (1995) apresentaram uma síntese abrangente do desenvolvimento da Limnologia no Brasil desde seus primórdios até 1995.

Destaca-se também a contribuição de Branco (1999), que promoveu um conjunto de **estudos hidrobiológicos** com a finalidade de aplicar os conhecimentos da **biologia aquática** ao saneamento e à promoção de novas tecnologias de integração entre o trabalho de engenheiros sanitaristas, biólogos e limnólogos.

Um marco relevante estabelecido no Brasil a partir de 1971 foi a implantação de um conjunto de estudos com a abordagem sistêmica da bacia hidrográfica e da Represa da UHE Carlos Botelho (Lobo-Broa), que introduziu inúmeras metodologias, inovadoras para a época, no estudo de ecossistemas aquáticos no Brasil. Assim, as primeiras publicações abordaram problemas de heterogeneidade espacial, gradientes térmicos horizontais e verticais, distribuição de organismos planctônicos e inter-relações fitozooplâncton. Também foram iniciados nessa época estudos com comunidades de peixes, especialmente análises de crescimento, **reprodução** e alimentação, e sobre bentos lacustres (Tundisi *et al.*, 1971, 1972).

Esses estudos também enfocaram **processos sazonais** e estabeleceram novas perspectivas para a compreensão de interações entre os **ciclos climatológicos**, hidrológicos e a produtividade primária planctônica e os ciclos biogeoquímicos (Tundisi, 1977a, b).

O projeto desenvolvido nesse ecossistema artificial, raso, **turbulento**, também teve relevância, porque se estabeleceu, concomitantemente ao projeto de pesquisa, um sistema de formação de recursos humanos que culminou, em 1976, com a implantação do Programa de Pós-Graduação em Ecologia e Recursos Naturais, na Universidade Federal de São Carlos (UFSCar). Esse programa permitiu estabelecer no Brasil a "Escola de São Carlos", na formação de limnólogos e ecólogos, e se irradiou para um grande número de núcleos de excelência em muitas regiões do País. Atualmente, limnólogos formados na "Escola de São Carlos" atuam, no Brasil, em 20 universidades e em dez institutos de pesquisa, bem como em 15 países da América Latina e três países da África. Para a formação de recursos humanos qualificados, contribuíram não só os cursos de pós-graduação em mestrado e doutorado, mas também os 12 cursos internacionais de especialização ministrados em São Carlos de 1985 a 2003, que possibilitaram o treinamento de especialistas de países latino-americanos, da África e do Brasil. Os quatro programas iniciais de pós-graduação no Brasil, na área de Ecologia (Inpa – **Manaus;** Unicamp – Campinas; UNB – Brasília; e UFSCar – São Carlos), tinham enfoques diferentes, sendo UFSCar e Inpa os únicos com foco mais denso em Ecologia Aquática e Limnologia. Deve-se destacar também o I Encontro Nacional sobre Limnologia, Piscicultura e Pesca Continental realizado em 1975, em Belo Horizonte, Vargas, Loureiro e Milward de Andrade (1976).

Nos últimos 25 anos, com a fundação da Sociedade Brasileira de Limnologia (1982), a consolidação dos Congressos de Limnologia e a publicação da Acta Limnologica Brasilienzia, firmou-se definitivamente a Limnologia como ciência no Brasil. Outro marco importante que deve ser salientado foi o Congresso Internacional de Limnologia Teórica e Aplicada, realizado em 1995, em São Paulo. Esse congresso científico teve a participação de 1.065 cientistas de 65 países, com a apresentação de 470 trabalhos de pesquisadores brasileiros e de alunos de pós-graduação, o que possibilitou uma ampla exposição internacional da Limnologia no Brasil e estimulou inúmeras interações científicas que deram frutos posteriores ao Congresso em várias linhas de pesquisa.

A capacidade de produção científica da Limnologia no Brasil pode ser medida pelo aumento de publicações, especialmente de síntese nos últimos 20 anos, que contribuiu para consolidar tendências, programas e abordagens e promoveu avanços significativos nessa ciência.

Muitas sínteses e obras foram publicadas no Brasil nos últimos 30 anos. Ao trabalho inicial e sólido conceitualmente de Kleerekoper (1944), seguiram-se as obras de Schafer (1985) e Esteves (1988), e sínteses produzidas por Tundisi (1988), Pinto Coelho, Giani e Von Sperling (1994), Barbosa (1994), Tundisi, Bicudo e Matsumura Tundisi (1995), Agostinho e Gomes (1997), Junk (1997), Tundisi e Saijo (1997), Henry (1999a, b, 2003), Nakatami *et al.* (1999), Tundisi e Straškraba (1999), Junk *et al.* (2000), Santos e Pires Salatiel (2000), Straškraba e Tundisi (2000), Medri *et al.* (2002), Bicudo, Forti e Bicudo (2002), Brigante e Espindola (2003), Thomaz e Bini (2003), Bicudo e Bicudo (2004).

Esses últimos trabalhos mostram que a Limnologia no Brasil passa rapidamente por uma transformação que vai da simples descrição de sistemas e organismos à interpretação de processos ecológicos, modelagem matemática, predição e quantificação.

Com referência às lagoas costeiras, Esteves (1998) editou um volume fundamental que tratou da Ecologia das Lagoas Costeiras do Parque Nacional da Restinga de Jurubatiba e do Município de Macaé (RJ). Essa obra trata de todos os aspectos históricos, ecológicos, estruturais e dinâmicos desses ecossistemas localizados no norte do Estado do Rio de Janeiro.

1.6 Importância da Limnologia como Ciência

O estudo limnológico é basicamente, como em outras ciências, uma procura de princípios. Esses princípios que atuam em certos processos e mecanismos de funcionamento podem ser utilizados em predições e para comparações. Particularmente, o aspecto comparativo da Limnologia deve ser salientado. Por exemplo, quando se compara a **hidrodinâmica** de rios, lagos e represas, imediatamente se compreendem certos aspectos básicos de funcionamento que interferem significativamente no **ciclo de vida**, na distribuição e na biomassa de organismos aquáticos.

Essa abordagem, retomada por Legendre e Demers (1984), examina antigos trabalhos sobre **estabilidade** e instabilidade vertical, sucessão fitoplanctônica (Gran e Braarud, 1935; Bigelow, 1940) e produtividade (Riley, 1942), e, à luz de dados recentes de variabilidade biológica, técnicas de amostragem e **microescala**, fluorescência in vivo (Lorenzen, 1966) e técnicas numéricas, como análise espectral. Outros fatores importantes analisados relacionam-se com o estudo do **comportamento fisiológico** do fitoplâncton e suas reações a diferentes intensidades luminosas provenientes da **turbulência**. Essa nova abordagem indica, como fatores de controle principal da sucessão fitoplanctônica, a hidrodinâmica e suas consequências na estrutura vertical do sistema e abre imensas perspectivas teóricas e práticas no estudo limnológico, sendo um dos pontos avançados da Limnologia atual, aproximando-a muito da Oceanografia do ponto de vista conceitual.

O fato de possibilitar predições e prognósticos também qualifica a Limnologia como uma ciência, importante do ponto de vista aplicado. Nos últimos anos, tem sido cada vez maior a degradação dos ecossistemas de águas interiores, com base em despejos de vários tipos de resíduos, por efeitos do desmatamento da bacia hidrográfica e por poluição do ar e posterior chuva ácida. Portanto, a contenção desses processos de deterioração e a correção e prevenção das alterações nas águas interiores só podem ser feitas se uma sólida base de conhecimentos científicos existir.

Por outro lado, a interferência humana na vida aquática (superexploração de plantas e animais aquáticos, **introdução de espécies exóticas**) tem produzido imensas alterações na estrutura dos ecossistemas aquáticos.

Além dos problemas de poluição, eutrofização e deterioração que as águas interiores vêm sofrendo, deve-se ainda levar em conta que o manejo adequado desses ecossistemas é também importante para um melhor aproveitamento dos recursos existentes em lagos, rios e represas. Por exemplo, em muitos países, atualmente, a construção de represas modificou consideravelmente a estrutura dos sistemas ecológicos terrestres e dos sistemas aquáticos naturais, e, por outro lado, introduziu um novo ecossistema com características peculiares. O manejo desses sistemas para diversos fins representa um considerável investimento que deve ser estimulado a partir de conhecimentos básicos.

Portanto, além do interesse científico e do aprofundamento dos conhecimentos básicos, a Limnologia pode proporcionar aplicações importantes.

Deve-se ainda considerar um aspecto importante de interface entre a Limnologia fundamental e a aplicação, que é o estudo da evolução de lagos e represas. Esses sistemas evoluíram sob diversos tipos de pressão e a progressiva introdução de **filtros ecológicos**, os quais resultaram em mecanismos bem característicos e na comunidade resultante. Esse estudo, que engloba aspectos geomorfológicos, hidrodinâmicos, composição do sedimento e relação **material alóctone/material autóctone**, além da composição e do estudo da comunidade, é fundamental para a compreensão de efeitos das atividades humanas nos sistemas de águas continentais. Assim, a comparação entre lagos de diferentes origens e represas pode proporcionar muitas informações científicas necessárias ao conhecimento do ecossistema, além de possibilitar diagnósticos importantes, como um processo integrado da bacia hidrográfica, que estende o conceito de Limnologia para uma visão mais global, que não considera somente o meio líquido em que vivem os organismos, mas também o complexo sistema de interações que se desenvolve no sistema terrestre que circunda o lago, ou o **ecossistema aquático** continental. A Fig. 1.3 é uma concepção original do diagrama de Rawson (1939), no qual essas interações são destacadas e onde os objetos fundamentais da Limnologia são sintetizados. Essa figura estabelece alguns marcos importantes no conhecimento de sistemas aquáticos continentais, e, embora outras interpretações e processos resultantes de estudos posteriores sejam apresentados nos capítulos subsequentes, pode-se verificar que já à época desses conceitos havia uma visão mais integrada e sistêmica.

A aplicação da Limnologia Básica aos vários aspectos do **planejamento regional** é discutida no Cap. 19.

O progresso mais importante da Limnologia como ciência nos últimos dez anos foi a compreensão mais avançada da ecologia dinâmica dos sistemas aquáticos e sua aplicação para a resolução de problemas aplicados de proteção, conservação e recuperação de lagos.

Um aspecto também importante do trabalho limnológico é a possibilidade de prognosticar tendências e características de lagos e represas ao longo do tempo, principalmente com relação ao controle de processos como a eutrofização e o estoque de peixes. O **prognóstico** é feito geralmente com algumas variáveis e modelos relativamente simples, os quais baseiam-se em extensas coletas de dados. A utilização dessas técnicas permite o uso extensivo da Limnologia no planejamento e na resolução de

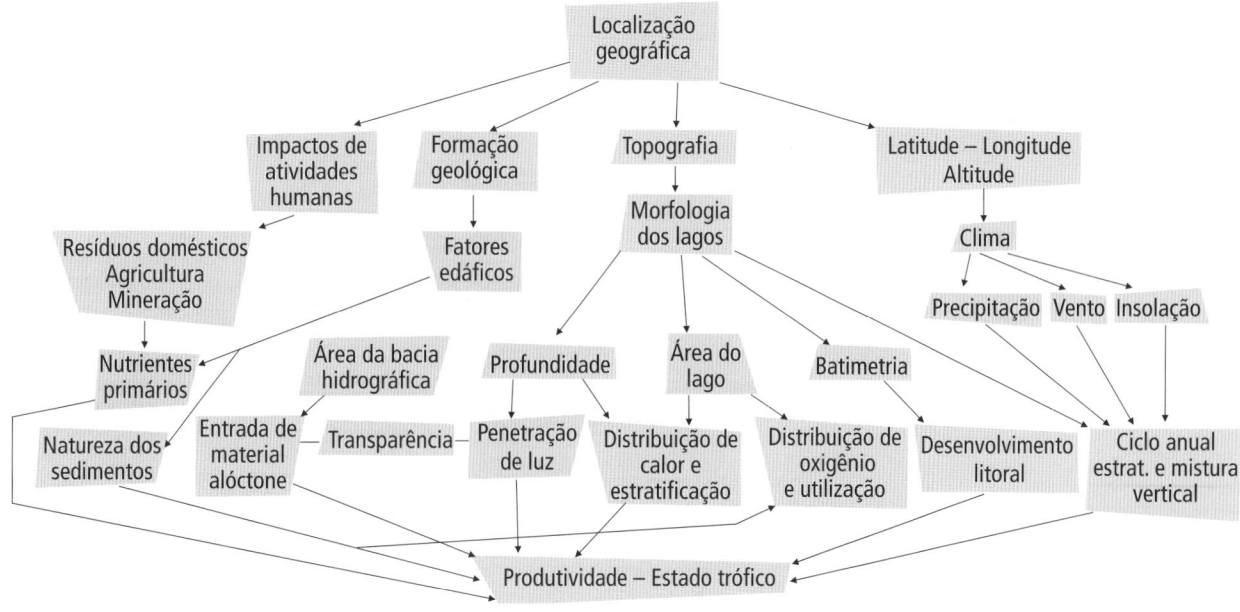

Fig. 1.3 Marcos importantes no conhecimento de sistemas aquáticos continentais
Fonte: modificado de Rawson (1939).

problemas aplicados, como os já anteriormente citados (ver Cap. 19).

O Quadro 1.4 sintetiza a **concepção de Rawson** e estabelece os principais atributos e a hierarquia de fatores que atuam nos ecossistemas aquáticos continentais, incluindo **impactos das atividades humanas**. Esse quadro também consolida a concepção e organização desta obra.

A Fig. 1.4, de Likens (1992), mostra a concepção desse autor sobre a matriz energética do ecossistema e os níveis de organização e de estudo com base em indivíduos e comunidades. Essa matriz sintetiza os principais desenvolvimentos atuais na abordagem e no estudo dos sistemas aquáticos, seu funcionamento e as comunidades aquáticas.

Quadro 1.4 Principais atributos e a hierarquia de fatores que atuam nos ecossistemas aquáticos continentais, segundo Rawson

Propriedades regionais	Clima	Geologia	Topografia	Tempo de retenção sedimentação
Características da bacia hidrográfica	Vegetação	Solo	Hidrologia	
Atributos e características dos sistemas	Morfometria	Circulação – estratificação		
Propriedades físicas e químicas	Penetração da luz Temperatura da água	Turbidez e **condutividade**	Substâncias húmicas	Nutrientes Toxinas
Propriedades biológicas/ecológicas	Biomassa	Produtividade	Estrutura trófica Biodiversidade	
Impactos das atividades humanas	Destruição dos sistemas e hábitats Redução da biodiversidade	Entrada de nutrientes e sedimentos	**Alterações climáticas**	Substâncias tóxicas

Fontes: modificado com base em Horne e Goldman (1994) e Kalff (2002).

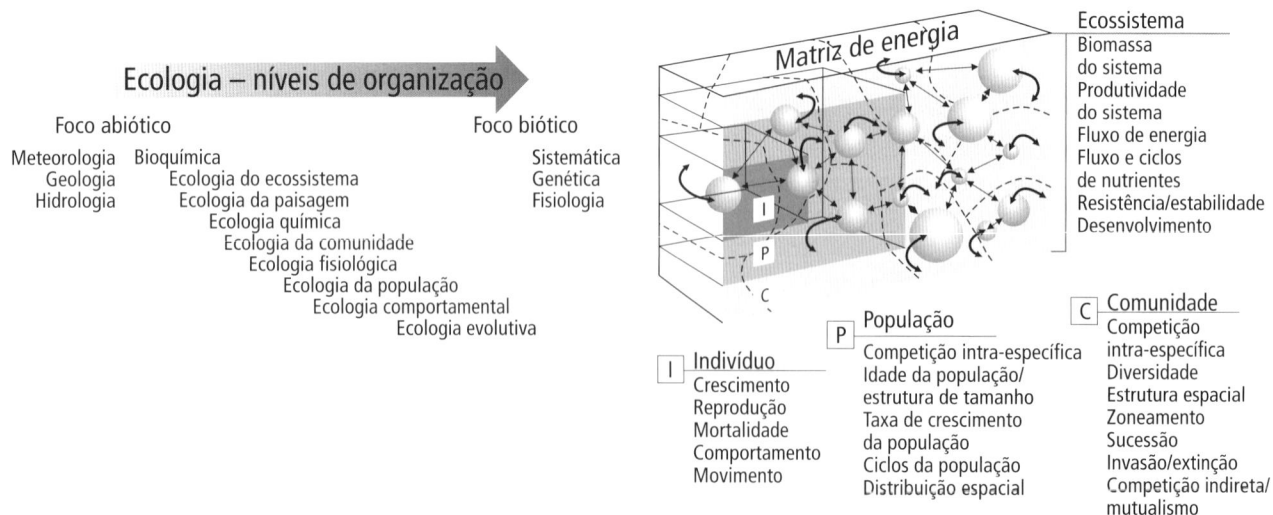

Fig. 1.4 Matriz energética do ecossistema e os níveis de organização e de estudo com base em indivíduos e comunidades
Fonte: modificado de Likens (1992).

Principais publicações científicas que divulgam trabalhos em Limnologia

- Algological Studies
- Amazoniana – Limnologia Et Oecologia Regionalis
- Systemae Fluminis Amazonas
- Ambio
- American Scientist
- Annals of the Entomological Society of America
- Applied Geochemistry
- Aquaculture
- Aquatic Botany
- Aquatic Ecology
- Aquatic Ecosystem Health & Management
- Aquatic Insects
- Aquatic Microbial Ecology
- Aquatic Toxicology
- Archiv fur Hydrobiologie
- Archive of Fishery and Marine Research
- Australian Journal of Freshwater and Marine Science
- Biodiversity and Conservation
- Biological Conservation
- Biological Invasions
- Bioscience
- Biotropica
- British Antarctic Survey Journal
- British Journal of Phycology
- Bulletin Ecological Society of America
- Canadian Journal of Fisheries and Aquatic Sciences
- Conservation Biology
- Ecohydrology & Hydrobiology
- Ecological Modelling
- Ecological Monographs
- Ecology
- Ecology of Freshwater Fish
- Ecotoxicology
- Environmental Biology of Fishes
- Environmental Conservation
- Estuaries
- Fisheries Management and Ecology
- Fisheries Research
- Freshwater Biology
- Hydrobiologia
- Hydroecology and Hydrobiology
- Interciência
- International Journal of Ecology and Environmental Sciences
- International Review of Hydrobiology
- Journal of Applied Microbiology
- Journal of Coastal Research
- Journal of Ecology
- Journal of Fish Biology
- Journal of Freshwater Biology
- Journal of Freshwater Ecology
- Journal of Great Lakes Research
- Journal of Hydrology
- Journal of Lake and Reservoir Management
- Journal of Phycology (US)
- Journal of Plankton Ecology
- Journal of Plankton Research
- Journal of Tropical Ecology
- Lakes & Reservoirs Research and Management
- Limnetica
- Limnologica
- Limnology and Oceanography
- Marine and Freshwater Behaviour and Physiology
- Memorie dell' Istituto Italiano di Idrobiologia
- Microbial Ecology
- Nature
- Naturwissenschaften
- New Zealand Journal of Freshwater and Marine Science
- Oikos
- Phykos
- Polar Research
- Proceedings of the International Association of Theoretical and Applied Limnology
- Proceedings of the Royal Society (UK) Series B.
- Restoration Ecology
- Swiss Journal of Hydrobiology
- Water Research
- Water Resources Research

No Brasil, as publicações mais relevantes nessa área são:

- Acta Amazonica
- Acta Botanica Brasilica
- Acta Limnologica Brasiliensia
- Anais da Academia Brasileira de Ciências
- Atlântica
- Biota Neotropica
- Brazilian Journal of Oceanography
- Boletim do Laboratório de Hidrobiologia
- Brazilian Archives of Biology and Technology
- Brazilian Journal of Biology
- Brazilian Journal of Ecology

Lago Toba, em Sumatra (lago vulcânico)
Fonte: Ilec.

2 A água como substrato

Resumo

A água é uma substância extremamente peculiar, que existe em três estados: sólido, líquido e gasoso. A passagem de um estado para outro depende de um rearranjo das moléculas e da configuração de seus agregados.

As **propriedades físicas da água**, especialmente as anomalias da densidade relacionadas à temperatura, são fundamentais nos processos de circulação e estratificação de lagos e represas, e na organização vertical do sistema em lagos temperados no inverno, no qual ocorre congelamento na superfície.

As propriedades físicas e químicas da água, particularmente as anomalias de densidade, **tensão superficial** e as características térmicas, têm importância fundamental para organismos aquáticos que vivem no meio líquido. Outra propriedade importante, do ponto de vista biológico, é a tensão superficial que possibilita a existência de formas especiais de vida aquática. A viscosidade é também outra propriedade importante, pois a mobilidade dos organismos aquáticos no meio líquido depende dela.

O **ciclo hidrológico** do Planeta tem os componentes de **evaporação**, transporte pelos ventos, **precipitação** e **drenagem**. Esse ciclo, impulsionado pela radiação solar e pela energia dos ventos, depende da permanente mudança de estado da forma líquida nos oceanos para a forma gasosa na atmosfera e da precipitação sobre os continentes.

A distribuição das águas no planeta Terra é irregular, existindo regiões com abundância de água e outras com escassez. A disponibilidade de água líquida depende de uma reserva nas águas continentais, caracterizada pelas águas em lagos, rios, represas, pântanos e pelas águas subterrâneas.

O volume e a **qualidade da água** dos **aquíferos** subterrâneos dependem da **cobertura vegetal**, que promove a recarga e mantém a qualidade das águas.

A distribuição de águas doces no Brasil é também irregular. Há regiões com abundância de recursos hídricos superficiais e subterrâneos, e população relativamente escassa, e há regiões onde há escassez relativa de recursos hídricos e grande concentração de população, como nas regiões altamente urbanizadas do Sudeste. Portanto, a distribuição *per capita* de águas no País é desigual.

2.1 Principais Características Físicas e Químicas da Água

Todos os processos básicos na vida de quaisquer organismos dependem da água. A água é o **solvente universal** que transporta gases, elementos e substâncias, compostos orgânicos dissolvidos que são a base da vida de plantas e animais no planeta.

O hidrogênio da água funciona como uma fonte de elétrons na **fotossíntese**. As propriedades peculiares da água estão relacionadas à estrutura atômica, às ligações intermoleculares do hidrogênio e às associações das moléculas da água nas fases sólida, líquida e gasosa. O oxigênio é altamente eletronegativo e, na água, está associado a dois átomos de hidrogênio que retêm uma carga positiva.

A assimetria na carga das moléculas de água possibilita ao oxigênio de uma molécula formar uma ligação fraca com o hidrogênio de duas moléculas adjacentes, e essa ligação covalente OH é a causa de uma forte ligação intermolecular.

A água sob forma gasosa não tem estrutura, e o gás é essencialmente monomérico. O estado sólido, o gelo, é muito ordenado e sua estrutura é bem conhecida. Nesse caso, cada átomo de oxigênio da estrutura está ligado, por intermédio do hidrogênio, a quatro outros átomos de oxigênio, formando um tetraedro a uma distância de 2,76 Å do oxigênio central. Essa organização estrutural pode ser representada pelo desenho de uma rede de anéis hexagonais com espaços entre as moléculas, o que permite ao gelo flutuar sobre a água líquida. Em temperaturas próximas a 0°C, as moléculas de água na forma líquida apresentam movimentos de reorientação e translação cujo número oscila entre 10^{11} e 10^{12} por segundo. Já as moléculas de gelo em temperaturas próximas a 0°C apresentam um número de movimentos que oscila entre 10^5 e 10^6 por segundo. São, portanto, as pontes de hidrogênio que mantêm as moléculas de água juntas. Elas também estão presentes em outras moléculas, conforme os exemplos da Tab. 2.1.

As variações de temperatura afetam as **distâncias intermoleculares**. Com a fusão do gelo, os espaços vazios da estrutura molecular desaparecem, o que aumenta a densidade da água, que alcança seu máximo a 4°C. Com o aumento da temperatura, o líquido se expande por causa do aumento das distâncias intermoleculares e sua menor densidade.

Tab. 2.1 Outras substâncias, além da água, que mantêm pontes de hidrogênio

Ligação	Substância	Energia de ligação (Kcal/Mol)	Tamanho da ligação (Angstrom)
F – H – F	H_6F_6	6,7	2,26
O – H --- O	H_2O_2 (gelo)	4,5	2,76
	H_2O_2	4,5	
N – H – N	NH_3	1,3	3,38
N – H – F	NH_4F	5,0	2,63

Em virtude de a água ser um forte **dipolo** com dois átomos de hidrogênio (positivos) e um átomo de oxigênio (negativo), além da distância (carga x distância), há consequências importantes nas suas propriedades físicas. Sem esse forte caráter dipolo, a água não seria líquida.

As moléculas de água têm uma forte atração entre si, formando agregados esféricos, lineares ou por áreas. A atuação eletrostática das moléculas leva a uma redistribuição de suas cargas, resultando na formação das pontes de hidrogênio (Fig. 2.1). Cada molécula da água é conectada a quatro outras moléculas por meio das pontes de hidrogênio, levando a um arranjo tetraédrico dos elétrons em torno do átomo de oxigênio.

As características físicas da água mostram inúmeras anomalias. O Quadro 2.1 apresenta essas

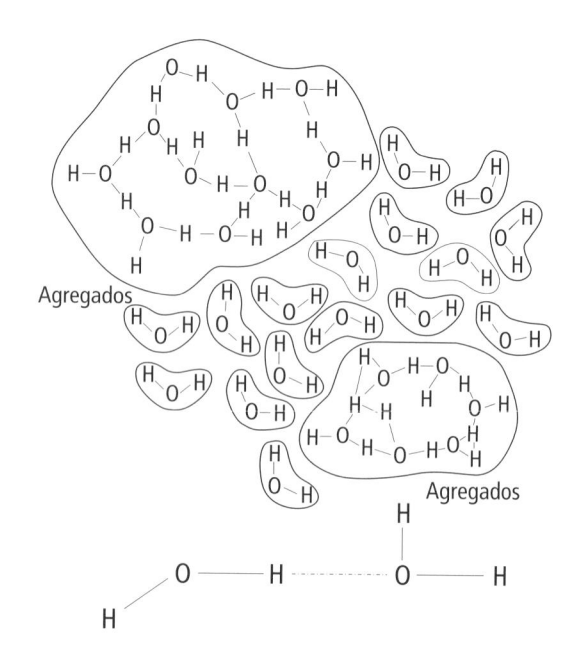

Fig. 2.1 Esta tendência para a formação de pontes de hidrogênio confere à água um papel extremamente ativo de considerável significância no metabolismo dos organismos
Fonte: Schwoerbel (1987).

propriedades e sua importância nos ambientes físico e biológico.

A Fig. 2.2 apresenta a relação existente entre a densidade da água e sua respectiva temperatura. A Tab. 2.2 destaca as propriedades físicas da água, e a Tab. 2.3 apresenta os respectivos valores para várias temperaturas, densidades e volumes específicos da água.

A **anomalia da densidade** pode ser demonstrada pelos seguintes fatos:

▶ a água dos lagos, na sua parte mais profunda, não pode ser mais fria que a água na sua **densidade máxima**, ou seja, aproximadamente 4°C;
▶ as massas de água congelam da superfície para o fundo; portanto, a camada de gelo protege as águas mais profundas do congelamento. Isso acarreta consequências muito importantes na distribuição e sobrevivência dos organismos aquáticos.

Além dessas anomalias de densidade serem importantes no processo de circulação de água e no período de inverno em lagos de regiões temperadas ou árticas, também são fundamentais na estabilidade/**circulação de lagos** tropicais e nos períodos de circulação. O máximo de densidade depende do conteúdo de sais na água e da pressão.

Para um aumento de 1% no conteúdo de sais da água, a temperatura de densidade máxima diminui cerca de 0,2°C (Schwoerbel, 1987). Portanto, a água do mar tem sua máxima densidade a -3,5°C e congela a -1,91°C.

Quadro 2.1 Características físicas da água líquida

Propriedade	Comparação com outras substâncias	Importância física e biológica
Ponto de fusão e calor latente de fusão	Alto, com exceção do NH_3	Efeito termostático no ponto de congelamento por causa da **absorção** ou liberação do calor latente
Calor específico (quantidade de calor em calorias necessárias para elevar de 1°C o peso unitário em substância)	Maior de todos os sólidos e líquidos (exceto NH_3)	Impede mudanças extremas de temperatura. Transferência de calor muito elevada por movimentos de água. Mantém uniforme a temperatura do corpo
Ponto de evaporação e calor latente de evaporação	Maior de todas as substâncias	Extremamente importante na **transferência de calor** e água na atmosfera
Expansão térmica	A temperatura de máxima densidade é de 4°C para a água pura. Essa temperatura diminui com o aumento da **salinidade**	A água doce e a água do mar diluídas têm sua densidade máxima acima do ponto de congelamento
Tensão superficial	A mais alta de todos os líquidos	Importante na **fisiologia** celular. Controla fenômenos de superfície. Diminui com o aumento de temperatura. Há organismos adaptados a essa camada de tensão superficial. Compostos orgânicos diminuem a tensão superficial
Poder de solução	Alto (solvente universal)	De alta importância pela capacidade de dissociação de **substâncias orgânicas dissolvidas**
Dissociação eletrolítica	Muito baixa	Uma substância neutra que contém íons H^+ e OH^-
Transparência	Relativamente alta	Absorve **energia radiante** nos raios infravermelhos e nos raios ultravioleta. Pouca absorção seletiva no visível
Condução de calor	Maior de todos os líquidos	Importante em células vivas, os processos moleculares podem ser afetados pela condição para **difusão**
Constante dielétrica	Água pura tem a maior de todos os líquidos	Resulta na alta dissociação de substâncias inorgânicas dissolvidas

Fonte: modificado de Sverdrup, Johnson e Fleming (1942).

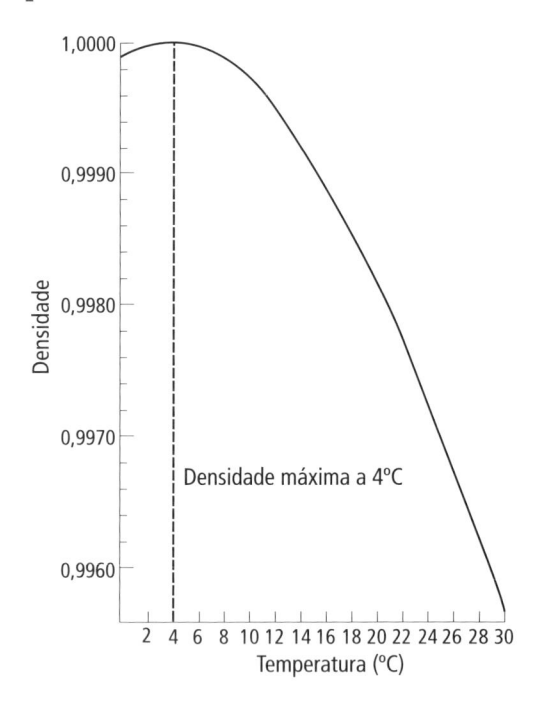

Fig. 2.2 Relação entre a densidade da água e a temperatura
Fonte: Beadle (1981).

Tab. 2.2 Propriedades físicas da água

Densidade	(25°C) kg/m³	997,075
Densidade máxima	kg/m³	1.000,000
Temperatura de densidade máxima	°C	3,840
Viscosidade (Pascal/seg)	25°C	$0,890 \cdot 10^{-3}$
Viscosidade cinemática (m²/s)	25°C	$0,89 \cdot 10^{-6}$
Ponto de fusão (°C)	(a 101.325 Pa) Pat n	0,0000
Ponto de fervura (°C)	(a 101.325 Pa) Pat n	100,00
Calor latente do gelo	(kg/mol)	6,0104
Calor latente de evaporação	(kg/mol)	40,66
Calor específico	(15°C em J/kg°C)	4,186
Condutividade térmica	(25°C) J/cm°C	0,00569
Tensão superficial (25°C)	W/M	$71,97 \cdot 10^{-3}$
Constante dielétrica	25°C	78,54

Fonte: Schwoerbel (1987); Wetzel (2001).

2.1.1 Importância das propriedades físicas e químicas da água para os organismos aquáticos

Todo o ciclo de vida e o comportamento dos organismos aquáticos são influenciados pelas propriedades físicas e químicas da água, principalmente a densidade, as anomalias de densidade,

Tab. 2.3 Temperatura, densidade e volumes específicos da água

Temperatura (°C)	Densidade (kg/ℓ)	Volume Específico (ℓ/kg)
0 (gelo)	0,91860	1,08861
0 (água)	0,99987	1,00013
4	1,00000	1,00000
5	0,99999	1,00001
10	0,99973	1,00027
15	0,99913	1,00087
18	0,99862	1,00138
20	0,99823	1,00177
25	0,99707	1,00293
30	0,99568	1,00434
35	0,99406	1,00598

Fonte: Schwoerbel (1987).

as propriedades térmicas da água e sua capacidade como solvente universal. Por outro lado, a tensão superficial da água, que tem também grande importância biológica, varia com a temperatura e com a concentração de sólidos dissolvidos.

A tensão superficial da água permite que um conjunto de organismos do **nêuston**, ou do **plêuston**, utilize a interface entre a água e a atmosfera como suporte e também para seus movimentos.

Outra propriedade importante da água, do ponto de vista biológico, é sua **viscosidade dinâmica**, que é a força requerida para deslocar 1 kg por 1 m durante 1 s na massa de água. A viscosidade depende da temperatura da água e do conteúdo de sais. Portanto, o deslocamento dos organismos aquáticos depende da viscosidade, da forma do corpo e da temperatura da água, e o campo de energia para os organismos que se deslocam está relacionado a esses fatores. A unidade de viscosidade é o Pascal-segundo (Pa s = $1 \text{ kg.m}^{-1}.\text{s}^{-1}$).

A relação entre temperatura e viscosidade da água é indicada na Tab. 2.4. A viscosidade cinemática é a relação da viscosidade com a densidade, sendo, aproximadamente, a mesma que a viscosidade clássica da água. A unidade é m²/s (1 Stokes = 10^{-4} m²/s).

2.2 O Ciclo Hidrológico e a Distribuição da Água no Planeta

O ciclo hidrológico é o **princípio unificador** fundamental de tudo o que se refere à água no

Tab. 2.4 Relação entre temperatura da água e viscosidade

Temperatura °C	Viscosidade Pa s . 10⁻³	%	Viscosidade cinemática (m²/s) . 10⁻⁶
0	1,787	100,0	1,771
5	1,561	84,8	1,561
10	1,306	78,7	1,304
15	1,138	63,7	1,139
18	1,053	58,9	1,054
20	1,002	56,0	1,004
25	0,890	49,8	0,892
30	0,798	44,7	0,801
35	0,719	40,3	0,723

Fonte: Schwoerbel (1987).

planeta. O ciclo é o modelo pelo qual se representam a interdependência e o movimento contínuo da água nas fases sólida, líquida e gasosa. Toda a água do planeta está em contínuo movimento cíclico entre as reservas sólida, líquida e gasosa. Evidentemente, a fase de maior interesse é a líquida, que é fundamental para o uso e para satisfazer as necessidades do homem e de todos os outros organismos, animais e vegetais. Os componentes do ciclo hidrológico são (Speidel *et al.*, 1988):

▸ precipitação: água adicionada à superfície da Terra a partir da atmosfera. Pode ser líquida (chuva) ou sólida (neve ou gelo);
▸ evaporação: processo de transformação da água líquida para a fase gasosa (vapor d'água). A maior parte da evaporação se dá nos oceanos, seguida nos lagos, rios e represas;
▸ transpiração: processo de perda de vapor d'água pelas plantas, o qual se dispersa para a atmosfera;
▸ **infiltração**: processo pelo qual a água é absorvida pelo solo;
▸ **percolação**: processo pelo qual a água entra no solo e nas formações rochosas até o nível freático;
▸ drenagem: movimento de deslocamento da água nas superfícies durante a precipitação.

A água que atinge a superfície de uma bacia hidrográfica pode, então, ser drenada, reservada em lagos e represas, e daí evaporar para a atmosfera ou se infiltrar e percolar no solo.

A Fig. 2.3 mostra as peculiaridades do ciclo hidrológico e seus principais processos.

Até o final da década de 1980, acreditava-se que o ciclo hidrológico no planeta era fechado, ou seja, que a quantidade total de água permanecera sempre a mesma desde o início da Terra. Nenhuma água entraria ou deixaria o Planeta a partir do espaço

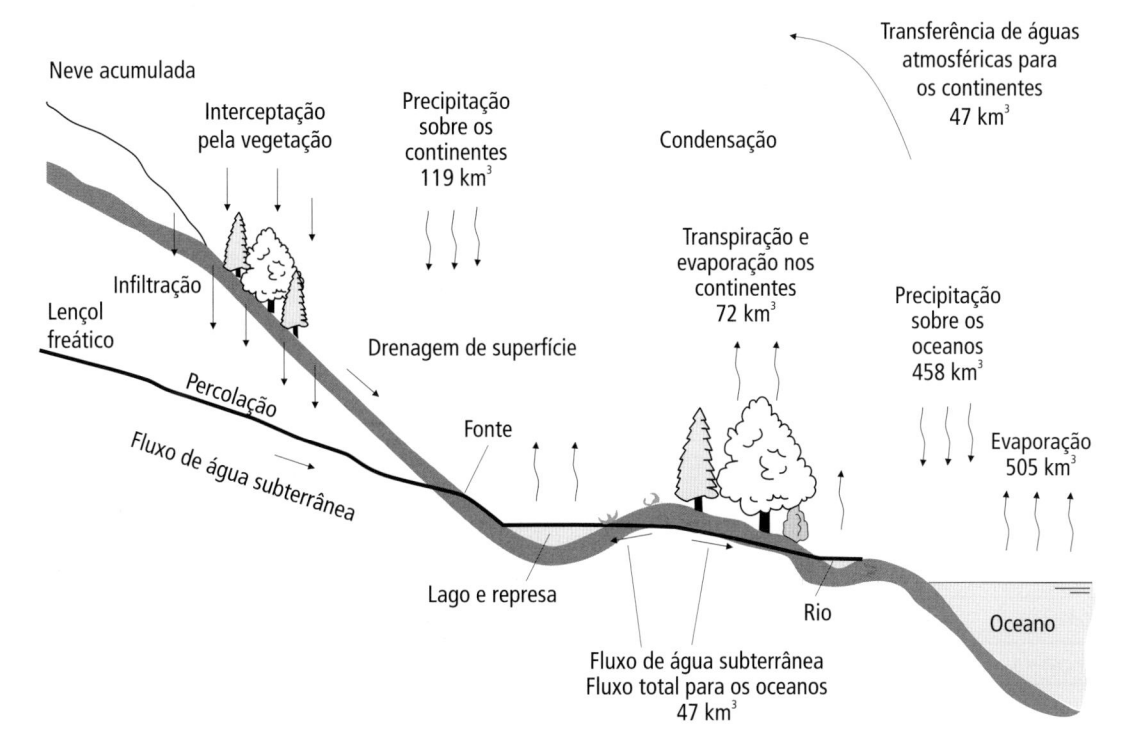

Fig. 2.3 O ciclo hidrológico. Os números em km³ (x 10³) indicam os fluxos de evaporação, precipitação e drenagem para os oceanos
Fonte: adaptado de várias fontes.

exterior. Descobertas recentes, entretanto, sugerem que bolas de neve de 20 a 40 toneladas, denominadas pelos cientistas "pequenos cometas", provenientes de outras regiões do Sistema Solar, podem atingir a atmosfera da Terra. As chuvas de bolas de neve são vaporizadas quando se aproximam da atmosfera terrestre e podem ter acrescentado 3 trilhões de toneladas de água a cada 10 mil anos (Frank, 1990; Pielou, 1998).

A velocidade do ciclo hidrológico varia de uma era geológica para outra, assim como as proporções da soma total de águas doces e marinhas. Em períodos de **glaciação**, por exemplo, a proporção de água doce líquida era menor; em períodos mais quentes, a forma líquida era mais comum.

De acordo com Pielou (1998), o ciclo hidrológico pode ser considerado um ciclo de vida, e a história natural da água no planeta está relacionada aos ciclos de vida e à história da vida.

A Tab. 2.5 mostra a distribuição da água e dos principais reservatórios de água da Terra; a Fig. 2.4 apresenta a distribuição das águas no Planeta e a porcentagem de águas salgadas e doces.

A distribuição da água no planeta não é homogênea. A Tab. 2.6 mostra a distribuição do suprimento renovável de água por continente e a porcentagem da população global.

Os principais rios e lagos da Terra constituem importantes reservatórios de água doce. Situados no interior dos continentes e drenando extensas áreas, esses vastos reservatórios são fundamentais para a sobrevivência de organismos, plantas e animais, e a própria sobrevivência do *Homo sapiens*. A Tab. 2.7 mostra os principais rios do planeta; a Fig. 2.5 apresenta as principais bacias hidrográficas. As represas artificiais, construídas pelo homem, constituem outra importante reserva de água doce, com aproximadamente 9.000 km³ (Straškraba *et al.*, 1993a, b).

Tab. 2.5 Áreas, volumes totais e relativos de água dos principais reservatórios da Terra

Reservatório	Área (10^3 km²)	Volume (10^3 km³)	% do Volume total	% do Volume de água doce
Oceanos	361.300	1.338,000	96,5	—
Água subterrânea	134.800	23,400	1,7	—
Água doce	—	10,530	0,76	30,1
Umidade do solo	—	16,5	0,001	0,05
Calotas polares	16.227	24,064	1,74	68,7
Antártica	13.980	21,600	1,56	61,7
Groenlândia	1.802	2,340	0,17	6,68
Ártico	226	83,5	0,006	0,24
Geleiras	224	40,6	0,003	0,12
Solos gelados	21.000	300	0,022	0,86
Lagos	2.058,7	176,4	0,013	—
Água doce	1.236,4	91	0,007	0,26
Água salgada	822,3	85,4	0,006	—
Pântanos	2.682,6	11,47	0,0008	0,03
Fluxo dos rios	148.800	2,12	0,0002	0,006
Água na biomassa	510.000	1,12	0,0001	0,003
Água na atmosfera	510.000	12,9	0,001	0,04
Totais	510.000	1.385,984	100	—
Total de reservas de água doce	148.800	35,029	2,53	100

Fonte: Shiklomanov (1998).

Fig. 2.4 Distribuição de águas na Terra em um determinado instante
Fonte: Shiklomanov (1998).

Total de água da Terra
- Calotas polares e geleiras 68,9%
- Água doce 2,5% do total
- Água doce nos rios e lagos 0,3%
- Água subterrânea doce 29,9%
- Outros reservatórios 0,9%
- Água salgada 97,5%
- 1.386 Mkm³

Tab. 2.6 Distribuição do suprimento renovável de água por continente

Região	Média anual drenagem (km³)	% da drenagem global	% da população global	% estável
África	4.225	11	11	45
Ásia	9.865	26	58	30
Europa	2.129	5	10	43
América do Norte	5.960	15	8	40
América do Sul	10.380	27	6	38
Oceania	1.965	5	1	25
Ex-União Soviética	4.350	11	6	30
Mundo	38.874	100	100	36

Fonte: adaptado de L'vovich (1979).

Tab. 2.7 Principais características dos rios mais importantes do planeta

Rio	Comprimento (km)	Área da bacia (km²)	Descarga (km³/ano)	Intensidade mm/ano (D/C)	Transporte de substâncias dissolvidas t/km²/ano (Td)	Transporte de sólidos em suspensão t/km²/ano (Ta)	Ta/Td	Quantidade total transportada (t x 10⁶/ano)
Amazonas	7.047	7.049.980	3.767,8	534	46,4	79,0	1,7	290,0
Congo	4.888,8	3.690.750	1.255,9	340	11,7	13,2	1,1	47,0
Yangtze	6.181,2	1.959.375	690,8	353	NA	490,0	NA	NA
Mississippi-Missouri	6.948	3.221.183	556,2	173	40,0	94,0	2,3	131,0
Ienisei	5,58	2.597.700	550,8	212	28,0	5,1	0,2	73,0
Mekong	4,68	810.670	538,3	664	75,0	435,0	5,8	59,0
Orinoco	2.309,4	906.500	538,2	594	52,0	91,0	1,7	50,0
Paraná	4.330,8	3.102.820	493,3	159	20,0	40,0	2	56,0
Lena	6.544,8	2.424.017	475,5	196	36,0	6,3	0,15	85,0
Brahmaputra	1,8	934.990	475,5	509	130,0	1.370,0	10,5	75,0
Irrawaddy		431.000	443,3	1.029	NA	700,0	NA	NA
Ganges	1,8	488.992	439,6	899	78,0	537,0	6,9	76,0
Mackenzie	3.663	1.766.380	403,7	229	39,0	65,0	1,7	
Obi	6,1578	3.706.290	395,5	107	20,0	6,3	0,3	50,0
Amur	4,86	1.843.044	349,9	190	10,9	13,6	1,1	20,0
São Lourenço	2.808	1.010.100	322,9	320	51,0	5,0	0,1	54,0
Indus	3,24	963.480	269,1	279	65,0	500,0	8,0	68,0
Zambezi	3,06	1.329.965	269,1	202	11,5	75,0	6,5	15,4
Volga	4.123,8	1.379.952	256,6	186	57,0	19,0	0,3	77,0
Níger	4,68	1.502.200	224,3	149	9,0	60,0	6,7	10,0
Colúmbia	2.185,2	668.220	210,8	316	52,0	43,0	0,8	34,0
Danúbio	3.198,6	816.990	197,4	242	75,0	84,0	1,1	60,0
Yukon	3.562,2	865.060	193,8	224	44,0	103,0	2,3	34,8
Fraser	1.530	219.632	112,4	512	NA	NA	NA	NA

Tab. 2.7 Principais características dos rios mais importantes do planeta (continuação)

Rio	Comprimento (km)	Área da bacia (km²)	Descarga (km³/ano)	Intensidade mm/ano (D/C)	Transporte de substâncias dissolvidas t/km²/ano (Td)	Transporte de sólidos em suspensão t/km²/ano (Ta)	Ta/Td	Quantidade total transportada (t x 10⁶/ano)
São Francisco	3.576,6	652.680	107,7	165	NA	NA	NA	NA
Hwang-Ho (Rio Amarelo)	5.221,8	1.258.740	104,1	83	NA	2.150,0	NA	NA
Nilo	7.482,6	2.849.000	80,7	28	5,8	37,0	6,4	10,0
Nelson	2,88	1.072.260	76,2	71	27,0	NA	NA	31,0
Murray-Darling	6.067,8	1.072.808	12,6	12	8,2	30,0	13,6	2,3

Fonte: baseado em várias fontes.

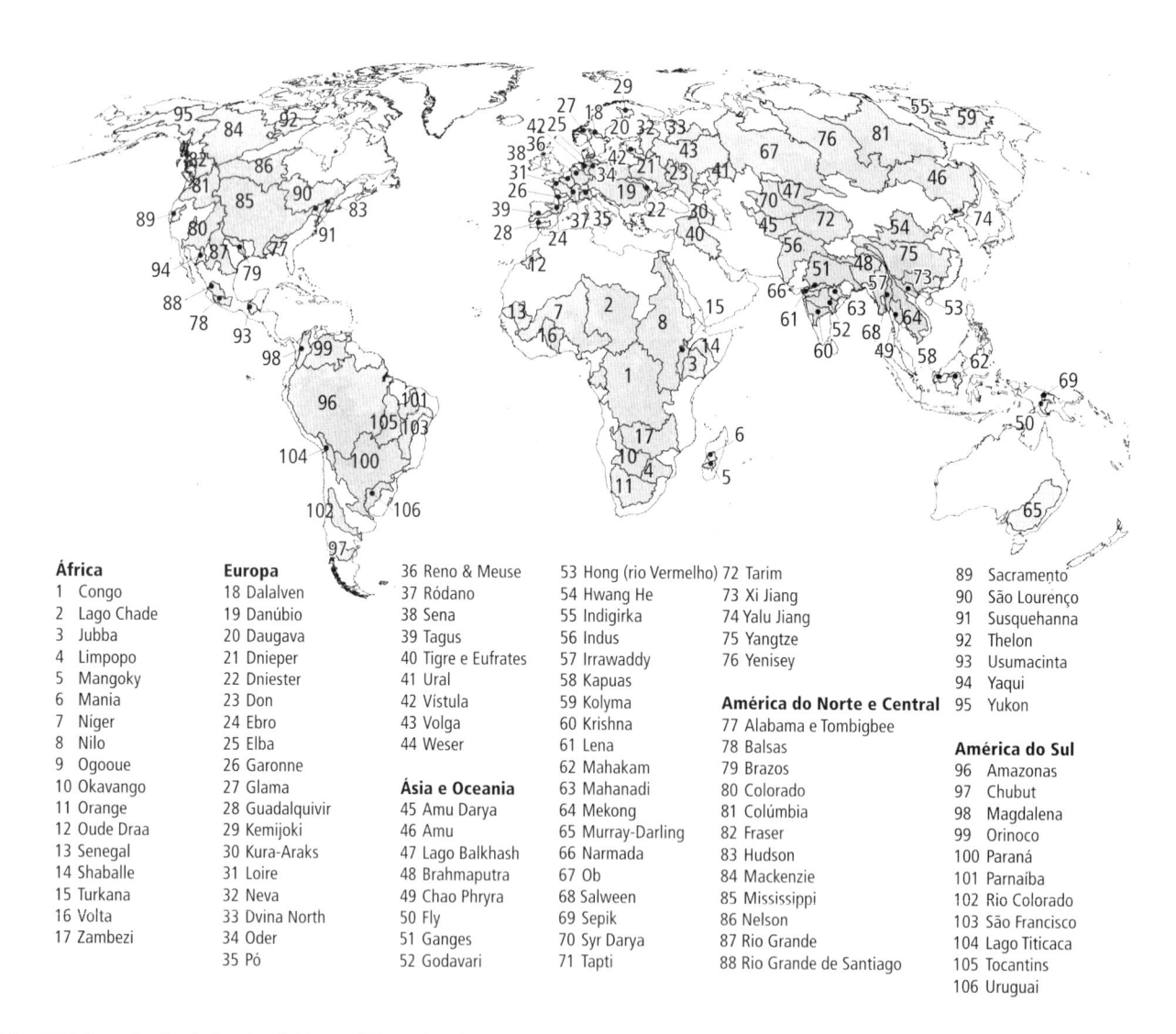

África
1 Congo
2 Lago Chade
3 Jubba
4 Limpopo
5 Mangoky
6 Mania
7 Niger
8 Nilo
9 Ogooue
10 Okavango
11 Orange
12 Oude Draa
13 Senegal
14 Shaballe
15 Turkana
16 Volta
17 Zambezi

Europa
18 Dalalven
19 Danúbio
20 Daugava
21 Dnieper
22 Dniester
23 Don
24 Ebro
25 Elba
26 Garonne
27 Glama
28 Guadalquivir
29 Kemijoki
30 Kura-Araks
31 Loire
32 Neva
33 Dvina North
34 Oder
35 Pó
36 Reno & Meuse
37 Ródano
38 Sena
39 Tagus
40 Tigre e Eufrates
41 Ural
42 Vístula
43 Volga
44 Weser

Ásia e Oceania
45 Amu Darya
46 Amu
47 Lago Balkhash
48 Brahmaputra
49 Chao Phryra
50 Fly
51 Ganges
52 Godavari
53 Hong (rio Vermelho)
54 Hwang He
55 Indigirka
56 Indus
57 Irrawaddy
58 Kapuas
59 Kolyma
60 Krishna
61 Lena
62 Mahakam
63 Mahanadi
64 Mekong
65 Murray-Darling
66 Narmada
67 Ob
68 Salween
69 Sepik
70 Syr Darya
71 Tapti
72 Tarim
73 Xi Jiang
74 Yalu Jiang
75 Yangtze
76 Yenisey

América do Norte e Central
77 Alabama e Tombigbee
78 Balsas
79 Brazos
80 Colorado
81 Colúmbia
82 Fraser
83 Hudson
84 Mackenzie
85 Mississippi
86 Nelson
87 Rio Grande
88 Rio Grande de Santiago
89 Sacramento
90 São Lourenço
91 Susquehanna
92 Thelon
93 Usumacinta
94 Yaqui
95 Yukon

América do Sul
96 Amazonas
97 Chubut
98 Magdalena
99 Orinoco
100 Paraná
101 Parnaíba
102 Rio Colorado
103 São Francisco
104 Lago Titicaca
105 Tocantins
106 Uruguai

Fig. 2.5 As principais bacias hidrográficas do planeta ilustradas por continente
Fonte: Revenga *et al*. (1998).

A Tab. 2.8 mostra um grande número de lagos situados no Hemisfério Norte, em regiões temperadas. O **continente africano** também possui um elevado número de lagos com áreas e volumes consideráveis. Grandes lagos são raros no continente sul-americano, principalmente nos trópicos; predominam pequenos lagos de várzea e extensas áreas pantanosas com muitos lagos. Na região sul do continente sul-americano, há lagos de maior área e volume na Patagônia e nas regiões andinas.

Os Grandes Lagos são importantes reservas de água doce e constituem um recurso hídrico internacional compartilhado pelo Canadá e pelos Estados Unidos. Na América do Sul, o **lago Titicaca** é compartilhado pela Bolívia e pelo Peru, e há um projeto internacional de grande dimensão para a recuperação da bacia hidrográfica e do lago. Todos os grandes lagos apresentados na tabela têm importantes **usos múltiplos**, enorme e relevante impacto na economia de muitos países e regiões. Esses lagos têm **biota aquática** bastante significativa e são importantes sistemas para a manutenção da **biodiversidade aquática**. **Lagos muito antigos**, como o **Baikal**, na Rússia, ou o Tanganika, na África, apresentam alta diversidade biológica.

O volume de **material em suspensão** transportado pelos rios depende dos usos das bacias hidrográficas, do grau de desmatamento ou da cobertura vegetal. O material em suspensão ou é depositado nos deltas e estuários ou é transportado pelas correntes marítimas, acumulando-se em golfos ou baías. Represas construídas para diversos fins alteram os fluxos e o **transporte de sedimentos** dos rios, causando impactos principalmente nas regiões costeiras e nos deltas. Informações científicas recentes mostram que represas do médio Tietê, no Estado de São Paulo, podem reter até 80% do material em suspensão (Tundisi, 1999).

A drenagem dos rios, que representa a renovação dos recursos hídricos, é o componente mais importante do ciclo hidrológico. O rio mais importante do planeta, o Amazonas, produz 16% da drenagem mundial, sendo 27% de toda a drenagem dos rios representada pelo Amazonas, Ganges-Brahmaputra, Congo, **Lantz** e Orinoco.

Nem todas as bacias hidrográficas têm **descargas** para os oceanos. As que não drenam para os oceanos são chamadas de regiões endorréicas (sem drenagem), com área de 30 milhões de km² (20% da área total de terras). Em contrapartida, as regiões que drenam para os oceanos são as exorréicas.

Tab. 2.8 Os maiores lagos de água doce da Terra

Lago	Área (km²)	Volume (km³)	Profundidade Máxima (m)	Continente
Superior	82.680	11.600	406	América do Norte
Vitória	69.000	2.700	92	África
Huron	59.800	3.580	299	América do Norte
Michigan	58.100	4.680	281	América do Norte
Tanganyika	32.900	18.900	1.435	África
Baikal	31.500	23.000	1.741	Ásia
Niassa	30.900	7.725	706	África
Grande Lago do Urso	30.200	1.010	137	América do Norte
Grande Lago do Escravo	27.200	1.070	156	América do Norte
Erie	25.700	545	64	América do Norte
Winnipeg	24.600	127	19	América do Norte
Ontário	19.000	1.710	236	América do Norte
Ladoga	17.700	908	230	Europa
Chade	16.600	44,4	12	África
Maracaibo	13.300	—	35	América do Sul
Tonlé Sap	10.000	40	12	Ásia
Onega	9.630	295	127	Europa
Rudolf	8.660	—	73	África
Nicarágua (Cocibolca)	8.430	108	70	América Central
Titicaca	8.110	710	230	América do Sul
Athabasca	7.900	110	60	América do Norte
Reindeer	6.300	—	—	América do Norte
Tung Ting	6.000	—	10	Ásia
Vanerm	5.550	180	100	Europa
Zaysan	5.510	53	8,5	Ásia
Winnipegosis	5.470	16	12	América do Norte
Albert	5.300	64	57	África
Mweru	5.100	32	15	África

Fonte: adaptado de Shiklomanov, *apud* Gleick (1998).

2.2.1 As águas subterrâneas

A água encontrada no subsolo da superfície terrestre é chamada de água subterrânea. Ela ocorre em duas zonas. A zona superior se estende da superfície até profundidades que variam de menos de um metro a algumas centenas de metros em regiões semi-áridas. Essa região é denominada zona insaturada, uma vez que contém água e ar. A zona saturada, que ocorre logo abaixo, contém somente água. A Fig. 2.6 apresenta características fundamentais das águas subterrâneas e a terminologia geral utilizada. Parte da precipitação que atinge a superfície terrestre percola através da zona insaturada para a zona saturada. Essas áreas são denominadas áreas de recarga, uma vez que nelas ocorre a recarga dos aquíferos subterrâneos.

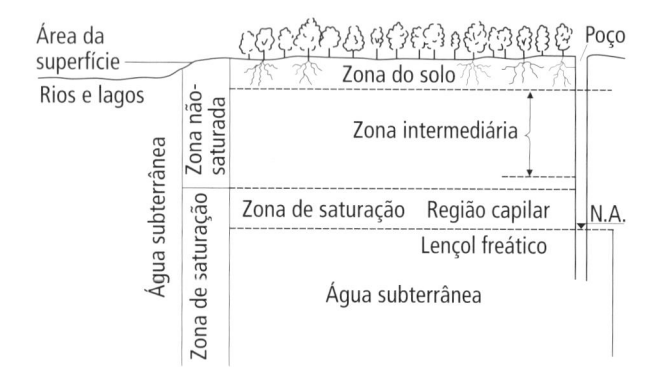

Fig. 2.6 Águas subterrâneas. A porção superior da zona saturada é ocupada pela água situada na região capilar mantida pela tensão superficial
Fonte: modificado de Speidel *et al.* (1988).

O movimento das águas subterrâneas inclui deslocamentos laterais nos quais ocorrem gradientes hidráulicos em direção às áreas de descargas dos aquíferos.

A água que percola através da superfície do solo forma aquíferos não confinados, em contraste com aquíferos confinados, em que há água retida por solos menos permeáveis. Todos os tipos de rochas, ígneas, sedimentares ou metamórficas, confinam águas nas diferentes regiões. Importantes fontes de depósitos de águas subterrâneas incluem rochas calcárias e dolomita, basalto e arenito. É importante destacar que a água existente no solo suporta a biomassa de várias origens, natural ou cultivada. As águas subterrâneas estão disponíveis em todas as regiões da Terra, constituindo importante recurso natural. São utilizadas frequentemente para abastecimento doméstico, **irrigação** em áreas rurais e para fins industriais.

Os usos generalizados das águas subterrâneas devem-se também à sua disponibilidade próximo ao local de utilização e também à sua qualidade, uma vez que podem estar livres de patógenos e contaminantes. A disponibilidade permanente das águas subterrâneas é outra razão para seu uso intensivo. A contribuição dos fluxos de águas subterrâneas à descarga dos rios por continente é mostrada na Tab. 2.9.

2.2.2 Distribuição das águas continentais no Brasil

Estimativas determinam que o Brasil possui entre 12% a 16% de toda a água doce do planeta Terra, distribuída desigualmente, como mostram as Tabs. 2.10 e 2.11. A Fig. 2.7 está relacionada à distribuição média anual.

Tab. 2.9 Contribuição dos fluxos subterrâneos à descarga dos rios (km³/ano)

Continentes/Recursos	Europa	Ásia	África	América do Norte	América do Sul	Austrália/Oceania	ex-URSS	Total Mundial
Escoamento superficial	1.476	7.606	2.720	4.723	6.641	1.528	3.330	27.984
Contribuição subterrânea	845	2.879	1.464	2.222	3.736	483	1.020	12.689
Descarga total média dos rios	2.321	10.485	3.808	6.945	10.377	2.011	4.350	40.673

Fontes: Tundisi (2003); Rebouças *et al.* (2006).

Tab. 2.10 Balanço hídrico das principais bacias hidrográficas do Brasil

Bacia Hidrográfica	Área (km²)	Média da precipitação (m³/s)	Média de descarga (m³/s)	Evapotranspiração (m³/s)	Descarga/precipitação (%)
Amazônica	6.112.000	493.191	202.000	291.491	41
Tocantins	757.000	42.387	11.300	31.087	27
Atlântico Norte	242.000	16.388	6.000	10.388	37
Atlântico Nordeste	787.000	27.981	3.130	24.851	11
São Francisco	634.000	19.829	3.040	16.789	15
Atlântico Leste–Norte	242.000	7.784	670	7.114	9
Atlântico Leste–Sul	303.000	11.791	3.710	8.081	31
Paraná	877.000	39.935	11.200	28.735	28
Paraguai	368.000	16.326	1.340	14.986	8
Uruguai	178.000	9.589	4.040	5.549	42
Atlântico Sul	224.000	10.515	4.570	5.949	43
Brasil, incluindo Bacia Amazônica	10.724.000	696.020	251.000	445.020	36

Fonte: Braga et al. (1998).

Tab. 2.11 Disponibilidade hídrica social e demandas por Estado no Brasil

Estados	Potencial hídrico* (km³/ano)	População habitantes**	Disponibilidade hídrica social (m³/hab/ano)	Densidade população (hab/km²)	Utilização*** total (m³/hab/ano)	Nível de utilização 1991
Rondônia	150,2	1.229.306	115.538	5,81	44	0,03
Acre	154,0	483.593	351.123	3,02	95	0,02
Amazonas	1.848,3	2.389.279	773.000	1,50	80	0,00
Roraima	372,31	247.131	1.506.488	1,21	92	0,00
Pará	1.124,7	5.510.849	204.491	4,43	46	0,02
Amapá	196,0	379.459	516.525	2,33	69	0,01
Tocantins¹	122,8	1.048.642	116.952	3,66	—	—
Maranhão	84,7	5.022.183	16.226	15,89	61	0,35
Piauí	24,8	2.673.085	9.185	10,92	101	1,05
Ceará	15,5	6.809.290	2.279	46,42	259	10,63
R. G. do Norte	4,3	2.558.660	1.654	49,15	207	11,62
Paraíba	4,6	3.305.616	1.394	59,58	172	12,00
Pernambuco	9,4	7.399.071	1.270	75,98	268	20,30
Alagoas	4,4	2.633.251	1.692	97,53	159	9,10
Sergipe	2,6	1.624.020	1.625	73,97	161	5,70
Bahia	35,9	12.541.675	2.872	22,60	173	5,71
M. Gerais	193,9	16.672.613	11.611	28,34	262	2,12
E. Santo	18,8	2.802.707	6.714	61,25	223	3,10
R. Janeiro	29,6	13.406.308	2.189	305,35	224	9,68
São Paulo	91,9	34.119.110	2.209	137,38	373	12,00
Paraná	113,4	9.003.804	12.600	43,92	189	1,41
Sta. Catarina	62,0	4.875.244	12.653	51,38	366	2,68
R. G. do Sul	190,0	9.634.688	19.792	34,31	1.015	4,90

Tab. 2.11 Disponibilidade hídrica social e demandas por Estado no Brasil (continuação)

Estados	Potencial hídrico* (km³/ano)	População habitantes**	Disponibilidade hídrica social (m³/hab/ano)	Densidade população (hab/km²)	Utilização*** total (m³/hab/ano)	Nível de utilização 1991
M. G. do Sul	69,7	1.927.834	36.684	5,42	174	0,44
M. Grosso	522,3	2.235.832	237.409	2,62	89	0,03
Goiás	283,9	4.514.967	63.089	12,81	177	0,25
D. Federal	2,8	1.821.946	1.555	303,85	150	8,56
BRASIL	5.610,0	157.070.163	35.732	18,37	273	0,71

Fontes: *DNAEE, 1985, ¹Srhimma, **Censo IBGE, 1996, ***Rebouças, 1994.

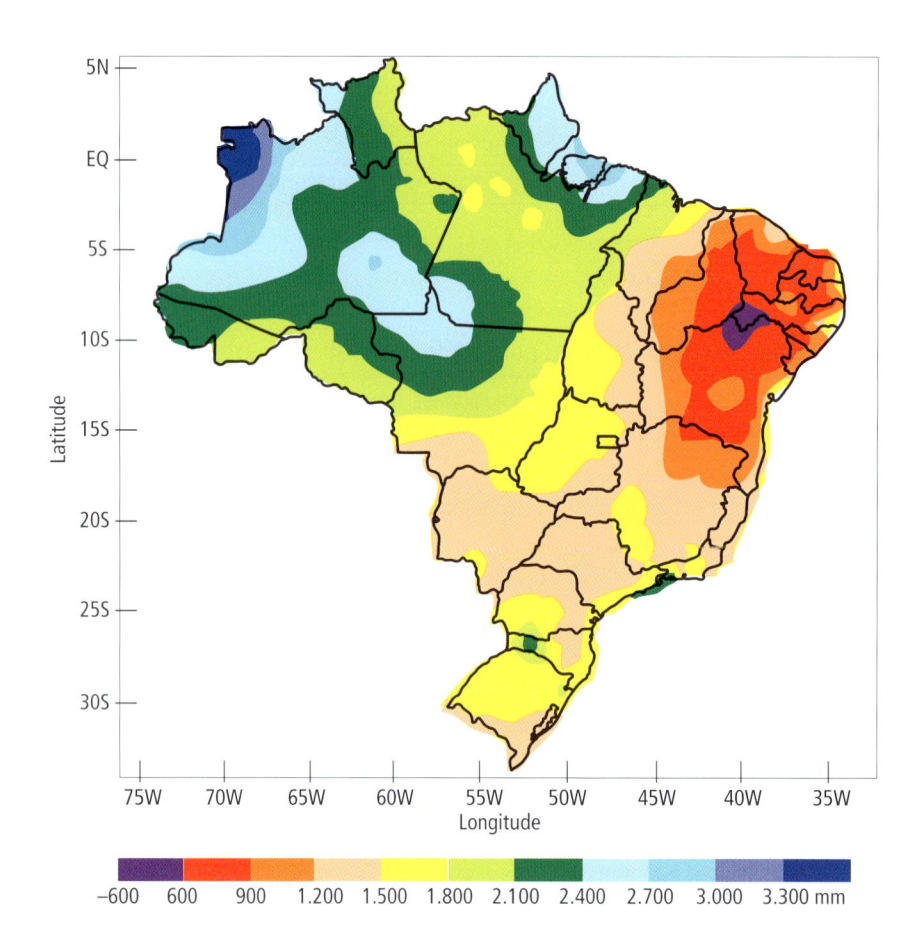

Fig. 2.7 Características da **precipitação média anual** (em mm) no Brasil (CPTEC/Inpe)
Fonte: Rebouças et al. (2002).

Lago Balaton (Hungria). Um lago raso com inúmeros trabalhos científicos desenvolvidos, o que torna um dos lagos rasos paradigmas do estudo limnológico em lagos rasos (profundidade média de 3 m).
Fonte: Ilec.

3 | Origem dos lagos

Resumo

Neste capítulo, descrevem-se a **origem dos lagos** naturais a partir de determinados eventos geomorfológicos e os **padrões de drenagem** com seus respectivos tipos e características.

A origem e a morfometria dos lagos têm papel relevante nas suas condições físicas, químicas e biológicas, uma vez que, em conjunto com os processos climatológicos regionais, contribuem para o seu funcionamento.

Além da classificação dos lagos conforme sua origem e suas diferentes formações, são apresentados **parâmetros morfométricos**, tipos morfológicos, perfis batimétricos e zonação de lagos e represas. São incluídos também, neste capítulo, a distribuição total de lagos por origem, exemplos da idade de lagos em função da sua origem e a **distribuição global de lagos** fluviais.

3.1 Características Gerais de Lagos e Bacias de Drenagem

O **estudo geomorfológico** contribui consideravelmente para o conhecimento da origem dos lagos e para a dinâmica dos processos de formação desses ecossistemas (Swanson, 1980). **Morfologia** dos lagos significa o estudo de sua forma e tem uma relação importante com a gênese do sistema. A **morfometria** trata da quantificação dessas formas e elementos. A morfologia e a morfometria dos lagos dependem fundamentalmente dos processos que os originaram.

Lagos naturais, rios, riachos, represas têm um tempo de vida curto do ponto de vista geológico. O desaparecimento dos lagos pode ser objeto de prognóstico. Alguns são muito antigos, e a história dos eventos que ocorreram na bacia hidrográfica e no lago fica registrada nos sedimentos. A datação desses sedimentos pode ser feita com técnicas a partir da determinação da atividade do ^{14}C, que ocorre naturalmente. Além disso, inúmeros fragmentos de organismos aquáticos e da vegetação que não se decompõem podem ser utilizados para determinar a sequência de eventos que ocorrem nos lagos: restos de **diatomáceas** e zooplâncton, restos de vertebrados e o pólen dos sedimentos. Esses fragmentos também podem fornecer informações precisas sobre as alterações da vegetação na bacia hidrográfica, considerando-se o tempo geológico.

Lagos que se formaram a partir de determinados eventos geomorfológicos, localizados em certas áreas geográficas, apresentam características similares e, por isso, são agrupados em **distritos lacustres** de acordo com sua origem.

Embora essas características sejam próximas, há diferenças na **morfometria**, na **produtividade** e na **composição química** da água. O estudo comparado dos lagos, em um mesmo distrito e entre os diversos distritos lacustres, permite uma classificação regional. Por exemplo, no caso do sistema de **lagos do Médio Rio Doce**, no leste do Brasil, o processo que os originou é, provavelmente, o mesmo (De Meis e Tundisi, 1986), mas há diferenças consideráveis entre cada um quanto à morfometria, à produtividade e à composição química da água. Essas diferenças se devem à localização de antigos rios e riachos no sistema hidrográfico que deu origem aos lagos.

Lagos são também designados **sistemas lênticos** (origem: latim *lentus*, significando lente).

A **geomorfologia dos lagos** tem, portanto, um papel relevante no estabelecimento das condições físicas, químicas e biológicas, cuja série de eventos, dados os limites das condições climatológicas das bacias lacustres, depende, em grande parte, dos mecanismos fundamentais de funcionamento proporcionados pelas condições morfométricas e morfológicas iniciais estabelecidas pelo padrão geomorfológico. Dependem da geomorfologia do lago a entrada de nutrientes, a estratificação e a **desestratificação térmica** e o **tempo de residência**.

Os rios que formam um sistema hidrográfico hierarquizado compõem a **rede hidrográfica** e ocupam uma **bacia hidrográfica**, o conjunto territorial de terras banhadas ou percorridas por uma rede hidrográfica (Ab'Saber, 1975). A bacia hidrográfica abrange dezenas de milhares ou milhões de km^2 por área. Essa localização dos lagos no sistema fluvial original leva à discussão sobre os tipos de escoamento mais comuns que ocorrem.

As principais modalidades de redes hidrográficas acham-se distribuídas em diversos **padrões de drenagem** importantes para caracterizar os tipos de evolução regional das redes de rios e as inter-relações entre fatores climáticos, as rochas, a natureza dos terrenos. Além disso, esses padrões de drenagem dão informações fundamentais sobre os processos de formação dos lagos, no contexto regional (Fig. 3.1).

As bacias de drenagem, que são domínios regionais das redes hidrográficas, podem ser classificadas quanto ao **destino** das águas correntes. O Quadro 3.1 mostra os diversos tipos de **bacia de drenagem**.

3.2 Origem dos Lagos

De acordo com a definição original de Forel (1892), um lago é um corpo de água estacionário, ocupando uma determinada bacia e não conectado com o oceano. Vários autores fazem as distinções entre lagos, tanques, áreas alagadas, lagoas costeiras, lagoas fluviais adjacentes a rios de grande, médio ou pequeno porte (de alguns metros quadrados a milhões ou milhares de km^2 e centenas ou dezenas de km^2).

Todos os sistemas de águas interiores, evidentemente, originaram-se de uma variedade de processos naturais e de diversos mecanismos de formação agrupados em 11 agentes de formação, como os relacionados no Quadro 3.2. Outros autores, como Bayly e Williams (1973), listaram classificações morfogenéticas de lagos com base em experiências regionais. A classificação de Bayly e Williams está baseada em lagos australianos, por exemplo.

Quadro 3.2 Classificação de lagos pela origem

Origem	
1	Tectônica
2	Vulcânica
3	Movimentos do terreno
4	Glaciação
5	Lagos de solução
6	Ação fluvial
7	Por ação do vento
8	Na costa
9	Acumulação orgânica
10	Construídos por organismos
11	Impactos de meteoritos

Fonte: Hutchinson (1957).

Além dessas classificações de lagos, baseadas na **geomorfologia**, é necessário considerar a perenidade dos sistemas ou sua **intermitência**, lagos com fases úmidas e de inundação muito irregulares, áreas alagadas, canais e lagoas de inundação em rios, lagos e lagoas costeiras, perenes, intermitentes, sem ligação com as águas costeiras ou permanentemente conectados às águas costeiras por meio de canais.

Todos os sistemas continentais estão submetidos a um processo contínuo de alteração produzido pela contribuição das respectivas bacias hidrográficas e, portanto, são formas transitórias na paisagem. Os sistemas continentais são preenchidos por:

▸ sedimentos de contribuintes da bacia hidrográfica (erosões linear e **laminar**) ou provenientes da drenagem difusa;
▸ material acumulado em transporte do vento;
▸ **deposição** por ação de ventos e marés;
▸ material biológico com estruturas depositado no lago (restos com carbonatos, fósforo).

A vida média dos lagos naturais e das represas artificiais varia conforme seu volume, sua área (lago) ou área da bacia (represa), sua profundidade máxima e média, o tempo de retenção da água,

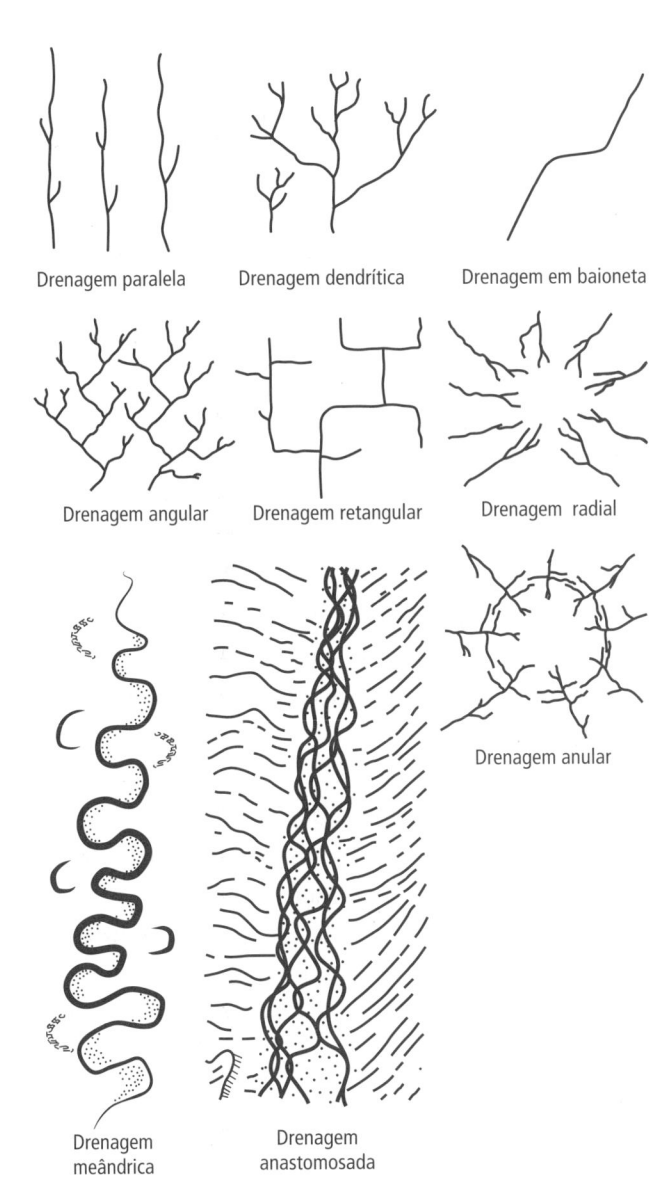

Fig. 3.1 Tipos principais de drenagem nas bacias hidrográficas
Fonte: Ab'Saber (1975).

Quadro 3.1 Tipos de bacias de drenagem

Tipos de drenagem	Características da drenagem	Destino das águas correntes
Drenagem exorréica	Drenagem aberta	Rios perenes e periódicos
Drenagem endorréica	Drenagem fechada	Rios periódicos
Drenagem arréica	Drenagem difusa desértica	Rios esporádicos
Drenagem criptorréica	Drenagem cárstica	Rios subterrâneos e labirinto subterrâneo

Fonte: Ab'Saber (1975).

que variam para cada região e em cada era geológica. Hutchinson (1957) identifica 76 tipos de lagos a morfometria e a morfologia da bacia e do lago, e também do reservatório.

A seguir, descreveremos alguns dos mecanismos mais comuns que dão origem aos lagos, os quais são ilustrados pela Fig. 3.2.

3.2.1 Tectônica

O lago é formado por movimentos da crosta terrestre, como falhas que ocorrem em **depressões**. Formam-se nas **fossas tectônicas** (graben). Os exemplos mais conhecidos são o lago Baikal (Sibéria), o lago Tanganica (África) e o lago Vitória (África), que foi formado a partir do barramento dos rios Kagera e Katonga, originando uma bacia de 68.422 km².

Movimentos tectônicos podem ocorrer pela **emergência** ou **subsidência** (elevação ou afundamento) de áreas com alterações no nível do mar. A formação dos lagos ocorre a partir do isolamento do oceano; alguns, que eram antigos fiordes, formaram-se com o fechamento de sua comunicação com o mar. Muitos lagos desse tipo foram formados na Noruega, Colúmbia Britânica, Nova Zelândia e na Inglaterra (norte das Ilhas Britânicas).

3.2.2 Vulcânica

A formação de depressões, ou concavidades não drenadas naturalmente, produz uma série de lagos vulcânicos. Vulcões são comuns em áreas nas quais ocorrem movimentos tectônicos. Lavas emitidas por vulcões ativos podem barrar um rio e formar lagos. Como exemplo, podem ser citados alguns pequenos lagos da África, da Ásia, do Japão e da Nova Zelândia. O lago Kivu, na África Central, é um exemplo de lago formado pela obstrução de um vale por lavas vulcânicas (Horne e Goldman, 1994).

3.2.3 Glaciação

Muitos lagos atuais formaram-se a partir da ação de geleiras. Esses movimentos, que podem ser catastróficos, provocam deposição ou corrosão das massas de gelo, com subsequente degelo. A glaciação maciça no **Pleistoceno** – e a posterior regressão –, por exemplo, formou um grande número de lagos no hemisfério Norte. Exemplos são os lagos do distrito de lagos da Inglaterra, lagos na Finlândia, Escandinávia e lagos alpinos. Em alguns casos, o transporte de rochas e material bloqueou vales e depressões, produzindo, portanto, lagos de moraina. Quando essa atividade glacial formou lagos próximos à costa, onde permaneceu água do mar no fundo, originaram-se **lagos meromíticos** (ver Cap. 4). Na América do Norte, os Grandes Lagos – Superior, Michigan, Huron, Erie e Ontário – são exemplos de lagos formados por glaciação.

3.2.4 Lagos de solução

Muitos lagos são formados quando depósitos de rocha solúvel são gradualmente dissolvidos por **água de percolação**. Por exemplo, lagos de solução são formados pela **dissolução** de $CaCO_3$ a partir de água ligeiramente ácida, contendo CO_2. Esses lagos são encontrados nas regiões cársticas da Península Balcânica, Flórida e no Estado de Minas Gerais no Brasil, na Península de Yucatán (México) e no norte da Guatemala.

3.2.5 Lagos formados por atividade fluvial

Os rios, ao fluírem, têm uma capacidade obstrutiva (por **deposição de sedimentos**) e uma capacidade erosiva (por transporte de sedimentos). Muitos lagos laterais são formados a partir dessa atividade de rios por deposição de sedimentos que bloqueiam tributários. Em regiões onde ocorre intensa sedimentação, a água tende a fluir ao redor dos sedimentos formando um padrão em U; em muitos casos pode ocorrer a formação de lagos deltaicos quando esse bloqueio ocorre próximo a depósitos aluvionais nas regiões costeiras ou mesmo nos grandes deltas internos, de rios como o Amazonas ou o Paraná. Lagos em forma de ferradura são formados por esse tipo de sistema (*Oxbow lakes*). Portanto, lagos fluviais estão relacionados com processos de **erosão** e sedimentação dos rios.

3.2.6 Lagos formados por ação do vento

Depressões formadas pela ação do vento, ou bloqueadas por acúmulo de dunas, podem também ocasionar a formação de lagos. Esses lagos são efêmeros, uma vez que as concavidades assim formadas reservam água durante períodos chuvosos, tornam-se progressivamente salinas com a evaporação durante a seca e, finalmente, secam. Muitos desses lagos ocorrem em regiões endorréicas da América do Sul e Ásia, na Austrália e em **regiões áridas** dos Estados Unidos.

3 Origem dos lagos | 51

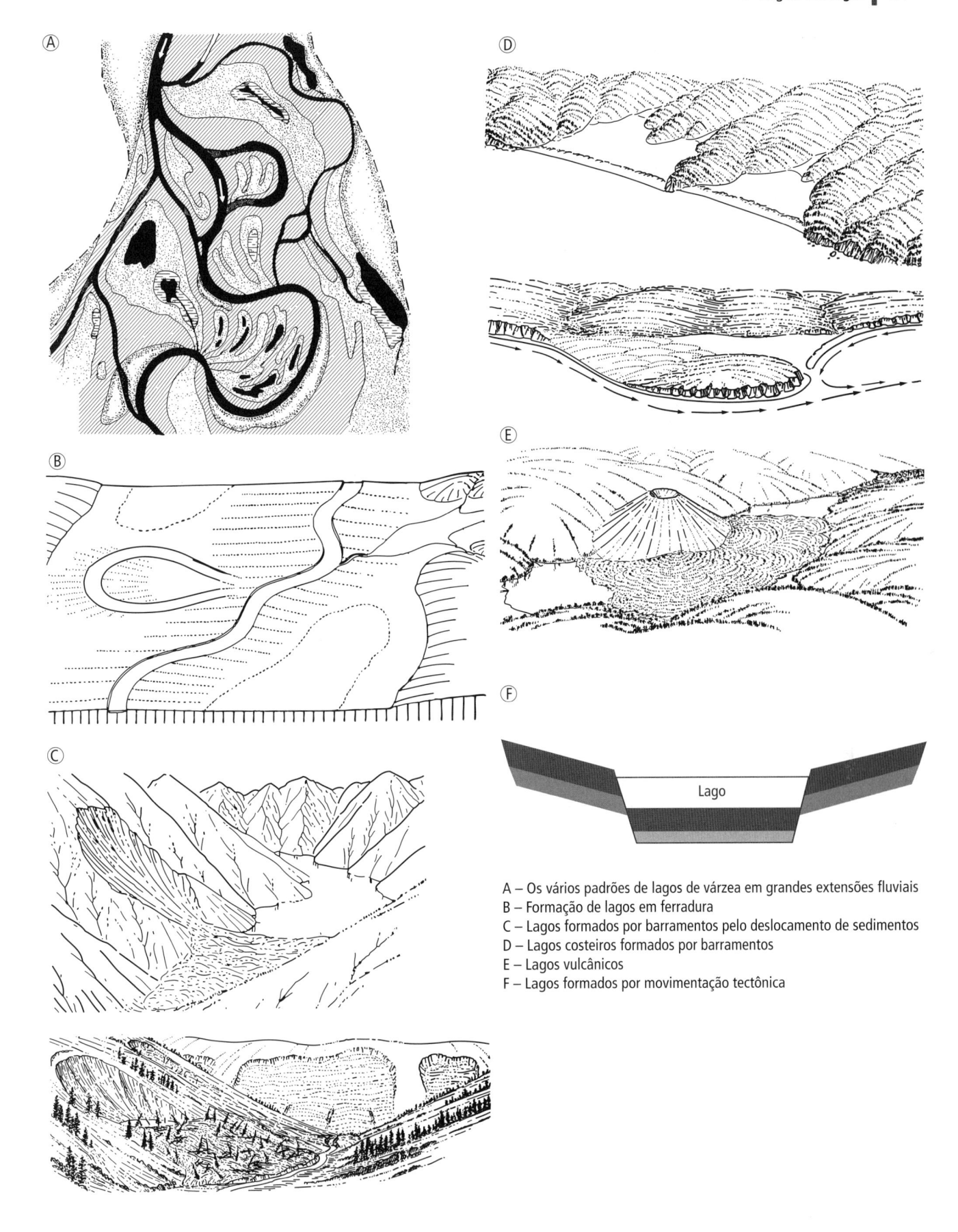

A – Os vários padrões de lagos de várzea em grandes extensões fluviais
B – Formação de lagos em ferradura
C – Lagos formados por barramentos pelo deslocamento de sedimentos
D – Lagos costeiros formados por barramentos
E – Lagos vulcânicos
F – Lagos formados por movimentação tectônica

Fig. 3.2 Mecanismos de formação de lagos e morfologias características
Fontes: modificado de Welcomme (1979); Horne e Goldman (1994); Wetzel (2001).

3.2.7 Lagos formados por depósitos de origem orgânica

O crescimento de plantas e **detritos** associados pode produzir barramentos em pequenos rios e depressões. Essa é outra causa importante na formação de lagos em certas regiões, como a tundra ártica. Essas depressões formam uma série de pequenos lagos rasos, com grande tendência a ter um recobrimento muito grande de macrófitas. Barragens artificiais produzidas por castores e pelo homem também podem acumular matéria orgânica e plantas, e produzir pequenos lagos.

3.2.8 Deslizamentos

Movimentos de rochas ou solos em grande escala, resultantes de eventos meteorológicos anormais, tais como chuvas excessivas ou por ação de terremotos, podem produzir lagos por barramento de vales. Esses lagos são geralmente temporários, devido à rápida erosão que ocorre no represamento não consolidado.

3.2.9 Lagoas costeiras

Deposição de material na costa, produzido em regiões onde existem baías ou reentrâncias, pode dar origem a lagos costeiros. Em muitos casos ocorre uma separação insuficiente e, com isso, alteram-se períodos de água doce e salobra no lago. Também podem formar-se pequenos lagos costeiros adjacentes a grandes lagos interiores (ver Cap. 14).

3.2.10 Lagos de origem meteorítica

Muito raramente um meteorito que atinge a superfície da Terra pode dar origem a uma depressão que depois acumula águas, formando um lago.

3.2.11 Lagos formados por vários processos

Vários dos processos descritos, tais como glaciação, alta precipitação e movimentos tectônicos, podem interagir e dar origem a lagos ou a complexos de lagos.

3.3 Morfologia e Morfometria de Lagos

A origem do lago estabelece, portanto, algumas condições morfológicas e morfométricas básicas. Estas, evidentemente, alteram-se com o tempo, dependendo de uma série de fatores e, principalmente, da ação do homem e dos próprios eventos que ocorrem na bacia hidrográfica. Sua interação com o lago ou o reservatório é muito importante, uma vez que há uma relação entre a área da represa ou lago, a área da bacia hidrográfica e o **tempo de residência** ou **tempo de retenção** da água, que é o tempo necessário para que toda a água do lago seja substituída.

Todas as atividades humanas que ocorrem na bacia hidrográfica afetam, em último caso, o sistema lacustre, principalmente se a rede de drenagem for dendrítica, pois a interconexão entre os diversos rios e riachos é grande. Consequentemente, o conhecimento do tempo de retenção é fundamental para controle, **monitoramento** da poluição e cálculos sobre o balanço de nutrientes. O tempo de retenção tem também importantes consequências biológicas e no processo de eutrofização (ver Cap. 18).

Para compreender as origens dos lagos e sua forma é necessário, inicialmente, determinar sua batimetria e suas várias profundidades. Atualmente, essa batimetria é realizada com aparelhos de ecossondagem com GPS, sistema de posicionamento geográfico, para determinar a posição exata de cada ponto. Normalmente, a batimetria é feita em transectos que permitem a construção das principais linhas de contorno do fundo e o cálculo do volume total do lago ou do reservatório.

As principais medidas e os índices normalmente utilizados para a descrição das **características morfométricas** estão indicados no Quadro 3.3.

Quadro 3.3 Parâmetros morfométricos

Área (km^2)	A
Volume	V
Comprimento máximo	L_{max}
Largura máxima	La_{max}
Profundidade máxima	Z_{max}
Profundidade média	Z
Profundidade relativa	Zr
Perímetro	M
Índice de desenvolvimento da margem	Ds
Desenvolvimento de volume	Dv
Declividade média	(d)

A determinação desses parâmetros e da batimetria do lago tem um papel fundamental na quantificação das estruturas morfológicas e na morfometria.

3.3.1 Área do lago ou reservatório (km²) (A)

Faz geralmente a distinção entre área total (A1), que inclui ilhas, e a superfície líquida. Essa área pode ser obtida com base em medidas com planímetro ou de mapas, fotografias aéreas ou imagens de satélite geo-referenciadas.

3.3.2 Volume (V)

É determinado medindo-se a área de cada contorno, encontrando-se o volume entre os planos de cada contorno sucessivo e somando-se esses volumes.

3.3.3 Comprimento máximo (L_{max}) e largura máxima (La_{max})

É determinado baseado em mapas ou fotos aéreas ou imagens de satélite. É a distância entre os dois pontos mais remotos do lago em uma linha reta. O **comprimento máximo efetivo** tem uso hidrológico e limnológico importante, porque corresponde à distância máxima entre dois pontos do lago ou do reservatório sem interrupção. A distância entre esses dois pontos é chamada de *fetch* em inglês (Von Sperling, 1999). Quanto maior for o *fetch*, maiores serão os efeitos do vento sobre a superfície de lagos e reservatórios.

A **largura máxima** (La_{max}) é a distância máxima entre as margens em ângulos retos relativamente ao comprimento máximo (L_{max}).

3.3.4 Profundidade máxima (Z_{max})

É determinada diretamente a partir do mapa batimétrico e tem um valor importante para cálculos futuros e medições de circulação vertical em lagos e represas.

3.3.5 Profundidade média (Z)

É determinada dividindo-se o Volume (V) do lago pela Área (A). Esse é um parâmetro importante, pois, de acordo com Rawson (1955), a produtividade biológica dos lagos está geralmente relacionada com a profundidade média.

3.3.6 Profundidade relativa (Zr)

Dada em porcentagem e definida pela razão entre a profundidade máxima (Z_{max}) e o diâmetro médio do lago. Quanto maior for essa profundidade, maior probabilidade existe de que a estratificação térmica do lago seja mais estável.

3.3.7 Perímetro (m)

Corresponde às medidas do contorno do lago e pode ser obtido utilizando-se mapas ou fotografias aéreas e medindo-se, por várias técnicas, os valores do **perímetro** em metro. Hakanson (1981) detalha essas técnicas, também descritas em Von Sperling (1999).

3.3.8 Índice de desenvolvimento de margem (Ds)

Esta é uma medida do grau de irregularidade das margens. É a relação entre o comprimento da margem e o comprimento de uma circunferência de um círculo com área igual à do lago. Dá a medida do afastamento do lago ou da represa de padrão circular.

O índice de desenvolvimento da margem (Ds) é dado por:

$$D = \frac{S}{Z\sqrt{A/\pi}}$$

▶ Lagos perfeitamente circulares têm Ds = 1,0, ao passo que lagos com formas que se afastam do círculo têm valores entre 1,5 e 2,5.
▶ Lagos dendríticos muito irregulares têm valores entre 3 e 5.

3.3.9 Índice de desenvolvimento de volume (Dv)

Este índice é utilizado para expressar a forma da bacia do lago e é definido como a razão entre o volume do lago e o volume de um cone com a área basal igual à do lago e altura igual à profundidade máxima do lago. O Dv geralmente é calculado como 3 vezes a razão $Z : Z_{max}$.

3.3.10 Declividade média (α)

A declividade média (α) é determinada pela fórmula:

$$\alpha = \frac{(l_{0/2} + l_1 + l_2 \ldots l_{n-2} = l_{n/2})\, Z_m}{10\, An}$$

onde:
α = declividade média como porcentagem
$l_0, l_1, ..., l_n$ = perímetro em vários contornos em km
Z_m = profundidade máxima em metros
n = número de linhas de contorno
A = área do lago em km²

Timms (1993) apresenta outra possibilidade de calcular a declividade média, que é:

$$\alpha = \frac{100 \, Z_m}{\sqrt{A/x}}$$

As curvas hipsográficas permitem a visualização entre a profundidade e a área, e são construídas colocando-se profundidade e área cumulativa (Fig. 3.3).

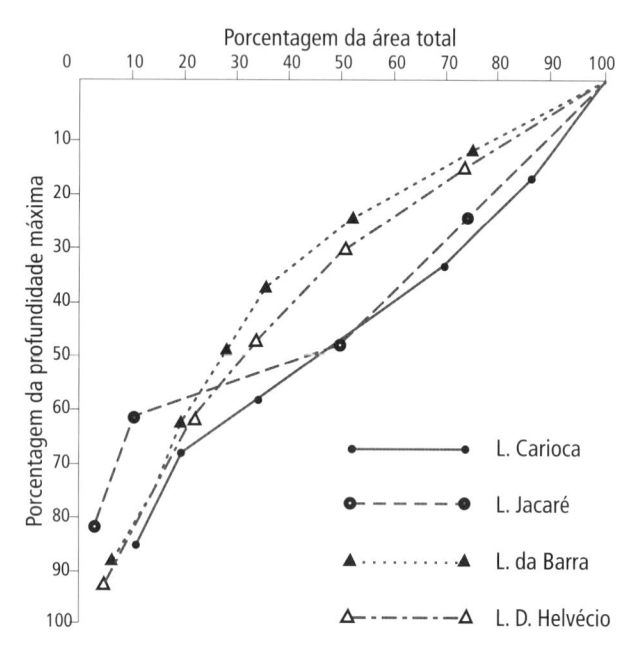

Fig. 3.3 Curvas hipsográficas em quatro lagos do Parque Florestal do Rio Doce (MG)
Fonte: Tundisi e Mussarra (1986).

Com relação à morfologia dos lagos, Hutchinson (1957) apresenta uma série de tipos diferentes. Os principais são:
▶ circular: lagos vulcânicos, especialmente lagos em antigas crateras;
▶ subcircular: de forma ligeiramente modificada em relação à circular, pela ação de ventos e pelo transporte de material – lagos glaciais têm comumente essa forma;
▶ elíptico: lagos árticos;
▶ alongado sub-retangular: lagos de origem glacial em vales cavados, com forma aproximada de retângulo;
▶ dendríticos: lagos originados a partir de vales submersos bloqueados por sedimentação, com muitos braços e baías;
▶ de forma triangular;
▶ irregular: em regiões onde ocorre fusão de bacias e com forma irregular;
▶ formas de crescente: alguns lagos com forma de meia lua em valas de inundação ou em regiões vulcânicas.

O conhecimento da forma do lago é fundamental, pois há uma relação da forma com a circulação de águas e com os mecanismos limnológicos de funcionamento dos lagos.

Um grande número de lagos tem a relação $Z : Z_{max} > 0,33$, ou seja, o desenvolvimento do volume é maior que a unidade. Em um estudo realizado com o auxílio de fotografias e mapas do projeto Radam Brasil, Melack (1984) mostrou a tipologia, indicada na Tab. 3.1, quanto à morfologia para lagos amazônicos. Essa tabela apresenta o número de lagos em cada categoria de formas no **rio Amazonas**: total para toda a bacia; bacias a montante; do Peru à fronteira do **rio Jutaí**; bacias a montante, **Médio Amazonas**, **rio Japurá** a Manaus; **Médio-Baixo Amazonas**, Manaus ao **rio Trombetas**; **Baixo Amazonas**, **rio Tapajós** ao **rio Xingu**.

Estudos morfológicos e morfométricos realizados em lagos do Médio Rio Doce mostraram que

Tab. 3.1 Lagos da **bacia Amazônica**

Forma	Total	Bacias a montante Am	Bacias a montante-Médio Am	Bacias a montante-baixo-Médio Am	Bacias a jusante-baixo Am
Redondos/Ovais	5.010	600	1.450	2.080	890
Em dique	1.530	480	860	170	10
Dendrítico	830	50	170	570	40
Crescente	140	20	60	50	10
Ferradura	270	220	50	10	0
Compostos	270	80	80	100	10

Fonte: Melack (1984).

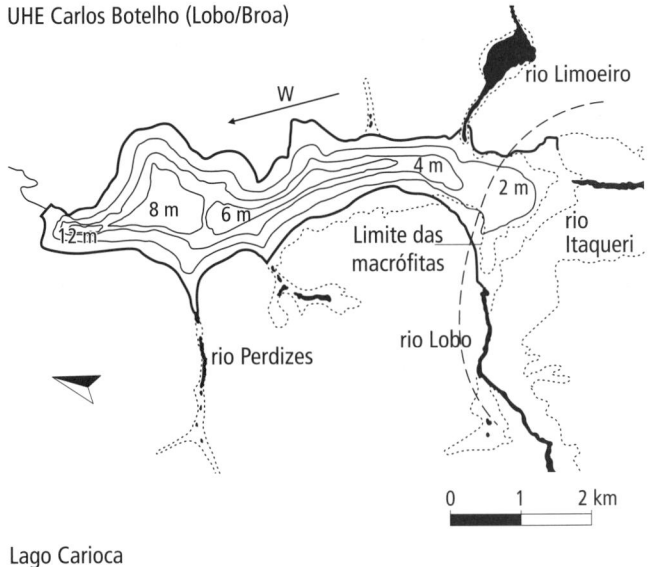

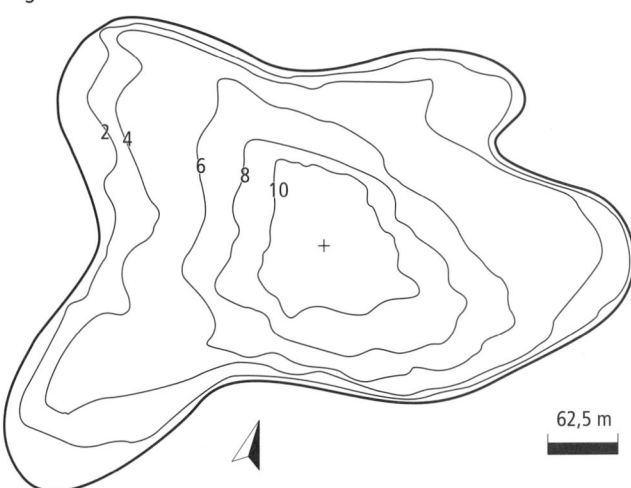

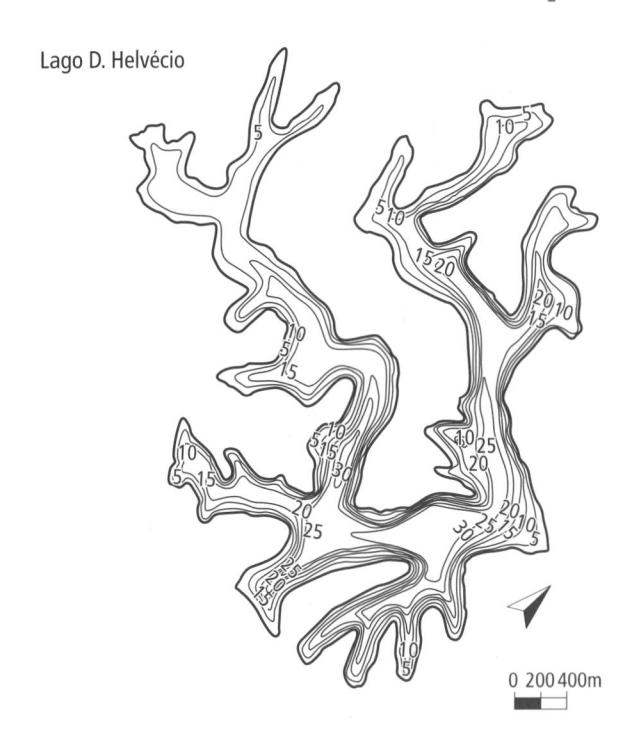

Fig. 3.4 Perfis batimétricos de dois lagos do Parque Florestal do Rio Doce (MG) e da **represa da UHE Carlos Botelho (Lobo/Broa)**
Fonte: Tundisi (1994), Tundisi e Musarra (1986).

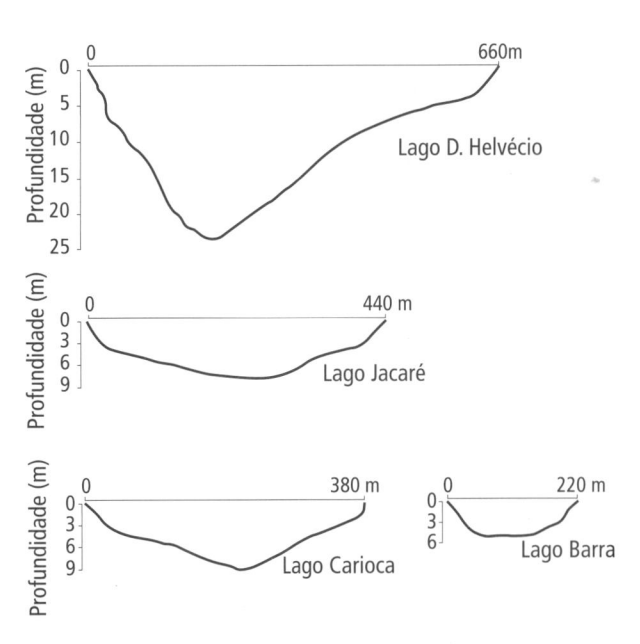

Fig. 3.5 Perfis batimétricos de quatro lagos do Parque Florestal do Rio Doce (MG)
Fonte: Tundisi e Musarra (1986).

um padrão dendrítico ocorre em muitos lagos, mas existe um certo número de lagos que apresentam formas circulares ou elípticas, como muitos do **Pantanal** Mato-grossense e lagos marginais dos **vales de inundação** dos rios Paraná e Bermejo.

A identificação do **perfil batimétrico** de um lago é também um dado importante por causa das relações entre irregularidades e depressões e a circulação. Essas depressões podem apresentar diferenças térmicas e químicas durante o **período de estratificação**. Welch (1935) chamou esse processo de "individualidade da depressão submersa".

As Figs. 3.4 e 3.5 mostram os perfis batimétricos de lagos naturais e de represa artificial no Brasil.

Existem modificações morfométricas importantes que podem ocorrer quando um lago fica sujeito a inúmeros impactos, principalmente aqueles resultantes das atividades humanas. Por exemplo, o desmatamento, em bacias hidrográficas, pode resultar em mudanças consideráveis na morfometria e na morfologia do lago, por causa do carreamento de sedimentos. No **lago Jacaré**, do Médio Rio Doce (Brasil), foram mostradas alterações no **sedimento do fundo**, em razão do corte da floresta e do plantio de *Eucalyptus* sp (Saijo e Tundisi, 1985).

Modificações no fluxo de rios que se mantêm em canais sublacustres podem também alterar a morfometria do fundo do lago.

Alguns lagos têm sua profundidade máxima abaixo do nível do mar atual. Estas são chamadas de **criptodepressões**. Casos mais conhecidos em lagos tectônicos são o lago Baikal e o **mar Cáspio**. Alguns lagos glaciais da Noruega e da Escócia são também criptodepressões. Dos lagos subalpinos na Europa Central, grandes lagos no norte da Itália têm profundidades abaixo do nível do mar atual.

Hutchinson (1957) estima que o total de lagos em criptodepressões é pelo menos da ordem de 1.000.

3.4 Zonação em Lagos

A morfometria e a morfologia dos lagos são peculiares a cada **distrito lacustre** e em um mesmo distrito podem ocorrer vários tipos de formas de lagos. Entretanto, certas estruturas de lagos são comuns e devem ser sempre determinadas nos estudos iniciais (Fig. 3.6).

A **zona litoral** de um lago estende-se da margem até a profundidade em que as águas não estratificadas atingem o fundo do lago quando este se encontra estratificado. Pode também ser considerada como a região em que ocorre luz suficiente para permitir o crescimento de macrófitas aquáticas. Abaixo desta ocorre a **zona sublitoral**, fracamente iluminada, com poucas espécies de macrófitas que sobrevivem em baixas intensidades luminosas.

A **zona profunda** dos lagos é constituída por sedimentos com partículas muito finas, resultantes de transporte das margens e da contínua sedimentação de partículas em suspensão, plâncton e restos de outros organismos mortos. O **bentos profundo** tem grande importância ecológica e pode proporcionar muitas informações sobre o funcionamento e as características do lago. A zona profunda é geralmente não iluminada, e em lagos que estratificam acumulam-se gases como metano e gás sulfídrico.

Além desta, o lago apresenta também a zona pelágica ou **limnética**, região comum em lagos profundos, na qual ocorre pouca influência do fundo.

A região iluminada do lago estende-se até a profundidade em que ocorre 1% da luz que chega à superfície. Essa região é denominada **zona eufótica**. A **zona afótica** corresponde à região não iluminada. Em muitos lagos transparentes, a zona afótica é muito reduzida e a zona eufótica estende-se até o fundo.

A zonação em profundidade e a zonação em penetração de luz são elementos essenciais na estrutura vertical do lago. Com as características térmicas no **perfil vertical** (ver Cap. 4), esses elementos da estrutura do lago determinam processos fundamentais de funcionamento.

Deve ainda ser mencionado que um ecossistema aquático apresenta três interfaces muito importantes que regulam inúmeros mecanismos: as

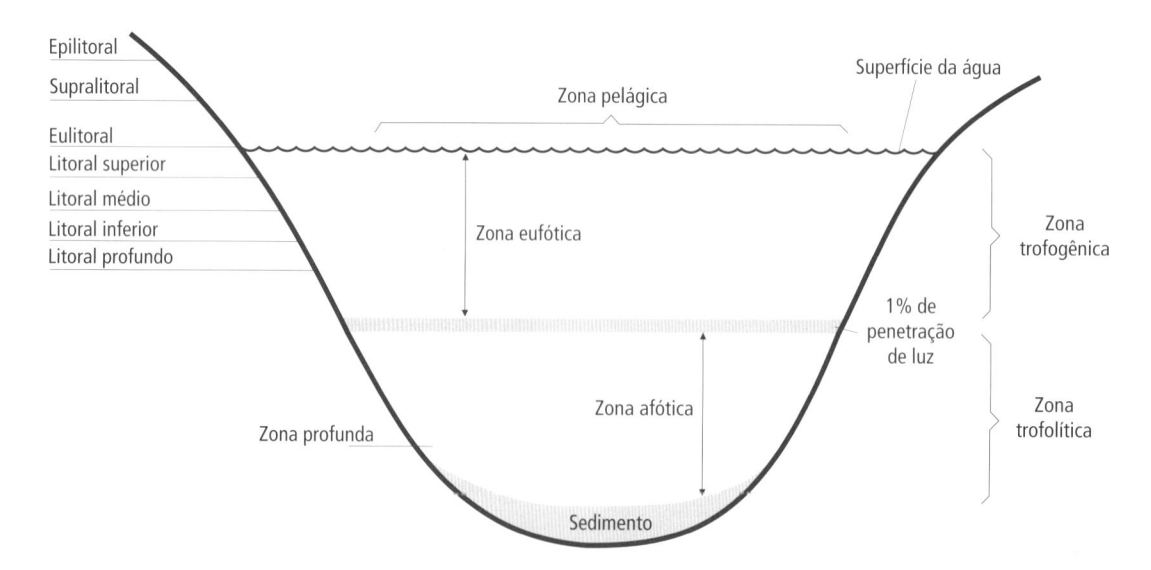

Fig. 3.6 Representação da clássica zonação em lagos com terminologias utilizadas para designar as diferentes regiões na estrutura vertical
Fonte: modificado de Hutchinson (1967).

interfaces ar–água, sedimento–água e organismos–água (Fig. 3.7).

Essa estrutura vertical é dinâmica, apresenta modificações com o tempo e cada interface tem um papel importante no balanço de substâncias no lago, incluindo **transporte vertical** e horizontal, difusão e precipitação, e deposição.

Algumas relações importantes entre os componentes estruturais dos lagos são:

$Z_{eu} / Z_{máx}$: Relação entre a profundidade da zona eufótica e a profundidade máxima;

Z_{eu} / Z_{af}: Relação entre a profundidade da zona eufótica e a profundidade da zona afótica.

Há um conjunto grande e complexo de outras relações no eixo vertical de lagos, rios e represas que será descrito no Cap. 4.

A morfometria dos lagos, além de alguns outros parâmetros biológicos e químicos, pode ser utilizada para exprimir o estado trófico dos lagos. Schindler (1971) utilizou dados morfométricos para calcular diferenças em estado trófico. Considerando que em muitos lagos a única fonte de nutrientes provém da área de drenagem da bacia e da precipitação, na superfície do lago, Schindler propõe:

$$\frac{Ad + Ao}{v}$$

onde:
Ad = drenagem da bacia hidrográfica
Ao = precipitação na superfície do lago
v = volume (fator de **diluição**)

Assim, essa razão deveria ser proporcional aos níveis de nutrientes e à produtividade biológica do lago.

Rawson (1951) propôs o termo índice morfoedáfico, relacionando empiricamente os **sólidos totais dissolvidos** em mg/litro e a profundidade média em metros.

Essa relação foi originalmente aplicada para determinar a produção da pesca comercial em lagos do Canadá e a Finlândia, e mostra uma boa correlação (Cole, 1983). Entretanto, há certos problemas com a alta salinidade que podem complicar o uso desse índice. Também é relativamente difícil aplicá-la para lagos rasos e turbulentos situados em zonas equatoriais ou tropicais. Um problema importante no estudo morfométrico de lagos é o conhecimento da relação existente entre a área do lago e a área total da bacia hidrográfica na qual ele se insere. Para os lagos do Médio Rio Doce, em Minas Gerais, Pflug (1969) verificou que, de 21 lagos, 14 apresentavam uma inter-relação entre a área do lago e a área da bacia entre 3,0 e 5,0, ao passo que, para outros sete lagos, os valores foram muito elevados, da ordem de 13 (Fig. 3.8). Em um trabalho posterior, Moura *et al.* (1978) constataram a existência de duas séries separadas de lagos: uma série em que a área dos lagos é muito grande em relação à área total da bacia hidrográfica (65 a 75%) e outra em que a área dos lagos é muito pequena em relação às respectivas bacias hidrográficas. Nesse caso, esses lagos constituem 25% do total.

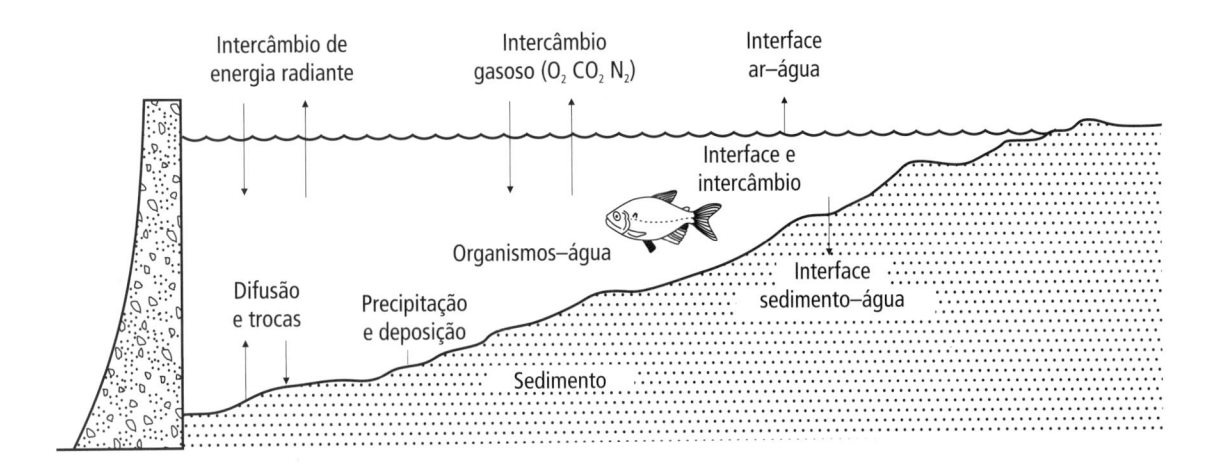

Fig. 3.7 As principais interfaces nos ecossistemas aquáticos: interface ar–água; interface sedimento–água; interface organismos–água

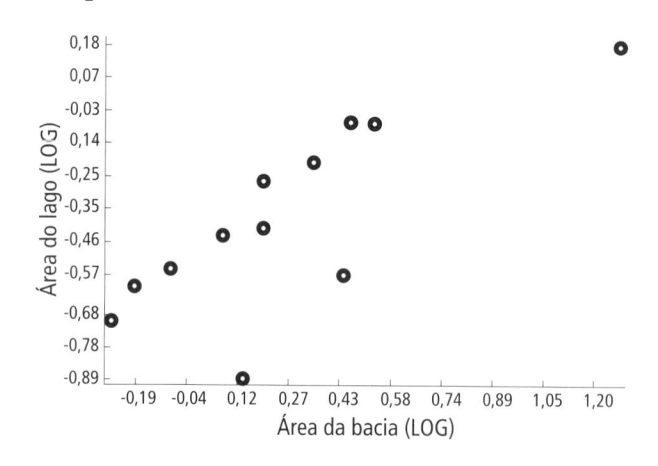

Fig. 3.8 Relação entre área da bacia e área dos lagos no sistema de lagos do Médio Rio Doce
Fonte: De Meis e Tundisi (1997).

Lagos rasos são muito importantes dos pontos de vista limnológico e ecológico, e alguns exemplos podem ser vistos na Tab. 3.2. Löffler (1982) define lagos rasos com pequeno acúmulo de sedimentos e lagos rasos com sedimentos profundos, resultantes do **assoreamento**, os quais diferem consideravelmente em características limnológicas. Muitos **lagos rasos salinos** apresentam **gradientes horizontais** de salinidade. A característica fundamental desses lagos é que sempre sofrem os efeitos do vento na estrutura vertical e a turbulência afeta toda a massa de água e também a parte superior do sedimento. Geralmente esses lagos têm uma profundidade média de 10 metros ou menor que 10 metros, e um fundo chato ou ligeiramente côncavo.

Os seguintes aspectos gerais são comuns em lagos rasos:

- sedimentação irregular interrompida por períodos de erosão;
- a **zonação horizontal** de diferentes parâmetros abióticos e bióticos é sempre maior que a zonação vertical;
- circulação vertical e horizontal bastante efetiva e ausência de períodos prolongados de estratificação; lagos geralmente polimíticos (ver Cap. 4);
- tendência à eutrofização;
- retardo de ondas internas e exposição de áreas submersas durante períodos de **flutuação de nível**;
- grande número de **aves aquáticas**, o que causa impactos adicionais na eutrofização e nos ciclos biogeoquímicos.

Lagos rasos resultantes do processo de assoreamento de antigos lagos profundos podem ser encontrados em regiões montanhosas e em altiplanos, tais como na América do Sul e no México, e também na Ásia. Esses lagos são denominados rasos secundários. Lagos rasos primários acumulam pouco sedimento e localizam-se em áreas marginais a rios tropicais e bacias tectônicas rasas (lagos em área de permafros). Muitos desses lagos rasos primários encontram-se em regiões áridas ou semi-áridas, apresentando alta salinidade.

Um exemplo muito ilustrativo das interações entre a origem dos lagos, os processos geomorfológicos e as consequências no **funcionamento limnológico** dos ecossistemas lacustres é o processo que ocorre no sistema de lagos do Médio Rio Doce, situado no leste do Brasil.

Nesses sistemas lacustres (De Meis e Tundisi, 1997), a distribuição desigual dos processos de

Tab. 3.2 Alguns lagos rasos mais conhecidos

Nome	Área (km²)	Z (m)	DS (m)	Tipo	Características químicas	Área da vegetação emergente
Parakrama Samudra (reservatório/Sri Lanka)	18,2	3,9	0,3–1,3	P	Água doce	10%
Nakuru (África)	40,0	2,3	—	—	Alcalino	10%
George (África)	250			S	Água doce	30%
Neusiedlersee (Áustria)	300	0,5	0,05–1,40	P	Água doce/Alcalino	50%
Balaton (Hungria)	600	3,3	0,20–4,00	S	Água doce/Alcalino	10%
Niriz (Irã)	1.240	~0,5	1,0		Água doce/Alcalino	10%
Chad (África)	20.900	3,4	0,08–0,8		Água doce/Alcalino	10%

P – Lago raso primário; S – Lago raso secundário; Z – Profundidade média; DS – Leitura do **disco de Secchi**
Fonte: modificado de Löffler (1982).

erosão e deposição de sedimentos deu origem a um grande conjunto de lagos, áreas alagadas e pântanos, com variadas morfometrias, dimensões, profundidades e características limnológicas diferenciadas.

A dinâmica do quaternário superior na região foi estudada por Pflug (1969a, 1969b). De acordo com o autor, a depressão do **rio Doce** (Fig. 3.9) resulta de um processo de pediplanização sob um clima semiúmido no quaternário. Posteriormente, em períodos que variaram de 3 mil a 10 mil anos antes do presente, ocorreu um processo de incisão de vales e um sistema de tributários foi formado. Esses tributários com morfometria dendrítica foram depois submetidos a processos de barramentos, formando os lagos e as áreas alagadas.

As profundidades máximas dos lagos estão relacionadas com sua localização nas regiões de tributários de ordem superior ou de ordem inferior. Os lagos originados de tributários de ordem superior são menos profundos que os de ordem inferior, dando origem a sistemas com diferentes índices de desenvolvimento de margem, profundidades médias e volumes diferentes (Figs. 3.10 e 3.11).

Os vários processos deposicionais com taxas diferentes no tempo deram origem ao sistema lacustre.

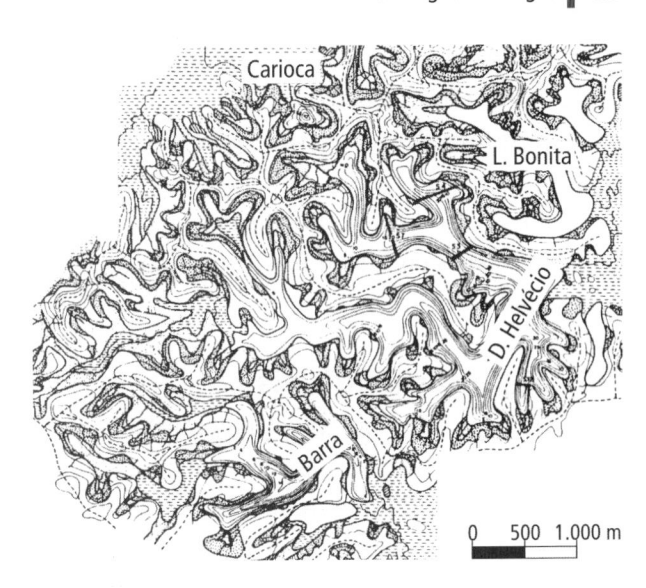

Fig. 3.10 Elementos topográficos e geomórficos de três lagos do rio Doce (D. Helvécio, Carioca e **Barra**), ilustrando a complexidade morfológica da região e a relação entre origem e funcionamento do sistema
Fonte: De Meis e Tundisi (1997).

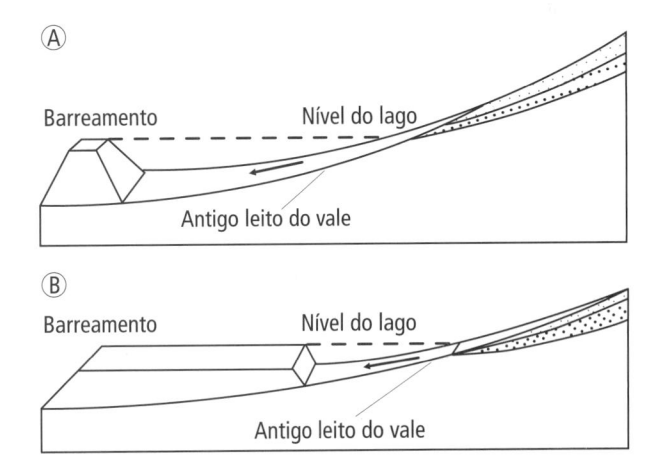

Fig. 3.11 Perfil de um lago profundo (A) e de um lago raso (B), do sistema de lagos do Médio Rio Doce, ilustrando a extensão do efeito do barramento na profundidade média e máxima dos lagos
Fonte: De Meis e Tundisi (1997).

As taxas variáveis de deposição de sedimentos são consideradas como o principal fator que controlou o desenvolvimento desse sistema no espaço e no tempo.

Como consequências fundamentais desses processos, há inúmeras características limnológicas resultantes que são peculiares ao sistema lacustre:

▸ os processos de estratificação térmica e circulação vertical;
▸ os processos de **estratificação biológica** no verão e no inverno;

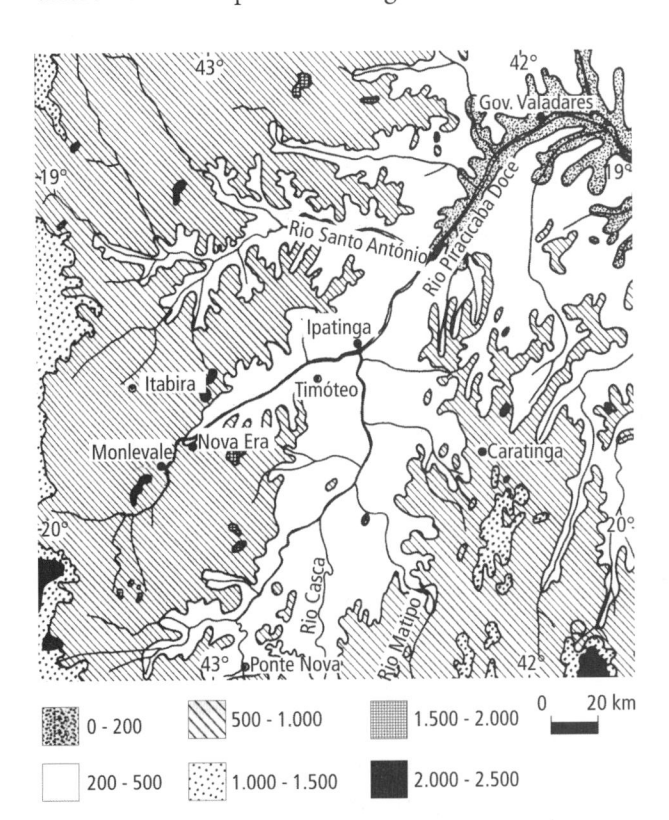

Fig. 3.9 A depressão interplanáltica do rio Doce
Fonte: De Meis e Tundisi (1997).

▶ os processos de **estratificação química** resultantes da estratificação térmica;
▶ os padrões de variação diurna nos lagos.

A síntese sobre os mecanismos de funcionamento dos lagos do Médio Rio Doce e sua origem é apresentada no Cap. 16.

3.5 Represas Artificiais

Barramentos de rios construídos pelo homem são feitos há milhares de anos. No entanto, no final do século XIX e durante todo o século XX, esses sistemas artificiais construídos em todo o planeta apresentaram dimensões muito grandes (mais de 1 km³ de volume na maioria e áreas de inundação de algumas centenas ou milhares de quilômetros).

Represas apresentam características muito diferentes de lagos e interferem nas bacias hidrográficas e nos ciclos hidrológicos. Neste capítulo, são apresentadas as principais diferenças entre represas artificiais e lagos (Quadro 3.4). Detalhes dos mecanismos de funcionamento de represas como ecossistemas são apresentados no Cap. 11, e uma comparação entre lagos, rios e represas, do ponto de vista hidrodinâmico, é apresentada no Cap. 4.

Uma outra diferença importante entre lagos e represas é que estas apresentam gradientes longitudinais muito bem característicos e acentuados, nos quais se distinguem três regiões:
▶ região sob influência dos **rios tributários**;
▶ região transicional funcionando como um intermediário entre rio e lago;
▶ região de caráter mais lacustre, sujeita às ações da abertura dos vertedouros e das turbinas.

A expansão e a contração dessas três áreas dependem do fluxo de água, da entrada dos tributários, do tempo de retenção e das características da construção da represa.

Uma diferença fundamental entre lagos e represas ocorre também na hidrodinâmica dos sistemas. Reservatórios têm sistemas de circulação dirigidos principalmente pelo processo de operação. A sucessão das populações planctônicas no espaço e no tempo, horizontal e verticalmente, depende da circulação vertical e dos padrões hidrodinâmicos horizontais.

Quadro 3.4 Diferenças entre lagos e represas

Características	Lagos	Represas
Diferenças qualitativas (absolutas)		
Natureza	Naturais	Artificiais
Idade geológica	Pleistoceno ou anterior	Jovens (< 100 anos)
"Envelhecimento"	Lento	Rápido
Formação	Várias origens	Mais frequente inundação de vales de rios
Morfometria	Geralmente regular, oval, redondo	Geralmente dendríticos
Índice de desenvolvimento de margem	Baixo	Alto
Prof. máxima	Geralmente próxima ao centro	Geralmente próxima à barragem
Sedimentos	Geralmente autóctones	Geralmente alóctones
Gradientes longitudinais	Direcionados pelo vento	Direcionados pelo fluxo
Altura da descarga	Na superfície	Profunda
Diferenças quantitativas (relativas)		
Área da bacia hidrográfica/área do lago – represa	Baixa	Alta
Tempo de retenção	Alto	Baixo e variável
Acoplamento com a bacia hidrográfica	Pequeno	Grande
Flutuações de nível	Geralmente pequenas	Geralmente mais altas
Hidrodinâmica	Mais regular	Mais variável e menos regular
Causa dos pulsos	Geralmente natural	Geralmente artificial, produzida pelo homem

Fonte: Straškraba *et al.* (1993a, b).

Fluxos hidrodinâmicos e tempos de retenção influenciam a distribuição de fitoplâncton e zooplâncton em represas, interferindo também nos ciclos de vida e na reprodução de espécies. O transporte de substâncias tóxicas, carbono, **nitrogênio** e fósforo também pode ser extremamente influenciado pela circulação vertical e pelos transportes lateral e horizontal (Tundisi *et al.*, 1998).

Reservatórios situados em cascata (como é o caso de muitos sistemas localizados nos principais rios do Sudeste do Brasil) interferem sucessivamente na distribuição e na reprodução dos organismos, nos ciclos biogeoquímicos, na circulação horizontal daqueles a jusante, produzindo novos padrões hidrodinâmicos, químicos e biológicos (Barbosa *et al.*, 1999; Straškraba e Tundisi, 1999). A variação do tempo de retenção estabelece padrões horizontais diferenciados em represas de uma forma muito mais dinâmica que em lagos.

Represas e lagos podem funcionar sob a ação direta de forças externas e internas. As forças externas podem estar associadas aos fatores climatológicos, radiação solar, precipitação, vento. Essas forças determinam a intensidade dos diferentes processos, os **gradientes verticais e horizontais**, a **ressuspensão** e a sedimentação.

Lagos naturais ocupam **depressões naturais** na topografia local ou regional. Consequentemente, eles estão localizados no centro de bacias de drenagem simétricas e contíguas. Reservatórios são geralmente construídos em uma região mais a jusante de uma bacia de drenagem. Dessa forma, gradientes horizontais são mais evidentes ou mais comuns em reservatórios, conforme a Fig. 3.12 (ver Cap. 12).

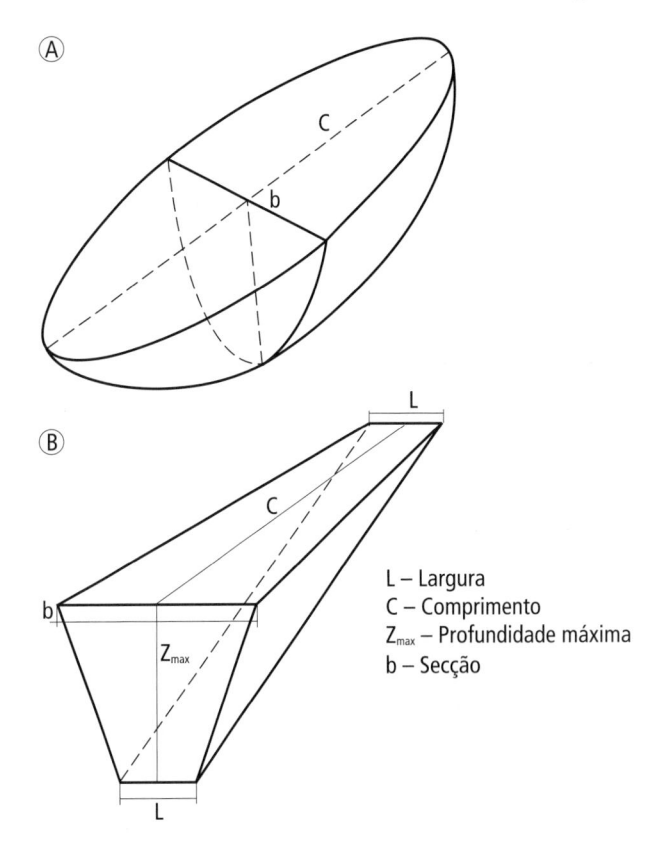

Fig. 3.12 Morfometria típica de lagos (A) e represas (B)
Fonte: Straškraba *et al.* (1993a, b).

L – Largura
C – Comprimento
Z_{max} – Profundidade máxima
b – Secção

3.6 Distribuição Global de Lagos por Origem

As Tabs. 3.3 e 3.4 e o Quadro 3.5 sintetizam, respectivamente, a distribuição global de lagos de origem fluvial, exemplos de idade dos lagos em função da origem e a distribuição global de lagos de acordo com a origem.

Tab. 3.3 Distribuição global de lagos de origem fluvial

		Área em cada classe (km²)								Área total de lagos	Razão Límnica (RL) (%)
		0,01	0,1	1	10	10^2	10^3	10^4	10^5		
Lagos nas Várzeas (1)	dL	100.000	44.000	6.000	600	30	2	0		200.000	5,9
	A_0	8.800	39.000	52.000	52.000	26.500	22.560	0			
	n	340.000	150.000	20.000	2.000	102	8	0			
Lagos nos deltas (2)	dL	9.000	7.400	900	140	23	2	0		18.200	1,7
	A_0	260	2.000	2.600	3.900	6.500	2.980	0			
	n	10.000	8.000	1.000	150	25	2	0			

Tab. 3.3 Distribuição global de lagos de origem fluvial (continuação)

		Área em cada classe (km^2)							
Todos os lagos de origem fluvial	A_0	9.000	41.000	54.600	55.900	33.000	24.600	0	218.000
	n	350.000	158.000	21.000	2.150	127	10		

A_0 – Área total dos lagos; n – número total de lagos; d_L – densidade de lagos (número por milhão de km^2); LR – Razão Límnica (expressa em porcentagem) é definida como a razão entre a área total dos lagos sobre a área total documentada na qual o censo foi realizado; (1) Para uma área total de várzeas de $3,4 \cdot 10^6$ km^2; (2) Para uma área total de deltas de $1,08 \cdot 10^6$ km^2
Fonte: Meybeck (1995).

Tab. 3.4 Distribuição global de lagos de acordo com a origem

Origem	Classe de lagos por área (km^2)	0,01	0,1	1	10	100	1.000[a]	10.000[a]	100.000[a]	Área total do lago (km^2)
Tectônica	A_0	5.000	10.000	20.000	30.000	52.000	134.900	267.300	374.000	893.000
	n	200.000	40.000	8.000	1.100	200	40	8	1	
Glacial	A_0	85.000	144.000	165.000	175.000	197.000	136.000	345.000	0	1.247.000
	n	3.250.000	554.000	63.000	6.800	710	52	9		
Fluvial	A_0	9.000	41.000	54.600	55.900	33.000	24.600	0	0	218.000
	n	350.000	158.000	21.000	2.150	127	10	0		
Cratera	A_0	130	130	390	800	610	1.100	0	0	3.150
	n	500	500	150	30	4	1			
Lagoas costeiras	A_0	700[b]	3.400[b]	5.700[b]	9.400[b]	15.600[b]	15.060	10.140	0	60.000
	n	25.000	13.000	2.200	360	60	10	1		
Miscelânea	A_0	13.000[b]	15.000[b]	15.000[b]	15.000[b]	15.000[b]	15.000	0	0	88.000
	n	500.000	60.000	6.000	600	60	11	0	0	
Total	d_L	32.000	6.200	750	80	8,6	0,93	0,13	0,0075	
	A_0	113.000	213.000	261.000	286.000	313.000	327.000	623.000	374.000	2.510.000
	n	4.300.000	825.000	100.000	10.600	1.150	124	18	1	4.400.000

A_0 – Área total dos lagos; n – número total de lagos; d_L – densidade de lagos (número por milhões de km^2); [a] – dados do Censo de Herdendorf (1984, 1990) para lagos com mais de 500 km^2; [b] – valores estimados
Fonte: Meybeck (1995).

Quadro 3.5 Exemplos de idade dos lagos em função da origem

Origem	Lago	Idade	Referência
Tectônicos	Baikal	≈ 20 Ma	
	Issyk-Kul	≈ 25 Ma	
	Tanganica	20 Ma	Tiercelin e Mondeguer (1991)
	George	4 – 8 Ma	Timms (1993)
Tectônicos origens diversas	Cáspio[a]	> 5 Ma	Stanley e Wetzel (1985)
	Aral[a]	> 5 Ma	Stanley e Wetzel (1985)
	Ohrid[a]	> 5 Ma	Stankovic (1960)
	Prespa[a]	> 5 Ma	Stankovic (1960)
	Maracaibo	> 36 Ma	Fairbridge (1968)
	Biwa	2 Ma	
	Eyre	20 – 50 Ma	Timms (1993)
	Victoria	≈ 20.000 $_{A.P.}$	Adamson e Williams (1980)
	Tahoe	2 Ma	Imboden et al. (1977)
Vulcano tectônicos	Kivi	1 Ma[b]	Degens et al. (1973)
		10.000 $_{A.P.}$[c]	Tiercelin e Mondeguer (1991)
	Toba	75.000 $_{A.P.}$	Dawson (1992)
	Lanao (Filipinas)	> 2 Ma	Frey (1969)
Glacial	**Grandes lagos laurencianos**	8.000 $_{A.P.}$[d]	Dawson (1992)
Fluvial	**Lagos do Rio Mississipi**	9.000 $_{A.P.}$	Dawson (1992)
Sedimentação	**Vallon**	1943	Dussart (1992)
	Sarez (Tadjiquistão)	Fev.1911	Hutchinson (1957)
Cratera de impacto	**Crater** (Canadá)	1,3 Ma	Oullet e Page (1990)
	Botsumvi (Gana)	1,3 Ma	Livingstone e Melack (1984)
Cratera vulcânica	**Wisdom**	300 $_{A.P.}$	Ball e Glucksman (1978)
	Crater (EUA)	6.500 $_{A.P.}$	Fairbridge (1968)
	Atitlan (Guatemala)	84.000 $_{A.P.}$	Dawson (1992)
	Le Bouchet (França)	> 250.000 $_{A.P.}$	Williams et al. (1993)
	Viti (Islândia)	Maio 17, 1724	Hutchinson (1957)

[A.P.] Antes do presente
[a] Relictos do Mar de Thetis
[b] Idade da depressão tectônica
[c] Fechamento da saída para o Nilo e conexão com o **Zaire** através do Tanganica
[d] Na sua configuração presente
Ma – Milhões de anos
Fonte: Meybeck (1995).

Turbulência clássica. Quebra de onda Hokusai

4 Processos físicos e circulação em lagos

Resumo

Neste capítulo, descrevem-se os fatores que interferem nos mecanismos de transporte vertical e horizontal em lagos, as forçantes principais que atuam na turbulência e os processos físicos que interferem na distribuição de elementos, substâncias e organismos em lagos, represas e rios.

São apresentadas as características e as diferenças entre a circulação de lagos e de reservatórios, bem como a distinção entre **fluxo turbulento** e **fluxo laminar**. Definem-se e descrevem-se as escalas de circulação horizontal e vertical, discutem-se as estratificações térmica, química e biológica e, ainda, apresenta-se de que forma a energia cinética turbulenta (ECT) opera na distribuição e na dispersão de partículas em suspensão (plâncton e material em suspensão inorgânico e orgânico – detritos).

Apresentam-se também números adimensionais, que são ferramentas importantes na definição de mecanismos de circulação em lagos, represas e rios.

4.1 Penetração de Energia Radiante na Água

A intensidade e a distribuição espectral da radiação recebida pela Terra são uma função das características de emissão e da distância do Sol. A energia radiante total recebida a partir do Sol é, a cada ano, aproximadamente $5,46 \cdot 10^{24}$ J.

A **radiação eletromagnética** existe como se fossem pacotes discretos de energia. São conhecidos como **quantas** ou **fótons**. Cada fóton é caracterizado por uma energia específica (em unidades de joules), uma frequência de comprimentos de onda U (unidades de ciclos s^{-1}), um comprimento de onda específico (ζ) (em unidades de metros), a velocidade da luz no vácuo (c) ($3 \cdot 10^8$ m $\cdot$ s^{-1}) e a constante de Planck h (h = $6.625 \cdot 10^{-34}$ joule s). A unidade padrão de medida para o comprimento de onda (ζ) é o metro.

Entretanto, para algumas regiões do **espectro eletromagnético**, pode ser mais conveniente expressar comprimento de onda em **nanômetros** (1 nanômetro é equivalente a 10^{-9} metros).

Portanto:

$$\varepsilon = h \cdot v \cdot \frac{c}{\zeta}$$

onde:

ε – energia de um fóton (ou *quantum* de radiação)
v – frequência de onda eletromagnética
ζ – comprimento de onda eletromagnética
c – velocidade da luz ($3 \cdot 10^8$ m $\cdot$ s^{-1})
h – constante de Planck (h = $6.625 \cdot 10^{-34}$ J $\cdot$ s)

O termo luz é geralmente utilizado para se referir à porção do espectro eletromagnético à qual o olho humano é sensível (ou seja, na região visível considerada – no intervalo de 390 mm a 740 mm – do espectro). A integração desta radiação na borda espectral com a sensibilidade e a resposta do olho humano resulta na sensação neurofísica da cor (Bukata *et al.*, 1995). O valor estético de um corpo de água está relacionado à sua cor e, consequentemente, à qualidade da água.

A vida depende essencialmente da quantidade e da qualidade da energia radiante disponível na superfície e que se distribui na coluna de água. Em qualquer meio, a luz está relacionada à sua cor, e esta, à qualidade da água.

A radiação solar que atinge o topo da atmosfera é chamada de **constante solar**. A intensidade e a qualidade da radiação solar são alteradas, e ela é bastante reduzida quantitativamente durante sua passagem pela atmosfera.

Essa redução em intensidade acontece por causa do **espalhamento** pelas moléculas de ar e partículas de poeira, e também por meio da absorção pelo vapor d'água, oxigênio, ozônio e **dióxido de carbono** na atmosfera.

Uma parte da radiação, no processo de espalhamento, perde-se no espaço e a outra parte atinge a superfície da Terra.

Somente uma parte da radiação solar que atinge a superfície dos **ecossistemas terrestres** e aquáticos pode ser utilizada no **processo fotossintético**, que equivale, aproximadamente, a 46% do total, radiação fotossinteticamente ativa (RFA), correspondendo ao espectro virtual da radiação. A intensidade da radiação que chega à superfície de lagos, oceanos e continentes varia com a **latitude**, a estação do ano, a hora do dia e o estado de cobertura de nuvens. A radiação solar global tem dois componentes: radiação direta proveniente diretamente do Sol e radiação indireta, que é resultante de **reflexão** e **refração** pelas nuvens.

A Fig. 4.1 mostra as diversas características do espectro de radiação solar que atinge a superfície dos ecossistemas e os vários processos que acompanham a penetração da energia radiante no meio aquático.

A penetração de energia radiante no meio aquático depende fundamentalmente de processos de absorção – tem suas propriedades especificadas em termos de variações do **coeficiente de absorção** K (m^{-1}) e espalhamento – e sua intensidade não varia muito com o comprimento de onda.

A radiação solar que atinge a superfície da água é modificada pela refração e pela reflexão na interface ar/água. O efeito da refração é modificar a distribuição angular subaquática da água. Reflexão e refração dependem não somente do ângulo de incidência da luz, mas também do estado da superfície dos corpos de água (calmo ou com ondas sob o **efeito do vento**).

A Fig. 4.2 mostra a reflexão e a refração da luz na superfície ar/água.

Toda a absorção da radiação solar que atinge um corpo de água é atribuída a quatro componentes

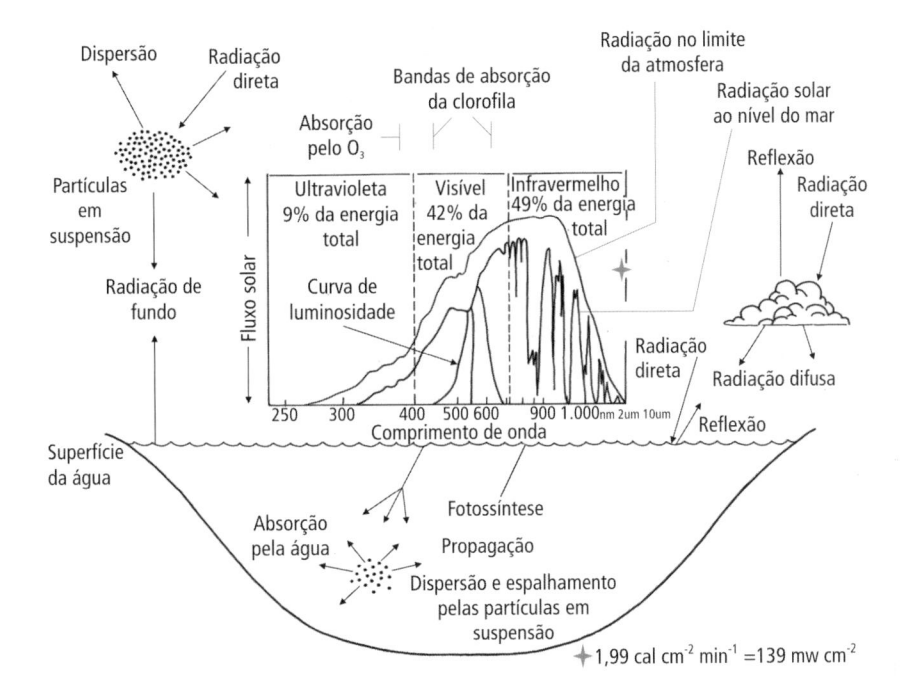

Fig. 4.1 Espectro de radiação solar e sua penetração no meio aquático

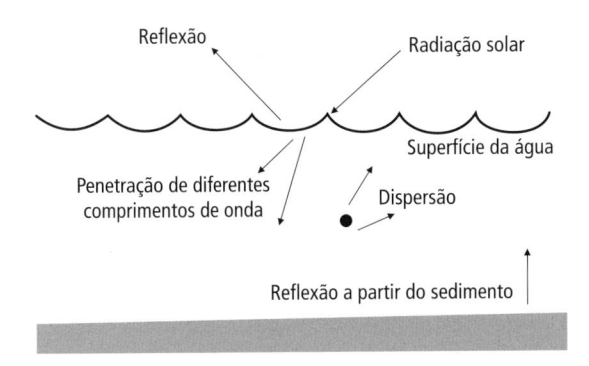

Fig. 4.2 Reflexão e refração da radiação solar que atinge a superfície da água

do meio aquático: a água propriamente, compostos dissolvidos, **organismos fotossintetizantes** (fitoplâncton, principalmente,f e macrófitas aquáticas) e material particulado (frações orgânicas e inorgânicas) (Kirk, 1980).

Uma completa descrição do clima de **radiação subaquática** requer que o fluxo de radiação deva ser descrito para cada ângulo e cada comprimento de onda. Esse clima de radiação subaquática requer que todas as propriedades óticas do meio sejam conhecidas: o espalhamento em várias direções e profundidades (Sathyendranath, S. e Platt, T., 1990). A intensidade da luz decresce exponencialmente com a profundidade; a perda é expressa pelo coeficiente de extinção, ou seja, a fração da luz absorvida por metro de água. Quanto maior for o coeficiente de extinção, menor é a transmissão da luz ou menos transparente é a massa de água.

Para feixes de luz monocromática, a intensidade da luz à profundidade z, quando o Sol se encontra em posição vertical, é:

$$I_z = I_o \cdot E^{-kt}$$

onde:
I_z – irradiância na profundidade z
I_o – irradiância na superfície
E – base de logaritmos naturais
kt – coeficiente de atenuação total da irradiância subaquática

O coeficiente de atenuação total é dado em função de seus componentes:

$$Kt = Kw + Kc + Kx$$

onde:
Kt – coeficiente de atenuação total da luz
Kw – coeficiente de atenuação devido à água e a substâncias dissolvidas
Kx – coeficiente de atenuação devido ao material em suspensão (orgânico ou inorgânico)
Kc – coeficiente de atenuação devido à **clorofila**

O coeficiente de atenuação Kc é dado por C . 0,016, onde C é a concentração de clorofila e 0,016 é a atenuação específica da clorofila (Yentsch, 1980).

Existem tecnologias que permitem determinar a contribuição de cada um dos componentes para o processo de atenuação.

Kirk (1980) considera, para a radiação fotossinteticamente ativa, a equação:

$$Kt_{RFA} = Kw + Kg + Ktr + Kf$$

onde:
Kw – coeficiente de atenuação parcial da água
Kg – coeficiente de atenuação parcial do "gilvin" (substâncias húmicas = substâncias amarelas dissolvidas; do latim gilvus – amarelo)
Ktr – coeficiente de atenuação parcial do **trípton**
Kf – coeficiente de atenuação parcial do fitoplâncton.

Existe uma variação importante nesses coeficientes de atenuação dependendo do **material orgânico** em suspensão, vivo ou morto, das substâncias dissolvidas na água e da concentração do fitoplâncton (Tab. 4.1).

Em geral, lagos ou represas com concentrações de clorofila entre 10 e 20 μg/ℓ ou < 10 μg/ℓ apresentam predominâncias de atenuação vertical por causa do trípton. Lagos ou represas em que a concentração de clorofila é > 20 μ/ℓ apresentam coeficientes de atenuação vertical predominantemente por causa do fitoplâncton.

As águas costeiras naturalmente têm uma maior absorção a 440 mm do que as águas oceânicas, e em águas interiores essa absorção é muito alta em águas que drenam florestas tropicais, ou em áreas pantanosas.

Os termos *coeficiente de absorção* ou *coeficiente de atenuação* e *coeficiente de extinção* são frequentemente usados como sinônimos. Referem-se a cálculos utilizando-se logaritmos naturais. O coeficiente de extinção se aplica quando o logaritmo de base 10 é usados em vez de logaritmos naturais. O coeficiente de absorção é, portanto, 2,3 vezes o coeficiente de extinção (lmx = 2.303 log x) ou (ex = $10^{x/2.303}$) (Cole, 1983).

Deve-se considerar, além da atenuação e absorção da luz, a **transmitância** (T), que é a porcentagem de luz que passa através de 1 metro. Ela é 100 e^{-k}, onde k é o coeficiente de absorção vertical.

A transmitância varia para diferentes comprimentos de onda. Por exemplo, quando λ (a transmitância de um dado comprimento de onda) é no comprimento da onda no vermelho 680 mm, T = $100^{-k\lambda}$680. Portanto, quando um feixe de luz de radiação solar incidente, que é constituído por muitos comprimentos de onda, atinge a superfície da água, essa radiação se extingue exponencialmente, mas a transmitância e o coeficiente de absorção são diferentes para os vários comprimentos de onda, dependendo do material em suspensão presente, fitoplâncton e substâncias orgânicas dissolvidas. A Fig. 4.3 (p. 70) mostra a transmitância, em escala logarítmica, de vários comprimentos de onda para lagos e represas.

A radiação solar na **zona de infravermelho** é absorvida rapidamente nos primeiros metros da coluna de água. O espectro de subsuperfície apresenta também radiação ultravioleta, que é rapidamente absorvida na coluna vertical.

As variações espectrais de radiação na faixa fotossinteticamente ativa oscilam diária e estacionalmente, dependendo da latitude, natureza do corpo de água, concentração de substâncias dissolvidas, matéria particulada em suspensão (trípton ou fitoplâncton), os efeitos de circulação na **mistura vertical**

Tab. 4.1 Coeficientes de absorção devido a "substâncias amarelas" (gilvin)

Coeficiente de absorção a 440 mm devido ao gilvin (440 mm) e **matéria particulada** (440 mm)		
	440 mm (m^{-1})	440 mm (m^{-1})
1. Águas Oceânicas		
Mar dos Sargaços	0	0,01
Oceano Pacífico (costa do Peru)	0,05	-
Águas oligotróficas	0,02	-
Águas mesotróficas	0,03	-
Águas eutróficas	0,09	-
2. Águas costeiras		
Estuário do rio Reno	0,86	0,572
Mar Báltico	0,24	
3. Lagos e Reservatórios		
Lago Vitória (África)	0,65	0,22
Lago Neusidlersee (Áustria)	2,0	-
Reservatório Guri (Venezuela)	4,84	-

Fonte: modificado de Kirk (1986).

da coluna de água, a determinação dos padrões de formação de ondas e a estabilidade na superfície de lagos, rios, represas e estuários.

As Figs. 4.4 e 4.5 (p. 70) mostram a distribuição espectral da **radiação solar subaquática** medida com espectro-radiômetro nas represas Carlos Botelho (Lobo/Broa) e Barra Bonita, **Médio Tietê**.

Uma das técnicas que se utilizam para determinar uma **assinatura ótica** para a coluna de água é determinar o espectro de absorção da água filtrada e centrifugada e compará-lo com uma que seja destilada (Fig. 4.6, p. 71).

Variações na qualidade espectral da energia radiante que penetra em águas estuarinas, em diferentes períodos de maré, foram discutidas por Tundisi (1970). O clima de radiação subaquática pode ser modificado também por efeito dos ventos na superfície da água, o que amplia os efeitos da reflexão produzida pelas pequenas ondas na superfície. A reflexão da energia radiante pela superfície da água também é elevada durante o nascer e o pôr-do-sol. A porcentagem da luz que é refletida pela superfície da água é chamada albedo.

A Fig. 4.7 (p. 71) mostra a variação estacional das leituras do disco de Secchi na **represa de Barra Bonita** (SP).

Quando a superfície do lago está coberta com gelo e neve, o albedo atinge 90%. As diferenças em reflexão causadas pelo acúmulo de **poluentes**, partículas em suspensão ou pelo influxo de rios, com muito material húmico dissolvido, podem ser detectadas por fotografias aéreas, ou de satélite, o que auxilia consideravelmente no conhecimento sobre a distribuição de massas de água em grandes lagos ou reservatórios.

Uma possibilidade de comparação da qualidade espectral da radiação subaquática pode ser feita determinando-se a quantidade de energia subaquática e o coeficiente de atenuação vertical (Kd) nos comprimentos de onda 450, 550, 650 mm, em relação ao coeficiente de absorção no vermelho. Esse valor, denominado razão de atenuação espectral, é dado por:

$$RAS = \frac{Kd\ (azul)}{Kd\ (vermelho)} \div \frac{Kd\ (azul)}{Kd\ (vermelho)} \div \frac{Kd\ (vermelho)}{Kd\ (vermelho)}$$

4.1.1 A zona eufótica

Zona eufótica é a camada iluminada da massa de água. Sua profundidade depende da absorção pela água, da transmitância, da concentração de partículas em suspensão (trípton), do fitoplâncton e zooplâncton e da quantidade de substâncias orgânicas dissolvidas. Ela pode variar diariamente, por estação ou por eventos climatológicos importantes, tais como **frentes frias**, períodos de circulação e estabilidade da coluna de água.

A relação zeu/zaf (zona eufótica/zona afótica) e zeu/zmax (zona eufótica/profundidade máxima do lago ou represa ou rio) é importante para o conhecimento do funcionamento vertical dos ecossistemas aquáticos.

A Tab. 4.2 mostra dados da leitura do disco de Secchi para vários ecossistemas.

As Tabs. 4.3 e 4.4 mostram o coeficiente de atenuação total da radiação solar na água em função de componentes particulados e dissolvidos.

Tab. 4.2 Dados comparativos da leitura do disco de Secchi para vários lagos e represas (em metros)

Lago	Leitura do disco de Secchi
Crater Lake (Oregon, USA)	38,00 m
Crystal Lake (Wisconsin, USA)	14,00 m
Represa da UHE Carlos Botelho – Lobo/Broa (São Paulo, Brasil)	1,20 m (inverno)
Represa da UHE Carlos Botelho – Lobo/Broa (São Paulo, Brasil)	1,70 m (verão)
Lago D. Helvécio (Minas Gerais, Brasil)	6,00 m
Represa de Tucuruí (Amazonas, Brasil)	5,00 m
Represa de Barra Bonita (São Paulo, Brasil)	1,15 m (inverno)
Lago Cocibolca (Nicarágua)	0,50 m
Lago Amatitlan (Guatemala)	2,40 m
Lago Atitlan (Guatemala)	6,10 m
Lago Gatún (Panamá)	7,00 m

70 | Limnologia

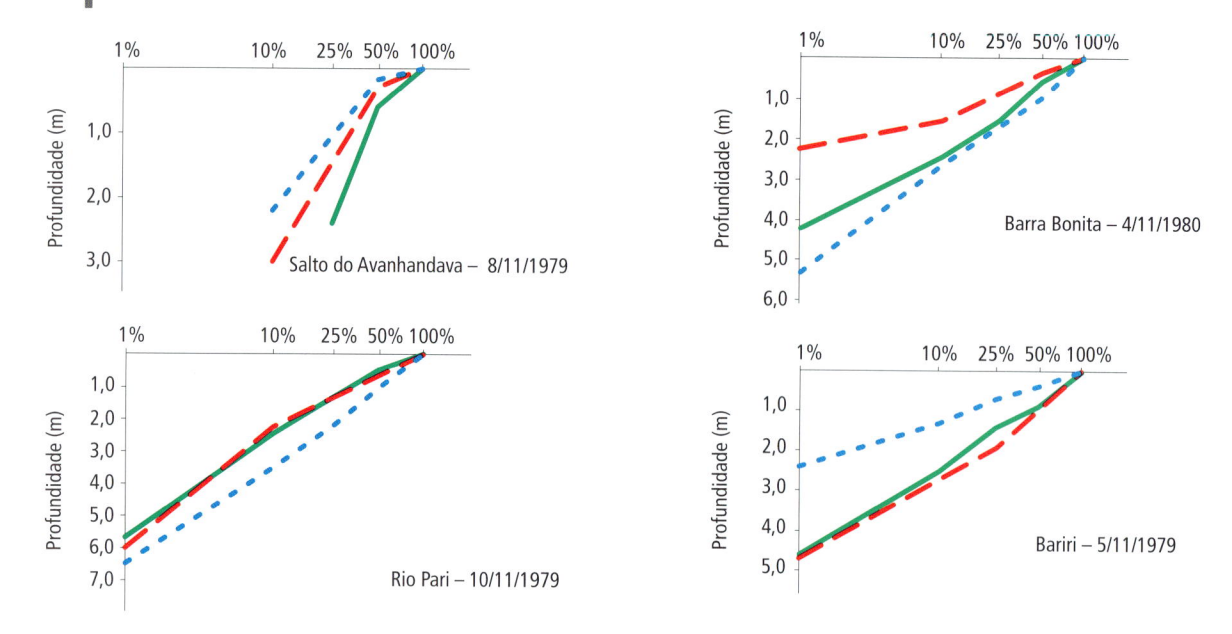

Fig. 4.3 Penetração relativa da energia radiante em várias represas do Estado de São Paulo
Fonte: Projeto Tipologia de Represas do Estado de São Paulo – Fapesp).

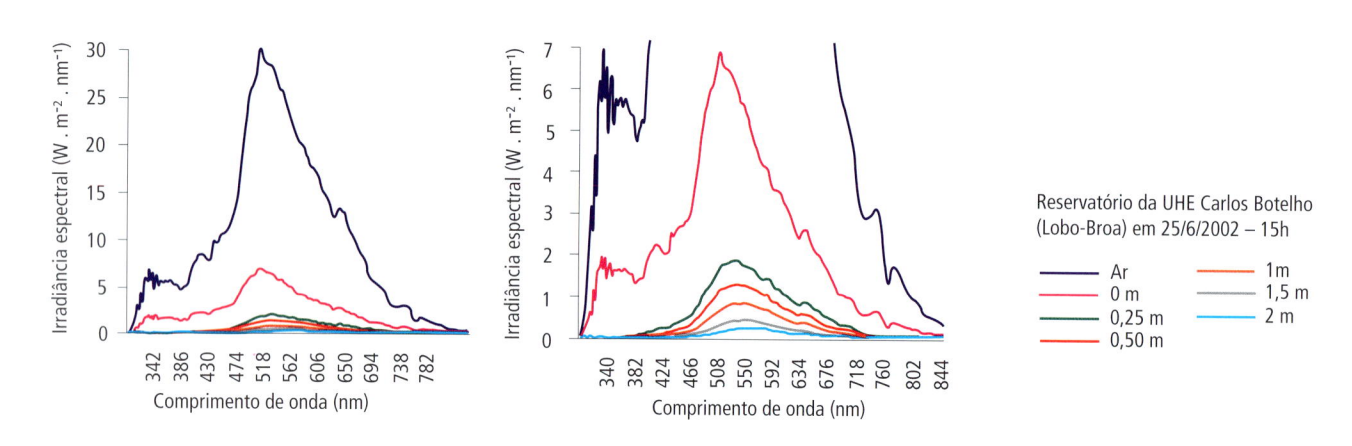

Fig. 4.4 Distribuição espectral da **energia radiante subaquática** na represa da UHE Carlos Botelho (Lobo/Broa), em 25/6/2002 (15h)
Fonte: Rodrigues (2003).

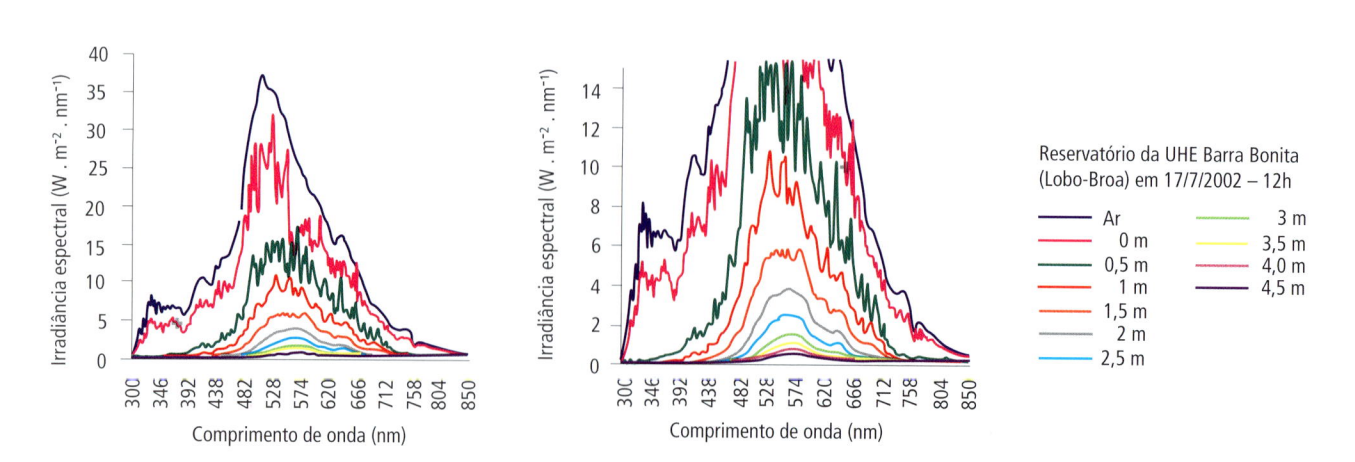

Fig. 4.5 Distribuição espectral da energia radiante subaquática na represa de Barra Bonita, Estado de São Paulo, em 17/7/2002 (12h)
Fonte: Rodrigues (2003).

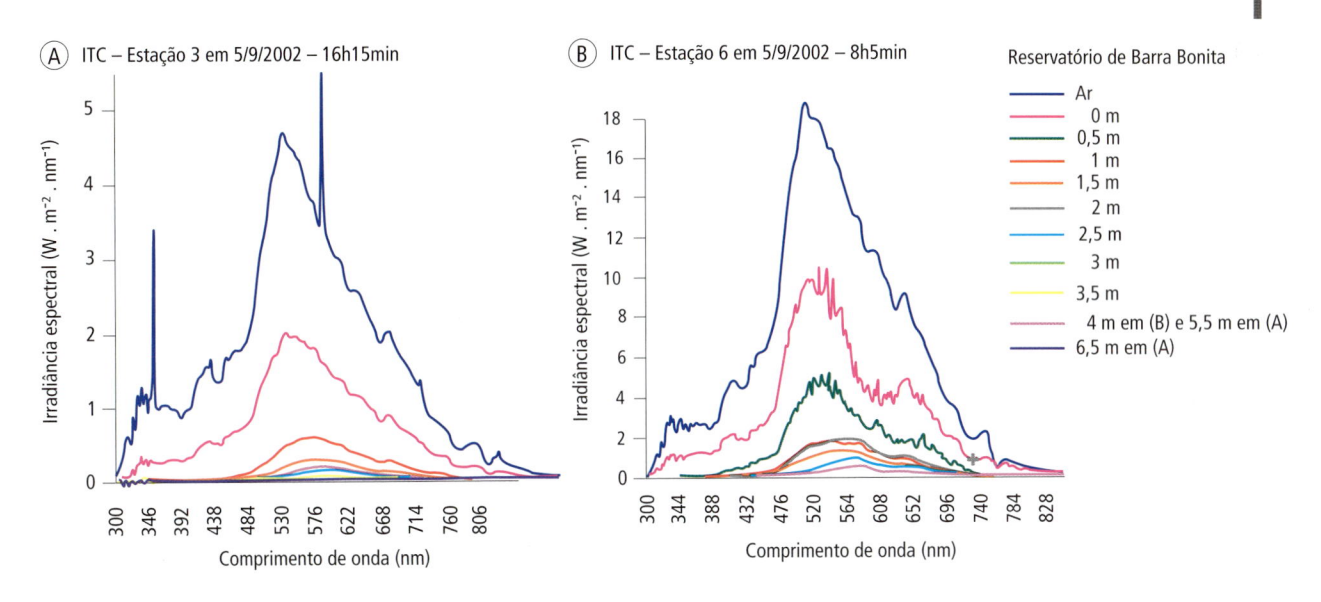

Fig. 4.6 Distribuição espectral da energia radiante subaquática na represa de Barra Bonita (SP)
Fonte: Rodrigues (2003).

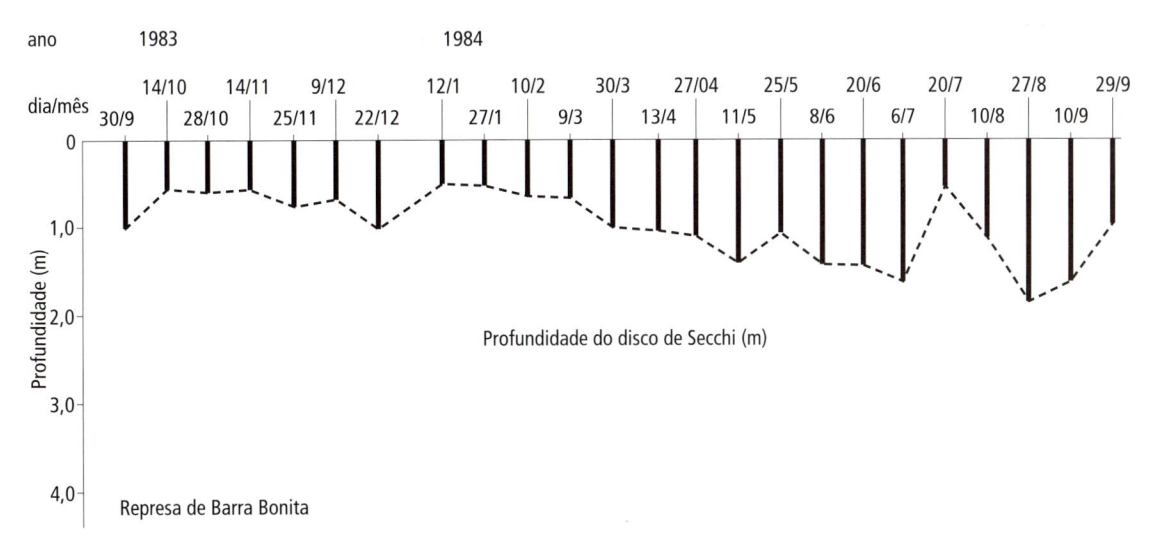

Fig. 4.7 Variações estacionais da profundidade do disco de Secchi na represa de Barra Bonita (SP)
Fonte: Tundisi e Matsumura Tundisi (1990).

4.1.2 A radiação subaquática e os organismos aquáticos

O clima de radiação subaquática é muito importante para organismos aquáticos. Certas plantas apresentam pigmentos específicos que utilizam a energia radiante disponível nas profundidades em que vivem. Essa adaptação cromática pode também existir em organismos que vivem em regiões de alta intensidade luminosa permanente, com uma concentração elevada de pigmentos carotenóides protetores, como ocorre em certos lagos antárticos (Horne e Goldman, 1994).

O comportamento de vários organismos aquáticos é muito influenciado pela intensidade da energia radiante subaquática e também pela qualidade espectral da luz presente em diferentes profundidades. Por exemplo, a migração vertical do zooplâncton e das formas bentônicas da superfície do sedimento, em lagos rasos, é fortemente influenciada pela energia radiante. Mesmo a intensidade de radiação fraca existente durante períodos de lua cheia pode influenciar a reprodução do zooplâncton lacustre (Gliwicz, 1986). Problemas de respostas fotossintéticas do fitoplâncton a intensidades luminosas variáveis produzidas pela turbulência serão discutidos no Cap. 9.

Além de proporcionar energia, que é a fonte básica de vida para os organismos aquáticos, a radiação subaquática é muito utilizada pelos organismos

Tab. 4.3 Coeficiente de atenuação total da radiação solar, Kt, e seus componentes Kw, Kc e Kx para a represa de Barra Bonita, em um ponto no corpo central do reservatório, P5B, em dezembro/1999 (período chuvoso)

Ponto de estudo	RFA (%)	Profundidade (m)	K_T (m^{-1})	K_W (m^{-1})	%	K_C (m^{-1})	%	K_X (m^{-1})	%
P5B	100	0,00	2,903	0,046	1,6	1,396	48,1	1,461	50,3
8/12/99	30	0,50	2,379	0,048	2,0	1,569	66,0	0,762	32,0
13h45	10	1,00	2,347	0,041	1,7	1,354	57,7	0,952	40,6
	0,9	2,25	2,072	0,041	2,0	0,536	25,9	1,495	72,1
	Z. Afótica	5,00	1,825	0,041	2,3	0,351	19,2	1,433	

Fonte: Rodrigues (2003).

Tab. 4.4 Coeficiente de atenuação total da radiação solar, Kt, e seus componentes Kw, Kc e Kx para a represa da UHE Carlos Botelho (Lobo/Broa), em dezembro/1999 (período chuvoso)

Ponto de estudo	RFA (%)	Profundidade (m)	K_T (m^{-1})	K_W (m^{-1})	%	K_C (m^{-1})	%	K_X (m^{-1})	%
P[1]	100	0,00	2,401	0,039	1,6	0,079	3,3	2,283	95,1
10/12/99	20	0,50	3,219	0,039	1,2	0,000	0,0	3,180	98,8
09h40	11	1,50	1,465	0,037	2,5	0,061	4,2	1,367	93,3
	1	4,25	1,092	0,041	3,8	-	-	-	-
	Z. Afótica	6,00	1,201	0,044	3,7	0,084	7,0	1,073	89,3

P[1] – localizado no corpo central do reservatório
Fonte: Rodrigues (2003).

para orientação e informação sobre o ambiente em que vivem. Por outro lado, muitos organismos aquáticos exercem uma função importante no controle dessa radiação subaquática, não só do ponto de vista qualitativo, mas também quantitativo. Por exemplo, Tundisi (resultados não publicados) demonstrou que bancos de Eichchornia crassipes em lagos do Pantanal de Mato Grosso podem reduzir a radiação solar que as atinge em até 90% no nível da superfície da água. Extensos florescimentos de **cianobactérias** podem reduzir a radiação solar que chega à superfície de lagos, represas e rios a apenas alguns centímetros e, portanto, a zona eufótica é extremamente influenciada pela concentração desses organismos.

A radiação ultravioleta pode afetar organismos aquáticos, como será discutido no Cap. 7.

4.1.3 Sensoriamento remoto de sistemas aquáticos e a radiação solar

As medidas de penetração de radiação solar na água e os estudos sobre a ótica dos sistemas aquáticos tradicionalmente estão relacionados com a avaliação da energia disponível para a fotossíntese, as respostas do fitoplâncton a diferentes intensidades luminosas e também ao uso da luz emitida por fluorescência para a medida de concentração de clorofila.

No sensoriamento remoto, a tecnologia usa exatamente a luz refletida pela superfície de um corpo de água para medir e classificar a reflectância, por causa de sua composição. Portanto, sensores colocados a bordo de satélites medem essas reflectâncias após correções (por exemplo, corrigindo a reflectância produzida por aerossóis) e, consequentemente, produzem imagens de propriedades ópticas que são muito valiosas para a classificação de lagos, represas ou rios e possibilitam detectar impactos dos usos da bacia hidrográfica nesses sistemas. As medidas dessas reflectâncias devem ser acompanhadas de medidas de variáveis físicas, químicas e biológicas simultaneamente à passagem do satélite.

4.2 Balanço de Calor nos Sistemas Aquáticos

A Fig. 4.8 mostra os principais mecanismos de transferência de calor através da superfície da água. Os processos principais consistem em radiação, condução de calor **e evaporação**. O **fluxo líquido de calor** é descrito como uma condição de fronteira, diretamente na superfície livre. A absorção da radia-

METODOLOGIA DE MEDIDAS DE PENETRAÇÃO DE ENERGIA RADIANTE NA ÁGUA

O instrumento mais comum de medida da radiação total incidente que chega à superfície de lagos, rios, águas costeiras, estuários, oceanos e sistemas terrestres é o pireliômetro, que mede a radiação solar total direta ou indireta durante o período completo de um dia. As medidas de radiação solar subaquática e, mais especificamente, do clima de radiação subaquática, podem ser feitas por equipamentos de medição blindados colocados na água em várias profundidades diferentes, permitindo estimar a radiação subaquática em comprimentos de onda no visível (340-700 nm). Esses aparelhos, hidrofotômetros, podem ser acoplados com filtros de transmitância em vários comprimentos de onda, que permitem a passagem de determinadas faixas de comprimento de onda no visível 0,75 (ultravioleta, vermelho, azul, amarelo, laranja). Assim, uma informação qualitativa sobre a qualidade espectral da luz é produzida.

Outros instrumentos mais sofisticados são os espectroradiômetros subaquáticos, que possibilitam a leitura a cada 2 nanômetros de diferentes bandas espectrais e uma varredura completa do espectro subaquático.

Um instrumento antigo, robusto, muito utilizado há mais de cem anos, é o disco de Secchi. Em 1865, o padre Pietro Ângelo Secchi (Tyler, 1968) foi solicitado a fazer medições da transparência das águas costeiras no Mediterrâneo. Em abril de 1865, ele colocou na água um disco branco, de 43 cm de diâmetro, e mediu, pela primeira vez, a profundidade em que esse disco desaparecia da vista humana. Essa profundidade foi chamada, desde então, de **profundidade Secchi**. Ele concluiu que os fatores críticos na estimativa da profundidade Secchi eram o diâmetro do disco, sua refletância espectral, a presença de ondas, reflexões do sol e do céu na água e a concentração de plâncton – variáveis que até hoje são utilizadas para descrever o clima de radiação subaquática.

Vários estudos foram realizados para determinar uma relação empírica entre a profundidade Secchi e a zona eufótica. De um modo geral, aceita-se, segundo Margalef (1983), que Zeu = 3,7 DS. Poole e Atkins (1929) obtiveram uma outra relação Kt = 1.7/ZDS, que estima o coeficiente de atenuação total da massa de água. Kirk (1983) considerou que o valor Kt = 1.44/ZDs é mais apropriado para determinar o coeficiente de atenuação.

ção não ocorre só na interface ar/água, mas também em uma camada de água próxima à superfície, e a espessura dessa camada depende das características da absorção, como, por exemplo, a turbidez. A determinação do **balanço de calor** de ecossistemas aquáticos continentais, especialmente lagos e reservatórios, é de fundamental importância para a compreensão dos efeitos físicos sobre os sistemas e suas repercussões sobre processos químicos e biológicos. Variações diurnas que ocorrem nas transferências de calor são responsáveis por aquecimentos e resfriamentos térmicos e pelo comportamento das massas de água em diferentes períodos do dia e da noite.

De um modo geral, o fluxo líquido através da superfície da água pode ser determinado por meio da soma dos termos individuais:

$$\phi n = \phi s - \phi sr + \phi a - \phi ar - \phi br - \phi e - \phi c$$

ϕn depende de **condições meteorológicas** (variação da temperatura do ar e da água, radiação solar, umidade relativa e velocidade do vento) as quais

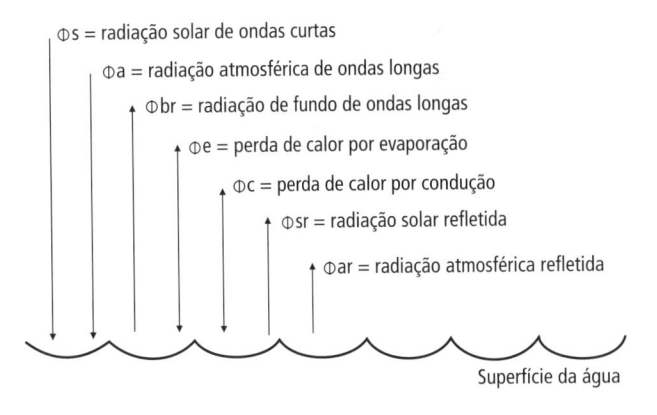

- ϕs = radiação solar de ondas curtas
- ϕa = radiação atmosférica de ondas longas
- ϕbr = radiação de fundo de ondas longas
- ϕe = perda de calor por evaporação
- ϕc = perda de calor por condução
- ϕsr = radiação solar refletida
- ϕar = radiação atmosférica refletida

Fig. 4.8 Fluxos de radiação na superfície da água

dependem da latitude, longitude e altitude em que se localiza o corpo de água.

A Fig. 4.9 mostra a variação do balanço de calor para a represa da UHE Carlos Botelho (Lobo/Broa), no Sudeste do Brasil (Henry e Tundisi, 1988).

4.3 Processos Físicos em Lagos, Reservatórios e Rios

Os principais mecanismos e funções de força física que atuam na estrutura vertical e horizontal de lagos e reservatórios são os seguintes:

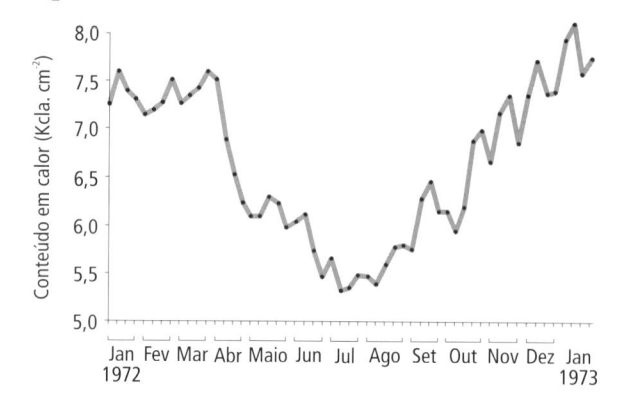

Fig. 4.9 Balanço de calor para a represa da UHE Carlos Botelho (Lobo/Broa)
Fonte: Henri e Tundisi (1988).

Mecanismos externos
- Vento
- Pressão barométrica
- Transferência de calor
- **Intrusão** (natural ou artificial)
- Fluxo a jusante (natural ou artificial)
- **Força de Coriolis**
- Descargas na superfície
- Plumas e jatos na superfície de lagos e represas

Mecanismos internos
- Estratificação
- Mistura vertical
- Retirada seletiva ou perda seletiva a jusante (natural ou artificial)
- **Correntes de densidade**
- Formação de ondas internas

Esses mecanismos impulsionam os processos de organização vertical de lagos e represas e têm consequências químicas e biológicas fundamentais para o funcionamento desses ecossistemas. Tanto os mecanismos internos como os externos sofrem a influência de fatores climatológicos e hidrológicos que constituem as funções de força que atuam sobre os sistemas.

Os processos físicos de estratificação e mistura vertical são de fundamental importância para a estrutura e a organização de processos químicos e biológicos em lagos, represas, rios e estuários. Nos ecossistemas aquáticos continentais, os processos de estratificação e **mistura** resultam dos efeitos acumulados das trocas de calor e das entradas da energia; da absorção da radiação solar com a profundidade (a qual depende das condições óticas da água na superfície); da direção e da força do vento; da direção e da energia cinética das entradas de água; e da direção e força das saídas de água. A mistura e a **estratificação vertical** são processos dinâmicos. As características morfométricas têm importância nas misturas vertical e horizontal: volume, profundidades máxima e média e localização (latitude, longitude e altitude). Os mecanismos básicos de geração e dissipação da energia cinética turbulenta são os mesmos em lagos e oceanos. As diferenças são causadas pela densidade (devido à salinidade das águas do mar e aos efeitos da rotação da Terra nos oceanos ou em lagos de grandes dimensões).

O vento exerce uma ação de **estresse turbulento** na superfície da água. Como consequência, ocorrem os seguintes fenômenos:
- geram-se correntes de superfície;
- um acúmulo de água na superfície, na direção do vento, e uma oscilação da interface estratificada;
- turbulência gerada nas camadas da superfície, que pode aumentar durante a quebra das ondas.

A Fig. 4.10 apresenta uma foto do fenômeno da turbulência em pequena escala (cm) combinada com um desenho que esclarece esse processo físico, o qual tem consequências químicas e biológicas, sendo bastante frequente.

A amplitude e a dimensão vertical desses eventos dependem da velocidade do vento, da localização em relação ao eixo maior do lago, reservatório ou rio (fetch) e da topografia local. Ondas são **oscilações periódicas** e rítmicas da massa de água, com movimentação vertical intensa, e correntes são fluxos unidirecionais da massa de água e não periódicos. Parte da energia cinética do vento produz ondas na superfície, que se dissipam e perdem a energia; parte da energia é transferida para as correntes. Além disso, o vento pode induzir ondas internas na termoclina e no **hipolímnio**.

O efeito do estresse turbulento do vento Tw que ocorre na superfície da água é normalmente representado como:

$$Tw = Cd.pa.V^2$$

onde:

V – velocidade do vento medida a certa altitude, usualmente a 10 m

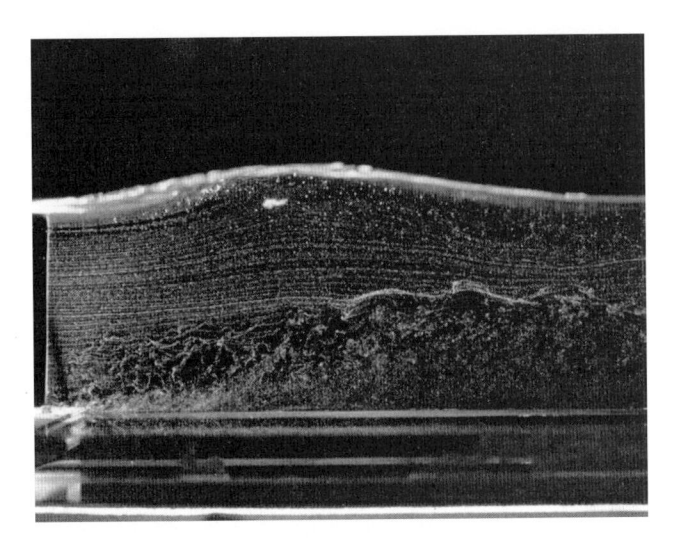

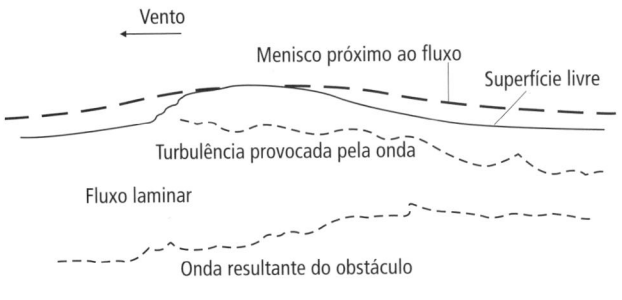

Fig. 4.10 Ondas em pequena escala. A profundidade da água não perturbada é de 15 cm
Fonte: Banner e Phillips (1974).

pa – densidade do ar
Cd – coeficiente do estresse do vento, que depende da situação da superfície (lisa ou turbulenta) e da quantidade de ondas na superfície em altura, forma e velocidade

A energia cinética promovida pelo vento, portanto, gera correntes, ondas, turbulência e situações transientes que promovem mistura e dissipação.

4.4 Tipos de Fluxos

No fluxo laminar, o movimento da água é regular e horizontal, sem uma mistura efetiva das diversas camadas. A mistura que ocorre é no nível molecular. O fluxo laminar, entretanto, é relativamente raro em condições naturais.

O fluxo turbulento é irregular, com a **velocidade da água** variando no sentido vertical e horizontal e caracterizada por movimentos erráticos. Aparentemente caótico, pode ser tratado estatisticamente. Suas propriedades podem ser analisadas determinando-se os valores médios de suas características, tal como a flutuação de velocidade.

Existe uma **zona de transição** entre o fluxo turbulento e o fluxo laminar que depende essencialmente da temperatura da água. Junto ao sedimento, em um rio ou lago, existe uma camada muito fina de água com um fluxo rápido, chamada de camada de interface.

Nos rios, essa camada é turbulenta e pode se estender por toda a coluna de água, com gradientes de velocidade desde a superfície até o fundo. O tipo de fundo e suas irregularidades pode alterar essa camada de interface. A interação sedimento/água, que é de fundamental importância nos processos químicos e biológicos, depende muito das características dessa camada. Os processos de erosão, deposição e ressuspensão do sedimento dependem das variações no estado de turbulência, da viscosidade e das irregularidades do fundo.

A Fig. 4.11 mostra os processos de geração de ondas e correntes, bem como a produção de turbulência na água, gerada pela ação do vento.

4.5 Turbulência em Águas Superficiais, Números de Reynolds e de Richardson, Efeitos da Densidade e Estratificação

Geralmente, o perfil da velocidade do vento sobre a água é logarítmico (Phillips, 1966, *apud* Harris, 1986). Isso significa que a velocidade do vento aumenta de tal forma com a altitude, que um gráfico relacionando velocidade do vento (U) e altura (z) produz uma linha reta.

O efeito do vento na superfície To é aproximadamente proporcional a U^2.

O **número de Reynolds** (Re) é a relação existente entre as **forças inerciais** e as **forças de viscosidade** no líquido. Ele é definido como:

$$Re = \frac{U \cdot d}{V}$$

onde:
U – **velocidade da corrente**
d – espessura da camada considerada
V – viscosidade da água

Um número de Reynolds abaixo de 500 significa um fluxo laminar, e entre 500 a 2.000 (para a água), o fluxo é turbulento.

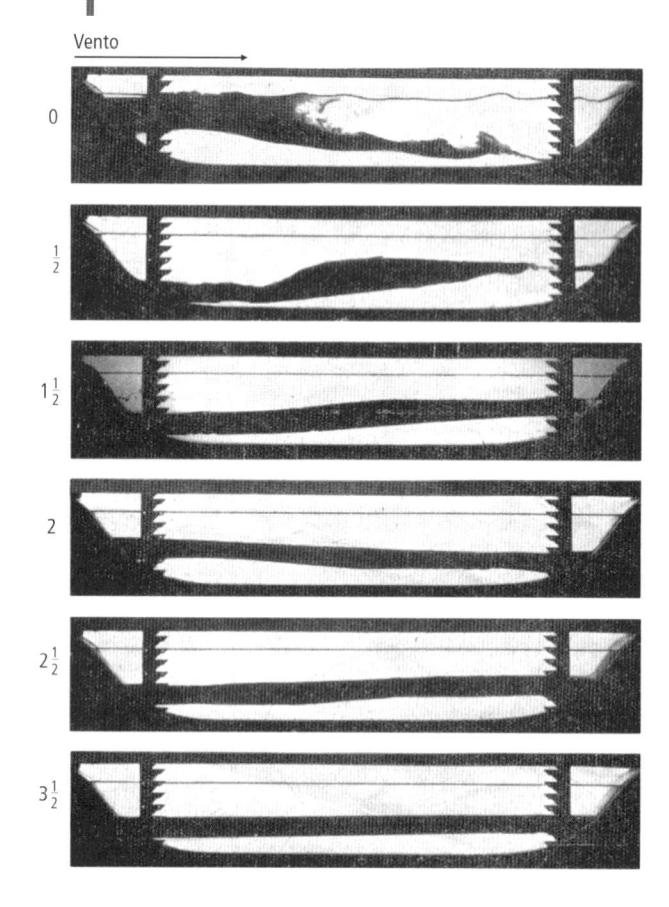

Fig. 4.11 Ondas internas depois de um estresse de vento. A condição inicial, sob forte estresse de vento, é apresentada na primeira ilustração. As ilustrações subsequentes, sem vento, mostram estágios sucessivos nas oscilações depois que o vento parou
Fonte: adaptado de Mortimer (1951).

Quando ocorrem **gradientes de densidade** na massa de água, como resultado de temperaturas diferentes e acúmulo de material em suspensão em várias camadas, a turbulência entre camadas adjacentes de água é muito reduzida. A distribuição vertical de velocidade e a transição de fluxo laminar para turbulento ficam também prejudicadas e diminuem. Em razão dessas camadas de densidade diferente, há uma resistência à mistura vertical dada pelo **número de Richardson**, que descreve a estabilidade do fluxo.

O número de Richardson (Ri) pode ser definido como o trabalho a ser realizado para produzir turbulência em camadas de água com densidades diferentes.

$$Ri = \frac{g}{f} \cdot \frac{d}{dz} f \frac{(du)^2}{(dz)}$$

onde:
f – densidade do líquido
u – velocidade média da água
g – aceleração da gravidade
z – profundidade

Quando o líquido é homogêneo, Ri = 0; se Ri > 0, a estratificação é considerada estável; se Ri < 0, a estratificação é instável; se Ri < 0,25, a estratificação é destruída e aumenta a turbulência, e quando Ri > 0,25, as camadas de água apresentarão um fluxo sem turbulência, ficando superpostas.

As correntes de densidade formadas em lagos ou represas têm importância pelo processo de fluxo de água, sobre, abaixo ou dentro de uma massa de água. Essas correntes têm importância ecológica pelo isolamento de massas de água em lagos e represas, pelos efeitos na circulação horizontal e vertical e pelo **transporte de nutrientes**, material em suspensão e organismos.

Como foi visto, os dois parâmetros importantes no mecanismo de turbulência e circulação da massa de água são o vento e o balanço de calor, que produzem conjuntamente uma série de gradientes verticais e um espectro de diferentes graus de estabilidade e turbulência. Uma das medidas importantes normalmente utilizada para indicar frequência de oscilação, sem o componente de energia cinética induzida pelo vento, é aquela dada pela equação de Brunt-Vaisala (Frequência de Brunt-Vaisala):

$$N^2 = -\frac{g}{\rho} \cdot \frac{d\rho}{dz}$$

onde:
g – aceleração da gravidade
ρ – densidade
z – profundidade considerada

Essa frequência, medida com base em diferenças de densidade da água apenas, permite determinar as oscilações periódicas sem a ação do vento. É um parâmetro útil no estudo de espectros da diversidade do fitoplâncton em função da oscilação vertical do sistema.

4.5.1 Ondas internas

Quando ocorre um aumento de turbulência no epilímnio, há também um deslocamento do **metalímnio**, formando uma onda interna ou seiche, que é, basicamente, um movimento oscilatório da **camada metalimnética** produzido em lagos estratificados.

Pequenas instabilidades no metalímnio, produzidas com base nessas turbulências epilimnéticas, podem também se formar e colapsar em seguida (instabilidade de Kelvin-Helmholtz).

4.5.2 Efeitos da Força de Coriolis e Circulação de Langmuir

Os efeitos rotacionais da Terra produzem movimentos horizontais intensos nas massas de água, causando o aparecimento de correntes e giros circulares que são frequentes nos oceanos e em grandes massas de água continentais. Esses efeitos são importantes em lagos ou reservatórios com largura de aproximadamente 5 km (Mortimer, 1974, *apud* Harris, 1986). O efeito de Coriolis f pode ser calculado:

$$f = 2\Omega Sin\phi$$

onde:
Ω – velocidade angular de rotação da Terra
ϕ – latitude

A força de Coriolis atua no sentido anti-horário no hemisfério Norte (para a direita) e no sentido horário no hemisfério Sul (para a esquerda). Esses efeitos rotacionais atingem também as ondas internas, provocando deslocamentos sucessivos, como ocorre nos **Grandes Lagos norte-americanos**. A força de Coriolis, o efeito dos ventos, as funções de força e pressão atuam nas grandes massas de água interiores, produzindo oscilações verticais e horizontais de grande importância ecológica.

A circulação ou **rotação de Langmuir** (Langmuir, 1938) consiste na formação de correntes de **convecção** por ação de ventos acima de 3 m . seg^{-1} (aproximadamente 11 km . h^{-1}), existindo uma correlação direta entre o comprimento dessas células de Langmuir e a sua profundidade. A ação do vento produz um movimento descendente de massas de água que formam, então, células verticais que aparecem na superfície como estrias, as quais concentram partículas e substâncias dissolvidas na água. Por exemplo, Horne e Goldman (1994) comentam que a concentração de *Daphnia* sp e cladóceros nessas estrias tem a função de possibilitar escape dos **predadores** e prover alimentos à espécie, em razão da concentração de fitoplâncton e material particulado nessas estrias.

4.5.3 Espirais de Ekman

Em 1905, V. W. Ekman apresentou a teoria de que o vento soprando constantemente sobre uma superfície aquática de profundidade infinita, muito extensa e com uma viscosidade uniforme, desloca essa superfície de um ângulo de 45° à direita da sua direção no hemisfério Norte e à esquerda no hemisfério Sul. As massas de água das camadas inferiores são movimentadas sucessivamente para a direita (ou esquerda) até que a uma determinada profundidade a direção do deslocamento da água é oposta à da ação do vento na superfície e, também, a velocidade é muito menor. Essa deflecção das correntes na superfície é mais comum em grandes lagos profundos e nos oceanos. O **deslocamento horizontal** de uma massa de água pode também ocasionar um movimento circular com um centro em estagnação. Esse tipo de circulação, descrito por oceanógrafos e denominado giros (Von Arx, 1962), pode igualmente ser importante na distribuição de organismos planctônicos e poluentes.

As Figs. 4.12 e 4.13 mostram a ação do vento e seus efeitos na produção de energia turbulenta e de fluxo turbulento na coluna de água, mostrando também os efeitos da energia cinética turbulenta na superfície da água.

A Tab. 4.5 e a Fig. 4.14 mostram os diferentes tipos de circulação e movimentos da coluna de água, sua escala e seus efeitos ecológicos.

4.6 Estratificação Térmica e Circulação Vertical e Horizontal em Ecossistemas Aquáticos Continentais

O principal processo que gera o aquecimento térmico é a radiação solar que atinge a superfície da água. As radiações de ondas longas, no infravermelho, são absorvidas nos primeiros centímetros. O aquecimento térmico estabelece uma camada de água menos densa e com a temperatura mais elevada na superfície. Essa estratificação térmica e de densidade é um importante fenômeno nos sistemas aquáticos continentais, e grande parte dos processos e mecanismos de funcionamento resulta do gradiente vertical assim formado.

A camada de água superior, mais aquecida e menos densa, o epilímnio, é também bastante homogênea pela ação do vento e pelo aquecimento

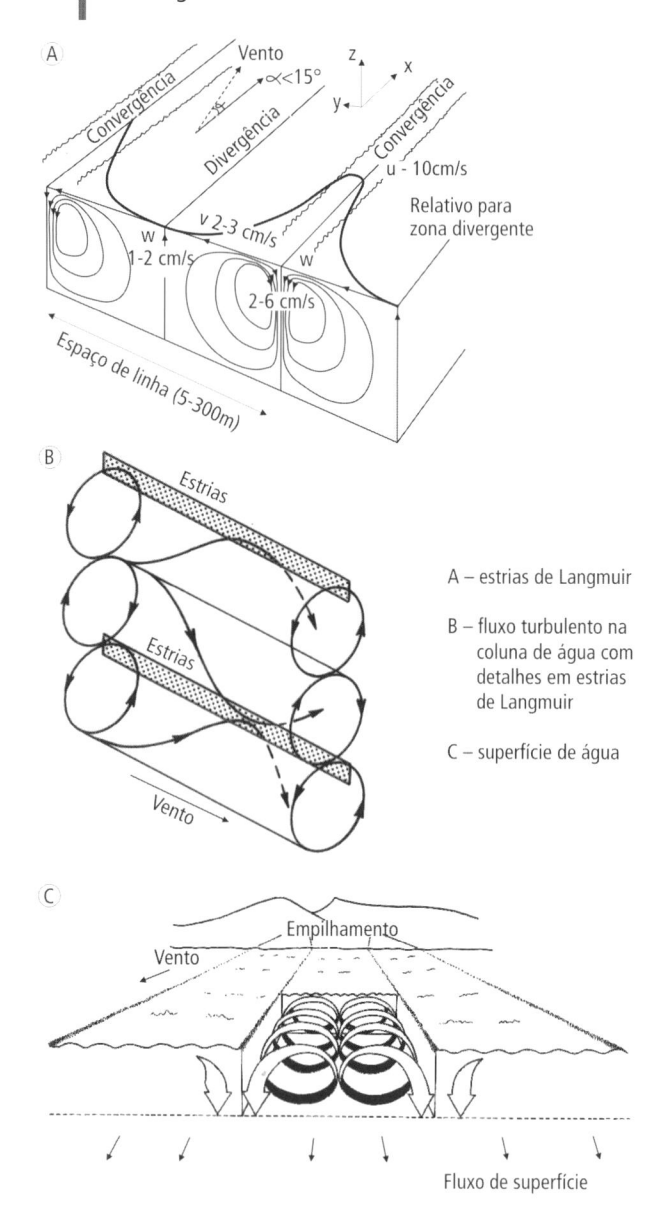

Fig. 4.12 Ação do vento na produção de energia cinética turbulenta na água
Fonte: adaptado de Reynolds (1984).

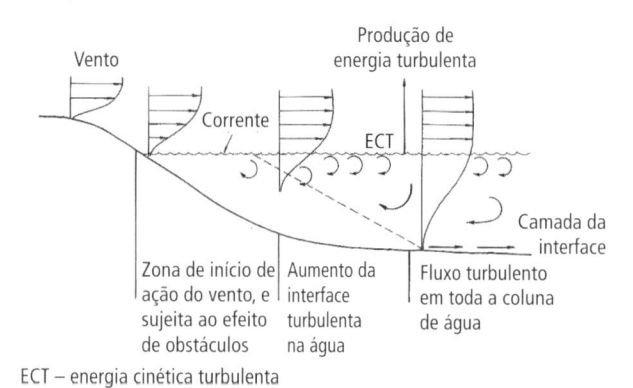

Fig. 4.13 O efeito do vento na variação espacial da energia cinética turbulenta (ECT) em um lago ou represa

térmico diurno e **resfriamento térmico** noturno, que formam **termoclinas temporárias** (durante o período diurno).

A camada de água inferior, mais densa e com temperaturas mais baixas, é denominada hipolímnio. A profundidade do epilímnio e do hipolímnio depende da situação geográfica do lago, sua profundidade média e máxima, as características regionais em relação ao vento (posição do sistema aquático, direção e força) e sua posição na bacia hidrográfica.

O metalímnio (Wesemberg-Lund, 1910) ou mesolímnio é uma camada intermediária entre o hipolímnio e o epilímnio, que apresenta uma queda gradual de temperatura em relação ao epilímnio e é difícil definir seus limites. No metalímnio, a região em que a temperatura cai pelo menos 1°C a cada metro foi denominada termoclina por Birge (1987). Hutchinson (1957), retomando esse conceito, definiu-a como **termoclina planar**, ou seja, a região que compreende um plano imaginário no lago em um nível intermediário entre duas profundidades nas quais a diferença térmica é maior (Fig. 4.15). O conceito de plano imaginário no lago, dividindo duas camadas – uma iluminada e com circulação completa e produtiva, e outra escura, com circulação reduzida e onde prevalecem processos de **decomposição** – é muito útil para compreender processos de funcionamento de lagos e represas.

Mais importante que o conceito de **temperaturas absolutas**, é fundamental que se compreenda que as diferenças térmicas no gradiente vertical e as respectivas densidades são os processos principais que determinam as características básicas do funcionamento de lagos. Já se discutiram no Cap. 2 as inter-relações entre a temperatura da água e sua densidade. À pressão normal a água tem a máxima densidade a 4°C, quando 1 mililitro de água tem a massa de 1 grama. A água torna-se menos densa abaixo de 4°C; por isso, as massas de gelo flutuam à superfície, cobrindo os lagos permanentemente ou durante alguns períodos. As diferenças de densidade se acentuam com temperaturas mais elevadas, razão por que o processo de estratificação e estabilização do lago é maior mesmo quando as diferenças térmicas entre temperaturas da superfície e da profundidade são relativamente pequenas. A Tab. 4.6 ilustra esse processo.

Tab. 4.5 Escalas temporais e espaciais, velocidades e energia cinética e seus efeitos ecológicos

Processos e tipos de circulação	Escala temporal	Escala espacial H	Escala espacial V	Escala de velocidade	Importância para o espectro de energia cinética	Importância ecológica – efeitos no fitoplâncton e na **reciclagem de nutrientes**
Ondas de superfície	1 s	1 a 10 m	1 m	10 m.s^{-1}	Pequena	Pequena
Mistura vertical turbulenta	s a min	1 a 100 m	10 cm	2 cm.s^{-1}	Pequena	Pequena
Oscilação de massas de água em colunas estratificadas	s a min	100 m	2 a 3 m	1 a 30 cm.s^{-1}	Grande	Grande
Circulação de Langmuir (espirais de Langmuir)	5 min	5 a 100 m	2 a 20 m	0 a 8 cm.s^{-1}	Moderada	Moderada
Efeitos do **cisalhamento** do vento na coluna de água	Hrs	100 m a 1 km	2 m	2 cm.s^{-1}	Grande	Moderada
Ondas internas (curtas)	2 a 10 min	100 m	2 a 10 m	2 cm.s^{-1}	Moderada	Moderada
Ondas internas (longas)	1 dia	10 km	2 a 20 m	50 cm.s^{-1}	Grande	Grande
Circulação livre em sistemas estratificados	1 min-hr	1 cm a 1 cm	1 cm a 10 m	1 cm.s^{-1}	Grande movimentação vertical	Moderada
Convecção lateral por causa de resfriamento e aquecimento	Hrs	1 a 5 m	2 a 5 m	2 cm.s^{-1}	Movimentação vertical e horizontal moderada	Moderada
Correntes de turbidez	min-hrs	1 a 10 m	1 a 5 m	1 cm.s^{-1}	Movimentação horizontal e vertical moderada	Moderada
Circulação no hipolímnio	Longos períodos	>1 km	2 m	0,5 cm.s^{-1}	Pequena	Moderada
Ciclos anuais de estratificação e **desestratificação**	Semanas e meses	10 km a kms	m a km	0,1 cm.s^{-1}	Pequena	Efeitos de longo prazo na **reciclagem**
Gradientes horizontais provenientes das bacias hidrográficas	Min a hrs	m a kms	cm a m	1-10 m.s^{-1}	Grande	Grandes efeitos diretos e indiretos
Meromixia	Anos	km	km	< 1 cm.s^{-1}	Pequena	Moderado ou altamente relevante

Fontes: adaptado de Mortimer (1951); Thorpe (1977); Dillon (1982); Mortimer (1974); Spiegel e Imberger (1980); Tundisi et al. (1977); Barbosa e Tundisi (1980); Lombardi e Gregg (1989); Horne e Goldman (1994); Imberger (1994); Tundisi (1997); Tundisi e Saijo (1997); Tundisi (1999); Romero e Imberger (1999); Kennedy (1999); Tundisi e Straškraba (1999).

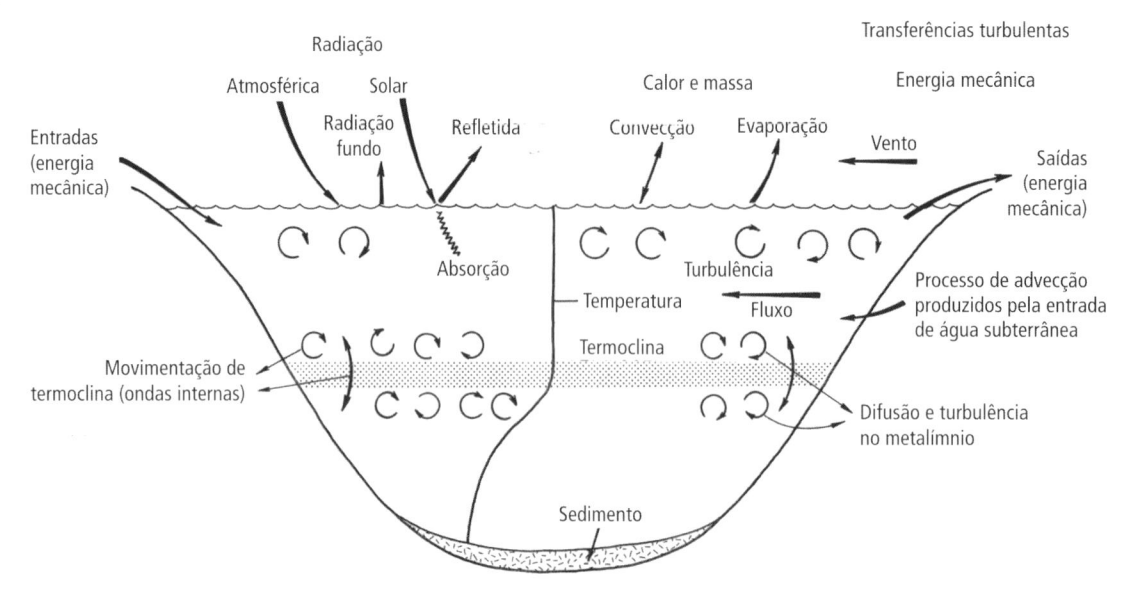

Fig. 4.14 Os diferentes mecanismos de entradas e saídas de energia mecânica, fluxos, movimentação de massas de água e absorção de radiação solar em lagos

Entre 4°C e 5°C, a alteração da densidade é $81 \cdot 10^{-7}$; entre 23°C e 24°C, a alteração da densidade é $2.418 \cdot 10^{-7}$; a razão é $2.418/81 = 29,08$. Isso significa que uma alteração de densidade entre 23°C e 24°C é 29 vezes maior que a alteração de densidade entre 4°C e 5°C. Esse exemplo ilustra bem a importância das diferenças térmicas e da estabilidade em lagos tropicais, mesmo quando essas diferenças são relativamente pequenas.

Os fatores que podem alterar a densidade da água e os gradientes verticais são: a pressão (que baixa a temperatura de máxima densidade) e a presença de substâncias em solução (sais em solução aumentam a densidade). A estratificação em lagos salinos, neste caso, pode apresentar anomalias como, por exemplo, altas temperaturas na camada mais profunda do lago (Cole, 1983).

Materiais em suspensão que aumentam a densidade da água produzem correntes da densidade em lagos e represas bem caracterizados; correntes de superfície produzidas por rios com densidade maior são mais comuns em lagos e represas. Em regiões onde há densa cobertura vegetal nos rios por causa das **matas ciliares**, a temperatura da água pode diminuir de 2°C a 3°C em relação à temperatura do lago ou represa. Correntes de **advecção** com água mais densa foram registradas na represa do Lobo (Estado de São Paulo), por exemplo, em vários de seus tributários. Tundisi (resultados não publicados) registrou correntes de advecção no **lago Cristalino** (**rio Negro**), em tributários com temperatura da água mais baixa e provenientes de igarapés floresta-

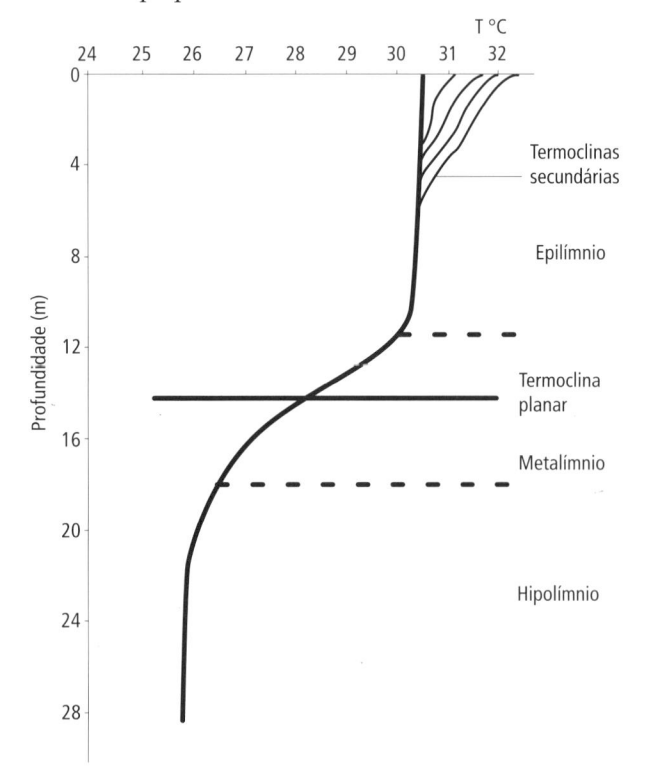

Fig. 4.15 Estratificação térmica em lagos

Tab. 4.6 Relações entre temperaturas da água e densidade

Temperatura da água (°C)	Densidade g/cm³ . 10⁻⁷	Alteração da densidade g/cm³ . 10⁻⁷
4-5	9999919 (a 5°C)	81
23-24	9973256 (a 24°C)	2.418

dos. Os lagos e os reservatórios podem ser colocados em categorias relativas ao seu **padrão térmico** vertical e à sua evolução durante o ciclo climatológico, de estratificação e circulação.

Assim, os sistemas podem ser classificados em:

▶ Lagos Monomíticos – apresentam um período regular de circulação total que ocorre em alguma época do ano. Existem dois tipos básicos de **lagos monomíticos**: os quentes, que circulam durante o inverno e não apresentam uma cobertura de gelo, e os frios, que apresentam uma estratificação inversa no inverno com temperaturas a 0°C e cobertura de gelo na superfície, e a 4°C abaixo do gelo. A circulação ocorre durante a primavera e o verão.

Os perfis térmicos da Fig. 4.16 mostram a evolução do processo de estratificação e desestratificação em um lago monomítico quente.

O processo de estratificação em lagos monomíticos quentes ocorre com base num aquecimento térmico da superfície. Além disso, em certos lagos, durante o verão, existe um processo de alteração de densidade das camadas mais inferiores, por contribuição da água de precipitação mais densa e com menor temperatura. Esse efeito de águas das chuvas auxilia no estabelecimento da termoclina e do metalímnio, estabilizando rapidamente o lago. Tal fenômeno foi descrito para o lago Vitória na África (Talling, 1957, 1962, 1963) e para os lagos do Vale do Rio Doce, em Minas Gerais (Fig. 4.17) (Tundisi, 1997), especialmente para o lago D. Helvécio.

Também há a diferença de estratificação entre as regiões mais profundas do lago e as regiões mais rasas, que podem apresentar uma completa **isotermia** durante certos períodos e, depois, uma estratificação acentuada novamente. **Pulsos de circulação** e estratificações diversas podem ocorrer nessas regiões mais rasas.

▶ **Lagos Dimíticos** – apresentam dois períodos anuais de circulação. Durante o verão ocorre a estratificação, que permanece até o outono, quando ocorre uma completa circulação. Segue-se um período de resfriamento térmico e a presença de uma termoclina inversa com cobertura de gelo na superfície. Na primavera, o aquecimento térmico produz uma circulação nova por causa do desaparecimento da camada de gelo. Lagos dimíticos podem ocorrer em regiões com elevada altitude nos subtrópicos.

▶ **Lagos Polimíticos** – apresentam muitos períodos anuais de circulação. Têm variações diurnas de temperatura e formação de termoclinas durante o período diurno, que podem ser mais importantes que as **variações estacionais**. Em geral, lagos rasos que sofrem a permanente ação do vento apresentam esse tipo de circulação. A estratificação pode ocorrer por algumas horas

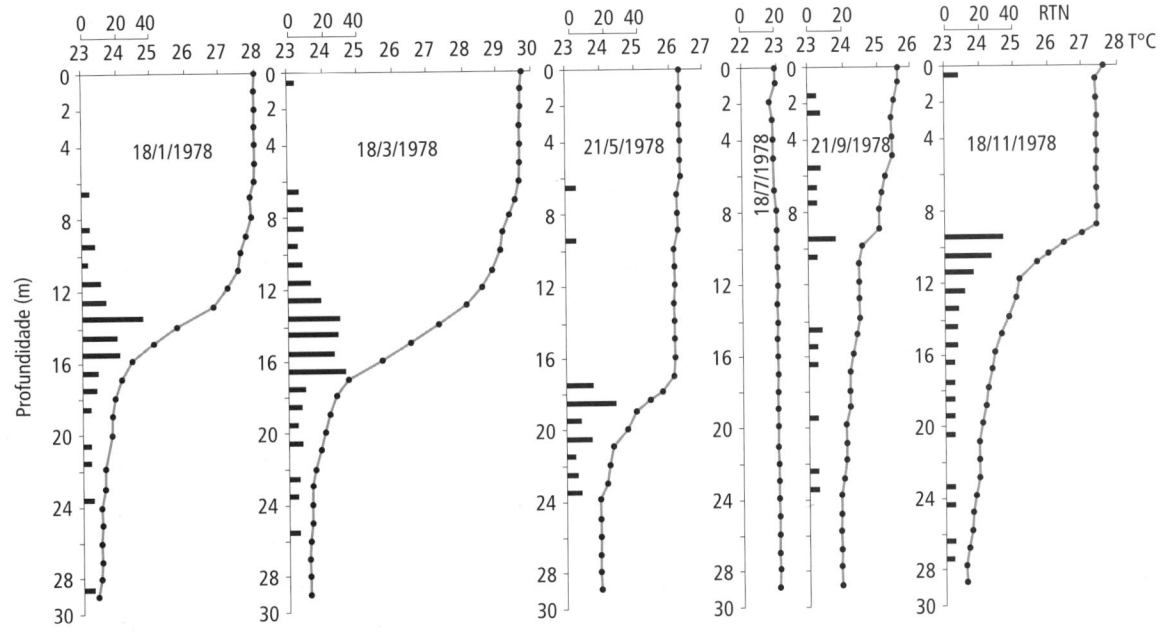

Fig. 4.16 Padrão estacional de estratificação e circulação vertical do **lago D. Helvécio**, leste do Brasil
Fonte: Tundisi e Saijo (1997).

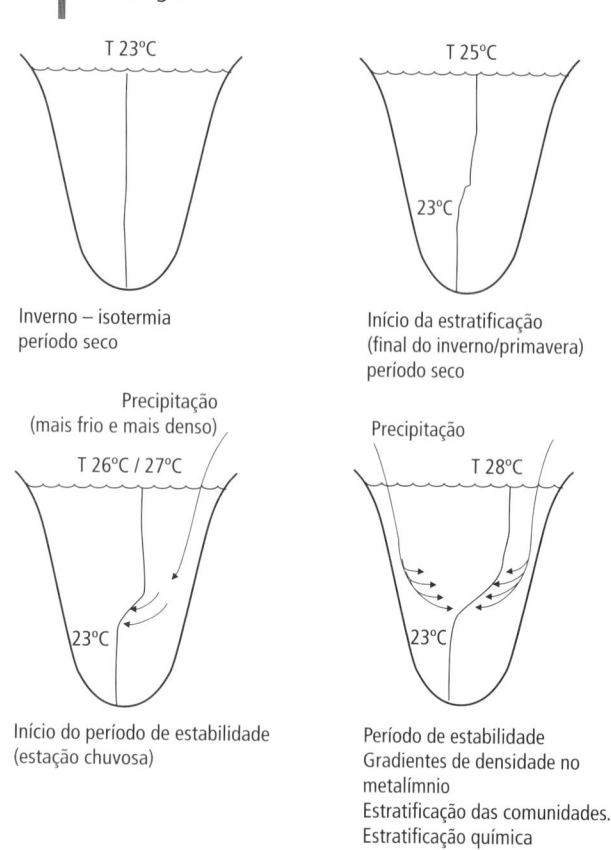

Fig. 4.17 Efeito da precipitação na estratificação de densidade, nos lagos mais profundos do Parque Florestal do Rio Doce
Fonte: Tundisi (1997) *apud* Tundisi e Saijo (1997).

ou mesmo dias, mas desaparece rapidamente. Como exemplos, há os lagos George (Uganda) e **Clear Lake** (Califórnia). A represa do Lobo (Broa), no Estado de São Paulo, é um exemplo clássico de reservatório polimítico.

▶ Lagos Meromíticos – nunca apresentam circulação completa e têm uma camada permanentemente sem circulação, denominada **monimolímnio**. O termo meromítico foi utilizado principalmente por Findenegg (1935). Esses lagos apresentam grande concentração de substâncias dissolvidas na camada inferior. Em vários lagos a densidade é o fator principal de estratificação, e não a temperatura. A **meromixia** pode ser biogênica quando ocorre acúmulo de material de origem biológica na parte mais profunda do lago, com substâncias orgânicas dissolvidas por decomposição bacteriana e sais, por exemplo. Nesses lagos ocorre **anoxia no fundo** e se estabelece uma **quimioclina** entre a camada superior (denominada por Hutchinsom, 1937, de **mixolímnio**) e o hipolímnio. Lagos meromíticos com **meromixia biogênica** e grande contribuição de material biológico de fontes autóctones ou alóctones (como a **serrapilheira** que é resultante de florestas que circundam o lago) são encontrados em muitas regiões e, ocasionalmente, podem apresentar circulação completa durante determinados períodos. Um exemplo são alguns lagos do Médio Rio Doce, que podem permanecer com estratificação durante longos períodos além do ciclo anual. Essa estagnação é devida principalmente às diferenças de densidade ocasionadas por acúmulo de material biológico.

Um outro tipo de meromixia pode ser a ectogênica, que ocorre com a água com maior salinidade acumulada em camadas mais profundas. Esse acúmulo de água é o resultado de contribuições externas ao lago. Um exemplo clássico foi dado por Matsuyama (1978), que estudou o grupo de lagos **Mikata**, localizados próximos à costa do mar do Japão, os quais recebem água do mar em sua camada mais profunda, o que causa uma **estratificação salina** acentuada e uma quimioclina também muito característica. Lagos desse tipo também podem ser encontrados em algumas áreas costeiras em fiordes da Noruega.

A **meromixia crenogênica** é devida à **intrusão** de água mais salina resultante de fontes na subsuperfície, estabelecendo gradientes verticais acentuados de salinidade. Um exemplo clássico é o lago Kivu, na África; em contraste, os lagos Malawi e Tanganica mostram uma meromixia biogênica.

A maioria dos lagos existentes se encontra nesses quatro tipos citados. Um outro tipo menos comum, denominado amítico, apresenta gelo permanente na superfície e ocorre em regiões elevadas, em baixas latitudes, como demonstrado por Löffler (1964) nos lagos dos Andes, no Peru. Hutchinson e Löffler (1956) propuseram um limite mínimo de seis mil metros de altitude para **lagos amíticos** em regiões equatoriais.

Lagos **holomíticos** são aqueles que apresentam circulação completa e não têm estratificação ocasional (ao contrário de lagos polimíticos, que podem sofrer processos de estratificação ocasionais).

Hutchinson e Löffler (1956) utilizaram ainda o termo **oligomítico** para designar lagos rasos que circulam em períodos irregulares e se estratificam rapidamente, com estabilidade reduzida durante curtos períodos.

Mais tarde, o termo **atelomixia** foi usado por Lewis (1974) para definir a formação de **termoclinas secundárias** durante curtos períodos de um dia.

Aspectos mais detalhados da estrutura térmica e sua dinâmica foram analisados por Imberger (1994): comparando os padrões de estratificação nos lagos do hemisfério Sul com os lagos do hemisfério Norte, concluiu que a ocorrência estacional dos gradientes de temperatura é predominante no hemisfério Sul. Pelo aquecimento térmico no verão e o influxo de águas mais frias no inverno, os gradientes de temperatura podem atingir de 10°C a 15°C durante o período de intensa estratificação. Assim, a estabilidade da estratificação só pode ser alterada durante períodos de resfriamento térmico na superfície e com a ação do vento combinado com a formação de ondas internas, o que permite um aprofundamento da camada de mistura diurna.

A temperatura média da coluna de água e as diferenças de densidade são, portanto, fundamentais nos lagos do hemisfério Sul. Os **padrões de distribuição** vertical e horizontal da temperatura, associado aos efeitos do vento sobre o sistema e à distribuição do fitoplâncton, gases e outras substâncias dissolvidas, podem ser alterados pela presença de elevações ou, ainda, de vegetação. O processo de estratificação em pequena escala, estudado por Imberger (1985), mostra grande complexidade no gradiente vertical, e as diferenças que ocorrem na **horizontalidade das isotermas** (linhas da mesma temperatura) são ocasionadas por **processos advectivos** de transporte de fluxos laminares em pequena escala, com alguns centímetros de profundidade.

A "frequência da **flutuabilidade**" pode ser dada pela fórmula (Imberger, 1994):

$$N^2 = -\frac{g}{\rho o} \cdot \frac{d\rho e}{dz}$$

onde:
g – é a aceleração devida à gravidade
ρo – é a densidade média
ρe – é a densidade média da camada introduzida pela estabilização
z – é a coordenada vertical

Quando se aplica esta fórmula a um perfil vertical de estratificação, verificam-se zonas de maior estabilidade em termoclina estacional, dadas por um pico de N_2, e uma região de variação descendente de N_2, que é o metalímnio, constituído por gradientes verticais relativamente pequenos. Abaixo do metalímnio ocorre uma região constante, com N_2 estável, que é o hipolímnio. Entre essas duas regiões há uma camada pouco definida, de transição de grande importância ecológica e biológica.

As análises dessa **microestrutura** mostram efeitos de variabilidade do vento e da espessura da camada de contato água/ar como um fator importante nos processos de alterações da estrutura térmica vertical em profundidades relativamente rasas, de 1 m a 2 m. O fitoplâncton é bastante sensível a essas modificações rápidas na densidade e turbulência das camadas superficiais. Devido às rápidas mudanças, é necessário fazer medidas frequentes e precisas das condições meteorológicas na superfície do lago e próximas à **interface ar-água**.

Os processos que influem na **dinâmica do aquecimento** e resfriamento térmico de lagos e represas, durante curtos períodos ou em um **ciclo estacional**, podem ser assim sintetizados: aquecimento diferencial da superfície do lago, o que causa gradientes horizontais e advecção; absorção diferencial na coluna de água, por causa do material particulado e de substâncias coloridas; emergência diurna de águas com temperaturas mais baixas; dinâmica dos influxos, em razão da variabilidade do **transporte horizontal** nos rios (Fisher e Smith, 1983); e mecanismos de mistura da coluna de água que resultam em complexas estruturas verticais e horizontais (Imberger e Hamblin, 1982) (Fig. 4.18).

4.7 Estratificação e Desestratificação Térmica em Represas

Os processos físicos em represas são os mesmos que ocorrem em lagos, do ponto de vista térmico. Entretanto, em represas, quase sempre submetidas a um fluxo unidirecional e a variações nesse fluxo, podem ocorrer processos adicionais.

Um desses processos é o da **estratificação hidráulica**, ocasionada pela altura da saída de água a diferentes profundidades. Isso produz uma estratificação térmica e de densidade muito acentuada,

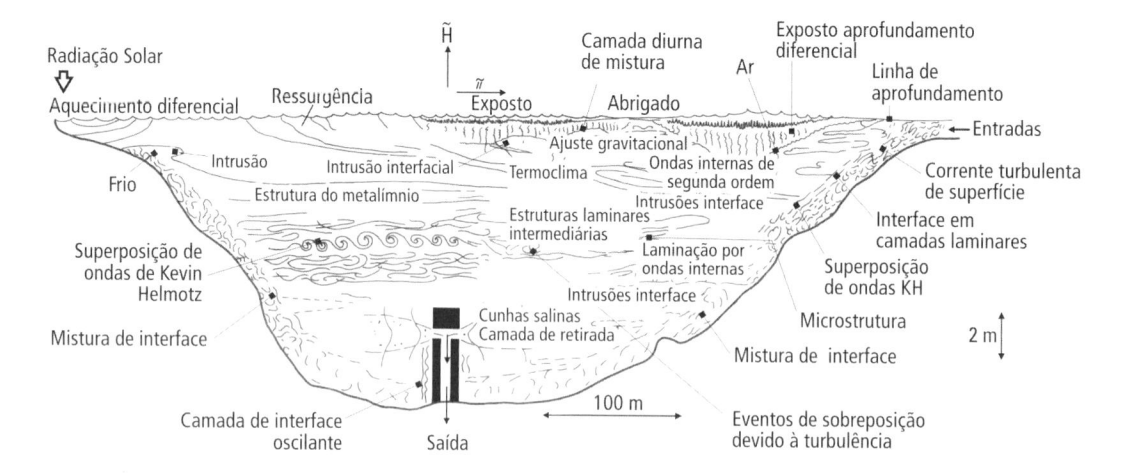

Fig. 4.18 Escalas de mobilidade em um lago estratificado
Fonte: Imberger e Hamblin (1982).

semelhante ao processo natural. Nesse caso, o **acúmulo de substâncias** redutoras e a desoxigenação do hipolímnio também ocorrem. Essa estratificação hidráulica (Tundisi, 1984) é característica de represas com grande profundidade, em que é necessário criar um gradiente vertical artificial acentuado para gerar energia, podendo ser parcial e ocorrer apenas na parte do reservatório submetida ao fluxo.

Outros processos de estratificação que podem ocorrer em represas são gradientes verticais acentuados causados pela advecção produzida pela entrada de rios ou fontes com temperatura mais baixa (o que é relativamente frequente) e estratificação causada pela altura da saída de águas do vertedouro, o que pode ocasionar também gradientes horizontais em uma certa extensão. Em represas com padrão dendrítico, a estratificação pode ser mais acentuada nos compartimentos do que no canal principal. Naquelas com excesso de macrófitas ou de vegetação não cortada, o efeito do vento é extremamente reduzido e, consequentemente, os processos de turbulência em pequena escala, que podem reduzir a estratificação, ficam prejudicados.

Há muitas diferenças no comportamento térmico e na estratificação vertical, em represas de grande e de pequeno porte (entre 10 milhões m³ e 5 km³) e com diferentes **padrões morfométricos**.

Tundisi (1984) classificou os reservatórios do Estado de São Paulo em relação à estratificação e à desestratificação térmica da seguinte forma:

▸ reservatórios com longos períodos de estratificação: 8 a 10 meses e desestratificação no inverno (monomíticos quentes);

▸ **reservatórios polimíticos** com períodos ocasionais de estratificação;

▸ reservatórios com "estratificação hidráulica" resultantes das características de funcionamento na barragem (saída de água).

A Fig. 4.19 mostra perfis térmicos e de oxigênio dissolvido na **represa de Promissão** (SP).

A Fig. 4.20 mostra vários perfis térmicos da represa de Barra Bonita (SP) em vários pontos de coleta, mostrando o grau de heterogeneidade horizontal e vertical nesse reservatório.

4.8 Variações Nictemerais de Temperatura

Estudos sobre as **variações térmicas diurnas** e a desestratificação durante o período noturno foram realizados em muitos lagos, principalmente em regiões tropicais, onde se considera que os ciclos anuais de temperatura podem ser menos amplos do que os ciclos diurnos (Haze e Carter, 1984). Evidentemente, essas variações diurnas na estrutura térmica são acompanhadas por modificações na concentração de **gases dissolvidos** (O_2 e CO_2) nas várias profundidades e, também, na distribuição vertical de organismos planctônicos.

O processo diurno de estratificação térmica e formação de termoclinas secundárias, denominado por Lewis (1973) de atelomixia, apresenta inúmeras outras consequências físicas, químicas e biológicas. Barbosa e Tundisi (1980) e Barbosa (1981) discutiram esse processo na **lagoa Carioca**, um pequeno lago no

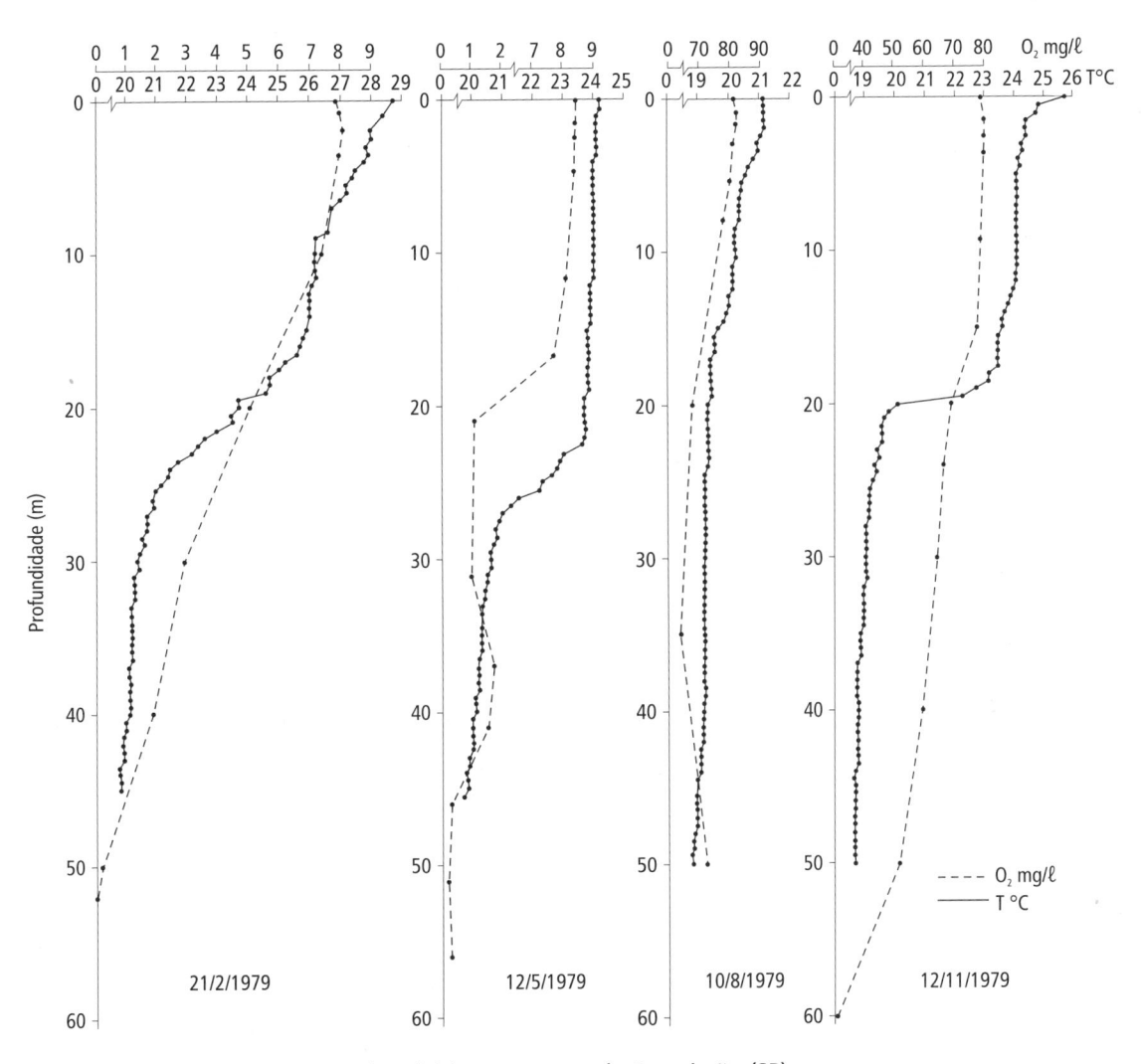

Fig. 4.19 Perfis térmicos e de oxigênio dissolvido na represa de Promissão (SP)
Fonte: Projeto Tipologia de Represas do Estado de São Paulo – Fapesp.

Médio Rio Doce, e demonstraram que a amplitude de variação da termoclina no epilímnio, durante o dia, dependia da época do ano; mesmo em períodos de isotermia total ocorre uma estratificação com a formação de termoclinas secundárias até 2 m (para um lago com profundidade máxima de 12 m). O processo de **microestratificação** térmica na superfície é importante devido à formação de gradientes de densidade diversos, com a compartimentalização das massas de água à superfície em microestruturas.

Haze e Carter (1984) descreveram um ciclo de estratificação diurna e resfriamento noturno para o **lago Opí**, na Guiné (África). Durante a estação seca, com ventos mais fortes e menor profundidade no lago, a desestratificação noturna resultava em uma circulação vertical completa. Durante o período de chuva, com a maior profundidade do lago, a circulação vertical profunda não ocorria, apesar da desestratificação parcial do lago. Esses resultados também evidenciam os efeitos da circulação lateral, por entrada de água de chuvas nos lagos, e a estratificação que ocasionam.

Variações diurnas no processo fotossintético, associadas com alterações na química, são conhecidas desde o trabalho de Morren e Morren (1841).

Em estudos realizados em três diferentes sistemas lacustres (um pequeno lago próximo a pântanos e papiros, um reservatório e uma baía no lago Vitória, na África), Talling (1957a, b, c, d) descreveu as variações diurnas, o processo de isotermia noturna e a estratificação térmica durante o dia. Os períodos de isotermia coincidiram com o resfriamento térmico noturno.

Variações diurnas e noturnas simultâneas à variação térmica na **concentração de oxigênio** dissolvido, na **atividade fotossintética** e na distribuição

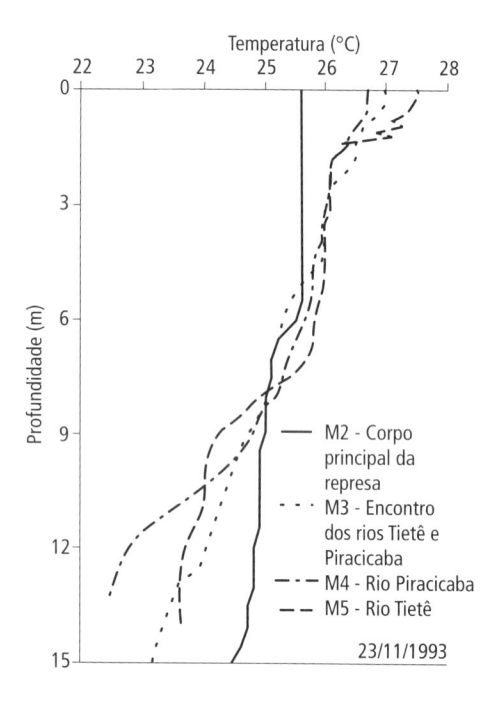

Fig. 4.20 Perfis térmicos da represa de Barra Bonita (SP), em vários pontos de coleta no mesmo dia e alterações da camada de mistura (0 a 2 metros) durante o dia

vertical de Anabaena flos aquae var. intermédia form. spiroides, foram demonstradas por Talling (1957) neste trabalho.

O trabalho de Ganf e Horne (1975) no **lago George**, Uganda (África), demonstrou a existência de três fases distintas no ciclo térmico: isotermia, intensa estratificação e mistura total completa. Durante os períodos de estratificação, a temperatura de superfície atingiu 36°C, ao passo que a do fundo permaneceu a 25°C. Em um lago bastante raso (2,5 m), com 250 km², essas variações diurnas representam intensos pulsos em oxigênio dissolvido na água, pH e clorofila.

No **lago Jacaretinga**, Amazonas, Tundisi *et al.* (1984) descreveram pulsos de estratificação e desestratificação, principalmente durante períodos de baixa profundidade do lago (2,5 m), como importantes para o processo de liberação de nutrientes, resultantes da **anoxia**, que geralmente acompanha a estratificação térmica diurna.

4.9 Estabilidade nos Lagos e Represas

O termo e o conceito de estabilidade (S), introduzidos por Schmidt (1915, 1928, *apud* Cole, 1983), representam a **quantidade de trabalho** necessária para o lago, ou a represa, apresentar uma densidade uniforme sem adição ou subtração de calor. S é igual a zero no caso de a densidade ser uniforme, da superfície ao fundo do lago. O aquecimento da camada superficial e a consequente diminuição da densidade estabelecem um gradiente vertical e o cálculo da estabilidade, cuja unidade é dada em g cm/cm2 (representando, portanto, o trabalho por unidade de área do lago), que é necessário para reduzir a estabilidade a zero.

A fórmula mais conhecida e utilizada é a de Idso (1973):

$$S = \frac{1}{A_0} \int_{Z_0}^{Z_m} (Pz - \bar{\rho}) (Az) (z - z\bar{\rho}) \, dz$$

onde:

A_0 – área da superfície (em cm)

Az – área à profundidade de qualquer z (em cm)

$\bar{\rho}$ – densidade média da coluna de água que resultaria do processo de mistura

Pz – densidade à profundidade z

$z\rho$ – profundidade (em cm) onde a densidade final ou média ($\bar{\rho}$) ocorre antes da mistura

Z_m – profundidade máxima (em cm)

Z_0 – profundidade zero à superfície

z – profundidade (em cm)

4.10 Importância do Processo de Estratificação e Desestratificação Térmica e dos Ciclos Diurnos e Noturnos de Temperatura da Água

A estratificação e a desestratificação térmica são acompanhadas por uma série de outras alterações físicas e químicas na água. Destacam-se a distribuição vertical dos gases dissolvidos na água; a distribuição vertical de nutrientes, com acúmulo de substâncias e **elementos químicos** no hipolímnio durante a estratificação; e concentrações verticais mais homogêneas na coluna de água, ou precipitação e recirculação totais. Ocorrem também modificações na distribuição dos organismos do fito e do zooplâncton e acúmulo de certos componentes da comunidade, como bactérias nos gradientes de temperatura e densidade. A presença de gases em concentração mais elevada no hipolímnio é outra consequência importante da estratificação, com profundos efeitos ecológicos no caso do rompimento dessa estratificação por fortes ventos ou por fenôme-

> **ATELOMIXIA**
>
> O termo atelomixia foi proposto e caracterizado por Lewis (1973) em seu estudo no **lago Lanao**, nas Filipinas. Atelomixia significa o fenômeno de aquecimento térmico diurno e resfriamento térmico noturno, produzindo variações diurnas de temperatura que podem exceder as variações estacionais (anuais). Esse processo também foi registrado e caracterizado por Barbosa e Tundisi (1980) para o **lago Carioca**, um pequeno lago situado no Parque Florestal do Rio Doce, Sistema de Lagos do Médio Rio doce, Sudeste do Brasil.
>
> Esse fenômeno não é exclusivo para lagos tropicais. A atelomixia é causada pelo efeito de aquecimento térmico e perda de calor com aumento da densidade da água no período noturno (Barbosa e Padisak, 2002).
>
> Tais variações térmicas de temperatura e densidade ocorrem em toda a coluna de água, como descrito por Lewis (1973), ou somente no epilímnio, quando ocorrem estratificações estáveis com **termoclinas primárias** bem estabelecidas. Nesse caso, a atelomixia é denominada atelomixia parcial e pode ser considerada um fenômeno comum em lagos tropicais (Talling e Lemoalle, 1998; Barbosa e Padisak, 2002).
>
> O fenômeno tem fundamental importância na reorganização vertical da estrutura térmica e da densidade de lagos e suas interações com a distribuição vertical de fitoplâncton e nutrientes, como poderá ser visto Cap. 7.

nos climatológicos ocasionais (resfriamento térmico muito rápido) (ver Cap. 7).

O processo periódico de estratificação e desestratificação térmica em lagos monomíticos e o processo de permanente estratificação nos lagos meromíticos são fatores ecológicos importantes na organização vertical e na reorganização estacional das comunidades biológicas. Reynolds *et al.* (1983) demonstraram a **estratificação de populações** de Lyngbia limnética que se dá na lagoa Carioca (Médio Rio Doce) quando ocorrem as estratificações térmica e de densidade. Essa estratificação é periódica e se repete durante a época de estabilidade no lago. Um exemplo claro de estratificação biológica acentuada da comunidade fitoplanctônica foi também dado por Hino *et al.* (1986).

As variações térmicas apresentadas pelos ecossistemas aquáticos continentais, seja durante o ciclo estacional ou o diurno (nictemerais), e os gradientes verticais ou horizontais têm também importância fisiológica para os organismos aquáticos. Limites superiores e inferiores de **tolerância** da temperatura de adultos e de larvas podem resultar em distribuições peculiares no perfil vertical ou no gradiente horizontal.

A temperatura da água estabelece padrões de comportamento fisiológico (**respiração**, por exemplo), limita ou acelera o crescimento de organismos e interfere nos **processos reprodutivos**. Por outro lado, variações rápidas de temperatura em um ciclo de 24 horas ou menos, com grandes diferenças térmicas, implicam, evidentemente, mecanismos de tolerância e de adaptação a essas diferenças. Por exemplo, Tundisi (1984) observou variações de 11ºC em um período de 24 horas na superfície, em um pequeno lago no Pantanal Mato-grossense. Evidentemente, essas variações térmicas são acompanhadas por variações de densidade da água, **solubilidade dos gases** (ver Cap. 5) e implicam a formação de microestruturas térmicas e de densidade extremamente dinâmicas. Medir essas variações e determinar o seu significado ecológico e fisiológico é uma tarefa importante ainda a ser realizada em muitos lagos rasos e pequenos reservatórios nos trópicos.

Em lagos salinos de águas interiores, a **variação nictemeral** de temperatura também tem importância em relação às tolerâncias à salinidade de organismos característicos desses lagos. Geralmente nos lagos salinos a polimixia é comum, por serem rasos e estarem sujeitos à permanente ação do vento.

Meromixia em lagos salinos foi descrita por muitos autores. Hutchinson (1937b) descreveu o processo de meromixia no Big Soda Lake, Nevada, EUA (meromixia **ectogênica**). Lagos salinos apresentam um gradiente de variação térmica mais acentuado que lagos de água doce.

A classificação dos lagos pelo padrão térmico inclui alguns tipos pouco comuns, estudados por Yoshimura (1938). Dentre estes tipos se incluem os **lagos dicotérmicos**, nos quais um aumento de temperatura ocorre no monimolímnio de lagos meromíticos, em alguns casos devido a atividades biológicas – metabolismo de bactérias – ou a fontes geotérmicas. Os **lagos mesotérmicos** apresentam um aumento de temperatura a profundidades intermediárias, tendo uma camada de temperatura mais elevada entre duas camadas mais frias.

Os **lagos poiquilotermos** são salinos e apresentam complexas estruturas térmicas devido à existência de várias camadas. Elas são resultantes de densidades diferentes e com circulação limitada a um estrato muito fino (alguns centímetros a metro). Em lagos que apresentam temperatura abaixo de 4ºC no inverno, forma-se uma barreira térmica durante a primavera, por causa do aquecimento das águas rasas e da circulação contínua das mais profundas. A barreira térmica consiste em uma camada de água mais densa a 4ºC que separa as massas de água mais aquecidas e superficiais nas regiões mais rasas. Nessa camada, podem ocorrer florescimentos de fitoplâncton causados pelo acúmulo de nutrientes.

4.11 Significado Ecológico do Metalímnio e Importância da Meromixia

O gradiente térmico e químico que se estabelece no metalímnio de lagos monomíticos ou meromíticos determina uma série de importantes condições ecológicas no gradiente vertical. Essas condições em parte resultam de uma diminuição da **velocidade de sedimentação** de partículas orgânicas (por causa do aumento da viscosidade), a qual é responsável pelos seguintes processos:

▸ aumento na concentração de nutrientes na zona eufótica;
▸ aumento do tempo de residência de nutrientes no metalímnio e no epilímnio;
▸ aumento da concentração de fitoplâncton no epilímnio e no metalímnio.

Frequentemente, nos lagos monomíticos ou meromíticos em que o metalímnio ainda se encontra dentro da zona eufótica, desenvolvem-se populações de cianobactérias e de **bactérias fotossintetizantes**, em nível de 1-2% da intensidade luminosa que chega à superfície. King e Tyler (1983) descreveram lagos meromíticos do sudoeste da Tasmânia, observando a densa zona de bactérias sulfurosas fotossintetizantes na parte superior do monimolímnio. Um máximo de zooplâncton também ocorre no metalímnio, associado geralmente a altas concentrações de bactérias fotossintetizantes ou cianobactérias (Gliwicz, 1979). No lago D. Helvécio, rio Doce, uma estratificação térmica promove um processo de estratificação biológica e química (ver Cap. 7).

O termo meromixia aplica-se não somente a lagos com circulação incompleta permanente, mas também a períodos intensos de estratificação e isolamento de massas de água. Aberg e Rodhe (1942) utilizaram a expressão **meromixia de primavera** para referir-se à duração da meromixia que pode se estender a períodos de estratificação acentuada e transiente a milhares de anos. Quando o processo de meromixia se referir à circulação, deve-se, portanto, considerar a circulação vertical incompleta.

Os termos utilizados para a caracterização de lagos meromíticos referem-se aos processos de circulação no epilímnio mixolímnio, no hipolímnio monimolímnio e à quimioclina – zona transicional entre as duas camadas.

Lagos meromíticos ocorrem em inúmeras regiões. Walter e Likens (1975) listaram 117 lagos meromíticos na América do Norte, na África, na Europa e na Ásia.

4.12 Principais Interações de Processos de Circulação, Difusão, Composição Química da Água e as Comunidades em Lagos, Represas e Rios

A mobilidade permanente das massas de água tem uma considerável influência nos processos químicos e biológicos. Todo o transporte vertical ou horizontal é realizado por esses movimentos, que dependem da energia cinética por ação do vento ou de fatores de difusão causados por turbulências.

As escalas de mobilidade variam. Há movimentos diurnos associados às variações climatológicas em curtos períodos de tempo, e movimentos com escala estacional, relacionados com efeitos periódicos de vento e a formação da termoclina. A interação estacional entre os fluxos de energia, o aquecimento térmico e a ação do vento produz padrões estacionais de circulação e deslocamento horizontal e vertical das massas de água. O prognóstico de estruturas térmicas, para lagos e represas, pode ser feito a partir dos dados da radiação solar e de energia cinética produzida pelo vento, e tem um importante papel no manejo desses sistemas continentais.

Pelo fato de a atmosfera e de os lagos estarem muito inter relacionados, é importante acompanhar o acoplamento entre os fatores climatológicos, como radiação solar, ventos e precipitação e os eventos no lago: estrutura térmica, circulação vertical e horizontal. Portanto, o uso de dados climatológicos e o estudo das interações climatologia/hidrologia são fundamentais para a compreensão de muitos processos em lagos e represas. O Quadro 4.1 (p. 92) define um conjunto de fórmulas e **números adimensionais** que permitem calcular vários processos em lagos e reservatórios.

4.13 Circulação em Lagos, Represas e Rios

Há algumas diferenças entre a circulação em lagos, represas e rios. Por exemplo, a **retirada seletiva** de água a diferentes profundidades na represa produz alguns mecanismos de circulação peculiares, principalmente correntes de advecção.

As próprias características do uso da represa para produção de energia elétrica podem causar diferenças em circulação horizontal e vertical, em períodos curtos.

Os poluentes podem ser distribuídos horizontalmente por advecção ou se acumular no hipolímnio, nos sedimentos e na **água intersticial**. Portanto, a circulação horizontal e vertical em lagos contribui muito para a **dispersão** e a concentração de **metais pesados** e substâncias tóxicas nos diversos compartimentos espaciais (horizontais e verticais) do sistema. Em lagos estratificados, o acúmulo de poluentes ou substâncias tóxicas pode ocorrer no metalímnio, em conjunto com o acúmulo de material em suspensão. Movimentos horizontais ou instabilidades verticais da massa de água, em certos períodos, podem aumentar a dispersão nessa camada e na parte profunda do epilímnio.

O Quadro 4.2 apresenta características hidrodinâmicas comparadas entre rios, represas e lagos. Essas hidrodinâmicas diferenciadas têm repercussão nos ciclos biogeoquímicos, na distribuição dos organismos e na biodiversidade aquática.

4.14 Difusão

Os processos de difusão correspondem a movimentos caóticos e ao acaso. Estão relacionados aos gradientes de concentração entre determinada substância e a já existente na água circundante. Portanto, difusão é o movimento líquido de substâncias ou elementos, contra sua concentração.

A **difusão molecular** de soluções iônicas em meios porosos (sedimentos) refere-se à difusão dentro de uma única fase de seus constituintes atômicos, ou seja, átomos, íons ou moléculas. É um processo importante na interação sedimento/água, por exemplo.

As **difusões vertical e horizontal** turbulentas ocorrem na superfície, na termoclina de lagos. Em geral, a difusão turbulenta que ocorre horizontalmente, na superfície, acompanha o **processo de advecção**, que envolve comprimentos de onda acima de 1.000 m.

Quadro 4.2 Dados comparativos na hidrodinâmica de rios, lagos e represas

	Rios	Represas	Lagos naturais
Flutuações de nível	Grandes Rápidas Irregulares	Grandes Irregulares	Pequenas e estáveis
Intrusões	Frenagem superficial e subterrânea altamente irregular	Intrusões via tributários Intrusão de água em várias camadas, em fluxos superficiais ou profundos	Intrusão via tributários e fortes difusas Intrusões na superfície ou profundas
Descargas	Irregulares, dependendo da precipitação e da drenagem superficial	Irregulares, dependendo dos usos da água Descarga da superfície ou hipolímnio	Relativamente estáveis Frequentemente na superfície
Vazões	Rápidas, unidirecionais, horizontais	Variáveis dependendo dos usos da água. Em várias profundidades, dependendo da construção e operação	Constante, pouco variáveis, em várias profundidades

Fonte: Wetzel (1990b, 2001).

Difusão ou turbulência em pequena escala ocorrem em comprimentos de onda menores que 100 m. Quando o efeito do vento diminui na superfície, a difusão turbulenta horizontal predomina. Coeficientes de difusão turbulenta verticais e horizontais e seus intervalos de variação são dados na Tab. 4.7.

Tab. 4.7 Coeficientes de difusão molecular turbulenta vertical e horizontal

Difusão molecular	Coeficiente de difusão $cm^2 \cdot s^{-1}$
Soluções iônicas em meios porosos	aprox. $10^{-8} - 10^{-3}$
Difusão turbulenta vertical	aprox. $10^{-2} - 10$
Difusão turbulenta horizontal	aprox. $10^2 - 10^6$

4.15 Intrusão em Lagos e Represas

Lagos e represas recebem seu suprimento de água a partir de rios. Quando o rio encontra as águas mais estáticas do lago ou reservatório, de um modo geral, encontra massas de água com temperaturas, salinidade ou turbidez diferentes. A água de intrusão pode ser, portanto, mais ou menos densa que a água da superfície do ecossistema lêntico e, desse modo, há diferentes pontos de intrusão – na superfície, embaixo da superfície ou no fundo (Fig. 4.21). Essa intrusão significa um transporte de material em suspensão, carga de nutrientes ou organismos que são transportados às várias profundidades. Em estuários, geralmente ocorre uma intrusão da superfície a partir de águas menos densas dos tributários, produzindo um gradiente de salinidade e promovendo uma distribuição diferenciada de organismos com base em tolerâncias diversas à salinidade (Tundisi e Matsumura Tundisi, 1968).

A intrusão de águas no fundo ou na superfície pode ser seguida de acúmulo de material em suspensão ou poluentes e contaminantes de bacias hidrográficas (Fig. 4.22).

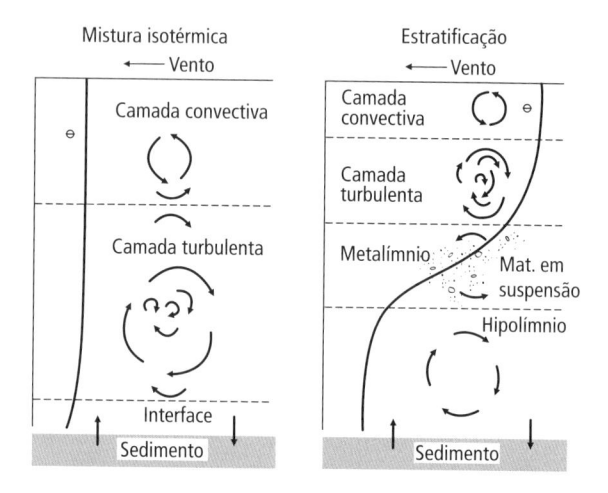

Fig. 4.22 Principais sistemas de mistura vertical em períodos de circulação e estratificação
Fonte: modificado de Reynolds (1984).

O termo termo-hidrodinâmica tem sido utilizado para caracterizar as alterações na circulação resultantes de aquecimento e resfriamento térmico.

H, h, d – alturas das colunas de intrusão

Fig. 4.21 Intrusão de águas na superfície ou no fundo de lagos e represas
Fonte: modificado de Imberger e Patterson (1990).

Definições

Resistência térmica à circulação: expressa a resistência da água (considerando-se diferentes densidades) à circulação promovida pelo vento.

Trabalho do vento: expressa o trabalho necessário para o vento promover a completa mistura na coluna de água.

Estabilidade do sistema: expressa a estabilidade da **estratificação da coluna de água**, quando os ventos não são suficientemente fortes para criar homogeneidade da densidade.

Número de Wedderburn: permite determinar a resposta da camada superficial à ação do vento. É baseado nas relações entre camadas de água de densidade diferentes.

Para W>>1, as oscilações das isotermas de superfície devido à ação do vento são pequenas e as variações horizontais são negligíveis.

Para W<<1, as oscilações serão elevadas e há uma ressurgência geral na região do lago ou reservatório situada na pista do vento. Para valores intermediários de W~1, ressurgência e **mistura horizontal** são igualmente importantes.

Número do lago: expressa a resposta de todo o lago à energia cinética promovida pelo vento.

Para números do lago muito elevados (LN>>1), a estratificação é muito forte e se contrapõe às forças introduzidas pelo estresse do vento na superfície.

LN entre 0 - 2 significa fraca estratificação e efeito elevado de energia cinética promovida pelo vento.

O número do lago: permite caracterizar uma resposta mais global da massa de água, levando-se em conta a estratificação vertical arbitrária Δ^9.

Mecanismos de transporte em lagos e represas: síntese

Um grande número de processos relacionados à movimentação vertical e horizontal de massas de água tem efeitos qualitativos e quantitativos com significância nos fenômenos biogeoquímicos e biológicos.

De acordo com Fisher *et al.* (1979), Ford e Johnson (1986), Thorton *et al.* (1990), Reynolds (1997):

• Advecção – transporte forçado por um sistema de correntes produzido por influxo de rios, descargas a jusante, efeitos do vento na superfície.

• Convecção – transporte vertical induzido por instabilidades de densidade, quando, por exemplo, há resfriamento de superfície.

• Turbulência – descrita como um conjunto de turbilhonamentos que tem escalas variadas até o movimento molecular. Pode ser gerada por ventos, convecção, influxo.

• Difusão – mecanismo pelo qual há transferência de certas propriedades dos fluidos por meio de um gradiente de concentração. Em sistemas aquáticos, ocorre no nível molecular e no nível de turbulência (difusão turbulenta).

• Cisalhamento – gerado por ventos na interface ar/água, para correntes de advecção no fundo e por correntes de densidades internas.

• Dispersão – efeito conjunto de cisalhamento e difusão. Geralmente predomina em regiões de alta velocidade de entrada de água.

• Intrusão – tipo de transporte advectivo em que águas de densidades diferentes são adicionadas em camadas com gradientes definidos, produzindo influxo com várias consequências para o transporte de nutrientes e de organismos.

• Mistura – vertical ou horizontal, é qualquer um dos processos que produzem misturas de massas de água, incluindo difusão, cisalhamento, dispersão e intrusão.

• Sedimentação – sedimentação de partículas com maior densidade do que os fluidos circundantes e um outro processo de transporte importante em lagos, represas, rios em todos os sistemas continentais.

Esses mecanismos de transporte ocorrem em todos os sistemas aquáticos, simultaneamente ou em diferentes períodos, em escalas espaciais e temporais diferenciadas que dependem das características morfométricas do sistema, sua latitude, longitude e altitude. A amplitude dessas variações e a magnitude desses fenômenos e a sua duração dependem das funções de força externas que ocorrem nos vários sistemas e de seu equilíbrio com as forças internas.

Quadro 4.1 Principais fórmulas e definições nos processos de circulação e mistura em diferentes lagos e reservatórios e a aplicação de números adimensionais

Resistência térmica à circulação (RTC)	$$RTC = \frac{d_{t2} - d_{t1}}{dH_2O(4) - dH_2O(5)}$$	**RTC - resistência térmica à circulação** dt_1 - densidade da água à temperatura t_1 dt_2 - densidade da água à temperatura t_2 $dH_2O(4)$ - densidade da água à temperatura de 4°C $dH_2O(5)$ - densidade da água à temperatura de 5°C
Trabalho do vento (B)	$$B = \frac{1}{A_0} \int_{Z_0}^{Z_m} Z(\phi_1 - \phi_2) A_z d_z$$	A_0 - área de superfície do lago ou reservatório A_z - área em cm² a uma profundidade Z Z - profundidade considerada positiva (em cm) Z_0 - profundidade zero Z_m - profundidade máxima ϕ_1 - densidade inicial ϕ_2 - densidade observada na profundidade Z
Estabilidade do sistema (S)	$$S = \frac{1}{A_0} \int_{Z_0}^{Z_m} (P_z - \bar{\rho})(A_z)(z - z_{\bar{\rho}})\, dz$$	A_0 - área da superfície (em cm) A_z - área à profundidade qualquer z (em cm) $\bar{\rho}$ - densidade média da coluna de água que resultaria do processo de mistura P_z - densidade à profundidade z z_ρ - profundidade (em cm) onde a densidade final ou média ($\bar{\rho}$) ocorre antes da mistura Z_m - profundidade máxima (em cm) Z_0 - profundidade zero à superfície z - profundidade (em cm)
Número de Wedderburn (W)	$$W = \frac{\Delta\phi g'h^2}{\phi \mu^2 L} \quad \mu^2 = \nu \frac{\phi_{ar} \cdot C_d}{\phi H_2 O} \quad g' = \frac{g\Delta\rho}{\rho_0}$$	$g'h^2$ - força de pressão baroclínica máxima no ponto de ressurgência h - altura da camada de mistura $\mu^2 L$ - força aplicada pelo vento sobre a superfície da água L - comprimento do reservatório ou lago v - velocidade do vento ϕ_{ar} - densidade do ar a uma dada altitude e temperatura C_d - 0,0014 ϕH_2O - densidade da água g - aceleração da gravidade $\Delta\rho$ - diferença de densidade na base da camada de superfície (a qual varia) ρ_0 - densidade da água hipolimnética
Número do lago (LN)	$$LN = \frac{f[Z - L(H) A_z \phi_z d_z (1 - [H-L]/H)]}{\phi_0 u^2 \cdot A_o^{3/2}(1-[L-h]/H)}$$ A fórmula na sequência é caracterizada pelo centro da massa de água e pode ser escrita da seguinte forma: $$L(H) = \frac{\int_0^H Z A(Z) d_z}{\int_0^H A(Z) d_z}$$	A_z - superfície do lago na profundidade Z A_0 - (A / O) área da superfície do lago H - profundidade total dada pelo centro da massa de água L (H) - centro do volume H - distância do meio do metalímnio à superfície do lago
Número de Richardson (Ri)	$$Ri = g \frac{\frac{d\rho/\rho}{d_z}}{\frac{(du)^2}{\rho\, d_z}}$$ Valores baixos de Ri indicam turbulência; valores altos (Ri > 0,25) indicam estabilidade.	g - aceleração gravitacional d_ρ/d_z - gradiente vertical de densidade d_U/d_z - gradiente vertical de velocidades horizontais

Quadro 4.1 Principais fórmulas e definições nos processos de circulação e mistura em diferentes lagos e reservatórios e a aplicação de números adimensionais (continuação)

Número de Froude Influência das intrusões e saídas de água de lagos e represas	Intrusões (Fi)	$Fi = \dfrac{Ue}{\sqrt{gi' H}}$	Ue - velocidade de entrada da água (fluxo de entrada) gi' - aceleração modificada do fluxo devido às diferenças da aceleração da gravidade entre a água do lago e a água da intrusão H - profundidade hidráulica do fluxo
Número de Froude	(Fo)	$Fo = \dfrac{Qs}{H_2\sqrt{g'_0 H}}$	Qs - velocidade de saída da água (fluxo de saída) H - profundidade do ponto de saída g'_0 - diferença da aceleração da gravidade entre a superfície do lago ou reservatório e o ponto de saída da água

A natureza da turbulência em um lago ou reservatório pode ser determinada pela relação entre o número de Froude e o número de Reynolds. Turbulência ativa é encontrada na região FR > 1 e Re > 1.

A proposta de Lewis

Lewis (1983) propõe uma revisão da classificação original de Hutchinson-Löffler (1956). Sua proposta é a seguinte:

Lagos amíticos – sempre cobertos por gelo.

Lagos monomíticos frios – com gelo cobrindo a superfície na maior parte do ano, sem gelo durante o verão, mas com temperaturas nunca superiores a 4°C.

Lagos polimíticos frios – cobertos por gelo durante parte do ano, durante o verão ficam sem gelo, com temperaturas acima de 4°C e estratificados pelo menos diurnamente.

Lagos polimíticos descontínuos frios – cobertos por gelo durante parte do ano, livres de gelo acima de 4°C, estratificados durante o período de verão, mas com interrupção da estratificação e circulação total em períodos irregulares.

Lagos dimíticos – cobertos por gelo durante parte do ano, estratificados durante o verão, com circulação durante períodos de transição entre esses dois estados de organização vertical.

Lagos monomíticos quentes – sem nenhuma cobertura de gelo durante todo o ano, estratificação estável durante parte do ano e mistura vertical durante um período no ano.

Lagos polimíticos descontínuos quentes – sem cobertura de gelo durante todo o ano, estratificados por dias ou semanas, mas com circulação vertical várias vezes por ano.

Lagos polimíticos contínuos quentes – circulação permanente, sem cobertura de gelo durante todo o ano, estratificação de algumas horas, em determinados períodos.

A relação entre morfometria dos lagos (nos quais as profundidades máxima e média são fundamentais), sua **localização geográfica** (latitude, longitude, altitude) e os efeitos de fatores climatológicos (como radiação solar e ação do vento) são básicos para o comportamento térmico de lagos e os processos de estratificação e mistura vertical. Essa classificação de Lewis separa os lagos de acordo com os seguintes critérios: cobertura de gelo na superfície, circulação vertical e estratificação.

Rio São Francisco
Foto: José G. Tundisi

5 | Composição química da água

Resumo

As águas naturais têm uma composição química bastante complexa, em razão do grande número de **íons dissolvidos**, de substâncias orgânicas resultantes das condições naturais das bacias hidrográficas e de atividades humanas. Outra fonte importante de substâncias e elementos é a atmosfera. Há grande variabilidade na composição química das águas naturais, em decorrência da **geoquímica do solo** e das rochas que constituem o substrato das bacias hidrográficas. O **balanço de materiais** nos ecossistemas aquáticos é também resultado das atividades dos organismos (**excreção**, respiração, **bioperturbação**).

Os íons dissolvidos e as substâncias orgânicas têm diversas funções biológicas, tais como a regulação dos **processos fisiológicos** nos organismos e das atividades das membranas, e a ativação dos sistemas de enzimas. Dos gases dissolvidos na água, o oxigênio e o dióxido de carbono são fundamentais por estarem inter-relacionados com os processos de **produção de matéria orgânica** pelos **produtores primários** (fotossíntese) e a respiração de todos os organismos. Variações diurnas na concentração desses gases são causadas por alterações nos processos de fotossíntese, respiração e circulação das massas de água. A distribuição vertical dos íons dissolvidos, substâncias orgânicas e gases depende dos processos de circulação vertical e horizontal, dos mecanismos de estratificação e das interações dos tributários com os ecossistemas aquáticos.

5.1 Introdução

A água natural contém um grande número de substâncias dissolvidas, o que lhe confere uma natureza química bastante complexa. Evidentemente, a origem das substâncias químicas e dos elementos que se encontram dissolvidos nas águas de ecossistemas aquáticos interiores é a geoquímica do solo e das rochas das bacias hidrográficas que os drenam para rios e lagos. Outra fonte é a atmosfera, que varia consideravelmente: em muitas regiões industriais, com alta concentração de enxofre no ar, a chuva pode ser ácida; sobre os desertos, a água de chuva contém partículas de poeira. Como a água de chuva varia de concentração dependendo da região, isso influencia a composição química das águas que drenam o solo. Há também contribuições resultantes da composição da água de chuva, nas regiões costeiras sob influência de sais provenientes do mar. Pequenas bolhas de ar formadas na superfície do mar, por agitação pelo vento, podem carregar partículas de água e ser levadas pelo vento sobre os continentes, contribuindo, dessa forma, para a composição química das águas continentais.

As inter-relações e as reações entre os principais **íons em solução** determinam também, em parte, a composição química das águas continentais. A **teoria do equilíbrio** pode ser utilizada para descrever a química dessas águas, a partir de distribuições de equilíbrio entre íons metálicos e complexos. Assim, pode-se prever, por meio dessa teoria, quando o íon estará presente como íon livre ou como complexo de vários tipos.

A **poluição atmosférica** é outro componente fundamental que influencia a composição química da água de chuva, contribuindo com vários íons, como HSO_4^- e óxidos de nitrogênio (fórmula geral NOx) como produto da exploração de petróleo. Como consequência, o pH da água de chuva pode atingir valores de 2,1 a 2,8, geralmente abaixo de 4,0, a exemplo do que ocorre em algumas regiões industriais da Inglaterra, Escandinávia e Estados Unidos. Evidentemente, águas de chuva com pH ácido influenciam a composição química de água que flui para rios e lagos a partir das bacias de drenagem. À medida que a água drena solos de diferentes origens e composições químicas, resultantes da geologia local, há interações químicas complexas que são peculiares a cada bacia hidrográfica e, dentro de cada bacia hidrográfica, suas sub-bacias. As modificações produzidas pelas atividades humanas também contribuem para a alteração na composição química das águas naturais: remoção da cobertura vegetal, tratamentos diversos do solo, **despejos industriais** e **agrícolas**. Pode-se, portanto, afirmar que a composição química das águas naturais que drenam todas as bacias hidrográficas dos continentes é o resultado de um conjunto de processos químicos e da interação que ocorre entre os sistemas terrestres, aquáticos e a atmosfera.

A alteração química da atmosfera é produzida por emissões de **amônia**, nitrogênio e enxofre. A oxidação dessas substâncias químicas causa alterações na qualidade da água de precipitação e um aumento na concentração de N nos sistemas terrestres e aquáticos. No Norte da Europa e no Nordeste dos Estados Unidos, esses efeitos têm sido determinados há mais de 20 anos, mas há outras evidências recentes que demonstram que o mesmo fenômeno está ocorrendo no Sudeste da Ásia (Lara *et al.*, 2001). Martinelli *et al.* (1999) estimaram que a quantidade total de folhas queimadas pela indústria de cana-de-açúcar na **bacia do rio Piracicaba** é de 20 toneladas por hectare, o que corresponde a aproximadamente 100 mil toneladas de matéria orgânica e 50 mil toneladas de carbono na atmosfera. Essa biomassa também produz para a atmosfera ácidos orgânicos, **nitrato** e sulfato, o que altera substancialmente a composição química da água de chuva e tem efeitos deletérios sobre as águas superficiais e subterrâneas.

Lara *et al.* (2001) mediram a composição química da água de precipitação na bacia do rio Piracicaba durante o período de um ano. Os resultados desse estudo estão apresentados na Tab. 5.1. Segundo os autores, os três fatores que determinam a composição da água de chuva na bacia do rio Piracicaba são: íons provenientes da poeira dos solos, Ca^{++} e Mg^{++}, queima de cana-de-açúcar e emissões industriais nas regiões de Campinas e Piracicaba. Como consequência dessas atividades, uma contribuição significativa de chuva ácida foi observada, bem como deposição de N em altas taxas. As alterações na química da atmosfera e

Tab. 5.1 Concentração média de íons na água de chuva em quatro pontos de coleta no Estado de São Paulo (valores em µeq.ℓ^{-1} e COD em µm.ℓ^{-1})

	Bragança			Campinas			Piracicaba			Santa Maria		
	Seca	Úmido	Anual	Seca	Úmido	Anual	Seca	Úmido	Anual	Seca	Úmido	Anual
pH	4,6	4,4	4,4	4,6	4,5	4,5	4,8	4,5	4,5	4,4	4,3	4,4
H^+	22,5	39,2	36,3	26,1	31,1	29,7	17,4	34,0	33,0	35,9	40,6	39,7
Na^+	2,2	2,3	2,3	3,1	2,7	2,7	4,2	2,1	2,7	5,6	4,2	4,5
NH_4^+	23,8	17,2	18,6	19,9	14,3	15,4	26,0	11,6	17,1	21,3	12,7	14,5
K^+	2,6	2,5	2,5	2,7	1,6	3,4	4,5	2,1	2,9	3,2	2,5	3,5
Mg^{2+}	1,3	1,2	1,2	1,6	1,2	1,3	3,1	1,9	2,3	2,7	2,3	2,3
Ca^{2+}	3,6	3,4	2,3	3,9	3,6	3,7	7,8	4,3	5,3	10,3	7,0	7,7
$C\ell^-$	3,5	5,2	4,9	5,1	6,3	6,0	8,4	6,0	7,0	11,1	8,0	8,8
NO_3^-	17,0	14,5	15,0	18,6	17,9	18,0	20,6	13,8	16,6	18,3	12,3	13,5
SO_4^{2-}	15,1	17,3	17,0	19,6	19,9	19,7	27,4	14,8	18,7	15,3	11,5	12,3
HCO_3^-	0,4	0,3	0,3	0,3	0,3	0,3	0,9	0,3	0,4	0,9	0,4	1,2
COD	84,9	51,7	58,8	80,4	47,1	50,8	134,5	78,8	94,4	100,5	43,9	76,6
CID	55,7	48,4	50,0	23,7	33,5	30,7	34,2	43,5	43,9	81,8	62,4	67,8
Soma de Cátions	56,0	65,7	64,2	57,3	54,5	56,1	62,9	56,1	63,2	79,0	69,3	72,3
Soma de Ânions	36,6	38,0	37,7	45,3	47,5	46,6	60,2	36,4	44,7	45,1	34,0	38,0
Soma total	92,5	103,7	101,9	102,6	102,0	102,7	123,1	92,5	107,7	24,1	109,2	113,5
DEF	19,4	27,7	26,6	12,1	7,0	9,5	2,7	19,7	18,3	33,9	35,4	34,3

DEF – Déficit de ânions (DEF = Σ Cátions – Σ Ânions) em µeq.ℓ^{-1}
COD – Carbono orgânico dissolvido
CID – Carbono inorgânico dissolvido
Fonte: Lara *et al.* (2001).

na precipitação de substâncias químicas com a chuva produzem alterações no solo e na composição química das águas da região.

O "balanço de materiais" de um lago, rio ou represa é o resultado também de atividades dos organismos que interferem nos ciclos químicos e na composição química da água. A ilustração desses processos está esquematizada na Fig. 5.1 (Schowerbel, 1987).

5.2 Substâncias Dissolvidas na Água

Como já foi abordado no Cap. 2, a água é o solvente universal. O Quadro 5.1 mostra as várias substâncias dissolvidas na água.

Os íons principais são denominados "**conservativos**", pois suas concentrações não mudam muito em função das atividades dos organismos. Os íons nutrientes principais não são conservativos, ou seja, suas concentrações, que são menores que as dos íons principais, variam consideravelmente em função das atividades dos organismos.

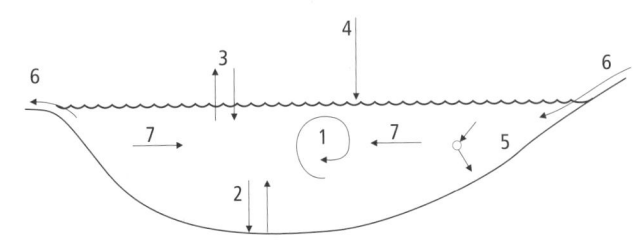

1 Reciclagem dos materiais biogênicos
2 Sedimentação e processos de troca na interface sedimento-água
3 Trocas entre a água e a atmosfera
4 Influxos resultantes da precipitação
5 Adsorção e dessorção de substâncias dissolvidas na superfície de partículas em suspensão
6 Entradas e saídas
7 Transporte lateral

Fig. 5.1 Diagrama dos processos mais importantes que determinam o balanço de materiais de um lago

Dos gases dissolvidos, o N_2 é fundamental no ciclo do nitrogênio e tem grande importância para um grupo de organismos que podem ser fixados a partir da atmosfera. O O_2 é fundamental nos processos respiratórios e o CO_2 pode ser limitante aos produtores primários sob certas condições.

Quadro 5.1 Substâncias dissolvidas na água e a complexidade analítica para sua determinação

Aumento da complexidade analítica ↓	Íons principais	Na^+, K^+, Mg^{++}, Ca^{++}, SO_4^{--}, Cl^- e HCO_3^- Dissolvidos em mg.ℓ^{-1} (parte por milhão)
	Gases atmosféricos	Nitrogênio (N_2) Oxigênio (O_2) Dióxido de carbono (CO_2)
	Íons nutrientes principais	PO_4^{---}, HPO_4^{--}, $H_2PO_4^-$, NO_3^-, NH_4^+, SiO_2^-, Fe^{+++}, Mn^{+++}, CO_2 e HCO_3^- Dissolvidos com concentrações entre µg.ℓ^{-1} a mg.ℓ^{-1}
	Íons traço	Cu^{++}, V^{+++++}, Zn^{++}, B^{++}, F^-, Br^-, Co^{++}, Mo^{++++++} e Hg^{++}, Cd^{++}, Ag^+, ^1As, ^2Sb, Sn^{++++} Dissolvidos em concentrações de mg.ℓ^{-1} ou µg.ℓ^{-1}
	Substâncias orgânicas refratárias (difíceis de decompor)	Dissolvidos em concentrações variáveis ng.l^{-1} a µg.l^{-1}
	Substâncias orgânicas lábeis (muito reativas)	Dissolvidos em concentrações variáveis µg.ℓ^{-1} a mg.ℓ^{-1}

$^1As^{+++}$ encontrada na água como H_2AsO_4
$^2Sb^{+++}$ encontrada na água como SbO_2^-
Fe e Mn podem ser encontrados na água sob forma reduzida (Fe^{++} ou Mn^{++}) ou sob forma oxidada (Fe^{+++} ou Mn^{+++})
Fonte: modificado de Moss (1988).

Os íons traço são requeridos por vários organismos. Para alguns elementos, como Fe e Mn, os processos de redução e oxigenação são importantes.

Alguns desses elementos são tóxicos aos organismos aquáticos, quando suas concentrações são elevadas por descargas industriais, atividades humanas ou por processos naturais, como, por exemplo, em áreas vulcânicas ou em águas naturais drenando solos com altas concentrações naturais desses elementos. É o caso, em certas regiões, do mercúrio e do **arsênico**.

As **substâncias orgânicas** que ocorrem nas águas naturais têm uma origem complexa (Quadro 5.2) e inúmeras e variadas reações na água, dependendo, ainda, de processos de fotorredução e foto-oxidação. Essas substâncias orgânicas dissolvidas representam vários estágios de decomposição de vegetação natural e seu papel nos sistemas aquáticos continentais é fundamental.

Quadro 5.2 Origens e natureza de substâncias orgânicas dissolvidas na água

Origem nos organismos vivos, nas bacias hidrográficas	Derivados orgânicos dissolvidos nas águas de drenagem
Proteínas	Metano, peptídeos, aminoácidos, uréia, fenóis, marcaptanas, ácidos graxos, melanina, "substâncias amarelas" (*Gelbstoffe*)
Lipídeos (gorduras, óleos, hidrocarbonetos)	Metano, ácidos alifáticos, ácidos (acético, glicólico, lático, cítrico, palmítico, oleárico), carboidratos, hidrocarbonetos
Carboidratos (celulose, amido, hemicelulose, lignina)	Metano, glicose, frutose, ambinose, ribose, xilose, ácidos húmicos, fúlvicos, taninos
Porfirinas e pigmentos, clorofilas de plantas (carotenóides)	Fitano, pristano, alcoóis, cetanos, ácidos, porfirinas, isoprenóides

Fonte: Moss (1988).

De um modo geral, a **matéria orgânica dissolvida** na água (MOD) é classificada em dois grupos:
▶ Substâncias húmicas: definidas como uma "categoria geral de substâncias orgânicas biogênicas, ocorrendo naturalmente, de grande heterogeneidade, que podem ser caracterizadas como amarelas e pretas em cor, de alto peso molecular e refratárias" (Aiken *et al.*, 1985). Esses autores definem como "ácidos húmicos" aqueles que não são solúveis em águas com pH ácido (abaixo de 2), mas podem ser solúveis em pH mais elevado.
▶ Substâncias não húmicas, tais como aminoácidos, carboidratos, graxas e resinas.

Ácidos fúlvicos são a "fração das substâncias húmicas solúveis em todas as condições de pH", e ácidos húmicos são as "frações que não são solúveis na água em quaisquer condições de pH" (Aiken *et al.*, 1985).

A Fig. 5.2 mostra a concentração de carbono orgânico dissolvido e de **carbono orgânico particulado** em várias águas naturais. A Fig. 5.3 mostra a distribuição de carbono orgânico total em águas da Finlândia, e a Fig. 5.4 apresenta a concentração de carbono total em águas naturais do Brasil.

Um dos componentes fundamentais da matéria orgânica dissolvida em águas naturais, portanto, são as substâncias húmicas.

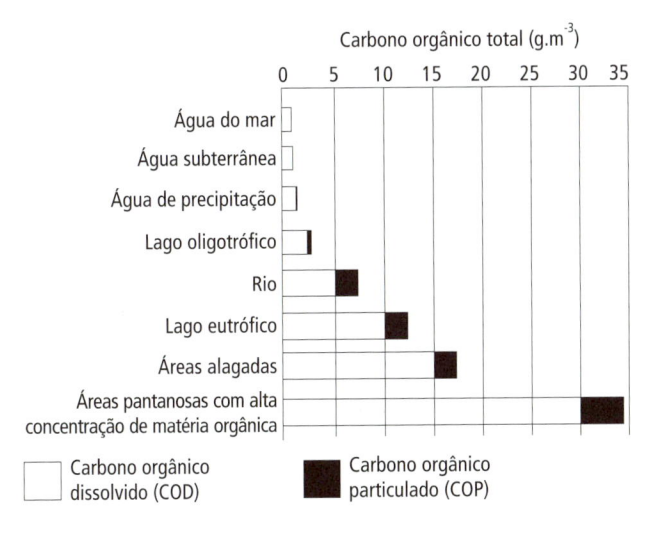

Fig. 5.2 Concentração de carbono orgânico dissolvido e de carbono orgânico particulado em várias águas naturais
Fonte: Thurman (1985).

A água de cor marrom-claro é uma das características especiais de lagos de regiões temperadas com substâncias húmicas dissolvidas, descritas por Naumann (1921, 1931, 1932). Os lagos com grande concentração dessas águas foram denominados **distróficos**. Mais tarde, Aberg e Rodhe (1942) demonstraram a predominância da penetração de luz na porção infravermelha, no espectro acima de 800 nanômetros. A mesma constatação foi feita por Tundisi (1970), que demonstrou a maior penetração de luz no infravermelho em águas escuras de manguezais da **região lagunar de Cananéia**, no Estado de São Paulo. Altas concentrações de substâncias orgânicas dissolvidas com moléculas de grande complexidade aumentam o consumo de oxigênio em todas as camadas de água, da superfície ao fundo, e interferem no "clima de radiação subaquática" dos sistemas lacustres, represas e rios.

As substâncias húmicas estão presentes em todas as águas naturais, como moléculas dissolvidas, **suspensões coloidais** ou matéria particulada. A componente dissolvida é a que tem o maior impacto na biologia e na química das águas.

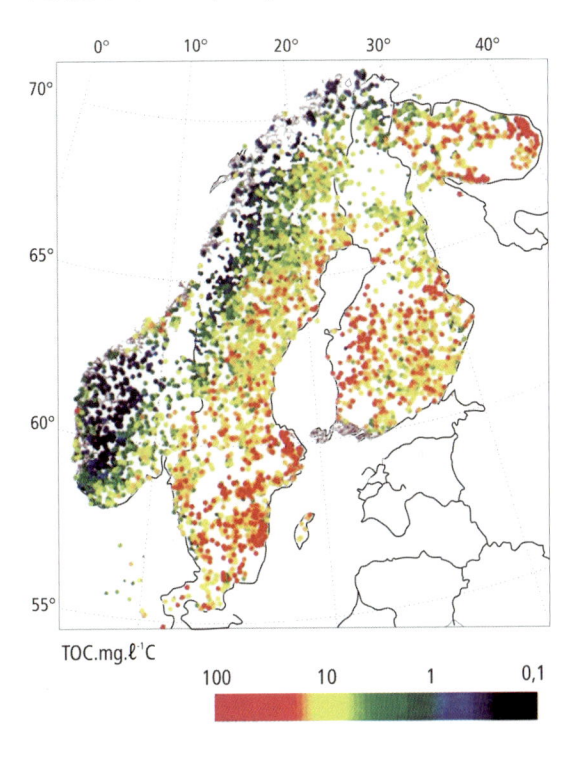

Fig. 5.3 Distribuição de carbono orgânico total em águas da Finlândia
Fonte: Skjelväle et al. (2001) apud Eloranta (2004).

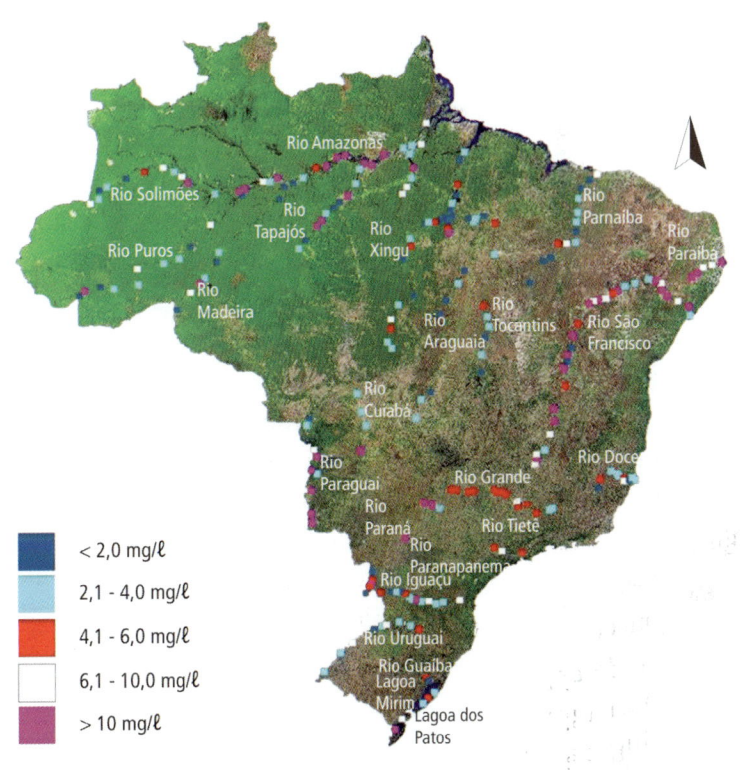

Fig. 5.4 Concentração de carbono total em águas naturais da superfície no Brasil (Projeto Brasil das Águas)

A concentração dessas substâncias húmicas pode variar de 100 a 500 mg.m^{-3} na água do mar e, em águas subterrâneas, de 1 a 2 mg.m^{-3} até 15 mg.m^{-3}. Em lagos com alta concentração de macrófitas em decomposição e com grande quantidade de turfa nas margens, essas concentrações podem atingir 60 mg.m^{-3}.

A concentração de carbono em águas filtradas em filtros Millipore de 0,45 μm de poro, denominado carbono orgânico dissolvido (COD), pode ser determinada por catalisadores de carbono. Em águas não filtradas, a concentração de carbono é denominada **carbono orgânico total** (COT). A concentração de carbono obtida nesses equipamentos analisadores é dada em g.m^{-3}.

Em muitas águas naturais de superfície, as substâncias húmicas constituem 50% do carbono orgânico dissolvido.

Outros elementos importantes em substâncias húmicas são o oxigênio (35-40% do peso), o hidrogênio (4-5% do peso) e o nitrogênio (2%). O carbono presente em materiais retidos em filtros Millipore 0,45 μm é o **carbono orgânico particulado** (COP).

Os termos *material orgânico total* (MOT), **matéria orgânica dissolvida** (MOD) e **material orgânico particulado** (MOP) são similares a COT, COD e COP. Entretanto, esses termos (MOT, MOD e MOP) referem-se a todo o material presente, que inclui oxigênio, hidrogênio e nitrogênio. Normalmente, os valores obtidos são duas vezes mais elevados do que quando se determinam só COT, COD e COP.

Métodos que permitem estimar as substâncias orgânicas na água incluem a Demanda Bioquímica de Oxigênio (DBO) e a Demanda Química de Oxigênio (DQO). Esses métodos medem a quantidade de oxigênio consumido pelas bactérias utilizando um oxidante químico poderoso, como o permanganato. Entretanto, esses métodos não determinam diretamente a concentração de carbono na água.

A concentração de substâncias húmicas na água pode ser determinada indiretamente por meio do espectro da água filtrada em filtros Millipore 0,45 μm e centrifugada. Essa técnica permite comparar efeitos de águas de diversas origens e, assim, determinar águas com maior ou menor concentração de substâncias húmicas.

A leitura de amostras de águas filtradas em Millipore 0,45 μm a 245 nanômetros é um método simples e rápido para estimar a concentração de matéria orgânica na água. Esse método baseia-se na relação linear existente entre o conteúdo de carbono e a absorção da luz no ultravioleta.

A variabilidade do carbono orgânico dissolvido nas águas naturais é grande e depende de contribuições autóctones e alóctones, de períodos de seca e precipitação, além de processos internos em lagos e represas (decomposição, ação de bactérias, temperatura da água, turbulência e estratificação).

As substâncias orgânicas dissolvidas, particularmente as substâncias húmicas, têm um papel importante na disponibilidade de nutrientes orgânicos e inorgânicos para bactérias, fungos, fitoplâncton e macrófitas aquáticas.

A matéria orgânica dissolvida tem papel fundamental na **complexação**, **sorção** e imobilização de muitas substâncias orgânicas contaminantes e metais pesados. Essa sorção pode também disponibilizar esses contaminantes para organismos e aumentar a sua biodisponibilidade.

Os **sais dissolvidos** nos lagos têm, portanto, como uma de suas origens, a drenagem e permanente contribuição de rochas ígneas ou sedimentares, e, por isso, sua concentração varia bastante nas águas continentais. As águas que drenam essas rochas refletem, na sua composição, a contribuição relativa dos íons solúveis que constituem as rochas, geralmente Mg > Ca > Na > K, mas, dependendo da região, pode haver outra sequência, como Na > Mg > Ca > K.

A capacidade de ação da água na dissolução desses íons aumenta com a temperatura, a acidez, o fluxo de água e com a concentração de oxigênio dissolvido na água. Hidrólise ácida, por exemplo, solubiliza alumínio em pH abaixo de 4,5 e ácido silícico, $HSiO_4$, também é liberado. Em solos argilosos de origem vulcânica há liberação de ferro. Rochas sedimentares podem contribuir com sulfato, carbonato e fosfato, ou bicabornato.

A concentração de sais dissolvidos, portanto, varia enormemente nas águas continentais, em razão das peculiaridades da **hidrogeoquímica regional** e das drenagens de rochas ígneas ou sedimentares. A distribuição total de sais dissolvidos (**sais totais dissolvidos – STD**) em ecossistemas aquáticos pode ser agrupada em lagos salinos e com diferentes origens, conforme indicado na Tab. 5.2.

Diferenças climatológicas e litológicas explicam essas diferentes composições de sais dissolvidos. Por exemplo, nas regiões áridas ou semi-áridas, por causa da evapotranspiração elevada, há aumento de concentrações de sais; em outras regiões podem ocorrer impactos de drenagem em áreas com alta influência de descargas hidrotérmicas. Lagos vulcânicos apresentam concentrações similares a rios que drenam rochas vulcânicas.

A Tab. 5.3 mostra a variabilidade geográfica dos principais elementos dissolvidos (em mg.ℓ^{-1}) em águas doces naturais, prístinas, que drenam os tipos mais comuns de rochas.

É ilustrativo, também, comparar a **composição química das águas doces** (de rios) com a água do mar em porcentagem total (peso/peso), conforme Tab. 5.4. A Tab. 5.5 indica a composição iônica média das águas de rios de duas regiões continentais temperadas (América do Norte e Europa) e duas regiões tropicais também continentais (América do Sul e África). Mostra diferenças consideráveis em concentração e composição iônicas. Os rios tropicais têm tendência a concentrações muito menores do que os rios de regiões temperadas, onde a concentração de **cálcio** e **bicarbonato** é muito mais elevada. Nas regiões tropicais, há grande predominância de sódio, cloro, silicato e ferro. Com relação ao carbonato de cálcio, uma exceção encontra-se nas cabeceiras do rio Amazonas, onde 85% dos sais dissolvidos provêm de rochas recentes dos Andes (Gibbs, 1972).

A Fig. 5.5A apresenta as características e os efeitos dos principais fatores que determinam a composição das águas continentais de superfície, descrevendo a dominância de precipitação e de evaporação, bem como sua influência no processo. Portanto, essa figura completa a afirmação inicial de que esses processos principais atuam na composição total de sais dissolvidos nas águas continentais: **dissolução e drenagem** de sais a partir das rochas, **precipitação atmosférica e processos de evaporação** (cristalização). A precipitação tem grande influência nos trópicos, não somente

Tab. 5.2 Distribuição global de sais dissolvidos em lagos (STD)

Tipos de lagos		Área (10³km²)	Volume (10³km²)	STD (kg/m³)	Msal (10¹⁵g)
Salinos[a]	Cáspio	374	78,2	13,0	1.016
	Outros lagos salinos endorréicos	204	4,16	32,0	133
	Lagos salinos costeiros	40	0,128	5,0[c]	0,64
	Total	618	82,5	13,9	1.150
Águas doces[b]	Tectônicos	424	54,6	0,29	16,1
	Glaciais	1.247	38,4	0,10	3,8
	Fluviais	218	0,58	0,10[c]	0,058
	Vulcânicos	3,1	0,58	0,080[c]	0,046
	Miscelânea	88	0,98	0,30[c]	0,33
	Total	1.980	95,14	0,213	20,3

Msal – Massa total de sais
[a] Lagos terminais endorréicos e lagos costeiros
[b] Lagos exorréicos, exceto lagoas costeiras e lagos endorréicos sem posição terminal
[c] Estimativas
Fonte: Meybeck *et al.* (1989).

como fonte direta de íons, mas também como meio para dissolução de rochas e solos (Payne, 1986).

A Fig. 5.5B mostra a relação (em peso) de Na/Na + Ca com os sais totais dissolvidos nas águas de superfície, e a Fig. 5.5C apresenta a relação (em peso) de HCO_3 (HCO_3 + $C\ell$) com os sais totais dissolvidos nas águas de todos os continentes.

Pode-se observar, na Tab. 5.6, a composição iônica de lagos da África tropical e das águas de chuva. Nessa tabela estão também indicados a condutividade elétrica (em K20 µmhos), a salinidade aproximada e o pH.

A Tab. 5.7 mostra a composição iônica da lagoa Carioca, no Parque Florestal do Rio Doce, Leste de Minas Gerais. Observa-se que no perfil vertical há um aumento de Ca, Fe, Mn, Na e SO_4, provavelmente em razão também do aumento de sais dissolvidos resultantes do período de estratificação, interações água-sedimento e dos organismos e da química da água.

A Tab. 5.8 mostra a composição iônica da **lagoa 33**, no mesmo Parque Florestal. Trata-se de uma área alagada onde predominam macrófitas aquáticas, especialmente *Typha dominguensis*.

Tab. 5.3 Variabilidade geográfica dos principais elementos dissolvidos em águas doces naturais, prístinas, que drenam os tipos mais comuns de rochas

	Condutividade µS.ℓm⁻¹	pH	∑cátions	Ca⁺⁺	Mg⁺⁺	Na⁺	K⁺	Cℓ⁻	SO₄⁻⁻	HCO₃⁻	SiO₂
Granito	35	6,6	3,5 (166)	0,8 (39)	0,4 (31)	2,0 (88)	0,3 (8)	0	1,5 (31)	7,8 (128)	9,0 (150)
Rochas de várias origens: xistos, quartzo, feldspática	35	6,6	4,1 (207)	1,2 (60)	0,7 (57)	1,8 (80)	0,4 (10)	0	2,7 (56)	8,3 (136)	7,8 (130)
Rochas vulcânicas	50	7,2	8,0 (435)	3,1 (154)	2,0 (161)	2,4 (105)	0,5 (14)	0	0,5 (10)	25,9 (425)	12,0 (200)
Arenito	60	6,8	4,6 (223)	1,8 (88)	0,8 (63)	1,2 (51)	0,8 (21)	0	4,6 (95)	7,6 (125)	9,0 (150)
Rochas argilosas	ND	ND	14,2 (770)	8,1 (404)	2,9 (240)	2,4 (105)	0,8 (20)	0,7 (20)	6,9 (143)	35,4 (580)	9,0 (150)
Rochas carbonatadas	400	7,9	60,4 (3.247)	51,3 (2.560)	7,8 (640)	0,8 (34)	0,5 (13)	0	4,1 (85)	194,9 (3.195)	6,0 (100)

Os valores são em mg.ℓ⁻¹; os valores entre parênteses são em µe .ℓ⁻¹; os valores de sílica são em mg.ℓ⁻¹; os valores entre parênteses são em µmol.ℓ⁻¹; ND – Não determinado
Fonte: Meybeck *et al.* (1989).

Tab. 5.4 Comparação entre a composição química das águas de rios e das águas do mar em % total (peso/peso)

	Água do Mar	Água do rio
CO₃⁻⁻	0,41 (HCO₃⁻)	35,15
SO₄⁻⁻	7,68	12,14
Cℓ⁻	55,04	5,68
NO₃⁻	—	0,90
Ca⁺⁺	1,15	20,39
Mg⁺⁺	3,69	3,41
Na⁺	30,62	5,79
K⁺	1,10	2,12
(Fe, Al)₂O₃	—	2,75
SiO₂	—	11,67
Sr⁺⁺, H₃BO₃, Br⁻	0,31	—

Fonte: Schowerbel (1987).

A **composição iônica das águas** de represas varia em função das características do terreno, das áreas inundadas e a presença de vegetação nessas áreas, do tempo de retenção e dos usos do solo ao longo do tempo, que determinam as características da água de drenagem. A Tab. 5.9 indica a composição iônica da represa de Barra Bonita em fevereiro/março de 1979 e da represa de Promissão, na mesma época, ambas no **rio Tietê** (SP).

Águas muito pouco mineralizadas, com composição iônica dissolvida, ocorrem em muitas regiões do Brasil.

As concentrações iônicas das águas amazônicas ilustram muito bem as diferenças regionais que ocorrem e as características químicas das águas naturais,

Tab. 5.5 Composição iônica média das águas de rios em diferentes continentes (em mg . ℓ⁻¹)

	HCO₃⁻	SO₄⁻⁻	Cℓ⁻	SiO₂⁻	NO₃⁻	Ca⁺⁺	Mg⁺⁺	Na⁺	K⁺
América do Norte	67,7	40,3	8,1	4,2	0,23	42,0	10,2	9,0	1,6
América do Sul	31,1	9,6	4,9	5,6	0,16	14,4	3,6	3,9	0,0
Europa	95,2	48,0	6,7	3,5	0,84	62,4	11,4	5,3	1,6
África	68,9	9,3	20,2	22,2	0,17	7,9	7,8	21,5	—

Fonte: Payne (1986).

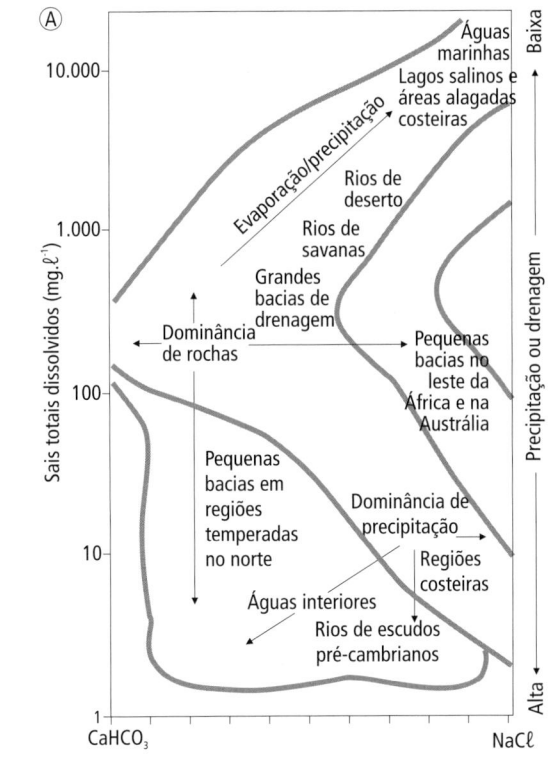

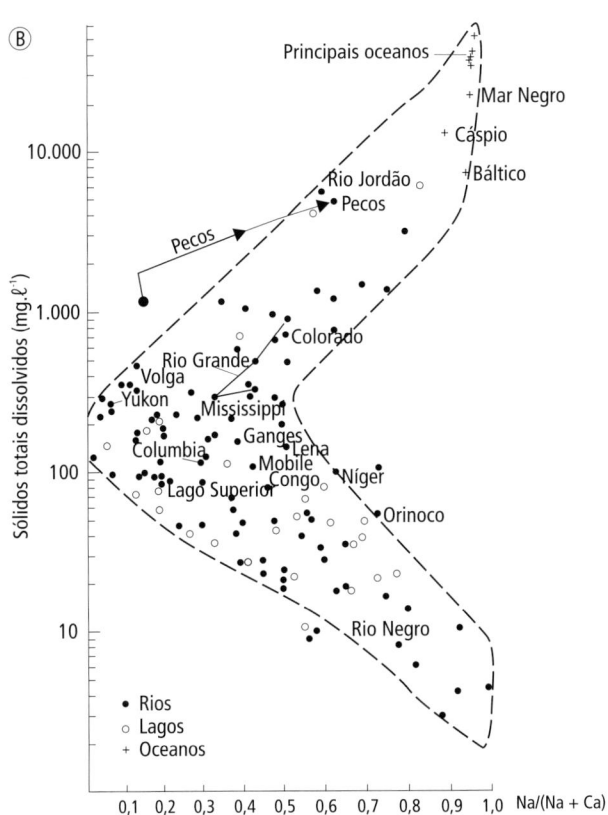

Fig. 5.5 A) Representação esquemática dos mecanismos que controlam a química das águas superficiais; B) Relação (em peso) de Na/Na + Ca com os sais totais dissolvidos nas águas de superfície em rios, lagos e oceanos; C) Relação (em peso) de HCO_3 (HCO_3 + $C\ell$) com os sais totais dissolvidos nas águas continentais Fonte: modificado de Gibbs (1970).

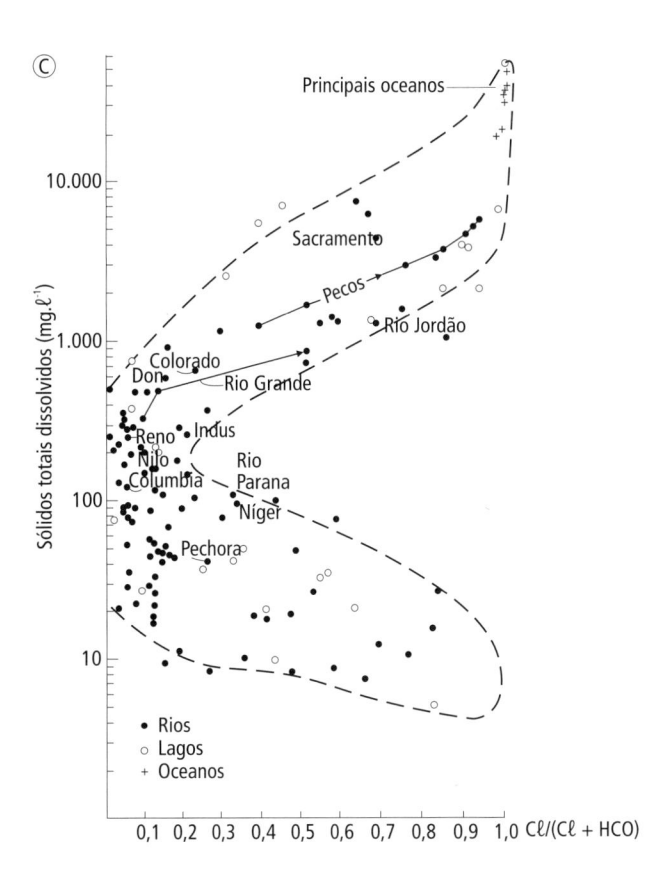

que incluem rios e lagos delas dependentes dos pontos de vista hidrológico e químico.

A Tab. 5.10 (Sioli, 1984) mostra as concentrações médias de diferentes íons nas águas dos rios Solimões, Negro e Tarumã-Mirim; dos lagos Jacaretinga, Calado e Castanho; dos rios da floresta e das águas de chuva. De acordo com Furch (1984), comparando-se as águas naturais desses sistemas aquáticos da Amazônia com a média mundial para águas superficiais, essas águas amazônicas podem ser consideradas "**quimicamente pobres**". Entretanto, há grandes diferenças na forma como os vários componentes químicos expressam essa escassez. Por exemplo, os metais alcalino-ferrosos (Mg + Ca + Sr + Ca) apresentam menos que 0,5% da média mundial. As águas amazônicas apresentam-se 50 vezes mais ricas em elementos-traço do que a média mundial.

Furch (1984) classifica as águas da região periférica oeste da Amazônia – como o **rio Solimões** e os lagos de várzea a ele conectados – de águas carbonatadas. Elas possuem a mais alta **concentração iônica** de HCO_3, Ca, Mg, Na, K, Ba, Sr, aproximando-se estas das médias mundiais para as águas naturais.

Tab. 5.6 Composição iônica de alguns lagos da África tropical e das águas de chuva

Lago	Data da amostragem	Condutividade K_{20} (µmhos)	Salinidade aproxim. % (g/ℓ)	Intervalo de pH	Na^+	K^+	Ca^{++}	Mg^{++}	$CO_3^- + HCO_3^-$	Cl^-	SO_4^{--}	Cátions	Ânions	Referência
Lungwe	1953	15 – 17	0,010	6,5 – 6,7			0,07	0,030						Dubois (1955)
Tumba	1955	24 – 32	0,016	4,5 – 5,0			0,03	0,020	0					Dubois (1959)
Nabungabo	Jun. 1967	25	0,015	7,0 – 8,2	0,090	0,028	0,060	0,020	0,140	0,040	0,019	0,198	0,199	Beadle e Heron (não publicado)
Bangweulu	1960	35	0,023	7,0 – 8,3	0,114	0,033	0,075	0,066	0,260	0,009	0,021	0,288	0,290	Harding e Heron (não publicado)
Vitória	Maio 1961	96	0,093	7,1 – 8,5	0,430	0,095	0,280	0,211	0,900	0,112	0,037	1,02	1,05	Talling e Talling (1965)
George	Jun. 1961	200	0,139	8,5 – 9,8	0,59	0,09	1,00	0,67	1,91	0,25	0,23	2,35	2,39	Talling e Talling (1965)
Chad (Baga Sola)	Jul. 1967	180	0,165	8,0 – 8,5	0,5	0,2	0,8	0,3	1,8	0	0,1	1,8	1,9	Maglione (1969)
Malawi	Set. 1961	210	0,192	8,2 – 8,9	0,91	0,16	0,99	0,39	2,36	0,12	0,11	2,46	2,56	Talling e Talling (1965)
Tanganika	Jan. 1961	610	0,530	8,0 – 9,0	2,47	0,90	0,49	3,60	6,71	0,76	0,15	7,46	7,62	Talling e Talling (1965)
Albert	Fev. 1961	735	0,597	8,9 – 9,5	3,96	1,67	0,49	2,69	7,33	0,94	0,76	8,81	9,03	Talling e Talling (1965)
Edward	Jun, 1961	925	0,789	8,8 – 9,1	4,78	2,32	0,57	3,98	9,85	1,03	0,89	11,65	11,77	Talling e Talling (1965)
Kivu	Fev. 1954	1.240	1,115	9,1 – 9,5	5,70	2,17	1,06	7,00	16,40	0,89	0,33	15,93	17,62	Van der Ben (1959)
Turkana	Jan. 1961	3.300	2,482	9,5 – 9,7	35,30	0,54	0,28	0,25	24,50	13,50	1,40	36,37	39,40	Talling e Talling (1965)
Águas de chuva														
Kampala (Uganda)	1960			7,7 – 8,1	0,28	0,10	0,005			0,05	0,05			Visser, 1961
Gâmbia	1963 (9 km da costa)				0,026	0,01	0-1,10							Thornton (1965)

Fonte: Beadle (1981).

Tab. 5.7 Composição iônica da água da lagoa Carioca (Parque Florestal do Rio Doce – MG) em 7/9/1978 (em mg.ℓ^{-1})

Prof. (m)	Íons							
	SO_4^{--}	Ca^{++}	Fe^{++}	K^+	Mg^{++}	Mn^{++}	Na^+	Si
0,00	<1,00	2,06	0,12	0,90	0,80	<0,01	2,16	1,99
1,00	<1,00	2,12	<0,10	0,95	0,80	<0,01	1,80	2,00
2,00	<1,00	2,09	<0,10	0,95	0,80	<0,01	2,09	2,00
3,00	<1,00	2,11	0,10	0,95	0,82	0,05	2,28	2,01
4,00	<1,00	2,42	0,41	0,95	0,86	0,22	2,56	2,07
5,00	1,62	2,41	2,41	0,95	0,84	0,18	1,82	2,03
6,00	1,62	2,50	1,61	1,00	0,86	0,20	2,52	2,06
7,00	3,60	2,45	3,74	1,00	0,86	0,16	2,36	2,10
9,00	4,59	2,43	3,94	0,95	0,86	0,15	2,35	2,12

Tab. 5.8 Composição iônica da água de superfície na lagoa 33 (Parque Florestal do Rio Doce – MG), em várias épocas do ano (em mg.ℓ^{-1})

Prof. (m)	Data	Íons							
		SO_4^{--}	Ca^{++}	Fe^{++}	K^+	Mg^{++}	Mn^{++}	Na^+	Si
0,00	19/3	2,61	2,43	0,26	0,58	0,92	0,05	2,93	0,36
0,00	19/5	2,61	1,70	0,88	0,32	0,68	0,05	2,07	0,03
0,00	21/7	3,93	2,35	2,20	0,58	0,91	0,05	2,29	<1,00
0,00	23/9	4,59	2,31	1,94	0,43	0,92	0,03	2,19	<1,00
0,00	21/11	4,92	2,16	1,81	0,43	0,87	0,04	2,29	<1,00

Tab. 5.9 Composição iônica das águas da represa de Barra Bonita e de Promissão (rio Tietê – SP), em fevereiro/março de 1979 (em mg.ℓ^{-1})

Est	Prof. (m)	pH	Condutiv. µS.cm^{-1}	SIO_3^{--}	SO_4^{--}	Ca^{++}	Mg^{++}	Fe^{++}	Na^+	K^+	$C\ell^-$	CO_2 TOTAL	Temp. °C
Represa de Barra Bonita	0,0	8,70	112	2,44	0,00	4,10	2,15	1,07	7,35	2,45	6,39	24,323	29,7
	0,2	8,50	112	0,00	0,00	0,00	0,00	0,00	0,00	0,00	0,00	24,319	
	0,5	8,40	111	0,00	0,00	0,00	0,00	0,00	0,00	0,00	0,00	24,773	29,7
	0,7	8,50	114	0,00	0,00	0,00	0,00	0,00	0,00	0,00	0,00	25,110	
	1,3	8,60	111	0,00	0,00	0,00	0,00	0,00	0,00	0,00	0,00	24,623	29,1
	5,0	7,80	112	3,87	0,00	4,37	2,14	1,07	7,40	2,36	6,39	24,731	28,0
	10,0	7,60	113	3,94	0,00	4,37	2,14	1,14	7,19	2,41	6,39	25,553	26,0
	15,0	7,60	113	3,90	0,00	4,37	2,14	1,33	7,50	2,27	6,39	25,805	25,7
Represa de Promissão	0,0	8,10	90	2,81	0,00	4,19	1,94	0,10	6,09	1,77	4,20	0,000	28,6
	5,0	7,80	89	3,06	0,00	4,19	1,94	0,10	6,24	1,64	4,20	0,000	27,8
	10,0	7,60	90	2,74	0,00	4,19	1,94	0,10	6,14	1,64	4,20	0,000	27,6
	15,0	7,50	100	3,02	0,00	4,19	1,94	0,10	6,14	1,64	4,20	0,000	27,2
	20,0	7,50	98	3,16	0,00	4,19	1,97	0,10	5,94	1,64	4,20	0,000	27,1

Nas águas do rio Negro e lagos adjacentes, há escassez de carbonatos e alta proporção de elementos-traço como Fe e Al (dez vezes mais que no rio Solimões). Essas águas são ácidas (pH 5,1) e apresentam também alta concentração de substâncias húmicas e de matéria orgânica dissolvida.

As características químicas mais peculiares são as dos pequenos riachos das florestas da Amazônia central, onde há muito menos carbonatos que no rio Negro e seus tributários, o pH é ácido (4,5), há uma alta porcentagem de elementos-traço e predominância de **metais alcalinos**, com baixa concentração de Ca e Mg.

As águas de chuva da Amazônia, analisadas também por Furch (1984), contêm metais traço, e as proporções de metais alcalino-ferrosos e de metais alcalinos são similares às das águas do rio Negro.

A Tab. 5.11 mostra valores de condutividade para diferentes ecossistemas aquáticos. Na Tab. 5.12, encontram-se correlações estatísticas obtidas entre a condutividade da água e a concentração de diversos elementos e íons.

5.3 A Composição Iônica dos Lagos Salinos e das Áreas Alagadas Continentais

A composição iônica de lagos salinos, no interior dos continentes, varia consideravelmente e é muito diferente da composição iônica de rios com baixa condutividade. Essa composição iônica

Tab. 5.10 Concentrações médias (x) para diferentes parâmetros químicos em águas amazônicas

	Rio Solimões			Lago Jacaretinga			Lago Calado (1)			Lago do Castanho			Lago Calado (2)			Rio Negro			Tarumã-Mirim			Rios da Floresta			Água de chuva		
	n	x	s	n	x	s	n	x	s	n	x	s	n	x	s	n	x	s	n	x	s	n	x	s	n	x	s
Na (mg.ℓ⁻¹)	29	2,3	0,8	25	2,5	0,7	23	1,6	0,6	30	1,6	0,4	27	1,3	0,5	24	380	124	23	335	88	20	216	58	25	119	97
K (mg.ℓ⁻¹)	29	0,9	0,2	25	1,4	0,4	23	0,9	0,7	30	0,9	0,2	27	0,6	0,3	24	327	107	23	312	98	20	150	108	25	100	104
Mg (mg.ℓ⁻¹)	29	1,1	0,2	25	1,4	0,4	23	0,9	0,5	30	0,9	0,2	27	0,7	0,4	24	114	35	23	99	44	20	37	15	25	21	17
Ca (mg.ℓ⁻¹)	29	7,2	1,6	25	8,6	1,8	23	6,2	3,1	30	5,0	1,2	27	4,3	2,5	24	212	66	23	186	83	20	38	34	25	72	78
Na+K+Mg+Ca (mg.ℓ⁻¹)	29	11,5	2,6	25	13,8	3,1	23	9,6	4,6	30	8,4	1,7	27	6,9	3,6	24	1020	312	23	926	285	20	441	182	25	312	275
Condutividade (µS.cm⁻¹)	27	57	8	23	60	18	23	47	19	27	42	9	24	38	12	22	9	2	21	9	2	20	10	3		N.D.	
pH	27	6,9	0,4	23	6,9	0,3	23	6,6	0,4	27	6,7	0,3	24	6,5	0,4	22	5,1	0,6	21	5,0	0,5	20	4,5	0,2		N.D.	
tot P (µg.ℓ⁻¹)	28	105	58	25	57	26	21	62	38	25	40	14	26	50	33	24	25	17	23	22	21	20	10	7		N.D.	
tot C (mg.ℓ⁻¹)	28	13,5	3,1	25	16,2	5,8	22	12,8	4,2	28	12,4	1,8	26	10,8	2,7	24	10,5	1,3	23	9,9	1,6	20	8,7	3,8		N.D.	
HCO₃⁻C (mg.ℓ⁻¹)	26	6,7	0,8	24	8,5	1,7	22	5,6	2,2	28	5,0	1,1	26	4,3	1,9	24	1,7	0,5	23	1,6	0,3	20	1,1	0,4		N.D.	
Cℓ (mg.ℓ⁻¹)	26	3,1	2,1	24	2,9	1,7	22	2,5	1,2	28	2,0	1,0	26	2,1	1,0	24	1,7	0,7	23	1,8	0,7	2	2,2	0,4		N.D.	
Si (mg.ℓ⁻¹)	28	4,0	0,9	25	4,3	1,1	22	3,6	1,1	28	3,8	1,3	26	3,0	0,9	24	2,0	0,5	23	1,7	0,4	20	2,1	0,5		N.D.	
Sr (µg.ℓ⁻¹)	29	37,8	8,8	25	39,7	11,0	23	27,5	11,2	30	24,4	8,0	27	23,0	13,3	24	3,6	1,0	23	2,8	1,1	20	1,4	0,6	23	0,7	0,5
Ba (µg.ℓ⁻¹)	29	22,7	5,9	25	21,7	6,6	23	16,1	6,2	30	16,9	6,1	27	15,0	7,0	24	8,1	2,7	23	7,1	3,2	20	6,9	2,9	23	4,4	3,0
Al (µg.ℓ⁻¹)	29	44	37	25	20	14	23	26	18	29	23	16	27	21	14	24	112	29	23	119	40	20	90	36	22	10	8
Fe (µg.ℓ⁻¹)	29	109	76	25	123	79	23	111	68	30	83	38	27	85	49	24	178	58	23	136	59	20	98	47	23	26	31
Mn (µg.ℓ⁻¹)	29	5,9	5,1	25	3,0	2,3	23	4,4	3,2	30	2,8	2,5	27	3,5	2,7	24	9,0	2,4	23	7,9	2,9	20	3,2	1,2	23	1,4	0,7
Cu (µg.ℓ⁻¹)	29	2,4	0,6	25	1,6	0,9	23	2,1	0,9	29	2,2	1,1	27	1,7	0,6	24	1,8	0,5	23	1,6	0,6	20	1,5	0,8	23	3,3	2,1
Zn (µg.ℓ⁻¹)	29	3,2	1,5	25	2,2	1,1	23	3,4	1,7	30	2,9	1,6	27	3,0	1,6	24	4,1	1,8	23	4,0	1,6	20	4,0	3,3	23	4,6	3,5

n – Número de amostras
s – Desvio-padrão
N.D. – Não determinado
Fonte: Furch (1984).

Tab. 5.11 Valores de condutividade para diferentes ecossistemas aquáticos

Represa Carlos Botelho (Lobo/Broa)	10–20 µS.cm^{-1}
Águas naturais do rio Negro	9–10 µS.cm^{-1}
Represa de Barra Bonita (SP)	100 µS.cm^{-1} (1974)
Represa de Barra Bonita (SP)	370 µS.cm^{-1} (2002)
Lagos salinos da África (**lago Turkana**)	2.482 µS.cm^{-1}
Águas de chuvas em regiões não impactadas por atividades antrópicas	10–15 µS.cm^{-1}
Rio Solimões	57 µS.cm^{-1}
Lago Jacaretinga (Amazonas)	60 µS.cm^{-1}
Represa Salto de Avanhandava (rio Tietê, SP)	74 µS.cm^{-1}
Represa de Capivara (rio Paranapanema)	54 µS.cm^{-1}
Oceano Atlântico	43.000 µS.cm^{-1}

Tab. 5.12 Correlações estatísticas entre a condutividade da água e a concentração de diversos elementos e íons

COMPONENTE	CORRELAÇÃO COM A CONDUTIVIDADE
Ca	0,973
HCO$_3$	0,961
Cℓ	0,928
Na	0,909
Sr	0,898
Mg	0,868
K	0,862
SO$_4$	0,730

Fonte: Margalef (1993).

depende da taxa de evaporação da água, o que produz precipitação de íons em função da **solubilidade**. À medida que ocorre a evaporação e o **volume de água** diminui, há **precipitação diferencial** dos diferentes íons Na, Mg, Cℓ$^-$ e SO$_4$. Em águas onde Ca e Mg são elevados, MgCO$_3$ precipita como cristais de dolomita [CaMg(CO$_3$)$_2$]. Sais depositados em leitos secos dos rios podem ser transportados pelo vento, ocasionando **impactos na saúde humana** e na agricultura em regiões próximas (vide **Mar de Aral**, Cap. 18).

A relação **temperatura da água, evaporação e precipitação** é fundamental na precipitação de íons e na solubilidade em lagos de regiões áridas e semi-áridas.

SALINIDADE DAS ÁGUAS NATURAIS

A salinidade das águas naturais, em miligramas/litro (mg.ℓ$^{-1}$) ou miliequivalentes/litro (meq.ℓ$^{-1}$), é a soma dos sais dissolvidos na água.

A condutividade elétrica, ou condutância específica, é um indicador da salinidade resultante da concentração de sais, ácidos e bases nas águas naturais. É medida pelo conteúdo eletrolítico das águas, através do fluxo da corrente entre dois eletrodos de platina: quanto mais elevado, maior é a concentração.

As unidades que expressam a condutividade são: micro Siemens, µS.cm^{-1} (a 25°C); mili Siemens, mS.cm^{-1} (1 mS.m^{-1} = 1000 µS.cm^{-1}); ou micromho cm^{-1} (1 micromho cm^{-1} = 1 µS.cm^{-1}).

A condutividade das águas expressa um grande número de fenômenos complexos: depende da concentração iônica; há uma correlação entre a condutividade e os nutrientes de fitoplâncton e macrófitas; em certos lagos e represas, a condutividade depende também da alcalinidade das águas.

Os sólidos totais dissolvidos (STD) incluem todos os sais presentes na água e os componentes não iônicos; compostos orgânicos dissolvidos contribuem para os sólidos totais dissolvidos e podem ser medidos pelo conteúdo total de carbono dissolvido (COT), como já foi explicitado.

O conteúdo de STD é obtido filtrando-se uma amostra de água, evaporando-se o filtrado e medindo-se o **peso seco** dos íons principais e da sílica remanescente. O conteúdo total de STD é utilizado por geomorfólogos interessados em determinar os efeitos da **erosão química** em diferentes regiões.

Golterman (1988) verificaram que a salinidade das águas doces pode ser estimada em: S = ~ 0,75 C (onde C = µS.cm^{-1}) e S = mg.ℓ$^{-1}$; ou S = ~ 0,01 C (onde C = µS.cm^{-1} e S = meq.ℓ$^{-1}$).

Williams (1986) desenvolveu inter-relações entre salinidade e condutividade. Em um gradiente de condutividade de 5.500 – 100.000 µS.cm^{-1}, a salinidade em mg.ℓ$^{-1}$ = ~ 0,6-0,7 C.

5.4 Funções de Cátions e Ânions nos Sistemas Biológicos

As funções dos cátions e ânions nos sistemas biológicos são muitas e bastante diversificadas. Entre as funções mais importantes, incluem-se:

▶ a ativação dos sistemas de enzimas;
▶ a estabilização de proteínas em solução;
▶ o desenvolvimento de excitabilidade elétrica;
▶ a regulação da permeabilidade das membranas;
▶ a manutenção de um estado de equilíbrio dinâmico de isotonicidade entre as células e os fluidos extracelulares.

Sais em soluções elevadas absorvem muita água livre em solução e, portanto, tendem a precipitar proteínas. Um íon que ativa enzimas pode fazer parte integral de uma molécula de enzima, funcionar como ligação entre a enzima e o substrato, causar alterações no equilíbrio de uma reação enzimática ou inativar o sistema de enzimas (Lokwood, 1963).

Sódio – é o principal cátion de fluidos extracelulares em muitos animais. Altas concentrações podem inibir sistemas **enzimáticos**.

Potássio – é o cátion principal das células. Tem funções no estabelecimento do potencial de membranas, sendo também componente na ativação de certas enzimas.

Cálcio – diminui a permeabilidade de membranas de células e de íons. Alguns sistemas enzimáticos são também inibidos por altas concentrações de cálcio. Como íon divalente, é importante na estabilização de colóides.

Magnésio – é essencial por ser o núcleo da molécula de clorofila. É um íon que ativa muitas enzimas envolvidas na transferência de energia. Magnésio e cálcio em grandes quantidades podem contribuir para diminuir a permeabilidade de membranas; também diminuem o consumo de oxigênio pelas células.

pH – propriedades químicas das proteínas alteram-se com o pH. Alterações do pH podem ter funções importantes na atividade enzimática, na pressão osmótica de colóides e nas alterações da acidez ou basicidade de fluidos extracelulares.

Ânions – fosfatos e bicarbonatos têm efeitos tampão nas células e nos fluidos extracelulares. Altas concentrações de fosfato tendem a inibir atividades que dependem do cálcio. Bicarbonato tem relações com a retenção de potássio pelos músculos.

A **regulação osmótica** dos organismos de água doce, plantas, vertebrados e invertebrados é uma característica fisiológica fundamental, pois, à medida que varia a concentração de cátions e ânions das águas interiores, esses organismos regulam também sua concentração de cátions e ânions para possibilitar o funcionamento de enzimas. Essa regulação osmótica é realizada por meio da absorção ativa de água, da eliminação dessa água na urina e, depois, da absorção de cátions e ânions através de superfícies e brânquias. Portanto, organismos de águas interiores tendem a manter uma concentração interna de sais mais elevada que a do meio.

A concentração iônica dos ecossistemas aquáticos é, portanto, um fator fundamental na distribuição de organismos aquáticos e na **colonização de ambientes** com diferentes condutividades, que desencadeiam processos de regulação e de tolerância que variam para os diferentes grupos de animais e plantas aquáticos. Por exemplo, a alteração da **diversidade de espécies** de Calanoida do zooplâncton, em represas do Médio Tietê, pode estar relacionada aos sucessivos aumentos de condutividade elétrica da água e às suas alterações de concentração iônica (Matsumura Tundisi e Tundisi, 2003).

A colonização de **espécies invasoras** depende bastante da tolerância às concentrações iônicas, da disponibilidade de cátions e ânions e da soma deles na água.

Evidentemente, os ânions PO_4, NO_3, NO_2 e o cátion NH_4 têm importância fundamental como nutrientes para o **fitoplâncton fotossintetizante**, macrófitas aquáticas e bactérias fotossintetizantes.

5.5 Gases Dissolvidos na Água: Interações Ar-Água e Solubilidade de Gases na Água

A interface ar-água tem uma importância fundamental nos ecossistemas aquáticos, em razão das **trocas de energia** e gases que nela ocorrem. Dos gases dissolvidos na água, o oxigênio e o dióxido de carbono têm importância biológica e química. A Tab. 5.13

mostra a composição da atmosfera em termos de gases principais.

Tab. 5.13 Principais gases que compõem a atmosfera

Gás	%
Nitrogênio (N_2)	78,084
Oxigênio (O_2)	20,946
Argônio (Ar)	0,934
Dióxido de Carbono (CO_2)	0,033

A solubilidade dos gases na água depende das características físicas e químicas da massa de água, bem como da pressão, temperatura e salinidade. Segundo a lei de Henry, "a quantidade de gás absorvido por um determinado volume de líquido é proporcional à pressão em atmosferas exercida pelo gás". De acordo com essa lei (Cole, 1983):

$$C = K \times p$$

onde C é a concentração do gás; p é a pressão parcial que o gás exerce; e K é um fato de solubilidade que difere para cada gás.

A concentração dos gases dissolvidos na água pode ser expressa em mg/litro ou milimoles/litro. A maioria dos gases segue a lei de Henry. A solubilidade dos gases na água depende, pois, da altitude, da temperatura da água (a solubilidade do gás decresce com o aumento da temperatura) e da salinidade. Águas com concentrações salinas elevadas, como é o caso de lagos salinos de águas interiores, têm uma redução considerável na solubilidade do oxigênio dissolvido, por exemplo. Copeland (1967) observou que na **Laguna Tamaulipas** (México), a concentração de oxigênio dissolvido decresceu de 6,6 mg.ℓ^{-1} (para água do mar com temperatura de 25°C) para 3 mg.ℓ^{-1} (para água com salinidade de 220%).

5.5.1 Oxigênio dissolvido

A concentração de oxigênio dissolvido na água é um dos parâmetros mais importantes em Limnologia. O oxigênio é, evidentemente, um gás de grande importância biológica e na água participa de inúmeras reações químicas. Sua dissolução na água é muito rápida e depende das interações ar/água, ou seja, da temperatura da água e da pressão atmosférica.

Além de ter a sua concentração definida em termos mg.ℓ^{-1}, mℓ.ℓ^{-1} ou milimoles.ℓ^{-}, pode-se também definir a porcentagem de **saturação** do oxigênio dissolvido na água. Assim, 100% de saturação significa o máximo teórico de oxigênio dissolvido à temperatura e pressão consideradas. Essa porcentagem, considerando-se uma massa de água ao nível do mar, pode representar valores de saturação mais elevados do que a 1.000 metros de altitude, por exemplo. A Fig. 5.6 mostra um normograma no qual se pode determinar a porcentagem de **saturação de oxigênio** dissolvido na água em função da temperatura, da concentração medida em mg.ℓ^{-1} ou mℓ.ℓ^{-1} e da pressão atmosférica. Correções de altitude, pressão atmosférica e fatores de solubilidade para gases, de um modo geral, podem ser obtidos por meio de tabelas (Wetzel, 1975).

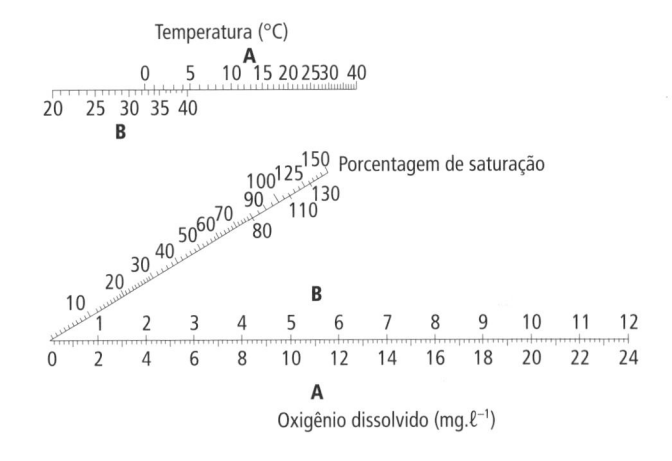

Fig. 5.6 Normograma para determinar a porcentagem de saturação de oxigênio dissolvido na água
Fonte: Hutchinson (1957).

Deve-se levar em conta que a solubilidade é sempre considerada como a relação entre a concentração de O_2 na solução e a concentração acima da solução (no ar), daí a saturação ser dada em termos relativos.

A Tab. 5.14 indica a solubilidade do oxigênio em água pura e em equilíbrio com o ar saturado a 1 atmosfera.

A dissolução de oxigênio através da interface ar-água geralmente ocorre em condições de intensa circulação vertical ou em um processo lento de

Tab. 5.14 Solubilidade do oxigênio em água pura e em equilíbrio com o ar saturado a 1 atmosfera

Temperatura (0°C)	Concentração mg.ℓ⁻¹
0	14,62
1	14,22
2	13,83
3	13,46
4	13,11
5	12,77
6	12,45
7	12,14
8	11,84
9	11,56
10	11,29
11	11,03
12	10,78
13	10,54
14	10,31
15	10,08
16	9,87
17	9,66
18	9,47
19	9,28
20	9,09
21	8,91
22	8,74
23	8,58
24	8,42
25	8,26
26	8,11
27	7,97
28	7,83
29	7,69
30	7,56
31	7,43
32	7,30
33	7,18
34	7,06
35	6,95
36	6,84
37	6,73
38	6,62
39	6,51
40	6,41

Para a conversão a ml.ℓ⁻¹, multiplica-se por 0,70
Fonte: Cole (1983).

difusão e transporte por convecção. Quando acontece por difusão molecular através de uma superfície não perturbada, a **dissolução do oxigênio** é muito lenta e pouco significativa (Hutchinson, 1957).

A concentração de oxigênio dissolvido na água depende dos coeficientes de troca do oxigênio entre a atmosfera e a superfície da água. O movimento do oxigênio e de fases, de um modo geral, através da interface ar-água, é dado pela equação de Bohr (Hutchinson, 1957):

$$\frac{da}{dt} = \alpha - (P - pt)$$

onde:
a – área de interface;
P – pressão parcial do gás na atmosfera;
pt – pressão na qual a concentração de gás na água em um determinado tempo estaria em equilíbrio;
α – coeficiente de entrada.

Um coeficiente B de saída é também considerado.

Outro mecanismo importante de dissolução é decorrente do resfriamento térmico que se dá com a evaporação e resulta num aumento de salinidade, com consequente circulação vertical por correntes de convecção. O processo resulta em trocas gasosas.

Principais fontes de oxigênio dissolvido na água

A fonte atmosférica de oxigênio dissolvido e a sua dissolução na água dependem, como foi descrito, das condições estabelecidas na massa líquida. Evidentemente os **processos de transporte** vertical de oxigênio por efeito da turbulência, como resultado da ação do vento, constituem uma parte muito importante dessa dissolução. O fluxo turbulento promove uma oxigenação das camadas superiores. Em alguns casos, uma supersaturação pode ocorrer como resultado da dissolução por turbulência. É o que acontece, por exemplo, em saídas de água em represas, geralmente nas comportas de regulação de volume. Casos de até 150% de saturação já foram descritos. Esse mecanismo para aumentar a concentração de oxigênio dissolvido tem sido geralmente muito explorado em reservatórios. Em rios turbulentos, há também um aumento da saturação de oxigênio dissolvido. Como resultado, os rios podem proporcionar um sistema muito efetivo de aeração e recomposição do oxigênio dissolvido na água, com consequente **autopurificação**.

A atividade fotossintética é uma fonte importante de oxigênio dissolvido na água. Evidentemente, essa produção de oxigênio é restrita à zona eufótica e acontece durante o dia. Portanto, a distribuição vertical de oxigênio dissolvido está muito relacionada à distribuição vertical do fitoplâncton na zona eufótica. Em lagos com altas concentrações de clorofila devido ao fitoplâncton no epilímnio em condições eutróficas, a **supersaturação de oxigênio dissolvido** pode ocorrer com valores de até 130 - 150% durante o dia. Tundisi (resultados não publicados) determinou valores de 120% de saturação de oxigênio na superfície, na represa de Barra Bonita, Estado de São Paulo, com concentrações de clorofila de aproximadamente 200 µg/litro.

Supersaturação pode ocorrer também em águas rasas, muito transparentes, com elevada biomassa de macrófitas emersas, fitobentos e perifíton. Tundisi *et al.* (1984) demonstraram que, em grande parte, as relativamente altas concentrações de oxigênio dissolvido, durante o dia, no lago Jacaretinga (Amazônia Central), foram resultado da fotossíntese de **macrófitas emersas** próximo à superfície e do **perifíton**.

A presença de elevada biomassa de produtores primários determina intensas variações nictemerais na concentração de oxigênio dissolvido, como será descrito adiante.

Perdas de oxigênio dissolvido

A respiração de plantas e animais aquáticos e a atividade bacteriana de decomposição são fontes importantes de perda de oxigênio dissolvido. No caso da **interface sedimento-água**, podem ocorrer perdas substanciais de oxigênio da água, em razão da atividade bacteriana e da **oxidação química**. Os efeitos dessa atividade no consumo de oxigênio podem ser medidos por meio de várias técnicas. Uma delas é colocar sedimento em frascos fechados com água e determinar periodicamente o oxigênio dissolvido na água sobrenadante.

A agitação que ocorre em lagos rasos pela ação do vento produz também uma diminuição considerável da concentração de oxigênio da água, por causa da ressuspensão de sedimentos e matéria orgânica. Essas perdas de oxigênio da água podem também estar relacionadas com a intensa mortalidade de organismos aquáticos. No processo de eutrofização, nos extensos florescimentos (florações) de cianobactérias, ocorre uma mortalidade em massa após o **período de senescência**, produzindo um elevado consumo de oxigênio. Tais processos episódicos de diminuição de oxigênio dissolvido também podem estar relacionados com períodos de intensa estratificação e circulação posterior, em que o hipolímnio anóxico sofre uma ação mecânica por efeito do vento e nos quais a camada de água epilimnética é colocada em contato com a água anóxica. Nessas ocasiões ocorre mortalidade em massa de peixes e outros organismos.

A concentração de oxigênio dissolvido na água pode sofrer drástica redução quando aumenta consideravelmente a concentração de material em suspensão na água, após intensas precipitações e drenagem para lagos, represas ou rios. Tundisi (1995, resultados não publicados) mediu uma drástica redução de oxigênio dissolvido na represa de Barra Bonita, Estado de São Paulo, com concentrações que variaram de 0,00 mg.ℓ^{-1} a um máximo de 5,00 mg.ℓ^{-1} na superfície e ambiente anóxico, em profundidades abaixo de 12 m (para uma profundidade máxima de 25 m), com altas concentrações de NH_4^+. Esse processo ocasionou mortalidade em massa de peixes. A causa da baixa concentração de O_2 dissolvido foi a alta concentração de material em suspensão drenado para a represa após grande precipitação.

Distribuição vertical de oxigênio dissolvido

A concentração de oxigênio nas várias profundidades dos lagos está relacionada com os processos de estratificação e desestratificação, a circulação vertical e a sua eficiência, e a distribuição vertical e atividade de organismos.

As águas superficiais geralmente apresentam valores de oxigênio próximos à saturação. Supersaturação na superfície ou subsuperfície pode ocorrer em casos de altas concentrações de fitoplâncton. Temperaturas mais elevadas no epilímnio causam perdas de oxigênio através da interface ar-água. Quando ocorre circulação completa em um lago pouco produtivo, o oxigênio dissolvido distribui-se aproximadamente de uma forma uniforme até o fundo. Esse tipo de distribuição vertical é chamado de **ortograda**. O ligeiro aumento que ocorre no oxigênio dissolvido com a profundidade é resultante de uma maior solubilidade decorrente de temperaturas mais baixas.

Em lagos produtivos, com essa estratificação de verão ocorre uma distribuição vertical característica, que é marcada por um hipolímnio anóxico e por concentrações de oxigênio próximas à saturação ou supersaturadas no epilímnio. Essa curva, **clinograda**, é típica de lago estratificado, eutrófico no verão. Nesse caso, o acúmulo de material em decomposição no hipolímnio é alto e o consumo de oxigênio nessa camada é elevado.

Em alguns lagos estratificados ocorre um aumento de oxigênio dissolvido, em razão do acúmulo de fitoplâncton na parte superior do metalímnio. Acúmulo de cianobactérias relacionado com o metalímnio foi descrito para vários lagos de regiões temperadas e tropicais. Por exemplo, densas camadas de *Oscillatoria agardhii* foram observadas em muitos lagos temperados, e a presença de *Lyngbya limnetica* foi descrita para a Lagoa Carioca (Parque Florestal do Rio Doce – MG) por Reynolds *et al.* (1983).

Esse tipo de curva é denominada **heterograda positiva**, com saturações de até 300%. Circulação e transporte horizontal resultantes da produção de oxigênio por fotossíntese de macrófitas, em regiões mais rasas dos lagos, podem causar também um aumento de oxigênio, produzindo essa **curva heterograda positiva**.

Por outro lado, consumo elevado de oxigênio, decorrente da concentração de organismos ou de material biológico em decomposição, pode ocorrer na porção inferior do metalímnio, resultando em uma **curva heterograda negativa**. Esse mínimo no metalímnio, associado, portanto, a gradientes de densidade e à alta respiração, pode ser comum em lagos monomíticos ou meromíticos.

Um outro tipo de distribuição vertical, relativamente mais raro, ocorre quando há um máximo no hipolímnio. Isso resulta de mecanismos de transporte e circulação horizontal causados pelo influxo de águas mais densas e frias. É muito comum, nesse caso, o efeito de rios que causam uma estratificação horizontal em temperatura e oxigênio dissolvido.

A Fig. 5.7 mostra os vários tipos de curvas e perfis verticais de oxigênio dissolvido em lagos.

Em lagos polimíticos geralmente ocorre uma distribuição homogênea de oxigênio dissolvido no perfil vertical. Em represas, os processos de circulação e a distribuição vertical de oxigênio dissolvido podem ser mais complexos. Por exemplo, em áreas inundadas de represas onde não ocorre desmatamento após o enchimento, há uma anoxia quase permanente, resultante da decomposição de material vegetal. O processo de reoxigenação na superfície fica difícil,

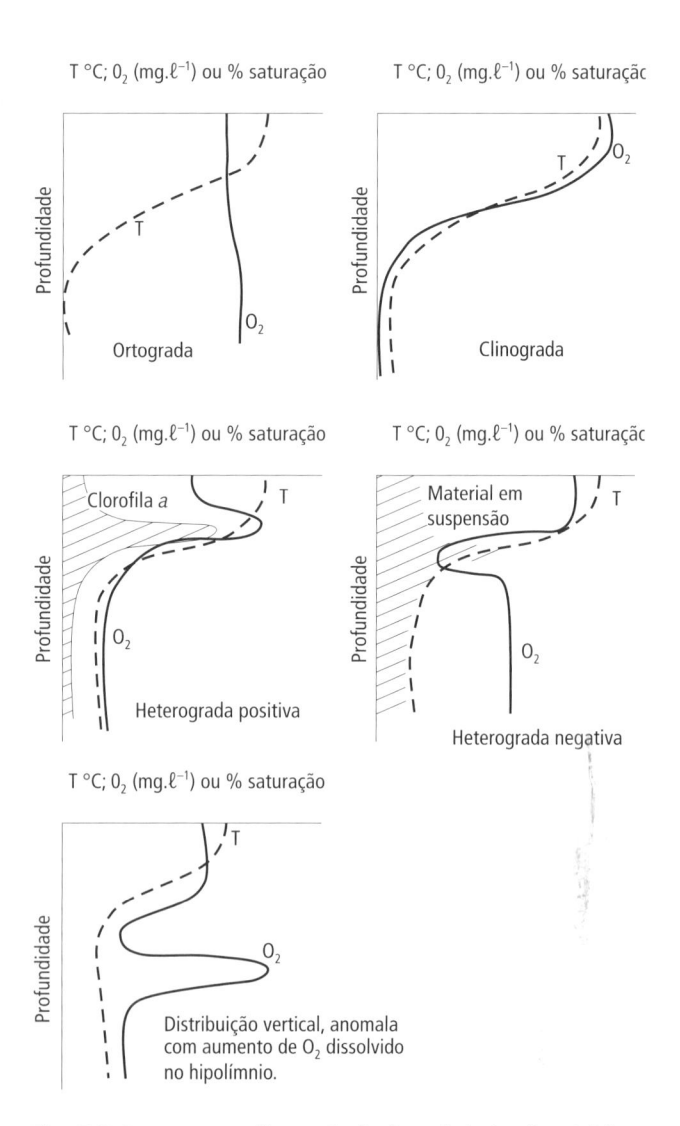

Fig. 5.7 Curvas e perfis verticais de oxigênio dissolvido em lagos
Fonte: modificado de Cole (1983).

uma vez que as circulações horizontal e vertical ficam impedidas pela presença de vegetação (ver Cap. 12).

Em lagos meromíticos, existe uma anoxia permanente no hipolímnio.

A distribuição vertical de oxigênio em lagos tem também muita importância em relação aos processos químicos de precipitação, redissolução e aos ciclos biogeoquímicos de elementos (ver Cap. 9).

Déficit de oxigênio dissolvido

O déficit de oxigênio em um lago é definido como a "diferença entre o valor da saturação de oxigênio dissolvido à temperatura da água, a pressão na superfície do lago e o valor observado" (Hutchinson, 1957). O déficit real de oxigênio é a diferença existente entre a quantidade de O_2 observada em determinada profundidade e aquela que deveria estar presente se a água estivesse saturada nas mesmas condições de pressão e temperatura (Cole, 1975).

Uma avaliação do déficit real de oxigênio (DRO) de um lago em determinada época do ano pode ser obtida por meio da fórmula:

$$DRO = \sum_{i=1}^{n} G_i \cdot V_i$$

onde:
G_i – média dos déficits reais de oxigênio ($mg.cm^{-3}$) encontrados nos limites superior e inferior de cada estrato do lago (o qual pode ser considerado como qualquer camada em cm);
V_i – volume (cm^3) de cada estrato do lago, que pode ser calculado por meio da fórmula:

$$V = \frac{h}{3}(S_1 + S_2 + \sqrt{S_1 \cdot S_2})$$

onde:
h – altura entre os planos superior e inferior de cada estrato;
S_1 e S_2 s – áreas (em cm^2) de cada camada entre dois estratos.

O **déficit relativo** de oxigênio dissolvido é a diferença entre duas determinações: uma durante o período de máxima estratificação e outra durante o período de máxima circulação. Com ele, é possível calcular a depleção de oxigênio ocorrida durante um determinado período, por unidade de área do hipolímnio. Indicações da produtividade biológica de lagos também podem ser obtidas por meio desse cálculo.

O déficit relativo de oxigênio é calculado para todo o hipolímnio e expresso por sua unidade de área (Déficit de Oxigênio Hipolimnético por Área – DOHA, $mgO_2.cm^{-2}.dia^{-1}$), utilizando-se a fórmula:

$$DOHA = \frac{M_1 - M_2}{\Delta t}$$

onde:
M_1 – conteúdo de oxigênio no período de circulação máxima num volume correspondente ao volume do hipolímnio em M_2;
M_2 – conteúdo de oxigênio observado no hipolímnio em determinada época do ano;
Δt – intervalo de tempo (dias) entre M_1 e M_2.

$$M_1 \text{ e } M_2 = (i = G_i \cdot V_i)/H$$

onde:
G_i – média da concentração de oxigênio medida nos limites superior e inferior de cada estrato do hipolímnio ($mg.cm^{-3}$);
V_i – volume (cm^3) de cada extrato do hipolímnio;
H – plano fronteiriço (cm^2) entre o metalímnio e o hipolímnio, determinado por meio do perfil térmico do lago e que corresponde ao ponto de inflexão da curva.

Em longas séries de dados sequenciais, é importante determinar o déficit de oxigênio no hipolímnio, como uma indicação da progressão da eutrofização. Eberly (1975) descreveu uma metodologia para a determinação do estado de eutrofização de um lago dimítico de **região temperada**, a partir do déficit de oxigênio dissolvido no hipolímnio. Essa metodologia utiliza o volume dos vários estratos do hipolímnio e os valores de saturação à temperatura hipolimnética. A Tab. 5.15 mostra esses valores para o **lago Mendota** (Wisconsin, Estados Unidos), durante um período de 50 anos.

Nesse caso, o processo de eutrofização que resultou no aumento do déficit por área foi causado por material alóctone, principalmente esgoto doméstico.

Tab. 5.15 Déficit de oxigênio dissolvido e temperaturas do hipolímnio para o lago Mendota (Estados Unidos)

Data	Temperatura do hipolímnio (°C)	Déficit de oxigênio (%)	Déficit por área (g/m²)
18/8/1912	8,3	74,9	54,78
13/7/1927	9,4	82,8	56,55
16/7/1931	8,3	96,3	70,01
21/7/1953	8,3	99,1	72,87
12/9/1962	7,3	99,9	75,97

Hutchinson (1957) sugere que um déficit de oxigênio de 0,05 mg.dia^{-1} já indica eutrofia.

Henry et al. (1989) determinaram o déficit de oxigênio no lago D. Helvécio (Parque Florestal do Rio Doce – MG). Esses dados foram calculados a partir dos perfis verticais, da temperatura da água e da concentração de oxigênio dissolvido. Os resultados estão descritos na Fig. 5.8. Em julho (inverno, período sem estratificação), o déficit real na coluna de água foi de 2,0 mg.ℓ^{-1}. Esse déficit eleva-se gradativamente, atingindo 8,0 mg.ℓ^{-1} de oxigênio durante o período de estratificação térmica, no hipolímnio. Os déficits relativos de oxigênio dissolvido na coluna de água não ultrapassam 6,5 mg.ℓ^{-1}. Os déficits reais de oxigênio totais, expressos por unidade de área da superfície do lago, variam de 119,07 toneladas de O_2 e 1,73 mg O_2.cm^{-2} (setembro, período de estratificação) a 163,28 toneladas de O_2 e 2,37 mg O_2.cm^{-2} (maio, período de circulação limitada). O déficit hipolimnético de oxigênio, expresso por unidade de área, varia de 0,56 a 1,30 mg O_2.cm^{-2}.

O déficit de oxigênio desse lago foi atribuído por Henry et al. (1989) a vários fatores, tais como a decomposição de matéria orgânica na coluna de água e o consumo de oxigênio no sedimento produzido pelo acúmulo de matéria orgânica não degradada na coluna de água, consumo este que pode variar nas diferentes regiões de lagos (Lasemby, 1975).

5.6 O Sistema CO_2

O dióxido de carbono é outro gás de grande importância biológica. Dissolve-se na água para formar dióxido de carbono solúvel. Este reage com a água para produzir ácido carbônico não dissociado. A equação que descreve as principais fases do sistema CO_2 na água é a seguinte:

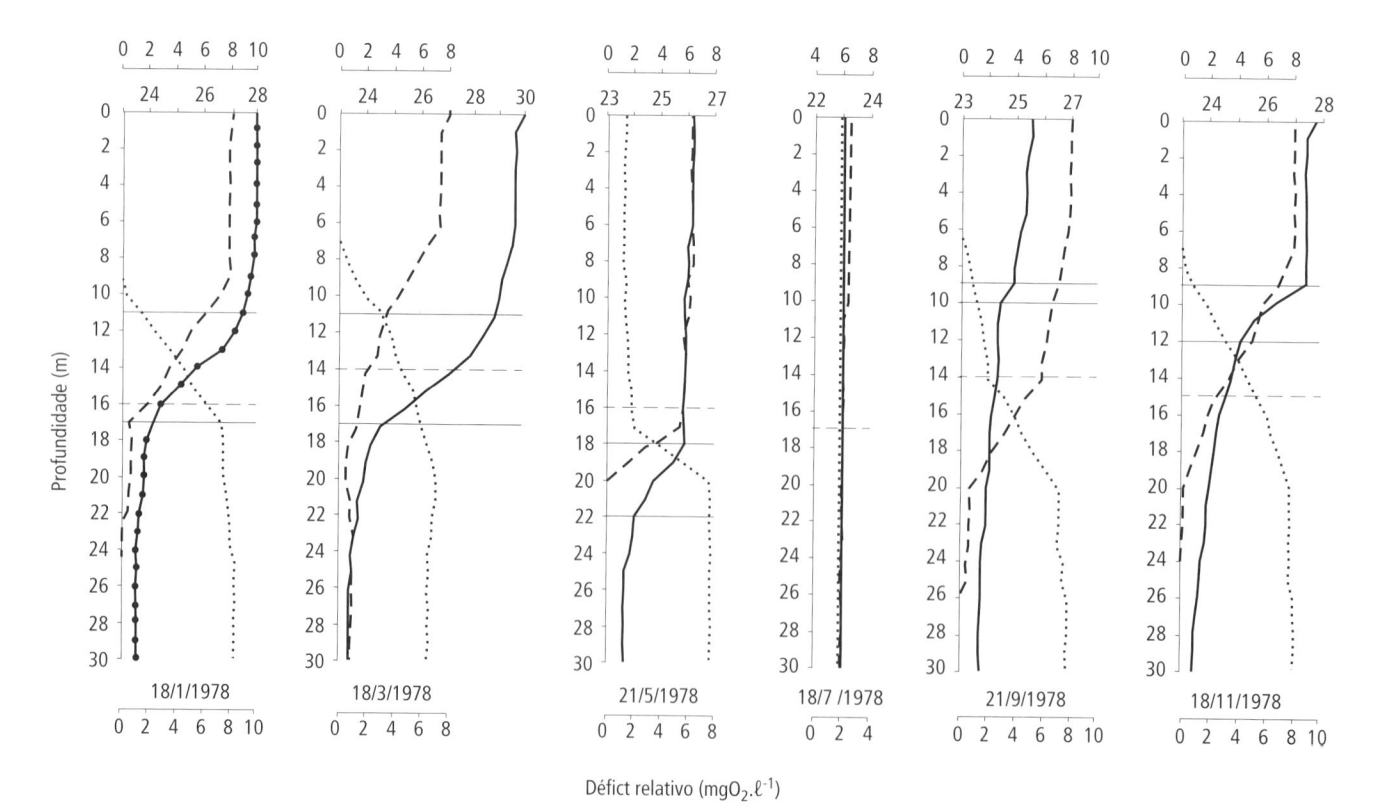

Fig. 5.8 Resultados do déficit de oxigênio para o lago D. Helvécio (Parque Florestal do Rio Doce – MG)
Fonte: Henry et al. (1989).

As várias formas de carbono que ocorrem na água em diferentes gradientes de pH são mostradas na Fig. 5.9. As concentrações em cada fase dependem da temperatura e da concentração iônica da água. A

$$CO_{2\,gás} \underset{rápida}{\overset{rápida}{\rightleftharpoons}} \underset{H_2CO_3}{\overset{dissolvido}{CO_2 + H_2O}} \underset{lenta}{\overset{lenta}{\rightleftharpoons}} HCO_3^- + H^+ \rightleftharpoons CO_3^{--} + H^+$$

concentração de CO_2 livre necessária para manter HCO_3^- em solução é denominada CO_2 de equilíbrio.

As **plantas aquáticas** podem utilizar CO_2, HCO_3^- ou, mais raramente, CO_3, como fonte de carbono. Algumas macrófitas aquáticas utilizam HCO_3^-, depois de convertê-lo a CO_2 pela ação da enzima amilase carbônica. A maioria dos lagos apresenta concentrações de HCO_3^- adequadas para a fotossíntese, em um intervalo de pH que varia de aproximadamente 6,0 a 8,5. O CO_2 é a forma dominante em pH baixo e o CO_3 é a forma dominante em pH acima de 8,0.

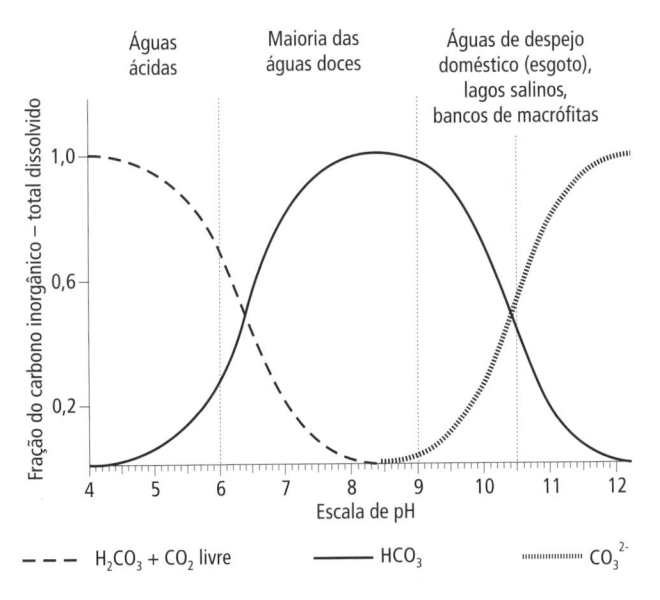

Fig. 5.9 Inter-relações de pH, CO_2 livre dissolvido, íon hidrocarbonato (HCO_3^-) e íon carbonato (CO_3^-)

5.6.1 O pH e a concentração de CO_2

O pH é definido como o logaritmo negativo da concentração hidrogeniônica. Em uma escala que indica acidez ou alcalinidade, pH entre 0 e 7 indica acidez e entre 7 e 14 indica alcalinidade. A maioria dos lagos apresenta valores de pH entre 6,0 e 9,0; lagos com alta concentração de ácidos apresentam pH entre 1,0 e 2,0; lagos muito eutróficos e com alta concentração de carbono podem apresentar valores de pH acima de 10 (*soda lakes*).

Durante o processo fotossintético, o CO_2 e HCO_3^- são removidos pelos produtos primários. Como resultado, o pH da água aumenta, uma vez que a capacidade de fixação do carbono é maior que a dissolução do CO_2 atmosférico na interface ar-água. Portanto, ao reduzir o carbono disponível na água, o processo fotossintético produz um aumento do pH e, consequentemente, o deslocamento da reação para o sistema carbonato. Como ficou demonstrado na equação, a transferência de H_2CO_3 e HCO_3^- para CO_2 é muito rápida, mas a contínua redução da concentração de CO_2 livre na água pode torná-lo limitante à fotossíntese. Em condições normais, o pH da água é regulado pelo sistema CO_2, HCO_3^-, CO_3. A fórmula:

$$pk_1 = pH - \log \frac{[HCO_3^-]}{[CO_2\,total]}$$

entre 15°C e 20°C indica que:

$$[HCO_3^-] = 4[CO_2\,total]$$

O sistema CO_2 é a principal fonte de **carbono inorgânico dissolvido** para as plantas aquáticas, e as três formas estão em equilíbrio entre si e com a atmosfera. O CO_2 é mais abundante na água que no ar e é cerca de 200 vezes mais solúvel que o oxigênio. O processo fotossintético é uma fonte importante na redução de CO_2 livre e no deslocamento do equilíbrio. A respiração de plantas e animais aquáticos é uma fonte importante de CO_2 na água. As variações nictemerais em CO_2 e O_2 da água, produzidas pelos ciclos de fotossíntese e pela respiração, serão discutidas mais adiante.

Os termos alcalinidade, alcalinidade de carbonato e reserva alcalina são utilizados para designar a quantidade total de base que pode ser determinada com um ácido forte por titulação. Geralmente essa alcalinidade pode ser dada em mg.ℓ^{-1} ou meq.ℓ^{-1}.

A alcalinidade pode ser expressa em:
▶ alcalinidade em mg.ℓ^{-1} de HCO_3^-;
▶ alcalinidade em mg.ℓ^{-1} de CO_3^{--};
▶ alcalinidade em mg.ℓ^{-1} de HCO_3^- e CO_3^{--}.

Segundo Hutchinson (1957), a alcalinidade de bicarbonatos é a mais apropriada para utilização, uma vez que muitas águas naturais encontram-se com valores de pH no qual a forma predominante é HCO_3^-.

Com a titulação de uma amostra de água por um ácido forte e a determinação da alcalinidade, pode-se estimar a quantidade de CO_2 total presente (CO_2 + HCO_3^- + O_3^{--}). Uma curva completa de titulação e a determinação potenciométrica do pH permitem o cálculo do CO_2 total. A medida do CO_2 pode também ser feita por meio de cromatografia de gás, ou por analisadores de infravermelho.

A determinação do **carbono inorgânico** total presente em uma massa de água é importante também devido à relação do CO_2 com os processos de fotossíntese e respiração no epilímnio e no hipolímnio. No caso de águas pouco tamponadas, a liberação de CO_2 no hipolímnio produz uma redução considerável do pH. De um modo geral, o pH da água está inter-relacionado com suas propriedades químicas, com a **geoquímica da bacia hidrográfica**, além de sofrer influência de **processos biológicos**, tais como a fotossíntese, a respiração e a decomposição dos organismos. Hutchinson (1957) dá exemplos de **distribuição ácida heterograda** em lagos com águas pouco tamponadas, em que há acúmulo de bicarbonato ferroso e manganoso no hipolímnio e um aumento da alcalinidade do bicarbonato. Além disso, **distribuição vertical alcalina heterograda** pode ocorrer com um aumento do pH no metalímnio, resultante de um aumento da fotossíntese e da renovação do CO_2 nessa camada.

A alcalinidade total corresponde ao excesso de cátions sobre os ânions **fortes**.

$$Alcalinidade\ total = HCO_3^- + CO_3^{--} + B(OH)_4^- + OH^- + H^+$$

A alcalinidade provocada por boratos, que é importante na água do mar, pode ser insignificante em águas doces. A inter-relação entre o carbonato total inorgânico e a alcalinidade depende do pH da água. A alcalinidade – e, consequentemente, o carbono inorgânico total – pode ser determinada a partir da titulação e do deslocamento dos ácidos fracos (por exemplo: HCO_3^-; $H_2BO_3^-$; $H_3SiO_4^-$) com ácido forte (sulfúrico ou clorídrico) até um pH em que, seguramente, todo o carbono inorgânico presente foi deslocado (geralmente na faixa de pH 2 a 3). A concentração de carbono inorgânico pode ser determinada, portanto, a partir da alcalinidade. A Tab. 5.16 mostra um fator utilizado para multiplicar pela alcalinidade (em meq.ℓ^{-1}) e obter a concentração de C inorgânico (Margalef, 1983).

Tab. 5.16 Fator pelo qual se multiplica a alcalinidade (em meq.ℓ^{-1}) para obter a concentração total de carbono inorgânico (em mg.ℓ^{-1}). Temperatura 15°C. Para temperaturas mais baixas, aumentar 1% por grau; para temperaturas mais altas, diminuir na mesma proporção

pH	Fator
6,0	44,16
6,5	22,08
7,0	17,16
7,2	14,04
7,5	12,96
7,8	12,60
8,0	12,36
8,2	12,12
8,5	12,00
9,0	11,64

Fonte: Margalef (1983).

O termo **dureza** ou **grau de dureza** expressa a quantidade de carbonatos, bicarbonatos ou sulfatos e cloro, presentes na água. A medida da dureza pode ser feita utilizando-se escalas. Por exemplo, na escala francesa, o grau de dureza é dado em uma parte de $CaCO_3$ por 100 mil partes de água. As relações (em %) entre as principais espécies químicas de cálcio e o carbono inorgânico são mostradas na Tab. 5.17.

5.6.2 Distribuição vertical do CO_2

Em lagos com um gradiente vertical de temperatura e uma curva clinograda de oxigênio dissolvido, há um acúmulo de CO_2 no hipolímnio que pode se originar por atividade metabólica. Em parte, há um aumento de bicarbonato resultante da presença de $(NH_4)CO_3$. Transporte de bicarbonato por solução, a partir do sedimento do fundo, ocorre mais facilmente em **sedimentos anaeróbicos** do que em sedimentos aeróbicos.

Tab. 5.17 Relações (em %) entre as principais espécies de cálcio e o carbono inorgânico na água do mar e em água doce

	Água do mar	Água doce
HCO_3^- livre	63 – 81	99,23
$NaHCO_3^0$	8 – 20	0,04
$MgHCO_3^+$	6 – 19	0,21
$CaCO_3^+$	1 – 4	0,52
CaO_3^{--}	8 – 10	31,03
$NaCO_3^-$	3 – 19	0,03
$MgCO_3^0$	44 – 67	6,50
$CaCO_3$	21 – 38	62,44
Ca^{++} livre	85 – 92	96,89
$CaSO_4^0$	8 – 13	1,45
$CaHCO_3^+$	0,1 – 1	1,32
$CaCO_3$	0,1 – 0,9	0,33

Fontes: Atkinson *et al.* (1973); Hanor (1969); Pytkowicz e Hawley (1974); Garrels e Thompson (1962); Millero (1975a, b); Dyrssen e Wedborg (1974); Kester e Pytkowicz (1969).

A distribuição vertical do CO_2 em geral acompanha a distribuição de oxigênio dissolvido e o déficit de oxigênio. Ohle (1952) concluiu que o acúmulo de CO_2 no hipolímnio dá uma medida mais acurada do metabolismo do lago do que o déficit de oxigênio.

A precipitação de $CaCO_3$, que ocorre em alguns lagos com alta taxa de fotossíntese e concentrações elevadas de cálcio, produz um aumento de CO_3^{--} precipitado no fundo dos lagos, aumentando a indisponibilidade de carbono para a fotossíntese. A entrada de íons cálcio e bicarbonato no lago (há excesso de bicarbonato por causa da alta taxa de fotossíntese) produz a seguinte reação:

$$Ca + 2HCO_3 \rightleftarrows \underset{\text{solúvel}}{Ca(HCO_3)_2} \longrightarrow \underset{\text{insolúvel}}{Ca(O_3 + H_2O)} + CO_2$$

A atividade fotossintética elevada produz sempre aumento do CO_3^{--} insolúvel, que se precipita no fundo ou permanece em suspensão.

Quando a curva do oxigênio dissolvido é ortograda, a curva de CO_2 também é. Quando ocorre uma distribuição vertical de oxigênio dissolvido com curva clinograda, ocorre também uma curva clinograda inversa de CO_2. Quando ocorre uma curva heterograda de oxigênio dissolvido, há também uma distribuição vertical heterograda inversa de CO_2.

5.6.3 Quociente respiratório de lagos

O **quociente respiratório** global dos lagos pode ser estimado levando-se em conta o balanço entre o oxigênio dissolvido produzido pela fotossíntese, o consumo de oxigênio pela respiração total e o aumento de CO_2 produzido pela respiração. Esse quociente $CO_2:O_2$ é, de acordo com Hutchinson (1957), de 0,85.

O cálculo dessas relações no metabolismo dos lagos é de fundamental importância para os estudos de balanço de gases, as inter-relações entre a fotossíntese e a respiração, e as interações na interface ar-água.

A distribuição típica de oxigênio dissolvido e a temperatura da água em um lago estratificado (lago monomítico quente), no verão, são dadas na Fig. 5.10.

5.7 Variações Diurnas e Estacionais de O_2 e CO_2

Padrões de variações diurnas de gases dissolvidos O_2 e CO_2 e suas inter-relações com os processos de estratificação térmica, resfriamento térmico noturno e circulação vertical foram descritos para vários lagos, destacando-se principalmente os estudos em lagos tropicais desenvolvidos por Talling (1957, 1969), Barbosa (1981), Ganf (1974), Ganf e Horne (1975), Hare e Carter (1984), Melack e Fisher (1983).

As variações que ocorrem no epilímnio de lagos durante os períodos diurno e noturno estão relacionadas com uma distribuição de CO_2 por atividade fotossintética, aumento do pH e, em alguns casos de alta concentração de clorofila, um aumento de O_2 dissolvido que pode atingir altos valores de saturação. A quantificação dos processos de variações diurnas relacionadas com os gases dissolvidos e as modificações na estrutura térmica permitem, em alguns casos, situar essas variações como mais importantes do que as que ocorrem no ciclo estacional.

Em muitos lagos rasos dos trópicos, aumentos de pH e supersaturação de O_2, acompanhados de depleção de O_2 e valores baixos de pH durante o período noturno, dependem da distribuição vertical do fitoplâncton, perifíton e macrófitas aquáticas. Variações amplas também ocorrem em regiões com alta concentração de energia radiante.

O trabalho desenvolvido por Ganf e Horne (1975) no lago George (Uganda), um lago raso, equatorial,

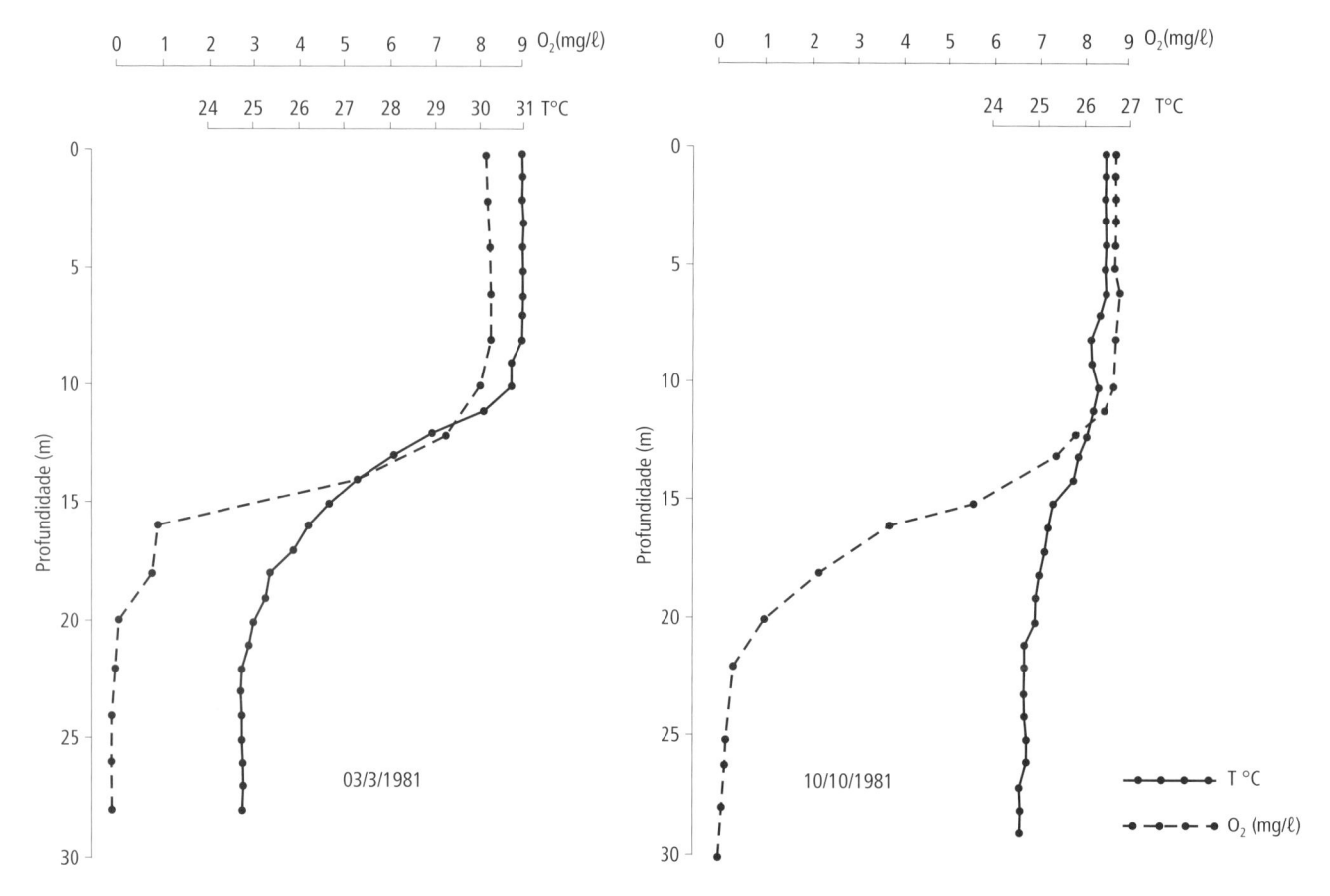

Fig. 5.10 Perfil vertical de oxigênio dissolvido em períodos de estratificação térmica no lago D. Helvécio (Parque Florestal do Rio Doce – MG)

com altas concentrações de **cianofíceas**, ilustra bem essas variações. À estratificação térmica, que apresentou valores de 10°C de diferença entre a temperatura da superfície e a do fundo do lago (profundidade máxima de 2,50 m), acoplou-se uma estratificação da clorofila que, no período da tarde (16h), encontra-se com 100 mg m³ na superfície e 400 mg m³ no fundo. Durante o período noturno, a distribuição vertical de clorofila permaneceu homogênea. Nos períodos de intensa estratificação térmica (35°C) ocorreu redução da fotossíntese na superfície, bem como aumento da respiração.

Essa **inibição da atividade fotossintética** em altas intensidades luminosas e temperaturas é um fenômeno bastante comum em lagos tropicais com circulação diurna reduzida.

As concentrações de O_2 dissolvido e de pH também apresentaram intensas flutuações no lago George. Assim, durante o período diurno, valores de até 250% de saturação foram encontrados, com um pH de até 9,7, resultante de intensa fotossíntese. Essa alteração do pH foi acompanhada por redução do CO_2 de 70 para 49,5 mg.ℓ^{-1}.

Alterações na distribuição vertical da fotossíntese e no ponto da ótima fotossíntese no perfil vertical também foram observadas por esses autores nesse estudo. Também variações diurnas na atividade fotossintética e na distribuição vertical de fotossíntese ótima (e no *Popt*) foram determinadas por Tundisi (1977) na represa do Lobo. Essas variações implicam alterações na distribuição vertical do CO_2 e O_2.

Em um estudo de variação diurna da temperatura da água, gases dissolvidos, clorofila e fotossíntese na lagoa Carioca (Parque Florestal do Rio Doce – MG), Barbosa (1981) demonstrou que nos meses de maior estabilidade térmica (verão), a clorofila encontrava-se acentuadamente estratificada, com grande concentração no hipolímnio, acompanhando a estratificação térmica. Pequenas oscilações de oxigênio dissolvido no epilímnio foram resultantes das atividades fotossintética e respiratória. Variações nictemerais em ciclos de 24 horas de oxigênio e CO_2 foram descritas também por Tundisi *et al.* (1984) para o lago Jacaretinga (Amazonas) e por Tundisi *et al.* (resultados não publicados) para o lago D. Helvécio (Parque Florestal do Rio Doce – MG).

Os ciclos diurnos de O_2 e CO_2 permitem que se calcule, a partir das variações desses gases dissolvidos, a produção fotossintética e a respiração da comunidade. Medidas horárias desses gases dissolvidos acopladas às medidas térmicas possibilitam cálculos que dão informações aproximadas e extremamente úteis relacionadas com os ciclos de O_2/CO_2, respiração/fotossíntese e metabolismo dos lagos (Fig. 5.11).

O balanço diurno entre produção de O_2 dissolvido, consumo e produção de CO_2, ou seja, fotossíntese e respiração, é também importante para a manutenção da estabilidade ecológica de lagos rasos (Ganf e Viner, 1973). Conforme salientam Ganf e Horne, no caso do lago George, as variações estacionais que ocorrem em lagos temperados parecem ter sido comprimidas em um ciclo de 24 horas.

As variações estacionais que ocorrem na concentração de oxigênio dissolvido e CO_2 dependem da concentração de biomassa, dos ciclos de estratificação e desestratificação térmica, dos influxos estacionais de água de precipitação e de processos de advecção. Em lagos monomíticos quentes, há o desenvolvimento de um hipolímnio durante o período de estratificação e uma distribuição de oxigênio mais uniforme durante o período de circulação. Acúmulo de CO_2 no hipolímnio ocorre durante períodos de intensa estratificação. Outros gases, como o **metano**, podem também ocorrer em elevadas concentrações. Lagos meromíticos apresentam um hipolímnio anóxico, bem como altas concentrações de metano e H_2S.

Lagos polimíticos apresentam altas taxas de oxigênio dissolvido durante a maior parte do ciclo estacional, com períodos curtos de anoxia ou concentração mais baixa.

As variações estacionais de O_2 e CO_2 estão, portanto, relacionadas com o ciclo estacional de estratificação, desestratificação e circulação, com a atividade e distribuição vertical dos organismos durante vários períodos e com as interações do lago com fatores climatológicos, tais como precipitação e efeitos dos ventos.

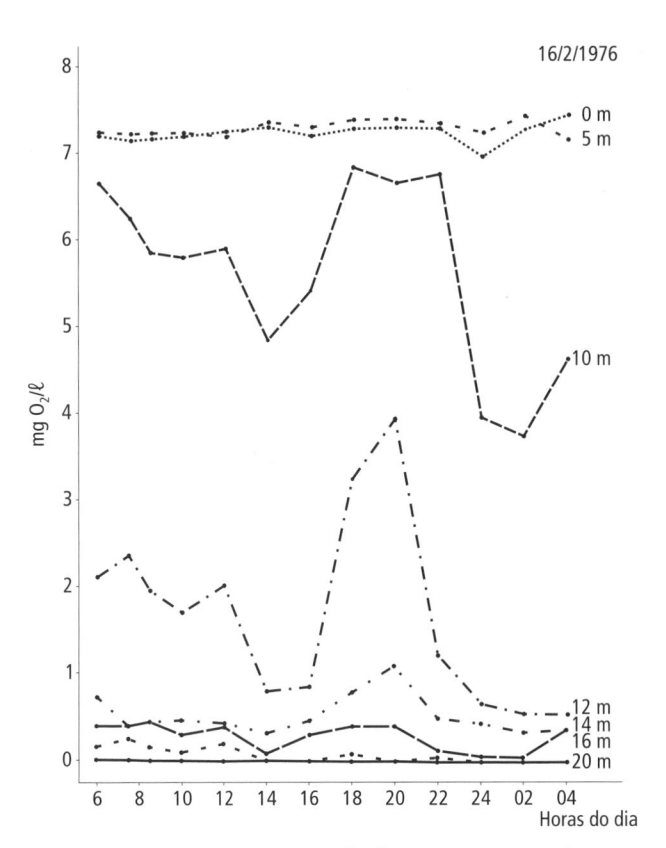

Fig. 5.11 Variações nictemerais da concentração de oxigênio dissolvido em várias profundidades, no lago D. Helvécio (Parque Florestal do Rio Doce – MG), no verão

Em um estudo sobre 80 ciclos diurnos de oxigênio dissolvido, em um **lago de várzea amazônico** (lago Calado), Melack e Fisher (1983) concluíram que as variações diurnas de oxigênio dissolvido nesse lago mostraram a predominância da respiração dos organismos sobre a fotossíntese fitoplanctônica. As **respirações aeróbica e anaeróbica** são importantes, produzindo quantidades apreciáveis de substâncias reduzidas. Depois da mistura vertical, essas substâncias reduzidas diminuem a concentração de oxigênio no epilímnio. A implicação principal desse ciclo é a de que os organismos planctônicos do lago Calado consomem mais oxigênio do que o produzem por fotossíntese.

Os lagos de várzea no Amazonas produzem altas quantidades de matéria orgânica; portanto, a predominância da respiração sobre a produção de oxigênio por atividade fotossintética explica por que as águas desses lagos geralmente são subsaturadas com oxigênio dissolvido e supersaturadas com dióxido de carbono. Provavelmente, segundo Melack e Fisher

(1983), o plâncton nesses lagos utiliza-se de matéria orgânica **alóctone** como fonte de energia. Influxo de oxigênio da atmosfera é a principal fonte de oxigênio dissolvido na água no lago Calado.

Trabalhos científicos mostraram evidência para subsaturação de oxigênio dissolvido e hipolímnio anóxico nos lagos de **várzea do Amazonas** (Schmidt, 1973; Santos, 1973; Marlier, 1967) e nos rios Negro (Raí e Hill, 1981; Reiss, 1977), **Purus** (Marlier, 1967), Tapajós (Braun, 1952) e Trombetas (Braun, 1952). Gessner (1961) demonstrou também subsaturação no rio Negro. Em áreas com alta concentração de matéria orgânica, nas florestas aquáticas flutuantes, a subsaturação de oxigênio é comum (Junk, 1973).

5.8 Outros Gases Dissolvidos na Água

Apesar de sua alta concentração na atmosfera, na água o N_2 é praticamente inerte do ponto de vista químico, e o seu ciclo gasoso é muito menos importante que o do O_2 e do CO_2. Na água, o nitrogênio está presente em altas quantidades como gás, mas, sendo praticamente inerte, só é utilizado por organismos que podem fixar nitrogênio, tais como algumas cianofíceas e bactérias. Em alguns lagos ou reservatórios, essa **fixação biológica** do nitrogênio é muito importante como fonte de nutrientes (no caso, nitrogênio).

O metano (CH_4) é um gás muito comum no hipolímnio de lagos permanentemente estratificados ou com circulação reduzida (ver Cap. 10).

As concentrações de oxigênio dissolvido em represas que contêm florestas submersas são muito baixas (ver Cap. 12).

Princípios para a determinação de oxigênio dissolvido e CO_2 na água

A medida de O_2 e CO_2 na água, além de ter uma considerável importância ecológica e química, é também importante do ponto de vista experimental, uma vez que os dois gases têm inter-relações com o processo fotossintético. Assim, essa medida pode ser utilizada para a determinação da fotossíntese, da produção primária e da respiração de plantas aquáticas e de organismos aquáticos em geral.

O oxigênio dissolvido na água é geralmente determinado pelo tradicional método de Winkler (o qual tem inúmeras modificações técnicas). Essa determinação é feita com a adição de sulfato manganoso e iodeto de potássio à água em meio alcalino. O oxigênio da água oxida o Mn^{++}, que passa a Mn^{+++}, formando um complexo. A quantidade de Mn^{+++} é proporcional à concentração de O_2 presente. O oxido manganico complexado e que se sedimenta no fundo do frasco âmbar de 250-300 ml, é dissolvido pela ação do H_2SO_4. O iodo liberado a partir dessa adição é equivalente à concentração de O_2 dissolvido e a titulação é feita com tiossulfato de sódio, NaS_2O_3, utilizando-se amido indicador.

O CO_2 total e o carbono inorgânico podem ser calculados a partir da determinação da alcalinidade da água, que consiste em adicionar ácido forte (geralmente H_2SO_4 ou $HC\ell$) à amostra de água e efetuar a titulação até pH 2-3.

Copépodes calanóides da UHE Carlos Botelho (Lobo/Broa)
Foto: Thais H. Prado

6 Os organismos e as comunidades de ecossistemas aquáticos continentais e estuários

Resumo

Neste capítulo, são apresentados os principais grupos de organismos – plantas e animais – que são componentes dos ecossistemas aquáticos continentais. Discutem-se os mecanismos de dispersão: isolamento, distribuição geográfica e fatores que limitam e controlam a **diversidade da biota aquática**. São apresentadas informações sobre a diversidade global de gêneros e espécies dos diferentes grupos.

Abordam-se também os diferentes problemas relacionados com a **distribuição espacial das comunidades aquáticas**, as características principais dessas comunidades, sua importância relativa e sua composição.

Dá-se ênfase à descrição e à composição das **comunidades da região neotropical**. Apresentam-se também métodos de coleta dessas comunidades, a valoração da biodiversidade aquática e as diferentes abordagens no seu estudo ou em função de suas complexidades espaciais e temporais.

No apêndice e em várias tabelas deste capítulo, são colocadas as listas de espécies de várias regiões do Brasil, como exemplo e referência da **biota aquática neotropical**.

6.1 A Colonização de Ambientes Aquáticos

O conjunto de organismos que vivem em diferentes sistemas aquáticos continentais – lagos, rios, represas, tanques artificiais, pequenas poças naturais de água, áreas alagadas e estuários – é um complexo de grande importância botânica, zoológica, ecológica e econômica. Um grande número de grupos vegetais e animais está representado nesses diferentes ecossistemas. A Fig. 6.1 apresenta os grupos encontrados nos sistemas aquáticos continentais.

Atualmente é em geral aceito que nos períodos primordiais da evolução, **células eucariotas** muito simples capturaram e ingeriram **células procariotas**,

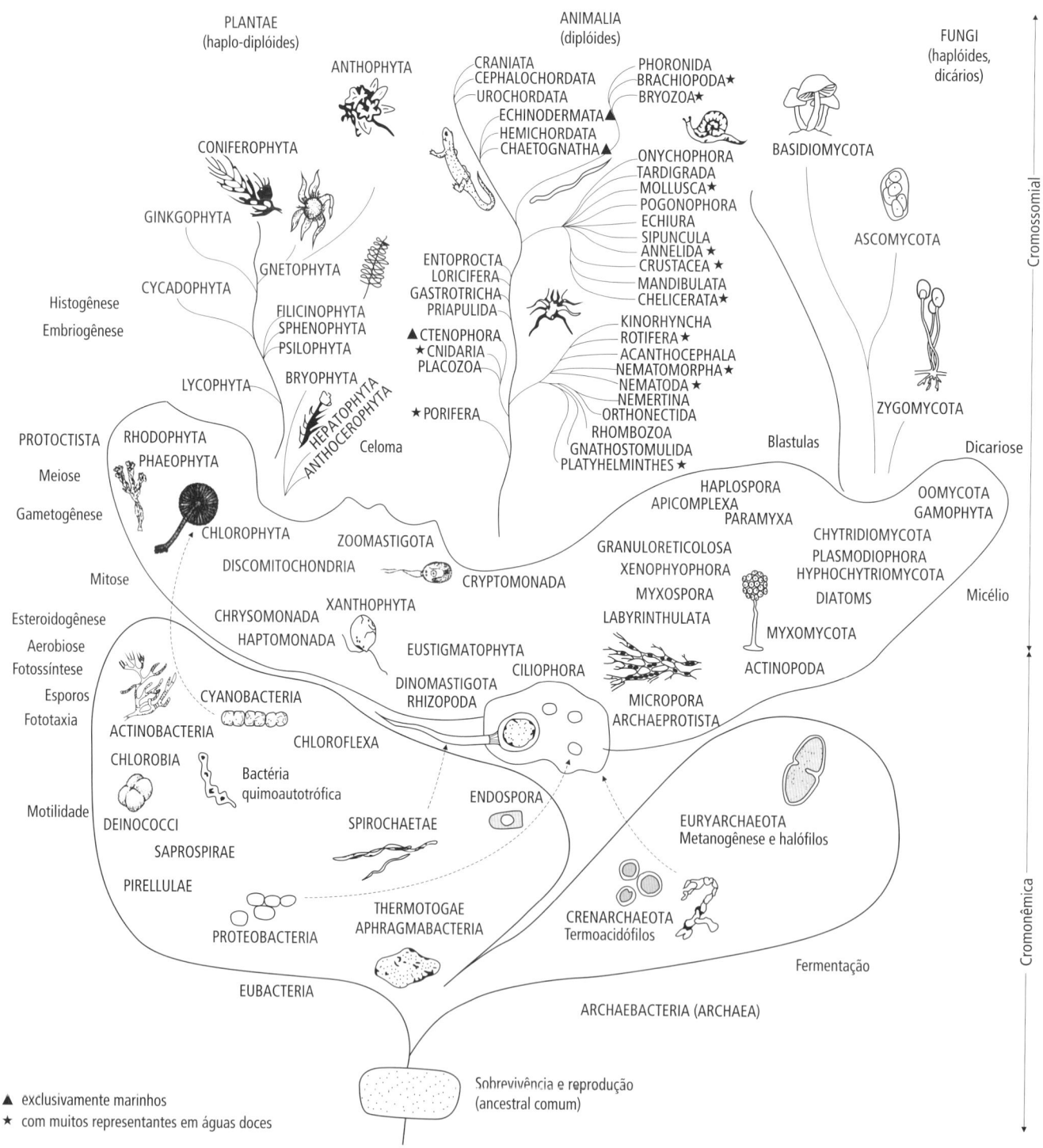

Fig. 6.1 Principais filos do Planeta Terra mostrando alguns Animalia comuns em águas doces
Fonte: modificado de Margulis e Scwartz (1998).

de tal forma que estas se tornaram organelas. Procariotas são organismos que não têm núcleo nem aparelho de Golgi, retículo endoplasmático, mitocôndrias ou plastídeos. Os vários organismos classificados como **eucariotas** têm todas essas estruturas. Organismos procariotas são as bactérias e as cianobactérias; todos os outros organismos vivos são eucariotas. A idéia de que a evolução dos eucariotas se deu à custa da "captura" e subsequente endossimbiose de células procariotas é antiga; porém, mais recentemente, com a utilização de técnicas bioquímicas, microscopia eletrônica e de estudos de biologia molecular, a teoria da **simbiose** de Maeschwsky (1905) é mais aceita. De acordo com essa teoria, organelas como cloroplastos e mitocôndrias foram procariotas independentes, incorporados depois aos eucariotas. Cloroplastos originaram-se de cianobactérias e mitocôndrias, de bactérias. Inicialmente, cianobactérias e bactérias viveram como hospedeiros de células; gradualmente foram se transformando em organelas.

Outras evidências reforçam a teoria da simbiose: cloroplastos e mitocôndrias são, de certa forma, independentes; cloroplastos de certas **algas** retiveram mais as características de cianobactérias do que cloroplastos típicos, e, portanto, podem ser considerados intermediários entre cloroplastos e cianobactérias. Alguns cloroplastos vivendo no interior das células foram, por muito tempo, considerados como cianobactérias vivendo em simbiose com um hospedeiro heterotrófico.

Comparações recentes da sequência de RNA do ribossoma de mitocôndrias, cloroplastos e procariotas confirmaram uma interação genética entre cloroplastos e **cianobactérias fotoautotróficas**, e entre mitocôndrias e **bactérias heterotróficas**.

A derivação direta de todos os *phyla* de eucariotas fotoautotróficos e heterotróficos a partir de um único **eucariota ancestral** é apresentada atualmente como uma hipótese e teoria com muitas evidências (Hoek, Mannard e Jahnsl, 1998).

A colonização de ambientes aquáticos continentais tem certa dificuldade por causa dos limites fisiológicos de plantas e animais e dos problemas de competição e interações nas redes alimentares. As condições em sistemas de águas continentais são muito mais variáveis que nos oceanos, onde as variáveis físicas e químicas são relativamente mais constantes. A **concentração universal** nos sistemas aquáticos continentais é 1/1.000 ou 1/100 vezes menor que na água do mar e varia extremamente em concentração e composição iônica. O pH é extremamente variável e as temperaturas da água flutuam estacional e diariamente. Concentrações de oxigênio dissolvido são também altamente variáveis e flutuantes, como foi demonstrado no Cap. 5.

Entretanto, no processo evolutivo, especialmente no caso dos invertebrados e de muitos vertebrados, ocorreram movimentos de deslocamento entre os vários sistemas aquáticos e os sistemas terrestres. Muitos organismos representantes de *phyla* de invertebrados marinhos permaneceram confinados aos ambientes marinhos (Moss, 1988); outros adaptaram-se às variações de concentração osmótica nos estuários (15 – 900 m osmolaridade.ℓ^{-1}) e outros adaptaram-se às condições de água doce (< 15 m osmolaridade.ℓ^{-1}).

Osmolaridade é a medida do número de íons ou moléculas não dissociadas presentes por kg de água

Invertebrados aquáticos de águas doces devem manter uma concentração entre 30 e 300 osmolaridade.ℓ^{-1} para o funcionamento adequado de enzimas, o que significa manter um equilíbrio osmótico permanente.

A concentração e a composição da água do mar são muito próximas da composição das células de muitos invertebrados marinhos, os quais têm os seus **fluidos celulares** essencialmente similares à água do mar na sua composição. As águas continentais, águas doces, têm uma baixa concentração iônica, muito diluída para o funcionamento do protoplasma e das enzimas. Por isso, animais que vivem em águas doces devem manter sua concentração de fluidos intracelulares acima daquela do meio aquático em que vivem. Esses organismos precisam eliminar a água que ingressa pela osmose e substituir íons que são eliminados pelo gradiente de concentração entre o organismo e as águas do meio onde vivem.

Assim, uma vasta gama de condições fisiológicas deve ocorrer para possibilitar a colonização nos diferentes ecossistemas de águas interiores, doces. Deve-se, inclusive, considerar a ampla variedade de concentrações iônicas em sistemas continentais. Lagos salinos podem ter concentrações salinas mais elevadas, inclusive que aquelas dos sistemas marinhos (Lockwood, 1963).

As concentrações osmóticas dos peixes de água doce também são similares às dos invertebrados de água doce; os peixes de água doce devem manter os mesmos processos de regulação de pressão osmótica e ajuste fisiológico que os invertebrados.

Movimentos entre sistemas aquáticos continentais, sistemas marinhos e sistemas terrestres ocorreram, e a Fig. 6.2 ilustra alguns desses movimentos. Atualmente, reconhece-se que as primeiras formas de vida se originaram nos oceanos e, posteriormente, colonizaram sistemas de águas doces e hábitats terrestres (Barnes e Mann, 1991).

A **colonização de sistemas aquáticos continentais** a partir de sistemas terrestres também parece ter

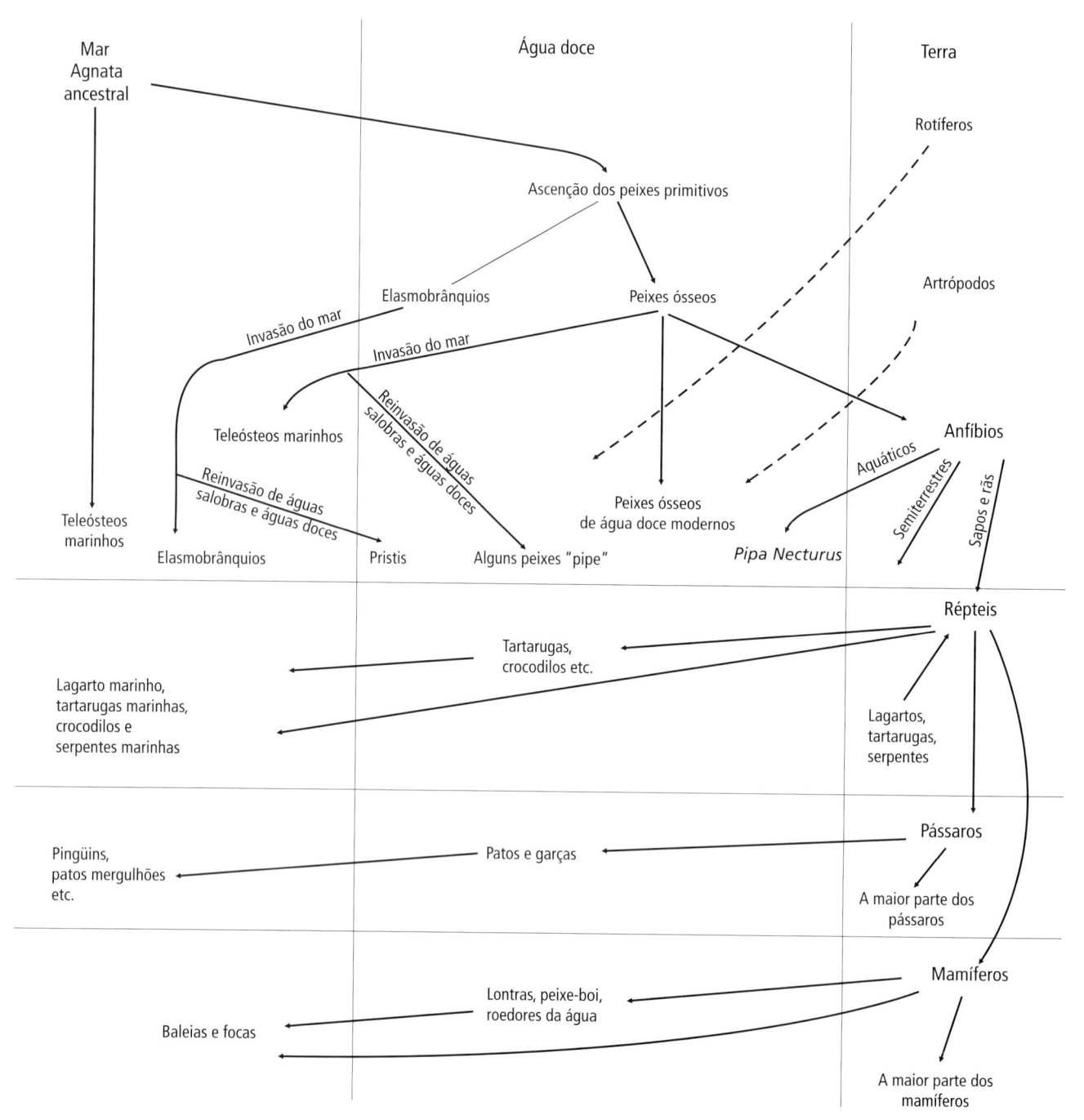

Fig. 6.2 Movimentos dos organismos entre os sistemas aquáticos continentais, marinhos e terrestres
Fonte: modificado de Lockwood (1963).

ocorrido, pelas evidências mostradas por insetos aquáticos, **moluscos pulmonados** e **plantas vasculares**. Esse tipo de colonização significa um acesso mais limitado ao oxigênio e, portanto, depende da capacidade de utilização de maiores quantidades de energia. Entretanto, a água tem maior viscosidade que o ar, com capacidade para suporte de estruturas (como ossos, por exemplo), e nela há maior controle da temperatura.

Muitos insetos cujas larvas se desenvolvem no meio aquático apresentam sistemas para respirar oxigênio do ar. Alguns insetos adultos que vivem na água utilizam uma bolsa de ar que lhes permite retirar oxigênio do ar. Esses exemplos mostram as dificuldades fisiológicas da vida em sistemas aquáticos continentais, e, sem dúvida, como explica Moss (1988), a baixa diversidade da biota aquática de águas doces, quando comparada com aquela das águas marinhas e dos sistemas terrestres, deve resultar das dificuldades fisiológicas de colonizar **hábitats aquáticos**.

A ampla **variabilidade climática física** e química dos sistemas aquáticos continentais e as alterações que ocorreram ao longo de milhões de anos parecem ser a causa fundamental dessa diversidade mais baixa dos sistemas de águas doces. Além das flutuações que ocorreram no tempo geológico, promovendo disrupções em funcionamento, extinguindo fauna e flora, há também uma **descontinuidade física** dos ecossistemas aquáticos continentais, tornando difícil a recolonização e a manutenção de um conjunto de espécies e populações, quando ocorre, por exemplo, uma catástrofe. Os lagos também são relativamente muito recentes ($\cong$ 10.000 anos), o que ainda é um tempo geológico pequeno para processos evolutivos e especiações. Os lagos mais antigos, como o Malawi e o Tanganica (África) e o Baikal (Rússia), por causa de sua constância em condições ambientais por milhões de anos, apresentam alta diversidade e **espécies endêmicas** de peixes que resultaram na exploração de inúmeros **nichos alimentares**.

Além dos processos naturais bastante flutuantes nos sistemas continentais, deve-se ainda considerar que a exploração e o uso da água desses sistemas pelo homem geraram processos adicionais de **variabilidade química**, física e, inclusive, biológica, tornando mais difícil a colonização e a manutenção de uma diversidade. Durante os últimos cem anos, processos antrópicos atingiram águas doces de forma extremamente ampla e com grande magnitude. Por exemplo, a construção de represas modificou bastante os sistemas de rios em todo o Planeta, e as contribuições das bacias hidrográficas e dos sistemas terrestres próximos a rios e lagos aumentaram muito (ver Caps. 12 e 18).

Uma conclusão importante sobre as águas interiores e sua composição química é a de que, embora a concentração iônica seja baixa, ela é fundamental para a sobrevivência de plantas e animais que colonizam os ecossistemas aquáticos continentais. A ocorrência e a distribuição de organismos nesses ecossistemas depende, em grande parte, da composição iônica das águas e da sua condutividade. A evidência ecológica mostra que acima de um certo valor de condutividade em águas interiores com alta concentração salina, há uma grande alteração na composição da flora e da fauna aquáticas. Por exemplo quando a salinidade total atinge 5 – 10% (5 – 10 g.ℓ^{-1}), desaparecem muitas espécies de "águas doces". Diferenças na composição iônica das águas e na proporção relativa dos íons podem também ocasionar modificações na diversidade e na distribuição dos organismos aquáticos.

A evidência de que a concentração iônica tem um papel extremamente importante na distribuição de organismos é conseguida a partir de determinações da concentração iônica na água, com os estudos sobre a distribuição da flora e fauna aquáticas, e com experimentos em condições controladas de laboratório, nos quais flora e fauna são submetidas a diferentes concentrações iônicas e sua sobrevivência e capacidade de reprodução são testadas (Tundisi e Matsumura Tundisi, 1968).

Lévêque et al. (2005) definem "espécies de águas doces" da seguinte forma:

▶ Algumas espécies dependem de água doce para todos os estágios do seu ciclo de vida; por exemplo, peixes de água doce, **crustáceos** e **rotíferos**. Nos peixes, a exceção deve ser feita às espécies diadromas, ou seja, aquelas que migram entre sistemas marinhos e de água doce.

▶ Algumas espécies necessitam de águas doces para completar seu ciclo de vida, tais como **anfíbios** e insetos.

▶ Algumas espécies necessitam somente de **hábitats úmidos**, como algumas espécies de *Collembola*.

▶ Algumas espécies são dependentes de água doce para alimento ou hábitat, como, por exemplo, "**pássaros** aquáticos", **mamíferos** ou **parasitas** que utilizam um hospedeiro animal que é um organismo de água doce. Portanto, podem-se considerar espécies que são "verdadeiramente de água doce" e espécies que são "dependentes de água doce".

Dessa forma, conclui-se que dois grandes grupos de animais de água doce podem ser identificados.

Um grupo de origem marinha, formado por **animais aquáticos primários** sem ancestrais terrestres, que invadiram águas doces diretamente a partir dos oceanos (**metazoários** localizados nos níveis mais baixos da escala filogenética, **moluscos** branquiados – mexilhões e prosobranquiados –, crustáceos, lampreias e peixes). Algumas espécies desse grupo podem viver em águas doces ou águas salinas; outras vivem exclusivamente em águas salobras. Muitas espécies de peixes e crustáceos são diadromos, com um ciclo de vida que inclui águas doces e águas salinas. Alguns grupos, como *Echinodermata*, *Ctenophora* e *Chaetognata*, são exclusivamente marinhos, pois não colonizaram hábitats de águas doces.

Um segundo grupo, de origem terrestre, que passou por co-evolução nos sistemas terrestres e depois colonizou águas doces. Incluem-se nesse grupo moluscos pulmonados (com um pulmão primitivo que lhes permite respirar ar).

Muitos insetos têm parte de seu ciclo de vida em águas doces e estão nesse segundo grupo de organismos que dependem da água doce. Essas espécies que dependem de águas doces ocupam uma vasta gama de hábitats.

6.2 Diversidade e Distribuição de Organismos: Fatores que as Limitam e Controlam

A diversidade de espécies nos ecossistemas aquáticos continentais depende de vários fatores e processos evolutivos nos quais ocorrem interações entre as espécies, o período e os mecanismos de colonização, bem como a resposta de jovens e adultos às condições ambientais, como concentração iônica da água, temperatura, efeitos de parasitas, predadores e outras características físicas, químicas e biológicas.

Uma espécie apresenta uma **área de distribuição** que pode ser muito ampla, ou pode ter uma distribuição restrita a apenas alguns ambientes localizados em determinadas latitudes e altitudes. Fatores climáticos, tais como precipitação e períodos de seca, composição química da água, temperatura e oxigênio dissolvido, podem funcionar como mecanismos de barreiras para a expansão e a colonização de espécies de águas interiores.

Há, entretanto, espécies aquáticas que têm uma vasta distribuição cosmopolita em razão de fatores evolutivos e fisiológicos que promoveram uma diminuição dos efeitos das barreiras ecológicas que limitam a distribuição. Essas barreiras também podem ser ultrapassadas conforme os tipos de dispersão desses organismos aquáticos, os quais são os mais diversos: esporos e **ovos de resistência** levados pelo vento, por pássaros ou por outros organismos aquáticos (vertebrados, por exemplo); dispersão por correntes e drenagem superficial ou subterrânea.

A diversidade de espécies pode ter padrões regionais, como demonstrado para o zooplâncton das represas da bacia do Alto Tietê por Matsumura Tundisi *et al.* (2003, 2005), ou pode apresentar padrões espaciais em um mesmo ecossistema aquático (horizontal e vertical) (Matsumura Tundisi *et al.*, 2005).

Organismos endêmicos que ocorrem em determinadas regiões são limitados por diferentes barreiras, e o grau de endemismo em um ecossistema pode ser uma aferição do período de isolamento em que eles estiverem.

Os fatores físicos, químicos e biológicos que afetam a distribuição de um determinado organismo apresentam gradientes verticais ou horizontais e afetam todas as espécies existentes em determinado ecossistema aquático, com maior ou menor intensidade. A Fig. 6.3 ilustra essas características.

Variações de salinidade em estuários, alterações do substrato em rios, gradientes de condutividade em rios e represas (horizontais e verticais), períodos em que ocorrem seca e **dessecamento** de rios e lagos

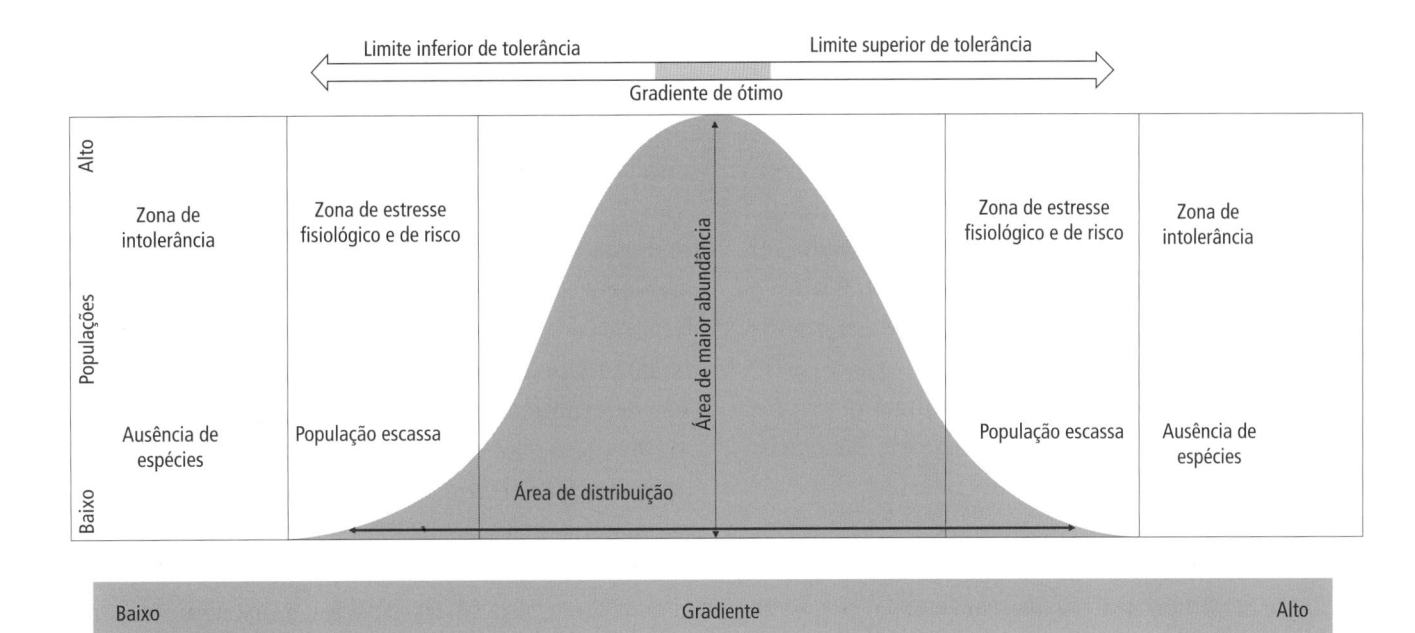

Fig. 6.3 Gradiente de tolerância dos organismos a vários fatores ambientais e de interações com outras espécies
Fonte: modificado de Cox e Moore (1993).

temporários, intensidade de radiação subaquática, gradientes horizontais e verticais de oxigênio dissolvido são alguns dos fatores que interferem na distribuição de organismos aquáticos e podem também limitar ou expandir a sua diversidade.

O **ambiente** de cada espécie é, portanto, um complexo conjunto de fatores que interagem, e estes fatores são de origem física, química e biológica (Hutchinson, 1957).

Os **fatores bióticos** responsáveis pela diversidade de espécies e pela sua distribuição são também um conjunto muito grande e variado de processos: **competição exclusiva**, efeitos de **predadores**, **parasitismo**, produção de **substâncias inibidoras** e interações químicas entre espécies, populações e comunidades (Lampert, 1997).

Essa breve introdução aos principais fatores responsáveis pela diversidade e distribuição de organismos aquáticos em águas continentais aponta para a complexidade do problema, considerando-se as seguintes escalas:

▶ uma escala temporal de muito longo alcance, em que processos evolutivos interferiram como resultado de alterações geomorfológicas, climáticas e interações ao nível biológico;

▶ uma escala temporal de alcance menor, em que variações estacionais e diurnas alteram a

BIODIVERSIDADE

Definida como a variabilidade de organismos vivos, marinhos, de águas doces, terrestres e os complexos ecológicos dos quais fazem parte. Isso inclui diversidade das espécies, entre espécies e dos ecossistemas.

A biodiversidade é o fundamento de uma vasta gama de **serviços do ecossistema** que contribuem para o bem-estar humano de maneira relevante e imprescindível, sendo importante tanto em sistemas naturais como em sistemas modificados pelo homem.

As alterações na biodiversidade produzidas pelos seres humanos afetam o bem-estar das populações humanas direta ou indiretamente.

A medida da biodiversidade é complexa: a **riqueza de espécies** pode ser uma das medidas (número de espécies por área ou volume), mas deve ser integrada com outras medidas. Essas medidas, além de incluir bases taxonômicas, funcionais e genéticas, devem também ser acompanhadas por outros atributos fundamentais, tais como variabilidade, quantidade, distribuição e abundância.

Mesmo o conhecimento da diversidade taxonômica da biodiversidade ainda é incompleto e apresenta muitas falhas, especialmente nos trópicos e nos subtrópicos. As estimativas do total de espécies no Planeta Terra apresentam dados que vão de 5 a 30 milhões de espécies; 1,7 a 2,0 milhões de espécies foram formalmente identificadas (*Millennium Ecosystem Assessment* – Avaliação Global do Milênio, 2005).

composição de espécies, a biodiversidade, a distribuição de organismos, com respostas fisiológicas variáveis;

▶ uma escala espacial, em que se consideram regiões, continentes ou grandes bacias hidrográficas;
▶ uma escala espacial, em que se consideram gradientes em microestruturas (verticais e horizontais), heterogeneidade espacial em microescalas (cm ou m);
▶ escalas espaciais em **micro-hábitats** que apresentam gradientes físicos, químicos e biológicos de diversidade e distribuição.

Os métodos de coleta e análise de espécies, populações e comunidades aquáticas devem considerar essas escalas. Observação contínua dessas espécies de populações e comunidades, por meio de metodologias apropriadas, promove uma medida fundamental das variabilidades dos ecossistemas aquáticos e das suas flutuações no espaço e no tempo.

É evidente que as flutuações e a variabilidade do passado estão registradas no sedimento dos lagos, e o seu estudo, por meio da **paleolimnologia**, promove uma medida da variabilidade em função das condições climáticas, dos usos das bacias hidrográficas e da sucessão de espécies, populações e comunidades.

QUAL É A DIVERSIDADE ANIMAL EM ÁGUAS DOCES?

As estimativas da diversidade animal em águas doces variam muito, mas uma estatística, provavelmente ainda muito baixa, coloca estas espécies já identificadas como aproximadamente 100.000, metade das quais representadas por insetos de águas doces. Cerca de 20.000 espécies de vertebrados (35% – 40%) são de águas doces ou dependentes delas.

A maior parte das informações, evidentemente, foi obtida com estudos de águas interiores do hemisfério Norte, América do Norte e Europa. Particularmente na América do Sul e África, há ainda uma enorme área de investigação para ser desenvolvida.

Dos grupos de animais estudados, o dos vertebrados é o mais conhecido, ao passo que, dos invertebrados, estudos foram desenvolvidos especialmente para aqueles que são vetores de **doenças**.

6.3 As Comunidades de Ecossistemas Aquáticos Continentais

Os organismos e as comunidades têm um papel fundamental nos processos de funcionamento de rios, lagos, represas e áreas alagadas. Sendo o ecossistema a unidade de referência básica em Limnologia e Ecologia, devem ser investigadas as principais inter-relações entre os componentes das comunidades e os meios físico e químico. Essas inter-relações podem ser determinadas a partir de um processo contínuo de medidas, coletas e experimentações. Nas comunidades deve-se considerar a biomassa (quantidade de matéria viva existente em um dado momento por unidade de área ou volume), a diversidade de espécies, a coexistência de várias espécies, a distribuição horizontal e vertical, flutuações e ciclos.

De acordo com Margalef (1983), cada espécie, subespécie ou indivíduo pode ser considerada um filtro, o que dá um alto valor de informação à composição e a estrutura das comunidades, uma vez que o significado desses vários filtros multiplica-se. Uma lista completa de organismos de um lago, classificada, tem, portanto, um enorme valor ecológico, uma vez que outras informações sobre estruturas podem ser extraídas, e tem também um valor histórico, pois a presença de determinados organismos em um lago, rio ou represa tem um significado histórico-evolutivo.

Margalef (1978) considera que é importante o agrupamento das comunidades em sistemas terciários, e não binários. A organização das comunidades está refletida no número das espécies presentes, na interação entre elas, nas flutuações e ciclos e na distribuição.

Como já foi salientado, as inter-relações de dependência entre os diversos componentes das comunidades são fundamentais e seu estudo dinâmico permite caracterizar as principais funções dos componentes e a estrutura do sistema.

6.4 Dispersão, Extinção, Especiação e Isolamento da Biota Aquática

A dispersão de plantas e animais aquáticos é geralmente feita a partir de partículas de poeira levadas pelo vento, por insetos, aves, mamíferos aquáticos, **répteis**, anfíbios e peixes que carregam algas, larvas e ovos de peixes, **protozoários**, ovos e formas de resistência de organismos aquáticos. Compreende-se, portanto, por que certas espécies de cianobactérias, como *Microcystis, Oscillatoria, Lyngbya, Anabaena*, colonizam rapidamente certos ecossistemas aquáticos. Ovos de ostracodos, ovos de resistência de rotíferos e copépodos podem também ser dispersos por meio do transporte de diversos organismos aquáticos, plantas e animais.

Essas dispersões podem também ser influenciadas pelas atividades humanas: água de lastros de navios; estruturas móveis produzidas pelo homem, como equipamentos que se transportam de uma região para outra, os quais podem ser responsáveis pela introdução de espécies invasoras em vastos continentes.

Extinções de espécies em ecossistemas aquáticos podem ocorrer devido a pressões antrópicas e à introdução de espécies exóticas. Lagos e represas podem ser considerados como ilhas, do ponto de vista biogeográfico, e a estes ecossistemas pode-se aplicar os modelos de biogeografia de ilhas de equilíbrio da biota, relações imigração/número de espécies, relações extinção/colonização, aplicados a ilhas.

De acordo com Margalef (1983), a "distribuição de unidades taxonômicas no espaço tem como resultado o equilíbrio entre **extinção, dispersão e especiação**" (p. 127). Em alguns lagos muito antigos, como o Malawi, há 200 espécies de **ciclídeos** com 196 endêmicas; no lago Vitória, há 170 espécies de *Haplochromis*, um gênero de ciclídeos. Os lagos Tanganica e Baikal são suficientemente antigos para apresentar um grande conjunto de espécies endêmicas de grande importância para os estudos de biodiversidade aquática.

No lago Baikal, descreveram-se 240 espécies de anfípodos, quase todas endêmicas.

Isolamento em muitos ecossistemas aquáticos resulta em especiação em espécies de moluscos, ostracodes, tricópteros e peixes. Lagos e águas temporárias, áreas alagadas rasas no interior dos continentes, lagos salinos e água em bromélias são ambientes propícios a isolamento. Para as pequenas espécies de invertebrados de água doce, esse isolamento é mais raro, mas para alguns vertebrados, como **peixes pulmonados**, esse isolamento também ocorre. Isolamento ocorre em espécies de parasitas simbiontes ou comensais, que vivem em conjunto com espécies isoladas de hospedeiros, simbiontes ou comensais.

Como os fluxos nos sistemas aquáticos continentais variam e, em alguns casos, são muito intermitentes, pode-se destacar a importância dos **processos de extinção**, isolamento, especiação ou dispersão. A presença de água líquida, não sendo contínua, impulsiona organismos a permanecer em determinadas regiões, resistindo à dessecação temporal e ao rigor dos **processos de dessecamento** (altas temperaturas, altas salinidades e concentrações iônicas).

De acordo com Banarescu (1995), a evolução e a dispersão da **fauna aquática** estão relacionadas com as alterações nas bacias hidrográficas, a formação e o desaparecimento de lagos e à manutenção da biodiversidade e fauna endêmica por longos períodos em lagos profundos e muito antigos. Lago Titicaca, nos Andes; lago Baikal, na Sibéria; **lago Ohrid**, no Sudeste da Europa (Macedônia), são muito mais antigos que muitas bacias hidrográficas e permaneceram intactos por longos períodos. A maior proporção da fauna endêmica desses lagos é constituída por representantes da fauna secundária de águas doces, como os ciclídeos nos lagos africanos e os ciprinodontiformes no lago Titicaca. Peixes e invertebrados nesses lagos têm linhagens sem parentesco com faunas de outros lagos continentais. Moluscos pulmonados e anfípodos presentes nesses lagos são primariamente de águas doces.

6.5 Descrição dos Principais Grupos de Organismos que Compõem as Comunidades Aquáticas

6.5.1 Vírus

Vírus são organismos em geral com pequenas dimensões (0,02 μm), que podem ser visualizados apenas com o uso de técnicas especiais e microscópios eletrônicos. Seu papel nos ecossistemas aquáticos ainda é pouco conhecido. Entretanto, podem causar doenças como hepatite, se sobreviverem em águas naturais. Recentemente o **vírus** da *influenza* foi detectado em aves aquáticas na China e é possível que sistemas eutróficos contenham uma população de vírus de importância para a saúde humana. Em alguns casos, vírus estão presentes na decomposição de cianobactérias do plâncton ou do perifíton.

6.5.2 Bactérias e fungos

As bactérias e os fungos têm um papel muito importante no ecossistema, que é o da reciclagem de matéria orgânica e inorgânica. São intermediários em um grande número de transformações químicas na natureza. Bactérias heterotróficas são decompositores de matéria orgânica em rios e lagos e proporcionam alimento para **detritívoros**. As bactérias atuam no ciclo do nitrogênio (**nitrificação** e **desnitrificação**) e na mineralização do enxofre e do carbono. As **bactérias quimiolitotróficas** encontradas no sedimento ou em partículas em suspensão são responsáveis pela oxidação do Fe^{++} a Fe^{+++}, pela oxidação de amônia a **nitrito** e nitrato, e de H_2S a SO_4^{--}. As bactérias fotossintetizantes (fotoautotróficas ou **fotolitotróficas**) utilizam como substrato H_2S e CO_2, encontram-se em regiões anóxicas e iluminadas no metalímnio de lagos permanentemente estratificados (meromíticos), formando camadas de alguns centímetros de espessura em profundidades com baixas intensidades luminosas (entre 0,1 e 1% de intensidade luminosa que chega à superfície) (ver Cap. 8 para detalhes).

Matsuyama (1980, 1984, 1985) estudou intensivamente a distribuição vertical dessas bactérias em lagos meromíticos do Japão.

As bactérias heterotróficas que não utilizam a energia radiante subaquática têm a capacidade de desenvolver-se em uma grande variedade de substratos, orgânicos e inorgânicos, tais como celulose, quitina, CO_2, SO_4, N_2, CH_4 e H_2S. Essas bactérias participam ativamente na **reciclagem** de matéria orgânica e produzem gases e substâncias dissolvidas (Abe et al., 2000).

A amostragem e o estudo das bactérias nos sistemas aquáticos são relativamente difíceis. O **metabolismo bacteriano** é complexo e diversificado. As técnicas existentes permitem determinar o número de bactérias; as atividades metabólicas podem ser examinadas com o estudo do crescimento das bactérias em soluções com diferentes concentrações de nutrientes. Entretanto, adições de substratos a uma amostra de água retirada do lago podem alterar a taxa de metabolismo da população bacteriana.

Além da biomassa bacteriana total (por meio de filtrações em filtros especiais, ou medida do crescimento em placas, em meios apropriados), é necessária uma identificação, além de estudos de atividades específicas e da distribuição vertical do número de bactérias nas várias profundidades. As bactérias podem ser identificadas pela morfologia, pelo tipo de nutrição e pela resposta a substratos específicos, os quais, adicionados às amostras, permitem determinar quais são aqueles que promovem o crescimento e que produtos são liberados das atividades das bactérias (Jones, 1979).

Bactérias de vida livre (heterótrofas) que fixam nitrogênio foram descritas para vários ambientes de águas interiores. Essas bactérias, associadas a raízes de plantas aquáticas ou em sedimentos anaeróbicos não associados às raízes das plantas, foram descritas por vários autores, como Brezonik e Harper (1969) e também por Santos (1987) em associação com macrófitas. Essas bactérias podem fornecer quantidades substanciais de nitrogênio para acelerar o crescimento dessas plantas.

Um outro grupo de bactérias, que é o das coliformes, tem importância sanitária, uma vez que se desenvolve no tubo digestivo de animais, e altas concentrações dessas bactérias indicam contaminação por **detritos orgânicos** de origem animal.

Os **fungos aquáticos** participam do processo de decomposição e reciclagem de matéria orgânica no ecossistema aquático, podendo também ser parasitas ou saprófitas utilizando matéria orgânica para o seu crescimento.

Bactérias e fungos constituem um alimento importante para outros organismos aquáticos, uma vez que formam uma camada de material orgânico na superfície, o qual pode ser utilizado como parte do alimento de detritívoros.

Bactérias e fungos têm um importante papel na redução da poluição orgânica e inorgânica de ecossistemas aquáticos. Por exemplo, o isolamento de bactérias que removem óleos das superfícies de lagos e rios promoveu um enorme desenvolvimento de tecnologias para o crescimento dessas bactérias e a sua utilização. O papel de bactérias e fungos na reciclagem de matéria orgânica e inorgânica é altamente relevante para os ecossistemas aquáticos, e esses organismos são parte fundamental da **rede trófica** em qualquer ecossistema. Sua concentração e densidade (número ou biomassa) dependem da concentração, do tipo de matéria orgânica e inorgânica e da disponibilidade desse material nos sistemas naturais e artificiais (Walker, 1978).

6.5.3 Algas

De acordo com Reynolds (1984), o termo "algas" é utilizado de uma forma generalizada para designar **organismos fotoautotróficos** e não tem qualquer significado taxonômico.

As "algas" podem constituir parte do fitoplâncton ou encontram-se presas a um substrato. Habitam uma variada gama de ecossistemas aquáticos continentais e marinhos. Têm grande importância como produtores primários da matéria orgânica, embora, em regiões rasas e iluminadas, **macrófitas submersas** ou emersas podem ser os produtores primários mais importantes. As algas são um grupo diversificado, podendo ser coloniais ou unicelulares, com colônias filamentosas. Podem reproduzir-se vegetativamente ou desenvolver células reprodutoras especiais.

A parede celular das algas é composta de sílica, proteína, lipídeos, celulose e outros polissacarídeos, os quais, combinados, produzem paredes celulares características e diversificadas.

A sílica é um componente importante nas frústulas de diatomáceas, o que permite inclusive detectar períodos diversos da ecologia dos lagos pela análise de "core" (tubos) de sedimento, uma vez que as frústulas permanecem intactas após a morte dos organismos.

Os pigmentos principais desses organismos são as clorofilas e os carotenóides, dos quais a clorofila *a* é a que produz **energia química** na fotossíntese, uma vez que pode "doar" elétrons como efeito da excitação produzida pela energia radiante entre 360 e 700 nm. Os outros pigmentos, clorofilas *b* e *c*, carotenóides, xantofilas, ficocianinas, ficoeritrinas, xicobilinas, são acessórios (Fig. 6.4).

Os principais grupos de algas comuns em oceanos, lagos, rios e represas, áreas alagadiças e planctônicas ou presas a um substrato estão relacionados no Quadro 6.1. Nesse Quadro anterior são colocados exemplos de gêneros e espécies mais comuns em regiões neotropicais e em sistemas continentais no Brasil.

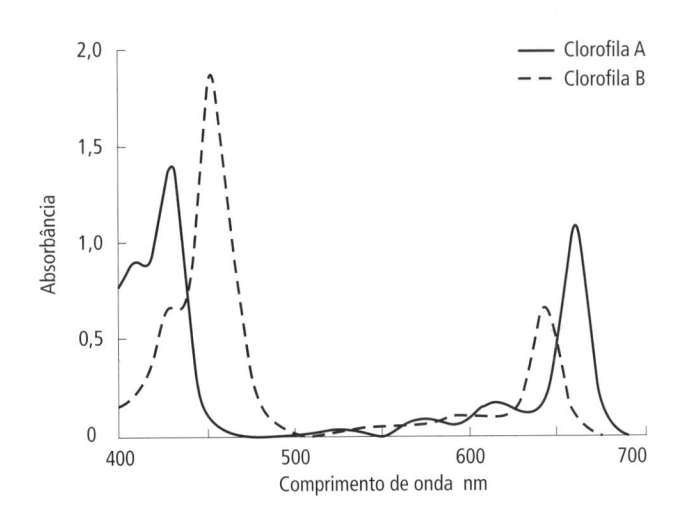

Fig. 6.4 Espectro de absorção das clorofilas *a* e *b* em solução em éter
Fontes: Reynolds (1997) e várias fontes.

Quadro 6.1 Classificação das algas comuns em ecossistemas aquáticos em relação à classe

Classe	Hábitat	Morfologia	Composição da parede celular	Exemplos
Bacillariophyceae	Oceanos, lagos, estuários; planctônicas ou vivendo em substratos	Unicelulares ou coloniais; microscópicas	Sílica	*Aulacoseira italica* *Aulacoseira granulata* *Cyclotella meneghiniana* *Navicula rostellata*
Chlorophyceae	Lagos, rios, estuários; planctônicas ou vivendo em substratos	Microscópicas ou visíveis; filamentosas; coloniais; unicelulares; algumas flageladas	Celulose	*Tetraedron triangulare* *Chlorella vulgaris* *Kirchneriella lunaris* *Selenastrum gracile*
Dinophyceae	Oceanos, lagos, estuários; planctônicas	Microscópicas; unicelulares ou coloniais; todas com flagelos	Celulose e com sílica	*Sphaerodinium cinctum* *Durinskia baltica* *Peridinium gatunense* *Dinococcus bicornis*

Quadro 6.1 Classificação das algas comuns em ecossistemas aquáticos em relação à classe (continuação)

Classe	Hábitat	Morfologia	Composição da parede celular	Exemplos
Cyanophyceae	Lagos e oceanos; planctônicas ou vivendo em substratos	Microscópicas ou visíveis; geralmente filamentosas	Mucopeptídeos – aminoaçúcar – aminoácidos	*Coelomoron tropicale* *Microcystis wesenbergii* *Sphaerocavum brasiliense* *Anabaena spiroides*
Chrysophyceae	Lagos, rios, oceanos	Microscópicas; unicelulares ou coloniais flageladas	Pectina ou em algas; gêneros sílica ou celulose	*Sphaleromantis ochracea* *Rhipidodendron huxleyi* *Dinobryon bavaricum* *Mallomonas kristianienii*
Cryptophyceae	Lagos; planctônicas	Microscópicas; unicelulares; flageladas	Celulose	*Chroomonas nordstedtii* *Rhodomonas lacustris* *Cyathomonas truncata*
Euglenophyceae	Lagos, tanques rasos; planctônicas	Microscópicas; unicelulares; flageladas	Película de proteína	*Gyropaigne brasiliensis* *Rhabdomonas incurva* *Euglena acus* *Phacus curvicauda*
Florideophyceae	Oceanos, estuários, lagos, riachos e rios; vivendo no substrato	Microscópicas ou visíveis	Celulose + géis	*Paralemanea annulata* *Bostrychia moritziana*
Phaeophyceae	Oceanos, estuários; vivendo no substrato ou flutuantes	Visíveis	Celulose + géis	*Fucus* sp

Fontes: Horne e Goldman (1994); Bicudo e Menezes (2006).

Em 1897 utilizou-se, pela primeira vez, o termo fitoplâncton, que descreve um grupo diverso e polifilético de organismos fotossintéticos, unicelulares ou coloniais que habitam oceanos e as mais diversas águas continentais e estuários. Esses organismos são responsáveis por mais de 45% da **produção primária líquida** do planeta Terra.

A fotossíntese dos organismos fotoautotróficos produz o oxigênio que oxida a atmosfera do Planeta e fixa o CO_2 da atmosfera e da água, sendo considerada uma importante fonte de sumidouro ("sink") de carbono no Planeta. A Tab. 6.1 mostra a **distribuição filogenética** dos fotoautotróficos terrestres e aquáticos, baseada em características morfológicas. Verifica-se que há, no ambiente aquático, ampla diversidade dos fotoautotróficos, o que contrasta com os fotoautotróficos terrestres, dominados pelos *Embriophyta* (Figs. 6.5, 6.6).

Dentre esses grupos, deve-se destacar como de grande interesse ecológico, evolutivo e bioquímico as *Cyanophyta* ou "algas" verde-azuis, as quais apresentam certas afinidades com a organização procariótica das células de bactérias. Por isso, esses organismos são atualmente denominados cianobactérias.

As algas planctônicas apresentam grande variedade de tamanho e formas, o que implica problemas para a sua coleta e estudo quantitativo. As razões superfície/volume dessas algas são também importantes nos mecanismos de flutuação e na absorção de nutrientes (Munk e Ryley, 1952; Reynolds, 1984; Tundisi *et al.*, 1978).

Pressões seletivas que interferem no **processo de sucessão** e na dominância das várias espécies com tamanhos diversos incluem **mecanismos hidrodinâmicos**, circulação vertical, **alimentação seletiva** dos herbívoros, concentração de nutrientes, efeitos de vento e precipitação na turbulência, distribuições vertical e de nutrientes (ver Cap. 7).

Muitas algas planctônicas podem movimentar-se por meio de flagelos ou pelo deslizamento, quando próximas de um substrato, o que confere uma óbvia vantagem com relação à otimização da radiação solar subaquática recebida e da concentração de nutrientes.

As **algas perifíticas** crescem sobre um substrato e as diatomáceas, cianofíceas e clorofíceas são dominantes nessa categoria de organismos.

6 Os organismos e as comunidades de ecossistemas aquáticos continentais e estuários | 133

Tab. 6.1 Distribuição filogenética dos fotoautotróficos baseada em características morfológicas

		Espécies de águas marinhas	Espécies de águas continentais
Bactéria	Cyanobacteria	150	1.350
Discicristata	Euglenophyta	30	1.020
Alveolata	Dinophyta	1.800	200
Plantae	Glaucocystophyta	0	13
	Rhodophyta	5.800	120
	Chlorophyceae	100	2.400
	Prasinophyceae	100	20
	Ulvophyceae	1.000	100
	Charophyceae	5	3.395
Cercozoa	Chlorarachniophyta	4	0
Chromista	Cryptophyta	100	100
	Prymnesiophyceae	480	20
	Bacillariophyceae	5.000	5.000
	Chrysophyceae	800	200
	Dictyochophyceae	2	0
	Eustigmatophyceae	6	6
	Phaeophyceae	1.497	3
	Raphidophyceae	10	17
	Synurophyceae	0	250
	Tribophyceae	50	500
	Xanthophyceae	50	500
Liquens	Aproximadamente 13.000 spp (99,7% terrestres)		
Embryophyta 272.000 spp (99% terrestres)			

Fonte: modificado de Falkowski *et al.* (2004).

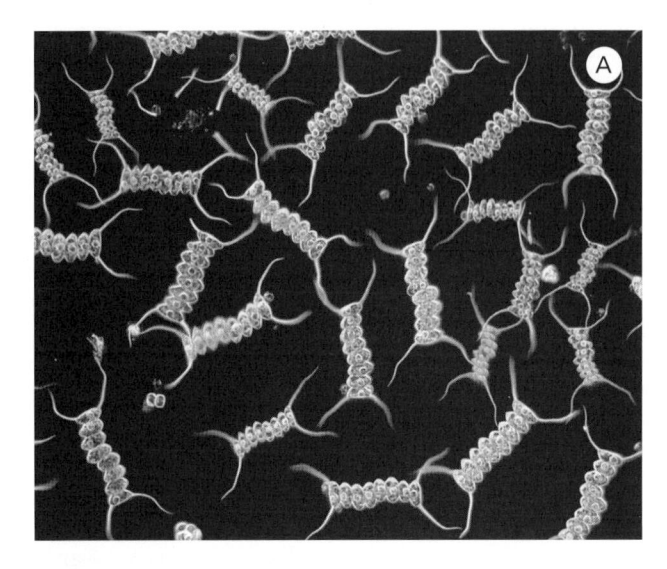

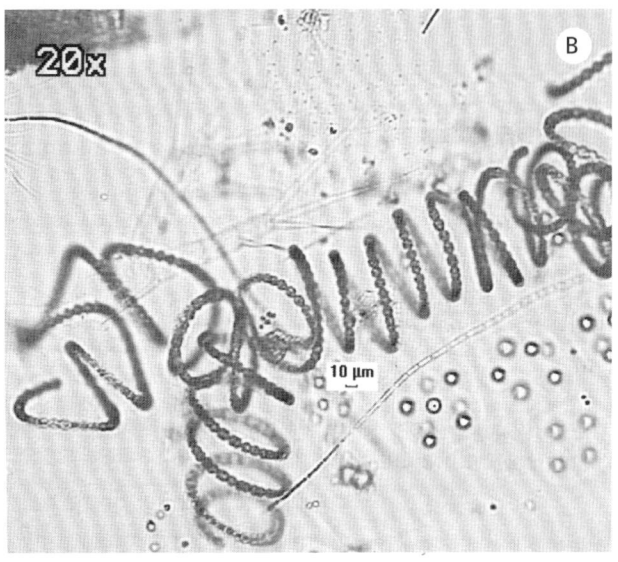

Fig. 6.5 A) *Scenedesmus* spp; B) *Anabaena spiroides*

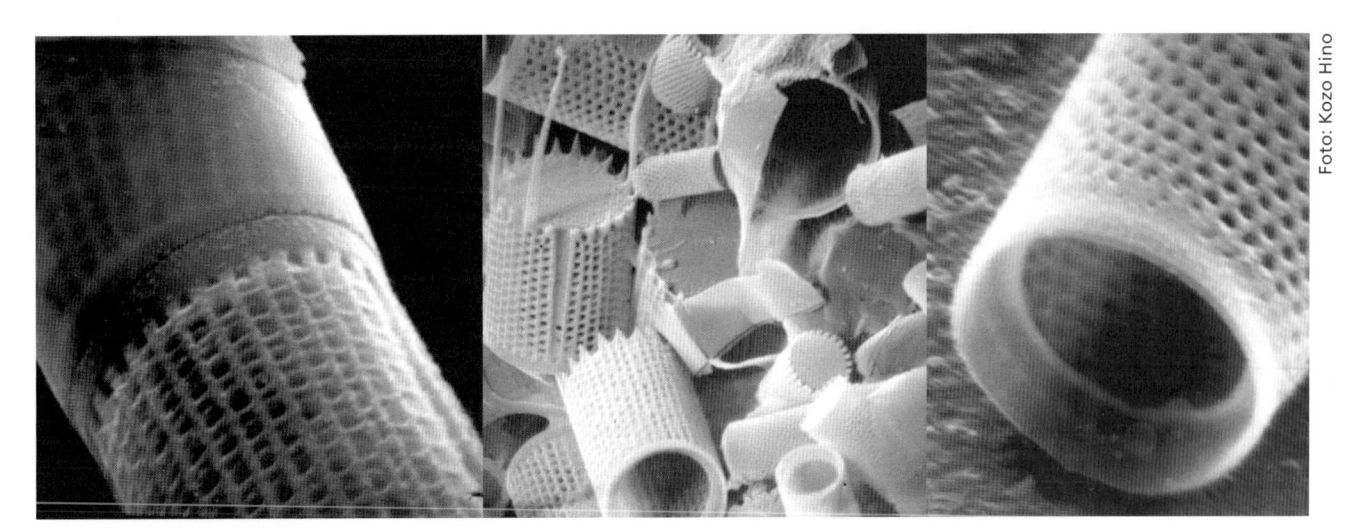

Fig. 6.6 Fotografia em microscópio eletrônico de varredura *Aulacoseira italica* sp

Foto: Kozo Hino

6.5.4 Protozoários

Os protozoários são encontrados em praticamente todos os sistemas aquáticos, e muitas espécies são cosmopolitas por causa das facilidades de dispersão das formas de resistência. Alimentam-se de detritos, bactérias, algas, locomovendo-se por meio de flagelos ou cílios. Algumas espécies do gênero **Stentor** apresentam um pigmento **stentorina** (radical quinona), contendo células vivas de *Chlorella* que participam ativamente do metabolismo. Tundisi (1979, dados não publicados) observou a presença de grandes concentrações desses protozoários no lago D. Helvécio, Parque Florestal do Rio Doce, o que provocou a formação de uma "maré vermelha" nesse lago durante o verão de 1978.

Um dos protozoários mais comuns é o *Paramecium*, que pode ser encontrado em águas temporárias e pequenas poças. Outro protozoário bastante comum é a *Vorticella*, a qual é fixa, filtradora de partículas e comum em águas com alta concentração de matéria orgânica e detritos em suspensão.

A classificação dos protozoários é feita quanto à forma de locomoção, o que inclui **flagelados** (ex.: Euglena), **ciliados** (ex.: Paramecium), **amebóides** (ex.: Globigerina) e **esporozoários** – estes, parasitas da espécie humana (Plasmodium) ou de peixes.

Protozoários ciliados de vida livre do gênero **Stentor** são encontrados em muitos lagos ou tanques. Devido às formas de resistência muito eficientes, os protozoários são também encontrados em águas temporárias de regiões áridas e semi-áridas.

Distribuição vertical de protozoários da família *Tracheloceridae* foi descrita por Matsuyama (1982) para o lago Kaiike, onde ocorre uma termoclina acentuada com concentrações elevadas de bactérias em regiões com alta concentração de H_2S. A presença de massas desses ciliados imediatamente acima da placa de bactérias sugere relações alimentares entre protozoários e bactérias.

Também existem dados recentes de lagos hipereutróficos no Japão (**lago Kasumigaura**) que mostram a importância de protozoários na reciclagem de matéria orgânica a partir do seguinte processo (Fig. 6.7).

O Quadro 6.2 relaciona os grandes **grupos taxonômicos** de invertebrados aquáticos, de acordo com Ismael *et al.* (1999).

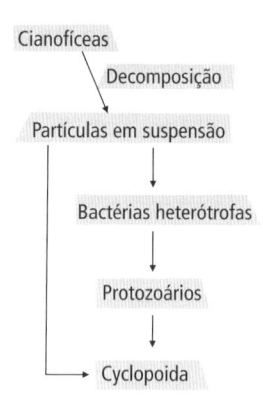

Fig. 6.7 Papel dos protozoários na reciclagem de matéria orgânica

6.5.5 Poríferos (esponjas de água doce)

Esponjas de água doce ocorrem em rios, lagos e represas. Seu estudo no Brasil foi desenvolvido e aprofundado por Vega e Volkmer-Ribeiro (1999). Melão e Rocha (1996) estudaram *Metania spinata* na **lagoa Dourada**, município de Brotas, Estado de São Paulo.

Segundo Volkmer-Ribeiro, ocorrem no Brasil 20 gêneros de esponjas de água doce (um gênero endêmico) e 44 espécies. *Radiospongilla amazonensis* ocorre com ampla distribuição no Brasil e, provavelmente, na Argentina. Esponjas são indicadores ambientais importantes, ocupando ambientes de inundação temporária, substratos profundos de rios da região amazônica ou, ainda, lagoas de águas doces ou salobras de águas costeiras do Brasil. A família *Spongillidae* é representada por 170 espécies em todo o Planeta, sendo 27 da América do Norte (Lévêque *et al.*, 2005) (Fig. 6.8).

6.5.6 Cnidários

Os *Cnidaria* são um filo primariamente marinho, com alguns representantes de água doce da classe *Hydrozoa*. A fase de medusa é a de reprodução sexual e que produz a dispersão. Há cerca de 30-45 espécies de cnidários de águas doces. A medusa *Craspedacusta sowerbii* colonizou todos os continentes, menos a Antártica.

Limnocnida é outro gênero comum e cosmopolita, encontrado na África (Williams *et al.*, 1991). *Limnocnida tanganicae* é endêmica no lago Tanganica. *Craspedacusta sowerbii* foi registrada em duas localidades no Brasil (nova distribuição): **represa**

Quadro 6.2 Grandes grupos de invertebrados aquáticos

Filo Porifera
Filo Cnidaria
Filo Platyhelminthes
    Classe Turbellaria
Filo Nemertea
Filo Gastrotricha
Filo Nematoda
Filo Nematomorpha
Filo Rotifera
Filo Bryozoa
Filo Tardigrada
Filo Mollusca
    Classe Bivalvia
    Classe Gastropoda
Filo Annelida
    Classe Polychaeta
    Classe Oligochaeta
    Classe Hirudinea
Filo Arthropoda
    Subfilo Chelicerata
        Classe Arachnida
            Subclasse Acari
                Ordem Prostigmata
    Subfilo Crustacea
        Classe Copepoda
            Ordem Calanoida
            Ordem Harpacticoida
            Ordem Cyclopoida
        Classe Branchiura
        Classe Ostracoda
        Classe Branchiopoda
            Ordem Notostraca
            Ordem Anostraca
            Ordem Conchostraca
            Ordem Cladocera
        Classe Malacostraca
            Subclasse Eumalacostraca
                Superordem Peracarida
                      Ordem Amphipoda
                Superordem Syncarida
                      Ordem Anaspidacea
                      Ordem Bathynellacea
                Superordem Pancarida
                      Ordem Thermosbaenacea
                Superordem Eucarida
                      Ordem Decapoda
    Subfilo Uniramia
        Classe Insecta
            Subclasse Entognatha
                Ordem Collembola
            Subclasse Ectognatha
                Ordem Odonata
                Ordem Ephemeroptera
                Ordem Plecoptera
                Ordem Hemiptera
                Ordem Neuroptera
                Ordem Tricoptera
                Ordem Lepidoptera
                Ordem Diptera
                Ordem Coleoptera

Fonte: adaptado de Ruppert e Barnes (1996) *apud* Ismael *et al.*, (1999).

Fig. 6.8 A) *Corvoheteromeyenia heterosclera* (Ezcurra de Drago, 1974). Família *Spongillidae*, ocorrendo com abundância nos lagos entre dunas dos Lençóis Maranhenses; B) pertence à espécie *Uruguaya corallioides* (Bowerbank, 1863), família *Potamolepidae*, e é típica de substratos rochosos profundos de grandes rios, particularmente o próprio Uruguai. As duas são espécies de gêneros endêmicos da América do Sul. (Cortesia da Profa. Dra. Cecília Volkmer Ribeiro)

da UHE Luís Eduardo Magalhães (Lajeado) – **Rio Tocantins** – e um pequeno tanque na bacia do Tietê/Jacaré (Estado de São Paulo) (Tundisi *et al.*, no prelo). *Craspedacusta sowerbii* foi registrada na América do Sul pela primeira vez por Vannucci e Tundisi (1962) (Fig. 6.9).

6.5.7 Platelmintos

Os representantes do filo Platelmintos apresentam quatro classes: *Cestodes, Trematodes, Monogenea*

Fig. 6.9 *Craspedacusta sowerbii*

e *Turbelária* (planárias). A maioria das espécies de microturbelários é de águas doces (400 espécies). Dos macroturbelários, 100 espécies são de águas doces. Platelmintos (planárias) de vida livre apresentam 150 espécies no lago Baikal, onde 130 espécies são endêmicas.

6.5.8 Rotíferos

Existem cerca de 1.800 espécies de rotíferos, que são praticamente de águas continentais e cosmopolitas. Rotíferos constituem um importante componente do zooplâncton em lagos e represas com baixo tempo de retenção. Podem ser sésseis. Alimentam-se de material em suspensão, concentrado por meio de uma coroa de cílios que é utilizada para movimentação também. Alguns rotíferos são predadores. Suas estruturas são denominadas **trophi** e seu corpo é protegido por uma cutícula denominada **lorica**. Trophi e lorica são utilizados para a classificação de rotíferos (Quadro 6.3).

A fauna de rotíferos na América do Sul tropical e na Ásia é bastante diversa e rica em espécies endêmicas. Há um grande número de espécies registradas no Brasil e no Estado de São Paulo (Oliveira Neto e Moreno, 1999).

6.5.9 Moluscos

Entre os moluscos, há os bivalves, os lamelibrânquios e também os pulmonados. Grande parte desses organismos alimenta-se de detritos, fitobentos e bactérias. Grandes moluscos da família *Anodontidae*

Quadro 6.3 Classificação de rotíferos comuns em ecossistemas aquáticos

Grupo taxonômico (classe)	Hábitat aquático	Tipo de alimentação	Exemplos (gênero)
1. Digononta	Águas doces; planctônicos; sésseis	Filtradores de material em suspensão	*Phylodina*
2. Monogononta	Águas doces; planctônicos; sésseis	Filtradores de material em suspensão	*Asplancna sieboldi* *Brachionus calyciflorus* *Keratella americana* *Keratella cochlearis* *Lecane* spp *Synchaeta pectinata*

são encontrados em rios e represas, em muitos casos com uma biomassa expressiva que atinge milhares de indivíduos por km² (Fig. 6.10).

A Tab. 6.2 mostra o número de espécies de moluscos em áreas de endemismo (lagos antigos e algumas bacias hidrográficas importantes).

Tanto a classe *Bivalvia* como a classe *Gastropoda* são representadas em águas marinhas e águas doces. 5.000 a 6.000 espécies de bivalvos e gastrópodos foram identificadas para águas doces e marinhas. Há poucos dados para diversidade de moluscos da América do Sul e Ásia.

Dentre os moluscos, os representantes do gênero *Biomphalaria* são de importância sanitária e médica, devido à transmissão de esquistossomose (esses moluscos são hospedeiros das cercárias do *Schistosoma* sp, o que ocorre especificamente nos trópicos e é causa de grandes **problemas sanitários** e de saúde pública em regiões semi-áridas do Brasil).

6.5.10 Anelídeos

Dos **anelídeos**, as duas principais classes são Poliquetos e Oligoquetos. Poliquetos têm representantes quase exclusivamente marinhos e algumas poucas espécies de águas doces. Oligoquetos são bem representados em águas doces e em ambientes marinhos. Há cerca de 133 espécies neotropicais. No lago Baikal,

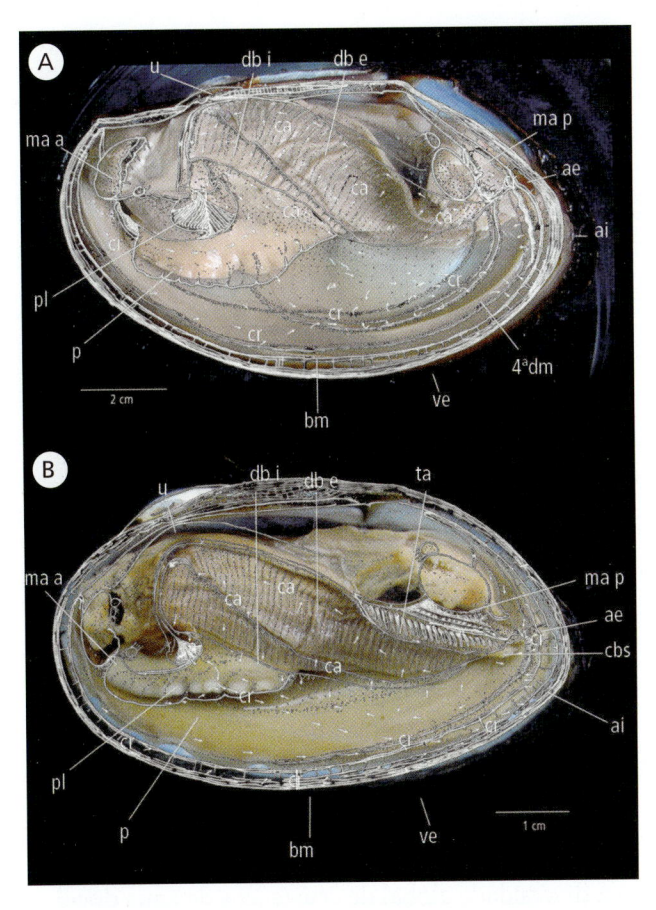

Fig. 6.10 A) *Anodontites trapesialis*; B) *A. elongantus*. Representação esquemática das correntes siliares de aceitação e rejeição. Abreviaturas: ae – abertura exalante, ai – abertura inalante, bm – borda do manto, ca – corrente de aceitação, cr – corrente de rejeição, csb – canal suprabranquial, 4ªdm – quarta dobra do manto, dbe – demibrânquia externa, dbi – demibrânquia interna, ma a – músculo adutor anterior, ma p – músculo adutor posterior, p – pé, pl – palpos labiais, ta – túbulos aquíferos, ve – valva esquerda, u – umbo
Fontes: A) Lamarck (1819); B) Swaison (1823) *apud* Callil (2003).

Tab. 6.2 Número de espécies de moluscos em áreas-chave de endemismo: os principais lagos mais antigos do mundo e algumas das principais bacias hidrográficas

Lagos	Gastropodos	Bivalvos	Total
Baikal[1]	150 (117)	31 (16)	181 (133)
Biwa	38 (19)	16 (9)	54 (28)
Sulawesi[2]	ca. 50 (ca. 40)	4 (1)	54 (41)
Tanganica	68 (45)	15 (8)	83 (53)
Malawi	28 (16)	9 (1)	37 (17)
Vitória	28 (13)	18 (9)	46 (22)
Ohrid	72 (55)		
Titicaca	24 (15)		
Bacias hidrográficas			
Mobile Bay Basin	118 (110)	74 (40)	192 (150)
Baixo **rio Uruguai** e **rio da Prata**	54 (26)	39 (8)	93 (34)
Rio Mekong[3]	121 (111)	39 (5)	160 (116)
Baixa bacia do Congo	96 (24)		
Baixa bacia do Zaire	96 (24)		

Os números entre parênteses correspondem às espécies endêmicas
[1]Timoshkin (1997)
[2]Lagos **Poso** e sistema de lagos **Malili**
[3]Davis (1982)
Fonte: Lévêque *et al.* (2005).

há 164 espécies endêmicas, de um total de 194 espécies descritas.

Existem aproximadamente 600 espécies de oligoquetos no Planeta. No Brasil, há cerca de 70 espécies, e no Estado de São Paulo foram registradas 46 espécies (Righi, 1984, 1999).

Da classe *Hirudinea* encontram-se representantes em faunas marinhas e de água doce. Sanguessugas podem predar macroinvertebrados ou são ectoparasitas de peixes, pássaros aquáticos ou mamíferos aquáticos.

6.5.11 Decápodes

Há cerca de 10 mil espécies de **decápodes** no Planeta, das quais 116 no Brasil. No Estado de São Paulo, há 33 espécies conhecidas.

Decápodes dominam águas tropicais e subtropicais nas Américas do Sul e Central, Europa e Sudeste da Ásia. Entre os crustáceos decápodes encontram-se camarões e caranguejos (branquiúros e aeglídeos), com importância econômica e ecológica. Os gêneros e as espécies mais conhecidos no Brasil, especialmente no Estado de São Paulo, estão dispostos no Quadro 6.4.

Lagostins de água doce pertencem à família *Parastacidae*. Os caranguejos de água doce pertencem à família *Aeglidae*, cujo gênero *Aegla* apresenta 35 espécies registradas no Brasil (Bond-Buckup e Buckup, 1984) (Fig. 6.11).

6.5.12 Crustáceos

Crustáceos são **organismos bentônicos** ou planctônicos e têm uma grande importância na estrutura e função de lagos, rios, represas, águas doces em

Quadro 6.4 Decápodes mais comuns em ecossistemas de águas interiores do Brasil

Grupo taxonômico	Hábitat aquático	Tipo de alimentação	Exemplos
Decapoda (caranguejos de água doce, camarões e lagostins de água doce)	Águas doces; marinhos; bentônicos	Raptoriais	Aegla franca Atya scabra Potimirim glabra Procambarus clarkii Macrobrachium brasiliense Palaemon pandaliformis Goyazana castelnaui Trichodactylus fluviatilis

geral, estuários e águas oceânicas. Todos os crustáceos apresentam um exoesqueleto com quitina, o qual pode também ser enriquecido com carbonato de cálcio. A classificação dos crustáceos é feita a partir das características e do desenho do exoesqueleto, bem como do número de segmentos e apêndices. O Quadro 6.5 mostra os grupos taxonômicos dos crustáceos e as espécies mais comuns que ocorrem em águas continentais do neotrópico. A Tab. 6.3 apresenta a diversidade global de crustáceos de água doce.

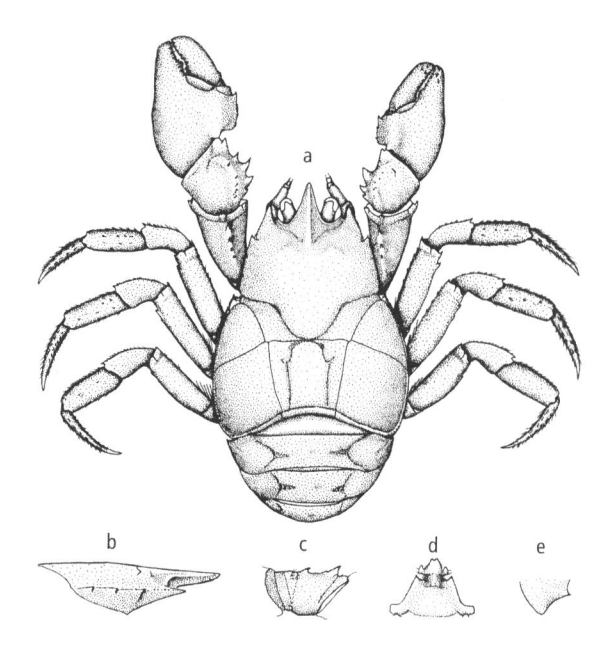

Fig. 6.11 *Aegla parva*: a) vista dorsal; b) porção anterior da carapaça (vista lateral); c) base-ísquio do quelípodo (vista lateral); d) terceiro e quarto esternitos torácicos (vista ventral); e) epímero 2 (vista lateral)
Fonte: Melo (2003).

Quadro 6.5 Principais grupos de crustáceos comuns em ecossistemas aquáticos

Grupo taxonômico	Hábitat aquático	Tipo de alimentação	Exemplos no Brasil
1. Cladocera	Águas doces; planctônicos; bentônicos ou sésseis sobre estrutura; marinhos	Predadores; filtradores	Bosmina tubicen Ceriodaphnia cornuta Ceriodaphnia silvestrii Daphnia gessnerii Diaphanosoma spinulosum Diaphanosoma brevireme Moina minuta Sida crystalina
2. Copepoda; Calanoida	Águas doces; marinhos; planctônicos	Filtradores	Argyrodiaptomus azevedoi Argyrodiaptomus furcatus Notodiaptomus cearensis Notodiaptomus conifer Notodiaptomus iheringi Notodiaptomus transitans Odontodiaptomus paulistanus Scolodiaptomus corderoi
3. Copepoda; Cyclopoida	Águas doces; marinhos; planctônicos; bentônicos	Predadores raptoriais	Cryptocyclops brevifurca Eucyclops encifer Ectocyclops rubescens Mesocyclops brasilianus Microcyclops anceps Thermocyclops decipiens Thermocyclops minutus Tropocyclops prasinus

Quadro 6.5 Principais grupos de crustáceos comuns em ecossistemas aquáticos (continuação)

Grupo taxonômico	Hábitat aquático	Tipo de alimentação	Exemplos no Brasil
4. Harpacticoida	Águas doces; marinhos; bentônicos	Filtradores e parasitas	*Attheyella jureiae* *Attheyella (Canthosella) vera* *Attheyella (Chappuisiella) fuhmanni* *Attheyella (Delachauxiella) broiensis* *Elaphoidella bidens* *Elaphoidella lacinata* *Elaphoidella deitersi*
5. Mysidacea	Águas doces; planctônicos	Predadores e detritívoros	*Brasilomysis castroi* *Mysidopsis tortonesi*
6. Amphipoda	Águas doces; marinhos; bentônicos	Raptoriais	*Ampithoe ramondi* *Cymadusa filosa* *Corophiidae acherusicum* *Hyalella caeca* *Leucothoe spinicarpa* *Sunampithoe pelágica*

Fontes: Ismael *et al.* (1999); Lévêque *et al.* (2005).

A Fig. 6.12 mostra copépodes calanóides encontrados na represa da UHE Carlos Botelho (Lobo/Broa).

A Fig. 6.13 mostra a distinção clássica entre calanóides, ciclopóides e harpacticóides, os quais são os principais constituintes das águas continentais e das águas marinhas.

A Fig. 6.14 (p. 164) exemplifica algumas espécies de zooplâncton da região neotropical.

Cladóceros, copépodes, rotíferos e protozoários são os principais componentes do zooplâncton de águas continentais. Camarões de água doce e caranguejos são habitantes de rios, zona litoral de lagos e estuários.

Esses organismos são filtradores (como os calanóides) ou podem ser de alimentação raptorial (como os ciclopóides).

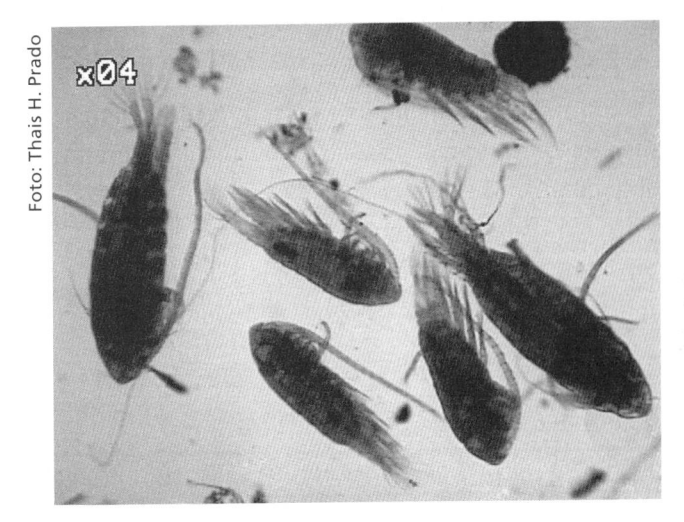

Fig. 6.12 Copépodes calanóides na represa da UHE Carlos Botelho (Lobo/Broa)

Tab. 6.3 Diversidade global de crustáceos de água doce

Grupo	América do Norte	Europa	Ásia	Austrália	América do Sul	África	Mundo
Branchiopoda							
Cladocera	140[1]						500[3]
Phyllopoda	67	72					420
Ostracoda	420[2]	400[5]			500[6]	500[7]	2.000
Copepoda[4]	363	902	927	181	516	524	2.085
Branchiura	23						4.200
Malacostraca							

[1]Pennak (1989); [2]Thorp e Covich (1991); [3]Dumont e Negrea (2001); [4]Dussart e Defaye (2002); [5]Giller e Malmqvist (1998); [6]Martens (1984); [7]Martens e Behen (1994)
Fonte: Lévêque *et al.* (2005).

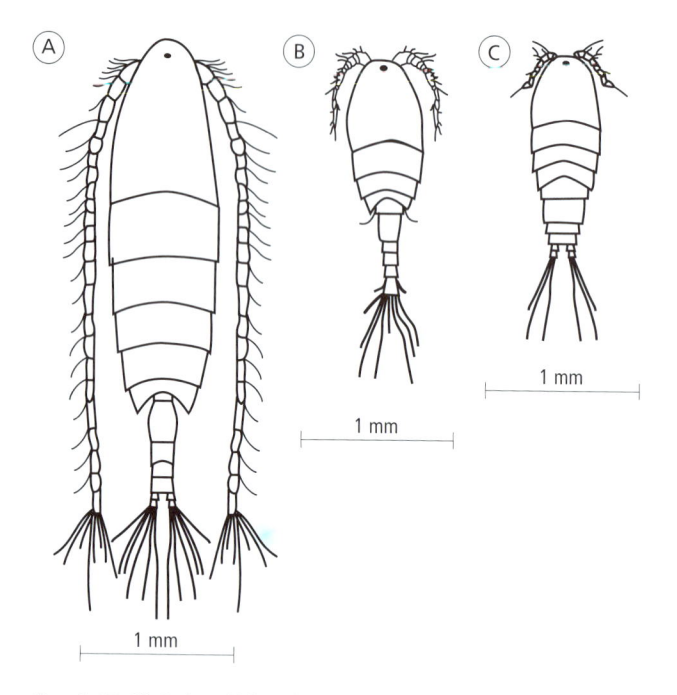

Fig. 6.13 A) Calanóide; B) Ciclopóide; C) Harpacticóide

6.5.13 Insetos aquáticos

Em rios, lagos, represas e áreas alagadas, os insetos aquáticos e suas larvas são encontrados em grande abundância. Muitas dessas larvas conseguem sobreviver em águas com grande velocidade de corrente e possuem características morfológicas especiais para resistir ao movimento da água. A maioria dos adultos desses insetos aquáticos é constituída de formas aéreas de vida curta. Essas larvas de insetos podem ser predadoras. Adultos da família *Belostomaticea* (barata d'água) são predadores vorazes, que podem capturar pequenos peixes. Larvas de quironomídeos são importantes componentes de **zoobentos** (Quadro 6.6).

Em algumas regiões tropicais, **larvas de simulídeos** são importantes e podem transmitir *Onchocerciasis*. As **larvas de Chaoborus** são os únicos representantes de formas larvais de insetos aquáticos no plâncton. A maioria das larvas de insetos está localizada no bentos.

A Tab. 6.4 apresenta uma estimativa do número de insetos aquáticos para todos os continentes e grandes áreas biogeográficas.

6.5.14 Peixes

Os peixes constituem parte da **comunidade nectônica** de grande importância evolutiva, econômica e ecológica. A interação dos peixes com o ecossistema aquático e a biota aquática ocorre por meio de inter-relações alimentares e de efeitos na composição química das águas (respiração e excreção) e no sedimento (remoção de outros organismos, perturbação do sedimento). Os peixes também transportam

Quadro 6.6 Ordens de insetos aquáticos

Ordem	Hábitat e dieta – distribuição geográfica	Exemplos na América do Sul e no Brasil
Coleóptera **Insetos holometabólicos**	10% das famílias são aquáticas ou semi-aquáticas. Besouros aquáticos habitam águas doces, salobras, marinhas. Hábitats mais comuns são áreas com **vegetação aquática** abundante. Predadores, filtradores ou **raspadores**. Cosmopolitas.	Mais de 2.000 espécies classificadas na América do Sul, distribuídas em 20 famílias.
Díptera Insetos holometabólicos	Ocorrem em grande variedade de sistemas aquáticos. Pelo menos 30 famílias têm representantes em águas doces. As larvas alimentam-se de detritos, podem coletar partículas ou são predadoras.	Número de espécies de importância médica: *Tipulidae*: 14.000 espécies; *Cilicidae*: 3.450 espécies; *Anophelidae*: 420 espécies; *Sinulidae*: 1.570 espécies; *Ceratopogomidae*: 5.000 espécies; *Tabanidae*: 4.000 espécies. Ampla distribuição geográfica, especialmente nos trópicos úmidos. *Chironomidea neotropicais* foram descritos 155 gêneros e 709 espécies. 168 espécies no Brasil, distribuídas em 32 gêneros. *Pseudochironomus*, Malloch (1915). *G. neopictus*, Trivinho-Strixino e Strixino (1998).

Quadro 6.6 Ordens de insetos aquáticos (continuação)

ORDEM	HÁBITAT E DIETA – DISTRIBUIÇÃO GEOGRÁFICA	EXEMPLOS NA AMÉRICA DO SUL E NO BRASIL
Ephemoroptera Insetos hemimetabólicos; as ninfas são aquáticas e os adultos, terrestres	Os hábitats mais comuns são rios de regiões tropicais ou subtropicais. Cerca de 2.100 espécies descritas. Fauna de Ephemeroptera da Austrália, Nova Zelândia e Sul da América do Sul são similares. As larvas são raspadoras de superfície.	150 espécies válidas para o Brasil. *Caenis cuniana*, Froelich (Cidade Universitária, Estação Biológica de Boracéia; **represa de Guarapiranga**).
Hemíptera – Heteroptera Insetos hemimetabólicos	Espécies semi-aquáticas associadas a zona intersticial ou margens de lagos com vegetação. Cerca de 3.300 espécies. Ampla distribuição geográfica. Podem ser predadores ou filtradores de algas e detritos.	16 famílias, 81 gêneros e 900 espécies na América do Sul tropical.
Odonata Insetos hemimetabólicos com ninfas aquáticas e adultos terrestres	Algumas **espécies marinhas**; espécies de águas salobras e espécies de lagos e tanques de regiões semi-áridas, onde a larva se desenvolve em águas temporárias. As larvas são predadoras. Ampla distribuição geográfica, dos trópicos ao pólo. 5.500 espécies descritas.	247 espécies para o Rio de Janeiro, 218 para Minas Gerais, 230 para a Argentina, entre 200 e 300 para o Estado de São Paulo.
Plecoptera Insetos hemimetabólicos	As ninfas são aquáticas e se desenvolvem em águas frias, correntes, a temperaturas abaixo de 25°C, com alto conteúdo de oxigênio dissolvido. 2.000 espécies foram descritas. Muitas famílias distribuem-se em zonas temperadas dos hemisférios Sul e Norte. As larvas são predadoras.	2.000 espécies no Planeta, 110 no Brasil e 40 espécies conhecidas no Estado de São Paulo.
Tricóptera Insetos holometabólicos	Larvas e pupas vivem em águas temporárias, águas frias e quentes. Ampla distribuição geográfica, exceto na Antártica. A diversidade de tricópteros é mais alta em águas de regiões tropicais. Podem ser encontrados em lagos de altitude, em regiões temperadas. Algumas espécies têm larvas predadoras. Geralmente raspadores de superfície ou filtradores de material em suspensão. As larvas vivem em águas correntes de boa qualidade, sendo bons indicadores.	Há cerca de 9.600 espécies no mundo, 330 no Brasil e 45 no Estado de São Paulo. Exemplos: *Simicridea albosigmata*, Ulmer (1907); *S. Boracéia*, Flint (1998); *S. froelichi*, Flint (1998), Estação Biológica de Boracéia (SP).
Megaloptera Insetos holometabólicos	Larvas aquáticas em todas as espécies; cerca de 250 a 350 espécies descritas. Distribuição geográfica principalmente limitada a regiões temperadas. Poucas espécies nos trópicos.	Números de espécies no mundo: 300 Números de espécies no Brasil: 16
Lepidoptera Insetos holometabólicos	Quase todas as espécies aquáticas são associadas com plantas.	Poucas informações no Brasil. Um trabalho de descrição (Messinian e Dasiluas, 1994).
Neuroptera Insetos holometabolicos	A maioria é de espécies terrestres. Há três famílias com espécies de água doce, com larvas semi-aquáticas. Há cerca de 4.300 espécies, sendo 100 aquáticas. A família *Sysyridae*, com 45 espécies, está associada com esponjas aquáticas da família *Spongillidae*. Distribuição geográfica principalmente na Austrália, com poucas espécies na América do Norte e na Europa.	Uma espécie da família *Sysiridae* ocorre no Brasil.
Hymenoptera Insetos holometabólicos	Poucas espécies aquáticas ou semi-aquáticas. Muitas famílias de vespas parasitas estão associadas a águas onde ocorrem hospedeiros, especialmente o estágio aquático de Collembota, Ephemeroptera e Plecoptera. Os hospedeiros vivem em águas lóticas ou lênticas. Há cerca de 100 espécies de vespas parasitas.	Poucas informações no Brasil

Fontes: Lévêque *et al.* (2005); Froehlich (1999); Hubbard e Pescador (1999); Ismael *et al.* (1999); Strixino e Strixino (1999).

Tab. 6.4 Estimativa do número de espécies de insetos aquáticos para todos os continentes e grandes áreas biogeográficas (adaptado e completado de Hutchinson, 1993)

	Afrotropical	Neártica	Paleártica Oriental	Europa	Neotrópico	Oriental	Australiana	Mundo
Ephemeroptera	295[1]	670[6]		350[6]	170		84[4]	>3.000
Odonata	699[1]	>650[5]		150[7]	800		302[4]	5.500
Plecoptera	49[1]	578[4]		4.234[7]	ND		196[4]	2.000
Megaloptera	81	434		64	63[3]		26[4]	300
Trichoptera	>1.000[1]	1.524[1]	1.228[1]	1.724[1]	2.196[2]	3.522[1]	1.116[1]	>10.000
Hemiptera		404[4]		129[4]	900		236[4]	3.300
Coleoptera		1.655[4]		1.077[4]	2.000		730[4]	>6.000
Diptera		5.547[4]		4.050[4]	709		1.300[4]	>20.000
Orthoptera		ca 20		0	1			ca 20
Neuroptera		6[4]		9[4]	1		58[4]	ca 100
Lepidoptera		782[8]		5[4]				ca 1.000
Hymenoptera		55[4]		74[4]				>129
Collembola	ND	50	ND	30	ND	ND		

[1]Elouard e Gibon (2001); [2]Flint *et al.* (1999); [3]Contreras-Ramos (1999); [4]Hutchinson (1993); [5]Ward (1992); [6]Resh (2003); [7]Limnofauna Europaea (2003); [8]Lange (1996)
Fontes: Lévêque *et al.* (2005); Spies e Reiss (1996).

matéria orgânica, vertical e horizontalmente, devido à sua grande capacidade de deslocamento, e, em alguns casos, ocorrem extensas migrações entre águas doces e marinhas. Muitas espécies de peixes têm uma capacidade extremamente avançada de regulação osmótica, o que lhes facilita a colonização de águas interiores com várias concentrações salinas, e a migração entre águas continentais e águas marinhas (oceânicas e estuárias).

Em quase todos os ecossistemas aquáticos, os peixes têm uma importância ecológica e econômica fundamental, pois deles dependem o funcionamento e a estrutura desses ecossistemas e a sobrevivência de muitas populações humanas, por meio da pesca intensiva e, mais recentemente, da aquicultura continental ou marinha.

As Tabs. 6.5 e 6.6 mostram, respectivamente, as ordens de peixes representados em águas continentais e a distribuição das diferentes espécies de peixes nos continentes.

Podemos considerar fisiologicamente os peixes que perfazem migrações entre sistemas de água doce e marinhos (como a tainha, por exemplo), que são cerca de 500 espécies (Lévêque *et al.*, 2005). Esses são peixes denominados **diádromos**; aqueles que se reproduzem em águas doces e vivem em águas oceânicas, como o salmão, são denominados **anádromos**; os que se reproduzem em águas marinhas e vivem em águas doces, como as enguias da família *Anguillidae*, são denominados **catádromos**.

Os problemas de **dispersão** e **tolerância** às condições de dessecação constituem processos importantes na distribuição de peixes de águas continentais. O número de espécies está relacionado com os processos históricos de dispersão e conexão de águas continentais de bacias hidrográficas.

A região neotropical, que inclui a maior parte da América do Sul e Central, tem a mais diversificada fauna de peixes de todo o Planeta, e a bacia amazônica tem cerca de 1.300 espécies catalogadas no Zoological Records (Roberts, 1972). Goulding (1980) cita, entretanto, entre 2.500 e 3.000 espécies de peixes para a bacia amazônica, a maior parte constituída por caracídeos e silunóides.

A distribuição geográfica de famílias, gêneros e espécies de peixes está relacionada com os **problemas geomorfológicos** de origem, conexão e isolamento das águas continentais, a base histórica da persistência de espécies e a relação entre dispersão, extinção e especiação, e, mais recentemente, os impactos da atividade humana (sobrepesca, transporte de espécies, invasores e exóticas, extinção de hábitats, poluição e contaminação).

Tab. 6.5 Ordens de peixes representados em águas continentais

Classe	Subdivisão	Superordem	Ordem	Nº total de famílias	Nº de espécies	Nº de espécies de água doce	%
Petromyzonida			Petromyzoniformes	3	38	29	76,3
Chondrichthyes			Carcharhiniformes	8	224	1	0,45
Actinopterygii			Acipenseriformes	2	27	14	51,8
			Lepisosteiformes	1	7	6	85,7
			Amiiformes	1	1	1	100
		Osteoglossomorpha	Osteoglossiformes	4	218	218	100
		Elopomorpha	Anguilliformes	15	791	6	0,75
		Ostarioclupeomorpha Clupeomorpha	Clupeiformes	5	364	79	21,7
		Ostariophysi	Gonorynchiformes	4	37	31	83,8
			Cypriniformes	6	3.268	3.268	100
			Characiformes	18	1.674	1.674	100
			Siluriformes	35	2.867	2.740	95,5
			Gymnotiformes	5	134	134	100
	Euteleostei	Protacanthopterygii	Salmoniformes	1	66	45	68,2
		Paracanthopterygii	Percopsiformes	3	9	9	100
			Gadiformes	9	555	1	0,18
			Ophidiiformes	5	385	5	1,3
			Batrachoidiformes	1	78	6	7,7
		Acanthopterygii	Atheriniformes	6	2.312	210	67,3
			Mugiliformes	1	72	1	1,4
			Gasterosteiformes	11	278	21	7,55
			Synbranchiformes	3	99	96	97
			Scorpaeniformes	26	1.477	60	4
			Perciformes	160	10.033	2.040	20,3
			Pleuronectiformes	14	678	10	1,47
			Tetraodontiformes	9	357	14	4
Sarcopterygii		Ceratodontimorpha	Ceratodotiformes	3	6	6	100

Fonte: Nelson (2006).

A Fig. 6.15a mostra a composição relativa das espécies de peixes de água doce da América do Sul, Sudeste da Ásia, rios e lagos africanos. A Fig. 6.15b apresenta exemplos de irradiação adaptiva nos ciclídeos do **lago Malawi**.

De acordo com seu tipo de vida, os peixes podem ser classificados em pelágicos, que vivem em águas abertas, e **demersais**, que vivem sobre o fundo ou próximo dele. Forma, estrutura corporal, fisiologia, estado evolutivo, ecologia alimentar e comportamento dos peixes estão inter-relacionados.

As famílias de peixes marinhos são mais numerosas nos oceanos que em águas continentais. Uma

Tab. 6.6 Distribuição da diversidade de espécies de peixes em escala continental

Zonas	Número de espécies de peixes	Base de dados da FAO
Europa + ex-URSS	360[1]	393 + 448
África	3.000[2]	3.042
América do Norte	1.050[1]	1.542
América do Sul	5.000+[1]	3.731
Ásia	3.500+[3]	3.443
Austrália (Nova Guiné)	500[1]	
Australásia		616
Total	13.400	13.215

[1]Lundberg et al. (2000); [2]Lévêque (1997); [3]Kottelat e Whitten (1996).

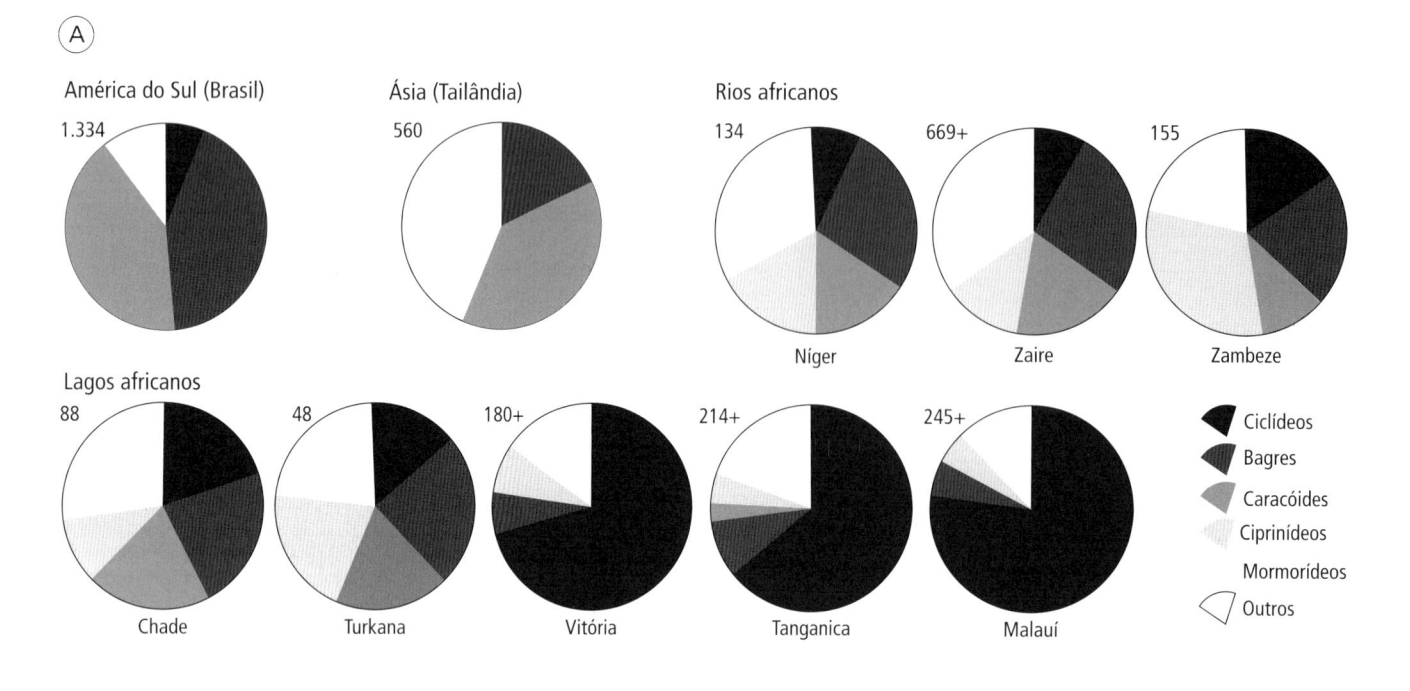

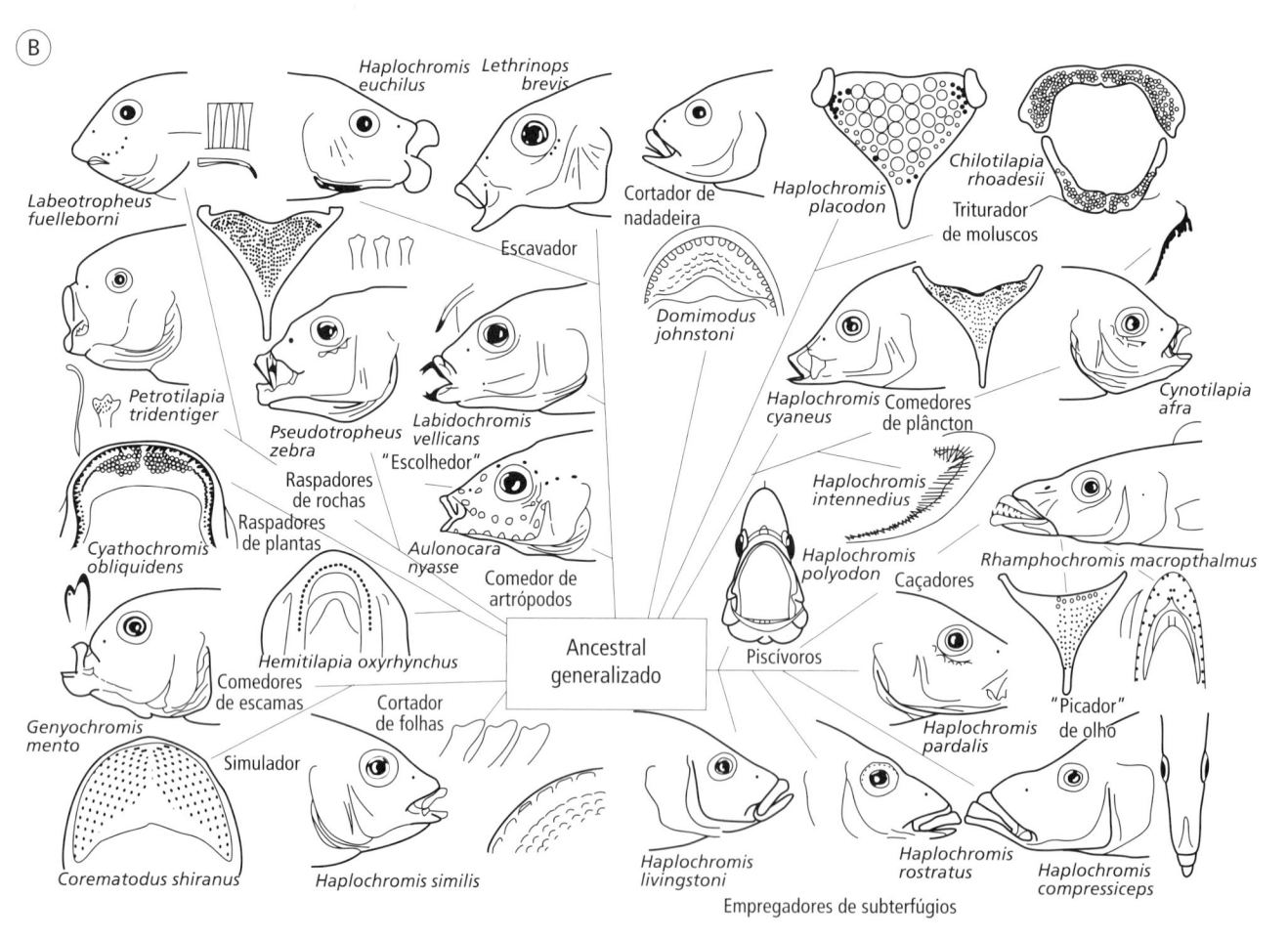

Fig. 6.15 A) Composição relativa da fauna de peixes de água doce da América do Sul (Brasil), do sudeste da Ásia (Tailândia), e de rios e lagos africanos, baseada no número indicado de espécies; B) Exemplos de irradiação adaptativa nos ciclídeos do lago Malawi
Fonte: modificado de Lowe-McConnell (1999).

estimativa de 28.500 espécies de peixes foi apresentada por Nelson (1994). Cerca de 10.000 espécies vivem em águas continentais, sendo 500 diadromas. Há várias regiões com alta endemicidade de peixes em águas continentais, por exemplo, espécies de ciclídeos nos grandes lagos africanos (Vitória, Malawi, Tanganica). No lago Titicaca, 24 espécies de **Orestias** (*Cyprinodontidae*) foram descritas (Lanzanne, 1982). A endemicidade de espécies de peixes em rios é menos conhecida.

A maioria das espécies de peixes de águas continentais está representada pelos cypriniformes (carpas), caracídeos (characiformes) e **bagres** (siluriformes) de numerosas famílias, de acordo com Lowe McConnell (1999). Espécies de peixes que evoluíram em águas doces a partir de grupos marinhos incluem os ciclídeos, que são muito importantes nos grandes lagos africanos e podem tolerar e sobreviver em águas salobras de baixa salinidade.

África e América do Sul têm caracóides e ciclídeos em suas faunas, onde ocorrem também peixes pulmonados e grupos primitivos. Na América do Sul, os cypriniformes são totalmente ausentes. Na Ásia, há muito poucos ciclídeos e não há peixes characiformes.

A estimativa para a África é de cerca de 3.000 espécies (Lévêque, 1997). A **ictiofauna** neotropical (Américas Central e do Sul) inclui estimativa de 3.500 a 5.000 espécies de peixes; para a Ásia tropical estimam-se 3.000 espécies.

Nos Anexos de 1 a 3 (p. 591-596), apresentam-se descrições e a composição das espécies de peixes em três grandes bacias da América do Sul: bacia Amazônica, **bacia do rio São Francisco** (inteiramente em território brasileiro) e bacia do rio Paraná. A diversidade de espécies de peixes dessas bacias, suas características evolutivas e comportamentais, sua fisiologia e hábitos alimentares estão relacionados com os processos dinâmicos de cada uma dessas bacias, ou seja, circulação, período de enchente, interações com a vegetação, presença de lagos marginais, competição, **predação** e parasitismo. Esses três exemplos mostram uma diversificada fauna com amplas distribuições nas três bacias e com importância ecológica e econômica de enorme valor, além de constituir uma base importante para o estudo e a caracterização da biodiversidade aquática nessas bacias.

É importante mencionar a família Ciclidae, da qual o gênero **Tilapia** é abundante na África e foi introduzido na América do Sul; a família *Mugilidae*, da qual o *Mugil cephalus* (tainha) tem importância em estuários, alimentando-se de plâncton; e a família *Clupeidae*, que, embora comum nos oceanos, tem representantes em alguns lagos, inclusive tropicais.

Uma interação importante dos peixes com os demais componentes da comunidade é o seu papel na rede alimentar. Essa interação influencia consideravelmente a estrutura e a composição das comunidades em lagos, rios e represas.

Os **peixes pelágicos** podem ser planctófagos ou piscívoros. Os peixes que habitam o litoral e a zona profunda de lagos alimentam-se de **invertebrados bentônicos**, detritos ou plantas aquáticas superiores.

A maioria dos peixes pelágicos planctófagos pode alimentar-se por filtração, com cerdas branquiais muito finas (rastros). A alimentação seletiva dos peixes planctófagos pode alterar consideravelmente a estrutura da comunidade planctônica. A digestão de cianofíceas demanda um baixo pH no tubo digestivo, e, uma vez que muitas espécies de peixes têm um pH mais elevado no tubo digestivo, essa capacidade de digestão fica limitada. No caso da tilápia, o pH do tubo digestivo pode baixar até 1,4.

A maioria dos **peixes bentônicos** alimenta-se de detritos. Na América do Sul, as famílias *Prochilodontiae* e *Curimatiae* incluem estoques importantes de peixes que, em algumas regiões, compreendem 50% de ictiomassa. As adaptações à **detritivoria** incluem alterações no canal alimentar para a eliminação de partículas inorgânicas em suspensão, um estômago anterior, reservatório de material ingerido e um estômago posterior, extremamente muscular, com a capacidade para amassar conjuntamente alimento e areia ingerida.

Os peixes que se alimentam de frutos e sementes, os *Characiformes* do gênero *Colossoma* e *Brycon*, são peculiares e ocorrem somente na região amazônica.

Os tambaquis adultos alimentam-se de frutos nas áreas inundadas da floresta, enquanto os jovens localizam-se nos lagos de várzea, alimentando-se de zooplâncton.

Os rios da região neotropical proporcionam uma dieta variada para os peixes que se alimentam de detritos. Normalmente os detritos, no transporte rio abaixo, alteram de tamanho e são utilizados em compartimentos por várias espécies.

Predadores como a piranha (gênero *Serrasalma*) e o tucunaré (*Cicchla occelaris*) podem produzir, quando introduzidos, extensas alterações na rede alimentar (Zaret e Paine, 1973).

A importância dos peixes como alimento para o homem tem provocado inúmeros estudos de espécies comerciais, bem como levado ao desenvolvimento intensivo da pesca e de atividades de piscicultura e aquicultura em muitos lagos e em estações de piscicultura, em países desenvolvidos e em desenvolvimento.

Deve ser enfatizado que os estudos sobre as várias espécies de peixes necessitam de um amplo embasamento limnológico, com a finalidade de determinar **limites de tolerância**, taxas de crescimento em função de parâmetros físicos e químicos e inter-relações com outras espécies.

Também o problema da introdução de espécies exóticas e dos efeitos da predação seletiva e do transporte de outros organismos deve ser mencionado como importante no estudo básico dos peixes como componentes da comunidade.

Represas artificiais alteram consideravelmente as condições naturais de rios e influenciam na composição da fauna de peixes.

Peixes da bacia Amazônica

Os grandes bagres predadores da bacia Amazônica têm uma relevante importância ecológica e comercial. Estudos sobre essas espécies de bagres foram realizados por Bayley (1981), Bayley e Petrere Jr. (1989) e, de forma mais relevante, por Barthem e Goulding (1997), que elaboraram uma importante monografia sobre a ecologia, a migração e a conservação desses peixes.

A Fig. 6.16 apresenta as relações peso-comprimento de duas importantes espécies: o surubim e o jaú.

Além desses grandes bagres da bacia Amazônica, outra espécie tem uma enorme importância ecológica comercial: o tambaqui (família *Characidae*; subfamília *Serrasalminae*; espécie *Colossoma macropomum*). Essa espécie foi estudada por Araujo-Lima e Goulding (1998) com uma excelente e informativa monografia, a qual descreve distribuição, hábitos alimentares, migração, reprodução, nutrição, pesca e piscicultura intensiva, além de estudos sobre a biologia evolutiva da espécie.

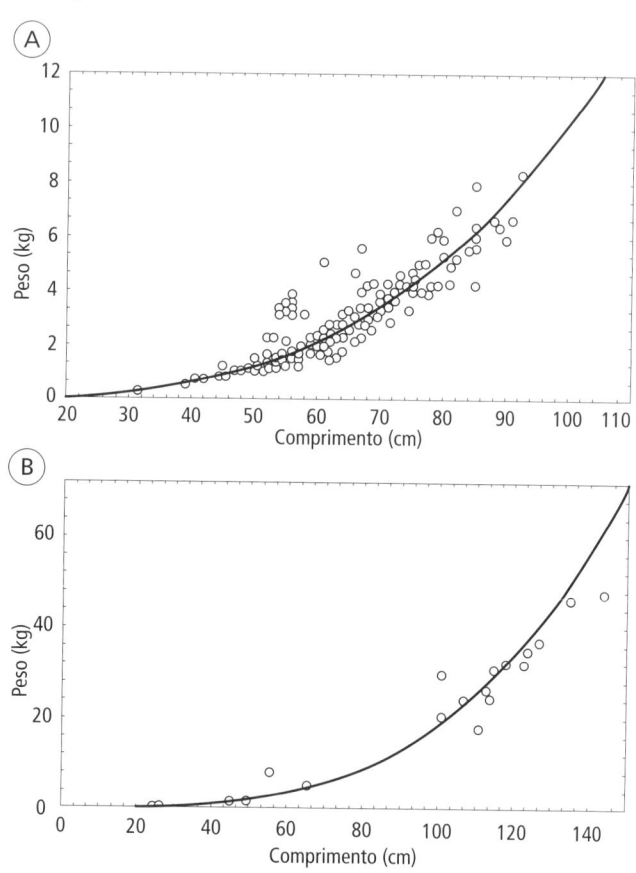

Fig. 6.16 Relações peso-comprimento do: A) surubim (*Pseudoplatystoma fasciatum*) e B) jaú (*Paulicea luetkeni*)
Fonte: Barthem e Goulding (1997).

O tambaqui é encontrado nas bacias do rio Solimões/Amazonas e no Orinoco (Fig. 6.17). Segundo Araujo-Lima e Goulding (1998), os rios Solimões (Amazonas e Madeira) são os eixos principais de distribuição dessa espécie. Conforme esses autores, o tambaqui depende de água barrenta para sua sobrevivência; entretanto, pode ser encontrado em rios de **águas pretas**, e, nesse caso, não mais que em 200 ou 300 km de rios de águas barrentas.

O tambaqui jovem é encontrado nas margens do rio Solimões/Amazonas, com grande número de

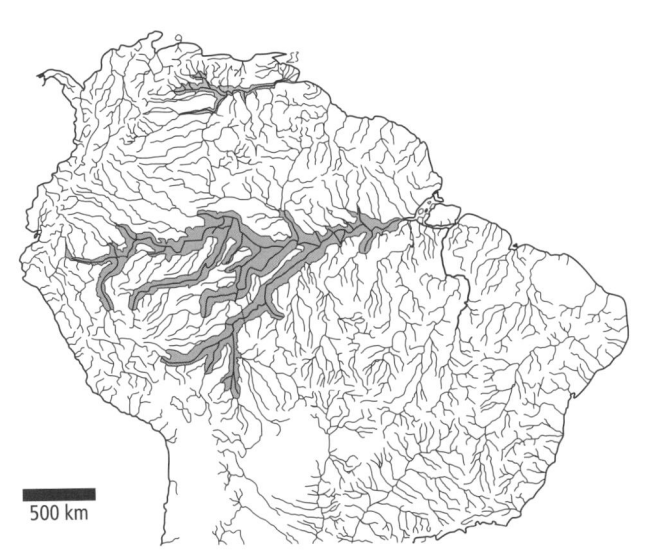

Fig. 6.17 Bacias hidrográficas do norte da América do Sul e a distribuição natural do tambaqui (áreas em cinza)
Fonte: Araujo-Lima e Goulding (1998).

lagos. Esses lagos e várzeas são o principal hábitat para a reprodução e criação dessa espécie. O período de **desova** é de dois a cinco meses. O tambaqui adulto alimenta-se de frutas e sementes. As larvas de tambaqui e os tambaquis jovens alimentam-se de microcrustáceos, quironomídeos, insetos e gramíneas (ver Cap. 8) (Fig. 6.18).

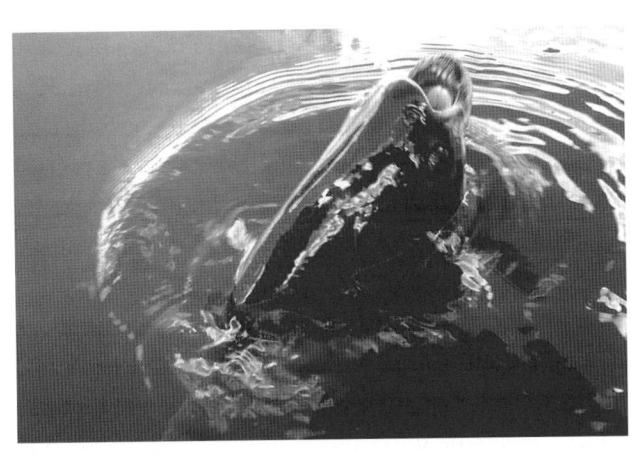

Fig. 6.18 Tambaqui (*Colossoma macropomus*)

Peixes da bacia do rio São Francisco

A bacia do rio São Francisco, com 631.133 km², abrange os Estados de Minas Gerais, Goiás, Distrito Federal, Bahia, Sergipe, Alagoas e Pernambuco. O rio São Francisco percorre 2.700 km em território brasileiro e deságua no **oceano Atlântico**, entre os Estados de Sergipe e Alagoas (Sato e Godinho, 1999). As condições climáticas da bacia são extremamente variáveis e as precipitações variam de 350 mm a 1.900 mm. A descarga média anual do rio São Francisco é de 3.150 m³.s⁻¹. Existem 36 afluentes e 11 represas hidroelétricas no rio São Francisco (Codevast, 1991).

Britski *et al.* (1984) apresentaram uma lista de 133 espécies de peixes para a bacia do rio São Francisco. A lista de espécies (apresentada por Sato e Godinho, 1999) mostra uma grande diversidade, dentre os quais se destacam *Prochilodus margravii* (Pacu), *Salminus brasiliensis* (dourado), *Schizolon knerii* (Piau-branco) e *Lophiosirus alexandre* (Pacamã). Espécies introduzidas na bacia são o tucunaré (*Cichla ocellaris*), a pescada do Piauí (*Plagiascion Squanosissimos*) e várias espécies de carpa, tilápia, tambaqui e bagre africano.

O Anexo 1 (p. 593) apresenta as espécies de peixes do rio São Francisco.

A ictiofauna do rio Paraná foi estudada intensivamente entre a foz do rio Paranapanema e do rio Iguaçu (incluindo o reservatório de Itaipu) pelo Nupelia – Núcleo de Pesquisas em Limnologia, Ictiologia e Aquicultura da Universidade Estadual de Maringá, desde 1986 (Agostinho e Ferreira Julio Jr., 1999). As espécies do Alto Paraná foram classificadas por Vazzoler e Menezes (1992) com base nas **estratégias reprodutivas**. O Anexo 3 (p. 596) mostra as espécies de peixes encontradas no rio Paraná.

6.5.15 Anfíbios, répteis, pássaros e mamíferos

Este conjunto de organismos tem um papel extremamente importante nos sistemas aquáticos continentais, especialmente lagos rasos, áreas alagadas e estuários.

Os anfíbios usam a água desde os estágios iniciais, uma vez que, para muitas espécies, os girinos habitam águas rasas de rios e lagos. Anfíbios também têm importância na rede alimentar próximo às interfaces sistema terrestre/sistema aquático.

Répteis têm grande importância ecológica, especialmente em águas de lagos tropicais e nos grandes deltas internos. Tartarugas, crocodilos, jacarés e algumas espécies de serpentes habitam águas rasas e são predadores importantes, que têm papel relevante no controle da fauna de peixes, pequenos mamíferos e de aves de regiões alagadas. Há cerca de 200 espécies de tartarugas de águas doces, principalmente nas regiões tropicais e temperadas quentes.

Existem 23 espécies de crocodilos em regiões tropicais e subtropicais. A família *Alligatoridae* tem representantes nas Américas do Norte, Central e do Sul. A maior parte da família *Crocodylidae* encontra-se na África, Índia e Ásia.

A espécie do Pantanal mato-grossensse é o *Cayman crocodilos*, jacaré (Silva, 2000) que habita em grande número de áreas alagadas, lagos rasos e rios do Pantanal.

Das espécies de serpentes verdadeiramente aquáticas, há duas adaptadas a ambientes de águas doces, da família *Acrochordidae*. A serpente *Eunectes murinus* (sucuri), comum em regiões tropicais inundadas da América do Sul, é semi-aquática.

Além desses efeitos na rede alimentar, esses animais têm um papel extremamente relevante na reciclagem de nutrientes devido à excreção. Excreção de amônia por *Caiman latirrosrtis* foi demonstrada por Fitkau *et al.* (1975) em um experimento único realizado no Amazonas. Em regiões do neotrópico, capivaras e ratões do banhado, os grandes roedores que vivem no sistema aquático, têm um papel importante na reciclagem de nutrientes, seja pela excreção, seja pela permanente remoção e alteração do sedimento (Fig. 6.19).

Fig. 6.19 Capivara (*Hychochaeris hydrochaeris*), o maior roedor do mundo: 1 m de comprimento, 50 cm de altura e pesando 60 kg

Muitos mamíferos vivem em áreas próximas a ambientes aquáticos continentais. Entretanto, algumas espécies vivem diretamente na água e da água, como os castores roedores (o mais conhecido na América do Sul é a capivara – *Hydrochaeris hydrochaeris*), lontras, hipopótamos (*Hippopotamus amphibious*, que ocorre somente na África), búfalos (*Bubalus bubalis*), bem como espécies de cetáceos (na Ásia), três espécies de peixe-boi (na América do Sul – gênero *Trichechus* spp) e espécies de focas de águas doces na Europa e Sibéria (Fig. 6.20).

Fig. 6.20 Peixe-boi (*Trichechus inunguis*)

Horne e Viner (1971) demonstraram o papel extremamente importante do hipopótamo no lago George e outros lagos africanos. Esses animais reciclam 30% do nitrogênio desses lagos, por causa da excreção e da retirada de vegetação para se alimentar. Na América do Sul, o peixe-boi tem um papel muito importante na remoção de vegetação e reciclagem de nutrientes.

6.5.16 Aves aquáticas

Em lagos rasos e áreas alagadas, aves aquáticas desempenham um papel extraordinário, com efeitos quantitativos e qualitativos sobre a rede alimentar e na reciclagem de nutrientes.

Essas aves podem alimentar-se de plâncton (como, por exemplo, no **lago Nakuru**, na África, onde o flamingo vermelho *Phoenicopterus minor* alimenta-se de *Spirulina* sp e microfitobentos) ou de peixes, alterando significativamente a biomassa de muitas espécies. Além desse papel na rede alimentar, aves aquáticas também transportam organismos em longas migrações, sendo, provavelmente, fundamentais para a colonização de espécies invasoras em muitos lagos, áreas alagadas e represas do Planeta. Aves aquáticas transportam algas, bactérias, ovos de peixes e parasitas de peixes. Evidências recentes mostram que elas podem ter um papel relevante no transporte de vírus da gripe aviária, que pode ter se desenvolvido em lagos eutróficos da China (Hahn, 2006), como já foi mencionado.

Das espécies de aves do Pantanal, cerca de 156 vivem ou dependem de áreas alagadas, enquanto 32 espécies alimentam-se de peixes (Cintra e Yamashita, 1990) (Fig. 6.21).

Fig. 6.21 Irerê (*Dendrocygna viduata*)

A Fig. 6.22 mostra algumas das interações dos organismos aquáticos, de anfíbios a mamíferos, em seu papel na reciclagem de nutrientes.

Portanto, todos os organismos aquáticos, de vírus a mamíferos, têm um relevante papel – quantitativo e qualitativo – no funcionamento dos sistemas aquáticos continentais, e o estudo da dinâmica dos processos em que estão envolvidos e as suas interações bióticas e abióticas são fundamentais para uma compreensão de processos evolutivos e da capacidade de reciclagem de matéria orgânica.

A Tab. 6.7 apresenta a riqueza de espécies de animais em águas interiores e o número de espécies em cada classe/ordem.

6.6 A Organização Espacial das Comunidades Aquáticas

As comunidades aquáticas estão localizadas em diferentes regiões e substratos, na água livre ou apoiando-se em diferentes estruturas. Cada uma dessas comunidades recebe denominação específica de acordo com a sua localização, que demanda, evidentemente, sistemas especializados de flutuabilidade ou a fixação em substratos de diversas características, rugosidade ou diferentes materiais de que são constituídos. Essa compartimentalização implica um uso diferenciado de recursos (radiação solar subaquática,

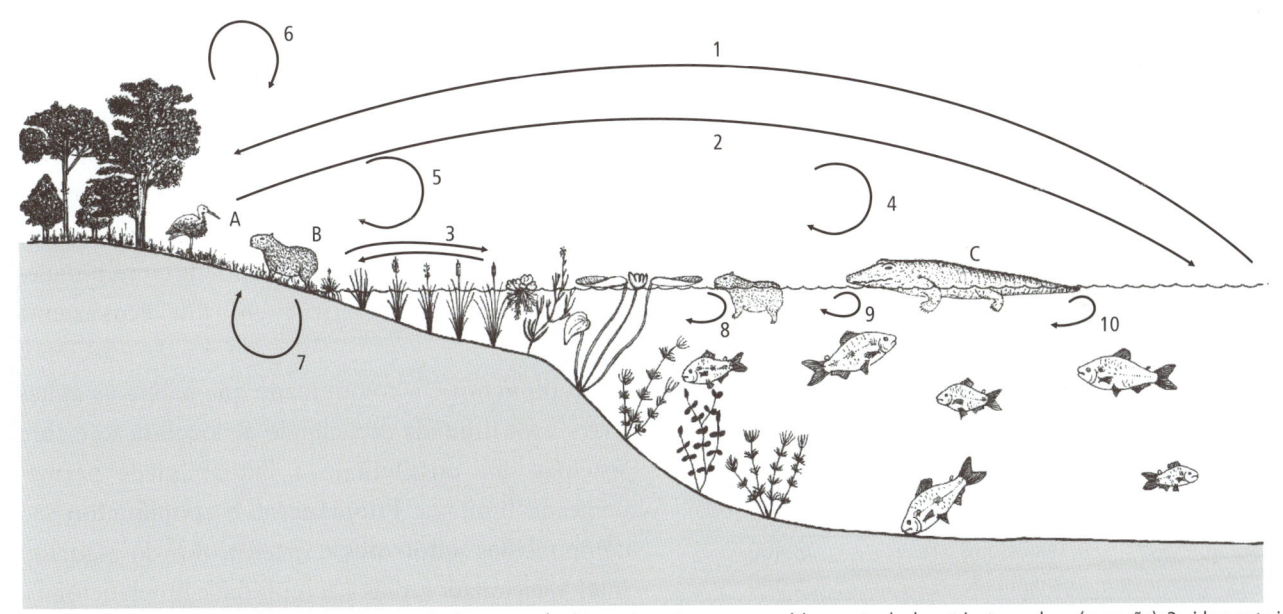

1 - Transporte do sistema aquático para o terrestre; 2 - Transporte do sistema terrestre para o aquático e entrada de nutrientes no lago (excreção); 3 - idem anterior; 4, 5, 8, 9 e 10 - Contribuição para reciclagem de nutrientes no lago (excreção, dejetos); 6 e 7 - Contribuição para reciclagem de nutrientes no sistema terrestre

Fig. 6.22 Inter-relações de vertebrados aquáticos com o sistema terrestre e aquático

Tab. 6.7 Riqueza de espécies de animais em águas interiores

Phyla	Classe/ordem	Número de espécies
Porífera		197
Cnidária		30
	Hydrozoa	ca. 20
Nemertea		12
Plathelminthes		ca. 500
Gastrotricha		ca. 250
Rotífera		1.817
Nematoda		3.000
Annelida	Polychaeta	?
	Oligochaeta	700
	Hirudinae	ca. 300
		70 – 75
Bryozoa		
Tardigrada	Bivalvia	ca. 1.000
Mollusca	Gastropoda	ca. 4.000
Arthropoda		
Crustácea		
Branquiopoda	Cladocera	> 400
	Anostraca	273
	Notostraca	9
	Conchostraca	130
	Haplopoda	1
Amphipoda		
Ostracoda		3.000
Copepoda		2.085
Malacostraca		
	Mysidacea	43
	Cumacea	20
	Tanaidacea	2
	Isopoda	ca. 700
	Amphipoda	1.700
	Decapoda	1.700
Arachnida		5.000
Entognatha	Collembola	
Insecta		
	Ephmeroptera	> 3.000
	Odonata	5.500
	Plecoptera	2.000
	Megaloptera	300
	Trichoptera	> 10.000
	Hemiptera	3.300
	Coleoptera	> 6.000
	Diptera	> 20.000
	Orthoptera	ca. 20
	Neuroptera	ca. 100
	Lepidoptera	ca. 100
	Hymenoptera	ca. 100
Vertebrata		
	Teleostomi	13.400
	Amphibia	5.504
	Reptilia	ca. 250
	Aves	ca. 1.800
	Mammalia	ca. 100

? Informação insuficiente
Fonte: Lévêque (2005).

nutrientes inorgânicos, CO_2 e O_2 disponíveis) que possibilitam a colonização e o desenvolvimento de diferentes populações e comunidades. A dimensão dessa compartimentalização depende do volume do lago, rio ou represa, da velocidade das correntes, da diversidade dos corpos de água e dos efeitos de fatores abióticos, como temperatura da água e concentração iônica, para o seu desenvolvimento (Tundisi et al., 1998).

Esse conjunto de animais e plantas aquáticos aparece, conforme descreve Margalef (1983), como um mosaico ou complexo de distintas associações.

Esta "**distinção funcional**" das diferentes comunidades foi sendo caracterizada ao longo dos 100 anos de história da Limnologia e é um dos produtos da "Limnologia descritiva" e da história natural dos organismos aquáticos. Não obstante seu limitado valor do ponto de vista do conhecimento dinâmico do sistema, a distribuição espacial e temporal dos diferentes componentes das associações possibilita verificar, em conjunto com informações físicas e químicas, a influência dos organismos nos sistemas aquáticos e os fatores que interferem na sua localização espacial. Nos últimos 20 anos, há uma revitalização dos estudos dessas associações em razão de seu valor como indicadores de condições físicas e químicas e também por causa da necessidade de melhor compreender processos de sucessão espacial e temporal em função de fenômenos de circulação, ou como resposta às interações dos ecossistemas aquáticos, como as bacias hidrográficas. Assim, o estudo das diferentes comunidades e suas inter-relações apresenta atualmente novas dimensões em rios, lagos, represas, áreas alagadas, estuários e pequenos tanques (Thomaz e Bini, 2003).

Na Fig. 6.23 são descritos os tipos de comunidades que se podem caracterizar em um ecossistema aquático.

O **plâncton** é a comunidade que habita as águas livres com limitada capacidade de locomoção e com sistemas que possibilitam a flutuabilidade permanente ou limitada. **Fitoplâncton** e **zooplâncton** são componentes **autótrofos** e heterótrofos do plâncton inter-relacionados, pois a comunidade fitoplanctônica pode ser utilizada como alimento pelo zooplâncton herbívoro. Essa comunidade planctônica se caracteriza por uma taxa de renovação elevada também relacionada, como o tempo de retenção da água e a turbulência do sistema.

As diferentes formas características dos vários grupos e espécies do fitoplâncton de águas doces e marinhas podem ser interpretadas como **adaptações funcionais** a ambientes instáveis e turbulentos.

A combinação entre sedimentação e turbulência que impõe variâncias nos componentes da velocidade vertical do deslocamento é, provavelmente, um dos fatores mais importantes na biologia do fitoplâncton, segundo Margalef (1978). Portanto, o transporte vertical e horizontal de células ou colônias de células do fitoplâncton, e também de nutrientes e substâncias dissolvidas na água, tem um papel fundamental na produção de matéria orgânica pelo fitoplâncton de águas continentais e de oceanos. A suspensão e a sobrevivência desses organismos na zona eufótica é, portanto, fundamental para a produção de matéria orgânica nos ecossistemas aquáticos.

O fitoplâncton, segundo Margalef (1983) e Reynolds (1984), tem um requerimento especial, que é o de **permanecer em suspensão**. A expressão principal deste requerimento é a interação com diferentes correntes nas várias profundidades. Os requerimentos para manter o fitoplâncton em suspensão vão desde **alterações morfológicas** que possibilitam o aumento da flutuabilidade, até o tamanho de pequenas dimensões e o funcionamento fisiológico que reduz a densidade das células ou colônias. Tamanhos, volumes e formas de células individuais do fitoplâncton variam desde organismos com volume de $18\mu m^3$ até colônias quase esféricas de *Microcystis* com 0,57 mm. Colônias podem formar filamentos, agregar-se em formas de placas ou constituir um agrupamento de células envolvidas por uma camada mucilaginosa. A relação área da superfície/volume é fundamental para compreender-se como a seleção natural atuou na ecologia do fitoplâncton, uma vez que a necessidade de permanecer em suspensão e absorver nutrientes foi fator decisivo. As características geométricas do fitoplâncton variam desde células esféricas até células com características geométricas de cilindros, trapézios, cubos, ou organismos com uma série de espinhos e outras formações que se projetam fora das células. Todas essas formas são variações alternativas que, entretanto, preservam a ótima relação área da superfície/volume das células ou colônias de células.

A presença da camada de **mucilagem** que envolve colônias de células – como, por exemplo, em várias espécies de *Volvox* spp – aumenta a flutuabilidade da colônia, reduz sua ingestão pelo zooplâncton e

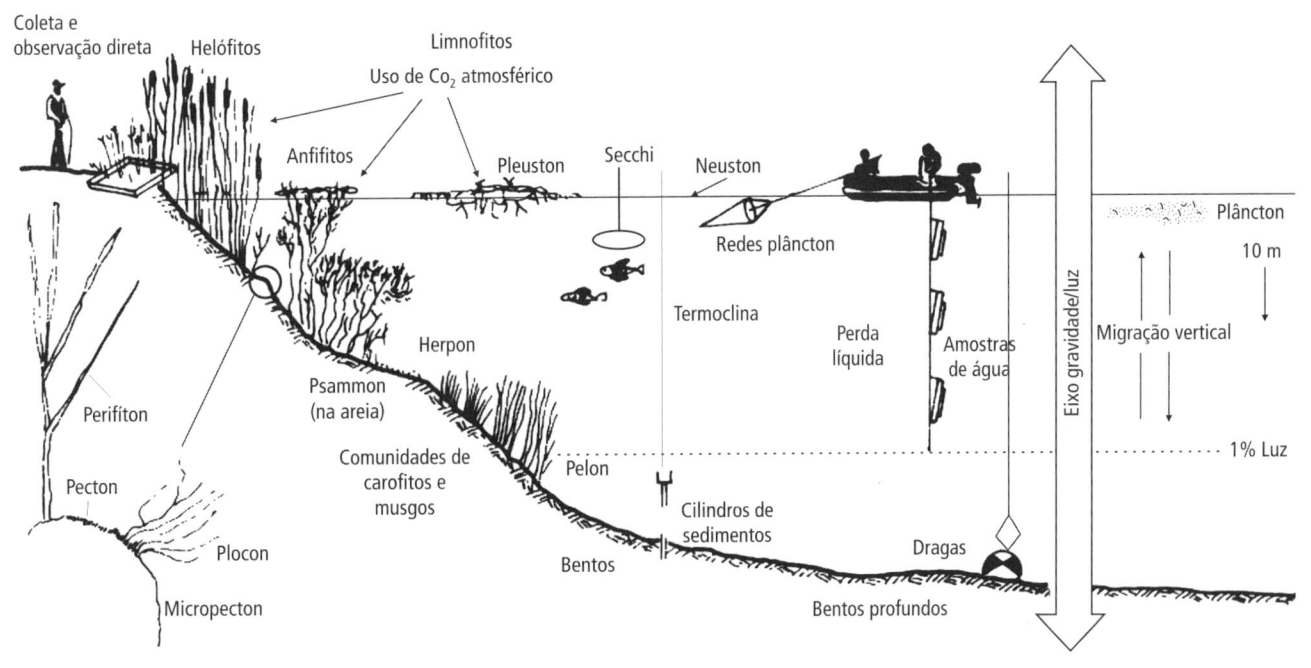

Fig. 6.23 Diferentes comunidades funcionais nos sistemas aquáticos
Fonte: adaptado de Margalef (1983).

produz um ambiente especial com trocas gasosas e de nutrientes. Colônias com mucilagem podem controlar, até certo ponto, a sua distribuição e seu deslocamento vertical. O fitoplâncton apresenta em sua organização as características principais que ocorrem nas células de todos os eucariotas fotossintetizantes: formações protoplasmáticas, envolvidas por uma membrana, o **plasmalema**, o qual é um conjunto de complexas substâncias que, em alguns casos, apresentam mucilagem como membrana externa. Essas membranas são constituídas por uma variedade de substâncias e materiais compostos de celulose, sílica, carbonato de cálcio ou proteína. As células consistem em um **núcleo**, no qual o material genético é confinado sob a forma de **cromossomos**; **mitocôndrias**, nas quais as enzimas respiratórias do ciclo de Krebs são localizadas; **cloroplastos**, onde se encontram os pigmentos fotossintéticos; um **complexo de Golgi**, no qual se produzem os produtos extracelulares; **retículo endoplasmático**, com funções de síntese e transporte de substâncias; **lisossomas** contendo enzimas e peróxidos; **vacúolos** com fluidos; **vesículas** ou bolhas de óleo, grânulos de amido; **microtúbulos** e **microfibrilas** para suporte estrutural; e **corpos basais**.

Vacúolos contráteis são comuns em muitos flagelados de águas doces e raros em formas marinhas (Hutchinson, 1957). Muitas células fitoplanctônicas sintetizam uma variedade de substâncias, como glicerol, manitol, prolina, glicerídeos, as quais são importantes para a regulação osmótica em águas de maior salinidade.

A presença de flagelos é importante para a movimentação de organismos e a regulação da profundidade em relação à intensidade luminosa e ao suprimento de nutrientes.

Os produtos da fotossíntese são reservados no citoplasma do fitoplâncton e variam de acordo com os diferentes grupos: as clorofíceas e as criptófitas produzem amido; as crisófitas produzem polissacarídeos; outros grupos reservam proteínas e lipídeos. As proporções relativas desses componentes citoplasmáticos dependem do metabolismo, das condições nutricionais do meio e da dinâmica das populações.

São de fundamental importância para caracterizar o fitoplâncton: **peso seco**, que compreende, após a perda de água, depósitos orgânicos e inorgânicos; após oxidação da matéria orgânica (com aquecimento no ar a 500°C) restam as "cinzas" que possibilitam, por cálculo, analisar as relações do componente orgânico (livre das cinzas) e as cinzas. Portanto, conteúdos orgânicos, inorgânicos e cinzas podem ser calculados em relação a pigmentos (clorofila). A variação desses componentes é muito grande no fitoplâncton: para clorofíceas, Nalevajko (1966) verificou que as cinzas são, em média, 10,2% do peso seco, e para diatomáceas, a média encontrada foi de 44% do peso seco.

O conteúdo de sílica em diatomáceas varia, segundo Reynolds (1984), de 26% a 69% do peso seco das células. É importante determinar-se o conteúdo de sílica em relação ao volume celular e à área da superfície em diatomáceas, como mais uma das relações fundamentais. Carbono, nitrogênio e fósforo são elementos fundamentais na constituição das células do fitoplâncton; a concentração de carbono é de 51-56% do peso seco livre de "cinzas" (Redfield, 1958), a concentração de nitrogênio é de 4-9% do peso seco livre de "cinzas" (Lund, 1970), e o conteúdo de fósforo é de 0,03-0,8% do peso seco livre de "cinzas" (Rovard, 1965).

Análise do fitoplâncton, portanto, apresenta uma redução dessa relação – denominada razão de Redfield, de C:N:P de aproximadamente 106:16:1, e, provavelmente, segundo Lund (1965), essa é a razão em que esses elementos são requeridos pelo fitoplâncton.

As razões clorofila/peso seco ou volume são também importantes. Geralmente a clorofila apresenta valores que variam de 0,9-3,9% do peso seco livre de "cinzas". O conteúdo de clorofila nas células também varia em relação ao volume celular e aos diferentes grupos.

A Fig. 6.24 mostra as relações entre o peso seco das células e o volume celular, para os diferentes grupos, e as relações entre o volume celular e o conteúdo de clorofila em picogramas, também para os diferentes grupos.

Esses dados sobre a composição elementar do fitoplâncton, ou a concentração de clorofila em relação ao peso seco ou ao volume celular, são fundamentais para a compreensão das relações básicas do fitoplâncton. Estimativas da biomassa e da produtividade são extremamente enriquecidas pela determinação da composição química e das inter-relações entre os vários elementos. Além disso, essas estimativas e

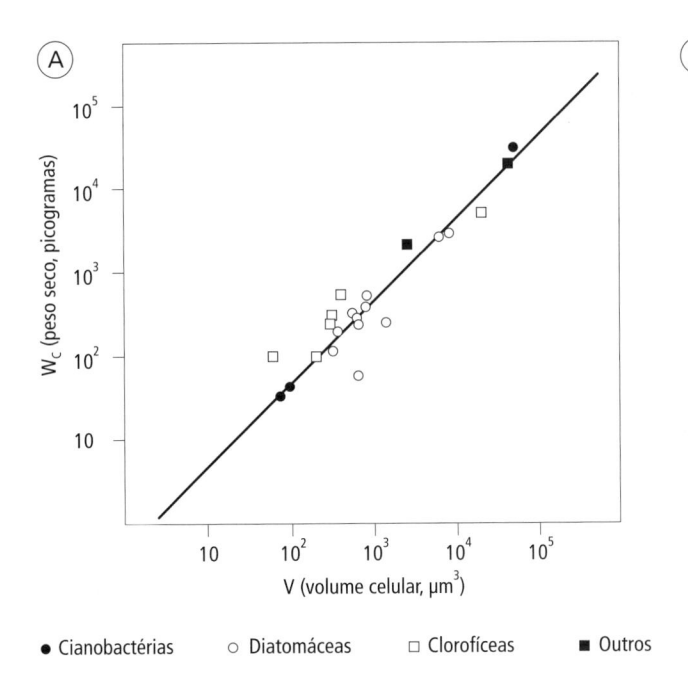

Fig. 6.24 A) Relação entre o peso seco (W_c) e o volume celular (V) de fitoplâncton. A equação de regressão é $W_c = 0,47\ V^{0,99}$; B) Relação entre o conteúdo de clorofila *a* e o volume celular de fitoplâncton. As equações de regressão são fixadas nos pontos para cianobactéria (1: log chl = 1,00 log V – 2,261), diatomáceas (2: log chl = 1,45 log V – 3,77), clorofíceas (3: log chl = 0,88 log V – 1,51) e todos os pontos (4: log chl = 0,984 log V – 2,072)
Fonte: Reynolds (1984).

determinações permitem estabelecer melhor os experimentos das várias espécies em relação à concentração de elementos no meio circundante.

A variabilidade de tamanho do fitoplâncton

As várias dimensões em tamanho do fitoplâncton foram caracterizadas, respectivamente, da seguinte forma (Round, 1985):

- 50-60μm – microfitoplâncton ou microplâncton
- 5-50μm – **nanofitoplâncton** ou nanoplâncton
- 0,5-5μm – ultraplâncton ou ultrananoplâncton
- 0,2-2μm – **picofitoplâncton**

Platt e Li (1986) editaram um extenso volume sobre o picoplâncton fotossintético, especialmente sua fisiologia, distribuição vertical em oceanos e lagos, propriedades óticas e relações com detritos.

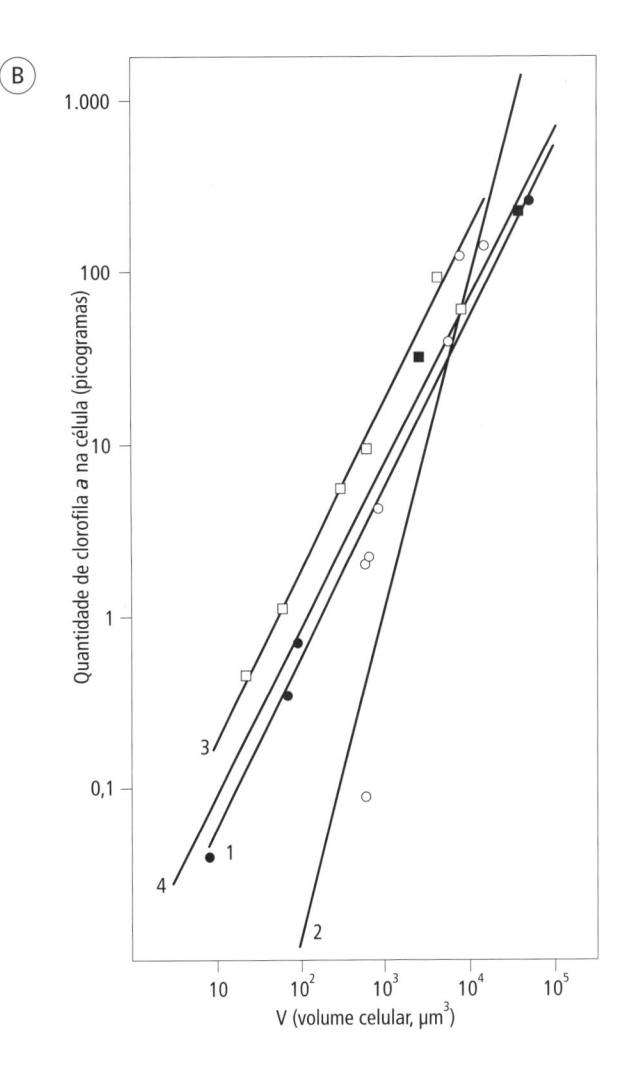

A variabilidade em tamanho e a morfologia diferenciada do fitoplâncton foram discutidas em um trabalho fundamental por Munk e Riley (1952), os quais mostraram que as diferentes frações de tamanho do fitoplâncton em razão de sua superfície/volume e suas formas apresentam diferentes possibilidades de absorção de nutrientes e manutenção da flutuabilidade.

O movimento ativo das células ou colônias de células tem um efeito importante de difundir e renovar nutrientes do meio e possibilitar a regeneração destes em função de movimentos e deslocamentos na superfície das células. Fitoplâncton que tem a capacidade de deslocamento, como os flagelados, pode deslocar-se rapidamente a uma taxa de 1 a 2 metros por hora (Taylor, 1980). Flagelados apresentam migração vertical fototática. Distribuição em tamanho do fitoplâncton estuário e a importância do nanofitoplâncton como produtor primário foram estudadas em ecossistemas marinhos e estuários por Teixeira e Tundisi (1967), Tundisi *et al.* (1973) e Tundisi (1977).

Coleta, caracterização e estudos com o fitoplâncton

Como o fitoplâncton é um conjunto heterogêneo de células e colônias que estão distribuídas na coluna de água em várias profundidades, misturadas a células mortas, detritos, colóides e a uma vasta gama de componentes, seu estudo de caracterização e dimensionamento apresenta uma variedade de técnicas que utilizam diferentes instrumentos e metodologias de observação. A Fig. 6.25 apresenta essas várias metodologias e suas condições de uso.

Os organismos do **zooplâncton** apresentam um conjunto grande de componentes; entretanto, muito menos diverso do que o zooplâncton marinho.

O plâncton marinho tem representantes de foraminíferos, radiolários, ctenóforos, moluscos, apendiculárias, que são ausentes no plâncton de águas doces.

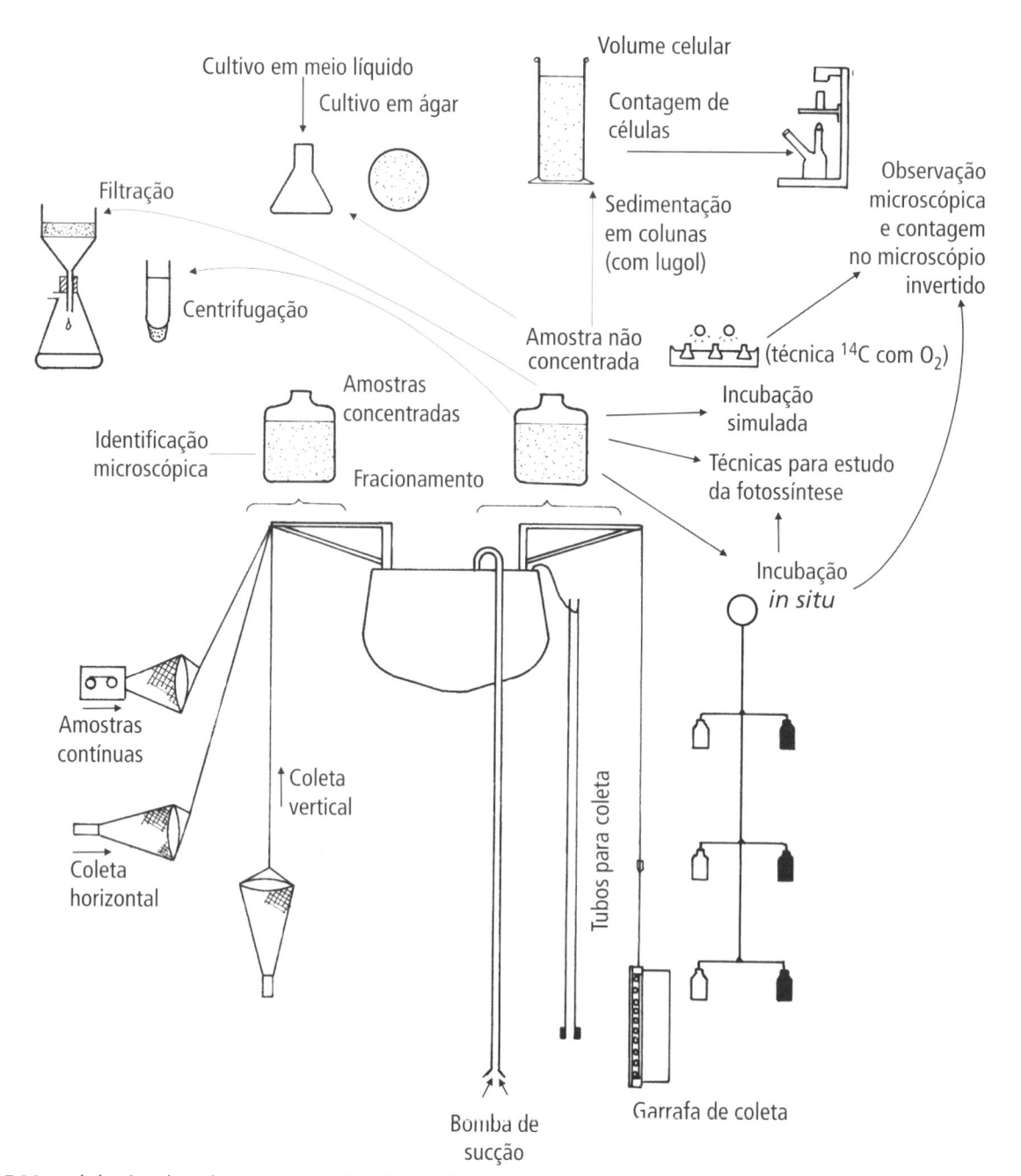

Fig. 6.25 Metodologias de coleta e caracterização do fitoplâncton
Fonte: modificado de Round (1985).

De acordo com Margalef (1978, 1983), o zooplâncton de águas interiores representa um conjunto de organismos que passaram por uma rigorosa seleção; portanto, caracterizados por processos adaptativos às flutuações e à variabilidade dos ambientes de água doce. Os volumes de Hutchinson (1957) e Ward e Wipple (1959), além do volume de Margalef (1983), apresentam de forma objetiva a biologia do zooplâncton.

Protozoários, rotíferos, cladóceros e copépodos são componentes fundamentais do zooplâncton (Tab. 6.8).

Tab. 6.8 Número de espécies de Rotífera, Cladócera, Copépoda, Cyclopoida e Calanoida de alguns corpos d'água do Brasil

Lagos	Bacia Hidrográfica	Rotífera	Cladócera	Cyclopoida	Calanoida	Autor
Castanho (WW)	Amazonas	21	9	3	1	Hardy (1980)
Cristalino (BW)	Amazonas	13	6	1	1	Hardy (1980)
Camaleão	Amazonas	175	14	3	4	Hardy et al. (1984)
Batata	Amazonas	97	12	2	4	Bozelli (1992)
Açu	Nordeste	33	4	1	1	Reid e Turner (1988)
Viana	Nordeste	6	2	3	—	Reid e Turner (1988)
Dom Helvécio	Leste	4	5	3	2	Matsumura Tundisi (1987)
Aníbal	Leste	9	2	3	—	Tundisi et al. (1987)
Comprida	Paraná	41	11	4	4	Sendacz (1993)
Reservatórios						
Samuel	Amazonas	14	8	1	1	Fallotico (1994)
Vargem das Flores	Leste	17	7	3	1	Freire e Pinto-Coelho (1988)
Paranoá	Paraná	16	3	1	—	Pinto-Coelho (1987)
Paranoá	Paraná	32	3	1	—	Branco (1991)
Broa	Paraná	15	3	5	1	Matsumura Tundisi e Tundisi (1976)
Billings	Paraná	13	5	3	—	Sendacz et al. (1985)
10 reservatórios do Estado de São Paulo (valores médios)	Paraná	7,5	4,5	2,0	—	Arcifa (1985)
Paraibuna	Paraná	44	23	5	1	Cabianca (1991)
Monte Alegre	Paraná	15	9	2	—	Arcifa et al. (1992)
Jacaré Pepira	Paraná	20	16	3	1	Claro (1981)
Lagoa Dourada	Paraná	32	8	3	—	Rocha e Sampaio (1991)
Passaúna	Paraná	15	9	3	—	Dias e Schimidt (1990)
Guarapiranga	Paraná	51	20	5	5	Caleffi (1994)

Lagos de várzea e rios	Bacia Hidrográfica	Rotífera	Cladocera	Copepoda	Autor
Nhamundá (valores médios)	Amazonas	141	5,8	3,2	Brandorff et al. (1982)
Acre (valores médios)	Amazonas	23	5,8	4,8	Sendacz e Melo Costa (1991)
Trombetas	Amazonas	97	12	6	Bozelli (1992)
São Francisco	Leste	50	5	2	Neumann-Leitão et al. (1989)
Paraná Superior	Paraná	64	20	11	Sendacz (1993)
Alto Paraná	Paraná	153	11	7	Bonecker (1995)

Relação de algumas espécies mais comuns em sistemas aquáticos do Brasil

Rotífera	Cladócera	Copépodos Cyclopoida	Calanoida
Asplanchna sieboldi	Bosmina hagmani	Metacyclops mendocinus	Notodiatomus cearensis
Brachionus zahniseri var guesneri	Ceriodaphinia silvestri	Mesocyclops ogunnus	Notodiatomus conifer
Filinia opoliensis	Daphinia gessneri	Thermocyclops decipiens	Notodiatomus evaldus
Keratella americana	Diaphanosoma spinulosum	Thermocyclops inversus	Notodiatomus iheringe
Ptygura libera	Moina micrura	Thermocyclops minutus	
Tricocerca capuccina	Sida crystallina		

Fontes: Sendacz e Kubo (1982); Matsumura Tundisi e Rocha (1983); Matsumura Tundisi (1986).

Em alguns lagos, copépodos compreendem 50% da biomassa dos organismos zooplanctônicos (Tab. 6.9 e Quadros 6.7 e 6.8).

Outros organismos que constituem o plâncton de água doce são, por exemplo, a medusa *Craspedacusta sowerbiii*, que tem distribuição cosmopolita; **ostracodos**, com poucas espécies planctônicas (*Cypria petensis*) e misidáceos, como *Mysis relicta*, encontrados em lagos de regiões temperadas. Larvas de *Chaoborus*, da família *Chaoboridae*, são elementos constantes no plâncton de muitos lagos e represas tropicais. Passam a maior parte do dia no sedimento, sobem à noite, são predadores **carnívoros** e podem alterar substancialmente a composição do zooplâncton por causa de sua intensa predação.

Os organismos do zooplâncton apresentam diferentes sistemas de alimentação, sendo filtradores de fitoplâncton, bactérias e detritos, e há intensa **predação intrazooplanctônica** que determina profundas alterações na rede trófica de certos lagos (Dumont, Tundisi e Roche, 1990) (ver Cap. 8).

A coleta e a caracterização do zooplâncton têm algumas complexidades. Geralmente os organismos são coletados com redes planctônicas de arrasto vertical, horizontal ou oblíquo, com aberturas de malha de 50 a 68 μm, o que possibilita coletar a variedade de organismos presentes. Além disso, há outras técnicas, como sistemas especiais de coleta desenvolvidos por Patalas (1975) ou bombas especiais que coletam em diferentes profundidades e que permitem uma melhor quantificação do zooplâncton (Matsumura Tundisi *et al.*, 1984).

A biomassa total do zooplâncton pode ser expressa em volume (cm^3/m^3) coletado, peso úmido (mg/m^3). A composição química do zooplâncton, como relação peso seco/carbono por mg de zooplâncton ou para determinadas espécies, é também utilizada e permite uma melhor avaliação do papel do zooplâncton no fluxo de energia e na rede alimentar.

O termo **euplâncton** ou **holoplâncton** é geralmente utilizado para designar organismos planctônicos que permanecem durante todo o seu ciclo de vida no plâncton. Há espécies que se localizam no sedimento durante parte de seu ciclo de vida, como as espécies do gênero *Aulacoseira* spp.

Geralmente os termos **limno**, **heleo** e **potano** são utilizados para caracterizar o plâncton de lagos, tanques e rios, respectivamente.

As comunidades que se distribuem na superfície do sedimento e na interface sedimento-água constituem o **bentos**. Organismos bentônicos vivem sobre o substrato ou dele dependem, passando parte de sua vida nesse componente sólido do fundo dos sistemas aquáticos ou toda a sua vida nesse substrato.

Os organismos bentônicos apresentam uma grande variedade de grupos taxonômicos, mostrados no Quadro 6.9. Há uma enorme diversidade de hábitos alimentares. Os principais grupos de invertebrados bentônicos estão representados pelos **insetos, anelídeos, moluscos** e **crustáceos**. As ordens dominantes de insetos, cuja diversidade é muito maior em águas lóticas, são representadas pelos Efemeroptera, Plecoptera, Trichoptera, Díptera e Odonata. A maior parte desses insetos passa seu ciclo de vida sob forma de

Tab. 6.9 Diversidade global de copépodos de águas doces

	AMÉRICA DO NORTE	EUROPA	ÁSIA	AUSTRÁLIA N. ZELÂNDIA	AMÉRICA DO SUL	MÉXICO A. CENTRAL	ÁFRICA	MUNDO
Calanoida	111	119	294	63	123	37	113	678
Cyclopoida	105	277	308	52	203	118	228	1.045
Harpacticoida	147	504	325	66	190	61	183	1.260
Gelyelloida		2						2
Total	363	902[1]	927[2]	181	516	216	524[3]	2.080

[1,2] Com Turquia, Filipinas, Indonésia, Malásia
[3] Com Madagascar
Fonte: Dussart e Defaye, 2002.

Quadro 6.7 Ocorrência de Cyclopoida nas principais bacias hidrográficas do Brasil

	Bacia Amazônica	Bacia do Paraná	Bacia Nordeste	Bacia do Paraguai	Bacia Leste	Bacia Sudeste
Macrocyclops albidus (Jurine)	-	-	-	-	-	+
M. ater (Sars)	-	-	-	-	-	+
Paracyclops rubescens (Fischer)	-	+	-	-	-	-
Ectocyclops rubescens (Brady)	+	+	-	-	-	-
Tropocyclops prasinus (Fisher)	-	+	-	-	+	-
T. schubarti (Kiefer)	+	+	-	-	-	-
T. federensis (Reid)	-	+	-	-	-	-
T. nananae (Reid)	-	+	-	-	-	-
T. piscinalis (Dussart)	-	+	-	-	-	-
Eucyclops ensifer (Kiefer)	-	+	-	-	-	+
E. pseudoensifer (Dussart)	-	+	-	-	-	-
Thermocyclops deciplens (Kiefer)	+	+	+	+	+	-
T. inversus (Kiefer)	-	-	+	-	-	-
T. minutus (Lowndes)	+	+	+	+	+	-
T. tenuis (Marsh)	-	-	+	-	-	-
T. parvus (Reid)	+	-	-	-	-	-
Mesocyclops longisetus (Thiebaud)	-	+	-	+	-	+
M. annulatus (Wierzejski)	-	-	-	-	-	+
M. meridianus (Kiefer)	-	+	+	+	-	+
M. meridionalis (Dussart e Frutos)	-	-	-	+	-	-
M. ellipticus (Kiefer)	+	+	-	-	-	-
Metecyclops mendocinus (Wierz)	-	+	-	+	+	+
M. brauni (Herbst)	+	-	-	-	-	-
Microcyclops ceibaensis (Marsh)	-	-	-	-	-	-
M. anceps (Richard)	+	+	-	-	+	+
M. finitimus (Dussart)	+	-	-	-	-	-
M. varicans (Sars)	+	+	-	-	+	-
Apocyclops procerus (Herbst)	-	-	-	-	+	-
Neutrocyclops bravifurca (Lowndes)	+	+	+	+	-	-
Halicyclops venezuelensis (Lindberg)	+	-	-	-	-	-
Oithona Amazônica (Burckhardt)	+	-	-	-	-	-
O. bowmani (Rocha)	+	-	-	-	-	-
O. hebes (Giesbrecht)	-	-	-	-	+	-
O. gessneri	+	-	-	-	-	-
O. oligohallina (Fonseca e Bjornberg)	-	-	-	-	+	+
O. ovalis (Herbst)	-	-	-	-	-	+
O. nana (Wilson)	-	-	-	-	-	+
O. similes	-	-	-	-	-	+
O. plumifera (Wilson)	-	-	-	-	-	+

Fonte: Rocha *et al.* (1995).

larva, enquanto os adultos são terrestres e apresentam um ciclo rápido. O tempo de emergência nas diferentes espécies depende da temperatura e do fotoperíodo.

A composição qualitativa da **fauna bentônica** é um bom indicador das condições tróficas e do grau de contaminação de rios e lagos com base, por exemplo, na composição de *Chironomus*, porque estes resistem a baixas concentrações de oxigênio dissolvido.

A distribuição da fauna bentônica depende do tipo de substrato e da concentração de matéria orgânica nele existente, da velocidade da corrente e do transporte de sedimento pela corrente. A erosão de substrato pelas correntes e a subsequente alteração na composição da fauna são importantes fatores no processo de sucessão espacial da **comunidade bentônica**. Há consideráveis diferenças na composição qualitativa da comunidade bentônica em águas lóticas e lênticas.

Quadro 6.8 Ocorrências das espécies comuns de Calanoida nas bacias hidrográficas do Brasil

	Bacia Amazônica	Bacia do Paraná	Bacia Atlântico Nordeste (NE Ocidental e NE Oriental)	Bacia do Paraguai	Bacia Atlântico Leste	Bacia Atlântico Sudeste
Argyrodiaptomus azevedoi (Wright)	+	+	+	-	-	-
A. furcatus (Sars)	-	-	-	-	+	-
A. robertsonae (Dussart)	-	-	-	-	-	-
Caladiaptomus merillae (Wright)	+	-	-	-	-	-
C. perelegans (Wright)	+	-	-	-	-	-
Dactylodiaptomus persei (Wright)	+	-	-	-	-	-
Notodiaptomus amazonicus (Wright)	+	-	-	-	-	-
N. anisitsi (Daday)	-	-	-	-	-	+
N. brandorfii (Reid)	-	-	+	-	-	-
N. carteri (Lowndes)	-	-	-	-	-	+
N. cearensis (Wright)	-	-	+	-	-	-
N. conifer (Sars)	-	+	-	-	-	-
N. coniferoides (Wright)	+	+	-	-	-	-
N. dahli (Wright)	+	-	-	-	-	-
N. deitersi (Poppe)	-	+	-	+	-	-
N. deeveyorum (Bowman)	-	-	-	+	-	-
N. dubius (Dussart e Matsumura Tundisi)	-	-	-	-	+	-
N. gibber (Poppe)	-	-	-	-	-	+
N. henseni (Dahl)	+	+	+	-	-	-
N. iheringi (Wright)	+	+	+	+	+	-
N. incompositus (Brian)	-	-	-	-	-	+
N. inflatus (Kiefer)	+	-	-	-	-	-
N. isabelae (Wright)	-	+	+	-	+	-
N. jetobensis (Wright)	+	+	+	+	-	-
N. kieferi (Brandorff)	+	-	-	-	-	-
N. nordestinus (Wright)	-	-	+	-	-	-
N. paraensis (Dussart e Robertson)	+	-	-	-	-	-
N. santaremensis (Wright)	+	-	-	-	-	-
N. spinuliferus (Dussart e Matsumura Tundisi)	-	+	-	-	-	-
N. transitans (Kiefer)	-	+	-	-	-	-
Odontodiaptomus paulistanus (Wright)	-	+	-	-	+	-
Rhacodiaptomus calamensis (Wright)	+	-	-	-	-	-
R. calatus (Brandorff)	+	-	-	-	-	-
R. flexipes (Wright)	+	-	-	-	-	-
R. retroflexus (Brandorff)	+	-	-	-	-	-
R. insolitus	+	-	-	-	-	-
Aspinus acicularis (Brandorff)	+	-	-	-	-	-
Trichodiaptomus coronatus (Sars)	+	+	-	-	+	-
Scolodiaptomus corderoi (Wright)	-	+	-	-	+	-
Diaptomus azureus (Reid)	-	-	-	-	+	-
D. fluminensis (Reid)	-	-	-	-	+	-
D. linus (Brandorff)	+	-	-	-	+	-
D. silvaticus (Wright)	+	-	-	-	-	-
D. negrensis (Andrade e Brandorff)	+	-	-	-	-	-
P. gracilis (Dahl)	+	-	-	-	-	-

Fonte: Rocha *et al.* (1995).

Quadro 6.9 Alguns gêneros e espécies de invertebrados bentônicos em lagos, rios, tanques e represas com exemplos neotropicais

Grupo taxonômico	Hábitat mais comum em que são encontrados	Alimentação	Exemplos
1. Turbelários	Lagos, rios, represas, tanques	Carnívoros	*Catenulidae leuca*
2. Nematodes	Vários ecossistemas aquáticos	Carnívoros, herbívoros, parasitas	*Protoma eilhardi*
3. Anelídeos Oligoguetos	Vários ecossistemas	Filtram sedimentos	*Tubifex* sp
Hirudíneos (sangue-sugas)	Vários ecossistemas	Carnívoros detritívoros	*Helobdella triserialis lineata*
4. Moluscos gastrópodos (caramujos)	Vários ecossistemas, **bancos de macrófitas**, canais de irrigação	Pastadores	*Planorbis* sp
Pelecípodos (Bivalvos)	Rios	Filtradores	*Anodonta* sp
5. Crustáceos Malacostráceos (anfípodos caranguejos)	Vários ecossistemas	Detritívoros	*Macrobranchium denticulatum*
6. Insetos Plecopteros	Águas bem oxigenadas	Onívoros	*Tupiperla* sp
Odonata	Rios, tanques	Carnívoros raptoriais	*Libellulla* sp
Efemeroptera	Vários ecossistemas	Pastadores	*Caenis cuniana*
Hemípteros	Vários ecossistemas	Carnívoros, herbívoros	*Belostoma* sp
Megalópteros	Vários ecossistemas	Carnívoros	*Corydalidae* sp
Tricópteros	Vários ecossistemas	Filtradores	*Dolophilodes sanctipauli*
Coleópteros	Tanques	Carnívoros raptoriais	*Haliplus* sp
Dípteros	Tanques	Filtradores	*Culex* sp
	Lagos	Carnívoros raptoriais	*Chaoborus* sp
	Rios de água corrente	Filtradores	*Simulium* sp
	Vários ecossistemas	Detritívoros	*Chironomus* sp

Fonte: adaptado de Horne e Goldman (1994).

De um modo geral, insetos dominam as **comunidades lóticas**, utilizando vários tipos de substratos, como superfície de pedras e rochas lisas. Moluscos e turbelários podem estabelecer-se em rochas lisas e tolerar velocidades de corrente de 100 cm/s a 200 cm/s (Macan, 1974). A estabilidade dos substratos permite também uma maior densidade dos organismos (Welch, 1980).

De um modo geral, os organismos bentônicos localizam-se no litoral e sublitoral de lagos e na zona profunda, a qual é relativamente mais uniforme e, no caso de lagos estratificados, apresenta baixas concentrações de oxigênio dissolvido ou anoxia, e temperaturas muito baixas. As zonas litoral e sublitoral apresentam maior variabilidade e heterogeneidade espacial, acúmulo de biomassa e maior diversidade.

Também as variações nictemerais na zona litoral são de maior amplitude, principalmente temperatura da água, oxigênio dissolvido, pH e CO_2, o que implica um ambiente em que há necessidade de adaptações e flutuações em curtos períodos de tempo.

A zona profunda de lagos apresenta uma composição simplificada, em razão, evidentemente, das condições especiais e limitantes. Assim, nela predominam larvas de *Chaoborus*, algumas espécies de moluscos e oligoquetos. Na zona litoral, há uma diversidade grande de organismos e de hábitos alimentares, com uma maior biomassa. Entretanto, em lagos em que a zona profunda é muito extensa, com uma zona litoral limitada, a contribuição da biomassa dessa zona profunda é alta.

A maioria dos organismos zoobentos é detritívora, filtrando detritos e matéria orgânica em suspensão ou alimentando-se de sedimento. Algumas espécies de zoobentos são carnívoras e predadoras; outras são pastejadoras (como alguns moluscos). Muitos animais bentônicos permanecem no sedimento durante a maior parte ou em todo o seu ciclo de vida; outros, como a larva de *Chaoborus*, que é um predador, migram para a superfície à noite e alimentam-se de zooplâncton, permanecendo durante o dia no sedimento anóxico. Esse mecanismo evita também a predação, uma vez que poucas espécies estão adaptadas a um ambiente totalmente anóxico, como o *Chaoborus*.

Os organismos bentônicos dependem, em parte, do material orgânico proveniente da camada superior dos lagos ou do transporte de material por fluxo, no caso de rios. Na zona litoral é importante a contribuição do material alóctone e do material orgânico reciclado de origem autóctone (decomposição de macrófitas, por exemplo).

O **bentos da zona profunda** depende muito mais do material orgânico produzido na zona litoral e no epilímnio de lagos estratificados. Inter-relações entre os ciclos estacionais das comunidades planctônicas e bentônicas foram descritas por Jonasson (1978) no lago Esrom, na Dinamarca.

Além do tipo de substrato e da velocidade da corrente, a comunidade bentônica pode ser limitada ou controlada pela temperatura e pela concentração de oxigênio dissolvido na água. Vários grupos de **macroinvertebrados bentônicos** apresentam baixa tolerância a níveis reduzidos de oxigênio dissolvido. Outros organismos com adaptações morfológicas ou fisiológicas especiais toleram baixas concentrações de oxigênio. Por exemplo, há várias larvas de insetos que respiram oxigênio do ar, e há larvas de *Chironomus* sp e oligoquetos turbificidas com hemoglobina, o que lhes permite maior tolerância a baixos níveis de O_2. Matéria orgânica dissolvida, nitrogênio e fósforo em excesso e substâncias tóxicas, todos resultantes de poluição e eutrofização, afetam consideravelmente os organismos bentônicos, alterando a estrutura da comunidade e a sucessão.

A comunidade bentônica pode ser amostrada e coletada por várias técnicas. A dificuldade de coleta dos organismos bentônicos reside no fato de que os substratos são diferentes e nem todos os equipamentos têm suficiente flexibilidade para amostrar adequadamente e com a mesma eficiência os vários substratos. A seletividade dos diferentes métodos na amostragem dos organismos é outro fator importante. Geralmente, utiliza-se a biomassa ou o número de indivíduos por área ou volume de sedimento, de forma a obter-se um dado quantitativo que possa ser utilizado comparativamente.

As amostras podem ser coletadas por pegadores de fundo, do tipo Eckman-Birge, que coletam um certo volume de sedimento, ou por dragas que coletam organismos da superfície, do fundo, ou, ainda, por amostradores cilíndricos que coletam tubos cilíndricos do sedimento no qual a distribuição vertical da fauna é estudada.

Deve-se ainda mencionar a possibilidade de estudo do bentos a partir do uso de substratos artificiais, os quais, embora seletivos, podem indicar alguns aspectos importantes da sucessão no espaço e no tempo.

A recuperação da fauna bentônica de rios, após a introdução de tratamento de água e a distribuição do efeito de poluentes e substâncias tóxicas, pode ser muito rápida. Pelo fluxo constante, após um ciclo hidrológico completo, uma parte da contaminação que ocorre no sedimento diminui consideravelmente, e essa recuperação pode dar-se após um ou dois anos do tratamento. Vários casos de recuperação completa ou parcial da fauna bentônica foram descritos para rios de regiões temperadas submetidos a controle de tratamento de poluentes (Welch, 1980).

O acompanhamento da fauna bentônica de rios pode, assim, ser um indicador importante desse processo.

Todo o material em suspensão na água é parte do **séston**, do qual o **plâncton** é o componente vivo e o **trípton** (partículas orgânicas mortas), o componente não-vivo. O **nécton** constitui organismos com capacidade ampla de locomoção (que nas águas doces são principalmente os peixes) e que se distribuem pela coluna de água.

Plêuston são organismos que se localizam sobre a água, no filme imediatamente na superfície das águas.

Nêuston são organismos que se mantêm à superfície graças à tensão superficial da água – há distinção entre **epinêuston** e **hiponêuston**.

O interesse nas pesquisas com organismos do nêuston tem aumentado nos últimos anos. Essa microcamada da superfície da água – onde se localizam os organismos do nêuston (algas, bactérias, protozoários), que aí vivem por causa das forças de adesão que ocorrem nessa interface da água – apresenta, em alguns nanômetros da superfície, uma concentração de lipídeos – ácidos graxos, fosfolipídeos, glicídeos.

Abaixo dessa camada existe uma outra, constituída por complexos de proteínas (polissacarídeos), e, logo após esta, acumulam-se bacterionêuston, fitonêuston e zoonêuston (Falkowski, 1996). Devido à alta concentração de substâncias orgânicas nessa camada, bactérias autotróficas e heterotróficas têm ótimas taxas de crescimento. Organismos do nêuston têm alta concentração de **compostos hidrofóbicos** (por exemplo, mucopolissacarídeos, glucoproteídeos, polímeros) nas suas estruturas celulares externas, o que lhes permite adaptar-se muito bem a essa camada de superfície dos ecossistemas aquáticos.

A **comunidade neustônica** é o elo através do qual a matéria orgânica flui da atmosfera para a coluna de água. Bacterioplâncton e bacterionêuston têm um papel importante na biotransformação da matéria orgânica de origem alóctone ou autóctone.

Kalwasinska e Donderski (2005), estudando uma camada de bacterionêuston, determinaram uma alta porcentagem de bactérias com capacidade para decompor lipídeos que foi encontrada em lagos poloneses. Segundo esses autores, a presença dessas bactérias deve-se à acumulação de líquidos nessa camada neustônica (triglicerídeos, fosfolipídeos, ácidos graxos livres, esteróis e graxas) sob forma de emulsão.

Sobre as comunidades de macrófitas aquáticas desenvolvem-se algas **perifíticas** que as utilizam como substrato. Também são denominados perifíton os organismos que se localizam em pedras e superfícies no fundo de rios e lagos.

O **perifíton** constitui uma parte importante da comunidade, estabelecendo-se em substratos de águas lóticas ou lênticas, contribuindo significativamente para a produção de matéria orgânica em regiões rasas e iluminadas de lagos, represas, rios ou em alagadiços. Nessas regiões, o perifíton pode assumir papel importante na produção de matéria orgânica e no metabolismo do lago (Wetzel, 1975).

O desenvolvimento da **comunidade perifítica** em rios depende, em grande parte, da velocidade da corrente. O tempo de colonização do substrato depende do tipo de substrato e da rugosidade. Em rios profundos com baixa velocidade de corrente o desenvolvimento do perifíton é limitado (Panitz, 1980).

A comunidade perifítica é composta por diatomáceas (ex.: *Navicula*, *Synedra*, *Cymbella*), cianofíceas (*Oscillatoria* e *Lyngbya*), algas verdes filamentosas (ex.: *Cladophora*, *mesofitas*), bactérias filamentosas ou fungos, protozoários (ex.: *Stentor*, *Vorticella*), rotíferos e larvas de algumas espécies de insetos.

Na composição do perifíton, muitos estudos recentes demonstraram que os ciliados têm um papel importante na dinâmica das comunidades perifíticas, as quais também podem agregar rotíferos, gastrópodes, lamelibrânquios e larvas de insetos. Esse papel fundamental dos ciliados na dinâmica das comunidades perifíticas desempenha-se especialmente na rede trófica, pois são consumidores muito importantes de bactérias e algas, além de serem também componentes fundamentais na dieta de rotíferos e crustáceos (Mieczan, 2005).

A amostragem do perifíton pode ser feita por meio da remoção de material de uma área de substrato artificial; da análise do peso seco, do peso úmido, da concentração de clorofila; e uma contagem de células.

Substratos artificiais têm sido intensivamente utilizados para a determinação da taxa de crescimento do perifíton, da sucessão das comunidades e da concentração de biomassa. Esses substratos têm variado desde lâminas de plástico ou vidro até blocos de concreto ou lâminas de madeira. Panitz (1980) realizou um estudo intensivo do crescimento e sucessão do perifíton em substratos artificiais na represa do Lobo (Broa) e concluiu que substrato de madeira possibilitava um rápido crescimento e uma estabilização na concentração de clorofila e no número de células após 30 dias da colonização.

Os substratos artificiais podem dar uma informação básica sobre a taxa de crescimento do perifíton e a biomassa, mas há limitações em razão da seletividade produzida pelo tipo de substrato e do fato de que esses substratos são colocados completamente desprovidos de organismos, o que praticamente não ocorre em condições naturais. Apesar disso, o uso desses substratos fornece dados comparativos fundamentais em lagos, rios ou represas com diferentes estados tróficos.

Dentre os produtores primários importantes nos sistemas aquáticos, destacam-se as **macrófitas aquáticas**, plantas aquáticas superiores que recebem o nome de **rizófitos**, quando apresentam raízes que as sustentam; **limnófitos**, quando se encontram totalmente submersas; **anfífitos**, quando apresentam sistemas de flutuação (como o aquapé *Eichchornia crassipes*); e **helófitos**, quando apresentam estruturas emergentes.

As definições de "plantas aquáticas" ou "macrófitas aquáticas" variam (Pott e Pott, 2000). Nesse volume utilizou-se o termo macrófitas aquáticas como adotado pelo Programa Biológico Internacional, que compreende plantas que habitam desde brejos até ambientes verdadeiramente aquáticos (Esteves, 1988).

As macrófitas aquáticas são um grupo de evolução recente no qual a tendência geral de evolução no sistema aquático ocorreu com uma transição parcial (plantas com flores e polimização por ventos e insetos) ou uma completa adaptação com polinização e florescimento sob a água. O Quadro 6.10 lista as espécies mais comuns na América do Sul.

Inúmeros processos ocorrem com macrófitas aquáticas, destacando-se a tolerância a baixas tensões de oxigênio dissolvido, com estruturas próprias para o transporte de gases e a fixação de HCO_3^- na fotossíntese.

Neste último processo, a excreção de OH^- pelas plantas, à medida que o HCO_3^- é decomposto em CO_2 e OH^-, produz um elevado pH que fornece a precipitação de íons carbonato.

A **pressão hidrostática** e a penetração de energia radiante limitam a distribuição de macrófitas aquáticas submersas. A intensidade luminosa é outro fator limitante fundamental.

Wetzel (1975) sintetiza as principais características da vegetação de macrófitas da seguinte forma:

▶ **Macrófitas emergentes**: produzem órgãos reprodutivos aéreos, localizam-se em regiões com pouca profundidade (1,5 m de água). São geralmente perenes e com rizomas desenvolvidos. Ex.: gêneros *Thypa*.

▶ **Macrófitas com folhas flutuantes**: principalmente angiospermas que ocorrem em regiões com profundidade de 0,5 m a 3,0 m. Folhas flutuantes ocorrem na ponta de longos pecíolos ou em pecíolos curtos. Ex.: *Nymphaea*. Órgãos reprodutores aéreos ou flutuantes.

Quadro 6.10 Espécies mais comuns de macrófitas aquáticas flutuantes emersas e submersas nos ecossistemas continentais da América do Sul

Eichhornia crassipes (FF)
Eichhornia azurea (FF)
Pistia stratioides (EM)
Salvinia herzogii (FF)
Salvinia auriculata (FF)
Azolla caroliniana
Egeria najas (S)
Cabomba australis (S)
Ludwigia peploides (EM)
Lemma gibba (FF)
Mayaca fluviatilis (S)
Nuphan luteun liteum
Nymphaea ampla (FF)
Nymphoides indica (FF)
Cabomba pyauhiensis (S)
Scirpus arbensis (EE)
Thypa latifolia (EE)
Echinochloa polystachia (EM)
Pontederia spp (EE)
Utricularia foliosa (S)
Cabomba furcata (S)
Egeria densa (S)
Panicum fasciculatum (EM)
Paspalum repens (EM)
Lusiola spruceana (EM)
Oriza perennis (EM)
Pontedeira cordata (EM)
Pontedeira lanceolata (EM)
Cyperus giganteus (EE)
Cyperus acicularis (EE)
Ceratophyllum demersum (S)

EM – Emergente
FF – Flutuante
S – Submersas
Fontes: Pott e Pott (2000); Thomaz e Bini (2003).

▶ **Macrófitas submersas**: ocorrem em todas as profundidades, na zona eufótica, sendo que as angiospermas estão limitadas a 10 m (1 atm de pressão). As folhas apresentam uma forma muito variável; órgãos reprodutivos aéreos flutuantes ou submersos. Algumas **pteridófitas**, carófitas e angiospermas. Ex.: gênero *Mayaca* sp.

▶ **Macrófitas flutuantes**: um grupo sem raízes no substrato, que flutua livremente, de diversas formas Ex: *Eichchornia crassipes*, *Eichchornia azurea*, *Salvinia*, *Azolla* (Lemnaceae). Órgãos reprodutivos aéreos ou flutuantes (Ex: *Utricularia*).

No Brasil, há dois volumes recentes que tratam da taxonomia, descrição e gerenciamento de plantas aquáticas: Thomaz e Bini (2003) e Pott e Pott (2000). Estes últimos descrevem a "forma de vida ou forma biológica", que é o hábito (morfologia e modo de crescer) considerado em relação à superfície da água, como:

▸ **Anfíbia** ou **semi-aquática**: capaz de viver bem tanto em área alagada como fora d'água, geralmente modificando a morfologia da fase aquática para a terrestre quando baixam as águas.
▸ **Emergente**: enraizada no fundo, parcialmente submersa e parcialmente fora d'água.
▸ **Flutuante fixa**: enraizada no fundo com caule e/ou ramos e/ou folhas flutuantes.
▸ **Flutuante livre**: não enraizada no fundo, podendo ser levada pela correnteza, pelo vento ou até por animais.
▸ **Submersa fixa**: enraizada no fundo, com caule e folhas submersas, geralmente saindo somente a flor para fora d'água.
▸ **Submersa livre**: não enraizada no fundo, totalmente submersa, geralmente emergindo somente as flores.
▸ **Epífita**: que se instala sobre outras plantas aquáticas.

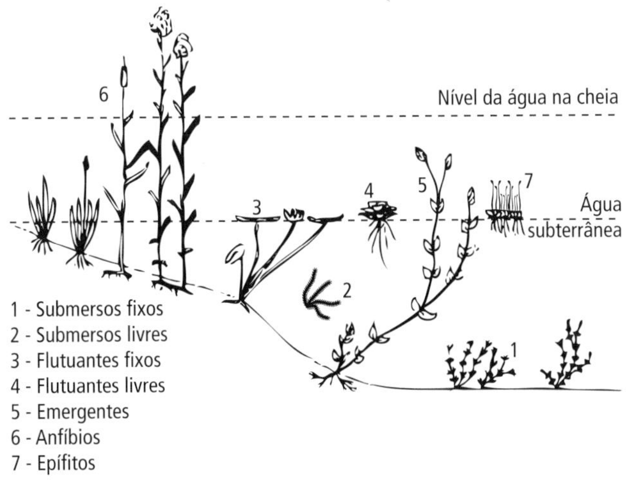

Fig. 6.26 Sucessão espacial de macrófitas aquáticas em lagos
Fonte: modificado de Thomaz e Bini (2003).

A observação de uma comunidade de macrófitas em uma **região de transição** entre rio e lago mostra uma sucessão espacial que é bastante característica. A composição e a estrutura da comunidade ao longo do eixo horizontal dependem da velocidade da corrente, do tipo de substrato e depósito de sedimento e da velocidade (Fig. 6.26).

O nome **plocon** é utilizado para descrever comunidades que se localizam em massas de algas filamentosas onde se forma um ambiente com matéria orgânica particulada e dissolvida, e onde crescem bactérias, protozoários e crustáceos. Comunidades que são fixas e não se estendem de forma ramificada, localizadas em superfícies duras, são denominadas **pecton**. No fundo, há também organismos que se deslocam ou deslizam sobre o sedimento (algumas espécies de algas do microfitobentos, protozoários ciliados, euglenóides), os quais são denominados **herpobentos** ou **herpon**.

Os animais que vivem no sedimento são denominados **epifauna** (acima do sedimento) e **infauna** (dentro do sedimento). Organismos que vivem entre as partículas de areia são denominados **psamon** ou **pelon** (nesse caso, os que vivem entre partículas mais finas).

6.7 A Biodiversidade Aquática do Estado de São Paulo

O estado do conhecimento da biodiversidade aquática do Estado de São Paulo foi sintetizado em uma série de volumes editados por Joly e Bicudo (1999). Nesses volumes, particularmente em relação aos organismos aquáticos, deve-se destacar o conjunto referente a invertebrados marinhos, editado por Migotto e Tiago (1999); a invertebrados de água doce, editado por Ismael *et al.* (1999); e a vertebrados (Castro, 1998), os quais proporcionaram informações fundamentais não só para o estudo e a distribuição da biota aquática do Estado de São Paulo, mas também para toda a biota neotropical.

6.8 A Fauna de Águas Subterrâneas

A fauna de águas subterrâneas (**fauna hipogea**) tem origem em animais primariamente de águas doces, adaptados a águas subterrâneas (muitas espécies de peixes e crustáceos), e sua distribuição é aproximadamente similar à fauna das águas epicontinentais.

Estão também presentes organismos com algumas linhagens exclusivamente de águas continentais (moluscos prosobrânquios) e algumas linhagens de organismos de origem marinha (algumas espécies de decápodes). Há também algumas espécies de anfípodes de águas subterrâneas (Banrescu, 1995).

O Quadro 6.11 (p. 166) sintetiza as principais formas biológicas e tipos de comunidades nos sistemas continentais.

Quadro 6.11 Descrição em detalhes das principais formas biológicas e dos tipos de comunidades que ocorrem nos sistemas continentais, especialmente para produtores primários

---

ORGANISMOS ERRANTES

Com pouca capacidade de locomoção e transporte limitado de matéria orgânica.
a) Na interface ar-água – **Nêuston**
b) Organismos localizados no fundo ou sobre outros organismos – **Tetoplâncton**
c) Organismos microscópicos com movimento de deslizamento lento sobre o fundo – **Herpon**
d) Organismos errantes com baixa capacidade de locomoção – **Plâncton**

ORGANISMOS DE POSIÇÃO FIXA

a) Organismos que vivem em um substrato compacto, formando revestimentos finos – **Pecton**
b) Organismos ramificados, filamentosos, podendo desprender-se de sua base com sua massa a certa distância da base – **Plocon**
c) Organismos que formam massas de alguns milímetros de altura, geralmente sobre macrófitas, pedras e sedimentos – perifíton ou haptobentos ("Aufwuchs")

Errantes com raízes ou com raízes suspensas na água

a) Na interface ar-água, usando CO_2 atmosférico – Plêuston
Plantas flutuantes de estrutura reduzida ou relativamente grandes; com flutuadores – Eichhornia, Salvinia, Lemm, Pistia
b) Plantas submersas abaixo da superfície e sem raízes, muitas vezes repousando no fundo – Megaloplaston ou megaloplêuston. Em alguns casos, pousadas sobre o fundo. *Utricularia* sp.

FIXAS SOBRE UM SUBSTRATO

a) Plantas com raízes fixas no substrato, adaptadas a viver em águas correntes muito intensas – Haptófitos
b) Plantas enraizadas no sedimento – Rizófitos
   b1 – Plantas com folhas submersas que utilizam o CO_2 dissolvido na água
   b2 – Plantas com folhas que estão parcialmente em contato com a atmosfera e podem utilizar CO_2 do ar
   b3 – Plantas com folhas flutuantes que ocorrem na superfície – Anfífitos ou Epihidrófitos. As folhas flutuantes podem ser redondas Nymphaea, Victoria ou lanceoladas, como Polygnum
   b4 – Plantas com folhas totalmente emersas, apoiadas sobre talos verticais de suporte, tais como *Typha* sp, *Paspalum* sp, *Phragmites* sp, *Polygnum* – Helófitos ou Hiperhidrófitos

---

DETERMINAÇÃO DA BIOMASSA

A biomassa refere-se à quantidade de matéria viva que existe por unidade de volume ou de superfície. Pode ser expressa em peso úmido total, peso seco total (após secagem e descarte da água). Pode também ser expressa em unidades de C:N:P por unidade de peso seco. Na maioria dos ecossistemas de água doce, o peso total atinge um máximo de 1 kg.m^{-2}, ou 100 gC.m^{-2}.

A determinação da biomassa de organismos apresenta grandes problemas. Há necessidade de utilizar técnicas muito diferentes para a coleta desses organismos; as amostras devem ser representativas das comunidades. A biomassa pode ser expressa em número de indivíduos por m^2 ou m^3 (área ou volume), peso seco ou peso úmido. Pode-se também expressá-la em termos de energia química. Por exemplo, 1 g de matéria orgânica seca representa entre 4.000 a 6.000 calorias/grama em forma de energia química armazenada; 1 g de carbono orgânico equivale a aproximadamente 11 kcal ou 45 kJ. Em material sestônico com partículas mortas, 1gC = 8,8 kcal.

COLETA E CARACTERIZAÇÃO DE COMUNIDADES AQUÁTICAS

A coleta e a caracterização de comunidades aquáticas demandam a utilização de metodologias que possibilitam a determinação **quantitativa** e **qualitativa** da biomassa, para caracterizar a composição específica e o tipo de **associação** que ocorre nos diferentes compartimentos espaciais. Essa coleta e essa caracterização implicam observações e trabalhos de campo e em laboratório. Atualmente um conjunto de técnicas mais avançadas de estudos *in situ* (fluorímetros de campo, redes e bombas especiais de coleta) permite uma quantificação mais consistente da biomassa dos organismos.

Também a utilização de imagens de satélite e fotografias aéreas, em conjunto com coletas de campo, possibilita uma visão espacial mais consistente da distribuição da biomassa e das concentrações de organismos, pelo menos nas águas superficiais. Detalhes da coleta de organismos e caracterização das comunidades podem ser obtidos em Bicudo e Bicudo (2004).

Evidentemente, para cada uma das populações e comunidades que se encontram em diferentes extratos espaciais há equipamentos e técnicas especiais de coleta, observação e experimentação. Uma combinação dessas três abordagens é fundamental para a compreensão da importância relativa de cada componente.

QUANTO VALE A BIODIVERSIDADE DE ÁGUAS INTERIORES?

A flora e a fauna de águas interiores têm um papel relevante no funcionamento dos ecossistemas aquáticos continentais. Segundo Dumont (2005), deve-se procurar expressar um valor para esta biodiversidade, um valor econômico, para as espécies não domesticadas. A **avaliação do dano à biodiversidade** pode ser feita por meio da técnica da valoração contingente (TVC), que deve incluir a valoração da perda de funções ou "serviços" proporcionada por determinada biodiversidade aquática. Deve-se ainda considerar a atitude de **propósito de pagar** (PP) ou **propósito de aceitar** (PA), as quais se referem a espécies que são esteticamente agradáveis ao olhar humano ou que chamam a atenção pelo tamanho. Entretanto, segundo Dumont (2005), deve-se considerar o **risco de extinção** para qualquer espécie como fundamental para a valoração, especialmente se for possível determinar o papel das espécies no funcionamento dos ecossistemas. Os valores de espécies individuais e a capacidade de **resiliência** da espécie, ou seja, a maior capacidade de resistir à extinção, devem ser considerados nesta avaliação.

E, finalmente, a capacidade e a possibilidade de explorar a biodiversidade de forma sustentável devem dar condições para uma **valoração econômica** da biodiversidade. A conservação da biodiversidade em geral e especificamente a biodiversidade aquática é fundamental para a manutenção de processos na biosfera e para manter o curso da evolução natural dos sistemas.

Em muitas regiões tropicais, os estudos sobre a biodiversidade aquática ainda estão em uma fase intermediária e não muito avançada do conhecimento. Estsas regiões tropicais, especialmente os grandes deltas internos dos grandes rios na América do Sul, África e Sudeste da Ásia, são **centros ativos de evolução** por causa de sua biodiversidade e dos processos de interação e fluxo genérico (Margalef, 1998; Tundisi, 2003).

Para as regiões tropicais é, portanto, fundamental promover e acelerar os estudos sobre biodiversidade aquática (estrutura e função), conservá-la e promover meios de valoração econômica (Gopal, 2005).

Nota: Para atualização sobre biodiversidade de espécies animais e de vertebrados por região zoogeográfica, ver Anexo 5 (p. 598).

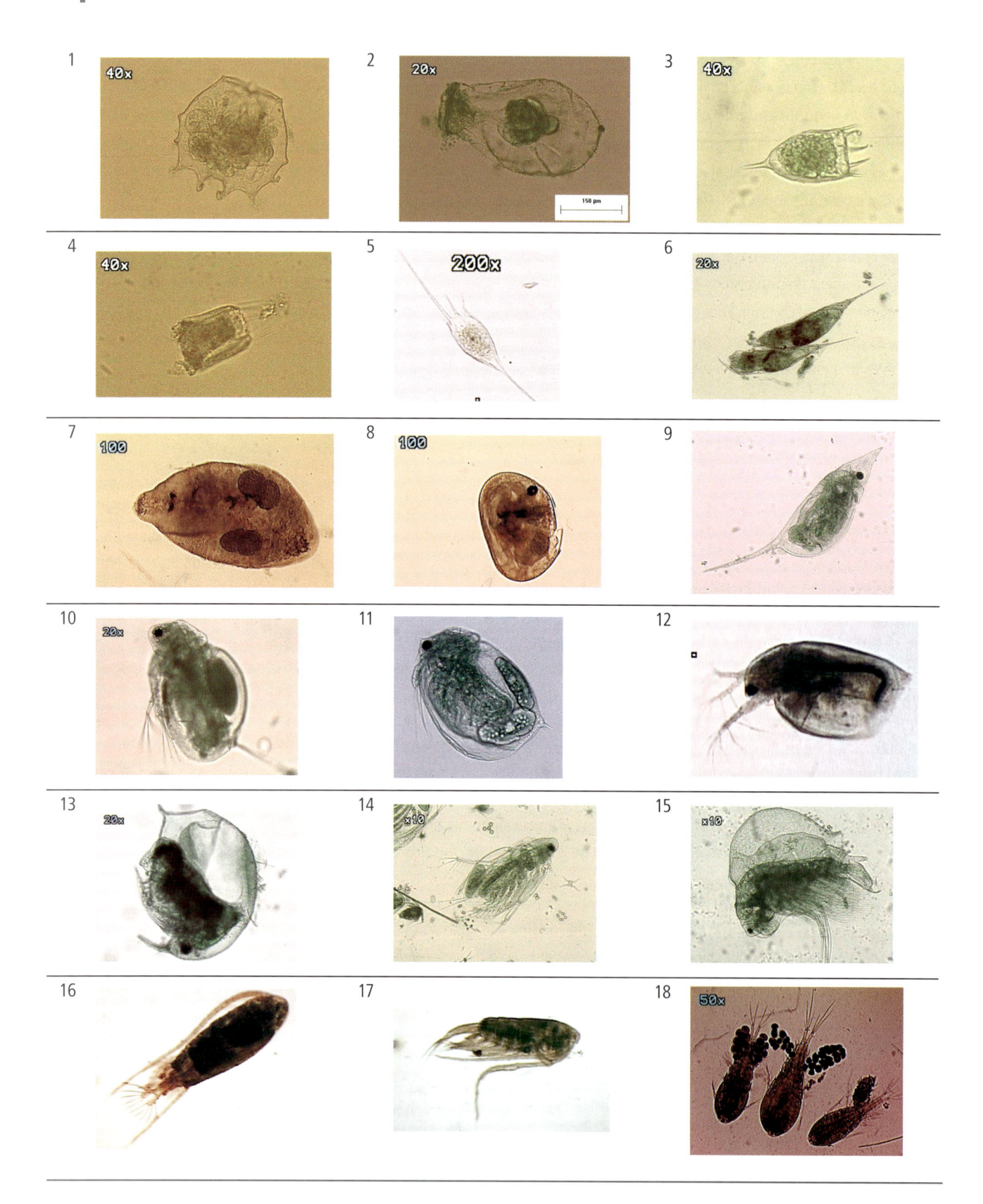

Fig. 6.14 Organismos planctônicos frequentes. Rotíferos: 1 – 6 (1 – *Brachionus dolabratus*; 2 – *Asplanchna sieboldi*; 3 – *Keratella cochlearis*; 4 – *Polyarthra vulgaris*; 5 – *Kellicotia bostoniensis*; 6 – *Trichocerca cylindrica chattoni*); 7 – Turbellaria; 8 – Ostracoda; Cladóceros: 9 – 15 (9 – *Daphnia gessneri*; 10 – *Moina minuta*; 11 – *Ceriodaphnia cornuta*; 12 – *Simocephalus* sp; 13 – *Bosmina hagmanni*; 14 – *Diaphanosoma birge*; 15 – *Holopedium amazonicum*); Copépodes: 16 – 18 (16 – *Notodiaptomus iheringi* ♀; 17 – *Notodiaptomus iheringi* ♂; 18 – Três gêneros de Cyclopoida: *Acanthocyclops*, *Mesocyclops* e *Thermocyclops*)

Vista da várzea do Mamirauá
Foto: Luiz Marigo

7 A Ecologia dinâmica das populações e comunidades vegetais aquáticas

Resumo

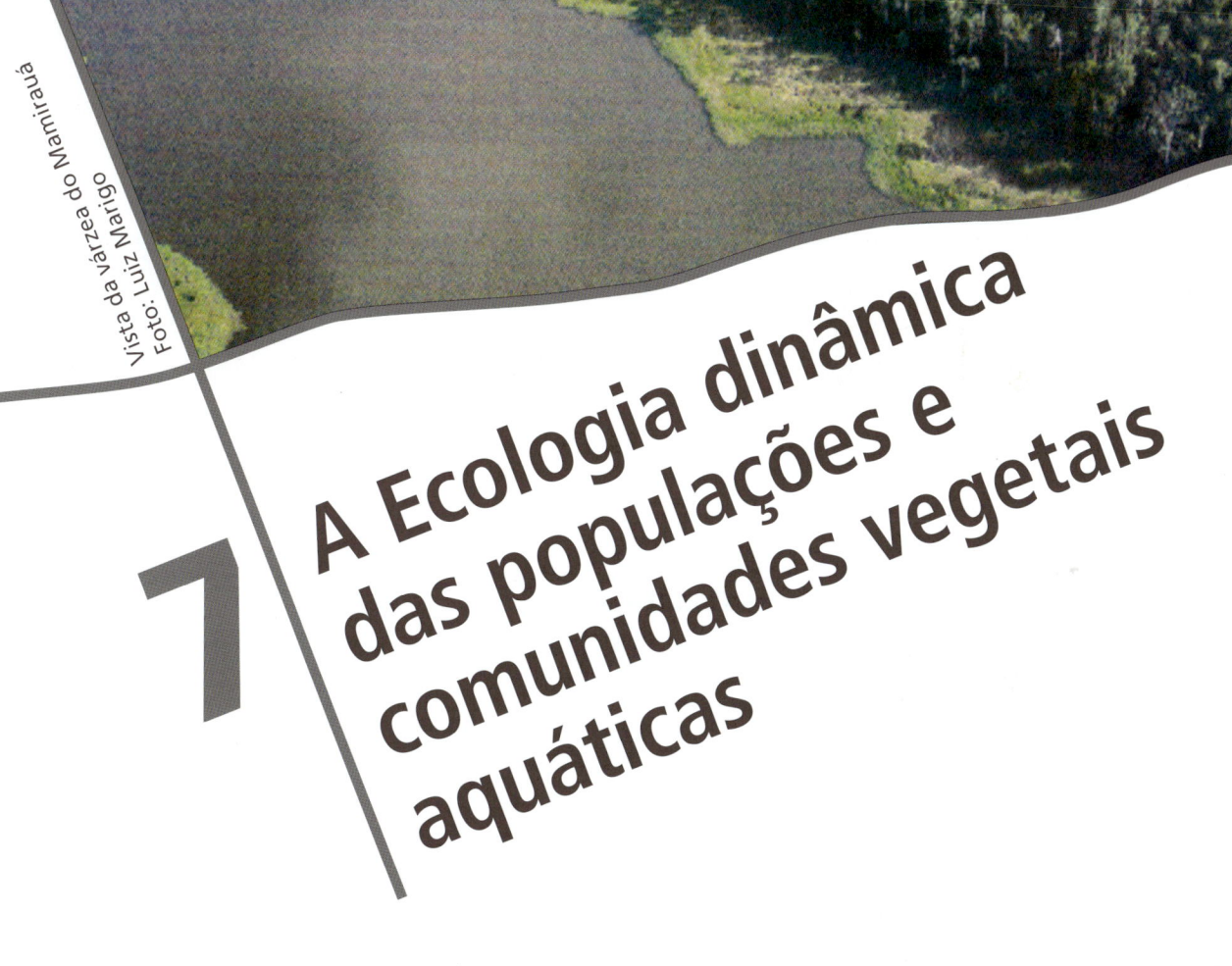

Neste capítulo, descrevem-se e discutem-se os principais mecanismos e interações dos componentes das populações e comunidades de vegetação aquática e os fatores que influenciam suas sucessões espacial e temporal, sua diversidade e sua distribuição em lagos, rios, represas e áreas alagadas. Os fatores limitantes e controladores da produção primária de fitoplâncton, perifíton e macrófitas, as flutuações da biomassa e o papel desses organismos nos ciclos biogeoquímicos e nas interações com outros organismos aquáticos são discutidos. São apresentados exemplos de estudos de caso para as diferentes comunidades de vegetais aquáticos na região neotropical, como base para compreender as sucessões espacial e estacional em diferentes ecossistemas característicos dessa região. Apresentação de estudos de caso de lagos de regiões temperadas são feitas como comparação. Bases conceituais sobre as sucessões fitoplanctônica, de perifíton e de macrófitas e efeitos de perturbações sobre essas comunidades são discutidos como exemplos de lagos rasos, lagos amazônicos e represas.

Um sistema ecológico é composto por **componentes bióticos** desde vírus, bactérias até organismos superiores, plantas e animais que interagem com componentes abióticos físicos e químicos, constituindo uma unidade básica de ecologia, que é o ecossistema. Esses organismos que interagem com os **fatores abióticos** pertencem a uma grande variedade de espécies que, no seu conjunto, formam as populações. Por conseguinte, define-se uma *população* como um conjunto de organismos de uma mesma espécie e *comunidade* como um conjunto de várias populações do ecossistema. Populações e comunidades apresentam uma série de processos dinâmicos e atributos distintos. Por exemplo, uma população possui uma densidade (por exemplo, número de organismos/área ou volume), uma propriedade que não pode ser atribuída a um organismo individual; ou uma comunidade possui uma *diversidade de espécies*, um atributo sem muito significado no que diz respeito à população.

Fig. 7.1 Mecanismos de **seleção de hábitat**, dispersão, fatores que regulam e limitam a presença ou a ausência de espécies em ecossistemas

7.1 Importância do Estudo das Populações nos Sistemas Aquáticos

As populações apresentam uma série de atributos próprios de cada grupo de organismos que, no conjunto, caracterizam um ecossistema aquático. Portanto, é importante compreendermos o comportamento das espécies em selecionar hábitats, a interação com outras espécies e a tolerância de cada população aos fatores físicos e químicos do ambiente.

Quando se estudam os componentes bióticos de um sistema aquático, a primeira questão que surge sobre a composição de espécies é: por que certas espécies se encontram presentes e outras ausentes num determinado hábitat? Para responder a essa questão, é importante considerar o caminho e a análise apresentados por Macan (1963 *apud* Krebs, 1972) com base no critério de presença e ausência e os fatores que determinam o fato. A Fig. 7.1 descreve essa situação.

7.2 Principais Dependências dos Processos Biológicos

Os processos biológicos dependem de uma série de fatores fundamentais que, em conjunto, determinam e controlam as respostas dos organismos individualmente, das populações e das comunidades. O primeiro fator fundamental é a **dependência da temperatura**, a qual controla e limita as respostas fisiológicas dos organismos, as atividades bioquímicas e as taxas de crescimento e reprodução.

Outro fator é a **dependência do substrato** disponível, ou seja, a base nutricional – **macronutrientes** como carbono, nitrogênio, fósforo, silício ou **micronutrientes** como **molibdênio**, zinco, manganês, ferro, cobre. Alguns organismos dependem de um único nutriente ou de muitos nutrientes simultaneamente. A disponibilidade e o tipo de nutriente controlam o crescimento, a reprodução e a sucessão de comunidades de plantas e animais. As plantas têm uma dependência da disponibilidade, da quantidade e da qualidade da luz.

O **tamanho dos organismos** é outro fator fundamental, uma vez que muitas respostas fisiológicas, migração e desenvolvimento estão relacionados com a distribuição em tamanho. Margalef (1978) apresentou as idéias e as hipóteses principais correspondentes ao tamanho do fitoplâncton e sua distribuição vertical em ambientes turbulentos e com alto grau de mistura vertical. Por outro lado, organismos aquáticos necessitam sobreviver em um ambiente que lhes permita flutuar e, portanto, há uma **dependência da densidade**, que é também muito importante em relação à distribuição vertical, posição e capacidade de migração vertical e horizontal desses organismos.

Todos esses processos atuam simultaneamente, e a reprodução, o crescimento, o desenvolvimento, a migração e o comportamento fisiológico são controlados por esses fatores, dependendo do ecossistema aquático, sua latitude, longitude, altitude e das condições físicas e químicas que estabelecem os controles e os fatores reguladores e limitantes.

Em plantas, processos fisiológicos são limitados pela intensidade luminosa, assim como a disponibilidade e a intensidade luminosa controlam a distribuição e o comportamento fisiológico de muitas plantas aquáticas. Luz e temperatura da água são fatores que controlam e limitam o crescimento e a fotossíntese dos fotoautotróficos; também atuam sinergicamente em muitos ambientes aquáticos. Altas intensidades luminosas inibem a fotossíntese fitoplanctônica e de outros fotoautotróficos.

Outra dependência fundamental dos organismos aquáticos é com relação à **concentração de oxigênio** e da saturação de oxigênio na água. Distribuição vertical e horizontal de oxigênio dissolvido na água produz alterações na distribuição dos organismos e no seu comportamento. Regiões anóxicas em lagos e águas costeiras excluem inúmeros organismos. A disponibilidade de oxigênio controla a taxa de crescimento e as respostas fisiológicas e bioquímicas de muitos organismos aquáticos.

O **pH** é outro importante fator do qual dependem os organismos aquáticos, pois controla muitas reações químicas e disponibiliza íons HCO_3^- e O_3^{--} para plantas aquáticas – por exemplo, limitando e controlando sua distribuição e crescimento (Thomaz e Bini, 2005).

Essas duas variáveis químicas, pH e O_2 dissolvido na água, controlam em grande parte o crescimento e as respostas fisiológicas de organismos, populações e comunidades.

7.3 Sucessão nas Populações e Comunidades

Populações e comunidades de águas interiores estão submetidas a uma contínua interação, em razão das flutuações nos ecossistemas e nas funções de força que atuam no controle e na limitação da reprodução e desenvolvimento dos organismos aquáticos. Diferenças no ciclo hidrológico estacional, por exemplo, causam mudanças na composição de espécies, na estrutura das comunidades e nas proporções relativas de ovos, larvas e adultos.

As **escalas de tempo** na sucessão das populações e comunidades variam em períodos muito curtos ou muito longos, dependendo da capacidade de reprodução dos organismos, das flutuações, em temperatura da água, nutrientes e luz, além dos fatores controladores resultantes das interações dos organismos. Evidentemente, essas escalas de tempo variam também em função do tamanho dos organismos, da velocidade de reprodução e das capacidades diferenciadas de respostas a fatores abióticos, como efeitos da temperatura, velocidade e direção do vento, concentração de nutrientes. A ordenação de um processo de sucessão em sistemas aquáticos de águas interiores é complexa e sua caracterização e estudo dependem da capacidade de coleta de informações e de organismos, e da capacidade de obter informações sinópticas e simultâneas com a finalidade de promover análises avançadas de organização e sucessão e das condições de análise quantitativa e qualitativa.

É difícil apresentar certas generalizações, mas, como considera Margalef (1983), há certos aspectos fundamentais que devem ser reconhecidos: minimização de trocas de energia por unidade de informação, mantendo o coeficiente reprodução/biomassa; tendência à evolução dos ecossistemas e, notadamente, das comunidades, no sentido de diminuir as trocas de energia com "maior aumento de entropia por unidade de organização conservada (p. 127)".

Além dos efeitos diretos, é preciso considerar os **efeitos indiretos** que influenciam a sucessão. Por exemplo, efeitos de temperatura da água, influências nutricionais, efeitos do parasitismo e da predação podem influenciar etapas da sucessão de espécies, populações e comunidades.

A sucessão, de acordo com Odum (1969) e Reynolds (1997), é a principal manifestação do desenvolvimento dos ecossistemas. Os fundamentos do estudo e da caracterização da sucessão ecológica remontam a Clements (1916), o qual chamou a atenção para um possível controle do ambiente biogeofísico, pela comunidade, a qual teria condições de manter um controle interno do processo. As teorias do controle interno da sucessão e de um direcionamento a um **clímax** (Tansley, 1939) foram contestadas pelas irregularidades no processo, tais como perturbações – fogo, seca, **enchentes**, furacões. A conciliação dessas tendências – uma sucessão ordenada oposta a um conjunto estocástico de respostas promovidas por interrupções no processo – é feita considerando-se forças externas – as funções de força e as respectivas composição e resposta da biota.

Segundo Reynolds (1997), não se pode considerar a sucessão como um processo ordenado e perfeitamente previsível. No entanto, Odum (1969) e Margalef (1991, 1993) apresentam certas singularidades na sucessão, as quais, de acordo com Reynolds (1984a, 1984b, 1986, 1995), aplicam-se à sucessão de comunidades pelágicas, que respondem a diferentes forças externas que impulsionam diferentes populações e comunidades no espaço e, especialmente, no tempo. O modelo de sucessão ecológica geral apresentado por Odum (1969), portanto, ainda resiste com suas principais generalidades e a mais informações adicionadas. O Quadro 7.1 descreve essas generalidades.

Grande parte dessas características e atributos das comunidades no processo de sucessão foi comprovada com inúmeros estudos não só das comunidades pelágicas, mas também das comunidades aquáticas do bentos, do nécton e do perifíton (Margalef, 1991). Interações entre os componentes das diferentes comunidades e o fluxo de energia podem ser caracterizadas e determinadas nos diferentes estágios da sucessão. O conhecimento teórico e a determinação dos processos de sucessão têm também uma importante aplicação prática: possibilitam, até certo ponto, o controle da sucessão de populações e comunidades, especialmente em ecossistemas aquáticos onde há possibilidades de manipulação de funções de forças externas que controlam, por exemplo, tempos de retenção e mistura e estratificação vertical (Reynolds, 1997; Tundisi *et al.*, 2004).

7.4 O Fitoplâncton: Características Gerais

A organização celular dos eucariotas fotossintetizantes consiste em uma célula com organelas como núcleo, mitocôndrios, cloroplastos e uma membrana celular. Nessas células encontram-se os **cloroplastos** com os pigmentos fotossintéticos; um complexo de Golgi; um retículo endoplasmático; lisossomas contendo enzimas digestivas; vacúolos contendo fluido; substâncias de reserva contendo gotículas de óleo ou grânulos de amido; microtúbulos e microfibrilas para suporte estrutural, e corpos basais onde se fixam os flagelos. A Fig. 7.2 apresenta a estrutura geral de uma célula eucariota, com uma célula animal e uma célula de um organismo fotossintetizante. As formações protoplasmáticas estão circundadas por uma membrana (plasmalema), a qual é complexa, consistindo em duas ou três camadas separadas: em algumas células, a camada externa do plasmalema é de mucilagem. Uma parede celular morta composta por carboidratos, celulose ou substâncias inorgânicas, como carbonatos ou sílica (típica de diatomáceas), é característica da maioria desses eucariotas (Taylor, 1980). Essas células ainda possuem cromatóforos extremamente variáveis em dimensões e número e podem assumir várias formas, como placas e discos. As cianofíceas não apresentam cromatóforos.

Uma descrição detalhada das características dessas células de eucariotas fotossintetizantes é apresentada por Oliveira (1996). Os eucariotas fotossintetizantes possuem pigmentos cuja relação varia nos diversos grupos. Todos os grupos do fitoplâncton de água doce contêm clorofila *a* e betacaroteno; alguns contêm xantofilas; ficobilinas estão limitadas a cianofíceas e rodofíceas (Round, 1981).

Produtos de reserva da fotossíntese e do metabolismo encontram-se no citoplasma do fitoplâncton; clorofíceas e criptofíceas reservam amido; crisofíceas produzem polissacarídeos, como crisosse e crisolamilarina; cianobactérias reservam glicogênio. Muitos componentes do fitoplâncton reservam ainda

Quadro 7.1 Principais características gerais do processo de sucessão em ecossistemas

ATRIBUTOS DOS ECOSSISTEMAS	ESTÁGIOS INICIAIS	ESTÁGIOS MADUROS
Energia das comunidades		
Produção bruta/respiração da comunidade (razão P/R)	Maior ou menor que 1	Próximo de 1
Produção bruta/biomassa (razão P/B)	Alta	Baixa
Biomassa suportada por unidade de fluxo de energia (razão B/Q)	Baixa	Alta
Produção líquida (produto)	Alta	Baixa
Cadeias alimentares	Lineares	Em rede
Estrutura das comunidades		
Matéria orgânica total	Baixa	Grande
Nutrientes inorgânicos	Em grande concentração; externos aos organismos	Internos aos organismos
Diversidade de espécies	Baixa	Alta
Diversidade bioquímica	Baixa	Alta
Equitabilidade de espécies	Baixa	Alta
Diversidade estrutural	Pouco organizada	Muito organizada
Ciclos e histórias de vida		
Especialização	Larga	Estreita
Tamanho dos organismos	Pequenos	Grandes
Ciclos de vida	Rápidos e simples	Lentos e complexos
Ciclos de nutrientes		
Ciclos minerais	Abertos	Fechados e complexos com controles da biomassa acentuados
Trocas de nutrientes entre organismos e o ambiente	Rápidas	Lentas
Papel dos detritos na regeneração dos nutrientes	Pouco importante	Muito importante
Seleção		
Seleção por crescimento	r[1]	k[2]
Produção	Direcionada para maior quantidade	Direcionada para maior qualidade
Homeostase da comunidade		
Simbiose intensa	Não desenvolvida	Desenvolvida
Conservação de nutrientes	Pobre	Boa
Resistência a **perturbações externas**	Pobre	Boa
Entropia	Alta	Baixa
Informação	Baixa	Alta

[1] Espécies de rápida reprodução ; [2] Espécies de reprodução mais lenta
Fonte: Odum (1969).

proteínas e lipídios; as taxas de todos esses componentes variam e podem ser significantemente alteradas pelas condições ambientais. A concentração desses compostos varia também com o metabolismo celular.

As diatomáceas têm uma parede celular rígida, com sílica (frústula), consistindo em duas valvas com uma epiteca e uma hipoteca. As valvas estão articuladas por pectina ou por protuberâncias. Essa "caixa" de sílica envolve um citoplasma, vacúolos e núcleos.

A Fig. 7.3 (p. 174) mostra representantes dos diversos grupos de fitoplâncton.

7.4.1 Reprodução e ciclos de vida

O fitoplâncton normalmente se reproduz por divisão simples, cuja taxa depende das condições fisiológicas das células, da temperatura da água e do suprimento de nutrientes.

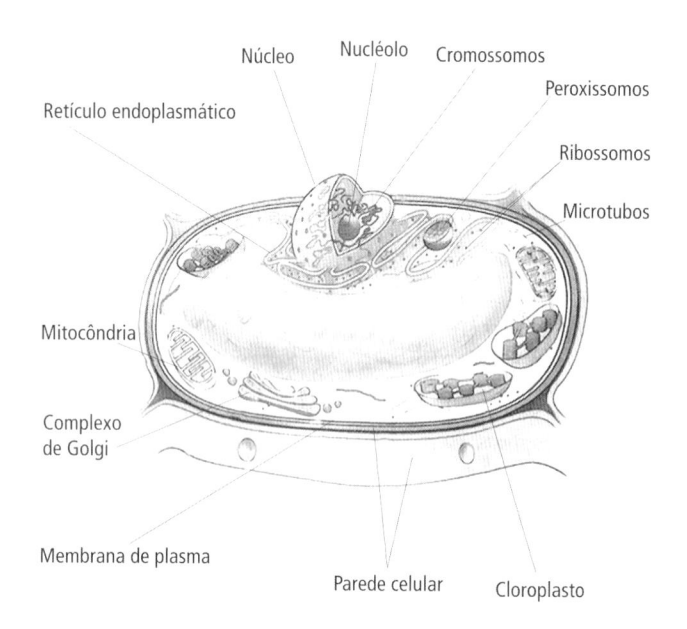

Fig. 7.2 Estrutura de uma célula de um organismo fotossintetizante
Fonte: modificado de Dodson (2005).

A divisão celular pode ser sincrônica, ou seja, uma **divisão simultânea** de todas as células em uma população, o que depende, basicamente, de ciclos luz-escuro, da concentração de nutrientes e da temperatura da água. A divisão sincrônica pode ser estimulada em laboratório com a manipulação de certas condições nutricionais e ciclos luz-escuro. Há trabalhos que relatam exemplos de divisão sincrônica em condições naturais (Nakamoto, Marins e Tundisi, 1976).

Culturas e **populações naturais** podem dividir-se sem sincronização. Nesse caso, há um grande número de células em diferentes fases do ciclo, o que apresenta dificuldades adicionais para identificação dos organismos e coleta.

Os procariotas dividem-se aproximadamente a cada hora, enquanto os eucariotas o fazem a cada 8 ou 24 horas. Algumas espécies dividem-se durante períodos de iluminação, enquanto outras mostram preferência por períodos de escuro. Nos flagelados, a reprodução consiste em uma simples divisão longitudinal. As espécies com parede celular apresentam processos mais complicados. Nas diatomáceas, forma-se uma nova hipoteca, nas células-filhas com menor dimensão (diâmetro menor). Há uma periódica diminuição de tamanho a cada divisão até a formação de um **auxósporo**, o qual é relacionado frequentemente à reprodução sexual.

A formação de **cistos** e **esporos de resistência**, que sobreviverão a períodos não favoráveis, é característica de muitos organismos do fitoplâncton. Os cistos formam-se por processos **sexuais** ou **assexuais**. Nos **cistos de resistência**, há diminuição da concentração de clorofila e perda de água. Esporos ocorrem em alguns procariotas e cianofíceas.

Os cistos sedimentam-se rapidamente, localizando-se nos sedimentos até que um estímulo a partir de fatores ambientais – como temperatura, nutrientes e intensidade luminosa – produza a rápida germinação. Cistos vegetativos ocorrem em muitas espécies de fitoplâncton.

A reprodução sexual é bem conhecida em clorofíceas e diatomáceas. Em muitos organismos fitoplanctônicos, os gametas assemelham-se muito às células-mãe, o que ocasiona problemas de identificação. Em algumas espécies de dinoflagelos, por exemplo, gametas com morfologia diversa foram considerados novas espécies.

O zigoto formado pela fusão de gametas nos flagelados pode ser móvel (com flagelos) ou não apresentar motilidade (hipnozigoto). O zigoto pode encistar-se (zigósporo), como é frequente em clorofíceas como *Clamydonomas* ou *Volvox*.

Os processos que causam reprodução sexual no fitoplâncton não são ainda totalmente conhecidos. A formação de estágios zigotos tem sido observada com mais frequência ao final de florações extensas ou em culturas com excesso de células. Em condições de limitação de nitrogênio, tem sido demonstrado que há estímulo para a reprodução sexual em culturas de algumas espécies do gênero *Clamydomonas* sp (Lund, 1965; Reynolds, 1984).

É possível que fatores externos, tais como perturbações térmicas, hidrodinâmicas ou intensidade luminosa, associados a condições internas, sejam responsáveis pela reprodução sexual no fitoplâncton.

Lund (1965) afirma que há três grupos de algas que apresentam formas de resistência: os grupos *Asterionella*, *Fragilaria* e *Tabellaria*. Há também o grupo que produz esporos de resistência ocasionalmente, como *Aphanizomenon* spp, e o grupo que produz esporos de resistência anualmente, como crisofíceas, dinoflagelados e, em águas de regiões temperadas, *Anabaena*.

O grupo *Cyclotella* não tem esporos ou formas de resistência, assim como *Microcystis* e *Oscillatoria*.

O caso de produção de esporos de resistência em espécies de *Aulacoseira* spp é clássico (Lund, 1965).

7.4.2 Influências ambientais na morfologia

Polimorfismo durante o ciclo de vida é muito comum. De um modo geral, fatores internos e externos atuam na alteração da forma de algumas espécies do fitoplâncton. Influências relacionadas à intensidade luminosa, qualidade da luz, concentração de nutrientes na água, pressão osmótica do meio e temperatura foram descritas como importantes na alteração da morfologia de células e colônias, em fitoplâncton lacustre e marinho. Deficiências de sílica em cultivos podem ocasionar alterações na morfologia de certas espécies de diatomáceas. Traivor *et al.* (1976) demonstraram que a concentração de ferro total determina alterações na morfologia de *Scenedesmus* sp, e, em certas espécies, a formação de colônias é também estimada pela presença de fosfato orgânico (Lund, 1965).

7.4.3 Simbiose e inter-relações

O fitoplâncton pode associar-se a organismos fotossintéticos ou não-fotossintéticos; por exemplo, alguns flagelados não-fotossintetizantes ocorrem na superfície de diatomáceas.

Outras **associações simbióticas** têm sido descritas, principalmente com ciliados.

7.4.4 Características das formas flageladas e móveis e formas sem motilidade

Em ambientes de água doce, os principais representantes das formas não-móveis são as **diatomáceas**, as **desmidiáceas** e as **clorococales**. Estágios com flagelo ocorrem no ciclo de vida de **desmidiáceas** e **clorococales**.

Os **flagelados** apresentam, no estágio principal do ciclo de vida, estruturas que permitem a locomoção, denominadas flagelos. Vários grupos de flagelados contribuem significativamente para o fitoplâncton. Geralmente, há dois flagelos, sendo um mais desenvolvido que o outro, os quais apresentam batimentos homodinâmicos (isto é, mesmo batimento) ou heterodinâmicos (batimentos diferentes).

Muitos flagelados são não-fotossintetizantes, o que implica dificuldades na distinção entre os dois tipos fisiológicos, a não ser que corantes especiais ou métodos especiais de observação, como a fluorescência, possam ser utilizados.

7.4.5 Fatores controladores e limitantes

Segundo Reynolds (1997) – ver também Cap. 6 –, o fitoplâncton é a denominação que se dá a uma comunidade de organismos fotoautotróficos que vivem a maior parte de seu ciclo de vida nas zonas pelágicas de oceanos, lagos, tanques e reservatórios. O **fitoplâncton fotoautotrófico**, como será descrito no Cap. 9, tem o papel fundamental de produzir o carbono orgânico, suprindo as redes alimentares da zona pelágica.

Produtividade primária do fitoplâncton, biomassa, composição de espécies e flutuações das comunidades são os principais processos a considerar na dinâmica desses organismos. Produtividade primária do fitoplâncton e sua determinação serão considerados no Cap. 9. A determinação da produtividade primária e da biomassa, em muitos casos, é suficiente para a compreensão científica de certos processos, mas é fundamental considerar a sucessão de espécies e os fatores que nela intervêm.

Inicialmente é importante destacar que os fatores que interferem na fisiologia, no crescimento e na reprodução dos organismos do fitoplâncton são a qualidade e a quantidade de luz, as quais variam em função do clima de radiação e das características das massas de água (ver Cap. 4). A inibição da fotossíntese por altas intensidades luminosas é outro fator fundamental, apresentado em detalhes no Cap. 9.

A Fig. 7.4 apresenta as relações entre profundidade máxima da penetração da energia radiante, "profundidade crítica" (na qual a **fotossíntese bruta** é equivalente à respiração por unidade de superfície) e movimentação das massas de água em função de forçantes como vento, radiação solar e transporte vertical do fitoplâncton a elas associado.

As relações **distribuição vertical da produtividade** e da biomassa (clorofila *a*) são fundamentais para a caracterização do ecossistema aquático e sua capacidade de produtividade líquida de matéria orgânica.

174 | Limnologia

CLOROPHYTA

Micrasteria sp

Sphaerozoma sp

CYANOPHYTA

Chroococcus sp

Aphanotece sp

DINOPHYTA

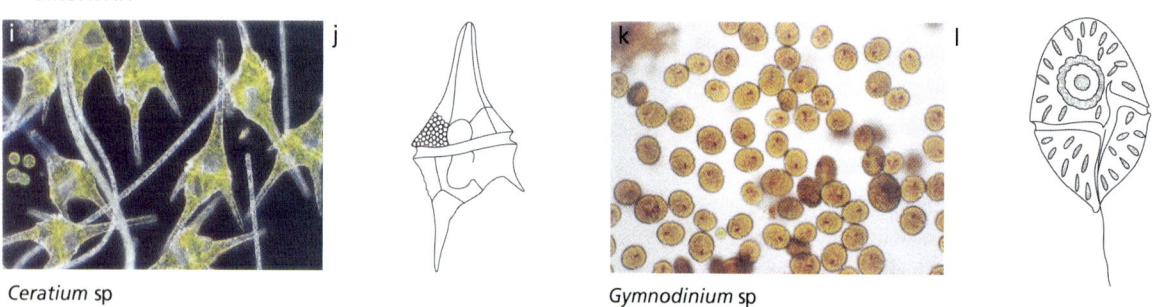

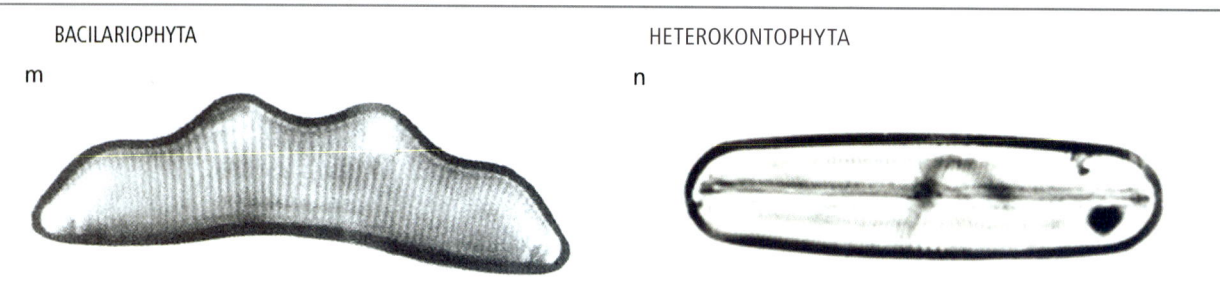

Ceratium sp

Gymnodinium sp

BACILARIOPHYTA

Eunotia indica

HETEROKONTOPHYTA

Navícula pupula

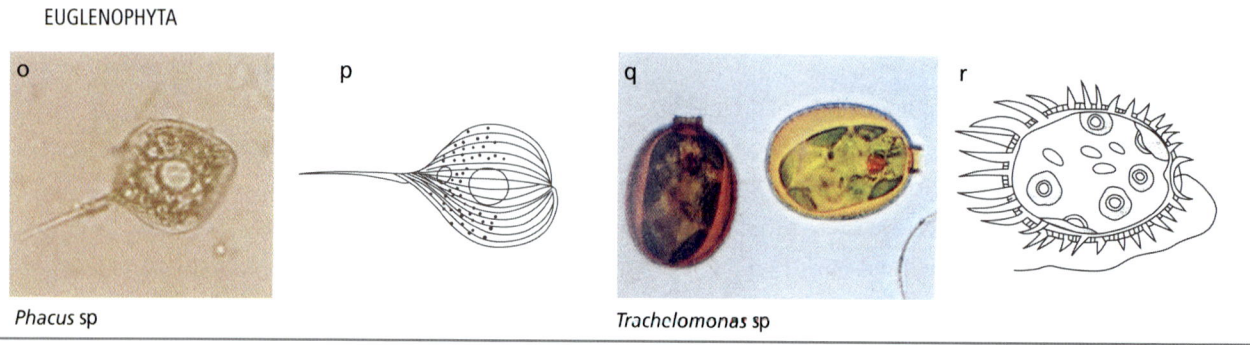

EUGLENOPHYTA

Phacus sp

Trachelomonas sp

Fig. 7.3 Representantes das diversas divisões do fitoplâncton
Fontes: Prescott, 1978 (b, d); Canter-Lund e Lund, 1995 (e, g, i, k, q); Hino e Tundisi, 1984 (m, n); Mizuno, 1968 (p); Bicudo e Menezes, 2005 (j, l, r); Silva, 1999 (f, h); Thais Ferreira Isabel (a, c); Ana Paula Luzia (o).

A temperatura é outro fator que influencia o crescimento e a resposta do fitoplâncton. A resposta metabólica de todos os organismos segue a Lei Geral Q10, segundo a qual os **processos metabólicos** dobram a cada aumento de 10°C. A temperatura limita a taxa de saturação da **fotossíntese do fitoplâncton**. Em baixas intensidades luminosas, a fotossíntese aumenta proporcionalmente a intensidade luminosa, mas atinge um máximo que depende da temperatura – com o aumento da temperatura, o máximo aumenta, de acordo com a Lei Q10. A Fig. 7.5 descreve essas relações e a Fig. 7.6 indica a taxa de crescimento em função da intensidade luminosa para um conjunto de espécies de algas planctônicas.

As interações entre a intensidade luminosa e a temperatura têm influência na sucessão estacional de espécies do fitoplâncton, como enfatizado por Lund (1965), mas há inúmeras evidências posteriores que implicam muito maior complexidade no processo de sucessão fitoplanctônica.

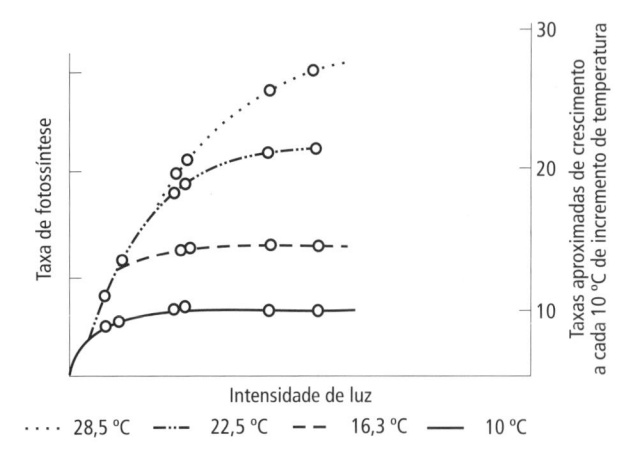

Fig. 7.5 Relação da fotossíntese de *Chlorella* com luz e temperatura
Fonte: Welch (1980).

Além da fluidez e da transparência comuns a todos os meios aquáticos, a já mencionada concentração de elementos químicos e a composição química da água – derivada da hidrogeoquímica regional e das características da bacia hidrográfica, da geomorfologia

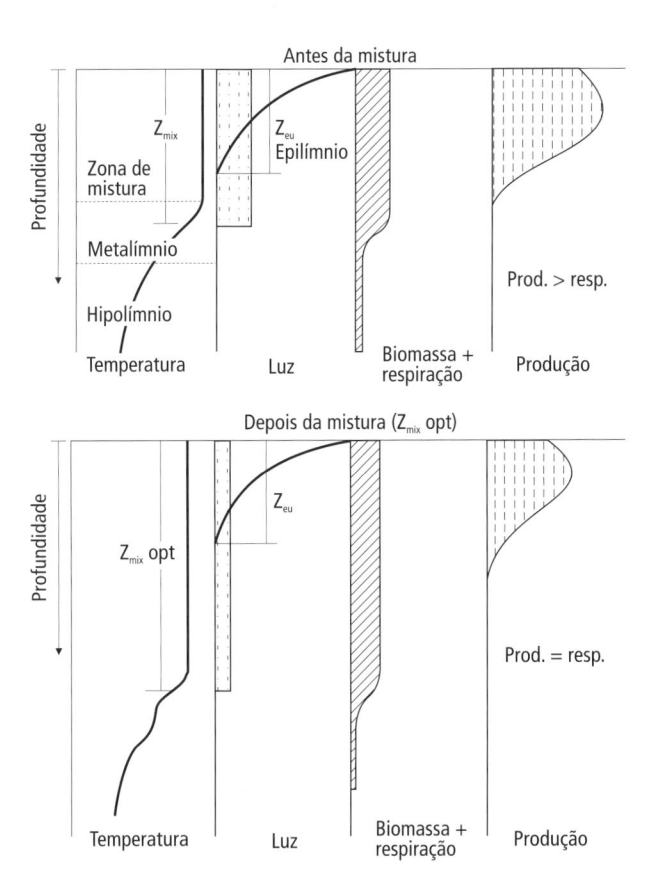

Fig. 7.4 Efeitos da mistura (natural e artificial) sobre a biomassa de fitoplâncton e produção. O fitoplâncton é misturado até a profundidade z_{mix}, enquanto a luz penetra somente até a profundidade z_{eu}. Assim, se a mistura é profunda, há baixa produção de fitoplâncton e, consequentemente, redução na biomassa
Fonte: Straškraba e Tundisi (2000).

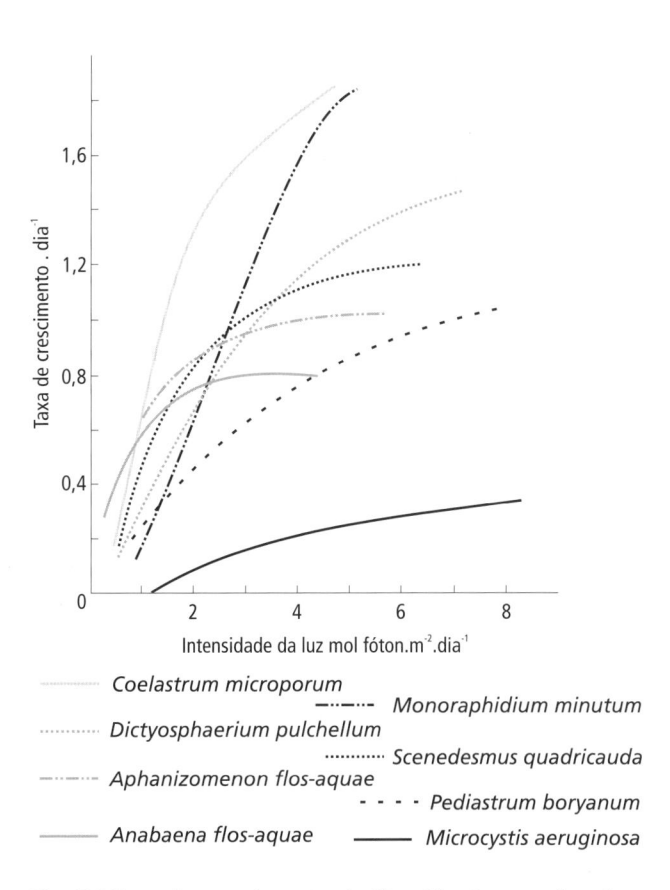

Fig. 7.6 Taxa de crescimento do fitoplâncton em função da intensidade luminosa, a 20°C
Fonte: modificado de Reynolds (1997).

e das atividades dos organismos (ver Cap. 5) – têm um papel fundamental na organização, distribuição vertical e horizontal e na sucessão das comunidades. Ao contrário das águas marinhas, as águas continentais apresentam uma vasta e complexa variedade de composição química, que vai desde composições com baixa concentração de sódio e potássio, até altas concentrações de cálcio, magnésio e bicarbonatos. Em regiões com alta evaporação e com influência de depósitos geológicos, lagos podem apresentar altas salinidades e alta alcalinidade, como descrito por Williams (1996).

Todos os elementos que compõem quimicamente as águas interiores são, em última análise, constituintes vitais das células de plantas e animais aquáticos. Aproximadamente 20 elementos são requeridos para sustentar tecidos saudáveis de plantas; muitos deles são necessários em concentrações tão pequenas que podem ser considerados como elementos-traço ou "micronutrientes". Manganês, molibdênio, cobalto, zinco e ferro são alguns dos elementos que devem ser adicionados, se for o caso, a culturas de algas em laboratórios. Cálcio e silício também são necessários para o crescimento e o desenvolvimento de certos grupos de algas fitoplanctônicas.

Seis elementos são classificados como nutrientes principais: carbono, hidrogênio, oxigênio, nitrogênio, fósforo e enxofre. A Tab. 7.1 mostra os índices de Redfield em relação a **carbono** e **fósforo** e a composição química de algumas espécies representativas de algas, com a composição química das águas de ecossistemas aquáticos. Deve-se enfatizar que essa composição química é extremamente variável; ela depende de várias relações entre os componentes do sistema aquático e os influxos provenientes da bacia hidrográfica, a taxa de decomposição de tecido morto e dos processos biogeoquímicos dependentes da temperatura e da concentração de oxigênio dissolvido. Quanto aos **nutrientes limitantes**, todos os dados e informações existentes (ver Cap. 10) apontam para **carbono**, **fósforo**, **nitrogênio** como a base para a sustentabilidade e reprodução das **populações fitoplanctônicas** e outros produtores primários (Reynolds, 1997).

Entre os principais nutrientes e os que podem limitar a reprodução, o crescimento e a sustentabilidade das populações de plantas aquáticas, utiliza-se o **nitrogênio** para a síntese de aminoácidos e proteínas, sendo que suas fontes principais para as plantas aquáticas são **nitrato**, **nitrito** e **amônia**, bem como algumas formas dissolvidas de compostos orgânicos nitrogenados, como aminoácidos e uréia. Algumas cianobactérias com **heterocistos** podem fixar **nitrogênio atmosférico** disponível (*Anabaena*, *Anabaenopsis*, *Cylindrospermopsis* e *Gloetrichia* em águas continentais, e *Trichodesmium* em águas marinhas).

O **fósforo** regula a produtividade de plantas aquáticas em razão de seu papel intracelular de sínteses moleculares e transporte de íons, estando disponível para as plantas aquáticas sob a forma de ortofosfatos (HPO_4^{--}, $H_2PO_4^-$) em moléculas orgânicas,

Tab. 7.1 Composição química das algas e a abundância relativa dos principais componentes

	C	H	O	N	P	S	S_I	F_E
Razão atômica de Redfield (estoiquiometria atômica em relação ao fósforo)[a]	106	263	110	16	1	0,7	–	0,05
Razão por massa de Redfield (estoiquiometria em relação ao fósforo)[a]	42	8,5	57	7	1	0,7	–	0,1
Razão por massa de Redfield (estoiquiometria em relação ao enxofre)[a]	60	12	81	10	1,4	1		
Razão por massa de Redfield (estoiquiometria em relação ao carbono)[a]	100			16,6	2,4			
Chlorella (peso seco relacionado ao carbono)[b]	100			15	2,5	1,6	–	
Peridíneos (peso seco relacionado ao carbono)[c]	100			13,8	1,7		6,6	3,4
Asterionella (peso seco relacionado ao carbono)[d]	100			14	1,7		76	
Água do lago (mol.ℓ^{-1})[e]	10^{-3}	10^2	10^2	10^{-4}	10^{-6}	10^{-3}	10^{-2}	$<10^{-5}$

[a]Stum e Morgam, 1981; [b]Round, 1965; [c]Sverdrup *et al.*, 1942; [d]Lund, 1965; [e]aproximações do autor (Reynolds, 1997) mas omitindo nitrogênio gasoso dissolvido)
Fonte: Reynolds (1997).

todos resultantes da decomposição de organismos. Entretanto, as formas geoquímicas, como apatitas, evaporitas e outros minerais de fósforo, estão em baixas concentrações e não estão disponíveis (Stum e Morgan, 1981).

Portanto, o fósforo está sempre abaixo das concentrações necessárias para um crescimento rápido e sustentável das plantas aquáticas, e a sua concentração estabelece o limite para a produtividade biológica dos sistemas aquáticos continentais. Entretanto, constatou-se uma correlação entre a **concentração solúvel de fósforo** e a biomassa fitoplanctônica (clorofila *a*). O resultado (ver também Cap. 10) é representado pela equação log [clor a]$_{máx}$= 0,585 log [P]$_{máx}$ + 0,801, onde [clor a]$_{máx}$ é a concentração máxima de clorofila em relação à concentração de fósforo originalmente disponível (Reynolds, 1978, 1992). Evidentemente, a relação estequiométrica N:P é fundamental nesse processo.

As relações entre fósforo e a concentração de clorofila *a*, inicialmente descritas por Sakamoto (1966) e Vollenweider (1968) para log total P e log clorofila, evoluíram para a inclusão de nitrogênio, transparência, cor, turbidez inorgânica e inter-relações na rede alimentar (Huszar *et al.*, 2006).

Em uma análise realizada com uma base de dados que incluem 196 sistemas aquáticos continentais (136 lagos e 56 reservatórios), entre as latitudes 31°N e 30°S, Huszar *et al.* (2006) examinaram a relação clorofila-nutrientes e a compararam com os resultados de lagos e reservatórios de regiões temperadas. Fez-se a comparação dos resultados de área, profundidade média, disco de Secchi, coeficiente de extinção, clorofila a, fósforo total, nitrogênio total e a relação fósforo total-nitrogênio total. A Fig. 7.7A mostra as relações obtidas nesse trabalho e a Fig. 7.7B compara os resultados com os dos lagos de regiões temperadas.

Esses autores mostraram diferenças substanciais na relação quantitativa entre clorofila e nutrientes, e uma relação mais variável entre log de fósforo total e log de clorofila total, com uma menor produção de clorofila por unidade de fósforo total do que as regressões mostraram para os lagos de regiões temperadas. As diferenças apontadas consideram problemas de amostragem, diferenças estacionais na limitação de nutrientes (nitrogênio ou fósforo) e diferenças na

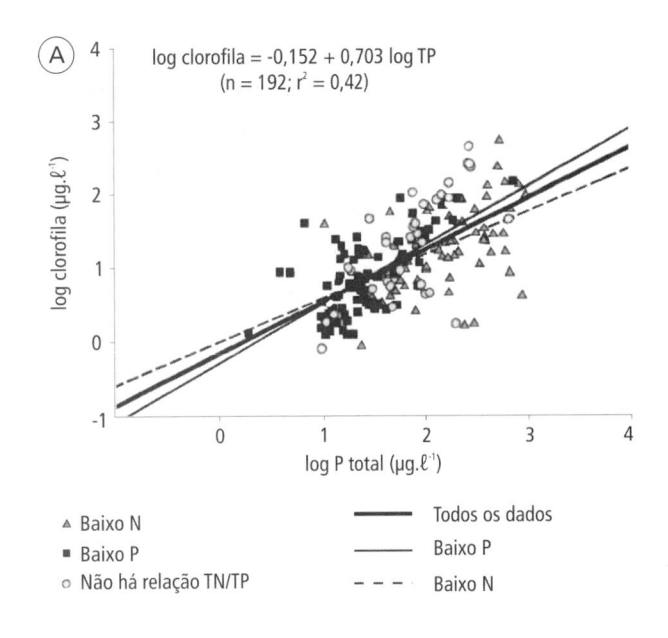

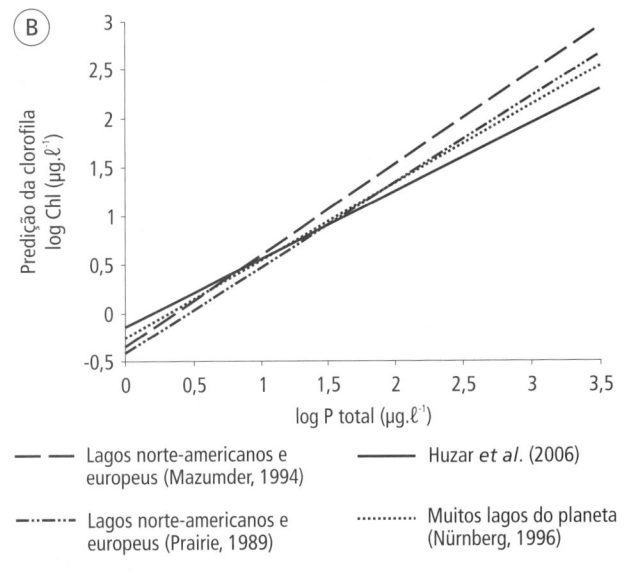

Fig. 7.7 A) Relação entre a média anual do log de fósforo total (µg.ℓ$^{-1}$) e log clorofila (µg.ℓ$^{-1}$) para águas de superfície de 192 lagos tropicais e subtropicais da África, Ásia, América do Sul e América do Norte. Os dados são apresentados para lagos limitados por fósforo (onde a relação TN : TP > 17 x peso) e lagos limitados por nitrogênio ou nitrogênio e fósforo (onde a relação TN : TP < 17 x peso); B) Comparação da relação do log de fósforo total (µg.ℓ$^{-1}$) com o log de clorofila (µg.ℓ$^{-1}$) entre lagos tropicais e subtropicais, com regressões selecionadas para lagos temperados
Fonte: adaptado de Huszar *et al.* (2006).

extinção da intensidade luminosa por causa de material em suspensão.

No caso específico de reservatórios, a situação é mais complexa. Usos do solo, cargas de fósforo e nitrogênio e grande influxo de material em suspensão durante o verão podem complicar as relações NT:

PT e as relações PT:clorofila e NT:clorofila. Da mesma forma, diferenças entre os efeitos da predação de zooplâncton sobre o fitoplâncton em lagos de regiões temperadas e de regiões tropicais influenciam o resultado, uma vez que cladóceros, rotíferos e copepoditos desempenham um papel relevante na remoção do fitoplâncton em lagos e represas tropicais, tornando mais complexa a rede alimentar e alterando a **capacidade de predição** a partir dos dados fósforo total: clorofila (Levis, 1990; Arcifa *et al.*, 1995; Fisher *et al.*, 1995; Lazzaro, 1997).

Portanto, a aplicação dos vários índices obtidos para lagos e reservatórios de regiões temperadas na quantificação da eutrofização, por exemplo, e nas relações de nutrientes com fitoplâncton, deve ser considerada com cautela para lagos e represas de regiões tropicais ou semi-áridas. Estas apresentam grande complexidade espacial e temporal, razão pela qual requerem outros índices (Matsumura Tundisi *et al.*, 2006).

Dióxido de carbono (CO_2), sobretudo em sistemas aquáticos com baixo pH, pode ser limitante ao crescimento, como demonstrado por Talling (1973, 1976).

Oxigênio dissolvido e **potencial redox** são outros componentes fundamentais para os fotoautotróficos de ecossistemas aquáticos. Em sistemas anóxicos, poucas espécies altamente especializadas sobrevivem, como é o caso de algumas cianobactérias. A combinação da **respiração microbiana** com a oxidação química da matéria orgânica reduz a concentração bem abaixo das concentrações de equilíbrio do oxigênio dissolvido (entre 8 e 14 mg $O_2.\ell^{-1}$ e temperatura de 0° a 25°C). A demanda de oxigênio é aumentada próxima do sedimento.

A relação entre o potencial redox e a disponibilidade de nutrientes é fundamental para os ciclos biogeoquímicos, a reprodução e o crescimento do fitoplâncton. Com baixas concentrações de oxigênio dissolvido, por exemplo, o nitrato é reduzido a nitrito e gás nitrogênio (N_2). A potenciais redox <50 mV, Fe^{+++} é reduzido a Fe^{++}, liberando fosfato precipitado como fosfato férrico em potenciais redox mais elevados.

A presença de concentrações elevadas de clorofila em profundidades abaixo da termoclina, com escassa intensidade luminosa, altas concentrações de fosfato e anoxia pode ser explicada pela disponibilidade desses nutrientes a partir de baixos potenciais redox (Reynolds *et al.*, 1983).

A Fig. 7.8 descreve a distribuição de espécies químicas que resultam de vários potenciais redox e sua disponibilidade na água, que afeta a reprodução, o crescimento e a sustentabilidade das comunidades de fotoautotróficos nos ecossistemas aquáticos. Concentrações de sílica e ferro são igualmente relevantes para o crescimento fitoplanctônico, sobretudo de sílica, no caso específico das diatomáceas. Ferro, molibdênio e outros elementos são essenciais para o crescimento, especialmente sob quelação por componentes químicos complexos ou, em alguns casos, substâncias húmicas (Droop, comunicação pessoal).

Condições físicas e químicas, variáveis e inter-

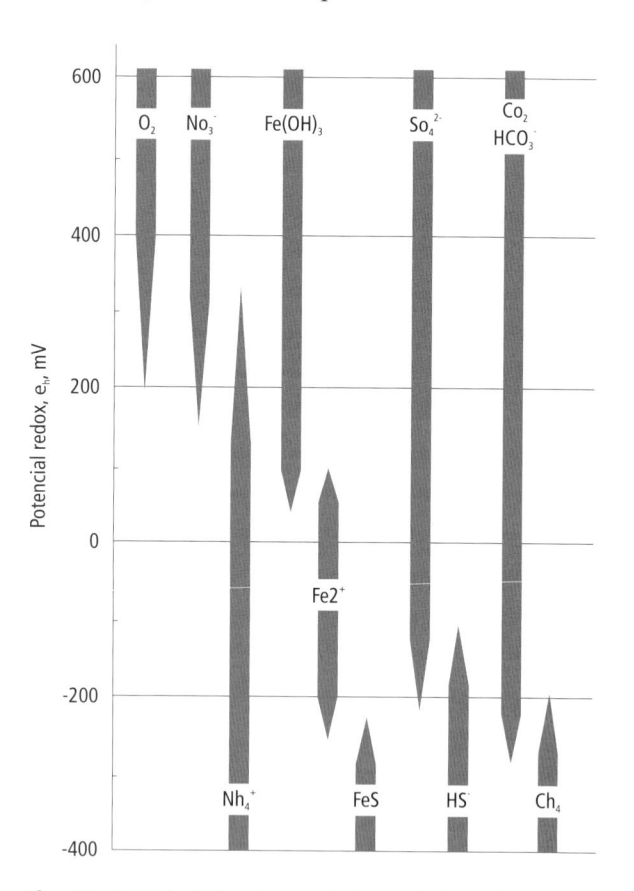

Fig. 7.8 Distribuição das espécies químicas de elementos biologicamente importantes em um espectro de potenciais redox
Fonte: modificado de Reynolds (1997).

dependentes, em lagos e reservatórios, estabelecem a hierarquia fundamental de fatores que controlam, limitam e promovem o crescimento de organismos fotoautotróficos nos ecossistemas aquáticos, ou seja, fitoplâncton fotossintetizante, perifíton, macrófitas aquáticas e bactérias fotossintetizantes.

Outro fator que regula e controla o crescimento do fitoplâncton é a concentração de matéria orgânica, como substâncias húmicas (ou "Gelbstoff") e outros compostos orgânicos dissolvidos, que são importantes para o crescimento. Muitas espécies utilizam heterotroficamente essa matéria orgânica (Droop 1962; Rodhe, 1962).

Em lagos muito profundos, Overbeck e Babenzien (1963) constataram assimilação de matéria orgânica dissolvida. Além disso, existem evidências mais recentes de que crescimento heterotrófico utilizando-se matéria orgânica dissolvida ocorre em certos tipos de lagos durante determinados períodos do ano. A liberação de substâncias extracelulares, cujo início dos estudos ocorreu na década de 1960 (Hellebust, 1965; Tundisi, 1965), levou a um enorme crescimento desse campo (Fogg, 1962; Stewart, 1963; Vieira *et al.*, 1994, 1998) e confirmou hipóteses de possível reutilização desse material dissolvido no crescimento do fitoplâncton, com reflexos na sucessão de espécies (Reynolds, 1997).

Parasitismo e predação por herbívoros são outros fatores que controlam a produtividade, a biomassa e a sucessão fitoplanctônica. Muitos fungos que parasitam espécies de fitoplâncton são não-especializados; rotíferos, cladóceros e copépodes calanóides são predadores de algas pela pressão exercida por pastagem. A maioria desses animais são filtradores e ingerem fitoplâncton de tamanho relativamente pequeno > 20 µm < 50 µm (Nauwerk, 1963; Lund, 1965; Reynolds, 1984; Rietzler *et al.*, 2002).

Um grande número de estudos (Cushing, 1959; Edmonson, 1965; Reynolds, 1997) comprovou as diversas interações existentes entre o ciclo estacional do fitoplâncton e os fatores pastagem, predação e parasitismo. A interdependência entre pastagem e sucessão fitoplanctônica é maior nos ecossistemas marinhos, conforme demonstrado por Cushing (1963a, 1963b). A pressão sobre o nanofitoplâncton é maior em ambientes onde a fração < 50 µm predomina (Tundisi e Teixeira, 1968), mas há evidências de pressão de pastagem em frações > 50 µm por espécies de calanóides marinhos e de água doce (Mullin, 1963; Rocha e Matsumura Tundisi, 1997). O parasitismo pode afetar o fitoplâncton, reduzindo populações e alterando o padrão de sucessão fitoplanctônica (Lund, 1965; Reynolds, 1984).

7.4.6 Flutuabilidade, taxas de **sedimentação** e deslocamentos

Em razão de diferenças na intensidade luminosa e de vários gradientes verticais, como profundidade da zona eufótica, concentração de nutrientes e distribuição vertical de temperatura, a taxa de crescimento do fitoplâncton fotoautotrófico é influenciada pela distribuição vertical desses organismos na coluna de água.

Um dos problemas centrais em ecologia do plâncton e, particularmente, do fitoplâncton, é o da flutuabilidade e da distribuição vertical produzida pela turbulência e por movimentos das massas de água. A produção de matéria orgânica e a **biomassa do fitoplâncton** são, em grande parte, determinadas pela **taxa de sedimentação** e pela capacidade de flutuabilidade de células e colônias (ver também Cap. 9).

A sedimentação do fitoplâncton apresenta, portanto, alguns aspectos negativos – como a diminuição da intensidade luminosa disponível, por causa do afundamento – e aspectos positivos para o crescimento de células e colônias – como a renovação periódica das camadas de nutrientes próximas às células, que ocorre à medida que estas se deslocam verticalmente e passam através das camadas de água com diferentes concentrações de nutrientes. Em meio com baixas concentrações de nutrientes e pouco turbulento ou estratificado, a permanente sedimentação do fitoplâncton é, sem dúvida, uma vantagem. Em um meio turbulento, essa sedimentação é uma desvantagem. As características de flutuabilidade e taxas de sedimentação do fitoplâncton são determinadas pelos processos fisiológicos e pela morfologia das várias espécies, com evidentes implicações seletivas no tamanho, volume celular e como co-variância com as condições de turbulência e hidrodinâmicas (Reynolds, 1973 a, b).

Ao examinar o problema da sedimentação do fitoplâncton, devem-se considerar as bases físicas que atuam sobre os organismos fitoplanctônicos, fundamentalmente os movimentos das massas da água e das forças que atuam sobre corpos inertes em fluidos viscosos. Em geral, a taxa de sedimentação de corpos esféricos é dada pela equação de Stokes:

$$Vs = 2gr^2(\rho'-\rho)9\eta$$

onde:
Vs – velocidade de sedimentação (m.s^{-1})
g – aceleração da gravidade (m.s^{-2})
η – coeficiente de viscosidade do meio (kg.m^{-1}.s^{-1})
ρ – densidade do meio (kg.m^{-3})
ρ' – densidade do corpo esférico (kg.m^{-3})
r – raio do corpo esférico (m)
Fonte: Margalef (1983); Reynolds (1984).

Dos fatores da equação de Stokes, r e ρ' são característicos dos organismos e determinam preponderantemente a taxa da sedimentação. Um grande número de espécies do fitoplâncton tem formas não-esféricas. Portanto, é fundamental determinar o tipo de forma que causa resistência à sedimentação. Tamanho (que é altamente dependente dos movimentos das massas da água), forma de resistência e densidade das células são fatores importantes na resistência à sedimentação.

O efeito da forma na sedimentação geralmente é expresso em termos de coeficiente de resistência de forma, definido por: $\phi = V_s/V$, onde V é a velocidade terminal da partícula e V_s é a velocidade de uma esfera de igual densidade e volume no mesmo líquido (Walsby e Reynolds, 1981).

As teorias de resistência da forma foram desenvolvidas para elipsóides, sendo os de forma alongada mais resistentes à sedimentação, como certas diatomáceas pesadas do plâncton.

A velocidade de sedimentação de um cilindro de diâmetro constante aumenta com o aumento do comprimento (Hutchinson, 1967). No caso da formação de colônias ou cadeias, apesar do aumento da densidade, a taxa de sedimentação é mais lenta que a de uma esfera de volume equivalente. Estas três formas – esferas, elipsóides e cilindros – constituem uma grande porcentagem do número de formas presentes em qualquer associação de fitoplâncton. A presença de protuberâncias, espinhos e outros tipos de formações tende a aumentar a razão da área da superfície celular/volume.

A orientação das células ou colônias durante a sedimentação é outro fator importante. Nesse caso, é preciso levar em conta também a localização das protuberâncias e dos espinhos nas células, e os pesos diferenciais causados por essa localização (Smayda e Boleyn, 1966).

Como já visto, os principais componentes químicos que formam o protoplasma nas células vivas são mais densos que a água. As densidades das células são, portanto, maiores que as da água. O acúmulo de certas substâncias facilita a flutuabilidade, como é o caso de lipídeos, que podem representar até 40% do peso seco do fitoplâncton. Geralmente diatomáceas em um **estado senescente** produzem lipídeos em excesso. Culturas em altas intensidades luminosas ou em condições de limitação de nitrogênio produzem também excesso de lipídeos (Fogg, 1965).

A regulação vital da taxa de sedimentação ou afundamento dos organismos é feita a partir da regulação do conteúdo de carboidratos, amido, glicogênio ou pela alteração da viscosidade do meio adjacente pela liberação de substâncias orgânicas. A teoria da **viscosidade estrutural** (Margalef, 1983) engloba aspectos relacionados à carga de superfície produzida pelas células na água, criando uma "partícula" diatomácea + água, a qual, sendo de maior dimensão que a diatomácea, teria menor densidade média. A variação dessa carga elétrica na superfície (potencial zeta) produziria alterações na taxa de afundamento. Da mesma forma, variações em flutuabilidade ocorrem durante períodos de alta ou baixa taxa fotossintética. No caso de cianofíceas com **vesículas de gás**, há um acoplamento do ciclo respiração/fotossíntese no processo.

7.4.7 As escalas de tempo na ecologia dinâmica do fitoplâncton

A definição de escalas de tempo na ecologia do fitoplâncton é fundamental para a compreensão dos fenômenos de distribuição horizontal e vertical e da sucessão fitoplanctônica. Agregações de fitoplâncton no eixo horizontal de lagos e reservatórios ou em remansos de rios dependem da velocidade das correntes em resposta às forçantes como vento e aquecimento térmico e às diferenças de densidade e/ou concentração de nutrientes. Harris (1986) define que a mistura vertical em escala de metros pode levar aproximadamente 24 horas em águas superficiais, enquanto a mistura horizontal em escala de quilômetros pode levar o mesmo período. Dimensões verticais e horizontais são, portanto, imprescindíveis na ecologia do fitoplâncton, pois definem mecanismos e forçantes que interferem decisivamente na sucessão e na combinação de fatores que atuam no processo (Tundisi, 1990; Margalef, 1991; Reynolds, 1997).

A Fig. 7.9 define as escalas na ecologia do fitoplâncton e suas relações com os principais processos biogeoquímicos e de sucessão.

7.4.8 A sucessão e as organizações espacial e temporal do fitoplâncton

A organização da comunidade planctônica foi objeto de inúmeros trabalhos científicos. Inicialmente, considerou-se que, em razão da fluidez do meio e de

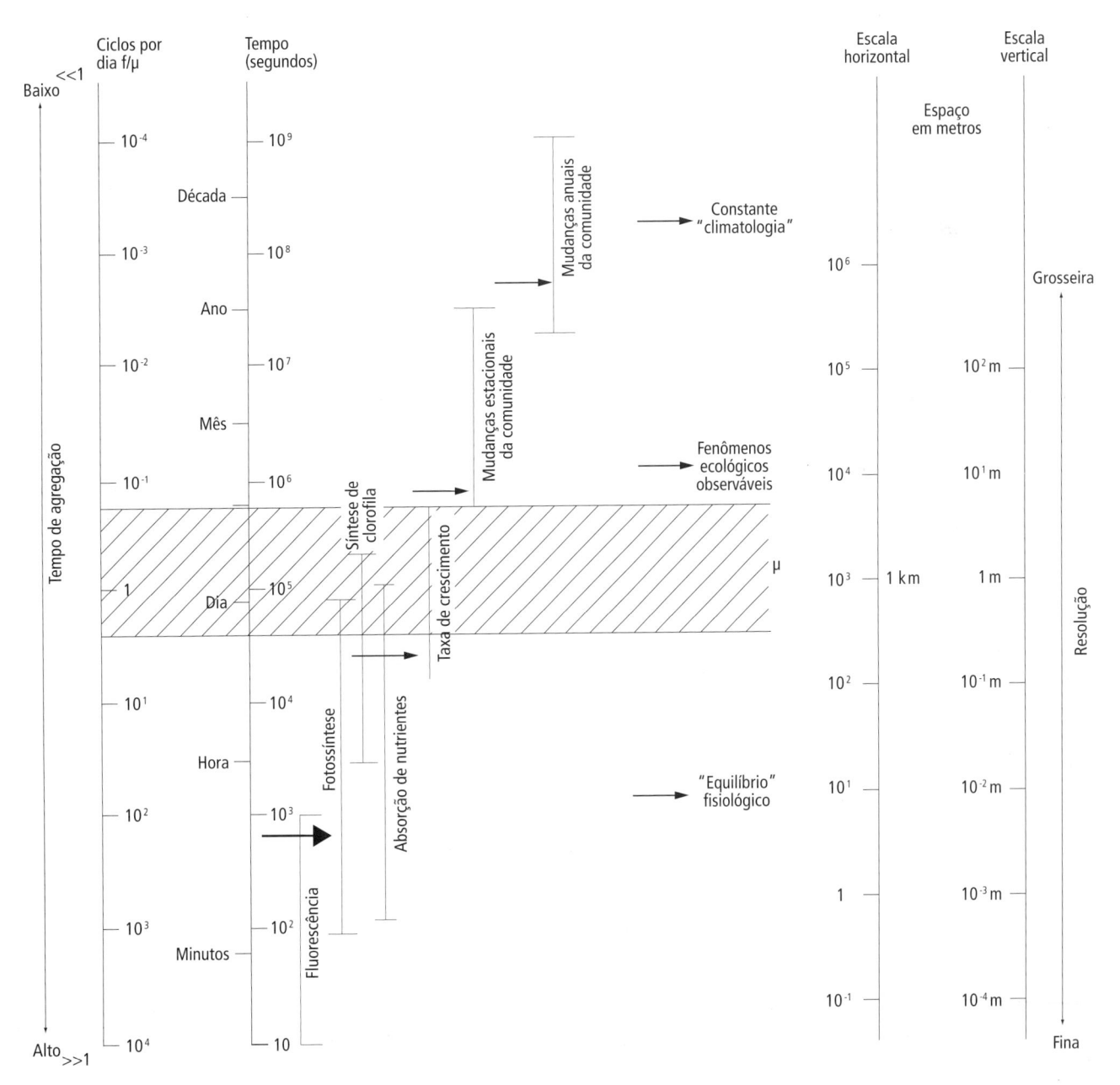

Fig. 7.9 Escalas de tempo na ecologia do fitoplâncton
Fonte: modificado de Harris (1986).

sua alta variabilidade, havia pouca ou nenhuma **organização estrutural espacial e temporal** (revisões de Smayda, 1980; Harris, 1987). Entretanto, muitos trabalhos científicos elaborados a partir de grande número de resultados mostraram regularidades na sucessão de espécies fitoplanctônicas marinhas (Margalef, 1967, 1978; Raymont, 1963; Smayda, 1980). Esses trabalhos descreveram associações de espécies caracterizando regiões tropicais, regiões temperadas e regiões polares. A maioria dos trabalhos realizados descreve o processo de sucessão nas águas rasas neríticas de muitos oceanos e sua relação com a zona pelágica e as áreas de ressurgência, estuários e águas costeiras (Teixeira e Tundisi, 1917; Smayda, 1980; Tundisi et al., 1973, 1978).

Segundo esses autores, os componentes mais conspícuos e consistentes das comunidades planctônicas marinhas são as diatomáceas (*Bacillariophyceae*), os dinoflagelados (*Pyrrophyta*) e os cocolitoforídeos (*Haptophyceae* – ver classificação do fitoplâncton no Cap. 6). Em regiões oceânicas e costeiras tropicais, cianobactérias do gênero *Trichodesmium* podem ser dominantes acima da termoclina; além disso, dinoflagelados dos gêneros *Gonyalux* e *Gymnodinium*, que formam marés vermelhas em águas costeiras, ocorrem em regiões tropicais e oceânicas. Mais recentemente, Azan et al. (1983) descreveram picofitoplâncton em áreas oceânicas como importantes na manutenção das redes alimentares nessas regiões oligotróficas. O reconhecimento de regularidades nessas sucessões espaciais e temporais do fitoplâncton marinho levou, evidentemente, a uma avaliação mais precisa e consistente do fitoplâncton de águas continentais, discutida por Rodhe (1948), Rawson (1956), Lund (1965), Hutchinson (1967) e Reynolds (1980).

Em Reynolds (1997) descreve-se uma série de associações que caracterizam diferentes lagos com processos de mistura vertical e concentrações de nutrientes diferentes, desde sistemas oligotróficos até sistemas totalmente eutróficos. A contribuição dos fatores que levam a uma matriz que consiste em **mistura vertical, intensidade da radiação solar subaquática** e **concentração de nutrientes** deve ser objeto de pesquisas regionais, cujas conclusões serão derivadas de estudos em determinados lagos e represas (Tundisi, 1990).

A ocorrência dessas associações depende de uma série de co-variâncias entre a distribuição vertical e horizontal dos fatores limitantes e controladores: intensidade luminosa, grau de turbulência e nutrientes inorgânicos disponíveis. Portanto, essas associações variam no espaço e no tempo, e as funções de força físicas e químicas que sobre elas atuam são os processos fundamentais que impulsionam a sucessão (Harris, 1986). A frequência das perturbações externas produz variabilidades nos ecossistemas que promovem as alterações na sucessão, ou a sua continuidade, dependendo do período de tempo considerado.

Segundo Reynolds (1984, 1997), essas associações são as seguintes:

▸ **Associações dominadas por diatomáceas** – ocorrem em águas turbulentas; *Cyclotella* são dominantes em águas oligotróficas e *Aulacoseira*, dominantes em águas eutróficas.

▸ **Associações dominadas por crisofíceas** – plâncton de lagos de altitude nos hemisférios Sul e Norte; *Dinobryon* é um dos componentes importantes nessa associação.

▸ **Associações dominadas por clorofíceas** – ordem Chlorococcales; *Sphaerocystis* é um gênero comum. Geralmente são colônias de células mantidas juntas por mucilagem. Outros gêneros comuns a esse grupo são *Gloeocystis* e *Botriococcus*, estas com gotículas de óleo como produto de assimilação. *Botriococcus* é um gênero cosmopolita. Comuns em águas oligotróficas.

▸ **Associações dominadas por clorofíceas em lagos eutróficos** – são representantes desse grupo **Scenedesmus**, **Pediastrum**, **Ankitrodesmus** e **Tetraedron**. Trata-se de células isoladas não-coloniais; entretanto, os gêneros coloniais *Eudorina* e *Pandorina*, coloniais, encontrados em águas rasas com alta concentração de nutrientes, são também representantes dessa associação.

▸ **Associações de dinoflagelados** – *Peridinium* spp e *Ceratium* spp ocorrem em lagos com baixas concentrações de nutrientes nas águas superficiais. Pela sua motilidade, podem explorar águas profundas, mais ricas em nutrientes. Em alguns lagos mesotróficos ou eutróficos, *Ceratium* spp e *Peridinum* spp desenvolvem elevadas biomassas e competem com cianobactérias.

▶ **Associações dominadas por cianobactérias** – essas cianobactérias são distribuídas em uma ampla gama de lagos de vários estágios tróficos. As espécies que fixam nitrogênio atmosférico, como *Anabaena* spp e *Aphanizomenon* spp, podem dominar águas pouco ricas em nutrientes. *Cylindrospermopsis* é também comum nessa associação. *Microcystis aeruginosa* é dominante em lagos tropicais eutróficos com grande estabilidade térmica e constitui uma associação com *Ceratium* spp em alguns lagos. Nesse grupo, as Oscillatoriales filamentosas, como *Lyngbya*, *Phormidium*, **Pseudoanabaena**, dominam o plâncton de lagos polimíticos eutróficos com elevada turbidez e baixa penetração de luz. *Planktotrix agardhii* e *Pseudoanabaena limnetica* ocorrem nesses lagos (Post *et al.*, 1985). Outros componentes dessa associação ocorrem em lagos com elevada estabilidade térmica, com gradientes químicos acentuados. Identificam-se *Planktothrix* spp, *Lyngbya* (Reynolds *et al.*, 1983) na lagoa Carioca (Parque Florestal do Rio Doce – MG) e *Phormidium* spp (Vincent, 1981) em um lago antártico permanentemente coberto com gelo.

▶ **Associação de criptomonas** – constituída por representantes dos gêneros *Cryptomonas*, *Chilomonas* e *Rhodomonas*; geralmente encontrada em lagos mesotróficos ou eutróficos. Trata-se de algas biflageladas com capacidade moderada de locomoção e formando "placas" em lagos estratificados.

As associações nanofitoplâncton e picoplâncton (ou picofitoplâncton) representam grupos diversos de espécies de algas classificados por tamanho (picofitoplâncton, células de 0,2 a 2 μm; nanofitoplâncton, células entre 2 e 20 μm;), dominando águas superficiais de lagos estratificados e águas oligotróficas ou eutróficas dominadas por *Chlorella* ou *Monoraphidium*.

Picofitoplâncton encontra-se em águas oligotróficas, dominado por *Synechococcus* spp, *Synechocystis* spp (cianobactérias) e por clorofíceas como *Chlorella minutissima*. Seu papel é importante na rede alimentar de lagos oligotróficos, apresentando alta produtividade durante o verão nesses lagos.

As **bactérias fotoautotróficas** constituem outra associação, encontrando-se em regiões de lagos com condições redutoras, baixas intensidades luminosas; uma variedade de bactérias de cor violeta (*Chromatium* sp e *Thiocapsa*) ou verde (*Chlorobium*, *Pelodictyon*) (Vincent e Vincent, 1982; Vicente e Miracle, 1988). Guerrero *et al.* (1987) descreveram essas associações em lagos do Mediterrâneo, na Espanha (ver Cap. 9).

Uma associação que se pode considerar como **miscelânea** ocorre em águas com alta concentração de substâncias húmicas e matéria orgânica dissolvida, dominadas por plâncton constituído por euglenóides (*Euglena* spp), dinoflagelados (*Peridinium* spp) ou diatomáceas penadas do gênero *Navicula* spp ou *Nitzchia* spp. Encontrou-se essa associação, por exemplo, na fase de enchimento de várias represas da Amazônia.

Portanto, essas associações correspondem às respostas do fitoplâncton às diferentes pressões físicas, químicas e biológicas geradas nos diversos ecossistemas aquáticos e em co-variância com as funções de forças climatológicas – vento, radiação solar, precipitação.

7.4.9 A sucessão fitoplanctônica e os modelos conceituais

Os funcionamentos hidrológico, hidráulico e hidrodinâmico de lagos, rios e reservatórios, bem como as relações entre a distribuição vertical dos fatores intensidade luminosa e nutrientes, estabelecem os padrões das diferentes associações do fitoplâncton, incluindo-se o macrofitoplâncton, o nanofitoplâncton e o picofitoplâncton. A análise de resultados de **estudos de longa duração** realizados em um conjunto grande de lagos, represas, rios e águas costeiras, estabeleceu a correlação correta de variáveis e permite determinar, até certo ponto, uma **capacidade preditiva** de grande valor teórico e aplicado. A Fig. 7.10 mostra os padrões verticais estabelecidos por Reynolds (1997) e as relações entre **biomassa**, **nutrientes**, **densidade da água** (turbulência relativa) e **intensidade luminosa**.

O Quadro 7.2 apresenta as relações entre a distribuição espacial e vertical do fitoplâncton, a frequência, o ciclo temporal e a sucessão estacional

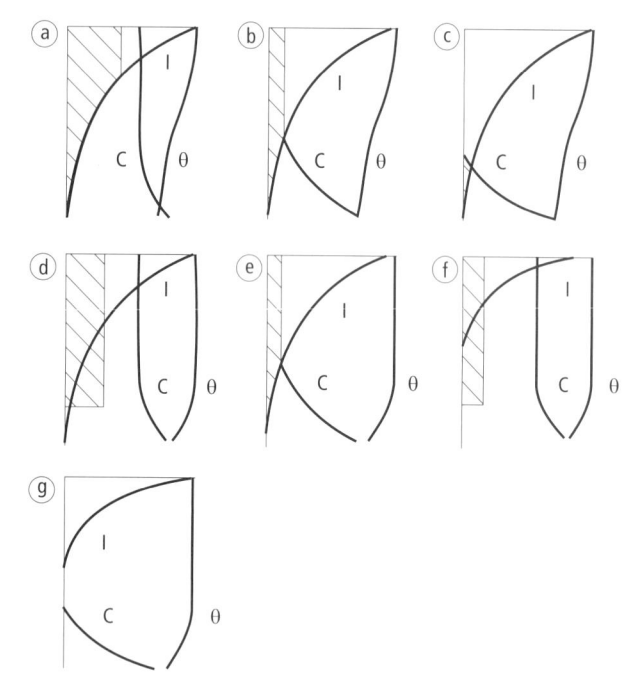

Fig. 7.10 Padrões verticais ideais de distribuição da radiação solar subaquática (I) e a concentração de nutrientes limitantes (C) em relação à profundidade de mistura representada pela distribuição de temperatura (θ) e a capacidade de suporte do crescimento do fitoplâncton (hachura). a, b, c, d, e, f, g corresponde a diferentes covariâncias entre intensidade luminosa, concentração de nutrientes e estabilidade ou instabilidade térmica, resultando em diferentes distribuiçoes verticais (hachuras)
Fontes: Reynolds (1997) e modificado de Reynolds (1987).

Quadro 7.2 Relações entre distribuição espacial e vertical do fitoplâncton, a frequência e a sucessão estacional

Distribuição espacial do fitoplâncton	Estrutura térmica vertical
	Correntes de advecção
	Fluxo horizontal e efeitos de vento
	Compartimentalização temporal
Vertical	Heterogeneidade espacial
Horizontal	Ciclos de operação em represas + eventos (ciclos naturais climatológicos – hidrológicos)
Sequência	Inter-**relações** Z_{eu}/Z_{mix}; Z_{eu}/Z_{af}; Z_{eu}/Z_{max}
	Força e direção do vento
	Taxa de reprodução
	Taxa de mortalidade (efeito da pastagem + afundamento + perdas a jusante)
Ciclo temporal	Circulação; vento; estabilidade
	Precipitação e fluxo de nutrientes
	Pulsos e seus efeitos no ciclo estacional
	Tempo de retenção
Sucessão estacional	Usos da bacia hidrográfica e cargas de nutrientes; **potencial de eutrofização**
	Taxa de "envelhecimento" anual da represa ou do lago
	Desenvolvimento das relações tróficas no sistema
	Grau de **toxicidade** orgânica/inorgânica

(Tundisi, 1990), sintetizando a discussão anterior. Segundo Reynolds (1997), a sucessão nos ecossistemas aquáticos, especialmente a sucessão pelágica, e os efeitos das perturbações podem ser representados conforme a Fig. 7.11. O conceito de **exergia** introduzido por Jorgensen (1992) e Jorgensen *et al.* (1992) mostra uma progressão com a maturação das comunidades e o acúmulo de informação genética e de número de genes na comunidade (Matsumura Tundisi, 2006) (Fig. 7.12).

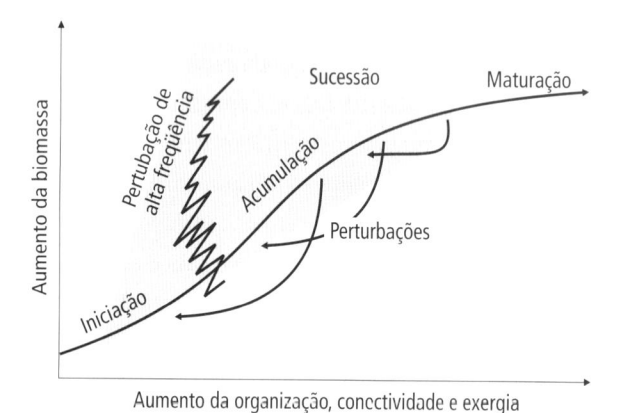

Fig. 7.11 Padrão de sucessão em um ecossistema pelágico, mostrando o efeito de perturbações repetitivas na organização das comunidades
Fonte: modificado de Reynolds (1989).

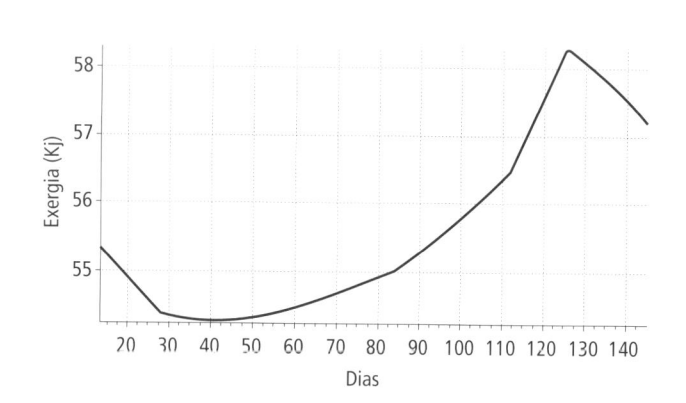

Fig. 7.12 Progressão da exergia com a sucessão em comunidades aquáticas fitoplanctônicas
Fonte: Matsumura Tundisi (2006).

Exemplos de estudos de caso em lagos e represas do Brasil e em lagos rasos

A teoria e a prática da sucessão fitoplanctônica

A represa da UHE Carlos Botelho, também conhecida como represa do Lobo (Broa), é um pequeno reservatório de 22 milhões de m^3 e profundidade média de 3 m, onde muitos estudos ecológicos e de Biologia Aquática e Limnologia foram realizados desde 1971 (Tundisi *et al*., 1971a, b; Tundisi *et al*., 1997; Tundisi e Matsumura Tundisi, 1995).

Nesse ecossistema ficou delineado que as principais funções de força que atuam sobre a comunidade fitoplanctônica (biomassa e composição), a produção primária de matéria orgânica, são a precipitação durante o período de verão (novembro a março) e o vento durante o período de inverno (julho a setembro). Essas duas situações, em termos de funções de força, promovem os seguintes eventos: enriquecimento de nutrientes, em especial **nitrogênio** e **fósforo** durante o verão, pela contribuição da precipitação; e efeitos da turbulência produzidos por ventos na direção do eixo principal do reservatório durante os períodos secos de inverno.

Na represa da UHE Carlos Botelho, portanto, a reciclagem de nutrientes se deve ou à precipitação, que impulsiona "**produção nova**" durante o verão, ou ao efeito da turbulência e dos ventos, que impulsiona e estimula a "**produção regenerada**" nesse período. Nakamoto *et al.* (1976) relatam o crescimento sincrônico de colônias de *Aulacoseira italica* nessa represa imediatamente após o início do período de ventos fortes (8-10 m.s^{-1}), que iniciam a distribuição dos filamentos na água e promovem a rápida reprodução com um aumento do número de células contendo citoplasma por filamento e um número de células por filamento mais constante.

Na interpretação desses autores, o crescimento de colônias de *Aulacoseira italica*, estimulado pela remoção dos filamentos do sedimento do fundo e sua distribuição na coluna de água, promove a rápida multiplicação de colônias de células dessa diatomácea, dormentes no sedimento. O número de células de mesmo tamanho nos filamentos e o número aproximadamente igual de células em cada filamento são evidências de crescimento sincrônico, impulsionado por um fator ambiental (vento). De acordo com Lund (1965) e outros autores, como Nipkov (1950), *Aulacoseira* spp pode permanecer durante longos períodos no escuro e nos depósitos de sedimentos dos lagos, em um estágio de "repouso fisiológico" que dependerá de um fator inicial de estímulo, no caso, o vento e a remoção dos filamentos para a coluna de água.

O ciclo estacional de *Aulacoseira italica* na represa da UHE Carlos Botelho (Lobo/Broa) ilustra muito bem, portanto, as relações de força-sucessão do fitoplâncton. Esse ciclo é representado na Fig. 7.13, na qual se esclarece a função do vento, da precipitação e o acúmulo de filamentos de *Aulacoseira italica* na água e no sedimento. Essa relação foi posteriormente estudada com a elaboração de um modelo (Lima *et al.*, 1978) com capacidade de previsão em função do vento. Nessa figura, delineia-se claramente a função do vento e da precipitação como estimuladores de "produção nova" no verão e de "produção regenerada" no inverno. As grandes massas de *Aulacoseira italica* na água, durante o período de inverno, são uma característica muito peculiar desse ecossistema e seu funcionamento, característica esta que está em perfeita consonância com a associação dominada por diatomáceas preconizada por Reynolds (1997) em seu modelo de sucessão fitoplanctônica.

Lago Balaton

Outro exemplo relevante na sucessão fitoplanctônica é apresentado por Padisak *et al.* (1988). Essa autora e seus colaboradores relizaram estudos intensivos em um lago raso (**lago Balaton**), na Hungria, onde o vento remove sedimentos do fundo e enriquece com nutrientes a coluna de água, aumentando, entretanto, a turbidez por turbulência. O lago Balaton é o maior lago raso da Europa Central, com uma profundidade média de 3,14 m e um tempo de retenção de 3 a 8 anos. Velocidades do vento atingem de 2 a 12 m.s^{-1} durante os períodos de verão, e os estudos realizados em julho de 1976, 1977 e 1978 mostram um padrão flutuante do vento nesses períodos de tempo do estudo de, aproximadamente, 30 dias. Nesses períodos, a dominância de *Aphanizomenon flos-aquae f. klebahnii* foi evidente, com um aumento no tempo

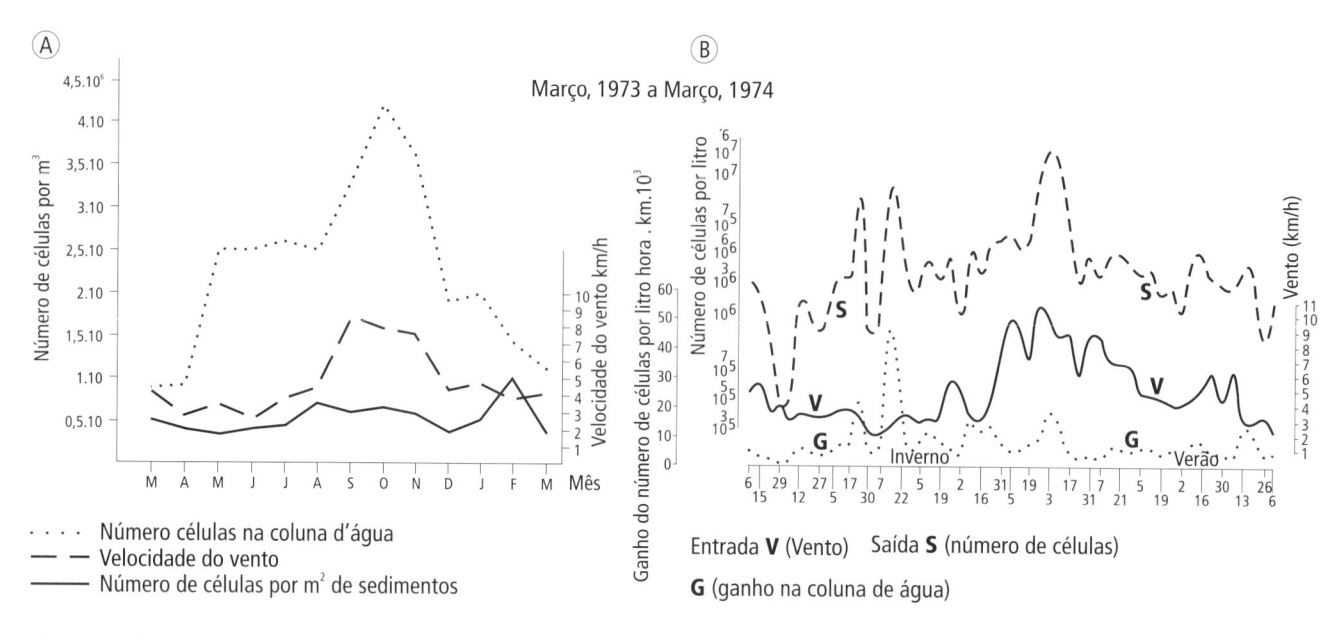

Fig. 7.13 A) Ciclo estacional da *Aulacoseira italica* na represa da UHE Carlos Botelho (Lobo/Broa), mostrando a relação vento-acúmulo de colônias na água e no sedimento; B) Modelo gerado com a informação
Fonte: Tundisi (1982).

de duplicação. Espécies de *Cryptomonas* sp, *Lyngbya* sp e *Thischia* sp também fizeram parte da comunidade. De acordo com Padisak *et al.* (1988), durante esse período do estudo ocorreram duas tempestades, com velocidades de vento atingindo 12 m.s^{-1}, promovendo o desenvolvimento de duas comunidades fitoplanctônicas características, uma "pré-turbulência" e outra "depois da turbulência", com efeitos do vento na remoção de sedimentos na primeira fase e o crescimento sincrônico de bactérias, que acelerou o suprimento de nutrientes para a coluna de água. Sob esse ponto de vista, considera-se a temperatura que ocorre em lagos e represas após períodos calmos, com ventos leves e fracos, análoga à circulação de primavera em lagos profundos de regiões temperadas. A sucessão de espécies de reprodução rápida (r) e de reprodução mais lenta (k), segundo essa autora, depende de um período de 5 a 7 dias nesse lago para que se estabeleça uma comunidade **k**.

Os estudos no lago Balaton demonstraram que o **controle físico**, segundo Sommer (1981), pode ter um papel fundamental na sucessão do fitoplâncton nesses lagos rasos. Crescimento e perdas de espécies mostram sincronização com os fatores físicos, sobretudo ventos, nesse caso específico. As relações estabelecidas, de seleção **r** para seleção **k**, são rapidamente destruídas pelos efeitos da turbulência gerada por ventos fortes e tempestades, um fenômeno comum a lagos rasos, polimíticos, em várias latitudes (Branco e Senna, 1996).

Lago Batata *(Amazônia)*

Outro exemplo de teoria e prática da sucessão fitoplanctônica é o trabalho desenvolvido por Huszar e Reynolds (1997) em um lago de várzea amazônico (lago Batata, Pará). Esse lago é conectado ao rio Trombetas e passa por um ciclo anual que está relacionado, segundo esses autores, à hidrologia (altura da inundação, taxa de vazão fluvial) e à **hidrografia** (estabilidade e frequência da mistura vertical do lago). Segundo Reynolds (1994), a seleção do fitoplâncton e o processo de sucessão dependem particularmente, em lagos rasos (< 5 m profundidade média), de complexas e variadas frequências da turbulência gerada por movimentos de água, no sentido horizontal ou vertical. Os gradientes de mistura vertical e horizontal, turbulentos, causados por efeitos como ventos, precipitação e drenagem, se superpõem e interagem com eventos que resultam da viscosidade da água (movimentos residuais em razão de deslocamentos de moléculas) e da dinâmica fluvial. Os gradientes de movimentação turbulenta que vão do fluxo laminar

7 A Ecologia dinâmica das populações e comunidades vegetais aquáticas | 187

ao fluxo turbulento (ver Cap. 4) promovem vários graus de suspensão e desenvolvimento das **comunidades do fitoplâncton**. A Fig. 7.14 descreve os vários estágios dessa sucessão no tempo.

O **crescimento autogênico** da população contrapõe-se, portanto, ao impacto das forças alogênicas, como o vento, tempestades e enchentes causadas por efeitos diversos. Crescimento autogênico resulta em complexidade estrutural, como discutido por Odum (1969) e Reynolds (1997), e produtividade mais baixa. Crescimento sujeito a forças alogênicas implica efeitos que resultam em maior produtividade e promovem "produção regenerada" ou "produção nova" com recursos renovados e estrutura mais simples. A permanente estruturação e reestruturação do sistema, segundo Connell e Slatyer (1977), Margalef (1991), promove processos de sucessão que flutuam da base autogênica à base alogênica. A Fig. 7.15A mostra a sequência de inundação do rio Trombetas e o nível da água no lago Batata; a Fig. 7.15B apresenta as flutuações de diversidade em relação aos diferentes períodos de inundação do lago Batata. Por sua vez, a Fig. 7.16 indica a sucessão das diferentes associações fitoplanctônicas no lago Batata em relação à matriz proposta por Reynolds (1993).

Segundo Huszar e Reynolds (1997), a frequência da mistura vertical nesse lago segue um padrão de

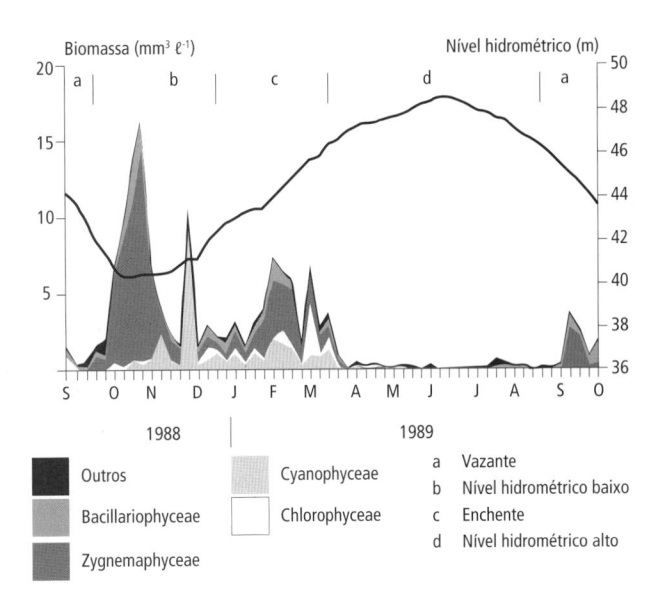

Fig. 7.14 Flutuações da biomassa total do fitoplâncton (biovolume fresco) do lago Batata em relação à variação do **nível hidrométrico** do rio Trombetas (acima do nível do mar)
Fonte: Huszar e Reynolds (1997).

variação nictemeral, como demonstrado também por Tundisi *et al.* (1984) para um pequeno lago de várzea do Amazonas. Superposto a essa variação ocorre um padrão estacional de volume do rio e do nível hidrométrico do lago. Grandes flutuações no nível do rio, processos de mistura vertical estabelecem as funções de força fundamentais que regulam e controlam o processo essencial de sucessão nesse lago.

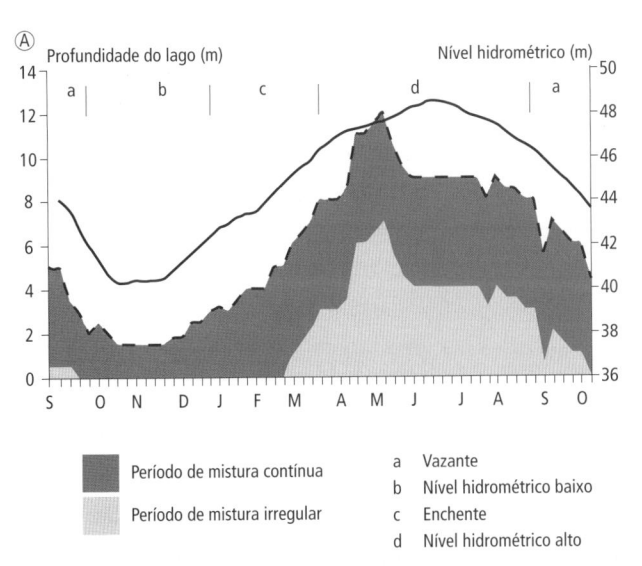

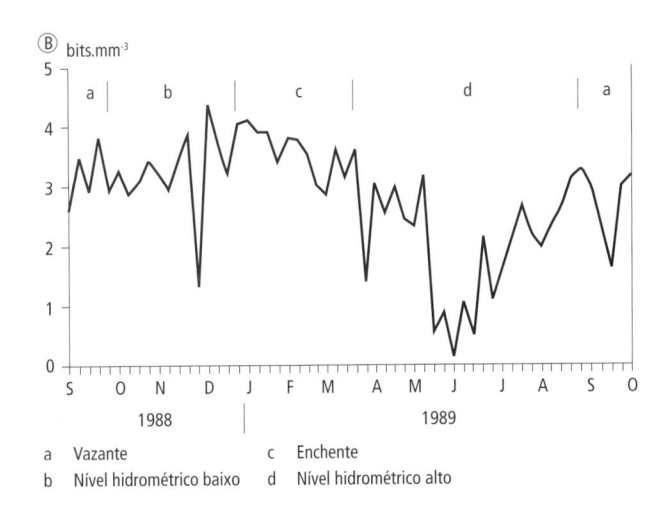

Fig. 7.15 A) Sequência de inundação no rio Trombetas (flutuação no nível hidrométrico acima do nível do mar) e períodos de mistura contínua e irregular. A profundidade do lago está representada pela linha descontínua; B) Mudanças na diversidade de espécies (Shannon-Wilner) em função das fases hidrológicas do lago Batata
Fonte: Huszar e Reynolds (1997).

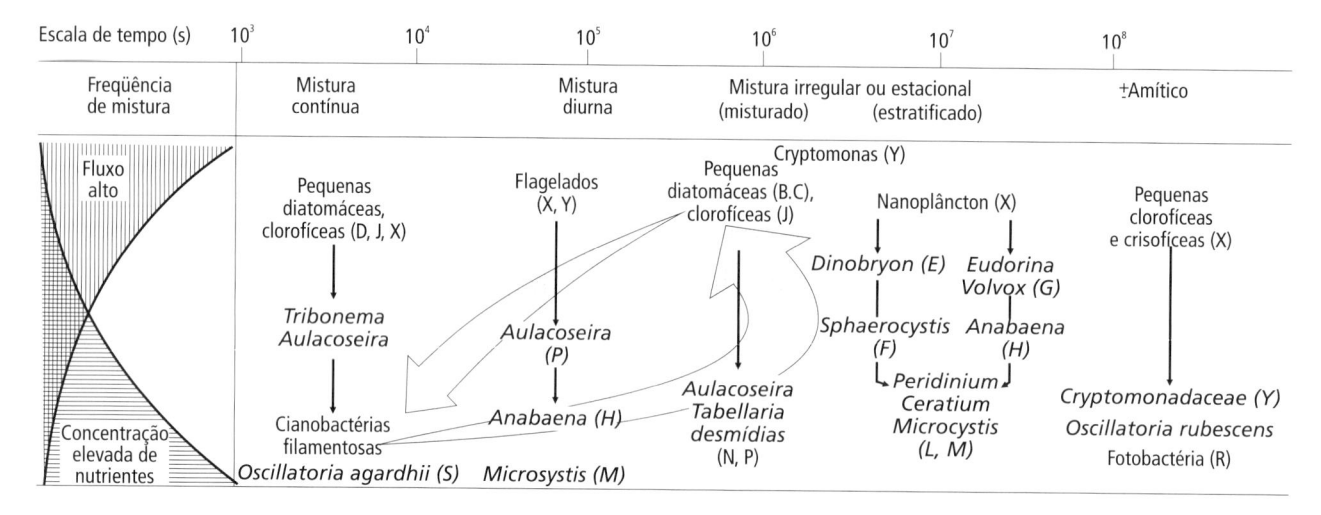

Fig. 7.16 Sucessão das diferentes associações fitoplanctônicas no lago Batata (setas maiores) em relação aos padrões de mistura vertical e estacional, tendo como base a matriz proposta por Reynolds (1993). Os gêneros *Melosira* foram modificados para *Aulacoseira* nesta figura

Outros exemplos de lagos rasos tropicais

Exemplos de lagos rasos tropicais são os estudos no lago D. Helvécio (Hino *et al.*, 1986) e nos lagos do Parque Florestal do Rio Doce – MG (Reynolds, 1997). No lago D. Helvécio, a distribuição vertical do fitoplâncton, em um sistema com grande estabilidade térmica, ficou claramente delineada, com uma bem estabelecida estrutura vertical da comunidade de cianobactérias localizada no metalímnio, no qual ocorre metade da **produção primária fitoplanctônica** (total de 377 mgC.m^{-2}.dia^{-1}). Uma parte dessa produção primária do metalímnio foi atribuída à **biossíntese microbiana**, em razão do acúmulo de bactérias fotossintetizantes (do **ciclo do enxofre**) nessa região. Espécies de fitoplâncton presentes nessas comunidades estratificadas apresentam adaptação a baixas intensidades luminosas. Nesse caso, portanto, a disponibilidade de nutrientes inorgânicos nessa região mantém a comunidade em condições de crescimento autotrófico.

Em sua revisão sobre a distribuição vertical do fitoplâncton nos lagos monomíticos do Parque Florestal do Rio Doce, Reynolds (1997) concluiu que os lagos são caracterizados por comunidades de algas próprias de sistemas oligomesotróficos; a distribuição e a composição de espécies do fitoplâncton nos lagos são mais dependentes da morfometria das bacias de cada lago do que da química das águas; a porcentagem dos **fixadores de nitrogênio** sugere que o **ciclo da anoxia** pode suportar a produção biológica e que a representação pouco conspícua de diatomáceas reflete uma suspensão inadequada e não frequente, por causa da limitada turbulência.

A Fig. 7.17 mostra a representação da coluna de água dos lagos do Vale do Rio Doce, a profundidade de leitura do disco de Secchi e a extensão do metalímnio. A distribuição vertical do fitoplâncton é regulada

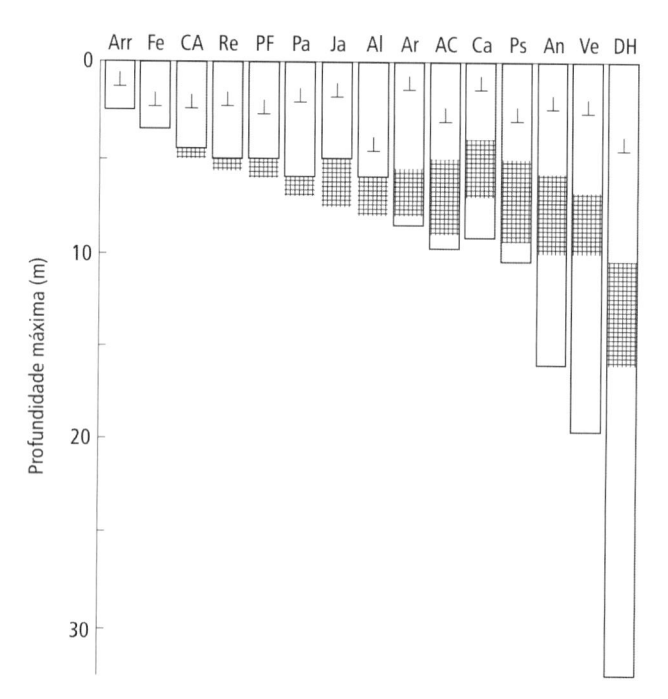

Fig. 7.17 Coluna de água de 15 lagos do Vale do Rio Doce com a extensão do metalímnio em dezembro de 1985. As profundidades do disco de Secchi estão representadas
Fonte: Reynolds (1997).

pelo período longo de estabilidade térmica, como no caso dos lagos D. Helvécio e Carioca; pela **distribuição vertical dos nutrientes**; pela extensão da zona eufótica. A presença de cromatiáceas (bactérias do ciclo do enxofre, de cor púrpura) no metalímnio do lago D. Helvécio é indicativa desse processo de estratificação, distribuição de NH_4 e H_2S e distribuição vertical de oxigênio dissolvido.

O máximo de clorofila em profundidade foi estabelecido nesses lagos em profundidades com alta concentração de nitrogênio, baixa intensidade luminosa ($\leq 1\%$), apresentando característica distribuição por intrusão do fitoplâncton em camadas de diferentes densidades (Fig. 7.18). Reynolds (1997) concluiu que, mesmo considerando certo grau de organização vertical e de sucessão em alguns lagos estratificados do Parque Florestal do Rio Doce, uma generalização sobre o comportamento e a distribuição do fitoplâncton nos lagos desse sistema não foi possível, indicando comportamentos individuais e decorrentes das forçantes físicas, morfométricas e químicas.

Cianobactérias

Um dos processos importantes na sucessão fitoplanctônica é a ocorrência de **associações de cianobactérias** em condições especiais, em lagos e reservatórios submetidos à intensa eutrofização. Reynolds (1997) descreve as condições em que ocorrem essas associações. A origem das cianobactérias, segundo Carmichael (1994), foi estimada em aproximadamente 3,5 bilhões de anos, sendo provavelmente produtores fotoautotróficos a liberar oxigênio elementar para a atmosfera primitiva do planeta Terra, então altamente redutora. Estudos sobre cianobactérias

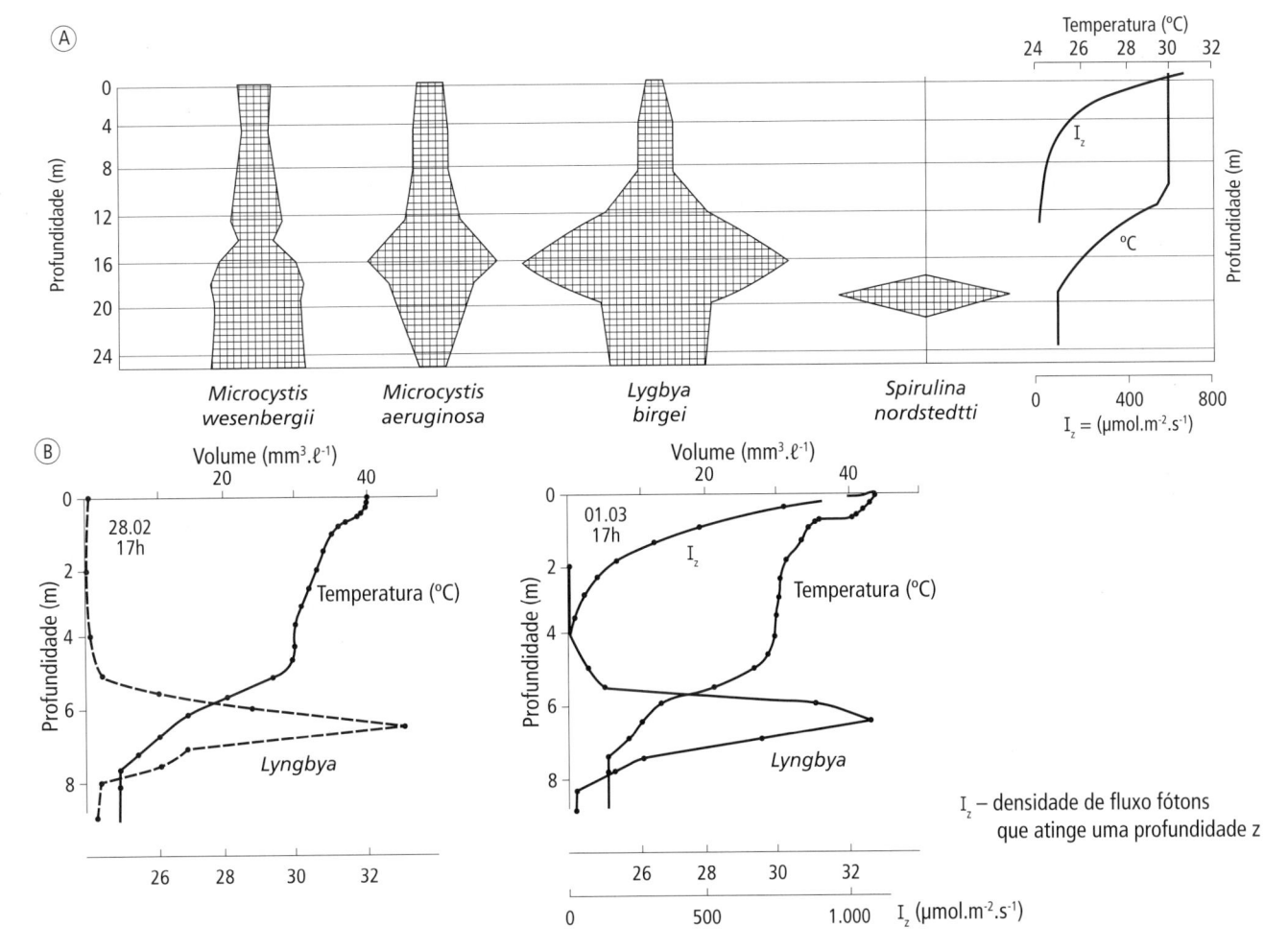

Fig. 7.18 Distribuição vertical do fitoplâncton no lago D. Helvécio (Parque Florestal do Rio Doce – MG). A) Distribuição de várias espécies de cianobactérias; B) Distribuição vertical de uma espécie de Lyngbya em diferentes horários, mostrando a ausência de migração
Fonte: Reynolds, Tundisi e Hino (1983).

no Brasil têm se intensificado especialmente em reservatórios de abastecimento público de águas ou hidroelétricas.

Um dos problemas produzidos pelas cianobactérias – que são, em grande parte, resultado da eutrofização – é a ocorrência de espécies tóxicas, das quais 20 foram registradas no Brasil. Essas espécies estão incluídas em 14 gêneros. *Microcystis aeruginosa* é a espécie mais comum no Brasil. Além disso, *Anabaena* spp (*A. circinalis*; *A. flos-aquae*; *A. planctonica*; *A. solitaria*; *A. spiroides*) são espécies potencialmente tóxicas. Mais recentemente, *Cylindrospermopsis raciborskii* tem sido detectada e seu ciclo descrito em vários ecossistemas aquáticos do Brasil (Branco e Senna, 1994; Sant'Anna e Azevedo, 2000; Huszar, 2000; Conte *et al.*, 2000).

A descrição sobre as toxinas produzidas pelas cianobactérias e seu impacto sobre a saúde humana será detalhada no Cap. 18. As diferentes toxinas produzidas pelas cianobactérias têm diversas ações sobre a saúde humana e sobre os organismos aquáticos (Chorus e Bartram, 1999). As variações da toxicidade de cianobactérias não foram devidamente esclarecidas. O Quadro 7.3 relaciona as florações de cianobactérias que ocorreram nos **mananciais** brasileiros até 2001 (dados cedidos pelo Prof. Dr. J. S. Yunes à Dra. Sandra Azevedo).

A carga de nutrientes é, sem dúvida, a causa principal de florações de cianobactérias (**fontes pontuais** e difusas), sobretudo se ocorrer deficiência de nitrogênio em regiões semi-áridas, propiciando aí o crescimento de algumas espécies dos gêneros *Anabaena* spp, *Aphanizomenon* spp e *Cylindrospermopsis*, capazes de fixar nitrogênio atmosférico (Reynolds, 1984). Como muitas cianobactérias e outros organismos fitoplanctônicos armazenam fósforo (Reynolds, 1984; Huni, 1986), sua biomassa pode aumentar mesmo quando a

Quadro 7.3 Florações de cianobactérias ocorridas nos mananciais brasileiros até 2001

Local	Ano	Cianobactéria predominante	Toxicidade Sim	Toxicidade Não	ND*	Toxinas detectadas	Método	Fonte
Lagoa da Barra Marica (RJ)	1991	*Synechocystis aquatilis*	X			MCYST	Imunoensaio	Nascimento e Azevedo (1999)
Res. Funil (RJ)	1991/1992	*Microcystis aeruginosa*	X			MCYST	HPLC-DAD	Bobeda (1993)
Lagoa de Jacarepaguá (RS)	1996	*Microcystis aeruginosa*	X		X	MCYST	HPLC-DAD	Magalhães e Azevedo (1998)
Itaipu, Parque do Iguaçu (PR)	1996	*Microcystis*	X			MCYST	Imunoensaio	Hirooka *et al.* (1999)
Represa de Itaipu (PR)	1999	*Anabaena* sp			X	MCYST	Imunoensaio monoclonal	Kamogae *et al.* (2000)
Represa de Capivara (PR)	2000	*Microcystis* sp			X	MCYST	Imunoensaio monoclonal	Kamogae *et al.* (2000)
Amparo e Itaquacetuba (SP)	1993/1995	*Cylindrospermis raciborskii*	X		X	SXT, neoSXT, GXT	HPLC-FLD, GXT	Lagos *et al.* (1999)
Lagoa dos Patos (RS)	1994/1995	*Microcystis aeruginosa*	X			MCYST-LR,-FR Leu1-MCYST	HPLC-DAD HPLC-MS	Matthiensen *et al.* (2000) Yunes *et al.* (1996)
Rio Grande (RS)	1995	*Anabaena spiroides*	X			Anatoxina-a (S)	Inib. AChe	Monserrat *et al.* (2001)
Rio dos Sinos (RS)	1999	*Cylindrospermopsis raciborskii*	X			Saxitoxinas equiv.	HPLC-FLD	Conte *et al.* (2000)
Camaquã (RS)	2000	*C. raciborskii, Mucrocystis Pseudo Anabaena* sp	X			MCYST; NeoSXt GTX1; GTX2	Imunoensaio HPLC-FLD	Yunes *et al.* (2000)
Itapeva (RS)	2000	*Anabaena circinalis, spiroides*	X			MCYST; ANTX-a; ANTX-a (S)	Imunoensaio HPLC-FLD Inib. AChE	Yunes *et al.* (2000)
Farroupilha, Erechim (RS)	2000	*Microcystis*	X			MCYST	Imunoensaio	Yunes *et al.* (2000)

Quadro 7.3 Florações de cianobactérias ocorridas nos mananciais brasileiros até 2001 (continuação)

Local	Ano	Cianobactéria predominante	Toxicidade Sim	Toxicidade Não	Toxicidade ND*	Toxinas detectadas	Método	Fonte
Lagoa do Peri, Florianópolis (SC)	2000/2001	*Cylindrospermopsis raciborskii*			X	—	—	Relatório: Casan/CNPq/Floran/UFSC
Reservatório Tapacurá (PE)	1998/1999	*Cylindrospermopsis raciborskii*	X			SXT equivalentes	Bioensaios	Nascimento et al. (2000)
Reservatório de Ingazeira (PE)	1998	*Cylindrospermopsis raciborskii*	X			SXT equivalentes	Bioensaios	Bouvy et al. (1999)
Itaúba (RS)	2000	*Anabaena circinalis*	X			MCYST	Imunoensaio	Werner et al. (2000)
Lagoa das Garças (SP)	1996/1997	*Microcystis aeruginosa; Planktothrix agardhii*		X			HPLC	Sant'Anna e Azevedo (2000)
Reservatório Sta. Rita (SP)	1997	*Microcystis wesenbergii*		X			HPLC	Sant'Anna e Azevedo (2000)
Represa Juramento (MG)	2000	*Radiocystis fernandoi Microcystis* spp ©	X			MCYST	Imunoensaio e HPLC-DAD	Jardim et al. (2000b)
Lagoas urbanas (MG)	1998	*Cylindrospermopsis raciborskii* ©	X			GTX	HPLC-FLD	Jardim et al. (1999)
Represa Três Marias (MG)	1997	*Microcystis wesenbergii*		X		MCYST	Imunoensaios e HPLC-DAD	Jardim et al. (1999, 2000b)
Represa de Furnas (Alfenas e Carmo do Rio Claro, MG)	1998	*M. viridis (Radiocystis fernandoi) Microcystis* ©	X X			MCYST		Jardim (1999); Jardim et al., (2000a)
Represa de Furnas (Alfenas e Carmo do Rio Claro, MG)	1998	*Cylindrospermopsis raciborskii*	X			CYN	HPLC-DAD	Jardim et al. (1999, 2000a)
Represa Vargem das Flores (MG)	1999	Floração de *Microcystis* spp e *Radiocystis fernandoi*	X			MCYST	HPLC-DAD	Jardim (1999); Jardim et al. (2000b)
Rio das Velhas (MG)	1999	*Aphanizomenon manguinii* © *Cylindrospermopsis raciborskii*©		X	X		HPLC-DAD	Jardim et al. (2000b)
Conselheiro Lafaiete (MG)	1998	*Oscillatoria splendida (syn: Geitlerinema splendidum)*		X				Jardim et al. (2000b)
Pedra Azul (Medina, Ninheira, MG)	1999/2000	Florações de *Cylindrospermopsis raciborskii*	X			Negativo p/ CYN SXT	HPLC-DAD HPLC-DAD	Relatório interno da Copasa
Represa São Simão	2001	*Anabaena circinalis*		X		Negativo p/ MCYST	Imunoensaio	Relatório Interno da Copasa
Ribeirão Ubá (MG)	2000	*M. virdis, M. aeruginosa, Anabaena* spp, *Oscillatoria* sp			X		Imunoensaio	Jardim et al. (2000b)

ETE: Estação de Tratamento de Efluentes por lagoas de estabilização facultativas; MCYST: microcistinas; CYN: cilindrospermopsinas; SXT: saxitoxinas; ANTX-a: anatoxina-a; (S) © cultivos; HPLC: cromatografia líquida de alta eficiência; DAD: fotodetector de diiodo; FLD: detector de fluorescência; MS: espectroscopia de massa. Dados cedidos pelo prof. J. S. Yunes à dra. Sandra Azevedo concentração de fósforo na água tenha sido exaurida. As florações de cianobactérias ocorrem em períodos de alta intensidade luminosa, altas temperaturas na superfície e estratificações térmicas que promovem estabilidade da coluna de água.

Gonzalez *et al.* (2004) descreveram a composição fitoplanctônica de uma represa artificial na Venezuela (Pao-Cachinche), onde cianobactérias de diversos gêneros de *Anabaena* spp, *Cilindrospermopsis* racibarskii, *Microcystis* spp e *Spiculina* spp dominaram o reservatório em 75% da composição fitoplanctônica, em 18 meses de estudo. As altas temperaturas desse reservatório (>28°C), a estratificação térmica permanente e as concentrações de ortofosfato (>10 $\mu g.\ell^{-1}$) propiciaram a dominância das cianobactérias nesse reservatório, com valores de produção primária de 1.000 $mgC.m^{-2}.dia^{-1}$ bastante elevados em comparação com outras represas na mesma região e na Venezuela, entretanto, muito menores do que no lago de Valência, **hipereutrófico** (7.400 $mgC.m^{-2}.dia^{-1}$ – Infante, 1997).

A presença de mucilagem (mucopolissacarídeos que absorvem água) nas cianobactérias reduz a densidade, embora aumente o tamanho do conjunto de células. Essa mucilagem – que também ocorre em clorofíceas coloniais móveis, como *Gloeocystis* sp e *Oocystis* sp – pode ter o papel de reduzir a taxa de afundamento, mas não de evitá-lo (Reynolds, 1984, 1997). O controle da flutuabilidade por meio da presença de cilindros proteináceos de gás, que são denominados vesículas de gás e regulam a flutuabilidade a partir da produção de gás e de glicogênio resultante da fotossíntese (glicogênio utilizado como peso), é um dos importantes fenômenos da regulação fisiológica do deslocamento de cianobactérias descrita por Reynolds e Walsby (1975).

A presença de vacúolos com gás foi descrita pela primeira vez em *Gloetrichia* (Kleban, 1895). Essas estruturas são comuns em várias espécies de cianofíceas que se desenvolvem em extensas florações (*water-blooms*) e têm um efeito muito grande na redução da densidade, permitindo uma flutuabilidade maior. Além disso, têm importância na **regulação** da flutuabilidade dessas cianobactérias. As **vesículas de gás** que formam os vacúolos são estruturas complexas cujo número pode ser regulado sob efeitos da pressão (as vesículas suportam pressões externas de até 4-7 atmosferas – Grant e Walsby, 1977), o que permite então a regulação do nível por aumento ou diminuição da densidade.

Reynolds e Walsby (1975) descreveram em detalhes a regulação da flutuabilidade em cianofíceas por mecanismos fisiológicos. Nesse caso, as inter-relações do número de vesículas e de vacúolos de gás, com taxa de fotossíntese e aumento e diminuição da densidade, são fundamentais para a regulação da flutuabilidade em *Anabaena flos-aquae* (Fig. 7.19). Reynolds (1978) desenvolveu outros trabalhos acerca desse problema, nos quais descreveu a distribuição vertical de *Anabaena circinalis* e *Microcystis aeruginosa*, seu controle por meio da produção e do colapso de vacúolos de gás, bem como sua taxa de crescimento (Krombamp e Mur, 1984; Krombamp *et al.*, 1988; Bitlar *et al.*, 2005).

A presença de bactérias em florescimentos de *Microcystis aeruginosa* foi relatada por Lial Sandes (1998) ao descrever a dinâmica desses florescimentos e sua senescência no reservatório de Barra Bonita, em um período curto (sete dias). O desenvolvimento e o colapso dos florescimentos de cianobactérias apresentam características que sustentam a teoria das catástrofes para o colapso e rejuvenescimento de populações e comunidades. A Fig. 7.20 (Tundisi *et al.*, 2006) ilustra essa característica.

Harris e Baxter (1996) mostraram a variabilidade interanual do fitoplâncton, em especial de cianobactérias relacionadas com o volume da reserva de água de uma represa subtropical e a respectiva concentração de nutrientes (Fig. 7.21). Segundo esses autores, em lagos tropicais pode ocorrer um padrão de dominância de diatomáceas em períodos de mistura vertical e instabilidade, e dominância de cianobactérias em períodos de estratificação e estabilidade térmica. Além dessa variabilidade, Harris e Baxter (1996) sugerem que o controle de cianobactérias – e, até certo ponto, da sucessão fitoplanctônica – pode ser feito pela regulação do fluxo em reservatórios e a diminuição do tempo de retenção, sendo tais procedimentos uma importante tecnologia de intervenção favorável para o homem na regulação dos florescimentos de cianobactérias.

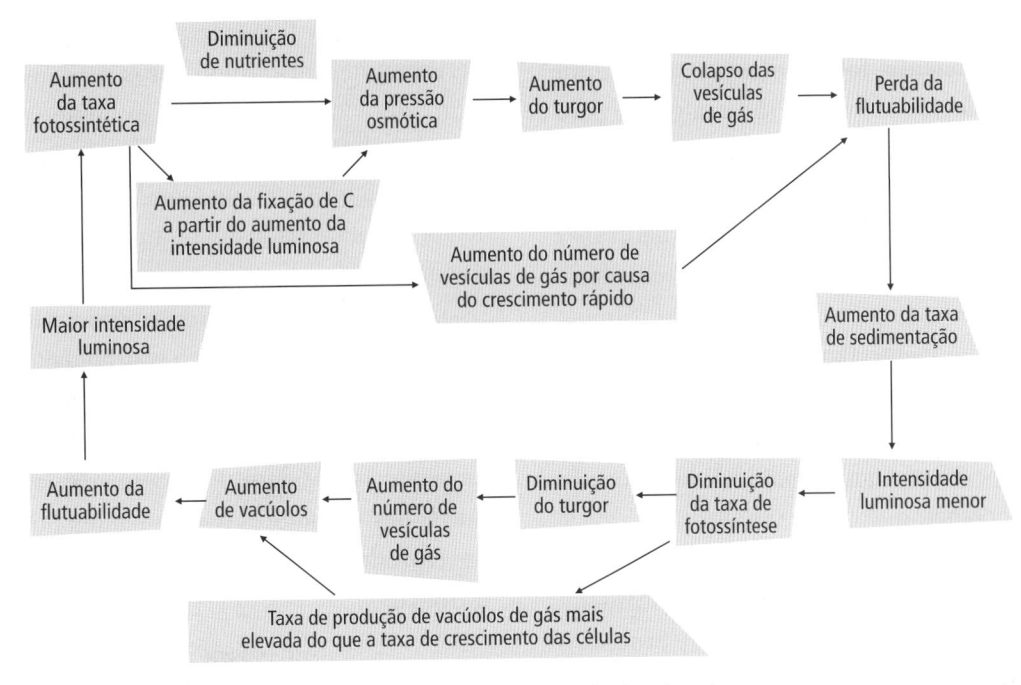

Fig. 7.19 Mecanismo de flutuabilidade de cianobactérias com vesículas de gás
Fonte: Reynolds (1984).

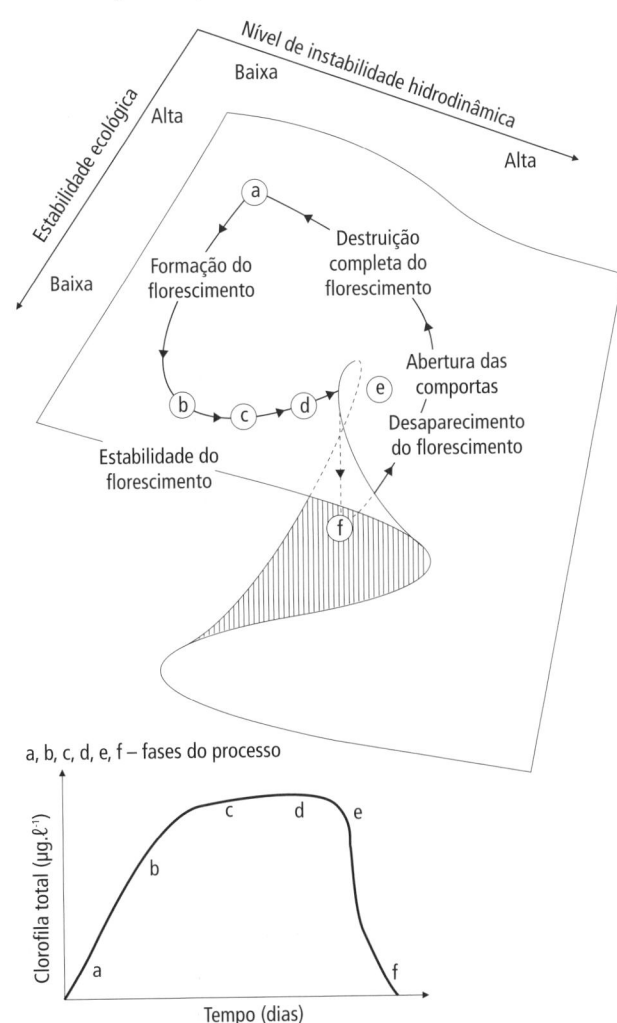

Fig. 7.20 Crescimento, desenvolvimento e colapso de florescimentos de cianobactérias
Fonte: Tundisi *et al.* (2006).

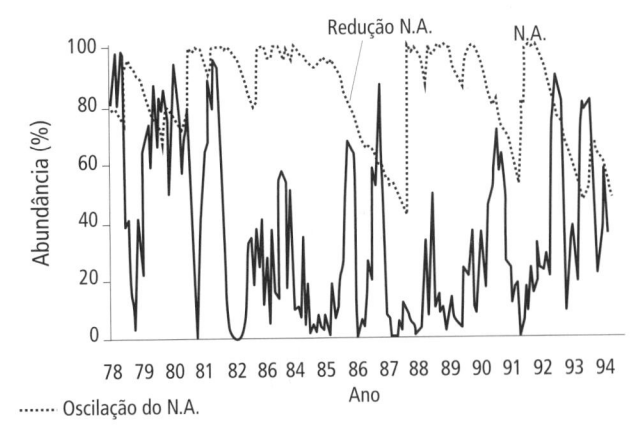

Fig. 7.21 Abundância de cianobactérias (%) em relação à capacidade de reserva de água em um reservatório subtropical. Notar que a concentração de cianobactérias varia com o volume d'água do reservatório, cujo aumento ou diminuição reduz ou acelera, respectivamente, a densidade de cianobactérias
Fonte: modificado de Harris e Baxter (1986).

Um livro recente sobre eutrofização em lagos e represas das Américas do Sul e Central (Tundisi, Matsumura Tundisi e Sidagis Galli, 2006) discute as causas e as consequências da eutrofização, bem como tecnologias para seu gerenciamento e controle. Nesse livro, descrevem-se os estados tróficos de reservatórios, o impacto das frentes frias na instabilidade térmica vertical de represas e a interferência dessa instabilidade no processo de sucessão.

7.5 O Perifíton

Outro **componente fotoautotrófico** de grande importância ecológica e biológica são as algas do perifíton. Este é encontrado na superfície de rochas e de vegetação submersa de macrófitas, na parte externa de barcos, em rochas e outras superfícies naturais e artificiais de rios, riachos, lagos, represas, áreas alagadas e estuários. Em conjunto com bactérias, fungos, protozoários e alguns metazoários, essa comunidade – denominada "Aufwuchs" – é complexa, difícil de coletar e de estudar quantitativamente e, portanto, os estudos do perifíton começaram mais tarde que os estudos do fitoplâncton.

A **heterogeneidade do substrato** e a variação da comunidade perifítica tornam difícil a sua caracterização, particularmente a qualificação de processos nessa comunidade (Wetzel, 1983a). Roos (1983) denomina **euperifíton** a comunidade que está assentada e aderida a um substrato por vários mecanismos, como rizóides, túbulos, ou outras estruturas de fixação. O perifíton tem um papel fundamental no metabolismo da zona litoral e nos processos biológicos e biogeoquímicos em áreas alagadas.

A comunidade de algas fotoautotróficas do perifíton pode ter um papel importante na produtividade primária de ecossistemas continentais, especialmente em rios que recebem grande contribuição de material alóctone dissolvido. Em lagos muito profundos, a contribuição do perifíton para a produtividade primária é muito reduzida. Já em lagos rasos com zona eufótica que atinge o fundo, a contribuição das algas perifíticas fotoautotróficas pode ser significante. Quando a velocidade da corrente é apreciável, a contribuição das algas fotoautotróficas à produtividade primária é muito elevada. Wetzel (1964) comparou a produtividade primária de perifíton, fitoplâncton e macrófitas aquáticas em um lago salino, raso, da Califórnia e demonstrou nesse trabalho que nas áreas rasas (<2 m) a produtividade do perifíton excedeu a produtividade de macrófitas e de fitoplâncton. Na área pelágica do lago predomina a **produtividade primária fitoplanctônica**. Em águas rasas, lênticas, a **produção primária do perifíton fotoautotrófico** pode atingir 62% do total.

Em rios, as taxas de produtividade primária do perifíton chegam a atingir aproximadamente 1.050 mg C.m^{-2}.dia^{-1} (comparar, por exemplo, com 200 mg C.m^{-2}.dia^{-1} para a represa da UHE Carlos Botelho – Lobo/Broa ou 1.500 mg C.m^{-2}.dia^{-1} para a represa de Barra Bonita – dados para a produtividade primária do fitoplâncton).

Os fatores que afetam a comunidade de algas fotoautotróficas que constitui o componente de produção primária do perifíton são os mesmos que afetam o fitoplâncton fotoautotrófico. Portanto, temperatura da água, intensidade luminosa, disponibilidade de nutrientes são fatores fundamentais no crescimento, na reprodução e na sucessão do perifíton fotoautotrófico.

MÉTODOS DE DETERMINAÇÃO DA BIOMASSA DO PERIFÍTON

O perifíton pode ser coletado a partir da limpeza cuidadosa de superfícies medidas em cm^2 ou m^2, com a análise do peso úmido, peso seco, peso seco livre de cinzas, conteúdo de clorofila total, número de organismos (células ou colônias de células) e número de espécies.

Outro método que pode ser utilizado é o emprego de superfícies de várias dimensões e rugosidades, para determinar a taxa de crescimento do perifíton nessas superfícies.

Com o uso dessas superfícies artificiais, a taxa de crescimento pode ser determinada após um estudo sequencial de alguns dias ou semanas. O ciclo estacional do perifíton fotoautotrófico pode ser definido pela seguinte equação:

$$\frac{dC}{dt} = \frac{dP}{dt} \cdot C - (G + Pa + D)$$

onde: C é a concentração ou número de células; G, o efeito da pastagem sobre as algas; Pa, parasitismo e doenças que afetam as algas; e D, mortalidade geral das células.

Bicudo (1990) discutiu a metodologia para a contagem das algas perifíticas, os estudos taxonômicos com algas perifíticas (1990); (1990) discutiu métodos ecológicos aplicados a estudos de perifíton; e Watanabe (1990) comparou metodologias aplicadas para avaliar a poluição e a contaminação por meio de estudos do perifíton.

7.5.1 Temperatura

Os efeitos da mudança da temperatura da água no metabolismo do perifíton fotoautotrófico foram determinados por McIntyre e Phinney (1965) (Tab. 7.2):

Tab. 7.2 Efeitos da alteração da temperatura da água na **taxa de respiração** do perifíton

Alterações na temperatura da água	Alterações na taxa de respiração
6,5 – 16,5°C	41 – 132 mg $O_2.m^{-2}.h^{-1}$
17,5 – 9,4°C	105 – 63 mg $O_2.m^{-2}.h^{-1}$

Os números anteriores demonstram que a taxa de fotossíntese variou da seguinte forma (Tab. 7.3):

Tab. 7.3 Efeitos da alteração da temperatura da água na taxa de fotossíntese do perifíton

Alterações na temperatura da água	Alterações na taxa de fotossíntese
11,9°C – 20°C	335 – 447 mg $O_2.m^{-2}.h^{-1}$

Nesse caso, manteve-se a intensidade luminosa a 20.000 lux.

7.5.2 Efeitos da intensidade luminosa

Muitos autores – como Welch (1980), por exemplo – descreveram as adaptações das algas perifíticas a altas e a baixas intensidades luminosas, como ocorre com o fitoplâncton. McIntyre e Phinney (1965) demonstraram as mudanças de intensidade luminosa em riachos, em rios artificiais e seus efeitos no crescimento do perifíton. O principal efeito foi uma taxa maior de fotossíntese em baixas intensidades luminosas e diferenças nas respostas de diatomáceas, cianofíceas e clorofíceas em relação ao mesmo gradiente de intensidades luminosas. Em comunidades adaptadas a baixas intensidades luminosas, o crescimento é mais lento, mas a biomassa final acumulada é quase a mesma daquelas adaptadas a intensidades luminosas mais altas, com crescimento mais rápido.

O crescimento do perifíton é, portanto, controlado por intensidade luminosa e temperatura, do ponto de vista hierárquico, mas quando há condições estáveis de temperatura e intensidade luminosa, a concentração de nutrientes pode dominar a resposta de crescimento (Welch, 1980). Em certos lagos ou represas, a concentração elevada do fitoplâncton limita a disponibilidade de luz para o perifíton.

Variações na concentração de material em suspensão que alteram a intensidade luminosa podem modificar rapidamente as respostas das algas perifíticas, em particular a taxa de crescimento e a fotossíntese. Portanto, a turbidez é um dos fatores limitantes ao crescimento e à dinâmica ecológica das algas perifíticas, cuja biomassa pode ser reduzida.

A velocidade da corrente em rios é outro fator que promove alterações na composição das algas perifíticas e atua como fator seletivo. Velocidades experimentais de 38 cm por segundo induziram, por exemplo, o crescimento de diatomáceas na comunidade (McIntire, 1966). Em velocidades reduzidas, de 9 cm por segundo, o mesmo autor encontrou filamentos de (Oedogorium e Tribowemia) clorofíceas.

Em riachos artificiais na região metropolitana de São Paulo com altas concentrações de nutrientes, Tundisi (2006, resultados não publicados) encontrou massas de *Scenedesmus* e *Tabellaria* nos tapetes microbianos, além de elevadas concentrações de bactérias e protozoários.

Na descarga de rios poluídos ou com alta concentração de nitrogênio e fósforo, pode-se observar o crescimento rápido e intenso de algas perifíticas e de todo o complexo de organismos que as acompanham. Esse crescimento, produzido por eutrofização, também pode ser causa de deterioração da qualidade da água nas margens de lagos, como ocorreu nos lagos Erie e Huron (Estados Unidos/Canadá), onde massas de *Cladophora* desenvolveram-se muito rapidamente. Fósforo geralmente é o nutriente mais importante nesse crescimento (Welch, 1980).

A sucessão do perifíton foi estudada por muitos especialistas no Brasil. Fernandes (1993), por exemplo, pesquisou a estrutura da comunidade epifítica que se desenvolve nas folhas de *Typha domingo-ensis*, em lagoas costeiras de Jacarepaguá, no Rio de Janeiro, e concluiu que a sucessão das epífitas estava relacionada com a decomposição das folhas dessa planta. O sistema apresentava-se em estágio avançado de eutrofização, encontrando-se 78 *taxa*, com predominância de clorofíceas (32%); cianofíceas (23%); bacilariofíceas

(22%); crisofíceas (6%); e euglenofíceas (5%), entre os principais. As distribuições da comunidade, nesse caso, foram atribuídas a diferenças de pH, oxigênio dissolvido e concentração de nutrientes.

No **Ribeirão do Lobo**, município de Brotas (SP), Chamixaes (1991) realizou um estudo da **colonização do perifíton** em substratos artificiais, durante um período de 32 dias. A distribuição do perifíton foi mais lenta e gradual no inverno (estação seca) e mais rápida no verão (estação chuvosa), com grandes flutuações irregulares, provavelmente em razão de descargas de material em suspensão ou de alterações na velocidade da corrente, resultantes de precipitações mais intensas no verão. A colonização pelas epífitas depende, como demonstrado por Schwarzbold (1992), do pulso de inundação; a acumulação da biomassa também é dependente da velocidade e da magnitude do pulso de inundação. As variações mais intensas da biomassa no verão são resultantes, provavelmente, dos efeitos da precipitação e suas consequências físicas na comunidade perifítica em **sistemas lóticos**.

Ao estudar a sucessão do perifíton em substratos artificiais na represa da UHE Carlos Botelho (Lobo/Broa), Panitz (1980) verificou que o tipo de substrato e a sua profundidade eram fundamentais para a colonização e **sucessão das algas perifíticas**. A maior biomassa foi encontrada no verão, nos substratos artificiais estudados por esse autor; porém, durante verões com intensas precipitações, ocorre uma diminuição drástica de clorofila. Comunidades próximas ao sedimento, nos substratos artificiais, apresentaram a maior produção primária (55 mg $C.m^{-2}.dia^{-1}$), provavelmente em razão da reciclagem de nutrientes por decomposição de macrófitas, bem como de temperaturas mais elevadas.

Os estudos de Soares (1981) demonstraram que perifíton associado com macrófitas aquáticas apresentou maior biomassa e outras tendências na sucessão. A Tab. 7.4 indica a biomassa (clorofila ou peso seco) de perifíton em vários ecossistemas continentais do Brasil. Estudos experimentais desenvolvidos por Cerrão et al. (1991) mostraram o efeito de nitrogênio e fósforo no crescimento do perifíton. Nesses estudos, constatou-se que concentrações de 300 e 30 $g.\ell^{-1}$ desses nutrientes foram mais efetivas no crescimento do perifíton do que o dobro dessas concentrações.

Pompeo (1991) estudou a produção primária relativa de *Utricularia gibba* e de perifíton, constatando que este foi responsável por 80% da **produção primária bruta**. Suzuki (1991) pesquisou as inter-relações entre zooplâncton, fitoplâncton e epífitas em uma lagoa marginal do rio Mogi (lagoa Infernão, município de Luís Antônio, SP). Empregaram-se 24 estruturas de plástico transparente com enriquecimento de KH_2PO_4 e NH_4NO_3 durante estudos no inverno e no verão. A estrutura da comunidade fitoplanctônica alterou-se pela presença de organismos de maior porte. O fitoplâncton respondeu rapidamente aos enriquecimentos; a biomassa do perifíton cresceu lentamente e atingiu valores mais elevados durante a estação chuvosa (verão). Produtores primários mostraram-se mais eficientes na assimilação de nitrogênio sob forma de amônio (NH_4). Segundo Suzuki (1991), o fitoplâncton é mais efetivo que o perifíton na assimilação de nutrientes das águas da região pelágica.

Necchi (1992) desenvolveu outros estudos de perifíton no Brasil, nos quais pesquisou a sucessão de comunidades de macrófitas em rios, encontrando duas espécies de cianofíceas, uma de clorofícea e uma de rodofícea, com alternância na frequência e na biomassa. K. subtile foi a espécie dominante nos substratos artificiais utilizados por esse autor, que explicou a sucessão relacionando-a com competição por espaço no substrato e com estratégias reprodutivas, fatores que são determinantes na dinâmica de comunidade de **macroalgas**.

Em outro estudo, Necchi e Pascoaloto (1993) analisaram comunidade de macroalgas crescendo em substratos naturais na bacia do rio Preto, no Estado de São Paulo, e concluíram que a estacionalidade é dependente do substrato. Os valores mais elevados da biomassa de macroalgas foram obtidos com temperaturas mais baixas, menores velocidades de correntes e maiores transparências. Encontraram-se nesse estudo cinco espécies de clorofíceas, três espécies de cianofíceas e duas espécies de rodofíceas. Lobo et al. (1990) empreenderam outros estudos sobre o ciclo estacional e a colonização do perifíton no Brasil.

Tab. 7.4 Conteúdos máximos de clorofila a (mg m^{-2}) e peso seco (g m^{-2}) em substrato exposto à colonização do perifíton em ecossistemas aquáticos brasileiros

Local	Substrato	Duração	Freqüência de coletas (amostragem)	Clorofila a	Peso seco	Observações	Referência
Represa da UHE Carlos Botelho (Lobo/Broa)	Placas de vidro	31-32 dias	Semanal	6,1	—	Verão	Chamixaes (1991)
– antes do reservatório (jusante)				9,8	—	Inverno	
– depois do reservatório (montante)				2,2	—	Verão	
Córrego Itaqueri				3,4	—	Verão	
				2,0		Inverno	
Córrego Perdizes				2,0	—	Verão	
				2,0		Inverno	
Lagoa costeira de Jacarepaguá (2 locais)	*Typha dominguensis*	20-28 dias	Semanal	—	4,2	Verão de 1990	Fernandes (1993)
Península Lago Norte	Placas de vidro (expostas horizontalmente)	70 dias	Semanal	—	74,0	0,10 m	Rocha (1979)
				—	17,7	0,55 m	
				—	87,0	1,00 m	
	Placas de vidro (expostas verticalmente)			—	11,8	0,10 m	
				—	15,1	0,55 m	
				—	17,6	1,00 m	
Lago Paranoá	Placas de vidro (horizontalmente expostas)	70 dias	Semanal	—	85,9	0,34 m	
				—	80,0	1,03 m	
				—	28,0	2,07 m	
	Placas de vidro (expostas verticalmente)			—	89,0	0,34 m	
				—	23,0	1,03 m	
				—	12,0	2,07 m	
				—	28,8	6,27 m	
Reservatório da UHE Carlos Botelho (Lobo/Broa)	*Pontederia cordata*	42 dias	Semanal	55,5	1,3	—	Soares (1981)

Fonte: Bicudo *et al.* (1995).

A contribuição para a fixação de nitrogênio por microorganismos epífitas revelou o papel fundamental dos microorganismos do perifíton no ciclo do nitrogênio, especialmente das **bactérias fixadoras** desse nutriente.

Os estudos sobre a **sucessão estacional do perifíton** são complexos porque, além dos fatores que influenciam a sucessão – como velocidade da corrente, concentração de nitrogênio e fósforo, intensidade luminosa e temperatura da água –, há aqueles intrínsecos à complexidade dessa comunidade, que não são influenciados por fatores externos. O perifíton é composto por componentes fotoautotróficos, que são fundamentais para a fixação de CO_2 da água, e por componentes heterotróficos, que interferem nos processos de decomposição, nos sistemas de oxidorredução e na reciclagem interna de nutrientes (Wetzel, 1983c). Os complexos processos metabólicos entre componentes vivos e não-vivos da comunidade perifítica e a variada natureza dos organismos que compõem essa comunidade podem ser estudados *in situ* utilizando-se técnicas especiais com microeletrodos, comunidades sobre estratos naturais, experimentos em condições controladas (riachos artificiais), bem como estudos com substratos artificiais.

As relações entre substâncias orgânicas dissolvidas, como carboidratos ou lipídeos, e o crescimento e a sucessão do perifíton devem ser igualmente considerados em futuros estudos, uma vez que experimentos iniciais demonstraram o importante papel dessas substâncias na composição e na sucessão dessas comunidades. As alterações na composição e na concentração de nutrientes orgânicos e inorgânicos em águas contaminadas ou poluídas produzem modificações na biomassa e na composição da comunidade perifítica, o que levou à utilização do perifíton como indicador da qualidade da água relacionado com a concentração de nutrientes orgânicos.

Sladeckova e Sladecek (1963) propuseram termos como oligossapróbio, mesossapróbio e polissapróbio, atualmente pouco utilizados, mas que tiveram importância na época em que foram propostos como uma base para a organização do conhecimento sobre poluição e contaminação e as respostas dos organismos. O problema é mais complexo do que a simples contagem e caracterização dos componentes da comunidade, como originalmente proposto. Nutrientes inorgânicos e substâncias orgânicas em águas contaminadas estimulam o crescimento de um **biofilme** de bactérias e fungos sobre os quais se assentam algas microscópicas e macroscópicas, complicando a definição geral de comunidades e saprobidade. O perifíton responde a substâncias tóxicas e esses estudos demonstram efeitos de metais pesados e xenobiontes orgânicos sobre a sucessão e composição das comunidades perifíticas.

Como o fitoplâncton, o perifíton tem um papel fundamental no metabolismo de lagos, rios, represas e estuários. O papel das densas comunidades na alimentação dos organismos e na manutenção e desenvolvimento da rede alimentar será discutido mais adiante.

Os tapetes microbianos

A associação de algas fotoautotróficas e bactérias que se desenvolvem no sedimento, em alguns ambientes aquáticos – como aqueles com alta concentração de nutrientes, elevada salinidade/condutividade e onde ocorre penetração adequada de radiação fotossinteticamente ativa –, constitui uma comunidade especial microestratificada, denominada **tapete microbiano**. Esse tapete microbiano é composto por cianobactérias, algas microscópicas fotoautotróficas e bactérias. Esse conjunto, que apresenta interações biológicas, físicas e químicas, ocupa lagos rasos com penetração de luz até o sedimento e baixo impacto de predação (McIntyre *et al.*, 1996; Miller *et al.*, 1996; Wetzel, 2001; Dodson, 2005).

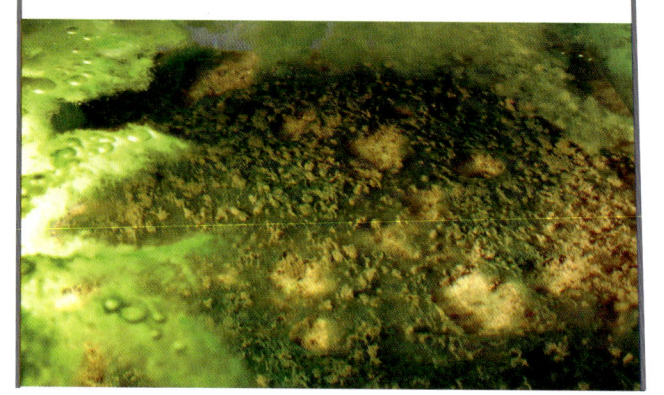

Foto: Guilherme Ruas Medeiros

7.6 Macrófitas Aquáticas

As macrófitas aquáticas representam um grande grupo de organismos, tendo como referência algas talóides, musgos e hepáticas, filicíneas, coníferas e plantas com flores que crescem em águas interiores e águas salobras, estuários e águas costeiras. As macrófitas aquáticas incluem desde organismos flutuantes de pequenas dimensões (1-5 mm), até grandes árvores, como ciprestes (*Taxodium* spp) existentes nos pântanos no sul dos Estados Unidos. No Cap. 6, verificou-se que as macrófitas aquáticas constituem-se em *plantas emergentes*, firmemente enraizadas em solo submerso; **macrófitas flutuantes** com folhas, como as niféias e aguapés; e **macrófitas totalmente submersas**. As características morfológicas desses três tipos de macrófitas são importantes, pois mostram diversos tipos de adaptação, como um **aerênquima** que facilita o transporte de oxigênio para raízes de plantas emergentes, ou folhas finas com película superficial pouco espessa para auxiliar na fixação de nutrientes e de dióxido de carbono no meio líquido, como ocorre nas plantas submersas. A pouca espessura das folhas minimiza a trajetória da difusão de nutrientes e maximiza a disponibilidade de energia radiante subaquática para as plantas submersas.

Macrófitas flutuantes como *Lemna*, *Eichhornia azurea* ou *Eichhornia crassipes* formam grandes tapetes embaraçados e, em alguns casos, ligados por raízes ou estalões que absorvem todos os seus nutrientes diretamente da água, e não dos sedimentos. Essas plantas flutuantes necessitam de locais abrigados, são afetadas por ondas e ventos fortes, e competem diretamente por nutrientes com fitoplâncton e perifíton.

Macrófitas aquáticas flutuantes, emergentes ou submersas, são substratos extremamente ativos e importantes para microalgas fotoautotróficas do perifíton, invertebrados aquáticos (adultos e larvas de insetos aquáticos, por exemplo). Essas plantas competem com o fitoplâncton e o perifíton em relação à absorção de nutrientes e radiação solar, e, por outro lado, têm um papel fundamental no metabolismo de lagos rasos, representados pelos produtos de sua decomposição e seu uso como alimento por muitos animais aquáticos, desde invertebrados até hipopótamos, como é o caso de certos lagos africanos (Carpantes e Lodeje, 1972; Horne e Goldman, 1994). Portanto, herbivoria sobre macrófitas pode ter um papel relevante na cadeia alimentar (Lodge, 1991). Na plataforma formada por macrófitas aquáticas, uma grande variedade de animais invertebrados, moluscos, tricópteros e larvas de quironomídeos se desenvolve, sendo fonte de alimentos para peixes e outros invertebrados (Fig. 7.22).

A produtividade das macrófitas, em especial das emergentes, é muito alta (Moss, 1988), e uma grande parte da matéria orgânica produzida é consumida diretamente pelos herbívoros. Hábitats aquáticos têm uma reduzida disponibilidade de oxigênio por causa da baixa solubilidade desse elemento na água, de forma que depósitos orgânicos (turfa) podem vir a ser o leito de plantas emergentes ou serem exportados para jusante, quando em rios, sedimentando áreas remotas. Ao aflorar, a turfa pode provocar uma série de reações que causam uma **sedimentação progressiva** dos lagos, embora esse processo seja relativamente lento, enquanto os sedimentos depositados em outra localidade formam o substrato de formações futuras. A água que está sob densas camadas de macrófitas flutuantes, principalmente em climas quentes,

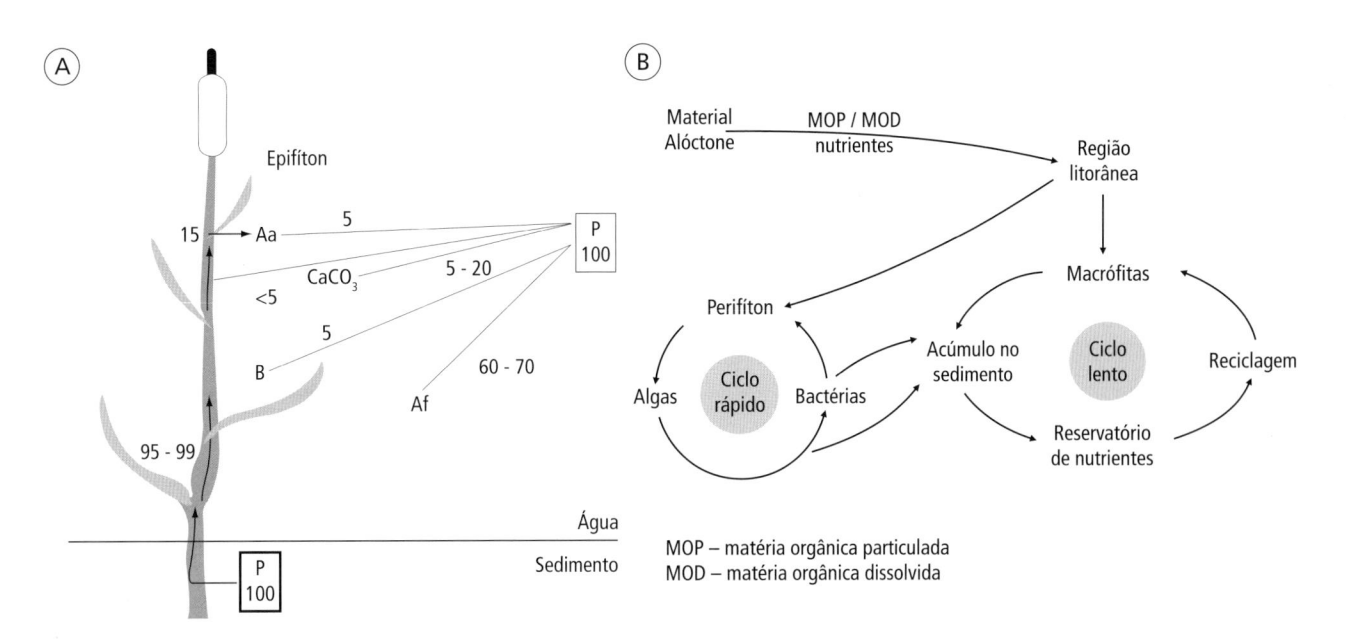

Fig. 7.22 A) Representação do fluxo do fósforo (P) entre o sedimento, macrófitas e **microflora** epifítica. Abreviações: Aa – algas adnatas; Af – algas frouxamente aderidas; B – bactérias (modificado de Wetzel, 1990b); B) Relação do complexo macrófita-perifíton com a conservação dos nutrientes (modificado de Wetzel, 1990a)
Fonte: modificado de Thomaz e Bini (2003).

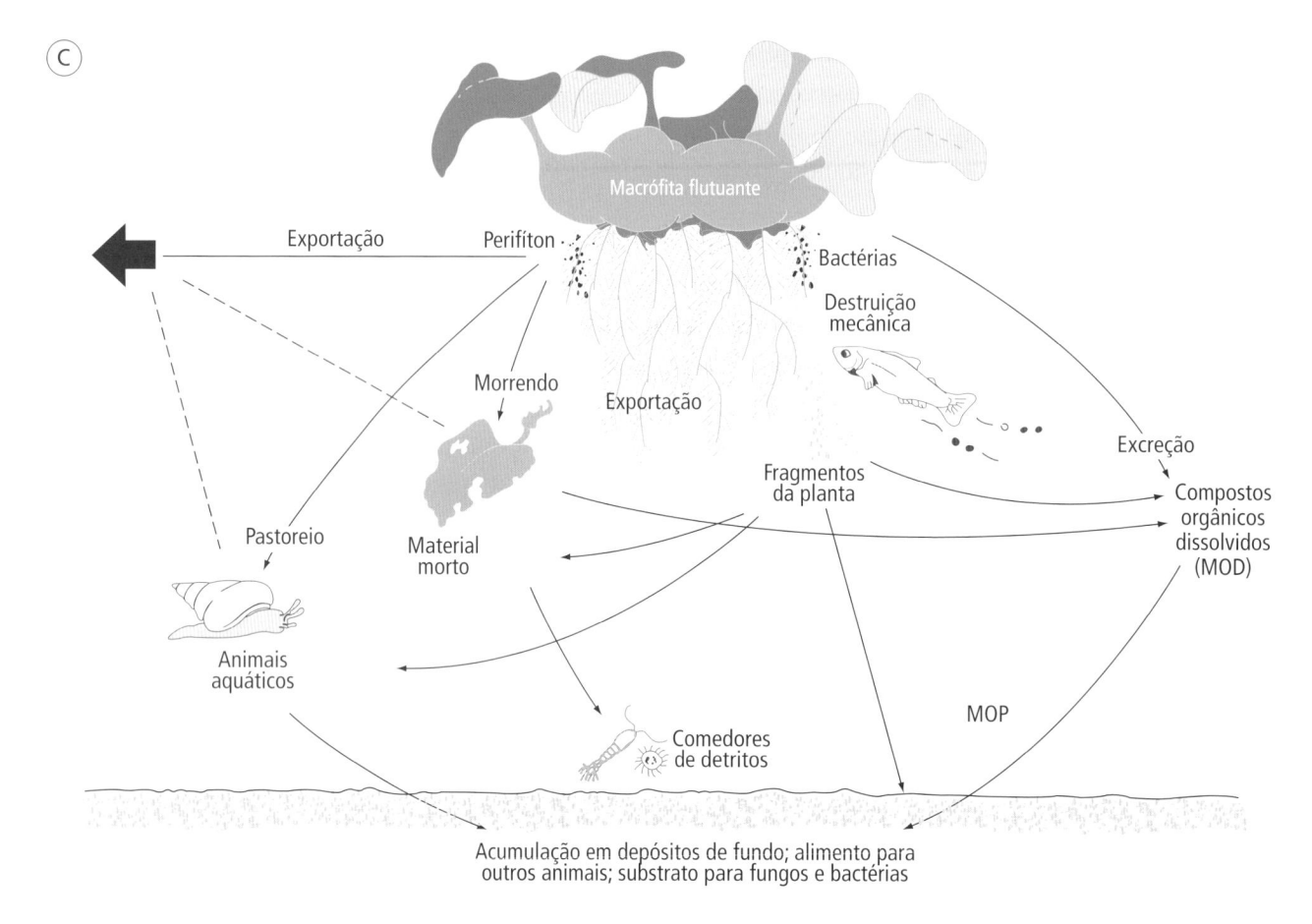

Fig. 7.22 C) O papel das macrófitas nos ciclos biogeoquímicos e nos fluxos de nutrientes e MOP entre sedimento, macrófitas, microflora epifítica e perifíton
Fonte: modificado de Burgis e Morris (1987).

torna-se anaeróbia em razão da decomposição dessa matéria. (Maltchik, Rolon e Groth, 2004)

Em pântanos emergentes ou flutuantes, as baixas concentrações de oxigênio propiciaram a evolução de uma comunidade de animais dependentes de sistemas, como aqueles que permitem respirar ar atmosférico, necessário para sua sobrevivência. Não obstante, a produção animal pode ser muito elevada nesses locais. Em pântanos e em áreas planas, inundadas sazonalmente, com gramíneas eventualmente existentes em suas proximidades, também se verificam migrações sazonais de grandes mamíferos e pássaros que buscam tirar proveito da grande disponibilidade de alimentos proporcionada pelas macrófitas (Welcome, 1979). Nos trópicos existe um grande número de indígenas dependentes desses sistemas de planícies inundadas, pois tiram sua subsistência das comunidades de plantas aquáticas e semi-aquáticas ali existentes.

A contribuição indireta das macrófitas para a rede alimentar se dá pela estrutura arquitetônica que elas oferecem ao lago e por meio de sua influência sobre os processos que envolvem o ciclo dos nutrientes (Wetzel, 1990). As zonas de um lago dominadas por macrófitas em geral apresentam maior diversidade de espécies animais (Macan e Kitching, 1972) do que a zona de águas abertas dominada pelo plâncton. As macrófitas fornecem as bases físicas para nicho, locais de repouso, tocaias para predadores e locais para desova ou deposição de ovos fertilizados. Por causa da diversidade, há uma grande capacidade de explorar os recursos naturais representados pela luz e pelos nutrientes, pois uma comunidade diferenciada deve ter especializações da dieta de seus membros, pois, assim, a energia não será despendida em competições entre as espécies.

Em razão da alta produtividade dos hábitats dominados por macrófitas, há uma alta taxa de metabolismo interno (Mickle e Wetzel, 1978a, b). Isso se torna ainda mais verdadeiro quando os detritos orgânicos e as comunidades de microorganismos que colonizam as superfícies das plantas caem em direção aos sedimentos. As superfícies dos sedimentos são, em geral, **microaerofílicas** ou anaeróbicas, podendo liberar uma considerável quantidade de nutrientes, como o fósforo. O ciclo dos nutrientes dentro das massas de **macrófitas emergentes**, flutuantes ou submersas é complexo com transferências orgânicas e inorgânicas entre as plantas e a água aberta.

Há macrófitas em todos os lagos, com exceção de alguns muito salinos ou daqueles em que elas foram destruídas pela poluição. As macrófitas, porém, têm importância diferente em função do tipo de lago. Em lagos grandes e profundos, embora elas possam formar uma faixa litorânea, a geometria do lago confere uma importância muito maior à comunidade de águas abertas. Entretanto, em termos de importância absoluta, a zona de litoral pode ter um significado muito grande, uma vez que as águas profundas frequentemente têm baixa fertilidade, sendo, portanto, improdutivas.

Considerando os moradores ribeirinhos, dependentes da pesca, as águas litorâneas são muito mais cruciais do que aquelas mais afastadas, e isso se torna mais relevante por causa da exportação de matéria orgânica e de nutrientes das áreas dominadas por macrófitas para as águas litorâneas, com consequente aumento de sua produtividade. As comunidades ictíicas da zona de macrófitas, capturadas mediante métodos artesanais simples, podem representar uma grande quantidade de pescado (Goulding, 1981), embora não possam ser exploradas em larga escala por meio de métodos mecânicos, visto que estes são capazes de destruir a estrutura do ecossistema.

Os lagos grandes, apesar de serem proeminentes nos mapas, ocupam uma área total muito menor que a soma de milhões de lagos pequenos e rasos, de grande importância para a humanidade. Esses são os lagos nos quais as macrófitas assumem um papel da maior relevância, sob todos os pontos de vista. Eles são representados por bacias naturalmente rasas formadas pela ação glacial, depressões rasas em planícies alagáveis, lagoas em pântanos, açudes e muitos reservatórios pequenos feitos pelo homem. Eles são os principais componentes de extensivos sistemas de várzea que cobrem (ou cobriram, pois em alguns casos foram severamente afetados por drenagens ou inundados para a formação de grandes reservatórios) grandes superfícies da face da Terra. Dada a importância desses hábitats e das grandes perdas sofridas pelos mesmos, é de primordial importância que, antes de interferir naqueles que ainda restam, sejam feitas cuidadosas considerações preliminares à implementação de qualquer ação concreta.

7.6.1 Os estudos sobre macrófitas aquáticas no Brasil

Em um volume recente, Thomaz e Bini (2003) analisaram o conjunto de trabalhos que impulsionaram o desenvolvimento do estudo de macrófitas aquáticas no Brasil. No início da década de 1960, foram desenvolvidos estudos sobre esses vegetais superiores no Brasil e, de um modo geral, reconheceu-se que as macrófitas aquáticas têm um papel fundamental no metabolismo e no funcionamento de lagos rasos, represas, rios, áreas costeiras, estuários e áreas alagadas (Wetzel, 1990; Esteves, 1998).

Nas duas últimas décadas, os estudos sobre macrófitas aquáticas no Brasil apresentaram grandes avanços. As principais formas biológicas e os táxons estudados encontram-se no Quadro 7.4 (Thomaz e Bini, 2003). Os trabalhos de Arens (1933, 1936, 1938, 1939, 1946) enfocaram aspectos fisiológicos de macrófitas aquáticas (absorção de bicarbonatos) em regiões temperadas, tendo sido o último (1946) publicado no Brasil. Em 1945, Steeman-Nielsen (1945) publicou

Quadro 7.4 Principais formas biológicas e táxons estudados

Espécie/Gênero	Forma biológica	Número de trabalhos
Scirpus cubensis	Emergente	13
Eichhornia azurea	Emergente	13
E. crassipes	Flutuante livre	13
Pontederia spp	Emergente	9
Salvinia spp	Flutuante livre	8
Nymphoides indica	Folha flutuante	7
Echinochloa polystachia	Emergente	7
Typha domingensis	Emergente	6
Cabomba pyahuiensis	Submersa	5
Total		81 ($\approx$ 50% dos trabalhos)

Fonte: Thomaz e Bini (2003).

trabalhos relativos ao metabolismo de absorção de bicarbonatos por macrófitas aquáticas. Hoehme (1948) lançou o volume *Plantas aquáticas*, que se tornou uma referência importante sobre ecologia, sistemática e distribuição geográfica dessas plantas no Brasil. Já a publicação de Pott e Pott (2000) é uma contribuição particularmente importante para o conhecimento de plantas aquáticas do Pantanal, embora útil como referência para o Brasil.

7.6.2 Biomassa e sucessão de macrófitas aquáticas

Em regiões com variações hidrológicas muito grandes e diferenças de nível ocorrem diferenças na composição da comunidade de macrófitas, em razão das modificações no nível da água e da passagem de condições secas ou úmidas para condições de inundação. Junk (1986), por exemplo, relata as alterações que ocorrem na sucessão de macrófitas durante períodos de nível baixo da água e de inundação. Por exemplo, *Sagitaria sprucei*, da família Alimastaceae, sobrevive em áreas inundadas com pouca água, mas não pode ajustar-se a níveis elevados de inundação, uma vez que floresce durante a estação seca. Após a inundação e a elevação do nível da água, são favorecidas espécies que flutuam livremente, como *Eichhornia crassipes* e *Salvinia* spp. Macrófitas do gênero *Pistia* ou *Eichhornia* podem colonizar rapidamente ambientes aquáticos.

As macrófitas aquáticas estabelecem um ambiente com muita matéria orgânica e detritos, além de constituir um substrato importante para algas perifíticas e invertebrados aquáticos. Por outro lado, as condições físicas e químicas nas regiões com densas populações de macrófitas flutuantes ou com raízes são muito peculiares: há muito pouca penetração de luz; as variações de oxigênio dissolvido são extremamente elevadas durante períodos de 12 e 24 horas; as áreas pantanosas cobertas por macrófitas têm um ciclo mais marcado, interferindo essa biomassa, portanto, nos ciclos de O_2/CO_2, por causa da decomposição, da respiração de organismos e da fotossíntese do perifíton associado. Essas concentrações de biomassa possibilitam também áreas de reprodução e alimentação para peixes e anfíbios. A capacidade dessas plantas de interferir nos ciclos biogeoquímicos e a alta biomassa que existe, com consequências nos ciclos diurnos de **fatores químicos** e físicos, tornam essas regiões em lagos, rios e represas, principalmente, muito importantes para estudos de sucessão temporal e espacial, bem como da fauna e da flora associadas a essas comunidades. Em particular, os estudos dos ciclos biogeoquímicos nessas regiões têm importância pela capacidade dessas plantas de concentrar nitrogênio e fósforo ou metais e, consequentemente, funcionar como um concentrador biológico de elementos e substâncias que produzem poluição e eutrofização. Experiências já realizadas parecem confirmar essa possibilidade de aplicação prática. As macrófitas aceleram o processo de sedimentação e colmatação do lago, em virtude da concentração de sedimento que produzem, principalmente em regiões de lagos com baixa **declividade**, onde se favorece o acúmulo de sedimentos.

Nos trópicos, principalmente em represas, o crescimento rápido de macrófitas flutuantes, como *Eichhornia* sp, *Pistia* sp ou *Salvinia*, causa problemas muito sérios de manejo desses sistemas, em razão do rápido acúmulo de matéria orgânica. O controle dessas plantas tem sido realizado por meio de remoção mecânica, controle biológico e dragagem. Em represas eutróficas no Estado de São Paulo, *Eichhornia crassipes* é um dos principais componentes das macrófitas aquáticas.

A **zonação de macrófitas aquáticas** em lagos e represas pode ser utilizada como indicador de condições ecológicas e de mecanismos de circulação, velocidade da corrente ou regiões de turbulência.

Neiff e Neiff (2003) apresentaram uma análise da **conectividade** como uma das abordagens de interação entre processos e elementos de um ecossistema definido pelas variações de estado no espaço e no tempo. A conectividade tem sido considerada como feito – essencial nas grandes áreas de várzea e nos deltas internos dos rios, por exemplo, para explicar as transferências de energia entre os rios, as lagoas marginais e a convecção horizontal entre os diferentes mosaicos. Os estudos de conectividade avaliam as interações entre os componentes do sistema, sua complexidade, as **espécies indicadoras** e as funções de força principais que têm o maior peso como determinante na sucessão de macrófitas aquáticas.

A colonização de macrófitas aquáticas em lagos e reservatórios, que é um processo importante para o futuro gerenciamento desses ecossistemas, depende de um conjunto de variáveis, como a diversidade de espécies em áreas próximas (em remansos de rios ou lagoas marginais) ou taxas de invasão e dispersão por espécies exóticas (Thomaz e Bini, 1998, 1999).

O ajuste das comunidades de macrófitas às variações hidrológicas nos diferentes níveis é fundamental no processo de sucessão, o qual envolve metabolismo, número de espécies, tamanho e forma da vegetação (Neiff, 1978; Thomaz e Bini, 1999). Como discutem Neiff e Neiff (2003), as sementes de plantas aquáticas da bacia do rio Paraná não germinam em solo inundado, somente em solo que emerge após a inundação. Portanto, um processo de germinação e inibição pode ocorrer, provendo **pulsos de biomassa** de algumas espécies e recessão de outras. Ainda de acordo com esses autores, os processos associados à sucessão de macrófitas, em relação ao regime de pulso dos rios, incluem atributos designados como FITRAS: **Frequência** para as alterações de nível e os pulsos; **Magnitude** – ou intensidade de um período de seca ou inundação; **Tensão** – ou valor de desvio-padrão das médias máxima ou mínima de uma curva das flutuações hidrométricas plurianuais; **Recorrência** – probabilidade estatística de que a inundação ou seca de uma determinada magnitude ocorrerá em um século ou milênio; **Amplitude** – fase de duração da seca ou inundação de uma determinada magnitude na várzea; **Estacionalidade** – frequência estacional em que a seca ou inundação ocorrerá.

Há um conjunto de processos biogeoquímicos – como decomposição de matéria orgânica, acúmulo de serrapilheira, disponibilidade de nutrientes, fluxo e retenção dos sedimentos – que dependem da frequência, intensidade, duração e estacionalidade e da conectividade entre os rios e as lagoas marginais (Poi de Neiff et al., 1994).

Conhecendo-se a amplitude e o gradiente da variação hidrológica em que uma determinada espécie de planta aquática ocorre, é possível inferir a sua presença ou ausência, e o conhecimento de sua fenologia, nas fases de seca e inundação, propicia condições para avaliação da presença ou ausência dessas plantas nas várias fases ou períodos de inundação. Isso explica também a extensão da colonização e sua duração. Neiff e Neiff (2003) propõem um quociente de conectividade fluvial (QCF) que consiste em:

$$QCF = DI / D_a I_a$$

onde:
DI = número de dias de inundação (**potamofase**)
$D_a I_a$ = número de dias de isolamento das lagoas marginais (**limnofase**)

Esse quociente pode ser comparado em cada pulso com a flutuação da biomassa, a densidade e as classes de tamanho da vegetação predominante (Fig. 7.23).

7.6.3 Fatores limitantes à produção primária de macrófitas aquáticas

A quantidade e a qualidade da radiação solar incidente têm um papel similar na fisiologia das macrófitas, comparável àquele em relação ao fitoplâncton. De modo geral, as macrófitas estão adaptadas a intensidades luminosas mais elevadas e sua distribuição e abundância dependem da quantidade de luz. Para algumas espécies de macrófitas submersas, a radiação solar incidente nos comprimentos de onda do infravermelho é mais efetiva (Welch, 1980). Para macrófitas submersas, a turbidez da água e a concentração do fitoplâncton em alta densidade (> 200 $\mu g.\ell^{-1}$ clorofila a, por exemplo) podem limitar o seu crescimento. Por exemplo, na represa da UHE Carlos Botelho (Lobo/Broa), o **aumento da turbidez** causado pela extração de areia foi responsável, em determinados períodos, pelo desaparecimento da população de *Mayaca fluviatilis*, macrófita submersa comum nessa região (entrada do rio Itaqueri no reservatório).

A temperatura atua como controle das taxas de saturação da fotossíntese das macrófitas e estas, até certo ponto, comportam-se dentro das regiões do Q10 como ocorre para o fitoplâncton e o perifíton.

A questão dos efeitos da concentração de nutrientes no crescimento e na produtividade de macrófitas tem interpretações contrastantes na literatura (Welch,

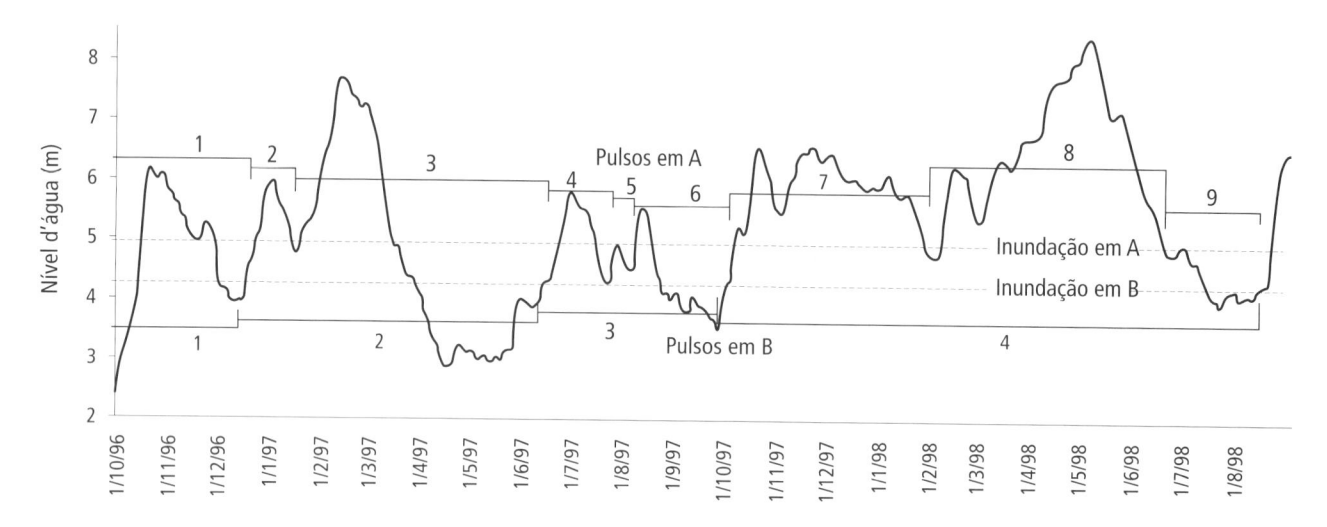

Fig. 7.23 Nível de água do rio Paraná, com os pulsos e níveis de inundação em diferentes regiões da várzea (os números indicam pulsos)
Fonte: Neiff e Poi de Neiff (2003) *apud* Thomaz e Bini (2003).

1980). Evidentemente, taxas mais elevadas de crescimento ocorrem com altas concentrações de nutrientes (Finlayson, 1984). Obtiveram-se taxas assim em experimentos e observações com *Pistia stratiotes*, *Eichhornia crassipes*, *Salvinia molesta* e *Typha dominguensis*, citados em Camargo *et al.* (2003). Entretanto, os requerimentos nutricionais das diferentes espécies de macrófitas variam. Por exemplo, Camargo e Esteves (1995) observaram extensos bancos de *Salvinia* sp em lagoa marginal do **rio Mogi-Guaçu**, com concentrações de ortofosfatos entre < 5 µg.ℓ^{-1} e 14 µg.ℓ^{-1}.

Radiação subaquática solar incidente e disponibilidade de carbono são os fatores mais importantes para o crescimento e a produtividade de macrófitas submersas, segundo Madsen e Adams (1988). Camargo (1991) verificou que, para uma lagoa marginal do rio Mogi-Guaçu, o máximo crescimento da biomassa de *Eichhornia azurea* ocorreu no período pós-cheia, com 171 g/m^2 de peso seco de biomassa viva, com baixa turbulência, altas temperaturas e concentrações mais elevadas de nutrientes. A Tab. 7.5 mostra as variações da produtividade primária líquida de macrófitas aquáticas submersas em várias temperaturas da água, em climas temperados e tropicais.

Outros fatores que interferem na produtividade e na biomassa de macrófitas aquáticas flutuantes, emersas ou submersas, são a velocidade da corrente, a **competição interespecífica** (por espaço) ou **intra-**

Tab. 7.5 Variações da produtividade primária líquida (P.P.L mg O$_2$/gPS/h) de macrófitas aquáticas submersas em várias temperaturas da água, em climas temperados e tropicais. Os valores de temperatura da água estão entre parênteses

Espécies	P.P.L (mg O$_2$/gPS/h)		Clima	Autores
	Mínimo	Máximo		
Potamogeton pectinatus	2,19 (10°C)	19,67 (20°C)	Temperado	Menendez e Sanchez (1998)
Chara híspida	2,55 (10°C)	10,86 (20°C)	Temperado	Menendez e Sanchez (1998)
Ruppia cirrhosa	5,00 (10°C)	10,92 (23°C)	Temperado	Menendez e Peñuelas (1993)
Ranunculus aquatilis	1,90 (5°C)	5,92 (15°C)	Temperado	Madsen e Brix (1996)
Elodea canadensis	1,12 (5°C)	7,37 (15°C)	Temperado	Madsen e Brix (1996)
Egeria densa (R. Aguapeú)*	5,85 (20°C)	9,23 (21°C)	Tropical	Pezzato (1999)
Egeria densa (R. Mambu)*	2,76 (21°C)	5,40 (19°C)	Tropical	Pezzato (1999)
Cabomba furcata (R. Mambu)*	5,21 (20°C)	15,62 (23°C)	Tropical	Benassi *et al.* (2001)
*Utricularia foliosa**	3,24 (17°C)	25,55 (24°C)	Tropical	Assumpção (2001)

P.P.L – produção primária líquida; gPS – grama de peso seco; h – hora
* Experimento de campo
Fonte: Thomaz e Bini (2003).

específica e o papel dos predadores herbívoros que podem dominar drasticamente a biomassa de macrófitas em um tempo relativamente curto, de alguns dias ou horas (Horne e Goldman, 1994). A Tab. 7.6 mostra a densidade máxima, o coeficiente de crescimento e o tempo de duplicação de algumas espécies de macrófitas aquáticas (Bianchini Jr., 2003).

Decomposição de macrófitas aquáticas e seu papel no metabolismo dos lagos e ciclos biogeoquímicos

Como ocupam muitos espaços no litoral de lagos e represas, em lagoas marginais nos grandes sistemas de várzea, as macrófitas aquáticas, como já mencionado, têm um papel relevante nos ciclos

Tab. 7.6 Densidade máxima (K), coeficiente de crescimento (r_m) e tempo de duplicação (Td) de algumas espécies de macrófitas aquáticas, em diferentes ambientes

MACRÓFITA	K (gPS/m^2)	r_m (dia^{-1})	Td (dia)	REFERÊNCIA
Brachiaria arrecta	1.815,0			Moraes (1999)
Cyperus sesquiflorus	1.461,2			Moraes (1999)
Echinochloa polystachya	2.755,9			Pompeo (1996)
Egeria najas	234,0			Fundação Universidade Estadual de Maringá Nupélia/Itaipu Binacional (1999)
E. najas		0,082	8,5	Fundação Universidade Estadual de Maringá Nupélia/Itaipu Binacional (1999)
E. najas		0,058	11,9 31,5	Fundação Universidade Estadual de Maringá Nupélia/Itaipu Binacional (1999)
E. najas		0,022	4,2	Fundação Universidade Estadual de Maringá Nupélia/Itaipu Binacional (1999)
E. najas – c/ sedimento	1.159,3	0,164	4,1	Bitar e Bianchini Junior (em fase de elaboração)
E. najas – s/ sedimento	1.419,5	0,171	4,1	Bitar e Bianchini Junior (em fase de elaboração)
E. najas – média	1.286,2	0,168	4,1	Bitar e Bianchini Junior (em fase de elaboração)
Eichhornia azurea	595,0		4,1	Coutinho (1989)
E. crassipes		0,053	11-15	Perfound e Earle (1948)
E. crassipes	1.638,0			Esteves (1982)
E. crassipes	1.918,8			Moraes (1999)
E. crassipes	294,0			Fundação Universidade Estadual de Maringá Nupélia/Itaipu Binacional (1999)
E. crassipes		0,040	17,3	Fundação Universidade Estadual de Maringá Nupélia/Itaipu Binacional (1999)
Gliceria máxima	1.507,9	0,050	13,9	Esteves (1979)
Justicia americana	2.385,7	0,092	7,5	Boyd (1969)
Nymphoides indica	322,3			Menezes (1984)
Paspalum repens	1.444,0			Petracco (1995)
P. repens	2.146,2			Meyer (1996)
Pistia stratiotes	881,2			Moraes (1999)
P. stratiotes	372,0			Fundação Universidade Estadual de Maringá Nupélia/Itaipu Binacional (1999)
Polygonum spectabile	1981,2			Petracco (1995)
Pontederia cordata	3.053,3			Menezes (1984)
P. lanceolata	235,9			Penha, Silva e Bianchini Junior (1999)
Salvinia auriculata	102,0			Fundação Universidade Estadual de Maringá Nupélia/Itaipu Binacional (1999)
S. auriculata	199,8	0,094	7,2	Saia e Bianchini Junior (1998)

Tab. 7.6 Densidade máxima (K), coeficiente de crescimento (r_m) e tempo de duplicação (Td) de algumas espécies de macrófitas aquáticas, em diferentes ambientes (continuação)

Macrófita	K (gPS/m^2)	r_m (dia^{-1})	Td (dia)	Referência
S. auriculata		0,064	10,8	Fundação Universidade Estadual de Maringá Nupélia/Itaipu Binacional (1999)
S. molesta		0,036	19,1	Mitchell e Tur (1975)
Scirpus cubensis	1.062,0			Coutinho (1989)
S. cubensis	2.467,0			Carlos (1991)
S. cubensis		0,002	285	Bianchini Junior et al. (em fase de elaboração)
Utricularia breviscapa	20,9			Menezes (1984)

gPS/m^2 – grama de peso seco por metro quadrado
Fonte: Bianchini Junior (1998) *apud* Thomaz e Bini (2003).

biogeoquímicos. A intensa proliferação e crescimento de macrófitas aquáticas produz elevada biomassa que, ao se decompor, acelera a liberação de fósforo, nitrogênio e matéria particulada para a água e para o sedimento, acelerando os ciclos biogeoquímicos de muitos elementos (especialmente carbono, nitrogênio e fósforo), tornando-os disponíveis para outros produtores fotoautotróficos, como o fitoplâncton e o perifíton (Tab. 7.7).

7.6.4 Interações das macrófitas aquáticas com perifíton, zooplâncton, comunidade de peixes e bentos

As comunidades de macrófitas aquáticas formam extensos bancos em lagos, represas e rios, e esse acúmulo de matéria orgânica é favorável ao desenvolvimento de uma comunidade de bactérias, perifíton, zooplâncton e **macrozoobentos**. Bancos de macrófitas são conhecidos como áreas de reprodução de muitas espécies de peixes (*nursery-grounds*). Em muitos casos, o metabolismo da zona litoral, impulsionado por massa de macrófitas submersas ou emersas, controla o metabolismo de lagos e represas, pois influencia os ciclos biogeoquímicos com a exportação de matéria particulada e dissolvida.

Tab. 7.7 Coeficientes de decaimento (k_3) de alguns compostos orgânicos dissolvidos, originados da decomposição de macrófitas aquáticas, estimados sob diferentes condições ambientais. Valores calculados a partir dos resultados calculados nas referências

Recurso	k_3 (dia^{-1})	Referência
Carboidratos lixiviados de *Cabomba piauhyensis* (processo anaeróbio, meio neutro)	0,043	Campos Junior (1998)
Carboidratos lixiviados de *C. piauhyensis* (processo anaeróbio, meio redutor)	0,004	Campos Junior (1998)
Carboidratos lixiviados da decomposição de *Macaya fluviatilis*	0,060	Bianchini Junior (1982)
Carboidratos lixiviados da decomposição de *Nymphoides indica*	0,074	Bianchini Junior (1982)
Carboidratos lixiviados de *Salvinia* sp (processo anaeróbio, meio neutro)	0,037	Campos Junior (1998)
Carboidratos lixiviados de *Salvinia* sp (processo anaeróbio, meio redutor)	0,018	Campos Junior (1998)
Carboidratos lixiviados de *S. cubensis* (processo anaeróbio, meio neutro)	0,020	Campos Junior (1998)
Carboidratos lixiviados de *S. cubensis* (decomposição anaeróbia, meio redutor)	0,011	Campos Junior (1998)
Carboidratos lábeis lixiviados: decomposição aeróbia de *Cabomba piauhyensis*	0,22	Cunha e Bianchini Junior (1998)
Carboidratos refratários lixiviados: decomposição aeróbia de *C. piauhyensis*	0,005	Cunha e Bianchini Junior (1998)
Carboidratos lábeis lixiviados da decomposição aeróbia de *Scirpus cubensis*	0,20	Cunha e Bianchini Junior (1998)
Carboidratos lixiviados da decomposição anaeróbia de *Cabomba piauhyensis*	0,030	Cunha e Bianchini Junior (1998)
Carboidratos lixiviados da decomposição anaeróbia de *Scirpus cubensis*	0,020	Cunha e Bianchini Junior (1998)
MOD lábil lixiviada da decomposição de *Cabomba piauhyensis*	0,196	Cunha (1996)
MOD refratária lixiviada da decomposição de *C. piauhyensis*	0,025	Cunha (1996)
MOD lixiviada da decomposição de *Eleocharis mutata* (fração lábil)	0,196	Bianchini Junior e Toledo (1996)
MOD lixiviada da decomposição de *E. mutata* (fração resistente)	0,002	Bianchini Junior e Toledo (1996)
MOD lixiviada da decomposição de *Nymphoides indica*	0,006	Bianchini Junior (1985)
MOD lixiviada da decomposição de *N. indica* (fração lábil)	0,69	Bianchini Junior e Toledo (1998)
MOD lixiviada da decomposição de *N. indica* (fração refratária)	0,009	Bianchini Junior e Toledo (1998)
MOD lixiviada da decomposição de *Scirpus cubensis* (proc. aeróbio)	0,37	Cunha (1996)
NOD (N-kjeldahl) lixiviado da decomposição de *Mayaca fluviatilis*	0,085	Bianchini Junior (1982)
NOD (N-kjeldahl) lixiviado da decomposição de *Nymphoides indica*	0,116	Bianchini Junior (1982)
Polifenóis lixiviados da decomposição de *Mayaca fluviatilis*	0,081	Bianchini Junior, Toledo e Toledo (1984)
Polifenóis lixiviados da decomposição de *Nymphoides indica*	0,057	Bianchini Junior, Toledo e Toledo (1984)

Fonte: Bianchini Junior (1982, 1985) *apud* Thomaz e Bini (2003).

Foto: Luiz Marigo – Mamirauá

8 A Ecologia dinâmica das populações e comunidades animais aquáticas

Resumo

Um grande número de espécies de animais ocupa e se distribui nas águas continentais. Os vários *phyla* ou classes têm diferentes contribuições para a fauna aquática continental.

Uma parte considerável da fauna de águas doces continentais é de origem terrestre. Invasões passivas e ativas em águas continentais, a partir dos sistemas terrestre e marinho, ocorreram. Este capítulo descreve a dinâmica e as interações da fauna aquática, incluindo a organização e o funcionamento das redes alimentares, o ciclo estacional e a migração e distribuição horizontal, vertical e latitudinal. A composição e abundância da fauna e o uso de animais aquáticos como indicadores de poluentes da água e de contaminação são apresentados.

Os animais aquáticos de águas continentais constituem uma variada e rica população de organismos de muitos phyla e classes. Esses organismos distribuem-se em todos os ecossistemas aquáticos continentais. Sua origem é variada: podem ter-se originado no sistema terrestre e migrado para os ecossistemas continentais ou migrado do sistema marinho para as águas continentais.

8.1 Zooplâncton

Como descrito no Cap. 6, o zooplâncton de ecossistemas aquáticos continentais é composto por um grande conjunto de organismos do **microzooplâncton** – protozoários e rotíferos –, do **mesozooplâncton** – crustáceos, cladóceros, e copépodes ciclopóides e calanóides. Em alguns lagos, represas ou tanques, larvas de *Chaoborus* e de misidáceos ocorrem e são parte do **macrozooplâncton**. Os organismos do zooplâncton apresentam, em sua maioria, dimensões de 0,3 a 0,5 mm de comprimento; são um elo importante da cadeia alimentar em todos os sistemas aquáticos continentais, em estuários, oceanos e águas costeiras. A maioria desses organismos alimenta-se de fitoplâncton ou bacterioplâncton, ocorrendo ainda predação de rotíferos, copépodes ciclopóides ou vermes – sobre outros componentes do zooplâncton.

Os componentes principais do metabolismo e do comportamento do zooplâncton de águas interiores incluem o ciclo estacional, a sucessão espacial e temporal, a migração vertical, a reprodução e aspectos fundamentais do ciclo de vida, desenvolvimento e alimentação. Os principais grupos que constituem o zooplâncton são, portanto, os protozoários não-fotossintetizantes, rotíferos, muitas subclasses de crustáceos, alguns celenterados, platelmintos e larvas de insetos. Há um número muito restrito de larvas de invertebrados no plâncton de águas interiores, o que constitui uma grande diferença com o plâncton de oceano. Também ocorrem amebas, ciliados, platelmintos do gênero *Mesostoma* e ovos e larvas de peixes de algumas espécies de águas interiores.

Ciclos de vida e reprodução

A taxa de reprodução e crescimento do zooplâncton depende de fatores ambientais, como temperatura da água, alimento disponível, concentração de oxigênio dissolvido e condições gerais da qualidade da água dos ecossistemas aquáticos. Características reprodutivas especiais variam nos diferentes grupos do zooplâncton: os rotíferos são partenogenéticos, ou seja, adultos produzem ovos que apresentam cromossomos diplóides e não requerem uma fase sexual para a reprodução. O zooplâncton crustaceano tem ciclos de vida mais complexos, tanto os cladóceros como os copépodes.

Os cladóceros são partenogenéticos, com os machos se desenvolvendo a partir de ovos diplóides somente em casos de população muito densa; reprodução sexual com ovos e esperma haplóides ocorre. Os copépodes não têm fase partenogenética, mas podem reproduzir-se rapidamente, em razão da reserva de esperma pela fêmea após muitas fertilizações a partir de uma única cópula (Fig. 8.1).

Um fenômeno importante que ocorre no zooplâncton, em particular com os crustáceos, é a **ciclomorfose**. Muitos organismos do zooplâncton apresentam diferenças morfológicas durante o ciclo estacional. Em muitos ecossistemas aquáticos, populações de verão apresentam características diferentes

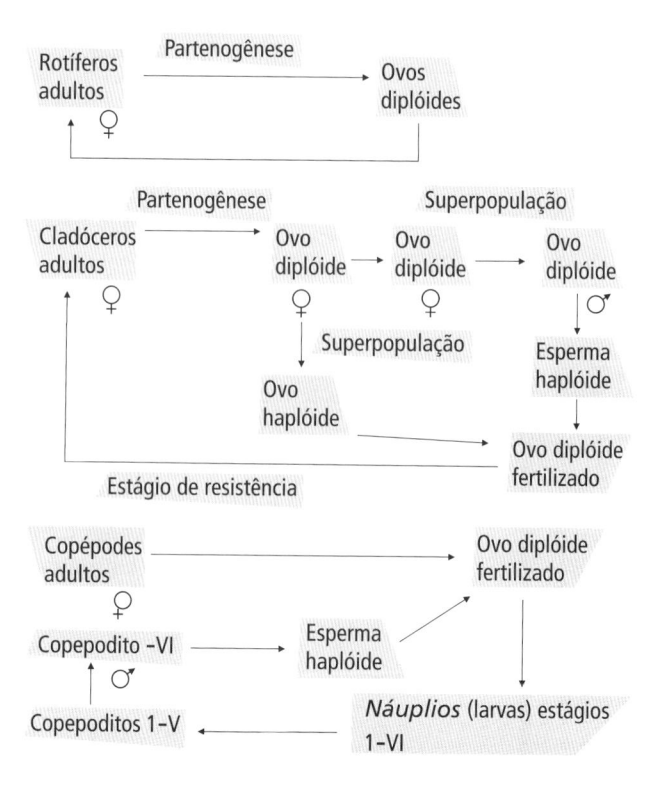

Fig. 8.1 Tipos de reprodução de rotíferos, cladóceros e copépodes

das populações de inverno. As formas mais evidentes de ciclomorfose envolvem a formação de espinhos ou "capacetes" em algumas espécies, como mostrado na Fig. 8.2. São vários os fatores que controlam e regulam a ciclomorfose, entre os quais se incluem altas temperaturas, grande quantidade de alimento disponível e turbulência, como descrito por Jacobs (1967). Lampert e Sommer (1997) demonstram que a presença de substâncias químicas dissolvidas, produzidas por predadores, pode ser a causa da formação de espinhos e outras formações em *Daphnia*, que têm a finalidade de dificultar a captura do organismo pela presa.

Ciclomorfose ocorre em diferentes grupos e provavelmente sob diversas influências abióticas e bióticas. Mudanças morfológicas induzidas pela presença de predadores são denominadas **quimiomorfose** (Horne e Goldman, 1994). Entretanto, alguns autores acreditam que essas variações morfológicas são, na verdade, características de outras espécies e não variedades morfológicas da mesma espécie.

Entre os organismos do microzooplâncton, o protozooplâncton inclui protozoários que foram intensivamente estudados a partir das três últimas décadas do século XX (Labour-Parry, 1992). Estudos em águas marinhas demonstraram a abundância de ciliados e flagelados, e subsequentes estudos em lagos, rios e represas demonstraram a importância desses organismos como componentes do plâncton de águas continentais. O protozooplâncton contém representantes de todos os grupos de protozoários de vida livre: ciliados, flagelados e sarcodinos. Alguns grupos, como os foraminíferos, são exclusivamente marinhos. Os ciliados tintinídeos têm representantes marinhos e de águas doces, com poucos representantes nos ecossistemas continentais. Os dinoflagelados são um importante grupo marinho com alguns representantes importantes em águas doces. Entre os organismos do protozooplâncton de águas interiores deve-se destacar a simbiose com algas em vários graus de complexidade, especialmente com protozoários ciliados, comumente do gênero *Stentor*.

Os protozoários ciliados, tanto de vida livre como parasitas, têm cerca de 7 mil espécies descritas, cujo arranjo morfológico principal consiste em uma

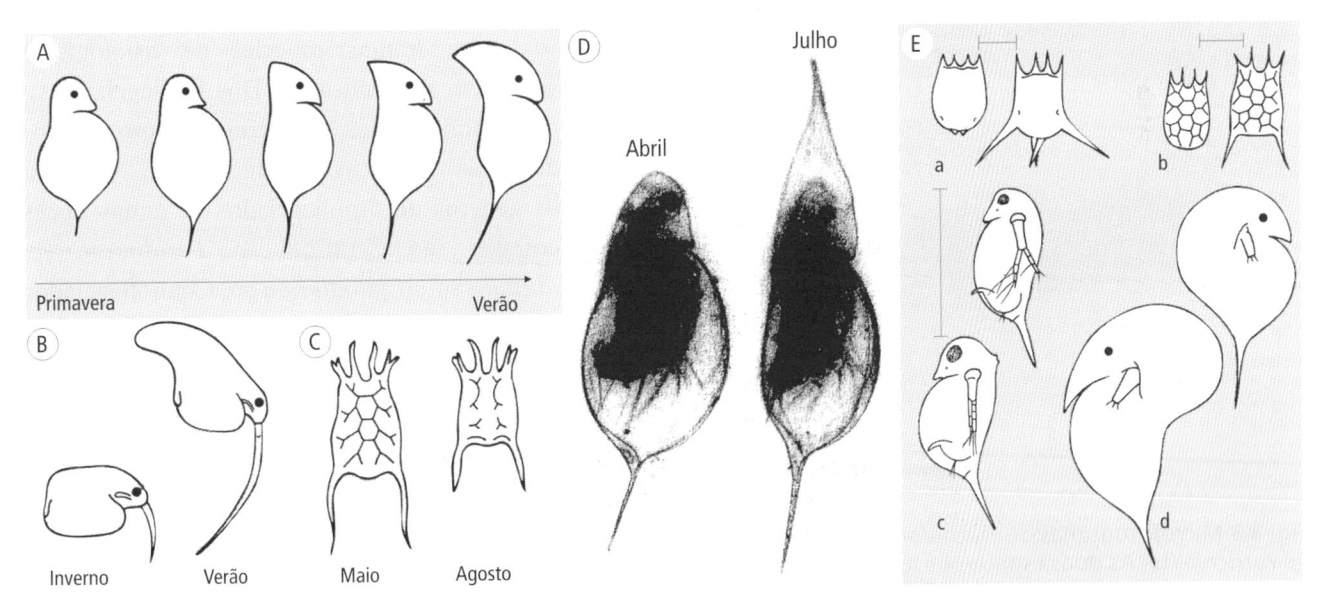

a – Indução de espinhos temporários no rotífero *Brachionus calyciflorus* pelo rotífero predador *Asplanchna*; escala de 100 μm (Halbach, 1969)
b – Indução de espinhos permanentes no rotífero *Keratella testudo* por *Asplanchna*; escala de 100 μm (Stemberger, 1988)
c – Indução de saliência na parte superior da carapaça em *Daphia pulex* por larvas de *Chaoborus*; escala de 1 mm (Havel e Dodson, 1984)
d – Indução de "capuz" ou "capacete" em *Daphia carnicata* por *Anisops*; tamanho da *Daphia*, aproximadamente 5 mm (Grant e Dayly, 1981)

Fig 8.2 Cliclomorfose do zooplâncton. A) alterações estacionais na morfologia de *Daphnia retrocurva*; B) forma de inverno e de verão; C) Morfologia do rotífero *Keratella quadrata* em maio e agosto; D) Ciclomorfose em *Daphnia cuccullata*; carapaça redonda (abril) e com capacete (julho); E) Os morfos produzidos na presença ou ausência de predadores são colocados em figuras próximas para comparação
Fonte: modificado de Lampert e Sommer (1999).

membrana com cílios e membranelas com importantes funções de alimentação e deslocamento. Alguns ciliados ou componentes do protozooplâncton podem encistar-se, em razão de condições adversas de dessecamento e salinidade; formas de cistos são variadas e podem ser de longa duração, em função de períodos de dessecamento ou outras condições desfavoráveis. De particular importância para o fluxo de carbono e para a transferência de energia nos sistemas aquáticos é a capacidade de alguns ciliados do gênero *Strombidium* de reter plastídeos de várias presas (Matsuyama e Moon, 1999) (Fig. 8.3).

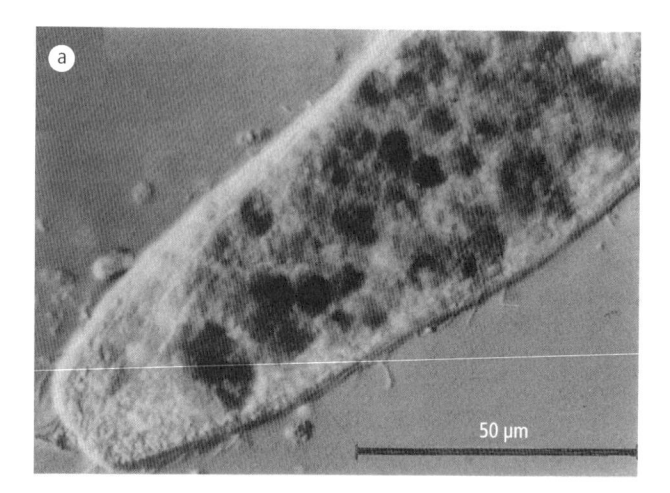

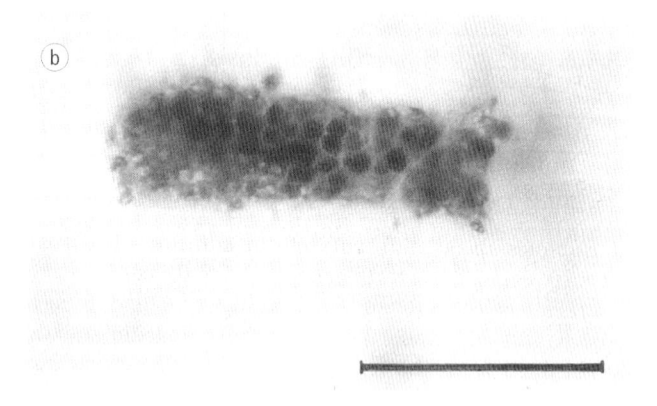

Fig. 8.3 Microfotografias de *Tracheloraphis* sp (a) e *Spirotrichia* (b). As duas espécies incluem muitas células de *Chromatium* sp e *Macromonas* sp na sua estrutura (lago Kaiike)
Fonte: Matsuyama e Moon (1999).

Muitos ciliados do protozooplâncton exercem uma função autotrófica combinada com heterotrofia. A retenção de plastídeos de várias presas implica uma capacidade de fixar carbono por fotossíntese utilizando esses plastídeos. Dos outros ciliados planctônicos,

os gêneros *Vorticella* e *Epistylis* são comuns em alguns lagos. São ciliados sésseis, alimentando-se de pequenas partículas e bactérias. Em alguns casos, diatomáceas servem de substrato para protozoários epibiontes.

Regali Seleghim e Godinho (2004) descreveram a colonização de copépodes, cladóceros e rotíferos por *Rhadostyla* sp e *Scyphidia* sp. Esses epibiontes podem beneficiar-se pelo transporte para regiões de maior alimento disponível, evitar predação pelo zooplâncton (Henebry e Ridgway, 1979) ou ser transportados para regiões de melhores condições físicas e químicas de sobrevivência.

Flagelados do protozooplâncton são abundantes em todos os sistemas aquáticos e constituem um grupo extremamente heterogêneo dos pontos de vista morfológico e fisiológico. Possuem flagelos com função de locomoção e alimentação. São geralmente unicelulares, mas há alguns casos de colônias de fito e zooflagelados. A reprodução é assexual em todos os grupos de flagelados.

O grupo dos **flagelados heterotróficos** inclui membros dos fungos *Phytomastigophorea* e *Zoomastigophora*, com muitas espécies de fisiologia e morfologia bem diversificadas. Dos fitoflagelados, o grupo dos dinoflagelados é importante como componente de águas oceânicas e costeiras (ex.: *Noctiluca* sp), e os gêneros de dinoflagelados de águas doces mais comuns são *Ceratium* sp, *Peridinium* sp, *Gymnodinium* sp e *Cystodinium* sp. Coanoflagelados são frequentes em águas marinhas e raros em águas continentais.

Fitoflagelados fagotrópicos ingerem partículas em suspensão, bactérias e matéria orgânica dissolvida (Porter, 1988). Fitoflagelados mixotróficos são abundantes em alguns ambientes de águas continentais, sendo representados por dinoflagelados nessas águas continentais. Entre os Sarcodina, os foraminíferos, os radiolários e os heliozoários são componentes de águas marinhas, oceânicas e costeiras, principalmente. Tecamebas ocorrem no plâncton de águas doces.

8.1.1 Distribuição espacial e ciclo estacional

Os componentes do microzooplâncton, mesozooplâncton e macrozooplâncton apresentam grandes

variações espaciais e temporais em composição e estrutura das comunidades. De um modo geral, o mesozooplâncton (ou metazooplâncton) é composto por algumas espécies dominantes, tais como cladóceros e rotíferos que se sucedem no espaço e no tempo e cuja variação estacional depende de fatores como intensidade luminosa, concentração de oxigênio dissolvido, alimento disponível, competição, predação, parasitismo e hidrodinâmica dos sistemas aquáticos.

A variação e a distribuição espacial do zooplâncton dependem de vários fatores físicos, químicos e biológicos. O conhecimento da variabilidade espacial dos ecossistemas aquáticos é importante para avaliar e determinar a distribuição dos organismos, sendo também fundamental para a preparação de programas de amostragem e a aplicação de métodos de validação estatística (Legendre *et al.*, 1989, 1990). De acordo com Armengol *et al.* (1999), a **heterogeneidade espacial em reservatórios**, por exemplo, é uma característica estrutural e funcional dos ecossistemas, e não o resultado de um processo ao acaso (Legende, 1993).

A distribuição das comunidades planctônicas, em particular do zooplâncton, foi estudada por Patalas e Salki (1992), Betsil e Van den Avely (1994) e, mais recentemente, por Matsumura Tundisi e Tundisi (2005) na represa de Barra Bonita (SP). Um estudo detalhado da distribuição espacial na represa da UHE Carlos Botelho (Lobo/Broa), realizado por Bini *et al.* (1997), revelou um alto grau de heterogeneidade espacial nesse ecossistema, com a quantidade de copépodes e náuplios de copépodes aumentando em relação à zona de influência dos rios do Lobo e Itaqueri, e a quantidade de cladóceros aumentando na direção da zona limnética do reservatório. Fatores abióticos como concentração de nutrientes e material em suspensão interferem e influenciam nessa distribuição espacial.

Marzolf (1990) apresenta um modelo teórico que descreve a abundância do zooplâncton ao longo do eixo longitudinal de reservatórios, que é determinada por dois fatores principais: a velocidade das correntes e a exportação de material (argila, nutrientes, matéria orgânica dissolvida), além do alimento disponível – fitoplâncton (especificamente nanofitoplâncton). Se a velocidade da corrente for um fator importante na distribuição do zooplâncton, há um aumento em direção à barragem; se a exportação de material for preponderante, a densidade do zooplâncton é maior na zona sob influência de rios do reservatório. Se os dois fatores forem igualmente importantes, há uma distribuição no reservatório que se assemelha a uma "distribuição de frequência" com assimetria positiva. A interação entre a velocidade das correntes e a distribuição do zooplâncton, e ainda a exportação de material, parecem ser os fatores principais que influenciam a distribuição espacial do zooplâncton na UHE Carlos Botelho (Lobo/Broa).

Patalas e Salki (1992) consideram que a morfologia dos lagos, a geologia da bacia de drenagem e a localização dos principais tributários são fatores fundamentais que explicam os padrões de distribuição do zooplâncton.

No caso da distribuição espacial do zooplâncton na represa de Barra Bonita, Matsumura Tundisi e Tundisi (2005) concluíram que fatores seletivos de grande relevância, como **velocidade das correntes**, **matéria orgânica particulada em suspensão**, **presença ou ausência de poluentes e contaminantes**, são responsáveis pela abundância relativa e composição de espécies em três estações de estudo: rio Tietê, encontro dos rios Tietê e Piracicaba e rio Piracicaba. A existência de agrupamentos de zooplâncton e fitoplâncton nesses três pontos reflete um mosaico de micro-hábitats, de acordo com Margalef (1997) e Reynolds (1997). O estudo de Matsumura Tundisi e Tundisi (2005) também apresenta a hipótese e a teoria de que os inúmeros tributários da represa de Barra Bonita representam um grande processo de heterogeneidade espacial, no qual a descarga de cada tributário produz uma fronteira de massas de água de diferentes densidades e concentrações de nutrientes, aumentando, portanto, a heterogeneidade espacial e a capacidade de expansão de nichos alimentares e de condições abióticas favoráveis.

8.1.2 Ciclo estacional

A flutuação e o ciclo estacional do zooplâncton em lagos e ecossistemas aquáticos continentais dependem de um conjunto de fatores: a precipitação, por exemplo, foi considerada por Burgis (1964) como o fator preponderante que influencia a biomassa e a sucessão de espécies no lago George (África). Da mesma forma, Matsumura Tundisi e Tundisi (1976) consideraram que a precipitação é um fator decisivo no ciclo estacional do zooplâncton na represa da UHE Carlos Botelho (Lobo/Broa).

Na região amazônica, as flutuações de nível do rio Amazonas influenciam o ciclo estacional do zooplâncton: uma alta densidade do zooplâncton está relacionada com o baixo nível da água do rio Amazonas; o mesmo ocorre em lagos do Pantanal Mato-grossense. Nesses casos específicos de lagos da Amazônia e do Pantanal, há abundância de alimento durante os períodos de isolamento dos lagos, em razão da decomposição de macrófitas e outros organismos. Portanto, a variação estacional do zooplâncton pode estar relacionada com fatores climatológicos (principalmente precipitação e ventos), hidrográficos e hidrológicos (períodos de inundação e de grande volume de rios e lagos, em contraposição a períodos de volumes reduzidos). Em um estudo realizado no lago D. Helvécio, Parque Florestal do Rio Doce – MG, Matsumura Tundisi e Okano (1983) demonstraram que há diferenças no ciclo estacional de várias espécies de copépodes, conforme indicado na Fig. 8.4. Esses autores consideram que fatores como os padrões de estratificação térmica e a circulação, que ocorrem respectivamente no verão (dezembro-março) e no inverno (junho-setembro) nesse lago, são as causas da flutuação estacional de espécies, bem como da predação de larvas de *Chaoborus* sp, que atuam preferivelmente na zona limnética sobre os náuplios de ciclopóides, e não sobre os náuplios de calanóides, que são mais abundantes próximo à zona litoral, onde as larvas de *Chaoborus* têm produção menos intensa. *Thermocyclops minutus* e *Tropocyclops prasinus* têm picos de abundância em diferentes períodos nesse lago, sobretudo pelo fato de apresentarem diferentes épocas de reprodução.

O ciclo estacional do zooplâncton, portanto, envolve um conjunto de fatores biológicos – como época de reprodução, coexistência com outras espécies e impacto da predação (intrazooplânctonica ou de outros organismos, como peixes) – e de fatores abióticos – como precipitação, estratificação e circulação vertical. É evidente que a temperatura da água exerce uma função importante na reprodução e na fisiologia de organismos do zooplâncton, e consequentemente, no ciclo estacional. Rietzler (1995) verificou que *Thermocyclops decipiens* e *Mesocyclops kieferi* constituem as populações dominantes na represa de Barra Bonita (SP), coexistindo ao longo do ano.

Durante períodos de estratificação térmica no verão, *M. kieferi* é abundante entre 0 m e 10 m de profundidade, e *T. decipiens* ocorre entre 5 m e 10 m de profundidade, ocorrendo, portanto, segregação espacial nessa época. Durante períodos de instabilidade térmica no inverno, os organismos das duas espécies encontram-se mais uniformemente distribuídos. *Thermocyclops decipiens* e *Mesocyclops kieferi* são organismos onívoros com elevada participação de detritos em sua dieta. Observações e estudos de laboratório mostram que essas duas espécies apresentam tempos de desenvolvimento, porcentagens de mortalidade e reprodução mais adequados para o ambiente, o que lhes dá vantagens competitivas e explica a sua dominância na represa de Barra Bonita (Rietzler, 1995).

Segundo Espíndola (1994), a abundância das diferentes espécies de Notodiaptomus – *Notodiaptomus iheringi*, *Notodiaptomus cearensis*, *Notodiaptomus conifer* – na represa de Barra Bonita, durante o ciclo

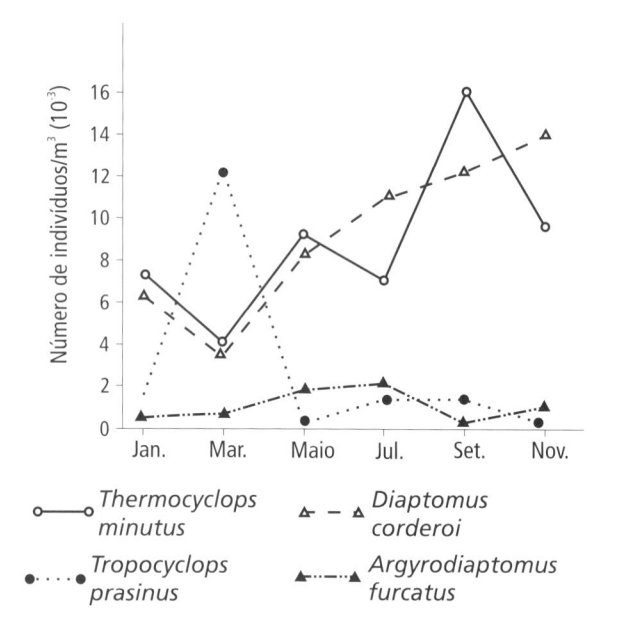

Fig. 8.4 Padrão de flutuação estacional de espécies de copépodes no lago D. Helvécio no ano de 1978

estacional completo, deve-se à variação qualitativa do alimento disponível associada a fatores climatológicos (como precipitação), hidrográficos (oxigênio dissolvido e temperatura) e hidráulicos (vazão e tempo de residência da água). Esses foram os principais fatores que interferiram no ciclo estacional do zooplâncton e na dinâmica das populações dessas espécies de calanóides. A pressão advinda da predação por vertebrados (peixes) e invertebrados (*Mesocyclops* sp e *Asplanaha* sp) também contribuiu para a flutuação da densidade populacional de *Notodiaptomus* spp (espécie nova, não descrita, encontrada nesse reservatório).

N. cearensis e *N. conifer* apresentaram maior produção de ovos e maior longevidade a 23°C (mais ou menos 1°C). A temperatura de 18°C (mais ou menos 1°C) foi limitada ao desenvolvimento e crescimento das populações dessas espécies. Para esses organismos, diatomáceas (*Aulacoseira distans*) e clorofíceas (*Chlamydomonas* sp e *Monoraphidium* sp) foram os alimentos preferenciais. Dessa forma, Espíndola (1994) considera que segregação temporal, efeitos da temperatura no desenvolvimento das diferentes espécies e alimento disponível são fatores que, aliados às condições hidrológicas e hidrográficas, interferem na distribuição espacial e temporal das espécies na represa de Barra Bonita.

Conclusões semelhantes foram apresentadas por Padovesi Fonseca (1996) para a dinâmica das populações do zooplâncton em um pequeno reservatório (**represa do Jacaré-Pepira**, Brotas – SP), raso, turbulento e sujeito a diferentes influências de precipitação, vento e variação térmica durante o ciclo estacional.

Em conclusão, Lampert e Sommer (1997) sintetizam que fatores abióticos como precipitação, ventos e **condições hidrodinâmicas**, e fatores bióticos como disponibilidade de recursos, taxa de reprodução, aumento da competição e predação, alterações no hábito alimentar (de herbivoria para detritivoria) são fatores fundamentais que atuam no ciclo estacional do zooplâncton e suas alterações dinâmicas e sucessão.

Estratégias reprodutivas como crescimento rápido (máximo crescimento líquido da população – $r_{máx}$ – estrategistas r) com capacidade rápida de dispersão e colonização, em contraposição a crescimento e reprodução mais lentos (estrategistas k), são fatores que interferem no ciclo estacional e no uso adequado e eficiente de energia para reprodução (estrategistas r) ou defesa contra predadores e minimização da mortalidade com redução do ganho metabólico específico e da taxa de reprodução (estrategistas k). A capacidade das populações de persistirem no ciclo estacional depende, portanto, do balanço entre reprodução e mortalidade. **Variações fenotípicas** e **genotípicas** ocorrem nessas populações.

Em um estudo detalhado de um lago tropical nas Filipinas, Lewis (1979) determinou a variação estacional e a abundância do fitoplâncton, herbívoros e carnívoros em amostragens semanais de agosto de 1970 e outubro de 1971. A Fig. 8.5 apresenta os resultados obtidos nesse trabalho. O período de circulação vertical no lago não é favorável ao crescimento e desenvolvimento do fitoplâncton, porque há limitação na disponibilidade de radiação solar subaquática. Esse é um processo comum a muitos lagos tropicais: limitação da radiação solar subaquática por causa da circulação e do excesso de material em suspensão resultante das precipitações e drenagens que diminuem drasticamente a penetração de energia radiante. Redução de até 80% na penetração da energia subaquática radiante foi registrada na represa de Barra Bonita (SP) por Caliguri e Tundisi (1990). Na região lagunar de Cananéia (SP), Tundisi e Matsumura Tundisi (2001) observaram drástica redução da

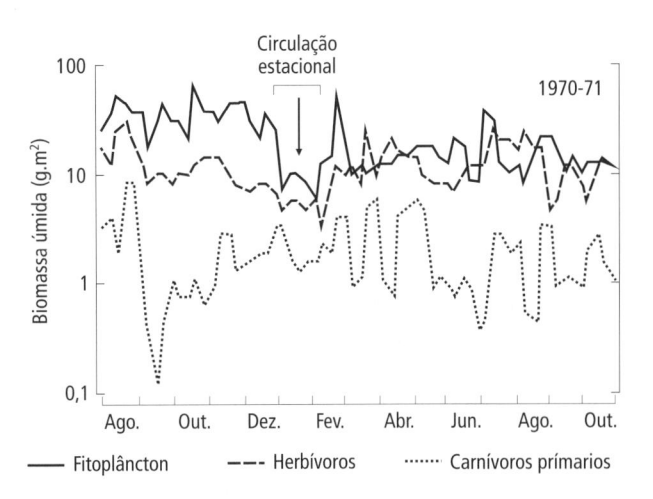

Fig. 8.5 Quantidade de fitoplâncton, total de herbívoros e carnívoros primários, em intervalos semanais no lago Lanao. A curva dos carnívoros primários foi ligeiramente uniformizada (no período de 14 dias)
Fonte: modificado de Lewis (1979).

zona eufótica com acentuada queda da profundidade primária fitoplanctônica.

Ainda de acordo com o estudo de Lewis (1979), é provável que os herbívoros consumam aproximadamente 10% da produção primária anual. Nesse lago, os carnívoros são quase inteiramente limitados às larvas de *Chaoborus*, que são predadores extensivos do zooplâncton herbívoro. Os estudos de Lewis demonstram que os ciclos de desenvolvimento dos diferentes estágios de copépodes são muito articulados entre si (uma espécie de calanóide e uma espécie de ciclopóide), o que não ocorre em termos de estrutura e dinâmica da comunidade em geral. As variações estacionais nas comunidades de herbívoros do lago Lanao foram atribuídas às variações na quantidade e na qualidade do alimento (fitoplâncton). As variações no desenvolvimento dos herbívoros, como consequência da variabilidade e da flutuabilidade do fitoplâncton, ocorreram como resultado da disponibilidade das várias frações, em tamanho do fitoplâncton e sua digestibilidade e capacidade de suportar várias comunidades de herbívoros.

Segundo Rocha *et al.* (1995), a abundância e o ciclo estacional em lagos e reservatórios tropicais e subtropicais do Brasil estão relacionados com flutuações no nível hidrométrico, estrutura térmica e circulação, tempo de retenção (em reservatórios) e disponibilidade de alimento (fitoplâncton e detritos).

8.1.3 Distribuição e migração vertical

Tanto o zooplâncton de águas continentais quanto o zooplâncton marinho apresentam um padrão de migração vertical em um ciclo de 24 horas, que varia em função das espécies e com os estágios de desenvolvimento de diferentes espécies. Normalmente o zooplâncton se encontra no fundo de lagos e reservatórios durante o dia, migrando à noite para a superfície. Há casos de migração vertical "reversa", em que o zooplâncton migra para o fundo do ecossistema aquático durante a noite e permanece na superfície durante o dia. O movimento diurno de zooplâncton foi registrado pela primeira vez por Neissman (1877b) no lago Constance, seguindo-se trabalhos de Pavesi (1882) em lagos italianos; Francé (1894) no lago Balaton; Stever (1901) em pequenos lagos ao longo do rio Danúbio; e Lorenzon (1902) no lago Zurich.

Trabalhos posteriores para esclarecer as causas da migração vertical levaram à experimentação para examinar o papel da intensidade luminosa no fenômeno, as variações de feixes de luz horizontais e verticais (Bauer, 1909) e a resposta fototáxica positiva em relação a gradientes de intensidade luminosa. Muitos observadores experimentais argumentaram que os organismos do zooplâncton tendem a uma **geotaxia negativa** no escuro e a uma **geotaxia positiva** durante a iluminação. Tundisi e Matsumura Tundisi (1968) observaram geotaxia positiva em *Pseudodiaptomus austus* sob iluminação, em experimentos realizados na região lagunar de Cananéia, Estado de São Paulo.

Efeitos da luz polarizada (Baylor e Smith, 1953), aumento da densidade específica dos organismos por causa da alimentação – e consequente afundamento por incapacidade de manter-se à superfície – e efeitos da pressão hidrostática foram objeto de muitos trabalhos experimentais (Hutchinson, 1967). Sem dúvida, o ciclo diurno de iluminação e escuro tem um papel importante na migração vertical do zooplâncton, no curso de uma variação nictemeral (24 horas).

O movimento típico **migrador** do zooplâncton é um deslocamento vertical rumo à superfície durante o período noturno e um deslocamento vertical rumo ao fundo durante o dia. O processo de migração vertical aparentemente envolve um dispêndio de energia relativamente pequeno (Hutchinson, 1967).

A proposta de um **ritmo endógeno** que regula a migração vertical e os movimentos do zooplâncton foi apresentada por Harris (1963), Hurt e Allanson (1976), Zaret e Suffern (1967). Em um estudo detalhado da migração vertical do zooplâncton no lago D. Helvécio (Parque Florestal do Rio Doce – MG), Matsumura Tundisi *et al.* (1997) demonstraram que os calanóides *Argyrodiaptomus furcatus* e *Scolodiaptomus corderoi* apresentaram padrões diferenciados de migração vertical. *A. furcatus* permanece próximo ao metalímnio durante o período diurno e migra para a superfície durante o período noturno. Já *S. corderoi* permanece próximo ao metalímnio durante o período diurno, sendo que uma parte da população é encontrada também no metalímnio. Poucos indivíduos migram à noite para a superfície. Durante o período de homogeneidade vertical da coluna de água, a população encontra-se distribuída homogeneamente, com

COLETA E QUANTIFICAÇÃO DO ZOOPLÂNCTON

A coleta de plâncton e, mais especificamente, de zooplâncton, iniciou-se há mais de 150 anos. Darwin foi um dos primeiros a utilizar uma rede de plâncton a bordo do Beagle em sua viagem de circunavegação. As redes cônicas de coleta de plâncton com tecidos de aberturas de malha, que variavam de alguns milímetros a centímetros, foram utilizadas por longo tempo em estudos oceanográficos e limnológicos. Essas redes eram utilizadas vertical, horizontal e obliquamente para amostrar uma comunidade muito variada e diversificada taxonomicamente, de grande importância biológica e ecológica.

O desenvolvimento de métodos mais sofisticados de coleta iniciou-se com a necessidade de melhor caracterizar a comunidade planctônica e quantificá-la em termos de número de indivíduos, volume ou peso úmido ou peso seco. A evolução da tecnologia de coleta e a quantificação do zooplâncton incluiram: redes com forma cônica adaptadas com medidores de fluxo para determinar o volume de água amostrado; redes de fechamento para controle do volume e da profundidade amostrada para estudos de migração vertical; bombas de sucção para amostragem de volumes determinados com medidor de fluxo e mangueiras colocadas em determinadas profundidades.

As medidas para quantificar o zooplâncton, do ponto de vista da biomassa, incluem: determinação do peso seco, volume total da amostra (em cm^3 ou mm^3); peso úmido do plâncton coletado; carbono total da amostra coletada. Em todas essas técnicas, é fundamental a observação microscópica da amostra para classificação e composição de espécies. As redes de plâncton geralmente utilizadas têm malhas de 50 μm para metazooplâncton, > 100 μm para macrozooplâncton e < 30 μm para microzooplâncton. Uma variedade de sistemas de filtração e redes com malhas diversificadas de 100, 50, 25, 10, 5 e 2 μm são utilizadas para a classificação em tamanho dos organismos e sua importância quantitativa. A Fig. 8.6 mostra os padrões do fluxo de água em algumas formas de redes de amostragem de plâncton.

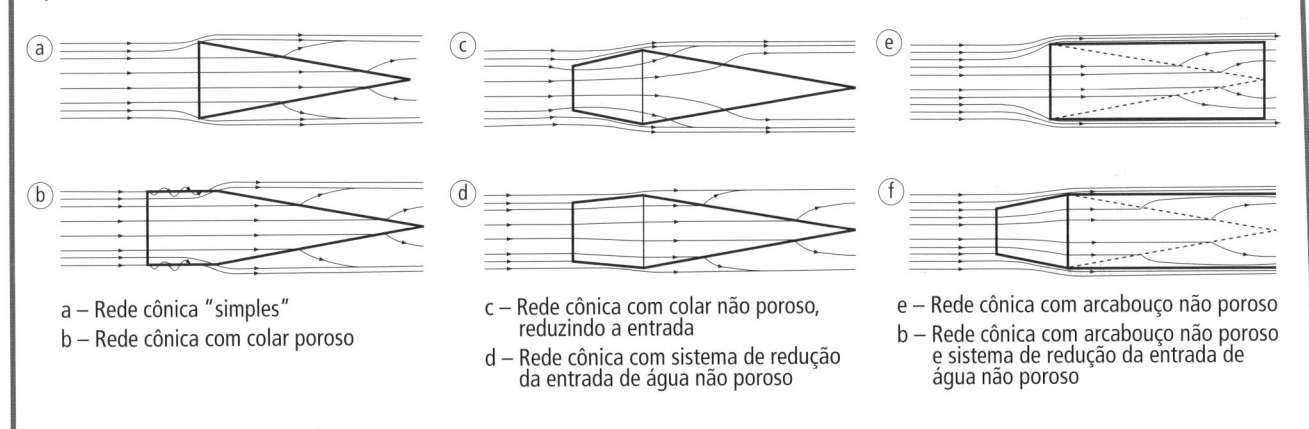

a – Rede cônica "simples"
b – Rede cônica com colar poroso
c – Rede cônica com colar não poroso, reduzindo a entrada
d – Rede cônica com sistema de redução da entrada de água não poroso
e – Rede cônica com arcabouço não poroso
b – Rede cônica com arcabouço não poroso e sistema de redução da entrada de água não poroso

Fig. 8.6 Padrões de fluxo associados com algumas formas básicas de redes de plâncton. Cada uma dessas formas tem diferentes eficiências de filtração

pequena acumulação no fundo. *A. furcatus* apresenta migração reversa para o fundo do lago durante o período de homogeneidade vertical da coluna de água.

Thermocyclops minutus apresenta migração vertical na interface epilímnio-metalímnio durante o período de estratificação do lago, permanecendo durante o dia na parte mais profunda do metalímnio. *Tropocyclops prasimus cenidionalis* não apresenta migração vertical durante o período de estratificação, permanecendo na zona mais profunda do metalímnio durante esse período. Nos períodos de homogeneidade vertical do lago, essa espécie migra para a profundidade de 5 m no período diurno. Esses exemplos de migração vertical em um lago que estratifica no verão e é homogêneo térmica e quimicamente no inverno (Fig. 8.7) mostraram claramente que há vários tipos de comportamento:

▶ espécies que habitam o epilímnio e apresentam migração vertical nessa camada (*S. corderoi* e *A. furcatus*);

▶ espécies que habitam a interface epilímnio-metalímnio com migração vertical em camadas intermediárias;

▶ espécies que permanecem no metalímnio sem apresentar migração vertical, como *T. prasinus*.

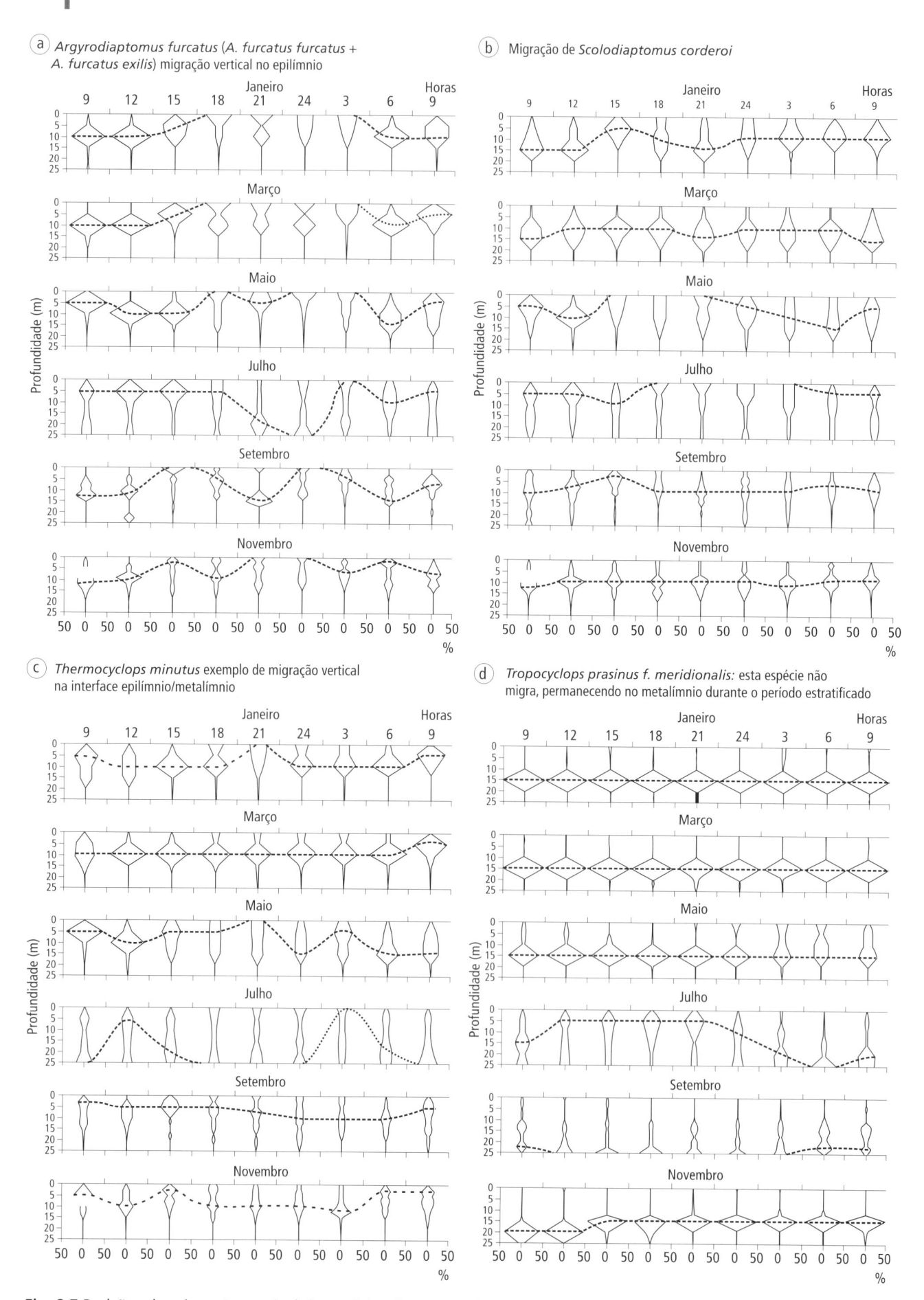

Fig. 8.7 Padrões de migração vertical de espécies de copépodes no lago D. Helvécio durante o ano de 1979
Fonte: Matsumura Tundisi *et al.* (1997) *apud* Tundisi e Saijo (1997).

A distribuição vertical do zooplâncton varia com a intensidade da estratificação térmica e circulação. O diagrama apresentado na Fig. 8.8 mostra os movimentos verticais das diferentes espécies de zooplâncton no lago D. Helvécio. Enquanto as duas espécies de copépodes calanóides permanecem no epilímnio, durante o período de estratificação, uma espécie de ciclopóide explora a interface metalímnio-epilímnio e a outra espécie explora o metalímnio. Esse é um exemplo muito interessante e bastante claro da exploração de recursos por diferentes populações de zooplâncton por meio de sua atividade de migração vertical ou ausência de migração vertical.

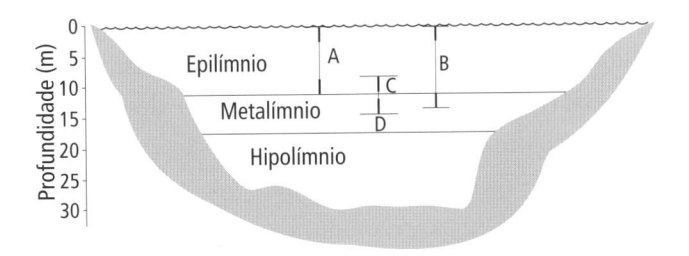

Fig. 8.8 Diagrama dos movimentos verticais das populações de copépodes no lago D. Helvécio
Fonte: Matsumura Tundisi *et al.* (1997) *apud* Tundisi e Saijo (1997).

De acordo com Lampert e Sommer (1997), o estímulo para o início e o término da migração vertical é a mudança relativa de intensidade luminosa, e não a mudança absoluta desse fator. Fototaxia e geotaxia são fundamentais na regulação do comportamento migratório vertical do zooplâncton.

A migração vertical de muitas espécies de organismos planctônicos, sobretudo do zooplâncton, leva à seguinte pergunta: Qual é o fator principal que dá a essas populações uma vantagem adaptativa?

Todos os organismos filtradores do zooplâncton, sem dúvida, têm vantagens comparativas ao permanecer em águas mais ricas em alimento durante o período noturno e migrar para águas menos ricas em alimento, porém relativamente mais frias, no período diurno. Nessas águas o dispêndio de energia é menor, mas também há maior lentidão na reprodução dos organismos zooplanctônicos.

A migração vertical do zooplâncton deve, sem dúvida, promover algumas vantagens, tais como o uso mais eficiente de energia durante a migração e o crescimento mais rápido da população. A presença do zooplâncton na superfície durante a noite teria a vantagem de obtenção de alimento mais rico, como o fitoplâncton, e, ao mesmo tempo, evitaria efeitos deletérios sobre a população, por causa da mortalidade por ação da radiação ultravioleta. Outra hipótese sobre a migração vertical é a de que ela seria um mecanismo importante para evitar predação, especialmente predação visual de peixes planctófagos.

Estímulos mecânicos em razão da presença de predadores promoveram rápida migração de zooplâncton em tanques experimentais (Ringelberg, 1991). Além disso, há a teoria de que substâncias químicas liberadas pelos predadores possam ter estimulado o zooplâncton a migrar (Loose *et al.*, 1993). Mudanças na migração reversa de copépodes também ocorreram quando larvas de *Chaoborus* sp, abundantes no lago Gwendolyne (Colúmbia Britânica, Canadá), foram erradicadas com a introdução de trutas. Durante o dia, *Diaptomus* encontrava-se na superfície do lago e, à noite, migrava para águas profundas para evitar a predação de *Chaoborus*. Com o desaparecimento das larvas, a migração reversa cessou. Quando se introduziu água que continha larvas de *Chaoborus* em tanques experimentais, os organismos iniciaram imediatamente a migração reversa, indicando estímulo químico (4 horas de resposta).

Outras hipóteses referentes à migração vertical dizem respeito a trocas gênicas durante os períodos de migração e a uma otimização da pressão de pastagem do zooplâncton sobre o fitoplâncton. Durante o dia, a ausência de pastagem do zooplâncton otimizaria o aumento e a reprodução da biomassa do fitoplâncton (Langent e Sommer, 1997).

Muitas espécies de zooplâncton evitam o litoral de lagos e represas, desenvolvendo **migrações horizontais** que as afastam das margens. Uma combinação de predação e competição pode controlar a estrutura e a distribuição horizontal, como discutido anteriormente.

Episódios de migração vertical de espécies do zooplâncton e estratégias para a sua manutenção em regiões ótimas para reprodução e desenvolvimento foram descritos por Tundisi (1970) para *Pseudodiaptomus acutus* – região lagunar de

Cananéia; por Rocha e Matsumura Tundisi (1995) para *Argyrodiaptomus furcatus* – represa da UHE Carlos Botelho (Lobo/Broa; e por Tundisi (resultados não publicados) para *Acartia tonsa* – estuário de Southampton, na Inglaterra.

Trata-se de exemplos de diferentes espécies e latitudes, representando estuário tropical (região lagunar de Cananéia), represa subtropical (UHE Carlos Botelho – Lobo/Broa) e estuário de região temperada (Southampton, Inglaterra), mas com comportamentos semelhantes em razão dos ritmos endógenos, das estratégias similares de reprodução e da tolerância a diferentes fatores ambientais.

8.1.4 Distribuição latitudinal

Em especial para o grupo dos copépodes calanóides, há estudos que indicam sua distribuição em várias latitudes do continente sul-americano. De acordo com Matsumura Tundisi (1986), há uma ausência total de espécies cosmopolitas entre os calanóides; espécies que ocorrem em um continente, por exemplo, não ocorrem em outro (Dussart *et al.*, 1984). Por outro lado, Brandorf (1976) revisou a distribuição de gêneros e espécies de diaptomídeos da América do Sul. Em seu estudo sobre a distribuição latitudinal de calanóides, Matsumura Tundisi (1986) examinou 20 espécies da família *Diaptominae*, dos gêneros *Notodiaptomus; Argyrodiaptomus; Odontodiaptomus; Aspinus; Rhacodiaptomus; Trichodiaptomus*. Segundo esse autor e Brandorf (1976), entre os principais gêneros que ocorrem na América do Sul, *Argyrodiaptomus* spp é característico desse continente. Sete espécies desse gênero – *A. aculeatus; A. argentinus; A. bergi; A. furcatus; A. dendiculatus; A. azevedo; e A. granulosus* – ocorrem entre 25° e 40° latitude Sul. Entre 15°-25° latitude Sul ocorrem quatro espécies: *A. aculeatus; A. neglectus; A. furcatus; A. azevedoi*; e entre 0°-10° latitude Sul ocorre somente uma espécie, *A. azevedoi*. Portanto, isso leva à consideração de que o gênero *Argyrodiaptomus* spp é característico da região Sul do continente sul-americano.

Odontodiaptomus paulistanus é muito comum entre 20°-23° latitude Sul em reservatórios do Estado de São Paulo. O gênero *Notodiaptomus* apresenta ampla distribuição na América do Sul, com 22 espécies. *N. iheringi* é comum em reservatórios do Estado de São Paulo, sobretudo em sistemas eutróficos, e *N. cearensis* é comum em açudes do Nordeste. *N. conifer* ocorre entre 10°N e 36°S, com abundância em lagos e represas, especialmente em represas do rio Paranapanema. A Fig. 8.9 indica a distribuição das principais espécies de calanóides em sistemas aquáticos do Brasil.

Quais são os fatores que determinam a distribuição latitudinal dessas espécies? Entre eles, as condições físicas e químicas parecem ser fundamentais, em particular as relações temperatura-condutividade.

Provavelmente a associação temperatura-condutividade/salinidade determina as condições osmóticas necessárias para o estabelecimento e o desenvolvimento/colonização dessas espécies de calanóides. De acordo com Hutchinson (1967), a ocorrência de espécies endêmicas é comum entre os calanóides, uma vez que a tendência desse grupo é sua localização latitudinal bem estabelecida, tendo em vista sua capacidade de explorar micro-hábitats. Segundo esse autor, os copépodes calanóides de águas interiores apresentam endemicidade regional maior do que qualquer outro grupo de organismos planctônicos. Uma pequena diferença na tolerância à temperatura, no pH e na condutividade é provavelmente suficiente para isolar essas espécies. Mesmo em lagos próximos, como os do Parque Florestal do Rio Doce, há ausência de algumas espécies, fato este igualmente constatado por Lewis (1979) para o lago Lanao (Filipinas) e sistemas adjacentes.

Em experimentos realizados com a tolerância à condutividade/salinidade e temperatura com espécies de calanóides no Estado de São Paulo, Tundisi (resultados não publicados) obteve o seguinte gradiente de tolerância a esses fatores: *Notodiaptomus iheringi* > *Argyrodiaptomus furcatus* > *Argyrodiaptomus azevedoi*, o que pode explicar a dominância e a sucessão desses gêneros e espécies nos diferentes ecossistemas, conforme verificado por Rietzler (1995) para a sucessão de *Argyrodiaptomus furcatus* e *Notodiaptomus iheringi* nas represas da UHE Carlos Botelho (Lobo/Broa) e Barra Bonita.

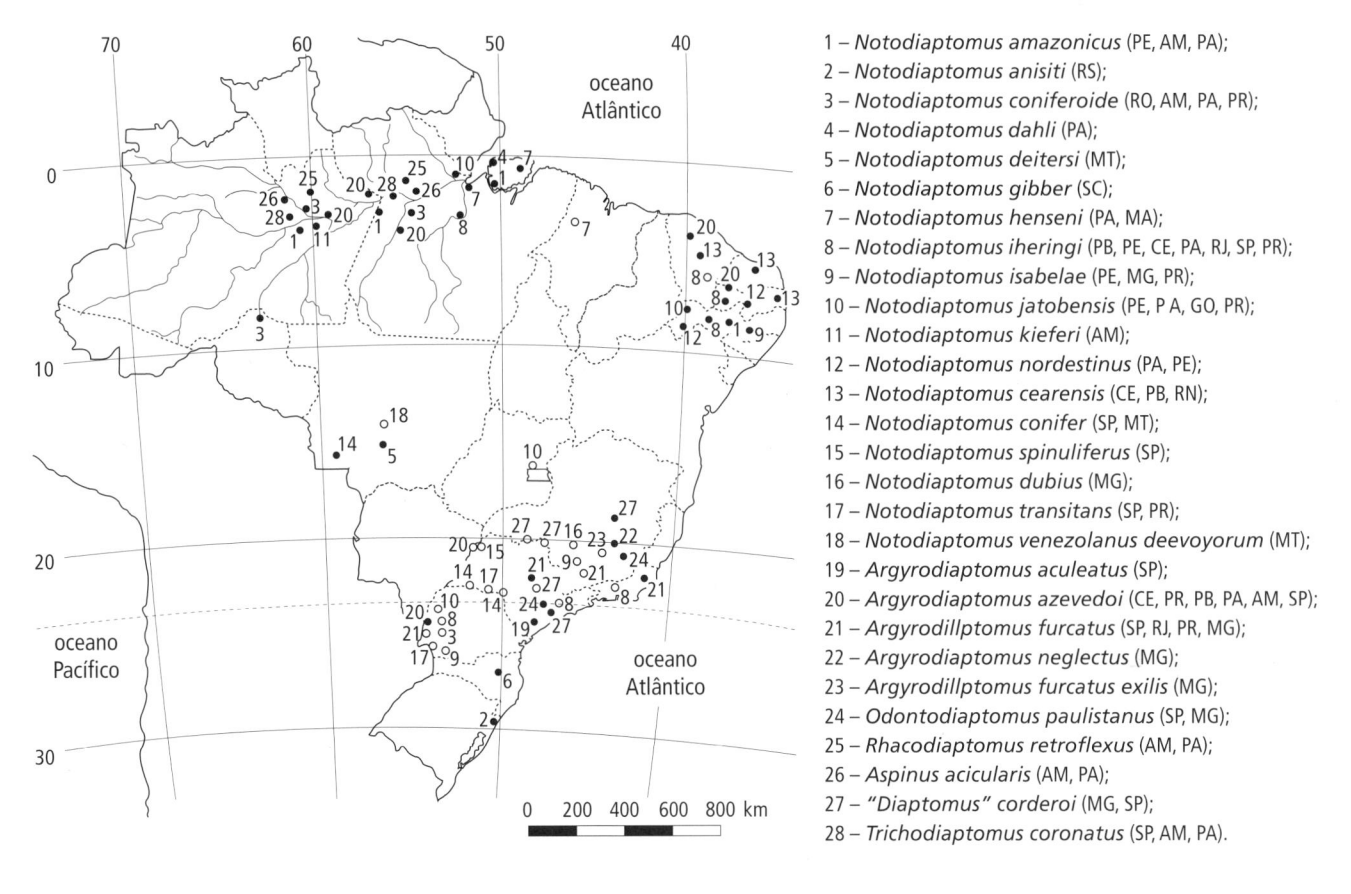

Fig. 8.9 Distribuição latitudinal de copépodes calanóides nos ecossistemas continentais no Brasil
Fonte: Matsumura Tundisi (1990).

1 – *Notodiaptomus amazonicus* (PE, AM, PA);
2 – *Notodiaptomus anisiti* (RS);
3 – *Notodiaptomus coniferoide* (RO, AM, PA, PR);
4 – *Notodiaptomus dahli* (PA);
5 – *Notodiaptomus deitersi* (MT);
6 – *Notodiaptomus gibber* (SC);
7 – *Notodiaptomus henseni* (PA, MA);
8 – *Notodiaptomus iheringi* (PB, PE, CE, PA, RJ, SP, PR);
9 – *Notodiaptomus isabelae* (PE, MG, PR);
10 – *Notodiaptomus jatobensis* (PE, P A, GO, PR);
11 – *Notodiaptomus kieferi* (AM);
12 – *Notodiaptomus nordestinus* (PA, PE);
13 – *Notodiaptomus cearensis* (CE, PB, RN);
14 – *Notodiaptomus conifer* (SP, MT);
15 – *Notodiaptomus spinuliferus* (SP);
16 – *Notodiaptomus dubius* (MG);
17 – *Notodiaptomus transitans* (SP, PR);
18 – *Notodiaptomus venezolanus deevoyorum* (MT);
19 – *Argyrodiaptomus aculeatus* (SP);
20 – *Argyrodiaptomus azevedoi* (CE, PR, PB, PA, AM, SP);
21 – *Argyrodillptomus furcatus* (SP, RJ, PR, MG);
22 – *Argyrodiaptomus neglectus* (MG);
23 – *Argyrodillptomus furcatus exilis* (MG);
24 – *Odontodiaptomus paulistanus* (SP, MG);
25 – *Rhacodiaptomus retroflexus* (AM, PA);
26 – *Aspinus acicularis* (AM, PA);
27 – *"Diaptomus" corderoi* (MG, SP);
28 – *Trichodiaptomus coronatus* (SP, AM, PA).

8.1.5 Inter-relações fitozooplâncton

A alimentação do zooplâncton herbívoro é um processo seletivo que envolve um conjunto de estruturas e comportamentos. A sucessão estacional do fitoplâncton e a correspondente sucessão do zooplâncton herbívoro foram objeto de inúmeros estudos em ecossistemas continentais e marinhos (Raymont, 1963; Reynolds, 1984; Sommer, 1989; Lewis, 1979; Rocha e Matsumura Tundisi, 1997). A sucessão fitoplanctônica e zooplanctônica em lagos de regiões temperadas foi bem caracterizada pelo modelo do PEG (*Plankton Ecology Group* – Sociedade Internacional de Limnologia – SIL). A Fig. 8.10 mostra esse modelo de sucessão para lagos eutróficos e oligotróficos de regiões temperadas. Entretanto, até certo ponto, esse padrão é bem mais complexo e de difícil previsibilidade em lagos ou represas de regiões tropicais, onde os controles físicos do processo (como a hidrologia e a hidrodinâmica) podem ser mais efetivos e os ciclos são mais rápidos, com interações e sobreposições de herbívoros, detritívoros e carnívoros.

Os conceitos de **alimentação seletiva** e **competição por recursos**, estratégias para evitar sobreposição de nichos alimentares, aplicam-se tanto a comunidades planctônicas de lagos de regiões temperadas quanto de lagos de regiões tropicais. Nestes, porém, os ciclos são mais rápidos, as alternativas são muito importantes e os sistemas sob efeito de ciclos hidrológicos, altas temperaturas e processos biogeoquímicos acelerados comportam-se de forma muito mais dinâmica e complexa que os sistemas de regiões temperadas. Os estudos realizados em alguns lagos tropicais – sintetizados em Talling e Lemoalle (1998) – corroboram essa hipótese.

Os autores sintetizaram os processos e interação fitozooplâncton e a predação de *Oreochromis niloticus* e *Haplochromis nigripinnis* (tilápias) em períodos de curta duração, no lago George (África), em ciclos de 24 horas (Fig. 8.11). Ciclos alternativos predador-presa referentes à alimentação do zooplâncton sobre o fitoplâncton e de peixes sobre o zooplâncton ocorrem em períodos de curta duração, e esses processos

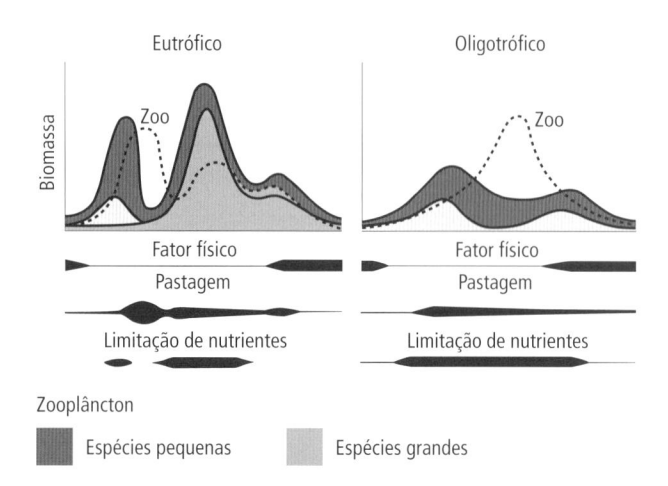

Fig. 8.10 Representação gráfica pelo modelo do PEG da sucessão estacional zooplanctônica em lagos eutróficos e oligotróficos em regiões temperadas. Os símbolos pretos horizontais indicam a importância relativa dos fatores de seleção, ou seja, fatores físicos, predação ou disponibilidade de alimento
Fonte: adaptado Lampert (1997).

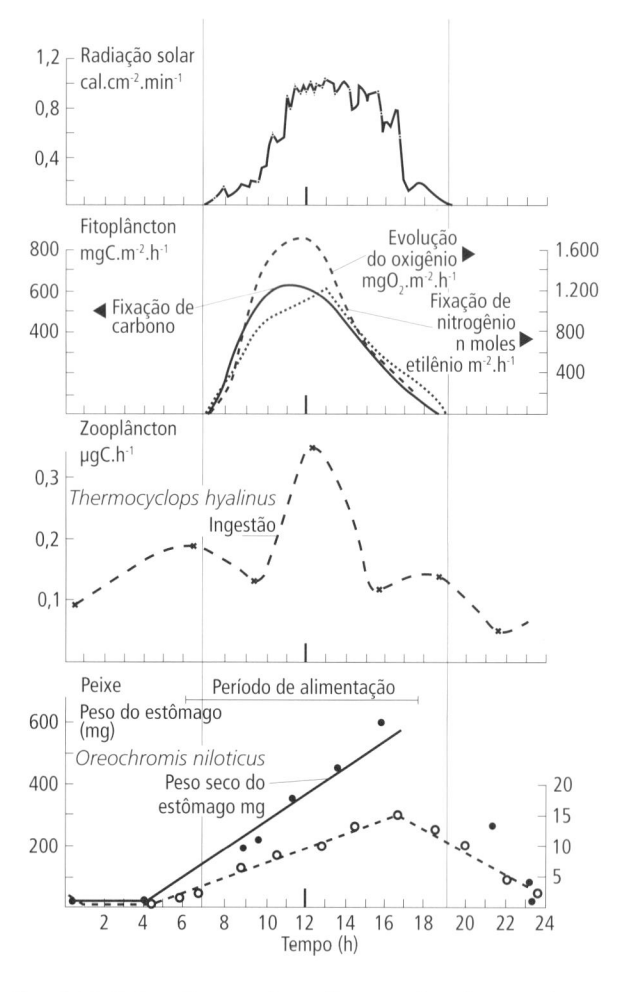

Fig. 8.11 Ciclos diurnos de radiação solar, fixação de carbono e de nitrogênio e ingestão de alimentos pelo zooplâncton no lago George
Fonte: modificado de Talling e Lemoalle (1998).

controlam o metabolismo de lagos, sendo que, em regiões tropicais, sobrepõem-se aos ciclos estacionais e provavelmente são mais importantes (Barbosa e Tundisi, 1980).

8.1.6 Diapausa
Ovos de resistência e a sucessão do zooplâncton

A produção de ovos de resistência é uma característica de muitas espécies de calanóides de água doce, particularmente em lagos ou águas temporárias. Ovos de resistência que se encontraram em sedimento seco de lagos e que resultaram em adultos de A*rgyrodipotomus funcentus* da América do Sul foram obtidos por Sars (1901), que também cultivou T*ropodiaptomus australis* da Austrália com o mesmo método, isto é, utilizando sedimento seco que lhe foi encaminhado da Austrália. A colonização de águas temporárias é uma estratégia adaptativa para um grande número de espécies de calanóides.

Laps e Hlekseev (2004), Alekseev e Lampert (2004) demonstraram a produção de ovos de resistência em *Daphnia* – que se reproduz partenogeneticamente, mas ocasionalmente produz ovos com reprodução sexual, o que resulta em ovos de resistência carregados pela fêmea. Estímulos ambientais, como fotoperíodo e alimento disponível, são fundamentais na produção de ovos de resistência que se desenvolvem em condições favoráveis. Ovos de calanóides podem sobreviver durante 300 anos até a eclosão (Hairston *et al.*, 1995).

A presença de um banco de ovos de resistência em muitos ecossistemas tem um papel fundamental na sucessão e na colonização de espécies do zooplâncton. Provavelmente fatores químicos estimulam o desenvolvimento desses ovos, tais como condições favoráveis de pH e condutividade. Ovos de resistência são auxiliares importantes na detecção de contaminantes e poluentes em lagos e reservatórios. É possível que fatores químicos favoráveis fomentem o desenvolvimento dos ovos de resistência por meio de um estímulo bioquímico; ou fatores físicos associados a fatores químicos. Entre esses fatores físicos, é importante considerar a temperatura da água ou do sedimento e a duração do fotoperíodo como fundamentais no desenvolvimento dos ovos de resistência.

8.2 Macroinvertebrados Bentônicos

Como já apresentado no Cap. 6, o conjunto de organismos que compõem a fauna bentônica é muito amplo e variado, incluindo herbívoros, detritívoros e predadores. Esses organismos processam a energia proveniente de fontes autóctones ou alóctones que nos rios são produto da atividade do perifíton, folhas, restos vegetais ou matéria orgânica produzida pelo homem ou por animais.

Em lagos, represas ou áreas costeiras e oceânicas esses organismos dependem, em grande parte, da produção de matéria orgânica autóctone ou alóctone que se sedimenta no fundo do ecossistema. Uma comunidade de invertebrados bentônicos também é importante no processamento de matéria orgânica em rios e na sua recuperação.

As comunidades de macroinvertebrados bentônicos de águas continentais são dominadas por insetos aquáticos, com grande diversidade em rios e riachos. As ordens Ephemoptera, Plecoptera, Trichoptera, Diptera e Odonata constituem a maior porcentagem da biomassa. Outros grupos importantes que constituem os macroinvertebrados são os moluscos, anelídeos e crustáceos. No ambiente marinho, os insetos não ocorrem nos macroinvertebrados bentônicos.

Em lagos, os organismos bentônicos classificam-se em bentos profundo e **bentos litoral**. A zona litoral é mais sujeita a extensas variações diurnas de temperatura, intensidade luminosa e correntes, além de grandes oscilações na concentração de oxigênio dissolvido. A zona profunda em lagos é mais uniforme dos pontos de vista químico e físico, exceto durante o período de estratificação em lagos eutróficos, quando ocorre extensa anoxia e desoxigenação no hipolímnio. Anfípodes, larvas de quironomídeos e oligoquetos, moluscos e larvas de *Chaoborus* são os componentes mais importantes desse grupo de animais bentônicos.

Na zona litoral, a presença de macrófitas promove uma rica e variada heterogeneidade espacial, com nichos que dependem do substrato e do alimento disponível. Nessa região, detritos orgânicos são importantes como fontes de alimento. Jonasson (1978) demonstrou alta diversidade de espécies na zona litoral do lago Esrom, Dinamarca, em comparação com a fauna bentônica de regiões profundas desse lago.

As estruturas das comunidades de macroinvertebrados bentônicos podem ser alteradas pela produção por peixes, que afetam com grande intensidade a biomassa e a diversidade de espécies dessa comunidade. Larvas de *Chaoborus* apresentam sensibilidade a substâncias químicas liberadas por peixes e fogem à predação, introduzindo-se no sedimento.

O ciclo de vida dos macroinvertebrados bentônicos inclui três ou quatro estágios no caso dos insetos: ovos, ninfas e adultos ou ovos, larvas, pupas e adultos. A maioria dos organismos bentônicos tem uma geração por ano, mas, em climas de regiões temperadas, algumas espécies requerem um ou mais anos para completar o ciclo de vida (Usinger, 1956).

Tipo de substrato, velocidade das correntes e transporte de sedimentos são importantes fatores que alteram a composição, a estrutura e o funcionamento das comunidades de macroinvertebrados bentônicos. Nas diferentes regiões dos rios, a velocidade da corrente e o tipo de substrato determinam, em grande parte, a composição, a diversidade de espécies e a sucessão dos diferentes grupos de macroinvertebrados bentônicos (Welch, 1980), cujo ciclo de vida depende e é controlado, em particular, pela disponibilidade de alimento (Horne e Goldman, 1994).

A Tab. 8.1 mostra a densidade (em indivíduos.m^{-2}) e a biomassa (g.peso úmido.m^{-2}) do zoobentos e de caoborídeos e quironomídeos no lago D. Helvécio (Parque Florestal do Rio Doce – MG). A fauna bentônica profunda desse lago constituiu-se especificamente em caoborídeos e quironomídeos. *Chaoborus* ocorrem sobretudo em regiões onde a concentração de oxigênio dissolvido é muito baixa ou próxima de zero. Na zona litoral desse lago e em outro lago, o Jacaré, Planorkidae, Tubificidae, Trichoptera e Hirudinea foram comuns.

A Tab. 8.2 indica a densidade de larvas de Chaoborus e Chironomus em alguns lagos de região tropical. Fukuhara *et al.* (1997) demonstraram a emergência em massa de Chaoborus (Edwardsops) magnificus no lago D. Helvécio, sob influência do ciclo lunar, cujo efeito na emergência de adultos de espécies de insetos tropicais foi igualmente demonstrado por Hare e Carter (1986).

Tab. 8.1 Densidade (em indivíduos.m^{-2}) e biomassa (g.peso úmido.m^{-2}) do zoobentos e de caoborídeos e quironomídeos no lago D. Helvécio (Parque Florestal do Rio Doce – MG)

Animais	Estação							
	I	II	III	IV	V	VI	VII	VIII
*Mollusca**								
Hyridae		#		(61,93)	#	15 (130,81)		15
Corbiculidae						15 (0,04)		
Planorbidae						15		
Oligochaeta						(0,09)		
Tubificidae					370 (0,21)	415 (0,20)		15 (+)
Odonata								
Libellulidae						30 (7,34)		
Trichoptera					89 (0,07)	44 (0,03)	60 (0,04)	
Diptera								
Chaoboridae	44 (0,03)	30 (+)	44 (0,01)	15 (0,01)	74 (0,11)	15 (+)	60 (0,01)	44 (+)
Chironomidae								
Tanypodinae		30 (0,14)	15 (0,10)	44 (0,02)	637 (0,17)	696 (0,23)	60 (+)	44 (0,02)
Chironominae					578 (0,43)	830 (0,28)	119 (0,09)	119 (0,07)
Total	44 (0,03)	60 (0,14)	59 (0,11)	59 (0,03)	1.748 (0,99)	2.075 (70,14)	299 (0,14)	237 (130,90)
Planktonic Chaoboridae	1.380	354	127	113	0	n	n	n

+ <0,01 g.m^{-2}; * com concha; # apenas a concha; n – não amostrado
Fonte: Fukuhara et al. (1997).

Dos fatores físicos, químicos e biológicos que controlam e regulam a fisiologia e a distribuição dos macroinvertebrados bentônicos, além daqueles já assinalados – como tipo de substrato, velocidade da corrente e predação –, a temperatura da água e a concentração de oxigênio dissolvido são dois outros fatores fundamentais que determinam o gradiente de sobrevivência e o ótimo para a reprodução das espécies bentônicas.

A taxa de respiração desses organismos é dependente da temperatura da água e da disponibilidade de oxigênio dissolvido. O número de espécies que toleram vários gradientes de temperatura da água é fundamental para a caracterização dos ambientes aquáticos.

Por essas características de resposta a fatores ambientais e pelo fato de estarem localizados em um substrato, os macroinvertebrados bentônicos são excelentes indicadores das condições ambientais e da contaminação ou poluição de rios, riachos, lagos e represas.

Roldán (2006) descreve os processos de determinação do "estado ecológico" implementado pela diretiva Marco COM-97 do Parlamento Europeu, por meio da qual a bacia hidrográfica é proposta como unidade de estudo e o estado ecológico de cada bacia hidrográfica deverá ser registrado e comparado com condições de referência (Pratt e Rume, 1999).

A norma européia cita as **comunidades de organismos** como indicadores do estado ecológico dos

Tab. 8.2 Densidade de larvas de *Chaoborus* e *Chironomus* em alguns lagos de região tropical

Lagos tropicais	Caoborídeos (ind.m²)	Quironomídeos (ind.m²)	Notas
L. D. Helvécio	27–996	36–249	Jun., 1,3–33,0 m, Fukuhara *et al.*, 1997
L. Jacaré	9–320	36–720	Jun., 1,5–8,5 m, Fukuhara *et al.*, 1997
L. D. Helvécio	178–1.288	44–733	Ago., 10–23 m, Fukuhara *et al.*, não publicado
L. Carioca	155–400	22–89	Ago., 3,5–8,0 m, Fukuhara *et al.*, não publicado
L. **Tupé** (Rio Negro)	0–445	0	Ago. – Abr., águas profundas, Reiss, 1977b
L. Tupé (Rio Negro)	-2.180	15–570	Dez. – Mar., litoral, Reiss, 1911b
Laguna de Magalhas	0–45	178–2.581	Dez., 0,2–3,5 m, Reiss, 1973
Laguna de Ubaraha	0	179–223	Dez., 0,2–1,5 m, Reiss, 1973
Rio Cueiras	0–44	0–2.729	Out., 1,5–4,5 m, Reiss, 1977b
Reservatório da UHE Carlos Botelho (Lobo/Broa)	1.909, 1.747	1.215, 1.014	1971 e 1979, Strixino e Strixino, 1980
Reservatório da UHE Carlos Botelho (Lobo/Broa)	1.742	1.253	Jun., 10,4 m, Fukuhara *et al.*, não publicado
L. Vitória (Baía Ekumn)	2.000–2.500	1.000	MacDonaldo, 1956

diferentes ecossistemas aquáticos. De acordo com Roldán (2006), considera-se que um organismo é um bom indicador da qualidade da água quando é encontrado em um ecossistema de características definidas e quando a população for percentualmente superior ou ligeiramente similar ao restante dos organismos que compartilham esse ecossistema ou seus hábitats. Por exemplo, em rios de montanha com águas de temperatura média <15°C, transparentes, oligotróficas e com oxigênio dissolvido entre 90-100% de saturação, espera-se que os grupos dominantes de invertebrados bentônicos sejam efemerópteros, tricópteros e plecópteros, apresentando maiores proporções que crustáceos, hemípteros, dípteros e himenópteros. Em rios eutrofizados, com alta concentração de matéria orgânica, alta turbidez e baixas concentrações de oxigênio dissolvido, ocorrem populações dominantes de oligoquetos, quironomídeos e certas espécies de moluscos, os quais, entretanto, também são encontrados em pequenas proporções de populações de águas sem contaminação.

Os macroinvertebrados bentônicos são, portanto, indicadores dos diferentes índices de contaminação ou poluição, e Gletti e Bonazzi (1981) os consideram como os melhores indicadores da qualidade das águas. A resposta das comunidades à contaminação ou à qualidade ótima das águas pode ser determinada a partir de índices de diversidade, como o de Shannon-Weaver (1949), Simpson (1949) e Margalef (1951) (Quadro 8.1). Roldán (2006) aplicou para as águas superficiais de rios da Colômbia o índice *Biological Monitoring Working Party* (BMWP), estabelecido

Quadro 8.1 Índices de diversidade de espécies

Shannon-Weaver (1949)

$$H' = -\sum_{i=1}^{S} (n_i/n) \ln (n_i/n)$$

H' – índice de diversidade
n_i – número de indivíduo por espécie
n – número total de indivíduos
ln – logaritmo natural

Simpson (1949):

$$I = -\sum \frac{n_i(n_i-1)}{N(N-1)}$$

onde:
n_i – número de indivíduos por espécie
N – número de indivíduos

Margalef (1951):

$$I = S - 1/\log nN$$

S – número de espécies
N – número de indivíduos
$\log n$ – logaritmo natural

Fonte: Roldan (2006).

na Inglaterra em 1970, com o objetivo de se utilizar macroinvertebrados bentônicos e outros **macroinvertebrados aquáticos** na determinação dos índices de qualidade da água. Para tanto, utilizam-se ordens, famílias, gêneros ou espécies, representando-se as classes de qualidade da água conforme indicado na Tab. 8.3.

Tab. 8.3 Classes de qualidade de água, valores BMWP/Col, significado e cores para representações cartográficas

Classe	Qualidade	BMWP/Col	Significado	Cor
I	Boa	>150 101–120	Águas muito limpas a limpas	Azul
II	Aceitável	61–100	Águas ligeiramente contaminadas	Verde
III	Duvidosa	36–60	Águas moderadamente contaminadas	Amarelo
IV	Crítica	16–35	Águas muito contaminadas	Laranja
V	Muito crítica	<15	Águas fortemente contaminadas	Vermelho

BMWP/Col – Biological Monitoring Working Party/Colômbia
Fonte: Roldan (2006).

Marchese M. e Ezcurra de Drago (2006) apresentaram estudos em que utilizam macroinvertebrados bentônicos como indicadores da qualidade das águas, especialmente **macroinvertebrados** da eutrofização no médio rio Paraná. Segundo esses autores, a composição e a estrutura desses macroinvertebrados refletem mudanças na qualidade das águas e na entrada de energia nos sistemas aquáticos. Esses autores aplicaram o índice de Shannon-Weaver para cada ecossistema aquático, relacionaram a densidade total e relativa dos organismos bentônicos em cada um dos ambientes aquáticos e determinaram a associação de espécies características para cada um dos diferentes ambientes aquáticos, bem como seu grau de eutrofização e contaminação. Por exemplo, o oligoqueto *Tubiflex tubiflex* (forma blanchardi) está relacionado a águas de alta condutividade (Marchese, 1988) em águas do médio rio Paraná. O Quadro 8.2, apresentado por Marchese e Ezcurra de Drago (2006), mostra o gradiente de espécies indicadoras dos ambientes tróficos desses ambientes oligotróficos até ambientes eutróficos característicos para ecossistemas aquáticos do médio rio Paraná.

8.3 Composição e Riqueza de Espécies do Plâncton e a Abundância de Organismos nas Zonas Pelágica e Litoral de Lagos e Represas

Como se demonstrou, há uma interdependência de fatores como origem dos lagos, estado trófico, processo de colonização e presença ou ausência de substâncias tóxicas e poluentes, que controla e limita a composição planctônica e a abundância e riqueza de espécies. Lagos e reservatórios apresentam diferenças fundamentais, por exemplo, em relação ao tempo de retenção, aos períodos de circulação vertical e às contribuições de seus tributários. Patalas (1975) constatou diferenças muito grandes entre a riqueza de espécies de plâncton de pequenos lagos (< 24 km^2) e de grandes lagos (> 50 km^2). Da mesma forma, há diferenças significativas entre o plâncton da região limnética ou pelágica e o plâncton da região litoral. A riqueza de espécies de plâncton também pode, até certo ponto, ser consequência de artefatos resultantes da coleta de amostras em determinadas regiões. Em reservatórios onde se verifica heterogeneidade espacial acentuada (Straškraba *et al.*, 1993; Armengol *et al.*, 1999) podem ocorrer erros grandes de amostragem, por causa das diferenças e do acúmulo de plâncton em regiões de estuários de tributários, por exemplo.

Uma comparação realizada por Tundisi e Matsumura Tundisi (1994) entre o reservatório de Barra Bonita (SP) e o lago D. Helvécio (Parque Florestal do Rio Doce – MG) demonstrou que, no reservatório, o número de espécies de zooplâncton da região limnética (37 espécies: 20 de rotíferos, 8 de cladóceros e 9 de copépodes) é muito maior que o do lago D. Helvécio (16 espécies: 6 de rotíferos, 5 de cladóceros, 5 de copépodes). Provavelmente essa diferença resulta da grande heterogeneidade espacial na represa, da polimixia com muitas circulações anuais e da presença de 114 tributários com descargas entre 2 a 15 m^3.s^{-1}, o que contribui para o aumento da diversidade. Também observaram-se alterações temporais

Quadro 8.2 Lista da associação de espécies indicadoras de um gradiente trófico de ambientes do sistema do Médio Rio Paraná

AMBIENTES OLIGOTRÓFICOS
↓

Oligoquetos
  Narapa bonettoi
  Haplolaxis aedeochaeta
Tulbelarios
  Myoratronectes paranaensis
Nematodes
  Tobrilus sp
Dipteros quironomídeos
  Tanytarsus sp
  Parachironomus sp
  Glyptotendipes sp
Efemerópteros
  Campsurus cfr. *notatus*
Oligoquetos
  Paranadrilus descolei
  Bothrioneurum americanum
  Aulodrilus pigueti
  Pristina americana
  Paranais frici
Dípteros quironomídeos
  Polypedilum spp
  Criptochironomus sp
  Coelotanypus sp
  Ablabesmyia sp
Moluscos lamelibrânquios
  Pisidium sp
  Corbicula fluminea
Oligoquetos
  Branchiura sowerbyi
  Limnodrilus udekemianus
  Nais variabilis
  Nais communis
  Dero multibranchiata
  Dero sawayai
Dípteros quironomídeos
  Axarus sp
  Goeldochironomus sp
Moluscos gastropodos
  Heleobia parchappei
Dípteros quironomídeos
  Chironomus xanthus
  Chironomus gr. *decorus*
  Chironomus gr. *riparius*
Oligoquetos
  Tubifex tubifex
  (forma *blanchardi*)
  Limnodrilus hoffmeisteri

↓
Ambientes eutróficos

Fonte: Marchese e Ezcurra de Drago (2006).

na sucessão zooplanctônica, no reservatório de Barra Bonita, em função da eutrofização (Matsumura Tundisi e Tundisi, 2003).

O **ambiente pelágico**, de acordo com Margalef (1962) e Reynolds (1997), assemelha-se a um mosaico de micro-hábitats com compartimentos que se superpõem e mudam constantemente, de acordo com suas funções de força, como vento e tempo de retenção (no caso de reservatórios) (Matsumura Tundisi e Tundisi, 2006).

De acordo com Margalef (1991), a permanente reorganização do sistema, em função da **energia externa**, interrompe as irregularidades nos sistemas e decompõe o eixo horizontal em unidades heterogêneas no espaço onde se agregam comunidades do fito e do zooplâncton. Mistura horizontal e instabilidade vertical podem ser fatores de aumento da diversidade planctônica; inclusive, em virtude da permanente instabilidade, pode-se aplicar a esses sistemas a hipótese da **perturbação intermediária** (HPI) (Padisak et al., 1999). A função dos tributários e sua descarga nos sistemas aquáticos é agregar descontinuidades horizontais e, portanto, estimular novos agrupamentos de comunidades no eixo horizontal, em curtos períodos de tempo e em estruturas de **mesoescala** (1,0 - 20,0 km).

Deve-se ainda considerar que, no caso do zooplâncton, a presença de inúmeros ovos de resistência de muitas espécies pode influenciar a riqueza de espécies em determinados períodos. Esses ovos de resistência se desenvolvem durante períodos favoráveis com água de boa qualidade; consequentemente, influenciam a sucessão e a riqueza de espécies do zooplâncton. Da mesma maneira, formas de resistência de fitoplâncton (como as colônias ou células quiescentes de *Aulacoseira* spp no sedimento) podem ser responsáveis por um aumento rápido de espécies na coluna de água, promovido por ação de funções de força como o vento. As inter-relações fitoplâncton-zooplâncton são igualmente importantes para determinar alterações no processo de sucessão das comunidades pelágicas. Alimento disponível, tamanho, forma e situação nutricional alteram a sucessão de espécies do zooplâncton, cuja predação (pastagem) pode modificar substancialmente a composição de espécies e a sucessão fitoplanctônica (Raymont, 1963; Reynolds, 1984, 1997).

Nas regiões mais rasas do litoral, o ciclo estacional e a sucessão do fitoplâncton e do zooplâncton são alterados pela presença de espécies que periodicamente são ressuspensas a partir do sedimento, como as várias espécies de *Aulacoseira* spp – ou a eclosão de ovos de resistência de copépodes, como demonstrado por Rietzler *et al.* (2004) e Matsumura Tundisi e Tundisi (2003).

Todas as espécies planctônicas que habitam as regiões pelágica e litoral de lagos e represas têm dependências fisiológicas diferenciadas, diferentes adaptações morfológicas e distintas necessidades para reprodução e crescimento. Portanto, esse conjunto de espécies responde de formas diversas à variabilidade ambiental e às frequências das perturbações. Cada comunidade planctônica é resultado de um conjunto de fatores físicos, químicos e biológicos que covariam e produzem diferentes associações que se alteram no tempo e no espaço.

É necessário que as pesquisas traduzam a frequência, a magnitude e a direção dessas alterações. O conhecimento da biologia e suas respostas e dos limites das diferentes espécies é, portanto, fundamental para a previsão das respostas.

8.4 Peixes

No Cap. 6, foram apresentados os dados referentes à composição da comunidade de peixes das águas continentais. Os peixes têm um papel relevante no funcionamento da dinâmica ecológica das comunidades aquáticas, uma vez que sua função na rede alimentar e nos diferentes componentes das comunidades de plâncton, bentos e nécton é importante dos pontos de vista qualitativo e quantitativo. Movimentos espaciais dos peixes e sua migração podem dificultar a determinação quantitativa de seu impacto nas redes alimentares e na estrutura das comunidades aquáticas. Peixes excretam detritos e amônia, removem sedimentos e, dessa forma, desempenham um papel importante nos ciclos biogeoquímicos de lagos, represas, rios e áreas alagadas. Peixes migradores como o salmão (**peixes anádromos**), que se reproduzem em rios e se desenvolvem nos oceanos, ou **peixes catádromos**, como as espécies que se desenvolvem em águas continentais e migram para o oceano para se reproduzir, têm um papel extremamente importante em vários ecossistemas aquáticos. Por exemplo, os grandes bagres balizadores (Barthem e Goulding, 1997) dos rios amazônicos, já descritos no capítulo anterior, têm relevante função na cadeia alimentar e na estrutura das comunidades aquáticas da região amazônica.

Os peixes compreendem cerca de 40% das espécies de vertebrados do Planeta. As **comunidades de peixes tropicais** e subtropicais na América do Sul foram intensivamente estudadas, sobretudo os peixes das regiões amazônicas (Goulding, 1979, 1981; Goulding *et al.*, 1988) e do rio São Francisco (Sato e Godinho, 1999; Godinho e Godinho, 2003). Da mesma forma, empreendeu-se uma série grande de trabalhos científicos nas bacias hidrográficas do alto rio Paraná (Agostinho e Ferreira Jr., 1999; Agostinho *et al.*, 1987, 1991, 1993, 1994, 1999; Bonetto, 1986a; Menezes e Gery, 1983; Vazzoler e Menezes, 1992). O Quadro 8.3 apresenta atributos ecológicos das comunidades de peixes tropicais.

A estacionalidade dos hábitats, segundo Lowe-McConnell (1999), afeta o comportamento e a fisiologia dos peixes de sistemas aquáticos tropicais, variando desde uma dinâmica específica e espacial que cria diferentes hábitats a cada ano, em razão dos períodos de inundação e seca, até situações de maior constância em alguns lagos naturais e recifes equatoriais. Essa estacionalidade e variação do ambiente se refletem na alimentação dos peixes, seus ciclos de vida, sua reprodução, bem como em suas migrações, que são decorrência dos ciclos estacionais hidrológicos e utilizadas para reprodução, alimentação e fuga de predadores.

O comportamento das várias espécies do ponto de vista da migração, a dinâmica das populações, que envolve reprodução e mortalidade, e a flutuação dos estoques pesqueiros estão relacionados a esses padrões de flutuação hidrológica de rios, lagos e canais naturais de inundação, à produtividade e aos ciclos biogeoquímicos nessas áreas inundadas. Ciclos de vida mais longos ou mais curtos, maior eficiência no uso de **recursos alimentares**, maturação precoce e alta fecundidade são atributos dessas espécies que vivem em regiões de alta variação hidrológica nas **planícies de inundação** (Agostinho *et al.*, 1999). Os tipos de

Quadro 8.3 Atributos ecológicos de comunidades de peixes tropicais

Sazonalidade do ambiente:	Muito sazonal ⟶	Não-sazonal
Exemplos:	Planície de inundação Zona pelágica de ressurgência	Litoral lacustre Recifes de coral
Resposta da população de peixes:	Flutua grandemente por: (1) migrações (alta mobilidade), (2) multiplicação rápida	Permanece constante através do ano e de ano para ano
Ciclos da vida:	Curtos; maturação precoce; baixa longevidade	Longos; maturação retardada (mudança de sexo frequente); alta longevidade
Taxas de crescimento:	Rápida	Geralmente mais lenta?
Desova:	Sazonal; resposta rápida ao suprimento de nutriente	Múltipla através do ano
Alimentação:	Facultativa, ou especializada para **níveis tróficos** baixos adaptativos	Especializada para todos os níveis tróficos; irradiações
Razão Produção/biomassa:	Alta	Mais baixa
Comportamento:	Simples; uniformidade; formação de cardumes	Complexo, com aprendizado, territorialidade; simbiose
Seleção predominante:	Tipo-*r*, agentes abióticos e bióticos	Tipo-*K*, principalmente agentes bióticos
Diversidade:	Pouco diversa, com dominantes	Altamente diversa, faltam dominantes
Comunidade:	Rejuvenescida	Muito madura
Implicações:	Resiliente?	Frágil?

Fonte: Lowe-McConnell (1999).

reprodução em peixes tropicais de água doce variam desde desovas únicas ("big bang"), como em *Anguilla* spp, até desovadores totais e parciais (Quadro 8.4).

Os números de ovócitos maduros nos ovários de representantes de peixes tropicais de água doce são apresentados na Tab. 8.4.

Certas características de peixes tropicais, como crescimento e maturação, são diretamente dependentes da temperatura: as taxas de crescimento das espécies tropicais são mais rápidas, o peixe matura com menor idade e o período de vida é mais curto que em peixes de águas de regiões temperadas. Em algumas espécies de ciclídeos do lago Tanganica, por exemplo, o ciclo de vida é de um e meio a dois anos. Muitas espécies de pequenos caracídeos do lago Tchad, na África, não atingem mais de dois anos de idade. As taxas de crescimento, evidentemente, variam conforme os hábitos alimentares, as condições do ambiente, o alimento disponível, a temperatura da água e o adensamento populacional (Lowe-McConnell, 1999). Taxas de crescimento de tilápias foram muito estudadas por sua importância comercial (Pullin e Lowe-McConnell,

1982). De acordo com as condições ambientais, há grandes variações nas taxas de crescimento e maturação para essas espécies (*Oreoctomis miloticus* e *O. mossambicus*).

Além do trabalho realizado por Barthem e Goulding (1997) acerca de peixes da região amazônica, desenvolveram-se outros estudos com relação ao tambaqui (Araújo-Lima e Goulding, 1997). Dois volumes, publicados respectivamente por Val, Almeida Val e Randall (1996) e Val e Almeida Val (1999), sintetizaram a fisiologia e a bioquímica de peixes tropicais, particularmente das espécies amazônicas. Esses autores demonstraram a complexidade de interações e o funcionamento fisiológico das espécies de **peixes amazônicos** em condições de alta variabilidade ambiental, representada por **flutuações hidrológicas**, disponibilidade de alimentos, ciclos biogeoquímicos diferenciados e períodos de oscilação de duas variáveis importantes do ponto de vista fisiológico: oxigênio dissolvido e temperatura da água.

A fauna de peixes amazônicos, representada por cerca de 2 mil espécies, evoluiu, segundo

Quadro 8.4 Tipos de reprodução em representantes de peixes tropicais de água doce

TIPO DE FECUNDIDADE	SAZONALIDADE NA REPRODUÇÃO	EXEMPLOS	MOVIMENTOS E CUIDADO PARENTAL
"Big bang" ++++	Uma vez na vida	*Anguilla*	Migrações muito longas, catádromos sem cuidado parental
Desovadores totais +++	Muito sazonais com enchentes: anual ou bianual	Muitos caracóides: *Prochilodus* *Salminus* *Hydrocynus* Muitos ciprinídeos Alguns siluróides *Lates* (**Lago Chade**)	Peixes de "piracema", com migrações muito longas Sem cuidado parental Movimentos locais: ovos pelágicos
Desovadores parciais ++	Estação prolongada Durante estação (s) de águas altas	Alguns ciprinídeos Alguns caracóides: *Serrasalmus* *Hoplias* Alguns siluróides: *Mystus*	Principalmente movimentos locais Guarda ovos em plantas (m; m+f) Guarda ovos no fundo (m) Guarda ovos e jovens (m)
Classificados em: Desovadores de pequenas ninhadas +	Estação das águas altas; pode começar no fim da estação seca ou ser não-sazonal	*Arapaima* Alguns anabantóides *Hoplosternum* *Hypostollus* *Loricaria parva* [a]*Loricaria* spp. *Aspredo* sp. *Osteoglossum* Ciclídeos: [a]Maior parte das espécies sul-americanas [ab]Maior parte das espécies africanas [b]*Sarotherodon galilaeus* *S. melanotheron* Raias de ferrão [b]Pecilídeos *Anableps*	Guarda ovos e jovens; ninhos no fundo (m+f) Guardam ovos, ninho de bolhas superficial (m) Guarda ovos em ninhos de superfície (m) Guarda ovos; buracos das margens (sexo?) Guarda ovos sob pedras (m) Carrega ovos no lábio inferior (m) Carrega ovos no ventre (f) Prole na Boca (m) Guardam ovos e jovens (m+f) Prole na boca ovos e jovens (f) Prole na boca ovos e jovens (m+f) Prole na boca ovos e jovens (m) Vivíparas Vivíparos Vivípara
	Fim das chuvas	Espécies de ciprinodontes anuais	Deixam os ovos no lodo durante a estação seca

m – macho; f – fêmea; [a] – fim da estação seca; [b] – ou é não sazonal
Fonte: Lowe-McConnell (1999).

Val *et al.* (1999), em um ecossistema altamente variável e, portanto, ajustando periodicamente seus padrões bioquímicos e fisiológicos a essas condições extremamente variáveis. Esses ajustes fisiológicos possibilitaram aos peixes amazônicos a sobrevivência em condições de anoxia, águas com altas concentrações de gás sulfídrico e baixas concentrações iônicas. Segundo Walker e Henderson (1999), a fisiologia dos peixes amazônicos pode ser considerada um processo intermediário entre a ecologia e a evolução dos peixes, o que inclui taxas de reprodução, ciclos de vida, metabolismo geral e comportamento.

Tab. 8.4 Número de ovócitos maduros nos ovários (fecundidade) de representantes de peixes tropicais de água doce

Protopterus aethiopicus	1.700 – 2.300
Arapaima gigas	47.000
Osteoglossum bicirrhosum	180
Mormyrus kannume	1.393 – 17.369
Marcusenius victoriae	846 – 16.748
Gnathonemus longibarbis	502 – 14.624
Hippopotamyrus grahami	248 – 5.229
Pollimyrus nigricans	206 – 739
Petrocephalus catostoma	116 – 1.015
Alestes leuciscus	1.000 – 4.000
Alestes nurse	17.000
Alestes dentex	24.800 – 27.800
Alestes macrophthalmus	10.000
Hoplias malabaricus	2.500 – 3.000
Salminus maxillosus	1.152.900 – 2.619.000
Prochilodus scrofa	1.300.000
Prochilodus argenteus	657.385
Labeo victorianus	40.133
Catla catla	230.830 – 4.202.250
Lates niloticus	1.140.700 – 11.790.000
[a]*Mystus aor*	45.410 – 122.477
Hypostomus plecostomus	115 – 118
Arius sp	118
Loricaria sp.	c.100
Oreochromis leucostictus	56 – 498
Oreochromis esculentus	324 – 1.672
Pseudotropheus zebra	17 – <30
Cichla ocellaris	10.203 – 12.559
Astronotus ocellatus	961 – 3.452
Anableps anableps	6 – 13 embriões

[a]Pode desovar 5 vezes em uma estação; a maior parte das espécies acima desta, na tabela (exceto *Arapaima* e *Osteoglossum*) são desovadoras totais, aquelas abaixo, desovadoras múltiplas
Fonte: Lowe-McConnell (1975)

A sobrevivência a baixas concentrações de oxigênio dissolvido é um dos atributos fisiológicos extremamente importantes de peixes amazônicos: respiração aérea, depressão metabólica, especializações morfológicas e ajustes às transferências de oxigênio são algumas das características fisiológicas mais comuns em peixes amazônicos (Val, 1999). A variação da concentração de oxigênio dissolvido em águas amazônicas depende de processos como a fotossíntese por plantas aquáticas, a morfometria de canais, rios e lagos, a decomposição da matéria orgânica, a respiração dos organismos e os movimentos e alterações hidrológicas e hidrodinâmicas. Durante períodos de inundação, em alguns lagos ocorrem anoxia ou condições de hipoxia, o que submete os peixes a um estresse elevado. O Quadro 8.5 relaciona as espécies amazônicas de peixes que respiram ar facultativa ou obrigatoriamente.

A **tolerância à hipoxia** nessas espécies de peixes amazônicos é um dos grandes desafios à fisiologia de peixes tropicais, e os estudos indicam enormes possibilidades de avanço na compreensão dos processos fisiológicos e adaptativos sob essas condições (Almeida Val, Val e Hochahka, 1993).

O papel dos peixes nas cadeias e redes alimentares será apresentado mais adiante.

8.4.1 **Produção pesqueira** e Limnologia

A produção potencial dos peixes é dependente do estado trófico das águas que suporta a comunidade de peixes. É evidente que outros fatores, como a taxa de crescimento e reprodução e as características do ambiente, influenciam a produção pesqueira. O uso de índices como o IME (Índice Morfoedáfico) pode ser indicativo da biomassa potencial de peixes em lagos e represas – IME = STS/z, sendo STS = sólidos totais em suspensão e z = profundidade média do lago ou represa (Oglesby, 1982). Essa estimativa é útil para o conhecimento da produção total de peixes em um ecossistema aquático.

A produção pesqueira depende, até certo ponto, do **funcionamento ecológico** dos ecossistemas continentais e da produtividade primária de cada ecossistema. Em algumas regiões tropicais, sobretudo nos grandes deltas internos e nos vales de inundação dos rios Amazonas e Paraná, a produção pesqueira tem um papel fundamental na economia regional (Petrere, 1992; Goulding, 1999; Roosevelt, 1999; Barthem, 1999).

A **construção de reservatórios** afeta a pesca e a produção pesqueira em águas continentais (Agostinho *et al.*, 1994, 1999; Tundisi *et al.*, 2006), mas, por outro lado, abre interessantes possibilidades de cultivo de espécies sob condições controladas. A

Quadro 8.5 Peixes da Amazônia que respiram ar de forma facultativa ou obrigatória. As estruturas associadas com a fixação de oxigênio são indicadas. As famílias são organizadas de acordo com estruturas generalizadas para estruturas especializadas

Famílias e espécies	Facultativo	Obrigatório	Estruturas			
			BP	PE	EI	FBB
Lepidosirenidae						
Lepidosiren paradoxa		X	X			
Arapaimidae						
Arapaima gigas		X	X			
Erythrinidae						
Erythrinus erythrinus	X			X		
Hoplerythrinus unitaeniatus	X			X	X	X
Doradidae						
Doras	X				X	
Callichthyidae						
Callichthys	X				X	
Hoplosternum	X				X	
Loricariidae						
Plecostomus	X				X	
Ancistrus	X				X	
Rhamphichthyidae						
Hypopopus	X					X
Electrophoridae						
Electrophorus		X				X
Synbranchidae						
Synbranchus marmoratus	X					X

BP – bexiga natatória e pulmão; PE – pele;
EI – estômago e intestino; FBB – divertículos faringeanos, branquiais e da boca
Fonte: Val *et al.* (1999).

introdução de espécies exóticas em reservatórios para aumentar a produção pesqueira pode ser interessante e uma solução, mas representa um potencial problema, sobretudo quando essas espécies são predadoras de região pelágica (Leal de Castro, 1994).

O cultivo de algumas espécies de peixes em aquicultura (piscicultura em tanques ou tanques rede) apresenta-se como solução adequada para aumentar os estoques pesqueiros e a produtividade pesqueira, mas, evidentemente, essa tecnologia afeta o ecossistema aquático (represa ou lago), por causa da rápida eutrofização.

Os fatores que afetam a produção pesqueira ou os ecossistemas continentais estão relacionados com aqueles que impactam o ambiente ou a **biologia das espécies** de peixes comerciais, ou a sua fisiologia, reprodução e sobrevivência. Esses fatores são:

▶ introdução de espécies exóticas, que altera a rede alimentar (Fig. 8.12);
▶ eutrofização;
▶ toxicidade crônica e aguda;
▶ efeitos de alterações morfológicas nos ecossistemas aquáticos (rios, canais e barragens);
▶ poluição térmica;
▶ usos excessivos e desordenados das bacias hidrográficas, que afetam hábitats e a **vegetação ripária**;
▶ renovação de florestas ripárias;
▶ alterações da área de reprodução de peixes.

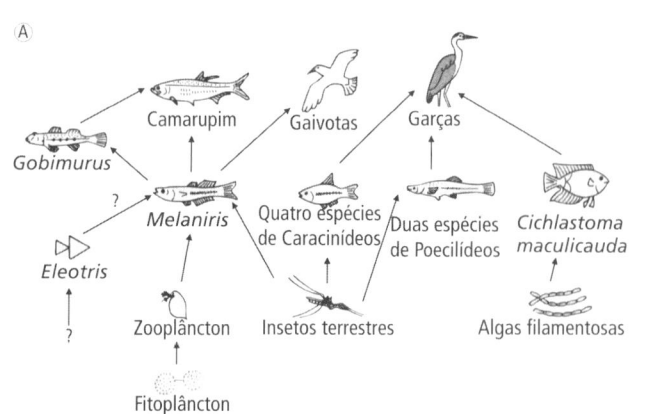

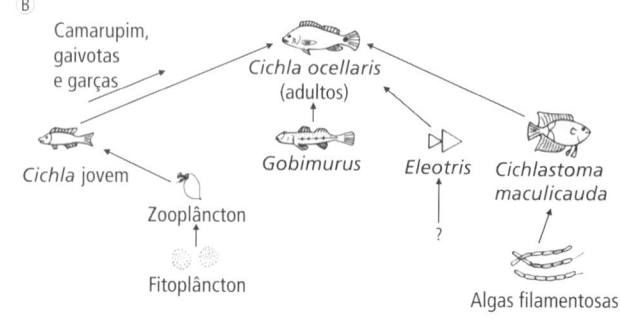

Fig. 8.12 Impacto da introdução de espécies exóticas no lago Gatún e seus efeitos na rede alimentar
Fonte: Horne e Goldman (1994).

8.5 Cadeias e Redes Alimentares

A energia flui nos ecossistemas aquáticos através de sucessivos níveis tróficos. A produção primária fotossintética provê a quantidade e a qualidade de alimento disponível para herbívoros e carnívoros. Muitos organismos aquáticos são onívoros e variam sua alimentação conforme a época do ano e a disponibilidade de alimento. Evidentemente, como apontam Horne e Goldman (1994), o conceito de **nível trófico** é idealizado e esquemático. Muito além da chamada **cadeia trófica**, deve-se levar em conta – e esta é uma tendência mundial – a **rede trófica**, que é **dinâmica**. A definição mais concreta é a de uma **rede trófica dinâmica**, pois esta se altera temporária e espacialmente.

A **dinâmica da cadeia alimentar** é complexa e a determinação de sua **estrutura** e **eficiência** demanda um conjunto de técnicas e metodologias que vão desde a determinação do conteúdo do tubo digestivo de zooplâncton e peixes até as medidas da eficiência de energia em cada uma das etapas do ciclo da rede trófica.

Um dos primeiros aspectos a considerar é o tipo de alimentação dos organismos aquáticos, cuja estrutura dos órgãos de alimentação varia enormemente do ponto de vista morfológico, apresentando diferentes eficiências. Uma descrição dos hábitos e características dos organismos aquáticos é a seguinte:

- ▸ **Herbívoros** – alimentam-se de plantas aquáticas, fitoplâncton, perifíton ou macrófitas.
- ▸ **Carnívoros** – alimentam-se de organismos aquáticos herbívoros ou de outros organismos aquáticos, exceto plantas.
- ▸ **Detritívoros** – alimentam-se de restos de vegetação, sedimento ou restos de animais.
- ▸ **Onívoros** – têm hábitos alimentares variados, incluindo plantas, animais ou detritos em suspensão na água ou no sedimento.

Os organismos podem apresentar sistemas de captura ou filtração de alimento, classificando-se em:

- ▸ **Filtradores** – o caso clássico de filtração de partículas em suspensão (fitoplâncton, bactérias ou partículas orgânicas) é o dos copépodes planctônicos, especialmente calanóides (Fig. 8.13).
- ▸ **Coletores** – são organismos que **coletam** partículas de variadas dimensões em suspensão na água ou no fundo de rios e lagos.
- ▸ **Raspadores** – são organismos que **raspam** superfícies e alimentam-se de microfitobentos, bactérias ou matéria orgânica coloidal ou agregada a partículas.
- ▸ **Coletores de sedimento** – são organismos que coletam, agregam e consolidam partículas de sedimento, ricas em matéria orgânica.

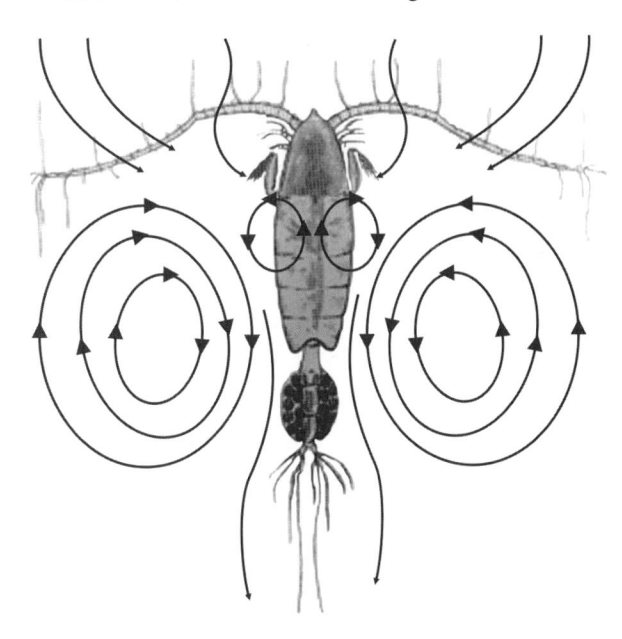

Fig. 8.13 Mecanismo de filtração de Copépodes herbívoros, representado por um desenho original para *Calanus Finmarchicus* (Marshal, 1972) mas válido para Copépodes herbívoros de águas continentais em geral
Fonte: modificado de Marshall e Orr (1972).

As taxas de alimentação desses organismos e o conteúdo energético de cada componente são obtidos com calorímetro de bomba. Também é importante determinar a composição de cada um dos vários componentes da rede trófica: geralmente se agregam os organismos por grupos funcionais (como herbívoros, onívoros ou carnívoros).

Pirâmides biológicas com o valor nutricional de cada nível trófico podem ser construídas, desde fitoplâncton e perifíton (a base da rede alimentar) até os carnívoros predadores (grandes peixes ou outros vertebrados), no topo da rede alimentar. A Fig. 8.14 apresenta a clássica rede alimentar em lagos de uma rede trófica com vários componentes.

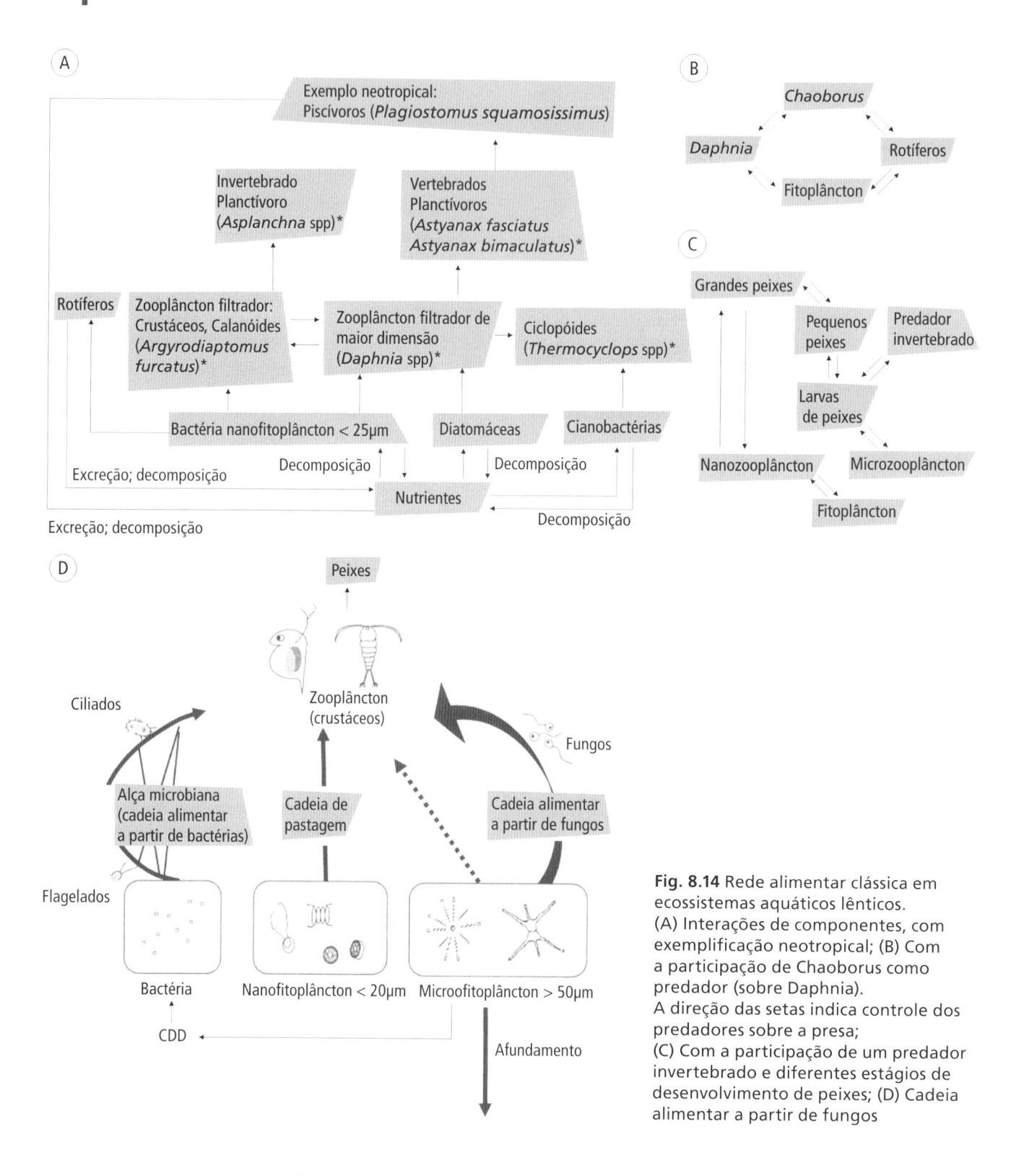

Fig. 8.14 Rede alimentar clássica em ecossistemas aquáticos lênticos.
(A) Interações de componentes, com exemplificação neotropical; (B) Com a participação de Chaoborus como predador (sobre Daphnia).
A direção das setas indica controle dos predadores sobre a presa;
(C) Com a participação de um predador invertebrado e diferentes estágios de desenvolvimento de peixes; (D) Cadeia alimentar a partir de fungos

A importância dos predadores vertebrados na dinâmica das redes tróficas e na teoria da cascata trófica (Carpenter et al., 1985) foi ressaltada por muitos autores, como Kerfoot e Sih (1987). Essa teoria acentua o papel dos peixes predadores na estrutura das redes tróficas, particularmente na composição e na dinâmica da comunidade zooplanctônica, cuja primeira presa é o fitoplâncton fotossintetizante.

Entretanto, outras evidências, como apresentado por Dumont, Tundisi e Roche (1990) mostram que a predação zooplanctônica exerce um papel relevante na estrutura e na dinâmica da comunidade zooplanctônica. De acordo com Lair (1990), a **predação de invertebrados** sobre o zooplâncton exerce um controle efetivo, em particular sobre o microzooplâncton de rotíferos e pequenos crustáceos. Essa pressão de predadores pode exercer um controle indireto, segundo essa autora, na produtividade e na sucessão do fitoplâncton em lagos onde a predação intrazooplanctônica é intensa.

Blaustein e Dumont (1990) *apud* Dumont *et al.* (1990) relatam a predação de *Mesostoma* spp (Platelminto) sobre *Chidorus sphericus* e *Moina micrura* (Fig. 8.15).

Espécies planctônicas de *Mesostoma* spp ocorrem em muitos lagos tropicais e sua presença foi demonstrada em lagos africanos (Dumont *et al.*,1973) e em vários lagos do Parque Florestal do Rio Doce - MG (Rocha *et al.*, 1990). Esses organismos se estabelecem na coluna de água em várias profundidades e são predadores de zooplâncton e de larvas de mosquito (*Aedes* spp) (Mc Daniel, 1977).

Em campos de **cultivo de arroz** da Califórnia, a presença de *Mesostoma lingra* controlou larvas de mosquito (*Culex tarsalis*) (Case e Washimo, 1979).

Dumont e Schoreels (1990) relataram a predação de *Mesostoma lingra* sobre *Daphnia magna*. Rocha *et al.* (1990) demonstraram o impacto de *Mesostoma* na predação do zooplâncton em lagos do Parque Florestal do Rio Doce, bem como, no lago D. Helvécio em particular, a migração vertical dessa espécie durante 24 horas. Provavelmente essa migração para a superfície durante o período noturno coincide com a predação sobre o zooplâncton. Nesse lago, *Mesostoma*, por sua vez, é predado por *Chaoborus* e *Mesocyclops* sp.

A predação realizada por *Mesostoma* spp inclui a injeção de uma neotoxina paralisante na presa e apreensão desta com muco. A predação sobre ostracodes, conforme relatado por Rocha *et al.* (1990), consiste na introdução da faringe ejetada entre as duas valvas e um movimento de sucção de todo o conteúdo do organismo. Matsumura Tundisi *et al.* (1990) comprovaram a predação de *Mesocyclops* spp sobre *Ceriodaphnia cornuta* e *Brachionus calyciflorus* no reservatório de Barra Bonita (Fig. 8.16).

Portanto, os resultados apresentados apontam claras evidências da predação intrazooplanctônica como um **fator regulador** e estruturador das cadeias e redes alimentares em lagos e represas. A argumentação de Fernando *et al.* (1990) de que a diversidade de predadores invertebrados é mais baixa em lagos tropicais, atualmente é pouco aceita, em razão da diversidade de informações sobre predação intrazooplânctonica que hoje existe.

Além dessa predação intrazooplanctônica, a predação de invertebrados sobre o zooplâncton é um fator provavelmente bastante importante como regulador da biomassa do zooplâncton, bem como de seu comportamento, conforme demonstrou Perticarrari *et al.* (2004) para o lago Monte Alegre em Ribeirão Preto.

Arcifa *et al.* (1998) descreveram a composição, a flutuação e as interações da comunidade planctônica em um reservatório tropical raso (lago Monte

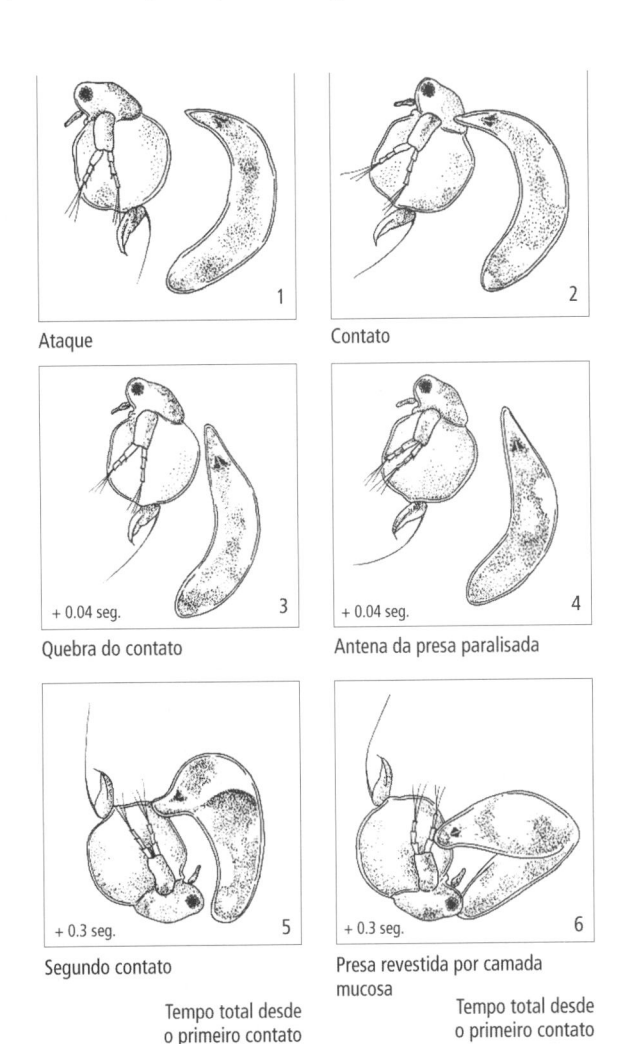

Fig. 8.15 *Mesostoma* spp atacando *Moina micrura*
Fonte: modificado de Dumont, Tundisi e Roche (1990).

Alegre) estudado intensivamente em vários períodos. Por meio de análises multivariadas, identificaram-se quatro períodos durante o ciclo de um ano. A biomassa fitoplanctônica foi mais elevada nos períodos III e IV (setembro e março) e a biomassa zooplanctônica, mais abundante nos períodos I, II e IV (abril-agosto e janeiro-março). No período III, setembro-dezembro, ocorreu uma depressão do zooplâncton, decorrente de fatores como a predação por peixes, o excesso de sólidos em suspensão e o efeito de predação por *Chaoborus*. Outra possível causa para essa depressão foi a presença muito abundante de *Aulacoseira granulata*, pouco utilizada como alimento pelo zooplâncton (Fig. 8.17). Esses autores também atribuíram o declínio inicial do zooplâncton durante o período de depressão ao efeito das frentes frias e ao resfriamento da coluna de água.

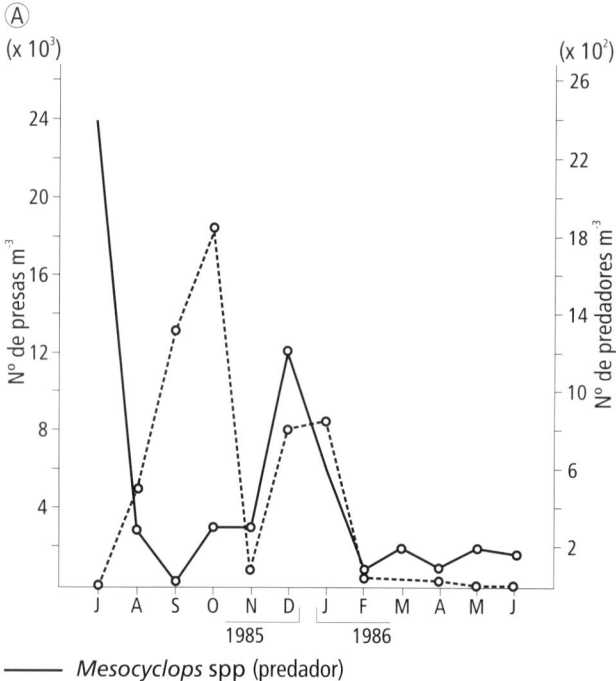

Segundo Arcifa (2000), que estudou a dieta de espécies de *Chaoborus* no mesmo lago Monte Alegre, os principais componentes dessa dieta nos estágios I e II foram *Aeridium* e zooflagelados, enquanto microcrustáceos do gênero *Bosmina* foram os principais componentes nos estágios III e IV. A predação por caoborídeos, segundo essa autora, pode ser um fator importante, do ponto de vista quantitativo, para o controle da população de *Bosmina tubicen* nesse lago (Arcifa *et al.*, 1992), onde, por outro lado, considerou-se a migração reversa do zooplâncton uma possível tentativa de escape da produção das larvas de *Chaoborus*.

A determinação da pressão quantitativa da predação intrazooplanctônica é ainda um desafio metodológico fundamental. Experimentos de manipulação em **mesocosmos**, como demonstrado por Lazzaro *et al.* (resultados não publicados), podem ser fundamentais, do ponto de vista tecnológico, para resolver e quantificar esse problema.

A predação de peixes planctófagos sobre o zooplâncton e seu impacto sobre as redes alimentares foi estudada por Hrbaeck *et al.* (1961), Hrbaeck (1962), Brooks e Dodson (1965) e Straškraba (1965). Nesses trabalhos iniciais demonstrou-se que as comunidades de zooplâncton eram compostas por representantes de pequeno porte, em comparação com lagos onde ocorria a ausência de peixes planctófagos.

Lazzaro (1987) apresentou uma extensa revisão sobre as características, a evolução e os mecanismos de alimentação e seleção das presas pelos peixes que se alimentam de plâncton. Estes podem ser planctófagos

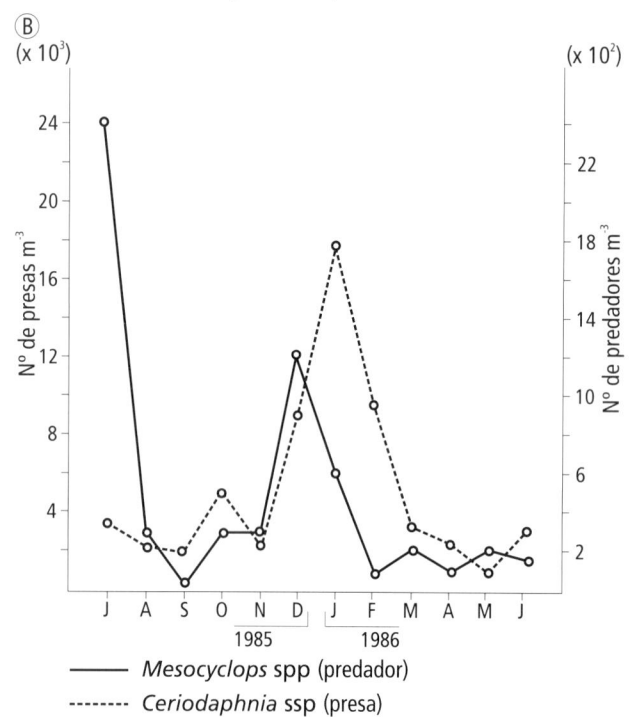

Fig. 8.16 Flutuação estacional de predadores *Mesocyclops longisetus* + *Mesocyclops kieferi* na represa de Barra Bonita (SP): (A) sobre a presa *Brachionus calyciflorus*; (B) sobre a presa *Ceriodaphnia cornuta*

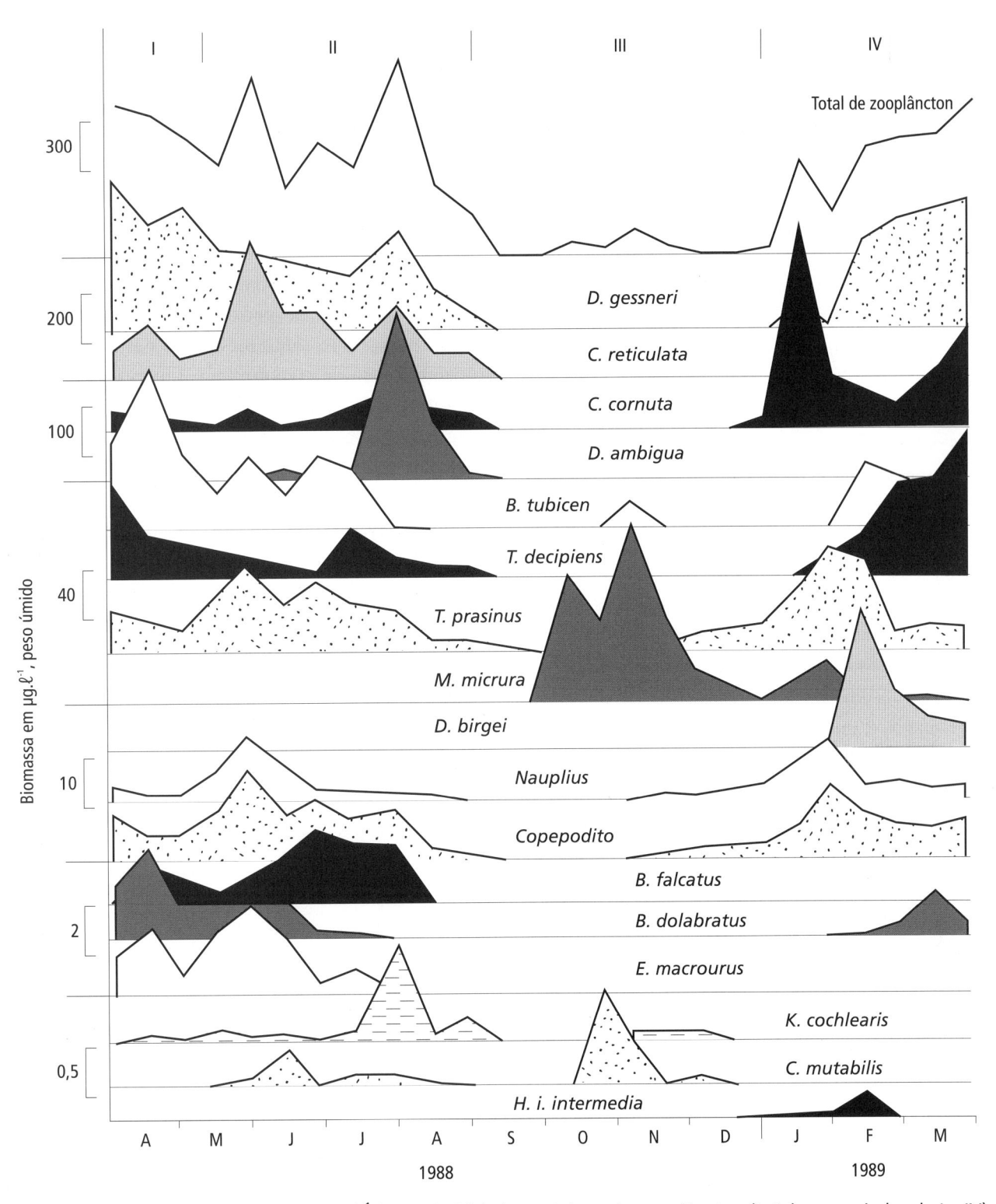

Fig. 8.17 Flutuações de biomassa em μg . ℓ^{-1} (peso úmido) de espécies e do zooplâncton (total nos períodos de I a IV) Fonte: Arcifa *et al.* (1998).

facultativos ou obrigatórios. Os peixes que se alimentam de material particulado (ou seja, filtradores) alimentam-se por seleção casual da presa ou passam à filtração; podem também predar a partir da visualização da presa ou por quimiorrecepção. Werner (1977) comprovou experimentalmente a alimentação por seleção da presa. Os filtradores bombeiam água e filtram material durante o movimento natatório (Gophen *et al.*, 1983b). Há, portanto, vários mecanismos comportamentais de alimentação e predação dos peixes.

Em relação às redes e às **cadeias alimentares**, um problema importante a considerar é o conceito de controle da cadeia ou cascata trófica a partir do **topo da cadeia alimentar**, como proposto por Carpenter *et al*. (1985). Os conceitos do controle do fluxo de energia a partir do topo da rede alimentar e do controle desse fluxo a partir da base da rede alimentar (respectivamente *top-down* e *bottom-up*) estão em discussão por longo tempo. O conceito tradicional de controle a partir da base da rede alimentar sustenta que cada presa "pode alimentar vários predadores", apoiando-se na perspectiva de que todos os níveis tróficos estão correlacionados positivamente e o controle é exercido pelos nutrientes (fator limitante).

Portanto, uma maior concentração de nutrientes resulta em maior produtividade primária e, num efeito em cadeia, maior biomassa de fitoplâncton, maior biomassa de zooplâncton, maior biomassa de peixes planctófagos e maior biomassa de piscívoros. Por sua vez, o conceito de controle da rede alimentar a partir do topo sustenta que um número maior de peixes piscívoros resulta em um número menor de peixes planctófagos e, num efeito em cadeia, maior biomassa de zooplâncton, menor biomassa de fitoplâncton e maior concentração de nutrientes disponíveis.

Experimentos em mesocosmos procuraram comprovar as duas hipóteses. Em um deles, adicionaram-se peixes planctófagos, o que provocou redução da biomassa zooplanctônica e aumento da biomassa fitoplanctônica. Podem-se fertilizar mesocosmos (Tundisi e Saijo, 1997) e obter elevadas concentrações de fitoplâncton, produzindo-se, dessa forma, um efeito controlador a partir da base da rede alimentar (Lampert e Sommer, 1997). Portanto, a dinâmica das populações de fitoplâncton, zooplâncton e peixes recebe influência desses dois tipos de organização da rede alimentar (Vanni *et al*., 1990). Assim, a estrutura do ecossistema organiza-se a partir de uma concentração de nutrientes (carga externa ou interna) e, por outro lado, a partir dos predadores presentes no topo da rede alimentar. Essa hipótese de controle da estrutura da rede alimentar a partir dos predadores do topo é utilizada para implementar a **biomanipulação** em lagos e reservatórios com a finalidade de controlar a eutrofização.

A biomanipulação para o gerenciamento de lagos e reservatórios tem sido objeto de muitos estudos nos últimos 20 anos (De Bernardi e Giussiani, 2001). No Brasil, especificamente, um estudo de caso importante é o do lago Paranoá em Brasília (Starling e Lazzaro, 2007), onde se desenvolveu a **ecotecnologia** baseada na biomanipulação e a introdução da carpa prateada estéril para o controle biológico de cianobactérias converteu parte significativa da produtividade primária em biomassa de peixes de valor comercial. Os autores apontam como problemas nesta conversão a incorporação de **cianotoxinas** à biomassa de peixes comerciais e a insustentabilidade do processo em lagos e reservatórios por longos períodos. Outros efeitos das interações peixe-zooplâncton na qualidade da água foram comprovados por Arcifa *et al*. (1986) e por Attayde (2000), que desenvolveu estudos para demonstrar os efeitos diretos e indiretos da predação de peixes e da excreção em redes alimentares.

Os dois controles são interdependentes e não exclusivos, e as hipóteses e demonstrações mais recentes apontam para a preponderância de um ou outro controle por determinados períodos. Evidências (Rosemond *et al*., 1994) de que os dois tipos de controle, ao coexistirem, são mais efetivos, já foram apresentadas (Horne e Goldman, 1994; Lampert e Sommer, 1997). Bechara *et al*. (1992) demonstraram efeitos importantes do controle a partir do topo da rede alimentar em riachos, mas os mecanismos de controle a partir da base da rede alimentar são igualmente eficientes nesses ecossistemas (Fig. 8.18).

Peixes têm um papel importante nas redes tróficas, como ficou demonstrado. Para lagos e rios da região amazônica, dois tipos fundamentais de redes tróficas ocorrem e têm grande importância quantitativa e qualitativa. Walker (1995) demonstrou que protozoários como amebas, ciliados e fungos têm um papel importante em preservar riachos que recebem a serrapilheira da floresta, e, por outro lado, Goulding (1980) e Araújo-Lima e Goulding (1997) demonstraram a grande importância dos peixes herbívoros e que se alimentam de frutos e sementes na Amazônia. Segundo esses autores, espécies de peixes como o tambaqui (*Colossoma macroponum*) e outros herbívoros têm um papel fundamental na dispersão de frutos e sementes nessa região.

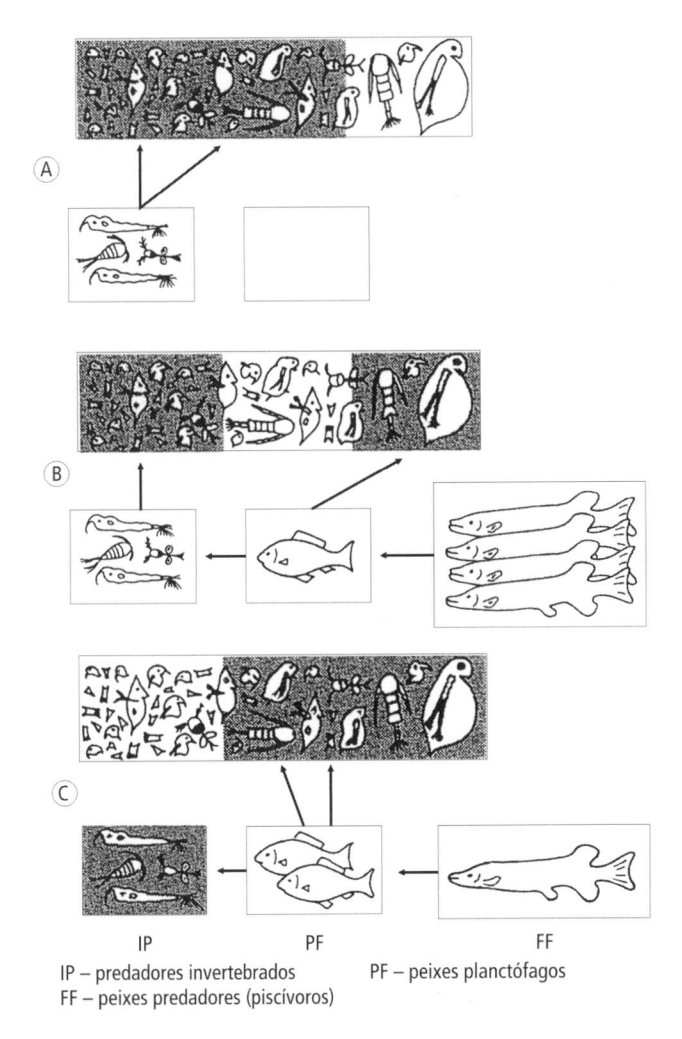

Fig. 8.18 Efeitos dos diferentes predadores vertebrados e invertebrados na composição do zooplâncton a) Sem peixes planctófagos → zooplâncton de maior tamanho; b) População grande de peixes predadores, poucos planctófagos → zooplâncton de tamanho médio; c) Poucos peixes predadores, muitos planctófagos → microzooplâncton
Fonte: Straškraba e Tundisi (2000).

IP – predadores invertebrados
PF – peixes planctófagos
FF – peixes predadores (piscívoros)

Um importante papel exercido pelas bactérias nas redes alimentares é a chamada **alça microbiana**, descrita por Azam inicialmente para ecossistemas marinhos, e que se aplica também – e apropriadamente – a lagos, represas, rios, riachos e áreas alagadas de regiões temperadas e tropicais. Segundo essa teoria, e a partir de **métodos experimentais** desenvolvidos, bactérias têm um papel fundamental no processamento de matéria orgânica dissolvida (MOD), bem como de detritos produzidos a partir da excreção e decomposição de organismos planctônicos, peixes e macro e microinvertebrados bentônicos. O processamento de todo esse material, do qual parte é excretada pelo fitoplâncton fotossintetizante (Tundisi, 1965; Vieira et al., 1998), ocorre pela ação de bactérias que reciclam rapidamente a matéria orgânica dissolvida e particulada. A Fig. 8.19 mostra a rede alimentar com a alça microbiana incluída (*microbial loop*). A Fig. 8.20 ilustra uma rede alimentar com base na **microlitosfera** e um papel relevante do **picofitoplâncton fotossintetizante** no fluxo de energia.

Vários autores descreveram a predação de plantas aquáticas carnívoras sobre protozoários, rotíferos e larvas de culicídeos (Brumpt, 1925; Hegener, 1926). Essa predação pode ter efeitos significantes do ponto de vista quantitativo na predação sobre o zooplâncton, como demonstrado por Roche e Matsumura Tundisi (resultados não publicados) para massas de *Utricularia* sp predando sobre zooplâncton na lagoa Verde (Parque Florestal do Rio Doce). Somenson e Jackson (1968) demonstraram efeitos quantitativos significantes na predação de *Utricularia gibba* sobre *Parenecia multimicronucleatun*. A predação de plantas aquáticas sobre zooplâncton é considerada uma alternativa nutricional de fontes de nitrogênio em ambientes com baixa concentração de nitrogênio inorgânico.

Os detritívoros têm uma grande importância nos ecossistemas aquáticos interiores. Em pequenos rios, em florestas tropicais, a detritivoria assume importantes aspectos quantitativos. Walker (1985), estudando pequenos riachos na Amazônia, observou que os detritos incluem restos de vegetação, restos de organismos, fezes e frutos. Esses detritos são imediatamente atacados por fungos decompositores, os quais constituem o primeiro item alimentar. Os detritos e a serrapilheira com seus decompositores, bactérias e fungos, juntamente com algas (desmidáceas e diatomáceas), são utilizados como alimento por consumidores primários, tais como flagelados, tecamebas, rotíferos, copépodes ciclopóides e espécies de Ostracoda.

Os sistemas de riachos da floresta Amazônica recebem uma enorme quantidade de restos de vegetação (6-10 ton.ha^{-1}.ano^{-1} – Klinge, 1977), o que mantém uma relevante cadeia alimentar, com muitas alternativas. Nesses ecossistemas, a diversidade do recurso alimentar constitui a base da estabilidade, sem ocor-

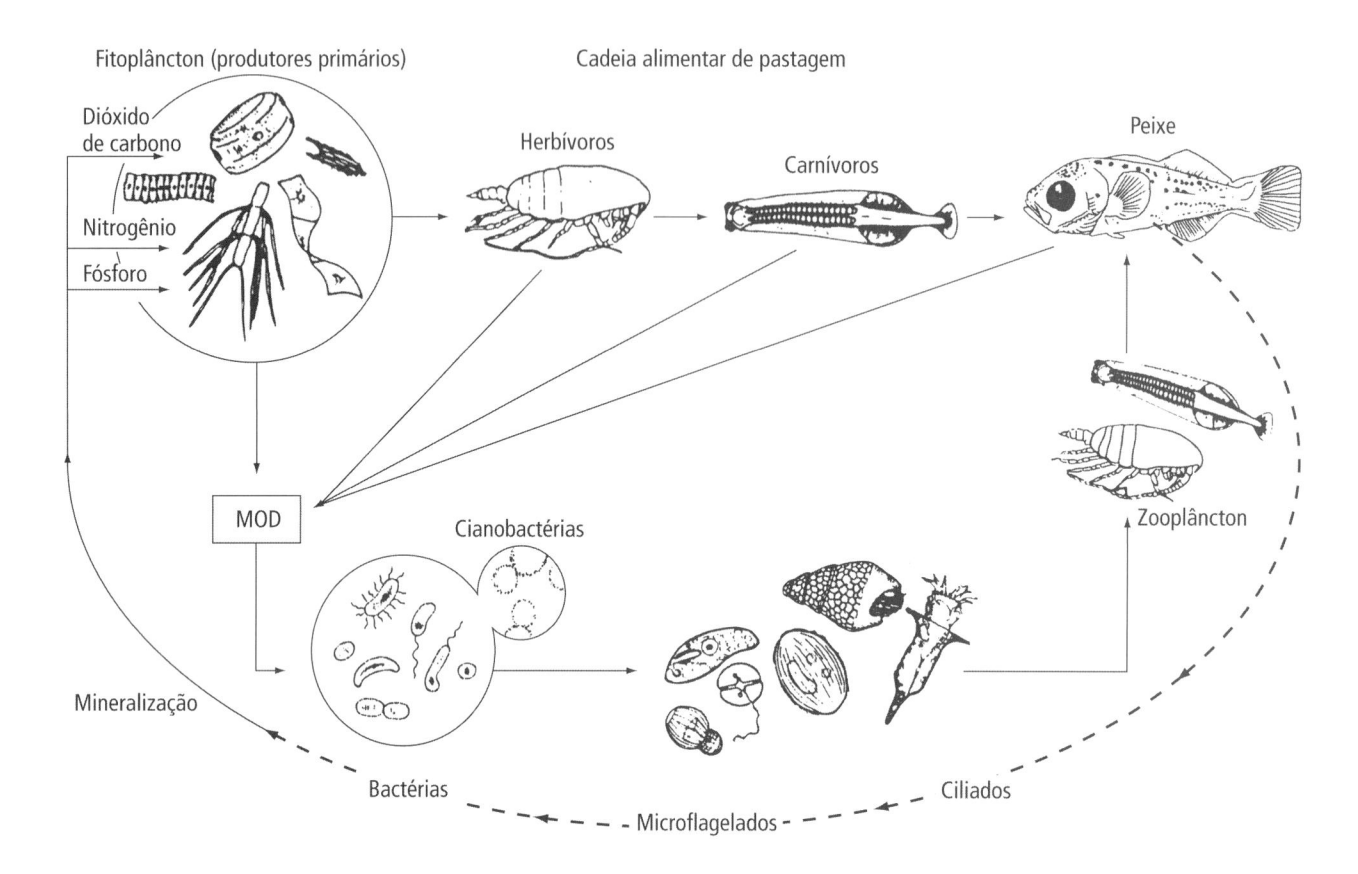

Fig. 8.19 A "alça microbiana". Figura clássica produzida inicialmente para destacar o papel das bactérias na mineralização da matéria orgânica. A reserva de matéria orgânica dissolvida é utilizada quase exclusivamente por bactérias heterotróficas e suporta significante **produção secundária** bacteriana. Por esta figura, vê-se que a alça microbiana está relacionada com a cadeia alimentar de pastagem
Fonte: Azam *et al.* (1983).

rer uma superespecialização dos consumidores. Além da exploração das várias alternativas, ocorrem também várias técnicas alimentares que permitem uma melhor e otimizada exploração. Portanto, nesses sistemas onde a cadeia alimentar inicia-se essencialmente com detritos e fungos decompositores, algas e bactérias, o alimento dos invertebrados superiores e dos peixes depende primariamente dessa fonte. A biomassa assim produzida nos pequenos riachos alimenta os grandes rios do sistema.

A cadeia alimentar com base em detritos é muito importante também em áreas alagadas e em lagos de várzea (*floodplains*), onde ocorrem crescimento e decomposição extensiva de macrófitas aquáticas. Em reservatórios da Amazônia onde há inundação de áreas de floresta, as regiões inundadas apresentam considerável acúmulo de detritos de origem vegetal (vegetação e decomposição), e, portanto, uma cadeia alimentar com base em detritos desenvolve-se rapidamente, resultando em um rápido crescimento de camarões do gênero *Machrobrachium* sp.

Peixes detritívoros de importância comercial são muito comuns nos rios sul-americanos. Catella e Petrere (1996) discutiram a importância dos detritos na dieta de espécies de peixes de lagos de várzea. Através dessa **cadeia de detritos** ocorre uma contração da rede alimentar aumentando a eficiência da comunidade em lagos de várzea e rios da região neotropical.

O conteúdo estomacal dos peixes detritívoros apresenta uma variedade grande de diferentes componentes, como algas, bactérias, fungos, restos de vegetação e porções não identificadas de itens alimentares. Araújo-Lima *et al.* (1986) apresentaram estudos que identificaram as fontes de energia para peixes detritívoros, e Forsberg *et al.* (1993) apresentaram informações sobre as **fontes autotróficas** de carbono para peixes da Amazônia Central. Pelo uso das técnicas de análise do conteúdo estomacal de peixes

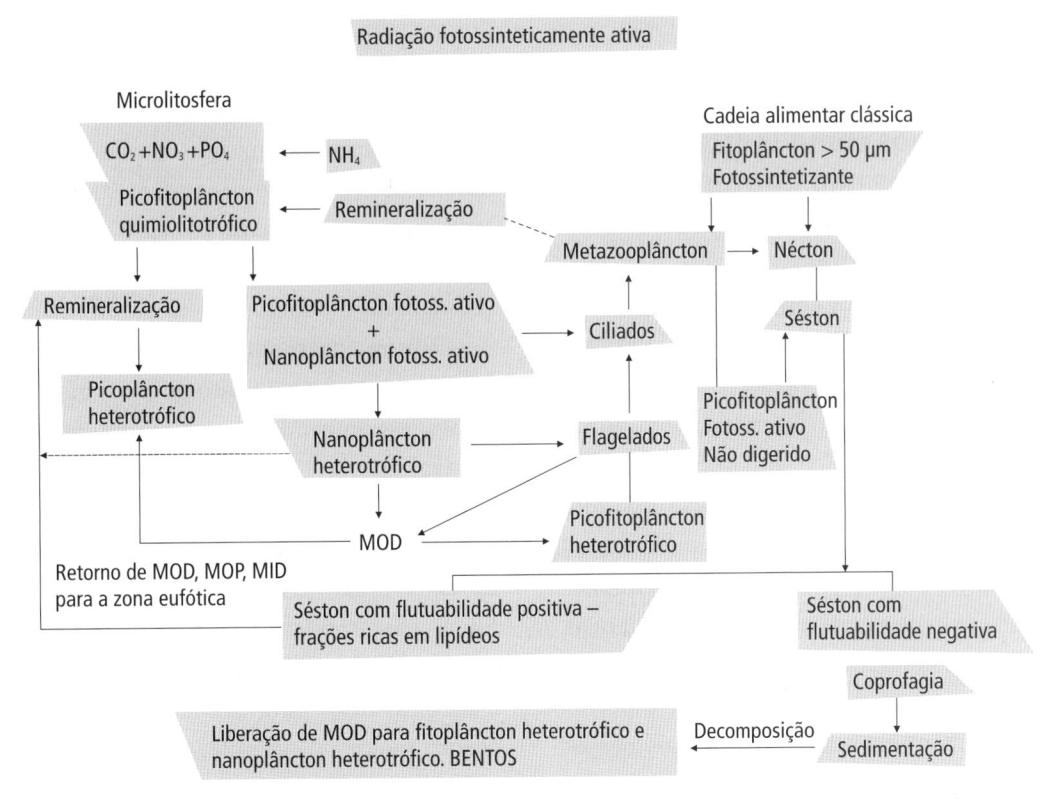

Fig. 8.20 Principais rotas de transferência de matéria orgânica em condições quimiolitotróficas e de fotossíntese por diferentes frações de tamanho do fitoplâncton: frações > 50 μm, nanofitoplâncton (< 20 μm), picofitoplâncton (0,2-3,0 μm). Distingue-se entre picofitoplâncton fotossinteticamente ativo, picofitoplâncton **quimiolitotrófico**, **nanofitoplâncton fotossinteticamente ativo** e **nanofitoplâncton heterotrófico**
MOD – Matéria orgânica dissolvida; MOP – Matéria orgânica particulada; MID – Matéria inorgânica dissolvida
Fonte: modificado de Stockmer e Antia (1986).

e isótopos do carbono ^{15}C, Vaz *et al.* (1999) identificaram que as principais fontes de carbono para peixes caraciformes e siluriformes do rio Jacaré-Pepira e da **represa de Ibitinga** (Estado de São Paulo) são matéria orgânica particulada (MOP). Nas regiões de rápidos dos rios, a fonte principal é material alóctone, e na represa de Ibitinga, a fonte principal é fitoplâncton. Em regiões do rio com lagoas marginais, a fonte principal do alimento é **material particulado dos detritos**, onde bactérias também podem ser fontes substanciais de carbono.

Uma revisão ampla das relações tróficas das comunidades de peixes em rios e reservatórios neotropicais foi feita por Araújo-Lima *et al.* (1995), os quais concluíram que riachos têm uma grande abundância de peixes onívoros, enquanto que as comunidades de várzea são dominadas por detritívoros e, por sua vez, reservatórios e canais de rios têm grande abundância de piscívoros.

Impacto da introdução de espécies exóticas invasoras de água doce

A introdução proposital ou acidental de espécies de organismos aquáticos (peixes, moluscos ou crustáceos) causa efeitos muito significativos nas redes alimentares. Em um volume recente, Rocha *et al.* (2005) demonstraram o impacto da introdução de *Cichla* cf. *ocellaris* na rede alimentar da represa da UHE Carlos Botelho (Lobo/Broa), bem como os impactos da introdução de moluscos, filtradores exóticos na rede alimentar das represas do médio Tietê. A introdução de *Plagioscion squamosissimus* nos reservatórios do médio Tietê produziu alterações substanciais nas redes tróficas desses reservatórios, sobretudo na região pelágica onde a corvina, peixe piscívoro, é um predador eficaz (Leal de Castro, 1994; Stefani *et al.*, 2005). Da mesma forma, a introdução do **mexilhão dourado** (*Limnosperma fortunei*) em rios, lagos e represas da **bacia do Prata** tem produzido inúmeras alterações na rede alimentar (ver também Cap. 6).

8.6 Os Organismos como Indicadores de Águas Naturais não Contaminadas e da Poluição e Contaminação – os Bioindicadores

Os ecossistemas aquáticos continentais e os ecossistemas marinhos estão sendo amplamente alterados em sua estrutura e função, em razão do crescimento e das demandas da população humana, bem como do desenvolvimento econômico em muitas regiões, que produz alterações substanciais no uso do solo, poluição do ar, com impactos nos recursos hídricos superficiais e subterrâneos (ver Cap. 18). Esses impactos são globais, regionais e locais e vão desde mudanças climáticas até o desmatamento de **matas ripárias**, alterações de fluxo em rios e introdução de espécies exóticas. As alterações espaciais e temporais nesses processos afetam a estrutura e a função dos ecossistemas aquáticos e tornam difícil a avaliação e a predição das consequências sob os efeitos de múltiplos **fatores de estresse**. Existe atualmente amplo reconhecimento de pesquisadores, tomadores de decisão, planejadores e gerentes de meio ambiente de que há necessidade de apresentar abordagens mais ecológicas, com uma base científica mais robusta, para o monitoramento e a antecipação dos efeitos das alterações na estrutura e na função dos ecossistemas, por causa dos múltiplos impactos.

A sensibilidade de uma comunidade de organismos aquáticos, ou de populações de diferentes espécies, constitui-se em um indicador fundamental das condições ambientais (Loeb, 1994). Os organismos e as comunidades podem responder a diferentes alterações em recursos ou a alterações em variáveis ambientais como condutividade, temperatura da água ou poluentes orgânicos e inorgânicos.

Hutchinson (1958) definiu como **hipervolume** o conjunto de respostas de um organismo a todos os fatores que se relacionam com a sua capacidade de sobrevivência e reprodução. Quando ocorrem alterações nesses fatores, há uma mudança no hipervolume que corresponde a uma nova organização espacial e temporal de fatores ótimos e de mera sobrevivência dos organismos. Os fatores de estresse que atuam sobre um organismo ou sobre comunidades podem ser físicos, químicos e biológicos.

Para que se defina um conjunto de fatores como fatores de estresse, é necessário considerar seus atributos, ou seja, suas variáveis, e qual é a hierarquia desses fatores que atuam sobre organismos, populações e comunidades.

O **monitoramento biológico** e a avaliação dos fatores de estresse que atingem os organismos, populações e comunidades são componentes essenciais na avaliação e no prognóstico das respostas desses organismos a efeitos de alterações físicas, químicas e biológicas. O conceito de nicho e de hipervolume de cada organismo frente a variáveis ambientais e biológicas proporciona a base teórica para o monitoramento biológico e o uso de organismos, populações e comunidades para avaliar impactos. O monitoramento biológico permite, até certo ponto, antecipar impactos, avaliar o risco ecológico e as consequências dos impactos. Qualquer tipo de estresse pelo qual passa um ecossistema aquático é refletido nos organismos, populações e comunidades, que são os componentes fundamentais do ecossistema.

Os primeiros a utilizar o estudo de bactérias em um ecossistema aquático para avaliar a resposta à poluição orgânica foram Kolkwitz e Marsson (1909). Posteriormente, em 1950, este conceito – o *Saprobien systems* – foi expandido por Folkowitz (Hynes, 1994), seguindo-se inúmeros estudos que provaram codificar sistemas biológicos capazes de responder, por exemplo, ao impacto da mineração e de metais pesados, ou aos efeitos da poluição orgânica.

Os avanços produzidos em estudos regionais e locais são inúmeros e a mera lista de espécies não é satisfatória, como já afirmara Patrick (1951) no estudo de diatomáceas como indicadores. Utilizaram-se intensivamente macrófitas aquáticas, macroinvertebrados bentônicos, organismos planctônicos e o uso de crustáceos e perifíton para a produção de índices locais e regionais, como os propostos por Cairns *et al.* (1968) para a América do Norte ou por Roldán (2006) para a Colômbia. Atualmente há índices para a acidificação de águas, **efluentes industriais** diversificados e outros fatores de estresse.

Quais são, portanto, os princípios básicos metodológicos para uma eficiência no uso de bioindicadores? Em primeiro lugar, é fundamental o conhecimento básico dos ecossistemas, da estrutura das comunidades e suas inter-relações. Índices de diversidade aplicados às comunidades planctônicas ou do nécton são fundamentais. É necessário também manter um local permanente de referência, não impactado, que possibilite uma comparação contínua com o ecossistema impactado. Deve-se ainda considerar outro aspecto essencial, que é a **continuidade** de avaliação do sistema impactado, para possibilitar comparações permanentes.

A presença de certas espécies indicadoras de condições de poluição é outro requerimento fundamental. Frequentemente essas espécies funcionam como uma informação antecipada – seu desaparecimento pode indicar alterações em curso ou fatores relevantes de estresse que estão atuando nas comunidades ou populações (Matsumura Tundisi *et al.*, 2006) (Fig. 8.21).

Rocha *et al.* (2006) estudaram a biodiversidade em represas do rio Tietê sob os efeitos da eutrofização e concluíram que diferentes **indicadores biológicos** nas comunidades estudadas apontam para a condição eutrófica de alguns reservatórios: a maior abundância de oligoquetos, de aves piscívoras e de macrófitas emergentes são indicadores das condições de trofia desses reservatórios. A diminuição das macrófitas submersas, à medida que aumenta a eutrofização e diminui a transparência dos reservatórios, é outro indicador.

Parasitas de peixes também são utilizados como indicadores da eutrofização e do estresse ambiental (Silva-Sousa *et al.*, 2006). A ausência de ectoparasitas de peixes é outro indicador de fatores de estresse relacionados com o aumento de **pesticidas** na água.

Os requerimentos para um **biomonitoramento** efetivo são, portanto, múltiplos e estão relacionados com a coleta e determinação da biodiversidade dos organismos e com a diversidade de espécies. Em alguns casos, porém, podem-se colocar sistemas de coleta – para perifíton ou macroinvertebrados, por exemplo – com a finalidade de acompanhar o crescimento, a estruturação e o impacto dos fatores de estresse. A utilização de substratos artificiais tem sido extremamente útil em estudos de respostas das comunidades de perifíton, autoecologia de espécies de diatomáceas (Patrick, 1990) ou da resposta de macroinvertebrados bentônicos (Pareschi, 2006).

Ghetti e Ravere (1990) descrevem as seguintes categorias utilizadas no monitoramento biológico de águas continentais na Europa:
▶ análises das comunidades naturais (em especial para rios);
▶ testes de toxicidade para a determinação do impacto de descargas;
▶ ensaios biológicos para rápida avaliação de controle de efluentes;
▶ testes de **bioacumulação**;
▶ uso de indicadores biológicos em Estudos de Impacto Ambiental.

Os organismos utilizados tanto sob o ponto de vista estrutural/funcional como taxonômico são **planctônicos**, perifíton, microbentos, macrobentos e nécton. De Pauw *et al.* (1991) listam sete índices sapróbicos, 45 índices bióticos, 24 índices de diversidade e 19 índices comparativos.

Testes regulares de toxicidade com o uso de organismos envolvem testes com *Daphnia*, *Phosphoreum* (fotobactéria – inibição da bioluminescência de bactérias); testes com várias espécies de peixes e testes de toxicidade com algas.

Segundo Cairns e Smith (1994), os principais objetivos do monitoramento biológico são:
▶ promover uma avaliação antecipada da violação da qualidade dos ecossistemas com a finalidade de evitar efeitos deletérios;
▶ detectar impactos de eventos episódicos, tais como derrame acidental de substâncias tóxicas, disposição ilegal de resíduos e efluentes;
▶ detectar tendências ou ciclos;
▶ determinar efeitos ambientais decorrentes da introdução de organismos geneticamente modificados.

Mais recentemente, sistemas como microcosmos e mesocosmos foram introduzidos para avaliar impac-

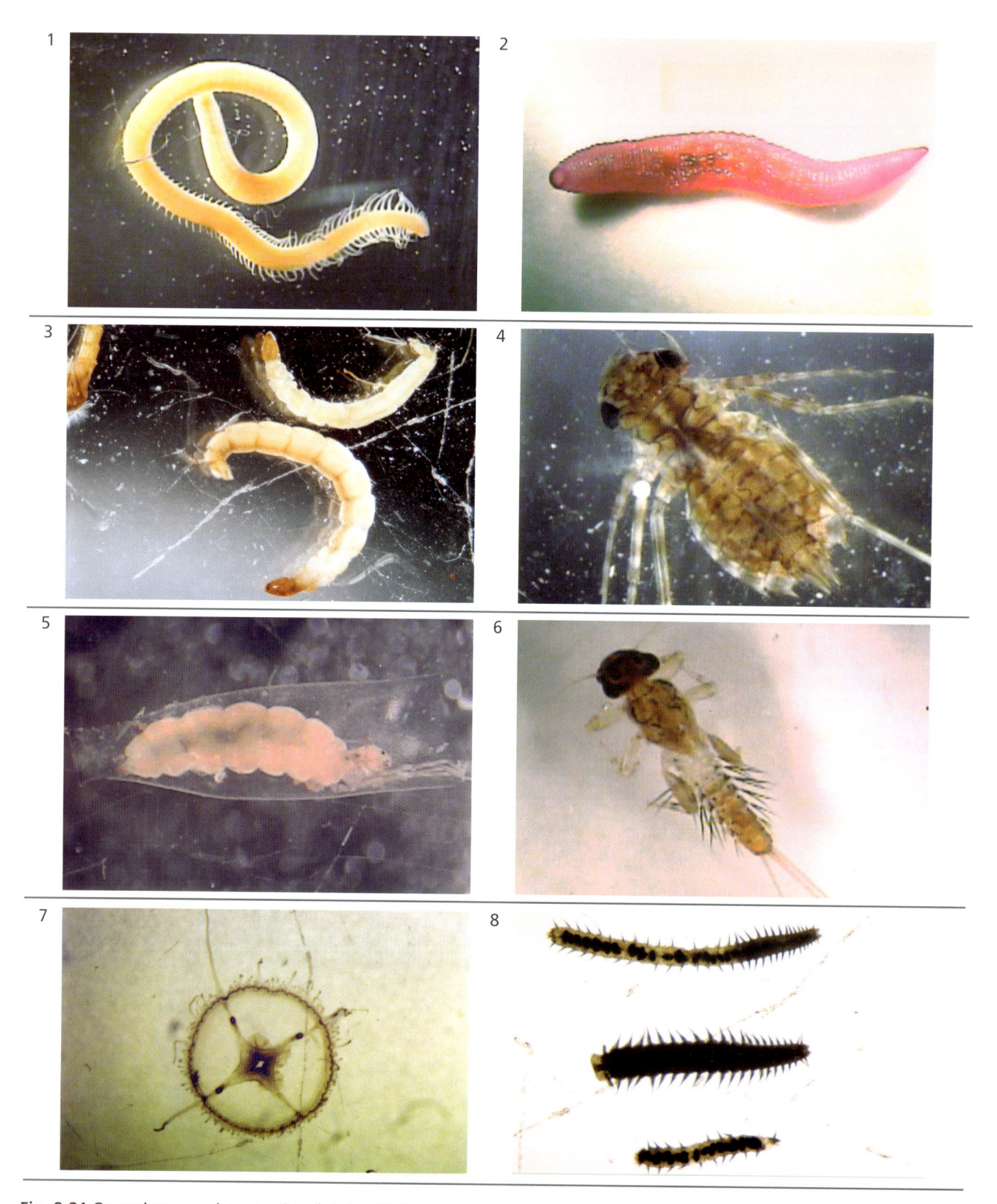

Fig. 8.21 Organismos resistentes à poluição: (1) *Branchiura sowerbyi* (*Oligochaeta, Tubificidae*, coletado no reservatório de Ibitinga, médio Tietê, SP); (2) *Hirudinea, Glossiphonidae* (coletado no rio Xingu, AM); (3) *Coelotanypus* sp (larva de *Chironomidae, Tanypodinae*); organismos tolerantes à poluição média – (4) *Libellulidae* (larva de *Odonata*, coletado no reservatório de Ibitinga, médio Tietê, SP); organismos sensíveis à poluição – (5) *Trichoptera* (larva dentro da casa, coletado no rio Xingu, AM); (6) *Ephemeroptera, Leptophlebiidae* (larva, coletada no rio Xingu, AM); (7) *Craspedacusta sowerbyi* (*Cnidaria*, rara, coletada no rio Tocantins, TO); (8) *Polychaeta* de água doce (raro, coletado no rio Xingu, AM)
Fotos de Daniela Cambeses Pareschi.

tos, em conjunto com a utilização de algumas espécies como **sistemas de informação** antecipada para detectar possíveis alterações (Cairns e Smith, 1994).

Peixes como bioindicadores

Os peixes podem ser utilizados como bioindicadores de forma bastante efetiva. Como são sensíveis a muitas variáveis de qualidade da água, são utilizados em bioensaios para determinar a toxicidade de indústrias químicas ou efluentes municipais ou de outras atividades humanas, como a mineração. Inicialmente esses testes envolviam apenas toxicidade aguda e efeitos imediatos de poluentes. Atualmente várias espécies são utilizadas para a determinação de toxicidade crônica, efeitos subletais que incluem mudanças em comportamento e metabolismo. Compreende-se melhor a integração entre a química da água, a toxicologia e seus impactos e a fisiologia dos peixes utilizando-se testes *in situ* com organismos submetidos a várias condições toxicológicas e uma determinação dos efeitos em comportamento, metabolismo (excreção renal, por exemplo; acúmulo de tóxicos em brânquias) e respostas enzimáticas, como a determinação da concentração da enzima P450 no citocromo do fígado dos peixes.

O resultado final do fluxo de energia é o aproveitamento da biomassa pelo homem. Iquitus – Peru
Pescador com bagre.
Foto: Mario Pinedo Panduro

9 O fluxo de energia nos ecossistemas aquáticos

Resumo

Neste capítulo, descrevem-se os principais mecanismos e processos que promovem o fluxo de energia nos ecossistemas aquáticos continentais. São apresentados os métodos e as abordagens principais para a determinação da produtividade primária dos autótrofos fotossintetizantes, das bactérias fotossintetizantes e os fatores que interferem nessa produção primária. Informações e dados sobre o bacterioplâncton heterótrofo e sua produtividade são também parte do capítulo, bem como os principais métodos e processos para a medida da produção secundária nos sistemas aquáticos, incluindo-se dados sobre essa produção em vários ecossistemas.

Os dados sobre a produtividade primária de oceanos, lagos e represas são apresentados de forma comparativa para incluir dimensões geográficas, volumes, capacidade de reciclagem de nutrientes, organização das redes tróficas e dimensões do fluxo de energia.

Inclui-se neste capítulo uma breve síntese sobre a importância da relação produção primária/produção pesqueira e a dimensão das redes alimentares.

9.1 Definições e Características

A energia que flui nos ecossistemas aquáticos continentais e oceânicos depende, em grande parte, dos **produtores primários fotoautotróficos** e das **bactérias quimiossintetizantes**. Mesmo essas bactérias dependem, em certa medida, das **plantas fotoautotróficas**, pois a matéria inorgânica reduzida, que é por elas oxidada e de onde obtêm a energia para a síntese da matéria orgânica, é originalmente produzida pela atividade das plantas fotoautotróficas. Portanto, todos os organismos que vivem no planeta Terra dependem, fundamentalmente, da matéria orgânica produzida pelas plantas por meio do processo fotossintético. Entretanto, a produção primária não é idêntica à fotossíntese, pois compreende também os processos quimioautotróficos.

Dois aspectos são importantes no estudo do fluxo de energia: a eficiência do processo em cada nível trófico e a estrutura e composição da rede alimentar. É evidente que, em um dado ecossistema, essa rede alimentar pode apresentar variações muito grandes, devendo-se então referir à rede alimentar dinâmica, que compreende os vários processos de alimentação seletiva e a quantificação.

Portanto, os organismos e os ecossistemas encontram-se em um **equilíbrio termodinâmico**: a energia recebida pelos ecossistemas e pelos organismos é utilizada por estes últimos para o crescimento e a manutenção, ou é armazenada. A energia degradada refere-se àquela que é dissipada com calor e produtos de excreção.

Os aspectos quantitativos (eficiência dos processos, taxas de crescimento, níveis de saturação da fotossíntese) e qualitativos (alimentação seletiva, direção principal da rede alimentar) são estudados em laboratórios em condições controladas nos vários compartimentos do sistema. A transferência dos estudos de laboratório para as condições reais de campo é um dos maiores obstáculos a um conhecimento mais aprofundado das redes alimentares e das eficiências nos ecossistemas. Por isso, nos últimos anos, o uso de tanques experimentais de grande tamanho (mesocosmos) tem facilitado, até certo ponto, a compreensão dos processos qualitativos e quantitativos, ainda sob um ponto de vista sinecológico. Entretanto, a própria

> **Produção primária bruta** – é a produção da matéria orgânica pelos organismos fotoautotróficos ou quimioautotróficos, sem considerar a matéria orgânica utilizada na respiração ou outros processos metabólicos.
>
> **Produção primária líquida** – é a produção de matéria orgânica pelos organismos fotoautotróficos ou quimioautotróficos, subtraindo-se a matéria orgânica consumida pela respiração ou outros processos metabólicos.

limitação a certos organismos, imposta pelas características desses mesocosmos, pode apresentar problemas e alterar os resultados.

Uma grande parte da metodologia quantitativa utilizada nos estudos de fluxo de energia nos sistemas aquáticos foi desenvolvida e padronizada para uso comparativo durante o Programa Biológico Internacional, e os Manuais do IBP para as várias técnicas são muito apropriados como referência fundamental (Worthington, 1975; Golterman *et al.*, 1978; Vollenweider, 1969, 1974).

Produção primária bruta ou produção primária líquida são expressas em $mgC.m^{-2}.dia^{-1}$, ou $mgC.m^{-2}.ano^{-1}$, ou $gC.m^{-2}.ano^{-1}$, ou $tonC.km^{-2}.ano^{-1}$, ou seja, os dados devem ser expressos por unidade de tempo, unidade de área ou volume.

A energia química produzida a partir da fotossíntese e da **quimiossíntese** flui, portanto, através dos diferentes compartimentos constituídos pelos organismos, e é essa energia que impulsiona o crescimento, a reprodução e o metabolismo desses organismos. Produtores primários fotoautotróficos nos ecossistemas terrestres e aquáticos apresentam diferenças fundamentais, segundo Margalef (1978) (Quadro 9.1).

Uma proporção substancial da produção primária em ecossistemas aquáticos está localizada na zona eufótica, definida como a região onde a intensidade luminosa não é inferior a 1% da intensidade luminosa na superfície. Esta é uma diferença fundamental entre sistemas terrestres e aquáticos quanto à produção fotossintética de matéria orgânica.

Portanto, no caso do fitoplâncton fotoautotrófico, o melhor uso da intensidade luminosa deve ser a localização o mais próximo possível da superfície, para o máximo uso potencial da energia luminosa disponível.

Quadro 9.1 Comparação entre produtores primários fitoplanctônicos e produtores primários terrestres

Propriedades comparativas	Fitoplâncton	Plantas terrestres
Tamanho dos produtores primários	Pequeno	Grande
Reciclagem dos produtores primários	Rápida	Lenta
Quantidade máxima de clorofila	(200-350 mg/m^2)	4 × 350 mg/m^2
Principal fator de seleção que opera nas plantas	Afundamento passivo, pastagem	Pastagem, competição por luz
Dependência de energia externa	Total, exceto em aglomerações muito grandes de biomassa	Tendência para controlar microclima
Relação biomassa animal/biomassa de plantas	Alta	Baixa
Controle do transporte	Ambiente físico ou animais	Plantas
Cadeia de detritos	Importante	Muito importante

Fonte: Margalef (1978).

Os trabalhos clássicos referentes ao fluxo de energia foram produzidos por Lindeman (1942), o qual, em um estudo realizado num pequeno lago (Cedar Creek Bog, Minnesota, Estados Unidos), descreveu as características tróficas, as inter-relações das comunidades desses ecossistemas e analisou a produtividade anual dos componentes da rede alimentar. A produtividade anual foi apresentada em cal/cm^2 e a eficiência em cada um dos principais grupos de produtores primários, secundários e terciários também foi calculada. Esses trabalhos foram sintetizados por Lindeman na sua clássica obra, a *Teoria trófico-dinâmica em Ecologia*. Esta obra estabeleceu as bases e o arcabouço teórico para os estudos de fluxo de energia em ecossistemas aquáticos continentais.

A Fig. 9.1 mostra o esquema original do trabalho de Lindeman, descrevendo as principais relações entre os componentes da biota nesse lago e suas relações com fatores abióticos. A Fig. 9.2 apresenta o esquema do fluxo de energia dos produtores primários a consumidores primários, secundários e terciários.

A produção de matéria orgânica pelos organismos fotossintetizantes ou **quimiossintetizantes** é um dos

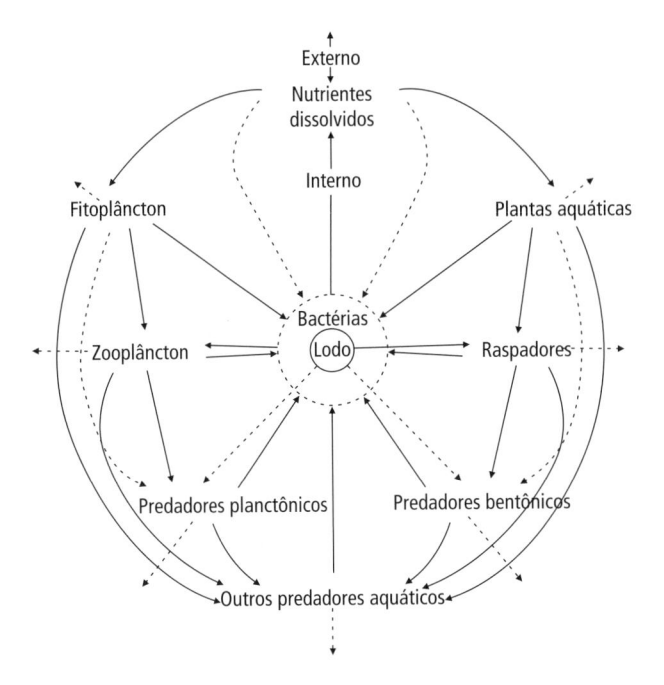

Fig. 9.1 Esquema original de Lindeman (1941) descrevendo os principais componentes da biota em Cedar Creek Bog (Minnesota, Estados Unidos)

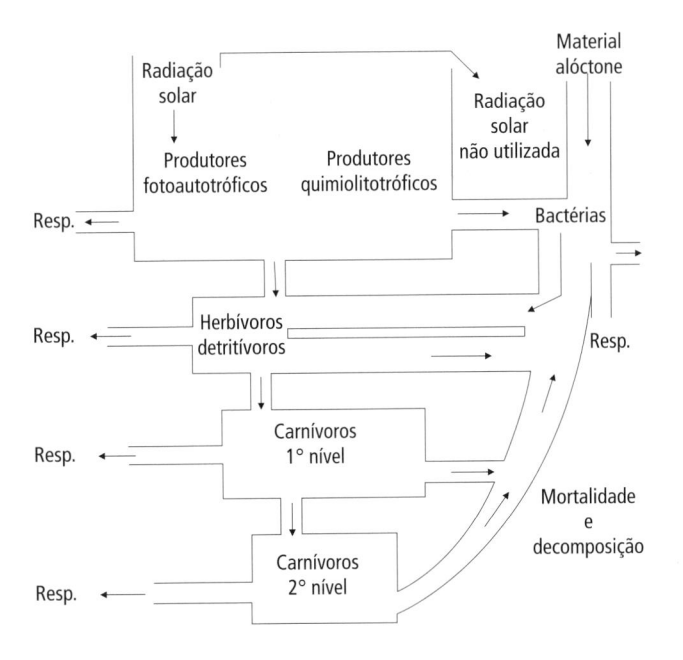

Fig. 9.2 Fluxo de energia em um ecossistema

principais eventos que ocorreram no planeta Terra. A liberação de oxigênio molecular pela fotossíntese possibilitou à atmosfera passar de condições redutoras para condições oxidantes. Milhões de anos se passaram até que a concentração atual de 21% da atmosfera em oxigênio molecular fosse atingida.

A presença de oxigênio na atmosfera e de ozônio na ionosfera diminuiu a quantidade de luz ultravioleta que atinge a superfície da Terra, permitindo assim o desenvolvimento da vida. Em altas intensidades de radiação ultravioleta, especialmente aquelas de onda curta, a vida é impossível.

A vida originou-se nos oceanos, e os organismos fotossintetizantes evoluíram, ocupando depois as águas continentais, os lagos naturais, pequenos tanques, poças de água e outros sistemas continentais em todas as latitudes e altitudes. Todos os grupos taxonômicos de algas desenvolveram-se antes ou durante o período cambriano, 1 milhão a 500 milhões de anos antes do presente.

Como já foi descrito nos Caps. 6 e 7, os organismos que realizam a fotossíntese são de diversos grupos vegetais em águas marinhas e continentais. Durante a fotossíntese, a energia radiante é transformada em energia química, e compostos químicos contendo energia química potencial são acumulados nas células e utilizados para construir estruturas nas plantas ou para a produção de energia necessária para a manutenção de inúmeros processos vitais. Já no início do século 20, determinou-se que a fotossíntese inclui dois tipos de processos: fotoquímicos e enzimáticos. Os processos fotoquímicos de fotossíntese são proporcionais à irradiância e, nessa fase, a taxa de fotossíntese é limitada pelo processo **fotoquímico**. A parte fotoquímica da fotossíntese é independente da temperatura.

A fotossíntese é limitada pela taxa das **reações enzimáticas** em altas irradiâncias; nesse caso, reações químicas dependentes da temperatura limitam a fotossíntese.

Portanto, os pigmentos clorofilados que fixam a energia solar produzem a partir da água e do gás carbônico, energia química que fica armazenada em moléculas complexas. Além do CO_2 como fonte de carbono e água, os organismos fotossintetizantes necessitam de elementos e substâncias para a construção de tecidos e para a utilização de energia. A equação básica da fotossíntese é:

$$12\,H_2O + 6\,CO_2 + \text{energia solar} \xrightarrow[\text{enzimas}]{\text{clorofila}} C_6H_2O_6 + 6\,CO_2 + 6\,H_2O$$

Além dos organismos fotossintetizantes – como fitoplâncton, macrófitas aquáticas (plantas superiores, fixas, flutuantes ou submersas) (ver Cap. 6), **micrófitas bentônicas** (perifíton) associadas a substratos localizados no fundo de rios, lagos e na superfície de plantas superiores, os quais utilizam CO_2 e H_2O –, as bactérias fotossintetizantes, em certas condições especiais, também produzem matéria orgânica utilizando H_2S, e não água, como fonte de elétrons.

Os produtores primários nos ecossistemas aquáticos podem ser autótrofos fotossintetizantes ou autótrofos quimiossintetizantes, estes últimos utilizando a energia liberada a partir de reações químicas.

Portanto, os produtores primários fotossintetizantes podem ser descritos como:
- fitoplâncton;
- macrófitas aquáticas;
- microfitobentos (perifíton);
- macrofitobentos;
- epífitas (microscópicas e macroscópicas);
- bactérias fotossintetizantes.

As bactérias quimiossintetizantes são também denominadas autótrofos quimioantotróficos.

A importância quantitativa e relativa de cada um desses componentes da produção primária de matéria orgânica depende de vários fatores, tais como: turbulência, circulação e organização vertical da coluna de água, condições nutricionais das massas de água, transparência e profundidade da zona eufótica, quantidade de energia radiante que chega aos substratos e possibilita a fotossíntese, e condições de oxirredução para as bactérias fotossintetizantes que utilizam H_2S ou para os quimiolitotróficos. Os estudos de produção primária estão, portanto, relacionados com a capacidade dos ecossistemas de produzir matéria orgânica e compostos orgânicos de alto potencial químico, os quais são transportados e fluem para níveis mais elevados do sistema (Vollenweider, 1974), a partir de energia luminosa externa, CO_2 e H_2O.

9.2 As Determinações da Atividade Fotossintética das Plantas Aquáticas

As técnicas utilizadas para a medida da atividade fotossintética dos diferentes organismos

> **Organismos fotoautotróficos** utilizam energia solar para a produção de matéria orgânica.
> **Organismos heterótrofos** utilizam compostos orgânicos como glicose ou piruvato ou outros considerados mais simples.
> **Organismos quimioautotróficos** utilizam fontes químicas para a produção de energia e podem ser classificados em quimiorganotróficos, se utilizam matéria orgânica como doadora de elétrons, e quimiolitotróficos, se utilizam matéria inorgânica como doadoras de elétrons.
>
> Fonte: modificado de Goldman e Horne (1994) e Cole (1994).

fotoautotróficos variam muito, em razão das diferenças de tamanho, fisiologia e hábitat entre esses organismos, tais como as macrófitas aquáticas, o fitoplâncton e o microfitobentos. Essas técnicas serão descritas nas próximas seções deste capítulo.

9.2.1 Métodos para a determinação da atividade fotossintética e da produtividade primária fitoplanctônica

A estrutura e as sucessões espacial e temporal das comunidades fitoplanctônicas foram discutidas no Cap. 7. Verificou-se ali que essa estrutura e a sua dinâmica são determinadas por vários fatores, tais como espécies de algas, tamanho, flutuabilidade, temperatura da água, adaptação à luz, taxa de crescimento, demanda de nutrientes, efeito da pastagem de organismos consumidores, toxicidade da água e relações com outros organismos, como bactérias e fungos.

É na **zona eufótica** de lagos, represas e oceanos que ocorre a produção primária fitoplanctônica que compensa as taxas de respiração que acontecem entre os períodos de iluminação e escuro. Como já foi descrito no Cap. 4, a zona eufótica é limitada à profundidade de 1% da intensidade luminosa que chega à superfície, e essa profundidade é denominada **profundidade de compensação**, ou camada de compensação, em que a produção e o consumo se equilibram (Steeman-Nielsen, 1975).

Os organismos fotoautotróficos planctônicos dependem da intensidade luminosa como fonte de energia, e o perfil vertical da intensidade luminosa, a composição espectral e a quantidade de energia radiante subaquática são fatores ecológicos fundamentais que determinam a **taxa de produção** primária fitoplanctônica por metro cúbico ou metro quadrado de água.

A determinação da produção primária fitoplanctônica em oceanos e sistemas aquáticos continentais desenvolveu-se em uma longa história de medidas quantitativas que tem origem em experimentos iniciados no século XIX (Regnard, 1891).

Essa história de determinação da produção primária fitoplanctônica, analisada por Talling (1984), apresentou várias tendências e procedimentos que derivaram das seguintes alterações e renovações de conceitos:

▸ Avaliação de que censos populacionais repetidos não eram suficientes para determinar a produção primária.

▸ O conceito de que a medida da produção primária fotossintética fitoplanctônica poderia ser a base para a determinação do metabolismo do ecossistema.

▸ O conceito dessa quantificação como uma característica descritiva das comunidades, o que resultou no mapeamento dos oceanos quanto à produtividade primária e na comparação de lagos e represas quanto à sua produtividade, concebendo-se uma tipologia (Steeman-Nielsen, 1975; Sorokin, 1999).

▸ A constatação de pouca ou quase nenhuma interação conceitual entre produção primária aquática (marinha e de águas continentais), fisiologia da vegetação e produção primária terrestre, e entre limnologia e oceanografia.

▸ Um aumento considerável dos experimentos, especialmente após a introdução do método do ^{14}C para medidas de produtividade primária fitoplanctônica nos oceanos, lagos e represas.

▸ Um aumento na tendência para realização de experimentos *in situ* e a implantação de **modelos matemáticos** de previsão (Han e Straškraba, 1998).

Uma síntese das bases que se utilizam para as medidas de produção primária fitoplanctônica é mostrada no Quadro 9.2.

Quadro 9.2 Princípios gerais que orientam as medidas da produção primária nos ecossistemas aquáticos

		NAS CÉLULAS	NO MEIO
Taxas	Sistemas experimentais em pequena e grande escala	^{14}C ^{15}N Síntese de RNA	O_2 Carbono
	Observações e medida na água livre	Incremento na biomassa Divisão em fase	Variações de O_2 (diurnas) Variações de CO_2 (diurnas) Sílica (sazonal)
Quantidades e composições (correlações)		Relações C: N: P Fluorescência	Nutrientes/trofia (Ex.: clorofila/P_{total})

Fonte: Talling (1984).

Nesse quadro, verifica-se que as bases fundamentais para as medidas da produção primária fitoplanctônica abrangem métodos experimentais, de observação, medições *in situ* e métodos que utilizam a biomassa e o incremento dessa biomassa (divisão celular) como medida da produção primária. Na Fig. 9.3 ilustram-se as diferentes etapas para a determinação da produção primária fitoplanctônica e seu desenvolvimento em cem anos (1880 – 1980). Vê-se, por essa figura, que um complexo e abrangente conjunto de experimentos, medidas e observações foi sendo desenvolvido por diferentes pesquisadores.

Segundo Talling (1984), o processo básico envolvido no termo "produção" é **crescimento replicativo**, fundamentalmente exponencial e quantificável por uma constante de crescimento específico com dimensões de tempo. A partir de 1900, as taxas de crescimento específico foram muito utilizadas como medidas de produtividade (dinâmica de populações planctônicas) por um conjunto de pesquisadores.

Experimentos de crescimento e avaliação da dinâmica da população fitoplanctônica *in situ* foram realizados por Ruttner (1924), Loose *et al.* (1934), Connon *et al.* (1961) e Talling (1955).

A comparação entre incremento populacional e fotossíntese para determinar produtividade é complicada, pelo fato de que as populações fitoplanctônicas são heterogêneas, sendo difícil avaliar o crescimento específico para cada uma das espécies presentes na comunidade. Avaliações com populações monoespecíficas também têm complicações, pela relação sempre não-linear entre taxas de fotossíntese e crescimento.

Existem dois métodos experimentais que foram largamente empregados para as medidas da produção primária fitoplanctônica: a assimilação de **carbono radioativo** (^{14}C), introduzida por Steeman-Nielsen (1951), e a evolução do oxigênio dissolvido durante o período experimental de medida da fotossíntese (Gaarder e Gran, 1927).

As duas metodologias utilizam o sistema experimental (repetido durante muito tempo em lagos, oceanos e represas em muitos países) dos frascos transparentes e escuros suspensos na zona eufótica durante um determinado período de tempo, que pode variar de 2, 4, 6 ou 24 horas (este último período utilizado por alguns pesquisadores em experimentos com o método do O_2). O método dos frascos transparentes e escuros foi introduzido por Gaarder e Gran (1927) e utilizado durante todo o período até 1951 (até a introdução do método do ^{14}C). No Brasil, o método do ^{14}C foi introduzido pelo pesquisador Prof. Clóvis Teixeira, o qual realizou estágio com o Dr. Steeman-Nielsen e disseminou a técnica a partir de 1962. Uma série de medições e experimentos com o desenvolvimento dessa tecnologia no Brasil resultou em um conjunto de trabalhos científicos fundamentais (Teixeira e Tundisi 1967; Tundisi, Teixeira e Kutner, 1973; Tundisi, 1977; Tundisi *et al.*, 1977; Tundisi, 1983; Barbosa e Tundisi, 1980; Henry *et al.*, 1985; Tundisi e Saijo, 1997; Tundisi *et al.*, 1997), que ampliaram o conhecimento científico sobre produção primária fitoplanctônica em águas costeiras, estuários, lagos e represas. Uma revisão metodológica das medidas de produtividade primária fitoplanctônica foi apresentada por Teixeira (1973).

Técnica do ^{14}C

Neste método, a incorporação de ^{14}C na matéria orgânica produzida pelo fitoplâncton é utilizada como medida da produção primária. O ^{14}C é adicionado a

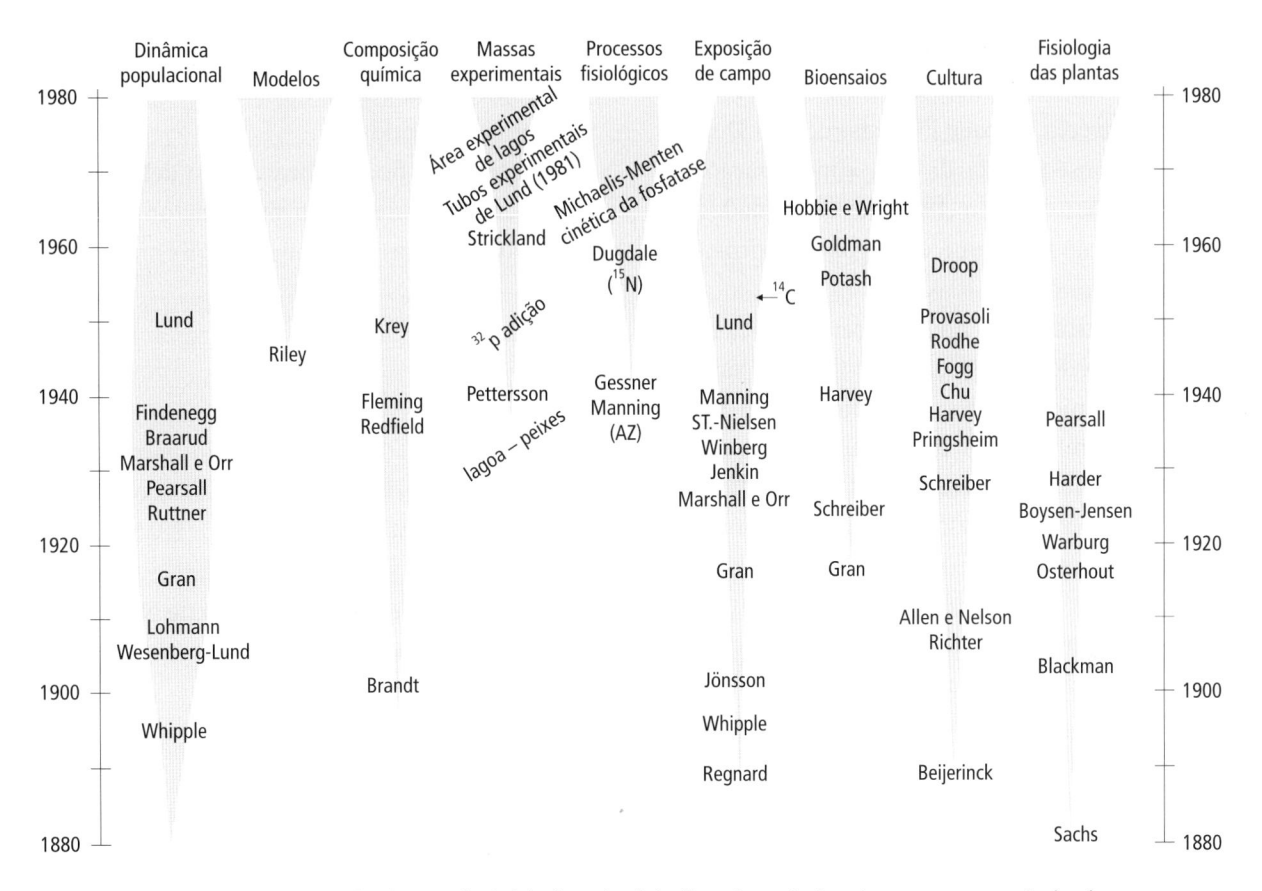

Fig. 9.3 Principais etapas no estudo da produtividade primária fitoplanctônica durante um período de cem anos
Fonte: Talling (1984).

amostras de água sob a forma de NaH^{14}CO$_3$ (bicarbonato de sódio). Quando se determina o conteúdo total de CO$_2$ da água e o conteúdo de ^{14}C do fitoplâncton, a quantidade total de carbono assimilada pode ser calculada da seguinte forma:

$$\frac{^{14}C\ disponível}{^{14}C\ assimilado} = \frac{^{12}C\ disponível}{^{12}C\ assimilado}$$

Fontes: (Steeman-Nielsen, 1951, 1952; Wetzel e Likens, 1991).

Portanto, uma determinada concentração de bicarbonato radioativo é adicionada às amostras com uma concentração conhecida de carbono inorgânico dissolvido (CID). Depois de um período de incubação *in situ* ou sob condições simuladas de iluminação, as amostras de água são filtradas em filtros Millipore com diâmetro de 25 mm e poro de 0,45 μm. A determinação da radioatividade dos filtros (feita por meio de equipamento de cintilação líquida) possibilita calcular a assimilação do carbono inorgânico radioativo durante o período de incubação. É necessário, portanto, multiplicar a concentração de ^{14}C por um fator correspondente à razão entre o CO$_2$ total e a concentração de ^{14}CO$_2$ no início do experimento, como mostra a fórmula anterior. Os seguintes problemas devem ser considerados durante o preparo das amostras dos filtros Millipore para determinação da atividade de ^{14}C:

▶ As amostras devem ser tratadas com vapores de HCl para eliminar o ^{14}C fixado em estruturas (remoção de carbonato radioativo incorporado às células).

▶ As seguintes condições devem ser consideradas: a taxa de assimilação do ^{14}CO$_2$ deve ser a mesma do ^{12}CO$_2$; nenhum ^{14}CO$_2$ pode ser perdido por respiração; nenhuma matéria orgânica produzida pode ser perdida por excreção.

Na prática, nenhuma dessas condições ocorre, e certas correções devem ser utilizadas para o cálculo da atividade fotossintética e da produtividade primária.

A **fixação no escuro** das algas fitoplanctônicas é, aproximadamente, de 1% a 3% da fixação em energias subaquáticas ótimas. Entretanto, essa porcentagem pode ser muito maior. Tundisi *et al.* (1997) determinaram valores de até 20% em fixação no escuro, no lago D. Helvécio (Parque Florestal do Rio Doce – MG), como consequência da alta concentração de bactérias. Steeman-Nielsen (1975) apresenta dados de até 40% de fixação no escuro, em lagos eutróficos, em razão da presença de bactérias.

A taxa de assimilação do ^{14}C é cerca de 5% mais baixa que a taxa de assimilação do $^{12}CO_2$. Os valores obtidos pela técnica do ^{14}C são expressos em $mgC.m^{-3}.h^{-1}$ ou $mgC.m^{-3}.dia^{-1}$. A determinação da produtividade fitoplanctônica em várias profundidades permite calcular a produtividade do fitoplâncton por m^2 e, portanto, $mgC.m^{-2}.h^{-1}$ ou $mgC.m^{-2}.dia^{-1}$.

O procedimento experimental:

▸ Determinação da profundidade da zona eufótica (utilizando-se disco de Secchi x 2,7 ou hidrofotômetro ou radiômetro subaquático).

▸ Determinação das profundidades de coleta a partir da superfície: geralmente, utilizam-se 100%, 50%, 25%, 10%, 1% da penetração de energia radiante como profundidades de coleta.

▸ Coleta de amostras com garrafas plásticas não-tóxicas, nas diferentes profundidades.

▸ Disposição das amostras em frascos de 130 ml com tampas de Pyrex. Geralmente, utilizam-se três frascos transparentes e um frasco escuro para cada profundidade. Adicionar então, a cada frasco transparente e escuro, a solução radioativa de $NaH^{14}CO_2$, a qual normalmente é fornecida em ampolas de vidro. Com uma seringa, adiciona-se 1 ml da solução radioativa no fundo dos frascos.

▸ A concentração de ^{14}C adicionado varia de acordo com as condições de concentração de fitoplâncton, radiação subaquática e temperatura da água. Geralmente, adiciona-se 1 a 3 μCi ou, em alguns casos, até 5 μCi (μCi – unidade de radioatividade).

▸ As amostras são então suspensas a diferentes profundidades na zona eufótica e incubadas por períodos que variam de 1, 2, 3 ou 4 horas. Esse período é utilizado com a finalidade de eliminar erros resultantes da excreção de ^{14}C fixado, ou perda de $^{14}CO_2$ por respiração (Vollenweider, 1965).

▸ Após a incubação, as amostras são filtradas e sua atividade é determinada em equipamento de cintilação líquida.

▸ A fórmula final utilizada para determinação da produção primária do fitoplâncton pelo método do ^{14}C é a seguinte (Gargas, 1975):

$$^{12}C\ assimilado = \frac{^{14}C\ assimilado^{(a)}.^{12}C\ disponível^{(c)}.1,05^{(d)}.1,06^{(e)}.K_1.K_2.K_3}{^{14}C\ adicionado^{(b)}}$$

onde:

$^{(a)}$ – IPM líquido = (IPM frasco transparente – radiação de fundo (*background*) – IPM frasco preto – radiação de fundo (*background*)) (IPM = impulsos por minuto)

$^{(b)}$ – atividade específica da ampola de $NaH^{14}CO_3$

$^{(c)}$ – $mgC.\ell^{-1}$ disponível (calculado a partir do CO_2 ou medido diretamente)

$1,05^{(d)}$ – correção para perdas de $^{14}CO_2$ por respiração durante o experimento

$1,06^{(e)}$ – correção para a discriminação isotópica $^{12}C/^{14}C$

K_1 – correção para o volume da alíquota filtrada

K_2 – correção para o fator tempo de exposição da amostra

K_3 – fator para converter $mg.\ell^{-1}$ para $mg.m^{-3}$

O método do ^{14}C é extremamente sensível e foi muito utilizado em oceanografia e limnologia nos últimos 50 anos. A incubação em amostras, além de *in situ*, pode ser feita em condições totalmente simuladas ou simuladas *in situ* (quando se utiliza incubação a bordo com energia radiante natural, mas utilizando-se filtros de diversos tipos para simular as várias profundidades).

Os cálculos para a produtividade primária fitoplanctônica, em $mgC.m^{-2}.h^{-1}$ ou $mgC.m^{-2}.dia^{-1}$, são feitos a partir da técnica do trapézio (Tundisi, Teixeira e Kutner, 1975; Gargas, 1975; Vollenweider, 1974), que compreende os procedimentos descritos a seguir, a partir dos experimentos em que se determina a produtividade primária em $mgC.m^{-3}.dia^{-1}$ (Fig. 9.4).

De acordo com Steeman-Nielsen (1975), o método do ^{14}C mede um valor intermediário entre a **fotossíntese líquida** e a fotossíntese bruta. Ryther (1954) considerou que o método do ^{14}C mede a fotossíntese líquida (lembrar que fotossíntese bruta = fotossíntese líquida + respiração). Entretanto, Steeman-Nielsen e Hansen (1959, 1961) consideraram que o método do ^{14}C mede valores intermediários entre a fotossíntese bruta e a fotossíntese líquida, o que é atualmente aceito (Wetzel e Likens, 1991).

As Figs. 9.5, 9.6a e 9.6b e as Tabs. 9.1 e 9.2 apresentam resultados obtidos com determinações intensivas da produtividade primária fitoplanctônica, utilizando-se o método do ^{14}C, no sistema de lagos do Parque Florestal do Rio Doce (MG) (Tundisi et al., 1997).

Principais problemas técnicos no uso do ^{14}C para determinação da produtividade primária fitoplanctônica

Obtenção da amostra utilizando-se **recipientes não-tóxicos**; exposição excessiva da amostra a altas energias radiantes; efeito do inóculo de $NaH^{14}CO_3$ nas taxas fotossintéticas; presença de substâncias tóxicas (como Cu) na água destilada que utiliza soluções para estoque de $NaH^{14}CO_3$; períodos muito longos de filtração e preparação da amostra para determinação da atividade do ^{14}C; natureza e qualidade do filtro utilizado para a filtração das amostras do fitoplâncton são problemas práticos que ocorrem no método do ^{14}C. A pressão (vácuo) empregada para filtrar as amostras pode danificar as células e causar perda de material. Outro problema é a determinação da atividade dos filtros na solução de cintilação líquida, pois a determinação da atividade deve ser feita com a mesma eficiência. Material particulado e dissolvido contendo

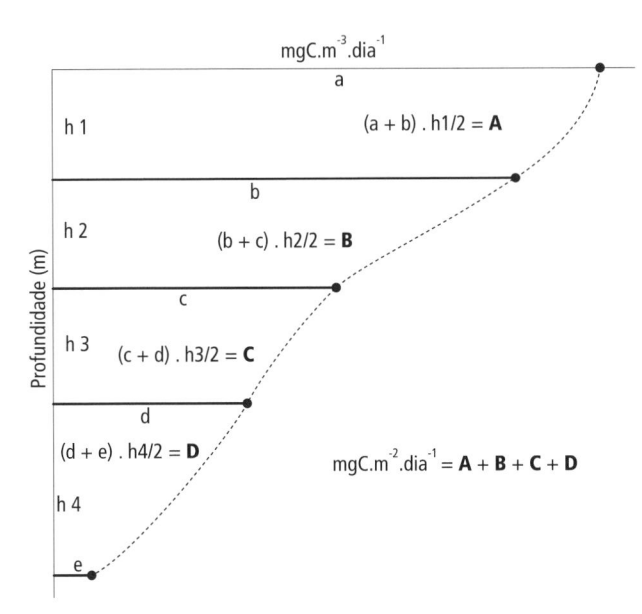

Fig. 9.4 Procedimentos para determinar a produção primária fitoplanctônica em $mgC.m^{-2}.h^{-1}$ ou $mgC.m^{-2}.dia^{-1}$ a partir da técnica do trapézio:
$h \times \dfrac{a + b}{2}$ = área do trapézio

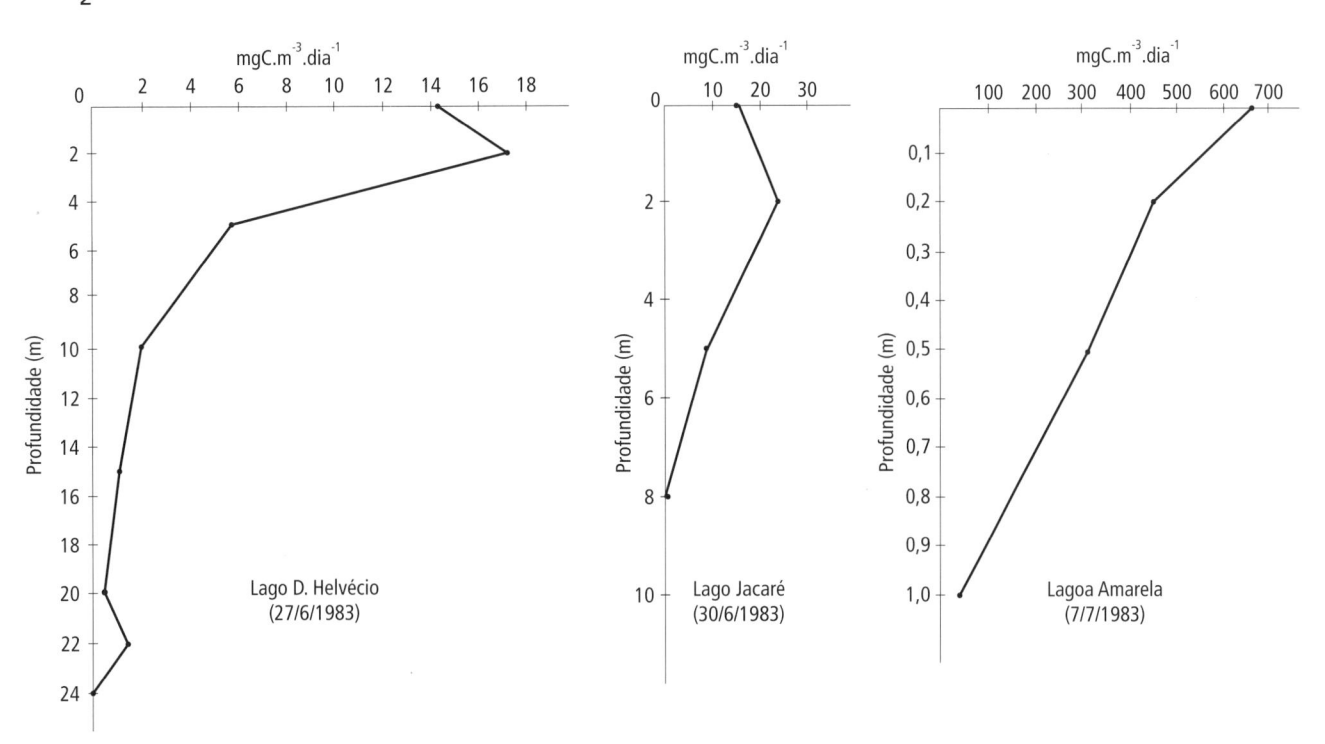

Fig. 9.5 Perfis verticais da produtividade primária fitoplanctônica em três lagos do Parque Florestal do Rio Doce (MG) durante o período de circulação vertical. A técnica utilizada foi a do ^{14}C

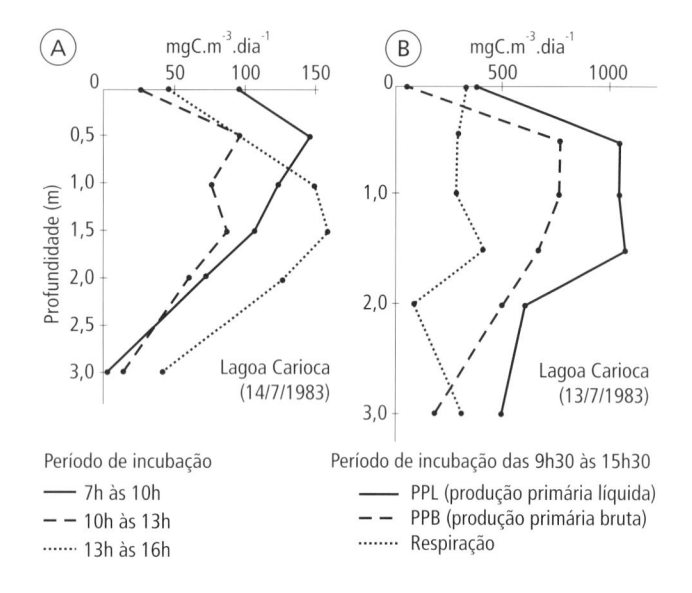

Fig. 9.6 A) Perfis verticais da produtividade primária fitoplanctônica na lagoa Carioca (Parque Florestal do Rio Doce – MG), em três períodos do dia, durante o período de circulação vertical; técnica utilizada: ^{14}C; B) Perfis verticais da produtividade primária fitoplanctônica na lagoa Carioca (Parque Florestal do Rio Doce – MG) durante o período de circulação vertical. Técnica utilizada: O_2 dissolvido

^{14}C pode contaminar soluções de estoque de ^{14}C-CO_2; a determinação da concentração de C inorgânico na amostra deve ser feita da forma mais acurada possível, para evitar erros nas determinações do ^{14}C fixado pelo fitoplâncton (Peterson, 1980).

A estimativa da respiração do fitoplâncton e a consequente perda de $^{14}CO_2$ durante o período de incubação foram objeto de inúmeros trabalhos. Os resultados apresentados por Steeman-Nielsen e Hansen (1957) para águas oceânicas demonstraram valores de aproximadamente 15% da $P_{máx}$. A respiração da comunidade fitoplanctônica pode ser inibida pelas altas intensidades de radiação subaquática, e a excreção do carbono orgânico dissolvido pode ocorrer em diferentes intensidades de radiação subaquática (Tundisi, 1965; Vieira et al., 1986, 1998).

Tab. 9.1 Perfis verticais da produção primária fitoplanctônica em lagos do Parque Florestal do Rio Doce – MG

	Profundidade (m)	Produtividade primária (mgC.m⁻³.h⁻¹)	Clorofila a (mg.m⁻³)	Taxa de assimilação (mgC.mgChl a⁻¹.h⁻¹)
Lago D. Helvécio (17/6/1983)	0,0	1,44	1,3	1,11
	2,0	1,73	1,3	1,33
	5,0	0,57	1,1	0,52
	10,0	0,21	1,1	0,19
	15,0	0,12	1,6	0,07
	20,0	0,06	0,8	0,07
	22,0	0,15	1,3	0,12
	23,0	-0,04		0,5
Lago Jacaré (30/6/83)	0,0	1,52	6,4	0,24
	2,0	2,31	6,6	0,35
	5,0	0,92	8,5	0,11
	8,0	0,11	7,1	0,01

Fonte: Tundisi et al. (1997).

Tab. 9.2 Variações diurnas dos perfis verticais da produção primária fitoplanctônica na lagoa Carioca, Parque Florestal do Rio Doce – MG (14/7/1983)

	Profundidade (m)	Produtividade primária (mgC.m⁻³.h⁻¹)	Clorofila a (mg.m⁻³)	Taxa de assimilação (mgC.mgChl a⁻¹.h⁻¹)
Clorofila a na superfície 26,0 mg.m⁻³ Produtividade por unidade de área: 267,7 mgC.m⁻².dia⁻¹ Das 7h às 10h: água da superfície incubada em: (coletada às 6h)	0,0	9,98	26,0	0,36
	0,5	14,59	26,0	0,56
	1,0	12,48	26,0	0,48
	1,5	10,73	26,0	0,41
	2,0	7,06	26,0	0,27
	3,0	0,42	26,0	0,02
Clorofila a na superfície 27,4 mg.m⁻³ Produtividade por unidade de área: 326,3 mgC.m⁻².dia⁻¹ Das 10h às 13h: água da superfície incubada em: (coletada às 9h)	0,0	2,51	27,4	0,09
	0,5	9,68	27,4	0,35
	1,0	14,91	27,4	0,54
	1,5	15,97	27,4	0,58
	2,0	12,83	27,4	0,47
	3,0	4,23	27,4	0,15
Clorofila a na superfície 22,7 mg.m⁻³ Produtividade por unidade de área: 195,6 mgC.m⁻².dia⁻¹ Das 13h às 16h: água da superfície incubada em: (coletada às 12h)	0,0	4,62	22,7	0,21
	0,5	9,70	22,7	0,43
	1,0	7,66	22,7	0,43
	1,5	8,81	22,7	0,39
	2,0	6,16	22,7	0,27
	3,0	1,49	22,7	0,07

Fonte: Tundisi et al. (1997).

Um dos trabalhos clássicos na literatura sobre o método do ^{14}C foi o de Rodhe (1958), que apresentou os primeiros resultados sobre a aplicação do método em comunidades fitoplanctônicas lacustres e concentrou a discussão sobre variações estacionais, efeitos de vários períodos de incubação, diferenças regionais em produtividade primária e comparações entre períodos de incubação de 4 horas e de incubações durante todo o dia. Foram recomendados períodos curtos de incubação para o trabalho experimental (2 ou 4 horas).

Em uma série de experimentos aplicando a técnica do ^{14}C, Tundisi (1983) demonstrou que o período de incubação de 2, 4 ou, no máximo, 6 horas, poderá variar experimentalmente em função da concentração de clorofila a. Para lagos e represas oligotróficas com concentrações de clorofila $a < 10$ µg.ℓ^{-1}, períodos de incubação de 4 a 6 horas podem ser utilizados. Para sistemas eutróficos com concentrações de clorofila a de 50 – 200 µg.ℓ^{-1}, períodos de incubação de 2 horas foram recomendados. A Fig. 9.7 mostra as principais fontes e reservatórios de carbono e os processos fisiológicos de importância nos experimentos de produtividade primária, com a medida da atividade fotossintética do fitoplâncton pelo método do ^{14}C-CO_2.

Considerando-se todos os problemas experimentais envolvidos e as limitações, pode-se concluir que o método do ^{14}C apresenta resultados intermediários entre a fotossíntese bruta e a fotossíntese líquida, o que resulta em cálculos de produtividade primária com dados intermediários entre produtividade bruta e produtividade líquida.

Método do Oxigênio Dissolvido

Introduzido originalmente por Gaarder e Gran (1927), esse método para a determinação da produtividade fitoplanctônica foi utilizado durante muitos anos, até 1951, quando o método do ^{14}C foi introduzido por Steeman-Nielsen (1951, 1952).

Procedimento experimental

Amostras coletadas em diferentes profundidades, geralmente a 100%, 50%, 25%, 10% e 1% da radiação solar que incide na superfície do lago ou represa, são ressuspensas em garrafas transparentes e escuras, fechadas completamente para impedir a formação

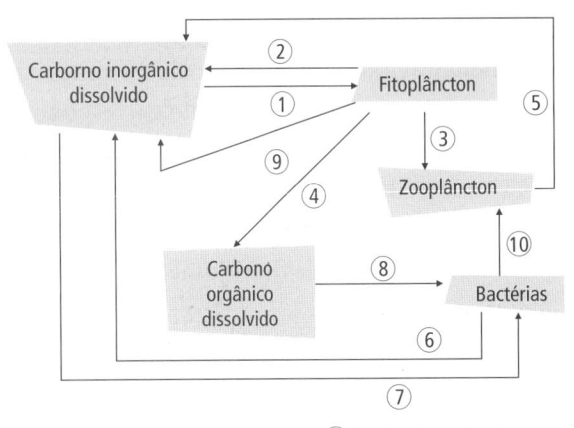

① Fixação fotossintética de carbono
② Respiração do fitoplâncton
③ Alimentação do zooplâncton herbívoro
④ Excreção de carbono orgânico dissolvido pelo fitoplâncton
⑤ Respiração do zooplâncton
⑥ Respiração de bactérias
⑦ Fixação de CO_2 pelas bactérias
⑧ Fixação de carbono orgânico dissolvido pelas bactérias
⑨ Fotooxidação e fotorrespiração de pitoplâncton
⑩ Alimentação do zooplâncton

Fig. 9.7 Principais processos que ocorrem na determinação da produtividade primária com o método do $^{14}CO_2$
Fonte: modificado de Peterson (1980).

de bolhas. São utilizadas nesse experimento garrafas com vidro de alta transparência, preferivelmente de quartzo ou Pyrex, com volume de 250 ml.

Geralmente, são utilizadas várias réplicas de garrafas transparentes e escuras. Como o método do oxigênio é menos sensível que o método do ^{14}C, o tempo de incubação deve ser suficiente para que ocorram alterações na concentração de oxigênio dissolvido detectáveis pelo método tradicional de Winkler ou por eletrodos que medem o O_2 dissolvido na água. Em águas com baixas concentrações de clorofila (< 10 µg.ℓ^{-1}), as alterações na concentração de O_2 dissolvido podem não ser suficientes para se obter resultados confiáveis, mesmo após 6 ou 8 horas de incubação.

De um modo geral, 4 a 6 horas de incubação são necessárias em águas mesotróficas, e de 2 a 4 horas em águas eutróficas (50 – 100 µg.ℓ^{-1} de clorofila a). Em águas hipereutróficas (> 150 µg.ℓ^{-1} de clorofila a), geralmente uma hora de incubação é suficiente.

Cálculo da Produtividade Primária

Em um experimento normal, a concentração inicial de oxigênio dissolvido no perfil obtido (Ci) deve decrescer no frasco escuro (Ce). No frasco transparente, a concentração de oxigênio dissolvido deve aumentar (Ct), como resultado da diferença entre a produção fotossintética de oxigênio e a respiração.

Portanto:

▶ Ci – Ce = atividade respiratória do conjunto de organismos (fitoplâncton, zooplâncton, bacterioplâncton) por unidade de volume por unidade de tempo.

▶ Ct – Ci = fotossíntese líquida do fitoplâncton por unidade de volume por unidade de tempo.

▶ (Ct – Ci) + (Ci – Ce) = atividade fotossintética bruta.

A fotossíntese bruta pode também ser estimada diretamente pela diferença Ct – Ce.

Esse método do oxigênio dissolvido, portanto, permite estimar a **fotossíntese bruta**, a **fotossíntese líquida** e a **respiração** dos componentes da comunidade planctônica como um todo.

A fotossíntese bruta refere-se à **síntese bruta** de matéria orgânica, que resulta da exposição à radiação solar. A **fotossíntese líquida** refere-se à formação de matéria orgânica depois que são computadas as perdas por respiração, morte dos organismos, excreção de matéria orgânica e perdas no processo metabólico do fitoplâncton.

Para expressar a fotossíntese e a respiração do fitoplâncton em termos de carbono **fixado** ou **respirado**, e não em termos de oxigênio produzido ou consumido, utiliza-se o **quociente fotossintético** ou o quociente respiratório, de acordo com a seguinte fórmula:

$$QF = \frac{\text{moléculas de oxigênio liberadas durante a fotossíntese}}{\text{moléculas de } CO_2 \text{ assimiladas durante a fotossíntese}}$$

$$QR = \frac{\text{moléculas de } CO_2 \text{ liberadas durante a respiração}}{\text{moléculas de } O_2 \text{ consumidas durante a respiração}}$$

QF de 1,2 e QR de 1,0 são números comuns encontrados em condições moderadas de radiação solar e concentrações de clorofila a entre 10 e 50 $\mu g.\ell^{-1}$.

Portanto, para converter O_2 produzido durante a fotossíntese em carbono, a seguinte formulação é utilizada:

$$\text{Fotossíntese bruta } (mgC.m^{-3}.h^{-1}) = \frac{(Ct - Ce) \cdot 1.000 \cdot 0,375}{(QF) \cdot t}$$

onde:

QF – quociente fotossintético: normalmente 1,2

t – tempo de incubação

Ct – concentração de O_2 no frasco transparente

Ce – concentração de O_2 no frasco escuro

0,375 – fator de conversão: CO_2 / O_2

C – 12 mols

O_2 – 32 mols

Portanto, 12 mg C/32 mg O_2 = 0,375

$$\text{Fotossíntese líquida } (mgC.m^{-3}.h^{-1}) = \frac{(Ct - Ci) \cdot 1.000 \cdot 0,375}{(QF) \cdot t}$$

onde:

QF – quociente fotossintético: normalmente 1,2

t – tempo de incubação

Ct – O_2 no frasco transparente

Ci – O_2 no frasco inicial

0,375 – fator de conversão CO_2/O_2 = 12 mg CO_2/ 32 mg O_2 = 0,375

$$\text{Respiração } (mgC.m^{-3}.h^{-1}) = \frac{(Ci - Ce) \cdot QR \,(1.000)\,(0,375)}{t}$$

onde:

QR – quociente respiratório: normalmente 1,0

t – tempo de incubação

Ci – O_2 no frasco inicial

Ce – O_2 no frasco escuro

0,375 – fator de conversão CO_2/O_2 – 12 mg CO_2/ 32 mg O_2 = 0,375

O método do O_2 dissolvido mede o metabolismo da comunidade, representado pela fotossíntese e pela respiração.

Vários autores alertam para o fato de que a respiração pode ser afetada pela radiação solar (Steeman-Nielsen, 1975), e o resultado pode produzir superestimativa da fotossíntese líquida. Como há variações diurnas da fotossíntese e flutuações na respiração, a técnica de utilização de vários experimentos durante 12 horas pode ser utilizada para compensar essas flutuações. Nesse caso, pode ser utilizada uma média dos resultados.

A sensibilidade da determinação do O_2 dissolvido pelo método de Winkler é crucial nesse experimento. Determinações devem ter uma precisão de ± 0,02 $mg.\ell^{-1}$ de oxigênio dissolvido (Wetzel e Likens, 1991). O método do O_2 dissolvido pode ser efetivo para valores acima de 10 $mgC.m^{-3}.h^{-1}$ (Strikland e Parsons, 1972).

9.3 Fatores que Limitam e Controlam a Produtividade Fitoplanctônica

Nos últimos 50 anos, um grande número de experimentos sobre a produtividade primária fitoplanctônica foi realizado em lagos, represas e oceanos.

Simultaneamente foram feitas medidas das variáveis físicas e químicas, o que acrescentou grande volume de conhecimentos sobre os fatores que determinam, controlam e limitam a produtividade primária fitoplanctônica e a matriz vertical do sistema.

9.3.1 Energia radiante

Certas características básicas da relação entre a energia radiante subaquática e a fotossíntese são comuns a todas as espécies do fitoplâncton. Em baixas energias radiantes, existe uma relação linear entre a radiação subaquática e a fotossíntese. Essa resposta linear do fitoplâncton é uma fração do componente fotoquímico da fotossíntese. Em energias radiantes subaquáticas mais elevadas, a taxa de fotossíntese "satura", e essa saturação representa a taxa máxima dos processos enzimáticos à temperatura em que ocorrem esses processos. A intersecção da resposta inicial do processo fotossintético com a saturação descreve, de acordo com Steeman-Nielsen (1975), a razão entre os dois processos (fotoquímico e enzimático). Essa razão, introduzida por Talling (1957) como **IK**, é um importante fator para descrever o ajuste fisiológico do fitoplâncton. Existem consideráveis diferenças entre os vários grupos e espécies do fitoplâncton com relação à energia radiante subaquática que satura a fotossíntese.

A Fig. 9.8 mostra a clássica curva de luz-fotossíntese com a apresentação do IK no ponto de intersecção da reta (que representa o processo fotoquímico) e da linha horizontal (que representa o processo enzimático) (Calijuri, Tundisi e Saggio, 1989).

Em experimentos com o fitoplâncton natural, é difícil conseguir unidades com as quais a taxa de fotossíntese é relacionada. Clorofila é uma das unidades que pode ser utilizada com sucesso (Ichimura *et al.*, 1962). Em trabalhos experimentais de laboratório, não é difícil expressar a taxa de fotossíntese por diferentes unidades: número de células, peso seco ou concentração de clorofila.

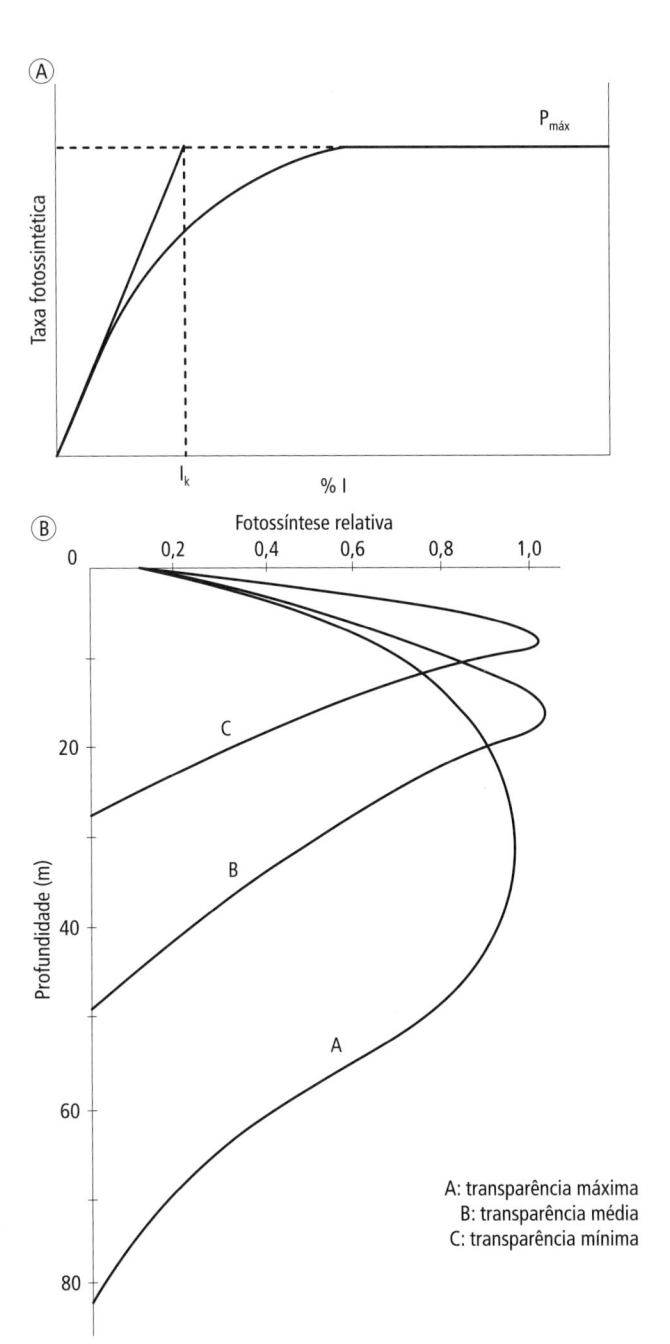

Fig. 9.8 A) Inter-relações da intensidade de radiação e a produtividade e da taxa máxima de fotossíntese;
B) Perfis verticais de fitoplâncton em águas com várias transparências
Fonte: Morris (1974).

A comunidade fitoplanctônica tem a capacidade de se adaptar a altas ou baixas concentrações de energia radiante subaquática. Por exemplo, se ocorrer turbulência, então os vários componentes da comunidade fitoplanctônica podem ficar expostos a períodos de baixa ou alta energia radiante subaquática, dependendo da localização. Esse comportamento fisiológico assemelha-se às características de plantas de "sombra" e de "sol" no sistema terrestre.

Quando a energia radiante subaquática é baixa, ocorrem valores inferiores de IK, sugerindo, portanto, uma resposta fotoquímica mais baixa do fitoplâncton (e ainda linear). Quando a energia radiante subaquática é mais alta e o fitoplâncton se desenvolve nessas condições, os valores de IK são mais elevados (Fig. 9.9).

O crescimento a baixas intensidades de energia radiante subaquática resulta em um aumento da concentração de clorofila por unidade (célula). Essa alteração em concentração de clorofila é a resposta da comunidade fitoplanctônica ao crescimento em baixas energias radiantes.

Entre os principais mecanismos de fotoadaptação, devem-se considerar o aumento de clorofila e um acúmulo de pigmentos carotenóides acessórios que facilitam a adaptação ao espectro de radiação subaquática.

A Fig. 9.10 mostra curvas de luz-fotossíntese obtidas para o fitoplâncton natural em vários lagos do Parque Florestal do Rio Doce (MG), e as mesmas curvas obtidas para o lago Cristalino (Amazonas), em diferentes períodos do dia.

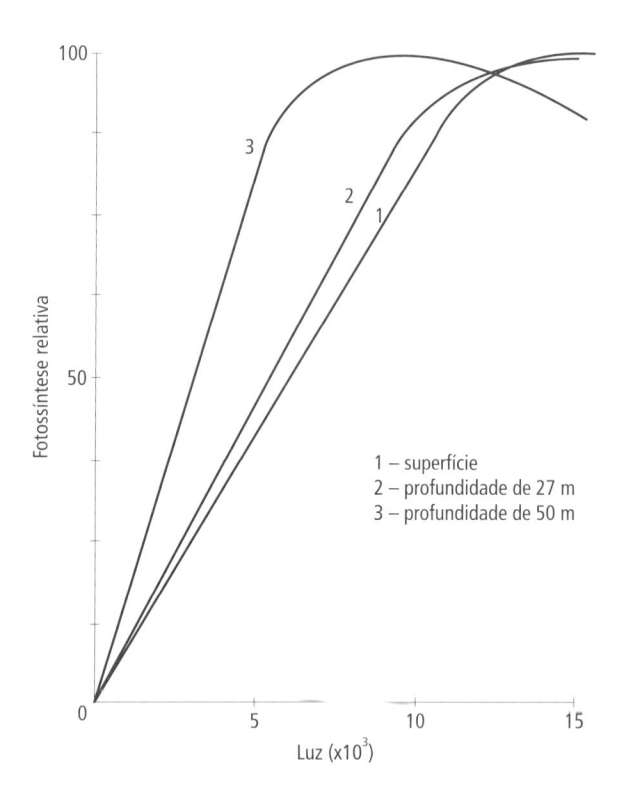

Fig. 9.9 Taxa relativa de fotossíntese em função da intensidade luminosa, em populações fitoplanctônicas
Fonte: Morris (1974).

Dessa forma, a resposta do fitoplâncton à energia radiante subaquática depende do clima de radiação subaquática, do tempo em que as populações fitoplanctônicas permanecem em regiões de altas ou baixas energias radiantes e da "história fótica" do fitoplâncton.

Em altas energias radiantes, há uma interrupção da fotossíntese quando as taxas máximas do processo enzimático são atingidas. Altas energias radiantes subaquáticas produzem uma inibição da fotossíntese, e organismos fotoautotróficos sofrem o efeito dessas energias de alta intensidade. Espécies de plantas superiores normalmente não sofrem esse efeito; entretanto, o fitoplâncton é afetado. Isso é o que foi observado em inúmeros experimentos nos trópicos e no verão, em altas latitudes.

A inibição da fotossíntese é muito mais pronunciada em energias radiantes muito elevadas. Por exemplo, Tundisi (1965) observou inibição e efeitos altamente deletérios em culturas de *Chlorella vulgaris* submetidas a energias radiantes > 1 cal cm^{-2} seg^{-1}. A taxa de excreção da cultura de *Chlorella vulgaris* também aumentou consideravelmente, em elevadas radiações solares (> 0,8 cal cm^{-2} seg^{-1}).

Quando o clima de radiação solar subaquática se altera de uma baixa radiação para altas radiações, há uma mudança no comportamento fisiológico de espécies do fitoplâncton. Em *Chlorella*, por exemplo, uma parte substancial do mecanismo fotoquímico é inativada e a taxa de fotossíntese decresce, provavelmente pela decomposição fotooxidativa de algumas enzimas ativas na fotossíntese (Steeman-Nielsen, 1962). A inativação do mecanismo fotoquímico da fotossíntese resulta no fato de que em lagos ou oceanos com alta transparência e em dias de alta radiação solar, o máximo de fotossíntese ($P_{máx}$) encontra-se a uma profundidade que corresponde entre 30% – 50% da radiação solar subaquática à superfície. Quando a radiação solar diminui, como no inverno, em regiões temperadas ou em períodos de predominância de frentes frias com baixa radiação solar, a taxa máxima de fotossíntese ocorre na superfície.

De acordo com Straškraba (1978), o IK é uma função da temperatura da água, biomassa de fitoplâncton e nutrientes. Talling (1975) determinou que

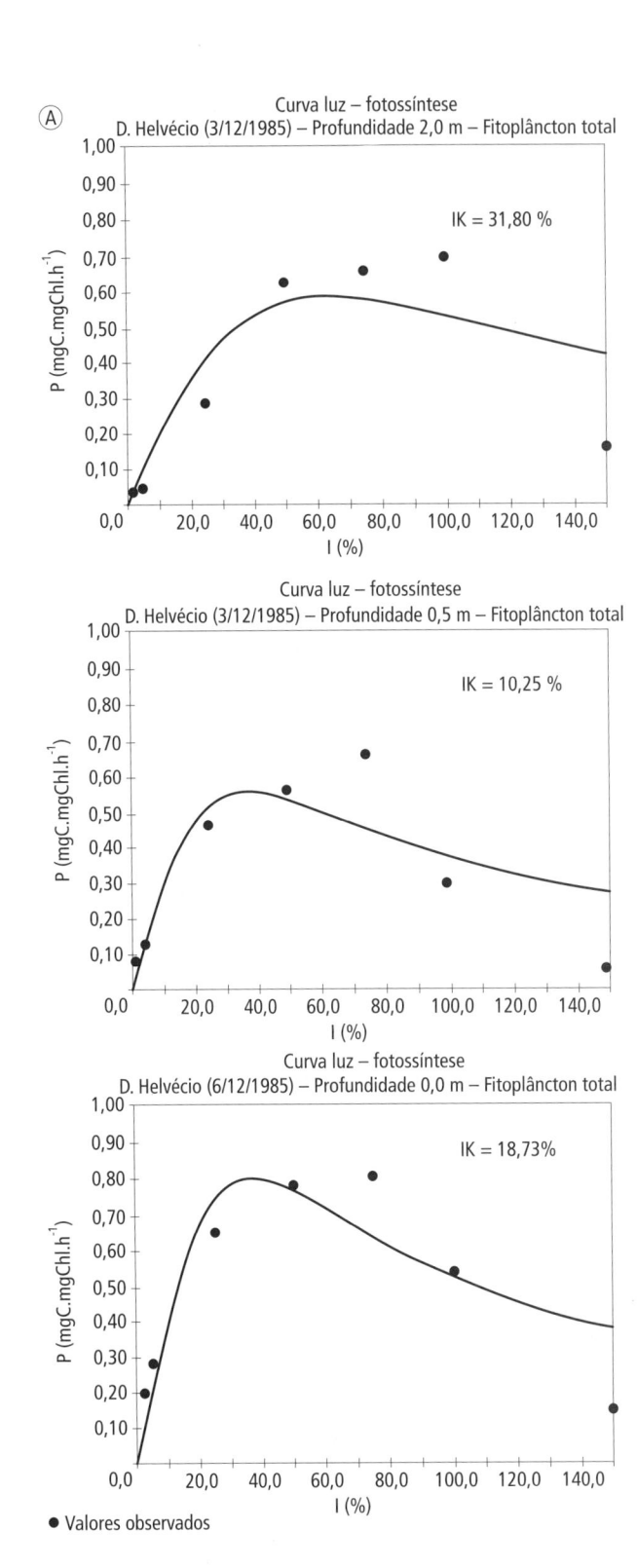

Fig. 9.10 A) Curvas de luz-fotossíntese obtidas para o fitoplâncton natural em tanques enriquecidos com nutrients, em experimentos no lago D. Helvécio (Parque Florestal do Rio Doce – MG); B) No lago Cristalino (AM), utilizando-se a técnica de incubação simulada *in situ* de ^{14}C

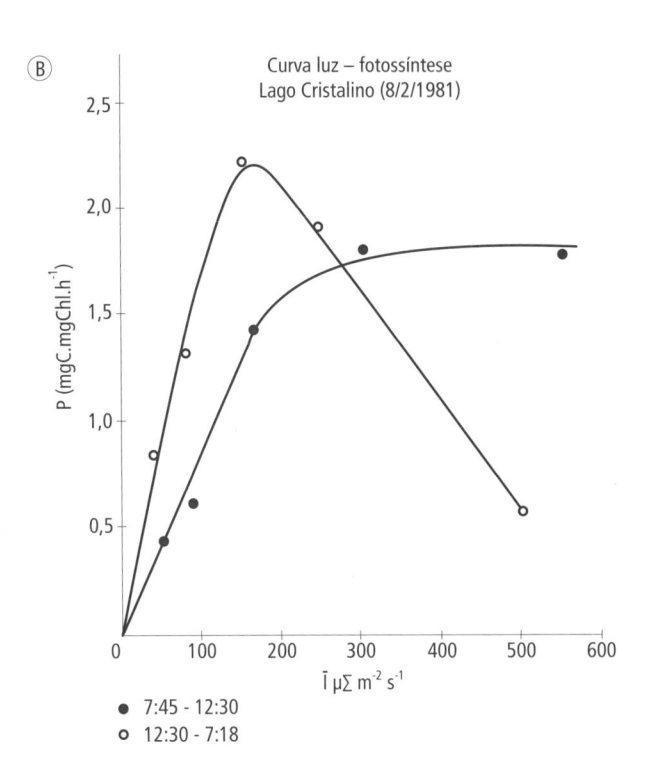

os valores de $P_{máx}$ (ou seja, a **capacidade fotossintética** na radiação subaquática de saturação) aumentam com a temperatura e variam com a concentração de nutrientes. O IK, portanto, apresenta variações que dependem da temperatura da água e da concentração de nutrientes. O aumento de IK com o enriquecimento experimental de amostras com **nitrogênio** e **fósforo**, no lago Jacaré (Parque Florestal do Rio Doce – MG), confirma os resultados de Ichimura (1958, 1968) sobre o efeito da concentração de nutrientes nos valores de IK.

9.3.2 Variações diurnas em atividade fotossintética

Variações diurnas da atividade fotossintética fitoplanctônica foram observadas experimentalmente por Doty e Oguri (1957) e Yentsch e Ryther (1957). Essas variações na atividade fotossintética e na produção de clorofila ocorrem em baixas latitudes, mas também foram observadas em lagos e oceanos em latitudes mais elevadas. Vários fatores contribuem para essas flutuações: um ritmo endógeno, uma sincronização na divisão celular e respostas a ciclos de luz-escuro. De modo geral, há uma depressão durante períodos próximos às mais altas radiações (meio do dia). Há diferenças na taxa de saturação em períodos diferentes do dia (Fig. 9.11) (Sorokin, 1999).

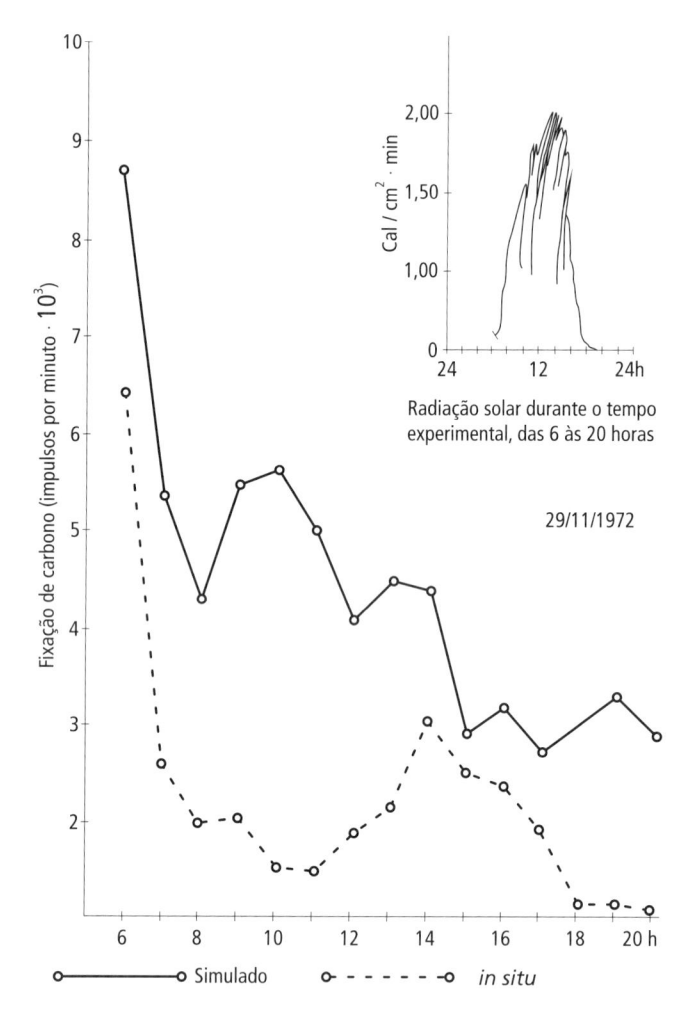

Fig. 9.11 Ritmo diurno de fixação do carbono radioativo (^{14}C) pelo fitoplâncton na represa UHE Carlos Botelho (Lobo/Broa)

9.3.3 Efeitos da temperatura

A hipótese que prevaleceu durante muito tempo é que a produtividade primária de populações naturais do fitoplâncton não tinha influência direta da temperatura, e que os efeitos da temperatura eram relativamente insignificantes (Morris, 1974; Steeman-Nielsen, 1975). Entretanto, trabalhos de Morris *et al.* (1971), Berman e Eppley (1974) e Peterson (1980) demonstraram que a temperatura tem influência na produtividade primária, uma vez que o metabolismo de qualquer organismo depende da temperatura, de acordo com o coeficiente Q_{10} (que é próximo de 2,2 – 2,5) (Sorokin, 1999).

A temperatura pode estabelecer o limite superior da atividade do fitoplâncton e regular a taxa de fotossíntese e produção primária, pela regulação e controle do metabolismo. O efeito da temperatura na respiração do fitoplâncton foi observado por Jewson (1976) e Jones (1977a, 1977b), os quais verificaram que ocorre um fator Q_{10} de 2,5. A adaptação a diferentes temperaturas pode ocorrer, e o tempo para essa adaptação deve ser considerado. Além disso, é fundamental considerar que a influência da temperatura ocorre não só na fotossíntese e nos processos enzimáticos, mas também na respiração.

Jorgensen e Steeman-Nielsen (1965) demonstraram que a concentração de enzimas por célula aumenta quando a temperatura é baixa. Portanto, em temperaturas mais baixas, a taxa de crescimento diminui e as taxas de fotossíntese e respiração não; isto é consequência da manutenção dos processos enzimáticos (taxas).

9.3.4 Comparações experimentais

Uma comparação experimental *in situ* sobre os vários métodos de medida da produtividade primária do fitoplâncton foi realizada por Sakamoto *et al.* (1984). Os experimentos ocorreram no **lago Constanza** (Alemanha), em condições de completa mistura vertical da coluna de água. Os métodos experimentais utilizados simultaneamente foram: frascos transparentes e escuros, suspensos *in situ*, com volumes variáveis de 120 ml, 570 ml. Comparação da produtividade primária obtida com a adição de $NaH^{14}CO_3$ e $NaH^{13}CO_3$; método do oxigênio dissolvido com precisão de 2 – 5 µg $O_2.\ell^{-1}$; experimento simulado *in situ* com adição de ^{13}C; utilização de tubo de plexiglass com 2 m de comprimento e 19 cm discreto, suspenso *in situ*. Essa comparação dá uma idéia da variedade de técnicas utilizadas nas determinações da produtividade primária fitoplanctônica. Os resultados apresentam considerável variação em produtividade da zona eufótica (Pz), provavelmente, segundo os autores, peloo tipo de vidro utilizado nos frascos experimentais, inconsistência nas correções para fixação no escuro e discriminação isotópica e variações no método do oxigênio dissolvido utilizado, pelo fato de que a transformação de O_2 que evolui durante a fotossíntese e o carbono fixado não é direta. Variações no quociente fotossintético na coluna de água foram observadas.

As variações no IK obtido experimental e graficamente foram: 65 µE m^{-2} s^{-2} com o método do O$_2$ dissolvido; 102 µE m^{-2} s^{-1}, 87 µE m^{-2} s^{-1} e 147 µE m^{-2} s^{-1} com o método do ^{14}C; e 237 µE m^{-2} s^{-1} e 524 µE m^{-2} s^{-1} com o método do ^{13}C. Todos os métodos utilizados apresentaram resultados similares quanto à fração dominante do fitoplâncton no experimento – nanofitoplâncton < 10 µm. Uma das conclusões importantes desse trabalho refere-se ao método do oxigênio dissolvido, o qual, segundo os autores, poderá ser largamente utilizado no futuro, com técnicas de alta sensibilidade na determinação do O$_2$ dissolvido.

Um dos métodos utilizados em águas turbulentas com zona de mistura efetiva e com zona eufótica reduzida (2 a 3 metros) é o emprego de tubos de plástico transparentes e escuros, com 2 a 3 metros de comprimento.

9.3.5 Influências na duração do dia e de radiação ultravioleta

Em períodos de prolongada energia radiante em dias mais longos, há uma inibição do crescimento do fitoplâncton (Sorokin e Kraus, 1959). Radiação ultravioleta pode penetrar mais profundamente na água, dependendo das características ópticas da água. Substâncias químicas impedem a penetração de radiação ultravioleta para camadas mais profundas. Isso ocorre em águas costeiras, estuários, lagos e represas. Steeman-Nielsen (1946a) mostrou que a radiação ultravioleta tem efeitos deletérios sobre o fitoplâncton, provavelmente danificando enzimas e mecanismos fotoquímicos.

9.4 Coeficientes e Taxas

A determinação da produtividade primária fitoplanctônica em condições naturais pode ser otimizada pela utilização de vários coeficientes e taxas, os quais descrevem a eficiência da fotossíntese do fitoplâncton. Os mais importantes são o coeficiente da produção específica do fitoplâncton por dia (µ), o número de assimilação da clorofila *a* por hora (NA) e o coeficiente fotossintético (PQ).

O coeficiente de produção específica (µ) mede a eficiência da produção fotossintética por uma determinada população de fitoplâncton sob certas condições ambientais. Esse coeficiente é calculado como a taxa de produção primária (mgC.m^{-3}.dia^{-1}) em relação à biomassa (B) de uma determinada comunidade de fitoplâncton. Esses coeficientes são elevados na fase inicial de florescimento do fitoplâncton ou em populações fitoplanctônicas submetidas à intensa pressão de pastagem do zooplâncton, pressão esta que mantém populações fitoplanctônicas em crescimento. No verão, em sistemas aquáticos de regiões temperadas, esses valores podem apresentar um gradiente de 0,8 a 1,5, e em populações em crescimento podem atingir de 5 a 7 por dia.

O número de assimilação da clorofila *a* (Ah) é outro parâmetro prático e útil para caracterizar o potencial de produção de uma determinada população de fitoplâncton. Esse valor Ah é calculado como a taxa de produção primária fotossintética, expressa em mgC.m^{-3}.h^{-1}, e a concentração de clorofila, na mesma amostra, em mg.m^{-3}. Portanto, Ah = mgC.m^{-3}.h^{-1}/ mgChl*a*.m^{-3}.

Alguns cálculos expressam Ah = mgC.m^{-2}.h^{-1}/ mgChl*a*.m^{-2}, ou seja, a atividade na zona eufótica. Os valores de Ah variam de 3 a 10 mgC.mgChl*a*.h^{-1}. As taxas mais altas de Ah são indicadoras de populações fitoplanctônicas em pleno crescimento, com sistemas de fotopigmentos mais eficientes (Sorokin, 1999).

Quocientes fotossintéticos PQ correspondem às razões molares entre o oxigênio produzido durante a fotossíntese (O$_2$ mol ℓ$^{-1}$) e o CO$_2$ assimilado (CO$_2$ mol ℓ$^{-1}$); ou seja, PQ = O$_2$/CO$_2$. Geralmente, essa razão varia entre 1,2 e 1,3.

Esse quociente pode ser utilizado para a calibração do método do ^{14}C com o método do oxigênio para a medida da fotossíntese do fitoplâncton. O PQ também é utilizado para a conversão de valores do O$_2$ dissolvido, medido no método do O$_2$ para carbono fixado por m^2 ou m^3 por hora ou por dia, como já foi demonstrado na descrição do método do O$_2$.

Outra razão importante e útil é a relação entre a produção primária em mgC.m^{-2}.dia^{-1} (Pt) e a produção primária medida na superfície mgC.m^{-3}.dia^{-1} (Ps). Essa razão pode ser relativamente constante para uma determinada massa de água, para certo período do ano.

9.5 Eficiência Fotossintética

A eficiência fotossintética do fitoplâncton fotoautotrófico é baixa. Ela depende de vários fatores, que são a intensidade da radiação solar, o estado fisiológico do fitoplâncton e outros componentes da ecofisiologia fitoplanctônica. Nos lagos do Parque Florestal do Rio Doce (MG), Tundisi et al. (1997) determinaram eficiências fotossintéticas de 0,008% para o lago D. Helvécio; 0,28% para a lagoa Carioca; 0,31% para a **lagoa Amarela**; 0,007% para o lago Jacaré. Valores de eficiência fotossintética calculados por Brylinsky (1980) variaram de 0,02% a 1%. Talling et al. (1973) determinaram valores de 0,15% a 1,6% para o **lago Kilotes** e 1,2% a 1,3% para o lago Araguandi, ambos na África e com pH elevado. Tilzer et al. (1975) calcularam valores de 0,035% para o **lago Tahoe** e 1,76% para o Lock Leven, na Escócia.

A Tab. 9.3 apresenta os dados da produtividade primária fitoplanctônica para sistemas com diferentes graus de trofia e condições variáveis de regiões temperadas. O Quadro 9.3 sintetiza os diferentes trabalhos científicos sobre produção primária fitoplantônica realizados nos últimos 50 anos, nos neotróficos, na África e na Austrália.

Para a caracterização qualitativa e quantitativa das várias frações do fitoplâncton fotoautotrófico na produção de matéria orgânica, é necessário realizar experimentos de fracionamento da comunidade fitoplanctônica com determinações quantitativas do papel relativo de cada fração.

Teixeira e Tundisi (1967) determinaram que, para águas pobres em nutrientes do Atlântico Equatorial, a fração < 20 µm era a maior responsável pela produtividade primária fitoplanctônica naquelas águas. Em estudos realizados nos lagos do Parque Florestal do Rio Doce (MG), Tundisi et al. (1997) determinaram que a fração < 10 µm contribuía com 80% da produção primária fitoplanctônica.

Esses resultados confirmaram estudos mais recentes que demonstram que o picofitoplâncton (< 2 µm) fotoautotrófico representa a fração de maior porcentagem na produção primária de muitos lagos

Tab. 9.3 Valores médios de densidade e produtividade do fitoplâncton em sistemas com diferentes graus de trofia

Estado trófico e variações de produção primária anual (PP)	Estação do ano	Camada	Densidade das populações								Produção			
			Densidade numérica das frações			Biomassa das frações					Produção primária/dia			
			Pico, $10^6 \cdot \ell^{-1}$	Nano, $10^6 \cdot \ell^{-1}$	Micro, $10^6 \cdot \ell^{-1}$	Pico, $mg \cdot m^{-3}$	Nano, $mg \cdot m^{-3}$	Micro, $mg \cdot m^{-3}$	Total, $mg \cdot m^{-3}$	Chl a $mg \cdot m^{-3}$	$mgC \cdot m^{-3}$	$gC \cdot m^{-2}$	⊠	Número de assimilação/hora
Oligotrófico	TA	CSM	5	0,3	2	0,01	0,03	0,02	0,06	0,1	5	0,2	1,2	2
		DPM	10	1,8	5	0,02	0,18	0,05	0,25	0,5	2	—	—	3
Mesotrófico	FFP	CSM	50	9	1.400	0,10	0,90	14,00	15,0	5,0	300	3,0	0,6	5
	MFV	CSM	50	3	10	0,10	0,30	0,1	0,5	0,5	30	0,5	1,0	6
		MFP	100	13	100	0,20	1,30	1,0	3,0	3,0	—	—	—	—
	MFO	CSM	150	170	400	0,3	1,70	4,0	6,0	1,5	100	1,2	1,2	5
Eutrófico	FFP	CSM	1.000	150	300	2,0	15,0	3,0	20,0	15,0	1.000	5,0	0,5	6
		CSM	150	150	70	0,3	1,50	0,7	3,0	3,0	200	1,5	0,8	7
	MFV	MFP	250	175	600	0,5	3,50	6,0	10,0	15,0	—	—	—	—
	MFO	CSM	250	175	800	0,5	3,0	8,0	12,0	5,0	300	2,5	1,0	5
Hipereutrófico	FFV	CSM	1.000	1.300	1.000	2,0	13,00	10,0	25,0	30,0	1.500	4,0	0,8	4

Abreviações: TA – todo o ano; FFP – florescimentos de fitoplâncton na primavera; MFV – mínimo de fitoplâncton no verão; MFO – máximo de fitoplâncton no outono; FFV – florescimentos de fitoplâncton no verão; CSM – camada superior da mistura vertical; MFP – máximo de fitoplâncton em zonas profundas; Chl a – clorofila; µ – coeficiente de produção específica por dia; DPM – camada profunda de mistura vertical; NA – número de assimilação de clorofila por hora; volumes médios de células para cada fração do fitoplâncton: pico – 2 µm³; nano – 100 µm³; micro – 10.000 µm³. Valores obtidos para ecossistemas aquáticos continentais, em condições de regiões temperadas
Fonte: Sorokin (1999).

Quadro 9.3 Diferentes trabalhos científicos sobre produção primária fitoplanctônica

Período	Neotrópicos	África	Australásia
Pré-1960	**América Central** Deevey (1955)	**Sistema do Nilo** Talling (1957a[1]); Prowse e Talling (1958)	
1960-80	**Amazônia** Hammer (1965) Schmidt (1973, 1973[2], 1976[2], 1982) Fisher (1979[1]) Melack e Fisher (1983) **Venezuela** Gessner e Hammer (1967) Lewis e Weibezahn (1976) **América Central** Gliwicz (1976b[2]) Pérez-Eiriz et al. (1976, 1980) Romanenko et al. (1979) **Titicaca** Richerson et al. (1977[2], 1986, 1992[2]) Lázaro (1981[2]) **Lagos e represas do Brasil** Tundisi et al. (1978) Barbosa e Tundisi (1980) Hartman et al. (1981)	**África do Sul, Sudão, Etiópia** Talling (1965a[2]) Ganf (1972, 1975[1,2]) Talling et al. (1973) Melack e Kilham (1974[1]) Ganf e Horne 1975[1] Melack (1979[2], 1980, 1981, 1982) Vareschi (1982[1, 2]) Harbott (1982) Belay e Wood (1984) **Oeste da África, Zaire, Chad** Lemoalle (1969, 1973a, 1975, 1979a[1], 1981a, 1983[1,2]) Freson (1972[2]) Thomas e Radcliffe (1973) Karlman (1973[2], 1982[2]) Pagès et al. (1981) Dufour (1982) Dufour e Durand (1982)	**Índia** Sreenivasan (1965) Hussainy (1967) Ganapati e Sreenivasan (1970) Michael e Anselm (1979) Kanna e Job (1980c[1]) **Malásia** Prowse (1964, 1972) Richardson e Jin (1975) **Filipinas** Lewis (1974[1,2])
1980 +	**América Central** Erikson et al. (1991a[1], b) Lind et al. (1992[2]) **Venezuela** Gonzales et al. (1991) **Equador** Miller et al. (1984) **Titicaca** Vincent et al. (1984, 1986[2]) Richerson (1992) **Brasil** Reynolds et al. (1983) Tundisi (1983) Gianesella-Galvão (1985) Barbosa et al. (1989[1]) Forsberg et al. (1991) Tundisi et al. (1997[1,2]) Tundisi e Matsumura Tundisi (1990)	**América Central e do Sul** Robarts (1979[2]) Hecky e Fee (1981) Degnbol e Mapila (1985) Cronberg (1997) **Leste da África** Mugidde (1993[2]) Mukankomeje et al. (1993) Patterson e Wilson (1995[1]) **Etiópia** Belay e Wood (1984) Kifle e Belay (1990[2]) Gebre-Mariam e Taylor (1989a) Lemma (1994) **Oeste da África** Nwadiaro e Oji (1986) **Malawi** Degnbol e Mapila (1985) Bootsma (1993a)	**Índia** Saha e Pandit (1987[2]) Durve e Rao (1987) Kundu e Jana (1994) **Sri Lanka** Dokulil et al. (1983[1]) Silva e Davies (1986[1], 1987[2]) **Bangladesh** Khondker e Parveen (1993[2]) Khondker e Kabir (1995) **Papua Nova Guiné** Osborne (1991)

Nota: [1]com série diurna; [2]com série anual
Fonte: Talling e Lemoalle (1998).

tropicais. Tundisi et al. (1977) determinaram também grande importância quantitativa à fração < 20 μm na produção primária do fitoplâncton na represa da UHE Carlos Botelho (Lobo/Broa).

9.6 Modelagem da Produção Primária Fitoplanctônica

A produção primária fitoplanctônica pode ser estimada por meio de modelos que sugerem a utilização e a medição de apenas algumas variáveis, tais como a radiação subaquática, a clorofila e o coeficiente de extinção da água. A equação desenvolvida por Talling (1970) é:

$$\Sigma a = M \frac{P_{máx}}{Ke} F \left[\frac{Io}{Ik} \right]$$

onde:
Σa – fotossíntese ou carbono fixado por unidade de área
M – **densidade da população**
$P_{máx}$ – taxa fotossintética na radiação subaquática de saturação que deve ser determinada experimentalmente no lago
Ke – coeficiente de extinção médio (ver Cap. 4)
Io – radiação solar incidente
Ik – intensidade da radiação subaquática em $P_{máx}$
F – função da razão $\frac{Io}{Ik}$

A aplicação desses modelos só tem utilidade no caso de não ocorrer possibilidade de medidas contínuas experimentais de produtividade primária. O modelo pode ser usado para expressar a produção primária fitoplanctônica, em um único ponto de um lago ou represa, em uma única época, em razão da variabilidade dos sistemas no tempo e no espaço.

Segundo Margalef (1978, 1991), a energia externa que movimenta os sistemas aquáticos, que é aquela que não depende da energia fotossintética e do fluxo através dos organismos, é resultante da interação entre a atmosfera e a hidrosfera, e reacelera os processos de mistura vertical e horizontal. É essa energia externa que tem importância qualitativa e quantitativa sobre a distribuição das comunidades planctônicas, as macrófitas aquáticas e o material em suspensão, agregando fatores físicos e químicos que controlam e limitam a produtividade dos organismos fotossintetizantes. Deslocamentos verticais gerados pela intensidade dos ventos segregam ou integram diferentes espécies de fitoplâncton, bactérias, protozoários e flagelados, que não só fixam matéria orgânica pela fotossíntese, como também têm importância na reciclagem e na decomposição de material (Margalef, 1978).

Os dois mecanismos mais importantes, dependentes de energia externa e que suportam a produtividade primária dos sistemas aquáticos, são a **turbulência** (gerada pelo vento e que transporta material para a superfície ou para as regiões mais profundas) e a **ressurgência** (que promove a liberação de nutrientes para a zona eufótica, acelerando a produção primária).

As principais diferenças entre lagos e oceanos estão relacionadas não só à concentração de íons (NaCl), mas também a condições diferentes de turbulência e mistura. É, entretanto, muito difícil estimar a quantidade de energia que supre nutrientes para a zona eufótica e promove a produção primária fitoplanctônica. A relação entre a produção primária e a energia externa disponível não pode ser linear ou logarítmica, porque o excesso de energia promove o deslocamento do fitoplâncton para a zona afótica, tornando inviável a produção de matéria orgânica, por causa do transporte do material produtivo fotossintético autotrófico para além do ponto de compensação. Não ocorre uma distribuição uniforme dessa energia externa no ecossistema aquático; ela se dá por **células verticais** ou **horizontais** que promovem a agregação ou a dispersão das partículas produtivas fotossintetizantes.

Uma queda na produção primária fitoplanctônica pode ser uma consequência natural da segregação na distribuição de fatores da produção, ou seja, nutrientes e luz. A produção primária fitoplanctônica é basicamente controlada pelo ambiente físico, ou seja, advecção e turbulência, que promovem a agregação do fitoplâncton na superfície ou na zona eufótica e restabelecem a reposição de nutrientes disponíveis para a comunidade fitoplanctônica. Porém, a turbulência pode também diminuir a intensidade luminosa disponível, seja transportando fitoplâncton para camadas mais profundas, pouco iluminadas, ou transportando material em suspensão, que causa extinção da energia radiante e diminuição da profundidade da zona eufótica.

Durante alguns períodos, em lagos tropicais, após intensas precipitações, material em suspensão transportado por águas de drenagem superficial pode causar rápida redução da zona eufótica e diminuição considerável da produção primária planctônica do microfitobentos e de macrófitas aquáticas submersas (Tundisi *et al.*, 2006).

9.7 Métodos para a Medida de Produção Primária do Perifíton

As determinações da produtividade primária do perifíton são complexas porque essas comunidades constituem um conjunto de organismos produtores que crescem em sedimentos, rochas, vários tipos de substratos, detritos e organismos vivos. A distribuição desses organismos é extremamente heterogênea e os métodos deveriam considerar esse aspecto do problema; migração fototática ocorre, o que pode influenciar padrões de distribuição. A biomassa deve ser expressa por unidade de superfície da água, e por unidade de área do substrato (Piecynska, 1968).

A enumeração dos organismos pode ser feita no próprio substrato, por meio de exame microscópico. Substratos artificiais para coleta das microalgas e subsequente contagem de células ou determinação de clorofila *a* são utilizados para o levantamento da produtividade (Panitz, 1978). A colonização do substrato depende do seu tipo e da sua rugosidade (Panitz, 1978).

A determinação da clorofila e do número de organismos por m^2, além de carbono total, são técnicas quantitativas utilizadas (Wetzel, 1974).

As medidas de produção primária feitas por métodos experimentais diretos incluem o uso do método do oxigênio dissolvido, determinado a partir do uso de tubos transparentes e escuros em sedimento não perturbado, com incubação por algumas horas, bem como a adição de $NaH^{14}CO_3$ em amostras de sedimento ou outro tipo de substrato contendo perifíton, incubadas em condições simuladas (Pomeroy, 1959; Grontved, 1960; Wetzel, 1963, 1964).

Produção de perifíton após seu crescimento em placas de vidro com área determinada, utilizando-se os frascos transparentes e escuros, com incubação *in situ* por quatro horas, empregando-se a técnica do oxigênio dissolvido, foi objeto de estudos intensos desenvolvidos por Chamixaes (1994) em tributários da represa da UHE Carlos Botelho (Lobo/Broa).

9.8 A Determinação da Produtividade Primária de Macrófitas Aquáticas e Comparações com Outros Componentes Fotoautotróficos

A produção anual de macrófitas aquáticas pode ser estimada medindo-se a biomassa estacional máxima. Amostragens em duas épocas diferentes combinadas com amostragens de variáveis físicas e químicas da água podem resultar em valores de biomassa que indicam a produção bruta anual. A técnica geral é remover determinada quantidade de biomassa de um certo número de áreas em duas épocas diferentes de amostragens, em vários locais, e pesar a vegetação removida.

Uma seleção preliminar do número de áreas ou várias dimensões (m^2) e formatos deve ser feita. Amostragem ao acaso deve ser realizada após a seleção de áreas, e essa amostragem é repetida em várias épocas (ou duas) do ciclo estacional. É necessário amostrar os componentes aéreos e subterrâneos das plantas, e a coleta em cada amostragem deve incluir material vivo das macrófitas, raízes e material já morto existente (Westlake, 1965).

Para muitas plantas aquáticas, pode-se assumir, de acordo com Westlake (1974), que o conteúdo de carbono orgânico é de 44% a 48% do peso orgânico. O conteúdo de energia de muitas macrófitas aquáticas pode ser considerado entre 4,3 a 4,8 kcal/grama de matéria orgânica (Straškraba, 1967).

Determinações da **clorofila total de macrófitas** podem ser úteis no cálculo da biomassa durante intervalos de tempo; a biomassa total de macrófitas em uma área pode ser determinada por fotografias aéreas ou imagens de satélite calibradas por amostragens de campo, e o peso total (kg/m^2 ou kg/ha) pode ser calculado a partir das amostragens de campo.

Para algumas espécies de macrófitas, o **índice da área foliar** pode ser utilizado para estimar a biomassa total de matéria clorofilada segundo as técnicas: plantas/unidade de área x folhas/plantas x média de área das folhas, utilizando-se a técnica planimétrica ou calculando-se a área das folhas.

Técnicas experimentais determinando-se a produção e o consumo de oxigênio dissolvido em áreas relacionadas com macrófitas submersas utilizando-se cilindros de plástico de área conhecida são também utilizadas estimando-se o volume de O_2 produzido (ou consumido em cilindros escuros) por área (cm^2 ou m^2) por um determinado período de incubação (Vollenweider, 1974). A Fig. 9.12 mostra os resultados obtidos com essa técnica.

A produção primária de macrófitas aquáticas e de microfitobentos (perifíton) foi medida em diferentes ecossistemas aquáticos. Taxas de produção primária para microfitobentos, utilizando-se o método do ^{14}C e da evolução do O_2, foram determinadas para três lagos africanos – Turkana, Tanganyika e Malawi (Takamura, 1988). As taxas obtidas foram de 0,2 – 0,7 $gC.m^{-2}.dia^{-1}$ em águas rasas com alta transparência. A produção primária do perifíton pode ser ainda mais elevada que 1 $gC.m^{-2}.dia^{-1}$. A produção do microfitobentos determinada para o **rio Limon**, na Venezuela (Lewis e Weibezahm, 1976), alcançou valores > 1 $gC.m^{-2}.dia^{-1}$.

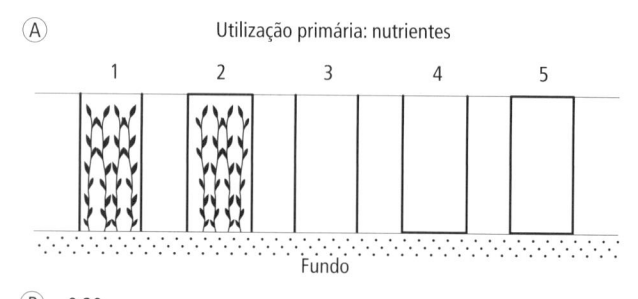

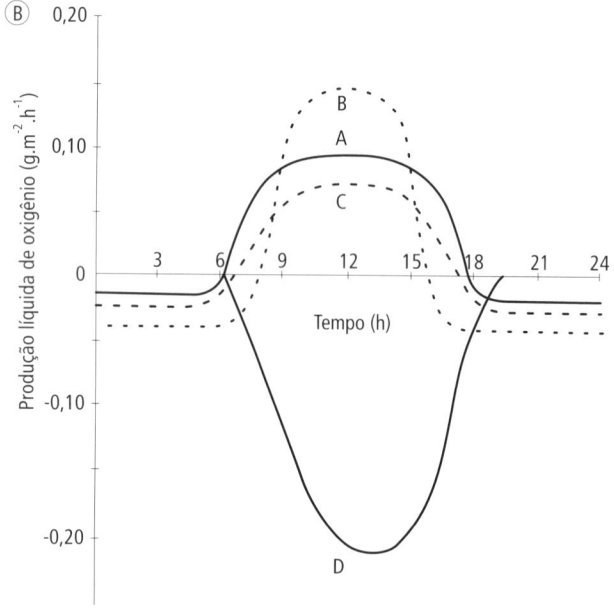

Para as macrófitas aquáticas, as medidas – baseadas principalmente em mudanças de biomassa e peso seco – informam valores > 10 g peso seco.$m^{-2}.dia^{-1}$ para *Cypeus papyrus* (Westlake, 1975) e de 5 g peso seco.$m^{-2}.dia^{-1}$ para *Lepironia articulata* (Furtado e Mori, 1982). Medidas realizadas por Piedade *et al.* (1994), no Amazonas, mostraram resultados de 9,9 kg peso seco.$m^{-2}.ano^{-1}$. Junk e Piedade (1993) determinaram valores de 7 kg peso seco.m^{-2} para *Paspalum fasciculatum*.

Determinações da evolução de O_2 durante ciclos de 24 horas, com medidas periódicas da atividade fotossintética e da respiração (por meio da técnica do O_2 dissolvido), possibilitaram observar o ciclo de produção de oxigênio dissolvido, a perda de oxigênio para a atmosfera, a produção de oxigênio dissolvido pelas macrófitas e suas epífitas e a produção pelo microfitobentos na superfície do sedimento.

A importância relativa dos vários produtores primários depende, em grande parte, da organização física do ecossistema. Um dos aspectos fundamentais no estudo da importância relativa dos vários produtores primários é a quantificação dos vários tipos de produtores primários dos ecossistemas, o que é importante para se compreender as direções da rede trófica e de que forma a matéria orgânica produzida nos primeiros estágios está sendo transferida para os vários níveis tróficos.

Komarkova e Markan (1978) compararam a porcentagem relativa de cada um dos produtores primários, em um lago eutrófico e em tanques de cultivo de peixes (em duas localidades). Os resultados são mostrados na Tab. 9.4.

Tab. 9.4 Produção primária por diferentes organismos fotoautotróficos

	Lago Eutrófico	Tanques de Cultivo de Peixes (1)	Tanques de Cultivo de Peixes (2)
Macrófitas	57%	70%	53% – 83,5%
Fitoplâncton	20%	7%	9% – 36%
Perifíton	23%	21%	5,5% – 11%

Fonte: Komarkova e Markan (1978).

A – Produção de oxigênio pelas macrófitas e suas epífitas
B – Produção das algas na superfície do sedimento
C – Produção pelo fitoplâncton
D – Perda por difusão da água para a atmosfera

Fig. 9.12 Medidas das trocas de oxigênio em um banco de plantas submersas dominadas por *Mayaca sellowiana* na represa da UHE Carlos Botelho (Lobo/Broa): A) Distribuição de cinco cilindros plásticos transparentes abertos e fechados para o sedimento e para a atmosfera e presença ou ausência de plantas; B) Padrões derivados da variação diurna em taxas líquidas de troca de oxigênio
Fonte: Ikushima *et al.* (1983).

Nesses ecossistemas, portanto, a produção das macrófitas aquáticas superou a produção do fitoplâncton e do perifíton. Esse tipo de situação é relativamente comum em zonas litorais dos lagos eutróficos com permanente cobertura de macrófitas ocupando grande porção do lago. Em algumas comunidades de macrófitas, algas filamentosas podem ser mantidas em grandes massas, próximas da superfície, por causa do suporte proporcionado pelas plantas vasculares, o que facilita sua manutenção em profundidades com elevada radiação solar.

A Tab. 9.5 apresenta valores da produção primária para várias espécies de macrófitas aquáticas no Brasil.

9.9 Determinações Indiretas da Produção Primária *In Situ*

A produção primária de macrófitas aquáticas submersas, do fitoplâncton e do perifíton pode ser determinada, em certas condições, a partir de medições acuradas do pH e do oxigênio dissolvido, durante períodos de 24 horas. O cálculo da produção primária deve ser feito a partir das diferenças de pH, da concentração de CO_2 dissolvido na água e, portanto, do CO_2 "fixado" pela atividade fotossintética do oxigênio produzido durante o período diurno e do oxigênio consumido pela respiração. Em lagos ou represas com considerável biomassa dessas plantas aquáticas, perifíton e fitoplâncton, tais medidas podem oferecer uma razoável possibilidade de determinar a fotossíntese, a produção primária e a respiração das comunidades.

A principal limitação é a dependência de métodos acurados para a medição do pH e do oxigênio dissolvido com eletrodos sensíveis ou métodos analíticos de grande precisão.

9.10 Medidas da Produção Primária em Diferentes Ecossistemas

O conjunto de tabelas a seguir mostra as informações referentes à produção primária de ecossistemas aquáticos e terrestres para efeito comparativo. Essas informações foram obtidas por meio de trabalhos experimentais, estimativas da **produção máxima teórica** e avaliações globais a partir de experimentos realizados em oceanos, lagos, rios e sistemas terrestres. Essas comparações são fundamentais para avaliar a capacidade de produção primária dos ecossistemas aquáticos e seu potencial na produção global de matéria orgânica, a qual, em última análise, pode ser utilizada para exploração. Elas mostram, por exemplo, que sistemas costeiros, lagos rasos e represas, além de áreas de ressurgência, são mais produtivos, uma vez que as condições nutricionais das massas de água conferem essa capacidade para produção e crescimento de matéria orgânica viva.

Como as concentrações de **fósforo**, **nitrogênio** e **carbono** são críticas para o desenvolvimento e o crescimento da comunidade fitoplanctônica, a **produção nova**, ou seja, a produção resultante da contribuição

Tab. 9.5 Valores da produtividade (t.ha^{-2}.ano^{-1}) de diferentes espécies de macrófitas aquáticas em vários sistemas aquáticos brasileiros

Espécie	Tipo ecológico	Localidade	Produtividade t.ha^{-2}.ano^{-1}	Autor
Panicum fasciculatum	EM	Várzea do rio Solimões	70,0	Junk e Piedade (1993)
Paspalum repens	EM	Costa do Baixio	31,0	Junk e Piedade (1993)
Luziola spruceana	EM	**Lago Camaleão**	7,6	Junk e Piedade (1993)
Oriza perennis	EM	Lago Camaleão	27,0	Junk e Piedade (1993)
Nymphoides indica	EM	UHE Carlos Botelho (Lobo/Broa)	7,6	Meneses (1984)
Pontederia cordata	EM	UHE Carlos Botelho (Lobo/Broa)	3,8	Meneses (1984)
Eichhornia azurea	EM	Lago D. Helvécio	17,5	Ikusima e Gentil (1987)
Eichhornia azurea	EM	Lago Jacaré	6,6	Ikusima e Gentil (1987)
Eichhornia azurea	EM	Lagoa Carioca	8,4	Ikusima e Gentil (1987)
Eichhornia azurea	EM	**Lagoa do Infernão**	3,5	Coutinho (1989)
Pontederia lanceolata	EM	Pantanal Mato-grossense	9,7	Penha (1994)

EM – Emergente
Fonte: Camargo e Esteves (1995).

de nitrogênio e fósforo a partir de **fontes alóctones** pode ser fundamental nesse processo. A produção regenerada implica a reciclagem interna de nutrientes distribuídos na zona eufótica a partir da circulação vertical ou horizontal e processos de decomposição na água e no sedimento (Tabs. 9.6 a 9.9).

A Tab. 9.10 apresenta os dados da produção primária líquida do fitoplâncton para vários ecossistemas aquáticos e em rios e lagos de várzea do Amazonas e do Paraná (Neiff, 1986).

A Tab. 9.11 mostra a produção primária líquida de macrófitas aquáticas nos lagos de várzea do baixo Paraguai-Paraná, comparada com outros sistemas aquáticos de várias regiões.

9.11 A Produção Primária de Regiões Tropicais e de Regiões Temperadas

Um conjunto expressivo de medidas da produção primária do fitoplâncton fotoautotrófico foi desenvolvido nos últimos 30 anos. Quando comparados quanto à capacidade fotossintética ($P_{máx}$), os lagos tropicais apresentam maiores valores que os lagos de regiões temperadas.

Lemoalle (1981) comparou taxas médias de produção fotossintética bruta na zona eufótica de lagos tropicais e de lagos de regiões temperadas, e concluiu que as taxas mais elevadas em lagos tropicais eram resultantes de valores mais altos de capacidade fotossintética. Isso é provavelmente em razão de maiores temperaturas da água nesses ecossistemas tropicais. Como em todos os ecossistemas aquáticos, os fatores que influenciam a capacidade fotossintética ($P_{máx}/B$, sendo B a biomassa) em lagos tropicais são: tamanho das células, suprimento de nutrientes e CO_2 e temperatura da água.

Nos lagos alcalinos da África (*soda lakes*) obteve-se uma alta concentração de biomassa e valores muito

Tab. 9.7 Produção primária dos oceanos de acordo com a região

Região	% do oceano	Área (km²)	Produtividade média (gC.m⁻².ano⁻¹)	Produtividade total (10⁹ tonC.ano⁻¹)
Oceano aberto	90	326 . 10⁶	50	16,3
Zona costeira	9,9	36 . 10⁶	100	3,6
Áreas de ressurgência	0,1	3,6 . 10⁵	300	0,1
TOTAL				20,0

Fonte: Morris (1974).

Tab. 9.8 Comparação da produção primária marinha com a produção de águas interiores e sistemas terrestres

Comunidade	Produtividade diária média gC.m⁻².dia⁻¹
Águas oceânicas	1,0
Zona costeira	0,5 – 3,0
Florestas, agriculturas, lagos de águas continentais	3-10
Agricultura intensiva	10 – 25
Pastagens	0,5 – 3,0
Desertos	0,5

Fonte: Morris (1974).

Tab. 9.6 Estimativas da **produção orgânica máxima teórica** nos oceanos

1. Energia solar que atinge a atmosfera superior da Terra	1-25 . 10²⁴ cal
2. Energia que atinge a superfície da Terra após perda de 60% por absorção e espalhamento	5 . 10²³ cal
3. Energia que chega à superfície dos oceanos depois da perda de 50% da radiação infravermelha e 28% que atinge os sistemas terrestres	1,6 . 10²³ cal
4. Energia disponível para absorção pelo fitoplâncton após 10% de reflexão	1,2 . 10²³ cal
5. Eficiência estimada da fotossíntese de 2%, considerando g máxima energia disponível para a produção primária	2,5 . 10²¹ cal
6. Energia requerida para assimilar 1 g de carbono em material	1,3 . 10⁴ cal
7. Limite superior de matéria orgânica que pode ser produzida no oceano, ou seja: $\frac{2,5 . 10^{21}}{1,3 . 10^{4}}$	1,9 . 10¹⁷ gC.ano⁻¹ ou 1,9 . 10¹¹ toneladas métricas de carbono

Fonte: Morris (1974).

Tab. 9.9 Comparação da **produção primária marinha** e de ecossistemas continentais com sistemas terrestres

Comunidade	Produção primária anual média gC.m^{-2}.ano^{-1}
Oceanos	50
Zona costeira	100
Áreas de ressurgência	300
Fitoplâncton de águas continentais	860 (máximo)
Fitoplâncton marinho	240
Macroalgas do litoral	1.600 – 2.100
Áreas naturais de regiões temperadas (terrestres)	2.400
Floresta tropical úmida	5.900
Cultivo de grãos em regiões temperadas	2.400

Fontes: Westlake (1963), Ryther (1969), Odum (1959), Phillipson (1966).

elevados, acima da média da capacidade fotossintética. Isso foi atribuído por Talling *et al.* (1973), Melack (1974) e Lemoalle (1981, 1983) à excepcional reserva de CO_2 concentrado em zonas eufóticas desses lagos.

A inibição na superfície de lagos e represas de regiões tropicais e as taxas de respiração (mgO_2) são consideradas, segundo Talling e Lemoalle (1998), como "perdas" no processo fotossintético nos trópicos. Altas energias radiantes no ar e também subaquáticas com um componente apreciável de radiação ultravioleta podem ser a causa dessa inibição.

As taxas de respiração acompanham as taxas de fotossíntese e variam muito em lagos e represas tropicais. Em alguns casos, como na Amazônia, isso se deve à contribuição elevada de bactérias heterotróficas, resultante do acúmulo de massas de matéria orgânica (Melack e Fisher, 1983).

Tab. 9.10 Produção primária líquida do fitoplâncton em rios e lagos de várzea

Sistema	Produção	Autor
Rio Amazonas		
Lago Castanho (águas brancas)	0,35-1,50 (gC.m^{-2}.d^{-1})	Fittkau *et al.* (1975)
Lago Cristalino (águas negras)	0,05-1,04 (gC.m^{-2}.d^{-1})	Raí (1984)
Lago Redondo	0,29 (gC.m^{-2}.d^{-1})	Marlier (1967)
Rio Negro	0,06 (gC.m^{-2}.d^{-1})	Schmidt (1976)
Rio Tapajós	0,44- 2,41 (gC.m^{-2}.d^{-1})	Schmidt (1982)
Rio Paraguai (E)		
Ferradura	0,08- 1,25 (gC.m^{-2}.d^{-1})	Bonetto, C. (1982)
Porto Vermelho	0,004-0,06 (gC.m^{-2}.d^{-1})	Bonetto, C. (1982)
Paraguai inferior	0,060-0,750 (gC.m^{-2}.d^{-1})	Bonetto, C. *et al.* (1981)
Lagoa Ferradura	0,01-0,45 (gC.m^{-2}.d^{-1})	Zalocar *et al.* (1982)
Rio Paraná		
Alto Paraná (cidade alta Ibaté) (E)	0,002-0,99 (gC.m^{-2}.d^{-1})	Bonetto, C. (1982)
Baixo Paraná (cidade Paraná) (L)	0,001-0,80 (gC.m^{-2}.d^{-1})	Perotti de Jorda (1984)
Baixo Paraná (cidade Correntes) km 1.208 (E)		
lado direito	0,010-0,580 (gC.m^{-2}.d^{-1})	Bonetto, C. (1983)
lado esquerdo	0,050-1,000 (gC.m^{-2}.d^{-1})	Bonetto, C. (1983)
Baixo Paraná (cidade Correntes) km 1.208 (E)		
lado direito	0,000-0,120 (gC.m^{-2}.d^{-1})	Bonetto, C. *et al.* (1979)
lado esquerdo	0,003-0,285 (gC.m^{-2}.d^{-1})	Bonetto, C. *et al.* (1979)
Baixo Paraná (cidade Esquina) (E)	0,030-0,850 (gC.m^{-2}.d^{-1}))	Bonetto, C. (1983)
Baixo Paraná (cidade Correntes) (L)	0,040 (mgC.m^{-3}.h^{-1})	Perotti de Jorda (1980b)
Baixo Paraná (cidade Bela Vista) (km 1.060) (L)	0,041 (mgC.m^{-3}.h^{-1})	Perotti de Jorda (1980b)
Baixo Paraná (km 876) (L)	0,045 (mgC.m^{-3}.h^{-1})	Perotti de Jorda (1980b)
Baixo Paraná (cidade Diamante) (L)	0.195 (mgC.m^{-3}.h^{-1})	Perotti de Jorda (1980b)

Nota: (E) – Experimento de campo; (L) – Experimento de laboratório
Fonte: várias fontes e Neiff (comunicação pessoal).

Tab. 9.11 Produção primária líquida (PPL) de macrófitas aquáticas nos lagos de várzea do sistema do baixo Paraguai-Paraná e em outros sistemas tropicais

Espécie	Grupo Local	Ano	Autor	PPL (tn.ha^{-1}.ano^{-1})
Eichhornia crassipes	PNA – Lago Barranqueras	1977	Neiff e Poi de Neiff (1984)	12,46
Eichhornia crassipes	PNA – Santa Fé		Lallana (1980)	13,80
Eichhornia crassipes	Índia	1971	Gopal (1973)	6,75
Eichhornia crassipes	Índia		Sahai e Sinha (1979)	2,71
Azolla pinnata	Índia		Gopal (1973)	2,80
Nymphoides indica	PNA – Santa Fé – Correntes	1971/82	Neiff e Poi de Neiff	0,8–2,2
Nymphaea amazonica	PNA – Correntes (Ibera)	1977/78	Neiff e Poi de Neiff	1,1–2,6
Victoria cruziana	PNA – Barranquetas	1977/78	Neiff e Poi de Neiff	1,6–2,3
Typha latifolia	PGUY – Chaco – Formosa	1984/86	Neiff (1986)	14–23
Typha latifolia	PNA – Correntes	1977/78	Neiff (1986)	15–19,5
Typha dominguensis	África		Thompson (1976)	22,88
Typha dominguensis	África		Howard-Williams e Lenton (1975)	15,00
Cyperus giganteus	PNA – Chaco	1980	Neiff (1986)	12–20
Cyperus papirus	Nilo Blanco		Pearsall (1959)	46–70
Cyperus papirus	África		Thompson et al. (1979)	34–94
Hymenachne amplexicaulis	PNA – Sudeste Chaco	1979/80	Neiff (1980, 1982)	16–21
Echinochloa polystachya	PNA – Sudeste Chaco	1979/80	Neiff (1980)	4–6
Cynodon dctylon			Heeg e Breen (1982)	8,39
Paspalum repens	Amazonas		Junk (1970)	3–5
Oriza sativa	Índia		Gopal (1973)	12,5

Nota: PNA – Várzea do baixo Paraná; PGUY – Vale do baixo Paraguai
Fonte: Neiff e Poi de Neiff (1984).

Uma taxa específica determinada para a respiração de fotoautotróficos nos trópicos é 1 mgO$_2$. (mgChl$a$.h^{-1}).h^{-1} (Talling, 1965). Essa taxa depende da temperatura (Ganf, 1972). Taxas de respiração são também afetadas pela intensidade da radiação subaquática (fotorrespiração), mas ainda há uma enorme falta de informações sobre esses mecanismos nos trópicos. A Fig. 9.13 mostra os resultados apresentados por Rai (1982) para a produção primária de uma variedade de lagos de regiões temperadas e tropicais.

Comparações entre a produção primária em lagos tropicais e temperados devem levar em conta os ciclos anuais de fatores climatológicos e hidrológicos, a disponibilidade de radiação solar, a temperatura da água e os ciclos biogeoquímicos que são impulsionados pelos processos como temperatura da água, **taxa de reciclagem** e sucessão dos organismos.

A produção primária anual e os fatores climatológicos limitantes e controladores à atividade são considerados nessa comparação (Fig. 9.14).

Um conjunto grande de medidas de produção primária do fitoplâncton fotoautotrófico foi desenvolvido nos últimos 30 anos. As Tabs. 9.12 e 9.13 apresentam, respectivamente, valores para lagos e represas no Brasil e para lagos eutróficos e oligotróficos em vários países.

9.12 Produção Secundária

Produtores secundários são todos os heterótrofos que constituem um vasto espectro de organismos das comunidades, que são os herbívoros, os carnívoros e os predadores.

Produção secundária é a matéria orgânica produzida pelos organismos consumidores em um determinado período de tempo e por unidade de volume ou área.

Os organismos **ingerem** alimento, **assimilam** uma certa proporção dele e utilizam a matéria orgânica assimilada em processos como respiração, excreção e reprodução. A matéria orgânica que passa para o próximo nível trófico é a resultante líquida desses processos.

O tamanho do corpo do organismo e a temperatura são fatores fundamentais que influenciam a taxa metabólica.

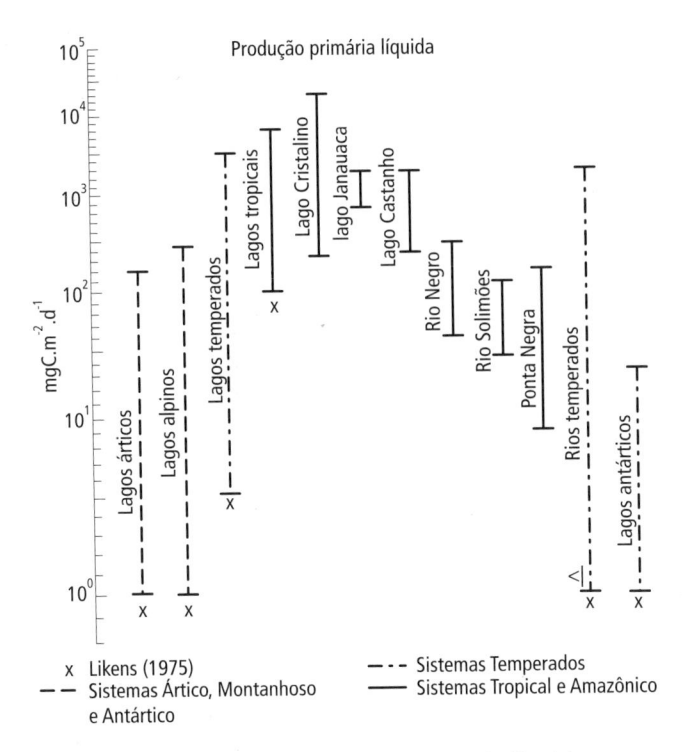

Fig. 9.13 Resultados da produção primária líquida para lagos tropicais e de regiões temperadas
Fonte: Hill e Rai (1982).

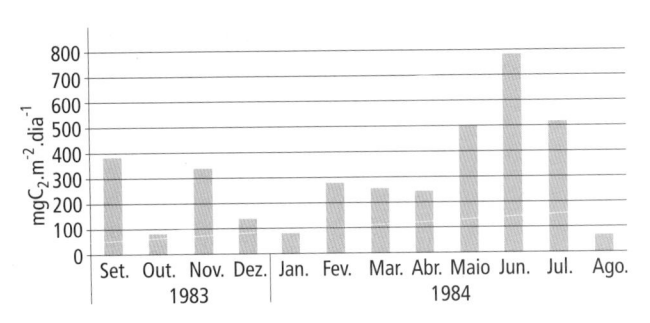

Fig. 9.14 Produção primária medida com a técnica de oxigênio dissolvido e convertido para $mgC.m^{-2}.dia^{-1}$ para a represa de Barra Bonita durante o período de um ano. Por esta figura verifica-se que o máximo da produção primária ocorreu no inverno, nos períodos de maior turbulência, o que favorece a produção regenerada. No verão, a radiação solar é maior, mas há intensas precipitações, e a produção primária é limitada pela diminuição da profundidade da zona eufótica devido à grande quantidade de material em suspensão. Ressalte-se que 1983 foi um ano de intensa atividade do fenômeno **El Niño**

Tab. 9.12 Dados de clorofila, nutrientes e produção primária para uma série de lagos e reservatórios no Brasil. Desvio-padrão entre parênteses

Lago ou represa	NIT $\mu g.\ell^{-1}$	FTD $\mu g.\ell^{-1}$	Clorofila a $\mu g.\ell^{-1}$	Produção primária $mgC.m^{-2}.h^{-1}$	Autores
R. Lagoa Dourada, SP	25,25 (9,48)	2,89 (2,09)	4,22 (0,82)	2,55 (1,5)	Talamoni (1995), Pompeo (1991)
R. Broa, SP	42,15 (10,25)	7,94 (2,91)	10,05 (2,41)	13,98 (4,84)	Matheus e Tundisi (1988)
R. **Pedreira**	788,51 (57,24)	5,67 (4,55)	43,70 (3,85)	156,40 (19,36)	Talamoni (1995)
R. Barra Bonita, SP	656,2 (811,50)	13,31 (3,98)	28,8 (45,92)	214,61 (150,91)	Tundisi et al. (1990)
R. **Paranoá**, DF	662,8 (366,01)	32,41 (7,18)	56,9 (21,10)	120,22 (77,18)	Branco (1991); Toledo e Hay (1988)
L. D. Helvécio, MG	17,80 (18,12)	3,62 (2,97)	2,47 (1,16)	18,85 (8,67)	Okano (1980), Pontes (1980)
R. **Caconde**, RS	654,86 (206,64)	25,52 (4,88)	9,41 (3,91)	268,96 (222,04)	Guntzel (1998)
R. Jacaré-Pepira, SP	12,4 (4,99)	1,13 (1,07)	1,71 (0,62)	4,05 (1,39)	Claro (1978), Franco (1982)

NIT – Nitrogênio Inorgânico Total; FTD – Fósforo Total Dissolvido
Fonte: Rocha e Matsumura Tundisi (1997).

Tab. 9.13 Produção primária fitoplanctônica líquida em alguns lagos oligotróficos e eutróficos

Lago	Estado trófico	$gC.m^{-2}.ano^{-1}$
Chan (Canadá)	Ultra-oligotrófico	1,3
Washington (EUA)	Mesotrófico	96
Plussee (Alemanha)	Eutrófico	186
Valencia (Venezuela)	Eutrófico	821

Fonte: modificado de Dodson (2005).

Esses produtores secundários estão inter-relacionados na cadeia alimentar (ver Cap. 8) e a transferência de energia de um nível para outro é feita através dessa complexa cadeia alimentar, mais apropriadamente denominada rede alimentar. A determinação da produção secundária é bem mais difícil do que a da produção primária dos organismos fotoautotróficos, pois esta se baseia em um processo metabólico e nas trocas CO_2 / O_2, como já foi demonstrado. A relação produção/biomassa é muito mais direta no caso dos produtores primários e permite estabelecer taxas horárias, mensais ou anuais.

Nos produtores secundários, os ciclos de vida diferem consideravelmente e há também dificuldades em expressar a biomassa considerando-se, por exemplo, peixes, moluscos e crustáceos.

Não obstante esses problemas, determinações de produção secundária foram realizadas a partir de diferenças em biomassa ou em número de indivíduos, diferenças estas medidas durante vários períodos. Por exemplo, segundo Cole (1975), a produção em um determinado período de tempo pode ser determinada por:

$$P = (N_1 - N_2) \cdot \frac{P_1 + P_2}{2}$$

onde N_1 e N_2 representam o número de animais por unidade de área ou volume no início e no final de um ano, por exemplo, e P_1 e P_2 representam o peso úmido ou o peso seco dos organismos. Está incluído nesse cálculo o número de indivíduos eliminados por consumo pelos outros níveis tróficos. Essa técnica pode ser utilizada para organismos com ciclos de vida muito longos e torna-se muito difícil aplicá-la a organismos com ciclos de vida muito curtos e que produzem nova biomassa constantemente, como os organismos planctônicos.

Edmondson (1960), Edmondson e Winberg (1971) apresentaram metodologias para a medida da produção secundária de organismos aquáticos, baseados nas taxas reprodutivas. Em estudos de laboratório, Edmondson determinou a taxa de produção de ovos de fêmeas de rotíferos em diferentes temperaturas. O número de ovos produzidos por fêmea, por dia, foi medido experimentalmente a várias temperaturas, o que possibilitou uma determinação de um coeficiente de aumento da população, contando-se os organismos. Esse coeficiente pode ser obtido a partir da fórmula:

$$r = \frac{\ell n\, N_0 - \ell n\, N t}{t}$$

onde N_0 é o número de organismos inicial, e Nt é o número de organismos no tempo t e r é o coeficiente de aumento da população.

Desses cálculos, pode-se estabelecer a taxa de mortalidade, que é representada por:

$$d' = b' - r'$$

onde:

d' – taxa de mortalidade
b' – taxa de nascimento instantânea
r' – coeficiente de aumento da população
b' pode ser estimado a partir de:

$$b' = \ln(B + 1)$$

onde B é o número de ovos produzidos por fêmea, por dia, dado a partir de $B = E / D$, sendo E o número de fêmeas por amostra no plâncton e D, a duração do estágio embrionário.

Essa técnica pode ser aplicada a outros animais planctônicos que têm sacos ovígeros e permite sua preservação e contagem. Elster (1954) e Eichchorn (1957) aplicaram-na a copépodes calanóides.

Outras metodologias para estimativas e determinações da produção secundária foram empregadas: **equivalentes calóricos** do peso seco; taxas de respiração dos organismos em vários estágios do desenvolvimento; eficiências de **crescimento dos organismos**. Essas metodologias podem ser aplicadas a populações em laboratório e, depois, a condições naturais em sistemas como lagos, represas e rios. Relações energéticas foram assim calculadas por Comita (1972) para a comunidade planctônica. Quando uma espécie de importância ecológica é estudada (como um produtor secundário, que é o consumidor principal em um lago), é possível estimar o fluxo anual de energia para todo o ecossistema.

Os requerimentos individuais dos organismos devem ser considerados, tais como: calorias (a soma de energia utilizada em crescimento); perdas metabólicas via excreção e respiração; energia não utilizada e eliminada com fezes.

Eficiências de crescimento dos organismos e a relação produção/biomassa (P/B) podem ser aplicadas, bem como as relações entre produção e alimento total consumido (P/C) ou a produção dividida por alimento assimilado (P/A).

A Tab. 9.14 apresenta dados da produtividade secundária de espécies planctônicas de zooplâncton, obtidos por vários autores, utilizando-se diversas técnicas, como peso seco de organismos e carbono total nos organismos, calculando-se taxas diárias ou anuais para cada espécie de zooplâncton ou grupo de organismos.

Tab. 9.14 Produção secundária de organismos do zooplâncton em vários ecossistemas aquáticos

Espécie	Produção	Lago/represa	Autor
Thermocyclops hyalinus	44 µgPS.m^{-2}.dia^{-1}	George (África)	Burgis (1974)
Rotifera + Copepoda	190 µgPS.m^{-3}.dia^{-1}	Nakuru (África)	Vareschi e Jacobs
Cladocera	49,9 µgPS.m^{-3}.dia^{-1}	Chad (África)	Leveque e Saint Jean (1983)
Copepoda + Cladocera	6-10 gPS.m^{-2}.ano^{-1}	Lê Roux (África)	Hart (1987)
Zooplâncton	8 a 15 gC.m^{-3}.ano^{-1}	Represa (África)	Robarts *et al.* (1992)
Copepoda	26,92 µgPS.ℓ^{-1}.dia^{-1}	Lanao (Filipinas)	Lewis (1979)
Cladocera	6,32 µgPS.ℓ^{-1}.dia^{-1}	Lanao (Filipinas)	Lewis (1979)
Rotifera	1,16 µgPS.ℓ^{-1}.dia^{-1}	Lanao (Filipinas)	Lewis (1979)
Chaoborus	6,33 µgPS.ℓ^{-1}.dia^{-1}	Lanao (Filipinas)	Lewis (1979)
Herbívoros	24,40 µgPS.ℓ^{-1}.dia^{-1}	Lanao (Filipinas)	Lewis (1979)
Carnívoros	6,33 µgPS.ℓ^{-1}.dia^{-1}	Lanao (Filipinas)	Lewis (1979)
Thermocydops oblongatus	11,0 µgPS.m^{-3}.dia^{-1}	Naivasha (Quênia)	Maroti (1994)
Diaphanosoma excisum	6,0 µgPS.m^{-3}	Naivasha (Quênia)	Maroti (1994)
Argygrodiaptomus furcatus	6,74 µgC.m^{-3}.dia^{-1}	Carlos Botelho (Lobo/Broa), Brasil	Rocha e Matsumura Tundisi (1984)
Rotifera	0,022 gPS.m^{-3}.dia^{-1}	Monjolinho (São Carlos, Brasil)	Okano (1994)

PS – Peso seco; C – Carbono
Modificado de várias fontes.

Em trabalho recente, Wisniewski e Rocha (2006, no prelo) apresentaram um conjunto de informações para grupos de zooplâncton Calanoida e Cyclopoida separadamente. A produção de Copepoda foi maior durante a estação chuvosa (23,61 µg peso seco.m^{-3}.dia^{-1}) e menor durante o inverno e a estação seca (14 µg peso seco.m^{-3}.dia^{-1}). A produção de Cyclopoida foi maior que a produção de Calanoida, um padrão comumente observado, segundo esses autores, para lagos tropicais.

Santos Wisniewski e Matsumura Tundisi (2001) apresentam uma produção zooplanctônica de 36,6 a 28,9 µg peso seco.m^{-3}.dia^{-1} para a represa de Barra Bonita (SP), um reservatório eutrófico. Esses valores são de uma ordem de magnitude mais elevada que os resultados apresentados por Melão e Rocha (2001) para a lagoa Dourada (Brotas-SP). São, entretanto, valores mais baixos que os apresentados por Hanazato e Yasuno (1985) para o lago Kwumiganra, um lago hipereutrófico do Japão. Rocha *et al.* (1995) determinaram valores de 173,85 µgPS.m^{-3}, 26,57 µgPS.m^{-3} e 10,88 µgPS.m^{-3}, respectivamente para a lagoa Amarela, lago D. Helvécio e lagoa Carioca, no Parque Florestal do Rio Doce (MG). A lagoa Amarela é um lago raso, eutrófico, com predominância de rotíferos na composição do zooplâncton.

Pelaez e Matsumura Tundisi (2002) determinaram a produção de rotíferos na represa da UHE Carlos Botelho (Lobo/Broa), utilizando várias metodologias, tal como o método do recrutamento, apresentado por Edmondson e Winberg (1971), baseado nos valores da taxa de nascimentos e no peso seco dos organismos, onde **P = Pn . W**, sendo: P = produção ou peso seco de matéria orgânica; Pn = recrutamento de novos indivíduos; e W = **peso seco médio individual**. As conclusões desses autores mostram que, para as espécies de rotíferos *F. pegleri* e *K. americana*, à temperatura de 20,9°C, o tempo de desenvolvimento dos ovos foi de aproximadamente 19 horas, o que se compara ao determinado por Okano (1994), que obteve um tempo de desenvolvimento para *Brachionus falcutus, K. longiseta* e *K. cochlearis* de 20 horas, à temperatura de 20,4°C. Os resultados obtidos por Edmondson (1960) mostram, para rotíferos, 42 a 43 horas de desenvolvimento dos ovos, a temperaturas abaixo de 20°C (entre 10°C e 15°C).

Rocha e Matsumura Tundisi (1984) determinaram a biomassa e a produção de *Argyrodiaptomus furcatus* na represa da UHE Carlos Botelho (Lobo/Broa). Esses autores estabeleceram a relação entre o comprimento do corpo dos indivíduos e o carbono orgânico em µgC (Fig. 9.15). A duração do desenvolvimento de *A. furcatus* foi estudada e é mostrada na Tab. 9.15.

Com base na determinação do carbono e na relação com o comprimento dos indivíduos, coletas de campo e contagem dos vários estágios dos organismos, pode-se estabelecer o ciclo anual da produção secundária desse organismo (Fig. 9.16).

O máximo de produção por esta espécie foi de 15 - 45 µgC.m^{-3}.dia^{-1}, em março, em uma estação de coleta localizada próximo às áreas alagadas (máximo de profundidade – 2 m) do ecossistema e extremamente ricas em matéria orgânica e fitoplâncton.

O máximo para a estação de coleta mais profunda, com um ambiente preponderantemente pelágico (máximo de profundidade – 12 m), foi de 6,47 µgC.m^{-3}.dia^{-1}.

O coeficiente diário P/B foi de 0,10. Coeficientes P/B de 0,11 e 0,078 foram obtidos para outros organismos planctônicos, respectivamente *Pseudodiaptomus lessei* (Hat *et al.*, 1975) e *Thermocyclops hyalinus* (Burgis, 1974).

Melão e Rocha (2004) determinaram que a produção de copépodes constituída exclusivamente por populações de Cyclopoida variou de 0,043 a 0,364 mg peso seco.m^{-3}.dia^{-1} na lagoa Dourada, pequeno reservatório situado em Brotas (SP), próximo à represa da UHE Carlos Botelho (Lobo/Broa).

Matsumura Tundisi e Rietzler (2004) determinaram valores de 42,2 mg peso seco.m^{-3}.dia^{-1} e 53,55 mg peso seco.m^{-3}.dia^{-1} no inverno, na **represa de Salto Grande**, um ecossistema hipereutrófico localizado no Estado de São Paulo.

Sistemas eutróficos ou hipereutróficos apresentam valores mais elevados de produção secundária.

9.13 As Bactérias e o Fluxo de Energia

A **produtividade do bacterioplâncton** e das bactérias que se desenvolvem nos sedimentos é caracterizada pela taxa de produção de bactérias (Pb), expressa como mg.m^{-3}.dia^{-1} e por coeficientes específicos de produção por dia de populações de bactérias (µ). Essa produção de bactérias é, portanto, **Pb = Bµ**, onde B é a **biomassa de bactérias** e µ é o coeficiente diário de produção. A estimativa da produtividade de bactérias permite determinar a velocidade dos processos nos ecossistemas aquáticos. Sistemas contendo altas cargas orgânicas apresentam elevadas taxas de produtividade de bactérias.

O bacterioplâncton é um componente extremamente importante dos ecossistemas aquáticos, através

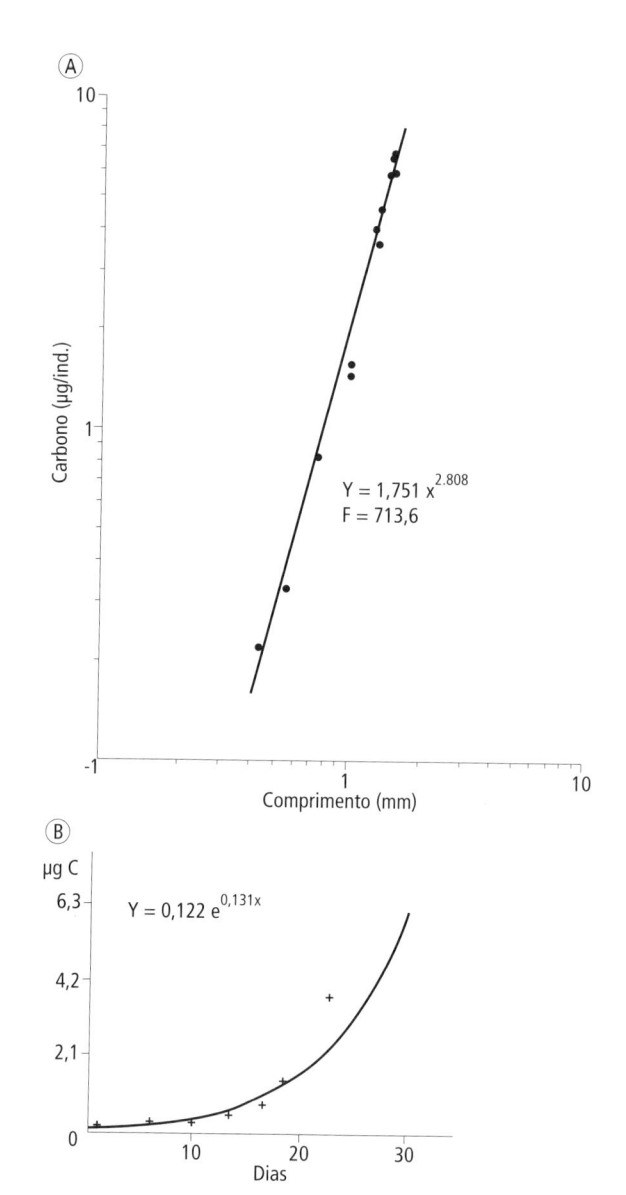

Fig. 9.15 Relação entre carbono orgânico e comprimento do corpo em *A. furcatus*.
A) Comprimento do corpo e carbono;
B) Carbono no corpo e tempo de desenvolvimento
Fonte: Rocha e Matsumura Tundisi (1984).

Tab. 9.15 Duração de diversos estágios de *A. furcatus*

Estágio	Duração (dias)	Duração média
Ovo	2	2
Nauplio (I – VI)	7 – 9	8
Copepodito (I – VI)	19 – 23	31
Ovo a ovo	27 – 35	31

Fonte: Rietzler *et al.* (2002).

do qual passa uma grande quantidade de energia. Em regiões onde há zonas redutoras, onde há substâncias inorgânicas (como metano ou gás sulfídrico),

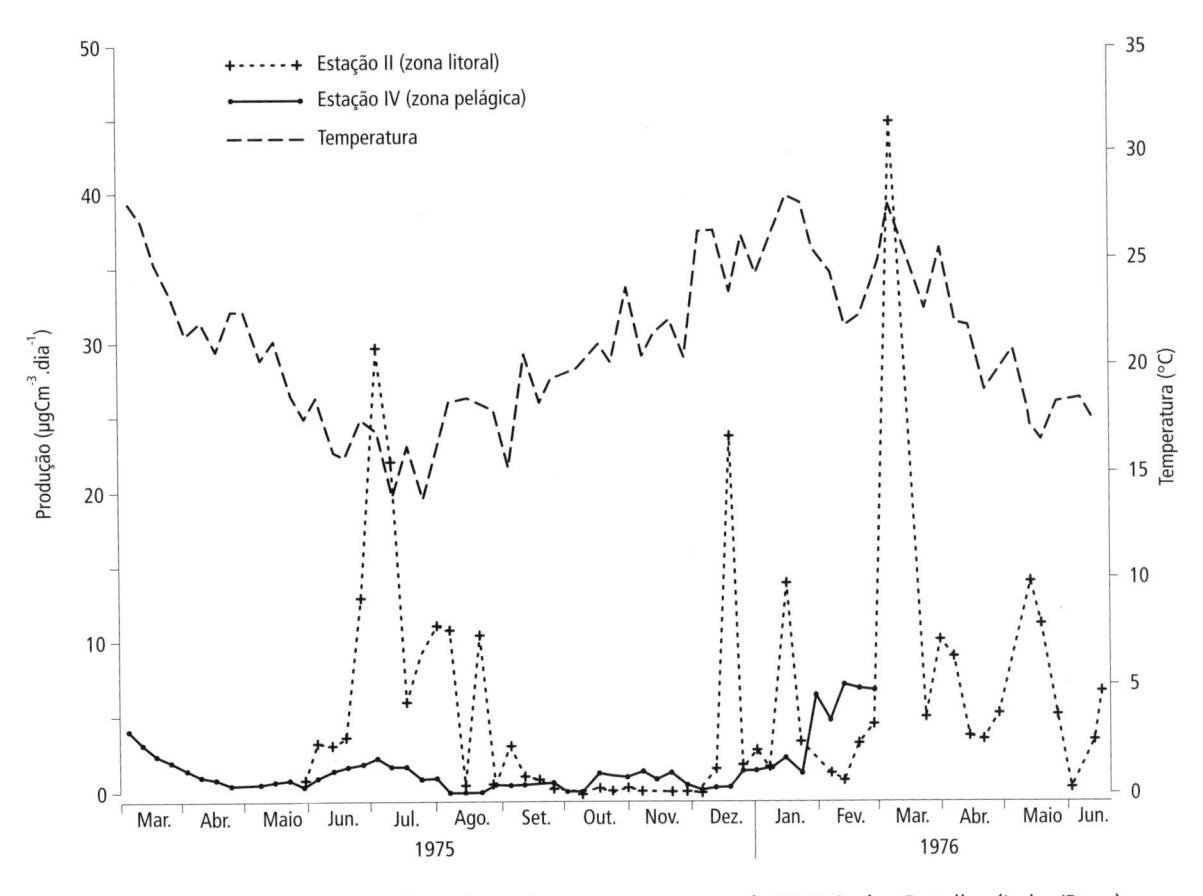

Fig. 9.16 Ciclo anual da produção secundária de A. furcatus na represa da UHE Carlos Botelho (Lobo/Broa)
Fonte: Rocha e Matsumura Tundisi (1984).

uma grande proporção de bacterioplâncton pode ser representada por organismos quimiossintéticos ou fotossintetizantes. A respiração do bacterioplâncton é significativamente maior no plâncton do que em outros componentes, tais como protozoários ou mesozooplâncton. Quanto maior é a quantidade de material alóctone que chega a lagos, rios, represas, maior é a atividade do bacterioplâncton. Matéria orgânica originada pela decomposição de organismos planctônicos, bentônicos ou de peixes, além da excreta desses organismos, contém um estoque de energia em detritos e matéria orgânica dissolvida que só pode ser utilizado via bacterioplâncton ou bactérias que vivem em superfícies de sedimentos ou em substratos. Bactérias decompõem e oxidam matéria orgânica complexa utilizando de 15% a 35% para a sua própria síntese de matéria orgânica. O estoque de biomassa de bactérias é uma fonte importante de carbono particulado com proteínas e aminoácidos. Águas naturais contêm cerca de 0,5 a 5.106 bactérias por ml (Sorokin, 1999). Uma parte dessas bactérias forma agregados ao redor de partículas, tais como células do fitoplâncton em decomposição, fezes do zooplâncton e exoesqueletos de quitina de organismos zooplanctônicos. Sandes (1998) mostrou extensas concentrações de bactérias vivendo no muco e em células de *Microcystis aeruginosa* após o início da decomposição dessas cianobactérias. Fallowfield e Duft (1988) demonstraram o papel de bactérias na utilização de matéria orgânica liberada por cianobactéria. A biomassa de bacterioplâncton que se desenvolve nessa zona pelágica tem um papel muito importante na **trofodinâmica** das comunidades pelágicas, sendo utilizadas imediatamente por consumidores, como os copépodes filtradores, moluscos e outros organismos que filtram partículas entre 0,5 a 2 µm de diâmetro.

As fontes de energia disponíveis para o crescimento de bactérias planctônicas ou bentônicas em ecossistemas aquáticos são: matéria orgânica para bactérias heterotróficas; compostos inorgânicos reduzidos e gases (metano, hidrogênio, amônia e H_2S) para bactérias quimioautotróficas; e energia solar para bactérias anaeróbicas fotossintetizantes. Todos os grupos de bactérias dependem de fósforo e nitrogênio para o seu crescimento, e a medida da disponibilidade de nitrogênio e fósforo é representada pela velocidade dos fluxos desses elementos na água e na sua concentração. Quando há altas concentrações de gases reduzidos (CH_4, H_2S, H), o bacterioplâncton e as bactérias de sedimentos incluem populações quimiossintetizantes que utilizam a energia produzida pela decomposição anaeróbica de matéria orgânica, que pode chegar a 10%-20% da quantidade total de energia que entra no ecossistema. Essa eficiência, segundo Sorokin (1999), é de 15% em bactérias que utilizam H_2S, e entre 40% a 50% em bactérias que utilizam CH_4 e H_2.

As bactérias que vivem nos sedimentos têm um papel significante na atividade heterotrófica. Essa atividade inclui decomposição de matéria orgânica, regeneração de nutrientes e desenvolvimento de um estoque de material particulado para organismos bentônicos e peixes. Decomposição de organismos bentônicos e de fezes e de material particulado resulta em H_2S e consome rapidamente oxigênio dissolvido, induzindo anoxia. Cria-se, assim, uma zona de anoxia nos sedimentos.

A composição das comunidades de bactérias é muito diferente em situações de anoxia, óxicas e subóxicas. Nas camadas oxidadas dos sedimentos desenvolvem-se *Pseudomonas*, *Corynebacterium*, *Artrobacter*, *Actinomycetes*.

A camada de contato entre a superfície do sedimento e a água é formada por detritos, bactérias filamentosas, bactérias que atacam celulose e do ciclo do H_2S, como *Beggiatoa* e *Thipotrix*. Partículas de detritos e areias são locais de desenvolvimento de *Chlamyclobactéria* e *Canlobactéria*.

A camada subóxica é composta por bactérias quimiossintetizantes que oxidam enxofre, metano, hidrogênio molecular, manganês e ferro. A densidade dessas bactérias nas camadas de sedimentos é extremamente elevada, e as populações mais abundantes de bactérias estão localizadas nos primeiros 2 ou 3 cm de sedimento. As concentrações de bactérias nesses sedimentos podem atingir $5 - 7 \cdot 10^9$ células por cm^3 de peso úmido de sedimento.

Nessa região há também um grande número de ciliados com biomassa elevada. As populações de bactérias e ciliados constituem uma abundante fonte de alimento e têm um papel relevante no fluxo de energia e para os organismos que se alimentam de detritos. Em lagos e estuários, o número total de bactérias no sedimento oxidado sobre a camada anóxica é de $2 - 3 \cdot 10^9$ cm^{-3} de sedimento (peso úmido) (Sorokin, 1999).

Em camadas de sedimento que recebem energia radiante subaquática formam-se extensas camadas de algas e bactérias; parte dessas populações de bactérias contribui para a oxidação de compostos de enxofre, ferro, manganês e metano.

Bacterioplâncton e comunidades microbianas do sedimento têm um papel fundamental, portanto, na produção de matéria orgânica e na trofodinâmica dos sistemas aquáticos. A energia para a reprodução e para a manutenção de processos metabólicos é obtida pelas bactérias por meio de processos quimioautotróficos, bactérias heterotróficas aeróbicas e fotossíntese em condições anaeróbicas. A atividade bioquímica das bactérias é uma das importantes rotas qualitativas e quantitativas para a reciclagem de carbono, nitrogênio, fósforo, enxofre, manganês, ferro e cobalto (Freire Nordi e Vieira, 1996).

Os mecanismos dessa atividade biogeoquímica e a forma de obtenção de energia são determinados pelas peculiaridades das bactérias, as quais são divididas em grupos fisiológicos, dependendo da forma de aquisição de energia para o seu crescimento e metabolismo.

As denominações desses grupos fisiológicos dependem do substrato utilizado como fonte de energia, dos aceptores de elétrons ou outras formas, tais como a fixação de nitrogênio atmosférico (Quadros 9.4 e 9.5).

Esses grupos fisiológicos desenvolvem-se no sedimento, na coluna de água, em condições anóxicas. Um dos grupos principais são os redutores de sulfato, bactérias anaeróbicas, heterotróficas, que podem utilizar compostos de enxofre como aceptores de elétrons, reduzindo-os a H_2S. A Tab. 9.16 detalha a densidade da população, a produtividade e as taxas de respiração do bacterioplâncton heterotrófico.

9.13.1 Bactérias fotossintetizantes

As bactérias fotossintetizantes têm um importante papel na produção de matéria orgânica em certos ambientes especiais. Essas bactérias podem ser subdi-

Quadro 9.4 Grupos fisiológicos de bactérias e sua fonte de energia (ambiente anóxico)

Fontes de energia	Aceptores de elétrons	Grupos fisiológicos	Tipos de nutrição
Matéria orgânica	Várias moléculas orgânicas e CO_2	Bactérias anaeróbicas heterotróficas	Quimiorganotrófico
Acetato e H_2 – gás	CO_2	Bactérias que produzem metano	Quimiolitotrófico
Matéria orgânica e H_2 – gás	SO_4^{--}	Bactérias que produzem sulfato	Quimiorganotrófico
	NO_3^{---}	**Bactérias desnitrificantes**	
	CrO_4^{--}	Bactérias redutoras de cromato	
	Cl_4^-	Bactérias redutoras de perclorato	

Quadro 9.5 Grupos fisiológicos de bactérias e sua fonte de energia (ambiente óxico)

Fontes de energia	Tipo específico	Grupos fisiológicos	Tipos de nutrição
Matéria orgânica	Estoque total de matéria orgânica na água	Bactérias heterotróficas	**Quimiorganotrófico**
	Proteínas	Bactérias que fixam nitrogênio	
	Quitina	Bactérias quitinoclásticas	Quimiorganotrófico
	Celulose	Bactérias celulolíticas	
	Hidrocarbonetos	Bactérias que oxidam óleos	
	Fenóis	Bactérias que oxidam fenóis	
Substâncias inorgânicas reduzidas	Gás hidrogênio	Bactérias que oxidam hidrogênio	Quimiolitotrófico
	Metano	Bactérias que oxidam metano	Quimiossíntese
	$S_2O_3^-$ e H_2S^- (para SO_4)	Thiobacilli	
	H_2S (para S)	Bactérias do ciclo do enxofre	
	NH_4 para NO_2	Bactérias nitrificantes	

Fonte: Sorokin (1999).

vididas em três grupos, dependendo dos doadores de elétrons e hidrogênio, utilizando-se CO_2 durante a fotoassimilação:

▶ Bactérias fotossintetizantes que utilizam água como doadora de elétrons (cianobactérias).
▶ Bactérias fotossintetizantes que utilizam compostos reduzidos de enxofre como doadores de elétrons – bactérias de coloração verde e de coloração púrpura.
▶ Bactérias fotossintetizantes anaeróbicas que utilizam compostos orgânicos como doadores de elétrons.

As bactérias anaeróbicas fotossintetizantes pertencem ao grupo taxonômico das *Rhodospirillales*, com duas subordens: *Rhodospirillinae* e *Chlorobiimae*.

O primeiro grupo inclui as bem conhecidas famílias *Chromatiaceae* e *Rhodospirillacea*. Bactérias de cor púrpura oxidam H_2S e tiossulfato a moléculas de enxofre, que é utilizado como fonte de prótons para a fotossíntese.

Bactérias verdes do ciclo do enxofre, da subordem *Chlorobiinae*, apresentam em suas células bacterioclorofilas **c**, **d** e **e**. O gênero mais conhecido e abundante dessas bactérias é o *Chlorobium*. Essas comunidades de bactérias fotoautotróficas do ciclo do enxofre foram estudadas intensivamente por Guerrero *et al.* (1986, 1987), Takahashi e Ikushima, 1970.

A concentração de H_2S é um dos principais fatores que mantêm a ocorrência de bactérias fotoautotróficas do ciclo de enxofre em lagos. Nos lagos meromíticos, é muito comum uma camada de H_2S desenvolver-se no metalímnio, onde ainda há penetração de luz. Nesses lagos ocorre uma camada de bactérias fotossintetizantes, geralmente do gênero *Chromatium*. No lago D. Helvécio (Parque Florestal do Rio Doce – MG), essa camada foi identificada no verão, durante período de extensa estratificação térmica e química (Tundisi e Saijo, 1997).

Essa camada de bactérias fotossintetizantes promove uma rede alimentar bastante ativa nesses níveis onde se localizam essas bactérias. Os principais parâmetros que controlam a presença dessas bactérias, seu crescimento e sua distribuição vertical nos lagos meromíticos ou de intensa estratificação por longos períodos são a radiação solar subaquática,

Tab. 9.16 Densidade da população, produtividade e taxas de respiração de bacterioplâncton em sistemas aquáticos com diferentes condições tróficas

Estado trófico	Ecossistema	Densidade		Produtividade			Respiração	
		N_{TOTAL}	Biomassa (B)	P	μ(P/B) Gradiente	Média	RBP	RTM
Hipereutrófico	Lagoas costeiras poluídas	10–40	2.000–10.000	500–3.000	0,2–0,5	0,3	600–5.000	2.000–8.000
Eutrófico	Lagoas costeiras	5–10	2.000–3.000	500–1.500	0,2–0,5	0,3	600–1.700	1.500–3.000
	Regiões oceânicas de ressurgência	2–5	400–2.000	200–500	0,4–0,8	0,5	250–600	300–1.000
	Lagos	3–8	600–2.000	300–800	0,3–0,7	0,5	380–900	500–1.500
	Camadas orgânicas com bactérias fotossintéticas	10–40	2.000–8.000	20–150	0,01–0,03	0,02	—	—
Mesotrófico	Lagos, lagoas costeiras	1,5–3,0	200–400	100–300	0,5–1,5	0,8	150–400	200–600
	Regiões oceânicas de clima temperado	1,0–2,0	100–300	50–200	0,5–0,8	0,6	100–300	150–400
	Águas antárticas	1,0						
	Camadas de bactérias fotossintetizantes	1,0–2,5	200–500	40–100	0,05–0,2	0,1	—	—
Oligotrófico	Lagos	0,5–0,8	40–70	15–50	0,4–1,5	0,8	20–60	30–80
	Águas oceânicas tropicais	0,1–0,4	10–30	10–40	0,8–1,5	1,2	15–50	20–60
	Águas antárticas no Pacífico	0,1–0,2	10–20	3–5	0,15–0,30	0,2	4–6	5–7
	Águas antárticas profundas	0,01–0,02	1–2	0,02–0,06	0,02–0,03	0,02	0,03–0,08	0,04–0,15

N_{total} – número de bactérias (10^6 cel.mg^{-1}); B – biomassa do bacterioplâncton (mg.m^{-3} de biomassa total – úmida); P – produção de bacterioplâncton por dia; μ – coeficiente da produção específica P/B; RTM – respiração total do microplâncton (μg $O_2.\ell^{-1}.dia^{-1}$); RBP – respiração do bacterioplâncton (μg$O_2.\ell^{-1}.dia^{-1}$)
Fonte: Sorokin (1999).

a qualidade dessa radiação e a concentração de H_2S (Pedros-Alio et al., 1984).

As duas principais famílias de bactérias fotoautotróficas de ambientes anóxicos apresentam duas estratégicas fisiológicas bem diferenciadas, segundo Guerrero et al. (1987). A família *Chlorobiaceae* tolera um vasto gradiente de radiação solar e concentração de H_2S. A família *Chromatiaceae* tem limites mais estreitos de tolerância à radiação solar e à concentração de H_2S. Essa família de bactérias apresenta vários mecanismos e estratégias para manter-se em posições verticais bem delimitadas: mucilagem e vesículas de gás, mobilidade através de flagelos.

As medidas da produtividade primária das bactérias verdes e púrpura são feitas utilizando-se a técnica do $^{14}CO_2$. Valores da produtividade dessas bactérias podem atingir 30 – 50 mgC.$m^{-3}.dia^{-1}$ nas camadas estratificadas dos lagos meromíticos.

O Quadro 9.6 mostra as principais espécies de *Chromatiaceae* em diferentes lagos, arranjadas de acordo com os seus carotenóides.

9.14 Eficiência das Redes Alimentares e a Produção Orgânica Total

A energia flui através do ecossistema e de seus componentes biológicos e é utilizada apenas uma vez, enquanto minerais e nutrientes reciclam-se permanentemente entre os componentes biológicos e não-biológicos (abióticos) do ecossistema. Porém, há evidentemente uma inter-relação permanente entre o fluxo de energia e o **ciclo de nutrientes**, como discutiu Lindeman (1942). Biomassa de organismos, entretanto, é resultado do fluxo de energia, mas não é produção. Esta envolve um conceito de **tempo** e **taxas**, que são componentes importantes dessa produção.

A segunda lei da termodinâmica é relevante nesta discussão sobre o fluxo de energia. De acordo com essa lei, desordem ou entropia aumentam à medida que a energia flui para os níveis tróficos mais elevados, e para carnívoros de primeira ou de segunda ordem. De acordo com a segunda lei da termodinâmica, a energia é degradada à medida que ocorrem transformações, e há perdas na passagem de energia para os vários níveis.

Quadro 9.6 Espécies dominantes de *Chromatiaceae* em diferentes lagos, arranjadas de acordo com seus carotenóides

	ESPÉCIE	LAGO	PROFUNDIDADE (m)	FONTE
OKENONA	*Chromatium minus*	Vilar	4,2 – 6	Guerrero *et al.* (1980)
		Estanya	12 – 14	Guerrero *et al.* (1987)
		Cisó	1 – 2	Guerrero *et al.* (1980)
		Suigetsu	7	Jimbo (1938a)
		Nou	4	Guerrero *et al.* (1987)
		Banyoles III	15 – 16	Guerrero *et al.* (1987)
	Chromatium okenii	Fango	—	Bavendamm, (1924a)
		Estanya	13 – 14	Guerrero *et al.* (1987)
		Cadagno	11 – 13	K. Hanselmann (pers. com.)
		Vechten	—	Parma (1978)
		Lunzer Mítrese	—	Ruttner (1962b)
		Ritomsee	12,6	Duggeli (1924b)
		Belovod	—	Kusnetsov (1970b)
	Chromatium sp	Vechten	6 – 8	Seenbergen e Korthals (1982)
	Lamprocystis M3	Cisó	1 – 2	Guerrero *et al.* (1987)
		Vilar	4,2 – 6	Guerrero *et al.* (1987)
	Thiopedia rosea	Muliczne	9 – 13	Czeczuga (1968a)
		Krummensee	8	Utermohl (1925)
		Plussee	5	Anagnostidis e Overbeck (1996a)
		Lago di Sangue	—	Forti (1932b)
		Wintergreen	2,6 – 3,5	Caldwell e Tiedje (1975)
		Negre 1	2	Este trabalho
	Thiopedia sp	Vechten	6 – 8	Steenbergen e Korthals (1982)
		Kaiike	4,8	Matsuyama (1987)
	Thiocapsa sp	Prévost Lagoon	0,5	Caumette (1986)
SPIRILLOXANTHINA	*Amoebobacter roseus*	Konon'er	10,75	Gorlenko *et al.* (1983)
	Chromatium minutissimum	Shigetsu	7	Jimbo (1938a)
	Chromatium vinosum	Repnoe	5,5	Gorlenko *et al.* (1983)
	Thiocapsa sp	Prévost Laggon	0,5	Caumette (1986)
		Repnoe	5,5	Gorgolenko *et al.* (1983)
		Konon'er	10,75	Gorgolenko *et al.* (1983)
		Mara-Gel	17 – 19	Gorgolenko *et al.* (1983)
		"Fellmongery" Lagoon	—	Cooper *et al.* (1975b)
		Deadmoose	9 – 9,2	Parker *et al.* (1983)
LYCOPENAL, LYCOPENOL	*Lamprocystis roseopersicina*	Mirror	10 – 11	Parkin e Brock (1980a)
		Solar	2	Cohen *et al.* (1977)
		Medicine	3,2 – 3,7	Hayden (1972)
		Transjoen	—	Faafeng (1976)
		Gullerudtjern	—	Faafeng (1976)
		Plussee	5	Anagnostidis e Overbeck (1966a)
RHODOPINAL	*Chromatium violascens*	Solar	2	Cohen *et al.* (1977)
		Faro	12,5 – 13	Truper e Genovese (1968a)
	Thiocystis violacea	Negre 1	1 – 2	Guerrero *et al.* (1987)

Fonte: Guerrero *et al.* (1987).

A conversão de energia de um nível trófico para outro é bastante ineficiente nos ecossistemas e muita energia é perdida sob a forma de calor e nos processos metabólicos dos organismos. O conceito de eficiência apresentado por Lindeman implica que o grau de utilização da energia de um nível (por exemplo, λn) depende dos recursos disponíveis no nível anterior ($\lambda n - 1$). A comparação das taxas de produção/respiração nos diversos níveis tróficos é essencial para determinar a eficiência do processo. As perdas em cada nível trófico podem atingir 10%, e, portanto, ao final da cadeia alimentar, nos níveis mais superiores, apenas uma fração da energia fixada pelos produtores primários permanece. Nos sistemas em que há desequilíbrios, como nas regiões de ressurgência ou em períodos de **produção nova** em lagos, represas ou rios, há um aumento da produção de biomassa nos níveis tróficos superiores, mas isso ocorre também com um aumento na perda de energia nesses níveis tróficos.

Ryther (1969) comparou o número de níveis tróficos em várias comunidades oceânicas de plataformas continentais e de regiões de ressurgência. Mesmo considerando-se as escalas envolvidas em comparação com os níveis tróficos de lagos de diferentes profundidades, esse trabalho ilustra muito bem a relação eficiência e organização de redes alimentares. As redes alimentares dominadas pela relação fitoplâncton/herbívoros, de acordo com Ryther (1969), têm uma eficiência de 10%; as redes alimentares mais complexas têm uma eficiência de 15% e as redes alimentares de áreas de ressurgência ou que representam lagos eutróficos com "produção nova" têm uma eficiência de 20%. Portanto, sistemas com níveis tróficos em maior número apresentam uma produção final de matéria orgânica, utilizável pelo homem, muito menor.

9.15 Produção Pesqueira e sua Correlação com a Produção Primária

Segundo Talling e Lemoalle (1998), várias tentativas foram realizadas para correlacionar produção primária fotossintética por unidade de área, por dia, com a produção comercial de peixes. Melack (1976) combinou informações sobre lagos africanos e reservatórios da Índia (Fig. 9.17). Os resultados mostraram uma correlação altamente positiva, indicando que a produção pesqueira aumentou linearmente com a produção fotossintética bruta. Prowse (1964) demonstrou que a produção de tilápias em tanques de cultivo de peixes atingiu 1% a 1,8% da produção líquida fotossintética. Outras fontes de produção primária fotossintética, tais como macrófitas aquáticas e perifíton, contribuíram diretamente com a produção pesqueira, ou indiretamente, por meio da produção de detritos que mantêm invertebrados ou detritívo-

ros. A Tab. 9.17 apresenta a produção primária anual média e a eficiência dos níveis tróficos comparada com a produção pesqueira em diferentes ecossistemas marinhos.

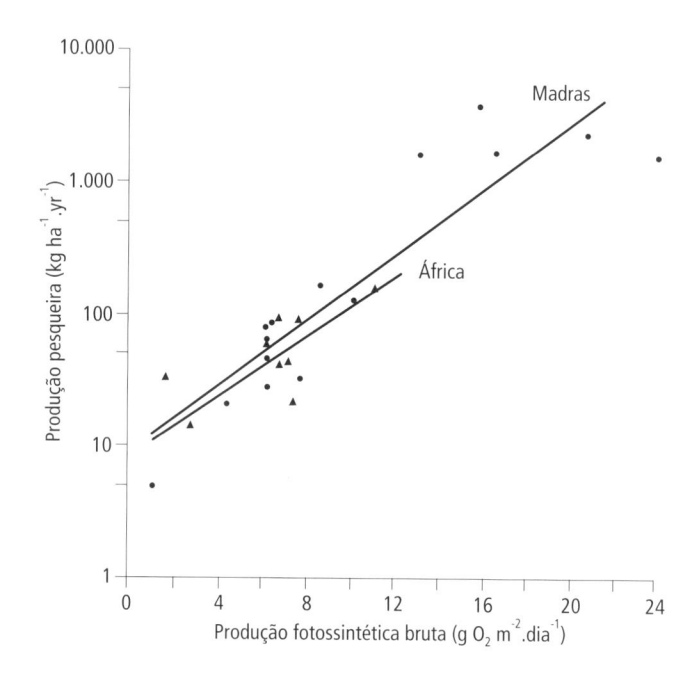

Fig. 9.17 Relações entre produção anual de peixes (peso seco, escala logarítmica) e produção fotossintética bruta do fitoplâncton em lagos e reservatórios da África (▲) e da Índia (•), próximo a Madras
Fonte: Melack (1976).

Tab. 9.17 Produção primária anual média e eficiência dos níveis tróficos comparada com a produção pesqueira em diferentes ecossistemas marinhos

Ecossistema	Produção primária anual média (gC.m^{-2}.ano^{-1})	Níveis tróficos	Eficiência (%)	Produção pesqueira (mgC.m^{-2}.ano^{-1})
Oceânica	50	5	10	0,5
Plataforma Continental	100	3	15	340
Ressurgência	300	1,5	20	36.000

Fonte: Ryther (1969).

Unidades utilizadas em estudos do fluxo de energia

Energia = Joule (J); cal (cal = 4,18 J)

Fluxo de energia = $J\ m^{-2}\ s^{-1} = W\ m^{-2} = kerg\ cm^{-2}\ s^{-1}$
$J\ m^{-2}\ s^{-1} = (60/4{,}18)\ 10^3 = cal\ cm^{-3}\ m^{-1}$

Fluxo de fótons = $\mu mol\ m^{-2}\ s^{-1} = 1\ J\ m^{-2}\ s^{-1} \cong 5\ \mu mol$ fótons $m^{-2}\ s^{-1}$ (radiação fotossintética ativa)

Índice de biomassa = g/peso seco de matéria orgânica

1 g $\cong$ 5 g peso úmido
1 g = 0,45 g C
1 g = 20 mg clorofila *a* (fitoplâncton)
1 g = 5 cm^3 (= 5.10^{12} μm^3 do volume celular do fitoplâncton)
1 g = 4,5 Kcal ou 19 kJ

Unidades de produção primária e secundária

$mgC.m^{-3}.h^{-1}$ = taxa de fotossíntese por hora, por unidade de volume de água

$mgC.m^{-3}.h^{-1}$ = máxima taxa de fotossíntese por hora, por unidade de volume de água = $P_{máx}$

$gC.m^{-2}.dia^{-1}$ = taxa de fotossíntese por dia, por unidade de área

$gC.m^{-2}.h^{-1}$
  ou   taxa horária de fotossíntese por unidade de área
$gO_2.m^{-2}.h^{-1}$

mg = biomassa ou índice de biomassa
ΔB = incremento da biomassa (mg)
ΣB = biomassa por unidade de superfície na zona eufótica = $mg.m^{-2}$
K = coeficiente vertical de atenuação da radiação solar incidente na água m^{-1}
Io = densidade do fluxo de radiação incidente na superfície da água = $J\ m^{-2}.s^{-1}$
I'o = densidade do fluxo de radiação que penetra na água = $J.m^{-2}.s^{-1}$
IK = densidade do fluxo de radiação na saturação da fotossíntese = $J.m^{-2}.s^{-1}$
P = produção de biomassa
PS = peso seco: $mg\ peso\ seco.m^{-2}$
KS = coeficiente de atenuação específico por unidade de concentração de biomassa baseado no incremento do coeficiente espectral $k_{min} = m^{-1}\ (mg.m^{-3})^{-1} = mg^{-1}.m^{-2}$

Ciclos biogeoquímicos são interdependentes e das interações. Macrófitas aquáticas no Córrego do organismos, represa da UHE Carlos Botelho (Lobo/Broa) Geraldo, J. G. Tundisi
Foto: J. G. Tundisi

10 | Ciclos biogeoquímicos

Resumo

Os ciclos dos elementos químicos e das substâncias estão inter-relacionados com processos biológicos, geoquímicos e físicos. A distribuição e a concentração dos elementos e substâncias na água dependem da "fixação" e da concentração ativa de carbono, hidrogênio, nitrogênio, fósforo e enxofre (macronutrientes) e dos micronutrientes, como manganês, ferro, cobre e zinco. Tanto os macronutrientes como os micronutrientes encontram-se ou concentrados na matéria orgânica viva ou na matéria particulada e em decomposição, ou dissolvidos na água. A taxa de reciclagem de nutrientes depende das inter-relações entre as misturas vertical e horizontal e a atividade e biomassa dos organismos aquáticos.

A distribuição vertical de nutrientes está relacionada com a circulação vertical de lagos ou represas e depende do tipo de circulação e sua frequência. Bactérias de várias características fisiológicas e bioquímicas têm importância fundamental nos ciclos biogeoquímicos. O sedimento do fundo de rios, lagos, represas e estuários e a água intersticial são reservatórios importantes de nutrientes dos pontos de vista quantitativo e qualitativo e a disponibilidade de nutrientes do sedimento e da água intersticial para a água depende de processos de oxidorredução e das camadas anóxicas ou óxicas do sedimento.

10.1 A Dinâmica dos Ciclos Biogeoquímicos

Como demonstrado no Cap. 5, a composição iônica das águas naturais depende, em grande parte, da geoquímica da bacia hidrográfica e dos principais eventos nessa bacia: **tipos de solo**, usos e práticas agrícolas. A distribuição dos nutrientes nas águas continentais é também influenciada pelos **processos de regeneração** nas camadas mais profundas dos lagos e na interface sedimento-água.

Os principais nutrientes são aqueles importantes para todas as plantas (carbono, nitrogênio, fósforo), os quais, em várias combinações com hidrogênio e oxigênio, constituem a base dos processos de metabolismo e estrutura das células. Enxofre e sílica também podem ser adicionados a essa lista, uma vez que a sílica faz parte das frústulas das diatomáceas e o enxofre é um elemento essencial como componente das proteínas. Esses elementos são denominados macronutrientes, uma vez que são necessários para o crescimento em concentrações relativamente elevadas. Micronutrientes, que são requeridos em concentração relativamente pequena como traços, são o manganês, o zinco, o ferro e o cobre. Esses metais que, se ausentes, limitam o crescimento, podem ser tóxicos em concentrações mais elevadas.

A composição química das águas continentais mostra, quando se comparam dados de inúmeros lagos, correlações significativas entre os sólidos totais dissolvidos STD e HCO_3^-, e entre Ca^{++} e STD (Cap. 5).

As plantas aquáticas concentram ativamente carbono, hidrogênio, nitrogênio, fósforo e enxofre juntamente com outros micronutrientes. A fixação desses elementos é feita sob controle fisiológico. Geralmente as concentrações de C:N:P estão situadas em uma razão estequiométrica 106C:16N:1P. Essa razão é denominada **índice de Redfield** (Redfield, 1958). Os ciclos desses elementos nas águas continentais estão inter-relacionados, portanto, com os processos biológicos no sistema aquático, e as razões estequiométricas referidas refletem, em parte, a forma em que os nutrientes se encontram na água.

De um modo geral, os **macronutrientes** e os traços encontram-se ou concentrados na matéria orgânica viva, ou em matéria particulada morta e em decomposição, ou dissolvidos na água. A quantificação de cada um desses compartimentos no sistema aquático é importante e fundamental para compreender os ciclos biogeoquímicos. Portanto, a distribuição e a concentração de um determinado elemento nutriente nas águas é uma função de processos biológicos, geoquímicos e físicos.

A taxa de reciclagem dos nutrientes depende das inter-relações entre as misturas horizontal e vertical, as quais determinam as distribuições temporal e espacial, e também da atividade e da biomassa dos organismos presentes. As variáveis importantes a considerar nesses processos são o tempo de residência da massa de água, as taxas de transferência dos elementos entre as massas de água e as taxas de reciclagem dos elementos entre os vários compartimentos. Uma das definições mais comuns que se usa também, em relação aos ciclos de nutrientes, é a de substâncias conservativas e não-conservativas. Uma **substância conservativa** tem um tempo de residência muito maior do que o tempo de mistura total do lago e, consequentemente, apresenta uma distribuição mais homogênea. Uma substância não-conservativa tem um tempo de residência muito mais curto do que o tempo de mistura total das massas de água e, consequentemente, apresenta distribuições heterogêneas no espaço e no tempo.

A fixação de nutrientes pelas plantas aquáticas sempre é feita a partir de fontes solúveis e difusas, de maneira que os nutrientes devem passar através da membrana semipermeável para a célula (Reynolds, 1984). Entretanto, como as concentrações de nutrientes são sempre muito mais baixas no meio líquido do que aquelas que ocorrem em células, a difusão passiva é rara e é necessário um sistema de transporte (**bombas iônicas**) que é feito por meio de enzimas localizadas próximo à superfície das células (parede celular).

10.2 Ciclo do Carbono

Algumas particularidades referentes à disponibilidade de carbono em águas naturais já foram discutidas no Cap. 5. Como já foi visto, o equilíbrio carbonato (CO_3^{--}), bicarbonato (HCO_3^-) e CO_3 determina a **acidez** ou **alcalinidade** das águas naturais.

O carbono é um elemento utilizado em grandes quantidades pelos organismos fotossintetizantes e, portanto, é um dos elementos fundamentais no ciclo biogeoquímico das águas naturais. De um modo geral, a atividade fotossintética das plantas aquáticas remove carbono das águas superficiais. Ocorre uma rápida sedimentação após a morte dos organismos, de tal forma que a sedimentação da matéria orgânica tem um efeito importante no **ciclo do carbono**. Por causa do sistema de equilíbrio CO_2 da água (e suas diversas espécies químicas) e CO_2 atmosférico, os **organismos fotossintetizantes** têm sempre acesso ao **carbono** disponível, de tal forma que as principais teorias referentes à limitação de processos de crescimento da fotossíntese excluíam o carbono como fator limitante (Goldman *et al.*, 1972). Entretanto, em condições de variação e elevação de pH em virtude da fotossíntese, carbono pode limitar o processo em águas superficiais, com o deslocamento do equilíbrio para **bicarbonato** e **carbonato**. Em águas com elevada concentração de **nitrogênio** e **fósforo**, a habilidade de fixar bicarbonato ou carbonato funciona, portanto, como uma vantagem competitiva adicional para algumas espécies de fitoplâncton ou de plantas aquáticas (Harris, 1978). Algumas espécies de fitoplâncton podem manter uma alta concentração intracelular de CO_2 por causa de uma "**bomba de bicarbonato**" na parede celular, a qual, conjuntamente com a atividade de uma unidade carbônica, opera fisiologicamente esse sistema. Os mecanismos de **fixação de carbono** e seu transporte nas **plantas aquáticas** sempre interagem com as espécies químicas de carbono inorgânico dissolvido na água, o que tem imensas implicações metodológicas (experimentos para medidas de fotossíntese), fisiológicas (respiração, consumo de energia e fotossíntese, excreção) e ecológicas (controle das condições químicas pelas plantas aquáticas, interações com o ciclo sazonal, processos de decomposição e reciclagem).

As diferenças bioquímicas entre as diversas espécies têm uma grande influência nas interações entre o ciclo estacional das plantas aquáticas e as sucessões temporal e espacial, como foi demonstrado para algumas espécies de fitoplâncton (Harris, 1980). De um modo geral, o fluxo de carbono nas células se dá fotoautotroficamente, embora, em alguns casos, a "fixação" de carbono no escuro possa se tornar importante. A Fig. 10.1 ilustra o ciclo do carbono em águas naturais.

10.3 Ciclo do Fósforo

Fósforo é um elemento essencial para o funcionamento e para o crescimento das plantas aquáticas, uma vez que é componente de ácidos nucléicos e adenosina trifosfato. O **fluxo de fósforo** para as águas continentais depende dos processos geoquímicos nas bacias hidrográficas. De um modo geral, as formas mais comuns de fósforo orgânico são de

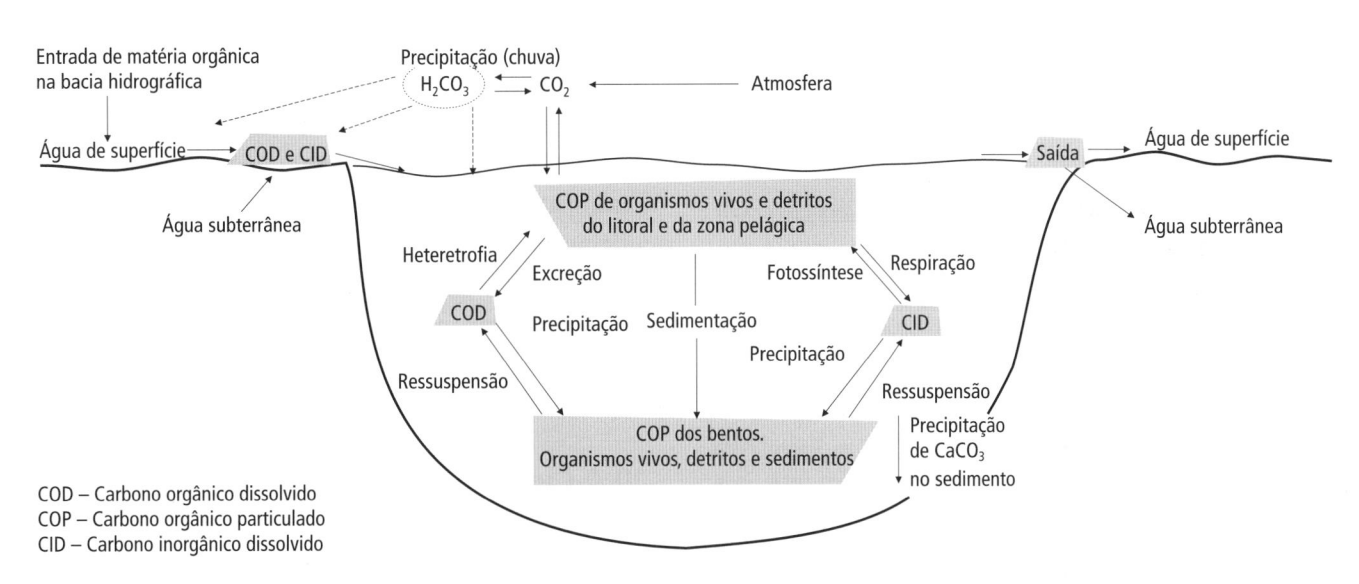

Fig. 10.1 Ciclo do carbono generalizado e simplificado para um lago. Em reservatórios com muitos compartimentos e áreas rasas, esse ciclo poderá ser mais complexo

origem biológica. Fosfatos dissolvidos são derivados do processo de **lixiviação** de minerais, como a apatita presente em rochas. O fósforo também pode ser encontrado em partículas de várias dimensões, até a forma coloidal. Sedimentação de partículas e excreta de animais planctônicos ou bentônicos contribuem para o acúmulo no sedimento, o qual é um reservatório muito importante de fósforo, e também na **água intersticial**, e depende, em grande parte, dos processos de circulação e oxirredução na **interface sedimento-água**.

Hutchinson (1957) distingue entre **fosfato solúvel**, **fosfato sestônico solúvel** em **ácido** (principalmente fosfato férrico ou fosfato de cálcio), **fósforo orgânico solúvel** (e coloidal) e **fósforo orgânico sestônico**.

Destas várias formas, **ortofosfato dissolvido** é, evidentemente, a principal fonte de fósforo para as plantas aquáticas, sobretudo para o fitoplâncton. A utilização de fósforo orgânico dissolvido por meio da produção de fosfatase alcalina pelo fitoplâncton também foi demonstrada por Nalewajko e Lean (1980) e Reynolds (1984).

Sistemas terrestres não perturbados conservam **fósforo**, enquanto que **bacias hidrográficas** onde ocorre desmatamento geralmente perdem fósforo. Moss (1980) destaca as seguintes concentrações de fósforo total em águas continentais:

▶ 1µgP/litro – lagos naturais em condições preservadas, em regiões de altitude;
▶ 10 µgP/litro – lagos naturais em terras baixas florestadas;
▶ 20 µgP/litro – lagos em regiões cultivadas ou deflorestadas com início de eutrofização;
▶ 100 µgP/litro – lagos em regiões urbanas eutrofizadas em regiões altamente populosas com descarga de esgotos;
▶ 1.000 µgP/litro a 10.000 µgP/litro – lagoas de estabilização, tanques de cultivo de peixes altamente fertilizados, lagos endorréicos.

O **ciclo do fósforo** nos sistemas aquáticos continentais tem um componente importante nos sedimentos. Parte do fósforo sofre um processo de complexação durante períodos de intensa oxigenação dos sedimentos e, dessa forma, torna-se não disponível periodicamente. Portanto, o ciclo do fósforo, do ferro e o **potencial de oxirredução** na água e no sedimento estão estreitamente correlacionados.

Como o fósforo não tem um componente gasoso, sua disponibilidade depende de rochas fosfatadas e do ciclo interno dos lagos, dos quais a decomposição e a excreção dos organismos são partes importantes. Assim, o fósforo tem alguns processos de regulação e reciclagem fundamentais nos lagos. Uma parte importante do ciclo do fósforo pode ocorrer também no metalímnio de lagos estratificados, onde o processo de regeneração se dá pela redução que pode ocorrer nas camadas metalimnéticas com baixa concentração de oxigênio (Gliwicz, 1979). A Fig. 10.2 ilustra o ciclo do fósforo nos ecossistemas aquáticos.

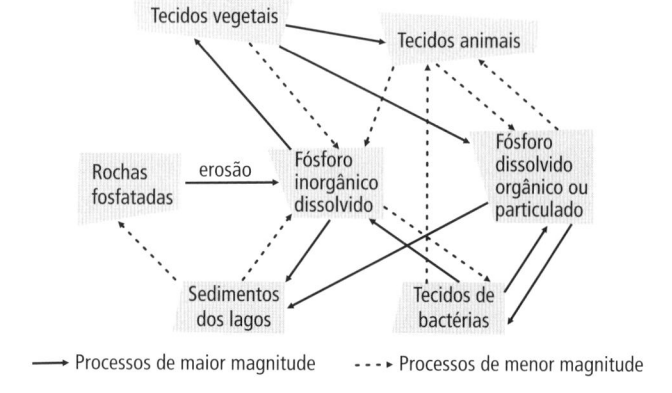

Fig. 10.2 O ciclo do fósforo nos ecossistemas aquáticos
Fonte: modificado de Welch (1980).

Tanto o epilímnio como o hipolímnio e a vegetação litoral têm um papel muito importante na transferência de fósforo adicionado ao sistema aquático a partir de fontes externas. Utilizando P_{32}, Hutchinson (1957) demonstrou que uma parte significante do fósforo adicionado ao hipolímnio originou-se do litoral. As trocas entre os diversos compartimentos nos quais o fósforo é encontrado podem ser modeladas, bem como determinadas as taxas de transferência entre esses diversos compartimentos.

10.4 Ciclo do Nitrogênio

As plantas aquáticas utilizam nitrogênio principalmente na síntese de **proteínas** e **aminoácidos**. As principais fontes de nitrogênio são nitrato, nitrito, amônio, compostos nitrogenados dissolvidos, como uréia e aminoácidos livres e peptídeos. **Nitrogênio atmosférico** dissolvido na água é "fixado" por algumas espécies de cianobactérias.

O nitrato inorgânico é altamente solúvel e abundante em águas que recebem altas concentrações de nitrogênio, resultantes de descarga de **esgotos domésticos** ou de atividades agrícolas. Altas concentrações de nitrato foram encontradas, por exemplo, na represa de Barra Bonita, Estado de São Paulo (1-2 mg N-NO^{-3}. ℓ^{-1}), em razão da descarga de esgotos domésticos e da drenagem de solo agrícola fertilizado (Tundisi e Matsumura Tundisi, 1990).

De um modo geral, lagos e represas de regiões tropicais apresentam baixas concentrações de nitratos, resultantes de drenagem de florestas ou savanas com solo pobre em nitrogênio. Lagos estratificados nos trópicos podem apresentar baixas concentrações de nitrato no epilímnio (Tundisi, 1983).

Em condições naturais, a concentração de amônio também é relativamente baixa nas águas epilimnéticas (< 100 µg N-NH_4.ℓ^{-1}). Em lagos estratificados, a concentração de amônio pode ser muito elevada, principalmente em condições de anoxia, onde o nitrato é reduzido a amônio (1-2 mg N-NH_4. ℓ^{-1}). Em lagos eutróficos, no metalímnio e no hipolímnio, amônio pode apresentar oscilações muito grandes, por causa da excreção e decomposição de organismos. No epilímnio de lagos tropicais existe a possibilidade de regeneração de nitrogênio por meio da excreção de amônio pelo zooplâncton ou pela decomposição de matéria orgânica a partir de bactérias que a degradam (Tundisi, 1983; McCarthy, 1980).

A concentração de nitrito é sempre muito baixa (< 60 µg N-NO^{-2}.ℓ^{-1}), uma vez que esta espécie química pode ser reduzida quimicamente e/ou através da atividade de bactérias que reduzem nitrato ou oxidam amônio. Principalmente em águas tropicais, essa concentração é muito baixa estando frequentemente abaixo do limite de detecção do método. Nitrito pode acumular-se ocasionalmente em bolsões com tensões de oxigênio abaixo de 1 mg O_2.ℓ^{-1} e em condições de baixa estratificação.

A Fig. 10.3 mostra o ciclo do nitrogênio em ecossistemas aquáticos continentais.

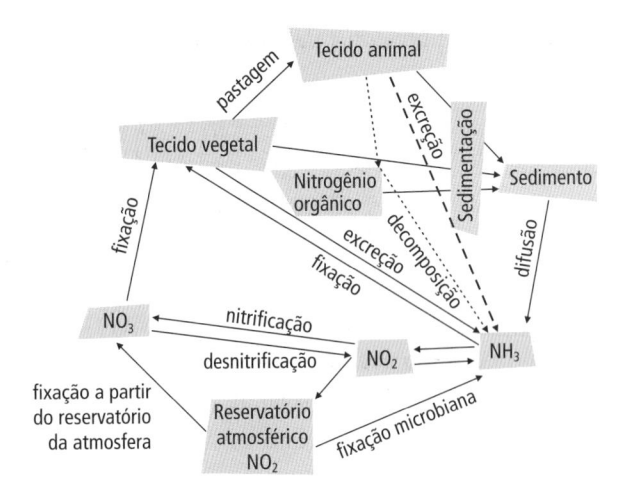

Fig. 10.3 Ciclo simplificado do nitrogênio em ecossistemas aquáticos continentais
Fonte: modificado de Welch (1980).

O ciclo do nitrogênio é também bastante complexo em razão da existência de uma ampla reserva de nitrogênio na atmosfera (70%). Os processos de transferência entre os diversos compartimentos são extremamente importantes para a produtividade aquática. A transferência de nitrogênio do N_2 atmosférico por fixação microbiológica ou em cianobactérias, e o seu retorno à atmosfera via N_2O e desnitrificação, são particularidades do ciclo do nitrogênio que não ocorrem no ciclo do fósforo e que têm grande significado biológico e químico. Os microorganismos aceleram a reação e, ao mesmo tempo, armazenam a energia disponível nos compostos reduzidos em razão de uma série de reações em cadeia desencadeadas e catalisadas por enzimas. Como as fontes de energia são inorgânicas, os organismos são denominados **quimiolitotróficos** (Welch, 1980).

Os principais processos envolvidos, portanto, no ciclo do nitrogênio, são a nitrificação, a desnitrificação e a fixação biológica. Nitrificação é o processo pelo qual o NH_3 é transformado em NO_2 e NO_3; esse processo ocorre em condições aeróbicas, a partir de atividade de organismos como **Nitrosomonas e Nitrobacter.**

$$2NH_3 + \rightarrow 2HNO_2 + 2H_2O + energia$$
$$2HNO_2 + O_2 \rightarrow 2HNO_3 + energia$$

A desnitrificação ocorre principalmente na ausência de oxigênio ou em condições próximas à anaerobiose. *Thiobacillus denitrificans* é um organismo desnitrificante.

$$5S + 6NO_3 + 2H_2O \rightarrow 5SO_4 + 3N_2 + 4H + energia$$

Bactérias heterotróficas, como *Pseudomonas* sp, são **anaeróbicas facultativas** e podem ser encontradas em esgotos e águas residuárias.

No processo de **desnitrificação** ocorre o caminho inverso da nitrificação, ou seja, as bactérias reduzem NO_3 a NO_2 e a nitrogênio gasoso N_2, o qual volta à atmosfera, constituindo assim um mecanismo de diminuição do nitrogênio em águas residuárias ou com excesso de eutrofização. Em águas alagadas e pantanosas, este é um processo comum e fundamental.

Como a nitrificação exige um sistema aeróbico e a desnitrificação ocorre em sistema anaeróbico, a alternância aerobiose/anaerobiose constitui um processo eficiente de perda de N para a atmosfera, sendo um mecanismo de tratamento de águas residuárias no qual um período aeróbico precede um período anaeróbico. À medida que o sistema se eutrofiza, diminui a concentração de oxigênio, possibilitando a **desnitrificação**.

Um outro processo importante, a fixação biológica de nitrogênio, ocorre em sistemas aquáticos pela atividade de bactérias (*Azobacter* e *Clostridium*) e pelas cianofíceas *Nostoc*, *Anabaena*, *Anabaenopsis*, *Aphanizomenon* e *Caleotrichia*. Essa fixação de N_2 atmosférico pode representar uma alta porcentagem, como no caso do Clear Lake (Califórnia), em que 43% da entrada total de N no lago são feitos por fixação biológica (Horne e Goldman, 1994). Nas cianofíceas ocorrem células que fixam N_2 (heterocistos), cujo número aumenta com a diminuição de NO_2. Reynolds (1972) demonstra que em concentrações de N abaixo de 300 $\mu g.\ell^{-1}$ aumenta a razão heterocisto: células vegetativas em *Anabaena* sp.

As cianofíceas que fixam nitrogênio são comuns nas águas interiores rasas, nos oceanos, e praticamente ausentes em estuários (McCarthy, 1980). Elas são componentes importantes do ciclo do nitrogênio em águas interiores.

Portanto, os principais processos que envolvem o ciclo do nitrogênio na água são:

▶ fixação do nitrogênio (N) – N_2 (gás) e energia química são transformados em amônio;
▶ nitrificação – formas reduzidas, como amônio, são transformadas em nitrito ou nitrato;
▶ desnitrificação – nitrato, por redução, é transformado em N_2 (gás);
▶ assimilação – nitrogênio inorgânico dissolvido (amônio, nitrato ou nitrito) é incorporado em compostos orgânicos;
▶ excreção – animais excretam nitrogênio sob a forma de amônio, uréia ou ácido úrico.

10.5 Ciclo da Sílica

A sílica encontra-se presente nas águas naturais sob a forma de polímeros coloidais de silicato, provenientes do solo ou de organismos como as diatomáceas, cujas frústulas não apresentam polímeros amorfos de sílica. Sob esse ponto de vista, a sílica tem uma considerável importância ecológica, e o seu ciclo estacional está relacionado com o crescimento de diatomáceas e sua consequente redissolução (Reynolds, 1973a, 1984). Assim, a disponibilidade de sílica está atrelada ao ciclo de crescimento, decomposição e redissolução de frústulas de diatomáceas que se encontram no sedimento do fundo de lagos e represas. Os estudos clássicos de Lund (1950, 1964) relacionaram o ciclo de *Asterionella* sp e o ciclo de sílica em lagos do Distrito de Lagos, na Inglaterra.

Sem dúvida, muitos trabalhos demonstraram esse ciclo da sílica solúvel reativa e o ciclo estacional de diatomáceas nos sistemas de água interiores. A despolimerização da sílica tem a formação do $SiOH_4$, a "sílica solúvel reativa", a qual é determinada espectrofotograficamente pela reação descrita em Mullin e Riley (1955).

As concentrações de sílica solúvel reativa em águas naturais variam de um máximo entre 200-300 $mg.SiO_2.\ell^{-1}$ ao mínimo de 1,2-10 $mg.SiO_2.\ell^{-1}$. A concentração de sílica pode ser importante no desenvolvimento de *Aulacoseira* sp. Por exemplo, Kilham e Kilham (1971) demonstraram que *Aulacoseira italica* desenvolve-se com concentrações de sílica abaixo de 5 $mg.\ell^{-1}$, enquanto *Aulacoseira granulata* desenvolve-se com concentrações acima desse valor. A Fig. 10.4 apresenta o ciclo da sílica.

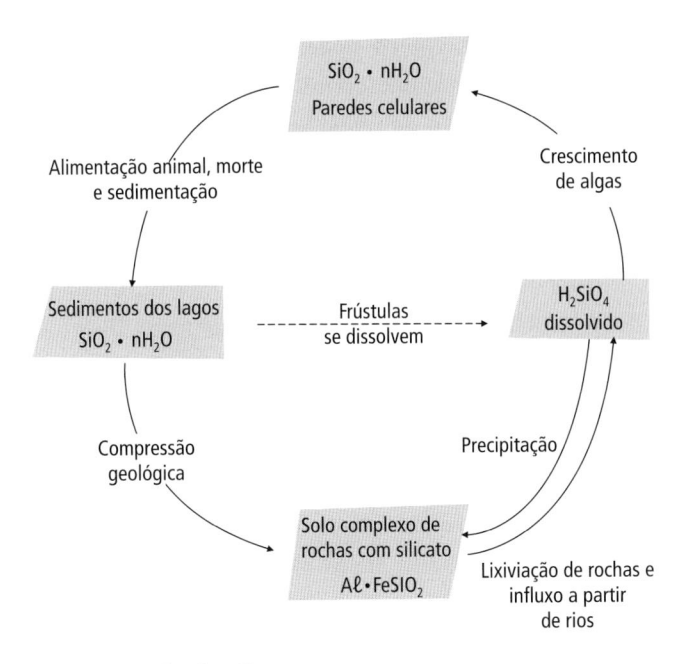

Fig. 10.4 Ciclo da sílica

10.6 Outros Nutrientes

Vários outros elementos têm importância considerável no crescimento, na produtividade e na fisiologia das plantas aquáticas. Dentre estes, destacam-se o cálcio, que ocupa posição química importante no complexo sistema pH – CO_2^- – CO_3^- em águas interiores; e as cianobactérias de águas interiores, que parecem ter uma afinidade grande com águas calcáreas (Reynolds, 1984). Magnésio, que forma o núcleo da molécula de clorofila, é também importante, mas evidências de limitações do crescimento de plantas aquáticas são raras. Sódio e potássio são encontrados em concentrações superiores às normalmente requeridas pelas plantas aquáticas. A razão cátions monovalentes/cátions bivalentes parece ter influência no ciclo do fitoplâncton e na sucessão de espécies. Os principais ânions (como cloreto e sulfato) também são raramente limitados, em razão das altas concentrações nas águas naturais. O íon sulfeto (S) é importante em **hipolímnios anóxicos**, uma vez que pode ser utilizado por cianobactérias como doador de elétrons ou como fonte de enxofre assimilável (Oreon e Pandan, 1978). Altas densidades de cianofíceas foram encontradas, por exemplo, no lago D. Helvécio (Parque Florestal do Rio Doce – MG), por Hino, Reynolds e Tundisi (1986), juntamente com hipolímnio anóxico e altas concentrações de H_2S (entre 5 e 7 mg.ℓ^{-1}).

De modo geral, as "placas" de bactérias fotossintetizantes encontradas em lagos estão associadas à presença de H_2S no metalímnio. Essas bactérias de coloração vermelha têm importância nesses lagos, onde se desenvolvem no metalímnio com concentrações crescentes de H_2S e com intensidade luminosa que, embora baixa, é, no entanto, utilizada (entre 0,5% e 1% daquela que chega à superfície). A Fig. 10.5 mostra o ciclo do enxofre.

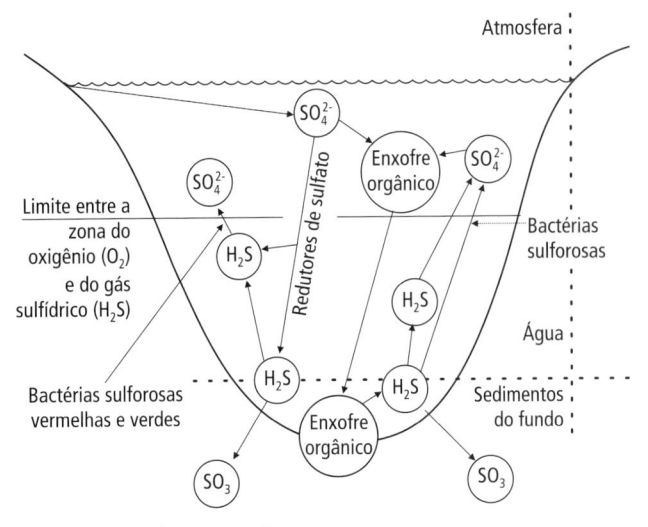

Fig. 10.5 Ciclo do enxofre
Fonte: modificado de Schwoerbel (1987).

Outros elementos que têm importância grande no crescimento, na produtividade e na fisiologia das plantas aquáticas são o ferro, manganês, molibdênio, cobre e zinco, os quais podem ser tóxicos em altas concentrações e podem limitar os processos em baixas concentrações, como já se discutiu no Cap. 5.

A maioria desses metais tem o ciclo relacionado com os compostos orgânicos dissolvidos na água, conhecidos como "**quelantes**", cujos componentes naturais mais conhecidos são os ácidos húmico e fúlvico. A capacidade desses quelantes naturais consiste na liberação de pequenas quantidades do metal quelado, tornando-o, portanto, disponível, e, nos casos de excesso, funcionando como um tampão, retirando quantidades que poderiam ser tóxicas. A excreção de compostos orgânicos pelo fitoplâncton e pelas plantas aquáticas, de um modo geral, também contribui para esse reservatório de quelantes nas águas naturais.

O ferro existe sob forma particulada e dissolvida, e pode estar sob forma reduzida Fe^{++} ou oxidada Fe^{+++}.

Nos sistemas aquáticos, existe uma grande interação entre os ciclos do fósforo e do ferro, por causa da formação de precipitado de fosfato férrico durante períodos de oxigenação da coluna de água e da redissolução de fosfato ferroso durante períodos de redução. Esse ciclo ocorre em lagos estratificados durante o verão, acumulando altas concentrações de Fe^{++} e PO_4^{---} no hipolímnio (solúvel), enquanto durante períodos de intensa circulação e reoxigenação, ocorre precipitação de $FePO_4$ no sedimento (insolúvel). Os ciclos do ferro e do fósforo e o potencial de oxidorredução na água estão, portanto, inter-relacionados também com o processo de circulação e distribuição vertical de oxigênio. Há evidências de que essa dissolução de Fe^{+++} por redução inicia-se no metalímnio de lagos estratificados.

Experimentos que mostram a liberação do fosfato inorgânico ou nitrato do sedimento em ambiente anóxico ou aeróbico podem ser realizados com o equipamento apresentado na Fig. 10.6. A Fig. 10.7 mostra a liberação de nitrato e amônia (Fukuhara *et al.*, 1985). Uma anoxia experimental pode ser induzida e o fosfato inorgânico ou amônia liberam-se a partir do sedimento.

Inter-relações entre concentração de O_2 dissolvido, potencial redox e concentrações de ferro, fosfato e gás sulfírico são mostradas no Quadro 10.1.

10.7 A Interface Sedimento-Água e a Água Intersticial

O sedimento e a interface sedimento-água têm um papel importante nos ciclos biogeoquímicos. Dependendo das condições de oxidorredução na interface sedimento-água, ocorre precipitação e redissolução. Por exemplo, o potencial de oxidorredução na interface sedimento-água determina a taxa de trocas de

Fig. 10.6 Sistema experimental para determinar a liberação de fósforo ou nitrogênio do sedimento
Fonte: Fukuhara *et al.* (1997).

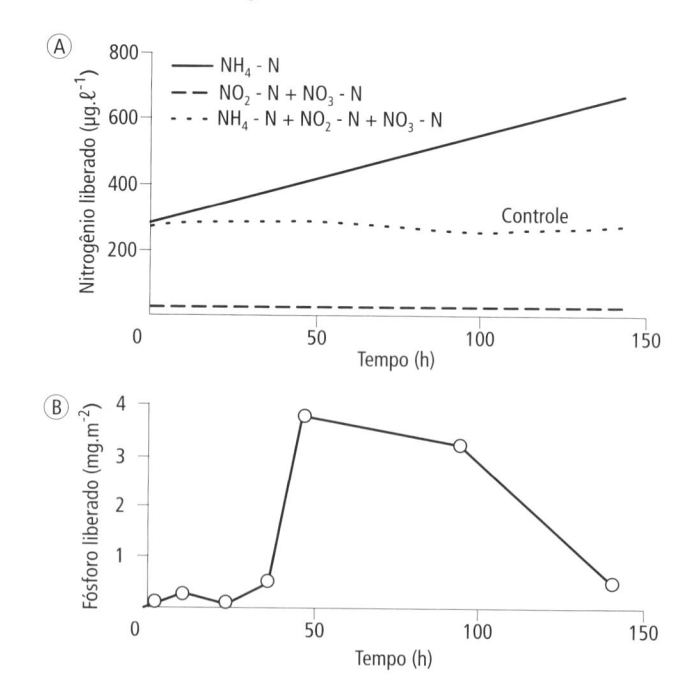

Fig. 10.7 Liberação de nitrogênio inorgânico (NO_3), amônio (NH_4) e fósforo nos experimentos realizados com o equipamento da Fig. 10.6

Quadro 10.1 Inter-relações de concentração de O_2, o potencial redox e as concentrações de ferro, fosfato e gás sulfúrico em lagos estratificados oligotróficos, mesotróficos e eutróficos

Estado trófico do lago	Concentração de O_2	E_H	Concentração de Fe^{++}	H_2S	PO_4^{---}
Oligotrófico	Alta	400-500 mV	Ausente	Ausente	Baixa
Eutrófico	Reduzida	250 mV	Alta	Ausente	Alta
Hipereutrófico	Reduzida ou O_2 ausente	100 mV	Em diminuição	Alta	Muito Alta

Fonte: modificado de Wetzel (1975).

fosfato entre o hipolímnio e o sedimento. A espessura da camada oxidada ou reduzida é muito importante. Geralmente pode formar-se uma camada de fosfato férrico (camada oxidada) que constitui uma barreira para as interações entre o sedimento e a água subjacente. A intensidade do transporte de fosfato através dessa camada depende do grau de perturbação do sedimento. o que é também desenvolvido pela atividade de organismos (*bioturbation*). Essa **perturbação biológica** determina, em parte, as características do fluxo através da interface. Whitaker (1988) demonstrou que existem rápidas alterações no estado de **oxidação** ou **redução** do ferro, dependendo do grau de anoxia ou reoxigenação do sistema. Essas alterações podem ocorrer em algumas horas e, em parte, dependem também do ciclo diurno de estratificação e desestratificação, e da respectiva oxigenação.

Bostron *et al.* (1982) distinguiram, na interface sedimento-água, os seguintes aspectos relacionados aos mecanismos de transferência do fósforo:

▸ no nível molecular, a mobilização de fósforo pode estar inter-relacionada com processos físico-químicos, principalmente **dessorção** e **dissolução**, e com processos bioquímicos resultantes da decomposição enzimática de substâncias orgânicas;

▸ no nível de compartimento, a transferência de fósforo do sedimento para o hipolímnio caracteriza-se pelos mecanismos hidrodinâmicos, principalmente difusão, ebulição gasosa, perturbação biológica e turbulência induzida pelo vento.

A **água intersticial** pode ser uma reserva importante de nutrientes. Essa água intersticial, que pode ser separada do sedimento por centrifugação, apresenta altas concentrações de amônio, fosfato e nitrato. A Fig. 10.8 mostra a distribuição vertical de nutrientes na água intersticial do sedimento da lagoa Carioca (Parque Florestal do Rio Doce – MG).

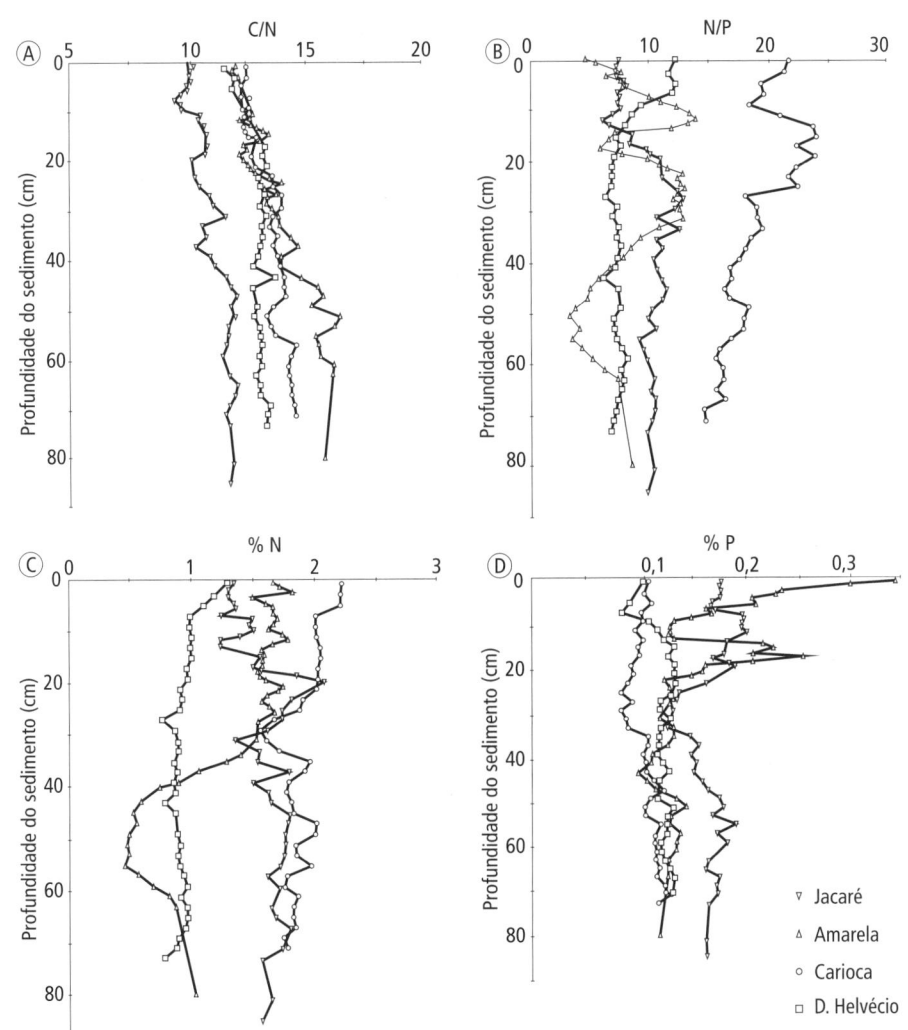

Fig. 10.8 Distribuição vertical (A) da razão carbono e nitrogênio; (B) da razão nitrogênio e fósforo; (C) de nitrogênio; e (D) de fósforo, nos sedimentos de fundo de quatro lagos do Parque Florestal do Rio Doce (MG)
Fonte: Saijo *et al.* (1997) *apud* Tundisi e Saijo (1997).

Sedimento e hipolímnio estão inter-relacionados com o sistema de redução-oxidação na camada de interface, a formação de barreira de fosfato férrico e a perturbação desta, por vários processos, inclusive biológicos.

O sedimento atua, portanto, como um concentrador de nutrientes, e principalmente o ciclo do fósforo está bastante relacionado com as **interações sedimento-água**, com os processos de circulação, estratificação e desestratificação e com as alterações no potencial redox. Fósforo pode ser liberado a partir da decomposição de partículas em sedimentação. De acordo com Golterman (1972), 80% do fósforo são regenerados durante o processo de sedimentação. A disponibilidade de fósforo para a **zona trofogênica** também depende da regeneração e da distribuição vertical do oxigênio. É muito importante que no estudo do ciclo de nutrientes de sistemas aquáticos se organize um balanço da massa que caracterize a concentração do elemento nos vários compartimentos, incluindo as entradas, as saídas (perdas), a sedimentação e a regeneração, a partir dos processos físicos e químicos.

10.8 Distribuição Vertical dos Nutrientes

Nos sistemas aquáticos, há um processo de **sedimentação de matéria orgânica** a partir da superfície, o que ocasiona consumo de oxigênio, principalmente nos níveis metalimnético e hipolimnético em lagos estratificados. A distribuição vertical de carbono, nitrogênio e fósforo está, portanto, inter-relacionada com os processos de estratificação vertical e circulação. Nos lagos estratificados, há um acúmulo de nutrientes no hipolímnio, como demonstrado nas Figs. 10.9 e 10.10.

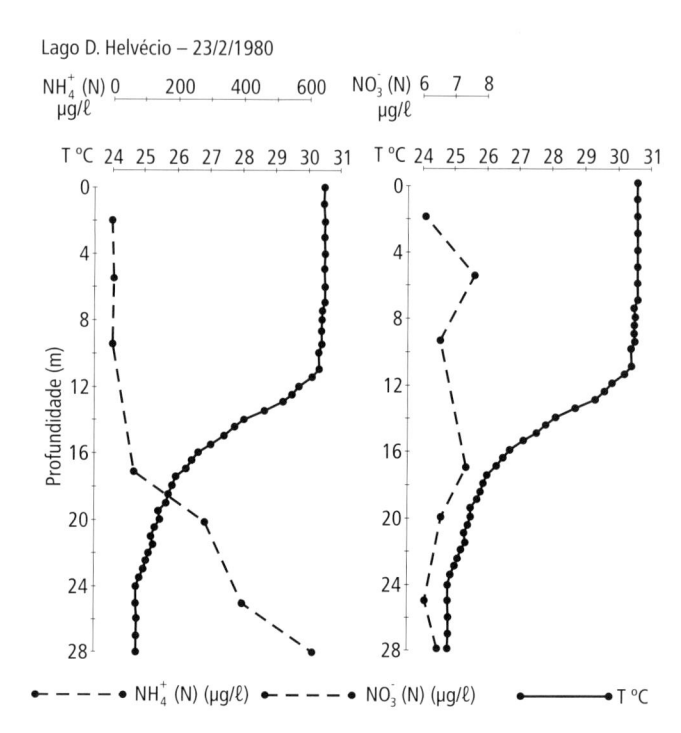

Fig. 10.10 Distribuição vertical de amônio e nitrato no lago D. Helvécio (Parque Florestal do Rio Doce – MG) durante o período da estratificação térmica

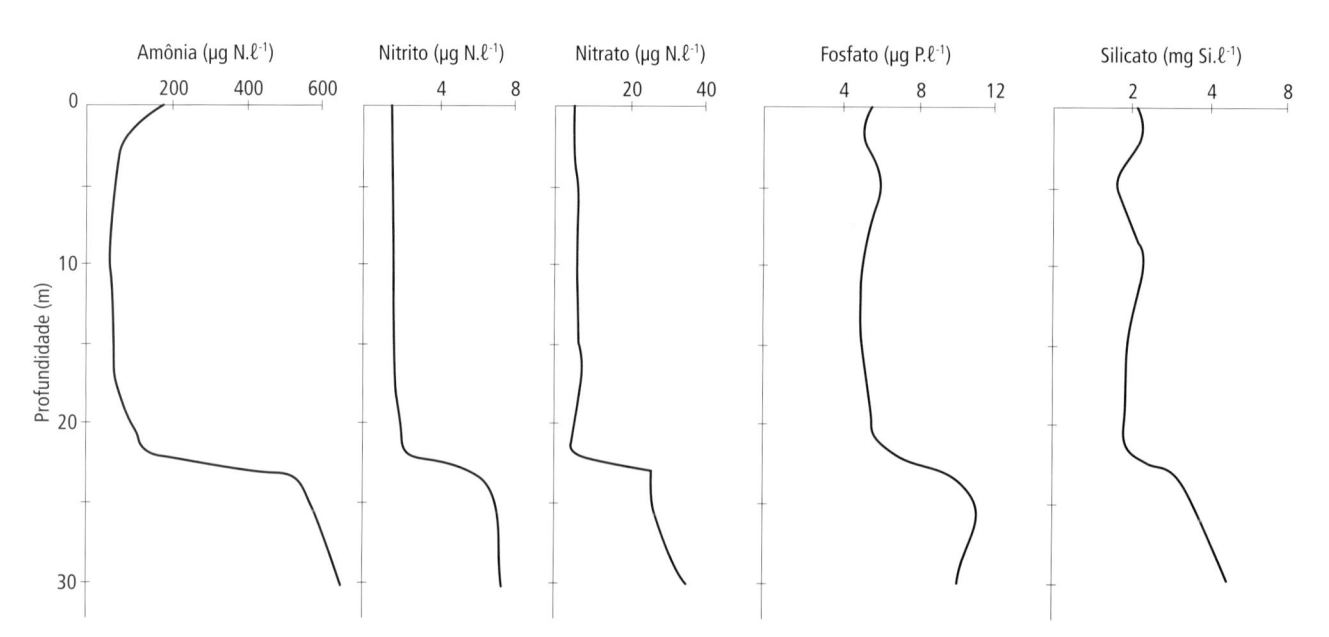

Fig. 10.9 Distribuição vertical de nutrientes no hipolímnio do lago D. Helvécio (Parque Florestal do Rio Doce – MG) durante o período de estratificação
Fonte: Tundisi e Saijo (1997).

A disponibilidade de nutrientes para as plantas aquáticas está fundamentalmente relacionada com esse espectro de recursos nutricionais, nos eixos verticais e horizontais do sistema, e com os processos de regeneração determinados pelas condições químicas, principalmente o **potencial de oxidorredução**. Essa disponibilidade está, evidentemente, relacionada com os mecanismos de absorção nas plantas aquáticas, sejam elas de nível fisiológico, sejam de nível adaptativo-morfológico. Sem dúvida, nessas interfaces de descontinuidade na distribuição de nutrientes, o metalímnio tem uma importância fundamental nos processos de regeneração e/ou concentração de nutrientes. O hipolímnio anóxico é um grande reservatório de recursos, os quais são supridos para as plantas no epilímnio, por meio de processos de excreção e decomposição dos organismos ou por fontes externas (afluentes e águas de precipitação).

10.9 O Transporte de Sedimentos de Origem Terrestre e os Ciclos Biogeoquímicos

A alta taxa de transporte de sedimentos do sistema terrestre para o aquático, durante períodos de intensa precipitação, pode estar relacionada a desmatamentos ou práticas agrícolas ao redor de represas, lagos e rios. Esse transporte produz um contínuo processo de sedimentação com adsorção de fosfato nas partículas e imobilização de nutrientes no sedimento do fundo. Esse pulso de sedimento causa também inúmeras alterações no sistema aquático, interferindo em vários processos ecológicos.

Dessorção de fosfato a partir desse processo de sedimentação também pode ocorrer durante o deslocamento do sedimento na massa de água ou durante seu afundamento.

Em regiões alagadas ou lagos de várzea, esse transporte de sedimentos pelos rios tem um papel importante no ciclo ecológico e no metabolismo dos lagos permanentes ou temporários.

10.10 Os Organismos e os Ciclos Biogeoquímicos

Os organismos aquáticos têm grande importância nos ciclos biogeoquímicos pelas seguintes razões:

▶ excretam nitrogênio, fósforo e compostos orgânicos;
▶ decompõem-se após a morte e contribuem com nitrogênio e fósforo;
▶ contribuem para o transporte ativo de nutrientes nos eixos vertical e horizontal do sistema;
▶ as plantas aquáticas fixam biologicamente elementos.

Os organismos aquáticos podem ter um papel fundamental na reciclagem de nutrientes e no seu transporte ativo. Por exemplo, Tundisi (1983) considerou como extremamente importante a contribuição da **excreção do zooplâncton** ao epilímnio de lagos tropicais. Esse epilímnio geralmente tem baixas concentrações de fósforo e nitrogênio sob forma inorgânica (10-20 mg.ℓ^{-1} P-PO$_4^{---}$– e 20-50 mg.ℓ^{-1} N-NO$_3$). Uma das possibilidades de manutenção de uma biomassa, ainda que muito baixa, do fitoplâncton no epilímnio de lagos estratificados é justamente a excreção do zooplâncton, o qual, por meio de processo de migração vertical diurna, fertiliza diversas camadas de água, sucessivamente (Fig. 10.11).

Além dos organismos aquáticos planctônicos, peixes e bentos podem também reciclar consideráveis quantidades de nutrientes inorgânicos, por meio da excreção e do transporte ativo. Grandes vertebrados que vivem na interface entre os sistemas terrestre e aquático, como o hipopótamo na África e a capivara na América do Sul, podem suprir com nitrogênio e fósforo o sistema aquático. Por exemplo, Viner (1975) estimou que cerca de 2-3% do nitrogênio e fósforo perdidos na saída do lago George são reciclados a partir da excreção do hipopótamo. Um dado típico mostra, por exemplo, que 1,6 – 2,2 kg C/animal/dia são excretados, o que representa 2.930-4.000 toneladas/ano/população total. Destes, grande parte da contribuição é sob forma dissolvida ou suspensa (30%), a qual é mais facilmente disponível.

No caso de lagos em que ocorre presença de aves em grande quantidade, em áreas alagadas ou lagos permanentes, há também uma rápida reciclagem. Por exemplo, Tundisi (resultados não publicados) verificou que, em um lago hipereutrófico do Pantanal Mato-grossense, grande parte da contribuição de

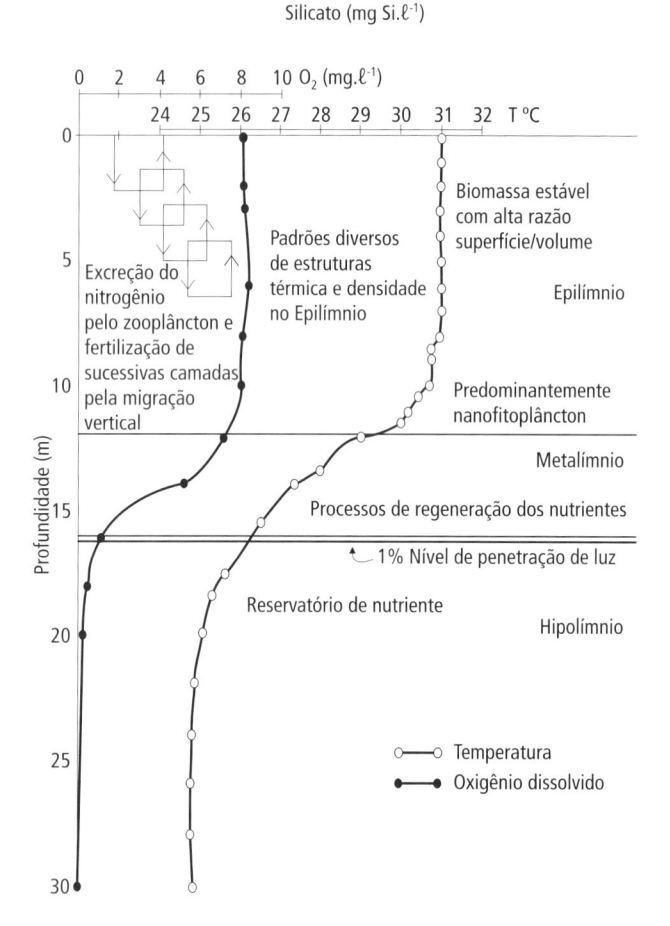

Fig. 10.11 Possível mecanismo de fertilização e reciclagem de nutrientes do zooplâncton no epilímnio de um lago tropical estratificado (lago D. Helvécio – Parque Florestal do Rio Doce – MG)
Fonte: Tundisi (1983).

fósforo e nitrogênio era constituída pela excreção de aves que nidificavam na vegetação sobre o lago.

Por outro lado, quando há excessivo número de aves que se alimentam de peixes, ocorre uma exportação de nitrogênio e fósforo para fora do sistema. Ainda para o lago George, Viner (1975) estima perdas anuais de 50 toneladas de carbono, dez toneladas de nitrogênio e uma tonelada de fósforo por exportação decorrente da alimentação de pelicanos nesse lago.

10.11 O Conceito de Nutriente Limitante

O suprimento de nutrientes para as plantas aquáticas pode estar muito abaixo ou muito acima de suas necessidades. A medida da concentração de nutrientes não é, entretanto, suficiente para caracterizar quais os que são limitantes ou não. É necessário determinar a taxa de crescimento das plantas, a dimensão do reservatório de nutrientes e a **taxa de reciclagem** entre os diversos compartimentos. Evidentemente o nitrogênio total, o fósforo total nos organismos e as várias concentrações de nitrogênio e fósforo dissolvidos na água controlam o ciclo orgânico-inorgânico. A compartimentalização de nitrogênio e fósforo nos vários níveis da cadeia alimentar regula as taxas de reciclagem. Por exemplo, nitrogênio e fósforo ficam imobilizados por mais tempo nos peixes do que no fitoplâncton, em razão das diferentes taxas de reciclagem nesses organismos (Allen e Starr, 1984). O fósforo representa 12% do peso seco do esqueleto de peixes, o que mostra como esse elemento pode ficar retido do ciclo.

Dugdale (1967) demonstrou que existe uma relação hiperbólica entre a taxa de "fixação" de um nutriente limitante pelo fitoplâncton e a concentração desse nutriente na água. Geralmente, aplica-se a equação de Monod que descreve a cinética enzimática de Michaelis-Menten:

$$Vs = Vs_{máx}/(Ks+S)$$

onde:
Vs é a taxa de "fixação";
$Vs_{máx}$ é a taxa máxima de fixação;
S é a concentração de nutrientes;
Ks (coeficiente de saturação) representa a concentração de nutrientes na qual a taxa de "fixação", Vs, é a metade da taxa máxima ($Vs_{máx}/2$).

Considera-se que Ks é específico para cada espécie. Quando as concentrações de nutrientes são baixas, provavelmente espécies com baixo Ks têm uma vantagem competitiva sobre espécies com alto Ks.

O conceito de nutriente limitante relaciona-se à Lei de Liebig do "mínimo", ou seja, a elaboração de biomassa nova pelas plantas aquáticas não pode prosseguir na falta de um ou mais nutrientes. A questão relacionada com os possíveis nutrientes limitantes no sistema aquático tem sido muito discutida. Em alguns trabalhos, considera-se que o nitrogênio é o fator limitante principal; em outros, conclui-se que o fósforo é o fator limitante principal. Uma das conclusões importantes é a de que é difícil generalizar; nitrogênio e fósforo, ou nitrogênio ou fósforo, podem ser limitantes (ou outro nutriente), dependendo, naturalmente, do sistema lacustre considerado e de suas inter-relações. A individualidade dos lagos, nesse aspecto, é também muito característica.

O Quadro 10.2 mostra algumas formas de estudo de nutrientes limitantes, e o Quadro 10.3 apresenta o conjunto de experimentos de enriquecimento realizados em muitos lagos de regiões tropicais e que possibilitaram estudar nutrientes limitantes à produtividade primária e ao crescimento do fitoplâncton.

A Fig. 10.12 mostra sistemas experimentais para determinar a respostas a enriquecimentos. A Fig. 10.13 apresenta os resultados de um experimento de enriquecimento artificial realizado com água de superfície na represa da UHE Carlos Botelho (Lobo/Broa), obtendo-se como resposta o consumo de oxigênio dissolvido na água.

Redfield (1934) e Fleming (1940) examinaram o conteúdo da matéria orgânica na água do mar para determinar o conteúdo celular de carbono, nitrogênio e fósforo no fitoplâncton e no zooplâncton. A média da razão atômica desses elementos nas amostras de plâncton foi 106 para 16 para 1, ou seja, uma razão atômica de 106C:16N:1P. Essa razão é geralmente vista como uma referência padrão para avaliar limitação de nutrientes em qualquer massa de água, marinha ou de água doce.

Carbono pode ser um fator limitante para o crescimento do fitoplâncton somente quando ocorre saturação de nitrogênio e fósforo na água, ou quando há intensa radiação solar e altas temperaturas, ou, ainda, quando o transporte de CO_2 da atmosfera para a água for muito lento. Essa limitação também pode ocorrer em condições de pH muito baixo, com pouca dissolução do bicarbonato na água. A limitação de carbono pode ainda ocorrer em tanques superfertilizados e lagoas de estabilização de esgoto (Schindler, 1977; Rant e Lee, 1978).

O conceito de nutriente limitante aplica-se, portanto, mais geralmente, à concentração de fósforo e nitrogênio na água e a condições de equilíbrio (Odum, 1971). Nesse caso, o nutriente que limita o crescimento do fitoplâncton encontra-se próximo ao "mínimo crítico" (segundo Odum, 1971) que o limita. Em situações frequentes, onde ocorrem pulsos intermitentes de fósforo e nitrogênio, o conceito de nutriente limitante é menos utilizável.

As diferentes espécies de fitoplâncton apresentam diferentes requerimentos nutricionais, uma vez que podem assimilar nutrientes a diferentes taxas. Taxas de assimilação e de fixação de nutrientes diferem nas várias espécies, conferindo-lhes capacidade competitiva ou não (a teoria da "competição por recursos" de Hutchinson, 1961).

Em condições de deficiência de nutrientes, células algais de pequenas dimensões podem ser mais eficientes na assimilação de nutrientes do que células maiores. Esse problema já foi considerado relevante há muito tempo por Munk e Riley (1952), sobre a capacidade competitiva por células de menor tamanho (< 20 µm) na assimilação de nutrientes.

Quadro 10.2 Algumas técnicas de estudo de nutrientes limitantes

	Tipos de bioensaios	Técnica do C^{14} para medida dos nutrientes limitantes	"Batch" bioensaio	Bioensaio de cultura contínua	Enriquecimento em grandes tubos	Enriquecimento dos próprios ambientes
Parâmetros	Local de incubação possível	in situ, in vitro	in situ, in vitro	in vitro	in situ	in situ
	Inóculo biológico empregado	Populações naturais ou organismo teste	Populações naturais ou organismo teste	Populações naturais ou organismo teste	Populações naturais	Populações naturais
	Número de tratamentos possíveis	Inúmeros	Inúmeros	Um	Poucos (iguais ao número de tubos instalados no local)	Um por lago
	Tempo de incubação	2 horas (2 a 5, podendo ser mais, mas nunca superior a 24 horas)	Variável (horas até dias)	Variáveis (horas até um ciclo anual)	Longo (semanas até um ciclo anual)	Longo (indefinido)

Fonte: Henry et al. (1983).

Quadro 10.3 Adição de nutrientes e respostas do fitoplâncton em ecossistemas aquáticos tropicais

Lago ou represa	Localização	Fatores limitantes		Respostas	Referências
		Primário	Secundário		
Vitória	0-2°S 32-34°L	P	N	Contagem de células	Evans (1961)
Chilwa		N + P + S		Contagem de células	Evans (1961)
Mala		N + P + S		Contagem de células	Evans (1961)
Malombe		N + P		Contagem de células	Evans (1961)
Domabi		N		Clorofila	Moss (1969)
Makoka	15-17°S	N + P + S		Clorofila	Moss (1969)
Mpyupyu	34-35°L	N		Clorofila	Moss (1969)
Mlungusi		N + P + S		Clorofila	Moss (1969)
Coronation		N + P + S		Clorofila	Moss (1969)
Shire		N + P + S		Clorofila	Moss (1969)
Malawi		N + P + S		Clorofila	Moss (1969)
Malombe		N + P + S		Clorofila	Moss (1969)
Domasi	15-17°S 34-35°L	N + P		Clorofila	Moss (1969)
Makoka		N		Clorofila	Moss (1969)
Mpympym		N		Contagem de células	Moss (1969)
Coronation		N + P + S		Contagem de células	Moss (1969)
George	0° 30-20°L	N + P		Contagem de células	Viner (1973)
Rietvlei	25°52,5'S	N - P		Potencial de crescimento de algas	Steyn et al. (1975a)
	28°15,75'L	N - P		Potencial de crescimento de algas	Steyn et al. (1975a)
		Microelemento-n		Potencial de crescimento de algas	Steyn et al. (1975a)
Hartbeespoort	25°43'S	N - Fe		Potencial de crescimento de algas	Steyn et al. (1975a)
	27°51'L	N - P		Potencial de crescimento de algas	Steyn et al. (1975a)
		N - P		Potencial de crescimento de algas	Steyn et al. (1975b)
		N - P		Potencial de crescimento de algas	Steyn et al. (1975b)
		N - P		Potencial de crescimento de algas	Steyn et al. (1975b)
		P - N		Potencial de crescimento de algas	Steyn et al. (1975b)
Roodeplast	25°37'S	P - N		Potencial de crescimento de algas	Steyn et al. (1975a)
	28°23'L	N - P		Potencial de crescimento de algas	Steyn et al. (1975a)
		P - N		Potencial de crescimento de algas	Steyn et al. (1975a)
		N - P		Potencial de crescimento de algas	Steyn et al. (1975a)
Vall	26°53'S	P - N		Potencial de crescimento de algas	Steyn et al. (1975b)
	28°07'L	N - P		Potencial de crescimento de algas	Steyn et al. (1975b)
		P - N		Potencial de crescimento de algas	Steyn et al. (1975b)
Ubatuba	23° 45'S 45°01'S	N		C^{14} e clorofila	Teixeira e Tundisi (1981)
Kariba		P - N		Potencial de crescimento de algas	Robarts e Southhall (1977)
Henry Gallam		P - N		Potencial de crescimento de algas	Robarts e Southhall (1977)
Prince Edward		P - N		Potencial de crescimento de algas	Robarts e Southhall (1977)
Mazoe	27-32°S 16-22°L	P - Fe		Potencial de crescimento de algas	Robarts e Southhall (1977)
Little		N		Potencial de crescimento de algas	Robarts e Southhall (1977)
Connemara		N		Potencial de crescimento de algas	Robarts e Southhall (1977)
Umgasa		N		Potencial de crescimento de algas	Robarts e Southhall (1977)
McIllwaine					

Quadro 10.3 Adição de nutrientes e respostas do fitoplâncton em ecossistemas aquáticos tropicais (continuação)

Lago ou represa	Localização	Fatores limitantes		Respostas	Referências
		Primário	Secundário		
UHE Carlos Botelho (Lobo/Broa)	22°15'S 47°45'O	N + micronutrientes		Respiração da comunidade fitoplanctônica	Tundisi (1977)
Ebrié	0°10'N 4°E	N P C		Clorofila *a*	Dufour e Sleponka (1981)
Jacaretinga	3°15'S 59°48'O	N - P		Clorofila *a*	Zaret *et al.* (1981)
Sonachi	0°47'S 36°16'L	P		Clorofila *a*	Melack *et al.* (1982)
UHE Carlos Botelho (Lobo/Broa)	22°15'S 37°49'O	N - P		Contagem de células e Clorofila *a*	Henry e Tundisi (1982a)
		N + P		Contagem de células e Clorofila *a*	Henry e Tundisi (1983)
		N + Mo		Contagem de células e Clorofila *a*	Henry e Tundisi (1982b)
		N		Contagem de células e Clorofila *a*	Henry *et al.* (1984)
D. Helvécio	19°10'S 42°01'O	N + P		Contagem de células e Clorofila *a*	Henry e Tundisi (1986)
	19°10'S 42°01'O	N + P		Contagem de células e Clorofila *a*	Tundisi e Henry (1983)
Barra Bonita	19°10'S 48°34'O	P		Contagem de células e Clorofila *a*	Henry *et al.* (1985)
Jacaretinga	3°15'S 59°48'O	N		Contagem de células e produção de O_2	Henry *et al.* (1985)

Fonte: Henry *et al.* (1985a, b).

Fig. 10.12 Sistemas experimentais para estudo a resposta de nutrientes limitantes

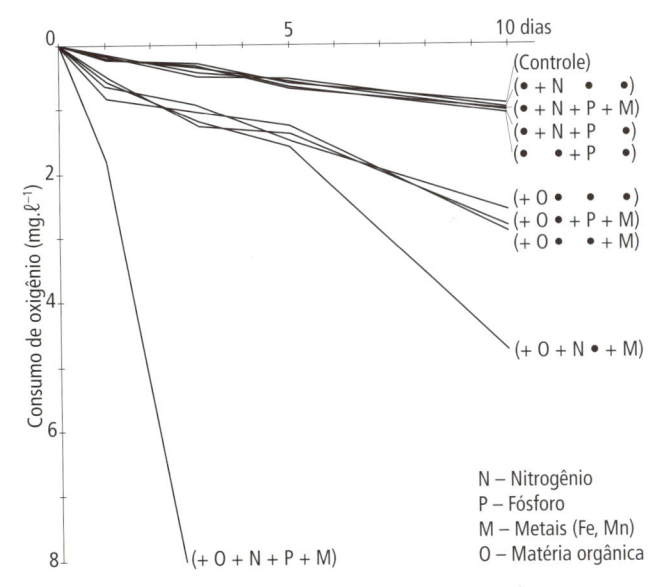

Fig. 10.13 Sistema experimental para determinar a resposta a enriquecimento realizado na represa UHE Carlos Botelho (Lobo/Broa)
Fonte: Tundisi *et al.* (1977).

N – Nitrogênio
P – Fósforo
M – Metais (Fe, Mn)
O – Matéria orgânica

As proporções relativas e as concentrações de nitrogênio e fósforo em lagos e represas variam estacionalmente ou de ano para ano, e, portanto, a limitação de nutrientes pode variar temporal e até espacialmente (Nakamoto *et al.*, 1976). Um único nutriente requerido pelas algas poderia ter o fator limitante, de acordo com Droop (1973) e Rhee (1978), os quais demonstraram experimentalmente que o crescimento de algas é estimulado por um único nutriente com menor concentração relativamente às necessidades das algas.

Portanto, o crescimento do fitoplâncton em um determinado ecossistema aquático (represa, lago ou rio) pode ser proporcional à concentração de nutrientes e essa concentração é dependente das cargas externa e interna, ou seja, de nutrientes no sedimento. O fitoplâncton pode assimilar nutrientes da coluna de água na relação 106C:16N:1P. Pode-se, ao determinar as concentrações e as relações C:N:P da coluna de água, comparando-se com a relação conceitual 16N:1P (índice de Redfielf), determinar qual desses nutrientes está em excesso na coluna de água e de que forma se pode limitar essas concentrações. A concentração de nutrientes em excesso à taxa 16N:1P, necessária ao crescimento do fitoplâncton, não deverá ser o fator limitante ao crescimento da biomassa de algas. Portanto, é preciso determinar não só as concentrações de nitrogênio e fósforo totais (dissolvido e particulado) na água e nos tributários, como também as formas de nitrogênio e fósforo biologicamente disponíveis, além do nitrogênio e fósforo totais.

Por exemplo, é importante determinar a concentração de fósforo reativo solúvel e as concentrações de amônio, nitrato e nitrito (se este estiver presente). Normalmente a experiência prática (Ryding e Rast, 1990) sugere que concentrações de fósforo biologicamente disponível menores que 5 mg $P.\ell^{-1}$ indicam limitação potencial de fósforo, e concentrações de nitrogênio biologicamente disponível menores que 10 mg $N.\ell^{-1}$ indicam limitação de nitrogênio. Se ambos apresentarem concentrações menores que as acima referidas, os dois nutrientes serão limitantes. Se as concentrações de nitrogênio e fósforo estiverem acima desses valores, nenhum deles é o fator limitante.

Se as concentrações absolutas de fósforo biologicamente disponível e de nitrogênio não decrescerem acentuadamente, as taxas determinadas no ecossistema aquático podem indicar qual nutriente será limitante. Utiliza-se a razão atômica de 16N:1P como um dado comparativo, e qualquer desvio dessa razão indica o nutriente potencialmente limitante na massa de água (Stumm, 1985).

10.12 Produção "Nova" e Produção "Regenerada"

Os conceitos de "produção nova" e "produção regenerada" referem-se à produção de matéria orgânica que depende de nutrientes reciclados no sistema aquático, a partir de organismos e sedimentos (produção regenerada), ou aquela produção que depende da intrusão de nutrientes a partir de fontes externas. A relação "produção nova"/"produção regenerada" nos sistemas aquáticos continentais depende da **carga interna** acumulada nesses sistemas, da excreção dos organismos, da velocidade dos processos metabólicos dos organismos e sua decomposição, da contribuição das cargas externas de nutrientes a partir das bacias hidrográficas, de seus usos e do seu estado de preservação ou deterioração.

Os processos internos de circulação e potencial redox são também fundamentais para a reciclagem de nutrientes para a "produção regenerada". Lagos polimíticos, por exemplo, tendem a apresentar padrões de distribuição vertical homogênea de oxigênio dissolvido, e fósforo é precipitado no sedimento. Lagos estratificados apresentam uma carga interna alta resultante da liberação a partir do sedimento que se acumula no hipolímnio. A **carga interna** de lagos e represas deve ser determinada com experimentação em condições variáveis de oxidorredução, além das estimativas de nitrogênio, fósforo e outros elementos no sedimento. A relação "produção nova"/"produção regenerada" pode variar estacionalmente para um mesmo lago, reservatório ou outro sistema aquático. Por exemplo, na represa da UHE Carlos Botelho (Lobo/Broa), Tundisi *et al.* (1977) demonstraram que, no verão, a carga externa é mais alta por causa da precipitação, e, portanto, "produção nova" é eficiente nessa época. Por outro lado, no inverno, a produção de matéria orgânica depende mais da carga interna e dos processos de excreção e decomposição na coluna de água. Picocianobactérias < 2 μm representam um papel importante nesse reservatório, utilizando tanto "produção nova" quanto "produção regenerada" com eficiência e tendo parte importante na reciclagem de matéria orgânica.

Relação fósforo-clorofila em lagos e represas

Em muitos lagos ou represas, há uma relação direta entre a concentração de fósforo na água e a concentração de clorofila *a*. Em muitos lagos de regiões temperadas, essa correlação pode atingir coeficientes de regressão de 0,9 (R2). Isso significa que a maior parte do fósforo total nos lagos está no estado particulado, e o fitoplâncton constitui a maior parte desse fósforo particulado. Quando a relação fósforo total/clorofila *a* é muito baixa, isso significa que outros fatores podem controlar a abundância de fitoplâncton. Essa correlação tem sido utilizada para produzir prospecções na concentração de fitoplâncton a partir do fósforo total. Os dados para lagos e represas de regiões temperadas funcionam muito bem, como demonstra a Fig. 10.14. Entretanto, para lagos tropicais ainda há algumas incertezas por duas razões: ainda existe escassez de dados em relação às regiões temperadas; a reciclagem de fósforo é mais rápida em regiões tropicais, e essas taxas ainda precisam ser melhor conhecidas (ver Cap. 7).

10.13 Gases de Efeito Estufa e os Ciclos Biogeoquímicos

Muitos gases, como amônio, hidrogênio, metano e **gases voláteis** do ciclo do enxofre, são encontrados em ambientes anóxicos com deficiência de oxigênio. Alguns desses gases são produtos finais da decomposição microbiana de matéria orgânica. As evidências de acúmulo desses gases nas mudanças climáticas e na química da atmosfera têm crescido (Adams, 1996). Os gases estão envolvidos no processo de oxidação/redução e são produzidos nos ecossistemas aquáticos continentais, em condições anóxicas na água e nos sedimentos. Os gases de efeito estufa e suas emissões para a atmosfera que têm sido estudados em lagos, represas e sedimentos de áreas alagadas são: hidrogênio (H_2), amônio (NH_3), sulfetos voláteis (H_2S e SO, enxofre orgânico) e metano (CH_4). A decomposição de matéria orgânica por microorganismos proporciona a fonte de energia para seu crescimento por meio da fermentação e da respiração anaeróbica, promovendo reações na oxidação e redução nos ciclos de carbono, nitrogênio e enxofre. Existem numerosos grupos de bactérias que usam hidrogênio (H_2) como fonte de energia, e também um grupo de organismos produz H_2 durante o metabolismo de carboidratos, ácidos graxos e aminoácidos. Fontes importantes de amônio (NH_3) são as áreas alagadas. Ambientes anaeróbicos emitem H_2S, dissulfeto carbônico (CS_2) e **metilmercaptanas** (MSH, CH_3SH). H_2S é o gás mais importante emitido pelos sistemas anaeróbicos. A maior parte do carbono que é reciclado nos ecossistemas aquáticos e terrestres é mineralizado em condições anaeróbicas, como metano (CH_4). A decomposição da matéria orgânica em metano, nos sedimentos anaeróbicos, é o resultado de reações de fermentação que envolvem compostos orgânicos pigmentos > ácidos graxos > aminoácidos > carboidratos > substâncias húmicas.

Emissões de gases de efeito estufa a partir da hidrosfera têm sido objeto de inúmeros trabalhos recentes em áreas alagadas e em sedimentos anóxicos de lagos e represas. Interações entre os ciclos desses gases e os efeitos das atividades humanas, bem como os demais processos microbiológicos, climatológicos e físico-químicos têm sido intensivamente estudados (Adams, 1996).

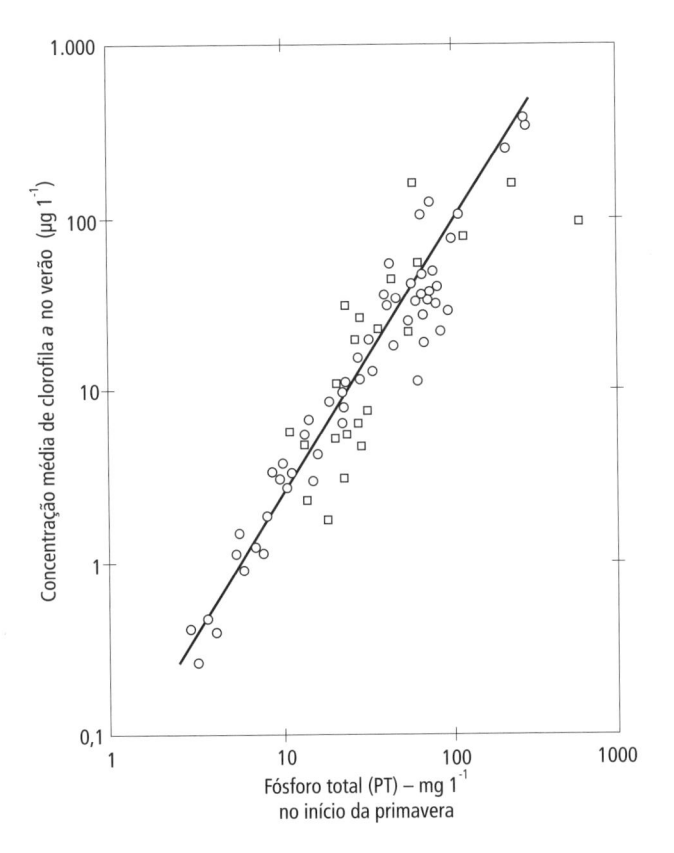

Fig. 10.14 Relações entre fósforo total (PT) e clorofila a em alguns lagos de regiões temperadas
Fonte: Horne e Goldman (1994).

Emissões desses gases são fundamentais nos ciclos biogeoquímicos do carbono, nitrogênio e enxofre, e são extremamente importantes para a química da atmosfera e suas relações com a hidrosfera. Mais recentemente, estudos detalhados sobre a emissão de gases de efeito estufa e a metodologia para a determinação das emissões foram realizados. Os resultados desses estudos estão descritos em Projeto Balcar (2012a,b).

Potencial Redox

O **potencial redox**, ou potencial de oxidação redução – Eh –, representa alterações no estado de oxidação de muitos íons ou nutrientes. Em pH 7,0 e a 25°C, a água com concentrações saturadas de oxigênio apresenta um potencial redox de + 500 mV. O potencial redox é medido em milivolts como uma voltagem elétrica entre dois eletrodos, um de hidrogênio e o outro do material cujo estado se pretende medir (ferro, manganês, um outro metal). Gradientes de potencial redox são muito encontrados na natureza, por exemplo, em interfaces de anoxia e oxigenação, em sistemas de águas interiores ou marinhas, nas interfaces sedimento-água ou nos solos. O transporte de ferro e manganês em sedimentos ou na água recebe muita atenção em Limnologia e Oceanografia, tendo em vista o papel importante que esses dois elementos têm nos ciclos biogeoquímicos de outros elementos. Nos estados de oxidação em potencial redox elevado (400 ou 500 mV), ferro e manganês são insolúveis (Fe^{+++} e Mn^{+++}). Nos estados reduzidos (Fe^{++} e Mn^{++}) são solúveis e livres de complexação. Portanto, perfis verticais de ferro e manganês relacionados ao potencial redox indicam seu estado de complexação ou solubilidade. Perfis verticais no sedimento e nas águas intersticiais do sedimento ilustram esses estados de complexação e insolubilidade ou solubilidade, e os processos de transporte nessas interfaces ocorrem por difusão molecular. Nas interfaces sedimento-água, os processos são rápidos e dependem da turbulência ou estratificação e do grau de oxigenação ou anoxia da água.

Elementos-traço e seus efeitos na produtividade primária e no crescimento do fitoplâncton

O efeito de elementos-traço na produtividade primária e no crescimento do fitoplâncton pode ser ilustrado pelo trabalho desenvolvido por Henry e Tundisi (1982) na represa da UHE Carlos Botelho (Lobo/Broa). Nesse sistema, a água superficial da represa foi enriquecida com concentrações diferentes de fosfato de potássio (KH_2PO_4), nitrato de potássio (KNO_3) e molidato de sódio ($Na_2MoO_4.2H_2O$). Concentrações variáveis foram utilizadas para cada uma das amostras suspensas à superfície da água por um período de 14 dias em "erlenmeyers" de dois litros. Após esse período a produtividade primária do fitoplâncton e a concentração de clorofila *a* foram determinados. Molibdênio está presente na enzima **nitrato redutase** e tem um papel fundamental na assimilação de NO_2^- pelo fitoplâncton, pois NO_3^- é reduzido a NO_2^- pela ação da enzima nitrato redutase, ao nível de parede celular. Com a adição simultânea de nitrato e de molibdênio, ocorreu um aumento significativo no crescimento e a resposta da comunidade fitoplanctônica. Esses experimentos demonstraram que, mesmo com concentrações adequadas de nitrogênio para estimular o crescimento do fitoplâncton, a presença de molibdênio é fundamental para promover a utilização de NO_3^- pela comunidade fitoplanctônica.

Lago D. Helvécio do Rio Doce – MG
(Parque Florestal)
Foto: J. G. Tundisi

11 Os lagos como ecossistemas

Resumo

Lagos, represas, áreas alagadas e rios funcionam como ecossistemas complexos, com interações permanentes e dinâmicas com a bacia hidrográfica à qual pertencem. As respostas desses ecossistemas aquáticos às funções de força que neles atuam (variações de nível, ventos, precipitação, radiação solar, temperatura do ar) são diversificadas e dependem da sua morfometria, localização geográfica, latitude, longitude, altitude.

Neste capítulo, apresentam-se essas respostas como processos permanentes de participação dos fatores físicos, químicos e biológicos. Discute-se a capacidade de resiliência e resposta em função da magnitude das funções de força externas. A Paleolimnologia é uma das principais abordagens que podem demonstrar as alterações dessas funções de força, como climatologia e erosão ao longo do tempo geológico. O transporte vertical da matéria orgânica particulada e da matéria orgânica dissolvida depende de fatores como a sedimentação e o transporte ativo realizado pelos organismos e correntes verticais e horizontais.

A zona litoral dos lagos é um filtro importante de elementos e substâncias que são contribuições da bacia hidrográfica, e as relações dessa zona litoral com a zona limnética do lago são fundamentais na troca de matéria orgânica entre essas duas regiões do lago.

11.1 O Sistema Lacustre como Unidade

Como já salientado no Cap. 2, o sistema lacustre como unidade interage efetivamente com a bacia hidrográfica e recebe a influência de todas as atividades humanas que nela se desenvolvem.

A classificação de lagos – tomados como ecossistemas e como mosaicos importantes da paisagem – está relacionada, evidentemente, com a sua origem, a qual determina algumas de suas propriedades gerais, tais como morfometria e composição química básica das águas. Dependendo dessas características e dos processos de circulação e estratificação, os lagos também podem ser classificados de acordo com os padrões térmicos verticais e suas variações durante o ano.

Um outro sistema de ordenação de lagos considera os processos de produção biológica e os classifica de acordo com o **grau de trofia**: oligotróficos, mesotróficos e eutróficos, além dos distróficos, com alta concentração de material húmico dissolvido.

Os critérios de classificação de lagos, evidentemente, são arbitrários e se baseiam em características regionais fundamentais. Embora cada lago apresente uma individualidade muito marcada, certas semelhanças regionais podem ser encontradas. Isso, em parte, deve-se à sua origem e morfometria, que estabelecem alguns padrões de funcionamento bem claros. Existe, por exemplo, dependendo da profundidade vertical do lago e de sua localização geográfica (altitude, latitude), uma interação muito grande da energia externa (Margalef, 1983) com os processos químicos, físicos e biológicos da estrutura vertical do lago. A entrada da energia externa (balanço térmico ou efeito do vento) efetivamente possibilita mecanismos renovadores da mistura vertical no lago, que interferem na produção de matéria orgânica e na diversidade biológica.

Os lagos refletem consideravelmente o espectro de interações nas bacias hidrográficas, incluindo as atividades humanas. Além da carga natural de nutrientes inorgânicos (nitrogênio e fósforo) e de outros elementos essenciais, o lago pode sofrer, progressivamente, o impacto das diversas atividades humanas, as quais determinam um certo direcionamento no sentido oligotrofia-eutrofia. É claro que a capacidade do lago de reciclar o material nele introduzido depende dos processos de circulação, da compartimentalização do lago e da própria estrutura da comunidade biológica, a qual funciona como um sistema de aceleração no transporte de matéria orgânica ou como um freio, no caso da vegetação e das comunidades vegetais associadas no litoral.

As Figs. 11.1 e 11.2 mostram a concepção de Vollenweider (1987) relativa às características dos lagos na bacia hidrográfica, os efeitos antropogênicos e os principais processos internos de reciclagem, os quais determinam, em grande parte, o nível de biomassa e o grau de trofia. A Fig. 11.3 apresenta a concepção acerca dos controles de troca de energia e água, e determinantes biogênicos e geológicos em lagos rasos africanos.

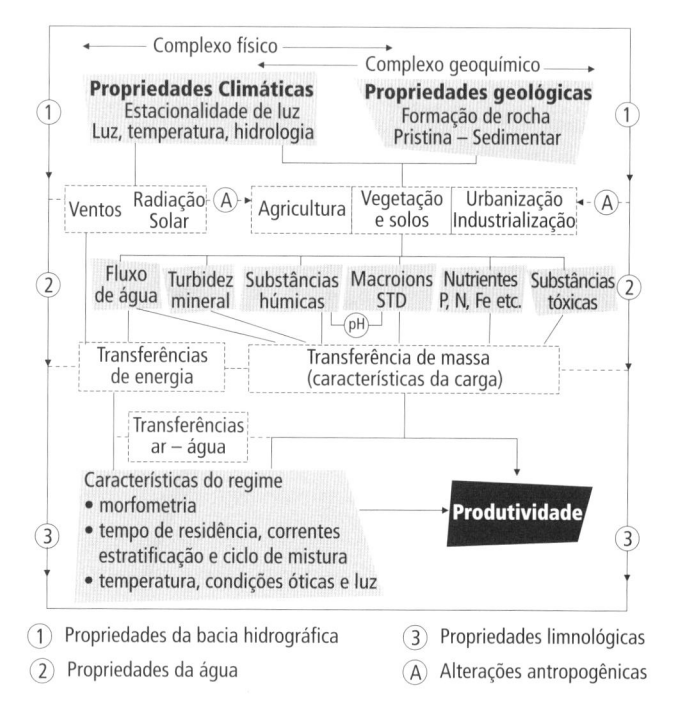

Fig. 11.1 Os três níveis que determinam a produtividade aquática
Fonte: modificado de Vollenweider (1987).

Como já salientado no Cap. 1, o trabalho de Forbes (1887) sobre o "lago como microcosmo" produziu um estímulo considerável no desenvolvimento da Limnologia como ciência e no conhecimento das inter-relações entre os vários compartimentos dos lagos. As diferentes abordagens no estudo dos lagos – tais como os processos de circulação e a química da água (Birge e Juday, 1911), os estudos dos organismos bentônicos (Thienemman, 1922) e a classificação

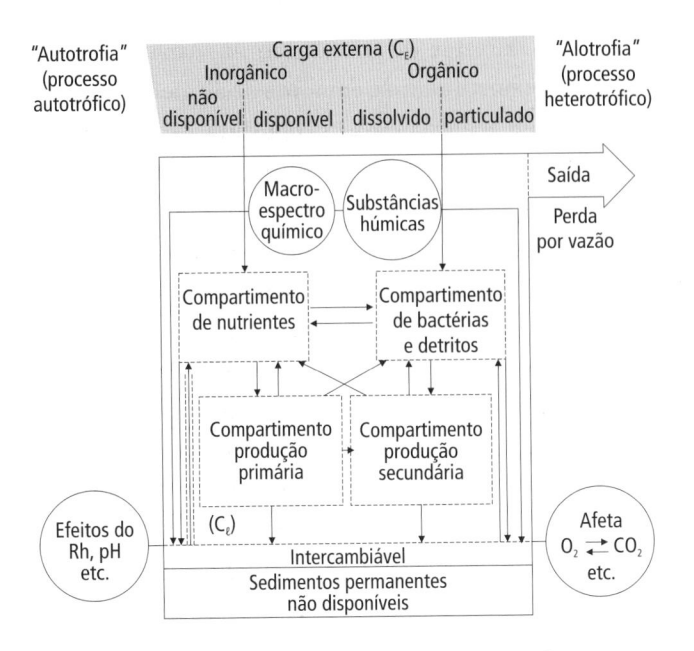

Fig. 11.2 Processos internos de reciclagem em lagos em relação à carga externa
Fonte: modificado de Vollenweider (1987).

causas. Hynes (1975) descreveu também as interações da ecologia de rios e de seu impacto nos lagos, e Likens (1983), em uma série de trabalhos, quantificou importantes relações no "Hubbard Brook Ecosystem Study".

A Limnologia das represas da Espanha, estudada por Margalef *et al.* (1976), foi um passo importante no estudo espacial das bacias hidrográficas e das represas como acumuladoras de informação. No Brasil, os estudos de bacias hidrográficas e represas aprofundaram-se a partir do trabalho na represa da UHE Carlos Botelho (Lobo/Broa), nos últimos 35 anos (Tundisi, 1986), e, mais recentemente, no médio Tietê (Estado de São Paulo) e no rio Paranapanema (Henry, 1990; Nogueira *et al.*, 2005). Outros estudos recentes aprofundaram o conhecimento das relações entre bacias hidrográficas, lagos e represas (ver Caps. 18 e 19).

11.2 Estruturas Ecológicas, Principais Processos e Interações

Vollenweider (1987) sintetizou os principais níveis de organização que regulam os mecanismos de funcionamento das bacias hidrográficas e os processos inter-relacionados com a produtividade aquática. Esses níveis compreendem:

▸ as **propriedades da bacia hidrográfica** (propriedades geológicas e climáticas);
▸ as propriedades da água;
▸ as propriedades limnológicas;
▸ as alterações antropogênicas.

posterior dos lagos (Naumann, 1924) – possibilitaram grandes avanços conceituais que envolveram um aprofundamento dos conhecimentos e implantaram bases teóricas fundamentais para a Ecologia e a Limnologia. Entretanto, a consideração da bacia hidrográfica como unidade e componente qualitativo e quantitativo fundamental no funcionamento dos lagos só começou a ser levada em conta, mais efetivamente, a partir da década de 1960, com os trabalhos de Vollenweider (1968) e a necessidade de quantificar processos relativos à eutrofização de lagos e suas

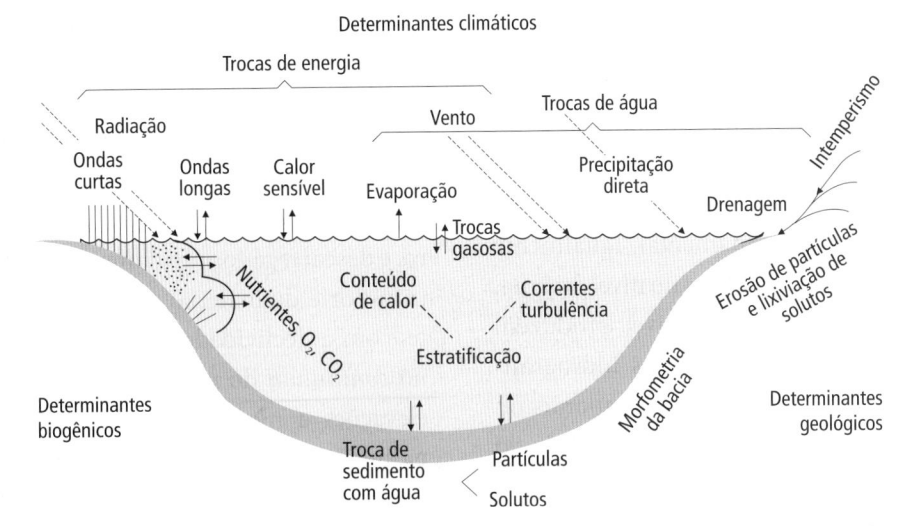

Fig. 11.3 Concepção de Talling (1992) relativa aos controles de troca de energia e água e determinantes biogênicos e geológicos em lagos rasos africanos. Essa concepção pode ser considerada válida para um grande número de lagos rasos de regiões tropicais e temperadas

Um dos problemas fundamentais é a dimensão da bacia hidrográfica, sua compartimentalização (montante/jusante), suas interações com outras bacias hidrográficas e sua localização geográfica, o que implica propriedades climáticas dadas por latitude, longitude, altitude, estacionalidade e ciclos.

Uma das características essenciais na abordagem bacias hidrográficas-lagos é a morfometria do sistema, que determina padrões de drenagem, e a organização espacial dos diversos compartimentos, como rios, lagos, represas e áreas alagadas. Essa organização espacial compreende relações área/volume entre as bacias hidrográficas e os rios, lagos e represas, bem como a distribuição desses vários subsistemas a montante e a jusante. Compreende também ecótonos, como as matas ciliares e as áreas alagadas.

Nessa caracterização morfométrica, devem-se ainda considerar:

- os processos geomorfológicos que deram origem ao sistema e determinam padrões espaciais e o sistema de drenagem;
- os tipos de solo e a cobertura vegetal que compõem o mosaico da paisagem (extensão, área e composição) e que são elementos fundamentais na bacia hidrográfica.

Uma das propriedades fundamentais das interações bacia hidrográfica-lagos é dada pelo fluxo de água. O fluxo de água e sua distribuição espacial-temporal determinam as características do transporte de materiais, elementos e substâncias na bacia hidrográfica.

Importante é quantificar o ciclo da água por meio dos estudos de precipitação-evapotranspiração e das reservas de águas superficiais e subterrâneas. A quantificação das entradas e saídas de materiais a partir do fluxo é outro problema fundamental. Igualmente importante é determinar as variações no nível da água. Em muitas regiões, flutuações de nível produzem extensos vales de inundação nas bacias hidrográficas, constituindo-se em áreas de lagos temporais ou permanentes, sujeitos a uma fertilização a partir do extravasamento dos rios, sendo também sistemas com fluxo gênico elevado por causa da expansão horizontal das massas de água e do transporte de organismos.

Extensas florestas de inundação na Amazônia, por exemplo, constituem-se em fonte de alimentação para peixes e de matéria particulada para os rios (Goulding *et al.*, 1989).

Morfometria, fluxo e ciclo hidrológico, solos e cobertura vegetal são características e estruturas importantes da bacia hidrográfica, e determinam as bases de funcionamento do sistema integrado bacia-lagos.

A hidrogeoquímica regional é altamente dependente dessas estruturas. Composição química básica da água e condutividade elétrica correlacionam-se com tipos de solo, cobertura vegetal e escoamento superficial.

A cobertura vegetal interfere nos mecanismos de **transporte de água**, reduz a erosão e aumenta o potencial de infiltração, sendo fundamental para a recarga dos aquíferos. A composição da matéria particulada e dissolvida nos rios depende da vegetação que constitui a bacia hidrográfica; o material particulado é importante na reciclagem de nutrientes e funciona como substrato e alimento. O material dissolvido interfere nas propriedades óticas da água e ainda pode ser usado como alimento.

11.2.1 Os rios e sua importância nas bacias hidrográficas e nas interações ecológicas

Os rios que se distribuem em uma bacia hidrográfica segundo padrões de drenagem e declividade determinados pela geomorfologia têm um papel fundamental, uma vez que, ao transportarem materiais de diversos pontos, organizam-se espacialmente ao longo da bacia. Além disso, funcionam como detectores ou acumuladores de informações químicas, ecológicas e biológicas nos vários compartimentos.

Rios podem acumular nutrientes, tal como o fósforo, e descarregá-los rapidamente por pulsos de fluxo. O transporte de material pelos rios varia, evidentemente, com a declividade, a vazão e as diversas situações no *continuum* do rio. Por exemplo, em sistemas com elevações a montante e planícies aluviais a jusante na bacia hidrográfica, há diferenças na velocidade da corrente, na concentração de oxigênio dissolvido na água e no acúmulo de matéria orgânica, com uma maior capacidade de retenção (Likens, 1983). Os rios são, portanto, importantes intermediários entre os componentes do sistema terrestre e os demais sistemas aquáticos das bacias hidrográficas. Eles constituem uma estrutura básica na heterogeneidade espacial do sistema e elementos de ligação entre os compartimentos das bacias hidrográficas (ver Cap. 3).

11.2.2 Os ecótonos nas bacias hidrográficas

Os principais ecótonos que têm uma importância qualitativa e quantitativa nas bacias hidrográficas são as áreas alagadas e as matas ciliares ao longo dos rios. Outra região importante nas relações ecológicas entre a bacia hidrográfica e os lagos é a orla do lago, que também é um ecótono.

As áreas alagadas podem estar associadas aos rios e aos lagos ou são elementos relativamente isolados na paisagem. Elas podem ou não sofrer flutuações de nível, o que implica condições hidrológicas peculiares, sistemas de retenção e transporte de nutrientes, rápida reciclagem de matéria orgânica (Mitsch e Gosselink, 1986) e, em alguns casos, níveis elevados de produtividade primária (Patten *et al.*, 1992a, b) e biomassa. As áreas alagadas podem ter alta diversidade de espécies, sendo uma reserva de espécies fundamental para repovoamento e colonização de outras regiões da bacia hidrográfica e dos sistemas aquáticos lênticos. A preservação das áreas alagadas e seu possível uso como sistemas de desnitrificação e de acúmulo de metais pesados são um outro aspecto do problema que deve ser considerado. As condições hidrológicas são essenciais para a manutenção da estrutura e da função das áreas alagadas, e o **hidroperíodo**, sendo o resultado do fluxo de água, interfere com os ciclos biogeoquímicos, o acúmulo de matéria orgânica e a diversidade de espécies. Por isso, a manutenção dos pulsos nas áreas alagadas é importante, e a manutenção das flutuações de nível é fundamental para a sua proteção (ver Cap. 15).

Outra estrutura importante são as matas ciliares ao longo dos rios. Constituídas por vegetação adaptada a flutuações de nível com capacidade para tolerar níveis de água elevados e extensos períodos de inundação, essas zonas de interface têm uma interação quantitativa e qualitativa vital para os sistemas terrestres e aquáticos (Odum, 1981).

Matas de galeria ou florestas ripárias são componentes importantes da paisagem em qualquer bacia hidrográfica. Essas vegetações ripárias localizam-se em áreas de sedimentação que constituem o suporte dessa vegetação altamente diferenciada (Ab'Saber, p. 21, 2001). Esses diques marginais "gerados na bacia alta dos rios constituem um suporte geoecológico essencial para o desenvolvimento de florestas beiradeiras". A dinâmica dos processos **hidrogeomorfológicos** que dão origem a diferentes estruturas marginais nos rios é diferenciada e extremamente variada, dada a enorme gama de processos estacionais, fluxo de água, transporte de sedimentos e a hidrodinâmica dos cursos de água. Segundo Ab'Saber (2001), as planícies de inundação têm um sistema de aluviação baseado em triagem e tipo de sedimento, segundo seu peso e tamanho, e a disposição dessas partículas se dá de acordo com as suas características e a velocidade e dinâmica do fluxo de água de rios e canais.

Os sedimentos mais grossos são transportados por rolamento ou arrastre, ao passo que os sedimentos mais finos são transportados por solução e suspensão. Sobre esses sedimentos depositados com diferentes mecanismos assentam-se as florestas ciliares, que envolvem todos os tipos de vegetação ao longo das margens dos rios. Essas matas ciliares são um elemento fundamental da heterogeneidade espacial e da grande biodiversidade animal e vegetal.

Além dessas florestas ripárias, há regiões – como os cerrados do Brasil Central – onde ocorrem capões de mato altamente ricos em biodiversidade, em depressões úmidas, em solos hidromórficos (Wilhemy, 1958; Cristoforetti, 1977). Segundo Jacomine (2007), os solos mais comuns sob as matas ciliares são os orgânicos (organossolos), constituídos de matéria orgânica proveniente de depósitos de restos da vegetação em "grau variado de decomposição" (Jacomine, 2001). Outros solos presentes nesses terrenos são os **gleissolos** (solos minerais hidromórficos), com um **horizonte orgânico** sobre um **horizonte grei**, mineral com textura muito argilosa; **neossolos** (areias quartzo hidromórfeas); **plintossolos (lateritas hidromórficas)** em solos semi-hidromórficos, com textura variável; **neossolos flúvicos** (solos aluviais), estes relacionados com matas de galeria semidesérticas (estacionais). Trata-se de solos muito heterogêneos quanto à granulometria, estrutura, consistência e propriedades químicas.

Outro tipo de solo encontrado são os **cambissolos**, que são os de várzea, bem drenados e moderadamente drenados. Esses cambissolos são desenvolvidos, segundo Klinger (2001), com base em sedimentos aluviais mais antigos, em condições de boa drenagem a drenagem imperfeita. A floresta ripária assentada sobre esses tipos variados de solos tem funções diversificadas e fundamentais para a interação entre as bacias hidrográficas, os rios e os lagos. Essas funções são as seguintes:

▸ reserva da água – aumento da capacidade de armazenamento de água;
▸ manutenção da qualidade da água a partir da absorção de material particulado, de nutrientes e de **herbicidas** (Lima e Zabia, 2001);
▸ a vegetação ripária contribui para uma interação funcional permanente entre os processos **geomórficos** e **hidráulicos** dos canais dos rios e a biota aquática. Além da estratificação das margens a partir das raízes, a mata ciliar produz permanentemente para os rios matéria orgânica que é utilizada pelos organismos (invertebrados aquáticos, peixes e outros vertebrados aquáticos).

A reciclagem geoquímica de nutrientes depende dessas funções da bacia hidrográfica.

A floresta ripária (florestas ciliares ou florestas beiradeiras – Ab'Saber, 2001) também atenua a radiação solar que chega ao topo de sua abóbada, contribuindo para a diminuição da temperatura da água e retardando, por sombreamento, a produção primária do fitoplâncton em áreas de baixa circulação, bem como do perifíton.

A Fig. 11.4 apresenta o esquema conceitual da mata ripária. Os estudos dessas inter-relações com o sistema terrestre devem ser aprofundados, segundo Lima (1989).

As relações entre as matas ciliares, os rios e a fauna ictíica foram apresentadas e discutidas em trabalho de Barrella *et al.* (2002). Do ponto de vista da biologia dos peixes, segundo esses autores, as matas ciliares têm as seguintes funções ecológicas de fundamental importância para a ecofisiologia, a distribuição e a reprodução da fauna ictíica:

▸ proteção do fluxo e vazão da água;
▸ abrigo e sombra;
▸ manutenção da qualidade da água;
▸ **filtragem** de substâncias tóxicas e de material em suspensão que chegam ao rio;
▸ fornecimento de matéria orgânica e substrato para a fixação de algas e perifíton;
▸ suprimento de matéria orgânica para os peixes.

A diminuição do fluxo em decorrência da formação de remansos, pequenos represamentos e lagos marginais promove uma fauna heterogênea importante nos rios, aumentando a possibilidade de

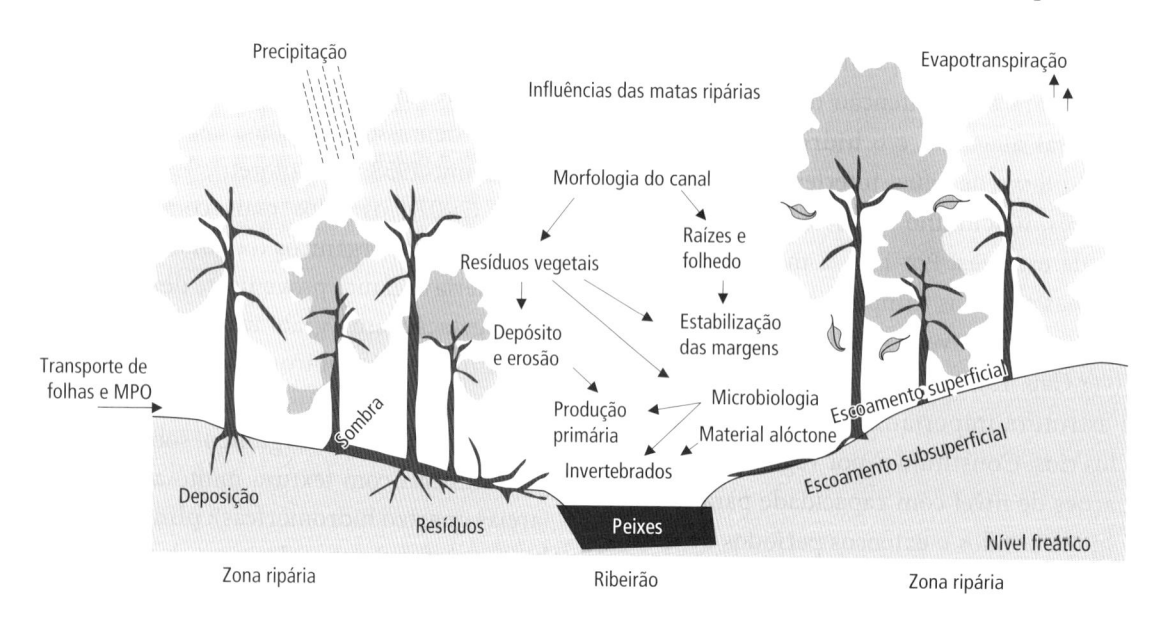

Fig. 11.4 Esquema conceitual de uma área ripária
Fontes: modificado de Likens (1992), Paula Lima e Zakia (2001).

biodiversidade regional. Galhos, raízes e troncos nos rios podem ser igualmente utilizados como abrigo para as espécies da fauna ictíica. Além disso, nesse substrato crescem protozoários, algas e invertebrados que são alimentos para **alevinos** (Barrella *et al.*, 2002).

Todo esse conjunto de relações tróficas e de respostas ecofisiológicas da fauna ictíica deve-se à existência das matas ciliares, e sua destruição e desmatamento aumentam de forma excessiva o assoreamento de rios, diminuem a heterogeneidade espacial na bacia hidrográfica e interferem de forma fundamental nos mecanismos e nos processos de funcionamento das bacias hidrográficas e dos sistemas terrestres e aquáticos.

As matas de galeria são, portanto, componentes fundamentais da paisagem nas bacias hidrográficas e contribuem de forma extremamente dinâmica para a sustentação da biodiversidade e a manutenção dos processos evolutivos. Elas são componentes essenciais para o funcionamento de lagos, represas e áreas alagadas, para os quais drenam os rios das bacias hidrográficas. As matas ciliares, desde que apresentem as necessárias extensão e características, também são fundamentais na dispersão de espécies terrestres e aquáticas.

Como as matas de galeria são periodicamente inundadas com frequência e duração diferenciadas, há um forte caráter seletivo nessa inundação, especialmente do ponto de vista da saturação de oxigênio. Há um mecanismo da concentração de oxigênio promovendo um ambiente hipóxico ou anóxico, afetando a vegetação, as características físico-químicas e aquáticas e alterações do pH e do potencial redox do solo (Lobo e Joly, 2002).

A Fig. 11.5 mostra o gradiente de saturação hídrica do solo e a ocorrência de espécies arbóreas na bacia do rio Jacaré-Pepira (SP). Uma revisão completa das características da vegetação de matas ciliares, especialmente do ponto de vista fisiológico, é apresentada em Lobo e Joly (2002).

Rodrigues e Leitão Filho (2002) apresentaram, em um volume completo, um grande número de processos biológicos, ecológicos e fisiológicos associados a matas de galeria. Matheus e Tundisi (1988) demonstraram que até 50% do nitrogênio e do fósforo que seriam potencialmente adicionados aos rios são retirados pela vegetação ciliar. Há uma associação muito bem caracterizada entre a vegetação ciliar e a topografia das regiões próximas dos rios. A decomposição de matéria orgânica nessas matas ciliares é relacionada com a intensidade e a duração do ciclo de inundação.

Essas zonas de transição podem absorver poluentes de **fontes não-pontuais**, razão pela qual a sua proteção e a sua conservação têm fundamental importância para a manutenção de um adequado mecanismo de funcionamento integrado entre as bacias hidrográficas e os lagos. Essas áreas também funcionam como reguladoras da hidrologia, pois reduzem a velocidade dos rios que entram nos lagos.

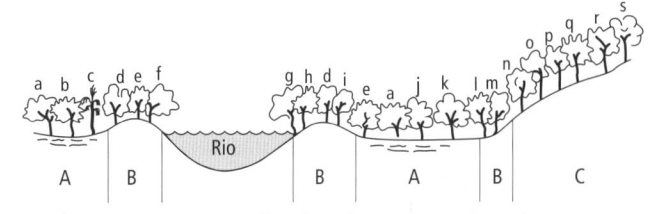

A – Áreas permanentemente alagadas
B – Áreas estacionalmente alagadas
C – Áreas bem drenadas, transição com florestas mesófilas semidecíduas

a – *Calophyllum brasiliense*
b – *Croton urucurana*
c – *Arecastrum romanzoffianum*
d – *Copaifera langsdorffii*
e – *Inga affinis*
f – *Ficus citrifolia*
g – *Sebastiania brasiliensis*
h – *Tapirira guianensis*
i – *Enterolobium contortisiliquum*
j – *Talauma ovata*
k – *Protium heptaphyllum*
l – *Genipa americana*
m – *Pseudobombax grandiflorum*
n – *Centrolobium tomentosum*
o – *Cariniana estrelensis*
p – *Aspidosperma cylindrocarpon*
q – *Tabebuia chrysotricha*
r – *Cordia trichotoma*
s – *Astronium graveolens*

Fig. 11.5 Diagrama ilustrando o gradiente de saturação hídrica do solo e a ocorrência das espécies arbóreas na bacia do rio Jacaré-Pepira, Brotas (SP)
Fonte: modificado de Lobo e Joly (2001).

11.3 Princípios de Ecologia Teórica Aplicados às Interações Bacia Hidrográfica-Lagos-Represas

11.3.1 O conceito de sucessão

Sucessão e organização temporal das comunidades terrestres e aquáticas nas bacias hidrográficas dependem da geomorfologia, das interações climatológicas, hidrológicas e hidrogeoquímicas e dos usos das bacias hidrográficas.

A ação do homem, as múltiplas **atividades industriais** e agrícolas e o crescimento da população interferem com os processos naturais de sucessão; a recuperação das bacias hidrográficas e dos lagos depende do conhecimento desses processos e do investimento científico e tecnológico para essa recuperação. A reorganização das matas ciliares, por exemplo, ao longo dos rios e da orla dos lagos, depende de um conhecimento aprofundado das interações ecológicas, das espécies dominantes e do papel de cada espécie no conjunto do subsistema.

11.3.2 O conceito de pulsos

Nas relações ecológicas bacia hidrográfica/lagos, deve-se destacar que esse funcionamento conjunto depende de pulsos que, em muitos casos, estão relacionados com as funções de força e as **perturbações físicas**. **Pulsos hidrológicos** determinam fluxos mais rápidos nos rios e variações de nível com inundação de áreas marginais, matas ciliares e lagoas marginais. Esses pulsos podem acelerar ciclos biogeoquímicos e interferir nos ciclos de vida de organismos aquáticos, tais como peixes e zooplâncton, e terrestres, tais como insetos. As atividades humanas nas bacias hidrográficas determinam pulsos, tais como entrada de material em suspensão (por atividades agrícolas) e descarga de poluentes. Pulsos de atividades biológicas devem ser considerados, principalmente os ritmos endógenos dos organismos (migrações, fotossíntese, respiração, ciclos de reprodução). O conjunto de pulsos interfere consideravelmente no funcionamento das bacias hidrográficas e nos lagos.

11.3.4 O conceito de ecótono

O conceito de pulsos refere-se às **variações temporais** do sistema; o conceito de ecótono inclui as variações em espaço no sistema. Os vários ecótonos já mencionados têm um papel fundamental no funcionamento das bacias hidrográficas e suas interações com os lagos.

Em muitas áreas alagadas dos trópicos e na zona litoral de lagos, há uma fauna de vertebrados, como peixes, anfíbios, répteis e aves, que tem um papel importante no transporte ativo de matéria orgânica para o lago (no caso de peixes) e para o sistema terrestre (no caso de anfíbios, répteis e aves). Essa interface móvel tem muita importância quantitativa, em razão da biomassa acumulada, que pode representar várias toneladas/hectare (ver Cap. 6).

A alimentação, a excreção e as atividades mecânicas desenvolvidas por esses organismos atuam nos sistemas terrestres, aquáticos e na interface. O transporte de ovos e larvas por pássaros pode funcionar como um sistema importante de colonização nas bacias hidrográficas.

11.3.5 A teoria da biogeografia de ilhas e colonização

Lagos e reservatórios em bacias hidrográficas podem ser considerados como os "equivalentes aquáticos de uma ilha" (Baxter, 1977). A colonização de novos reservatórios depende, em muitos casos, da biota presente nas bacias hidrográficas, em lagoas marginais e áreas alagadas ou rios. Mecanismos de transporte de organismos, ovos ou larvas na bacia hidrográfica têm papel fundamental na colonização de novas áreas.

Em regiões áridas ou semi-áridas, é importante caracterizar a fauna e a flora de áreas de dessecamento, em águas temporárias. Essas fauna e flora podem repovoar rios, lagos e represas.

11.3.6 Heterogeneidade espacial e diversidade

As relações bacia hidrográfica-lagos dependem dos compartimentos presentes nos dois subsistemas da diversidade de hábitats e sua distribuição.

A heterogeneidade espacial e o mosaico de subsistemas na bacia hidrográfica têm correlações com a geomorfologia. Cobertura vegetal, extensão da zona litoral e diferenças altitudinais são elementos básicos que determinam essa heterogeneidade e o grau de diversidade e o espectro de diversidade nos ecossistemas.

11.3.7 Conectividade

Outro conceito importante é o da conectividade, que possibilita compreender o grau de interdependência, bem como a **covariância** entre as funções de força, os processos biológicos e a distribuição espacial e temporal na bacia hidrográfica e nos lagos. A compreensão e a aplicação desses conceitos da Teoria Ecológica às bacias hidrográficas e suas interações com os lagos têm importância teórica, evidentemente, mas devem ser consideradas em função do manejo integrado do sistema, sua recuperação e sua exploração racional.

11.4 Funções de Força como Fatores de Efeito Externo em Ecossistemas Aquáticos

Funções de força externas que constituem uma entrada de energia cinética, promovida pelo vento ou por influxo de rios, aquecimento atmosférico por radiação solar, têm um papel fundamental no funcionamento dos ecossistemas aquáticos, e nas respostas destes, as quais são variadas e de diferentes magnitudes.

O Quadro. 11.1 apresenta as funções de força que atuam em diferentes lagos e suas respostas; o Quadro 11.2 relaciona as principais funções de força que atuam em lagos, áreas alagadas, várzeas e represas no Brasil.

A Fig. 11.6 apresenta características básicas de um lago estratificado no verão e os principais processos que ocorrem na estrutura vertical do sistema. Nesse caso, o lago representado é o D. Helvécio (Parque Florestal do Rio Doce – MG), um lago monomítico quente. Os processos biológicos e químicos, e a distribuição vertical dos organismos são dispostos espacialmente e há uma separação de estruturas, que se apresentam intensas ou fracas, com compartimentos espaciais, dependendo da região do lago que se considera. A Fig. 11.7 mostra o mesmo lago no período de circulação ocasionada por um resfriamento térmico, promovendo uma reorganização espacial do sistema com redistribuição das comunidades e complexação de elementos e substâncias no sedimento – especialmente fósforo e ferro. Essas duas situações que ocorrem para um lago monomítico quente podem ser rapidamente alteradas em lagos **polimíticos** ou manter-se quase permanentemente em lagos **meromíticos**, ou seja, os dois extremos mais evidentes. Um grande número de processos físicos, químicos, biológicos e fisiológicos ocorre na dimensão vertical e horizontal, tornando muito complexa a compreensão dos fenômenos e exigindo estratégias de estudo que possam acompanhar essa dinâmica.

Uma das estratégias eficazes para melhor compreensão do lago como ecossistema é acompanhada de imagens de satélite, trabalhos experimentais em laboratório e monitoramento intensivo durante períodos críticos (ver Cap. 20).

11.5 As Interações da Zona Litoral dos Lagos e da Zona Limnética

11.5.1 As funções da zona litoral dos lagos

A orla do lago é outro ecótono com características de filtro, onde a entrada de material particulado depende dos seguintes fatores (Jorgensen, 1990):

- declividade;
- características do solo;
- condições climáticas;

Quadro 11.1 Respostas dos lagos a várias funções de força físicas

Vento	Entrada de rios	Aquecimento atmosférico	Pressão atmosférica de superfície	Gravidade
Fatores controladores: Área Volume do lago Profundidade Força de Coriolis	Fatores controladores: Descarga Temperatura Configuração da bacia hidrográfica	Fatores controladores: Latitude Altitude Profundidade	Fatores controladores: Área, volume do lago	Fatores controladores: Volume e morfometria do lago
Duração: Relevo da bacia hidrográfica				
Mecanismos resultantes: Ondas Força do vento Direção	Mecanismos resultantes: Correntes de densidade	Mecanismos resultantes: Alterações de densidade	Mecanismos resultantes: Diferenças de pressão	Respostas: Marés
Respostas: Ondas Circulação Ressurgência	Respostas: Correntes de advecção	Respostas: Turbulência e mistura vertical Estratificação Ondas internas	Respostas: Ondas internas	
Efetivo em pequenos lagos e em lagos com volume e área médios			Efetivo em grandes lagos. Ex.: Mar Cáspio, Grandes Lagos norte-americanos	

Quadro 11.2 Principais funções de força em lagos, áreas alagadas e represas no Brasil e seus efeitos ecológicos

Sistema	Principal função de força	Efeitos (exemplos de efeitos)
Rio Amazonas (várzea e lagos associados aos tributários)	Flutuações hidrométricas de grande porte (10-15 metros) Ventos (estacionais ou diurnos)	Alterações na sucessão de espécies, na biodiversidade e na organização das comunidades Efeitos na biomassa Deslocamento da zona litoral Efeitos fisiológicos em animais e plantas
Áreas alagadas Pantanal, várzeas do rio Paraná e tributários	Flutuações hidrométricas (2, 5, 7 metros) Ventos (estacionais ou diurnos)	Alterações no ciclo de nutrientes e na biomassa Turbulência em lagos Alterações diurnas na estrutura térmica do sistema Alterações na sucessão, organização das comunidades Alterações fisiológicas
Lagos do rio Doce	Radiação solar – aquecimento e resfriamento térmico	Estratificação e desestratificação térmicas sazonais Distribuição vertical de organismos Padrões diurnos e circulação vertical
Represas	Tempo de retenção (usos de águas) Ventos (estacionais ou diurnos) Precipitação Eutrofização cultural e entrada rápida de poluentes	Alterações nos **padrões de circulação** vertical e horizontal Modificações nos ciclos biogeoquímicos Alterações na distribuição vertical e horizontal de organismos Gradientes de densidade e temperatura Efeitos de catástrofe no fito, zôo e bactérias Plâncton (abertura das comportas)

Fonte: modificado de Tundisi (1983).

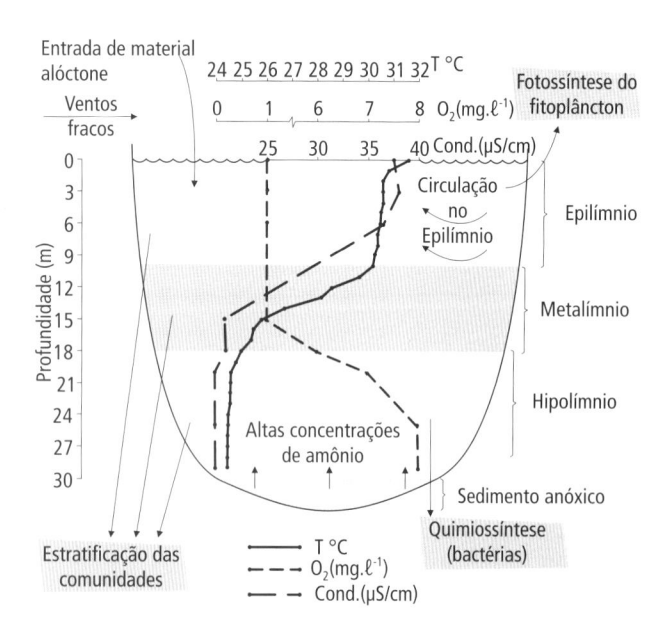

Fig. 11.6 Características básicas de um lago tropical estratificado no verão (lago D. Helvécio – Parque Florestal do Rio Doce – MG) mostrando a compartimentalização vertical do ecossistema e estratificação das comunidades

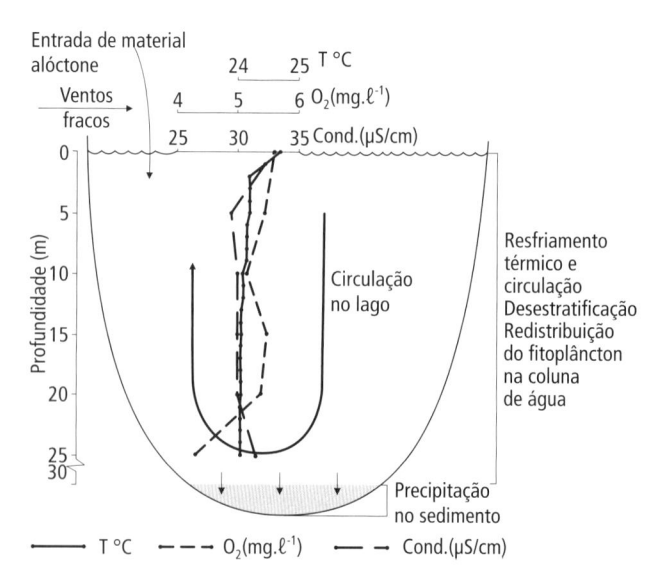

Fig. 11.7 Um lago tropical não estratificado no verão, mostrando uma reorganização das estruturas verticais (lago D. Helvécio – Parque Florestal do Rio Doce – MG)

- **vegetação terrestre;**
- usos do solo;
- utilização e manejo da água.

Essa orla do lago, da qual a zona litoral faz parte, caracteriza-se por uma ativa interação do sedimento e da água, uma alta atividade biológica, em região do denso crescimento de macrófitas submersas e pelo crescimento de microorganismos (bactérias, fungos, algas, microzooplâncton). Como resultado, ocorre uma alta produtividade biológica, com biomassa elevada de organismos bentônicos. Essa região também é utilizada por alevinos de peixes e por aves aquáticas. A reciclagem de nutrientes é rápida e a atividade de desnitrificação produzida nessa área é extremamente elevada. Por isso, sua ação como filtro é muito importante. Em algumas regiões, essas áreas da orla do lago são sítios de desenvolvimento de vetores de **doenças de veiculação hídrica** (Lóffler, 1990).

A zona de transição entre o sistema terrestre e os lagos é uma área de grande importância ecológica, pois o seu metabolismo e sua produtividade, respiração e seus processos biológicos podem ser muito acelerados, por causa do acúmulo de biomassa, da biodiversidade, do acúmulo de matéria orgânica em decomposição e da atividade bacteriana. A matéria orgânica particulada e dissolvida que chega à zona litoral pode ser constituída por produtos drenados por erosão da bacia hidrográfica, precipitações atmosféricas, queda de folhas, afluxos subterrâneos, esgotos e resíduos. Grande parte da matéria orgânica existente nos litorais lacustres é produzida pelas folhas e por restos orgânicos da vegetação. Há também contribuição de material autóctone (macrófitas emersas e submersas, perifíton, invertebrados) e onde se desenvolve uma densa biomassa de bactérias de grande diversidade, com metabolismo e fisiologia diferenciados.

A terminologia para a zonação das margens lacustres varia na literatura (Hutchinson, 1967; Pieczynsha, 1972; Wetzel, 2001). A extensão dessa zona litoral depende da morfometria e da configuração de lagos ou represas e dos terraços das margens. Essa extensão pode variar dependendo dos períodos de seca e inundação (se o nível da água do lago ou represa for variável). Clima, solo, propriedades físicas e químicas da água e dos sedimentos são fatores que influenciam a zona litoral (Gunatilaka, 1988). A matéria orgânica processada ou que entra na zona litoral pode ser consumida por animais, reduzida, decomposta ou sedimentada. As macrófitas aquáticas, emersas, flutuantes ou submersas, têm um papel extremamente importante na zona litoral, pois, além de processos de fotossíntese e respiração, que alteram a composição química da água, podem ser substrato para muitos organismos aquáticos, perifíton e bactérias. Essas macrófitas são de grande importância nos ciclos biogeoquímicos, na formação de substratos e no estabelecimento de substâncias permanentes ou temporárias.

As macrófitas aquáticas e os organismos que com elas se desenvolvem nos lagos têm um papel relevante na troca de material com a zona pelágica, por meio da exportação de matéria orgânica dissolvida ou da fixação de nitrogênio e fósforo dissolvido proveniente da zona limnética (ou zona pelágica). A zona litoral também funciona como um filtro importante, que controla todo o metabolismo do lago (Fig. 11.8). A estreita proximidade de macrófitas e do perifíton implica uma permanente troca de nutrientes e compostos orgânicos entre esses componentes biológicos. O complexo da microflora associada às macrófitas e as próprias plantas aquáticas superiores podem funcionar como um sistema altamente integrado na zona litoral, segundo Wetzel (1983b).

Os movimentos horizontal e vertical da água na zona litoral têm um papel muito importante no transporte de substâncias dissolvidas e elementos e na troca de materiais entre as zonas litorânea e pelágica. Remoção de sedimentos do fundo da zona litoral por agitação mecânica é outro mecanismo fundamental de distribuição de elementos, substâncias e partículas para a coluna de água.

As zonas litorâneas de lagos e represas são extremamente frágeis e sensíveis aos impactos das atividades humanas, como obras de engenharia e irrigação. O impacto dos vertebrados que dependem do sistema aquático – como o hipopótamo em lagos africanos, a capivara nos lagos sul-americanos ou as grandes massas de pássaros aquáticos – pode alterar consideravelmente a distribuição e o crescimento das plantas aquáticas, bem como o metabolismo das regiões litorâneas, e, como consequência, alterar também o metabolismo da zona limnética, aumentando ou diminuindo o fluxo de elementos ou substâncias para essa zona a partir do litoral lacustre. As funções de prote-

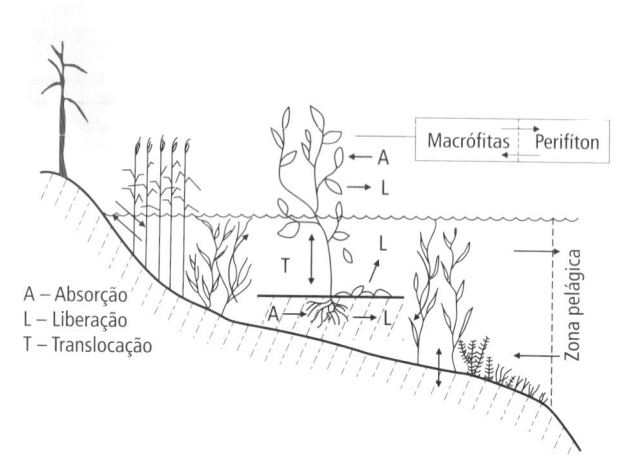

Fig. 11.8 Esquema simplificado do papel das macrófitas na zona litoral dos lagos e represas na reciclagem de nutrientes
Fonte: Pieczynsha (1990).

ção e regulação da zona litoral para a zona limnética e para o lago como um todo são (Jorgensen 1995):

▸ manutenção da qualidade da água na zona de transição e no lago;
▸ **redução da erosão**;
▸ **proteção contra enchentes**;
▸ zona amortecedora entre os assentamentos humanos e os lagos;
▸ manutenção da biodiversidade e do estoque genético de plantas e animais;
▸ controle das populações de insetos;
▸ estabelecimento de hábitats para desova e procriação de peixes e reprodução de pássaros. Áreas de berçários para muitas espécies de peixes e organismos aquáticos;
▸ produção de recursos renováveis utilizados pelo homem;
▸ dar suporte estético para os seres humanos.

Essa zona litoral deve ser gerenciada de forma integrada.

11.6 Lagos, Represas e Rios como Sistemas Dinâmicos: Respostas às Funções de Força Externas e aos Impactos

Como já destacado em capítulos anteriores, em todos os ecossistemas aquáticos o funcionamento dos ciclos biogeoquímicos, a organização e a dinâmica das comunidades envolvem interações complexas entre processos físicos, químicos e biológicos.

Esses processos são peculiares a cada sistema aquático e dependem do conjunto de situações resultantes da posição geográfica, latitude, altitude e da origem do sistema. Para os efeitos das funções de força, há respostas funcionais diversas cuja magnitude é o resultado do conjunto de interações entre os processos.

Carpenter (2003) discute as alterações em regimes, os limiares das perturbações e a resiliência de ecossistemas. A alteração de regime e as perturbações, segundo esse autor, promovem modificações rápidas na organização e na dinâmica de um ecossistema, com consequências prolongadas na sua estrutura e funcionamento. Essas mudanças de regime envolvem múltiplos fatores, como alterações nos mecanismos internos de controle ou nas funções de força externas (como, por exemplo, o aumento de nutrientes por descargas a partir das bacias hidrográficas).

Os mecanismos internos de controle, ao sofrerem alterações, determinam os limiares pelos quais os ecossistemas passam de um regime a outro (por exemplo, as mudanças de um estado trófico a outro, ou as relações entre as espécies). A dinâmica do ecossistema está sendo alterada, e segundo Carpenter (2003), as variações ocorrem seguindo uma distribuição de probabilidade em torno de um determinado regime, que pode apresentar ciclos de variações. Uma perturbação pode causar uma mudança de regime se ultrapassar o limiar; portanto, pode promover alterações na dinâmica e organização do ecossistema.

Carpenter *et al.* (2002a) definem resiliência como a magnitude da perturbação necessária para causar uma mudança de regime ao ultrapassar o limiar. Para alguns autores, resiliência é o retorno do ecossistema a um determinado regime após a perturbação, sendo esse processo também denominado estabilidade (May, 1973). As perturbações nos ecossistemas podem ser causadas por mudanças muito lentas no limiar ou por rápidas perturbações externas que dirigem o sistema para outros regimes (Scheffer, 1998; Scheffer *et al.*, 2001a).

A Fig. 11.9 mostra as alterações hipotéticas que ocorrem em um ecossistema ao longo do tempo, com perturbações que podem alterar o regime de funcionamento e a organização e estrutura dos ecossistemas.

Quais são as alterações que podem provocar mudanças de regime em lagos, rios e represas? São muitas e podem estar relacionadas com as seguintes funções de força e mecanismos internos de auto-regulação:

▶ Mudanças climáticas, que alteram ciclos de precipitação, vento e radiação solar, modificando padrões de circulação e provocando aumento de drenagem.
▶ Alterações no uso do solo e desmatamento de bacias hidrográficas.
▶ Mudanças físicas e morfométricas na estrutura de tributários, lagos e represas, ou alterações na rede hidrográfica decorrentes da construção de canais de drenagem, **hidrovias** e/ou rodovias.
▶ Alterações no uso de nutrientes e defensivos agrícolas e aumento de carga externa aos ecossistemas aquáticos.
▶ Introdução de espécies exóticas que promovem alterações nos regimes de auto-regulação entre as espécies.
▶ Remoção de espécies críticas que alteram a organização das redes alimentares.
▶ Mudanças no volume e no nível de represas e lagos.
▶ Alterações nos tempos de retenção de lagos e represas.
▶ Alterações no sedimento de rios, lagos e represas, com impactos na biodiversidade e nos ciclos biogeoquímicos.

Carpenter (2003) descreve ainda algumas "surpresas" que ocorreram nos ecossistemas aquáticos no século XX, considerando-se surpresas os acontecimentos com previsão pouco eficiente, ou que não foram motivo de previsão, ou com previsões que falharam.

Alguns desses inesperados comportamentos são:
▶ A **eutrofização cultural** não é facilmente reversível, e isso se deve especialmente à carga interna dos sistemas e a seus continuados efeitos nos ciclos biogeoquímicos.
▶ A diluição não é a melhor solução para a poluição, dada a incapacidade de alguns sistemas de repor água doce com a necessária eficiência.
▶ A **vulnerabilidade de lagos e represas** à introdução de espécies exóticas é muito grande, provavelmente por causa do relativo isolamento dos ecossistemas aquáticos continentais.
▶ A construção de represas aumenta a distribuição geográfica de doenças de veiculação hídrica nos trópicos.
▶ Usos em bacias hidrográficas têm efeitos indiretos relevantes no funcionamento de lagos e

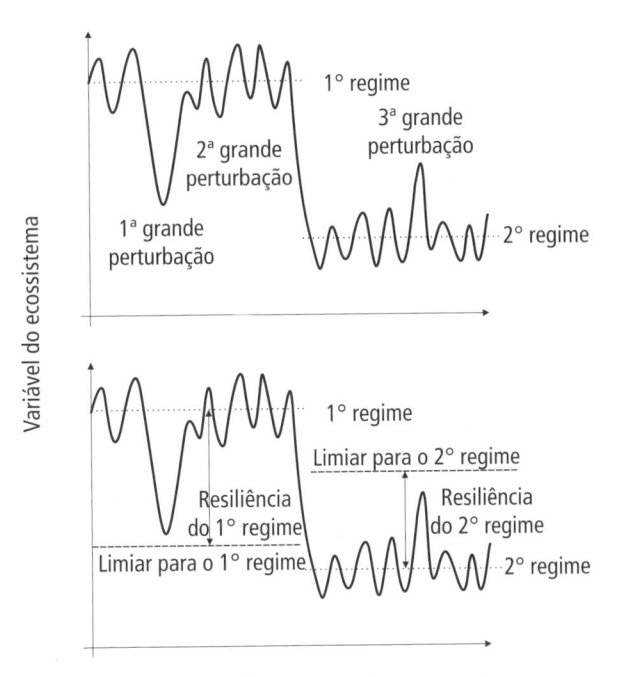

Fig. 11.9 Flutuações de um ecossistema no tempo em função de dois regimes (pontos). Os limiares, a resiliência e as respostas apresentam alterações em função das magnitudes das perturbações
Fonte: modificado de Carpenter (2003).

represas e no funcionamento integrado dos recursos hídricos.

11.7 Paleolimnologia

Todos os processos que ocorrem nos lagos ao longo dos diferentes períodos geológicos ficam registrados no sedimento. A Paleolimnologia trata dessa área de pesquisa.

Os seguintes componentes e materiais podem ser identificados no sedimento de lagos: restos de organismos, pólen, frústulas de diatomáceas, restos de quitina de zooplâncton, quironomídeos, escamas e vértebras de peixes, espículas de esponjas, restos de vegetação e carvão, substâncias orgânicas (tais como pigmentos e seus produtos de degradação), além de carbono orgânico, fósforo e nitrogênio. A datação de vários estratos coletados é feita geralmente com ^{14}C. O uso de césio radioativo é particularmente utilizado em certos lagos para datar eventos após as explosões atômicas das décadas de 1950 e 1960.

Um dos mais extensos trabalhos científicos de Paleolimnologia foi realizado no lago Biwa – Japão (Horie, 1984), onde intensos trabalhos de estudos de mais de mil metros de sedimentos proporcionaram inúmeras informações científicas extremamente importantes para o desenvolvimento da Limnologia. Por meio da Paleolimnologia e do estudo dos sedimentos acumulados no lago Biwa, determinou-se sua idade (aproximadamente 5 milhões de anos), bem como a importância das alterações geológicas nas suas condições naturais e o seu funcionamento.

Por meio dos estudos paleolimnológicos, podem-se também determinar as alterações climáticas que ocorrem na região do lago em estudo e as consequentes alterações nas bacias hidrográficas, tais como mudanças na cobertura vegetal, alterações no uso do solo e nas próprias atividades humanas próximas ao lago. Por exemplo, os estudos de Cowgill e Hutchinson (1970) detectaram alterações no acúmulo de sedimentos do lago Monterossi (Itália). Esses autores demonstraram que a construção da via Cássia pelos romanos alterou o estado de trofia do lago há dois mil anos, por causa do desmatamento da bacia hidrográfica na época da construção dessa via.

Cowgill (1977a, 1977b, 1977c) discute a importância do sedimento no **registro químico** das alterações nas bacias hidrográficas. Segundo essa autora, há claras evidências de que cálcio, estrôncio, potássio e sódio são indicadores de atividades agrícolas nas bacias hidrográficas onde se encontram os lagos.

Absy (1979) realizou estudos paleolimnológicos de sedimentos holocênicos em sedimentos do vale do rio Amazonas e de alguns lagos da região amazônica. Tipos polínicos e diagramas de pólen foram estudados no sedimento, bem como obtidos dados da vegetação atual e da deposição de pólen na região estudada. A pesquisa incluiu ainda dados de pólen de **sedimentos recentes**. Conforme as conclusões da autora, as mudanças da vegetação registradas nos diagramas resultaram de processos de sedimentação localizados e de mudanças no nível da água, que promoveram alterações nas vegetações terrestre e aquática – nesse caso, especialmente gramíneas flutuantes.

As informações sobre a deposição de pólen nos sedimentos, a análise da idade dos sedimentos por ^{14}C e a sucessão da vegetação permitiram a elaboração de curvas de flutuações do clima para a região amazônica, destacando-se períodos "secos" após 4 mil anos antes do presente. Esses dados paleolimnológicos permitiram detectar períodos de substituição de mata pluvial por savanas de gramíneas na região amazônica.

Outro estudo importante foi realizado por Rodrigues Filho e Muller (1999) no **lago Silvana** (Parque Florestal do Rio Doce – MG). Nesse estudo, os autores mostraram evidências de alterações paleoclimáticas, por meio da determinação de minerais, minerais fracos e pólen nos sedimentos, que representam um período de 10 mil anos. Os resultados apresentados mostram que as pesquisas mineralógicas-sedimentológicas, geoquímicas e palinológicas são válidas para identificar períodos de uma mudança climática geral de vegetação de gramíneas (pradarias) para cerrado (savana) e floresta tropical semidecídua (atual), como resultado de alterações climáticas nesse período, passando de clima seco para úmido. As análises também possibilitaram verificar as inter-relações entre dados de sedimentos do lago e o histórico da **erosão nas bacias hidrográficas**.

Salgado-Luboriau et al. (1997) estudaram alterações na vegetação dos cerrados e áreas alagadas com palmeiras no Brasil Central, no quaternário recente.

Outros estudos que mostram a importância da Paleolimnologia para detectar alterações climáticas que afetaram bacias hidrográficas e lagos foram realizados por Dumont e Tundisi (1997) em quatro lagos do Parque Florestal do Rio Doce. Esses estudos possibilitaram detectar períodos de salinidade mais elevada da água dos lagos, indicados pela presença de diatomáceas halofílicas. Essa salinidade mais elevada corresponde a períodos mais secos. Os episódios de salinidade mais elevada, correspondente ao período seco, puderam ser demonstrados não só pela presença de diatomáceas halofílicas, mas também pela presença ou diminuição do número de cladóceros (*Bosmina* sp e *Alona* sp).

Em períodos de salinidade mais elevada, o número dessas espécies no sedimento declinou, mas elas não desapareceram totalmente, indicando que a salinidade, embora elevada, não atingiu valores muito altos, uma vez que essas espécies toleram salinidades moderadas ou águas salobras. As esponjas estão igualmente presentes em períodos de mais alta salinidade (Figs. 11.10 e 11.11).

Todo esse conjunto de estudos realizados em lagos e áreas alagadas mostra que a Paleolimnologia

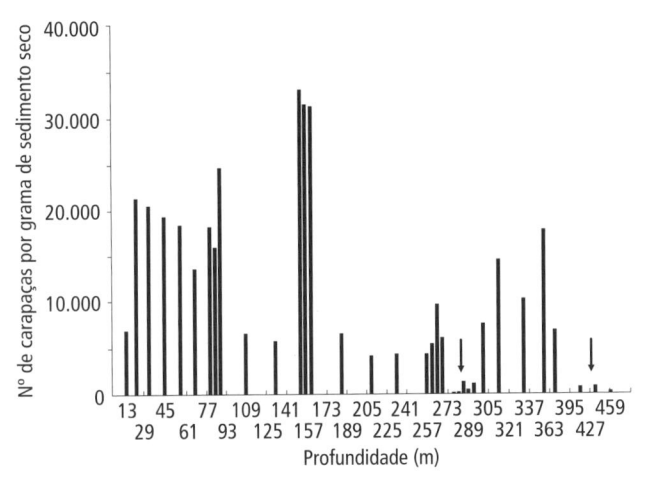

Fig. 11.10 Distribuição quantitativa de Bosmina ssp no sedimento do lago Carioca (Parque Florestal do Rio Doce – MG). Os intervalos salinos são marcados pela seta
Fonte: Dumont e Tundisi (1997).

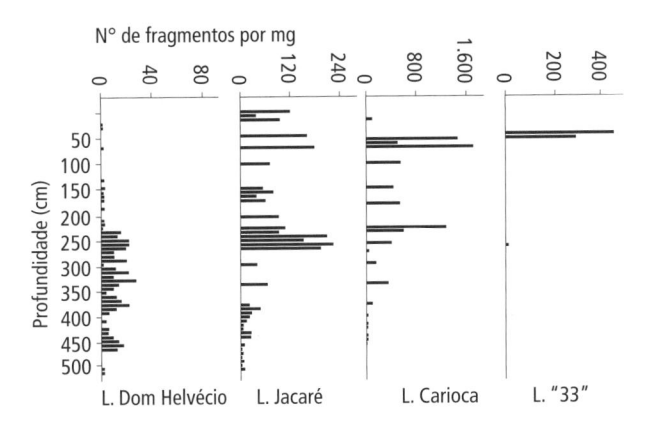

Fig. 11.11 Uma comparação da ocorrência de esponjas em testemunhos de quatro lagos do Parque Florestal do Rio Doce (MG)
Fonte: Dumont e Tundisi (1997).

pode ser um indicador importante das ocorrências climáticas e das alterações produzidas pelo homem nas bacias hidrográficas, incluindo a taxa de erosão e o transporte de sedimentos, elementos e substâncias.

11.8 Transporte de Matérias Orgânicas Particulada e Dissolvida e Circulações Vertical e Horizontal em Ecossistemas Aquáticos

A Fig. 11.12 descreve os principais processos pelos quais há o deslocamento e o transporte de matéria particulada proveniente de organismos na coluna de água. Verifica-se que, além da sedimentação, há transporte ativo, por causa da migração vertical de organismos e do deslocamento promovido por correntes horizontais, difusão e por ressuspensão provocada por correntes e deslocamentos hidrodinâmicos no nível do sedimento. Verifica-se também que há transporte lateral por correntes de densidade que ocorrem em períodos de intensa drenagem.

Todo esse conjunto de processos dinâmicos contribui para a circulação ativa de matéria orgânica particulada e dissolvida, especialmente em lagos, represas e estuários.

11.9 Os serviços dos ecossistemas aquáticos e o bem-estar humano

Os lagos, os rios e as represas contribuem para o bem-estar humano, com inúmeros "serviços ecológicos" que podem ser mensurados e quantificados economicamente (Quadro 11.3). Esses serviços ecológicos, como fornecimento de água potável, recreação, alimento (pesca e aquicultura), biofiltração de água, turismo e navegação, além de benefícios educacionais e culturais, podem representar milhões de reais e constituem um acervo econômico da mais alta importância. Segundo Constanza et al. (1997), esses serviços representam anualmente 6 trilhões de dólares somente para os sistemas aquáticos. A mensuração desses serviços e seus benefícios pode gerar potencial econômico e social.

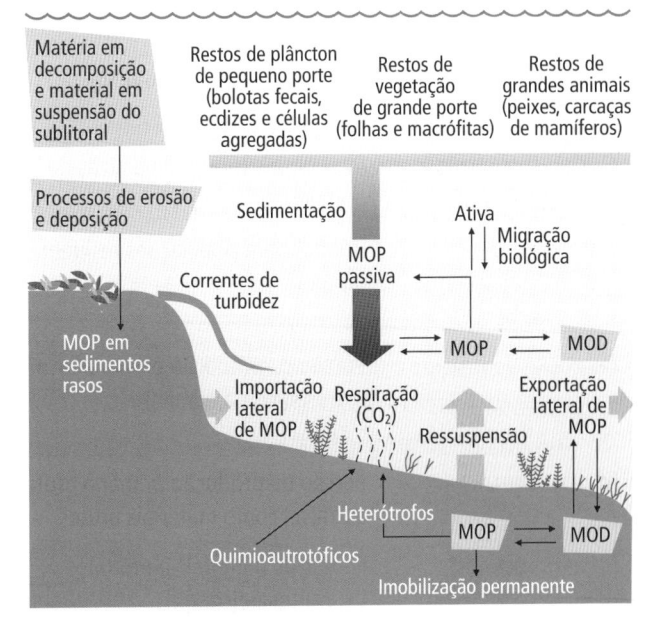

MOD – Matéria orgânica dissolvida
MOP – Matéria orgânica particulada
Ecdizes – Restos de mudas de organismos

Fig. 11.12 Principais processos de deslocamento e **transporte de matéria particulada** e dissolvida em um lago, em função dos processos biogeoquímicos, e a participação dos organismos nesse transporte
Fonte: modificado de Barnes e Mann (1991).

Quadro 11.3 Classificação dos serviços e funções dos ecossistemas aquáticos

Serviços ecossistêmicos	Funções ecossistêmicas	Exemplos
Regulação de gases	Regulação da composição química atmosférica	Balanço CO_2/O_2, O_3 para proteção UVB, e níveis de SO_x
Regulação do clima	Regulação da temperatura global, precipitação e outros processos climáticos mediados biologicamente no nível global ou local	Regulação de gases de efeito estufa; produção de dimetilsulfeto (DMS), afetando a formação de nuvens
Regulação de distúrbios	Capacidade, amortecimento e integridade da resposta do ecossistema a flutuações ambientais	Proteção contra tempestades, controle de enchentes, recuperação de estiagens e outros aspectos da resposta ambiental à variabilidade ambiental controlada principalmente pela estrutura vegetal
Regulação da água	Regulação dos fluxos hidrológicos	Provisão de água para transporte ou processos agrícolas (irrigação) e industriais (moagem)
Suprimento de água	Estoque e retenção de água	Provisão de água pelas bacias hidrográficas, reservatórios e aquíferos
Controle de erosão e retenção de sedimento	Retenção de solo no ecossistema	Prevenção da perda de solo por vento, escoamento ou outros processos de remoção; estoque de silte em lagos e áreas alagadas
Formação de solo	Processos de formação de solo	Desgaste de rochas e acumulação de matéria orgânica
Ciclagem de nutrientes	Estoque, ciclagem interna, processamento e aquisição de nutrientes	Fixação de nutrientes, nitrogênio, fosfato e outros ciclos biogeoquímicos
Tratamento de resíduos	Recuperação de nutrientes e remoção ou quebra do excesso de nutrientes e compostos xênicos	Tratamento de resíduos, controle de poluição, despoluição
Polinização	Movimento dos gametas florais	Provisão de polinizadores para a reprodução de populações de plantas
Controle biológico	Regulações trófico-dinâmicas de populações	Predador-chave controlando espécies de presa; redução de herbivoria por predadores de topo
Refúgio	Hábitat para populações residentes e temporárias	Berçário, hábitat para espécies migratórias, hábitats regionais para espécies colhidas regionalmente, locais de refúgio do inverno
Produção de alimento	Porção da produção primária bruta extraível como alimento	Produção de peixes, animais para carne, cultivos em geral, nozes e frutas por meio da caça, coleta, cultivo agrícola ou pesca
Matéria bruta	Porção da produção primária bruta extraível como materiais brutos	Produção de madeira, combustível ou forragem
Recursos genéticos	Fontes de materiais e produtos biológicos únicos	Medicamentos, produtos para estudos científicos, genes de resistência a patógenos de plantas e pestes de cultivos, espécies ornamentais.
Recreação	Provisão de oportunidades de atividades recreativas	Ecoturismo, pesca esportiva e outras atividades recreativas ao ar livre
Cultural	Provisão de oportunidades para usos não comerciais	Valores estéticos, artísticos, educacionais, espirituais e científicos dos ecossistemas

Fonte: Constanza et al. (1997).

Vegetação inundada na represa de Samuel (RO)

12 Represas artificiais

Resumo

Represas artificiais são ecossistemas aquáticos de extrema importância estratégica, uma vez que, além da base teórica limnológica e ecológica que proporcionam, são utilizadas para diversos e variados usos que interferem com a qualidade da água, os mecanismos de funcionamento e a sucessão das comunidades aquáticas nos rios e bacias hidrográficas. De importância fundamental no funcionamento de reservatórios e nas suas características físicas, químicas e biológicas são o tipo de construção, o tempo de retenção, o período de enchimento e os impactos dos usos múltiplos na qualidade da água desses ecossistemas.

A fauna ictíica de reservatórios depende da colonização a partir das bacias hidrográficas que lhes deram origem e, ao mesmo tempo, dos impactos das introduções de espécies exóticas no sistema, que sempre foram muitas e diversificadas. O gerenciamento da pesca e da fauna ictíica de represas é, portanto, um processo complexo, que demanda uma base científica consolidada e estudos comparativos de longo prazo.

O gerenciamento de represas deve apoiar-se em um processo constante de monitoramento e avaliação dos mecanismos de funcionamento, em um conhecimento profundo da limnologia desses ecossistemas e na adoção de técnicas inovadoras baseadas em ecotecnologias e eco-hidrologias de custo mais baixo e integradas no funcionamento do sistema.

Reservatórios artificiais têm um amplo espectro de interações com as bacias hidrográficas, interações estas de natureza ecológica, econômica e social. Um reservatório, como sistema complexo, consiste de muitos componentes e subsistemas que interagem e variam no espaço e no tempo. Para a compreensão de todos os problemas e mecanismos de funcionamento desses ecossistemas, é necessária uma abordagem integrada para observação, experimentação e mensuração. Redes e inter-relações, efeitos diretos e indiretos devem ser estudados qualitativa e quantitativamente.

Como sistemas complexos, os reservatórios apresentam hierarquia de funções, mecanismos de regulação, controle e retroalimentação. Assim, a importância do desenvolvimento de modelos para pesquisa e **gerenciamento de reservatórios** é discutida neste capítulo, bem como o uso de ecotecnologia para o gerenciamento de represas, com apresentação de exemplos e modelos de gerenciamento. Descrevem-se também, de forma suscinta, a estrutura e a composição das comunidades em reservatórios, bem como os fatores que afetam a diversidade, a produtividade e a biomassa dos organismos aquáticos.

12.1 Impactos Positivos, Negativos e Características Gerais

As experiências humanas na construção de reservatórios são inúmeras e datam de milhares de anos. Inicialmente construídos para reservar alguns metros cúbicos de água para abastecimento ou irrigação, esses ecossistemas aquáticos, com a introdução de termologia da construção, tornaram-se grandes empreendimentos de alta tecnologia e alto custo, sendo utilizados simultaneamente para inúmeros e múltiplos fins. Atualmente, todos os continentes têm represas construídas nos principais rios (ver Cap. 18), causando diversos impactos negativos, mas proporcionando inúmeras oportunidades de trabalho, geração de energia e novos desenvolvimentos sociais e econômicos a partir de sua construção. O Quadro 12.1 descreve os principais impactos positivos e negativos da construção de represas; a Fig. 12.1 mostra a localização dos principais reservatórios no Brasil.

Atualmente, em todo o Planeta, o volume total de águas represadas atinge mais de 10.000 km^3, ocupando uma área de aproximadamente 650.000 km^2.

Além dos aspectos práticos da utilização de represas, também é fundamental considerar que o estudo desses ecossistemas artificiais pode contribuir com uma melhor e mais profunda compreensão dos problemas básicos em Ecologia e Limnologia: sucessão de comunidades em sistemas com alterações rápidas de seu funcionamento limnológico, efeitos de **pulsos**

Quadro 12.1 Construção de represas: efeitos positivos e negativos

Efeitos Positivos	Efeitos Negativos
Produção de energia – **hidroeletricidade**	Deslocamento das populações
	Emigração humana excessiva
Criação de purificadores de água com baixa energia	Deterioração das condições da população original
	Problemas de saúde pela propagação de doenças hidricamente transmissíveis
Retenção de água no local	Perda de espécies nativas de peixes de rios
	Perda de terras férteis e de madeira
Fonte de água potável e para sistemas de abastecimento	Perda de várzeas e ecótonos terra/água – estruturas naturais úteis
	Perda de terrenos alagáveis e alterações em hábitats de animais
Representativa diversidade biológica	**Perda de biodiversidade** (espécies únicas); deslocamento de animais selvagens
Maior prosperidade para setores das populações locais	Perda de terras agrícolas cultivadas por gerações, como arrozais
Criação de oportunidades de **recreação** e **turismo**	Excessiva imigração humana para a região do reservatório, com os consequentes problemas sociais, econômicos e de saúde
Proteção contra cheias das áreas a jusante	Necessidade de compensação pela perda de terras agrícolas, locais de pesca e habitações, bem como de peixes, atividades de lazer e de subsistência
	Degradação da qualidade hídrica local
Aumento das possibilidades de pesca	Redução das vazões a jusante do reservatório e aumento em suas variações
Armazenamento de águas para períodos de seca	Redução da temperatura e do material em suspensão nas vazões liberadas para jusante
	Redução do oxigênio no fundo e nas vazões liberadas (zero, em alguns casos)
Navegação	Aumento do H_2S e do CO_2 no fundo e nas vazões liberadas
	Barreira à migração de peixes
Aumento do potencial para irrigação	Perda de valiosos recursos hídricos e culturais. Por exemplo, a perda, no Estado de Oregon (EUA), de inúmeros cemitérios indígenas e outros locais sagrados, comprometendo a identidade cultural de algumas tribos
Geração de empregos	Perda de valores estéticos
Promoção de novas alternativas econômicas regionais	Perda da biodiversidade terrestre, especialmente em represas da Amazônia
Controle de enchentes	Aumento da emissão de gases de efeito estufa, principalmente em represas onde a floresta nativa não foi desmatada
	Introdução de espécies exóticas nos ecossistemas aquáticos
Aumento da produção de peixes por aquicultura	**Impactos sobre a biodiversidade aquática**
	Retirada excessiva de água

Fig. 12.1 Localização, no Brasil, dos principais reservatórios para geração de energia hidroelétrica (reservatórios com altuada de barragem maior que 15 m)

1 – Alegrete
2 – P. Médici A/B
3 – Charqueadas
4 – Itaúba
5 – Jacuí
6 – Passo Real
7 – Passo Fundo
8 – J. Lacerda A/B/C
9 – G. B. Munhoz
10 – Segredo
11 – Salto Santiago
12 – Salto Osório
13 – Itaipu Binacional
14 – G. P. Souza
15 – A. A. Laydner
16 – Chavantes
17 – L. N. Garcez
18 – Capivara
19 – Taquaruçu
20 – Rosana
21 – Jupiá
22 – Três Irmãos
23 – N. Avanhandava
24 – Promissão
25 – Ibitinga
26 – A. S. Lima
27 – Barra Bonita
28 – Carioba
29 – Henry Borden
30 – Piratininga
31 – Paraibuna
32 – Funil
33 – Angra 1
34 – Santa Cruz
35 – Nilo Peçanha
36 – I. Pombos
37 – P. Passos/Fontes ABC
38 – Porto Silveira
39 – Mascarenhas
40 – Salto Grande
41 – Igarapé
42 – Camargos
43 – Itutinga
44 – Furnas
45 – Caconde/E. Cunha/A. S. Oliveira
46 – M. de Moraes
47 – Estreito
48 – Jaguará
49 – Volta Grande
50 – Porto Colômbia
51 – Marimbondo
52 – Água Vermelha
53 – Ilha Solteira
54 – São Simão
55 – C. Dourada
56 – Itumbiara
57 – Nova Ponte
58 – Emborcação
59 – Três Marias
60 – Camaçari
61 – Xingó
62 – P. Afonso 1234
63 – Moxotó
64 – Itaparica
65 – Sobradinho
66 – Boa Esperança
67 – Tucuruí
68 – Coaracy Nunes
69 – Samuel
70 – Balbina
71 – Curuá-Una
72 – Corumbá
73 – S. da Mesa

naturais e artificiais nos ecossistemas aquáticos e sua biota, e interações dos sistemas físicos, químicos e biológicos, a montante e a jusante da represa.

Como os reservatórios são utilizados para usos múltiplos, a determinação da qualidade da água, a avaliação dos futuros impactos e o monitoramento permanente são fundamentais para a compreensão dos processos de integração que ocorrem entre os usos da bacia hidrográfica, os usos múltiplos e a conservação ou deterioração da qualidade da água.

O gerenciamento de reservatórios é outra importante atividade nesse contexto, uma vez que represas artificiais, ao contrário de lagos ou rios naturais, são construídas para diversos usos, e o gerenciamento deve incorporar e otimizar esses usos múltiplos e os seus respectivos custos e impactos, diretos e indiretos.

12.2 Aspectos Técnicos da Construção de Reservatórios

A tecnologia da construção de represas interfere profundamente nas características físicas, químicas e biológicas desses empreendimentos. Essa tecnologia tem diferentes dimensões e também diferentes processos, uma vez que decorre dos usos múltiplos programados, do regime hidrológico dos rios que dão origem às represas e, ainda, da experiência de engenharia existente para cada país ou região. Tal tecnologia passou por vários processos de aperfeiçoamento, culminando em enormes barragens com as mais diversificadas estruturas para geração de energia elétrica, navegação e irrigação.

A maioria dos reservatórios foi construída com uma finalidade única. Antigamente, construíam-se reservatórios ao lado dos rios. Após o preparo do local desejado, era escavado um canal a partir do rio para inundar a área. Sob a ótica do gerenciamento da qualidade da água, esses *polders* são sensivelmente diferentes da maioria dos reservatórios atuais, formados em rios barrados. Neste livro, não serão enfatizadas características daqueles primeiros, mas sim destes últimos.

Historicamente, os primeiros reservatórios foram construídos para irrigação; depois, destinaram-se à prevenção de cheias e, posteriormente, a outros usos, incluindo o aumento das vazões para irrigação de lavouras situadas a jusante, a navegação, o **abastecimento de água** potável, a pesca, o abastecimento hídrico industrial e, mais recentemente, para geração de energia elétrica e recreação.

Os recursos pesqueiros são um bioproduto introduzido em regiões temperadas para fins de recreação e, nos trópicos, para a produção de alimentos. Com o tempo, a maioria dos reservatórios acabou servindo para funções secundárias.

O armazenamento de determinada quantidade de água representa normalmente o interesse primário do gerente do reservatório. Com o aumento da degradação ambiental e os usos múltiplos dos reservatórios, os assuntos relativos à qualidade da água desses sistemas tornaram-se matéria de grande preocupação. Para o abastecimento de água potável têm-se as mais exigentes restrições de qualidade de água. Além disso, alguns processos técnicos necessitam que as águas obedeçam a determinados parâmetros qualitativos. Peixes não podem se desenvolver e servir de alimento para os seres humanos em águas fortemente poluídas. As atividades de recreio, outro tipo ancestral de uso, também necessitam de água relativamente limpas.

Os dois aspectos, quantitativo e qualitativo, estão interligados. Não podemos utilizar mais água do que o volume disponível, e níveis baixos causam a deterioração da qualidade da água. Essa relação representa um problema típico dos reservatórios, sendo fonte de inúmeros problemas para seu gerenciamento. Da mesma forma, são tópicos de interesse, possíveis danos ao abastecimento doméstico ou industrial de água, à pesca, à recreação e aos usos múltiplos a jusante do reservatório. Ocorre deterioração nas vazões liberadas pelo reservatório mesmo quando as águas em si não são a causa direta: as causas podem ser baixas vazões, ricas em nutrientes. O uso múltiplo de muitos reservatórios tropicais cria condições para a proliferação de doenças hidricamente transmissíveis.

Além dos principais usos para os quais os reservatórios são construídos, eles têm outras utilidades:

▸ Servem como elementos purificadores de água, já que eliminam impurezas e retêm sedimentos, matéria orgânica, excessos de nutrientes e outros poluentes.
▸ Frequentemente, servem como locais de lazer, com atividades lacustres (como natação, canoagem, motonáutica, vela, esqui aquático, pesca, remo e patinação no gelo) e atividades em terra (como pesca, passeios, observação de pássaros, bronzeamento e *camping*).
▸ Representam um recurso biológico que pode ser local, das seguintes atividades agriculturais: berçário de peixes, aquicultura e produção de plantas aquáticas, como junco ou outras espécies.
▸ Algumas partes dos reservatórios servem – ou podem ser preservadas – para plantas aquáticas, pássaros ou outros animais, ou, ainda, como áreas de valor estético.

Os aspectos construtivos (por exemplo, o volume do reservatório em relação às vazões afluentes ou à posição das tomadas de água e vertedouros) afetam a qualidade da água do reservatório. As características construtivas estão relacionadas à finalidade primária para a qual se construiu o reservatório. O propósito afeta o seu tamanho, a função do local selecionado para a construção da barragem, a altura determinada pela morfometria do vale, o volume de armazenamento e a capacidade em relação às vazões afluentes, fator este que determina seu tempo de retenção (Quadro 12.2). Entretanto, esses parâmetros representam apenas valores médios, e os desvios nas características de reservatórios específicos podem ser bastante significativos.

Dussart (1984) distingue seis tipos básicos de represas no que se refere ao **armazenamento de águas**: represas de armazenamento de águas para diversos fins, represas de regulação fluvial e navegação, represas de armazenamento a curto prazo com volume reduzido, represas com várias fontes de alimentação a partir da bacia hidrográfica (vários rios), represas de controle da qualidade da água, represas com bombeamento de água a partir da jusante.

Já foram discutidas algumas das finalidades primárias da construção de reservatórios. Outras finalidades isoladas incluem irrigação, navegação, recreação e local para disposição de esgotos. Entretanto, recentemente, a maioria dos reservatórios é de usos múltiplos, tanto no próprio projeto como pela sua conversão, ou, posteriormente, em sua construção. Hoje em dia é comum que todos os tipos de reservatórios sejam utilizados para recreação, geração de energia elétrica e inúmeros outros usos. Isso provoca conflitos entre os diversos usuários, e tais conflitos devem ser solucionados pelos gerentes.

Sob a perspectiva da qualidade da água, a localização e a forma dos mecanismos de descarga (para o rio a jusante ou saídas para diversos propósitos) são os aspectos técnicos de maior importância a serem considerados em um projeto de reservatório.

12.3 Variáveis de Importância na Hidrologia e Funcionamento dos Reservatórios

12.3.1 Influência da construção de reservatórios sobre o **regime fluvial**

Há um gradiente contínuo de condições físicas desde as nascentes até a foz de um rio em estado natural. As condições de construção do reservatório e da biota dependem da posição deles dentro da rede hidrográfica. De acordo com a classificação de Ward e Standford (1983), distinguem-se 12 tipos de rios. Segundo esse método, o primeiro tipo representa riachos imediatamente após a nascente; o segundo é em função da união de dois riachos do primeiro tipo; o terceiro, em função de dois rios do segundo tipo e assim por diante. Quando um reservatório é construído ao longo de um rio, as condições físicas, químicas e biológicas desse rio sofrem interferência em maior ou menor escala. Os efeitos para as áreas situadas a jusante de um reservatório são determinados pela posição da barragem em relação ao curso do rio; consequentemente, por sua classificação. A alguma distância abaixo da barragem, as condições do rio retomam suas características naturais, como se ele não tivesse sido barrado. A distância para essa recuperação é chamada de distância de reinício, ou seja, aquela em que uma série determinada de variáveis se recupera, expressando também o grau de interferência nas condições atuais do rio (Ward *et al.*, 1984).

Sob a ótica da qualidade da água do reservatório, tanto a localização da barragem em relação ao

Quadro 12.2 Características de reservatórios construídos para várias finalidades primárias

Uso primário	Tamanho	Profundidade	Tempo de retenção	Profundidade das saídas
Proteção contra cheias e controle de vazões	Pequeno a médio	Rasa	Depende da região	Superficial
Armazenamento de água	Pequeno a médio	—	Muito variável	Abaixo da superfície
Hidroeletricidade	Médio a grande	Profunda	Variável	Perto do fundo
Água potável	Pequeno	Melhor profunda	Alto	Média a profunda
Aquicultura	Pequeno	Rasa	Baixo	Superficial
Reservatório de água para bombeamento	Pequeno a médio	Profunda	Grande variabilidade	Perto do fundo
Irrigação	Pequeno	Rasa	Longo	Superficial
Navegação	Grande	Profunda	Curto	Totalidade
Recreação	Pequeno	Rasa	Longo	Superficial

Fonte: Straškraba e Tundisi (2000).

curso do rio (seu tipo) como sua altura determinam diversas características hidrológicas importantes. São as vazões, os tipos de relevo do vale, a temperatura das águas afluentes, a insolação, a turbidez e, portanto, a luminosidade das águas e a química dos nutrientes que afetam sua biota. Como exemplo, a Fig. 12.2 ilustra algumas das principais distinções entre reservatórios localizados em rios de diferentes tipos:

▶ Um reservatório localizado em um rio dos primeiros tipos localiza-se em áreas montanhosas não afetadas pelo desenvolvimento e é alimentado por um pequeno riacho com as seguintes características previsíveis: baixas vazão e temperatura, níveis pequenos de matéria orgânica e sais nutrientes, plâncton escasso e peixes que se alimentam caracteristicamente do bentos. Estará localizado tipicamente em um vale profundo, com encostas íngremes. Essa posição montanhosa normalmente é caracterizada por temperatura baixa e altos valores no que se refere à umidade, precipitação e insolação. Tal reservatório somente pode ser fundo, estratificado, com fluxo longitudinal, e abrigar um sistema oligotrófico. Não há os gradientes horizontais, ou, quando há, são pequenos. Qualquer diferenciação entre tais reservatórios, que estejam na mesma região geográfica, ocorrerá em função de suas **características geológicas** (rochas calcárias ou não-calcárias) ou ambientais, tais como o grau de exposição ao sol e aos ventos (que afetam a temperatura e a mistura).

▶ Um reservatório construído no trecho médio de um rio é alimentado por um curso de água com as seguintes características: média vazão, declividade moderada, médias temperaturas, maiores níveis de matéria orgânica e sais nutrientes, turbidez ocasional, comunidade de fitoplâncton desenvolvida, peixes que podem sobreviver em águas paradas. A limnologia de um reservatório não poluído é, em grande parte, determinada pela morfologia do vale; normalmente, os **reservatórios rasos** não são estratificados, ao contrário dos profundos. Outro importante fator determinante é o **tempo teórico de retenção**, determinado em função de uma vazão específica, e o volume do corpo hídrico. Esse valor pode variar muito.

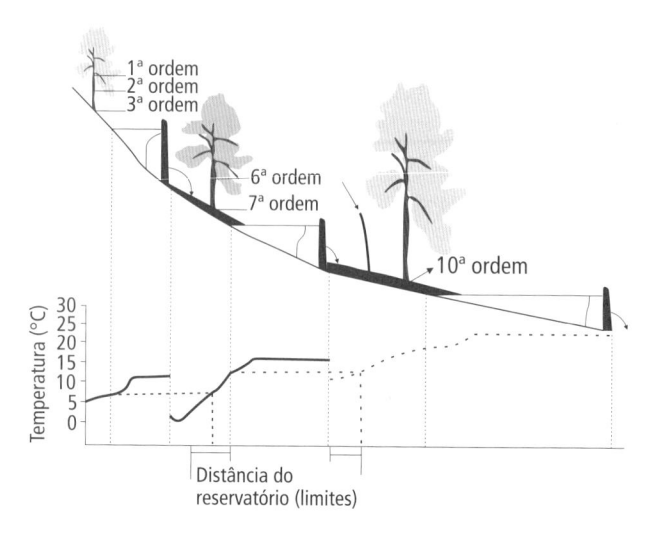

Fig. 12.2 Efeitos do tipo de rio sobre as características do reservatório e distância de reinício a jusante da barragem

Em reservatórios pequenos, a estratificação não é muito pronunciada, e a biomassa planctônica não é muito desenvolvida. Reservatórios maiores, com elevado tempo de retenção, exibirão gradientes horizontais e verticais das variáveis físicas e químicas bem desenvolvidos, um razoável crescimento de plâncton e espécies de peixes normalmente encontradas em lagos.

▶ Reservatórios construídos nos trechos baixos dos rios normalmente apresentam encostas suaves e caracterizam-se pela inundação de grandes áreas, por uma enorme variabilidade horizontal, com comunidade de terrenos alagados bem desenvolvida, com grandes baixios e vegetação natural. Esses reservatórios são, via de regra, eutróficos e possuem muita carga orgânica que contribui para a formação de um fundo anóxico. Reservatórios rasos são normalmente bem misturados pelos ventos: logo, as condições de estratificação só se desenvolvem em áreas onde a profundidade excede a camada superficial afetada pela ação eólica.

12.3.2 Vazão e tempo de retenção

A razão entre o volume do reservatório, V, e as vazões dele afluentes, Q (por dia ou por ano), determina o tempo teórico de retenção desse reservatório (V/Q), também conhecido como tempo de residência, tempo de retenção hidráulica, taxa de retenção ou taxa de lavagem.

O tempo teórico de retenção é determinado pelas seguintes relações:

$$R = V / Q \text{ (dias)}$$

onde:
Q – vazão média diária (em m³/s) multiplicada pelo número de segundos do dia (86.400)
V – volume do reservatório (em m³)

Para obter maior precisão, calcula-se o tempo para cada ano ou para um adequado período menor de tempo. Se o nível da água – e, consequentemente, o volume do reservatório – apresenta variações substanciais, R deve ser calculado separadamente para cada subperíodo (semana, mês) e, então, calcula-se o valor médio.

O tempo teórico de retenção é obtido durante o "enchimento" do reservatório, correspondendo ao número de dias necessários para atingir sua capacidade plena (mediante vazões e precipitações que ocorrerem durante esse período, as quais podem ser diferentes das médias de longo período de observações). R não fornece informações sobre as atuais médias do tempo de retenção dos volumes hídricos existentes no reservatório. Podem ocorrer casos em que determinados volumes de água atravessam o reservatório em um tempo muito mais curto que o valor teórico calculado (esse fato é normalmente chamado de corrente de "atalho" ou submersa). As flutuações nos níveis de água não somente acarretam alterações no tempo de retenção, como também aumentam a erosão das margens, fato que pode produzir níveis maiores de turbidez e outros efeitos negativos sobre a qualidade da água.

O tempo de retenção está associado às principais diferenças de qualidade da água entre reservatórios. Esse axioma é mais pronunciado para reservatórios profundos e estratificados do que para aqueles rasos e sem estratificação. Some-se a isso o fato de as vazões afluentes dos rios causarem maior mistura nos primeiros do que nos últimos.

Reservatórios em rios barrados normalmente apresentam zonas longitudinais originadas por um fluxo de água em sentido único.

12.3.3 Profundidade, tamanho e formato da bacia hidrográfica

A **profundidade do reservatório** tem uma grande influência sobre a qualidade da água. É de singular importância a profundidade em relação à sua área superficial e à intensidade dos ventos na região. Esses elementos são importantes porque afetam a intensidade da mistura dentro dele. Podemos chamar um reservatório de **hidrologicamente raso**, quando ele não é completamente misturado pela ação eólica, e de **hidrologicamente profundo**, quando a intensidade da mistura não é suficiente para prevenir a estratificação da massa líquida. (Straškraba et al., 1993)

As condições de mistura vertical e horizontal nos reservatórios também estão relacionados com volume e tamanho. A Tab. 12.1 apresenta categorias de reservatórios em função do tamanho.

A morfologia da bacia é determinada pelas características naturais do vale a ser barrado. O formato normal é triangular, com a parte rasa na afluência do rio e a mais profunda próxima à barragem. A localização dos reservatórios em relação às bacias hidrográficas é excêntrica, diferindo dos lagos naturais, que costumam ocupar a parte central dos reservatórios.

12.3.4 Localização dos mecanismos de descarga em represas

Reservatórios que oferecem funções primárias e secundárias, tal como armazenamento de água para diversas finalidades, são classificados segundo os seguintes tipos de mecanismos de descarga: aqueles que dispõem de uma saída simples, que leva as águas a jusante do reservatório, e aqueles que têm mecanismos de descarga projetados para atender a finalidades específicas. Em ambos os casos, a localização (principalmente a cota) do reservatório, o projeto das estruturas de descarga ou retirada de

Tab. 12.1 Categorias de reservatórios com base no tamanho

Categoria	Área (km²)	Volume (m³)
Grande	$10^4 - 10^6$	$10^{10} - 10^{11}$
Médio	$10^2 - 10^4$	$10^8 - 10^{10}$
Pequeno	$1 - 10^2$	$10^6 - 10^8$
Muito pequeno	< 1	$< 10^6$

Fonte: Straškraba e Tundisi (2000).

água e sua operação são os **fatores hidrológicos** que orientam a qualidade da água. Isso acontece porque o projeto desses mecanismos afeta as condições de estratificação do reservatório. A qualidade da água varia rapidamente em reservatórios marcadamente estratificados, quando grandes quantidades de água são drenadas de determinados níveis, razão pela qual essas variações precisam ser consideradas na seleção de um determinado nível de água, baseando-se em observações prévias de sua qualidade.

Normalmente, as águas podem fluir de um reservatório retiradas de uma das seguintes três profundidades: da superfície (vertendo sobre a crista do reservatório), do fundo (**descargas de fundo**) e por meio de tomadas de água para turbinas ou para o rio a jusante. A Fig. 12.3 ilustra a profundidade das saídas de uma série escolhida de reservatórios. Em alguns casos, os mecanismos localizam-se em uma profundidade determinada e em barragens utilizadas com a finalidade primária de gerar energia elétrica. Essas tomadas de água são, via de regra, bastante grandes. Em alguns casos, as estruturas são suficientes para drenar todo o reservatório. Essas características são importantes, já que auxiliam determinar a estratificação da qualidade da água do reservatório. As diferenças entre a qualidade das águas dos lagos e reservatórios são explicadas principalmente pelo fato de que os lagos vertem superficialmente e os reservatórios, tipicamente, por camadas mais profundas ou pelo fundo.

Estruturas com múltiplas saídas são por vezes construídas em barragens para propiciar a retirada da melhor camada de água bruta a ser tratada para consumo humano. Essas modificações permitem que a água apresenta melhor qualidade seja extraída de diferentes profundidades, em diferentes épocas. Entretanto, a estratificação da qualidade da água dentro do reservatório depende, entre outras coisas, das retiradas de determinadas camadas de água. Retiradas extensivas de um determinado nível acarretam grandes alterações na estratificação.

Assim sendo, mesmo que uma determinada camada com boa qualidade de água seja detectada, sua posição pode se alterar durante retiradas de grandes volumes.

12.4 Interações do Reservatório e das Bacias Hidrográficas – Morfometria de Represas

Uma das características importantes da interação da represa e da bacia hidrográfica é a modificação dos "filtros ecológicos" que atuam como fator seletivo às comunidades, populações e espécies. O sistema terrestre e aquático em mosaico é modificado para um sistema aquático em que a **micro-heterogeneidade** espacial, vertical e longitudinal é a função de força preponderante na distribuição dos organismos e na organização espacial das comunidades.

A sedimentação é um processo extremamente importante, pois limita o tempo de vida da represa, reduzindo o hipolímnio. Essa sedimentação é também uma consequência dos usos da bacia hidrográfica; por exemplo, o desmatamento acelera a sedimentação, seja pela ação das chuvas, seja pela ação do vento. Pode-se afirmar, portanto, que a entrada inicial de material nos reservatórios é resultante da geoquímica da bacia hidrográfica e da situação desta com relação às atividades anteriores ao fechamento da represa, como o desmatamento e o uso de fertilizantes e defensivos agrícolas.

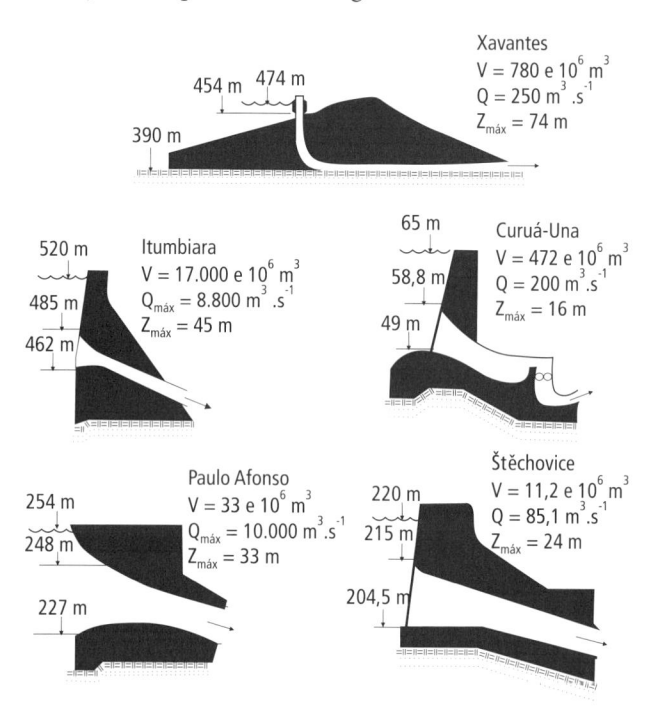

Fig. 12.3 Perfis de algumas barragens, com destaque para as profundidades e formas de saídas de água no Brasil e na República Checa
Fonte: Straškraba e Tundisi (2000).

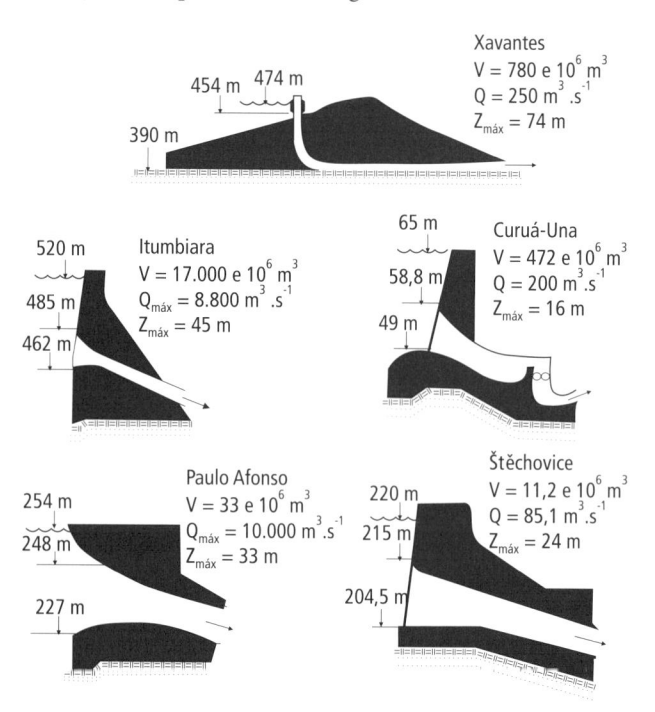

Xavantes
$V = 780 \cdot 10^6 \, m^3$
$Q = 250 \, m^3.s^{-1}$
$Z_{máx} = 74 \, m$

Itumbiara
$V = 17.000 \cdot 10^6 \, m^3$
$Q_{máx} = 8.800 \, m^3.s^{-1}$
$Z_{máx} = 45 \, m$

Curuá-Una
$V = 472 \cdot 10^6 \, m^3$
$Q = 200 \, m^3.s^{-1}$
$Z_{máx} = 16 \, m$

Paulo Afonso
$V = 33 \cdot 10^6 \, m^3$
$Q_{máx} = 10.000 \, m^3.s^{-1}$
$Z_{máx} = 33 \, m$

Štěchovice
$V = 11,2 \cdot 10^6 \, m^3$
$Q = 85,1 \, m^3.s^{-1}$
$Z_{máx} = 24 \, m$

As alterações produzidas pelo reservatório no sistema ecológico regional dependem, por outro lado, da morfometria dessas represas e das características morfométricas das áreas a inundar. Existem dois tipos fundamentais de represas quanto à morfometria:

▶ Represas com padrão dendrítico acentuado e com morfometria complexa – apresentam alto índice de desenvolvimento de margem. Nesse caso, o número de compartimentos, bem como os processos de acúmulo de material e de **circulação compartimentalizada**, são muito importantes.

▶ Represas com um padrão morfométrico simples, com eixo longitudinal longo – apresentam poucos compartimentos e baixo índice de desenvolvimento da margem. Nesse caso, os processos de circulação podem ser menos complexos, os mecanismos de acúmulo de material e de transporte de sedimentos apresentam um eixo longitudinal mais acentuado, e os tempos de residência de elementos e substâncias são geralmente menores, da ordem de alguns dias ou, no máximo, semanas.

A **morfometria dos reservatórios** influencia consideravelmente a dinâmica dos processos na água e no sedimento, levando-se em conta a ação do vento e os mecanismos de circulação induzida pelo vento e pelo resfriamento e aquecimento térmico. Deve-se ainda considerar que a morfometria dos reservatórios tem importantes consequências nos mecanismos de funcionamento relacionados com a eutrofização. De um modo geral, a eutrofização inicia-se nas porções mais superiores do reservatório, nas quais a circulação é reduzida e o tempo de residência é maior. Processos de eutrofização cultural são mais comuns ao longo dos inúmeros canais ou compartimentos do reservatório, resultando, assim, em uma eutrofização progressiva a partir dos diversos compartimentos. Estes, quando apresentam vários níveis de eutrofização, diferem na relação Carbono:Nitrogênio:Fósforo (C:N:P) da água e na composição do fitoplâncton.

A compartimentalização em represas produz um grande número de subsistemas, os quais podem interferir consideravelmente na qualidade da água no eixo maior do reservatório: processos de anoxia podem ocorrer em compartimentos com circulação reduzida, por causa da baixa circulação e do acúmulo de material biológico em decomposição (Fig. 12.4).

Deve-se ainda destacar que existem outras características fundamentais de represas, quanto à posição do rio e em relação a outras represas. Por exemplo, no Estado de São Paulo, e no sul do Brasil, existem inúmeras represas situadas em cascata em um rio, o

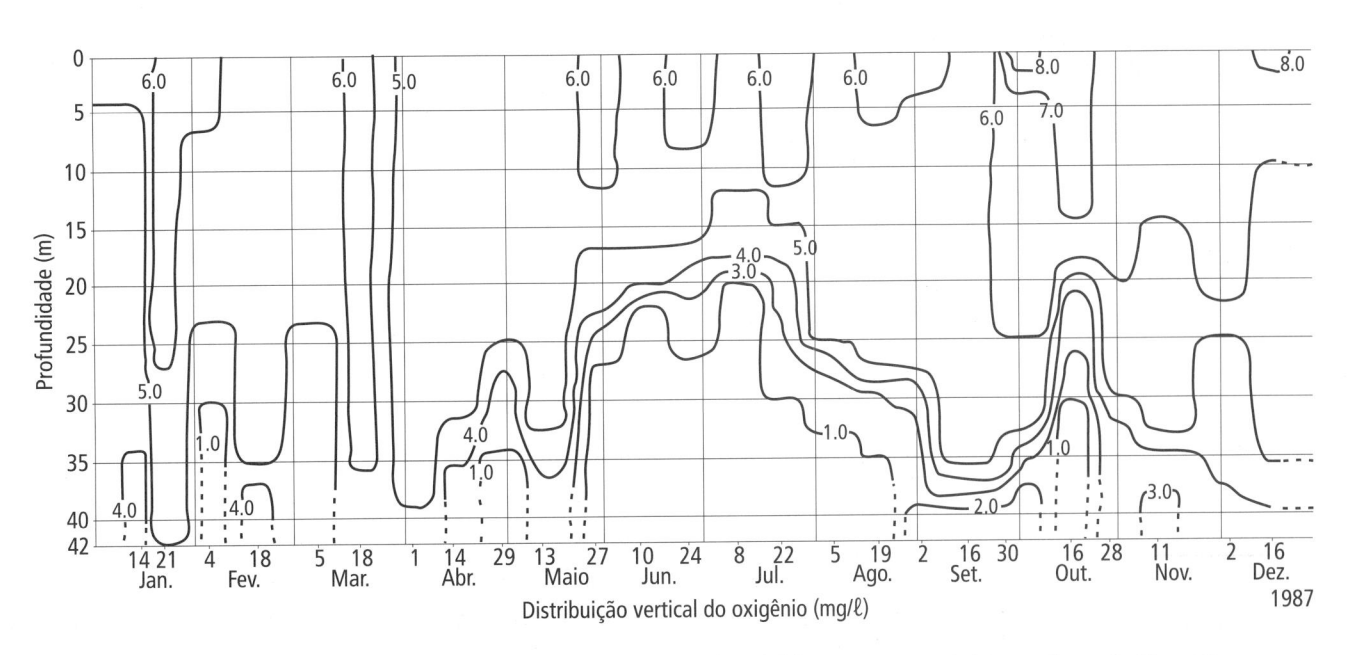

Fig. 12.4 Ciclo estacional da distribuição vertical do oxigênio dissolvido na represa de Tucuruí, no rio Tocantins, nos primeiros anos da fase de enchimento, nos quais ocorreu grande decomposição da floresta inundada
Fonte: Tundisi *et al.* (1993).

que leva à ocorrência de mecanismos importantes de interação: há processos de inoculação de fitoplâncton para os reservatórios a jusante e, ao mesmo tempo, processos de diluição devidos ao maior volume dos reservatórios a jusante. Há também intrusão de águas de reservatórios a montante para os de jusante (Straškraba e Tundisi, 1999).

A morfometria das represas, sua posição no rio relativamente aos outros sistemas, as características de construção, os usos da bacia hidrográfica e das represas, bem como o tempo de retenção determinam certos aspectos fundamentais dos mecanismos de funcionamento limnológico desses ecossistemas.

Ao contrário dos lagos naturais, as represas têm uma origem comum, que é o barramento de um curso de água. Entretanto, diferem em seus mecanismos de funcionamento em razão de fatores como morfometria, volume, usos múltiplos, características de construção e tempo de retenção. Os lagos naturais, como já acentuado nos capítulos anteriores, diferem em seus mecanismos de funcionamento, em grande parte, em razão de suas origens (ver Cap. 3).

12.5 Sucessão e Evolução do Reservatório durante o Enchimento

Imediatamente após o fechamento da barragem, o reservatório apresenta uma série de alterações da fase de rio, registrando-se uma diminuição considerável da corrente e o aumento progressivo das condições lacustres. A diminuição do oxigênio dissolvido pode ser rápida e muito drástica, principalmente em reservatórios onde ocorre inundação de grandes massas de vegetação. Com a utilização do oxigênio dissolvido, pode-se, por exemplo, distinguir as seguintes condições sucessivas na fase de enchimento do lago:

▸ **Condições de rio**: Com concentrações de oxigênio dissolvido próximas às do rio e turbulência igualmente similar à do rio.

▸ **Condições de transição**: Em regiões onde já ocorre uma diminuição da corrente, queda acentuada no O.D. e decréscimo da turbulência.

▸ **Condições lacustres**: Em regiões de grande profundidade, onde se desenvolve uma estratificação térmica com um hipolímnio geralmente anóxico, em que não há turbulência.

Geralmente, a composição do plâncton reflete essas condições. A zona de transição pode acrescentar uma diminuição progressiva durante o enchimento.

12.6 Sistemas de Reservatórios

O termo "**sistema de reservatórios**" refere-se àqueles com múltiplas barragens, conectadas hidrologicamente e cuja operação se encontra relacionada, objetivando metas comuns, tais como o abastecimento de água ou a geração de eletricidade (Fig. 12.5). **Reservatórios em cascata** são cadeias de reservatórios localizados no mesmo rio. **Sistemas de múltiplos reservatórios** são grupos de reservatórios localizados em diferentes trechos de um determinado rio ou de diversos sistemas de rios, e cujas vazões são compartilhadas. **Reservatórios para bombeamento** caracterizam-se pela água bombeada que circula entre os reservatórios. **Transferências hídricas** são representadas por um ou mais reservatórios, de onde a água é retirada e bombeada para outro sistema fluvial, objetivando aumentar as vazões desse último.

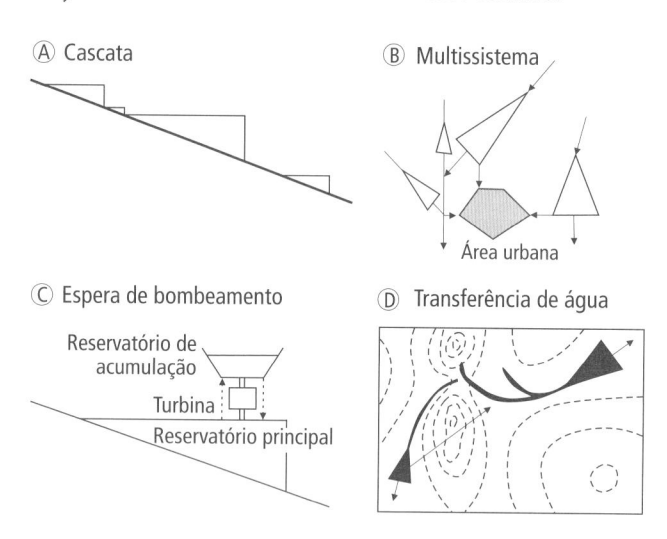

Fig. 12.5 Tipos de sistemas de reservatórios
Fonte: Straškraba e Tundisi (2000).

Reservatórios em cascata: Sob o ponto de vista da qualidade da água, reservatórios em cascata caracterizam-se pelo fato de que os efeitos em um reservatório são transferidos para o reservatório situado a jusante. Neles, a qualidade da água da unidade a montante é normalmente semelhante a outro reservatório isolado. A qualidade da água do segundo reservatório, ou dos posteriores, encontra-se, via de regra, alterada.

A capacidade que um reservatório tem de influenciar outro a jusante depende de suas características, quais sejam, as de um reservatório profundo e estratificado (efeitos pronunciados), ou um raso (efeitos menores). A intensidade dessa influência depende também da classificação (tipo) do rio que liga ambos os corpos hídricos, dos níveis tróficos do reservatório e da distância existente entre eles. Reservatórios localizados em rios com maior classificação têm tempo de retenção maior e acarretam efeitos maiores no rio a jusante. A distância entre os reservatórios é igualmente relevante; a uma distância de muitas centenas de quilômetros do reservatório a montante, o rio retorna a seu estado natural e os efeitos daquele sistema não são mais atuantes. Os efeitos são, portanto, mais significativos quando os reservatórios são próximos.

Sistemas de múltiplos reservatórios: São esquemas complexos de armazenamento de água utilizados para o abastecimento hídrico de múltiplos propósitos, em locais e períodos nos quais há falta de água, especialmente em países que apresentam déficits hídricos. A qualidade da água desses sistemas caracteriza-se por grandes variações, função das diferenças de vazão. Especialmente nos casos em que os reservatórios participantes do sistema localizam-se em diferentes formações geológicas – logo, com diferentes nutrientes –, o gerenciamento simultâneo dos aspectos quantitativos e qualitativos da água de cada reservatório pode se tornar uma tarefa difícil.

Reservatórios para bombeamento: Eles são construídos porque a necessidade de energia elétrica se distribui de forma desigual ao longo do dia e em dias diferentes ao longo da semana. Há uma oferta excessiva de energia elétrica durante alguns períodos e escassez em outros. Em um período com excesso de oferta, a água é bombeada para um reservatório situado em costa mais alta, frequentemente de tamanho limitado. A diferença de cotas será utilizada para intensificar a produção de energia durante os períodos com maior demanda. A qualidade da água será afetada basicamente apenas pelo bombeamento ou pela queda. Assim sendo, ela não diferirá substancialmente entre os dois corpos hídricos, embora, em alguns casos, possam ocorrer diferenças.

Transferências hídricas: Antigamente foram extensivamente construídos grandes aquedutos. O volume total de água transferido por esses antigos sistemas para outras bacias não era, no entanto, muito elevado. Hoje, porém, muitos sistemas têm uma enorme capacidade de transferência, e isso pode afetar não somente a qualidade das águas, como todo o balanço hidrológico da região. Um exemplo desse fenômeno é o mar do Aral, transformado de lago florescente em poça suja, como resultado de um mau gerenciamento, que retirou grandes volumes de água para posterior utilização em ambiciosos projetos de irrigação de grandes fazendas algodoeiras. Isso causou alteração no regime hidrológico de toda a região.

As transferências hídricas podem acarretar muitas alterações. Por vezes, elas se tornam o veículo de disseminação de doenças hidricamente transmissíveis, além de ser responsáveis pela deterioração da qualidade da água e por complexos efeitos químicos, afetando as populações locais. Quando essas transferências estão ligadas à irrigação, podem causar **salinização** de certas áreas.

Nas regiões semi-áridas do sudeste da Austrália, construíram-se diversos sistemas ao longo da década de 1920, visando transferir água dos abundantes rios dos Alpes Australianos, que afluem ao **oceano Pacífico**, para grandes territórios secos em New South Wales e no sul da Austrália. A salinização verificada nas lavouras irrigadas criou muitos problemas para a agricultura, e muitas áreas são hoje consideradas "mortas".

12.7 Principais Processos e Mecanismos de Funcionamento de Represas

A **organização espacial dos reservatórios** apresenta, na maioria dos casos, uma grande heterogeneidade, o que implica um gradiente de condições físicas e químicas da água e modificações destas nos eixos horizontal e vertical. Os mecanismos de funcionamento que dependem em parte dos múltiplos usos e do tipo de construção incluem a existência de *gradientes verticais e horizontais*, o *tempo de residência* (parâmetro fundamental para controle das condições físicas e químicas da água nas represas), a *estratificação hidráulica*, o *transporte de sedimentos*, as interações *sedimento-água*, o *sistema de transporte* *vertical e horizontal* e a *composição, diversidade e estrutura das comunidades biológicas* (Straškraba *et al.*, 1993; Straškraba e Tundisi, 2000; Tundisi e Straškraba, 1999).

12.7.1 Circulação em represas

Os mecanismos de circulação vertical e horizontal em represas dependem de vários fatores relacionados com os seguintes processos:

▶ Intrusão de tributários nos reservatórios, o que produz gradientes longitudinais acentuados e promove heterogeneidade espacial. Por exemplo, no reservatório de Barra Bonita, no Estado de São Paulo, Matsumura Tundisi e Tundisi (2003, 2005) demonstraram a existência de 114 tributários, os quais alteram profundamente os gradientes no sistema (verticais e horizontais).

▶ Fatores climatológicos como o vento e a precipitação, que promovem turbulências e gradientes verticais. Água de precipitação que escoa de vertentes dos tributários produz **heterogeneidades verticais** no sistema, as quais atuam na distribuição do fitoplâncton e do zooplâncton. Em muitos casos, essas intrusões promovem uma fertilização das camadas eutróficas das represas, dando condições para florescimentos de algumas espécies de fitoplâncton, e, em outros, promovem o crescimento de cianobactérias (Matsumura Tundisi e Tundisi, 2003).

▶ Efeitos dos vertedouros e das saídas de águas para as turbinas.

Reservatórios diferem de lagos porque têm uma saída de superfície ou de fundo para os vertedouros e as turbinas, e isso promove gradientes horizontais e verticais, inclusive o já mencionado efeito da estratificação hidráulica.

As estratégias operacionais dos reservatórios interferem nos processos limnológicos, evidentemente, conforme as condições físicas e químicas das massas de água, bem como as condições e características das comunidades biológicas (Kennedy e Walker, 1990; Armengol *et al.*, 1999; Kennedy, 1999).

Kennedy (1984) demonstrou a existência de grandes diferenças no desenvolvimento de gradientes horizontais nos reservatórios Degray, Red Rods e West Point, nos Estados Unidos. Esses mesmos gradientes longitudinais foram determinados em um estudo aprofundado do reservatório de Segredo, no Estado do Paraná, por Agostinho e Gomes (1997).

Henry (1999) fez um estudo aprofundado dos balanços térmicos, da estrutura térmica e do oxigênio dissolvido em reservatórios do Brasil. Nesse trabalho, ficou demonstrada uma grande **dependência latitudinal da temperatura** da superfície da água, dependendo das variações latitudinais de insolação. Estratificação térmica estável foi determinada na zona lacustre de reservatórios, com um tempo de residência maior do que 40 dias. Fatores climatológicos e morfológicos afetaram o balanço de calor nos reservatórios.

A Tab. 12.2 apresenta os parâmetros morfométricos e o tempo de residência dos reservatórios estudados por Henry (1999). A Tab. 12.3 mostra a **amplitude térmica** na coluna de água para dez reservatórios em diferentes latitudes do Brasil, onde **efeitos altitudinais e estacionais** também se mostraram fundamentais na estrutura térmica de reservatórios.

Em alguns reservatórios, a estratificação térmica ocorre durante longos períodos, como no reservatório de Segredo (Thomaz *et al.*, 1997), ou poderá manter-se por muitos meses, como no **reservatório de Jurumirim**, no Estado de São Paulo (Henry, 1993a).

Déficits de oxigênio dissolvido ocorrem em reservatórios com estratificação estável por longos períodos, como demonstrado por Henry (1999a) na Tab. 12.4.

Em suma, a circulação em reservatórios depende de uma hierarquia de fatores climatológicos, hidrológicos e de regras e mecanismos de operação, estes relacionados com os usos múltiplos destes ecossistemas artificiais. Como muitos reservatórios são rasos (< 30 m), eles estão submetidos à ação do vento, o qual frequentemente promove circulação completa no sistema. Portanto, a maioria desses reservatórios são polimíticos, especialmente no sudeste do Brasil, onde a ação das frentes frias tem um papel extremamente importante (ver Cap. 20).

Reservatórios com *estratificação térmica* resultante de aquecimento térmico, ou com *estratificação*

Tab. 12.2 Parâmetros morfométricos e tempos de residências teóricos de alguns reservatórios do Brasil

Reservatório	Latitude	Longitude	Elevação M.A.N.M.(m)	Área (km²)	Zméd (m)	Zmáx (m)	Tempo de retenção teórico (dias)
Tucuruí	3°43'S	49°12'W	72	2.430	17,3	75	51
Boa Esperança	6°45'S	43°34'W	304	300		~35	196
Paranoá	15°48'S	47°45'W	1.000	40	14,3	38	300
Três Marias	18°15'S	44°18'W	585	1.120	6,8	~30	29
Pampulha	19°55'S	43°56'W		2,4	5,0	16	120
Volta Grande	20°10'S	48°25'W		222	10,2		25
Monjolinho	22°01'S	47°53'W	812	0,05	1,5	3,0	~10
Dourada	22°11'S	47°55'W	715	0,08	2,6	~6,3	
Jacaré	22°18'S	47°13'W	600	0,003	0,9	~2,2	11
Jacaré-Pepira	22°26'S	48°01'W	800	3,7	3,0	12	
Jurumirim	23°29'S	49°52'W	568	446	12,9	40	322
Das Garças	23°39'S	46°37'W	798	0,09	2,1	4,6	69
Itaipu	25°33'S	54°37'W	223	1.460	21,5	140	40

M.A.N.M – Máxima altura ao nível do mar
Fonte: Henry (1999a).

Tab. 12.3 Amplitude térmica (ΔT média anual) na coluna de água (Δz) para reservatórios no Brasil

Reservatório	Δz (m)	ΔT (°C)	Ano	Autor(es)
Tucuruí	72	1,27	Janeiro a dezembro de 1986	Henry (1999a)
Paranoá	11	2,09	Março de 1988 a março de 1989	Branco (1991)
Três Marias	30	3,10	Março de 1982 a fevereiro de 1983	Esteves et al. (1985)
Pampulha	12	2,35	Novembro de 1984 a novembro de 1985	Giani et al. (1985)
Monjolinho	2,5	3,64	Março de 1986 a março de 1987	Nogueira e Matsumura Tundisi (1994)
Jacaré	1,4	4,21	Janeiro de 1990 a março de 1991	Mercante e Bicudo (1996)
Jacaré-Pepira	6,5	0,98	Agosto de 1977 a novembro de 1978	Franco (1982)
Jurumirim	30	2,38	Março de 1988 a março de 1989	Henry (1992)
Das Garças	4,6	1,49	Janeiro a dezembro de 1997	Henry (1999a)
Itaipu	140	5,30	Maio de 1985 a junho de 1986	Brunkow et al. (1988)

Fonte: Henry (1999a).

hidráulica resultante de sistemas de operação ou estruturas, têm, associados à estratificação, períodos de anoxia no hipolímnio, o que causa problemas sérios no gerenciamento do rio ou dos reservatórios a jusante e pode ter efeitos nas estruturas com turbinas e construções (Junk et al., 1981) (Straškraba et al., 1993).

Estudos relacionando o número de Wedderburn, a circulação em reservatórios rasos do Sudeste do Brasil e a distribuição vertical do fitoplâncton foram empreendidos por Tundisi et al. (2001).

A característica essencial de uma represa é a existência de gradientes horizontais e verticais e de um fluxo contínuo em direção à barragem (Armengol et al., 1999) (Fig. 12.6 a, b e c). Esses gradientes apresentam variações temporais que dependem do fluxo

Tab. 12.4 Comparação dos déficits de oxigênio dissolvido em lagos e alguns reservatórios do Brasil

Lago/Reservatório	Ano	D.O. (mg O_2.cm^{-2})	Referência
Kariba-Bassin III	1964 – 1965	4,47	Coche (1974)
Kariba-Bassin II	1964 – 1965	10,14	Coche (1974)
D. Helvécio	1978	1,73 – 2,37	Henry et al. (1989)
Jurumirim	1988 – 1989	0,03 – 0,72	Henry (1992)
Das Garças	1997	0,40 – 1,52	

D.O. – Déficit de oxigênio
Fonte: Henry (1999a).

de água para o reservatório e das diferenças de nível que ocorrem durante as diversas épocas do ano. Os gradientes verticais são mais acentuados se correntes de advecção se distribuem nas diversas profundidades como resultado da estratificação produzida pela

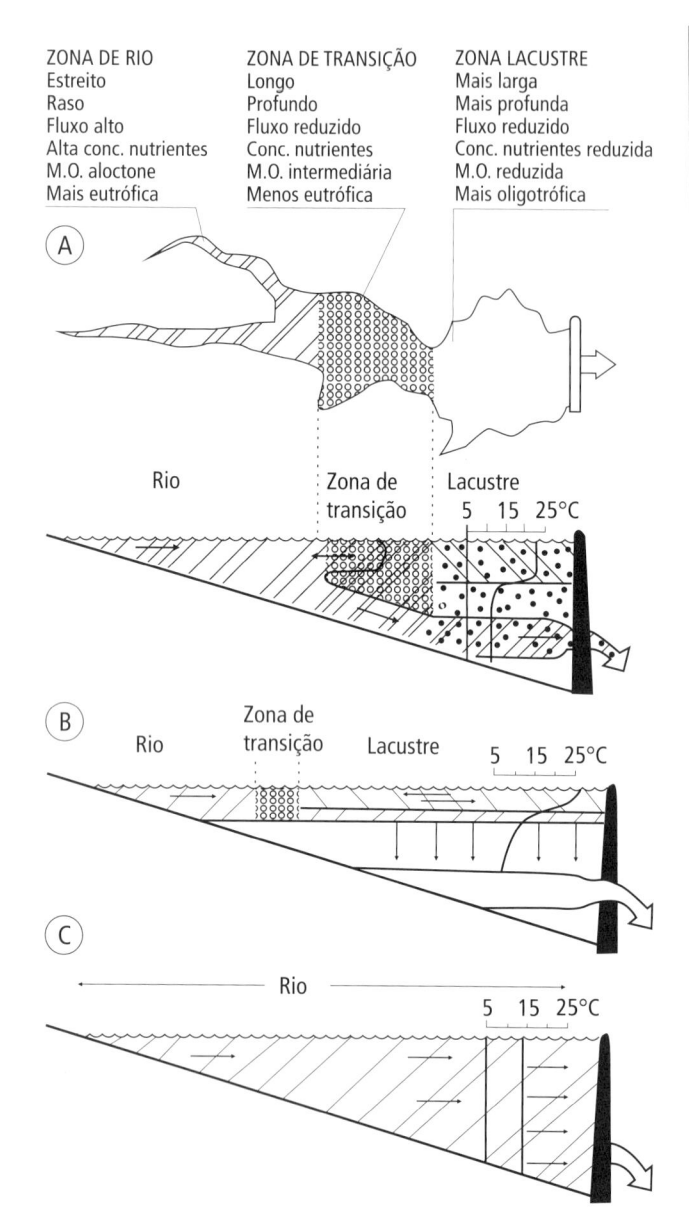

ZONA DE RIO
Estreito
Raso
Fluxo alto
Alta conc. nutrientes
M.O. aloctone
Mais eutrófica

ZONA DE TRANSIÇÃO
Longo
Profundo
Fluxo reduzido
Conc. nutrientes
M.O. intermediária
Menos eutrófica

ZONA LACUSTRE
Mais larga
Mais profunda
Fluxo reduzido
Conc. nutrientes reduzida
M.O. reduzida
Mais oligotrófica

Fig. 12.6 Zonas longitudinais de um reservatório (Kimmer e Groeger, 1984) e alterações na extensão das zonas, vazão e padrão de mistura para diferentes valores de R (tempo de retenção). A) 10 < R < 100 dias; B) RR > 100 dias; C) R,10 dias
Fonte: Straškraba e Tundisi (2000).

entrada de água mais densa e fria a partir dos afluentes à represa (Imberger, 1985).

Existem três tipos principais de sistemas de entrada de água em reservatórios. Esses tipos de correntes de advecção são ilustrados na Fig. 12.8. A zonação horizontal, caracterizada por gradientes físicos, químicos e biológicos, pode ser mais acentuada em reservatórios do que em lagos. Por exemplo, o reservatório Slapy, na Checoslováquia, apresenta uma zonação horizontal constituída por fluxos diferentes

Uma comparação curiosa foi feita por Wright (1937) entre o **açude Bodocongó**, na Paraíba, e o lago Anderson, em Wisconsin (Estados Unidos), a qual ilustra um interesse pioneiro por reservatórios no Brasil.

O açude Bodocongó, apesar de mais raso (6 m de profundidade máxima) que o lago Anderson, apresentou acentuado gradiente térmico e temperaturas de superfície de 28,5°C. O lago Anderson mostrou estratificação no verão, com temperatura de superfície de 20,3°C. Na época, a profundidade máxima do lago Anderson era de 18 m.

No seu trabalho, Wright chama a atenção para as temperaturas mais altas do açude Bodocongó e para as diferenças menores de temperatura entre a superfície e o fundo desse açude. Por outro lado, o lago Anderson apresenta acentuado gradiente térmico entre a água de superfície e o fundo (Fig. 12.7).

A estratificação térmica observada por Wright ocorreu em todos os açudes estudados por ele na Paraíba. Essa estratificação foi intermitente e a sua persistência depende de condições temporárias, e não estacionais. Segundo esse autor, nesses reservatórios do Nordeste os ventos têm um efeito fundamental na circulação.

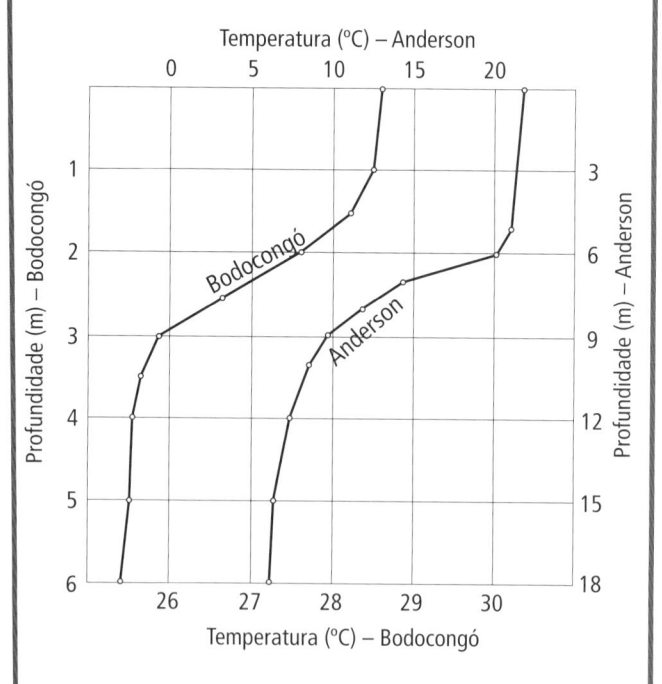

Fig. 12.7 Comparação entre o **reservatório Bodocongó** (Nordeste do Brasil) e o **lago Anderson** (Wisconsin, Estados Unidos)
Fonte: Wright (1937).

nos rios e na zona de transição, uma região de água mais estagnada a jusante e uma outra zona de fluxo mais rápido, resultante da influência das turbinas. Nos reservatórios, esses gradientes horizontais podem interferir na composição da comunidade e, provavelmente, no tempo de reprodução do fitoplâncton e do zooplâncton, impondo a estes e ao bentos condições específicas como um importante fator seletivo.

Além dos gradientes verticais e horizontais, um reservatório pode apresentar, dependendo do seu tipo de funcionamento, tempos de residência diferentes durante as várias fases do ciclo estacional. O tempo de residência é uma função de força importante quando se consideram as modificações que podem ocorrer nas estruturas vertical e horizontal do reservatório e na distribuição vertical das populações fitoplanctônicas. Além disso, as flutuações e modificações no tempo de residência interferem nas sucessões espacial e temporal do fitoplâncton, na frequência dos florescimentos de cianofíceas e na composição química do sedimento.

Um outro mecanismo de funcionamento importante é o da "estratificação hidráulica". Nesse caso, há uma estratificação térmica e química vertical que não se relaciona especificamente com os processos de interação climatológica/hidrografia, mas com a altura da saída de água para as turbinas, e, consequentemente, produz uma alteração no eixo vertical, inclusive com gradientes de densidade. Aumento de H_2S e anoxia são duas consequências importantes da estratificação hidráulica no hipolímnio artificial (Tundisi, 1984) (Fig. 12.9). A altura da saída de água no reservatório é, portanto, uma grande função de força, importante também com relação aos processos de circulação vertical e horizontal.

Além do processo de estratificação hidráulica, que pode ser acentuado em reservatórios de pequeno porte (20 – 100 . 10^6 m^3 de volume), essa "retirada seletiva"

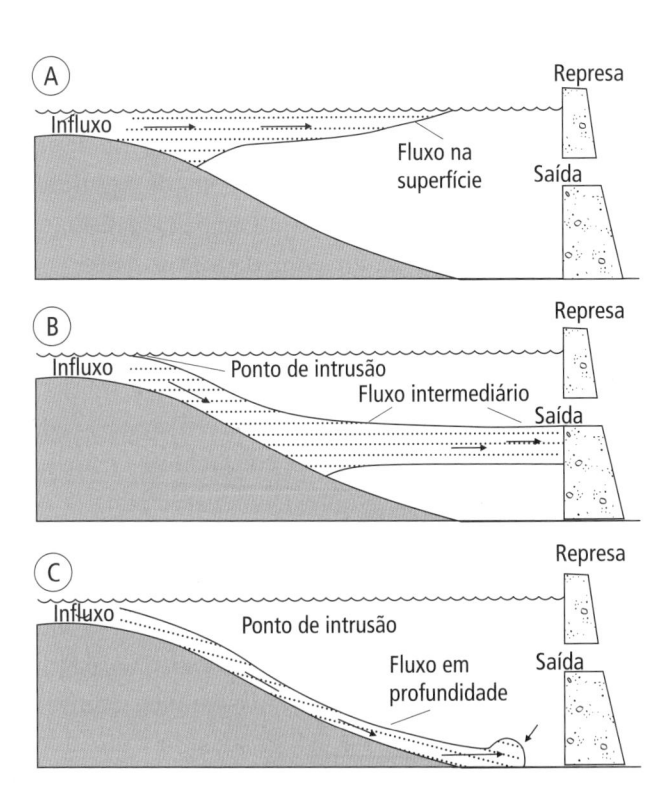

Fig. 12.8 Três tipos de corrente de densidade em um reservatório estratificado: A) superficial, B) intermediário e C) profundo. Indica-se o ponto de entrada das vazões
Fonte: Straškraba e Tundisi (2000).

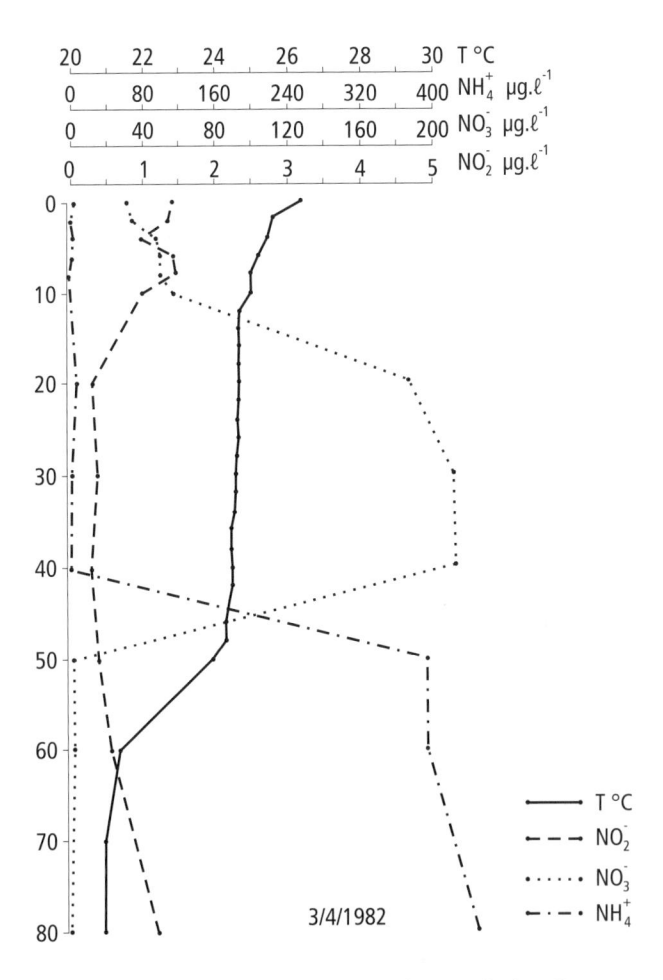

Fig. 12.9 Consequências da estratificação hidráulica na represa de Furnas ilustrada pelo acúmulo de amônio, gradientes térmicos verticais acentuados. A saída da água para as turbinas ocorre a 50 m
Fonte: Tundisi (1986a).

de água pode ocasionar turbulência e misturas adicionais, que resultam em uma **microcompartimentalização** nos gradientes horizontal e vertical.

12.8 Os Ciclos Biogeoquímicos e a Composição Química da Água em Represas

O ciclo de nutrientes em reservatórios apresenta características muito particulares. Em uma **sequência de reservatórios** situados em um mesmo rio, cada represa elimina parte do ciclo de nutrientes, ocorrendo uma diminuição progressiva das concentrações de fósforo e nitrogênio dissolvidos na água. De considerável importância nesse ciclo é o tempo de residência, bem como as interações dos processos climatológicos e hidrológicos. Com referência a esses mecanismos, também se deve levar em conta os usos do sistema. Por exemplo, a prática de diminuir o volume do reservatório, seja para regularizar a vazão, seja devido à escassez de água, deixa em descoberto grandes áreas do litoral, as quais podem sofrer um acentuado e rápido processo de decomposição. Após as primeiras chuvas, esse material é carreado para a represa, fertilizando-a com um pulso de nutrientes que interfere rapidamente no ciclo, com o aumento de fósforo e nitrogênio dissolvido e particulado.

Os principais fatores que interferem no ciclo de nutrientes nos reservatórios são:
- aporte a partir de rios alimentadores de escoamento superficial;
- a contribuição por processos advectivos;
- tempo de residência;
- altura das saídas de água da represa;
- processos de estratificação ou turbulência;
- controle da vazão, alteração do nível;
- interações das comunidades biológicas: decomposição, excreção, remoção de sedimentos por ação de organismos bentônicos ou nectônicos.

O *transporte de sedimentos* difere consideravelmente de um reservatório para outro, dependendo da *vazão*, da secção transversal dos rios que formam o reservatório e do tipo de sedimento transportado. Esse transporte de sedimento interfere com a *penetração de energia radiante* no reservatório e com o ciclo de nutrientes. Partículas do sedimento são geralmente substrato para bactérias, por causa do acúmulo de matéria orgânica na superfície. Além disso, dependendo da granulometria do sedimento, essas partículas podem interferir com a distribuição vertical e o espalhamento da energia radiante e com a produção primária do fitoplâncton (Kirk, 1985; Rodrigues, 2003).

Essas inter-relações indicam o potencial de produção e as taxas de reciclagem potencial de nutrientes, uma vez que a relação Z_{eu}/Z_{af} está fundamentalmente atrelada à estrutura térmica vertical. Baixas taxas de circulação na zona eufótica significam baixas taxas de reciclagem de nutrientes e de transporte de fitoplâncton da porção superior da coluna de água para as regiões menos iluminadas e para a zona afótica. Altas concentrações de clorofila (como durante o processo de eutrofização) são também um fator determinante na limitação da penetração de energia radiante.

Além do valor absoluto instantâneo Z_{eu}/Z_{af} e $Z_{eu}/Z_{máx}$ ser importante, devem-se considerar também as variações temporais (diurnas, mensais, anuais) e espaciais do reservatório referentes a essas inter-relações. Entre os mecanismos de funcionamento de reservatórios, é preciso levar em conta as interações *sedimento-água* e a *química do sedimento*. Esses dois sistemas estão relacionados com os seguintes processos: *absorção, retenção e liberação a jusante; disponibilidade e fracionamento; desnitrificação*.

Todos esses processos químicos envolvem o metabolismo de PO_4^{---}, Fe^{+++}, NO_2^-, NO_3^- e NH_4^+, além dos sistemas de oxigenação e desoxigenação resultantes da turbulência e da estratificação. Deve-se levar em conta a advecção, que interfere consideravelmente na distribuição de espécies químicas no eixo vertical de represas e produz uma estratificação por aumento de densidade.

A química do sedimento em reservatórios, como em todo sistema aquático, está bastante correlacionada com os efeitos dos organismos no ciclo biogeoquímico e com as condições do pH da água. Por exemplo, Ca^{++} e o pH da água limitam a solubilidade do fosfato em águas eutróficas (Goltermann, 1984).

A **hidrogeoquímica da água intersticial** também é um processo de alta importância, dado o potencial de fertilização dessa água e o armazenamento de nutrientes inorgânicos e de íons. Esses mecanismos estão igualmente relacionados com o potencial de oxidorredução, com o pH da água, com a granulometria do sedimento e com os processos biogeoquímicos produzidos pelos organismos, principalmente bactérias que se localizam no sedimento ou na superfície deste. Uma proporção significante dos ciclos biogeoquímicos do carbono, nitrogênio, fósforo, enxofre e ferro ocorre no sedimento de represas e na água intersticial.

Essas características químicas do sedimento, da água intersticial e o seu "metabolismo" estão fundamentalmente relacionadas também com os mecanismos e processos de circulação e estratificação e desestratificação térmicas. Não há dúvida de que, em lagos, o sedimento é um reservatório e um depósito importante de material biológico das camadas superiores que, imediatamente após sua morte, começa a se depositar. Além disso, o sedimento recebe a influência da bacia hidrográfica, considerando-se o aporte de material vegetal e de partículas em suspensão. Em represas, embora os mecanismos sejam teoricamente os mesmos, devem-se considerar as saídas de material do fundo, em razão da localização da saída de água para as turbinas e do grau de instabilidade, que é muito maior do que em lagos, o que ocasiona, em muitas represas, uma permanente oxigenação do sedimento.

Entre os principais mecanismos de funcionamento de reservatórios, devem-se distinguir padrões em **macroescala**, *mesoescala* e microescala. Padrões de macroescala ocorrem em bacias hidrográficas cujas heterogeneidades existem relativamente ao solo, à geologia, aos usos do solo e a padrões climatológicos (Thornton *et al.*, 1990). Esses são os padrões que, na macroescala bacia hidrográfica, influenciam e dirigem, até certo ponto, as respostas dos reservatórios quanto à hidrologia, aos ciclos biogeoquímicos e à diversidade e sucessão da biota aquática.

Reservatórios em cascata também funcionam como um gradiente horizontal contínuo e com padrões de macroescala, como, por exemplo, aqueles situados no rio Tietê, em São Paulo, ou no rio São Francisco, no Nordeste do Brasil (Barbosa *et al.*, 1999).

Além desses padrões de macroescala, há padrões em reservatórios que podem ser considerados de mesoescala. **Padrões longitudinais** em reservatórios, sem dúvida, representam variações em termos de mesoescala, como demonstrado por Kennedy *et al.* (1982, 1985) e Armengol *et al.* (1999).

As três zonas que ocorrem em reservatórios, já referidas neste capítulo, são bem características de padrões de mesoescala. Seu funcionamento e sua distribuição no reservatório dependem das relações entre a operação na barragem e o influxo dos rios (Straškraba *et al.*, 1993).

Padrões de microescala, que também ocorrem, estão a nível de metros ou centímetros: processos convectivos, reações de redução ou oxidação no sedimento, produtividade primária fitoplanctônica ou relação predador-presa.

Lagos e reservatórios apresentam características similares em relação a padrões de microescala; em reservatórios, porém, essa variabilidade horizontal e vertical eventualmente é muito maior, dadas as peculiaridades dos reservatórios, por exemplo, as variações em composição iônica no nível da água e o tempo de retenção são muito mais rápidos em reservatórios do que em lagos (Ryder, 1978).

Do ponto de vista das circulações vertical e horizontal, os reservatórios apresentam padrões que variam com a latitude, longitude e altitude, como no caso dos lagos; porém, é necessário considerar que, superpostas a esses padrões, há as condições de operação do sistema e os usos múltiplos, os quais podem ser, em muitos casos, determinantes na resposta. Por exemplo, Straškraba (1999) demonstrou que o tempo de retenção muito baixo em reservatórios rasos promove um processo de circulação contínua, renovando a estabilidade térmica e tornando o sistema muito mais dinâmico verticalmente. Henry (1999) realizou um extenso estudo sobre a distribuição vertical de temperatura e os padrões térmicos em reservatórios do Brasil, mostrando essas variações latitudinais e também como resultado da morfometria.

12.9 Pulsos em Reservatórios

Pulsos são definidos como mudanças drásticas, de origem natural ou artificial, produzidas pelo homem, que podem afetar qualquer variável física, química ou biológica dos reservatórios. Pulsos podem resultar de *entradas* nas represas, tais como precipitação ou vento, ou uma *saída*, como, por exemplo, a retirada de água pelos vertedouros.

Pulsos de origem natural são decorrentes de alterações climáticas, tais como precipitação e ventos, e podem resultar em efeitos diretos ou indiretos. Esses pulsos tendem a ser estacionais, podem ser frequentes e repetir-se, ou pouco frequentes, como, por exemplo, ocorre com ventos fortes e com precipitações excessivas.

Pulsos ocasionados pela ação humana em reservatórios podem resultar da manipulação dos vertedouros e da alteração do nível da água (Kennedy, 1999). Esses pulsos podem ser frequentes e se repetir de acordo com o sistema de operação do reservatório. Entretanto, em alguns casos, a rápida abertura de comportas resulta em pulsos de alta intensidade, com efeitos extremamente elevados na biomassa de populações planctônicas e nos ciclos biogeoquímicos.

As consequências das flutuações dos reservatórios produzidas pelos pulsos têm efeitos qualitativos e quantitativos importantes, tanto na represa como no rio a jusante. Por exemplo, Calijuri (1988) descreve o efeito de rápidas entradas de **séston** no sistema, produzidas por intensas precipitações no reservatório de Barra Bonita (SP), reduzindo a zona eufótica a 20% ou menos da profundidade original.

Partículas inorgânicas introduzidas em massa (altas concentrações) no reservatório podem interferir drasticamente na composição química da água e nos ciclos biogeoquímicos.

Pulsos estacionais *frequentes*, induzidos por condições climáticas, podem afetar a composição química da água pela introdução de correntes advectivas e enriquecimento da zona eufótica.

Mudanças rápidas e frequentes, na temperatura da água a jusante, podem ocorrer quando a água do reservatório é retirada de algumas profundidades por motivos operacionais.

No caso de reservatórios em cascata ou em usinas de reversão (*pumped storage*) podem ocorrer alterações muito elevadas de temperatura da água (3°C-4°C) ou na concentração de substâncias químicas.

Margalef (comunicação pessoal) descreve o efeito de **pulsos em reservatórios** de reversão (*pumped storage*) nos Pirineus, trabalhando acoplados e a diferentes altitudes. Nesse caso, o bombeamento de água para o reservatório superior produzia compartimentalização temporal de temperaturas da água. O reservatório superior (situado a 1.500 m) tem água mais fria e recebe periodicamente do reservatório inferior (situado a 800 m) massas de água mais quentes, que produzem uma estratificação temporária no primeiro.

Pulsos ocasionais podem ocorrer com a quebra da termoclina por ação de ventos fortes, produzindo alterações na distribuição vertical de oxigênio dissolvido, nutrientes e plâncton. A composição do fitoplâncton eventualmente altera-se pela ação do vento, que redistribui filamentos de *Aulacoseira* sp na coluna de água (Lima *et al.*, 1978) e produz quebra das colônias de *Microcystis aeruginosa*. **Pulsos a jusante** também podem ocorrer – por exemplo, aberturas rápidas das comportas que impliquem supersaturação de oxigênio a jusante e consequente mortalidade em número de peixes.

A magnitude dos pulsos naturais difere geograficamente, dependendo da climatologia local, da altitude, da precipitação e dos ventos. A magnitude dos pulsos artificiais, por sua vez, resulta das regras de operação de cada sistema e dos usos múltiplos dos reservatórios.

Efeitos indiretos dos pulsos são importantes. Por exemplo, a abertura de comportas com água de baixa oxigenação produz, nas represas a jusante, liberação de fósforo a partir dos sedimentos.

Do ponto de vista do gerenciamento de represas, é fundamental compreender as causas dos pulsos naturais e a sua frequência, bem como o sistema de operação do reservatório e os possíveis efeitos dos pulsos na represa a jusante (para determinação das vazões ecológicas e dos hidrogramas ecológicos).

Um exemplo, com consequências qualitativas e quantitativas é o bombeamento intermitente do rio Pinheiros para a **represa Billings**. Esse bombeamento produz pulsos de entrada de nitrogênio e fósforo no sistema Billings e outras substâncias, com consequências drásticas na qualidade da água da represa e na concentração de material em suspensão, carga orgânica, nitrogênio e fósforo e concentração de oxigênio dissolvido. A magnitude desses pulsos produziu impactos variados na represa Billings e nas comunidades biológicas. Em muitas ocasiões, ocorreu mortalidade em massa de peixes.

A frequência de **pulsos de bombeamento**, acoplada à circulação na represa e às condições climatológicas, pode ser utilizada como um mecanismo emergencial de manutenção do volume de água, sendo, portanto, um possível mecanismo de manejo, no caso da represa Billings (Tundisi *et al.*, resutados não publicados).

12.10 Comunidades em Reservatórios: a Biota Aquática, sua Organização e suas Funções em Represas

Uma represa apresenta uma variada estrutura espacial, com muitas diferenças em suas circulações vertical e horizontal e uma hidrodinâmica com grande variabilidade, que depende de uma morfometria dos influxos dos tributários e dos efeitos das condições climatológicas e hidrológicas (Matsumura Tundisi e Tundisi, 2005). Sem dúvida, essas condições físicas, que têm também consequências biogeoquímicas, influem na distribuição, na sucessão de organismos e na produtividade e biomassa das comunidades.

A Fig. 12.10 mostra as principais inter-relações entre componentes da biota aquática e as condições físicas e químicas de uma represa. Essa figura ilustra a complexidade dos processos internos no reservatório e as inter-relações dos diferentes compartimentos. Portanto, do ponto de vista do ecossistema, os reservatórios apresentam condições extremamente peculiares referentes à biota aquática: os organismos planctônicos são muito influenciados pelo tempo de retenção e a sucessão de espécies, a biomassa depende desse tempo de retenção. Como o tempo de retenção em represas é geralmente menor que nos lagos, os processos de produtividade primária são influenciados pela disponibilidade de nutrientes e pela capacidade do fitoplâncton reproduzir-se para repor a biomassa perdida a jusante pela vazão defluente.

Além da comunidade planctônica, a comunidade de peixes e a bentônica sofrem grandes influências do reservatório desde a fase de enchimento. Há alterações no substrato disponível no antigo rio inundado pelo reservatório e há modificações na hidrodinâmica do sistema e no regime de radiação subaquática. Como a mudança do clima de radiação subaquática faz desaparecer ou diminuir drasticamente o perifíton, perdem-se componentes fundamentais da rede alimentar.

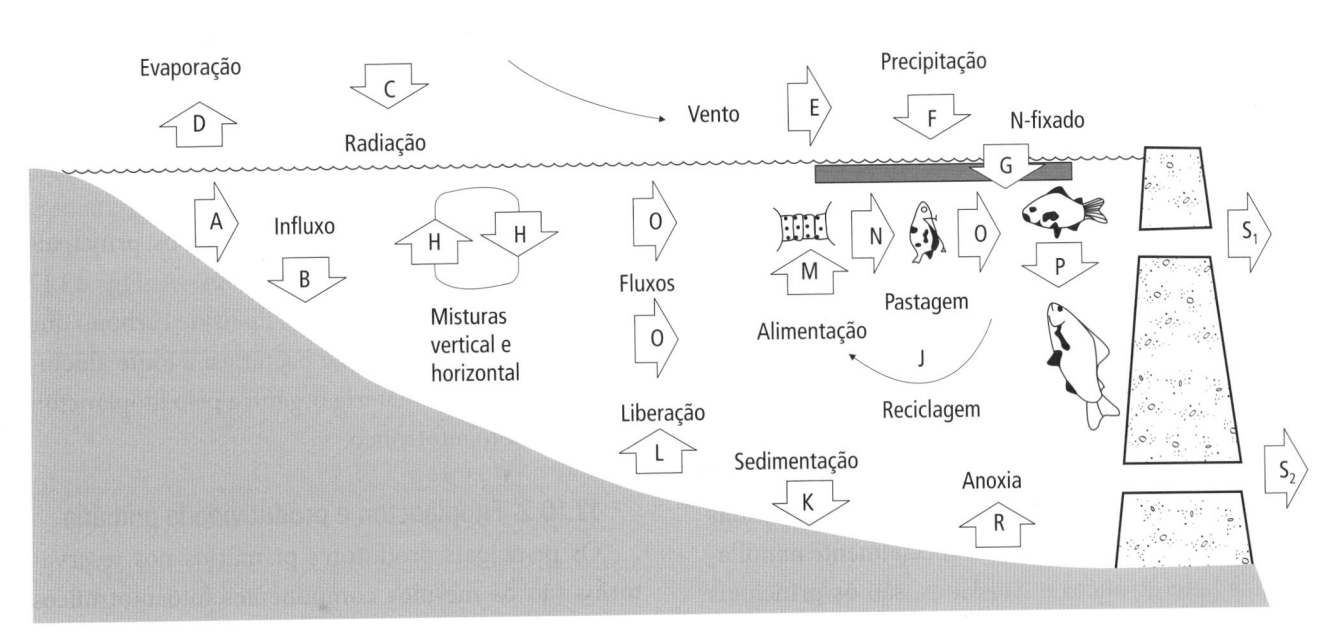

Fig. 12.10 Processos internos do reservatório. Os processos A, B, D, E, H e S pertencem ao subsistema físico; os processos F, G, K, L, C e R ao subsistema químico e os restantes J, M, N, O e P ao biológico. Os três subsistemas estão interligados
Fonte: Straškraba e Tundisi (2002).

Aumento da pressão e ausência de correntes próximas ao fundo alteram as condições físicas e químicas, promovendo novas estruturas que relacionam organismos bentônicos com condições fisiológicas e de reprodução suficientes para colonizar os ambientes de fundo. Em muitos reservatórios, na fase de enchimento, ocorre uma anoxia no fundo a qual provoca alterações na fauna e flora do fundo do antigo rio.

Reservatórios inundados com vegetação submersa apresentam novos substratos para muitos organismos. Tundisi *et al.* (1993) descreveram como o perifíton promoveu, de forma efetiva, alimento para o camarão *Macrobrachium amazonicum* na represa de Tucuruí, rio Tocantins (Pará) logo após o enchimento, quando grandes massas de perifíton se estabeleceram e se desenvolveram nos troncos da vegetação submersa. Os ecótonos que se organizam em conexão com os reservatórios, geralmente nos diferentes compartimentos, proporcionam mais uma oportunidade de desenvolvimento de biodiversidade das populações planctônicas, benctônicas e da fauna ictíca e de aves aquáticas. São, portanto, regiões onde há, até certo ponto, recuperação da biodiversidade dos reservatórios e onde muitos processos de colonização ocorrem. O problema das **biocenoses** em reservatórios e das relações das funções de força em represas com a fauna e a flora foi abordado em dois volumes recentes: Nogueira *et al.*, 2005 e Rodrigues *et al.*, 2005.

12.10.1 O papel das bactérias nos reservatórios

Em reservatórios com longos períodos de retenção e carga moderada de nutrientes, assume-se geralmente que a produção primária autóctone é a principal fonte de carbono orgânico, suportando a produção de bactérias, que atinge cerca de 20% a 30% da produção primária fotossintetizante. Quando há uma **carga alóctone** de material orgânico, há uma contribuição dos rios em termos de população de bactérias; portanto, reservatórios mesotróficos e eutróficos apresentam diferentes biomassas de bactérias que são carreadas para o reservatório. Protistas, especialmente nanoflagelados heterotróficos e flagelados, são os principais consumidores de bactérias; entretanto, dependendo da estrutura da rede alimentar nos reservatórios, outros componentes da biota, como rotíferos, cladóceros e fitoflagelados, são importantes consumidores do bacterioplâncton (Sanders, 1989; Simek *et al.*, 1999). A Fig. 12.11 mostra a distribuição de bactérias no eixo longitudinal do **reservatório de SAU**, na Espanha, e as distribuições de flagelados heterotróficos e ciliados no mesmo reservatório.

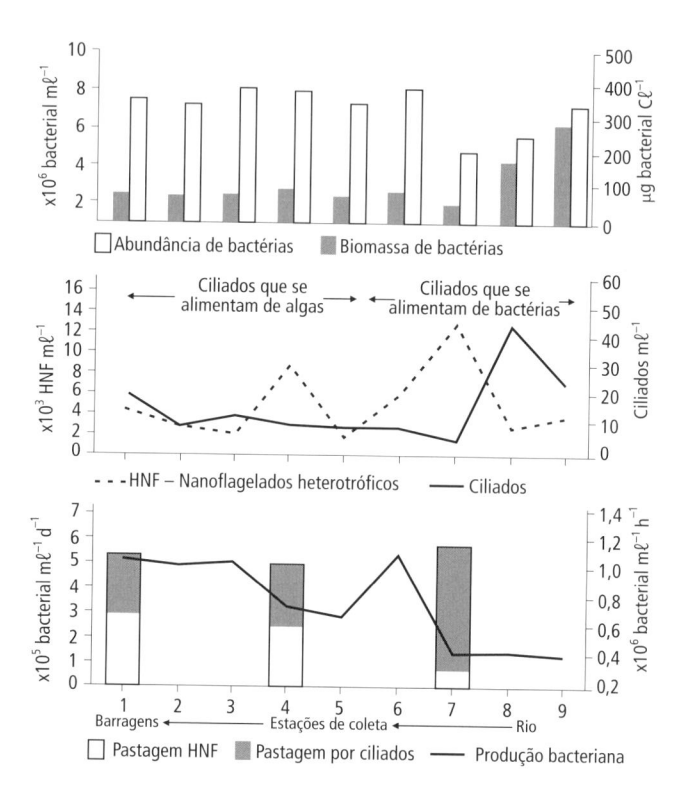

Fig. 12.11 Distribuição de bactérias no eixo longitudinal do reservatório de SAU, Espanha, Catalunha, bem como distribuição longitudinal de flagelados heterotróficos e ciliados
Fonte: Armengol *et al.* (1999).

As Figs. 12.12 e 12.13 apresentam os principais fluxos de carbono em reservatórios. A Fig. 12.12 mostra que há duas fontes principais de carbono que suportam o crescimento de bactérias: a fonte alóctone e a produção de matéria orgânica pelo fitoplâncton autóctone fotoautotrófico.

12.10.2 Fitoplâncton e produtividade primária

Os principais produtores primários nos reservatórios são os mesmos componentes fotoautotróficos produtores em rios e lagos: fitoplâncton, bactérias fotoautotróficas, algas do perifíton e macrófitas flutuantes emersas ou submersas ou fixas com raízes.

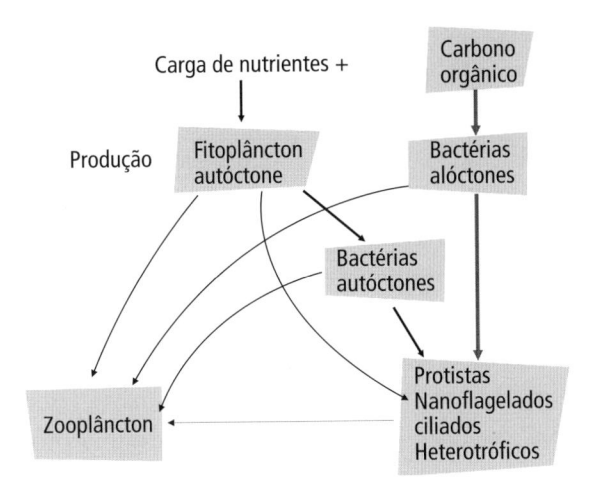

Fig. 12.12 Esquema simplificado do ciclo e dos principais fluxos do carbono, na porção a montante de um reservatório com o influxo do rio com carga de nutrientes e carbono orgânico
Fonte: Simek *et al.* (1999).

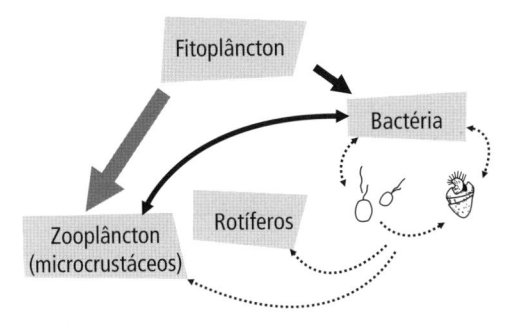

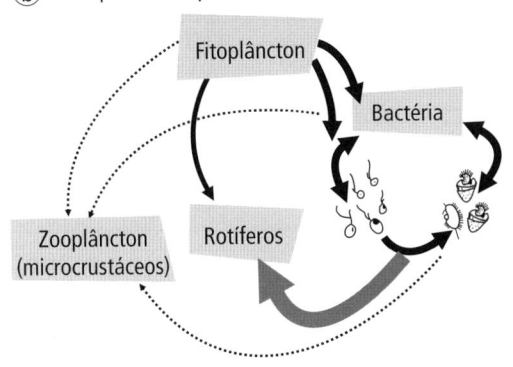

Fig. 12.13 Esquema simplificado do ciclo do carbono e dos principais fluxos de carbono em reservatórios. A figura mostra dois aspectos constrastantes do fluxo de carbono entre microcrustáceos do zooplâncton, rotíferos, fitoplâncton e os componentes fundamentais das alças microbianas: bactérias, nanoflagelados heterotróficos e ciliados. As setas mais largas e contínuas indicam a importância relativa dos **fluxos principais**, e as setas pontilhadas e as demais indicam os fluxos de menor importância
Fonte: Simek *et al.* (1999).

A contribuição relativa de cada um desses componentes fotoautotróficos depende da profundidade média do reservatório, do índice de desenvolvimento da margem, da transparência e das flutuações de nível, além da intrusão de material em suspensão (resultante da erosão da bacia hidrográfica) que pode reduzir, por exemplo, o crescimento de algas perifíticas e de macrófitas. Comunidades de macrófitas e de epifíticas podem contribuir significativamente em reservatórios com nível estável.

Tundisi *et al.* (1993) descreveram extensas comunidades de perifíton crescendo em troncos de vegetação inundada no **reservatório de Tucuruí**, no rio Tocantins. Esses autótrofos suportaram uma biomassa de protozoários e são utilizados como alimento para camarões *Macrobrachium amazonicum*, como descrito anteriormente.

Além do fitoplâncton que se desenvolve no reservatório, deve-se considerar a contribuição dos tributários e dos reservatórios a montante, se estes estiverem em uma cadeia de represas.

A biomassa fitoplanctônica e a composição de espécies do fitoplâncton nos reservatórios dependem das inter-relações de fatores físicos, como temperatura e circulação; fatores químicos, como concentração de nutrientes e distribuição relativa dos diferentes íons dissolvidos na água; e fatores biológicos, como interação das espécies, efeitos da predação e parasitismo. Rodrigues *et al.* (2005) avaliaram a composição do fitoplâncton de 30 reservatórios pertencentes às bacias de tributários do rio Paraná.

Avaliaram-se a composição, a riqueza, a diversidade de espécies e a biomassa em períodos de seca (julho-agosto 2001) e precipitação (novembro-dezembro 2001). As assembléias fitoplanctônicas dos reservatórios consistiram em 171 táxons distribuídos em nove classes taxonômicas. Encontrou-se baixa riqueza de espécies, e os valores da biomassa fitoplanctônica foram igualmente baixos, inferiores a 2 $mm^3.\ell^{-1}$ (medida por biovolume). Segundo Rodrigues *et al.* (2005), o crescimento do fitoplâncton nesses reservatórios foi limitado, em razão do processo de sedimentação de nutrientes nos períodos de seca e precipitação.

As conclusões desses autores estabeleceram que o tempo de residência, a mistura vertical e os pulsos produzidos pelo vento e pelas intrusões de águas com alta concentração de material em suspensão são os fatores determinantes na composição de espécies de fitoplâncton dos reservatórios.

Esses resultados corroboram dados existentes na literatura sobre fitoplâncton em lagos e represas (Reynolds, 1997, 1999) e sua sucessão. Lima *et al.* (1978) demonstraram que a sucessão fitoplanctônica na represa da UHE Carlos Botelho (Lobo/Broa) resultava dos efeitos do vento, que promovia o desenvolvimento de *Aulacoseira italica* no inverno, e da precipitação, que promovia a regeneração de nutrientes durante o período de verão.

As contribuições das diferentes frações do fitoplâncton em reservatórios variam. Tundisi e Matsumura Tundisi (1990), Tundisi *et al.* (1993) determinaram contribuições variáveis à produtividade primária, geralmente predominante nas frações < 5 µm > 20 µm. Entretanto, dados recentes não publicados (Simek *et al.*) demonstraram que na represa da UHE Carlos Botelho (Lobo/Broa) **picofitoplâncton fotoautotrófico** < 2µm é um produtor primário de considerável importância (aproximadamente 40%-50% da produção primária total do fitoplâncton fotoautotrófico). O ambiente pelágico dos reservatórios pode ser dominado por esses componentes < 20 µm > 2 µm, quanto à produção primária (Henry, 1993b). As Tabs. 12.5, 12.6 e 12.7 mostram a produtividade primária de reservatórios no Estado de São Paulo, medida com a técnica do ^{14}C (Tundisi, 1981, 1983), incluindo dados de Thornton *et al.* (1990) sobre represas em outras latitudes e acrescenta dados comparativos de rios, lagos e 64 represas artificiais.

O controle e a limitação da produção primária em represas têm a mesma característica do que ocorre em termos de energia disponível e nutrientes em lagos e

Tab. 12.5 Produtividade primária de reservatórios no Estado de São Paulo

Reservatórios	Lat.(S)	Long.(W)	Alt.(m)	Prod. Primária (mg C.m^{-2}.d^{-1})	Chla	Taxa de assimilação (mgC.mgChla.h^{-1})
Barra Bonita	22°29'	48°34'	430	398,27	15,9	2,56
Bariri	22°06'	48°45'	442	521,85	20,3	2,64
Ibitinga	21°45'	48°50'	460	483,94	29,8	2,16
Promissão	21°24'	49°47'	410	584,08	68,7	0,83
Salto de Avanhandava	21°13'	49°46'	360	268,74	14,9	1,60
Capivara	22°37'	50°22'	520	188,67	12,7	3,40
Rio Pari	22°51'	50°32'	420	105,19	13,3	1,43
Salto Grande	22°53'	49°59'	405	102,80	5,7	2,07
Xavantes	23°08'	49°43'	400	193,79	20,8	0,95
Piraju	23°11'	49°16'	571	100,94	12,9	0,91
Jurumirim	23°11'	49°16'	571	103,05	9,7	1,02
Rio Novo	23°06'	48°55'	755	60,87	12,1	0,79
Limoeiro	21°27'	47°01'	650	225,89	22,3	2,26
Euclides da Cunha	21°36'	46°54'	700	25,99	3,8	0,96
Graminha	21°32'	46°38'	800	582,98	34,4	0,94
Estreito	20°32'	47°24'	1000	126,71	25,1	0,61
Jaguará	20°11'	47°25'	536	154,08	22,3	0,70
Volta Grande	20°05'	48°02'	510	340,23	31,7	1,22
Porto Colômbia	20°10'	48°48'	500	318,86	40,2	1,00
Marimbondo	20°18'	49°11'	390	262,10	37,5	0,80
Água Vermelha	19°58'	51°18'	452	232,47	32,5	0,80
Ilha Solteira	20°24'	51°21'	356	248,35	20,2	1,73
Jupiá	20°58'	51°43'	260	301,61	15,5	2,15

Dados de 1979
Produção primária determinada com a técnica do ^{14}C
Fonte: Tundisi (1983).

Tab. 12.6 Comparação com reservatórios, lagos e rios em várias latitudes

	Ano	Produção primária (mg C.m^{-2}.dia^{-1})	Método e estado trófico
Turtle Greek, Kansas (EUA)	1970-1971	67	^{14}C Oligo
De Gray, Arkansas (EUA)	1979-1980	199	^{14}C Oligo
Lake Mead, Arizona, Nevada (EUA)	1977-1978	810	^{14}C Meso
Norris, Tenesee (EUA)	1967	360	^{14}C Meso
Gorky (Rússia)	1956	456	^{14}C Meso
Slapy (República Tcheca)	1962-1967	501	O$_2$ Meso
Kaingi (Nigéria)	1970-1971	2.434	O$_2$ Eu
Volta (Gana)	1966	2.547	O$_2$ Eu
Stanley (Índia)	—	2.329	O$_2$ Eu

Tab. 12.7 Dados comparativos de produção primária

	(mg C.m^{-2}.dia^{-1})
Lagos tropicais	100-7600
Lagos de regiões temperadas	5-3600
Lagos árticos	1-170
Lagos antárticos	1-35
Lagos alpinos	1-450
Rios de regiões temperadas	1-3000
Rios de regiões tropicais	1-150
102 lagos naturais	3-5529
64 represas	67-3975

Fontes: Likens (1975); Wetzel (1983); Tundisi (1983); Kimmel *et al.* (1990).

oceanos. Os fatores básicos que determinam a magnitude e a variação sazonal da produtividade primária fitoplanctônica – temperatura, intensidade luminosa, disponibilidade de macro e micronutrientes (Steemann-Nielsen, 1975) – dependem, evidentemente, no caso dos reservatórios, das interações destes com a bacia hidrográfica (que promove, por intrusão, a regeneração de nutrientes), das funções de força principais (ventos, precipitação) e das interações da mistura vertical com a profundidade da zona eufótica (Z_{eu}/Z_{mix}). No caso dos reservatórios, o tempo de retenção é um fator regulador importante, tanto do ponto de vista da recuperação de nutrientes como da concentração de biomassa e sucessão de espécies. Tundisi *et al.* (2004) demonstraram que o impacto das frentes frias é um fator preponderante na sucessão temporal, na regeneração de nutrientes e na produtividade primária fitoplanctônica da represa da UHE Carlos Botelho (Lobo/Broa) e em outros reservatórios do Sudeste do Brasil. Florescimentos de cianofíceas estão relacionados com períodos de estabilidade térmica e alta radiação solar (Reynolds, 1999).

O **controle do tempo de retenção** em reservatórios pode, portanto, constituir-se em fator fundamental no controle da biomassa fitoplanctônica, na sucessão de espécies e na produtividade primária, sendo utilizado como uma medida efetiva de gerenciamento, especialmente em reservatórios eutrofizados. Além disso, controles físicos, como o aumento da turbulência e da mistura vertical, podem contribuir para a diminuição da intensidade e do volume dos florescimentos e, ao mesmo tempo, promover menor disponibilidade de radiação solar para o fitoplâncton. **Controles químicos**, como o uso de $CuSO_4$ para diminuir a biomassa de cianobactérias, não são indicados, sobretudo em águas de abastecimento, em razão do acúmulo de $CuSO_4$ no sedimento e de possíveis efeitos tóxicos posteriores. Esses controles químicos podem ser utilizados para aplicação nos tributários, na origem dos florescimentos e não no corpo central dos reservatórios, especialmente próximo às tomadas de água.

12.10.3 Algas perifíticas

A biomassa e a riqueza de espécies das algas perifíticas dependem do substrato disponível, da contribuição de espécies da bacia hidrográfica onde se localiza o reservatório e dos efeitos de fatores abióticos, como a penetração de luz (que pode ser controlada pelas macrófitas aquáticas), a concentração de nutrientes e a temperatura da água. A turbidez pode afetar consideravelmente a sucessão e o desenvolvimento da biomassa do perifíton, bem como a riqueza de espécies.

A dominância de *Bacilariophyceae* e *Cianophyceae* de perifíton, estudada em um reservatório por Felisberto Rodrigues (2005), foi apresentada por esse autor como vantagem competitiva relacionada à menor concentração de fósforo particulado e à turbidez durante o verão, considerando-se também a maior temperatura da água nesse período. A classe dominante em todos os três reservatórios estudados por esse autor foi *Bacilariophyceae* (entre 59,6% para o **reservatório de Mosão**, 87% no **reservatório de Rosana** – em todos estes reservatórios no verão).

Em um estudo realizado com a colonização de perifíton em diferentes substratos na represa da UHE Carlos Botelho (Lobo/Broa), Panitz (1980) concluiu que a qualidade do substrato, especialmente sua rugosidade são fatores fundamentais para a colonização e o futuro desenvolvimento da comunidade perifítica (ver Cap. 7).

12.10.4 Macrófitas aquáticas

Macrófitas aquáticas podem desenvolver-se extensivamente em reservatórios, em muitos casos ocupando uma grande área e causando prejuízos à navegação e à geração de energia. Por outro lado, esses organismos mantêm em suas raízes uma flora e uma fauna altamente diversificadas, com biomassa elevada e grande diversidade (Takeda *et al.*, 2003). As espécies mais comuns de macrófitas que colonizam os reservatórios no Brasil são *Eichhornia crassipes*, *Eichhornia azurea*, *Salvinia molesta*, *Salvinia* spp, *Egeria densa* e *Egeria najas*, flutuantes livres encontradas em reservatórios eutróficos com grande biomassa. *Typha* sp e *Eleocharis* sp são macrófitas emergentes comuns em alguns reservatórios (Thomaz *et al.*, 2005).

Fatores abióticos (como disponibilidade de radiação subaquática) e alcalinidade são fundamentais para a colonização e ocupação do espaço pelas macrófitas aquáticas. Além disso, variáveis hidráulicas (tempo de retenção, morfométrico) e biológicas, tais como competição e predação, podem interferir na sucessão e distribuição espacial das várias espécies. Por exemplo, Tundisi (resultados não publicados) observou alternativas na dominância de *Pistia stratioides* e *Eichhornia crassipes* na represa de Barra Bonita (SP), em função da concentração de fósforo e nitrogênio na água. Dominância de *Pistia stratioides* ocorreu com concentrações mais elevadas de nitrogênio e fósforo.

Thomaz *et al.* (2005) verificaram que não existe relação entre a idade dos reservatórios e a riqueza de espécies de macrófitas. Análises realizadas em 30 reservatórios demonstraram a existência de 37 táxons, sendo que a espécie flutuante livre mais comum foi *Eichhornia crassipes*. Em alguns reservatórios, na fase de enchimento, imediatamente após a estabilização do nível de água, ocorre uma rápida colonização de macrófitas flutuantes, especialmente do gênero *Salvinia* spp, bem como *Pistia stratioides* ou *Eichhornia crassipes*. Entretanto, esse período é relativamente curto e depende da concentração de nutrientes. Em muitos reservatórios, desenvolvem-se em áreas alagadas, na entrada dos tributários, extensos bancos de macrófitas enraizadas ou flutuantes (*Pontederia* sp, *Eichhornia crassipes* ou *Eichhornia azurea*), que são efetivos na remoção de fósforo e nitrogênio dos afluentes (Whitaker *et al.*, 1995). *Eichhornia crassipes*, *Salvinia molesta* e *Pistia stratioides* desenvolvem-se rapidamente em reservatórios, após a fase de enchimento (Bianchini, 2003).

12.10.5 Zooplâncton

A riqueza e a diversidade de espécies do zooplâncton de reservatórios têm sido extensivamente estudadas nos últimos 20 anos, especialmente nos trópicos e subtrópicos (Matsumura Tundisi *et al.*, 1990; Rocha *et al.*, 1995, 1999; Lansac-Tôha, 1999, 2005; Nogueira, 2001; Sampaio *et al.*, 2002). A composição, estrutura, dinâmica e sucessão de espécies do zooplâncton em reservatórios são influenciadas pelas condições físicas (temperatura, condutividade elétrica), químicas (concentração iônica, oxigênio dissolvido) e biológicas (predação, parasitismo, colonização a partir da fase de enchimento). Matsumura Tundisi e Tundisi (2005) demonstraram que a riqueza de espécies do fitoplâncton e zooplâncton na represa de Barra Bonita (SP) é determinada pelo estado trófico do reservatório, pelos gradientes horizontais e o grau de mistura vertical e estratificação da coluna de água. A relação entre as áreas sob influência do rio, a área de transição e a área lacustre, em reservatórios, é um fator preponderante na distribuição espacial dos diferentes grupos do zooplâncton.

Deve-se levar em conta o impacto dos tributários na diversidade de espécies do zooplâncton de reservatórios, uma vez que cada tributário produz um elemento (mosaico) de micro-hábitats (Margalef, 1967, 1991) que pode diferenciar bastante uma determinada região e alterar características hidrodinâmicas químicas que promovem a concentração e/ou dispersão de certos grupos ou espécies no reservatório.

Transporte de material em suspensão com intrusão de rios pode afetar a produção primária fitoplanctônica, a composição de espécies e a sucessão do zooplâncton. De acordo com Thornton *et al.* (1990), é a disponibilidade de recursos como fitoplâncton fotoautotrófico, detritos e bactérias que interfere na sucessão do zooplâncton (Nauwerk, 1963). Fontes alternativas, como detritos e bactérias, podem ser importantes, conforme demonstrado por Matsumura Tundisi *et al.* (1991) e Falótico (1993) na fase de enchimento da represa Samuel (Rondônia). Considera-se a matéria orgânica dissolvida uma possibilidade remota de recurso para o zooplâncton, e o efeito da predação sobre o zooplâncton apresenta-se como outro fator importante no controle do desenvolvimento e da distribuição de espécies.

Em um estudo de 31 reservatórios localizados em tributários do rio Paraná, Lansac-Tôha *et al.* (2005) demonstraram que a comunidade zooplanctônica apresentou elevada riqueza de rotíferos e de pequenos cladóceros e copépodes, principalmente no período chuvoso. Correlações significativas entre a biomassa fitoplanctônica e de zooplâncton foram determinadas por esses autores. A abundância de grupos tipicamente planctônicos está associada à produtividade dos reservatórios e ao estado trófico (Arcifa *et al.*, 1981). Matsumura Tundisi *et al.* (1990) verificaram que o incremento no número de rotíferos é um indicador do estado trófico, e Branco e Senna (1996) também concluíram que a predominância de pequenos cladóceros, rotíferos e copépodes resultou da predominância de cianobactérias (Bonecker, 2001). Quando há uma reduzida densidade fitoplanctônica em reservatórios pequenos e rasos, podem ocorrer densidades mais altas de testáceos (Lansac-Tôha *et al.*, 2005).

Em um estudo comparado realizado entre o lago D. Helvécio (lago monomítico quente do Parque Florestal do Rio Doce – MG - ver Cap. 16) e a represa de Barra Bonita (SP), Tundisi e Matsumura Tundisi (1994) verificaram que o reservatório apresenta um número mais elevado de espécies do zooplâncton (20 rotíferos, 8 cladóceros e 9 copépodes = 37) do que o lago D. Helvécio (6 rotíferos, 5 cladóceros e 5 copépodes = 16). Os autores consideram a hipótese de "perturbação intermediária" (Legendre e Demers, 1984) como o mecanismo impulsionador dessa diferença de composição nos dois sistemas, uma vez que a represa de Barra Bonita é mais instável dos pontos de vista físico (estrutura térmica e condutividade) e químico (oxigênio dissolvido e nutrientes).

A distribuição longitudinal do zooplâncton de reservatórios depende das diferentes velocidades de corrente nas zonas sob influência do rio, de transição e lacustre, e depende de cada reservatório e dos diferentes períodos do ano (Matsumura Tundisi e Tundisi, 2005). Machado Velho *et al.* (2005) demonstraram que a dominância de rotíferos como componentes principais do zooplâncton de reservatórios, na verdade, pode variar, ocorrendo ocasiões e eventos em que microcrustáceos predominaram. O sedimento dos reservatórios pode ter um papel importante na diversidade do zooplâncton e nas sucessões estacional e espacial de espécies. Na represa da UHE Carlos Botelho (Lobo/Broa), Rietzler *et al.* (2002) verificaram que a alternância no plâncton de *Argyrodiaptomus furcatus* e *Notodiaptomus iheringi* ocorria por haver uma reserva de ovos de resistência dessas espécies no sedimento. A dominância de uma ou de outra espécie deve-se ao desenvolvimento do ovo após o desencadear de processos favoráveis – no caso, provavelmente condutividade elétrica da água associada à concentração iônica e de nutrientes. *Argyrodiaptomus furcatus* é uma espécie de águas com maior transparência e condutividade mais baixa.

Essas duas espécies podem ser utilizadas como indicadoras de condições de poluição, contaminação ou eutrofização. Alterações na composição de espécies do zooplâncton, durante um período de 20 anos da represa de Barra Bonita, foram constatadas por Matsumura Tundisi e Tundisi (2003). Alterações na relação ciclopóides/calanóides e na abundância relativa das várias espécies de copépodes calanóides resultaram, segundo esses autores, do processo de eutrofização. Outra espécie comum em águas oligotróficas e de baixa condutividade é a *Argyrodiaptomus azevedoi* (Matsumura Tundisi, 2003).

A presença e o desenvolvimento de macrófitas aquáticas nos reservatórios oferecem oportunidade para fontes alternativas de energia para o zooplâncton (detritos e bactérias), bem como aumentam a disponibilidade de alimento. Rocha *et al.* (1982) observaram que *Argyrodiaptomus furcatus* (copépodes calanóides) ocorreu em densidades dez vezes maiores na região a montante do reservatório da UHE Carlos Botelho (Lobo/Broa), onde macrófitas dos gêneros *Mayaca* sp, *Pistia* sp e *Nymphaea* sp se estabeleceram. Kano (1995) analisou a densidade e a produção de zooplâncton em reservatórios e observou que a zona litoral era uma região de reprodução de alta densidade populacional, estabelecendo-se depois essas populações na zona limnética.

12.10.6 Macroinvertebrados aquáticos

Larvas de quironomídeos ocorrem em muitos reservatórios, em parte devido às suas estratégias adaptativas para ocupação de hábitats e a seus hábitos alimentares diversificados (Strixino e Trivinho Strixino, 1980, 1998). A distribuição e a abundância de larvas de quironomídeos foram estudadas recentemente em 13 reservatórios da bacia do rio Iguaçu, no Estado do Paraná, por Takeda *et al.* (2005), que encontraram 2.741 larvas de quironomídeos, pertencentes a 31 *taxa* distribuídos entre as subfamílias *Chironominae*, *Orthlocladicinae* e *Tanypolinne*. Os gêneros mais abundantes encontrados nesse trabalho foram *Tanytarsus*, *Plypedium* e *Dicrotendiples*.

Vários fatores afetam a distribuição e a composição de invertebrados bentônicos: concentração de matéria orgânica no sedimento, oxigênio dissolvido na água, flutuações no nível (Brandinerte e Shrimizu, 1996) e velocidade das correntes próximas ao sedimento do fundo dos reservatórios. Tempo de retenção, idade do reservatório e posição da represa nas cascatas de reservatórios podem atuar na biomassa e na diversidade da comunidade bentônica (Barbosa *et al.*, 1999). Flutuações de nível e descargas intermitentes podem afetar a fauna bentônica em reservatórios, diminuindo a diversidade e a biomassa. Essas flutuações de nível afetam as populações localizadas a jusante do reservatório. As descargas de fundo com alta turbidez têm também um efeito extremamente drástico na redução da biomassa e da diversidade de invertebrados bentônicos localizados nos rios a jusante das represas (Petts, 1984).

Moluscos bivalves foram estudados em 31 reservatórios do Paraná superior por Takeda *et al.* (2005), que encontraram *Corbicula fulminea* e *Limnoperna fortunei*, ambas exóticas, como espécies mais comuns, além de *Psidium* sp, única espécie nativa. No caso de *Limnoperna fortunei*, há proliferações extensas nesses reservatórios (ver Cap. 18) (Takeda *et al.*, 2003).

12.10.7 A ictiofauna das represas

Os reservatórios produzem profundas alterações na ictiofauna, em razão da sua interferência nas rotas de migração de espécies para reprodução e das alterações produzidas pela interceptação do rio por sistemas lênticos. Eles têm um potencial importante para a exploração das pescas extensiva e intensiva. Em várias regiões do Planeta, a exploração pesqueira em reservatórios atinge níveis elevados, como, por exemplo, na Rússia, nos Estados Unidos, no Sudeste da Ásia e na África (Fernando e Holcick, 1991; Shimanovskaza *et al.*, 1977; Gohschalk, 1967; Beadle, 1991). Uma revisão sobre o gerenciamento da pesca nos reservatórios do rio Paraná foi publicada recentemente por Agostinho e Gomes (2005). Nela os autores consideraram que a falta de informações sobre o sistema de pesca (ambiente, peixe e pescador), a ausência de monitoramento permanente e a alta variabilidade natural dos recursos são, em geral, os principais problemas que afetam as ações de gerenciamento de pesca em represas.

Quando se analisa o desenvolvimento e a organização estrutural e fluvial da fauna ictíca de represas ao longo dos eixos temporais/espaciais, cinco grupos de processos devem ser considerados:

▶ a produtividade do reservatório após o enchimento;
▶ a eutrofização e o enriquecimento com nutrientes a partir da bacia hidrográfica;
▶ o desenvolvimento de complexas interações bióticas no reservatório (alimentação, competição, predação);
▶ o regime hidrológico;
▶ o gerenciamento do reservatório.

Um dos aspectos mais dramáticos e evidentes da construção de represas é a alteração que ocorre na fauna ictíca como resultado da mudança de regime do rio para um sistema com menor fluxo e maior profundidade. As alterações de um **ambiente lótico** para um **ambiente lêntico** produzem novos tipos de hábitats, para os quais muitos dos peixes que habitam rios não estão adaptados.

De acordo com Kubecka (1993), os dois primeiros grupos dos processos anteriormente descritos influenciam os estoques de peixes e a biomassa, enquanto a composição é influenciada pelo grupo 3 (interações biológicas). Além disso, deve-se considerar que outro fator importante, como afirma Petrere (1994), é a formação de várzea e áreas alagadas no reservatório. Esse problema foi recentemente revisto por Henry *et al.* (2005).

Em muitos reservatórios, forma-se uma área pelágica, profunda, que, em muitos casos, não é explorada por nenhuma das espécies de peixes da região. Em 1965, a introdução de *Limnothrissa miodon*, do lago Tanganyika para o lago Kariba (grande reservatório tropical no Zambezi), produziu um aumento considerável da pesca nesse reservatório, pois, a partir de 1969, observaram-se grandes cardumes dessa espécie, e a pesca intensiva começou nesse ano (Beadle, 1991).

De acordo com Fernando e Holcick (1991), a ictiofauna de reservatórios dependente principalmente da fauna de peixes existente na bacia hidrográfica. Se a região apresentar espécies de peixes adaptadas ao sistema lacustre, alguns hábitats e nichos alimentares poderão ser preenchidos no reservatório. Essa ictiofauna poderá colonizar rapidamente o reservatório e explorar o potencial do novo ambiente lêntico formado.

Uma vez que o reservatório se encontra em operação, a ictiofauna de rios diminui drasticamente. Dois fatores parecem ser preponderantes para essa redução: a extensa e profunda zona pelágica e a redução drástica na velocidade das correntes. A colonização da zona pelágica ocorre somente se espécies de hábito lacustre que existem na bacia hidrográfica exploram essa zona. Há uma lenta colonização do reservatório por essas espécies e, em muitos casos, os peixes se concentram próximos aos tributários.

Das 38 espécies de peixes existentes no rio antes do fechamento da represa de Cabora Bassa, muitos desapareceram quase que imediatamente, como, por exemplo, *Bariliens zambeensis* e as pequenas espécies de *Barbus* sp, característicos de rios com correntes de fortes velocidades. Ciclídeos como *Tilapia rendali* e *Sarotherodon mortimeri* mantiveram-se no reservatório, mas em baixa densidade. Algumas das espécies de *Siluróides*, *Caracídeos* e *Ciprinídeos* apresentam crescimento explosivo da população imediatamente após o fechamento do reservatório (Jackson e Rogers, 1976).

No caso do **lago** (represa) **Volta** (Gana), ocorreu mortalidade em massa dos peixes imediatamente após o fechamento do reservatório, por desoxigenação acelerada. Das muitas espécies do gênero *Alestes*, apenas duas (*Alestes baremose* e *Aleste dentex*) desapareceram (Pek, 1968b; Kebek, 1973). Por outro lado, houve um aumento considerável de espécies de tilápia *Sarotherodon galileus* (que se alimenta de fitoplâncton e perifíton), *Tilapia zillii* (que se alimenta de detritos) e *Sarotherodon niloticus* (que se alimenta de macrófitas e algas), justamente por causa da diversificação de alimento durante e depois de completado o enchimento do reservatório.

As espécies de peixes que se localizam no reservatório depois do fechamento da barragem migram para as áreas de influência dos tributários nas represas ou para os próprios tributários. A velocidade da corrente, que difere nas várias regiões do reservatório, é um fator extremamente importante na distribuição das diferentes famílias de peixes.

Além da alteração da velocidade da corrente, a ausência de oxigênio dissolvido em alguns reservatórios imediatamente após o enchimento pode ser a causa do desaparecimento da fauna ictíica e da mortalidade em larga escala. A inibição da **migração de peixes** rio acima, pela existência da barragem, é outro efeito extremamente importante. A localização de tributários pelos peixes é feita por meio da detecção de mudanças na qualidade da água (Jackson *et al.*, 1988). No caso de reservatórios, a manutenção de um fluxo de água no sistema, no leito do antigo rio, pode servir de estímulo à migração.

Migração de peixes em leitos de antigos rios existentes em lagos foi detectada no lago Vitória, onde *Barbus altianalis* entra e se reproduz quilômetros acima, seguindo o leito antigo do rio Kajera no lago (Greenwood, 1977). A população sobrevivente de peixes migradores pode persistir no reservatório, utilizando os tributários, como foi demonstrado para as represas de Cabora Bossa e Kariba, na África (Jackson, 1960; Jackson e Rogers, 1976).

A construção de reservatórios atua, portanto, em aspectos fundamentais na ecologia da ictiofauna:

▸ Serve de barreira ao movimento longitudinal dos peixes, seja este apenas um componente migrador para áreas de alimentação ou para reprodução.

▸ Provoca alterações no regime hidrológico do rio, modificando a altura das inundações e interferindo nos movimentos horizontais e transversais dos peixes; com isso, produz inundações ou o dessecamento de lagoas marginais importantes para o desenvolvimento de alevinos.

▸ As espécies estritamente reofílicas não têm condições de sobrevivência em águas lênticas e desaparecem rapidamente ou sua população diminui consideravelmente no reservatório, sobrando apenas algumas espécies que ainda podem colonizar represas, mas necessitam de tributários para a reprodução.

O enchimento do reservatório produz uma reorganização espacial do sistema e pode resultar em novas áreas alagadas e pântanos, além de produzir uma extensa e profunda zona pelágica. Em alguns casos, demonstrou-se que o reservatório, alguns anos após o enchimento, apresentava muito mais espécies de peixes do que o rio, dada a variedade de nichos produzidos com a reorganização espacial (Jackson *et al.*, 1988). Isso depende também da evolução do reservatório e do processo de sucessão no eixo espacial-temporal.

Agostinho *et al.* (1999) sintetizaram os padrões de colonização e envelhecimento de uma série de reservatórios neotropicais localizados na bacia superior do rio Paraná. Após a fase de enchimento, ocorreu anoxia, o que produziu deslocamentos dos peixes para tributários ou para as regiões de transição entre o reservatório em formação e o rio a montante. Espécies que permaneceram no reservatório ficaram concentradas em áreas litorâneas e próximas à desembocadura dos tributários. Após a estabilização do nível e com a colonização gradual de macrófitas submersas, ocorreu uma mudança nas espécies de peixes presentes: a diversidade de espécies foi muito maior na zona litoral do que na zona pelágica. Ao atingir a estabilidade, após o período de aumento da biomassa, a dieta dos peixes alterou-se para a utilização de **recursos autóctones**. Em geral, ocorreu uma redução de espécies detritívoras e iliófagas, enquanto herbívoros e zooplanctívoros aumentaram sua densidade. As principais alterações da fauna ictíica relacionadas com a construção do reservatório, quando comparadas com os rios, são a redução no número de predadores, a redução no tamanho médio das espécies e a redução na riqueza das espécies.

12.10.8 A vegetação aquática no reservatório e a fauna ictíica

Como já se demonstrou neste capítulo, a sucessão ecológica em reservatórios depende de vários fatores, principalmente do estado da bacia hidrográfica antes da fase de enchimento do reservatório. Em muitos reservatórios, florescimentos maciços de *Anabaena* e *Microcystis* ocorrem, além do aumento das algas epifíticas e epilíticas, as quais formam densos substratos em todos os troncos da vegetação. Essa densa vegetação é colonizada por uma extraordinária e variada biomassa de invertebrados, formando o "aufwuchs" – conjunto de algas perifíticas, bactérias, fungos, matéria orgânica particulada, animais, como protozoários e tubelários, que se encontram em substratos (pedras, restos de vegetação superior) –, que é utilizado extensivamente pelos peixes para sua alimentação (Pets, 1970).

A remoção da vegetação superior na área de inundação pode resultar em uma perda da produtividade. Extensos bancos de macrófitas e uma alta concentração de algas do perifíton são fundamentais para o desenvolvimento de uma variada fonte de alimentação para os peixes, como demonstrado para o lago Kariba, na África (McLachlan, 1969, 1970) e para a represa de Tucuruí (Tundisi *et al.*, 1993). A Fig. 12.14 mostra a organização da rede alimentar na represa de Tucuruí, no rio Tocantins, Pará, resultando no aumento da biomassa de *Cichla ocellaris* (tucunaré). O aumento da biomassa e a diversidade de macrófitas e de perifíton são, em parte, responsáveis pelo "trophic upsurge", ou seja, o aumento da biomassa nos reservatórios durante e imediatamente após o período de

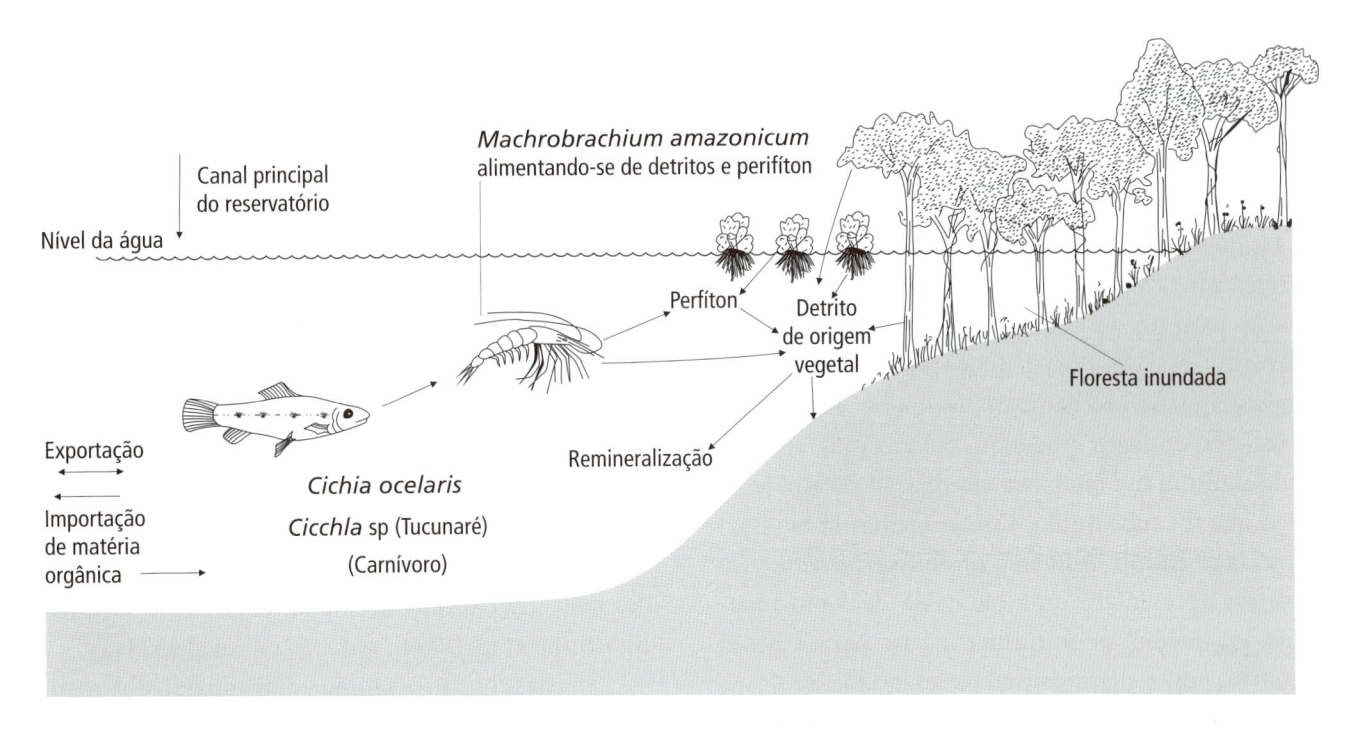

Fig. 12.14 Organização da rede alimentar na represa de Tucuruí (rio Tocantins), tendo como substrato o perifíton e detritos de origem vegetal
Fonte: Tundisi *et al.* (1993).

enchimento. O desenvolvimento de extensos bancos de macrófitas em reservatórios é certamente benéfico para a fauna de peixes nesses ecossistemas. Além disso, densas áreas de macrófitas aquáticas retêm nutrientes em larga escala no reservatório. Quando a zona litoral e as áreas marginais dos reservatórios são colonizadas por macrófitas aquáticas, geralmente aumenta a sobrevivência dos alevinos e de jovens de muitas espécies. Essa vegetação proporciona alimento, áreas adequadas para reprodução e abrigo para as presas que poderiam ser predadas em larga escala.

A reprodução dos peixes nos reservatórios está, portanto, relacionada com a possibilidade de localização a montante em áreas alagadas, que são reconhecidamente áreas de mais alta diversidade, acúmulo de detritos e de alimentação possivelmente mais variada para os peixes (Fig. 12.15). Em represas com baixo tempo de retenção, há uma extensiva

Fig. 12.15 Vegetação terrestre inundada e em decomposição na represa da **UHE Luís Eduardo Magalhães** Chargeado, rio Tocantins

e intensiva localização da ictiofauna a montante, nas proximidades da entrada dos tributários da represa.

12.10.9 A zona pelágica das represas e a ictiofauna

Muitos reservatórios formam uma extensa zona pelágica que oferece grande oportunidade de colonização para peixes planctófagos e seus predadores. Em vários reservatórios, demonstrou-se que, imediatamente após seu fechamento, inúmeras espécies de peixes planctófagos puderam colonizá-lo, aumentando muito a sua biomassa em relação ao ambiente lótico que foi substituído. Esse aumento da biomassa (no **lago Kainji**, *Pelonulla afzeliusi* e *Sicrrathrissa leonensis* apresentam uma biomassa de 3.140 toneladas, em média) pode formar a base para a pesca extrativa, muito significativa nos reservatórios.

Os predadores que colonizam a zona pelágica alimentam-se desses peixes planctófagos (principalmente **zooplanctófagos**). No lago Kariba, por exemplo, a perca do Nilo (*Lates niloticus*) e o peixe-tigre (gênero *Hydrocynus*) desenvolveram apreciável biomassa devido à disponibilidade de alimento. No caso de *Hydrocynus* sp, 70% da sua alimentação é proporcionada pela sardinha de água doce *Limnothrissa miodon*. Trata-se, no caso, de um novo hábitat alimentar desenvolvido por *Hydrocynus* sp, descrito para os lagos Kainji e Volta.

Exemplos de generalistas em alimentação que habitavam o antigo rio e tornaram-se especialistas nos reservatórios são muitos, em várias represas, como o lago (represa) Volta, a represa de Cabora Bassa e a represa de Tucuruí, no Amazonas.

Agostinho *et al.* (1994) relatam as extensas modificações sofridas pela fauna de **peixes do rio Paraná**, como resultado da construção da represa de Itaipu. Das 110 espécies de peixes que se encontram na região, restaram 83 no reservatório. Algumas espécies de importante valor comercial, como o pacu (*Piaractus mesopotamicus*) e a piracanjuba (*Brycon orbignyanus*), desapareceram completamente da área do reservatório. Como são espécies que se alimentam de restos de vegetação da mata ripária, tiveram sua sobrevivência e reprodução altamente afetadas.

Espécies migradoras como *Leporinus elongatins*, *Leporinus obtusidens*, *Prochilodus scrofa* e *Pseudopla-* *tystoma corruscans* permaneceram no reservatório de Itaipu (rio Paraná) e utilizam as áreas de várzea deste rio a montante durante parte do seu ciclo de vida. *Salmino maxilosus* (dourado) é raramente capturado nesse reservatório. Uma espécie introduzida a montante, a corvina (*Plagioscion squamosissimus*), desenvolveu-se muito bem no rio Itaipu. O mesmo ocorreu com uma espécie planctófaga, o mapará (*Hypophtalanus edentatus*), aproveitando justamente a extensa zona pelágica desse reservatório. Outra espécie bem-sucedida é o insetívoro *Auchenipterus muchalis*, que tem um ciclo de vida curto e rápida maturação.

As principais espécies de detritívoros foram afetadas pelo reservatório de Itaipu, ocorrendo, segundo Agostinho *et al.* (1994), redução na sua densidade.

Uma das conclusões importantes do trabalho realizado na represa de Itaipu diz respeito à interação do reservatório com as áreas alagadas a montante. Essa interação possibilita a manutenção de uma fauna de peixes que usa extensamente essa região para alimentação e reprodução, e, de acordo com Agostinho *et al.* (1994, 1999), exerce um efeito direto na substituição dos estoques de peixes no reservatório.

Diversas espécies de tilápia desenvolvem-se nos reservatórios do Brasil, produzindo, em muitos casos, grande biomassa. A introdução de várias espécies exóticas em reservatórios do Brasil tem produzido extensas alterações na organização da rede alimentar de represas (Rodrigues *et al.*, 2005).

12.11 A Biomassa e a Produção Pesqueira em Represas

Como já mencionado anteriormente, ocorre um aumento de biomassa logo após o fechamento dos reservatórios, embora se constate uma diminuição considerável da diversidade. O ecossistema, no caso dos reservatórios, é extremamente dinâmico e está em permanente reorganização, pelo menos durante os cinco primeiros anos após o fechamento da represa. Há sempre uma colonização por várias espécies e, durante os primeiros anos, o reservatório sofre alterações morfométricas na química da água e nos ciclos biogeoquímicos.

Avaliar a produção de estoques pesqueiros em represas é uma tarefa difícil que demanda a utilização de vários métodos. Um dos métodos comumente utilizados para lagos e represas é o IME (Índice Morfo Edáfico), o qual, segundo Ryder (1965), pode ser expresso em:

$$IME = \frac{\text{sólidos totais dissolvidos (mg.}\ell^{-1})}{\text{Profundidade média}}$$

Henderson e Welcomme (1974) substituíram os sólidos totais dissolvidos por condutividade. Para o continente africano, Bayly (1979) demonstrou que a biomassa de peixes é maior em represas do que em lagos naturais. Essa produtividade mais alta pode estar mascarada pelo grande número de novos pescadores que são atraídos para o novo reservatório, a fim de pescar intensivamente durante o período do "trophic upsurge". Esse fato ocorreu também nos reservatórios de Tucuruí, no rio Tocantins e Samuel, em Rondônia, onde *Cichla ocellaris* (tucunaré) desenvolveu grandes estoques.

Henderson e Welcomme (1974) realizaram um estudo intensivo, mostrando que a biomassa capturada de peixes está relacionada com variações limnológicas e incorpora uma variável de esforço de pesca. Schelesinger e Regier (1982) examinaram a hipótese de que diferenças observadas entre a produção pesqueira de sistemas de alta e de baixa latitude (maior pesca em regiões tropicais) seriam em razão da temperatura mais alta nos ecossistemas de latitudes mais baixas. Esses autores constataram uma relação positiva significante entre a biomassa capturada e a temperatura média do ar, considerando-se iguais ou praticamente iguais as outras **variáveis limnológicas**. Os resultados apresentados foram:

$$\log \varphi = 0{,}0236 - 0{,}280 \log IME - 0{,}050\ T$$

onde:
φ – estimativa da produção máxima sustentável por unidade de área do lago ou represa
IME – índice morfoedáfico já referido
T – temperatura média do ar (em ºC)
os logaritmos são de base 10

Outra medida de produção pesqueira, aplicada em represas da Nigéria por Ita (1978), é a pesca em canoas de pesca artesanal e em coletas biológicas/experimentais com redes, considerando-se kg/1.000 m².

Outros resultados são apresentados na Tab. 12.8, elaborada a partir de dados de Petrere (1994), Petrere e Agostinho (1993) e Paiva *et al.* (1994), a qual mostra a captura e a produção pesqueira em vários reservatórios no Brasil, comparada com outros reservatórios em vários cotinentes.

Tab. 12.8 Captura e produção pesqueira em reservatórios localizados em vários continentes

	Captura (t.ano⁻¹)	Produção (kg.ha⁻¹.ano⁻¹)	Autor
7 reservatórios na bacia do rio Paraná	4,51	—	Petrere e Agostinho (1993)
17 reservatórios no Nordeste do Brasil	151,8	—	Paiva *et al.* (1994)
Reservatórios na África	99,5	—	Marshall (1994)
Lagos na África	58,4	—	Bayley (1988)
Sobradinho	24.000	57,1	Petrere (1986)
Itaipu	—	11,6	Petrere (1994)
Guri (Argentina)	300	10	Alvarez *et al.* (1986)

Fonte: Petrere (1994).

Para melhores informações sobre produção pesqueira em represas, são necessários muitos anos de dados comparativos e sequenciais, incluindo necessariamente estudos mais profundos durante longos períodos, ainda muito antes do fechamento da barragem. Depois do fechamento do reservatório é fundamental continuar o monitoramento da fauna ictíica a montante e a jusante da barragem.

O desenvolvimento de estoques pesqueiros estáveis em reservatórios é parte do componente biológico de sucessão limnológica, de acordo com Holcick *et al.* (1989) e Kubecka (1993). Durante o processo de "evolução" ou envelhecimento do reservatório, Vostradrosvshy *et al.* (1989) descreveram a possível sucessão para represas da Europa Central: os primeiros estágios após o fechamento da barragem são dominados por **salmonídeos**; o segundo estágio é dominado por **percas** e o terceiro, por **ciprinídeos**.

O **gerenciamento da fauna ictíica** e a manutenção dos estoques pesqueiros em represas são tarefas complexas, pois envolvem não só um profundo conhecimento ecológico e limnológico do sistema, mas a biologia das espécies, e dependem das regras de operação do reservatório e dos seus usos múltiplos. Dessa forma, são indissociáveis o conhecimento ecológico do sistema e o gerenciamento dos estoques, tendo em vista as possibilidades de manutenção de uma pesca sustentável. A introdução de espécies exóticas no reservatório pode constituir-se em elemento extraordinariamente complexador desse gerenciamento; frequentemente, a falta de conhecimento científico sobre a estrutura da rede alimentar, as interações e o nível de conhecimento das populações podem levar a situações extremamente complexas e irreversíveis, com a dominância de espécies não comerciais e de pouca possibilidade de exploração.

O gerenciamento da fauna ictíca começa, portanto, com a determinação de espécies presentes no reservatório, da diversidade, do papel das várias espécies na rede alimentar e das funções reguladoras, tais como as **relações predador-presa**. O gerenciamento de estoques deve levar em conta as estimativas da pesca, o esforço da pesca e a biomassa capturada em função do número de pescadores. A avaliação dos estoques existentes pode ser feita não só pela estimativa de capturas e esforço de pesca, mas por meio de ecossondagem.

Outro problema importante a resolver é o conhecimento da biologia das espécies, a fim de que se possa determinar a época de reprodução, a interação das características biológicas das populações com as funções de forças climatológicas e hidrológicas, e a capacidade de reposição do estoque. Populações não exploradas, monoespecíficas ou multiespecíficas, mantêm-se em equilíbrio. A primeira consequência da exploração de uma população monoespecífica é a perda de equilíbrio, com as seguintes consequências: redução da biomassa, aumento da taxa de mortalidade (mortalidade natural e a resultante da pesca) e decréscimo da idade média da população. Para populações multiespecíficas ocorre um processo muito mais complexo, uma vez que o esforço de pesca ótimo é diferente para cada espécie.

Portanto, a exploração racional dos estoques pesqueiros implica, além de um bom conhecimento inicial da diversidade biológica e ecológica das espécies presentes, a obtenção de dados estatísticos confiáveis sobre produção, esforço de pesca, captura por pescador, número de pescadores, dados de mercado. É igualmente fundamental acompanhar o **processo de envelhecimento** ou "evolução" do reservatório e as alterações na estrutura da fauna ictíica e na biomassa, seja pelo efeito produzido pela exploração dos recursos pesqueiros, seja por outros fatores, como contaminação e poluição.

Outro problema extremamente importante é a determinação da distribuição das várias espécies e dos estoques pesqueiros, em função das várias regiões do reservatório. Por exemplo, na barragem de Sobradinho, no Estado da Bahia (Protan/CEPED, 1987 *apud* Petrere, 1994), detectaram-se três regiões com relação à limnologia do reservatório, coincidindo com diferentes dados de captura:

▸ **Região lêntica**: que compreende 60% da área do reservatório, com a produção mais baixa, e espécimes de maior porte que foram capturados nesta região.

▸ Região de transição: onde 75% dos peixes são capturados. Essa região constitui 30% da área do reservatório, com uma extensa região de macrófitas associada à vegetação inundada. Nessa represa, como em outras, esta é uma área de crescimento e alimentação.

▸ **Região lótica**: típica região de rio, com alta concentração de sólidos em suspensão, onde ocorrem migração de peixes e reprodução nas lagoas marginais.

A região de transição parece ser, em muitos reservatórios, a área de maior produção pesqueira, a qual pode estar associada a uma maior produtividade primária, uma vez que a zona eufótica é mais profunda e há fontes externas de nutrientes provenientes da região lótica, além da regeneração autóctone que ocorre nessa área. Em Itaipu, Okada *et al.* (1994) mostraram que 50% da captura provêm da região de transição. No caso dos açudes do Nordeste, ocorreu um aumento na produção de *Tilapia* sp após sua introdução (*Tilapia rendalli* e *Tilapia niloticus*) (Fernando, 1992). As espécies de *Tilapia* sp contribuem com 30% do total da produção pesqueira desses reservatórios.

A introdução da corvina ou pescada (*Plagioscion squamosissimus*) em represas é um dos grandes exemplos de espécies adaptadas a condições lênticas e que pode explorar com sucesso inúmeros reservatórios, situados nas várias latitudes (Petrere e Agostinho, 1993). Com a *Cichla* spp, a *Plagioscion* spp é a espécie predominante no reservatório de Tucuruí (rio Tocantins), constituindo parte importante da fauna ictíica dos reservatórios de Barra Bonita (rio Tietê) e Itaipu (rio Paraná) (Petrere e Agostinho, 1993). *Plagioscion* spp é uma espécie piscívora que explora a zona pelágica, alimentando-se principalmente de pequenos peixes que habitam nessa área.

12.12 "Evolução" e Envelhecimento do Reservatório

O processo de envelhecimento ou de "evolução" do reservatório depende, fundamentalmente, das características da fase de enchimento desse ecossistema artificial e das inter-relações que se estabelecem, ao longo do tempo, entre o reservatório e a bacia hidrográfica. Se, durante a fase de enchimento, ocorre degradação de vegetação não retirada da futura bacia, o reservatório já se inicia com acúmulo de matéria orgânica particulada e dissolvida, o que causa alterações no seu funcionamento, na biomassa de espécies, na colonização da fauna ictíica e na estrutura da rede alimentar (Matsumura Tundisi *et al.*, 1991). Nas fases mais avançadas da interação do reservatório com a bacia hidrográfica, pode ocorrer um aporte de matéria orgânica, de nutrientes de origem doméstica (esgotos não tratados) ou de agricultura – fertilizantes que aceleram o processo de eutrofização, como demonstrado por Tundisi *et al.* (2005) para a represa Billings, da região metropolitana de São Paulo.

A organização espacial do reservatório vai apresentando mudanças que às vezes são extensas, durante as várias fases. Por exemplo, o desenvolvimento e a consolidação de ecótonos em relação aos reservatórios vão alterando a colonização e a sucessão de espécies na zona pelágica e no litoral (Henry, 2003).

O processo de "envelhecimento" dos reservatórios resulta em algumas consequências definidas por Straškraba *et al.* (1993). Trata-se de uma alteração profunda na termodinâmica do sistema; uma vez que os mecanismos de produção primária se modificam (por exemplo, na represa de Barra Bonita, rio Tietê), a produção primária fitoplanctônica aumentou 15 vezes em 25 anos) (Matsumura Tundisi e Tundisi, 2004). A decomposição de matéria orgânica pode assumir grandes proporções, aumentando o consumo de oxigênio – há um aumento acentuado de matéria orgânica no sedimento do reservatório durante o processo de "envelhecimento". Portanto, a entropia pode aumentar e, da mesma forma, podem acentuar-se os efeitos indiretos, com consequências na rede alimentar e na estrutura do sistema (Margalef, 1983).

Em reservatórios que passam por um grau de **hipereutrofização**, por exemplo, a biomassa fitoplanctônica aumenta consideravelmente. A decomposição dessa biomassa produz um efeito indireto quantitativamente importante (Sandes, 1998), uma vez que oferece substrato a uma variada flora bacteriana que se desenvolve associada a *Microcystis aeruginosa*. Em alguns reservatórios, a estabilização que ocorre após alguns anos de funcionamento é fator positivo para a manutenção da diversidade e da biomassa, especialmente se o tempo de retenção for mantido constante e a bacia hidrográfica tiver controladas as condições de poluição e contaminação.

Grandes flutuações de nível também são processos que alteram a sucessão e a organização do reservatório durante a sua fase de "envelhecimento". Extensas áreas descobertas, onde pode crescer uma biomassa de gramíneas (até 50–60 toneladas por hectare), contribuem com grandes concentrações de matéria orgânica na fase seguinte de enchimento estacional do reservatório.

Contribuições intensas de material em suspensão carreado a partir da bacia hidrográfica podem ocorrer. Tundisi (1994, resultados não publicados) demonstrou grande impacto de massas de material em suspensão inorgânico na represa de Barra Bonita, resultando em extensa mortalidade de peixes como consequência da depredação completa do oxigênio dissolvido em toda a coluna de água, durante o período de descarga desse material em suspensão.

Portanto, durante o processo de "envelhecimento" do reservatório, há um conjunto de pulsos que interferem no processo de reorganização e retardam ou aceleram esse processo. Descargas rápidas de saídas de fundo dos reservatórios podem alterar profundamente a composição química do sedimento e diminuir consideravelmente a carga interna do sistema, alterando os ciclos biogeoquímicos no reservatório e a jusante.

A Fig. 12.16 mostra o processo de "evolução" hipotético de um reservatório e seleciona alguns reservatórios em várias bacias hidrográficas no Brasil relacionados com o estágio de desenvolvimento. Deve-se considerar que, no processo de "envelhecimento" ou "evolução" dos reservatórios, a relação com a bacia hidrográfica tem um papel fundamental.

12.13 Usos Múltiplos e Gerenciamento de Reservatórios

Construídos inicialmente para algumas finalidades definidas (hidroeletricidade ou reserva de água), os grandes reservatórios atualmente têm usos múltiplos, além de ser utilizados para estimular e impulsionar o **desenvolvimento regional**. Portanto, o gerenciamento dos reservatórios é uma tarefa complexa, que demanda equipes interdisciplinares com competência para minimizar impactos, promover a otimização de usos múltiplos e gerenciar efetivamente o ecossistema artificial e sua evolução com a bacia hidrográfica. Como represas são mais sensíveis que lagos, devido à maior área da bacia hidrográfica em relação aos lagos naturais, impactos analisados a partir da bacia hidrográfica são fundamentais para determinar respostas e tendências.

As várias etapas na estratégia de gerenciamento de represas são apresentadas no Cap. 19.

12.14 Reservatórios Urbanos

Em muitas regiões metropolitanas de países situados tanto no hemisfério Norte como no hemis-

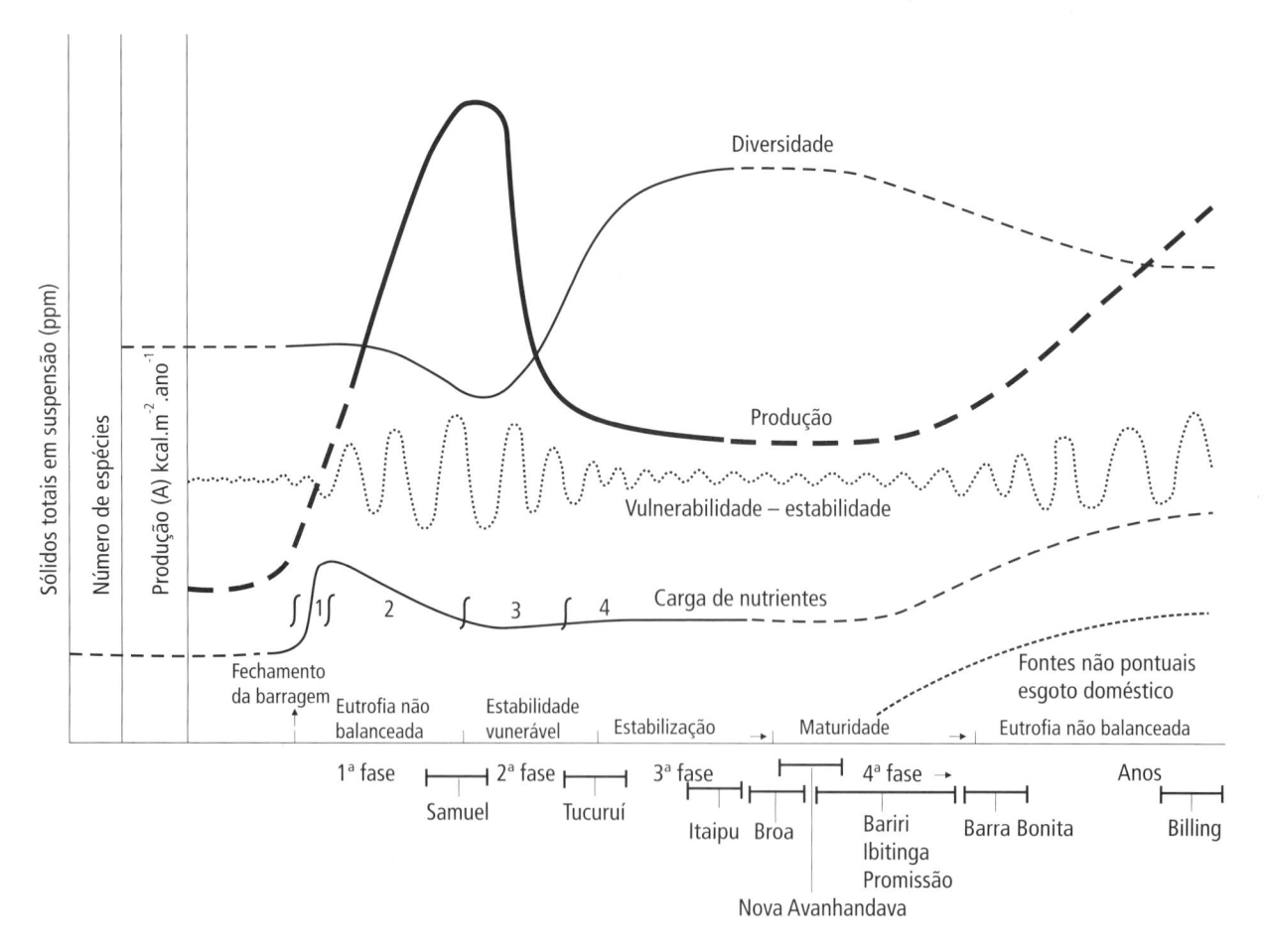

Fig. 12.16 Processo de "evolução" ou "envelhecimento" de reservatórios. Foram colocados reservatórios nas várias bacias hidrográficas no Brasil e em diferentes estágios
Fonte: modificado de Balon e Coche (1974).

fério Sul, há muitos reservatórios localizados na área urbana. Esses reservatórios são submetidos a inúmeras pressões por usos múltiplos, sendo também ecossistemas com muitos "serviços" ambientais e sociais disponíveis. Por exemplo, a região metropolitana de São Paulo é servida por 23 reservatórios de abastecimento de água que, além dessa função, são utilizados para *recreação*, *pesca*, *produção de hidroeletricidade* (em alguns casos) e *turismo*. Esses sistemas são pressionados permanentemente pelos seguintes impactos: fontes pontuais e não-pontuais de fósforo e nitrogênio, degradação das margens e da zona litoral, desmatamento, descarga de resíduos sólidos, sedimentação, descarga de substâncias tóxicas, poluição atmosférica, ocupações urbanas extensas (Fig. 12.17).

Além disso, **produção de toxinas** por florescimentos de *Microcystis aeruginosa* aumenta a toxicidade do sistema. O gerenciamento desses reservatórios é uma tarefa complexa e de difícil resolução, pois envolve medidas estruturais e não-estruturais. Essas medidas não-estruturais necessitam de uma permanente resolução de conflitos e de articulação dos comitês de bacia, aumentando a governabilidade do sistema (ver Cap. 19).

12.15 Perspectivas da Pesquisa em Reservatórios

O estudo desses sistemas artificiais, principalmente em países em desenvolvimento, é muito importante para estabelecer processos de funcionamento e permitir o planejamento de novos reservatórios com um mínimo dano ambiental. O estudo científico limnológico e o monitoramento adequado, segundo o que já foi descrito, também permite a otimização de

Fig. 12.17 Reservatório artificial urbano – lago Paranoá, Brasília (ver Anexo 6).

usos múltiplos e o controle da composição química da água nas condições desejadas. Por exemplo, é muito importante que o estudo proporcione oportunidades para controlar a qualidade da água a jusante da barragem. O controle da qualidade da água e de suas características físicas e químicas, associado à vazão, pode ser feito com o conhecimento apropriado do reservatório e dos seus compartimentos em uma escala temporal e espacial. Esse controle deve ser extenso e envolver informações de antes do fechamento da barragem para permitir um estudo aprofundado das alterações e da evolução do reservatório sob a influência das condições regionais (Tundisi, 1993a, b, c).

É fundamental o conhecimento das **inter-relações da bacia hidrográfica** com o reservatório. Um estudo limnológico assim é muito complexo, principalmente levando-se em conta a imensa série de interações em um sistema com milhares de quilômetros quadrados, ainda mais considerando-se a área inundada. Entretanto, o conhecimento desses sistemas pode ampliar consideravelmente, a partir da Limnologia, as bases botânica, biológica e zoológica, permitindo um aprofundamento da Limnologia Tropical (Henry, 1999b).

A obtenção de um número muito grande de dados em represas distribuídas em determinada área geográfica pode facilitar, a partir de uma ordenação e uma classificação, o planejamento regional e o gerenciamento de bacias hidrográficas. Para essa classificação, é necessário o conhecimento dos principais mecanismos de funcionamento das represas, de forma comparativa (Magalef et al., 1976; Tundisi, 1981).

A comunidade biológica pode ser considerada como uma expressão dessas interações nas represas, em sua composição, diversidade e biomassa. Consequentemente, estudos comparativos possibilitam a introdução de técnicas adequadas de manejo e controle da biomassa. As pesquisas mais recentes em reservatórios têm proporcionado novas informações sobre esses ecossistemas como sistemas complexos. Os mecanismos de controle em reservatórios flutuam de condições climatológicas/hidrológicas a controles biológicos em que cadeias alimentares e diversidade são controladas por predação e por processos de parasitismo e de interações biológicas. Controles físico-biológicos podem ocorrer durante períodos de baixo tempo de retenção e intenso fluxo.

Novas informações também têm sido adicionadas sobre reservatórios em cascata e sua influência sobre as comunidades bentônicas e planctônicas e os ciclos biogeoquímicos (Tundisi et al., 2008, 2010; Joran; Nogueira, 2008; Nogueira et al., 2010).

Afluente do rio São Francisco, região de Três Marias
Foto: J. G. Tundisi

13 | Rios

Resumo

Neste capítulo, apresentam-se os rios como ecossistemas aquáticos de fluxo permanente, com interação também permanente – e intensa – com as bacias hidrográficas nas quais se inserem, e com a fauna dominada por invertebrados bentônicos e peixes. A biota aquática desses sistemas lóticos é adaptada ao fluxo unidirecional da água e à estrutura do sedimento do fundo, ou seja, seu tipo e sua composição química.

Rios são sistemas de transporte de matéria orgânica e inorgânica. A contribuição de material alóctone torna o fluxo de energia dependente, em grande parte, dessa contribuição de restos orgânicos e inorgânicos de vegetação, outros organismos, material em suspensão fino e areia. A produção primária autóctone é mantida, em grande parte, por perifíton, macrófitas aquáticas e fitoplâncton, este localizado em áreas de remanso e baixa circulação.

A matéria orgânica transformada nos rios por larvas de insetos aquáticos, peixes e bactérias desloca-se em "espirais de nutrientes" a jusante.

Características dos rios são a deriva – da qual depende a sobrevivência de muitos organismos, especialmente insetos – e a zonação. Discutem-se as várias propostas de zonação e o conceito do *continuum* do rio.

Os rios são submetidos permanentemente aos impactos das atividades humanas, que têm vários níveis de magnitude, desde a construção de canais e o desmatamento das muitas galerias até a descarga de metais pesados, herbicidas, pesticidas e de um grande número de substâncias orgânicas que se dissolvem na água.

Regeneração e recuperação de rios devem ter uma base científica construída a partir de um **banco de dados** em que séries temporais e espaciais (séries históricas: hidrológicas, físicas, químicas e biológicas) possibilitem promover cenários, analisar tendências e recuperar as bacias hidrográficas e a qualidade das águas.

13.1 Como Ecossistemas

Os rios distinguem-se dos lagos, áreas alagadas, represas e tanques (sistemas lênticos) por duas características principais: a primeira é o permanente movimento horizontal das correntes e a segunda é a interação com sua bacia hidrográfica, da qual há uma permanente contribuição de material *alóctone* – principalmente matéria orgânica de origem terrestre: folhas, frutos, restos de vegetação e insetos aquáticos. Isso ocorre nos riachos onde há matas ciliares bem estruturadas e preservadas, que produzem sombreamento nos pequenos riachos. Quando há maior disponibilidade de luz, predominam perifíton e macrófitas aquáticas; nesse caso, a produção de matéria orgânica é *autóctone*. O plâncton pode ocorrer em rios, mas somente em bacias ou áreas de baixa corrente.

A fauna de invertebrados em rios é dominada por invertebrados bentônicos, enquanto a fauna de vertebrados aquáticos é dominada por peixes. O permanente **movimento unidirecional** das águas é a característica dominante dos rios e controla a estrutura do fundo e do material que ocorre no sedimento. A biota aquática, a fauna e a flora lóticas são, portanto, adaptadas a esse fluxo unidirecional e à estrutura do sedimento do fundo – tipo e composição química.

A velocidade da água no canal de um rio (expressa comumente em $m.s^{-1}$) varia de forma considerável na seção transversal, e a fricção entre a corrente e o sedimento altera-se enormemente. Na seção vertical de um rio, a velocidade da corrente é maior à superfície (nos rios rasos). Em rios mais profundos, a velocidade da corrente também pode ser maior à superfície e menor nas regiões mais profundas. Vale lembrar, porém, que há inúmeras exceções. A relação entre a velocidade da corrente, a profundidade, a estrutura física e a distribuição do sedimento determina características físicas importantes quanto à estrutura horizontal do sistema e quanto ao transporte de material particulado e dissolvido. O volume total de água que passa em determinado ponto do rio pode ser calculado a partir de $Q = LPU$, em que L é a largura do rio, P é a profundidade média no ponto considerado e U, a velocidade da corrente. Esse volume é dado em $m^3.s^{-1}$.

É muito importante conhecer a descarga de rios (em $m^3.s^{-1}$), pois a partir dessa informação pode-se determinar a *carga* que é transportada pelo rio (em $kg.m^{-3}.s^{-1}$, por exemplo, ou $ton.m^{-3}.ano^{-1}$). O fluxo da água em rios pode ser *laminar*, em que ocorre o deslocamento paralelo de camadas de água no eixo vertical, ou *turbulento*, com completa mistura (ver Cap. 4).

13.2 Processos de Transporte

A *geomorfologia fluvial* determina as características principais da rede hidrográfica, na qual se estabelecem padrões variados de drenagem que dependem da latitude, longitude, altitude, declividade e do tipo de solo. A evidência de que essa rede hidrográfica é determinada pelas relações e forças físicas que interagem nas bacias de drenagem começou a ser estudada a partir da segunda metade do século XVIII.

As características físicas que interferem no transporte de material e na *carga* são: *largura e profundidade do canal do rio, velocidade da corrente*, **rugosidade do sedimento**, **grau de sinuosidade** *do rio e seus principais tributários* (Allan, 1995). Além disso, a declividade do rio em certos trechos é igualmente importante, pois estabelece diferentes velocidades de corrente e distintos mecanismos de transporte de matéria particulada e dissolvida. As **características espaciais/temporais** dos rios dependem de sua interação com as bacias hidrográficas e das flutuações na **hidrologia regional**, que determina padrões diferenciados de fluxo, os quais variam estacionalmente ou mesmo em períodos curtos de tempo (horas ou dias). Essas características também são importantes para a distribuição espacial/temporal da biota. Em períodos de alta precipitação ou seca, por exemplo, a distribuição espacial dos micro-hábitats nos rios sofre variações com as alterações em velocidade da corrente. Esses micro-hábitats apresentam estrutura e dimensões de alguns centímetros a alguns metros.

13.2.1 Transporte de material orgânico e inorgânico

O sedimento inorgânico ou orgânico transportado pelos rios deriva da erosão das margens e dos processos de erosão nas bacias hidrográficas. Deposição de sedimento erodido das margens ou proveniente da erosão do solo nas bacias hidrográficas ocorre nas diversas regiões dos rios, especialmente nas áreas de várzea, em remansos e zonas de baixa velocidade. As partículas de material em suspensão depositam-se de acordo com a sua dimensão e densidade. O tamanho das partículas transportadas pelos rios depende da velocidade da corrente e das características morfológicas do rio. Uma velocidade crítica da erosão de partículas de areia, por exemplo, é 20 cm.s^{-1}. Eventos extremos (altas precipitações ou seca com baixas velocidades de corrente) têm um papel importante no transporte e na deposição de sedimento pelos rios. Os impactos das atividades humanas podem alterar o fluxo do transporte de material em suspensão.

De modo geral, os rios depositam material de maior tamanho a montante e material particulado muito fino (< 20 μm) a jusante, nas regiões de menor velocidade, como os remansos e aquelas com sinuosidades no perfil.

A Fig. 13.1 mostra a velocidade da corrente e o tamanho das partículas transportadas pelos rios. Além das partículas de material em suspensão orgânico e inorgânico, há também um contínuo transporte de restos de vegetação (folhas e detritos) que são utilizados como alimento por um conjunto de organismos que processam esse material. O resultado mais evidente desse processamento de material é a transformação da matéria orgânica ao longo do rio, de tal forma que a jusante há uma maior concentração de material orgânico fino particulado e de matéria orgânica dissolvida. O *transporte* ou deslocamento dessa matéria orgânica inclui detritos de várias origens, algas e invertebrados.

13.3 Perfil Longitudinal e a Classificação da Rede de Drenagem

Riachos, pequenos rios e córregos distinguem-se dos rios pelo tamanho. Os grandes rios podem ter milhares de quilômetros de comprimento e quilômetros de largura. O perfil longitudinal dos rios e riachos começa com um declive mais acentuado e com sinuosidade a jusante (Fig. 13.2). A velocidade da corrente e a deposição de material variam de acordo com o trecho do rio que se está considerando.

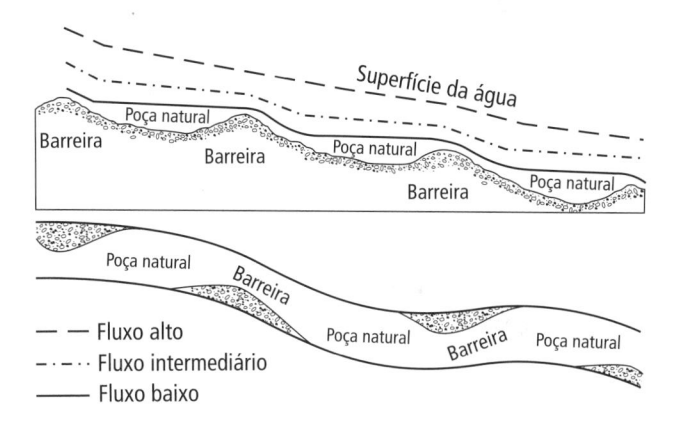

Fig. 13.2 Perfil longitudinal de um rio, mostrando seus vários componentes

Rios e riachos nas bacias hidrográficas são classificados de acordo com a sua ordem. Os pequenos riachos e fontes das cabeceiras são de primeira ordem (Fig. 13.3). Quando dois pequenos riachos de primeira ordem se juntam, tornam-se um riacho de segunda ordem e assim sucessivamente. As calhas principais dos grandes rios podem chegar até a décima ou 12ª ordem antes de atingir o oceano. A Tab. 13.1 mostra uma **classificação dos rios** com base nas várias características de tamanho e descarga.

A bacia de drenagem pela qual se distribuem o rio principal e os seus tributários varia muito em forma e declividade, com certa regularidade típica em algumas regiões. Por exemplo, os pequenos riachos no cerrado do Brasil apresentam como características

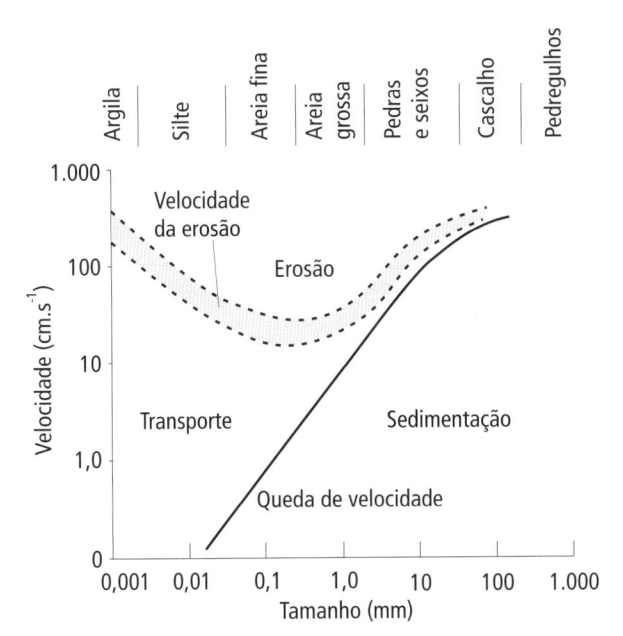

Fig. 13.1 Relação entre a velocidade média da corrente na água a 1 m de profundidade e o tamanho da granulação mineral que pode ser erodida de um leito de material de tamanho similar
Fonte: modificado de Allan (1995).

Tab. 13.1 Classificação dos rios com base nas características de descarga, área de drenagem e largura

Tamanho do rio	Descarga média (m³.s⁻¹)	Área de drenagem (km²)	Largura do rio (m)	Ordem do rio
Rios muito grandes	> 10.000	> 10⁶	> 1.500	> 10
Grandes rios	1.000 – 10.000	100.000 – 10⁶	800 – 1.500	7 – 11
Rios	100 – 1.000	10.000 – 100.000	200 – 800	6 – 9
Pequenos rios	10 – 100	1.000 – 10.000	40 – 200	4 – 7
Riachos	1 – 10	100 – 1.000	8 – 40	3 – 6
Pequenos riachos	0,1 – 1,0	10 – 100	1 – 8	2 – 5
Pequenos rios de nascente	< 0,1	< 10	< 1	1 – 3

Fonte: Chapman (1992).

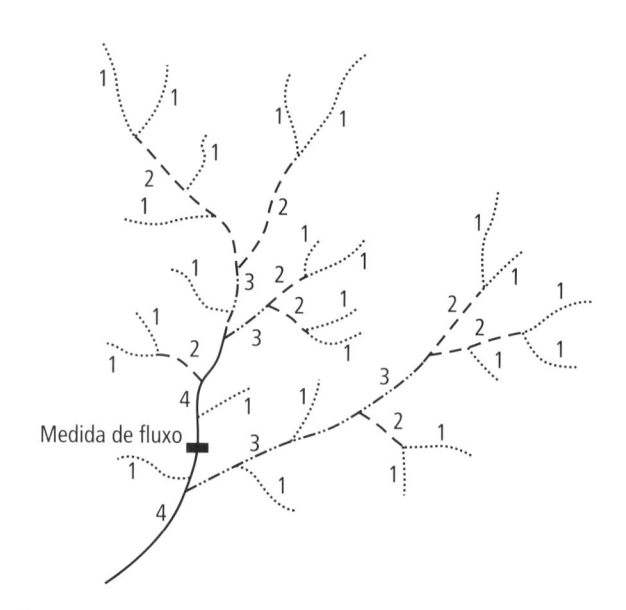

Fig. 13.3 Uma rede de drenagem, ilustrando-se a classificação dos tributários

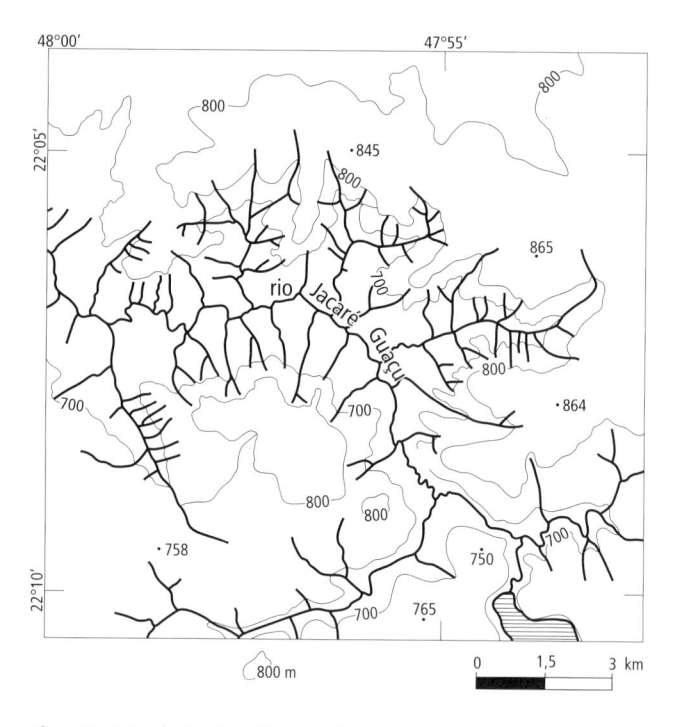

Fig. 13.4 Padrão dendrítico de organização espacial de pequenos rios do cerrado no Estado de São Paulo
Fonte: Tundisi (1994).

padrões dendríticos que estão relacionados com o relevo e a declividade (Fig. 13.4). Esses pequenos rios e suas matas ciliares constituem uma rica variedade de áreas úmidas que mantêm a biodiversidade no cerrado, não só da fauna aquática, mas da fauna terrestre associada. Por exemplo, matas ciliares são áreas de nidificação e de refúgio para aves aquáticas.

13.4 As Flutuações de nível e os Ciclos de Descarga

Os padrões de descarga nos rios determinam as propriedades principais desses sistemas lóticos. Variações estacionais e diurnas em rios que dependem dos ciclos climatológicos e hidrológicos controlam os processos físicos, químicos e biológicos. A descarga depende da precipitação, da geologia e geomorfologia da bacia hidrográfica, da declividade dos rios, da presença de restos da vegetação ou de barragens e das características do sedimento do fundo.

Descargas muito rápidas após intensas chuvas aumentam o transporte de material e organismos a jusante, que se acumulam principalmente em áreas de várzea e com meandros (Fig. 13.5).

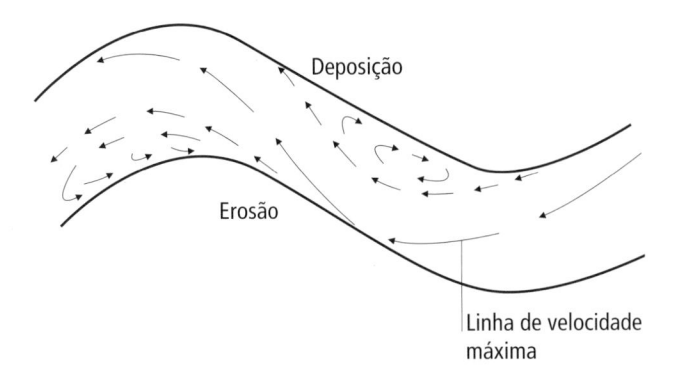

Fig. 13.5 Áreas de máxima velocidade de deposição e erosão em meandros de rio
Fonte: modificado de Allan (1995).

13.5 Composição Química da Água e os Ciclos Biogeoquímicos

Os rios recebem das bacias hidrográficas e da rede de drenagem em que se inserem uma grande quantidade de matéria orgânica e inorgânica, que constitui a base da composição química da água e dos ciclos biogeoquímicos. Além da água, portanto, o rio transporta um conjunto de materiais que, de acordo com Berner e Berner (1987) e Horne e Goldman (1994), é constituído de:

- Matéria inorgânica em suspensão: alumínio, ferro, silício, cálcio, potássio, magnésio, sódio, fósforo.
- Íons principais dissolvidos: Ca^{++}, Na^+, Mg^{++}, K^+, HCO_3^-, SO_4^{--}, Cl^-.
- Nutrientes dissolvidos: nitrogênio, fósforo, silício.
- Matéria orgânica dissolvida e particulada.
- Gases (N_2, CO_2, O_2).
- Metais traço sob forma particulada e dissolvida.

Deve-se ainda acrescentar outros elementos, resultantes das atividades humanas nas bacias hidrográficas, como alumínio, mercúrio, chumbo, cádmio, zinco, cobalto, cobre e cromo, os quais se apresentam dissolvidos ou em forma particulada e são incorporados às cadeias alimentares, causando danos à fauna e à flora. Outros componentes a ser considerados, dependendo da localização dos rios e das bacias hidrográficas em áreas agrícolas ou industriais, são pesticidas e herbicidas, óleos e graxas.

A dominância de intemperismo, no qual muitos componentes carbonatados estão presentes, é comum. Mais de 50% dos sólidos totais dissolvidos (STD) são compostos de bicarbonatos, cloretos e sulfatos.

A composição química da água dos rios é apresentada na Tab. 13.2. Para comparação, na Tab. 13.3 apresenta-se a composição química da água de chuva. Deve-se notar que a água da chuva próxima a regiões costeiras apresenta uma contribuição maior em certos íons, como sódio, magnésio, potássio e cloro – em rios, cloro e sódio são derivados do intemperismo das rochas; já o sulfato deriva de atividade vulcânica ou de chuvas ácidas em regiões industriais.

A combinação da descarga (em $m.s^{-1}$) com a concentração (em $mg.\ell^{-1}$) de constituintes orgânicos ou inorgânicos possibilita estimar a carga dessas substâncias ou dos elementos, que é expressa em $t.m^{-3}.ano^{-1}$ ou em $kg.m^{-3}.dia^{-1}$. Essa carga varia no espaço e no tempo e depende dos períodos de vazões mais elevadas, em função das alterações estacionais do ciclo hidrológico. É fundamental, portanto, realizar-se um estudo estacional detalhado para estimar a carga nos diferentes períodos do ano, em função das variações climatológicas.

As relações entre *evaporação*, *precipitação* e *predominância* do *tipo de rocha* já foram descritas no Cap. 5, para a composição química básica das águas continentais.

Os rios transportam nitrogênio sob a forma de nitrato, nitrito ou amônia, e silicato sob a forma solúvel. Fosfato também está associado com a matéria particulada, como demonstrado por Likens (1977, 1997) especialmente para riachos em regiões florestadas (Tab. 13.4). As proporções de cada um desses componentes do ciclo variam em função do clima, da estação do ano e da geologia da bacia hidrográfica.

A Tab. 13.5 apresenta a concentração de oxigênio dissolvido, pH e condutividade no Ribeirão do Lobo (cerrado), região central do Estado de São Paulo (Matheus e Tundisi, 1988). Rios do cerrado tendem a apresentar baixa condutividade, concentrações elevadas de oxigênio dissolvido, áreas de rápida corrente e pH ligeiramente ácido.

As variações anuais dos componentes químicos, como fósforo, nitrogênio, sílica e outros íons, são dependentes e controladas pelas bacias hidrográficas, pelas **descargas durante o ciclo hidrológico** e

Tab. 13.2 Composição química da água de rios (mg.ℓ^{-1})[a]

	Sólidos totais dissolvidos	Ca^{2+}	Mg^{2+}	Na^+	K^+	Cl^-	SO_4^{2-}	HCO_3^-	SiO_2	Descarga (km³.ano⁻¹)	Razão de escoamento superficial[b]
Média mundial											
Presente	110,1	14,7	3,7	7,4	1,4	8,3	11,5	53,0	10,4	37,4	0,46
Natural	99,6	13,4	3,4	5,2	1,3	5,8	8,3	52,0	10,4		
América do Norte											
Presente	142,6	21,2	4,9	8,4	1,5	9,2	18,0	72,3	7,2	5,5	0,38
Natural	133,5	20,1	4,9	6,5	1,5	7,0	14,9	71,4	7,2		
América do Sul											
Presente	54,6	6,3	1,4	3,3	1,0	4,1	3,8	24,4	10,3	11,0	0,41
Natural	54,3	6,3	1,4	3,3	1,0	4,1	3,5	24,4	10,3		
Europa											
Presente	212,8	31,7	6,7	16,5	1,8	20,0	35,5	86,0	6,8	2,6	0,42
Natural	140,3	24,2	5,2	3,2	1,1	4,7	15,1	80,1	6,8		
África											
Presente	60,5	5,7	2,2	4,4	1,4	4,1	4,2	26,9	12,0	3,4	0,28
Natural	27,8	5,3	2,2	3,8	1,4	3,4	3,2	26,7	12,0		
Ásia											
Presente	134,6	17,8	4,6	8,7	1,7	10,0	13,3	67,1	11,0	12,5	0,54
Natural	123,5	16,6	4,3	6,6	1,6	7,6	9,7	66,2	11,0		
Oceania											
Presente	125,3	15,2	3,8	7,6	1,1	6,8	7,7	65,6	16,3	2,4	—
Natural	120,6	15,0	3,8	7,0	1,1	5,9	6,5	65,1	16,3		

[a] As concentrações reais incluem informações da atividade antropogênica. Os valores naturais foram corrigidos com o objetivo de excluir a poluição
[b] Taxa de escoamento – escoamento médio por unidade de área/média de chuvas
Fonte: Berner e Berner (1987).

Tab. 13.3 Concentrações típicas dos principais íons na água da chuva (mg.ℓ^{-1})

Íon	Chuva continental	Chuva marinha e costeira
Na^+	0,2 – 1	1 – 5
Mg^{2+}	0,05 – 0,5	0,4 – 1,5
K^+	0,1 – 0,5	0,2 – 0,6
Ca^{2+}	0,2 – 4	0,2 – 1,5
NH_4^+	0,1 – 0,5	0,01 – 0,05
H^+	pH 4 – 6	pH 5 – 6
Cl^-	0,2 – 2	1 – 10
SO_4^{2-}	1 – 3	1 – 3
NO^3	0,4 – 1,3	0,1 – 0,5

Fonte: Berner e Berner (1987).

Tab. 13.4 Frações particuladas e frações dissolvidas para vários elementos transportados em rios

Elemento	Fração particulada (%)	Fração dissolvida (%)
P	63	37
N	3	97
Si	26	74
Fe	100	0
S	0,2	99,8
C	32	68
Na	3	97
K	22	78
Ca	2	98
Mg	6	94
Cl	0	100
Al	41	59

Fonte: modificado de Likens et al. (1997).

por outros fatores, como fixação de nitrogênio por plantas aquáticas, erosão, decomposição da vegetação e retenção pela camada de húmus no sedimento. Em razão desses fatores, as variações estacionais nos ciclos biogeoquímicos dos rios são muito mais pronunciadas do que em lagos, e o conceito de nutriente limitante, como aplicado a lagos, não é muito bem aplicado a rios.

Tab. 13.5 Valores médios mensais da condutividade elétrica ($\mu S.cm^{-1}$), oxigênio dissolvido ($mg.\ell^{-1}$) e pH no Ribeirão do Lobo (Itirapina, SP)

	CONDUTIVIDADE	OXIGÊNIO DISSOLVIDO	pH
Abril (1985)	26,0	8,5	6,8
Maio	18,0	8,7	6,8
Junho	14,0	7,8	7,0
Julho	26,0	9,0	6,7
Agosto	12,0	9,0	6,9
Setembro	15,0	7,7	6,9
Outubro	15,0	7,0	6,1
Novembro	17,0	6,9	6,2
Dezembro	14,0	7,5	6,2
Janeiro (1986)	14,0	7,1	6,5
Fevereiro	15,0	7,4	6,4
Março	18,0	7,6	6,5
MÉDIA	17,0	7,8	6,6

Fonte: Matheus e Tundisi (1988).

Nos rios, há regiões de acúmulo de nutrientes, especialmente fósforo, nitrogênio ou silício, os quais podem ser liberados, ou por processos bioquímicos, ou por processos físicos, como o efeito das correntes ou descargas altas em períodos de intensa precipitação. A presença ou ausência de íons carbonatos define rios de águas duras ou rios de águas ácidas com baixa concentração de íons carbonatos. Essa composição química determina diferentes tipos de **fauna e flora lóticas**. Por exemplo, no cerrado do Brasil, os riachos são geralmente de águas ácidas com baixo pH e baixa concentração de carbonatos ou bicarbonatos. Em muitas regiões amazônicas, os riachos são de águas ácidas e pH baixo.

A distribuição de moluscos, por exemplo, está, até certo ponto, muito relacionada com a concentração de cálcio e com a alcalinidade dos rios. Não só há a limitação de algumas espécies como a espessura da concha está relacionada com a concentração de cálcio na água.

13.5.1 Ciclos biogeoquímicos e os componentes orgânicos particulados e dissolvidos

Dos pontos de vista qualitativo e quantitativo, a matéria orgânica dissolvida e particulada é muito mais importante em rios do que em lagos. Essa matéria orgânica inclui: material alóctone, com partículas maiores que 1 mm de diâmetro, denominado *matéria orgânica particulada grossa* (MOPG), em contraposição à **matéria orgânica particulada fina** (MOPF), que consiste de partículas menores que 1 mm de diâmetro.

A *matéria orgânica dissolvida* em rios (MOD) é proveniente da decomposição do material particulado, da excreção de organismos como peixes e invertebrados e da permanente reciclagem a jusante de matéria orgânica particulada. Esta, de origem alóctone ou autóctone, é imediatamente atacada por bactérias e fungos que adicionam valor nutricional aos detritos, os quais, consequentemente, são ingeridos por outros invertebrados ou peixes comedores de detritos. Esse sistema dinâmico é muito importante em pequenos riachos, onde a decomposição do material particulado proveniente de folhas, restos de vegetação e organismos é resultante do processamento desse material, o qual é finalmente transportado como matéria orgânica dissolvida para os rios de maior porte, a jusante na bacia hidrográfica (Walker, 1978). Essa autora observou, nos pequenos riachos da bacia amazônica, como uma comunidade de amebas, protozoários ciliados, rotíferos e nematódeos processa a matéria orgânica, estabelecendo uma rede alimentar relativamente complexa, baseada em relações predador-presa e com uma organização de até cinco níveis tróficos, em termos de protozoários, a partir do processamento de matéria orgânica particulada de origem alóctone.

A Fig. 13.6 mostra o processo de "espirais de nutrientes" em um rio e as relações entre a biota aquática e o transporte de materiais. É importante

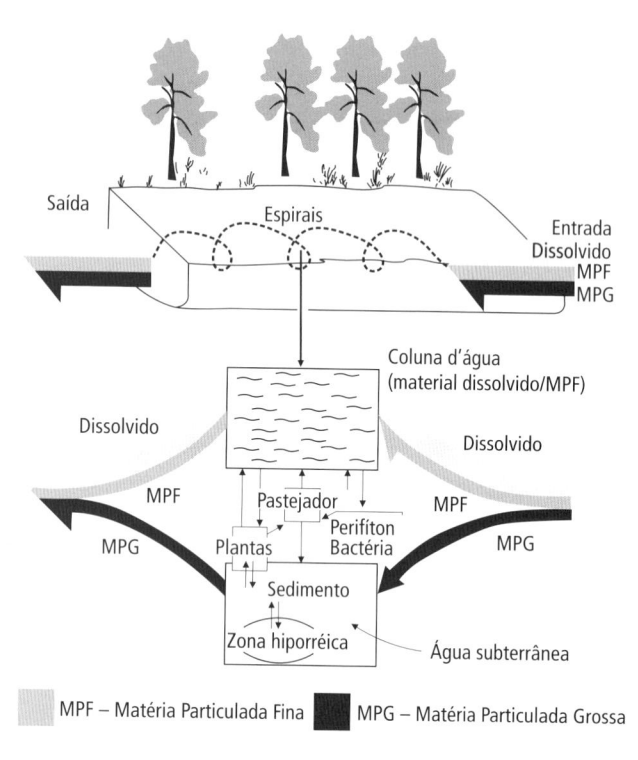

Fig. 13.6 Espirais de nutrientes em um rio
Fonte: Hart e Mckelvie (1986).

considerar a taxa de transferência dos elementos em substâncias dissolvidas entre os componentes do sistema: biota, sedimentos e água. A Fig. 13.7 descreve o ciclo do nitrogênio em um rio.

Quanto aos metais pesados que ocorrem nos rios por fenômenos naturais (composição do solo, por exemplo) ou processos antrópicos, é importante ressaltar que a sua forma físico-química (especiação) é fundamental na ciclagem e nas "espirais de elementos" encontrados nos rios. A complexação de metais por substâncias orgânicas dissolvidas – ácidos húmicos –, por exemplo, ainda não está completamente definida e é necessário mais experimentação em condições controladas para melhor definir as relações de cobre, zinco, mercúrio, cádmio e chumbo com substâncias orgânicas dissolvidas nas diversas situações físicas e químicas – potencial redox, condutividade elétrica, taxa de oxigenação – pelas quais passam os rios e riachos (Hart e McKelvie, 1986). No Brasil, com as

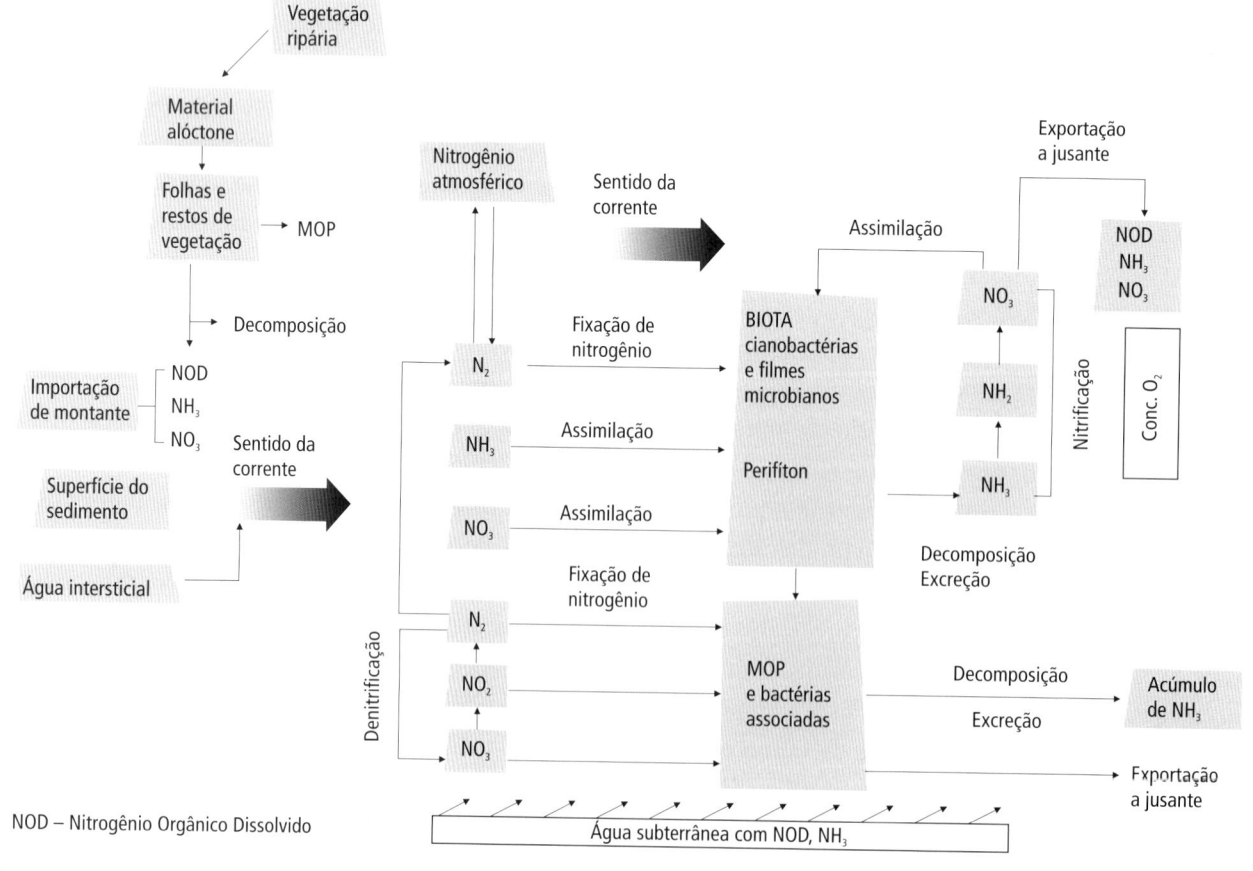

Fig. 13.7 O ciclo do nitrogênio em um rio. Nitrogênio disponível é representado por NO_3^- e NH_3, que são imediatamente fixados e assimilados diretamente. Decomposição, excreção e exudatos são vias de reciclagem dos alimentos
Fonte: modificado de Allan (1995).

diferenças locais e regionais em composição química da água e com o "background" de metais e substâncias húmicas em diferentes regiões, há seguramente uma diferenciação complexa nas várias regiões, com

Principais fatores físicos em rios que são importantes para a biota aquática

A biota aquática dos rios está submetida a um conjunto de fatores que têm fundamental importância em sua estrutura e função. Um dos principais fatores que definem o ambiente físico e químico dos rios e riachos é a corrente (Margalef, 1983). Portanto, pode-se listar os fatores mais importantes que atuam sobre os organismos da fauna e flora lóticas, como:

Velocidade da corrente e forças físicas associadas – A velocidade da corrente afeta a deposição de partículas, transporta alimentos e desloca os organismos (deriva – "drift"). Adaptações morfológicas ocorrem na fauna e na flora de rios, com relação à corrente. As forças hidrodinâmicas afetam os organismos de várias formas. O regime da corrente é extremamente variável.

Fluxo na água e próximo aos sedimentos – Laminar, turbulento ou de transição.

Substratos – Tipo e qualidade do substrato: areia, seixos, matéria argilosa fina, pedras, sedimento rochoso, substratos orgânicos (troncos, folhas) e inorgânicos. O substrato influencia a abundância e a diversidade de organismos (Allan, 1995).

Temperatura da água – A temperatura da água nos sistemas lóticos varia diária e estacionalmente, devido a fatores como clima, altitude, tipo e extensão da mata ripária e contribuição das águas subterrâneas. Essa temperatura estabelece limites à distribuição geográfica e à fisiologia dos organismos, influenciando a reprodução, a sobrevivência e o ciclo de vida dos organismos.

Oxigênio dissolvido – A concentração de oxigênio dissolvido tem um papel fundamental na distribuição, sobrevivência e fisiologia da fauna e flora lóticas. A decomposição de massas de vegetação ou a descarga de matéria orgânica residual (esgoto, por exemplo) alteram substancialmente a diversidade e a biomassa. Fauna ictíica de rios, riachos ou grandes rios, localizada após grandes quedas de água, está adaptada à sobrevivência a concentrações mais elevadas de oxigênio dissolvido na água (até 120% de saturação) (Tundisi, 1992, dados não publicados).

especiações e reações químicas que diferem em função da temperatura da água, do grau de oxigenação e de outros processos físicos e químicos.

O papel dos eventos (como inundação, por exemplo) no **transporte de fósforo** e nitrogênio é bem conhecido e documentado. O transporte de fósforo ocorre principalmente sob a forma de matéria particulada (entre 70% e 90%) (Cullen *et al.*, 1978a; Horne e Goldman, 1994).

As substâncias húmicas de origem natural são decorrentes da decomposição da vegetação, e muitos rios e riachos com abundante vegetação ripária apresentam altas concentrações de matéria orgânica dissolvida (COD – Carbono Orgânico Dissolvido, variando, em muitos casos, de 2,0 a 30,0 ou 50 mg.ℓ^{-1}). Essa matéria orgânica dissolvida tem um papel fundamental na reciclagem de metais, de nitrogênio e fósforo nesses rios com alta concentração de carbono orgânico dissolvido.

13.6 A Classificação e a Zonação

Tentativas para esclarecer e dimensionar a zonação em rios ocorreram desde a segunda metade do século XIX (Borne, 1877).

Rios e riachos são ecossistemas complexos, especialmente porque apresentam grandes alterações espaciais, desde suas nascentes até as grandes áreas de várzea, já nas planícies fluviais. Segundo Horne e Goldman (1994), algumas tentativas iniciais de classificar os rios com base na fauna ictíica foram feitas por Schindler (1957), que considerou as várias características dos rios com relação às correntes e ao oxigênio dissolvido como a base para uma classificação das diferentes espécies de peixes que habitam diferentes trechos.

A zonação de rios foi parte de um esforço de limnólogos para caracterizar os sistemas lóticos em contraposição ao sistema de classificação dos lagos baseado em níveis tróficos, proposto por Thienemann (1925) e Naumann (1926).

Nowicki (1889) estudou a zonação do **rio Vistula**, na Polônia. Thienemann (1912, 1925) também procurou apresentar a zonação de rios com base em características físicas e a fauna de peixes e invertebrados para os rios da Alemanha, descrevendo zonas sucessivas em pequenos riachos.

Na Europa, os trabalhos de Carpenter (1928) procuraram classificar riachos de montanha na região de Gales, em função de características físicas e da fauna, especialmente a ictíica, mas incluindo crustáceos, insetos, anelídeos e celenterados. Outras classificações e zonações propostas foram as de Huet (1949, 1954), para rios em certas áreas da Bélgica; Muller (1951), para rios na Alemanha, relacionando a zonação com comunidades bentônicas; e Illies (1958), para riachos do Norte da Europa.

Na América do Norte, os trabalhos pioneiros de Burton e Odum (1945) objetivaram apresentar uma zonação de riachos da Virgínia com base na fauna ictíica, e os de Funk e Campbell (1953) realizaram-se em tributários do rio Mississippi. Outros trabalhos de zonação de rios foram realizados na África (Harrison e Elsworth (1958), na Nova Zelândia (Allen, 1956) e no Brasil (Kleerekoper, 1955). Illies (1964) estudou a distribuição da fauna de invertebrados em um dos tributários do rio Amazonas, no Peru.

Uma das discussões referentes à zonação de rios refere-se à utilização da fauna ictíica para representar as biocenoses, razão pela qual empreendeu-se uma série de estudos sobre a distribuição longitudinal da fauna bentônica em rios da Europa, América do Norte e África, entre 1925 e 1970 (Hawkes, 1975). Procurou-se estabelecer associações entre espécies de peixes indicadoras das diferentes condições (físicas, químicas e biológicas) dos rios e os macroinvertebrados bentônicos (Hallam, 1959). Illies (1953) dedicou estudos especialmente direcionados a insetos aquáticos, comparando a distribuição longitudinal de Ephemeroptera, Plecoptera, Trichoptera e Coleoptera. As causas para essa distribuição longitudinal, descritas em muitos trabalhos, foram relacionadas por Hawkes (1975), como segue:
- corrente e tipo de substrato;
- velocidade da corrente e fluxo laminar ou turbulento;
- temperatura;
- concentração de oxigênio dissolvido;
- nutrientes dissolvidos e concentração de carbonatos;
- interações com outros organismos (relações predador-presa, parasitismo).

Outro tipo de zonação estudada foi a **classificação dos biotipos** em diferentes trechos do rio, como descrito em Berg (1948). Essa classificação dos biotipos leva em conta as características físicas do fundo (pedras ou areia, seixos tolados, presença de algas ou macrófitas, sedimento orgânico). Esse autor listou espécies características de cada trecho e caracterizou velocidades de corrente típicas para cada região do rio:
- Muito fortes: $> 0{,}1$ m.s^{-1}
- Forte: $0{,}05 - 0{,}1$ m.s^{-1}
- Moderada: $0{,}025 - 0{,}05$ m.s^{-1}
- Fraca: $0{,}01 - 0{,}025$ m.s^{-1}
- Muito fraca: $< 0{,}01$ m.s^{-1}

Marlier (1951) definiu "**unidades sinecológicas**" a partir de associações de animais bentônicos. Outro tipo de classificação considera o pH dos rios: ácidos (pH 5,0-5,9) não tamponados; fracamente ácidos (pH 6,0-6,9); alcalinos (pH 7,0-8,5) (Hawkes, 1975).

Propuseram-se classificações hierárquicas e zonações de trechos de rios baseadas na densidade da fauna bentônica e na presença de organismos indicadores. A presença de espécies ou gêneros de macrófitas e algas bentônicas também foi utilizada como base para essa classificação (Butcher, 1933), Iansley (1939), Lagler (1949), Macan (1961). Vários autores (por exemplo, Hawkes, 1975) consideram que a classificação e a zonação de rios com base na fauna ictíica têm um valor aplicado importante no que se refere à conservação e recuperação desses ecossistemas.

Uma das classificações e zonações de rios largamente aplicada é a de Illies (1961a), que baseou a proposta de zonação valendo-se de informações obtidas em vários continentes: continente sul-americano; Europa; África (especialmente África do Sul) em trabalhos realizados em rios desses continentes (Illies, 1961b; Harrison e Elsworth, 1958).

As duas divisões principais propostas por Illies são:

i) **Rhithron** definida como zona de alta velocidade de corrente; volume de poucos metros cúbicos; regiões onde a média anual de temperatura da água não excede 20°C; substrato com rochas, pedras, seixos e areia fina.

ii) **Potamon** – definida como zona de baixa velocidade de corrente, predominantemente laminar; média anual de temperatura maior que 20°C, ou, em latitudes tropicais, temperatura máxima acima de 25°C; substrato com sedimento orgânico; pequenas poças e tanques naturais com baixa concentração de oxigênio.

De acordo com Illies e Botosaneanu (1963), organismos do Rhithron são estenotérmicos de águas frias, associados com águas muito oxigenadas (> 80% saturação) e aeradas. Os organismos do Potamon são euritérmicos ou estenotérmicos de águas quentes, com desenvolvimento de plâncton nos vários braços ou lagoas associadas a essa região. As zonas epi, meta e hipo-rithrom foram ainda consideradas por Illies (1961a) como extensões da proposição da zonação original, e o **crenon-eucrenon** (fontes) e **hipocrenon** (cabeceiras de rios) como regiões acima do Rhithron.

A classificação e a zonação de rios são úteis para estratégias de conservação e estudos ecológicos. Entretanto, a adoção de uma ou várias classificações depende da região (latitude, longitude e altitude) e de estudos comparados. Segundo Marlier (1951), a abordagem sinecológica é necessária e certamente poderá ser de grande utilidade.

Uma classificação baseada em características das associações e assembléias de organismos combinadas com características físicas deve ser considerada como a melhor. O Quadro 13.1 apresenta a associação de famílias de insetos com as zonas de Rhithron e Potamon de rios. Espécies diferentes ocorrem em diferentes regiões biogeográficas, mas, de modo geral, as famílias de insetos tendem a ser representadas em rios de diferentes continentes.

13.6.1 Influência das atividades humanas na zonação

A utilização das bacias hidrográficas pelo homem produz alterações na zonação de rios, especialmente em relação ao desmatamento, aos usos do solo e à erosão. Cada alteração dos rios afeta a zonação (Hynes, 1961).

Quadro 13.1 Associação de famílias de insetos com as zonas de Rhithron e Potamon de rios

Ordem	Família Rhithron	Família Potamon
Ephemeroptera	Ecdyonuridae	Siphlonuridae
	Ephemerellidae	Potamanthidae
	Leptophlebiidae	Polymitarcidae
		Caenidae
Plecoptera	Capniidae	Perlodidae
	Leuctridae	Perlidae
	Neumouridae	
	Gripopterygidae	
Diptera	Blepharoceridae	Chironomidae
	Simuliidae	Calicidae
	Podonomidae	Tabanidae
	Psychodidae	Stratiomyidae
Coleoptera	Elmidae	Dysticidae
	Psephenidae	Haliplidae
	Holodidae	
	Hydraenidae	
Heteroptera		Corixidae
		Notonectidae
Trichoptera	Rhyacophilidae	Leptoceridae
	Odentoceridae	Hydroptilidae
	Glossosomatidae	
	Philopotamidae (exceto *Chimarrha*)	
Hydrachnellae	Hygrobatidae	
	Protziidae	

Fonte: Hawkes (1975).

A introdução de espécies exóticas, acidentalmente ou com propostas de piscicultura ou aumento da biomassa, altera as redes alimentares e as biocenoses. A construção de barragens afeta a zonação de rios e altera a composição das biocenoses, como discutido no Cap. 11. A canalização de rios afeta a zonação e possibilita migrações de espécies que se deslocam entre várias bacias hidrográficas, sobretudo quando há uma comunicação entre as bacias. É o que poderá acontecer no Brasil quando da possível construção de um canal ligando o rio Tocantins ao rio São Francisco.

13.6.2 O conceito do *continuum* do rio

Uma compreensão mais substancial da dinâmica dos sistemas lóticos foi apresentada por Vannote *et al.* (1980). Essa abordagem é baseada na ordem dos rios, no tipo de matéria orgânica particulada e no tipo de invertebrados bentônicos presentes. A base dessa abordagem é a alteração que ocorre desde as cabeceiras do rio até o seu desagradouro em outro rio ou no estuário. Em conjunto com as modificações e os gradientes físicos, ocorre, de acordo com esse conceito, uma série de ajustes bióticos associados.

Esse conceito, segundo Petts e Callow (1996), estabelece que a estrutura e a função das comunidades bentônicas, a partir das nascentes do rio até a sua desembocadura, são asseguradas pelo **gradiente de matéria orgânica** alóctone e autóctone. A importância relativa de cada um dos grupos de invertebrados, **fragmentadores**, **coletores** (catadores e filtradores), herbívoros, raspadores e predadores altera-se em função do suprimento alimentar (Fig. 13.8a). Nos pequenos riachos de ordem 1 a 3, predomina **Matéria Orgânica Particulada Grossa** (MOPG), a qual é a base alimentar para cortadores, como caranguejos de água doce e larvas de invertebrados. Matéria Orgânica Particulada Fina (MOPF), resultante dessa atividade, domina os rios de ordem 4 a 7. Coletores de sedimento ou filtradores dominam essa região. Trata-se de várias larvas de insetos aquáticos que se alimentam dessa MOPF. Já nos rios de ordem 8 a 12, a produção primária autóctone começa a predominar (devido às algas dos microfitobentos e macrófitas aquáticas). Nesses rios, há componentes da MOPF e

MOPG – Matéria Orgânica Particulada Grossa
MOPF – Matéria Orgânica Particulada Fina
MOD – Matéria Orgânica Dissolvida

➜ Exportação a jusante

1	Pastadores
2	Predadores
3	Fragmentadores
4	Bactérias e fungos
5	Coletores

F/R — Fotossíntese/Respiração
----- Matéria Orgânica Particulada Fragmentada (MOPF)
MOP — Matéria Orgânica Particulada

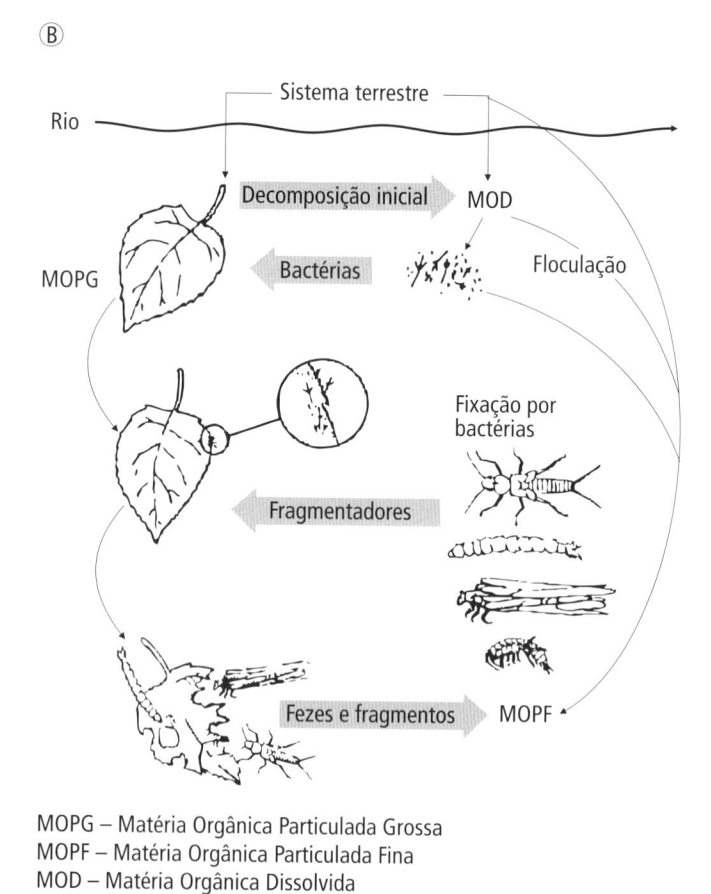

Fig. 13.8 A) As interações de fragmentadores, carbono orgânico particulado, fungos e bactérias, modelados para pequenos riachos de regiões temperadas; B) Rede alimentar em rios e componentes dos processadores de matéria orgânica
Fontes: modificado de Vannote *et al.* (1980) e Allan (1995).

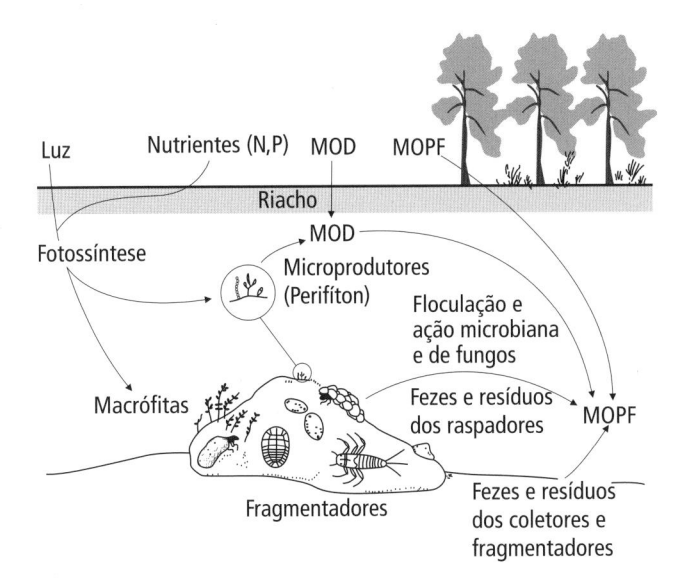

Fig. 13.9 As relações tróficas entre fragmentadores e raspadores de perifíton e macrófitas em um riacho com contribuição de matéria orgânica fragmentada alóctone. O tapete microbiano perifíton-bactéria-matéria orgânica em superfícies do substrato é fragmentado ou particionado. Na figura, apresentou-se uma ameba comum a riachos amazônicos que tem papel relevante no processamento de material
Fonte: modificado de Allan (1995).

da MOD (Matéria Orgânica Dissolvida) que são utilizados por herbívoros e raspadores, como moluscos e larvas de insetos aquáticos (Fig. 13.8b e 13.9).

O conceito do *continuum* do rio foi estudado por muitos pesquisadores, como Minshall *et al.* (1983), e aplica-se a muitos rios em regiões temperadas e tropicais.

Nas regiões de várzea localizadas nas planícies fluviais, a integridade ecológica do sistema é dependente da conectividade entre os canais naturais dos rios e as várzeas. Essa conectividade é representada pelo conceito do pulso de inundação, descrito por Junk *et al.* (1989), e assinala a importância do pulso de inundação na ecologia dinâmica das comunidades terrestres e aquáticas e nas espirais de carbono, fósforo e nitrogênio.

O fluxo da água nos rios proporciona uma variedade de hábitats, e os padrões variáveis de velocidade da corrente afetam as comunidades bentônicas de invertebrados e microfitobentos. Portanto, dentro desse contexto físico, os rios são estruturados pelas cadeias alimentares e suas configurações e arranjos nas diferentes regiões. Perturbações como enchentes ou erosões têm um papel importante na organização e reorganização dessas comunidades (Townsend, 1989), as quais podem apresentar estruturas em mosaicos nas diferentes regiões.

Em um estudo realizado no centro do Estado de Minas Gerais (19°20S e 43°44W), em um rio da serra do Cipó (**córrego Indaiá** – 1ª à 4ª ordem e **córrego do Peixe** – 5ª e 6ª ordens), pertencente à bacia do rio Doce, Callisto *et al.* (2004) avaliaram a estrutura, a diversidade e os **grupos funcionais tróficos** da comunidade bentônica de macroinvertebrados desses sistemas, e caracterizaram esses rios dos pontos de vista físico, químico e biológico (macroinvertebrados bentônicos, coliformes fecais, bactérias heterotróficas e leveduras). Identificaram-se 60 *taxa* de macroinvertebrados bentônicos, sendo o grupo dominante o dos insetos aquáticos, com 50 famílias distribuídas em oito ordens. Os resultados obtidos nesse trabalho indicam que a estrutura, a diversidade e a composição das comunidades de macroinvertebrados bentônicos são influenciadas pela disponibilidade de recursos para alimentação, pela estacionalidade e pela heterogeneidade do sedimento.

Nas regiões de 1ª ordem, o fundo é constituído por rochas. Durante o período de precipitação, o rio apresenta um filete de água, enquanto no período de seca ocorrem poços isolados com MOPF em grande quantidade. Já os trechos de 2ª a 4ª ordem têm o fundo com 70% de rochas, com sequências de corredeiras e poços bem definidos; corredeiras em regiões de grande declividade; poços profundos com seixos e areia grossa próxima das margens dos rios. Os trechos de 3ª ordem têm o fundo constituído por rochas, seixos e pedras, e trechos com corredeiras e poços rasos.

Nesses rios, os trechos de 5ª ordem apresentam um fundo de rochas com seixos, pedras e areia. Depósitos de erosão ocorrem ao longo das margens e nos canais dos rios. Por sua vez, os trechos de 6ª ordem apresentam fundo de rochas coberto com seixos, areia e depósitos de silte, nas sequências de corredeiras e poços. Esses componentes do substrato são substituídos pelas zonas de deposição da erosão localizadas nas areias e sinuosidades do rio, com menor velocidade de corrente.

Esse exemplo ilustra bem as diferenças longitudinais que ocorrem na estrutura e na função de riachos nos quais as comunidades bentônicas, algas do microfitobentos, bactérias e leveduras têm importância quantitativa nos processos e no funcionamento do sistema, além das condições físicas. Callisto *et al.* (1998, 2001) apresentam sugestões sobre a estrutura do hábitat, sua diversidade e a diversidade dos grupos tróficos funcionais bentônicos, indicando também a importância da utilização de macroinvertebrados bentônicos como ferramenta para avaliar a saúde de riachos (Callisto *et al.*, 2001).

Trabalhos recentes no Brasil, relativamente à distribuição e zonação de comunidades de invertebrados e de peixes: Huamantico e Nessimian (2000); Camargo e Florentino (2000); Resende (2000); Callisto *et al.* (2000a, b); Oliveira *et al.* (2000); Schulz *et al.* (2001); Higuti e Takeda (2002); Mazzoni *et al.* (2002); Araújo e Garutti (2003); Garavello e Garavello (2004); Cusatti (2004); Callisto *et al.* (2005); Cetra e Petrere (2006); Pedro, Maltchik e Bianchini (2006).

Esse conjunto de trabalhos conclui que o padrão de distribuição da fauna lótica depende da interação da geomorfologia do rio ou riacho, do tipo de substrato, das condições hidráulicas, da temperatura da água, e das interações biológicas como predação e parasitismo. Silveira *et al.* (2006) determinaram as distribuições espacial e temporal da fauna de invertebrados bentônicos no **rio Sana**, na bacia hidrográfica do **rio Macaé**, Sudeste do Brasil. Nesse estudo, a riqueza total mais elevada de espécies ocorreu no substrato folhiço da correnteza, enquanto o substrato folhiço de fundo apresentou o maior número de nichos exclusivos. Este parece ser um padrão característico de rios da mata Atlântica (Kikuchi e Uieda, 1998).

Bispo *et al.* (2006) pesquisaram a influência de fatores ambientais sobre a distribuição de imaturos de Ephemeroptera, Plecoptera e Trichoptera, e concluíram que a altitude, a ordem dos rios e a cobertura vegetal foram os fatores mais importantes na distribuição de imaturos desses organismos. Os riachos de 3ª e 4ª ordens foram os mais suscetíveis às variações pluviométricas, o que influenciou a abundância dos organismos. Riachos de 1ª ordem são menos suscetíveis aos efeitos da precipitação.

Em resumo, um grande conjunto de fatores interage para ordenar e consolidar as características das comunidades biológicas em rios, especialmente aquelas que dependem dos substratos e sua composição: heterogeneidade do substrato; o "**hábitat hidráulico**" da flora e fauna lóticas; a concentração de proteínas nos biofilmes de sedimentos; o processamento de folhas e detritos por invertebrados; a concentração de bactérias heterotróficas nos sedimentos; a concentração de material em suspensão (orgânico e inorgânico) na água; as relações entre períodos de inundação e de dessecamento; as fontes de suprimento de energia (alóctone ou autóctone) para os organismos lóticos consumidores; as características gerais do "hábitat físico" disponível para a fauna (Bretschko e Helesic, 1998).

13.7 Rios e Riachos Intermitentes

Em muitos continentes, em regiões áridas e semi-áridas, ocorrem rios intermitentes nos quais, durante períodos de precipitação, há um fluxo de corrente de água considerável, que desaparece durante períodos de seca. Organismos desses sistemas intermitentes e temporários têm grande capacidade de recuperação. Rápidas enchentes dispersam organismos que apresentam diversos mecanismos de resistência e sobrevivência ao dessecamento. Secas prolongadas e enchentes rápidas são comuns em rios do Nordeste do Brasil, causando alterações na dinâmica de macrófitas aquáticas. Rios temporários podem ter um ciclo de seca de 200 a 300 dias, enquanto que rios efêmeros, têm um ciclo de seca de 350 dias. Segundo Pedro *et al.* (2006), a duração do período de seca é um fator importante para a sobrevivência dos diferentes **grupos de espécies** de macrófitas aquáticas. A intensidade e o fluxo da inundação após períodos de seca têm impacto e afetam a recolonização, a biomassa máxima das macrófitas aquáticas e a sua produtividade.

Fauna e flora aquáticas de rios e riachos efêmeros e temporários do Brasil necessitam de estudos mais avançados e permanentes (Maltchik e Pedro, 2001). Fischer *et al.* (1982) estudaram a sucessão temporal em um rio temporário do deserto.

13.8 Produção Primária

As irregularidades nas flutuações das variáveis físicas e químicas dos rios, bem como a grande heterogeneidade e variabilidade espacial da biota aquática, especialmente microfitobentos, perifíton, fitoplâncton e plantas aquáticas superiores, tornam bastante difícil e complexa a determinação da produtividade primária nos rios. De acordo com Wetzel (1975), quase todas as variáveis abióticas e bióticas influenciam a produtividade primária com variações diárias, estacionais ou irregulares.

Variações na velocidade da corrente, radiação solar subaquática e concentração de nutrientes ocorrem a cada trecho do rio, tornando difícil a comparação entre réplicas de trechos diferentes. Variações na **microdistribuição** dos componentes dos produtores primários tornam difíceis, do ponto de vista técnico, as determinações *in situ* da produtividade primária, como aplicada nos lagos, represas ou em águas costeiras. Não obstante essas dificuldades, realizaram-se análises da produção primária de comunidades (produção primária bruta), bem como alguns trabalhos em sistemas lóticos experimentais sob condições controladas (Warren e Davis, 1971).

De um modo geral, os organismos autótrofos dos sistemas lóticos representam uma comunidade diversificada de algas, angiospermas e briófitas. Reconhece-se, no entanto, que as águas dos rios de cabeceiras com alta velocidade de corrente são dominadas por **metabolismo heterotrófico** e grande quantidade de material orgânico presente especialmente em rios cobertos por vegetação, como nas florestas tropicais (Gessner, 1955).

Macrófitas, briófitas e macroalgas constituem importantes contribuintes à produtividade primária de rios e riachos. Em regiões de rios com altas velocidades de corrente (> 1 $m.s^{-1}$), macrófitas com mecanismos especiais de fixação são comuns (Gessner, 1959). Em regiões de rios mais calmos, com correntes de baixa velocidade e altas concentrações de nutrientes, macrófitas e microfitobentos podem ser, quantitativamente, componentes muito importantes da produção primária (Neiff, 1997) (Tab. 13.6).

Perifíton, macrófitas e fitoplâncton são os principais produtores que ocorrem em rios. As algas perifíticas distribuem-se em pedras (epíliton) ou em sedimentos moles (epipólon) ou crescem sobre outras plantas (epifíton), como discutido no Cap. 6. A composição de espécies do perifíton varia estacionalmente e também com o ciclo hidrológico, sobretudo em regiões onde ocorre grande variação do fluxo da água, em frações de períodos de precipitação e seca. O perifíton dos sedimentos dos rios ou localizado nos substratos moles e em outras plantas aquáticas distribui-se em agrupamentos espaciais relativamente definidos (Margalef, 1983). Esse autor definiu também agrupamentos a montante e a jusante nos rios, que dependem da velocidade das correntes. Essa escala de agrupamentos depende de micro-hábitats nos rios. Intensidade luminosa, nutrientes e predação por herbívoros são fatores que influenciam o perifíton de rios. O suprimento de nutrientes pode ser um fator limitante importante para o perifíton, como demonstrado por vários autores (Allan, 1995).

Um dos métodos mais comuns para estudar o perifíton de rios e determinar sua taxa de crescimento e resposta a fatores limitantes à composição química contaminante (metais pesados, herbicidas e

Tab. 13.6 Distribuição geral da flora de rios e riachos em relação à velocidade da corrente

Velocidade ($m.s^{-1}$)	Tipo de comunidade	Formas dominantes
< 0,2 – 1	Algas fixas em substrato	Algas epipélicas e epifíticas: *Navícula, Oscilatória, Oedgonium*
> 1	Algas fixas	Algas epifíticas: *Diatomas, Ceratoneis*
0,2 – 1	Macrófitas	Angiospermas: *Clodea, Potamogeton* Macroalga: *Chara*
0,5 – 2	Macrófitas	Algumas angiospermas: *Ranunculus, Trontinalis*
> 0,5 – 1	Fitoplâncton	Pequenas diatomáceas unicelulares: *Cianobactérias em águas de rios enriquecidas com nutrientes*
> 1	Fitoplâncton	*Volvocales, Crisomonas*

Fonte: Hawkes (1975).

pesticidas) é a experimentação com placas de material plástico, vidro ou cerâmica. Chamixaes (1997) determinou a produtividade primária de perifíton com a exposição de placas no fundo dos rios da região do cerrado (represa do Lobo/Broa) e posterior determinação do O_2 dissolvido na água pelo método dos frascos escuros e transparentes. Tipo de substrato, temperatura e intensidade luminosa são fatores limitantes à produtividade do perifíton em rios.

Métodos quantitativos para as medidas da produção primária em rios compreendem medidas de mudanças da biomassa, cuja amostragem requer um alto grau de réplicas; uso de substratos artificiais para diminuir o grau de heterogeneidade e determinar a produtividade primária em condições experimentais (em frascos transparentes e escuros, utilizando-se a técnica do ^{14}C ou do O_2 dissolvido – ver Cap. 9). Determinam-se as alterações de biomassa a partir de análises sequenciais e do cálculo do incremento de biomassa (número de organismos por cm^2 ou m^2) ou da concentração de clorofila por cm^2 ou m^2.

As determinações da produtividade primária em rios com medidas *in situ* são feitas a partir de adaptações das técnicas originais de determinação da produtividade pelo método do O_2 dissolvido ou pela fixação do ^{14}C.

Devido às dificuldades para medir a produção primária *in situ* dos diferentes componentes da comunidade autotrófica fotossintetizante, optou-se por realizar uma série de medidas do metabolismo das comunidades que geralmente utilizam as alterações na concentração de oxigênio dissolvido, ou na concentração de CO_2 e no pH da água.

Odum (1956, 1957) desenvolveu esse método para riachos, o qual posteriormente foi utilizado em um grande número de rios (Odum e Hoskin, 1957; Hoskin, 1959; Hall, 1972; Wetzel, 1975). Relações entre a concentração de oxigênio dissolvido na água, perda ou acréscimo de oxigênio para a atmosfera e acréscimo de oxigênio a partir de drenagem resultam na seguinte fórmula, que representa a mudança de oxigênio dissolvido por unidade de área:

$$\Delta C = P - R \pm D + A$$

onde:
ΔC – Taxa de alteração da concentração de oxigênio dissolvido na água
P – Produção primária bruta
R – Respiração da comunidade
D – Perda ou acréscimo de oxigênio para a atmosfera
A – Acréscimo de oxigênio devido à corrente e turbulência

As estimativas da produtividade primária dos vários componentes do sistema de produtores autótrofos apresentam um conjunto grande de resultados. Para o perifíton, os dados levantados por Mann (1975) expressam valores de 920 a 8.176 $kcal.m^{-2}.ano^{-1}$; para as macrófitas aquáticas, a produção primária líquida variou de 0,1 a 8.833 $kcal.m^{-2}.ano^{-1}$; e para o fitoplâncton de águas lóticas, obtiveram-se valores de 2.810 a 4.388 $kcal.m^{-2}.ano^{-1}$ (produtividade líquida). Ainda segundo Mann (1975), os padrões para a produtividade secundária variam de 70 a 614 $kcal.m^{-2}.ano^{-1}$ para herbívoros e detritívoros, e de 3 a 60 $kcal.m^{-2}.ano^{-1}$ para carnívoros, com dados referentes a vários rios e riachos de regiões temperadas.

Os dados obtidos variam de estimativas a partir de mudanças da biomassa, variações de oxigênio dissolvido em períodos de 24 horas em rios e mudanças do pH com determinações das alterações de CO_2.

13.9 Fluxo de Energia

Existem poucos estudos sobre o fluxo de energia em rios. O trabalho clássico foi o desenvolvido por Odum (1957) em Silver Springs. Uma revisão consistente sobre o fluxo de energia em rios e os fluxos entre todos os componentes biológicos foi publicada por Mann (1975).

13.10 A Rede Alimentar

As redes alimentares em rios são dominadas pelos invertebrados bentônicos e pelos peixes. Como já apontado neste capítulo, as fontes de matéria orgânica dos rios são alóctones ou autóctones. A rede alimentar, portanto, depende das relações e das contribuições de **matéria alóctone** ou autóctone em diferentes trechos dos rios. A organização das redes tróficas é complexa e há considerável superposição entre as várias dietas de invertebrados e peixes.

A maioria das espécies apresenta pouca diferença em seus itens alimentares, e mesmo a ordenação clássica (herbívoro, carnívoro, detritívoro) pode gerar confusão, se baseada somente na análise do conteúdo estomacal. Dessa forma, a divisão dos invertebrados em grupos funcionais (Commins, 1973) pode ser útil, e o método de captura é importante, muito mais do que o recurso disponível.

Uma caracterização completa da rede alimentar em rios deve necessariamente incluir a alça microbiana, a qual assume grande importância, sobretudo em relação à matéria orgânica particulada e dissolvida. Bactérias presentes em microfilmes com camadas de matéria orgânica constituem, com fungos, protozoários, algas, enzimas e polissacarídeos, um microfilme ativo e de grande valor nutricional para detritívoros, herbívoros e carnívoros. A Fig. 13.10 ilustra alguns desses componentes de matéria orgânica em rios e suas interações. A coleta de bactérias com 0,5 μm é feita geralmente por flagelados (com malhas ≥ 5 μm) ou ciliados (com malhas de aproximadamente 25 μm), o que permite o fluxo de energia até os consumidores de maior porte. Portanto, o número de níveis tróficos pode ser muito grande ou de apenas um ou dois níveis, dependendo da velocidade da corrente,

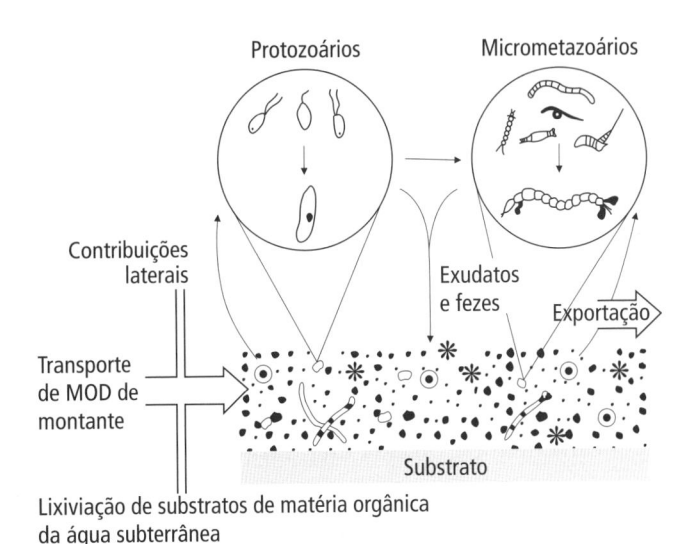

Fig. 13.10 A cadeia alimentar microbiana em um substrato de pequenos riachos ou de grandes rios
Fonte: modificado de Allan (1995).

do acúmulo de matéria orgânica e da compactação do sedimento com uma camada de matéria orgânica muito fina sobre o sedimento ou entre as partículas.

O Quadro 13.2 mostra as principais funções dos consumidores invertebrados nos rios, os recursos utilizados, bem como o mecanismo de alimentação, com exemplos.

Quadro 13.2 Principais funções e tipos de alimentação dos invertebrados em rios

Papel na rede alimentar	Recurso alimentar	Mecanismo de alimentação	Exemplos
Fragmentadores	MOPG; folhas e microflora associada: bactérias e fungos	Corte, trituração de material, mastigação	Muitas famílias de tricópteros, plecópteros e crustáceos; alguns moluscos
Fragmentadores	MOPG; Fungos e camadas superficiais de folhas e detritos	Corte, trituração de material	Dípteros; coleópteros; tricópteros
Coletores / Filtradores	MOPF; bactérias e organismos em suspensão na água	Coletam partículas utilizando redes ou secreções para agregação	Simulídeos; dípteros; algumas espécies de tricópteros; alguns efemerópteros
Coletores / Catadores	MOPF; Bactérias e microfilme orgânico	Raspam material na superfície de sedimentos; enterram-se em sedimentos moles	Muitos efemerópteros e quironomídeos
Herbívoros / Raspadores	Perifíton, especialmente diatomáceas e microfilme orgânico	Raspam material na superfície	Muitas famílias de efemerópteros, tricópteros; algumas famílias de dípteros, lepidópteros e coleópteros
Predadores	Macrófita; Presa animal	Apreensão e partição	Odonatas; megalópteros; tricópteros; dípteros e coleópteros

Fonte: Allan (1995).

Devido ao processo de **evolução convergente**, os organismos que constituem a rede alimentar em rios são muito similares em todos os continentes. O que ocorre é uma diversificação de espécies, mas *Trichoptera*, *Plecoptera*, *Ephemeroptera* e *Odonata*, vermes oligoquetos e moluscos são dominantes. Larvas de Simulídeos (borrachudos) são dominantes em muitos rios com correntes mais fortes.

13.11 Grandes Rios

Uma densa e variada literatura foi publicada nos últimos 30 anos sobre pequenos rios e riachos (Hynes, 1970). Informações sobre a ecologia e os mecanismos de funcionamento dos grandes rios são mais recentes. As exceções são os livros publicados sobre o **rio Nilo** (Rzoska, 1976); o **rio Volga** (Morduchai-Boltovskoi, 1979); o rio Amazonas (Sioli, 1984; Whiton, 1984), bem como uma obra mais recente sobre rios tropicais (Payne, 1986). A literatura sobre pequenos riachos é muito expressiva e variada (Zaret, 1983; Caramaschi *et al.*, 1999).

Davies e Walker (1986) publicaram um volume extremamente importante sobre grandes rios, no qual compararam dados e informações científicas sobre os rios Nilo, Níger, Orange Vaal, Volta, Zaire e Zambezi (África); Colorado e Mackenzie (América do Norte); Amazonas, Paraná e Uruguai (América do Sul); Murray-Darling (Austrália) e Mekong (Sudeste da Ásia).

A biogeografia e a zonação nesses ecossistemas foram exploradas dos pontos de vista continental e regional. Dumont (1986a, 1986b) explora o tema do Nilo como "um rio muito antigo" e as afinidades do zooplâncton desse rio com outros rios do Norte da África. A fauna de peixes do Nilo, por exemplo, é constituída por poucas espécies, em razão das sequências de alterações paleoclimáticas que modificam as condições climáticas e morfológicas do rio. O que os autores dos estudos nesses rios concluíram é que quanto maior a **estabilidade hidrológica** do rio durante um longo período de tempo, maior a endemicidade. É dessa forma que Lowe-McConnell (1986) explica as cerca de 1.300 espécies de peixes presentes no rio Amazonas.

Segundo Davies e Walker (1986), a aplicação do conceito do *continuum* do rio ("river continuum concept"), de Vannote *et al.* (1980), conforme já discutido neste volume, não se aplica exatamente e de forma tão ordenada como nos riachos e rios de pequeno porte, por causa das alterações permanentes no espaço (grandes deltas internos, reorganizações temporais) e das influências antropogênicas.

Winterbourn *et al.* (1981) sugerem que o conceito do *continuum* do rio, de Vannote *et al.* (1980), não se aplica mesmo nem a pequenos riachos, especialmente em sistemas com clima muito variável e baixa capacidade de retenção de material alóctone.

Nesses grandes rios, a influência dos **pulsos de inundação** nas várzeas e no rio é muito grande e tem importância quantitativa no ciclo de nutrientes, na reprodução de peixes e na migração (Welcomme, 1986), o que também foi confirmado por Junk (2006) para o Amazonas (ver Cap. 16).

Os grandes sistemas de rios são áreas de extrema importância evolutiva (Margalef, 1983), uma vez que esses sistemas são centros ativos de evolução, promovendo a biodiversidade com o dinamismo de suas características físico-químicas, hidrológicas e geomorfológicas.

Allanson *et al.* (1990) publicaram extensa revisão sobre os ecossistemas aquáticos continentais do sul do continente africano e examinaram detalhadamente a ecologia de rios do continente, especialmente a partir da década de 1930, culminando com trabalhos sobre a biodiversidade em rios (Harrison e Elsworth, 1958), biogeografia (Oliff, 1960), erosão e efeitos de deposição sequencial de sedimentos (Chutter, 1967) e comunidade de invertebrados (King, 1983).

Outros estudos sobre grandes rios da América do Sul foram publicados por Bonetto (1986a, 1986b), Neiff (1986, 1996), Di Pérsia (1986) para o rio Paraná (ver Cap. 16 para o rio Paraná superior e rio Paraná) e Di Pérsia e Neiff (1986) para o rio Uruguai. Segundo esses autores, o rio Uruguai difere fundamentalmente do rio Paraná pela relativa ausência de áreas alagadas e a alta dependência de material alóctone no primeiro.

Di Pérsia e Olazarri (1986) apresentaram estudos sobre o zoobentos do rio Uruguai. A biogeoquímica dos grandes rios sul-americanos foi estudada por Richie *et al.* (1980) e DePetris (2007). A Tab. 13.7 indica as principais características desses rios. Os

Tab. 13.7 Características gerais dos rios da América do Sul

Rio	Descarga (m³.s⁻¹)	Área (× 10⁶ km²)	Comprimento (km)	Escoamento superficial (ℓ.s⁻¹.km²)	STD/TTM (× 10⁶t. ano⁻¹)	STS/TTM (× 10⁶t. ano⁻¹)
Amazonas	175.000	6,3	6.577	28,0	290	900
Paraná	15.000	2,8	4.000	5,3	38,3	80
Orinoco	36.000	1,0	2.150	32,7	30,5	150
São Francisco	3.760	0,63	2.900	6,0	—	6
Madalena	6.800	0,26	1.316	26,5	20	220
Uruguai	4.600	0,24	—	16,0	6(?)	11(?)

STD – Sólido Total Dissolvido; STS – Sólido Total Suspenso; TTM – Taxa de Transporte de Massa
Fontes: DePetris (1976); Ducharne (1975); Furch (1984); Milliman and Meade (1983); Meybeck (1976); Paolini et al. (1983); Paredes et al. (1983).

estudos sobre o rio Orinoco (Weibezahn et al., 1990) oferecem um conjunto de informações sobre a hidrologia e o transporte de material em suspensão e carbono particulado nesse rio. A Tab. 13.8 apresenta as principais características dos grandes rios do Planeta, e a Tab. 13.9 compara as concentrações de fosfato e nitrato em grandes rios.

Tab. 13.8 Características principais dos grandes rios quanto à descarga e drenagem

Rio	Descarga (D), km³.ano⁻¹	Drenagem Área (A), km².10⁶	Razão (D/A), × 10⁻³
Floresta úmida tropical			
Amazonas	5.500	7	0,79
Zaire	1.800	4	0,45
Mekong	4.800	0,787	6,1
Temperado úmido ou subtropical			
Reno	70	0,22	0,32
Paraná	730	3,2	0,23
Uruguai	124	0,37	0,34
Moderadamente seco, todos os climas			
Mississippi	560	4,8	0,12
Mackenzie	333	1,8	0,19
Níger	220	1,1	0,19
Volga	238	1,3	0,18
Rios de deserto			
Colorado	18	0,6	0,03
Nilo	90	3,0	0,03
Murray-Darling	22	1,1	0,02
Orange-Vaal	12	0,65	0,02

Fonte: Horne e Goldman (1994).

13.11.1 Importância econômica dos grandes rios

Os grandes rios têm uma enorme importância econômica, ecológica e social. São **ecossistemas de alta biodiversidade** e fontes de alimentação para milhões de pessoas. Além disso, proporcionam transporte por meio da navegação e estimulam as economias local e regional. Por exemplo, no **rio Mekong**, Pantulu (1986) estima que 500.000 toneladas de peixes são pescadas anualmente, contribuindo com 225 milhões de dólares anuais para a economia. Peixes superam entre 40%-60% da proteína animal da população (Pantulu, 1986). A pesca no Amazonas movimenta cerca de 90 milhões de dólares por ano e mantém cerca de 200 mil pessoas (Petrere, 1978).

Os grandes rios da América do Sul também têm enorme importância do ponto de vista econômico. Além de suprir a necessidade de proteína das populações locais e regionais, são utilizados para navegação, irrigação, recreação e pesca esportiva.

O impacto da construção de reservatórios nos grandes rios foi discutido no Cap. 12.

13.12 A Comunidade de Peixes dos Sistemas Lóticos

No Cap. 6 descreveu-se a fauna ictíica dos rios São Francisco e Amazonas, do ponto de vista da sua composição (Araújo-Lima e Goulding, 1998; Barthen e Goulding, 1997; Sato e Godinho, 1989). Essa fauna dos grandes rios do Brasil tem sido extensivamente estudada do ponto de vista da diversidade biológica, reprodução, distribuição e relações alimentares (Araú-

Tab. 13.9 Concentrações de nitrato e fosfato em grandes rios (µg.ℓ⁻¹)

Rio	NO₃ – N	PO₄ – P	Referências
Níger	1.100 – 6.300	500 – 3.100	Welcomme (1986)
Orange-Vaal	300 – 1.400	30 – 100	Cambray et al. (1986)
Colorado			Day e Davies (1986)
Mackenzie	600	16	Brunskill (1986)
Paraná	>500	<100	Bonetto (1986)
Volta	0-5.000	20 – 160	Petr (1986)
Volga	50 – 4.000	1 – 250	Payne (1986)
Nilo	10 – 1.000	1 – 40	Rzóska (1976)
Mississippi	700 – 3.000	40 – 440	Fremling et al. (1989)
Amazonas			
Água branca	4 – 15	15	Payne (1986); Forsberg et al. (1988)
Água clara	<1	<1	Payne (1986); Forsberg et al. (1988)
Água preta	36	6	Payne (1986); Forsberg et al. (1988)
Média geral			
África	170	sd	Payne (1986); Forsberg et al. (1988)
Europa	840	sd	Payne (1986); Forsberg et al. (1988)
América do Norte	230	sd	Payne (1986); Forsberg et al. (1988)
América do Sul	160	sd	Payne (1986); Forsberg et al. (1988)

sd – sem dados
Fonte: Horne e Goldman (1994).

jo-Lima *et al.*, 1984, 1986, 1990, 1994; Goulding *et al.*, 1988; Bayley e Petrere, 1989; Menezes e Vazzoler, 1992).

Santos e Ferreira (1999) apresentaram uma revisão sobre os peixes da bacia amazônica e Agostinho e Ferreira Julio Jr. (1999), sobre os peixes da bacia do rio Paraná.

Um volume especial sobre peixes de riachos do Brasil foi editado por Charamaschi Mazzoni e Peres Neto (1999), com estudos sobre a diversidade, a composição, o comportamento e a biologia de espécies de pequenos riachos, possibilitando a discussão de propostas de conservação, gerenciamento e recuperação desses ecossistemas.

Buckup (1999) apresentou uma sistemática e biografia de peixes de riachos. O Quadro 13.3 mostra a classificação sistemática das famílias de peixes teleósteos nesses riachos. As informações sobre a composição taxonômica das diferentes famílias, sua representatividade em riachos e sua distribuição geográfica são baseadas na literatura existente (Menezes, 1988), em particular as relações entre endemismo e eventos de isolamento geográfico em diferentes períodos.

A análise de Menezes (1988) foi feita com base em espécies de *Oligosarcus*, mas, segundo Buckup (1999), há vários grupos de peixes que se ajustam ao modelo de **evolução biogeográfica** apresentado. O Quadro 13.4 mostra as regiões de endemismo de *Oligosarcus* e os eventos de isolamento geográfico associados à sua origem.

Contribuições de Britski (1997a, 1997b), Britski e Garavello (1980) e Buckup (1993, 1998) completam as descrições de espécies, inter-relações fitogenéticas e distribuição geográfica da fauna ictíica de sistemas lóticos no Brasil. Os trabalhos de Menezes (1972, 1987a, 1987b, 1988, 1992) e Menezes *et al.* (1983, 1990a, 1990b) completam o conjunto de informações. Processos evolutivos da ictiofauna de riachos sul-americana foram discutidos por Castro (1999), que definiu dois tipos de riachos costeiros e dois tipos de riachos interiores como base para uma análise que possa servir de fundamento para uma extrapolação para outras regiões do Brasil. Nessa análise, esse autor constata que, dentro dos padrões evolutivos examinados, somente a dominância de espécies de pequeno porte revelou-se um padrão comum a todos os quatro

Quadro 13.3 Classificação sistemática das famílias de peixes teleósteos em riachos brasileiros

Clupeocephala
    Clupeomorpha
        Clupeiformes
            Clupeidae
            Pristigasteridae
            Engraulididae
Euteleostei
    Ostariophysi
        Characiformes
            Paradontidae
            Chilodontidae
            Anostomidae
            Curimatidae
            Crenuchidae
            Hemiodidae
            Gasteropelecidae
            Characidae
            Erythrinidae
            Lebiasinidae
            Ctenoluciidae
        Siluriformes
            Siluroidei
                Aucenipteridae
                Pimelodidae
                Cetopsidae
                Aspredinidae
                Trichomycteridae
                Callichthydae
                Loricariidae
            Gymnotoidei
                Gymnotidae
                Electrophoridae
                Hypopomidae
                Rhamphycthyiidae
                Apteronotidae
                Sternopygidae
    Neoteleostei
        Synbranchiformes
            Synbranchichidae
        Cyprinodontiformes
            Rivulidae
            Anablepsidae
            Poeciliidae
        Perciformes
            Cichlidae
            Gobiidae
            Nandidae

Fonte: Buckup (1999).

tipos de riachos costeiros estudados (Fig. 13.11)

Vários autores – citados em Esteves e Aranha (1999) – empreenderam a caracterização e a classificação de riachos. Segundo esses autores (Knopell, 1970; Soares, 1979; Vieda, 1993; Garutti, 1988; Sabino e Castro, 1990), riachos são classificados como rios de pequena ordem, com áreas de inundação não persistentes, velocidade de corrente variando de 0,1 a 1,7 $m.s^{-1}$, oxigênio dissolvido elevado e transparência, pH e condutividade relacionados com a hidrogeoquímica da bacia de drenagem (Araújo-Lima et al., 1995; Salati, 1998).

Riachos no Brasil apresentam grande diversidade, características distintas e diferentes graus de complexidade. Essa complexidade varia em se tratando de riachos da planície costeira ou riachos montanhosos insulares (Por et al., 1984, 1986; Covich, 1988). Além disso, Por (1986) classifica os riachos da região costeira no Estado de São Paulo (o que pode ser considerado um exemplo para outras regiões costeiras do Brasil) em:

▶ Riachos de águas pretas.
▶ Riachos com água salobra de águas pretas (com influência de marés).
▶ Correntes montanhosas de águas claras.
▶ Rios de águas claras.
▶ Estuários de águas claras e **gradientes de salinidade**.

Esse conjunto diversificado de riachos, ao qual se deve acrescentar os riachos de águas claras, pretas e barrentas da Amazônia (Sioli, 1984), tem cadeias alimentares que dependem de material alóctone, o qual sofre variações estacionais no aporte a esses sistemas (Rocha et al., 1991; Henry et al., 1994; Walker, 1992).

O Quadro 13.5 mostra a diversidade de hábitos alimentares e itens que predominam na dieta dos peixes em riachos do Brasil, nas diferentes bacias hidrográficas. Como se pode verificar por esse quadro, material autóctone e alóctone são a base da alimentação desses peixes. Alimentação por fontes alóctones ou autóctones depende, evidentemente, do aporte de matéria orgânica e da quantidade de material de detritos. Araújo-Lima et al. (1986) determinaram as fontes de energia para peixes detritívoros da Amazônia (para melhor caracterização das redes alimentares e do papel dos peixes nessas redes, ver Cap. 8).

13.13 A Deriva

A deriva em rios representa um conjunto muito grande de organismos vivos ou de detritos que se

Quadro 13.4 Regiões de endemismo de *Oligosarcus* e eventos de isolamento geográfico associados à sua origem

Região	Idade	Evento
Elemento Andino	Terciário	Elevação dos Andes
Alto Paraná	Terciário inferior	Isolamento do São Francisco
Alto Uruguai	Mioceno	Isolamento do alto Paraná
Jequitinhonha	?	?
Rio Doce	Pré-quaternário?	Captura/isolamento do São Francisco
Lagos do rio Doce	Quaternário	Isolamento do rio Doce
Costeira Sul	Terciário Superior	Formação do baixo Paraná/Uruguai
Costeira Central	Transgr. Flandriana	Elevação do nível do mar
Costeira Norte	Transgr. Flandriana	Elevação do nível do mar

Para detalhamento, ver Menezes (1988).
Fonte: Buckup (1999).

Fig. 13.11 Esquema tridimensional representando aspectos característicos de um riacho de floresta Atlântica, com a distribuição espacial e as principais táticas alimentares das espécies de peixes. O lado esquerdo do esquema corresponde a um trecho de remanso, e o lado direito, a um trecho de correnteza. Os peixes não possuem escala entre si e nem com o ambiente. *Deuterodon pedri*: 1 A – cata de itens arrastados; 1B – poda, pastejo ou cata de pequenas presas; 1C – cata na superfície da água. *Hollandichthys multifasciatus*: 2A – cata na superfície da água; 2B – cata de itens arrastados. *Mimagoniates microlepis*: 3A – cata na superfície da água; 3B – cata de itens arrastados. *Characidium japuhybensis*: 4A – espreita; 4B – especulação de substrato. *Rahmdioglanis* sp: 5 – especulação de substrato. *Phalloceros caudimaculatus*: 6A – poda; 6B – cata de pequenas presas ou cata de itens arrastados; 6C – cata na superfície da água. *Geophagus brasiliensis*: 7 – coleta de substrato e separação de presas. *Awaous tajasica*: 8A – pastejo; 8B – coleta de substrato e separação de presas
Fonte: modificado de Sabino e Castro (1990).

Quadro 13.5 Hábitos alimentares e itens predominantes na dieta de peixes, em riachos brasileiros

Autor	Bacia	Número de espécies/espécie	Categoria alimentar predominante	Itens predominantes	Origem
Knoppel (1970)[1]	Amazônica (AM)	49	Onívoro	larvas de insetos, restos vegetais	Alóctone
Soares (1979)[1]	Amazônica (AM)	20	Carnívoro	Insetos terrestres, moluscos, crustáceos	Alóctone
Uieda (1983)[1]	Paraná (SP)	18	Insetívora-herbívora-planctófaga	Insetos, crustáceos, vegetais superiores	Autóctone e alóctone
Costa (1987)[1]	Leste (RJ)	17	Insetívoro	Insetos aquáticos	Autóctone e alóctone
Teixeira (1989)[1]	Leste (RS)	25	Insetívoro	Insetos, microcrustáceos	Autóctone e alóctone
Sabino e Castro (1990)[1]	Leste (SP)	8	onívoro/insetívoro	Insetos aquáticos e terrestres, algas	Autóctone e alóctone
Uieda (1995)[1]	Leste (SP)	24	Onívoro/insetívoro	Insetos aquáticos e terrestres, matéria vegetal, algas	Autóctone e alóctone
Melo (1995)[1]	Amazônica (MT)	82	Insetívoro/onívoro	Insetos aquáticos e terrestres, frutos e sementes	Autóctone e alóctone
Aranha (1991)[2]	Leste (RJ)	4	Algívoro	Algas	Autóctone
Gomes (1994)[2]	Leste (RJ)	*Deuterodon* sp *Astyanax Janeiroensis*	Onívoro	Insetos	Autóctone e alóctone
Buck e Sazima (1995)[2]	Leste (SP)	4	Algívoro	Algas	Autóctone
Trajano (1989)[3]	Leste (SP)	*Pimelodella kronei P. transitória*	Carnívoro	Invertebrados	Autóctone e alóctone
Lobón-Cervia et al. (1993)[3]	Paraná (RS)	*Crenicichla lepidota*	Carnívoro	Insetos e microcrustáceos	Autóctone
Aranha et al. (1993)[3]	Paraná (SP)	*Corydoras aeneus C. gr. Carlae*	Onívoro	Invertebrados e algas	Autóctone
Porto (1994)[3]	Leste (RJ)	*Pimelodella lateristriga*	Onívoro	Insetos	Autóctone

[1]Estudos de comunidades; [2]Estudos de taxocenoses; [3]Estudos autoecológicos
Fonte: Esteves e Aranha (1999).

deslocam com as correntes para jusante e podem ser fonte de alimento para muitos organismos. Esses detritos incluem algas, bactérias, invertebrados e fragmentos de raízes e folhas. Um número muito grande de material de deriva consiste de larvas de insetos, as quais se deslocam durante o período noturno para evitar predação. Em alguns casos, a deriva também consiste de massas de algas do microfitobentos que se deslocam com as correntes para jusante (observações de pesquisadores do Instituto Internacional de Ecologia, no rio São Francisco).

Muitas larvas de insetos apresentam estruturas espaciais de fixação para evitar a deriva e, ao mesmo tempo, filtrar alimentos levados pela deriva. Muitas larvas de insetos deslocam-se com a deriva e, após emergirem, voam de volta para montante, a fim de colocar seus ovos nas cabeceiras (Horne e Goldman, 1994).

Para algumas espécies de insetos, as quantidades de larvas deslocadas pela deriva por dia, por unidade de área do riacho, são muito maiores do que a biomassa encontrada em uma determinada área (Waters, 1966). Esse autor encontrou valores de deriva muito diferentes durante períodos de inverno e verão para populações de *Baetis vagans* (Ephemeroptera, Baetidae). É possível que nos trópicos e subtrópicos as variações no número de organismos que ocorrem durante a deriva em rios sejam influenciadas não só pela temperatura da água, mas pelos períodos de seca e precipitação que, em volume e velocidade de corrente, apresentam grande variação (Henry *et al.*, 1994) (Fig. 13.12) (Petts e Amoros, 1996).

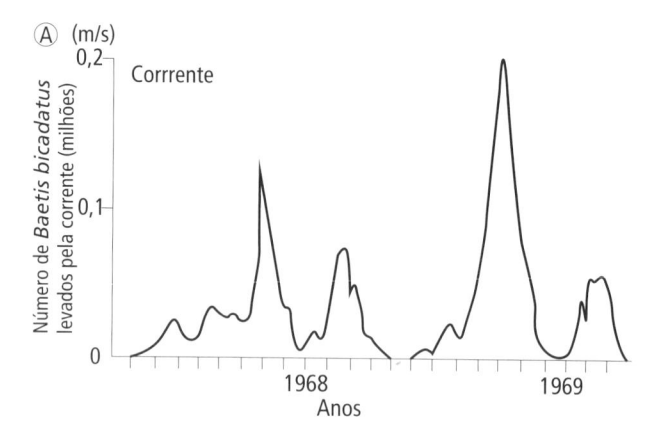

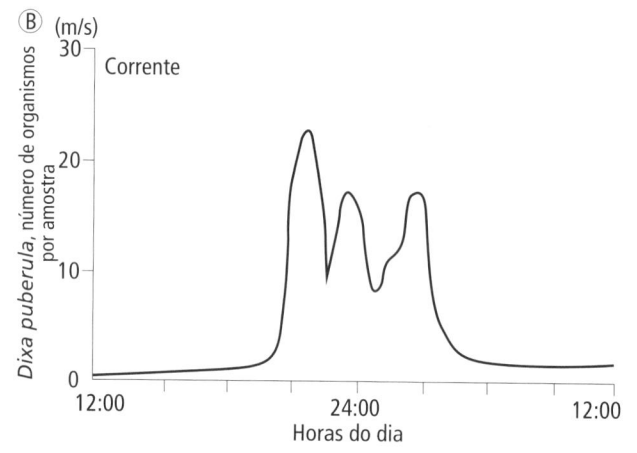

Fig. 13.12 A deriva de invertebrados em rios. Número de organismos em duas estações do ano e deriva durante o período noturno. a) Logan River Utah (Estados Unidos); b) Wilfin Back (Inglaterra)
Fonte: modificado de Horne e Goldman (1994).

13.14 Impactos das Atividades Humanas

Os rios são afetados, como todos os outros ecossistemas aquáticos e terrestres, pelas inúmeras atividades humanas. Essas ações ocorrem há muito tempo: por exemplo, canais de irrigação conhecidos foram construídos no Egito em 3200 a.C., e há evidências de represas construídas em 2759 a.C. (Petts, 1989). A engenharia dos canais e a **"engenharia das águas"** desenvolvidas pelos romanos produziram grandes modificações em cursos de água, especialmente alterados para suprimento de água potável e irrigação.

No século XIX, nos Estados Unidos e na Europa, modificações no fluxo de água, na morfometria de rios, nas áreas alagadas e nas vazões de rios foram de grande monta. Naquela época, esse procedimento foi, na verdade, o final de um processo de alteração e construção de canais para navegação, **controle de enchentes** e utilização das várzeas, que teve início na segunda metade do século XVIII (por volta de 1750).

A partir de 1900, iniciou-se, primeiro nos Estados Unidos e depois na Europa e Ásia, a construção de grandes barragens para produção de hidroeletricidade, e na década de 1980, essa construção espalhou-se por todos os continentes (ver Cap. 18).

De modo geral, os sistemas lóticos são atingidos pelas seguintes modificações:

▸ bombeamento de água para irrigação ou abastecimento público ou privado (fazendas), o que altera o fluxo e a estrutura dos rios;

▸ poluições orgânica e inorgânica a partir de fontes industriais e agrícolas (fontes pontuais e não-pontuais). Pesticidas, herbicidas, metais pesados e descarga de esgotos não tratados são algumas das ameaças à integridade dos rios;

▸ **usos intensivos do solo**, que acarretam aumento de material em suspensão e descargas de substâncias e elementos em grande quantidade nos sistemas lóticos;

▸ introdução de espécies exóticas, que alteram a rede alimentar e o processo natural de interação das comunidades;

▸ remoção da vegetação ripária, que tem enorme importância na manutenção de condições-tampão para os rios. Essa remoção, além de diminuir a matéria orgânica à disposição de peixes e invertebrados, deixa de proteger as margens e os taludes dos rios, alterando sua morfometria;

▸ construção de represas para hidroeletricidade e abastecimento público. Os efeitos dessa construção foram analisados nos Caps. 12 e 18;

▸ **alteração das várzeas** e das áreas alagadas associadas às represas para agricultura, construção de canais ou **urbanização**;

▸ construção de canais, pontes e passagens, que interfere no funcionamento dos rios, altera o

substrato (composições física e química) e remove e afeta organismos;
▶ construção de grandes áreas para irrigação, com retiradas consideráveis de água para essa atividade. Os casos clássicos da literatura são o do **rio Colorado** (Califórnia – Estados Unidos), com extensão de 400 km, cujas águas são utilizadas para irrigação, e do mar de Aral (ver Cap. 18), cujas águas dos tributários também foram desviadas para promover irrigação;
▶ a drenagem de regiões agrícolas e a **drenagem urbana** – contaminada por resíduos domésticos (esgotos) e industriais – são as duas maiores ameaças aos sistemas lóticos. Nos Estados Unidos, 80% dos 49 bilhões de toneladas métricas de solo adicionados aos rios são oriundos de solos agricultáveis. A agricultura adiciona 46% do sedimento, 47% do fósforo total e 52% do nitrogênio total despejado em rios e riachos nos Estados Unidos (Gianessi et al. 1986). No Brasil, no Estado de São Paulo, a remoção da camada superficial do solo em regiões agrícolas atinge 20 toneladas por hectare, por ano.

Todo esse conjunto de ações produz uma série de grandes alterações nos rios, algumas já descritas:
▶ alterações físicas na **morfometria dos rios**;
▶ **modificações nos hábitats** de macroinvertebrados aquáticos e dos peixes aquáticos;
▶ modificações no fluxo de energia dos rios: em muitos casos, há uma mudança da heterotrofia para a autotrofia;
▶ modificações na temperatura da água (aquecimento) pela remoção da vegetação;
▶ alterações na hidrologia e no fluxo de água, com consequências na biodiversidade;
▶ aumento das concentrações de nitrogênio e fósforo, com consequente eutrofização. Em muitos rios de todos os continentes, concentrações de nitrato duplicaram em 30 anos (Pringle et al., 1983). Isso não só resultou em aumento da eutrofização, mas promoveu o crescimento de perifíton, macrófitas, com aumento do fluxo de energia baseado em autótrofos;
▶ remoção da mata ripária que diminui o fluxo da serrapilheira e, consequentemente, da matéria orgânica a ser trabalhada pelos vários organismos que dependem desse recurso para sua alimentação;
▶ **perda da biodiversidade aquática** que pode ser caracterizada principalmente pela **perda de hábitats** de peixes e invertebrados aquáticos, ocasionada pelas várias formas de intervenção na estrutura e dinâmica dos rios. Há, geralmente, um aumento da biomassa de algumas espécies que se segue à redução da biodiversidade;
▶ **alteração dos sedimentos** dos rios é outra consequência bastante comum das atividades humanas nas bacias hidrográficas e afeta os sistemas lóticos de várias formas: aumento de sedimento fino; interferência nas relações sedimento-água e na liberação de gases e nutrientes do sedimento;
▶ Modificação no substrato à disposição dos macroinvertebrados bentônicos e do perifíton.

13.15 Recuperação de Rios

As inúmeras atividades humanas que degradam os ecossistemas lóticos não só interferem com a qualidade das águas e os mecanismos de funcionamento dos rios, mas alteram fisicamente as estruturas, as várzeas e a capacidade de recuperação desses sistemas. Portanto, a recuperação de rios é, atualmente, uma das metas importantes do gerenciamento das bacias hidrográficas e dos sistemas lóticos. Deve-se levar em conta que essa revitalização apresenta diferenças muito grandes, temporalmente, em relação aos vários componentes de um sistema lótico (Fig. 13.13) (Petts e Amoros, 1996).

Assim, a **restauração de rios** compreende as seguintes ações:
▶ **reabilitação das margens do rio** e da mata ciliar com a finalidade de controlar os ciclos biogeoquímicos, restando a função natural, reter material particulado e absorver matérias orgânica e inorgânica e poluentes. A reabilitação da mata ciliar preserva e promove a reabilitação da fauna e flora terrestres e aquáticas, que dependem dos corredores de vegetação ao longo do rio (Large e Petts, 1996). Essa reabilitação recupera as características naturais do ciclo hidrológico e promove a recuperação de zonas-tampão;
▶ **reabilitação dos corredores** de vegetação ao longo de um rio;
▶ reabilitação dos hábitats e recuperação da biodiversidade;

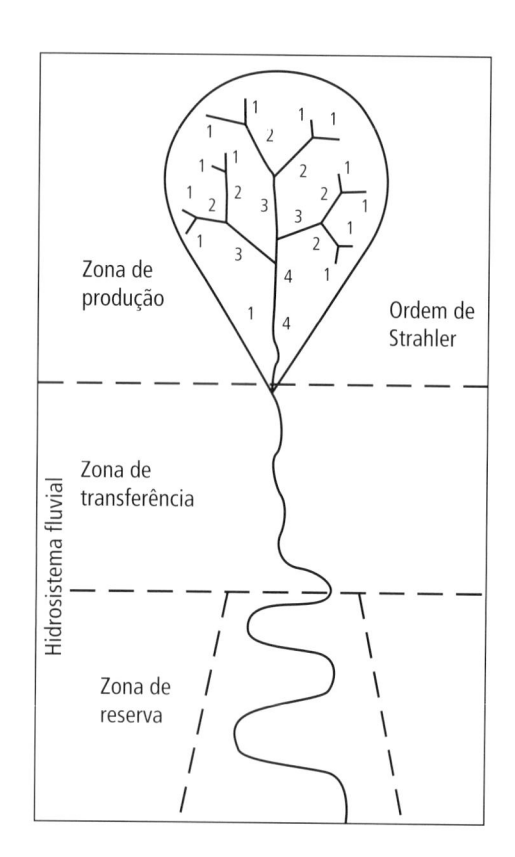

Fig. 13.13 As diferentes organizações espaciais de um sistema fluvial e as várias zonas de componentes, o que implica diferentes processos de revitalização ao longo do rio
Fonte: modificado de Petts e Amoros (1996).

▸ recuperação e reabilitação do substrato dos rios para diversificação dos hábitats e restabelecimento da biodiversidade;
▸ reoxigenação dos rios, no caso de depleção de oxigênio;
▸ recuperação das várzeas, lagoas marginais e estruturas ecológicas ao longo dos rios.

Os corredores de matas ciliares ao longo dos rios são particularmente importantes em relação à sua restauração, pelas seguintes razões:
▸ têm alta diversidade biológica;
▸ têm alta produtividade biológica;
▸ são **áreas de refúgio**;
▸ são **fontes de dispersão de espécies**;
▸ incluem refúgios da era pré-industrial (Petts e Amoros, 1996).

Os processos de reabilitação dos rios devem incluir a **recuperação das funções**, o controle dos *fluxos principais* (nutrientes, produção primária) e o controle das *perturbações* no sistema – alterações de fluxo, zonas-tampão e alterações na floresta ripária.

A COLETA DE MATERIAL E A EXPERIMENTAÇÃO EM RIOS

Como ficou demonstrado neste capítulo, rios são ecossistemas altamente complexos e diversificados. Neles a coleta de material biológico é muito complexa e demanda utilização de vários tipos de equipamentos especiais: pegadores de fundo, em fundos moles de rio (tipo Eckman Birge ou Petersen – ver fotos no Cap. 20); redes especiais para coleta de insetos ou larvas de insetos; redes de vários tipos e formatos para coleta de peixes.

A raspagem de pedras ou seixos, com subsequente coleta e fixação de material biológico, pode ser útil para examinar a fauna de invertebrados ou o perifíton. A utilização de substratos artificiais (placas de vidro ou cerâmica) para estudar a fixação e colonização de bactérias, perifíton ou invertebrados é outro recurso normalmente utilizado na avaliação e caracterização das comunidades bentônicas. Coletas de água são geralmente feitas com garrafas Van Dorn não-tóxicas. Para a determinação de variáveis físicas e químicas (pH, O_2, temperatura da água, condutividade, potencial redox, turbidez, sólidos totais em suspensão), utilizam-se atualmente sondas multiparamétricas que, se bem calibradas, permitem uma avaliação rápida dessas variáveis.

Outro problema a ser considerado é a rede de amostragem, que deve englobar as várias zonas do rio, delimitadas de acordo com o tipo de substrato, corrente e outras características físicas.

A determinação das medidas da velocidade e, muitas vezes, da direção das correntes em rios, é um fator essencial no funcionamento desses ecossistemas. Finalmente, a coleta e o processamento da serrapilheira e do folhedo do fundo dos rios podem ser essenciais no estudo de bactérias, fungos, algas e larvas de invertebrados.

O estudo das variações diurnas em rios pode auxiliar muito na compreensão da dinâmica desses ecossistemas. A construção de **canais artificiais** e pequenos trechos de rios também pode ser muito útil para a experimentação: normalmente são simuladas diferentes velocidades de corrente e concentrações de nutrientes, além de diferentes tipos de substratos. Para os estudos da distribuição e dos impactos de poluentes dissolvidos e particulados, utilizam-se também canais artificiais simulando rios.

Região lagunar de Cananéia
Imagem do Landsat

14 | Estuários e lagoas costeiras

Resumo

Neste capítulo, apresentam-se as principais características dos estuários e das lagoas costeiras, os fatores que determinam sua estrutura e função, bem como os mecanismos de funcionamento desses ecossistemas, que são intermediários entre sistemas aquáticos continentais e marinhos. Discutem-se as **diferenças entre estuários e lagoas costeiras** e o papel da salinidade, dos gradientes horizontais, da morfometria e das flutuações estacionais e espaciais que ocorrem nesses sistemas.

São abordados estudos de caso que caracterizam quatro tipos diferentes de ecossistemas estuarinos e costeiros no Brasil e na América do Sul: a região lagunar de Cananéia, no Estado de São Paulo; as lagoas costeiras do Estado do Rio de Janeiro; a **lagoa dos Patos**, no Rio Grande do Sul; e o estuário do rio da Prata (Argentina/Uruguai).

Estuários e lagoas costeiras têm importância fundamental para a manutenção da biodiversidade aquática. Trata-se de regiões de transição com alta produtividade biológica e cadeias alimentares que utilizam várias alternativas. Além disso, são sistemas submetidos a inúmeros impactos, especialmente os resultantes de ação antrópica.

Discutem-se também os impactos e as medidas mitigadoras e de recuperação e proteção desses ecossistemas.

14.1 Características Gerais

Um estuário pode ser definido como um ecossistema aquático em que as águas de um rio se misturam com águas marinhas, produzindo gradientes mensuráveis de salinidade (Ketchum, 1951b). "Estuário" provém do latim *aestuarium, aestus* (maré), *aestuo* (espuma que flutua).

Define-se lagoa costeira como um lago raso ou como corpos de água conectados a um rio ou ao mar (latim: *lacuna*; *lacus* – lago). Essas definições, entretanto, não são excludentes; uma lagoa costeira conectada ao mar também pode ser influenciada pela maré, como os estuários. A definição de Kjferve (1994) para lagoa costeira é a seguinte:

> "um corpo de água raso, costeiro, separado do oceano por uma barreira, conectado pelo menos intermitentemente com o oceano, por uma ou mais conexões restritas e normalmente com orientação paralela à costa" (p. 3).

Esse autor também define estuários, lagoas costeiras, fiordes, bacias, rios de maré e estreitos.

Fisiograficamente, os estuários são corpos de água semi-isolados, de salinidade variável e com influência da maré, que produz gradientes de salinidade. São **ecossistemas de transição** com condições altamente variáveis e **estados transientes** de circulação vertical e horizontal. A definição clássica de estuário é a de Pritchard (1955) *apud* Tundisi (1970):

> "Estuário é um corpo de água semifechado, com uma livre ligação com o oceano aberto, no interior do qual a água do mar é mensuralmente diluída pela água doce originada da **drenagem continental**" (p. 1).

A **descarga da água fluvial**, seja pela contribuição dos rios (descarga fluvial) ou pela precipitação, deve ser maior do que o volume de água transferido para a atmosfera pelo processo de precipitação (Miranda *et al.*, 1998).

Diferenças fundamentais entre estuários e lagoas costeiras foram apontadas por Emery *et al.* (1957) e estão expressas no Quadro 14.1.

Marés e salinidade variável são fatores que tornam a estrutura dos estuários bastante complexa, muito mais complexa que aquela dos rios ou lagos estratificados. As **condições físicas e fisiográficas dos estuários** – tais como canais, linhas de praia, água costeira, sedimentos orgânicos nas cabeceiras dos rios que constituem os estuários, barreiras de sedimentação – tornam o ambiente rico em diferentes **nichos ecológicos** que impõem aos organismos diferentes combinações de salinidade, temperatura da água, concentração de oxigênio dissolvido e circulação, extremamente variáveis.

A salinidade variável é um dos componentes mais importantes dos estuários, alterando-se diariamente e durante períodos do ciclo estacional, em que a relação precipitação/evaporação/maré se modifica. Por exemplo, na região lagunar de Cananéia, um estuário com **vegetação de mangue**, em períodos de intensa precipitação e durante a maré baixa, a salinidade pode atingir 5‰-10‰, enquanto que no inverno, com

Quadro 14.1 Diferenças entre estuários e lagoas costeiras

Estuário	Lagoa Costeira
Estágio inicial: profundamente fechado	Estágio inicial: linha da costa reta; sem lagoas costeiras
Estuário "jovem": cabeceiras com margens muito acentuadas	Lagoa costeira "jovem": barreiras separando lagoas rasas do oceano aberto
Estuário em estágio mais avançado: formação de praias, barreiras de sedimento, início de vegetação costeira (*Spartina* spp ou início da formação do mangue)	Lagoa costeira em estágio mais avançado: predominância de vegetação costeira (*Spartina* spp)
Estuário em estágio de maturidade: grande número de barreiras, próximo à costa, sedimentos nas margens	Lagoa costeira em estágio de maturidade: deposição de areias, predominância de vegetação aquática
Estuário "maduro": grande movimentação de sedimentos, barreiras em grande número, abundância de vegetação nas áreas mais rasas	Lagoa costeira "madura": aumento da área, contínua migração e alteração das barreiras com o oceano, diminuição da vegetação

Fonte: modificado de Emery *et al.* (1957).

a pressão das frentes frias que força a água costeira para o interior do estuário, a salinidade pode atingir 20‰-25‰.

Os estuários são formados por movimentos de **submergência** ou *emergência* das áreas costeiras, resultantes da movimentação de placas e de efeitos locais, como, por exemplo, direção e força das correntes, ação das ondas, deposição de sedimentos transportados por rios, glaciação e efeitos das marés. Alterações provocadas pela tectônica, por glaciação e pelo clima produzem a *forma inicial* dos estuários. Seguem-se **padrões de costa** resultantes da ação mecânica do mar sobre as massas terrestres (formas sequenciais) (Fig. 14.1).

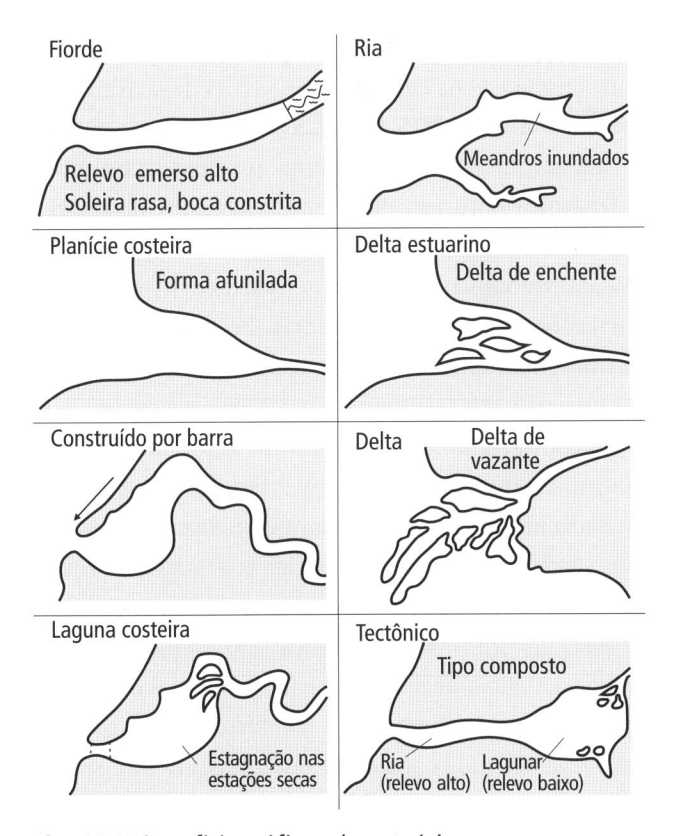

Fig. 14.1 Tipos fisiográficos de estuários
Fonte: adaptado de Fairbridge (1980).

Alguns estuários não apresentam uma entrada direta dos rios no oceano, mas formam-se **bancos de deposição** que produzem baías com gradientes de salinidade que funcionam como sistemas de heterogeneidade espacial. Nos estuários "puros", os rios despejam diretamente na costa; um exemplo extremo de estuário afetado pela glaciação é o dos fiordes da Noruega e em outras regiões de clima temperado onde há vales profundos em forma de V e onde gradientes verticais de salinidade podem ser acentuados.

A contínua mistura de águas doces com as de salinidade mais elevada apresenta problemas fisiológicos para plantas e animais estuarinos. Material em suspensão trazido pelos rios e acumulado em bancos produz áreas ricas em alimento para muitos organismos, mas, por outro lado, provoca baixa oxigenação ou mesmo anoxia.

Estuários são ecótonos com alta produtividade, diversidade de fauna e flora e muitos nichos alimentares para animais herbívoros, carnívoros e detritívoros. Em razão dessas características, são regiões com alto potencial de exploração pelo homem, principalmente de espécies de peixes, moluscos e crustáceos. No entanto, do ponto de vista fisiológico, essas fauna e flora são bastante especializadas.

Os padrões de diluição da água costeira de salinidade mais alta (33‰) a águas doces (0,5‰) mostram um gradiente que pode variar de 35‰-33‰ a 0,5‰. Essas águas salobras, com variações a cada ciclo de maré, apresentam características diferentes em cada estuário, dependendo, portanto, da salinidade da água costeira e do volume de água doce despejado diariamente no estuário.

Os *padrões de circulação* em um estuário variam: os estuários com **circulação positiva** ou *positivos* são aqueles em que há um gradiente vertical produzido pela entrada de água doce, a qual se desloca sobre a água mais densa, de maior salinidade, que forma uma contracorrente. Nesse caso, há uma mistura gradual de águas doces com águas de maior salinidade. Há uma saída permanente de águas menos salinas na superfície. Nos estuários positivos, a evaporação é menor do que o volume de água doce que entra no estuário.

Nos estuários denominados *negativos*, a evaporação é mais elevada do que a água doce que entra. Nesse caso, a salinidade de superfície aumenta e, consequentemente, a água da superfície afunda, formando uma corrente salina que deixa o estuário. Há casos em que a evaporação iguala a entrada de águas doces no estuário e então a salinidade é pouco variável. Nesse caso, o estuário é denominado *neutro*.

A Fig. 14.2 sintetiza os três tipos de estuários com seus padrões gerais de circulação. Esses padrões de circulação dependem do fluxo de água doce, da profundidade média do estuário, da sua largura e da orientação dos ventos predominantes, os quais podem, até certo ponto, influenciar padrões de misturas vertical e horizontal.

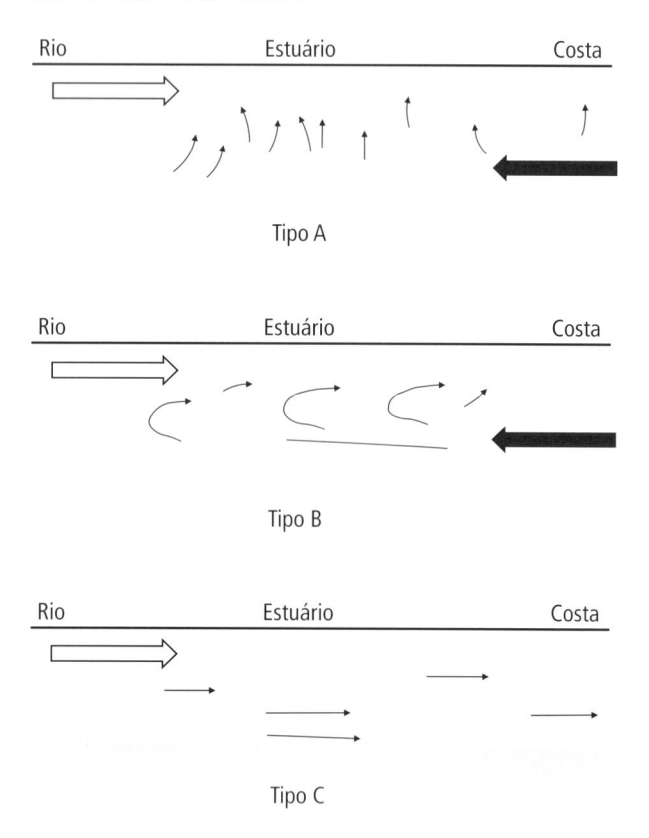

Fig. 14.2 Diferentes padrões de circulação estuariana
Fonte: adaptado de Pritchard (1955).

A **morfometria dos estuários** varia bastante, dependendo do transporte de material em suspensão, da direção principal dos depósitos e da organização das comunidades de vegetação superior, que podem alterar gradativamente a morfometria do estuário e os padrões de circulação horizontal.

Quanto ao grau de mistura vertical, os estuários positivos podem ser *altamente estratificados, parcialmente homogêneos* ou **totalmente homogêneos**. Em alguns estuários com formas batimétricas irregulares, formam-se bolsões com águas mais salinas, com tempo de retenção maior. Nesse caso, condições anóxicas podem ocorrer em vales relativamente profundos e com pouca circulação, como é o caso dos fiordes.

Em estuários muito largos, atua a força de Coriolis, que pode provocar distribuição horizontal diferenciada, de fluxo horizontal mais do que vertical.

As variações de amplitude da maré no estuário dependem da sua altura na entrada deste. Estuários onde a altura da maré é baixa na sua entrada apresentam zonas intertidais com pequena área. Grandes diferenças de maré na entrada produzem uma grande zona intertidal no interior do estuário.

A circulação nos estuários é um fator fundamental na distribuição das comunidades do plâncton, bentos e dos organismos do nécton, perifíton e algas macroscópicas, e determina o transporte de sedimentos e os padrões de distribuição e de reciclagem de nutrientes, tendo importância fundamental nos ciclos biogeoquímicos e na composição iônica da água.

14.2 Sedimentos dos Estuários

Os sedimentos dos estuários refletem a complexa e dinâmica natureza desse ecossistema. A deposição dos sedimentos é decorrente do fluxo a partir dos rios, do trabalho da água costeira e da distribuição de correntes no interior do estuário. Próximo à costa, os sedimentos dominantes são arenosos, e, no interior do estuário, há sedimento fino e muitas vezes argiloso, com grande concentração de matéria orgânica. Naturalmente, a deposição dos sedimentos depende da bacia hidrográfica dos rios que deságuam no estuário, sendo os usos dessas bacias e a taxa de erosão fatores importantes na deposição dos sedimentos.

Há, portanto, uma formação nos sedimentos do estuário. A taxa de sedimentação varia de acordo com a dimensão das partículas e a velocidade das correntes. Deve-se ainda considerar que a mistura de água do mar com águas doces produz uma **floculação de partículas finas** que se aderem formando agregados (Mc Husky, 1981). Assim, muitos estuários são caracterizados por alta concentração de material em suspensão e baixa penetração de luz. Esse gradiente de material em suspensão depende da circulação, da velocidade de sedimentação das partículas (Tab. 14.1), da descarga de material pelos rios e das diferenças mecânicas entre a força da maré e a velocidade dos rios.

Em estuários onde ocorrem manguezais, há uma alta concentração de MOD e MOP, com substâncias

Tab. 14.1 Velocidades de sedimentação de partículas

Material	Diâmetro médio (mm)	Velocidade de Afundamento (m.dia^{-1})
Areia fina	250-125	1.040
Areia muito fina	125-62	301
Silte	31,2	75,2
Silte	15,6	18-8
Silte	7,8	4,7
Silte	3,9	1,2
Argila	1,95	0,3
Argila	0,98	0,074
Argila	0,49	0,018
Argila	0,25	0,004
Argila	0,12	0,001

Tab. 14.2 Concentração (mg.ℓ^{-1}) de carbono orgânico em estuários, rios e águas costeiras

	Rio	Estuário	Área costeira	Esgoto
COD	10 – 20	1 – 5	1 – 5	100
COP	5 – 10	0,5 – 5	0,1 – 1,0	200
Total	15 – 30	1 – 10	1 – 6	300

COD – Carbono orgânico dissolvido
COP – Carbono orgânico particulado
Fonte: modificado de Head (1976).

húmicas que formam complexas moléculas. Essas substâncias húmicas e o material em decomposição nos estuários produzem uma coloração característica que ocorre principalmente nos rios e tributários e que é importante como filtro para certos componentes de onda da radiação que atinge a superfície da água (Tundisi, 1970).

14.3 Composição Química e Processos em Águas Salobras

A diluição produzida pela água doce em contato com a água do mar não segue um padrão linear teórico esperado. Por exemplo, a concentração de bicarbonato cai muito pouco na diluição da água do mar por água doce. As concentrações de cloretos, de sódio e cálcio, apresentam diluições aproximadamente lineares.

A distribuição de metais traço como ferro, manganês, cobalto, zinco, cobre e cádmio depende da concentração de material em suspensão e da sua distribuição vertical.

Nos estuários, além dos sedimentos de origem inorgânica, há uma grande variedade de matéria orgânica em suspensão, resultante da decomposição de organismos e de produtos de excreção. Por outro lado, além de MOP, há também uma grande concentração de MOD, a qual pode ser transformada em MOP pela ação da salinidade e pelos mecanismos de **floculação**. Muitas áreas de deposição nos estuários apresentam, portanto, grande concentração de matéria orgânica. A Tab. 14.2 mostra a concentração de carbono inorgânico no estuário dissolvido e particulado (COD + COP) em relação a outros ecossistemas.

A concentração de MOP ou MOD nos estuários é, portanto, fundamental no desencadeamento de processos relacionados com a produção de matéria orgânica, a sedimentação e a concentração de oxigênio dissolvido.

A interface água salina-águas doces promove a floculação de inúmeras partículas orgânicas e inorgânicas e condensa matéria orgânica dissolvida, adsorvendo-a com fosfatos. Essa massa de material floculado proporciona o crescimento de uma abundante e variada **flora microbiana**, a qual é uma fonte fundamental de alimento para organismos planctônicos e bentônicos. A zona de maior densidade de organismos bentônicos é aquela em que ocorre essa zona de intersecção entre águas doces e águas salinas e salobras em estuários (Horne e Goldman, 1994).

Ondas são reduzidas em estuários pelo fato de estes se encontrarem, em muitos casos, ao abrigo dos ventos; entretanto, em algumas regiões de estuários abertos, próximos às águas costeiras, essas ondas podem ser um fator adicional de misturas vertical e horizontal de águas doces e águas salobras. Correntes são geradas pelas marés e pela descarga de águas doces produzidas pelos tributários, existindo muitas variações de corrente, dependendo da ação da maré e do volume de água descarregado no estuário.

A circulação e a mistura nos estuários não dependem apenas das forçantes maré e águas doces, mas também da dimensão do estuário e da relação entre o comprimento e a largura desse sistema. A **propagação da maré** em um estuário envolve processos intensos de advecção, conforme discutido por Miranda *et al.* (1998).

Com base nas características de salinidade, os estuários foram classificados (Emery *et al.*, 1957) em *marinhos*, *salobros* ou **hipersalinos**. A composição química da água dos estuários varia, portanto, em função da predominância de cada tipo de estuário. Nos hipersalinos, devido à evaporação, há uma variação excessiva de sais depositados e uma deposição diferencial de sais. Em geral, em muitos estuários há uma razão maior de carbonato e sulfato em relação ao cloro, e de cálcio em relação ao sódio, e essas relações dependem dos volumes de águas doces e de águas costeiras no estuário e suas proporções. Assim, os **ciclos biogeoquímicos em estuários** dependem de processos de circulação, de gradientes de salinidade e de padrões de oxirredução em função de diferentes tipos de circulação vertical e horizontal.

14.4 As Comunidades de Estuários

Nos estuários, a compartimentalização física e as heterogeneidades espaciais vertical e horizontal são muito mais acentuadas do que em grandes lagos ou em oceanos. Dessa forma, as comunidades planctônica, nectônica e bentônica devem estar adaptadas às condições ambientais extremamente flutuantes desses ecossistemas.

A **fauna de estuários** é predominantemente marinha nas regiões mais próximas do oceano. O número de espécies de água doce, evidentemente, é mais abundante nas cabeceiras do estuário, onde predominam condições de baixa salinidade (até 5‰). Um ótimo desenvolvimento de espécies e colonização de estuários dependem da interação de muitos fatores, como enfatizado por Day (1951). Uma série de fatores interagindo pode determinar a colonização de certas áreas do estuário. A Fig. 14.3 mostra os fatores que limitam a distribuição dos organismos no estuário.

Apesar da variação de fatores ambientais em estuários ser bastante intensa, tais flutuações são uma característica dos ecossistemas estuarinos. Isso permite a manutenção de um estoque de biodiversidade altamente adaptado a essas flutuações (Simpson, 1944), que levam à consideração de que **espécies estuarinas** são descendentes de formas conservadoras com uma longa história evolutiva. Algumas espécies de ostras muito comuns em estuários são originárias

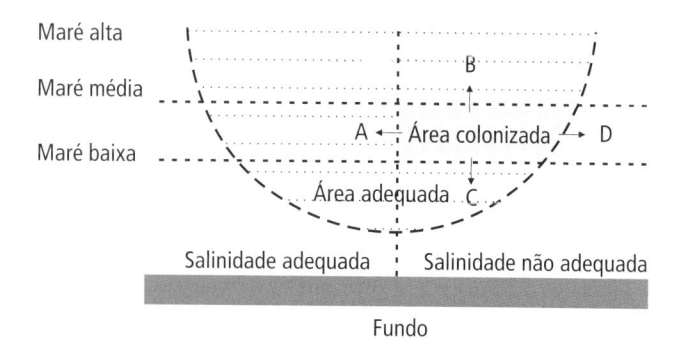

Fig. 14.3 Fatores limitantes à colonização em estuários
Fontes: Day (1951); Emery *et al.* (1957).

do *Cretáceo*, e muitos gastrópodes (originários do *Triássico*) também colonizam esses ambientes. **Eurialinidade** é uma característica muito conservadora, do ponto de vista fisiológico, e é típica de famílias, muito mais que de gêneros e espécies.

A grande tolerância de **organismos estuarinos** pode explicar a sua habilidade em colonizar estuários ou mesmo ecossistemas em águas doces, em muitos continentes. Por exemplo, a tolerância de *Dreissena* sp no mar Cáspio pode explicar a sua flexibilidade em colonizar os Grandes Lagos norte-americanos como espécie invasora.

Muitas adaptações fisiológicas ocorrem em organismos estuarinos, incluindo alterações estruturais que possibilitam tolerar baixas salinidades (Yonge, 1947).

De acordo com Panikkar (1951), a maior riqueza de espécies em estuários de regiões tropicais e subtropicais (quando comparados com estuários de latitudes mais altas) deve-se provavelmente a uma maior **capacidade de osmorregulação** em temperaturas mais elevadas. Tundisi e Tundisi (1968) discutiram a distribuição de *Acartia lilljeborghi* na região lagunar de Cananéia (Estado de São Paulo) e concluíram que sua maior penetração nessa região estuarina era por causa das temperaturas mais altas da água. A espécie *A. tonsa*, típica de estuários de regiões temperadas, tem menor penetração em estuários devido a temperaturas mais baixas e menor habilidade de regulação osmótica.

Os organismos mais comuns nas águas doces de estuários são várias larvas de insetos e algumas formas adultas de insetos aquáticos, oligoquetos e alguns moluscos pulmonados. Esses organismos são muito comuns em regiões de água doce de estuários que apresentam maior estabilidade. Penetração de **fauna marinha** em estuários depende da amplitude das variações da maré e dos gradientes de salinidade. Migradores estacionais são comuns em estuários. Essas migrações são parte do processo de reprodução ou de alimentação para os jovens.

Estuários são considerados áreas de reprodução e manutenção de uma biomassa elevada de espécies (*Nursery grounds*), especialmente em latitudes tropicais e subtropicais. A Fig. 14.4 mostra a distribuição comparativa de *espécies marinhas*, de *águas salobras* e de *águas doces* em estuários. Essa figura é a representação clássica de um trabalho de Remane (1934).

Uma redução similar em número de espécies da flora aquática de estuários também ocorre. Há uma distribuição bastante ampla de *Spartina* sp, *Salicornia* sp e *Scirpus* sp, que são típicas de áreas alagadas salobras. Algas filamentosas são comuns em estuários (*Enteromorpha, Chaetomorpha, Cladophora*) e apresentam denso crescimento e desenvolvimento nessas áreas. A distribuição e a biomassa dessas algas dependem do substrato e do controle pela altura da maré. O fitoplâncton de estuários apresenta menor densidade de espécies e uma maior biomassa. A dependência do enriquecimento por nutrientes a partir dos rios que alimentam o estuário é grande.

A flora de estuários, seja ela constituída por plantas superiores, macroalgas ou fitoplâncton, depende de fatores como salinidade, turbidez e características do substrato, para a colonização pelas algas bentônicas e as plantas superiores. Em algumas regiões estuarinas, especialmente estuários tropicais, o fitoplâncton pode atingir alta biomassa e elevada produtividade (Tundisi, 1970).

O **fitoplâncton de estuários** é composto principalmente por espécies marinhas, com raros representantes de águas doces (Cowles, 1930; Tundisi, 1970; Teixeira e Kutner, 1963).

14.5 Distribuição dos Organismos nos Estuários e a Tolerância à Salinidade

Nos estuários, uma sequência de águas com salinidade variada e com sedimentos também variados implica uma compartimentalização horizontal. Essa compartimentalização, com um gradiente da entrada do estuário até a nascente dos rios, tem como consequência uma distribuição horizontal diversificada de organismos planctônicos, nectônicos e bentônicos. Em geral, as seguintes categorias de organismos estão presentes em um estuário com gradientes horizontais relativamente bem definidos:

▸ **Organismos oligoalinos**: a maioria desses organismos não tolera salinidades superiores a 5‰. Alguns poucos toleram salinidades até 5‰. Esses organismos vivem nos compartimentos superiores do estuário, em águas doces de rios ou lagos.
▸ Organismos estuarinos: geralmente com distribuição entre 5‰-18‰, vivendo na região intermediária do estuário.
▸ **Organismos marinhos eurialinos**: são espécies marinhas que podem sobreviver em salinidades até 18‰ e se distribuem no compartimento central dos estuários. Algumas sobrevivem em salinidades até 5‰.

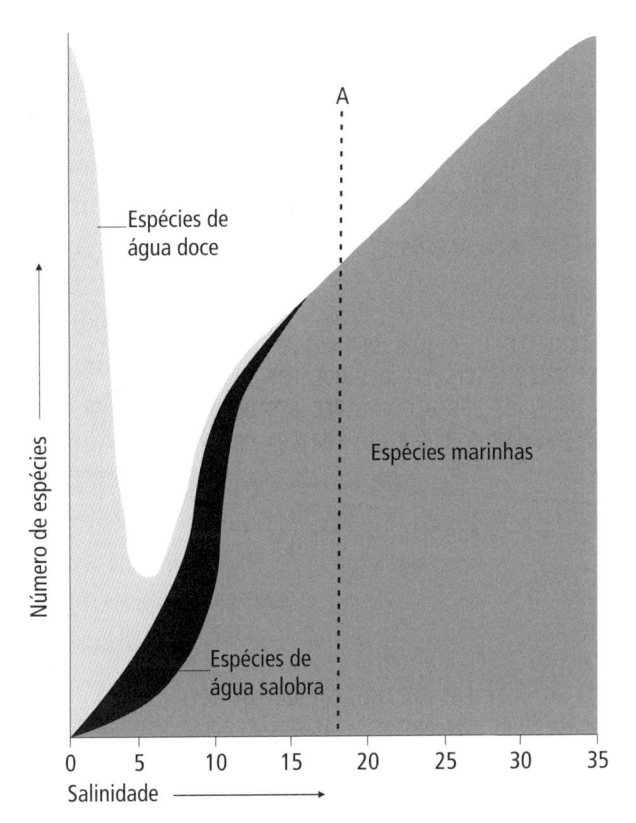

Fig. 14.4 Distribuição comparativa de espécies marinhas, espécies de águas doces e espécies de águas salobras em estuários
Fonte: modificado a partir da figura clássica de Remane (1934) apud Emery *et al.* (1957).

▶ **Organismos marinhos estenoalinos**: são espécies marinhas que podem sobreviver em salinidades de até 25‰; geralmente se localizam na entrada dos estuários.

▶ **Migradores**: esses organismos, principalmente peixes e caranguejos, ocupam o estuário somente em um período do ciclo vital. São exemplos típicos das regiões temperadas o salmão e a enguia. Em águas de regiões tropicais, algumas espécies de camarões são caracteristicamente migradoras para o estuário na fase adulta.

Evidentemente, os fatores que limitam e controlam a distribuição de organismos nos estuários são: salinidade, temperatura, suprimento de alimento, capacidade de colonização e competição interespecífica (Emery *et al.*, 1957) (Fig. 14.5).

De acordo com Jeffries (1969), as **comunidades dos estuários** são controladas por condições físicas, por causa das intensas flutuações. As respostas fisiológicas dos organismos estuarinos variam não só durante uma mesma fase do ciclo de vida, mas durante vários períodos do ciclo de vida as respostas são diversas. Por exemplo, fases larvais de organismos bentônicos podem ser mais tolerantes do que os adultos, como já foi discutido. Além da temperatura, que pode alterar os padrões fisiológicos, a densidade e a viscosidade da água dependem da salinidade e da temperatura. Muitos organismos marinhos estenoalinos têm capacidade de osmorregulação, o que implica uma alteração da concentração osmótica interna quando o organismo entra no estuário. No entanto, para os estenoalinos, há um limite inferior que depende da espécie.

Outro mecanismo consiste em manter a própria concentração osmótica interna independente daquela do meio, o que implica a manutenção das funções vitais, com concentrações internas superiores às das águas diluídas do estuário.

Os animais estuarinos, portanto, têm capacidade para tolerar as variações de salinidade do meio, a partir de vários mecanismos que incluem, em alguns casos, a osmorregulação ativa (hiperosmóticos ou isosmóticos) com o meio.

A distribuição espacial e a tolerância de espécies planctônicas às várias condições de salinidade e temperatura em estuários são muito bem ilustradas com o trabalho sobre **tolerância à salinidade** do zooplâncton na região lagunar de Cananéia (Tundisi e Tundisi, 1968). Esse trabalho realizou-se em duas etapas: uma experimental, em laboratório, na qual espécies de copépodes planctônicos comuns na região lagunar de Cananéia foram submetidas a gradientes de salinidade durante um período de 6 horas. Ao final desse período, registrou-se a taxa de sobrevivência desses organismos em diferentes salinidades, obtendo-se a avaliação da salinidade letal para 50% dos organismos. O gradiente de salinidade utilizado foi de 0,00‰ a 35‰.

Além desses experimentos, realizaram-se coletas no estuário, desde as regiões de mais baixa salinidade (0,00‰) até a salinidade de 35‰, correspondente às águas costeiras e à entrada do estuário. Os resultados mostram claramente a distribuição de espécies planctônicas em estuários com gradientes acentuados de salinidade. De acordo com esses resultados, as espécies com melhor capacidade de tolerância a gradientes elevados de salinidade foram (Tab. 14.3):

Esses experimentos e as coletas realizadas simultaneamente demonstraram diversas características típicas de organismos planctônicos estuarinos, aplicadas também a outros organismos estuarinos bentônicos ou nectônicos:

▶ um **gradiente biológico** recíproco ficou demonstrado entre *Pseudodiaptomus acutus* e *Acartia lilljeborghi*;

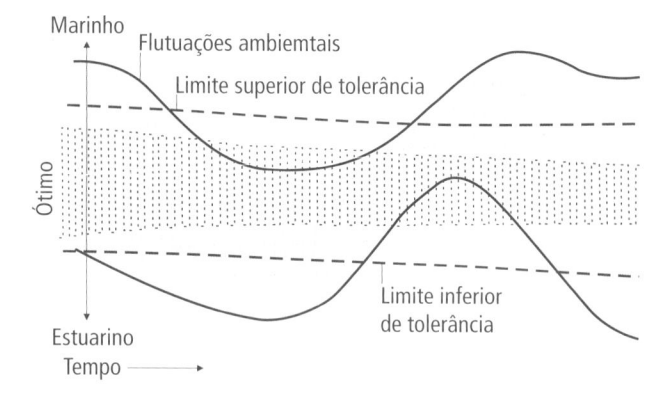

Fig. 14.5 Graus de tolerância, limites superiores e inferiores e o ótimo para espécies estuarinas, marinhas e de águas doces em estuários

Tab. 14.3 Espécies de zooplâncton encontradas na região lagunar de Cananéia e suas tolerâncias à salinidade

Espécie	Salinidade	
Pseudodiaptomus acutus	0,00‰	24‰
Oithona ovalis	7‰	24‰
Euterpina acutifrons	13‰	30‰
Temora stylifera	17‰	30‰
Centropages furcatus	18‰	32‰
Acartia lillejborghi	13‰	30‰
Acartia lillejborghi-aclimatizada	6‰	32‰

▶ um conjunto de espécies típicas de águas doces como *Pseudodiaptomus acutus* ou larvas de cirripédios;

▶ um conjunto de espécies típicas das águas costeiras ou marinhas como *Euterpina acutifrons*, *Temora stylifera* ou *Centropages furcatus*;

▶ um conjunto de espécies que tolera águas com salinidades intermediárias como *Oithona ovalis* e *Acartia lillejborghi*.

Os experimentos de aclimatização realizados com *A. lillejborghi* (em que os animais foram periodicamente submetidos a gradientes decrescentes de salinidade) demonstraram que algumas espécies apresentam essa **capacidade de adaptação progressiva** às salinidades mais baixas (ou mais altas) quando submetidas a variações lentas de salinidade, que é o que ocorre em muitos estuários a cada ciclo de maré. A Fig. 14.6, extraída de Tundisi (1970), ilustra a concepção de "gradiente biológico recíproco" em um estuário.

De acordo com Jeffries (1962a, 1962b; 1967), pode-se apresentar uma classificação ecológica das principais espécies de holoplâncton estuarino (Quadro 14.2), baseada nas características de distribuição em relação aos fatores ambientais e ao centro de dispersão das espécies.

Quadro 14.2 Categorias de distribuição de organismos em estuários

Categoria	Características
Estuarino	Propagação somente em águas salobras. Tolerância para reprodução entre 5‰ e 30‰. Encontrada no oceano, casualmente
Estuarino e marinho	Propagação em grande extensão do estuário. Limitado por salinidades menores que 10‰. Reprodução no estuário e nas águas costeiras
Marinho **eurialino**	Encontrado no estuário; reprodução nas águas costeiras. Manutenção da população dependendo de suprimento contínuo do oceano
Marinho estenoalino	Propaga-se ocasionalmente na entrada do estuário. Caracteriza águas neríticas

O Quadro 14.3 apresenta a classificação das águas estuarinas segundo o sistema de **Veneza** e a classificação ecológica dos organismos de acordo com a salinidade.

14.6 Manutenção do Estoque das Populações Planctônicas e Bentônicas em Estuários

Bousfield (1955) demonstrou que, no estuário do rio Miramichee (Estados Unidos), a distribuição de cirripédios (cracas, gênero *Balanus* spp) está relacionada com movimentos de água doce à superfície e à contracorrente associada a eles em profundidade, com águas de maior salinidade em direção às nascentes. Por meio de processos de **migração vertical** em diferentes estágios da maré, a população pode manter-se em certas áreas do estuário (Lance, 1962).

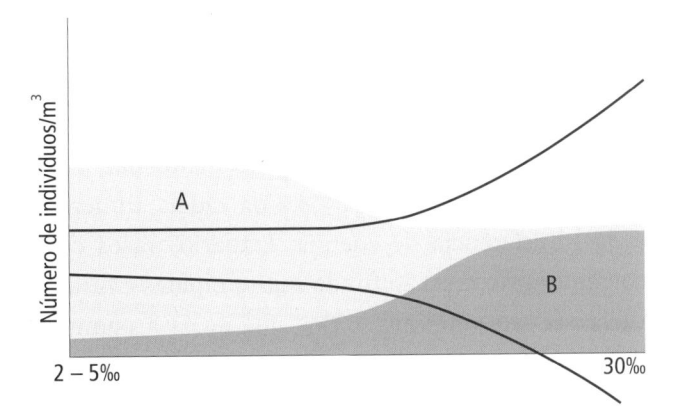

Fig. 14.6 Gradiente biológico recíproco. A e B – espécies com tolerâncias ótimas, respectivamente em águas doces e águas costeiras/salobras

Quadro 14.3 Classificação das águas estuarinas e classificação ecológica dos organismos

REGIÕES DE ESTUÁRIOS	SISTEMA DE VENEZA		CLASSIFICAÇÃO ECOLÓGICA
	GRADIENTE DE SALINIDADE (‰)	ZONAS	Tipos de organismos e gradiente aproximado de distribuição no estuário, relativamente a divisões e salinidades
Rio	< 0,5	Limnética	limnético
Cabeceiras do estuário	0,5 – 5	Oligoalina	oligoalino
Estuário superior	5 – 18	Mesoalina	mixoalino
Estuário médio	18 – 25	Polialina	estuarino típico
Estuário inferior	25 – 30	Polialina	
Área de deságue no oceano	30 – 40	Eualina	estenoalina marinha / eurialina marinha / migradores

Um mecanismo semelhante foi proposto para a região lagunar de Cananéia por Tundisi e Tundisi (1968). Verificou-se que *Pseudodiaptomus acutus* é mais abundante nas porções superiores do estuário ou próximo às cabeceiras dos rios e que o intervalo de tolerância à salinidade para as fêmeas adultas dessa espécie é grande (desde 1‰ até 26-27‰). Em laboratório, constatou-se que as fêmeas adultas desse copépode afastavam-se da luz quando submetidas à luz vinda da superfície da água. Coletas feitas durante a maré alta e a maré baixa demonstraram que, na maré alta, como a intensidade luminosa aumenta na superfície, os animais migram para a profundidade, sendo arrastados outra vez para as porções superiores do estuário na contracorrente. Portanto, um mecanismo de manutenção dessa espécie em certas regiões do estuário é feito por meio da resposta negativa à luz e da tolerância às grandes variações de salinidade (Tundisi e Tundisi, 1968).

Esse tipo de mecanismo de manutenção das populações em certas áreas do estuário é relativamente comum. Entretanto, a particularidade referente a *Pseudodiaptomus acutus* diz respeito ao acoplamento dos dois fatores e das duas respostas, em relação à luz e à salinidade, simultaneamente. Esse processo foi considerado por Margalef (1974) como um ritmo endógeno para a manutenção da espécie estuarina em regiões ótimas de temperatura e salinidade, que possibilitem a reprodução e não somente a sobrevivência das espécies.

Para populações bentônicas, larvas e jovens apresentam comportamentos semelhantes, que possibilitam manter os adultos em regiões ótimas para a reprodução e, consequentemente, dispersão de ovos e larvas com capacidade de tolerância a gradientes amplos de salinidade.

A extensão da capacidade de regulação das espécies estuarinas é extremamente variável. A Fig. 14.7 mostra as variações e os gradientes de estresse fisiológico de acordo com a hipótese de Sanders (1969), de que, à medida que aumenta o estresse fisiológico, diminui o número de espécies.

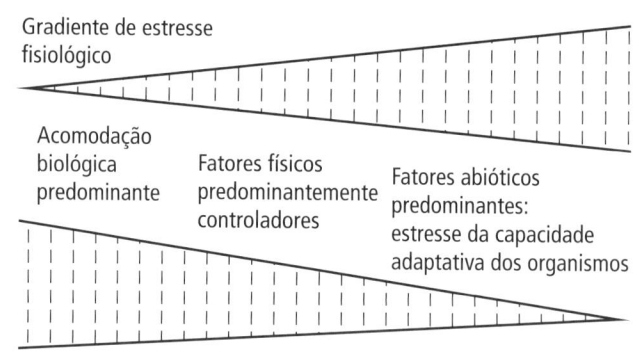

Fig. 14.7 Representação da hipótese da estabilidade no tempo de Sanders (1969), mostrando a relação número de espécies/estresse e a predominância de fatores abióticos nas regiões a montante dos estuários

Nos estuários, a fauna bentônica tem um papel extremamente importante e muito maior que o do zooplâncton, do ponto de vista da cadeia alimentar e da transferência de energia. Estuários rasos com correntes próximas ao fundo muito rápidas e fundos variáveis são similares a rios nos quais a comunidade zoobentônica é extremamente importante. A *infauna* de estuários é composta por fauna bentônica verdadeiramente de estuários e por *poliquetos, ostras, caranguejos* ou *camarões* vivendo ou dependendo do sedimento. Esses organismos são extremamente importantes na dinâmica da rede alimentar desses ecossistemas.

Muitas espécies de pássaros também habitam estuários e se alimentam dessas formas bentônicas, que podem atingir elevadas biomassas, particularmente em áreas com salinidades intermediárias (> 100 g peso seco por 0,1 m^2) (Horne e Goldman, 1994). Em muitos estuários, predomina a **macroinfauna** (aquela que não passa em redes com 0,5 mm de abertura de malha).

14.7 Produtividade Pprimária em Estuários

Os **produtores primários em estuários** apresentam uma variedade grande de organismos, desde microfitoplâncton, nanofitoplâncton e microfitobentos até plantas superiores e macroalgas bentônicas. Essa variedade de produtores primários e o enriquecimento promovido pelos rios são fatores importantes na produtividade primária, que é uma das mais elevadas dos ecossistemas aquáticos, se comparada a lagos profundos e oceanos. Exposição do sedimento ao dessecamento aumenta consideravelmente a temperatura e promove rápida decomposição de matéria orgânica, reciclando nutrientes, especialmente fósforo e nitrogênio, que são imediatamente absorvidos pelas macroalgas bentônicas, pelo microfitobentos e pelo fitoplâncton.

Grande parte dos nutrientes dos estuários tem fontes alóctones, como a vegetação costeira e a vegetação de mangues em estuários tropicais. Essas fontes alóctones sustentam uma produção primária muito elevada. Entretanto, nutrientes provenientes dos sedimentos rasos também podem constituir uma reserva importante, como demonstrado por Tundisi (1969) para a região lagunar de Cananéia. Nessa região, os rios de água salobra ou de água doce que descarregam matéria orgânica particulada e dissolvida no estuário principal e nos canais da região de mangue ("marigots") têm um papel importante na realimentação de nutrientes para o estuário. Além disso, esses canais, existentes em grande número nessa região de mangues, funcionam como coletores de material particulado (folhas e restos de vegetação das árvores de mangue), o qual passa por um rápido processo de decomposição, e atuam como doadores de nutrientes inorgânicos para os canais principais, estimulando a produtividade primária fitoplanctônica e o fitobentos que cresce nas raízes de vegetais de mangue.

A presença de vegetação de mangue em estuários tropicais com extensas áreas de crescimento de *Rhizophora* sp, *Laguncularia* sp ou *Avicenia* sp tem um papel relevante na produção primária fitoplanctônica e do microfitobentos nesses estuários. Segundo Prakash e Rashid (1969), substâncias húmicas têm um papel muito importante no crescimento fitoplanctônico e na produtividade primária fitoplanctônica e do microfitobentos em estuários onde ocorrem elevadas concentrações de substâncias húmicas dissolvidas. Droop (1966) e Aidar-Aragão (1980) demonstraram o efeito dessas substâncias húmicas no crescimento de *Skeletonema costatum*.

Para a região lagunar de Cananéia, Tundisi, Teixeira e Kutner (1965) lançaram a hipótese de que substâncias húmicas dissolvidas em pequenas quantidades têm um papel fundamental no crescimento do fitoplâncton no verão, especialmente *Skeletonema costatum*, cuja presença no verão tem grande importância relativamente à produtividade primária do microfitoplâncton (Tundisi, 1969). Substâncias húmicas afetam o crescimento do fitoplâncton, diminuem o tempo de duplicação das populações fitoplanctônicas, provavelmente por estímulos fisiológicos que podem ser resultantes de processos de quelação, disponibilizando ou não íons para as células ou cadeias de células. Processos de fotooxidação e fotorredução são também extremamente importantes na disponibilidade dessas substâncias húmicas para o fitoplâncton e o microfitobentos em regiões estuárias com vegetação de mangue (Droop, informação pessoal a Tundisi, 1965).

Vannucci (1969) resumiu os três principais fatores que afetam a produtividade de estuários: i) as características da água-nutrientes: turbidez, concentração de matéria dissolvida; ii) as características e profundidades do sedimento: concentração de fósforo, granulometria, relação ferro/fósforo no sedimento; iii) a disponibilidade de nutrientes na água e no sedimento e a disponibilidade de matéria orgânica em geral, cuja decomposição acelera o processo de produtividade primária e secundária.

Dos principais fatores que limitam a produção primária fitoplanctônica em estuários, a baixa energia radiante submarina que resulta da grande quantidade de material em suspensão é um fator fundamental. O grau de turbulência e a profundidade crítica, que produzem mudanças rápidas na disponibilidade da energia radiante, são também fatores relacionados com as circulações vertical e horizontal que contribuem para essas alterações.

A sucessão estacional do fitoplâncton depende das instabilidades e estabilidades das condições ambientais. Margalef (1967) considera que a sucessão estacional do fitoplâncton é determinada por diversos fatores, como o afluxo diferencial de nutrientes, alimentação pelo zooplâncton herbívoro ou processos de circulação e mistura vertical. Em estuários com grandes variações de salinidade e concentração de nutrientes, a sucessão periodicamente interrompida e o padrão de sucessão apresentam grandes variações, com alterações na dominância de cada associação de espécies. Um fator importante na sucessão fitoplanctônica são as variações de salinidade dos estuários, o que pode provocar, para espécies menos tolerantes, mortalidade em massa e quebra na sequência da sucessão.

A Tab. 14.4 apresenta a produtividade primária de estuários quando comparada com outros ecossistemas terrestres ou aquáticos (Horne e Goldman, 1994).

Portanto, os estuários estão entre os sistemas mais produtivos do planeta Terra, e as causas dessa produtividade estão relacionadas com os seguintes fatores: aporte de nutrientes; elevada biomassa; ciclos rápidos e decomposição rápida na coluna de água ou no sedimento; cadeias alimentares com várias alternativas, que estimulam a produção de matéria orgânica e a transferência de energia, de forma a reciclar rapidamente a matéria orgânica e os nutrientes. Deve-se ainda salientar a adaptação da flora e da fauna, que possibilita atingir **condições ótimas em estuários**, em determinadas regiões onde a mistura das águas costeiras, pobres em nutrientes, e das águas doces, ricas em nutrientes, proporciona condições ótimas de produção de biomassa.

O conjunto de interações dos estuários e das águas do ecossistema marinho próximo é apresentado na Fig. 14.8.

14.8 A Rede Alimentar em Estuários

A rede alimentar em estuários é dependente da energia fixada fotossinteticamente pelos produtores primários (que, como se verificou, têm diversas fontes em estuários), bem como do transporte e da transformação dessa matéria orgânica pelos processos de advecção, interação das águas doces e salobras e **interação água-sedimento**. A conversão de matéria orgânica é extremamente rápida em estuários, e os experimentos e determinações de biomassa nos ciclos estacionais têm comprovado essa rápida conversão.

Uma típica cadeia alimentar estuarina é apresentada na Fig. 14.9, na qual se verifica que pássaros, em especial aqueles que se alimentam da infauna de sedimentos ou de peixes, têm uma importância

Tab. 14.4 Produtividade primária comparada de vários ecossistemas em relação à produtividade dos estuários

Ecossistema	Produção primária bruta kcal.m^{-2}.ano^{-1}	Total para o planeta Terra 10^{11}.kcal.ano^{-1} (todos os sistemas)
Estuários e barreiras de coral	20.000	4
Florestas tropicais	20.000	29
Áreas agrícolas fertilizadas	12.000	4,8
Lagos eutróficos	10.000	—
Áreas alagadas eutróficas	10.000	—
Áreas agrícolas não fertilizadas	8.000	3,9
Regiões costeiras de ressurgência	6.000	0,2
Pastagens	2.500	10,5
Lagos oligotróficos	1.000	—
Oceanos (águas oceânicas)	1.000	32,6
Desertos e tundras	200	0,8

Fonte: Horne e Goldman (1994).

considerável na cadeia alimentar dos estuários, do ponto de vista quantitativo. Nota-se também a grande importância dos organismos que se alimentam de detritos e dos que se alimentam de plantas superiores aquáticas, tais como raízes e folhas de *Spartina* sp ou vegetação de mangue (folhas e raízes em decomposição).

Os detritívoros são muito importantes em estuários. Detritos estão disponíveis durante todo o ano, mesmo em estuários de regiões temperadas. Zooplâncton e bentos são consumidores primários igualmente importantes em estuários. Além de detritos, material particulado vivo – como fitoplâncton e bactérias – constitue uma importante fonte de alimento. Os animais bentônicos podem filtrar material em suspensão ou alimentar-se de depósitos no sedimento.

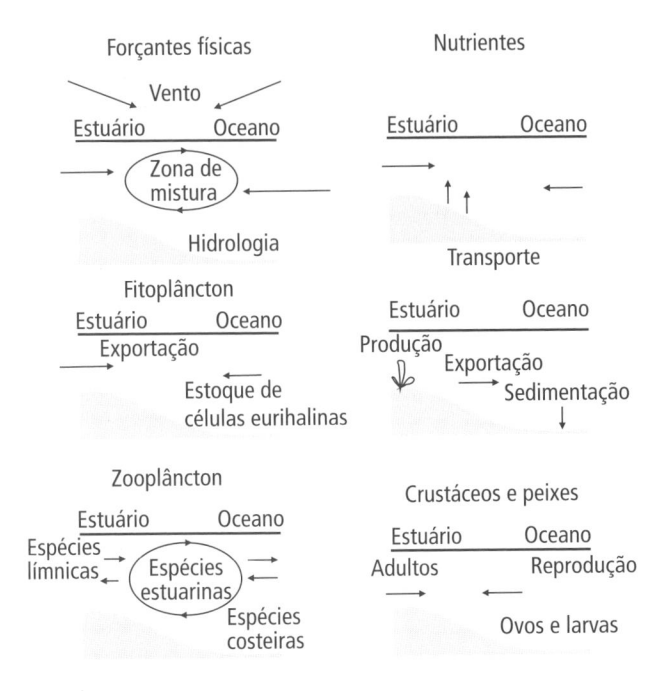

Fig. 14.8 Interações de fatores físicos, químicos e biológicos com os estuários e as águas marinhas costeiras
Fonte: modificado de Abreu e Castello (1997).

14.9 Detritos nos Estuários

Em muitos estuários, a contribuição das plantas superiores à formação de detritos é muito grande. Todos os produtores primários mencionados anteriormente são importantes fontes de detritos orgânicos de várias dimensões, os quais são imediatamente alterados por microorganismos. Estes aumentam o valor nutritivo dos detritos e aceleram a sua decomposição e transformação em substâncias húmicas. Os detritos de origem orgânica acumulam-se no sedimento e são removidos por animais em um processo conhecido como *bioturbation* (perturbação de origem biológica por ação mecânica).

Animais e seus excretas também contribuem com detritos orgânicos. Além do material particulado sob forma de detritos, há alta concentração de substâncias orgânicas dissolvidas nos estuários que podem ser metabolizadas por bactérias, aumentando, assim, a matéria particulada viva. Em muitos estuários, essas substâncias orgânicas dissolvidas têm origem na decomposição da vegetação de mangue ou de plantas aquáticas (Tundisi, 1970).

14.10 A Região Lagunar de Cananéia

A região lagunar de Cananéia é um complexo estuarino lagunar com canais, ilhas e rios caracteristicamente circundados em sua região salobra por vegetação de mangue. Essa região lagunar tem 110 km, está localizada a 25°5480W e é conectada ao oceano Atlântico por meio de canais em sua

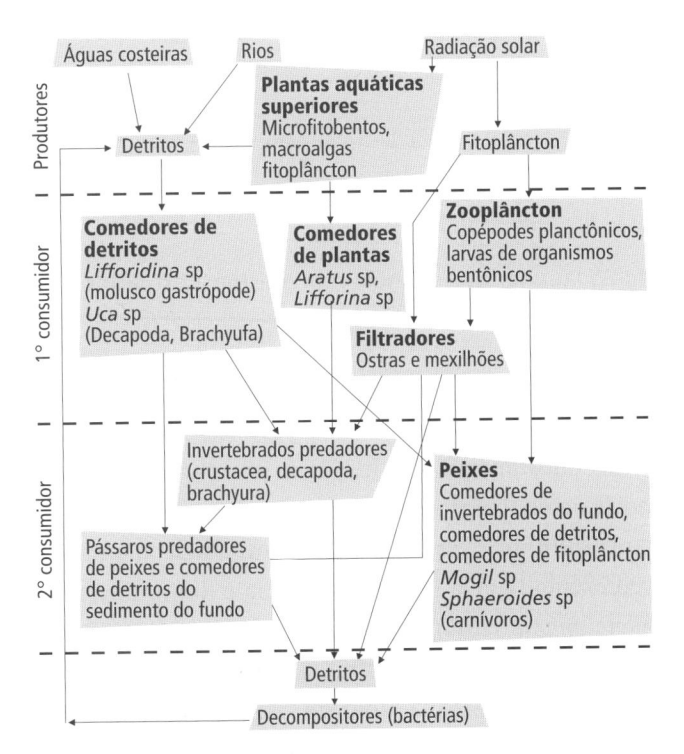

Fig. 14.9 Rede alimentar em um estuário. Em alguns níveis tróficos foram colocadas espécies típicas de regiões estuarinas e regiões de mangue do Brasil
Fonte: modificado de Por (1944).

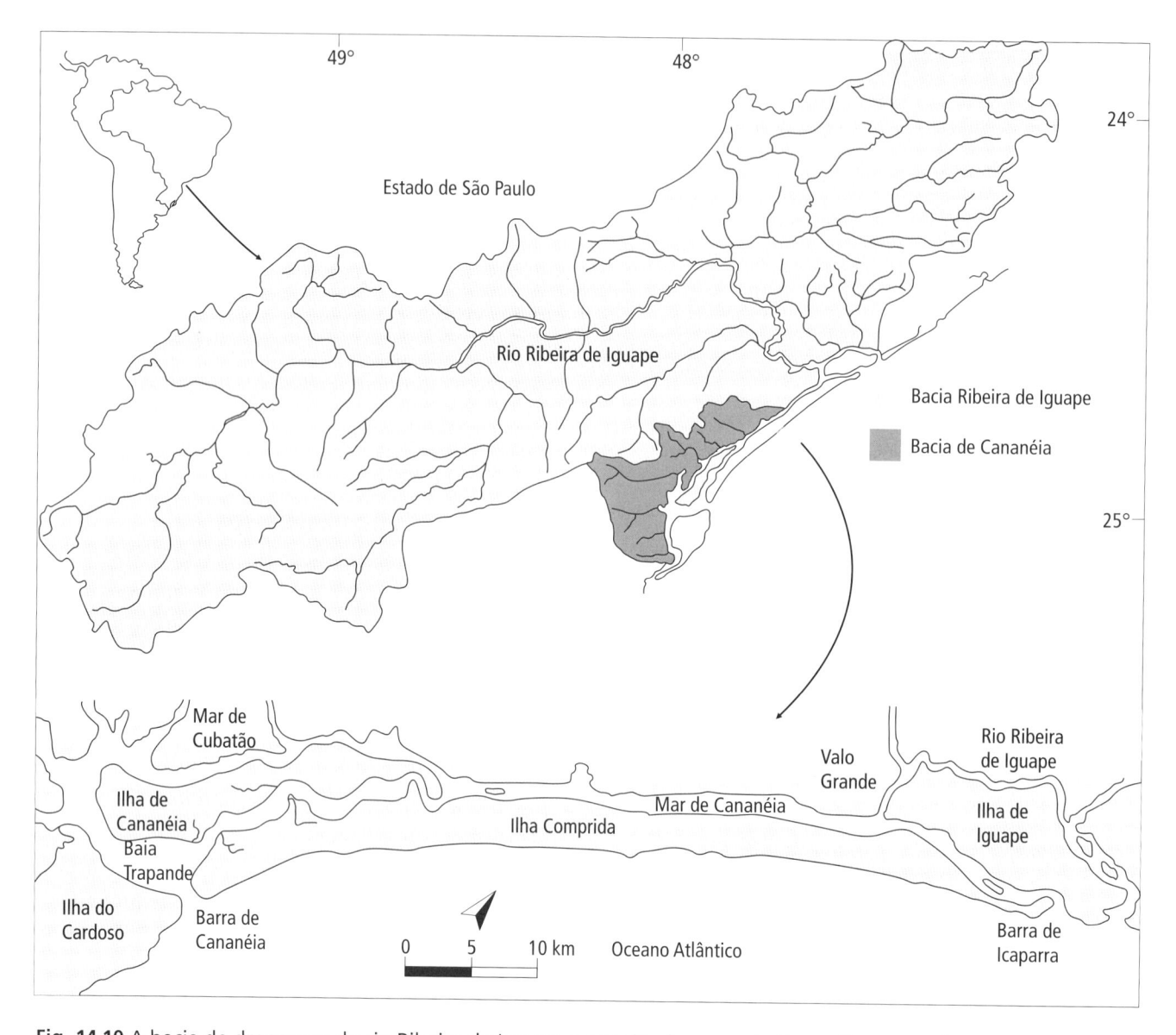

Fig. 14.10 A bacia de drenagem do rio Ribeira de Iguape e a região lagunar de Cananéia com o sistema estuarino

região norte e sul (Fig. 14.10). O clima dessa região é caracterizado e dominado pela predominância de massas de ar polar ou tropical. As massas de ar polar prevalecem durante períodos de outono e inverno (março a setembro) e as massas de ar tropical predominam durante períodos de primavera (setembro) até o final do verão (fevereiro).

Frentes frias durante o período de inverno são comuns, causando alterações na salinidade da água – acúmulo de água costeira na região lagunar (Garcia Occhipinti, 1963) e maior intensidade de precipitação durante o verão, com grandes precipitações e descarga de substâncias húmicas em grande quantidade, devido à decomposição da vegetação de mangue. Essas substâncias húmicas têm um papel relevante no funcionamento do sistema lagunar, pois estimulam, durante o verão, alta produtividade primária, representada pela maior frequência e dominância de *Skeletonema costatum*, uma diatomácea típica dessa região. A Fig. 14.11 mostra as características climatológicas da região lagunar de Cananéia distribuídas distintivamente durante esses períodos do ano.

A geomorfologia da região está relacionada com alterações em larga escala ocorridas durante o quaternário, com mudanças na hidrodinâmica do sistema que continuamente produziram reorganização espacial da costa dos canais e da distribuição dos sedimentos na região lagunar (Petri e Sugio, 1971).

A Fig. 14.12 mostra a distribuição de salinidade nos principais canais da região lagunar de Cananéia durante as marés baixa e alta.

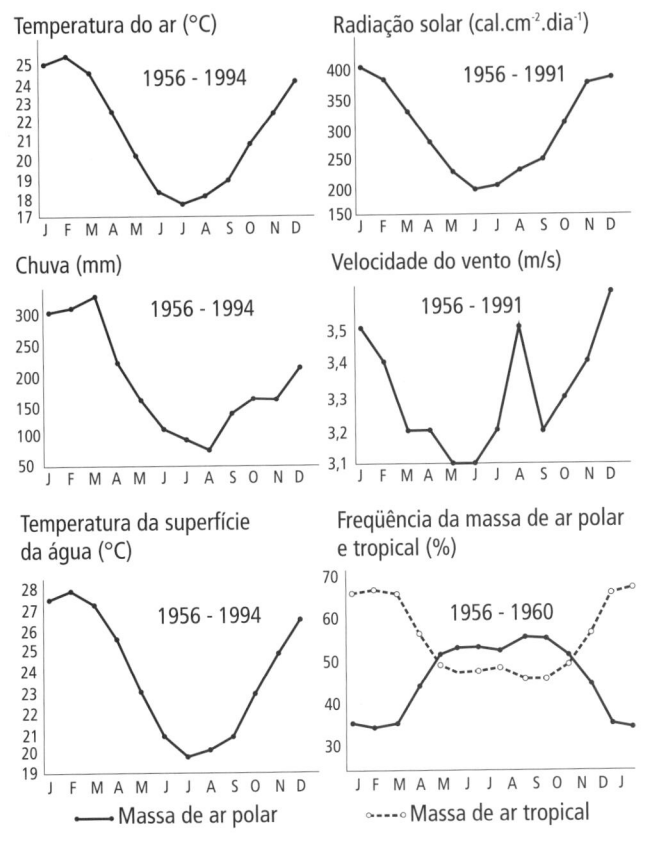

Fig. 14.11 Características climáticas da região lagunar de Cananéia
Fonte: modificado de Garcia Occchipinti (1963).

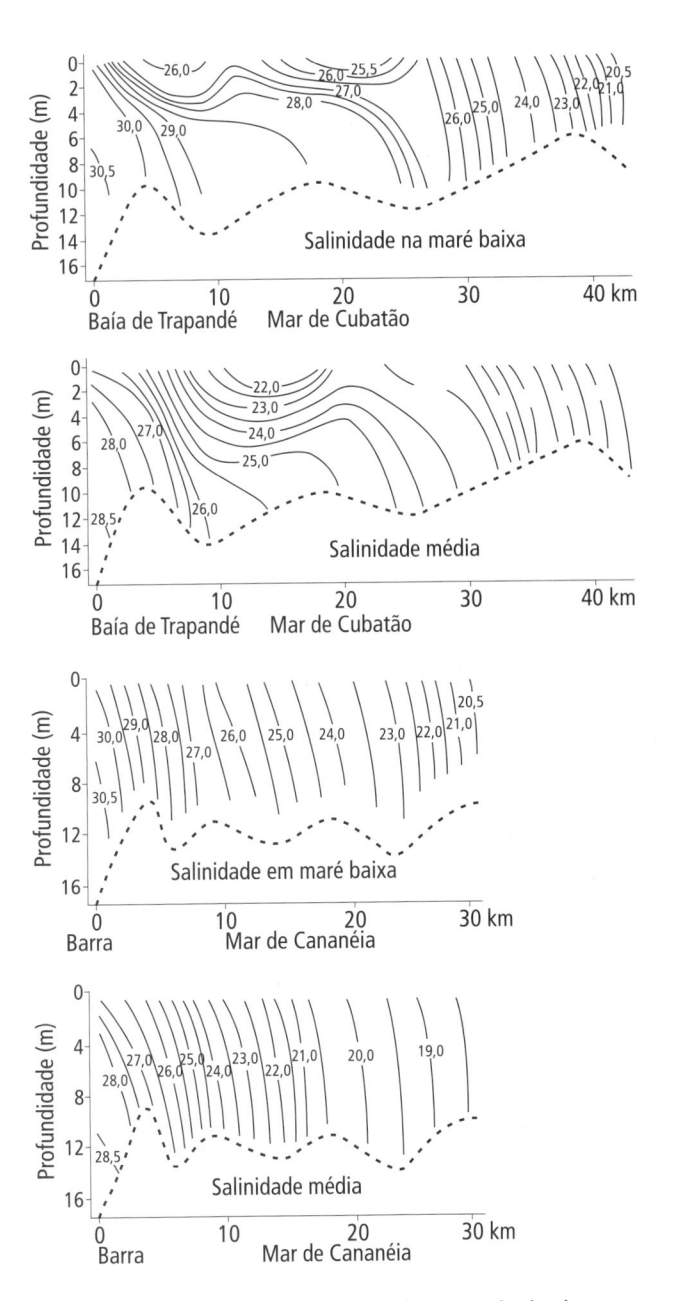

Fig. 14.12 Distribuição de salinidade nos principais canais da região lagunar de Cananéia
Fonte: Miranda et al. (2002).

14.10.1 As comunidades

A vegetação de mangue está distribuída ao redor das ilhas, ao longo dos rios e "marigots" (nome francês para designar canais no mangue); é composta por *Rhizophora mangle*, *Avicennia shaweriana*, *Laguncularia racemosa* e *Conocarpus erecta*, sendo esta última espécie mais rara; os sedimentos com maior concentração de matéria orgânica e de granulometria mais fina são ocupados por uma vegetação de *Spartina* sp, a qual mantém em suas raízes uma rica fauna de invertebrados, especialmente nematódeos e outros invertebrados com tolerância a águas salobras entre 10‰ a 25‰.

Uma vegetação transicional ocorre entre a vegetação de mangue e a Floresta Atlântica Tropical (Cintron e Schaeffer apud Novelli, 1983). A distribuição espacial e a variabilidade estrutural da vegetação de margem dependem de uma interação complexa de flutuações de nível da água, processos de decomposição, salinidade do solo e contribuição de nutrientes oriundos da referida floresta (Adaime, 1985).

A *comunidade planctônica* apresenta **ciclos de biomassa** mais pronunciados nas águas interiores e estuarinas do que nas águas costeiras adjacentes (Teixeira e Kutner, 1963; Teixeira, Tundisi e Kutner, 1965; Tundisi, 1969, 1970). A produtividade primária do fitoplâncton é também mais elevada, principalmente no verão, atingindo 1 gC.m^{-2}.dia^{-1} (em contraste com as águas costeiras, cuja produção é de 0,1 gC.m^{-2}.dia^{-1}). Inibição de aproximadamente 20% da atividade fotossintética é comum na região lagunar (Teixeira et al., 1969). O crescimento de Skeletonema costatum no verão e o aumento da biomassa e da produtividade primária foram atribuídos ao estímulo promovido por substâncias húmicas provenientes da decomposição da vegetação de mangue (Aidar-Aragão, 1980).

A distribuição vertical do fitoplâncton está relacionada com os ciclos de maré. Durante períodos de maré alta, populações de Chaetoceros sp e Skeletonema costatum predominam em águas mais profundas na região lagunar (Brandini, 1982).

A população zooplanctônica dessa região é dominada por copépodes, cujos representantes mais significativos são Oithona hebes, Acartia lillejborghi, Pseudodiaptomus acutus, Euterpina acutifrons, Paracalanus crassirostris, Oithona oswaldocruzi, Acartia tonsa e Temora turbinata. Esses organismos são os principais componentes da comunidade zooplanctônica, e a distribuição espacial (horizontal e vertical) é, como já descrito, influenciada pela salinidade. A produção diária dos copépodes planctônicos da região lagunar varia de 2,08 a 44,76 mgC.m^{-3}.dia^{-1} (Kara, 1998).

As Tabs. 14.5 a 14.7 apresentam, respectivamente, o conteúdo químico das principais espécies de copépodes planctônicos, a taxa P/B (Produção/Biomassa diária) e a média anual acumulada da biomassa dessas espécies (Kara, 1998). A abundância das populações de copépodes está relacionada com a temperatura, a salinidade e a concentração de clorofila, segundo Matsumura Tundisi (1972) e Kara (1998).

A comunidade bentônica da região lagunar de Cananéia é representada por 73 taxa, dos quais anelídeos, crustáceos, moluscos e, principalmente, poliquetos são dominantes em número de espécies e indivíduos.

A distribuição da fauna macrobentônica depende do substrato (natureza e variáveis físico-químicas) (Jorcin, 1997). Elevadas densidade e diversidade da fauna bentônica explicam-se, segundo Jorcin (1997), pelas elevadas concentrações de nutrientes que fornecem a diversidade e a biomassa. Insetos e oligoquetos (Naididae) são componentes de águas doces da fauna bentônica encontrados nas porções superiores do estuário. As alterações estacionais na abundância dos organismos macrobentônicos e na diversidade são resultantes de alterações em salinidade, potencial redox, granulometria dos sedimentos e concentrações de matéria orgânica.

A comunidade de peixes da região lagunar de Cananéia é representada por 68 espécies pertencentes

Tab. 14.5 Conteúdo químico (carbono, nitrogênio e hidrogênio) expresso como porcentagem do peso seco das dez espécies principais de copépodes do complexo estuarino-lagunar de Cananéia (SP)

Espécie	n	Carbono (%)	Nitrogênio (%)	Hidrogênio (%)
Acartia lillejborghi	2	45,33±0,09	11,71±0,03	6,72±0,05
Acartia tonsa	2	44,21±0,08	11,35±0,01	6,78±0,01
Pseudodiaptomus acutus	2	46,11±0,04	11,64±0,00	7,05±0,02
Paracalanus crassirostris	2	46,26±0,01	10,90±0,01	7,03±0,04
Paracalanus quasimodo	2	45,56±0,21	11,26±0,03	6,90±0,05
Temora turbinata	2	44,57±0,02	11,60±0,01	6,79±0,03
Labidocera fluviatilis	2	45,21±0,04	12,11±0,06	6,94±0,01
Oithona hebes	2	46,11±0,05	11,69±0,04	7,02±0,02
Oithona oswaldocruzi	2	46,37±0,06	10,96±0,05	7,16±0,03
Euterpina acutifrons	2	46,04±0,14	11,30±0,02	7,01±0,00
Copepoda total (média)	20	45,58±0,73	11,45±0,36	6,94±0,14

n – número de observações
Fonte: Kara (1998).

Tab. 14.6 Taxa de P/B diária de copépodes no complexo estuarino-lagunar de Cananéia (SP), no período de fevereiro de 1995 a janeiro de 1996

Espécies	Taxa de P/B diária (dia^{-1})		
	Mín.	Máx.	Média
Acartia lillejborghi	0,20	1,44	0,44
Acartia tonsa	0,29	1,61	0,73
Pseudodiaptomus acutus	0,18	0,94	0,40
Paracalanus crassirostris	0,33	1,30	0,65
Paracalanus quasimodo	0,28	1,54	0,52
Temora turbinata	0,20	1,02	0,44
Labidocera fluviatilis	0,13	1,05	0,29
Oithona hebes	0,38	1,72	0,81
Oithona oswaldocruzi	0,38	1,60	0,74
Oithona oculata	0,46	2,10	0,99
Oncaea media	0,40	1,87	0,89
Euterpina media	0,29	1,23	0,58
Espécies menos frequentes	0,15	1,65	0,53
Copepoda total	0,21	1,44	0,55

Fonte: Kara (1998).

a 52 gêneros e 23 famílias. A maioria das espécies é de origem marinha, mas tolera águas salobras de salinidade mais baixa (Zani Teixeira, 1983).

As comunidades de bactérias têm altas concentrações relacionadas ao conteúdo de matéria orgânica.

Segundo Mesquita (1994), a presença de bactérias (46% em detritos) está relacionada à biomassa senescente do fitoplâncton.

14.10.2 Metabolismo microbiano e ciclos de nutrientes

Cerca de 10% da produção primária bruta é consumida pelo metabolismo microbiano. Devido à grande contribuição de matéria orgânica dissolvida e particulada proveniente da vegetação de mangue, provavelmente uma cadeia alimentar de detritos é dominante nas regiões mais interiores e de águas salobras ou doces do estuário, enquanto que nas regiões mais próximas da água costeira as cadeias alimentares são dominadas pelo fitoplâncton e pelo zooplâncton. Durante o inverno (junho/julho), o metabolismo microbiano é menos ativo, segundo Mesquita (1983).

Os ciclos de nutrientes nessa região são dominados por processos de decomposição e reciclagem de matéria orgânica, em virtude da contribuição elevada da serrapilheira da vegetação de mangue (Schaeffer-Novelli et al., 1990) – 9,02 ton.ha^{-1}.ano^{-1}. As altas temperaturas das águas interiores (até 36°C na superfície dos "marigots") são fundamentais para promover **ciclos biogeoquímicos de decomposição**. Concentrações de carbono particulado (COP) variam de 40 – 324 µg.ℓ^{-1}.

Os sedimentos podem ser uma importante fonte de

Tab. 14.7 Média anual acumulada da biomassa, da taxa de produção e da taxa de P/B de copépodes no complexo estuarino-lagunar de Cananéia (SP), no período de fevereiro de 1995 a janeiro de 1996

Espécie	Biomassa anual acumulada				Taxa de produção anual			P/B
	(mgPS.m^{-3})	%	(mgC.m^{-3})	%	(mgC.m^{-3}.ano^{-1})	%		(ano^{-1})
Acartia lillejborghi	3.889,44	24,7	1.762,95	24,4	721,72	18,1		149,4
Acartia tonsa	498,23	3,2	220,10	3,1	199,91	5,0		331,5
Pseudodiaptomus acutus	3.783,23	24,0	1.744,34	24,2	767,18	19,2		160,5
Paracalanus crassirostris	1.092,81	6,9	505,53	7,0	259,75	6,5		187,5
Paracalanus quasimodo	141,99	0,9	64,61	0,9	24,81	0,6		140,2
Temora turbinata	1.325,68	8,4	590,94	8,2	210,46	5,3		130,0
Labidocera fluviatilis	513,19	3,3	232,14	3,2	51,47	1,3		80,9
Oithona hebes	2.557,46	16,2	1.179,32	16,4	1.067,14	26,8		330,3
Oithona oswaldocruzi	805,92	5,1	373,76	5,2	347,08	8,7		338,9
Oithona oculata	32,49	0,2	14,97	0,2	13,54	0,3		330,1
Oncaea media	20,08	0,1	9,13	0,1	6,12	0,2		244,7
Euterpina acutifrons	1.043,54	6,6	480,34	6,7	306,00	7,7		232,5
Espécies menos frequentes	71,54	0,5	32,49	0,5	11,93	0,3		134,0
Copepoda total	15.776,76	100,0	7.210,94	100,0	3.987,12	100,0		201,8

Fonte: Kara (1998).

nutrientes onde prevalecem condições anóxicas, especialmente nos canais interiores em que há "bolsões de anoxia" associados a baixa circulação de águas (sobretudo durante a maré baixa), altas temperaturas e decomposição de matéria orgânica (Menezes, 1994).

A **decomposição da serrapilheira** da região de mangue tem um papel fundamental nos ciclos de nutrientes (Gerlach, 1958; Kato, 1966).

14.10.3 Impactos

Além da degradação da vegetação do mangue pela expansão urbana, de condomínios e marinas, a região lagunar de Cananéia sofre impactos do desmatamento e da mineração provenientes das bacias hidrográficas vizinhas, especialmente da degradação da **Floresta Tropical Atlântica**. Esses impactos têm provocado alterações nos mecanismos de funcionamento dessa região, em particular nos ciclos de nutrientes, no aumento de toxicidade da água e do sedimento e impactos na biodiversidade. Por exemplo, a remoção da vegetação de mangue, como em outras regiões do Brasil, diminui o substrato disponível para crustáceos, moluscos e perifíton.

Outro impacto importante na redução da intervenção humana foi a abertura do canal do Valo Grande (ver Fig. 14.10), entre 1828 e 1830, o que facilitaria a navegação e o transporte de mercadorias. A abertura desse canal e o seu posterior aumento de largura tornou o **rio Ribeira de Iguape** o principal contribuinte de águas doces para a região lagunar de Cananéia (435 $m^3.s^{-1}$), ocasionando uma drástica redução da salinidade, introdução de sedimentos e alterações das funções ecológicas e da estrutura biológica dessa região. O posterior fechamento desse canal, em meados da década de 1970, resultou em outras modificações na região: aumento da salinidade, alterações da velocidade das correntes e outras mudanças fisiográficas e ecológicas.

14.10.4 Comparações com outras regiões estuarinas tropicais com vegetação de mangue

Rodriguez (1975) comparou dez grandes rios tropicais e suas regiões estuarinas. Há uma descarga considerável desses rios, e as águas doces e regiões estuarinas são extensas, penetrando nas diferentes regiões costeiras por muitos quilômetros. Esses rios com extensos estuários, situados nos trópicos, são: Amazonas (6.275 km) – Brasil – costa do oceano Atlântico; Congo (4.600 km) – costa do oceano Atlântico – oeste do continente africano; Níger (4.160 km) – **golfo da Guiné** – costa oeste do continente africano – oceano Atlântico; São Francisco (3.160 km) – costa leste do Brasil – oceano Atlântico; Orinoco (2.900 km) – oceano Atlântico – norte da América do Sul (Venezuela); Brahmaputra (2.700 km) – baía de Bengala – Bangladesh; Zambezi (2.750 km) – Moçambique – oceano Índico; Ganges (2.480 km) – Índia – baía de Bengala; Irrawaddy (200 km) – **Burma** (baía da Bengala); **Senegal** (1.689 km) – oceano Atlântico – norte do continente africano.

Baixas salinidades são encontradas a até 80 km a leste do Orinoco, no oceano Atlântico, e Teixeira e Tundisi (1967) determinaram baixas salinidades (12‰) no estuário do Amazonas a até 80 km, no oceano Atlântico. Esses autores demonstraram também a fertilização das águas oceânicas, na superfície, pelos nutrientes do rio Amazonas.

Gradientes verticais de salinidades ocorrem nessas regiões estuarinas sob a influência dos grandes

---

OUTROS ESTUDOS EM REGIÕES DE MANGUE E ESTUÁRIOS TROPICAIS NO BRASIL

Neuman Leitão (1994) descreveu um conjunto de estudos sobre o zooplâncton estuarino e costeiro, desenvolvidos por Carvalho (1939, 1940), Oliveira (1945), Lopez (1966), Bjornberg (1972), Paranaguá e Nascimento (1973), Almeida Prado (1972, 1973, 1974), Paranaguá et al. (1979), Pecala (1982), Paranaguá e Nascimento Vieira (1984), Por et al. (1984), Almeida Prado e Lansac-Tôha (1984), Paranaguá et al. (1986), Nogueira et al. (1988), Silva e Bonecker (1988), Lopes (1989), Neuman Leitão et al. (1992a), Paranaguá e Nogueira Paranhos (1992), Neuman Leitão et al. (1993).

Esses estudos comprovaram a importância da população de copépodes no plâncton estuarino tropical, a sua distribuição em função da salinidade e da temperatura, os ciclos estacionais e o papel dessa comunidade planctônica nos ciclos biogeoquímicos e nas redes alimentares dos estuários. Da mesma forma, foram importantes para a consolidação das informações taxonômicas e para o conhecimento da sistemática do zooplâncton estuarino.

rios tropicais. O plâncton dessas regiões é submetido a condições estuarinas, mas as comunidades bentônicas e os peixes dimensais vivem sob a influência de condições e águas mais salinas, próximas àquelas das águas oceânicas (35‰). Correntes oceânicas estendem a influência dessas águas estuarinas, enriquecendo as regiões em que deságuam e, além disso, fertilizando outras regiões oceânicas mais distantes: por exemplo, as águas menos salinas do rio Orinoco enriquecem algumas ilhas do Caribe, e as águas do rio Amazonas descarregam sedimentos ao norte da **Guiana Francesa**, na costa do oceano Atlântico. Em alguns estuários, o ciclo estacional promove a descarga de grandes volumes de águas doces durante o período de precipitação no verão, como é o caso de pequenos rios na costa do Equador que deságuam no oceano Pacífico, na costa oeste da América do Sul.

A produtividade desses estuários tropicais deve-se à descarga de nutrientes (que também estimula a produtividade das águas costeiras adjacentes). Os movimentos das massas de água doce e das águas costeiras em função da maré determinam o deslocamento e a sobrevivência das populações planctônicas, das larvas dos organismos bentônicos (fundamentais para a recolonização) e dos alevinos.

Além de estimular a produtividade primária do fitoplâncton e influenciar o ciclo estacional em função da descarga de substâncias húmicas (Smayda, 1970; Tundisi e Matsumura Tundisi, 1972), um papel fundamental da vegetação de mangue é a multiplicação de nichos em suas estruturas, em suas raízes suporte e seus troncos, além de fornecer substratos para perifíton e bactérias na colonização de folhas e restos de vegetação que são continuamente adicionados aos canais das regiões lagunares. Um exemplo dessa diversificação de nichos é a distribuição de gêneros e espécies de caranguejos e moluscos nas raízes e troncos de *Rhizophora mangle* (Por, 1994).

14.11 Lagoas Costeiras

Os ecossistemas de restinga, segundo Lacerda *et al.* (1993 apud Araújo *et al.*, 1998), ocupam cerca de 79% da costa brasileira, cobrindo extensas áreas de até 3.000 km² (litoral norte do Estado do Rio de Janeiro) ou compõem-se de estreitas faixas litorâneas. Nesses ecossistemas costeiros, ocorrem depressões lacustres que são oriundas do fechamento da desembocadura de rios, abastecidas por águas da chuva ou por pequenos córregos. As restingas são sistemas importantes para o metabolismo das lagoas costeiras e para a manutenção de uma vegetação especializada, a qual tem importância fundamental no suprimento de nutrientes, substâncias húmicas e detritos, que são relevantes no funcionamento ecológico das lagoas costeiras e na manutenção de processos biogeoquímicos e biológicos (Esteves, 1988).

Araújo *et al.* (1998) estudaram a "Restinga de Jurubatiba", situada entre 22°23'S e 41°15' e 41°45'W, na qual foram descritos sete tipos de vegetação: formação praial graminóide (halófila + psamófila reptante); formação graminóide com arbustos (herbáceas brejosas); formação pós-praia; formação de *Clusia* (arbustiva aberta de *Clusia*); formação de ericácea (arbustiva aberta de ericácea); formação de **mata paludosa** (mata permanentemente inundada); e formação de **mata de restinga** (mata periodicamente inundada). Além dessas, são caracterizadas a formação arbustiva aberta de **Palmae**, a mata do cordão arenoso e a vegetação aquática. Adotaram-se as denominações de Araújo (1992).

O volume de Ayala Castañares e Phleger (1969) é um marco internacional importante no dimensionamento da estrutura e da função de lagoas costeiras. Além desse volume, uma contribuição de grande importância para o tema é a obra editada por Kjerfve (1994) sobre processos em lagoas costeiras. No Brasil, há dois volumes que relatam extensos estudos realizados em lagoas costeiras: Esteves (1998) editou um volume bastante completo sobre o funcionamento das lagoas costeiras do Estado do Rio de Janeiro (Lagoas Costeiras do Parque Nacional da Restinga de Jurubatiba e do Município de Macaé), e Seeliger, Odebrecht e Castello (1997) editaram um volume igualmente detalhado sobre a lagoa dos Patos situada na **convergência subtropical**.

As lagoas costeiras do Estado do Rio de Janeiro classificam-se, segundo Soffiati (1948), em três categorias: i) **lagoas de tabuleiro**, que são provenientes de cursos de águas barrados por transbordamentos dos rios coletores e também por cordões de restinga;

ii) lagoas de planície fluvial, em parte formadas por restinga; iii) lagoas de **planície de restinga**. Essas lagoas foram intensivamente estudadas por Esteves (1998) e colaboradores, e o conjunto de trabalhos realizados nesses ecossistemas representa uma contribuição fundamental para o conhecimento científico e a gestão desses ecossistemas nos trópicos.

Soffiati (1998) destaca as relações entre esses ecossistemas e as diferentes sociedades humanas que deles se utilizam desde os primórdios do desenvolvimento dessa região do continente sul-americano, especialmente após os invasores humanos dos séculos XVI, XVII e XVIII. O autor também descreve as intervenções antrópicas que resultaram na drenagem de inúmeras lagoas, reduzindo sua área ou secando-as completamente.

A origem dos sistemas costeiros agrupados em lagoas de tabuleiro, lagoas de **planície fluvial** e lagoas de restinga foi discutida por Soffiati (1998).

Esteves (1998) detalha a origem das lagoas costeiras em dois grupos principais: i) aquelas formadas por processos de sedimentação e erosão de origem geomorfológica, isolando antigas baías marinhas – sistema que deu origem a lagoas com águas salobras e águas claras, sendo **Maricá**, **Saquarema** e **Araruama** as mais conhecidas no Estado do Rio de Janeiro; ii) as lagoas formadas a partir da sedimentação da foz de rios que drenavam para o oceano e que originaram lagos costeiros de águas doces ou levemente salobras. Esse autor ainda enfatiza que outra série de lagoas com origem mista, ou seja, resultantes do isolamento de baías e do barramento da foz de rios, deve ocorrer.

As lagoas costeiras apresentam elevada produtividade média anual (máximo de aproximadamente 300 $gC.m^{-2}.ano^{-1}$) em contraste com águas de plataforma e oceânicas (com um máximo de 100 – 150 $gC.m^{-2}.ano^{-1}$), o que as coloca como um sistema altamente produtivo e com elevada produção pesqueira. As *lagoas costeiras de águas escuras*, segundo Esteves (1998), drenam rios que percorrem terrenos arenosos da restinga ou as águas são provenientes do nível freático de áreas arenosas. Compostos fúlvicos e húmicos resultantes da decomposição parcial de restos de vegetação que se acumulam nesses solos dão a característica dessas lagoas, e esses compostos têm uma considerável importância química e biológica, com algumas consequências físicas na penetração de luz nesses ambientes.

Essas lagoas, como todas as águas com muito material fúlvico e húmico dissolvido (como é o caso das águas dos "marigots" das regiões de mangue), são extremamente seletivas: por exemplo, na **lagoa Comprida**, nessa região das lagoas costeiras no Estado do Rio de Janeiro, encontraram-se oito espécies de peixes, sendo sete de água doce e uma de águas marinhas (Aguiano e Carameschi, 1995 apud Esteves, 1998). As lagoas costeiras têm também baixa biodiversidade de zooplâncton (Branco, 1998) e de macrófitas aquáticas, tais como *Typha dominguensis* e *Nymphoides humboldiana*, que ocorrem em indivíduos isolados, em contraste com a flora mais rica de lagoas com menor concentração de substâncias húmicas.

Salinidade, segundo Esteves *et al.* (1984) e Esteves (1998), é um dos mais importantes fatores ambientais que determinam a colonização e a biodiversidade nas lagoas costeiras. Além disso, há uma grande variabilidade estacional na salinidade, devido aos aportes de águas de chuva durante o verão. Esteves *et al.* (1984) apontam para quatro tipos de lagoas costeiras no nordeste do Estado do Rio de Janeiro:

▸ Águas doces até típicas eualinas (30‰).
▸ Águas doces até oligoalinas (0,5‰-5‰).
▸ Oligoalinas (0,5‰-5‰) até mesoalinas.
▸ Eualinas (5‰-18‰) durante todo o ano (> 30‰).

Além da água de precipitação, que altera a salinidade das lagoas costeiras, a salinidade varia em função da contribuição da água costeira (durante a maré alta) por meio de canais abertos natural ou artificialmente, por onde entra a água do mar, ou por meio da contribuição de ventos (*spray* marinho).

As aberturas artificiais das barras de areia, na tentativa de gerenciamento do sistema, resultam em interações que produzem prejuízos econômicos e ecológicos, pois alteram a salinidade dos sistemas, as comunidades jovens de peixes marinhos, o fito e o zooplâncton das lagoas costeiras, e provocam o aumento do assoreamento da lagoa e a diminuição do seu potencial turístico, ou seja, segundo Esteves (1998), essa intervenção humana modifica o funcionamento ecológico das lagoas costeiras, com consequências econômicas e sociais.

Essas lagoas costeiras têm diferentes volumes, formas, topografia do fundo e situações diferenciadas em relação aos ventos predominantes e a sua forma, o que determina padrões variáveis de circulação horizontal e vertical (Panosso *et al.*, 1998) (Fig. 14.13). A situação predominante dos ventos, por exemplo, na lagoa Imboassica, segundo esses autores, tende a evoluir, transportar, dispersar e acumular sedimentos. Região litorânea e ação do vento são duas funções de força importantes nessas lagoas. A dinâmica do substrato e o acúmulo de sedimentos e sua deposição são fundamentais, de acordo com esses mesmos autores, na organização espacial das comunidades bentônicas, e a eutrofização das lagoas depende da morfometria, do volume e das contribuições de nutrientes a partir dos tributários.

A comunidade fitoplanctônica das lagoas Imboassica, Cabiúnas e Comprida, nesse complexo lagunar do Estado do Rio de Janeiro, foi estudada por Melo e Suziki (1998). Os autores concluíram que há diferenças espaciais resultantes dos gradientes de salinidade e dos nutrientes, o que implica uma distribuição espacial diferenciada em cada uma das lagoas estudadas. *Bacillariophyceae* apresentou o maior número de taxa nas lagoas Imboassica e Comprida, enquanto que *Zygnemaphyceae* predominou na **lagoa Cabiúnas**. Segundo esses autores, a dinâmica estacional do fitoplâncton e as diferenças entre os vários ecossistemas são decorrentes da abertura da barra de areia, do lançamento de **efluentes domésticos** e da biomassa de macrófitas aquáticas. As variações espaciais e temporais na concentração de nutrientes, devidas em parte à ação antrópica, contribuem para a estruturação da comunidade fitoplanctônica nesses ambientes.

A variação temporal da salinidade é outro fator que interfere na sucessão estacional do fitoplâncton, por exemplo, na lagoa Imboassica. À medida que ocorreu uma diminuição de salinidade (< 5‰), houve uma predominância de cianobactérias, clorofíceas e dinoflagelados. Com salinidades de aproximadamente 20‰, ocorreu predominância de diatomáceas no fitoplâncton.

A produção fitoplanctônica foi estudada por Roland (1998), utilizando-se a técnica do ^{14}C e incubação *in situ*. O estudo concentrou-se em duas lagoas, Imboassica e Cabiúnas. Na primeira, encontraram-se taxas de 4,83 mgC.m^{-3}.dia^{-1} (fração < 1 μm) a 142,99 mgC.m^{-3}.dia^{-1} (fração 100 a 35 μm). Para a lagoa Cabiúnas, a variação foi de 0,93 mgC.m^{-3}.dia^{-1} (fração > 100 μm) a 11,23 mgC.m^{-3}.dia^{-1} (fração 3 - 1 μm – valor médio e dp ± 1,64) e 11,0 mgC.m^{-3}.dia^{-1} (valor médio e dp ± 0,97; fração < 1 μm).

A fixação de carbono no escuro foi alta na lagoa Imboassica e baixa na lagoa Cabiúnas, exceto para a fração < 1 μm, sugerindo atividade de bactérias heterotróficas.

Segundo Roland (1998), os níveis de atividade fisiológica nessas lagoas são determinados por diferentes concentrações de nutrientes e as relações salinidade/eutrofização são fundamentais no

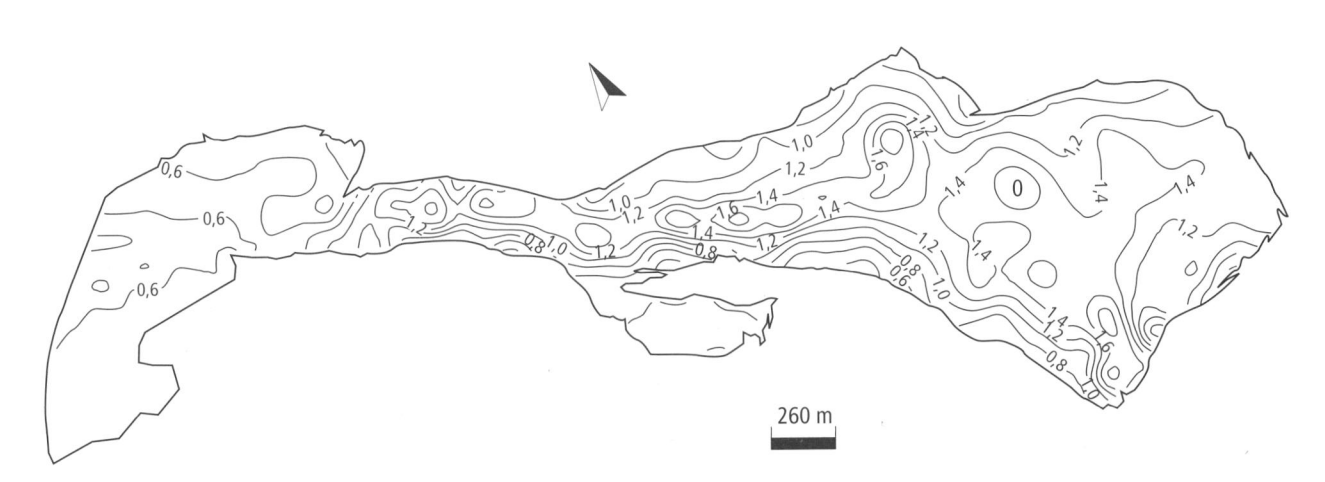

Fig. 14.13 Mapa batimétrico da lagoa Imboassica (Parque Nacional da Restinga de Jurubatiba, Macaé – RJ)
Fonte: Panosso *et al.* (1998).

processo de produtividade primária fitoplanctônica, na atividade bacteriana e nas características químicas do alimento à disposição dos consumidores primários. Para comparação, a Tab. 14.8 apresenta dados de Margalef (1969) para lagoas costeiras em vários continentes. Por sua vez, a Tab. 14.9, de Knoppers (1994), mostra os dados de nitrogênio inorgânico dissolvido e a porcentagem suprida da produção primária para uma série de lagoas costeiras.

Os produtores primários, como macrófitas aquáticas, foram estudados por Silva (1998), com especial atenção ao crescimento e à produção de *Typha dominguensis* na lagoa Imboassica. Os resultados médios das biomassas viva e morta em três quadrados de 1 m² foram, segundo esse autor, respectivamente 1.663 e 938 g peso seco.m^{-2}. A diminuição do nível da água afeta essa espécie, causando mortalidade dos rametes de *Typha dominguensis*, a qual apresenta uma taxa de produção primária líquida máxima de 5.92 g peso seco.m^{-2}.dia^{-1}. A abertura da bacia da lagoa Imboassica promove carreamento de detritos de *Typha dominguensis* para fora do sistema e a variação do nível da lagoa provoca mortalidade em massa da parte aérea dessa espécie de macrófita.

Outra comunidade de produtores primários estudada nessa região foi a do perifíton, determinada a partir do exame de folhas submersas de *Typha dominguensis* na lagoa Imboassica. Nessa comunidade, as variações resultantes da abertura artificial da barra de areia também foram importantes para a redução do número de *taxa*. Silva (1998) apontou as modificações na salinidade e na concentração de nutrientes como causas da resposta da comunidade perifítica a essas flutuações, nesses fatores ambientais.

As algas perifíticas mais representadas foram de bacilariofíceas, clorofíceas e cianofíceas. Variações espaciais que provoquem alterações na composição do perifíton foram atribuídas por Fernandes (1998) ao lançamento de esgotos domésticos nas lagoas, ao gradiente de salinidade existente e à presença de substratos na lagoa, como macrófitas aquáticas.

A Tab. 14.10 apresenta dados comparativos sobre a produção primária líquida em diferentes ecossistemas aquáticos, estabelecendo comparações com a produção primária dos estuários.

Segundo Knoppers (1994), ocorre um balanço entre metabolismo autotrófico e heterotrófico em inúmeras lagoas costeiras, embora, em alguns casos, predomine

Tab. 14.8 Produção primária de lagoas costeiras (valores representativos)

País	Lagoa	Autor	Método	Produção
Itália	Lagoa de Venecia	Vatova (1961, 1963b)	^{14}C	79-87 gC.m^{-2}.ano^{-1} (1960) 147 gC.m^{-2}.ano^{-1} (1959)
Itália	Grado Marano	Vatova (1965)	^{14}C	19-28 gC.m^{-2}.ano^{-1}
Egito	Hidrodomo	Vollenweider (*apud* Elster, 1960)	^{14}C	21 gC.m^{-2}.ano^{-1}
Egito	Lago Mariut	id.	^{14}C	340-2.150 gC.m^{-2}.ano^{-1}
Egito	Lago Edku	id.	^{14}C	68 gC.m^{-2}.ano^{-1}
Estados Unidos, Mass.	Eel Pond, Woods Hole	Teal (1967)	^{14}C	80-400 mgC.m^{-2}.ano^{-1}
Estados Unidos, Geórgia	Sapelo Island	Ragotzkie e Pomeroy (1957)	^{14}C	180-270 mgC.m^{-2}.ano^{-1} 2,18-13,7 gC.m^{-3}.dia^{-1} (nanoplâncton)
Venezuela	Lagoa Manglar em Margarita	Ballester (comunicação pessoal a Ramon Margalef)	^{14}C	306-1.200 mgC.m^{-2}.dia^{-1}
México	Laguna de Alvarado	Margalef (inédito)	^{14}C	5-34 mgC.m^{-3}.hora^{-1} (dez. 1967)
México	Lagoa Madre	Copeland e Jones (1965)	O$_2$	1,11-2,14 gC.m^{-2}.dia^{-1}
Estados Unidos, Texas	Lagoa Madre	Odum *et al.* (1963)	O$_2$	1,0-15,8 gC.m^{-2}.dia^{-1}
Estados Unidos, Texas	Galveston Bay	id.	O$_2$	6,4 gC.m^{-2}.dia^{-1}

Fonte: Margalef (1969).

Tab. 14.9 Principais cargas de nitrogênio, demandas de produção primária e demanda suprida para uma série de lagoas costeiras

Lagoas costeiras	Principais fontes	Carga de nitrogênio inorgânico dissolvido (nmol N.m^{-2}.ano^{-1})	Demanda pela produção primária (mol N.m^{-2}.ano^{-1})	Demanda suprida (%)	Referências
Harrington Sound (Bermudas)	AS, ES, P	136	3,86	4	Bodungen et al. (1982)
Charlestown Pond (EUA)	AS, ES, P	561	3,12	18	Nowicki e Nixon (1985); Lee e Olsen (1985)
Ninigret Pond (EUA)	AS, ES, P	340	2,98	11	Nixon e Pilson (1985); Thorne-Miller et al. (1983)
Potter Pond (EUA)	AS, ES, P	710	3,18	22	Lee e Olsen (1985); Thorne-Miller et al. (1983)
Pamlico Pond (EUA)	R, M, P	860	4,41	20	Davies et al. (1978); Nixon e Pilson (1983)
Long Island Pond (EUA)	R, ES, P	400	2,58	15	Nixon e Pilson (1983); Riley (1959)
Apalichola Bay (EUA)	E < ES	560	4,53	12	Nixon e Pilson (1983)
Barataria Bay (EUA)	E < ES	570	4,53	12	Day et al. (1978); Nixon e Pilson (1983)
Laguna de Terminos (México)	R, M, P	20	2,87	1	Day et al. (1988); Stevenson et al. (1988)
Lagoa Guarapina (Brasil)	R, P	313	5,18	6	Moreira e Knoppers et al. (1990)
Lagoa Urussanga (Brasil)	R < ES	26	5,89	< 1	Costa-Moreira (1989); Carmouze et al. (1991)
Lagoa Fora (Brasil)	R, ES	156	5,73	3	Carmouze et al. (1991); Knoppers et al. (1991)
Lagune Mauguio (França)	R, ES	291	2,57	11	Vaulot e Frisoni (1986)
Lagune Thau (França)	E, ES	582	2,84	20	Vaulot e Frisoni (1986)
Sem-Dollard (Holanda)	R, ES, M	414	3,77	11	Baretta e Ruardij (1988); Cadeé (1980)
Lagune Ebrié (Costa do Marfim)	R, ES	410	2,97	14	Dufour e Slephoukha (1981); Dufour (1984)

R – Rio; ES – esgoto; P – Precipitação; M – Marinho; AS – Água Subterrânea
Fonte: Knoppers (1994).

o heterotrofismo. Esse autor classifica as lagoas costeiras segundo o elemento em que se baseia sua produção primária, ou seja, lagoas com produção primária baseada em fitoplâncton, em macrófitas aquáticas, em macroalgas ou em algas do microfitobentos.

O zooplâncton das lagoas costeiras do Rio de Janeiro (Imboassica, Cabiúnas e Comprida) foi estudado por Branco (1998). Essa autora determinou a composição e a estrutura da comunidade zooplanctônica, tendo o seu trabalho apresentado as seguintes conclusões principais:

▶ Alguns *taxa* – como espécies de rotíferos do gênero *Hexarthra*, *Lecane bulla* e náuplios de copépodes planctônicos – foram encontradas nos

Tab. 14.10 Produção primária líquida para diferentes ecossistemas aquáticos e comparações com a produção primária dos estuários

Sistema	Área (10^{-6} km^2)	Produção líquida (gC.m^{-2}.ano^{-1})	Produção total (10^{-12} kgC.ano^{-1})
Oceano	332	125	41,5
Ressurgência	0,4	500	0,2
Plataforma Continental	33	183	4,1
Estuários	1,4	300	0,4
Lagoas costeiras	0,3	300	0,1

Fonte: Knoppers (1994).

três ambientes, apesar das diferenças em salinidade, morfometria, presença ou ausência de macrófitas aquáticas.

▶ Considerando-se essas semelhanças na composição, a autora caracterizou também um conjunto de espécies diferentes para cada uma das lagoas. Por exemplo, na lagoa Imboassica, a presença de formas larvais de poliquetos, moluscos bivalves e gastrópodes foi bastante constante. A lagoa Comprida caracterizou-se pela dominância de *Bosminspsis deitersi*, formas jovens e adultas de *D. azureus*, *Lecane leontina hilunaris* e formas larvais de caoborídeos e quironomídeos. Por sua vez, a lagoa Cabiúnas, além de *B. deitersi* e *D. azureus*, caracterizou-se pela presença frequente de *Brachionus falcatus*, *Keratella lengi*, *Polyanthra dolichuptera*, *Diaphamsona birgei* e *Moina minuta*.

Alguns *taxa*, segundo Branco (1998), foram comuns às três lagoas. A presença de hidromedusas e de algumas espécies de águas-marinhas costeiras deve-se à conexão da lagoa Imboassica com as águas costeiras. Eventos de abertura e fechamento da barra de areia nessa lagoa mostram a influência das condições de salinidade e circulação na composição do zooplâncton. A conexão com as águas costeiras ou o isolamento das lagoas é um fator fundamental na composição das espécies de zooplâncton das lagoas costeiras. O zooplâncton, aliás, é outro indicador das condições de salinidade e circulação, e nessas lagoas costeiras, segundo Branco (1998), é importante também como elo na cadeia alimentar, sendo utilizado por invertebrados e peixes.

Ao estudar os macroinvertebrados bentônicos nas lagoas Imboassica, Cabiúnas e Comprida, Callisto *et al.* (1998) constataram na primeira a predominância de poliquetos, bivalves e do gastrópode *Heleobia australis*. Nas lagoas Cabiúnas e Comprida, por sua vez, observou-se o predomínio de larvas de insetos aquáticos, especialmente quironomídeos, caoborídeos e do tricóptero *Oxythira hyallina*. A densidade dos organismos decresceu da lagoa Imboassica para as lagoas Cabiúnas e Comprida. Na lagoa Imboassica, os autores atribuem o lançamento de esgotos sem tratamento e as aberturas da barra de areia como fatores fundamentais na distribuição das comunidades de invertebrados bentônicos nessa lagoa.

Gonçalves Jr. *et al.* (1998) estudaram a composição granulométrica do sedimento e as comunidades de macroinvertebrados bentônicos nessas três lagoas e concluíram que há uma forte influência do tipo de sedimento nos padrões estruturais das comunidades de macroinvertebrados bentônicos, especialmente na lagoa Imboassica, que apresenta uma distribuição granulométrica mais heterogênea.

A ictiofauna das lagoas costeiras do Estado do Rio de Janeiro foi estudada por Reis *et al.* (1998). Nesse estudo, demonstrou-se que a presença de algumas espécies acidentais resulta do contato esporádico com o mar. O Quadro 14.4, apresentado por esses autores, indica a composição das lagoas Cabiúnas e Comprida como um exemplo de composição e **estrutura de espécies de peixes**.

A abertura artificial da barra de areia da lagoa Imboassica, segundo Frota e Caramaschi (1998), é a causa principal da presença de **espécies dulcícolas** e espécies marinhas, com predominância destas últimas. Tanto em termos de número quanto de biomassa, as espécies marinhas predominam nessa lagoa (exemplos: *Mugil liza* – Mugilidae – tainha; *Diapterus lineatus* – Gerreidae – caratinga; *Panalichthys brasiliensis* – Bothidae – linguado; *Lycengranlis grossidens* e *Auchvia clupeoides* – Engraulidae – manjubas grandes). Os autores classificaram *espécies estuarinas dependentes de origem marinha*; **espécies ocasionais** *de origem marinha; espécies dulcícolas*.

Quadro 14.4 Constância das espécies capturadas nas lagoas Cabiúnas e Comprida para os dois períodos amostrais

	ESPÉCIES	1º PERÍODO	2º PERÍODO
LAGOA CABIÚNAS	Cyphocharax gilbert	Constante	Constante
	Astyanax bimaculatus	Constante	Constante
	Hoplias malabaricus	Constante	Constante
	Geophagus brasiliensis	Constante	Acessória
	Oligosarcus hepsetus	Constante	Constante
	Centropomus parallelus	Constante	Acessória
	Lycengraulis grossidens	Constante	Acessória
	Parauchenipterus striatulus	Constante	Acessória
	Rhamdia sp	Acessória	Acidental
	Cichlasoma facetum	Acessória	Acessória
	Eucinostomus argenteus	Acidental	Acessória
	Anchovia clupeoides	Acidental	Acessória
	Hoplerythrinus unitaeniatus	Acidental	X
	Strongylura timucu	Acidental	X
	Genidens genidens	Acidental	X
	Citharichthys spilopterus	Acidental	X
	Micropogonlas furnieri	X	Acessória
LAGOA COMPRIDA	Hoplias malabaricus	Constante	Constante
	Geophagus brasiliensis	Constante	Constante
	Hoplerythrinus unitaeniatus	Acessória	Constante
	Centropomus parallelus	Acidental	X
	Cichlasoma facetum	Acidental	Acessória

Fonte: Reis *et al.* (1998).

Albertoni (1998) estudou a ocorrência de camarões peneídeos e paleomonídeos nas lagoas Imboassica, Cabiúnas, Comprida e Carapebus. Identificaram-se oito espécies de camarões peneídeos e paleomonídeos, entre espécies marinhas e de águas continentais, distribuídas conforme as características de cada lagoa em função da salinidade e de contatos com a água do mar devido à abertura das barras. Por exemplo, camarões marinhos – *Penaeus paulensis* e *P. brasiliensis* – são encontrados na lagoa Imboassica; *Macrobrachium potiuna* e *M. iheringii*, na lagoa Cabiúnas. Estas são espécies de rios que predominam nas lagoas sem contato com as águas costeiras. Os indivíduos da espécie *Macrobrachium acanthurus* habitam águas doces e salobras. A distribuição e a biologia das espécies de camarões marinhos que habitam as lagoas costeiras também foram estudadas por Albertoni (1998) (Quadro 14.5).

Os estudos realizados nesses ecossistemas costeiros e sintetizados por Esteves (1998) mostram características fundamentais de lagoas costeiras consolidadas em: flutuações de nível e de volume de água, devido às influências da precipitação e de águas costeiras marinhas, quando ocorrem contatos e interações com a água do mar; ecossistemas altamente seletivos e dinâmicos cujas características morfométricas, físicas e químicas determinam a biodiversidade, a estrutura das comunidades, as sucessões estacional e espacial e as produtividades primária e secundária. Muitas dessas flutuações e alterações são resultantes da ação antrópica.

Em sua síntese sobre esse conjunto de ecossistemas costeiros do Estado do Rio de Janeiro, o qual pode servir como exemplo e comparação para outros sistemas similares no Brasil, Esteves (1998) enumera a importância desses ecossistemas para a preservação e manutenção de uma biodiversidade peculiar e rica em espécies; sua importância como reserva de água doce; e os serviços proporcionados por esses ecossistemas: áreas de lazer de excelente qualidade; **controle de inundação**; receptor de efluentes industriais tratados; valorização imobiliária da área de entorno; beleza cênica e harmonia paisagística; valorização turística da região.

14.11.1 Impactos antrópicos

Essas lagoas costeiras sofrem uma série de impactos eutróficos que podem, inclusive, ser considerados como exemplos para outros ecossistemas e lagoas costeiras do Brasil: lançamento de efluentes domésticos e industriais; aterro das margens; assoreamento da bacia; retirada de sedimento e depósitos calcários; degradação da vegetação terrestre no entorno das lagoas; introdução de espécies exóticas de peixes; edificações nas margens (Esteves, 1998).

Quadro 14.5 Espécies de camarões encontradas em quatro lagoas costeiras do Estado do Rio de Janeiro

	ESPÉCIE	REFERÊNCIA
LAGOA IMBOASSICA	Penaeus (Farfantepenaeus) paulensis	Pérez-Farfante (1967)
	Penaeus (Farfantepenaeus) brasiliensis	Latreille (1817)
	Penaeus (Litopenaeus) schimitti	Burkenroad (1936)
	Macrobrachium acanthurus	Wiegmann (1836)
	Macrobrachium olfersii	Wiegmann (1836)
	Palaemon (Palaemon) pandaliformis	Stimpson (1871)
LAGOA CABIÚNAS	Macrobrachium potiuna	Muller (1880)
	Macrobrachium acanthurus	Wiegmann (1836)
	Macrobrachium iheringii	Ortmann (1897)
	Palaemon (Palaemon) pandaliformis	Stimpson (1871)
LAGOA COMPRIDA	Macrobrachium potiuna	Muller (1880)
	Palaemon (Palaemon) pandaliformis	Stimpson (1871)
LAGOA CARAPEBUS	Palaemon (Palaemon) pandaliformis	Stimpson (1871)
	Macrabrachium acanthurus	Wiegmann (1836)
	Penaeus (Farfantepenaeus) brasiliensis	Latreille (1817)
	Penaeus (Litopenaeus) chimitti	Burkenroad (1936)

Fonte: Albertoni (1998).

Esse autor abordou o conjunto de consequências desses impactos, em especial para a lagoa Imboassica, apresentando propostas mitigadoras. Entre esses impactos e consequências, discutiu-se o processo de **eutrofização artificial** decorrente do despejo de esgotos domésticos sem tratamento, inclusive com a utilização de organismos indicadores para caracterizar as alterações em concentração de nutrientes e de oxigênio dissolvido, além da possível presença de cianobactérias. A degradação das condições sanitárias da lagoa Imboassica em função da eutrofização foi apresentada como exemplo de um potencial efeito em outras lagoas da região.

14.11.2 Medidas mitigadoras na lagoa Imboassica

As medidas mitigadoras recomendadas para a lagoa Imboassica por Esteves (1998) e Lages Ferreira (1998a, 1998b) são:

▶ Controle das aberturas artificiais da lagoa – Esse contato com as águas costeiras altera substancialmente as condições ecológicas e as sucessões espacial e temporal, como apresentado por vários autores. Mencionaram-se todos os níveis tróficos, desde produtores primários até peixes.

▶ Controle do lançamento dos efluentes domésticos e tratamento dos esgotos lançados em lagoas – Nesse caso, a utilização de macrófitas aquáticas para a remoção de nutrientes pode ser efetiva, como demonstrada na proposta de Lages Ferreira (1998) para esses ecossistemas (ETE-VERDE).

▶ Controle do canal extravasor da lagoa, especialmente durante o período chuvoso.

▶ Recuperação da estabilidade ecológica da lagoa, com a regulação dos períodos de abertura da bacia para contato com as águas costeiras.

14.12 A Lagoa dos Patos

Os estudos ecológicos na lagoa dos Patos (Rio Grande do Sul) foram apresentados e detalhados em um volume editado por Seeliger, Odebrecht e Castello (1997). Esses editores reuniram um conjunto de trabalhos sobre clima, geologia, geomorfologia, produtividade, biodiversidade e ciclos de nutrientes da lagoa dos Patos, além de informações detalhadas sobre ictiofauna, pesca e gerenciamento desse ecossistema. Neste capítulo é apresentada uma síntese dos estudos.

Segundo Seeliger e Odebrecht (1997), o Atlântico Sul, entre a América do Sul e a África, está submetido aos centros de alta pressão do anticlone do Atlântico, controlador do clima e da hidrodinâmica em larga escala da circulação oceânica. A convergência subtropical na costa da América do Sul estende-se entre 32% e 40%.

A bacia da lagoa dos Patos recebe contribuições de uma bacia hidrográfica de 201.626 km². A convergência subtropical impacta as águas costeiras e os sistemas de águas interiores do Sudeste do Brasil, e a influência das frentes frias e sua relação com o **anticiclone do Atlântico** estabelecem as forçantes principais climatológicas e hidrodinâmicas, que têm repercussões nos ciclos biogeoquímicos e na estrutura dos processos biológicos (Tundisi *et al.*, 2004). Ainda segundo Seeliger e Odebrecht (1997), áreas costeiras e águas costeiras e interiores são interdependentes. O clima regional na área da lagoa dos Patos é dependente do número e da intensidade das frentes frias, e a precipitação anual é resultado da frequência das frentes frias (1.200-1.500 mm). Precipitação e evaporação resultam em um saldo hídrico de 200-300 mm anuais.

Com uma área de superfície de 10.227 km², a lagoa dos Patos pode ser dividida em cinco unidades biológicas (Asmus, 1997) (Fig. 14.14), das quais o **rio Guaíba** destaca-se como o maior tributário de água doce. As áreas costeiras da lagoa dos Patos são dominadas por áreas alagadas com vegetação de águas doces e por praias arenosas. Dez por cento da lagoa dos Patos é de área estuarina, a qual deságua no oceano Atlântico através de um canal. Villwock (1978) e Paim *et al.* (1987) descreveram a geomorfologia e a geologia da região, cujas características principais são depósitos terciários e quaternários no estuário e um complexo de múltiplas barreiras com depósitos eólicos, campos de dunas estáveis e ativos e terraços lagunares (Calliari, 1997).

14.12.1 A hidrografia e circulação estuarina

A descarga de águas doces é uma característica do estuário e da área lagunar da lagoa dos Patos (85% dos rios Guaíba, Camaguá e canal de São Gonçalo), com variações estacionais amplas (41 a 25.000 m³.s⁻¹, por exemplo, no rio Guaíba).

A circulação estuária e da lagoa dos Patos tem como forçante principal o regime de ventos, os quais, durante o período de inverno, apresentam velocidade média de 5,7-8,2 m.s⁻¹, com predominância de ventos do Sudoeste nesse período. Os ventos controlam a circulação, a distribuição de salinidade e o nível da água (Garcia, 1997).

Segundo Niencheski e Baumgarten (1997), a variabilidade dos parâmetros físico-químicos deve-se ao regime de ventos, às características dos sedimentos e à atividade antropogênica. De acordo com Niencheski *et al.* (1986), o estuário da lagoa dos Patos é quimicamente instável, em razão da variabilidade das interfaces água-sedimento, com regiões específicas de interações físico-químicas de água e sedimento.

As principais fontes de material em suspensão são os rios das regiões norte e central da lagoa dos Patos e dependem dos padrões de precipitação da região lagoa dos Patos, **lagoa Mirim**. O material em suspensão naquela lagoa varia de 30 a 50 mg.ℓ⁻¹. O ambiente é permanentemente saturado com oxigênio.

14.12.2 Nutrientes e ciclos biogeoquímicos

Os ciclos de nutrientes são dependentes das interações sedimento-água, da pressão das forçantes (como o vento, por exemplo), das contribuições da bacia hidrográfica durante o período de precipitação, da salinidade e da ressuspensão dos elementos e substâncias a partir do sedimento. Contribuições antropogênicas resultantes de várias atividades, inclusive mineração, indicam concentrações de zinco, chumbo, lítio, crômio, manganês, cobre, cádmio, arsênio e prata decorrentes dessas atividades (Niencheski *et al.*, 1994).

Fig. 14.14 Localização geográfica e principais hábitats do estuário da lagoa dos Patos
Fonte: modificado de Seeliger (2001).

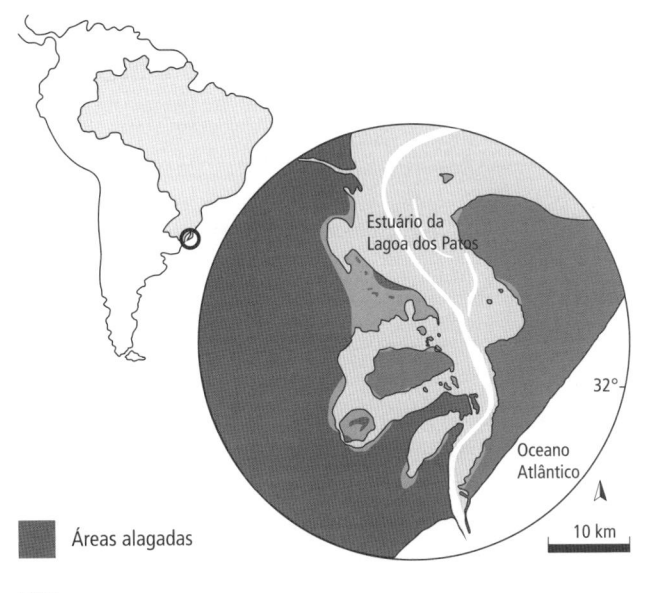

14.12.3 Produtores primários

Segundo Costa (1997), os gradientes verticais e horizontais de salinidade e a constituição das áreas intertidais (ilhas e margens) promovem o estabelecimento de plantas características de áreas alagadas estuarinas e de águas salobras. Essa flora é de transição entre vegetação tropical e subtropical e temperada (Ex.: *Paspalum vaginatum* – tropical e *Linonium brasiliensis* – temperada fria). *Spartina alteniflora*, *Spartina densiflora* e *Scirpus americanus* ocorrem em algumas áreas de inundação.

Outras espécies secundárias são *Typha dominguensis* e *Acrostium aerum*. *Salicornia grandichaudiana* ocorre também em locais de desenvolvimento de *Spartina densiflora*, mas a primeira é dominante em áreas alagadas com inundação permanente e grandes flutuações de salinidade. Vegetação superior submersa, como *Ruppia maritima* (Seeliger, 1997), é comum; *Ceratophyllum demersum* ocorre em períodos de baixa salinidade (Moreno, 1994).

Ruppia maritima depende de intensidade luminosa, temperatura e salinidade para o seu crescimento e desenvolvimento, que atingem o máximo no verão. O regime de luz subaquática retarda e limita o crescimento dessa espécie. Sua produção média é de 25 g peso seco.m^{-2}, mas durante o máximo de desenvolvimento, no verão, pode atingir 120 g peso seco.m^{-2}. Variações nos fatores hidrodinâmicos e no regime de luz da radiação solar subaquática afetam o desenvolvimento e a produção anual dessa planta, que pode atingir, segundo Moreno (1994), 5.200 toneladas métricas.

Há 94 espécies de microfitobentos, representadas por cianobactérias (40 espécies), clorofíceas (26), feofíceas (3), xantofíceas (1) e rodofíceas (24) (Coutinho, 1982). Os padrões de distribuição dessas espécies dependem da salinidade. A dominância de cianobactérias no microfitobentos é, possivelmente, resultante das flutuações ambientais no estuário e na própria lagoa dos Patos. Influência do substrato também é causa da distribuição diferenciada dessa flora microfitobentônica.

A produção total da flora bentônica é influenciada por condições de salinidade e do ambiente abiótico em geral. Observaram-se variações estacionais no padrão de crescimento da microflora e da **macroflora** bentônica, e sucessão estacional ocorre em função da variação das condições ambientais durante o ano. O ciclo anual da produtividade varia em função do clima, da salinidade, da circulação e dos nutrientes disponíveis.

Quanto ao fitoplâncton, Odebrecht e Abreu (1997) constataram dominância das frações < 20 µm, com predominância de cianobactérias e dinoflagelados, respectivamente, entre períodos de baixa e alta salinidade. Diatomáceas, dinoflagelados e cianobactérias apresentam distintos padrões de ciclo estacional devido às variações de nutrientes, salinidade e regime de radiação subaquática. Essas variações ocorrem por influência das condições meteorológicas que controlam a disponibilidade de nutrientes, a salinidade e o regime de radiação subaquática. A variação da produção primária fitoplanctônica é de 2-5 mgC.m^{-3}.h^{-1} (mínimo) a 160-350 mgC.m^{-3}.h^{-1}, respectivamente, durante o inverno e o verão. Cerca de 70% dessa produção primária é resultante da fração < 20 µm.

Microalgas epifíticas são comuns utilizando como substrato as plantas aquáticas superiores emersas ou submersas. A Fig. 14.15 mostra a produção relativa de cada grupo de produtor primário na lagoa dos Patos. Segundo Seeliger, Costa e Abreu (1997), os produtores primários nesse ecossistema

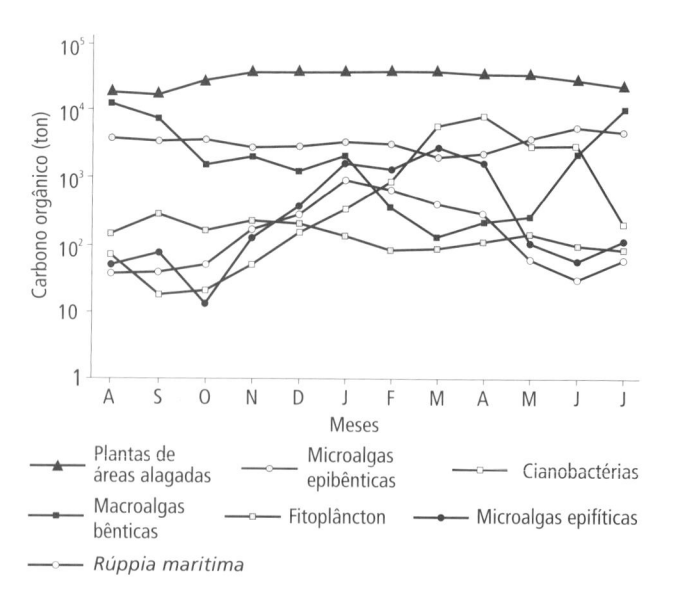

Fig. 14.15 O total de contribuição mensal de carbono para os diferentes produtores primários no estuário da lagoa dos Patos
Fonte: modificado de Seeliger (2001).

incluem macrófitas emersas e submersas; macroalgas bentônicas e flutuantes; cianobactérias e microalgas planctônicas, epibênticas e epifíticas.

Segundo Abreu e Odebrecht (1997), a produção e o fluxo de carbono da cadeia alimentar são influenciados pelas bactérias, e Abreu (1992) demonstrou que a biomassa de fitoplâncton, flagelados heterotróficos e bactérias e a biomassa de ciliados estão muito relacionados.

14.12.4 Zooplâncton

Organismos protozooplanctônicos são representados na lagoa dos Patos por diversos grupos de flagelados heterotróficos (2-3 μm), dinoflagelados e ciliados, como loricados (*tintinídeos*) e aloricados oligotriquídeos (*Strombiidae*). Esse protozooplâncton tem um papel importante na rede alimentar, atuando como predador e fonte de alimento.

O zooplâncton estuarino apresenta distribuição entre espécies marinhas de água doce planctônicas e pleustônicas e a sua distribuição espacial e estacional é fortemente influenciada pela distribuição e **variação da salinidade** e da hidrodinâmica das massas de água. Com a entrada de água do mar, há um influxo de espécies marinhas para o estuário (como *Acartia tonsa*, *Oncaea conifera* e larvas de cirripédios e equinodermos).

Durante os períodos de alta precipitação e descarga de águas doces, predominam espécies de águas doces como *Notodiaptomus incompositus* e *Mesocyclops annulatus*, além de espécies de cladóceros do pleuston. Períodos de mistura de águas doces e marinhas apresentam espécies marinhas (*Paracalanus parvus* e *Euterpina acutifrons*) e de águas doces (*Moina micrura*). Temperatura da água e variações de salinidade influenciam o padrão de distribuição estacional do zooplâncton (Monte *et al.*, 1997).

Invertebrados típicos de condições estuarinas dominam a fauna bentônica (Bemvenuti, 1997). Há 15 espécies de **invertebrados estuarinos** e somente três espécies límnicas. **Organismos da epifauna** ocorrem nas áreas marginais de águas salobras dominadas por vegetação (por exemplo, o gastrópode *Hellobia australis*, e decápodes eurialinos, como *Callinectes sapidus*, habitam baías marginais durante o verão, período em que se reproduzem. *Penaeus paulensis* é o decápode comercial mais importante do estuário).

As áreas alagadas com vegetação são dominadas por insetos, ocorrendo também anfípodes e isópodes. A distribuição dos organismos do bentos está relacionada com o tipo de substrato, a presença ou ausência de vegetação; a biomassa bentônica (12.927 ind.m^{-2} para *Heleobia* sp, por exemplo, ou 281 g.m^{-2} para *Enodona* sp) ocorre principalmente nas áreas marginais associada com o desenvolvimento das plantas aquáticas superiores submersas ou emersas.

Processos de **recolonização da fauna bentônica** do estuário são influenciados pela natureza do substrato e as variações espaciais e temporais dos fatores abióticos e da produção que afeta a epifauna de isópodes, anfípodes e tanaidáceos (Nelson, 1979). Peixes e decápodes são importantes predadores da epifauna e da infauna do estuário.

A ictiofauna da lagoa dos Patos é composta por 110 espécies de peixes (Vieira e Castello, 1997); porém, poucas são abundantes ou frequentes. **Espécies residentes** no estuário são representadas por gêneros de *Bleniidae*, *Gobiidae* e *Poecilidae*. *Espécies marinhas* são representadas por *Mugil plantanus* e cianeídeos (*Micropogonias furnieri*). Larvas e pós-larvas dessas espécies utilizam o estuário. Algumas espécies marinhas penetram o estuário ocasionalmente em condições favoráveis (*Umbriva canosai*, *Pepritus paru*). Espécies anádromas, como *Netuna barba* e *Netuna planifrons*, passam a maior parte do seu ciclo de vida na região marinha, mas migram para as zonas límnicas da lagoa dos Patos para reprodução. Os estágios jovens dessas espécies utilizam-se do estuário para desenvolvimento e alimentação. Visitantes ocasionais (ciclídeos e caracídeos) de águas doces e algumas espécies de águas tropicais marinhas ocorrem no estuário.

A maioria das espécies que compõe a comunidade ictíica da lagoa dos Patos é de origem marinha. Vieira e Musick (1994) dividiram a fauna estuarina em associações pelágicas de fundo e de águas rasas. Peixes demensais e **epibênticos** compõem a fauna de fundo, sendo importantes como espécies comerciais na região.

Segundo Vieira e Musick (1994), a distribuição espacial e temporal da fauna ictíica da lagoa dos Patos é controlada por fatores ambientais e pela competição por alimento. Segundo esses autores, a produção não é um fator preponderante nessa região.

A fauna de pássaros (Vooren, 1997) é abundante e diversificada, com seis espécies de pássaros piscívoros (como, por exemplo, *Phalacocrax olivaceus* – biguá). Áreas alagadas e descobertas das regiões mais interiores da lagoa dos Patos são habitadas por pássaros que se alimentam de organismos bentônicos.

Várias espécies de mamíferos marinhos são também visitantes da lagoa dos Patos. Ex.: *Tursiopsis truncatus* – golfinho (Pinedo *et al.*, 1992), além de visitantes ocasionais como *Otainha flauencens* (leão-marinho).

A rede alimentar na lagoa dos Patos é suportada por um diversificado conjunto de produtores primários (Fig. 14.16) que propicia diferentes alternativas de alimentação para herbívoros (pastagem), carnívoros e detritívoros. Detritos orgânicos têm um papel importante nessas áreas, em especial devido à diversidade de produtores primários e ao conjunto de material em decomposição que provém de fitoplâncton, microfitobentos, microalgas epifíticas e de macrófitas emersas e submersas. Nesse estuário, essas redes alimentares apresentam-se diversificadas também em função de diferentes zonas de produção e decomposição de matéria orgânica.

A abundante vegetação de macrófitas aquáticas proporciona inúmeras alternativas para alimentação a partir de partículas orgânicas de diferentes dimensões e em diferentes estágios de decomposição. Poliquetos, moluscos, anfípodes, caranguejos, camarões, peixes jovens vivem nessas regiões ricas em matéria orgânica. Por exemplo, o gastrópode *Heleobia australis* alimenta-se de densas populações de bactérias que se desenvolvem nas folhas de *Ruppia maritima*.

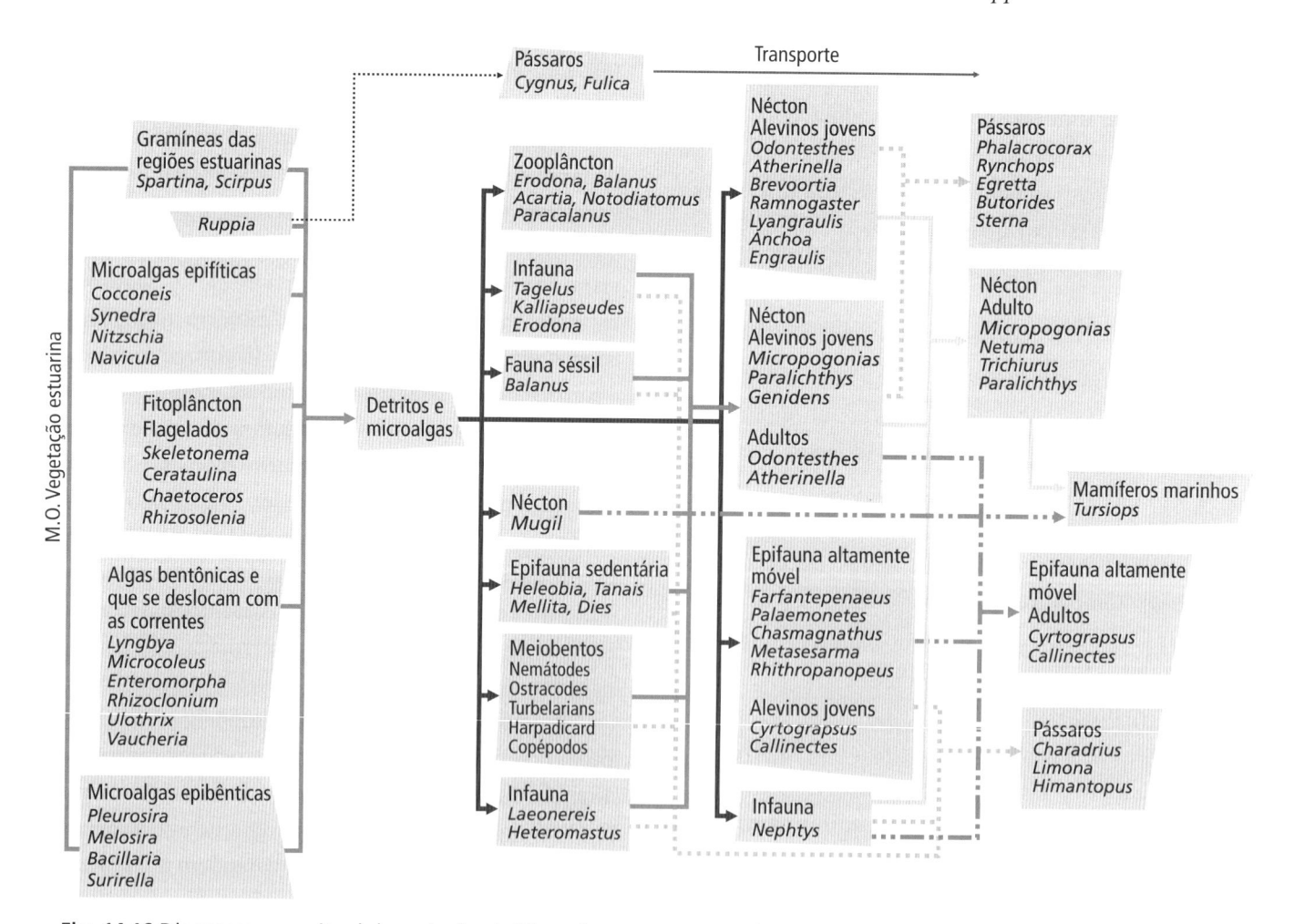

Fig. 14.16 Diagrama conceitual das relações tróficas dos componentes bióticos na lagoa dos Patos
Fonte: modificado de Seeliger (2001).

14.12.5 Impactos

A lagoa dos Patos é submetida a vários impactos decorrentes das múltiplas atividades humanas nas bacias hidrográficas regionais que contribuem para ela e para os estuários. A redução do volume da descarga de águas doces (Seeliger e Costa, 1997) em 13% ocorre durante períodos de seca, por causa de barramentos e usos da água para irrigação. A redução no fluxo de águas doces pode ser, quantitativamente, um impacto cada vez mais importante, da mesma forma que a eutrofização por despejos de águas de esgotos não tratados e a adição de nutrientes a partir de atividades agrícolas.

Florescimentos de *Microcystis aeruginosa* desenvolvem-se na região limnética da lagoa dos Patos e são transportados para o estuário (Odebrecht *et al.*, 1987; Yunes *et al.*, 1994). Metais, pesticidas e hidrocarbonetos são potenciais causas de degradação e impacto na água e na biota. Outros impactos descritos são: sedimentação, drenagem, destruição de áreas alagadas, corte da vegetação de áreas alagadas, desmatamento e erosão.

Segundo Seeliger e Costa (1997), a lagoa dos Patos deverá estar submetida a mudanças globais que implicam possível aumento do nível do mar, salinização das porções superiores do estuário; plâncton marinho e comunidades bentônicas podem estar sujeitos aos efeitos do aumento da radiação ultravioleta.

14.12.6 Gerenciamento e prognóstico

Segundo Asmus e Tagliani (1997), a região da lagoa dos Patos tem importância ecológica, econômica e social de vulto, em razão da biodiversidade e do **potencial de exploração racional** (pesca, turismo, agricultura, indústria e navegação – porto).

Mapas temáticos das planícies costeiras possibilitaram a visão integrada dos componentes naturais e antrópicos, sendo que 33 unidades ambientais foram desnitrificadas (Asmus *et al.*, 1991). Uma matriz de funções ambientais descritas por Asmus *et al.* (1989, 1991) possibilitou a montagem de diferentes unidades de preservação, conservação e desenvolvimento. Esse processo realizado na lagoa dos Patos é um exemplo extremamente importante da utilização de informação científica e da elaboração de modelos matemáticos e ecológicos que podem ser úteis no gerenciamento e prognóstico.

14.13 O Estuário do Rio da Prata – Argentina/Uruguai

Esse estuário estende-se por uma ampla área costeira, situada no Atlântico Sul (35°–36° Sul). Os rios Paraná e Uruguai deságuam nesse estuário, que tem 280 km de suas cabeceiras até o seu deságue no oceano Atlântico Sul, com 230 km de largura.

A bacia que deságua nesse estuário tem cerca de 14.000 km^2. A **região mixoalina** tem cerca de 38.000 km^2, se for considerada a posição média da isoalina de 30‰ (Mianzan *et al.*, 2001).

As fronteiras de salinidade/água salobra/águas doces têm uma considerável importância na reprodução de espécies de peixes e na biomassa de zooplâncton. A descarga de águas doces, com média anual de 22.000 m$^{-3}.\ell^{-1}$, tem uma considerável importância na dinâmica do estuário, originando-se uma intrusão de água salina com uma estratificação vertical e uma haloclina por volta de 5 metros de profundidade. Segundo Guerrero *et al.* (1997), a dinâmica do estuário do rio da Prata é controlada "por ondas de maré sob a ação de forçantes como o vento e com efeito da drenagem continental modificada por sua topografia e as forças de Coriolis". As referidas forças atuam em estuários muito amplos, como o da bacia do Prata.

As Figs. 14.17 e 14.18 mostram o estuário do rio da Prata conforme descrito por Mianzan *et al.* (2001) e uma seção de salinidade ao longo de uma distância de aproximadamente 200 km.

Os produtores primários do estuário da bacia do Prata apresentam uma diversidade de componentes que dependem do gradiente de salinidade e do tipo de substrato. Nas regiões de salinidade mais baixa (0,2‰-5,0‰), a comunidade fitoplanctônica é dominada por diatomáceas do gênero *Aulacoseira* sp e por cianobactérias *Microcystis aeruginosa*, estas desenvolvendo-se em regiões mais poluídas (Gomes e Bauer, 1998). Valores de clorofila *a* para ambientes oligotróficos são geralmente mais baixos que 4 mg.m^{-3} e em regiões mesotróficas atingem 4-10 mg.m^{-3}. Algas bentônicas como *Ulva lactuca*, *Enteromorpha* sp e *Chondria* sp predominam no litoral; áreas alagadas

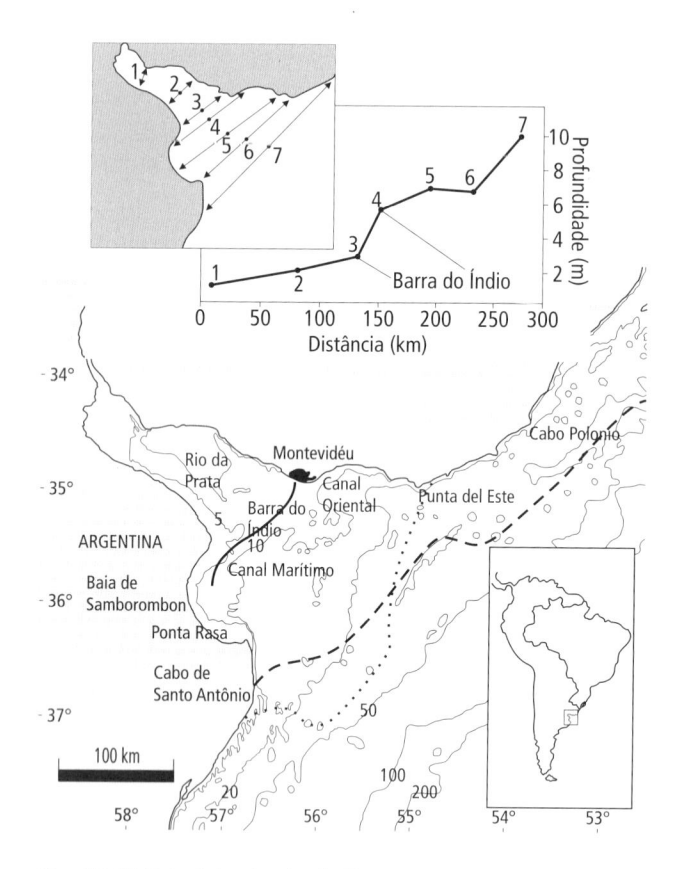

Fig. 14.17 Estuário do rio da Prata
Fonte: modificado de Mianzan *et al.* (2001).

costeiras são dominadas por *Spartina alterniflora*, *Salicornia ambigna*, *Juncus acutus* e *Scirpus maritimus* (Scarabino *et al.*, 1975).

O bentos da região de águas salobras de baixa salinidade é dominado por *Helobia piscium*, *Corbicula fluminea*, *Limnoperna fortunei* e *Chilina fluminea*, que são características de hábitats de fundos moles. As últimas três espécies, segundo Darrigan (1993), foram introduzidas. Oligoquetos, nematódeos, hirudíneos, quironomídeos e copépodes harpacticóides são dominantes e associados com sedimentos ricos em matéria orgânica (Rodrigues *et al.*, 1997).

Os sedimentos moles e com substrato orgânico das regiões salobras do estuário são caracterizados por abundantes populações de lamelibrânquios, gastrópodes (*Turbanilla uruguayensis*), caranguejos comedores de detritos e carnívoros, as quais podem atingir altas densidades (Misabelleana – lamelibrânquio –, por exemplo, pode atingir 1.500 a 2.700 ind.m^{-2}) (Mianzan *et al.*, 2002). Supralitoral e litoral são habitados por liquens, cianofíceas do microfitobentos, crustáceos, moluscos, cirripédios) e poliquetos. Caranguejos, como *Uca uruguayensis*, habitam substratos consolidados em zonas mixoalinas e alimentam-se de detritos das raízes de *Spartina* sp e de pequenos invertebrados (Ringuelet, 1938; Botto e Irigoyen, 1979).

A fauna nectônica é caracterizada por 120 espécies de peixes de águas doces que estão distribuídos nas regiões superiores do estuário (principalmente cipriniformes e siluriformes). Essa fauna de peixes decresce drasticamente na região mixoalina do estuário, com apenas algumas espécies de *Pimelodus* sp nas águas frontais com maior salinidade. As águas

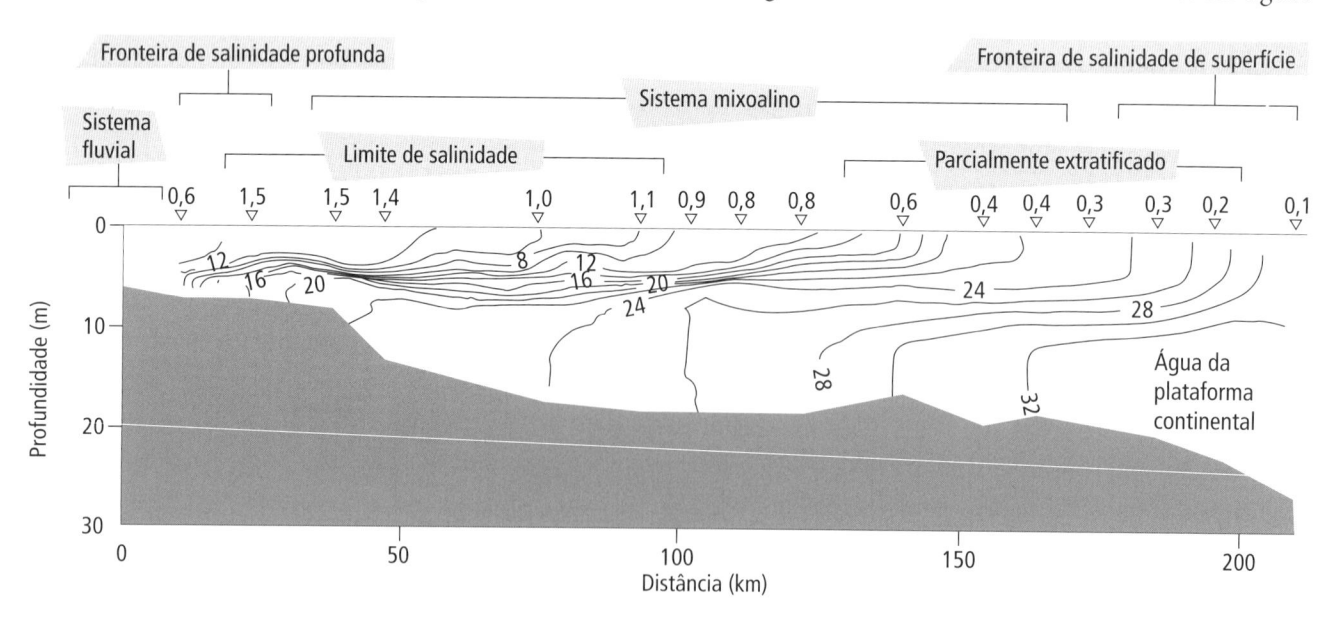

Fig. 14.18 Seção de salinidade ao longo do eixo principal do estuário do rio da Prata sob condições tipicamente estratificadas
Fonte: modificado de Mianzan *et al.* (2001).

mixoalinas são dominadas por espécies eurialinas de peixes, como *Micropogomias furnieri* e outros cianídeos, os quais têm ampla distribuição no estuário. Próximos às zonas de mais alta salinidade são encontrados engraulídeos, cujos adultos – como *Lycengraulis grossidens* – são encontrados no estuário e se reproduzem nos rios Uruguai e Paraná, que formam parte das cabeceiras do estuário do rio da Prata.

O estuário do rio da Prata mantém uma biomassa elevada de espécies de peixes de origem marinha e de água doce, sendo, portanto, um recurso natural de alta relevância regional. Nele, mamíferos, como *Pontoponia blainvill*a e o lobo-marinho *Otania flurescens,* também ocorrem (Vaz Pereira e Ponce de Leon, 1984), além de inúmeras espécies de oito famílias de pássaros aquáticos (Bonetto e Hurtado, 1998). Nas áreas alagadas das porções superiores salobras desse estuário, foram descritas dez espécies de aves que se alimentam principalmente de poliquetos do bentos e de bivalves. O caranguejo *Uca uruguayensis* também é uma fonte importante de alimento para algumas espécies de pássaros marinhos (Iribarne e Martinez, 1999).

O plâncton dos sistemas de águas doces, das regiões mixoalinas e dos sistemas marinhos costeiros, incluindo as áreas de maior salinidade da entrada do estuário do rio da Prata, apresenta representantes característicos de cada região, com diferentes salinidades e sistemas de circulação. De acordo com Mianzan *et al.* (2002), uma das características importantes desse estuário é a presença de interfaces horizontais e verticais, que são áreas de processos ecológicos intensivos. As **descontinuidades de densidade** ocorrem por 200 km no estuário e algumas espécies podem cruzá-la, como faz o engraulídeo *Lycengraulis grossidens*.

O estuário do rio da Prata é um estuário clássico de grandes dimensões com acentuados gradientes ecológicos, o que possibilita a distribuição de muitas espécies de organismos planctônicos, bentônicos e nectônicos, com distribuição horizontal e vertical dependendo dos movimentos das massas de água, da tolerância à salinidade e dos gradientes de densidade estabelecidos. Por exemplo, muitas espécies planctônicas, como o copépode *Acartia tonsa* ou o ctenóforo *Mnemiopsis mccradyi*, agregam-se às áreas frontais de salinidade/águas doces, promovendo cadeias alimentares baseadas nessas espécies planctônicas.

14.13.1 Impactos no estuário do rio da Prata

O estuário do rio da Prata é muito utilizado comercialmente para a exploração da pesca, para a navegação em larga escala e para a recreação. As cidades de Buenos Aires e Montevidéu têm, em conjunto, 13 milhões de habitantes e suas atividades impactam o estuário. Nele a pesca movimenta 30 milhões de dólares por ano. Trata-se da área de esgotamento da bacia do Prata (ver Cap. 16) e, portanto, recebe águas poluídas e contaminadas por usos agrícolas e industriais de aproximadamente 120 milhões de pessoas.

Sendo um estuário internacional, o seu gerenciamento só poderá ter sucesso com a interação de equipes interdisciplinares internacionais que controlam os impactos e minimizem consequências de atividades humanas a montante no estuário, promovendo ações conjuntas de gerenciamento integrado e estimulando autoridades nos vários países, Argentina, Bolívia, Brasil, Uruguai e Paraguai a atuar para corrigir impactos e proteger recursos do estuário. Por exemplo, o tratamento de esgotos ao longo da bacia do Prata e no estuário é uma medida de fundamental relevância e certamente produzirá impactos positivos. Proteção e regulação da pesca e controle da navegação e seus impactos são outras medidas fundamentais.

14.14 Importância de Estuários e Lagoas Costeiras

Os quatro exemplos apresentados – região lagunar de Cananéia, lagoas costeiras do Estado do Rio de Janeiro, lagoa dos Patos e estuário do rio da Prata – demonstram vários mecanismos importantes do funcionamento desses ecossistemas na costa leste da América do Sul, no Brasil. Dessa comparação verifica-se que:

▸ Todos os sistemas apresentam interfaces de sistemas continentais e área marinha costeira, sendo influenciados tanto por águas doces como por águas costeiras.

▸ A variabilidade espacial, o ciclo estacional e a distribuição de organismos são influenciados pelos ciclos de salinidade, temperatura da água e pela hidrodinâmica dos ecossistemas. Forçantes climatológicas como vento e precipitação têm um papel nessas regiões, promovendo alterações nos ciclos estacionais de produtores primários, nos ciclos biogeoquímicos e na distribuição dos organismos.

▸ Os organismos apresentam mecanismos especiais de tolerância à salinidade e utilizam inúmeras estratégias para reprodução e dispersão no estuário.

▸ Redes alimentares com grande importância e, em muitos casos, predominância de detritívoros, são comuns nesses ecossistemas.

▸ A vegetação costeira – vegetação de mangue, vegetação típica de áreas alagadas de águas salobras, vegetação de macrófitas submersas – tem um papel fundamental nos ciclos biogeoquímicos nesses ecossistemas, nos nichos alimentares de organismos bentônicos, na regeneração de nutrientes de cadeias alimentares de detritos.

▸ Essas regiões estuarinas de lagoas marginais e grandes complexos estuarinos têm um papel muito importante na manutenção da biodiversidade aquática: são ecossistemas de alta produtividade biológica; berçários de organismos aquáticos; têm grande importância como fator econômico regional, pois possibilitam exploração pesqueira e de aquicultura (peixes, moluscos, crustáceos); e são de acesso relativamente fácil. Sua sustentabilidade é fundamental para as regiões costeiras do Brasil e para muitos países dos trópicos e subtrópicos.

▸ Estuários, regiões lagunares e lagoas costeiras no Brasil e em muitos continentes estão sujeitos a um conjunto de impactos antrópicos: impactos de navegação e pesca, despejo de esgotos domésticos, aquicultura, exploração extensiva de estoques pesqueiros, introdução de espécies exóticas, **poluição por metais pesados** e eutrofização, além da perda de vegetação de mangue e da remoção da vegetação do litoral.

▸ As águas costeiras no Brasil são influenciadas por esses estuários e lagoas costeiras, especialmente em termos da contribuição de nutrientes e de águas de baixa salinidade, bem como pela contaminação. Grande parte das produtividades primária e secundária das águas costeiras depende da fertilização a partir dos estuários.

▸ A gestão desses ecossistemas é complexa e demanda um conjunto de ações estruturais e não-estruturais: **gestão das bacias hidrográficas continentais** que deságuem seus afluentes nos estuários; controle do uso e ocupação do solo nas bacias continentais e nas bacias dos tributários do estuário; controle dos usos múltiplos do estuário: pesca, navegação, recreação, aquicultura, ocupação e operação dos postos de dragagem; tratamento de esgotos dos municípios que se encontram nos estuários e nas bacias hidrográficas adjacentes. Educação e participação das comunidades dos municípios do estuário na gestão ambiental e dos recursos hídricos são fundamentais. Uma base científica com amplas informações sobre os estuários e lagoas costeiras é fundamental para a promoção das medidas de preservação, recuperação e gestão, como o conjunto de trabalhos já citados: Seeliger, Odebrecht e Castello (1997); Esteves (1998); Seeliger (2001); Tundisi e Matsumura Tundisi (2001).

14.15 Eutrofização e Impactos em Estuários

Os estuários recebem o aporte de muitos rios e riachos que contribuem para a rede hídrica das bacias hidrográficas continentais que neles deságuam. Portanto, quando esses rios e riachos recebem despejo de esgoto doméstico ou efluentes industriais, estes atingem os estuários. Em alguns estuários, a instalação de indústrias ou usinas de produção de energia termoelétrica aceleram a eutrofização. Os efeitos da eutrofização podem ser minimizados pela diluição com as águas costeiras por efeito das marés, mas isso depende dos mecanismos de circulação e da fisiografia do sistema.

Muitos estuários são utilizados como portos, e a presença constante de embarcações pode implicar eutrofização e contaminação. Além disso, há inúmeros projetos de aquicultura em diversos estuários, o que pode ter como consequência o aumento de nitrogênio e fósforo (rações utilizadas e excreção de organismos, especialmente peixes em cultivo). A **acessibilidade dos estuários** tem estimulado a instalação de indústrias de vários tipos, devido à facilidade de transporte.

Devido ao constante movimento das massas de água dos estuários, em consequência dos efeitos das marés, as águas mais profundas tendem a se eutrofizar e, como resultado, todo o estuário se torna eutrófico, e não somente as águas superficiais, menos salinas em estuários positivos. Dessa forma, as águas mais profundas podem fertilizar as águas costeiras e ampliar a distribuição geográfica da eutrofização. De um modo geral, os impactos produzidos nos estuários a partir das atividades humanas nos continentes e no próprio estuário são:

▶ eutrofização por esgotos domésticos não tratados e efluentes de atividades industriais e agrícolas;
▶ poluição e contaminação por efluentes industriais, produzidos por indústrias instaladas na costa e nos estuários;
▶ eutrofização devida à aquicultura de peixes, moluscos e camarões;
▶ poluição por navios e atividades de navegação em larga escala;
▶ poluição térmica (em alguns estuários) resultante da instalação de usinas termoelétricas e de usinas nucleares;
▶ penetração e colonização por espécies invasoras;
▶ poluição radioativa (em alguns estuários);
▶ alterações da costa e aterramento de regiões dos estuários para instalação de marinas, postos ou indústrias;
▶ destruição do mangue em estuários com vegetação de mangue, provocando o aumento da sedimentação;
▶ aumento do material em suspensão transportado devido a ações na costa, no estuário ou nas bacias hidrográficas continentais que deságuam no estuário; devido a desmatamento ou construção de marinas, edifícios ou condomínios.

Sedimentos anaeróbicos em estuários, produzindo anoxia no fundo ou hipoxia, ocorrem quando há descarga de grandes concentrações de matéria orgânica, em razão de esgotos domésticos, atividades agrícolas (fertilizantes) ou indústrias de processamento de alimentos. Nesses casos, um gradiente de fauna bentônica ocorre com a ausência completa de macrofauna nas **regiões anóxicas** do sedimento estuarino.

O exemplo mais clássico de espécies invasoras bem-sucedidas é o da colonização do estuário de Southampton (Inglaterra) por *Venus mercenaria*, um molusco lamelibrânquio originário da Flórida (Estados Unidos), e que se instalou em Southampton após a Segunda Guerra Mundial (Raymont, 1963).

14.16 O Gerenciamento de Estuários e Lagoas Costeiras

Planos de gerenciamento de estuários e de águas costeiras são de grande importância para a preservação dos mecanismos de produtividade primária em exploração efetiva e proteção das espécies nativas, que são fundamentais na produtividade e nas cadeias alimentares estuarinas. Além disso, especialmente em regiões tropicais e na costa do Brasil, estuários são importantes na fertilização das águas costeiras e na manutenção de um estoque de espécies que têm relevância na produção comercial de alimentos marinhos (moluscos, peixes, crustáceos e algas).

Pela sua importância como ecossistema de interface (ecótone) entre as regiões costeiras e as bacias hidrográficas continentais, os estuários são economicamente fundamentais em algumas regiões e seu gerenciamento e conservação constituem uma prioridade estratégica relevante, especialmente no Brasil (Tundisi e Matsumura Tundisi, 2001).

A acessibilidade dos estuários do ponto de vista da recreação, da produção e exploração de alimentos, da instalação de portos e indústrias torna-os necessariamente vulneráveis aos impactos decorrentes dessas atividades, e, portanto, o seu gerenciamento integrado é fundamental. Entretanto, não basta gerenciar somente o estuário. O controle e a gestão das bacias hidrográficas continentais que contribuem para o estuário são importantíssimos, uma vez que há entre os ecossistemas e os estuários um *continuum* que deve ser preservado e gerenciado (Vannucci, 1969).

Principais ameaças à integridade biológica e ecológica dos estuários

Os principais impactos produzidos pelas atividades humanas nos estuários são, de acordo com Kemmish (2004):
• perda de hábitats e alteração de estruturas;
• eutrofização: degradação da qualidade da água; crescimento de algas tóxicas; aumento da turbidez; aumento da mortalidade dos organismos bentônicos; hipoxia e anoxia das águas estuarinas;
• superexploração pesqueira;
• **contaminação química**:
- óleos e graxas;
- metais;
- compostos orgânicos sintéticos;
- substâncias e elementos radioativos;
• alterações no ciclo hidrológico e nas bacias hidrográficas continentais;
• introdução de espécies exóticas;
• alterações no nível do mar;
• modificações do litoral: **perda de áreas alagadas**, alterações na descarga de águas doces e no transporte de sedimentos.
• lixo sólido: degradação de hábitat por acúmulo de resíduos sólidos (plásticos, latas) e outros tipos de resíduos.

A exploração dos estuários pelo homem

A acessibilidade dos estuários possibilita sua ampla exploração, em especial para a produção e extração de alimentos. Como resultado da elevada produção primária e das cadeias alimentares com várias alternativas, estuários são utilizados para a pesca intensiva na região estuarina ou nas regiões costeiras adjacentes que são fertilizadas pelas águas do estuário. Muitas espécies de peixes, como a tainha (*Mugil cephalus*), reproduzem-se nas águas costeiras, e os jovens migram para os estuários, onde há abundância de alimentos e nichos alimentares diversificados.

Muitas espécies de decápodes braquiúros, como *Callinectes* spp e *Ucides cordatus*, alimentam-se de detritos nas regiões de mangue e são utilizados comercialmente. Moluscos lamelibrânquios, como *Anomalocardia brasiliensis* (berbigão), *Crassostrea rhizophorae* (ostras) ou *Mytella falcata* (mexilhão), também são utilizados para exploração comercial. A exploração da tainha (*Mugil brasiliensis*) é uma das importantes indústrias da pesca nos estuários do Brasil. Além disso, mais recentemente, os estuários estão sendo utilizados para aquicultura intensiva de peixes, camarões e crustáceos.

15 Áreas alagadas, águas temporárias e lagos salinos

Veredas na bacia do rio São Francisco (MG)
Foto: J. G. Tundisi

Resumo

Neste capítulo, escrevem-se e discutem-se a distribuição e os mecanismos de funcionamento de áreas alagadas, lagos temporários e lagos salinos.

Áreas alagadas são encontradas em todos os continentes e nas regiões costeiras. Trata-se de ecótonos com efeitos importantes – quantitativamente – nos ciclos hidrológicos e na biodiversidade. São sistemas reguladores de fundamental importância nos ciclos biogeoquímicos.

Apresenta-se uma classificação das áreas alagadas e discute-se o seu papel nos ciclos do carbono, nitrogênio e fósforo. São apresentadas adaptações dos organismos a essas áreas e discutem-se metodologias de avaliação de impactos que nelas ocorrem.

As áreas alagadas são utilizadas pelo homem como fontes renováveis de recursos naturais (pesca, colheita de produtos, aquicultura).

Águas temporárias ocorrem em todos os continentes, constituindo-se em lagoas, charcos ou rios intermitentes. A fauna e a flora dessas águas temporárias apresentam características e adaptações especiais para tolerância ao dessecamento e a rápidas inundações.

A produção de ovos de resistência que toleram dessecação por longos períodos é uma das importantes características de águas temporárias.

Lagos salinos são encontrados nas regiões áridas e semi-áridas dos continentes, em áreas endorréicas. Apresenta-se a composição química desses lagos, sua fauna e flora e as relações tróficas.

15.1 Áreas Alagadas

15.1.1 Definições e classificação

Um tipo de sistema aquático muito comum no interior dos continentes situados nos ecótonos entre sistemas aquáticos e terrestres é aquele constituído por áreas pantanosas ou alagadas. Estas incluem inúmeros tipos epicontinentais e em regiões costeiras, abrangendo cerca de 6% da superfície terrestre. Essas áreas alagadas ou pantanosas, cujo termo em inglês é universalmente conhecido como "wetland", são encontradas em todos os continentes, em regiões áridas e semi-áridas, em latitudes temperadas e tropicais, ocupando ainda gradientes altitudinais. Em muitas regiões costeiras nos trópicos, essas áreas são circundadas por vegetação de mangue. Esses ecossistemas têm sido intensivamente utilizados para cultivo ou pesca intensiva, para exploração de turfeiras ou extração de madeiras e taninos (mangue).

A definição e a classificação de áreas alagadas ou pântano são difíceis e imprecisas. Existem inúmeros termos regionais que caracterizam tipos e subtipos. Neste volume, o termo áreas alagadas ou pantanosas (ou áreas inundadas) deverá referir-se ao mesmo ecossistema que, ou está permanentemente sob inundação em áreas rasas ou sofre inundações (periódicas ou não), com flutuações de nível.

As áreas alagadas ocupam uma posição intermediária entre ecossistemas terrestres e aquáticos. Essas áreas constituem um *continuum* de diferentes tipos de comunidades, o que torna difícil estabelecer fronteiras definidas. Há várias definições de áreas alagadas. A International Union for the Conservation of Nature and Natural Resources (IUCN) adotou a seguinte definição: "Áreas alagadas são regiões com solo saturado de água, ou submersas, naturais ou artificiais, permanentes ou temporárias, onde a água pode ser estática ou com fluxo, salina, salobra, água doce. Áreas dominadas por águas incluem pântanos, brejos, paludes, pântanos costeiros, estuários, baías, tanques, lagoas costeiras, lagos, rios, represas. Onde águas marinhas e costeiras estão incluídas a profundidade de até 15 metros define as áreas alagadas". Gopal *et al.* (1992, p. 9).

Já o Programa Biológico Internacional definiu áreas alagadas (Westlake *et al.*, 1988) como "área dominada por macrófitas, herbáceas, cuja produtividade ocorre no ambiente aéreo acima do nível da água, enquanto que as plantas sobrevivem ao excesso de água que seria prejudicial para muitas plantas superiores com raízes aéreas". Gopal *et al.* (1992, p. 9).

A Fig. 15.1 apresenta a classificação de áreas alagadas segundo o programa do Scientific Committee on Problems of the Environment (Scope), do International Council of Scientific Unions (ICSU) (Patten *et al.*, 1992).

Cowadin *et al.* (1979) enfatizaram que não há nenhuma definição completamente correta e ecologicamente fundamentada, em primeiro lugar, devido à diversidade de áreas alagadas e, depois, porque a demarcação entre as áreas secas e alagadas é difícil.

Além dessas áreas permanentemente alagadas, com flutuações de nível ou não (Tab. 15.1), é necessário distinguir outros sistemas aquáticos igualmente importantes nos continentes: as áreas temporárias e os lagos salinos, os quais também são objeto de estudo da Limnologia e têm enorme importância teórica e prática, como será visto adiante.

Tab. 15.1 Distribuição mundial das áreas alagadas

Zona	Clima	Área alagada (km².1.000)	Porcentagem do total (%)
Polar	Úmido		2,5
	Semi-úmido	200	
Boreal	Úmido	2.558	11,0
	Semi-úmido		
Sub-boreal	Úmido	539	7,3
	Semi-árido	342	4,2
	Árido	136	1,9
Subtropical	Úmido	1.077	17,2
	Semi-árido	629	7,6
	Árido	439	4,5
Tropical	Úmido	2.317	8,7
	Semi-árido	221	1,4
	Árido	100	0,8

Fonte: Mitsch e Gosselink (1989).

Não obstante a dificuldade da definição de áreas pantanosas, destacam-se algumas características comuns a todas elas:

▶ Presença de água e tipos especiais de solos que diferem daqueles das áreas mais elevadas e secas próximas.

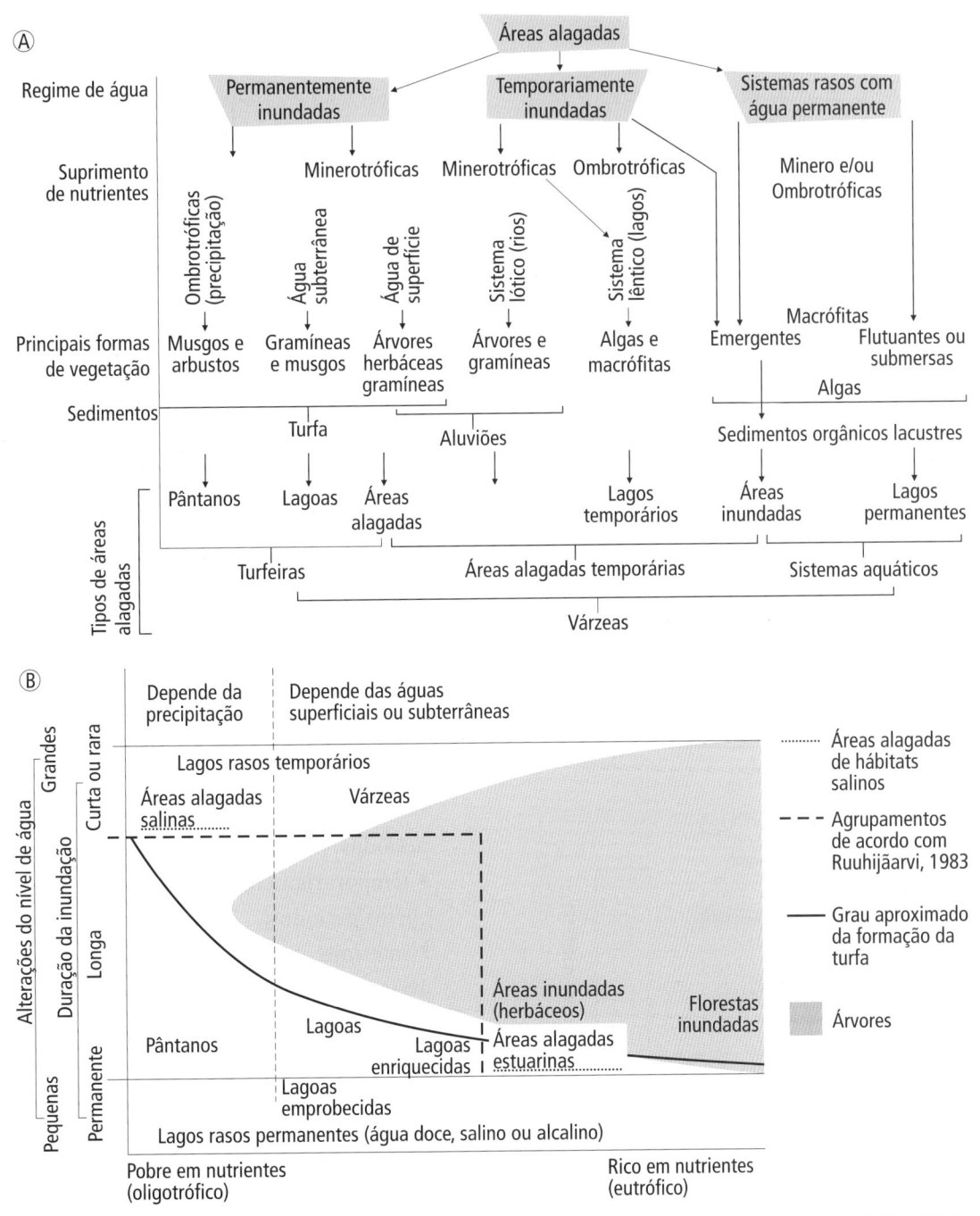

Fig. 15.1 Classificação das áreas alagadas segundo o Scope, ao longo de um gradiente de regime hidrológico e nutrientes: A) Tipos de áreas alagadas; B) Classificação baseada no nível da água
Fonte: Patten *et al.* (1992).

▶ São sistemas intermediários entre ecossistemas terrestres e aquáticos que suportam uma vegetação (**hidrófita**) pelo menos temporariamente adaptada a condições permanentemente inundadas ou com flutuações periódicas de nível. Geralmente, essas áreas são rasas.

▶ A variação da flutuação do nível da água nas áreas alagadas é bastante ampla, o que torna a definição mais complexa.

O sistema de classificação de áreas alagadas publicado por Cowadin *et al.* (1979) inclui "sistemas com características biológicas, hidrológicas, geomorfológicas e químicas similares":

▶ Marinho
▶ Estuário
▶ Riverinos
▶ Lacustre
▶ Palustre

15.1.2 Ciclo hidrológico

O que define muito bem as áreas alagadas é um ciclo hidrológico, o qual é, provavelmente, o mais importante determinante para o estabelecimento de tipos específicos de áreas alagadas e seus processos (Mitsch e Gosselink, 1986).

As condições hidrológicas determinam as mudanças nas condições físicas e químicas da água, tais como pH, disponibilidade de nutrientes, presença ou ausência de oxigênio dissolvido. O balanço de nutrientes causado pelas entradas e saídas da água, a intensidade dos fluxos de matéria e o ciclo de energia são determinados pelo ciclo hidrológico. As alterações hidrológicas produzem rápidas mudanças na diversidade das espécies e da biomassa (Fig. 15.2). Esta, por sua vez, produz um certo controle sobre as condições, acumulando sedimentos, alterando a direção do fluxo e, por acumulações, produzindo turfeiras. A transpiração da vegetação nessas regiões também pode modificar o ciclo hidrológico.

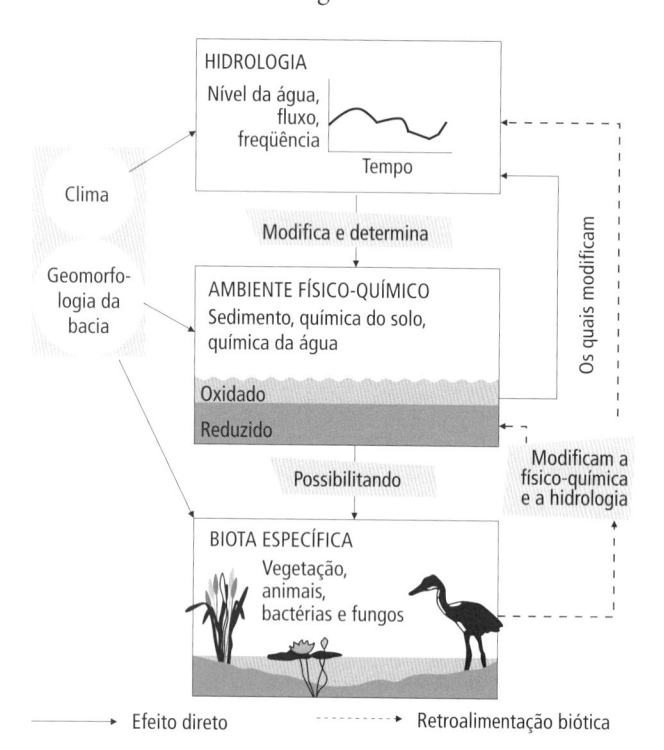

Fig. 15.2 Efeitos da hidrologia na físico-química e na biota das áreas alagadas
Fonte: Mitsch e Gosselink (1986).

O ciclo hidrológico define o hidroperíodo ou **hidropulso**, o qual representa o padrão estacional do nível de água. Esse ciclo e o nível da água são peculiares para cada área alagada e influenciados pelas características fisiográficas da área. Devem-se distinguir a duração e a frequência da inundação. Cowadin *et al.* (1979) definiram os hidroperíodos das áreas alagadas como segue:

Áreas alagadas com maré
▸ permanentemente inundadas com água de maré;
▸ irregularmente expostas com variações de maré durante períodos mais curtos do que um dia;
▸ regularmente inundadas e expostas (pelo menos diariamente);
▸ irregularmente inundadas.

Áreas alagadas sem maré
▸ permanentemente inundadas;
▸ expostas intermitentemente – com inundações raras durante períodos de seca;
▸ inundadas estacionalmente;
▸ com inundação semipermanente durante alguns períodos do ano;
▸ saturadas – com o substrato saturado por largos períodos, mas sem água na superfície;
▸ temporariamente inundadas – inundação por curtos períodos;
▸ intermitentemente inundadas – períodos variáveis e irregulares de inundação sem um padrão estacional característico.

O hidroperíodo, associado à flutuação de nível, varia consideravelmente para as diversas áreas alagadas. Esse hidroperíodo é resultado dos seguintes fatores:

▸ balanço entre as entradas e saídas de água;
▸ fisiografia da região, geologia, águas subterrâneas e solo da subsuperfície.

O balanço hidrológico das áreas alagadas é muito importante e é dado pela seguinte fórmula (Mitsh e Gosselink, 1986):

$$DV = Pn + Se + Ge - ET - So - Go \pm T$$

onde:

V – Volume de água em reserva
DV – Mudanças no volume de água em reserva
Pn – Precipitação líquida
Se – Entradas de superfície
Ge – Entrada por água subterrânea
ET – Evapotranspiração
So – Saídas de superfícies
Go – Saídas por águas subterrâneas
T – Entradas (+) ou saídas (–) por maré

A determinação dos balanços hidrológicos anuais em áreas alagadas é muito importante, uma vez que permite calcular também a periodicidade quantitativa dos eventos e, por associação, determinar os balanços de nutrientes e a exportação e importação de material.

Como já citado anteriormente, o ciclo hidrológico interfere nos mecanismos de funcionamento dos componentes bióticos, direta ou indiretamente, constituindo-se numa função de força muito importante no sistema.

15.1.3 Ciclos biogeoquímicos

Estes ciclos incluem processos de transformação e processos de transporte entre as áreas alagadas e os ecossistemas circundantes.

A magnitude dos ciclos biogeoquímicos e a sua velocidade dependem do acúmulo de biomassa nas áreas alagadas e do tipo de vegetação. Com a predominância de vegetação de fácil decomposição e o acúmulo de macrófitas aquáticas, o ciclo é acelerado.

Florestas inundadas, como as de cipreste, em áreas temperadas, contribuem muito pouco com material biológico, sendo que a principal troca é a de gases. Áreas inundadas, como as de florestas na Amazônia, apresentam alta contribuição de matéria orgânica para a água. Os solos podem ser minerais ou orgânicos; é feita uma comparação entre os dois tipos no Quadro 15.1. Os **solos orgânicos** recebem, evidentemente, contribuição da vegetação.

Geralmente, a inundação produz uma redução da oxigenação do solo e resulta em situações anaeróbicas. A taxa de perda de oxigênio do solo e a consequente redução dependem da temperatura, da disponibilidade de substratos orgânicos e da demanda química de oxigênio, que depende de redutores presentes (Patrick *et al.*, 1972, 1974, 1976). A ausência de oxigênio dissolvido afeta a disponibilidade de nutrientes e altera os ciclos biogeoquímicos, tendo como consequência um certo número de adaptações específicas das plantas a esse tipo de sistema. Geralmente, existe uma camada fina de oxigênio sobre o solo, resultante da fotossíntese de algas, dos efeitos do vento e das trocas de oxigênio através da interface ar-água. As alterações no potencial redox neste perfil vertical de apenas alguns centímetros no solo são importantes para o ciclo de alguns elementos, tais como manganês, ferro e enxofre.

Os transportes de nutrientes nas áreas alagadas estão todos relacionados com os ciclos hidrobiológicos e incluem entradas por *água de superfície, atmosfera, precipitação e marés* (no caso de áreas alagadas de maré); *saídas* pela atmosfera, água de superfície e subsuperfícies; e *perdas* pela fixação em sedimentos do fundo. As transformações e translocações são determinadas pela biomassa presente.

As áreas alagadas recebem materiais dos ecossistemas adjacentes e os exportam por meio de vários processos, conforme esquematiza a Fig. 15.3.

Quadro 15.1 Comparação de solos minerais e orgânicos em áreas alagadas

	Solos minerais	Solos orgânicos
Conteúdo orgânico (%)	< 20 – 35 >	20 – 35
pH	Próximo ao neutro	Ácido
Densidade	Alta	Baixa
Porosidade	Baixa (45 – 55%)	Alta (80%)
Condutividade hidráulica	Alta	Baixa e alta
Capacidade de retenção de água	Baixa	Alta
Disponibilidade de nutrientes	Geralmente alta	Geralmente baixa
Capacidade de troca iônica	Baixa, dominada por cátions principais	Alta, dominada por hidrogênio
Área alagada representativa	Matas ciliares e regiões pantanosas	Áreas de turfeiras temperadas

Fonte: Mitsch e Gosselink (1986).

Fig. 15.3 Importação e exportação de material, efeitos da precipitação e papel regulador das áreas alagadas

Reciclagem de nutrientes

A retenção de sedimentos, material em suspensão e restos de matéria orgânica dissolvida é uma característica de áreas alagadas e tem um papel importante nos ciclos biogeoquímicos. Os mecanismos que contribuem para a retenção de nitrogênio nas áreas alagadas são:

- sedimentação;
- fixação pela vegetação;
- desnitrificação.

Em áreas alagadas com elevado tempo de retenção, a sedimentação é também significativa (Jansson et al., 1994). Além dessa sedimentação de matéria orgânica com alta concentração de nitrogênio e fósforo particulado, macrófitas e epífitas assimilam nitrogênio. À parte desse mecanismo de remineralização, outros processos podem ocorrer nas áreas alagadas, tornando disponível mais nitrogênio inorgânico, que é reassimilado ou carreado pelas descargas a jusante. O mecanismo mais importante de retenção de nitrogênio em áreas alagadas é o processo bacteriano de desnitrificação, no qual nitrato (NO_3^-) e nitrito (NO_2^-) são transformados, via óxido nitroso (N_2O), em nitrogênio atmosférico (N_2). Este pode ser fixado por algumas plantas e bactérias por meio do processo de fixação biológica. Entretanto, do ponto de vista energético, a fixação de N_2 é dispendiosa e só ocorre quando o suprimento de amônia e nitrato é baixo.

Desnitrificação é um importante mecanismo de retenção de nitrogênio em áreas alagadas, e como demonstraram Whitaker (1993) e Whitaker et al. (1995), para a represa da UHE Carlos Botelho (Lobo/Broa), cerca de 30% do nitrogênio que chega são perdidos para o ar pelo processo de desnitrificação. Em um estudo realizado em seis represas do médio Tietê, no Estado de São Paulo, Abe et al. (2003) demonstraram que a desnitrificação é um processo quantitativamente importante nessas represas; a comunidade bacteriana na água livre ou nas áreas alagadas tem um papel fundamental nesse processo (Abe e Kato, 2000).

Outros estudos de desnitrificação em áreas alagadas no Brasil incluíram Enrich-Prost e Esteves (1998); Esteves e Enrich-Prost (1998); Abe et al. (2002) e Tundisi et al. (2006).

Em um estudo realizado em uma várzea do **Ribeirão do Feijão** (Estado de São Paulo), Sidagis-Galli (2003) analisou as características físicas e químicas da água e determinou as taxas de nitrificação e desnitrificação dos sedimentos da várzea. As taxas de nitrificação variaram de 0,145 a 0,068 µmol N – $NO_3.g^{-1}.dia^{-1}$ e a rota metabólica predominante, de acordo com essa autora, foi a heterotrófica, na qual as bactérias utilizam amônio como substrato. As taxas de desnitrificação nessa área alagada apresentaram um valor médio de 0,0082 µmol $N_2O.g^{-1}.dia^{-1}$.

Há uma considerável redução dos compostos nitrogenados, principalmente amônio, o que mostra o importante papel quantitativo da várzea como sistema de filtro e depuração das águas subsuperficiais que alimentam o rio. Esses resultados confirmam os estudos realizados por vários autores que determinaram taxas de nitrificação e desnitrificação associadas à composição bacteriana (Feresin e Santos, 2000; Gianotti e Santos, 2000) em áreas alagadas no Brasil. A Fig. 15.4 mostra os detalhes do ciclo biogeoquímico do carbono em áreas alagadas e os processos envolvidos nesse ciclo, ou seja, sedimentação, respiração, lixiviação, deposição, adsorção, **metanogênese**, oxidação, floculação, fixação e suspensão (ressuspensão) de sedimentos.

Áreas alagadas como sistemas de retenção de nitrogênio, fósforo, metais pesados e matéria orgânica

A utilização de áreas alagadas naturais ou artificiais para a retenção de nitrogênio, fósforo, substâncias e metais pesados foi demonstrada por muitos autores (Novitski, 1978; Mitsch e Gosselink, 1986; Weisner et al., 1994; Leonardson, 1994; Hendricks e White, 2000; Hill, 1996; Whitaker e Matvienko, 1998). Abe

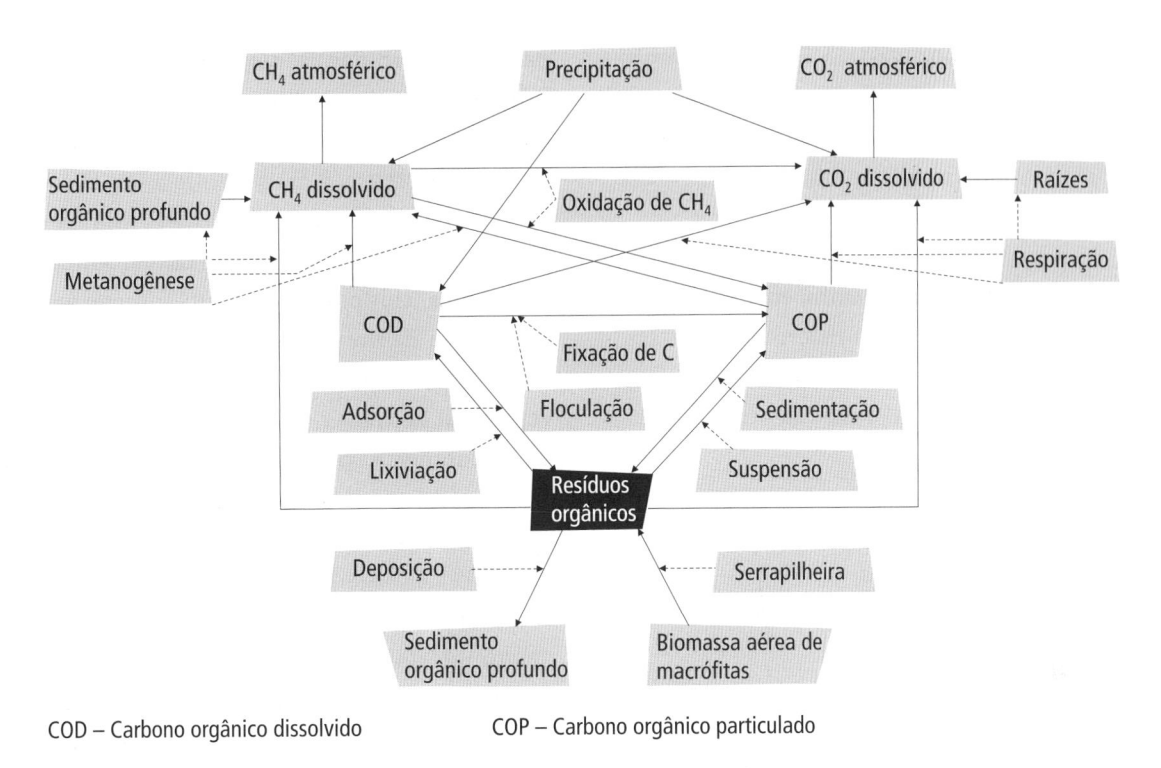

Fig. 15.4 Ciclo biogeoquímico do carbono no subsistema aquático da área alagada de Okefenokee, Flórida (Estados Unidos)
Fonte: modificado de Patten (1988).

et al. (2006) analisaram o potencial de retenção de nitrogênio de uma área alagada na região de Parelheiros, em São Paulo, e constataram a importância da conservação dessa área alagada para o tratamento inicial da água da represa Billings para a represa de Guarapiranga. Estudos e projetos para a utilização de áreas alagadas artificiais no Brasil como técnica de purificação de grandes quantidades de água foram introduzidos por Salati (comunicação pessoal), Manfrinato (1989) e Salati *et al.* (2006).

Em várias regiões do Brasil, especialmente no Estado de São Paulo e na região metropolitana de São Paulo, áreas alagadas têm sido utilizadas extensivamente como sistemas de tratamento inicial. Tundisi (1977) demonstrou que o conjunto de áreas alagadas que existem em todos os afluentes da represa da UHE Carlos Botelho (Lobo/Broa) tem um papel fundamental na manutenção da situação mesotrófica–oligotrófica daquele reservatório.

Essa retenção de nutrientes, elementos e substâncias dissolvidas é, hoje, mundialmente utilizada para o tratamento de efluentes industriais e para o tratamento primário e inicial de esgotos de origem doméstica ou para reciclagem de nutrientes de origem agrícola (fertilizantes ou despejos de fazendas de criação de ovinos, por exemplo). Porém, essa capacidade de reciclagem e retenção de nutrientes por parte das áreas alagadas não é infinita. Os solos das áreas alagadas retêm substâncias tóxicas, inclusive metais, e estes podem ser absorvidos pelas plantas aquáticas e mobilizados para a rede alimentar pelo consumo de aves, peixes e invertebrados.

A conservação das áreas alagadas naturais é uma importante medida para controlar nutrientes e reciclar poluentes e metais pesados. Essa capacidade de reciclagem e a alta biodiversidade das áreas alagadas levaram à organização e ao estudo de um conjunto de valores para as áreas alagadas, valores estes relacionados com os "serviços" proporcionados por esses ecossistemas. Além dos referidos serviços, áreas alagadas têm um outro conjunto muito importante de funções: a regulação do ciclo hidrológico e a capacidade de controlar enchentes, dada a sua capacidade de retenção, com grande área de superfície, produzindo uma redução do fluxo a jusante (Howard-Williams, 1983).

O **controle da eutrofização** no lago Biwa, Japão (Nakamura e Nakajima, 2002), e no lago Balaton, Hungria (Istvanovics, 1999), foi realizado com a utilização intensiva de macrófitas aquáticas em áreas alagadas.

A Fig. 15.5 mostra os estoques (por unidade de área) de potássio, nitrogênio e fósforo, em áreas alagadas tropicais e subtropicais, com macrófitas emersas, flutuantes e submersas em comparação com fitoplâncton de um lago tropical raso (lago George, na África).

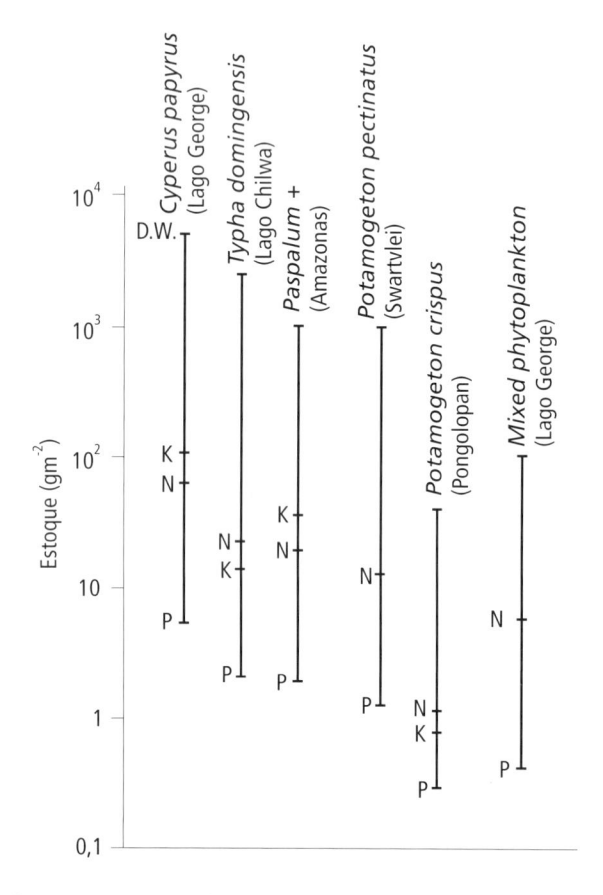

Fig. 15.5 Estoques (por unidade de área) de potássio, nitrogênio e fósforo, em vegetação de áreas alagadas de regiões tropicais e subtropicais
Fonte: Talling e Lemoalle (1998).

A maior parte da matéria orgânica produzida nas áreas alagadas sofre uma decomposição, e diferentes estágios da decomposição do material são consumidos por animais. Entretanto, uma considerável porção da matéria orgânica (em alguns casos, mais de 30%) é transportada de áreas adjacentes. É difícil distinguir entre material alóctone e autóctone em decomposição nas áreas alagadas, a não ser por meio do uso de isótopos marcadores (^{13}C), que podem demonstrar a origem do material em decomposição (Gopal, 1992) e seu transporte.

Por meio da utilização do ^{13}C, Martinelli *et al.* (1994) estudaram a dinâmica do carbono na região amazônica, comparando todo o complexo de vegetação que se desenvolve em canais, lagos, florestas de inundação, todos esses subsistemas constituídos por **vegetação herbácea**, florestas de grande porte, vegetação submersa, perifíton, fitoplâncton e macrófitas emersas. As conclusões desses autores mostram, por meio dessa técnica, que as principais fontes de carbono são o CO_2 atmosférico e o CO_2 de origem fluvial. A decomposição transfere carbono aos sedimentos. A magnitude da transferência de carbono para os diversos reservatórios decorre das alterações hidrológicas produzidas pelo ciclo estacional e dos fluxos e movimentação das massas de água. A grande variabilidade espacial observada na composição e dispersão dos reservatórios de carbono é, segundo esses autores, um fator de complexidade na amostragem e na interpretação dos resultados.

A frequência e a intensidade da decomposição estão diretamente relacionadas com o hidrociclo, sua magnitude e a velocidade da corrente. Fungos e bactérias têm um importante papel nessas áreas (Clymo, 1983).

Em resumo, sobre os ciclos biogeoquímicos e a reciclagem de nutrientes nas áreas alagadas, pode-se sintetizar (Richardson, 1992):

▶ Áreas alagadas funcionam como transformadores efetivos de nitrogênio, fósforo e carbono.
▶ Áreas alagadas liberam significativas concentrações de N_2 para a atmosfera por meio de processos de desnitrificação.
▶ Fósforo é absorvido pelas raízes das plantas, precipita-se sob a forma de ferro e alumínio ou é fixado por bactérias, fungos e algas.
▶ Carbono é reduzido e oxidado e o transporte desse elemento no ciclo hidrológico é fundamental.
▶ A retenção de nutrientes pelas áreas alagadas varia de acordo com a estação do ano, a duração e a intensidade do hidrociclo.

▶ Áreas alagadas podem funcionar como sumidouro ou fonte de elementos, dependendo do tipo de área alagada, da estação do ano e da duração do hidrociclo.

▶ Áreas alagadas podem ser fonte importante de fixação de carbono e ter um papel importante nos ciclos globais desse elemento.

▶ Áreas alagadas não são sumidouros eficientes de potássio e sódio e retêm menos fósforo do que as florestas ripárias.

15.1.4 Principais adaptações biológicas

Os organismos que se desenvolvem em áreas alagadas apresentam algumas adaptações especiais (Quadro 15.2), devidas aos inúmeros efeitos estressantes desses ecossistemas:

▶ As flutuações de nível envolvem períodos de dessecação e de perda de água.

▶ Há períodos de intensa anoxia associados, em muitos casos, a altas temperaturas (nos trópicos, a temperatura da superfície da água pode atingir 35°C).

▶ Em áreas alagadas próximas à costa ou em regiões no interior dos continentes com intensa evaporação, há flutuações intensas de salinidade.

Há, portanto, adaptações à anoxia, a baixas concentrações de O_2, às variações de salinidade e ao dessecamento. Além dessas adaptações, as plantas flutuantes e submersas ou árvores das áreas de inundação alagadas proporcionam estruturas para perifíton, invertebrados aquáticos e alevinos de peixes que se protegem contra predadores; também a extensa rede de raízes, folhas e material em decomposição funciona como um filtro, retendo matéria orgânica dissolvida e particulada. Gopal (1992) publicou uma extensa revisão sobre as principais adaptações dos organismos ao regime de áreas alagadas e analisou extensivamente as adaptações às características desses ecossistemas.

Adaptações reprodutivas e de alimentação verificam-se em muitos organismos de áreas alagadas. Por exemplo, a reprodução pode estar relacionada a épocas de inundação e dessecamento. Organismos bentônicos produzem um número grande de larvas para facilitar a distribuição. Em regiões alagadas com

Quadro 15.2 Características e adaptações das comunidades de áreas alagadas

ADAPTAÇÕES À ALTA SALINIDADE	
	1. Alta concentração osmótica intracelular, produzida por acúmulo de sais (NaCl) ou por compostos orgânicos (como glicerol, por exemplo).
	2. Acúmulo de potássio e extrusão de sódio.

ADAPTAÇÕES À ANOXIA	
Plantas	1. Mecanismos estruturais de raiz com aerenquina, que permitem aeração da raiz a partir das porções aéreas da planta.
	2. Respiração anaeróbica e produção de etanol.
	3. Atividade enzimática elevada de enzimas catalisadoras para reprodução de etanol.
	4. Produção de **raízes adventícias** (em *Avicênia*).
Animais	5. Regiões modificadas ou alteradas para a função específica de trocas gasosas (animais). Brânquias em peixes e crustáceos.
	6. Intensa vascularização e sistema circulatório eficiente (animais).
	7. Modificações dos pigmentos respiratórios e diminuição de atividade locomotora.
	8. Adaptações fisiológicas, incluindo alterações em metabolismo.

ciclo de maré, alguns moluscos necessitam de um choque de salinidade para liberar os gametas.

Há também uma ampla variedade de hábitos alimentares que se traduzem morfologicamente em apêndices especiais para alimentação (um maior desenvolvimento de cílios, setas) das partículas microscópicas. A absorção de aminoácidos e de outras substâncias orgânicas dissolvidas foi demonstrada por Vomberg (1987).

As áreas alagadas são ainda habitadas por muitos organismos, como répteis, aves e mamíferos, que se utilizam extensivamente do ambiente aquático e pantanoso para alimentação. Esses organismos funcionam como um sistema de transporte de nutrientes e restos vegetais e podem ser importantes na dispersão de animais e plantas aquáticas (ver Cap. 6).

As plantas de áreas alagadas apresentam ainda uma importante alteração metabólica, que é o fato de algumas serem plantas C_4, ou seja, o produto da incorporação do CO_2 na planta é o ácido oxalacético, em vez do ácido fosfoglicérico, comum em plantas C_3 pelo fato de utilizarem CO_2 atmosférico mesmo em baixas concentrações e apresentarem baixa fotorrespiração (Gopal, 1992).

15.1.5 Produção primária e diversidade de espécies

Os dados da produção primária de áreas alagadas foram extensivamente estudados por Mitsch e Gosselink (1986), os quais verificaram que os resultados indicam a sequência presente no Quadro 15.3.

Quadro 15.3 Produção primária em áreas alagadas

Áreas pantanosas com águas correntes	>	Áreas pantanosas com fluxo pouco desenvolvido	>	Áreas pantanosas sem fluxo e águas paradas

Produção primária decrescente

Esses resultados aplicam-se provavelmente a áreas pantanosas florestadas. Em regiões com pequenos lagos e águas paradas, notam-se extensas florações de cianofíceas e um grande desenvolvimento de macrófitas. Tundisi *et al.* (não publicado) encontraram concentrações elevadas de clorofila *a* (até 200 mg.m^{-3}) em lagos do Pantanal Mato-grossense.

A diversidade de espécies também é elevada nessas regiões, devido, em alguns casos, a um mosaico de pântanos, florestas inundadas, pequenos riachos, lagos, mata galeria. Essa diversidade está relacionada com peixes, anfíbios, répteis, aves e mamíferos, os quais encontram nas áreas alagadas abrigo, alimento e condições adequadas para reprodução.

As redes alimentares em áreas alagadas são complexas e diversificadas. As razões para essa alta diversidade estão relacionadas com a grande diversidade de nichos e a alta produtividade de matéria orgânica. Invertebrados de áreas alagadas incluem grande número de insetos que, através de bolhas de ar, na fase adulta, respiram oxigênio do ar, embora nas fases larvais apresentem brânquias. Moluscos pulmonados são abundantes em algumas áreas alagadas tropicais. Peixes com capacidade para respirar oxigênio do ar com adaptações em bexigas natatórias altamente vascularizadas, como Arapaima, são comuns em muitas áreas alagadas da região amazônica.

Em todas as áreas alagadas, comunidades do perifíton, epifíton e epipélicas são importantes contribuintes para a produtividade primária. A produtividade primária do fitoplâncton em áreas alagadas pode variar de 2 a 10 gC.m^{-2}.dia^{-1} (Westlake, 1980).

Estudos sobre a contribuição do perifíton em áreas alagadas mostram que essa comunidade pode contribuir com até 30% da produção total em bancos de macrófitas (Wetzel, 1965).

As contribuições relativas de cada um dos componentes da comunidade de produtores primários das áreas alagadas (Tab. 15.2) (fitoplâncton, perifíton, algas epifíticas e epipélicas, macrófitas emersas e submersas, hidrófitos) variam em função do hidrociclo, da flutuação de nível e da disponibilidade de nutrientes.

Simões Filho *et al.* (2000), em trabalho realizado nas regiões marginais do rio Mogi Guaçu (**lago Inversão**, Jataí), verificaram que a duração do pulso de inundação parece ser significativamente mais importante que a sua intensidade em relação ao material particulado, o que implica a reciclagem de nutrientes e a produtividade primária de macrófitas submersas, fitoplâncton e perifíton.

Realizaram-se poucos estudos acerca do fluxo total de energia em áreas alagadas, o que é ainda um desafio importante, particularmente em regiões tropicais.

Considera-se que a herbivoria direta por animais, em geral, tem um papel relativamente insignificante no funcionamento das áreas alagadas (Gopal, 1992). Frequentemente, a vegetação é constituída por plantas não-palatáveis. Segundo Odum (1957) e Teal (1957, 1962), a cadeia alimentar de detritos tem um papel quantitativo muito importante em áreas alagadas. Todavia, em algumas áreas alagadas com macrófitas flutuantes e abundante perifíton, a herbivoria constitue um importante fator na transformação e no uso da matéria orgânica produzida por produtores primários.

Tab. 15.2 Produtividade anual de várias plantas aquáticas de áreas alagadas comparadas com fitoplâncton. Valores em peso seco livre de cinzas (gramas de matéria orgânica.m^{-2}.ano^{-1})

	Média	Gradiente	Máximo
Fitoplâncton de águas continentais	—	1 – 3.000	—
Plantas submersas			
Regiões temperadas	650	—	1.300
Regiões tropicais	—	—	1.700
Plantas flutuantes			
Salvinia spp	150		1.500
Aguapé		4.000 – 6.000	
Papiro		6.000 – 9.000	15.000
Plantas com raízes			
Typha (taboa)	2.700		3.700
Phragmites	2.100		3.000
Áreas alagadas com vegetação inundada			
Cipestre		692 – 4.000	
Várias espécies de vegetação	1.600	695 – 4.000	
Floresta úmida tropical	2.250		
Floresta boreal	900		
Savana	790		
Vegetação herbácea de regiões temperadas	560		
Fitoplâncton oceânico	140		

Fontes: modificado de Teal (1980), Westlake (1982) e Moss (1988)

Pássaros são o componente mais importante das áreas alagadas e podem consumir macrófitas diretamente. Smith (1982) listou, por exemplo, 50 diferentes espécies de pássaros (Dendrocygna, Anser, ANA, Branta e outras) que se alimentam de *Paspalum, Polygnum, Nymphaea, Typha, Scirpus* e *Najas*.

Moluscos e vários invertebrados alimentam-se de macrófitas aquáticas; insetos aquáticos – coletores, predadores, raspadores ou particionadores – alimentam-se de uma variedade muito grande de algas, macrófitas, detritos, perifíton, algas e pequenos animais (peixes, em especial alevinos e ovos). A dinâmica da rede alimentar em áreas alagadas é complexa e diversificada, e há muitos estudos que demonstram o importante papel dos detritos nesses ecossistemas (Gopal, 1992).

15.1.6 Avaliação de impactos

Uma série de impactos de várias origens e intensidades atinge áreas alagadas. A avaliação desses impactos é complexa.

▸ Efeitos de curta e longa duração.
▸ Propagação dos efeitos devido à conectividade dos sistemas.
▸ Processos regionais relacionados com os impactos: regulação do fluxo, regulação dos ciclos biogeoquímicos; perda da biodiversidade.
▸ Avaliação dos impactos da excessiva toxicidade nas áreas alagadas.
▸ Perda do hidrociclo e das flutuações de nível.

15.1.7 Modelagem ecológica

A modelagem ecológica de áreas alagadas é fundamental para o gerenciamento desses ecossistemas e para implementar programas de conservação. Desenvolveram-se **modelos hidrológicos**, modelos de ciclos biogeoquímicos e de gerenciamento, os quais estão descritos em volumes editados por Mitsch e Gosselink (1986), Mitsch *et al.* (1988) e Patten *et al.* (1992). Fundamentalmente, esses modelos levaram em conta a diversidade dos diferentes tipos de áreas alagadas, a complexidade hidroquímica desses ecossistemas de transição, os processos transientes, as interfaces (como, por exemplo, sedimento-água) e processos de sedimentação, ressuspensão, desnitrificação e lixiviação. Além disso, consideraram a capacidade de trocas de substâncias e elementos com os sistemas adjacentes, como áreas terrestres, rios, outras áreas alagadas, várzeas e florestas ripárias. Aplicou-se modelagem ecológica para áreas alagadas costeiras, estuários, áreas alagadas com mangues, áreas alagadas florestadas (florestas temperadas de inundação), lagos rasos e reservatórios.

Muitos processos foram utilizados para organizar um conjunto de sistemas de predição extremamente úteis na modelagem ecológica de áreas alagadas e no gerenciamento:

- hidroperíodo;
- qualidade da água;
- eficiência da drenagem;
- eficiência do controle de enchentes;
- morfologia;
- densidade de vegetação;
- densidade de invertebrados;
- área da superfície;
- tipo de substrato;
- condição trófica;
- flutuação do nível;
- profundidade;
- rede de drenagem que alimenta a área alagada.

O manejo adequado das áreas pantanosas é importante para possibilitar a sua recuperação, conservação e para a otimização dos usos. Por exemplo, Mitsch e Gosselink (1986) apontam os seguintes aspectos positivos no manejo dessas áreas para fins múltiplos:

- possibilitam a manutenção da qualidade da água;
- permitem a redução da erosão;
- protegem e regulam as enchentes;
- proporcionam um sistema natural de processamento de poluentes atmosféricos;
- proporcionam um sistema-tampão adequado entre áreas urbanas e industriais;
- proporcionam alimento e materiais para consumo de fábricas (fibra, madeira);
- proporcionam áreas para a reprodução de espécies de peixes e camarões;
- mantêm um depósito variado de plantas de áreas alagadas, devido à alta diversidade de plantas especializadas;
- controlam populações de insetos;
- mantêm exemplos de ecossistemas com comunidades naturais completas.

15.1.8 Valoração

A valoração das planícies de inundação do alto rio Paraná foi realizada por Rosa Carvalho (2004), utilizando-se valores como "custo de viagem" para usos recreativos, o que apresentou um valor de U$ 234 milhões.

A valoração das áreas alagadas deve incluir as seguintes funções:

- função ecológica;
- controle de enchentes;
- controle da qualidade das águas;
- biodiversidade;
- produtividade;
- vida selvagem;
- valores culturais;
- recarga de aquíferos;
- dissipação de forças erosivas;
- hábitats e nichos reprodutivos e alimentares para invertebrados, peixes e mamíferos;
- oportunidades de recreação;
- valores estéticos.

15.1.9 Outros estudos no Brasil

Dois livros brasileiros mais recentes tratam do problema das áreas alagadas com muita propriedade, consolidando um conjunto de inter-relações: Santos e Pires (2000, v. 1 e 2) e Henry (2003). Uma contribuição importante também foi dada por Wetzel *et al.* (1994).

O volume organizado por Henry (2003), com contribuições de inúmeros autores, apresenta um conjunto importante de avaliações e conclusões, a descrição do funcionamento de áreas alagadas de vários tipos e características nas regiões Sul e Sudeste do Brasil. Trata-se de uma contribuição metodológica e conceitual importante para a compreensão do problema, com informações originais sobre áreas alagadas nos trópicos e subtrópicos.

No volume *Ecótonos nas Interfaces dos Ecossistemas Aquáticos*, Henry (2003) destaca que essas zonas de transição representadas por áreas alagadas têm atributos estruturais e funcionais, tais como morfometria, posição em relação a rios, reservatórios, gradientes horizontais e verticais, e destaca **ecótonos litorâneos**, que reciclam, conservam e exportam nutrientes e atuam como sistema-tampão; **ecótonos ripários** (águas contíguas a ambientes lóticos), além de ecótonos nas áreas úmidas alagáveis e na transição água-sedimento. Ao caracterizar áreas alagadas como ecótonos e regiões de transição, Henry (2003) destaca a importância desses ecossistemas na sustentação da biodiversidade e da diversidade biológica, também demonstrada por Bini *et al.* (2001) e Neiff *et al.* (2001) na planície de inundação do rio Paraná. Neiff (2003) destaca ainda a heterogeneidade espacial de áreas alagadas e o caráter pulsátil desses ambientes, em razão de variações do ciclo hidrológico. Caracterizou-se esse pulso de inundação como uma função de força muito importante na riqueza da comunidade de macroinvertebrados bentônicos, a qual aumentou após o pulso de inundação em uma lagoa associada no rio dos Sinos (Rio Grande do Sul) (Stenert *et al.*, 2003).

Comunidades zooplanctônicas e características limnológicas da planície de inundação do rio Paraná foram estudadas por Sendacz e Monteiro Junior (2003). Esses autores concluíram que a diversidade de organismos zooplanctônicos é alta, comparada com outros sistemas hidrológicos, principalmente em relação a copépodes calanóides.

ÁREAS ALAGADAS EM REGIÕES URBANAS

Em muitas regiões metropolitanas e áreas urbanas do Brasil, existem áreas alagadas com vegetação herbácea ou florestas ripárias. Essas áreas alagadas estão associadas a rios urbanos de grande ou pequeno porte (como é o caso do rio Tietê, na Região Metropolitana de São Paulo, onde áreas alagadas são comuns) e têm um papel fundamental na reciclagem de nutrientes, em particular na redução dos aportes de cargas difusas de nitrogênio, fósforo e metais pesados. Por exemplo, Abe *et al.* (2006) demonstraram o importante papel que a várzea da região de Parelheiros tem na Região Metropolitana de São Paulo, reduzindo cargas pontuais provenientes do braço Taquacetuba da Represa Billings devido ao processo de desnitrificação (ciclo do nitrogênio) e fixação de fósforo nas raízes da vegetação herbácea nessa área alagada. Portanto, a preservação dessas áreas nas regiões urbanas é fundamental para a manutenção dos ciclos e para a conservação da qualidade das águas. Estimativas do valor econômico dessas áreas em regiões urbanas, com relação aos "serviços" por elas proporcionados, devem contribuir para a decisão de protegê-las, conservá-las e expandi-las (Tundisi, 2005a, 2005b).

15.1.10 Utilização das áreas alagadas pelo homem

Em regiões tropicais, muitas áreas alagadas foram utilizadas por populações locais que se aproveitaram das fontes renováveis de recursos para exploração racional. Na América pré-colombiana, populações indígenas utilizaram áreas alagadas para pesca, cultivo limitado de plantas que toleram inundação, colheita de produtos (arroz selvagem, plantas medicinais), caça, aquicultura. Esses sistemas de exploração agroaquática ainda prevalecem em comunidades tradicionais de muitas regiões do planeta (Ruddle, 1992), mas a taxa de perdas de áreas alagadas para construção civil, agricultura em larga escala, aquicultura em escala industrial (indústria camaroneira) é preocupante. Da mesma forma, a utilização das regiões de mangue nas áreas costeiras por populações tradicionais foi substituída por cultivo intenso de peixes, moluscos e crustáceos, com danos extensos à vegetação de mangue e ao seu papel funcional na reciclagem de nutrientes e no suprimento de matéria orgânica para os estuários (ver Cap. 14).

15.2 Águas Temporárias

Águas temporárias podem ser usadas para fins domésticos, para fins de agricultura estacional e para dessedentação de animais em regiões semi-áridas. Por exemplo, no Nordeste do Brasil, após a inundação do rio São Francisco nos períodos de cheias, formam-se inúmeros lagos temporários com salinidade variável. Nessas áreas, essas lagoas são utilizadas como fontes de água e sais para o gado.

Em muitas regiões, ocorrem lagoas ou charcos de dimensões variáveis, que apresentam altas flutuações de nível, com períodos de dessecação total. Essas áreas têm uma profundidade geralmente pequena (> 1,00 < 2,00 m), ocupam depressões em zonas áridas ou semi-áridas, sofrem uma grande influência do sistema terrestre circundante, principalmente do ponto de vista da composição química (salinidade), turbidez e permanência da água (Alonso, 1985). Nelas ocorrem extensas flutuações de nível de água, o que determina, em parte, variações de salinidade e turbidez.

Alonso (1985), que fez um extenso estudo das lagoas espanholas, sintetiza algumas características fundamentais que permitem determinar a *periodicidade*, a *mineralização* e a *turbidez* de águas continentais de pequeno volume na Espanha. A descrição desses fatores e sua interação são um bom exemplo do tipo de abordagem utilizada para estudo e medidas de diversas variáveis em Limnologia e suas inter-relações (Fig. 15.6). A Tab. 15.3 mostra a porcentagem dos principais íons, particularmente em relação a lagoas mineralizadas, lagoas salinas e lagoas de águas doces (Alonso, 1985), podendo ser utilizada comparativamente como uma referência para outras regiões.

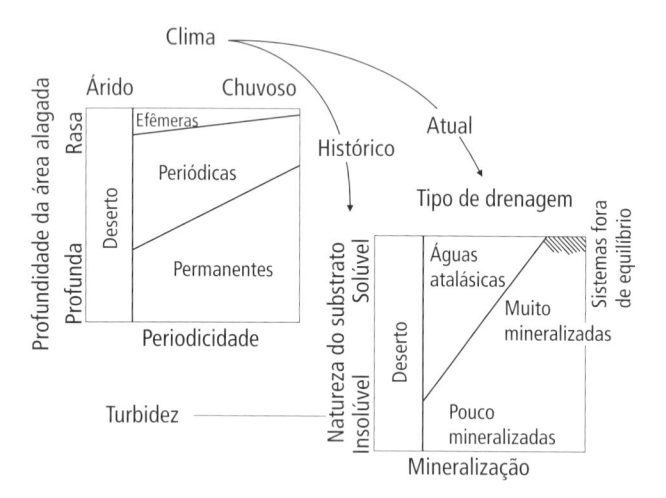

Fig. 15.6 Relações entre clima, natureza do substrato e profundidade em lagoas efêmeras periódicas e permanentes
Fonte: Alonso (1985).

À medida que ocorre evaporação, há precipitação de sais e a proporção dos diferentes íons varia de acordo com a composição geoquímica inicial da bacia hidrográfica e das águas. Portanto, há precipitações sequenciais nessas lagoas.

As relações cátions divalentes/cátions monovalentes, que se situam em torno de 2,5 (Margalef, 1975), podem apresentar desvios muito grandes nessas águas temporárias. A turbidez varia enormemente nessas águas, dependendo de fatores como o vento, material em suspensão presente, sólidos inorgânicos e partículas de argila.

A fauna e a flora dessas pequenas coleções de água apresentam características muito interessantes e importantes adaptações. Para os processos de distribuição geográfica e **composição florística e faunística**, bem como dos pontos de vista ecológico e evolutivo, relacionando-se com a sucessão, estas águas temporárias apresentam grande interesse. As principais adaptações que a fauna e a flora dessas lagoas apresentam relacionam-se com o ciclo de vida (covariando com os períodos de seca e inundação) e a produção de mecanismos de resistência que permitem garantir a germinação e a reprodução.

Para as lagoas da Espanha, Alonso (1985) distingue a presença de diaptomídeos, enfilópodes e cladóceros, que produzem ovos de duração muito extensa, resistentes ao dessecamento, com ciclo de vida curto. A maioria desses organismos pode alimentar-se de detritos e existem variadas tolerâncias à salinidade por parte dessas espécies. Algumas produzem formas latentes que permanecem enterradas no sedimento durante os períodos de seca. Esses estágios podem, no caso de copépodes, estar relacionados com os copepoditos III, IV, V.

Outra característica importante das comunidades de lagoas temporárias é a tolerância às flutuações de nível, salinidade e oxigênio dissolvido. O estudo das comunidades de águas temporárias tem também um sentido prático importante: em muitos casos, podem-se cultivar organismos que vivem nessas águas, a partir da hidratação do sedimento. Um dos organismos muito comuns em áreas alagadas é o *Streptocephalus* (Anostraca), o qual tem ovos de resistência de longa duração.

Águas temporárias que ocorrem no Nordeste brasileiro, por exemplo, ou em regiões costeiras como os lençóis maranhenses, têm uma grande impor-

Tab. 15.3 Porcentagem dos principais íons em águas doces, lagoas mineralizadas e lagoas hipersalinas (soma de ânions superior a 100 meq.ℓ^{-1})

	Ca^{++}	Mg^{++}	$Na^+ + K^+$	CO_3H^-	SO_4^-	Cl^-
Lagoas de águas doces	38,9	18,2	42	53,5	23,8	22,3
Represas da Espanha	38,2	27	35	59,8	22,2	14,3
Média mundial (rios)	63,5	17,4	19	73,9	16	10,1
Europa Central	68,2	25,4	6,4	85,2	10,8	3,9
Lagoas mineralizadas	36,5	20,5	42,9	18,3	43,2	38,6
Lagoas salobras/salinas	4,5	46	49	1,2	52	46

Fonte: Alonso (1985).

tância dos pontos de vista evolutivo, ecológico e de aproveitamento da fauna e flora.

Do ponto de vista evolutivo, esses ecossistemas apresentam comunidades extremamente adaptadas em termos fisiológicos e de reprodução. Essas adaptações estão relacionadas às condições flutuantes das águas temporárias, desde a fase de água até o dessecamento. Do ponto de vista ecológico, os mecanismos de dispersão, colonização e propagação da fauna e da flora de águas temporárias são também inovadores e diversificados, dado o fato de que esses ecossistemas são extremamente variáveis em suas condições físicas e químicas, além da morfometria. Do ponto de vista da aplicação, deve-se considerar que toda a fauna e a flora aquáticas de regiões que apresentam rios intermitentes e águas temporárias têm mecanismos bem estabelecidos com relação ao dessecamento, podendo ser cultivados e, dessa forma, resultar em grandes biomassas. É o caso das várias espécies de Anostraca, que podem ser cultivadas a partir dos ovos de dessecamento, gerando uma grande biomassa, utilizada como alimento de peixes e crustáceos.

As redes alimentares nessas águas temporárias podem ser simples ou complexas, dependendo do seu estágio de inundação, do volume, da salinidade e das condições de dessecamento. A turbidez pode limitar o crescimento do fitoplâncton. Os Anostraca aproveitam as partículas de argila em suspensão e delas se alimentam, utilizando fungos e bactérias a eles aderidos.

Quidorídeos das regiões marginais alimentam-se de perifíton; entre os carnívoros, ciclopóides são comuns, além de larvas de insetos (coleópteros e odonatas).

A persistência de águas é um dos principais fatores que determinam a biodiversidade das águas temporárias e a composição das comunidades. A persistência continuada possibilita uma colonização também continuada, bem como a ampliação dos nichos ecológicos e das redes alimentares (Alonso, 1985).

A capacidade de adaptação a águas temporárias ocorre de três maneiras:

- abandonar o meio quando as condições se tornam adversas;
- produzir formas de resistência;
- produzir ovos que resistem ao dessecamento.

Odonatos e coleópteros abandonam o meio sob condições adversas; algumas espécies podem manter-se no sedimento sempre que ocorre uma certa concentração de umidade (decápodes, anfípodes, isópodes).

A produção de ovos que resistem ao dessecamento encontra-se nos cladóceros e nos Anostraca (*Streptocephalus*, *Temnocephalus*, *Dendrocephalus*). Esses ovos podem resistir a vários anos de dessecação, e as condições de eclosão ocorrem imediatamente após a hidratação. A eclosão também depende, em algumas espécies, da salinidade da água.

A **biota das águas temporárias** está adaptada a condições instáveis. Isso explica, segundo Bayly (1967), por que os Anostraca não sobrevivem em águas marinhas. A biota desenvolve-se rapidamente após a hidratação e coloniza rapidamente os ambientes reidratados.

Cladóceros, copépodes dos gêneros *Diaptomus* sp, ciclopóides (*Eucyclops*, *Tropocyclops*) são habitantes comuns nessas águas temporárias. Nelas ocasionalmente algumas espécies de pássaros alimentam-se de peixes e crustáceos durante o **período de dessecamento**.

15.3 Lagos Salinos (Águas Atalássicas)

15.3.1 Caracterização e definições

Esses lagos ocorrem em zonas desérticas secas, em todos os continentes, em bacias endorréicas onde a evaporação excede a precipitação. Hammer (1986) define lagos salinos como aqueles em que não ocorreu conexão com o oceano em tempos geológicos recentes, ou que evaporaram após inundação de águas marinhas e sofreram subsequente inundação, com salinidades iguais ou superiores a 3 g.ℓ^{-1} e fauna e flora preponderantemente originadas nos continentes.

Lagos salinos são encontrados em áreas endorréicas (internas), sendo lagos fechados com alimentação pela superfície por drenagem e água de chuva. De modo geral, são encontrados em climas em que a evaporação excede a precipitação. A evaporação excessiva ocasiona uma concentração de sais, resultando em lagos salinos. Os temporários podem ocorrer em climas áridos com alta precipitação e rápida evaporação.

A Fig. 15.7 mostra a distribuição de áreas arréicas e endorréicas. Condições geográficas e climáticas determinam as regiões onde a drenagem não atinge os oceanos. A Fig. 15.8 apresenta as principais regiões secas da América do Sul e da América do Norte, e as latitudes onde ocorrem lagos salinos nesses continentes.

As bacias de drenagem dos lagos salinos variam em área. A maior é a do lago Eyre, na Austrália, com 1.300.000 km². Outras bacias muito grandes incluem o **mar Morto** (31.080 km²), o **lago Niriz** (26.440 km²) e o **lago Chilwa** (7.000 km²) (Hammer, 1986).

Os lagos salinos podem originar-se a partir de tectonismo, **vulcanismo** ou ter origem glacial. Em alguns casos, a origem está relacionada com rochas de solução ou mecanismos fluviais.

A morfometria desses lagos é bastante variada, podendo sofrer alterações devidas às flutuações de nível, que são mais comuns do que em sistemas exorréicos. Em lagos salinos rasos, essas flutuações são elevadas, como no caso do lago Eyre, na Austrália (0 a 6 m).

Hammer (1986) listou 25 lagos salinos na América do Sul, com áreas de 1,0 km² a 50 km². A maioria dos lagos salinos na Bolívia e no Chile apresentou profundidades de 1,0 m a 2,0 m. De modo geral, os de profundidades maiores que 50 m são raros em todos os continentes.

Descreveram-se lagos salinos no Pantanal Matogrossense, no interior do Brasil (Cunha, 1943), sobre os quais, entretanto, há poucas informações científicas disponíveis (Mourão, 1989). Lagos salinos e lagoas temporárias ocorrem no Nordeste do Brasil, nas regiões do médio e baixo São Francisco.

A classificação dos lagos salinos do interior dos continentes tem sido consideravelmente debatida. O ponto principal é a distinção que deve ser feita entre lagos salinos e "águas salobras", como as que se encontram nos estuários e nas lagoas costeiras. Essa distinção é o fator por meio do qual as águas interiores começam a ser classificadas como salinas em relação às águas denominadas "doces".

O termo atalássico foi proposto por Bayly (1964) para distinguir lagos salinos de origem não-marinha no interior dos continentes. Embora esse termo seja criticado (Hammer, 1986), seu uso tem sido muito comum, e o termo "salobro" não é mais utilizado em Limnologia. Os limites inferiores de salinidade para definir esses lagos são sempre arbitrários, tendo sido feitas várias classificações.

Fig. 15.7 Distribuição geográfica das principais áreas com lagos salinos

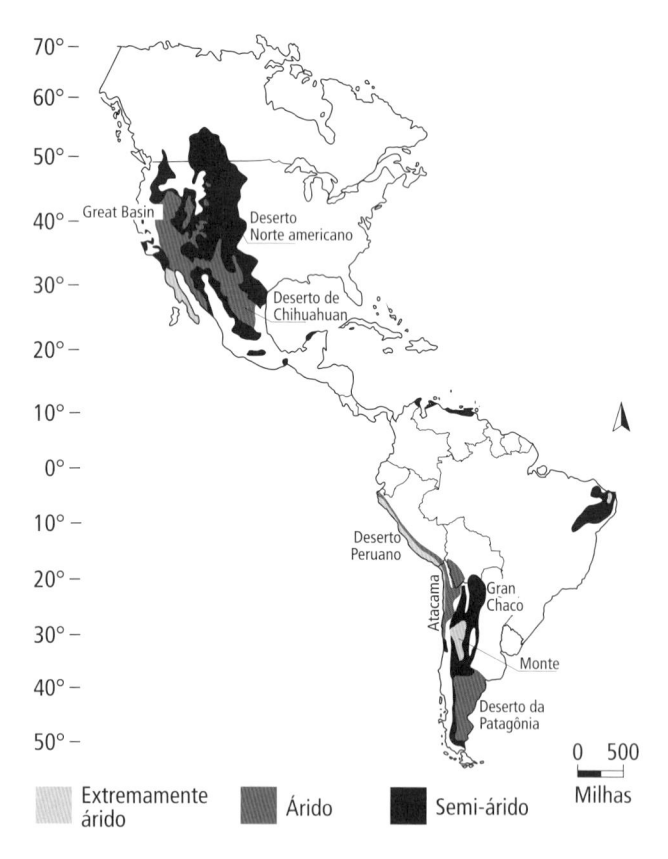

Fig. 15.8 Distribuição de climas áridos, semi-áridos e extremamente áridos nos continentes sul e norte-americanos, e regiões onde ocorrem lagos salinos
Fonte: modificado de Williams (1996).

O sistema de Veneza, por exemplo (Societas Internationalis Limnologiae, 1959), considerou a seguinte classificação:

- 0 – 4 mg.ℓ^{-1} salinidade – oligoalino
- 4 – 30 mg.ℓ^{-1} – mesoalino – polialino
- 30 – 40 mg.ℓ^{-1} – eualino
- \> 40 mg.ℓ^{-1} – hipersalino

Já outros autores, como Löffler (1961), propuseram como limite superior de água doce 1 g.ℓ^{-1} de salinidade com base na tolerância à salinidade de Entomostraca. Williams (1964) definiu lagos salinos como aqueles com mais de 3 g.ℓ^{-1} de material dissolvido total. Ramson e Moore (1944) apresentaram outro tipo de classificação:

- 300 – 1.000 mg.ℓ^{-1} – moderadamente salino
- 1.000 – 10.000 mg.ℓ^{-1} – salino
- 10.000 – 30.000 mg.ℓ^{-1} – altamente salino
- \> 30.000 mg.ℓ^{-1} – hipersalino

Hutchinson (1957) classificou os lagos salinos em três tipos principais: com predominância de carbonatos, com predominância de sulfatos e com predominância de cloretos.

A classificação de Beadle (1943) baseia-se na penetração das espécies de água doce nos lagos com crescente salinidade. Portanto, esta foi uma classificação baseada na tolerância à salinidade das espécies.

Beadle (1959) apresentou os seguintes limites nesta "classificação biológica" de lagos salinos:

▸ Limite superior máximo para fauna de água doce: 15‰.
▸ Limite médio com preferência para águas salinas: 15‰ – 50‰.
▸ Limite superior máximo para fauna com preferência para águas salinas: > 50‰ até saturação.

Os vários sistemas de classificação utilizados para os lagos salinos mostram a dificuldade de estabelecer limites definidos, em virtude dos gradientes existentes e das superposições que ocorrem entre os diferentes tipos de lagos salinos. Por outro lado, classificações baseadas nos limites superior ou inferior de tolerância à salinidade de espécies de água doce e de espécies que toleram altas salinidades, com base em dados fisiológicos e ecológicos, devem levar em conta, até certo ponto, a escassez de dados para lagos tropicais, uma vez que a associação tolerância à salinidade/temperatura é fundamental.

15.3.2 Circulação e composição química

A maioria dos lagos salinos é polimítica, em razão das baixas profundidades e dos efeitos do vento. Variações diurnas de temperatura podem ocorrer, formando-se termoclinas secundárias (Vareschi, 1982). Hutchinson (1973a, 1973b) descreveu estratificação térmica em lagos salinos mais profundos. Lagos salinos meromíticos foram descritos por Hutchinson (1973b) – Big Soda Lake (Estados Unidos) – e por Melack (1978) e McIntyre e Melack (1982) para o continente africano.

A composição química inorgânica dos lagos salinos e a salinidade são determinadas pelos seguintes fatores:

▸ geoquímica da bacia de drenagem e intemperismo;
▸ natureza química da água de precipitação (composição da chuva);
▸ solução e precipitação seletiva de sais que dependem da evaporação e do seu processo contínuo;
▸ contribuição de águas subterrâneas.

De acordo com Hutchinson (1957), a "salinidade de águas interiores deve ser considerada como a concentração de todos os constituintes iônicos presentes" (p. 553, v. 1). O termo "salinidade" refere-se, portanto, aos seguintes íons: Na, K, Ca, Ng, Cl, SO_4, HCO_3 e CO_3.

A salinidade pode ser medida por sólidos totais dissolvidos (STD), condutividade elétrica (μmho ou μSiemens.cm^{-1}) ou salinidade (mg.ℓ^{-1}).

Existe uma grande variação na **composição química dos lagos salinos**, embora, em termos regionais, essa composição seja aproximadamente uniforme. Com relação à composição iônica, os lagos salinos são divididos em lagos com predominância de *carbonatos*, *cloretos* ou *sulfatos*. Lagos com predominância de carbonatos ocorrem na África; lagos com predominância de cloretos ocorrem em todos os continentes, mas predominam na Austrália e na

América do Sul; lagos com predominância de sulfatos ocorrem na América do Norte e na parte asiática da Rússia.

Lagos salinos com predominância de sulfatos são desconhecidos da literatura para a Austrália, Antártica e América do Sul, embora algumas informações recentes mostrem altas concentrações de sulfatos para lagos do Pantanal mato-grossense.

Existem alguns subtipos desses lagos com predominância de ânions. Por exemplo, o subtipo cloreto-carbonato ocorre em lagos salinos de cinco continentes e o subtipo sulfato-cloreto está restrito a três continentes.

Quanto aos cátions, há três tipos principais (Na^+, Mg^{++}, Ca^{++}), com predominância de Na^+, e vários tipos intermediários de diversos íons (Na^+, Mg^{++}, NaCa, MgMg, NaK, XX) (Hammer, 1986).

À medida que ocorre a evaporação, alteram-se as concentrações dos diversos ânions e cátions e prossegue a precipitação diferencial. No estágio final, ocorre o acúmulo de sais, dependendo da sequência da proporção inicial das espécies químicas presentes na massa de água. A sequência de precipitação inclui de carbonatos para sulfatos e cloretos, dependendo das proporções dos íons existentes, principalmente Ca. A sequência de precipitação de sais com a evaporação é muito importante e depende, como já enfatizado, da composição química inicial da água e da velocidade de evaporação.

A Tab. 15.4 mostra a distribuição atual dos principais lagos salinos com área maior que 500 km², e o Quadro 15.4 relaciona os principais sais precipitados em lagos salinos e algumas solubilidades.

15.3.3 Fauna e flora

Em muitos lagos salinos com alta concentração de H_2S, bactérias fotossintetizantes são significativamente importantes como produtores primários. O número total de bactérias em lagos salinos variou de $0,02.10^6.m\ell^{-1}$ a um máximo de $40 - 270.10^6.m\ell^{-1}$

Tab. 15.4 Distribuição atual dos principais lagos salinos com área maior que 500 km², em ordem decrescente de massa de sais dissolvidos

Tipo de lago	A_0 (10^3 km²)	V (km³)	STD (kg.m⁻³)	M_{sal} (10^{15}g)	Referência
Lagos endorréicos					
Mar Cáspio	374	78.200	13	1.016	Herdendorf (1984)
Mar Morto	1,02	188	298	56	Herdendorf (1984)
Aral	64,1	1.020	10,5	10,7	*Herdendorf (1984)*[b]
Urmia	5,8	45	230	10,35	Herdendorf (1984)
Issyk-Kul	6,24	1.730	5,8	10,0	Herdendorf (1984); Hammer (1986)
Kara Bogaz[c]	10,5	20	350	7,0	Hammer (1986); Fairbridge (1968)
Grande Lago Salgado[c]	4,36	19	285	5,4	Herdendorf (1984)
Van	3,74	206	22,4	4,6	Herdendorf (1984)
Eyre[c]	7,7	23	100	2,3	Herdendorf (1984)
Σ Outros[a]	101	915	29,5	27	Herdendorf (1984); Fairbridge (1968)
Total com mar Cáspio	578	82.360	13,9	1.149	
Total sem mar Cáspio	204	4.160	31,9	133	
Lagos exorréicos					
Σ Lagoas Costeiras	40,0	128	5	0,64	Hammer, 1986

STD – Sólidos totais dissolvidos
M_{sal} – Total de sais dissolvidos em massa
Lagos salinos são aqueles em que STD ≥ 3g.ℓ^{-1} (Williams, 1964)
[a] 42 lagos maiores que 500 km², incluindo os lagos Turkana e Balkhash
[b] Na década de 1950
[c] Variação de tamanho com o balanço hidrológico
Fontes: Hammer (1986), Williams (1964).

Quadro 15.4 Principais sais precipitados em lagos salinos e algumas solubilidades

Aragonita	$CaCO_3$
Gypsum	$CaSO_4 \cdot 2H_2O - 1,93$
Dolomita	$CaMg(CO_3)_2$
Mirabilita	$Na_2SO_4 \cdot 10H_2O - 88,7$
Epsomita	$MgSO_4 \cdot 7H_2O - 305$
Halita	$NaCl - 357$
Bischofita	$MgCl_2 \cdot 6H_2O - 536$
Trona	$Na_2CO_3 \cdot NaHCO_3 \cdot CO_2 \cdot 2H_2O$
Calcita	$CaCO_3$
Borato	$Na_2B_4O_7 \cdot 10H_2O$
Carnalita	$Kg\, MgCl \cdot 6H_2O$
Bloedita	$Na_2Mg(104)_2\, H_2O$
Sepiolita	$Mg_2SiO_3 \cdot nH_2O$
Tenardita	Na_2SO_4
Termonatrita	$NaCO_3 \cdot H_2O$
Glauberita	$Na_2SO_4 \cdot CaSO_4$

Fonte: Hammer (1986).

(dados para oito lagos salinos na África e Austrália (Hammer, 1986). *Halobacterium halobium* é uma espécie de bactéria comum em lagos com alta salinidade (> 200‰) e alta concentração de matéria orgânica dissolvida (Post, 1981).

Informações sobre produtividade do bacterioplâncton são raras. Drabkova *et al.* (1986) determinaram a produção de bacterioplâncton no **lago Shantropay**, que apresentou um gradiente de 1,1 a 11,9 g.m^{-2}. Outros dados sobre a presença de *Chromatiaceae* e *Chlorobiaceae*, bactérias verdes e púrpura, bactérias que realizam fotossíntese em condições anóxicas (Pfenning e Tiuppa, 1981), foram obtidos.

Altas biomassas de **bactérias halofílicas** foram encontradas em todos os lagos salinos estudados: mar Morto, Grande **Lago Salgado**, lagos salinos do Quênia (**Natrium** e Nakurus).

Um grande número de pesquisadores (Hammer, 1986) pesquisou o fitoplâncton de lagos salinos. Talling *et al.* (1973) observaram a predominância de *Spirulina platensis*, uma cianobactéria comum em muitos lagos salinos africanos, nos quais espécies de *Fragilaria*, *Botryococcus* sp, *Anabaena* spp e *Microcystis* também foram encontradas com certa abundância.

Nos lagos salinos da América do Sul, encontraram-se espécies de *Microcystis*, *Pediastrum*, *Coscinodiscus*, *Pleurosigma*, *Botryococcus braunii*, *Lyngbya* sp e *Chlamydomonass* sp (Olivier, 1953; Serruya e Pollingers, 1983). Considerável cosmopolitismo prevalece na distribuição do fitoplâncton em lagos salinos, com cerca de 29 espécies em águas hipersalinas. *Dunaliella* sp é uma espécie comum em muitos lagos salinos de todos os continentes. Melack (1979) fez comparações sobre a produtividade primária de lagos salinos, estudando populações unialgais no **lago Simbi** (Quênia), para o qual obteve valores de 0,62 a 5,22 gO$_2$.m^{-2}.h^{-1}. Clorofila *a* apresentou valores de 200 – 600 mg.m^{-2}. Limitações à produção primária do fitoplâncton nesses lagos salinos foram atribuídas por Melack *et al.* (1982) à deficiência de fósforo.

Valores da produtividade primária fitoplanctônica variam (para 22 lagos em vários continentes) de um mínimo de 233 mgC.m^{-2}.dia^{-1} a 58.160 mgC.m^{-2}.dia^{-1}, com concentrações máximas de clorofila de 2.170 mg.m^{-3} e eficiências fotossintéticas de 0,18 a 8,04% (Hammer, 1986).

Do zooplâncton estudado em lagos salinos, somente cinco espécies de cladóceros são comuns em águas hipersalinas: *Daphnia similis*, *Moina hutchinsoni*, *M. microcephala*, *M. mongolica* e *Daphniopsis pusilla*. Há uma extensa literatura sobre copépodes de águas atalássicas produzida por Löffler (1961), na qual se discute a distribuição de 51 espécies de copépodes. Bayly (1972) descreveu a distribuição de oito espécies em lagos salinos, em muitos dos quais *Arctodiaptomus bacillifes* é uma espécie comum de calanóide.

Artrópodes, *crustáceos* e *anfípodes* de lagos salinos foram descritos para a comunidade litoral, sendo *Hyallela azteca* (anfípode) muito comum no hemisfério Norte e *Asellus aquaticus*, uma espécie de isópode, no continente europeu.

Insetos são muito comuns na zona litoral de lagos salinos, com predominância de coleópteros e alguns dípteros da família *Culicidae*.

Esses lagos apresentam uma comunidade diversificada de macrófitas dos gêneros *Salicornia*, *Juncos* e *Carex*, incluindo-se algumas espécies de *Typha*, que predominam nos lagos hiposalinos (< 100 meq.ℓ$^{-1}$ sais).

A flora e a fauna do litoral de lagos salinos são extremamente importantes e altamente especializadas, sobretudo nos hipersalinos. Löffler (1956) e Bayly e Williams (1966) estudaram a fauna bentônica de lagos salinos.

O número de espécies bentônicas decresce com a salinidade e, em alguns **lagos hipersalinos**, quironomídeos são abundantes (Moore, 1939), com a dominância de poucas espécies (*Chironomus tentans*; *C. athalassiars*). Dos organismos bentônicos, deve-se ainda citar moluscos como componentes de lagos salinos. Geralmente, a biomassa bentônica varia em lagos com salinidade intermediária e diminui nos lagos de maior salinidade ou de salinidade muito baixa (**hipossalinos**). A Tab. 15.5, extraída de Hammer (1986), relaciona espécies com capacidade de osmorregulação em lagos atalássicos salinos.

As comunidades de peixes e aves de lagos salinos foram extensivamente estudadas (Moore, 1939; Mendis, 1956b; Hammer, 1986). *Orestias agassizi* é uma espécie de peixe comum em alguns lagos salinos da América do Sul.

Introduções de espécies exóticas em lagos salinos de todos os continentes, mas especialmente nos lagos africanos, foram bem-sucedidas, em particular naqueles com predominância de sódio ou magnésio. Peixes não toleram lagos com predominância de sulfato como sal principal.

Anfíbios também ocorrem em lagos salinos, tendo sido relatada a existência de Bufo vulgaris, Rana temporaria e Rana pipiens em alguns lagos salinos do hemisfério Norte.

Pássaros utilizam lagos salinos como fonte de alimento, reprodução e nidificação. Como não vivem

Tab. 15.5 Espécies com capacidade de regulação osmótica em águas atalássicas

Espécies	Ponto Isosmótico	Regulação Hipoosmótica	Regulação Hiperosmótica
Insetos			
Aedes detritus	8‰	++	++
Ephydra riparia	8‰	+++	++
Ephydia cinerea	22-33	+++	++
Chironomus salinarius	15‰	+++	+++
Chironomus halophilus	10.5‰	++	+
Chironomus plumosus	500mOsm*	+?	+?
Tanypus nubifer	< 600mOsm*	+	+
Enallagma clausum	15‰	+	+
Sigara stagnalis	13‰?	+	+
Trichocorixa v. interiores	12‰	+++	++
Hygrotus salinarius adults	23‰	++	++
Hygrotus salinarius larvae	—	—	+
Crustáceos			
Artemia salina	9‰	+++	+++
Parartemia zietziana	10‰	+++	++
Haloniscus searlei	19‰	+++	++
Peixes			
Gasterosteus aculeatus	310mOsm*	+*	+*
Pungitius pungitius	310mOsm*	+*	+*
Salmo gairdneri	320mOsm*	+*	+*
Taeniomembras microstomus	15‰	+++	+
Aphanius dispar	500mOsm*	+++	—

* Pressão osmótica dos líquidos internos (sangue de peixes e outros líquidos em invertebrados); +? incertezas na informações; +++ fortemente reguladores; + fracamente reguladores; +* pouca informação
Fonte: Hammer (1986).

diretamente na água, não são restritos pela salinidade. Entretanto, como ingerem organismos e, evidentemente, alguns sais, poderão apresentar problemas fisiológicos.

Em todos os lagos salinos dos continentes, descreveram-se espécies de pássaros que vivem nesses ecossistemas. **Flamingos** na **lagoa Colorada** (Bolívia) foram descritos por Hulbert (1978, 1981) – *Phoenicopterus chilensis, Phoenicoparrus andinus*. Os lagos salinos estudados apresentaram salinidades que variaram de 5 a 300‰. O flamingo dos lagos chilenos alimenta-se de invertebrados (*Artemia salina*, larvas de quironomídeos, anfípodes e insetos). Todas as espécies alimentam-se da interface sedimento-água. Hulbert (1982) descreveu a existência de 500 mil *P. chilensis* em alguns lagos rasos com área de 5 km² e mais que 1 m de profundidade.

Segundo Hulbert (1982), P. andinus alimenta-se de diatomáceas (> 80 µm) e de outros microrganismos de bentos, como amebas, ciliados e nematódeos. *Phalaropus tricolor* foi observado em grandes números (> 100 mil) em lagos do altiplano boliviano (Hulbert et al., 1984).

Phoeniconaias minor é uma espécie de flamingo que vive no lago Nakuru, no Quênia (Vareschi, 1978), em grande abundância (1,5 milhão de flamingos), alimentando-se de Spirulina platensis (Fig. 15.9). Glândulas de sal muito desenvolvidas auxiliam os flamingos na regulação do sal ingerido na alimentação. Esses pássaros apresentam sistemas especializados em filtração de plâncton (10 mil placas, segundo Jenkin, 1957), podendo filtrar 31,8 $\ell.h^{-1}$ de água (Vareschi,

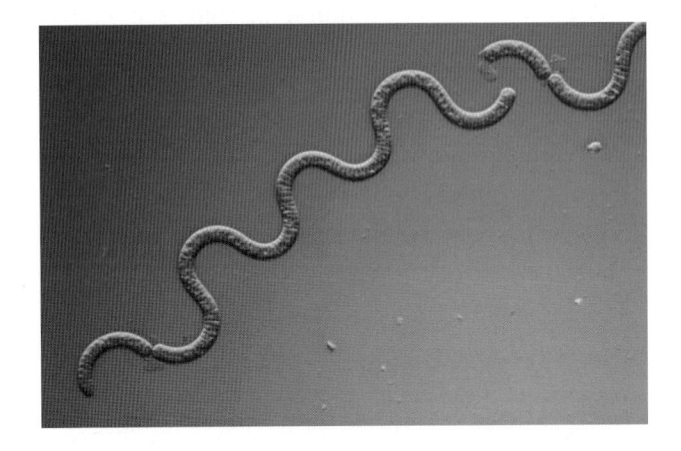

Fig. 15.9 Spirulina platensis

1978). Outras espécies de pássaros que habitam o lago Nakuru são o flamingo de maior porte (*Phoenicopterus roseus*) e pelicanos (*Pelicanus ruficollis*).

Os pássaros, portanto, exercem um papel importante nos lagos salinos, interferindo no seu funcionamento e removendo organismos, ao mesmo tempo que promovem uma grande fertilização, devida à excreção. Vareschi (1974) demonstrou que cerca de 2.700 ton de peso úmido eram consumidos pelos pássaros do lago Nakuru.

15.3.4 Redes alimentares

Redes alimentares são simplificadas em lagos salinos, e a Fig. 15.10 mostra dois exemplos de rede alimentar com a presença e a ausência de peixes.

15.3.5 Impactos, usos e gerenciamento

A utilização de áreas pantanosas, águas temporárias e lagos salinos é muito variada e tem caracterís-

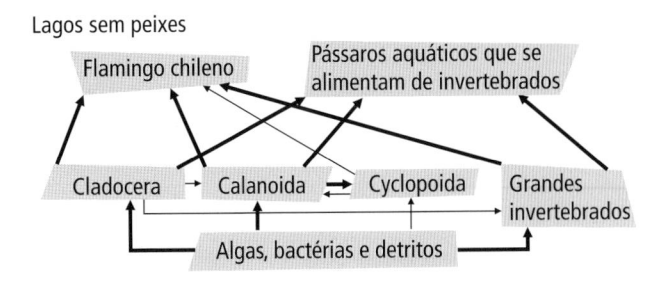

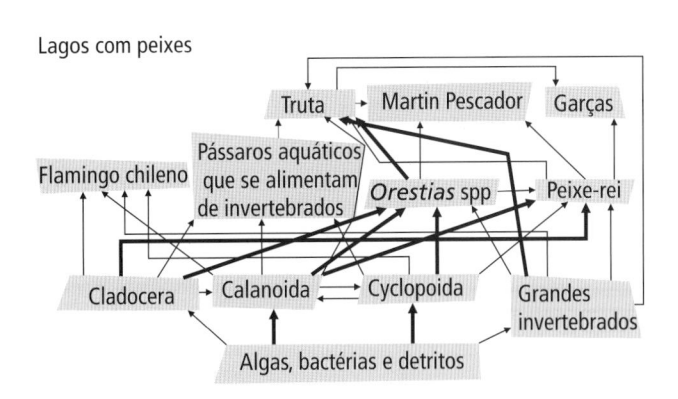

Fig. 15.10 Cadeias alimentares simplificadas em lagos do altiplano boliviano, na América do Sul. A espessura das setas indica as taxas relativas de alimentação
Fonte: modificado de Hammer (1986).

ticas regionais importantes. Áreas pantanosas são usadas para suprimento de alimento, com a exploração da pesca e da fauna de mamíferos, répteis e pássaros. Em algumas áreas alagadas, os lagos rasos contêm uma biomassa elevada de camarões de água doce e ocorrem atividades agrícolas relacionadas com os hidroperíodos.

Lagos salinos podem ser fonte de minerais (cloreto de sódio, sulfato de sódio, sulfato de magnésio e cloro), os quais são explorados comercialmente. **Lagos salinos heliotérmicos** são utilizados para fornecer energia (Hammer, 1986).

Suprimento de alimentos pode provir de algas, macrófitas, insetos, peixes e pássaros. *Artemia salina* é também encontrada em grandes quantidades em lagos salinos e usada como fonte de alimento para peixes.

Usos recreacionais de lagos salinos e para fins de saúde são comuns em vários continentes.

Devido a essas inúmeras funções, é muito importante conhecer cientificamente os principais mecanismos ecológicos e limnológicos que regulam o funcionamento desses tipos especiais de sistemas aquáticos, bem como sua estrutura. Por exemplo, Williams (1972) argumenta que lagos salinos são fundamentais para demonstrações e fins de treinamento, por terem cadeia alimentar simplificada, menor diversidade e por apresentarem grande homogeneidade. Isso facilitaria estudos e demonstrações em estrutura e função desses ecossistemas.

As várias atividades humanas em áreas alagadas, águas temporárias e lagos salinos causam inúmeros impactos que resultam das seguintes atividades:

▸ desmatamento para conversão de áreas pantanosas com florestas em pastagens. isso decresce a diversidade de hábitats e nichos e a estrutura de mosaico comum em áreas alagadas florestadas;
▸ uso intensivo de agrotóxicos durante períodos de atividades agrícolas e contaminação com esses resíduos durante a acumulação;
▸ construção de reservatórios, que interferem no ciclo hidrológico, nas flutuações de nível e na reciclagem de nutrientes;
▸ despejos de resíduos industriais ou domésticos;
▸ utilização intensiva para agricultura, aquicultura e pesca.

Lago Jacaretinga, AM
Foto: Thomas Zanet

16 | Limnologia regional nas Américas do Sul e Central

Resumo

Neste capítulo, sintetizam-se, de forma comparativa, os estudos limnológicos realizados nos grandes deltas internos e em lagos, rios, várzeas e represas, em várias latitudes e altitudes das Américas do Sul e Central. São descritas as principais características dos ecossistemas aquáticos estudados, e são apresentados os respectivos métodos de abordagem ao estudo limnológico.

O capítulo inicia-se com uma discussão sobre os mecanismos de funcionamento de sistemas aquáticos de regiões tropicais e de regiões temperadas e as principais teorias e hipóteses que procuram explicar as semelhanças e diferenças latitudinais em processos climatológicos, hidrológicos e limnológicos.

16.1 A Limnologia Regional Comparada e sua Importância Teórica e Aplicada

Os estudos que se desenvolvem em um distrito lacustre e que procuram caracterizar e comparar lagos, represas, rios ou áreas alagadas são extremamente importantes para o aprofundamento do conhecimento científico em Limnologia. Essas pesquisas – que envolvem estudos de lagos, reservatórios, rios e áreas alagadas, os quais diferem em suas características morfométricas, área, volume, profundidade ou grau de trofia, mas que se encontram em regiões de clima, solo e vegetação similares – permitem detectar funções de força fundamentais que controlam os mecanismos de funcionamento ecológico de águas interiores.

O desenvolvimento de uma Limnologia regional comparada é, portanto, básico para a compreensão desses mecanismos. Essa abordagem foi aplicada em várias latitudes, acrescentando-se importantes contribuições ao conhecimento limnológico básico a partir desses estudos.

Um dos aspectos a considerar no estudo comparado é a abordagem do problema e a resolução dos conceitos de tempo-espaço e de escala. De acordo com Vollenweider (1987), os dados deveriam cobrir os dois eixos (tempo-espaço) e a completa série de frequências que ocorrem nos sistemas aquáticos. Algumas das deficiências são a falta de disponibilidade de sistemas automáticos de operação, as escalas de tempo e o retardo dos eventos biológicos em relação aos eventos físicos e químicos. A questão importante a ser levantada é a otimização dos estudos para diminuir o máximo possível o **ruído** e a **redundância**, apresentada pelos resultados. As várias **respostas biológicas** e os períodos de ciclos e espectros de frequência dos diversos níveis tróficos devem ser levados em conta no sistema de desenvolvimento de programas em Limnologia regional.

A Limnologia regional é um estudo importantíssimo, pois permite caracterizar as principais funções de força que atuam sobre o sistema e comparar os mecanismos de funcionamento e os processos entre os vários sistemas regionais, o que enriquece e aprofunda o conhecimento científico, possibilitando amplas bases para aplicações práticas de recomposição, recuperação e gerenciamento de sistemas.

Estudos dessa natureza desenvolveram-se em muitos sistemas lacustres. Neste capítulo e no próximo, serão sintetizados os conhecimentos básicos existentes sobre os sistemas aquáticos continentais das Américas do Norte (Grandes Lagos norte-americanos), Central e do Sul, especialmente os **sistemas amazônicos**, do Pantanal e do Paraná, no Brasil; os estudos de lagos africanos; os estudos no distrito de lagos da Inglaterra e no Japão; os estudos comparados de represas na Espanha. Incluem-se alguns lagos especiais, como o Baikal, na União Soviética; o Tanganica, na África; e o Titicaca, na América do Sul. Estudos limnológicos realizados em represas da Checoslováquia também são sintetizados neste capítulo, bem como alguns estudos em lagos da China.

Ao se iniciar uma discussão sobre Limnologia regional, deve-se inevitavelmente promover uma comparação entre as diversas abordagens e os mecanismos de funcionamento dos ecossistemas aquáticos continentais em um gradiente de latitudes. Sem dúvida, essa comparação passa pela discussão dos ecossistemas aquáticos temperados/ecossistemas aquáticos tropicais e das suas semelhanças e diferenças.

Inicialmente, deve-se concordar com Margalef (1983), que enfatiza que cada lago, represa ou rio é um ecossistema único, que tem seus próprios mecanismos de funcionamento e um processo histórico derivado da geologia e da geomorfologia regional, com reflexos no funcionamento limnológico/ecológico e biológico/evolutivo. Entretanto, é necessário, como também ressaltam Likens (1992), Margalef (1997), Reynolds (1997) e Tundisi (2003a), procurar **princípios unificadores** que possibilitem desvendar mecanismos fundamentais de funcionamento desses ecossistemas e verificar que, embora esses princípios sejam os mesmos, a magnitude e a velocidade desses processos variam, em razão das funções de força dominantes e suas características.

A comparação clássica entre os lagos Vitória, na África, e Windermere, no distrito de lagos do Reino Unido, esclarece muito bem os ciclos de radiação solar, a temperatura da água (a 0 m e 60 m nos dois lagos) e a concentração de clorofila a.

Segundo Talling (1965), a capacidade fotossintética do lago Vitória foi muito mais elevada do que a capacidade fotossintética do **lago Windermere**, em virtude, provavelmente, da diferença de temperatura entre os dois lagos, que foi de 10-12°C. Entretanto, outros fatores, como limitação e disponibilidade de nutrientes, alcalinidade e disponibilidade de radiação solar incidente podem influenciar essa capacidade fotossintética, como demonstrado por Tundisi e Saijo (1997), para lagos do sistema de lagos do rio Doce (Brasil).

Enquanto o lago Windermere apresentou uma produção líquida de aproximadamente 20 $gC.m^{-2}.ano^{-1}$ (a qual, corrigida para a respiração, apresentaria valores duas a três vezes maiores para produção bruta), o lago Vitória apresentou uma produção bruta de 950 $gC.m^{-2}.ano^{-1}$, ou seja, muito mais elevada. Entretanto, é necessário ter em conta que, dadas as altas temperaturas do lago Vitória (tropical), a taxa de respiração dos organismos planctônicos, bentônicos e peixes deve ser extremamente elevada, o que dissipa, em grande parte, a produção primária na cadeia alimentar.

Os trabalhos efetuados no lago George (Beadle, 1981) mostram um ambiente raso, tropical, com elevadas taxas fotossintéticas e de respiração em função da temperatura, e grande influência de sedimentos do fundo nos processos ecológicos (como, por exemplo, no ciclo de nutrientes e no aumento da turbidez, com limitação de energia radiante disponível devido à agitação e suspensão de sedimentos na água).

Esses dois exemplos mostram características de lagos relativamente profundos e rasos nas águas continentais, cujos processos de funcionamento variam em função da morfometria, climatologia e hidrogeoquímica. Os pequenos lagos dos grandes deltas internos submetidos a flutuações de nível, isolamento e efeitos de precipitação e ventos apresentam outros mecanismos (Tundisi *et al.*, 1984).

Para finalizar parcialmente essa discussão (ver também Caps. 7 e 10), devem-se considerar os seguintes aspectos referentes aos lagos tropicais:

▸ **Diversidade biológica** – para os grandes lagos africanos (Tanganica, Malawi e Vitória), há mais de 500 espécies endêmicas ou grupos de espécies, indicando lagos antigos e enfatizando a dimensão do tempo em mudanças evolutivas cumulativas. Em nenhuma outra região tropical há tal acúmulo de espécies endêmicas. Lowe-McConnell (1975) relata 25 espécies endêmicas (ciprinídeos) para o lago Lanao, nas Filipinas. Evidentemente, **alterações evolutivas e ambientais** estão interconectadas com uma possível influência da latitude, como discutem Talling e Lemoalle (1998). Deve-se considerar que alterações do nível da água ao longo do tempo podem influenciar a especiação (Margalef, 1983).

▸ Resposta à **variabilidade dos fatores ambientais** – regime de radiação solar, balanço hídrico e ventos – pode ser um dos fatores fundamentais de uma resposta sistêmica de organismos, incluindo frequências e respostas cíclicas.

Talling e Lemoalle (1998) distinguem as seguintes interações nos sistemas tropicais:

▸ **Interações físicas-físicas** – radiação solar e ciclos de temperatura, por exemplo, ciclos de vento e alterações de densidade da água.

▸ **Interações físicas-químicas** – estratificações térmicas e químicas, pulsos de concentração de nutrientes em função da circulação promovida por vento ou resfriamento térmico.

▸ **Interações físicas-biológicas** – ciclos diurnos, lunares, anuais controlando fatores físicos e químicos e acelerando ou desacelerando processos biológicos, como ciclos reprodutivos, reações e respostas fisiológicas. Essas interações físico-biológicas podem envolver um mecanismo de disparo de resposta biológica; uma **aceleração de ciclos** em função de vários fatores acoplados; uma **influência reguladora** direta (respiração ou reprodução, por exemplo).

O que Talling e Lemoalle (1998) denominam características essencialmente tropicais são:

▸ magnitude absoluta dos fatores ambientais;
▸ variabilidade no tempo desses fatores;
▸ respostas da biota.

A Limnologia regional comparada pode ampliar a capacidade de percepção e de síntese desses fenômenos que são fundamentais para o desenvolvimento dos processos de produtividade primária e secundária, ciclos de nutrientes e ciclos de vida dos organismos.

Lagos e represas em regiões subtropicais e lagos e represas de altitude nos trópicos apresentam outros processos estacionais e respostas de biota (Serruya e Pollinger, 1983; Lewis, 1987; e Löffler, 1964).

Straškraba (1993) apresentou uma análise da distribuição latitudinal de componentes estacionais e estocásticos das principais variáveis físicas que controlam processos em ecossistemas continentais. Com base na distribuição latitudinal de componentes como radiação solar, fotoperiodicidade, temperatura do ar e da água, precipitação e balanço hídrico, profundidade de mistura dos lagos e represas e turbidez, este autor distinguiu três regiões limnogeográficas: região tropical (entre 0° e 15°); **região seca** (entre 15° e 35°); e região temperada (entre 35° e 60°). Na região tropical, a radiação solar é constante, com baixa estacionalidade, e a fotoperiodicidade é constante, sendo que a profundidade de mistura em lagos é a mais extensa. Na região seca, o balanço hídrico é negativo, e a **turbidez mineral** e a composição química da água são extremamente variáveis. Na região temperada, a radiação solar tem alta variabilidade estacional, a temperatura do ar e da água tem alta variabilidade anual e a temperatura da superfície de lagos e represas está próxima de 0° no inverno.

16.2 Limnologia Regional nas Américas do Sul e Central

Os continentes sul e centro-americano apresentam muitos sistemas aquáticos, os quais têm importância fundamental em **Limnologia básica** e suas aplicações. Além disso, esses sistemas aquáticos têm considerável importância em Ecologia Teórica, uma vez que os estudos dos diversos problemas biológicos que neles ocorrem contribuem grandemente para um avanço de conceitos e na aplicação dos dados comparativos com os lagos e rios de regiões temperadas.

Os sistemas lacustres da América Central apresentam características especiais devido à presença de barreiras formadas por águas marinhas (II e III na Fig. 16.1) no istmo do Panamá e na ligação oceânica na região sul da Nicarágua (I, II e III na Fig. 16.1). De acordo com Deewey (1957), Myers (1966) e Zaret

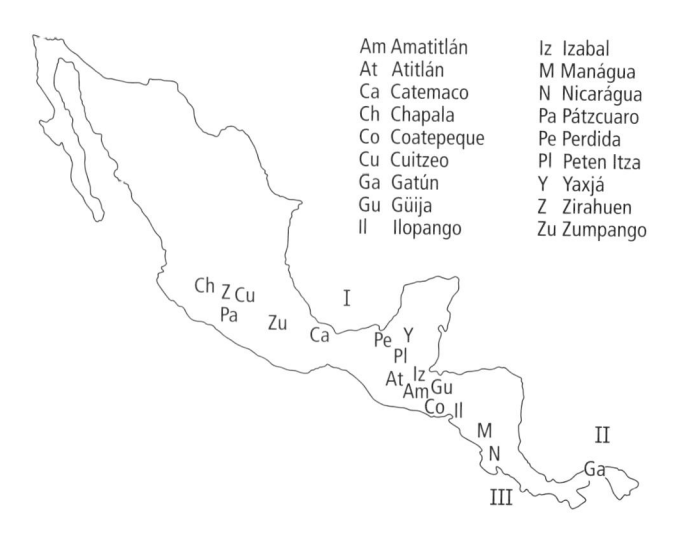

Fig. 16.1 Mapa da América Central indicando os principais lagos dessa região
Fonte: Zaret (1984).

(1984), pode-se considerar o atual **continente centro-americano** como tendo passado por uma fase de grande ilha no passado geológico, o que explica por que 55% da fauna de peixes são de ampla tolerância à salinidade (o que implica dispersão potencial pelas águas marinhas). Além disso, os lagos da América Central, de origem principalmente tectônica, tiveram suas características alteradas por atividade vulcânica secundariamente. A atividade glacial recente, responsável por dois terços dos lagos da Terra, não se fez sentir na América Central (Hutchinson, 1957).

Vulcanismo secundário foi a causa da formação de muitos lagos no Planalto Mexicano, localizado a 2.120 m acima do mar. Igualmente, os dois lagos principais da Guatemala, Atitlán (a 1.555 m de elevação) e Amatitlán (a 1.189 m de elevação) são resultado de atividades vulcânicas secundárias. O **lago Izabal** (717 km^2), na Guatemala, tem características especiais, pois é conectado com o golfo de Honduras, no **mar do Caribe**, apresentando espécies marinhas (Brinsow, 1976). Os dados da Tab. 16.1, extraídos de Zaret (1984), sintetizam informações para **lagos centro-americanos**. Muitos pequenos lagos centro-americanos, principalmente no México, têm importância histórica devido ao seu uso para suprimento de água, produção de peixes e aves aquáticas, transporte e recreação. Plantas aquáticas em decomposição são utilizadas como fertilizantes. Nos últimos 40 anos, ocorreram muitas alterações desses lagos, principalmente em consequência da introdução

Tab. 16.1 Valores químicos e físicos selecionados para os lagos da América Central

	Chapala	Pátzcuaro	Catemaco	Amatitlán	Atitlán	Izabal	Güija	Coatepeque	Ilopango	Managua	Nicarágua
Profundidade máxima (m)	9,8	15	18	34	342	16	25	120	248		43
Temperatura da superfície (°C)	20,2	19,0	23,4	24,8	23,1	30,0	26,7				27,8
Secchi (m)	0,5	1,5	1,0	2,4	6,1		1,2	12,5	10,5		0,5
pH	6,4		6,3		6,5					8,5	6,3
O_2 (mg.ℓ^{-1})	7,8	7	8,6	6,3	5,8						6,5
CO_2 (mg.ℓ^{-1})	1,0		5,0	6,3	0						6,0
HCO_3^- (mg.ℓ^{-1})	165	460	55,0	165	194		90,5			231	65,0
CO_3^{-2} (mg.ℓ^{-1})									13		
N Total (mg.ℓ^{-1})	240			96			237	36			
SO_4^{-2} (mg.ℓ^{-1})	12,4			40						1,0	0
Na^{+2} (mg.ℓ^{-1})											11
Ca^{+2} (mg.ℓ^{-1})	2			17,3			14,6	22,2			16
K^{+2} (mg.ℓ^{-1})											2
Mg^{+2} (mg.ℓ^{-1})	1,1			7,8			trace				6
Fe^{+2} (mg.ℓ^{-1})	0,175			6				0,11			
$C\ell^-$ (mg.ℓ^{-1})	17,0	21,5		25			4,4			8,8	19
Produção primária máxima (g O_2.m^{-2}.dia^{-1})	10,0	10,0		5,14	7,3						9,3

Fonte: Zaret (1984).

de espécies exóticas de peixes, as quais predaram populações endêmicas. Por exemplo, o conhecido caranguejo do **lago Atitlán**, *Potamocarinos guatemalensis*, desapareceu quase por completo depois da introdução do *Minopterus salmoides*, em 1950.

Outro sistema lacustre importante é o lago Gatún/Chagres (Panamá). A Tab. 16.2 mostra alguns dados para a química da água do lago Gatún. O Quadro 16.1 relaciona algumas espécies de macrófitas aquáticas e o Quadro 16.2 apresenta a lista dos insetos aquáticos.

A introdução do ciclídeo sul-americano *Cichla occelaris* (tucunaré) no lago Gatún produziu inúmeras alterações na cadeia alimentar desse lago, principalmente em relação à fauna de peixes e zooplâncton. O aparecimento de uma espécie de Cyclopoida (*Cyclops* sp) e as alterações no comportamento de *Diaptomus gatunensis* (que modificou padrões de migrações verticais) são resultantes da predação de *Cichla occelaris*

Tab. 16.2 Principais características da química da água do lago Gatún. São incluídos dados de clorofila *a*

	Valor máximo anual[1]	Água superficial (abril de 1972)[2]
pH	7,2	7,56
Oxigênio dissolvido	7,78	8,0
NH_3-N (mg.ℓ^{-1})		0,01
NO_2-N (mg.ℓ^{-1})	0,004	0,00
Total N (mg.ℓ^{-1})	0,06	0,05
Total P (mg.ℓ^{-1})		0,022
Ca (mg.ℓ^{-1})	10,2	4,1
Mg (mg.ℓ^{-1})	3,8	3,2
Cl (mg.ℓ^{-1})	5,0	5,4
Fe (mg.ℓ^{-1})		5,2
SO_4^{2+} (mg.ℓ^{-1})	6,0	
SiO_2 (mg.ℓ^{-1})	16,2	
Condutividade (20°) (µS.cm^{-1})	90	98
Clorofila *a* (mg.m^{-3})	4,1	

[1] Dados de Gliwicz (1976a); [2] Dados da Companhia do Canal do Panamá

Quadro 16.1 Macrófitas aquáticas do lago Gatún

PLANTAS SUBMERSAS

Cabomba aquatica
Ceratophyllum demersum
Chara spp
Hydrilla verticullata[1]
Najas guadalupensis
N. marina
Utricularia vulgaris

PLANTAS EMERSAS

Eichhornia azurea
Hydrocotyle umbellata
Marsilea polycarpa
Nymphaea ampla
Polygonum hydropiperoides
Pontederia rotundifolia
Sagittaria spp
Scirpus sp
Typha angustifolia

PLANTAS DE FLUTUAÇÃO LIVRE

Azzola caroliniana
A. filiculoides
Eichhornia crassipes
Lemna mínima
L. minor
Pistia stratioides
Salvinia rotundifolia
Spirodela oligorhiza

PLANTAS MARGINAIS

Ceratopteris pteridoides
Jussiaea subintegra
Luziola subintegra
Paspalum repens

[1]Espécies introduzidas
Fonte: Pasco (1975).

Quadro 16.2 Insetos aquáticos do lago Gatún

COLEOPTERA

DYSTICIDAE

Chaetarthria glabra
Laccophilus g. gentilis
L. ovatus zapotecus
Thermonectus margineguttata

GYRINIDAE

Gyretes acutangulus
G. centralis

HALIPLIDAE

Haliplus panamanus

DIPTERA

CHAOBORIDAE

Corethrella ananacola
C. blanda
C. dyari
Sayomyia brasiliensis

CHIRONOMIDAE

Cantomyia cara
Chironomus aversa
C. fulvipilus
Coelotanypus humeralis
C. naelis
C. neotropicus
C. scapularis
Corynoneura spreta
Cricotopus oris
C. tanis
Polypedilum pterospilus

HETEROPTERA

BELOSTOMATIDAE

Belostoma micontulum
B. subspinusum cupreomicans
Lethocerus colossicus

GELASTOCORIDAE

Gelastocoris major
Nerthra raptoria
N. rudis

NAUCORIDAE

Ambrysus geayi
A. horvathi
A. oblongulus
Pelocoris nitidus

Quadro 16.2 Insetos aquáticos do lago Gatún (cont.)

NEPIDAE
Ranatra zeteki
NOTONECTIDAE
Buenoa pallipes
B. platycnemis
Martarega hondurensis
M. williamsi
OCHTERIDAE
Ochterus manii
O. viridifrons
PLEIDAE
Plea puella

Fonte: Hogue (1975).

sobre *Melanurus*, um predador do zooplâncton (Zaret, 1984). O lago Atitlán foi estudado por Birge e Juday (1911).

16.2.1 Limnologia na Nicarágua

O **lago Cocibolca** é o maior corpo hídrico da América Central e uma reserva natural do futuro para água potável. É o lago com maior área e volume de água entre o lago Titicaca e os Grandes Lagos norte-americanos. Estudos nesse lago e em sua bacia hidrográfica são desenvolvidos no Cira (*Centro para la Investigación en Recursos Acuáticos de Nicaragua*), sob o ponto de vista da eutrofização e de planos de gerenciamento (Cira, 1996, 2004; Montenegro, 2003; Vammen, 2006).

16.2.2 Limnologia no México

Um volume sobre Limnologia no México com grande número de detalhes e processos de funcionamento foi editado por Munawar *et al.* (2000).

16.3 Os Ecossistemas Continentais da América do Sul

A América do Sul é um continente com muitas **diferenças biogeofisiográficas**, ocupando um vasto gradiente latitudinal norte-sul e com gradiente altitudinal importante no sentido leste-oeste. As principais bacias hidrográficas da América do Sul estão representadas na Fig. 16.2. Para comparação, e considerando-se a importância das interações sistema terrestre/sistema lacustre, as províncias biogeográficas estão representadas na Fig. 16.3. Nesses domínios morfoclimáticos inserem-se as principais bacias hidrográficas: a bacia do Orinoco, a bacia Amazônica e a bacia do Prata. Grandes deltas internos, extensas áreas de inundação, com lagos de várzea ocorrem nessas três bacias. Além dos grandes deltas internos da bacia Amazônica, as áreas alagadas com flutuações periódicas de nível têm grande importância na Limnologia continental. Nos gradientes altitudinais destacam-se os lagos andinos, o **sistema endorréico** com lagos salinos na Bolívia e os lagos araucrianos em vales glaciais. Inclui-se uma breve descrição sobre os trabalhos desenvolvidos no lago Titicaca.

As informações sobre a Limnologia regional na América do Sul serão aqui descritas para o sistema amazônico, o Pantanal, a bacia do Prata e o sistema de lagos do médio rio Doce, o qual possui características

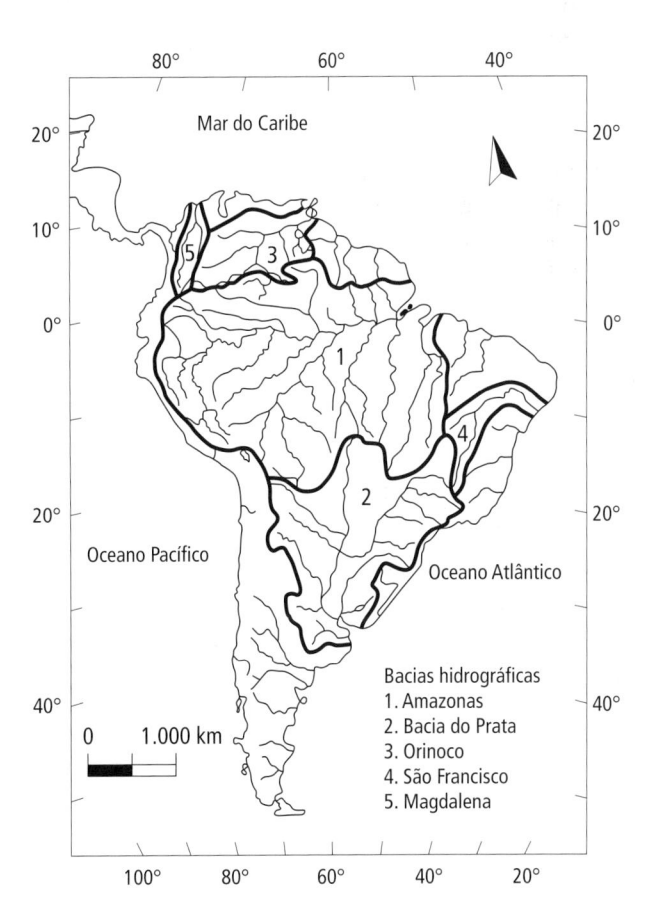

Fig. 16.2 Principais bacias hidrográficas da América do Sul
Fonte: Tundisi (1994).

ção sobre o lago Titicaca.

16.3.1 O lago Titicaca

O lago Titicaca é o principal lago navegável situado em grande altitude (3.809 m). É um lago profundo, de grande volume, localizado no Altiplano dos Andes. Devido à sua localização geográfica, está submetido a condições climáticas típicas da região tropical (14º Lat. Sul), particularmente a incidência da radiação solar.

Como está localizado em grande altitude, sofre a influência de clima de montanha (alta intensidade luminosa, baixas temperaturas, baixa umidade do ar). O lago Titicaca tem um tempo de retenção de 63 anos e elevada evaporação. É parte de um conjunto de lagos no Altiplano, e todo o sistema hidrológico dessa região (área de 200.000 km², altitude de 3.700 – 4.600 m) é endorréico (Fig. 16.4). O sistema atual de lagos do Altiplano é resultado da evolução de um sistema mais antigo que começou no Pleistoceno inferior, com a transição, ao final do Plioceno, de um clima relativamente quente a um clima úmido e frio.

Uma síntese dos estudos limnológicos realizados no lago Titicaca foi feita por Dejoux e Iltis (1992). Embora localizados, os impactos nesse lago são consequência da eutrofização e de efluentes industriais que afetam fauna e flora, estimulando o crescimento de macrófitas, zooplâncton e fitoplâncton em áreas limitadas do lago (Northcote, 1992).

16.3.2 O sistema amazônico

No desenvolvimento da Limnologia regional destacam-se os estudos de lagos de várzea do Amazonas e das interações desses lagos com os rios. Sioli (1975, 1984, 1986) sintetizou os principais trabalhos limnológicos desenvolvidos na bacia Amazônica. Um volume sobre o rio Negro (Goulding, Carvalho e Ferreira (1988) detalhou as principais características ecológicas desse sistema.

A bacia de drenagem da região amazônica abrange uma área de 7 milhões de km². As terras baixas, que representam uma extensa região de **sedimentação quaternária** e onde se encontra o vale fluvial do rio Amazonas, localizam-se entre o escudo da Guiana e o escudo Brasileiro (Fig. 16.5). A composição química das águas desses rios amazônicos está fundamentalmente relacionada com a hidrogeoquímica regional, a

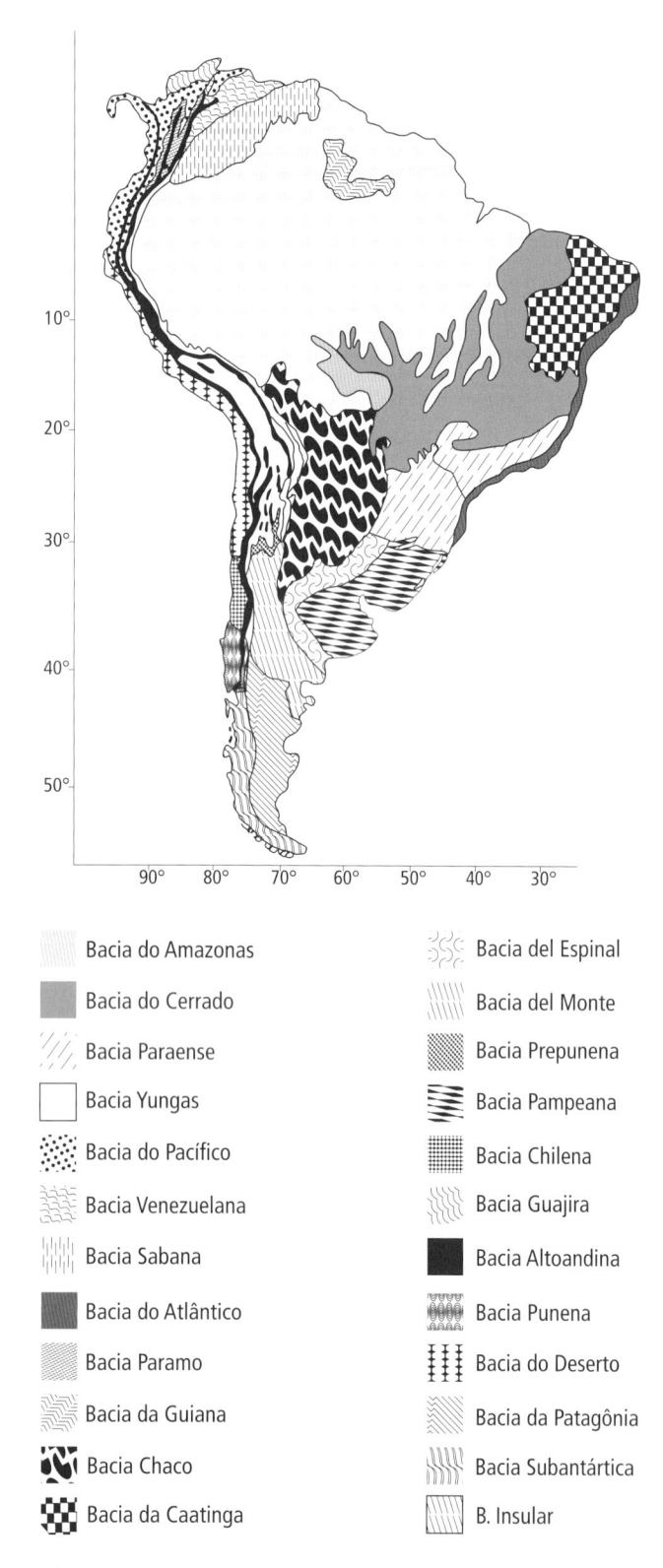

Fig. 16.3 Províncias biogeográficas da América do Sul

Legenda:
- Bacia do Amazonas
- Bacia do Cerrado
- Bacia Paraense
- Bacia Yungas
- Bacia do Pacífico
- Bacia Venezuelana
- Bacia Sabana
- Bacia do Atlântico
- Bacia Paramo
- Bacia da Guiana
- Bacia Chaco
- Bacia da Caatinga
- Bacia del Espinal
- Bacia del Monte
- Bacia Prepunena
- Bacia Pampeana
- Bacia Chilena
- Bacia Guajira
- Bacia Altoandina
- Bacia Punena
- Bacia do Deserto
- Bacia da Patagônia
- Bacia Subantártica
- B. Insular

especiais e, portanto, deve ser mencionado como uma contribuição fundamental às Limnologias regional e tropical. Incluem-se neste capítulo estudos limnológicos comparados com represas artificiais no Estado de São Paulo (Tundisi, 1981, 1988), além de breve descri-

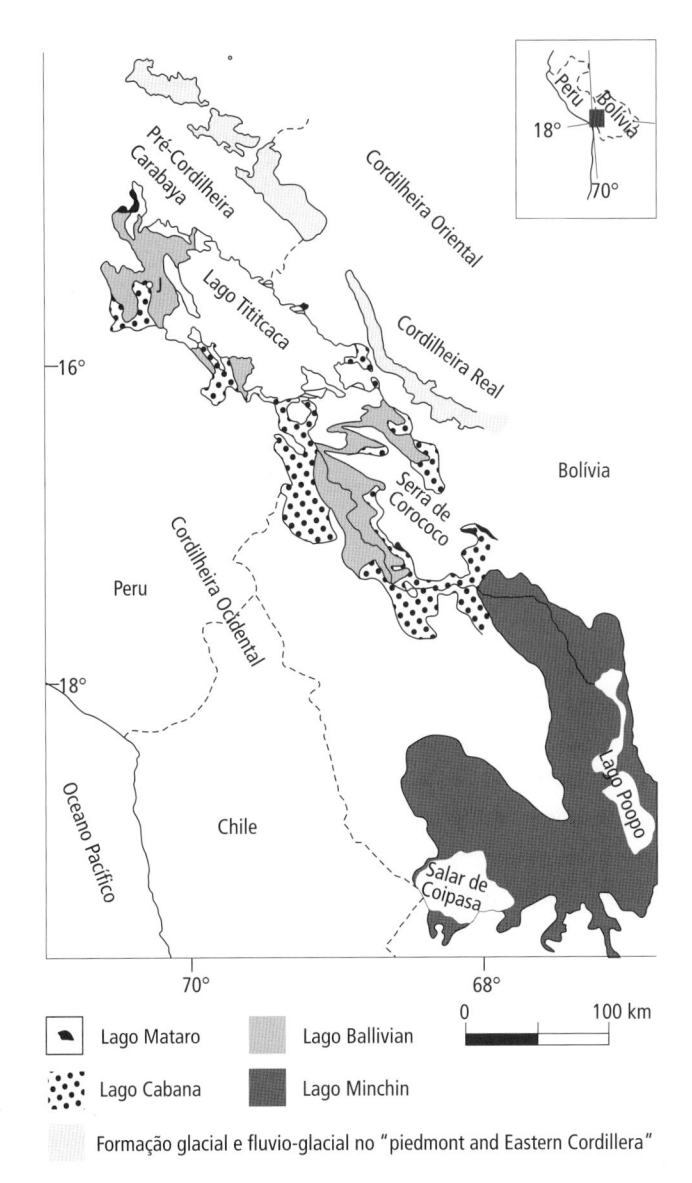

Fig. 16.4 Sistemas hidrológicos do Altiplano dos Andes
Fonte: Lavenu (1941).

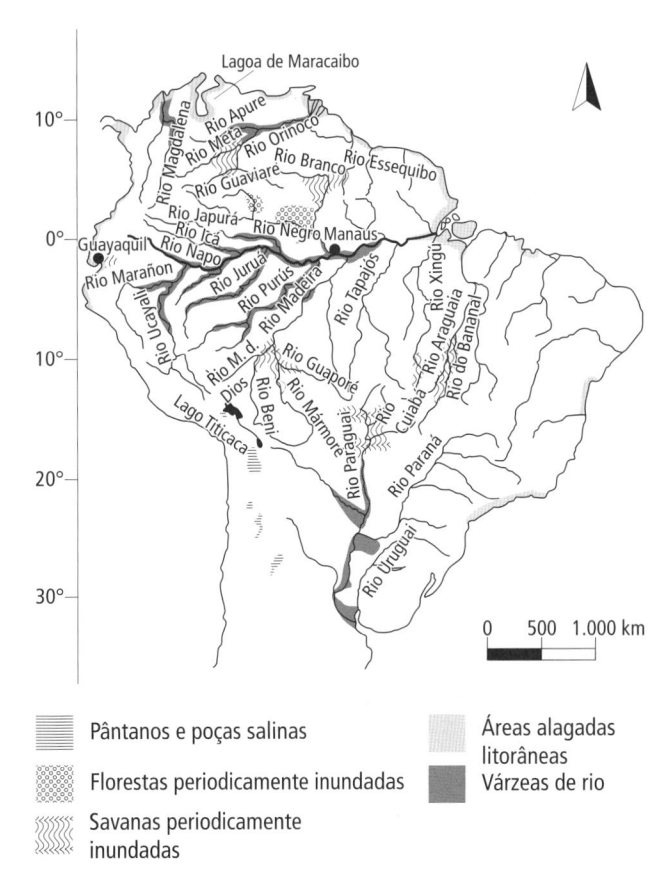

Fig. 16.5 Principais tributários e caracterização da Bacia Amazônica
Fonte: Junk (1993).

geomorfologia e as condições pedológicas/litológicas nas cabeceiras (Sioli, 1968). Muitos tributários do rio Amazonas drenam formações mais antigas do Cretáceo, do Terciário e do Quaternário, já no vale fluvial. Por exemplo, no caso do rio Negro, um tributário que tem suas cabeceiras no escudo da Guiana, passa por formações terciárias e quaternárias.

A localização da **origem dos rios** na região amazônica tem dois aspectos fundamentais: o primeiro relaciona-se com a composição química da água, e o segundo, com o transporte de sedimentos.

As primeiras observações sobre a origem da cor da água dos rios de águas pretas da região amazônica datam do século XVIII (Goulding *et al.*, 1988). Humboldt (1852) também fez observações sobre as "águas pretas" e Russel Wallace (1853) foi o primeiro naturalista a dividir as águas da região amazônica nos três tipos clássicos: águas brancas, águas pretas e **águas transparentes** ou cristalinas. Rios de águas brancas, observou Wallace, apresentam altas cargas de sedimentos em suspensão, enquanto rios de águas pretas e de águas cristalinas transportam pouco sedimento. Wallace considerou como muito provável a origem das águas pretas a partir da decomposição da vegetação (feita de folhas, troncos e raízes). Sioli (1951, 1956) lançou a hipótese de que a inundação periódica da floresta pelas águas do rio durante o ciclo anual produz substâncias húmicas e coloidais semelhantes às da decomposição da vegetação. Além disso, as águas pretas desenvolvem-se em florestas inundadas ou em solos com baixa concentração de cálcio.

Portanto, a origem dos rios amazônicos é fundamental para a compreensão da hidrogeoquímica

Tab. 16.3 Concentrações dos principais elementos e nutrientes nos principais tipos de águas amazônicas

	Elementos principais (mg.ℓ^{-1})					Nutrientes (µg.ℓ^{-1})		
	Na	Ca	Mg	Cl	SO$_4$	PO$_4$-P	NO$_2$-N	SiO$_2$
Rios andinos	2-3	1-2 (23)*	1-2	?	4-6	?	3-4	35
Águas brancas	1,5-4,2	7,2-8,3	1,2-8,3	?	1-6,4	15	4-15	<9
Águas claras	1-2	<2	<1 / 0,1-2,1	0-3	0	<1	<7 / 0-0,5	3-9
Águas pretas	0,55	<0,46	?	?	?	5,8	0,036	2,4

Fontes: Fittkau (1964); Greisler e Schneider (1976); Oltmann (1966); Schmidt (1970, 1972a, b, 1973, 1976, 1982); Ungemach (1972a); Turcotte e Harper (1982).

regional e dos processos de interação dela decorrentes, principalmente do ponto de vista biogeoquímico e da produtividade das águas. A Tab. 16.3 mostra as principais concentrações iônicas e de nutrientes nos três tipos de águas amazônicas (Day e Davies, 1986). O Quadro 16.3 relaciona os processos de entrada de nutrientes, perdas e reciclagem nos lagos de várzea do Amazonas.

Em algumas regiões, há maior concentração iônica nas águas da chuva do que nas águas dos rios. Nos pequenos riachos situados na terra firme e no interior da mata, há uma enorme contribuição de material alóctone que é fundamental para a manutenção das redes alimentares, com a predominância de detritívoros. Além disso, esse material influencia consideravelmente a composição química dos rios. A Amazônia é dominada por grandes rios, mas uma extensa e variada fase de **fenômenos biológicos, biogeoquímicos e ecológicos** ocorre nesses pequenos rios do sistema amazônico.

Flutuações de nível, as florestas de inundação e as várzeas

Devido às enormes flutuações na descarga dos rios (Fig. 16.6) o Amazonas e seus tributários produzem extensas áreas de inundação, que provocam grandes alterações no funcionamento ecológico do sistema, ocasionando aumento de nível nos lagos de várzea e produzindo inundações nas florestas. Essas inundações têm duas consequências principais: a primeira é o transporte de nutrientes dos rios para os lagos de várzea e seus efeitos na sucessão das comunidades, na produção primária e nos ciclos biogeoquímicos; a segunda refere-se à inundação da floresta e ao contato da água com floresta, o que permite uma expansão da capacidade de alimentação dos peixes, com vários tipos de alimento e de nichos alimentares sendo explorados mais eficientemente (Fig. 16.7).

Quadro 16.3 Processos de entrada de nutrientes, perdas e reciclagem nos lagos de várzea do Amazonas

Fontes	Reciclagem	Perdas
Entrada de nitrogênio e fósforo por advecção (rios)	**Decomposição por bactérias**	Sedimentação
Dessorção nos lagos	Excreção do zooplâncton	Perdas por saída de água
Entrada de nitrogênio e fósforo por contribuição de chuvas	Interações sedimento-água	Desnitrificação
Fixação de N$_2$ nos lagos	Macrófitas: Absorção de nitrogênio e fósforo e decomposição	
Escorrimento superficial para o lago	Absorção de nitrogênio e fósforo pelo fitoplâncton	
	Trocas epilímnio, metalímnio, hipolímnio	

Fontes: Tundisi et al. (1984); Fisher e Paysley (1979); Junk (1986); Melack e Fisher (1979); Forsberg (1981); Zaret et al. (1981).

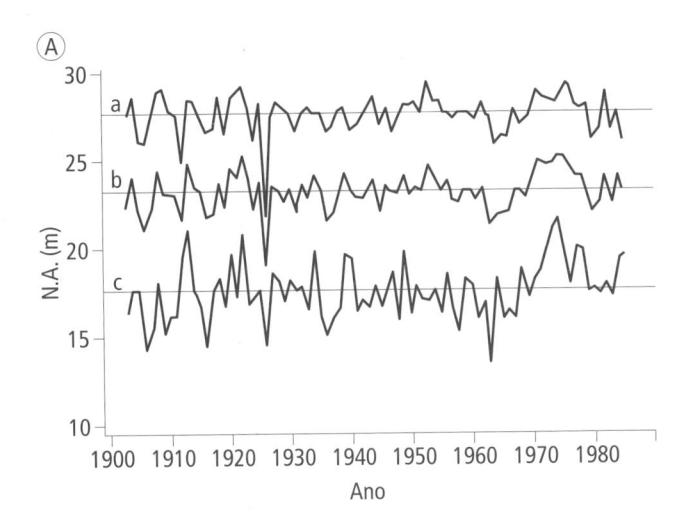

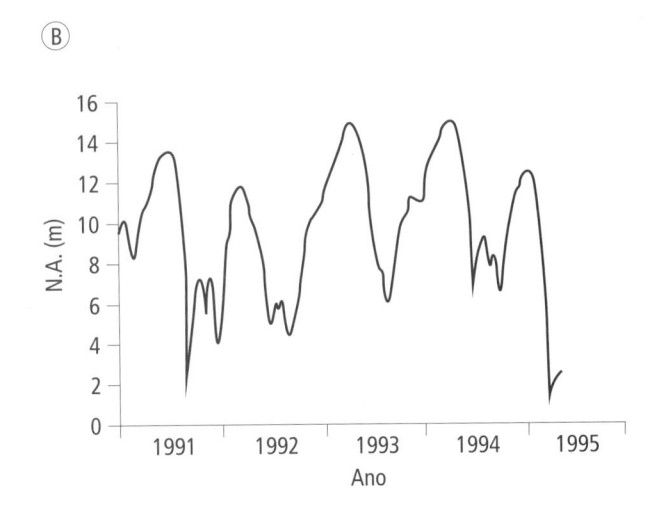

Fig. 16.6 A) Flutuações de nível medidas no rio Negro, a 18 km de Manaus. (a) Média anual para cada ano; (b) Média de todos os valores para cada ano; (c) Mínima anual para cada ano; B) Variações do nível da água em cinco anos consecutivos
Fonte: modificado de Tundisi (1994).

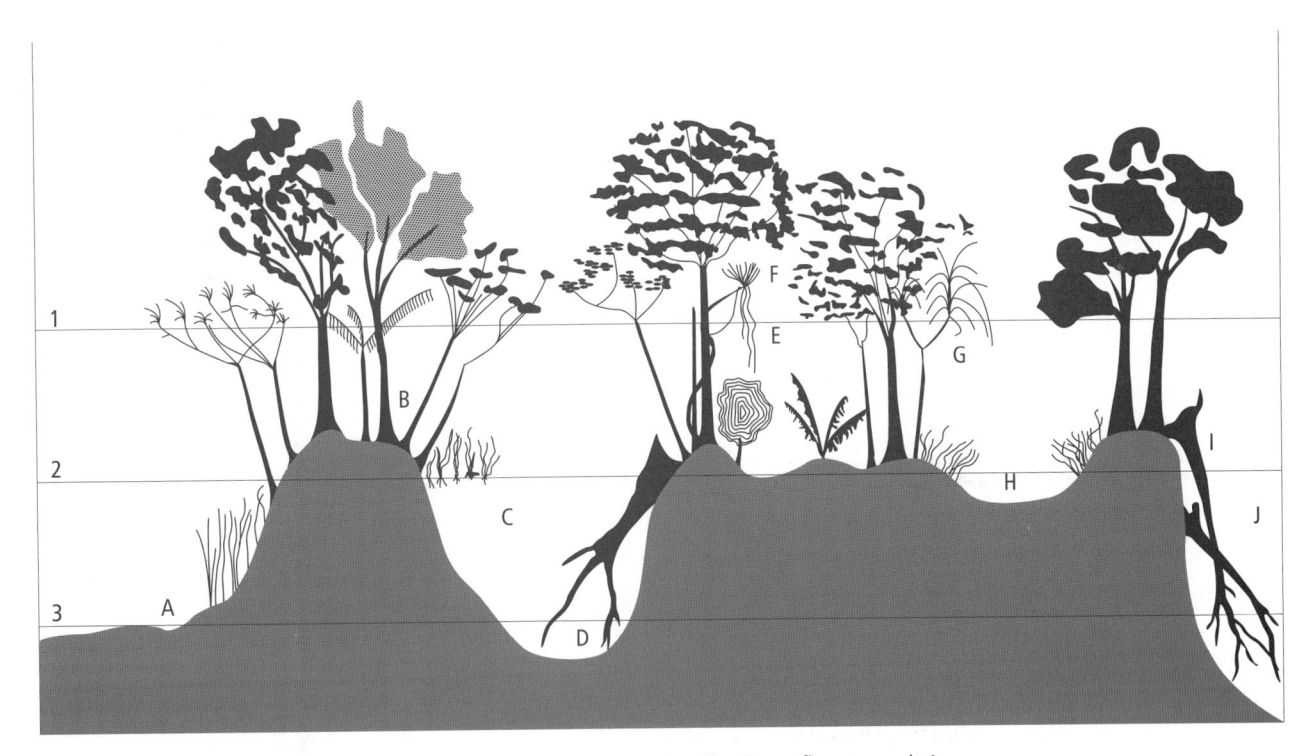

1 – Nível de água de uma cheia extrema
2 – Nível de água intermediário
3 – Nível de água de uma seca extrema

A – Poços expostos em praias na seca
B – Floresta alagada na cheia
C – Água aberta em um paraná ou em um cano que nunca drena completamente
D – Galhos de árvores caídos ao longo das margens dos lagos ou canais
E – Clareira na floresta na cheia
F – Poços de água em plantas ou troncos de árvores
G – Raízes macrófitas flutuantes
H – Lago de várzea que pode drenar completamente durante a seca
I – Árvores caídas em uma área de erosão nas margens de um rio de água branca
J – Água aberta da calha principal de um rio de água branca

Fig. 16.7 Corte da várzea mostrando a variação do nível de água e os principais hábitats aquáticos
Fonte: Queiroz e Crampton (1999).

Produtividade primária, ciclos biogeoquímicos e comunidades aquáticas

A produtividade primária dos rios e **lagos da Amazônia Central** foi determinada por Braun (1952), Hammer (1965), Mulier (1965, 1967), Sioli (1968), Junk (1979, 1983), Schmidt (1973, 1976), Fitkau et al. (1975) e Rai (1984).

A produção primária nos pequenos rios situados no interior da floresta é muito baixa, em razão do **sombreamento pela vegetação**, da turbulência e das pequenas concentrações de nutrientes. Nos rios de águas brancas, a produtividade primária também é baixa, por causa da pouca penetração de luz. Portanto, a produção primária fitoplanctônica é relativamente baixa nos rios amazônicos, uma vez que nos rios de águas pretas – como, por exemplo, o Negro – é igualmente baixa. A produção primária fitoplanctônica é mais elevada nos lagos e limitada aos primeiros metros da coluna de água. Por exemplo, no lago do Castanho, Schmidt (1973) determinou que a produção primária fitoplanctônica está limitada a 0,5 e 6,0 metros.

Durante os períodos de baixo nível da água, a produção primária aumenta. A produção primária do perifíton é bastante elevada, e a produção bacteriana dominou sobre a produção planctônica na maioria dos lagos estudados. A Fig. 16.8 mostra os perfis verticais da produção primária fitoplanctônica no lago do Castanho (Schmidt, 1973).

A produção primária fitoplanctônica é controlada por diferenças no nível da água, na intensidade luminosa e nos nutrientes. Tanto o nitrogênio como o fósforo são nutrientes limitantes nos lagos de águas pretas.

As Tabs. 16.4a e 16.4b apresentam a produção primária líquida do fitoplâncton para lagos amazônicos em comparação com outros lagos tropicais. Além do fitoplâncton, do perifíton e do bacterioplâncton, macrófitas aquáticas são produtores primários muito importantes nos lagos da Amazônia Central, conforme demonstrado por Junk e Howard-Williams (1984). As comunidades de macrófitas aquáticas dependem fundamentalmente dos períodos de seca e inundação. *Paspalum fasciculatum* e *Echinochloa polystachya* são, respectivamente, espécies de macrófitas aquáticas e semi-aquáticas.

Na fase aquática, durante a inundação, *Paspalum repens*, *Oryza* sp, *Scirpus cubensis* e espécies que flutuam, como *Eichhornia crassipes*, *Salvinia* spp e *Pistia stratioides*, podem ser encontradas. A ocorrência e a distribuição das várias espécies são influenciadas pela

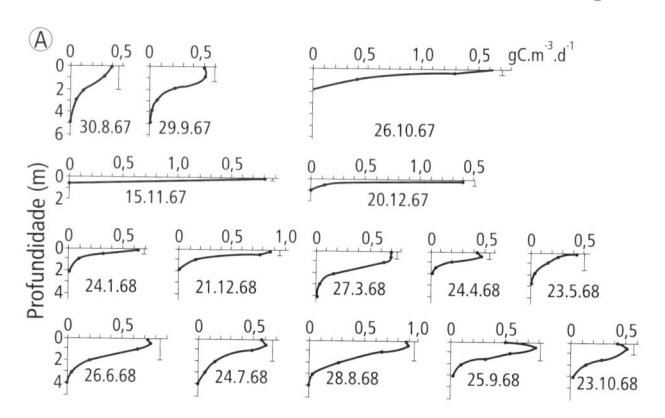

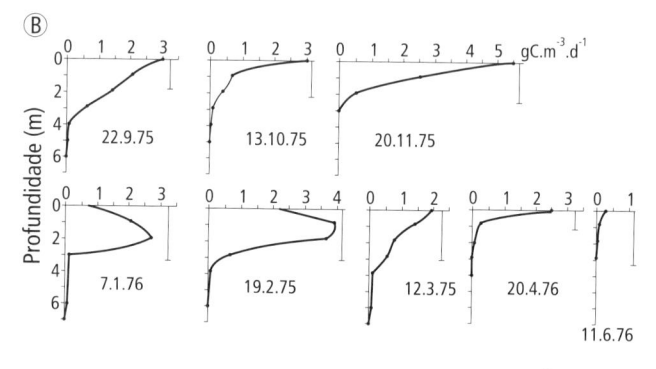

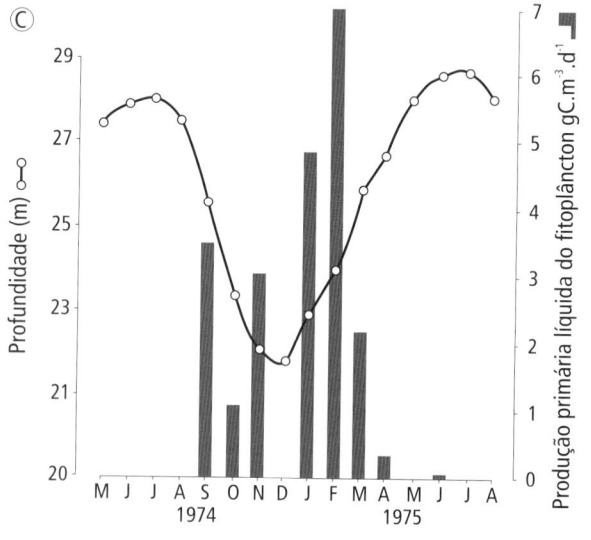

Fig. 16.8 A) Variação estacional da produção primária líquida no lago do Castanho e valores do disco de Secchi; B) Variação estacional da produção primária líquida e leitura do disco de Secchi no lago Cristalino; C) Produção primária máxima, que ocorre durante períodos de baixo nível de água
Fonte: Schmidt (1984).

Tab. 16.4a Produção primária líquida do fitoplâncton em lagos da Amazônia Central. A produção do lago Redondo é anual. Comparações com outros ecossistemas aquáticos tropicais são incluídas

Lago	mgC.m^{-2}.dia^{-1}	Referência
Castanho	350-1.500	Fitkau et al. (1975)
Cristalino	53-10.451	Rai e Hill (1984)
Tupé	100	Rai (1979)
Tapacura	410-1.300	Hartman et al. (1981)
Redondo	52.000[a]	Marlier (1967)
Aranguandi	13.000-22.000	Baxter et al. (1965)[b] Talling et al. (1973b)[b]
Bunyoni	1.800	Talling (1965b)[b]
Chade	700-2.700	Lemoalle (1969)[b]
George	5.400	Ganf (1970)[b]
Kivu	1.440	Degens et al. (1971)[b]
Mariut	10.800	Vollenweider (1960)[b]
Mulehe	960	Talling (1965)[b]
Vitória	1.080-4.200	Talling (1965b)[b]

[a] Produção anual (mgC.m^{-2})
[b] Fonte: Beadle (1974).

Tab. 16.4b Gradiente da produção primária do fitoplâncton em lagos da Amazônia Central comparados com lagos de diferentes categorias tróficas

Tipo trófico	Produtividade primária (mgC.m^{-2}.dia^{-1})	Clorofila (µg.ℓ^{-1})	Carbono orgânico total (mg.ℓ^{-1})
Oligotrófico[a]	50-300	0,3-3	<1-3
Mesotrófico[a]	250-1.000	2-15	<1-5
Eutrófico[a]	>1.000	10-500	5-30
Distrófico[a]	<50-5.000	0,1-10	3-30
Lagos da Amazônia Central			
Águas claras	350-1.500	1,3-92	8-23
Águas misturadas	820-3.500	0,7-47	7-23
Águas negras	53-10.451	0,5-27	5-17

[a]Wetzel (1975), modificado de Likens (1975).

concentração de nutrientes, e os ciclos de nutrientes, associados às flutuações de nível. Geralmente, nas águas pretas, com baixas concentrações de nutrientes e pH ácido, o crescimento dessas plantas é limitado, e a colonização desses sistemas é baixa. Algumas espécies que ocorrem em águas com concentrações baixas de nutrientes têm raízes no sedimento, possivelmente como mecanismo do suprimento adicional de nutrientes: a decomposição das macrófitas aquáticas nos rios e lagos amazônicos é rápida, devido, provavelmente, às altas temperaturas e à composição da parede celular. Portanto, essas plantas contribuem consideravelmente para a adição de nitrogênio, fósforo e outros elementos à água. Muitos vertebrados utilizam macrófitas aquáticas no rio Amazonas, nos lagos de várzea e nos tributários para alimentação. Essas plantas também contribuem significativamente para o aumento de detritos na coluna de água e no sedimento (Howard-Williams e Junk, 1977).

A microbiologia das águas amazônicas foi objeto de estudo de Rai (1979) e de Hill e Rai (1982), tendo sido publicada uma síntese por Rai e Hill (1984).

Inter-relações entre o ciclo estacional do fitoplâncton e o ciclo da população bacteriana foram demonstradas por meio da contagem de bactérias, utilizando-se o método de placas, coliformes totais, estreptococus fecais, contagem total de bactérias e atividades heterotróficas.

A **produção heterotrófica de bactérias** é altamente relevante nos lagos da Amazônia Central, e na maioria dos lagos estudados por Rai (Rai e Hill, 1981), os picos de atividades heterotróficas coincidem com os períodos de águas baixas. Os padrões para a atividade bacteriana parecem estar relacionados com os ciclos de nutrientes, o nível da água, a produção primária e a concentração do substrato natural. A Tab. 16.5, extraída de Rai e Hill (1984), traça uma comparação entre os lagos da Amazônia Central e outros sistemas aquáticos em relação a parâmetros de heterotrofia.

Robertson e Hardy (1984) descreveram o **zooplâncton dos lagos e rios amazônicos**, listando 250 espécies de rotíferos, os mais abundantes componentes do zooplâncton. São encontradas cerca de 20 espécies de cladóceros e 40 de copépodes, com predominância de calanóides. Entre as espécies de calanóides, os dominantes são *Notodiaptomus amazonicus* e *N. coniferoides*; entre as espécies de ciclopóides, *Mesocyclops longisetus*, *M. lenchartii*, *Thermocyclops minutus* e *Oithona amazonica* são dominantes.

Como as várias outras comunidades dos lagos amazônicos, a biomassa de zooplâncton e a sucessão de espécies são influenciadas pelas variações no nível da água. O zooplâncton dos lagos e rios amazônicos é uma importante fonte de alimento para muitas espécies de peixes (Carvalho, 1984; Zaret, 1989).

Quanto à comunidade bentônica, Roiss (1976) encontrou predominância de caoborídeos e ostracodes, com uma biomassa média anual de 0,136 m^{-2}. Na zona litoral, quironomídeos predominavam.

A fauna de peixes da Amazônia foi descrita por Lowe-McConnell (1984), e uma série de trabalhos sobre distribuição, alimentação de peixes e migração, por Goulding (1980). Goulding, Carvalho e Ferreira (1988) descreveram as relações tróficas e a diversidade de espécies de peixes no rio Negro. Goulding (1980) determinou os seguintes itens alimentares diretos e indiretos para peixes da Amazônia: frutas e sementes, folhas, flores, restos de vegetação, artrópodes, fezes, vertebrados terrestres arborícolas (pequenas aves e roedores), larvas de insetos aquáticos, crustáceos, moluscos, zooplâncton encontrado no estômago do tambaqui, principalmente cladóceros e copépodes, algas, detritos e algumas espécies de peixes. Além disso, esse autor constatou que a flutuação do nível da água é um fator fundamental que influencia o comportamento alimentar dos peixes amazônicos.

Segundo Lowe-McConnell (1987), há aproximadamente 1.300 espécies de peixes na bacia Amazônica. Esse autor classificou os peixes amazônicos, quanto ao hábito alimentar, nos seguintes tipos:

▶ Peixes que se alimentam exclusivamente de vegetação na idade adulta, como *Colossona*, *Mylossona*, *Myleus* e *Brycon*. Frutas e sementes constituem 89% do volume total de alimento consumido por

Tab. 16.5 Comparações dos lagos da Amazônia Central e outros sistemas aquáticos em relação a parâmetros heterotróficos

Sistema	Kt + Sn (µg.ℓ$^{-1}$)	V$_{máx}$ (µg.ℓ$^{-1}$/h)	Total de horas	Referências
Lagos de águas pretas	226 - 2.030,6	0,039 - 79	49 - 9.821	Rai e Hill (1980)
Lagos de águas brancas e pretas misturadas	876,9 - 1.282,1	1,16 - 32,9	53 - 416	Rai e Hill (1980)
Lagos de águas brancas	222,8 - 3.485,3	0,22 - 27,75	12 - 1.655	Rai e Hill (1980)
Pacífico Subártico	1,6	0,11	—	Vaccaro e Jannasch (1966)
Crooked Lake (Estados Unidos)	20 - 80	1 - 10	100 - 400	Wetzel (1967)
Char Lake	0,5 - 5	0,001 - 0,008	40 - 1.700	Morgan e Kalff (1972)
Estuário South Creek (Estados Unidos)	2,124 - 50,04	0,149 - 24,12	0,2 - 22,4	Crawford, Hobbie e Webb (1974)
Plussee (Alemanha)	3,8 - 46,9	0,2 - 1,2	6 - 202	Overbeck (1975)
Baía de Tóquio (Japão)	21,96 - 66,96	0,396 - 17,98	8,7 - 23	Yamaguchi e Ichimura (1975)

Fonte: Rai e Hill (1984).

esses peixes. Durante o período de alimentação, desenvolvem-se extensas reservas de gorduras nessas espécies de peixes.

▶ Peixes que se alimentam de vegetação, mas que podem alimentar-se de animais. Nessas espécies, pelo menos 20% do total da dieta dos peixes incluem animais. *Serrasalmus serrulatus* (piranha) e *Pinelodus blodii* são duas espécies com essas características.

▶ Peixes que se alimentam de detritos finos. Os gêneros mais importantes nessa categoria são o Curimatus, Semaprochilodus e Prochilodus, que constituem grande parte da fauna de peixes em rios pobres em nutrientes da região amazônica. Esses peixes alimentam-se de detritos finos, que incluem basicamente restos de vegetação.

Esses estudos de alimentação e distribuição de peixes na região amazônica permitem concluir a grande importância da flutuação de nível relativamente à migração dos peixes e à exploração de nichos alimentares na floresta durante o **período de inundação**, o que evidencia a complexidade da interação dos sistemas terrestre e aquático. Goulding (1980) estimou que 75% da pesca comercial provêm da cadeia alimentar que se inicia em florestas inundadas.

A Fig. 16.9 descreve os principais impactos dos pulsos de inundação na fauna de peixes dos vales de inundação da Amazônia. A Fig. 16.10a, extraída de Junk (1982), mostra as principais interações que ocorrem no sistema em função da flutuação de nível da água e nas várzeas. É evidente que os pulsos produzidos pela flutuação de nível são fundamentais na entrada de nutrientes no lago, na sucessão de comunidades aquáticas e na magnitude da biomassa e da diversidade de espécies. A Fig. 16.10b ilustra essas trocas e os fluxos.

A circulação vertical nos lagos de várzea é fundamental para a reciclagem de nutrientes, principalmente levando-se em conta os ciclos nictemerais da estratificação e desestratificação térmica (Tundisi *et al.*, 1984). A circulação vertical diurna tem efeitos na distribuição vertical diversa de nutrientes, funcionando como um mecanismo de pulso para a entrada de nutrientes na zona eufótica.

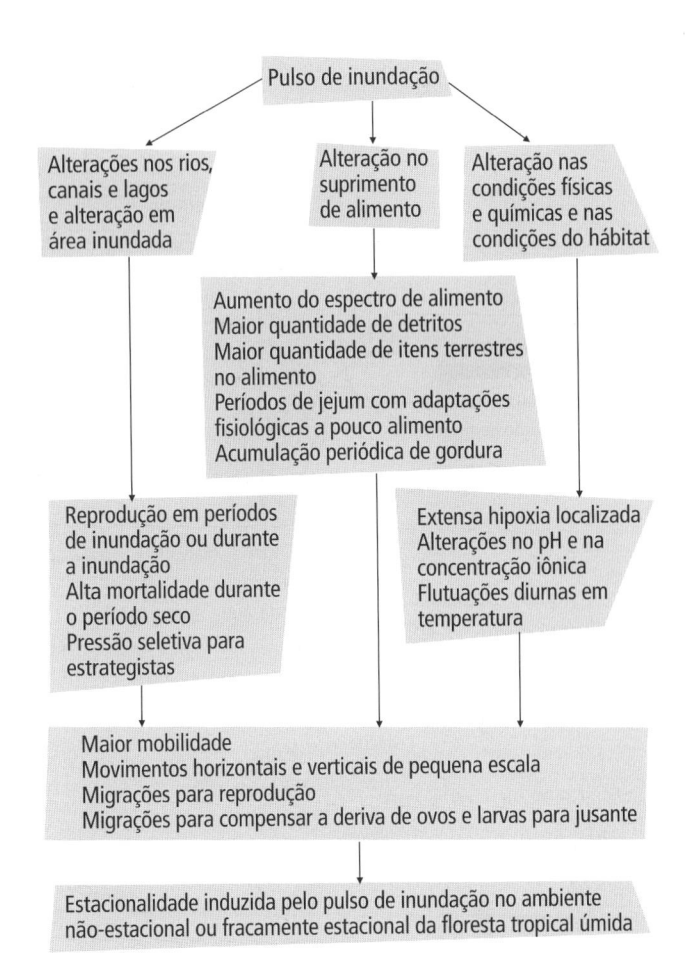

Fig. 16.9 Impactos do pulso de inundação na fauna de peixes dos vales de inundação da Amazônia
Fonte: Junk (2006).

MacIntire e Melack (1984) demonstraram a circulação vertical no lago Calado, mostrando que ocorrem frequências variáveis de mistura vertical até o fundo do lago durante os ciclos de inundação. Períodos de **circulação nictemeral** seguem-se a períodos de completa estratificação por alguns dias. Se a força do vento for suficiente para provocar alterações no gradiente de densidade, pode ocorrer mistura vertical diária (durante o período diurno). Portanto, respostas dos lagos à radiação incidente, à força do vento e ao resfriamento noturno produzem frequências de estratificação e desestratificação que interferem na distribuição vertical de nutrientes e no metabolismo do lago.

Com relação aos ciclos de nutrientes nos lagos da várzea, Forsberg (1984) verificou que no lago Cristalino, situado no sistema rio Negro, o provável fator limitante é o fósforo, enquanto no lago Jacare-

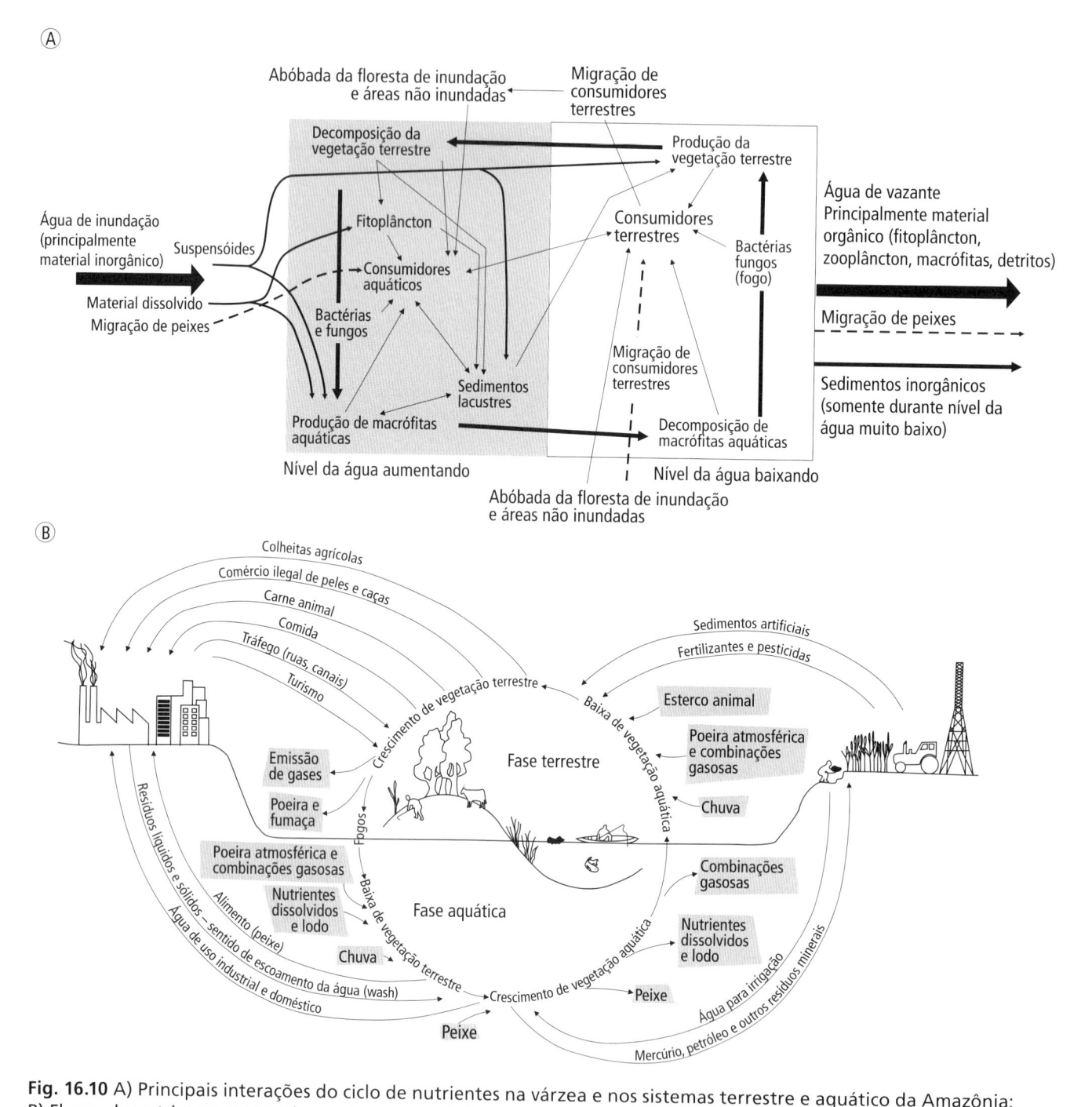

Fig. 16.10 A) Principais interações do ciclo de nutrientes na várzea e nos sistemas terrestre e aquático da Amazônia; B) Fluxos de nutrientes e energia na várzea amazônica e as trocas com a atmosfera e o terreno não inundado
Fontes: A) Junk (1982) e B) Junk (2006).

tinga, situado no rio Solimões, o fator limitante é o nitrogênio. A causa provável da limitação de nutrientes (nitrogênio ou fósforo) nos lagos pode ser, segundo Forsberg, a deficiência em nitrogênio ou fósforo na água do rio que entra no lago. As razões TN/TP são muito altas no sistema rio Negro/lago Cristalino e baixas no sistema rio Solimões/lago Jacaretinga. Outra evidência importante desse trabalho de Forsberg diz respeito ao papel das macrófitas como produtores primários e como componentes importantes do ciclo de nutrientes. O fato de os lagos (principalmente aqueles do sistema Solimões) apresentarem alta turbidez impede a produção primária elevada do fitoplâncton; macrófitas aquáticas são importantes como produtores primários e na reciclagem de nitrogênio e fósforo (principalmente o "capim flutuante" *Paspalum repens*, o qual tem um ciclo anual relacionado à flutuação de nível) (Junk, 1973).

De acordo com Devol *et al*. (1984), os **sedimentos dos lagos de várzea** são importantes reservas de nutrientes, acumulando carbono orgânico em quantidades elevadas. Essas regiões de várzea são utilizadas intensivamente como áreas de exploração de biomassa (pesca, piscicultura limitada) e produção de alimentos nos sistemas terrestres (cultivos na várzea durante períodos de água baixa).

Invertebrados aquáticos da Amazônia

Os invertebrados aquáticos dos vales de inundação apresentam, segundo Junk (2006), diversas estratégias para adaptação a períodos de seca: **estratégias reprodutivas** (alto número de ovos; ciclos de vida; propagação assexual; partenogênese; partição); **resistência à seca** (dormência; ovos de resistência; larvas e adultos em períodos dormentes); **vida anfíbia** (cuidados parentais).

Vegetação terrestre e os períodos de inundação

A vegetação terrestre, durante períodos de inundação, apresenta diversas estratégias de adaptação à inundação, tais como nematóforos e raízes adventiciais nas áreas inundadas; transporte interno de oxigênio; folhas xeromórficas; e manutenção de folhas sob a água, ou perda de folhas durante a inundação. A dispersão das sementes e dos frutos pode ser feita por anemocoria (transporte pelo vento); hidrocoria (transporte pela água); ictiocoria (transporte pelos peixes). Muitos peixes que vivem nas áreas de inundação alimentam-se de frutos e sementes da floresta tropical úmida inundada.

Junk (2006) lista mais de 1.000 espécies de vegetação da região amazônica adaptadas à inundação em contraste com aproximadamente cem espécies do hemisfério Norte.

A alta diversidade de peixes da Amazônia tem sido atribuída a muitos fatores: idade e vasta dimensão da área de drenagem; sucessão de hábitats e nichos que são proporcionados pelos rios e meandros; interações de rios e riachos com a floresta tropical úmida. O alto número de espécies é resultado, segundo Lowe-McConnell (1987), da existência, em cada seção ou área específica do sistema, de um conjunto próprio de **elementos faunísticos**. No sistema amazônico, os riachos de cabeceiras estão a montante das florestas, e a fauna predominante de peixes é de filtradores ou raspadores. Na área central da bacia Amazônica, há predominância de alimento alóctone proveniente das florestas; detritívoros são mais importantes que os zooplanctófagos ou **fitoplanctófagos**, embora algumas espécies também se alimentem de fitoplâncton e zooplâncton (Lowe-McConnell, 1986).

O sistema amazônico é muito vasto e complexo para comportar-se como se espera, da forma clássica estabelecida no "Conceito do *Continuum* do rio" (Vannote *et al*., 1980) (ver Cap.13).

Conservação e proteção da biota amazônica e dos principais processos

Como ficou demonstrado nessa síntese, existe uma relação fundamental e complexa entre os rios, a várzea, os lagos e as florestas na região amazônica. Grande parte do material alóctone produzido é transformada em detritos e reciclada nos diversos sistemas terrestres e aquáticos. A diversidade de nichos ecológicos e de subsistemas é, portanto, mantida por meio do fluxo de energia dos sistemas terrestres e aquáticos, os quais canalizam e maximizam os processos de reciclagem. Logo, a diversidade da fauna aquática depende, em grande parte, da diversidade da floresta e da contribuição de biomassa para os rios e lagos. A flutuação de nível dos rios é fundamental como função de força e entrada de energia externa para manter os processos e mecanismos.

Qualquer alteração desse sistema, seja pelo corte da vegetação, pelas modificações na várzea ou pela interferência nas flutuações de nível (o que ocorre com reservatórios na Amazônia), produzirá grandes modificações no sistema, com perda de diversidade, extinção de espécies e rompimento das interações construídas ao longo dos períodos geológicos. De acordo com Sioli (1984), os principais problemas no desenvolvimento das terras firmes na América são os seguintes:

▸ perda de nutrientes existentes no ciclo fechado vegetação/solo;
▸ redução da precipitação anual;
▸ aumento de material em suspensão para os rios;

- aumento da erosão;
- aumento da descarga superficial;
- instabilidade no regime dos rios;
- baixo nível dos rios durante períodos de seca.

Superexploração da floresta; **impactos nos sistemas aquáticos** da Amazônia, com desmatamento, aumento da pesca predatória, desenvolvimento de aquicultura intensiva nas várzeas; expansão da fronteira agrícola e desmatamento; e consequências da mineração nos rios são algumas das principais atividades humanas que estão afetando os principais sistemas aquáticos e terrestres, sobretudo as interações sistema aquático/sistema terrestre na região amazônica.

Usos múltiplos da biodiversidade aquática e dos sistemas aquáticos da Amazônia

Em razão da sua magnitude, da diversidade de ambientes e das biodiversidades aquática e terrestre, os ecossistemas da Amazônia, especialmente os aquáticos, são utilizados para inúmeras finalidades: suprimento de alimento – pesca e agricultura nas várzeas; transporte e navegação; exploração da floresta e da biodiversidade terrestre. Aquicultura é outra atividade em ascensão na Amazônia, em particular de peixes comerciais. Exemplos de sustentabilidade na exploração da várzea das florestas e da biodiversidade regional são o projeto do Instituto de **Desenvolvimento Sustentável** de Mamirauá e outros inúmeros projetos de desenvolvimento em várias regiões da Amazônia, no Brasil e em países da bacia Amazônica (Ayres e Ghosh, 1999).

A importância continental e global da Amazônia

O ciclo hidrológico na floresta tropical úmida tem uma interdependência com o clima, a química da atmosfera, os ciclos biogeoquímicos e o crescimento e **degradação do ecossistema de florestas tropicais**. A região amazônica e seu complexo ecossistema de florestas inundadas, rios, lagos e canais naturais têm um importante papel continental e na regulação dos ciclos biogeoquímicos, aquáticos, terrestres e da atmosfera. Qualquer alteração desse ecossistema complexo e dinâmico, como desmatamento, construção de represas ou ocupação desordenada de várzea, produz alteração na emissão de gases de efeito estufa, na regulação dos ciclos hidrológicos regional e continental e no balanço de energia do planeta (Dikinson, 1987).

16.3.3 O Pantanal

O Pantanal é a maior área alagada do planeta, com 138.183 km², e consiste em uma enorme variedade de áreas de inundação, lagos, canais, rios e florestas inundadas (Fig. 16.11). Essa região é consequência dos efeitos de inundação do rio Paraguai. Localizado na região central da América do Sul, entre as latitudes

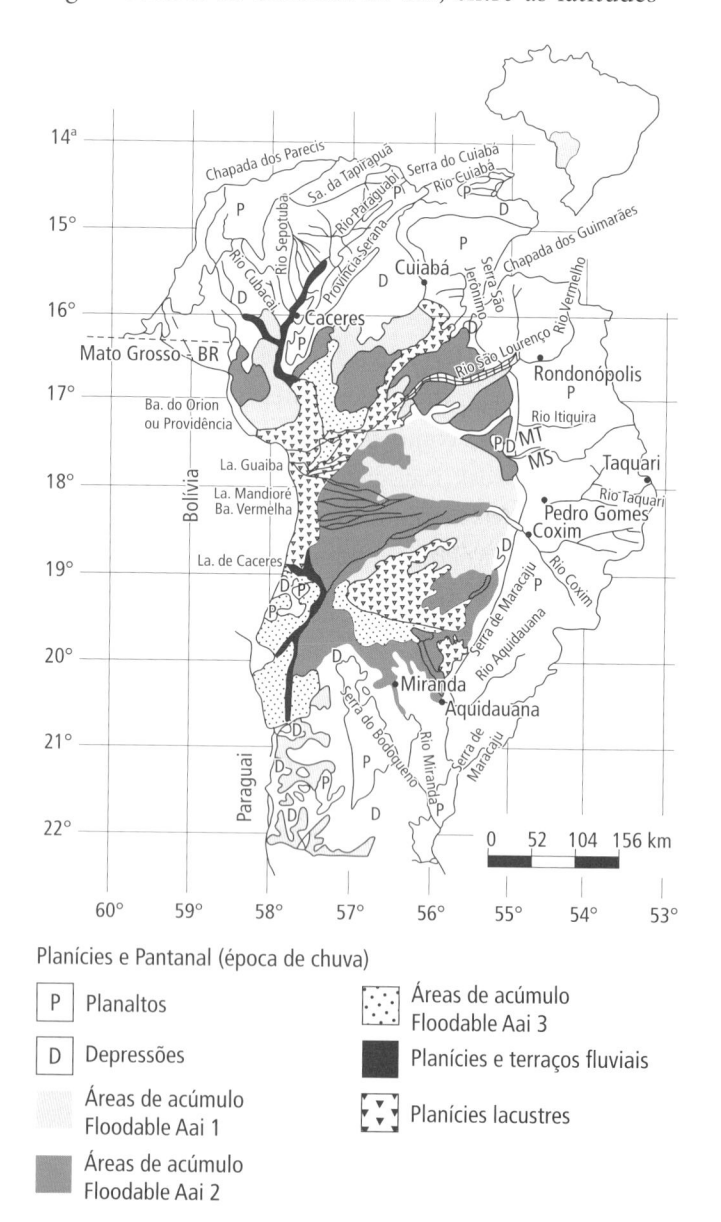

Fig. 16.11 Pantanal mato-grossense e sua bacia de drenagem
Fonte: modificado de Ab'Saber (1988).

16° a 22° S e as longitudes 55° a 58° W, inclui partes do Brasil, do Paraguai e da Bolívia. A bacia do Paraguai superior drena uma área de 496.000 km² compartilhada por esses três países.

A região do Pantanal está situada em uma área de baixo relevo que é inundada pelo rio Paraguai e seus tributários durante o ciclo estacional. A precipitação varia entre 1.250 mm na região norte e 1.100 mm na região sul. A região apresenta um déficit hídrico durante 6-12 meses do ano. A vegetação é do tipo savana (cerrado).

Os níveis de inundação no Pantanal variam em função da vegetação e dos complexos sistemas hidrológicos. Há flutuações no espaço e no tempo, influenciando a expansão e a regressão da água, a flora, a fauna e também modulando, até certo ponto, os usos do solo (Da Silva, 2000).

Além do **pulso anual de inundação**, há outros episódios interanuais de seca e inundação, promovendo alterações funcionais e estruturais nos ecossistemas aquáticos e terrestres, influenciando a organização espacial nos mosaicos de vegetação e de lagos e as diversidades aquática e terrestre. Localizado em uma depressão interior, é definido por Ab'Saber como uma "complexa planície de cabeceira detrítico-aluvial (Ab'Saber, 1988) que inclui ecossistemas do domínio dos cerrados, além de componentes bióticos do Nordeste-seco e da região periamazônica".

A depressão pantaneira localiza-se em uma área que foi uma vasta abóboda de escudo ("boutonnière" ou domos cristalinos – que designam áreas de abaulamentos ou abóbadas de escudos). As análises do **comportamento paleogeográfico** confirmam a teoria de "esvaziamentos acompanhados por eversão, pediplanação e recheio detrítico" (Ab'Saber, 1988), ou seja, a partir do esvaziamento da abóboda formou-se a bacia detrítica do Pantanal mato-grossense.

Com o surgimento do planalto brasileiro, entre o Cretáceo e o Plioceno, ocorreram falhamentos muito grandes nessas abóbadas de escudos, o que pode ser constatado com o exame de imagens recentes de satélite. A bacia de sedimentação tem de 400 m a 500 m de sedimentos acumulados. A obtenção de dados sobre a **sedimentação pleistocênica** da planície confirmou a formação de grandes leques aluviais.

Alterações climáticas e na hidrologia regional produziram **condições subtropicais semi-áridas** para condições tropicais úmidas em períodos geológicos diversos. Segundo Ab'Saber (1988), "os principais contornos e ecossistemas aquáticos, subaquáticos e terrestres teriam sido elaborados nos últimos cinco ou seis milênios". Os lagos do Pantanal mato-grossense foram classificados em uma tipologia descrita por Wilhelmy (1958) (Fig. 16.12), que oferece a hipótese de lagos formados por diques marginais e lagos oriundos de inundação de lóbulos internos de meandros.

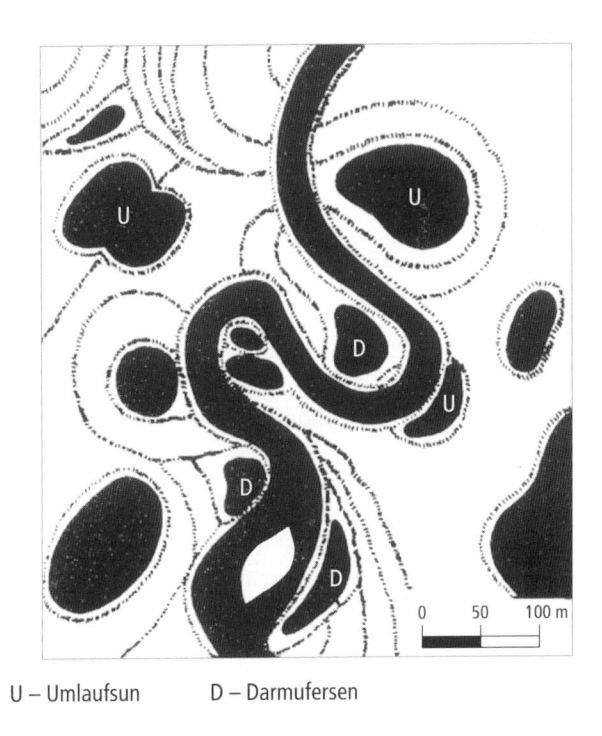

Fig. 16.12 Os lagos do Pantanal mato-grossense e sua origem, de acordo com Wilhelmy (1966)
Fonte: Tundisi (1994).

A região do Pantanal mantém uma elevada diversidade biológica (a Tab. 16.6 quantifica essa riqueza de espécies), em razão de **flutuações quaternárias** paleoclimáticas que determinaram a formação de áreas de refúgio partilhadas por bolsões de florestas, onde há maior diversidade biológica, e, consequentemente, essas áreas possibilitaram, no retorno das condições tropicais, a expansão da fauna e da flora a partir desses refúgios. Nessas áreas, segundo a teoria dos refúgios por pesquisadores brasileiros (Ab'Saber, 1977; Brown e Ab'Saber, 1979; Vanzolini, 1973, 1986), a maior competição desenvolvida possibilitou padrões de evolução característicos da América Neotropical. A expansão dos climas secos até as bordas da depressão do Pantanal mato-grossense deve-se à presença de vegetação da caatinga arbórea e arbustiva. Os espaços secos foram sendo depois, aos poucos, colonizados por diferentes espécies da vegetação tropical durante a regressão dos climas secos e a volta do clima tropical úmido.

Tab. 16.6 Riqueza de espécies do Pantanal

COMUNIDADES	NÚMERO DE ESPÉCIES
Plantas	1.863
Mamíferos	122
Répteis	93
Peixes	264
Pássaros	656

Fonte: Da Silva (2000).

As variações diurnas nesses lagos do Pantanal são provocadas pelo aquecimento e resfriamento térmico e pela formação de camadas de diferentes densidades durante o dia, com a presença de termoclinas temporárias e transporte vertical de nutrientes durante o período de isotermia. Períodos de vento intenso podem também produzir rápida circulação em lagos rasos; em alguns desses lagos, a produção primária depende quase integralmente de macrófitas aquáticas – *Eichhornia azurea* ou *Eichhornia crassipes* e *Pistia stratioides*. Vangil Pinto-Silva (1991) demonstrou variações nictemerais de temperatura da água, em particular relacionando essas variações em lagos rasos com os processos de fotossíntese e respiração e com o ciclo de oxigênio e gás carbônico dissolvidos. Entretanto, em alguns lagos com pouca biomassa de macrófitas, a concentração de clorofila fitoplanctônica pode extinguir 200 µg.ℓ^{-1}. Bancos de macrófitas nos lagos podem servir como fonte de alimentação para animais bentônicos e larvas de insetos e como área de reprodução de peixes. Algumas espécies de peixes do Pantanal mato-grossense, como o pacu (*Colossoma* sp), alimentam-se de restos de vegetação, frutos e sementes, tendo grande importância na dispersão da vegetação. Segundo Por (1995), o Pantanal tem uma grande diversidade de espécies de moluscos da família Ampullariidae, em especial moluscos bivalves sul-americanos. Caranguejos de água doce também são abundantes no Pantanal, particularmente os da família Tricholactylidae.

Aves aquáticas, que existem em grande abundância no Pantanal mato-grossense, são elementos importantes na rede trófica, no transporte de material biológico e na colonização de lagos permanentes e temporários. Grandes concentrações de aves aquáticas em locais de reprodução produzem uma elevada fertilização dos lagos e lagoas. Tundisi (dados não publicados) encontrou concentrações de fósforo total de até 800 µg.ℓ^{-1} em uma lagoa localizada sob um ninhal do **rio Cuiabá**.

Da Silva (1990) sumarizou esses efeitos e demonstrou alterações nos processos ecológicos, na produtividade primária, na decomposição, nos ciclos de nutrientes e na sucessão de espécies e comunidades. Grandes variações de condutividade elétrica foram determinadas nos lagos e rios do Pantanal, em conexão com os períodos de seca e inundação, com a hidrogeoquímica regional e com os períodos de precipitação. Assim, Junk e Furch (1990) demonstraram variações de 5 a 350 µS.cm^{-1} nos tributários da região norte do Pantanal; Mourão (1989) demonstrou variações de 1.594 a 5.200 µS.cm^{-1} para lagos salinos ("salinas") na região sul; e Da Silva e Oliveira (1998) encontraram valores de 850 µS.cm^{-1} em lagos situados em regiões de ninhais de pássaros. Por (1995) descreve valores de até 4.000 µS.cm^{-1} para lagoas "salinas" do Pantanal.

Alterações na concentração iônica da água e no material em suspensão estão relacionadas com os períodos de precipitação e evaporação (Da Silva e Esteves, 1995).

Os efeitos dos períodos de seca e inundação, com as consequências de diluição/concentração de biomassa, nutrientes e íons dissolvidos, também se refletem no ciclo e na biomassa de fitoplâncton, zooplâncton, peixes e comunidades de pássaros (Espíndola *et al.*, 1999a). A decomposição de macrófitas aquáticas e o seu crescimento e ciclo dependem dos períodos de seca e inundação, como demonstrado por Da Silva e Esteves (1993).

Por (1995) estima em mais de 405 espécies de peixes no Pantanal, um número muito menor do que na bacia Amazônica.

Do número total de espécies de pássaros, 156 vivem ou dependem das áreas alagadas, enquanto 32 alimentam-se preferivelmente de peixes (Contra e Artas, 1996).

Nas áreas alagadas do Pantanal, há abundância de fauna semi-aquática, como os grandes mamíferos – capivara (*Hydrochoeris hydrochaeris*) –, e também uma grande variedade de répteis (*Caiman latirostris*), que têm um papel relevante na rede alimentar de lagos e áreas alagadas. As flutuações no nível da água interferem no comportamento e na fisiologia de espécies de peixes, em particular na reprodução, alimentação, migração e no crescimento, conforme demonstrado por Ferraz de Lima (1986) e Da Silva (1985).

A região apresenta um grande volume de água distribuída em águas rasas e lagos rasos, a maioria permanente e alguns temporários. Lagos salinos foram descritos por Mourão (1989), tendo essas "salinas" o carbonato de sódio (Na_2CO_3) como principal componente.

Valores de pH podem atingir 10 e contêm nitrogênio quase somente sob forma de amônia. Várias sub-regiões podem ser encontradas no Pantanal, correspondentes a diferentes padrões geomorfológicos, segundo Klammer (1982 *apud* Adamoli, 1980); a diferentes padrões fitossociológicos; ou, ainda, de acordo com a ocorrência e a duração das inundações (Adamoli, 1986).

O ciclo estacional de flutuação de nível controla os processos, os ciclos e a sucessão e produtividade das comunidades terrestres e aquáticas. Devido ao acúmulo de biomassa em águas rasas, há um efeito importante dessa biomassa nos processos físicos e químicos nos lagos, influenciados pela respiração e fotossíntese de plantas aquáticas e pela decomposição.

Junk e Da Silva (1995) publicaram uma extensa revisão com uma comparação entre o Pantanal de Mato Grosso e a várzea e áreas de inundação do rio Amazonas e tributários. Esses autores concluíram que, do ponto de vista da hidrogeoquímica regional, há grandes diferenças entre as áreas de inundação e os tributários do rio Amazonas e o Pantanal e seus tributários. Provavelmente, a causa disso é a diversidade de formações geológicas e mineralógicas do Pantanal.

Os rios amazônicos têm grande influência sobre a água dos lagos e canais de inundação no Amazonas, enquanto no Pantanal, água de precipitação, evaporação, águas subterrâneas e tributários exercem uma influência importante na hidrogeoquímica. A grande descarga dos rios conectados à várzea e aos lagos, além da presença da abundante floresta tropical úmida no Amazonas, interferem na hidrogeoquímica dos rios dessa região. Tanto no Pantanal quanto na várzea do Amazonas, a influência da biomassa é fundamental, especialmente nos ciclos biogeoquímicos de nutrientes como nitrogênio e fósforo.

Os rios amazônicos têm uma grande influência mecânica nas várzeas, por causa do seu volume, e nos rios de águas brancas, a sedimentação modifica permanentemente a estrutura dos sistemas aquáticos. A depressão do Pantanal atua como um gigantesco concentrador de nutrientes, e a atuação física dos rios é mais evidente nos canais ou próxima destes. As diferenças entre as florestas de inundação do Amazonas e sua várzea e as do Pantanal são marcantes. No Pantanal, a vegetação predominante é herbácea, sendo substituída por florestas de maior porte nas 70 zonas ripárias dos rios.

Impactos no Pantanal mato-grossense

Há uma série de impactos que interferem no funcionamento dos lagos e canais naturais do Pantanal. Esses impactos atingem o ecossistema, a fauna, a flora e a biodiversidade, podendo ser resumidos em: desmatamento; atividades agrícolas excessivas que causam erosão; pescas intensiva e predatória; caça e predação pelo homem de vertebrados, desde peixes até mamíferos; ameaças às áreas de nidificação de pássaros; poluição por navegação; indústrias e várias atividades industriais. Turismo e atividades correlatas são também impactos constatados. Mineração, **transporte hidroviário**, construção de hidroelétricas e urbanização são outros impactos que ocorrem.

Esses impactos têm as seguintes consequências: aumento do transporte de sedimentos; aumento da toxicidade; aumento de espécies exóticas; **erosão das margens dos rios**; **contaminação por mercúrio**;

aumento da sedimentação; **alteração das áreas alagadas**; transformação das áreas alagadas estacionais em áreas permanentemente inundadas; poluição da água por falta de tratamento de esgotos; alterações do regime de pulsos de inundação e consequências na área de inundação (Da Silva, 2000).

16.3.4 Os lagos do médio rio Doce

Os lagos do sistema de lagos do médio rio Doce são ecossistemas aquáticos continentais muito característicos, sobretudo pelo fato de não se conectarem com o rio Doce e seus tributários. De acordo com De Meis e Tundisi (1986), esses lagos foram formados em um período de três a dez mil anos, por barramento de tributários do rio Doce, e após períodos de intensa precipitação e sedimentação, o que deu origem a um sistema peculiar de lagos rasos, áreas alagadas, localizados nas regiões características de mata tropical atlântica (Fig. 16.13).

Dos 150 lagos existentes, aproximadamente 56 encontram-se em área protegida do Parque Florestal do Rio Doce. Alguns desses lagos, aproximadamente 15, foram objeto de intensos estudos que ainda prosseguem, tendo a área se transformado em um dos sítios do Programa de Pesquisas Ecológicas de Longa Duração, sob a direção do Prof. F. A. Barbosa.

Um volume editado por Tundisi e Saijo (1997) sintetizou os estudos empreendidos, tendo sido publicados também inúmeros trabalhos científicos sobre produtividade primária (Barbosa e Tundisi, 1980), circulação e déficit de oxigênio dissolvido (Henry *et al.*, 1997), estrutura e distribuição de organismos do zooplâncton (Matsumura Tundisi *et al.*, 1997).

A precipitação média da região é de 1.500 mm, e a temperatura média anual é de 22°C. A estação chuvosa ocorre de outubro a abril, e há um período de inverno seco com temperaturas mais baixas (< 20°C). As principais conclusões dos estudos realizados são as seguintes:

Os lagos do rio Doce, estando imersos em uma floresta tropical atlântica, são sujeitos a uma contribuição permanente de material alóctone. A matéria orgânica em decomposição localiza-se no sedimento dos lagos, e a sua mobilização para a zona eufótica e o epilímnio depende do processo de circulação durante o inverno. Como os lagos estão protegidos pelos "**mares de morros**", a estratificação térmica é bem marcante e estável, mesmo em lagos mais rasos (por exemplo, a lagoa Carioca, com profundidade máxima de 12 m). A estratificação, que atinge o máximo em janeiro ou no verão, inicia-se fracamente a partir de agosto e, após o aquecimento térmico inicial, estabiliza-se com a contribuição da água de precipitação, que aumenta a densidade das camadas mais profundas, completando o processo (Tundisi, 1997).

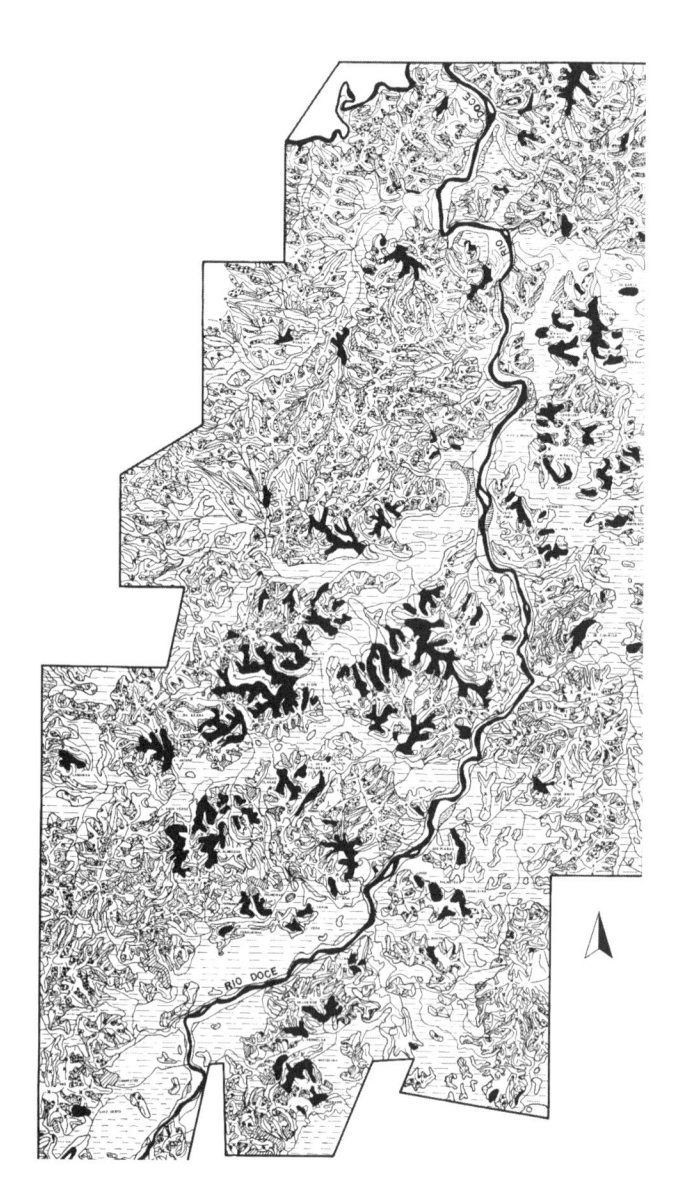

Fig. 16.13 Os lagos do rio Doce e a depressão interplanáltica
Fonte: De Meis e Tundisi (1986).

A estratificação resulta em um metalímnio bem característico e estável em vários lagos, o que estabelece um padrão vertical de distribuição de espécies de fitoplâncton, zooplâncton e bacterioplâncton. Bactérias fotossintetizantes ocorrem nas camadas mais inferiores do metalímnio, onde há aproximadamente 1% da radiação solar que chega à superfície e onde ocorre H_2S e CH_4, que são abundantes no hipolímnio dos lagos durante o longo período de estratificação (6 a 8 meses). O conteúdo de **carbono orgânico do sedimento** é muito elevado (aproximadamente 14,5% a 22% do peso seco da superfície do sedimento).

Nitrogênio orgânico no sedimento também é elevado, mas o conteúdo de fósforo é relativamente baixo. A disponibilidade de nutrientes do hipolímnio para o epilímnio é controlada pelo período de intensa estratificação, quando ocorre limitação de nitrogênio e fósforo para a produção primária fitoplanctônica. Durante o inverno, essa disponibilidade aumenta em razão da difusão e do resfriamento térmico gradual que ocorrem.

Os lagos situados fora do Parque Florestal do Rio Doce (lagoa Amarela e lago Jacaré) ficaram submetidos à influência de matéria alóctone proveniente de *Eucalyptus* sp. Essa matéria alóctone, menos rica do que aquela proveniente da mata tropical atlântica, tem como resultado uma menor concentração de matéria orgânica nas camadas superiores do sedimento desses lagos e um aumento da matéria orgânica em maiores profundidades do sedimento, consequência da contribuição anterior da mata atlântica ao material alóctone que se acumula no sedimento.

A diversidade de espécies de macrófitas aquáticas é relativamente baixa em quatro lagos estudados (D. Helvécio, lagoa Carioca, lago Jacaré e lagoa Amarela), a saber: *Eichhornia azurea*, *Typha dominguensis*, *Salvinia auriculata*, várias espécies de *Nymphaea* sp, bem como *Cabomba piauhyensis* e *Najas conferta* como espécies submersas.

Nos lagos D. Helvécio e Jacaré, as larvas de *Chaoborus* sp e *Chironomus* sp dominaram o zoobentos. Uma típica **migração vertical nictemeral** foi descrita para esses lagos. A coexistência de quatro espécies diferentes de *Chaoborus* sp, evidenciada pela identificação de suas larvas, pode ser explicada pela separação espacial interespecífica, partição de recursos e seleção de presas. A sincronização entre a emergência de adultos de *Chaoborus* e o ciclo lunar foi sugerida por Fukuhara *et al.* (1997).

A produção primária fitoplanctônica apresenta limitações de nutrientes, em virtude da circulação ausente ou muito baixa no período de intensa estratificação. Grande parte da biomassa do fitoplâncton confina-se no metalímnio, onde ocorrem grandes concentrações de cianobactérias, como descrito por Hino *et al.* (1986).

A produção primária de matéria orgânica nos lagos ocorre pela fixação de carbono fotoautotrófico, pelas macrófitas emersas e submersas nos lagos rasos, pelo bacterioplâncton fotossintetizante no metalímnio de alguns lagos. A **fixação heterotrófica** de carbono por bactérias também pode ser relevante, bem como quantitativamente significantes os **processos quimiossintéticos** no hipolímnio (Barbosa e Tundisi, 1980).

Os estudos realizados sobre a fauna ictíica nos quatro lagos mostraram a presença de 27 espécies de peixes, pertencentes a 11 famílias. A introdução de *Cichla ocellaris* (tucunaré) e *Pygocentrus* sp (piranha) nos lagos D. Helvécio e Jacaré reduziu drasticamente a fauna de **peixes nativos**, em especial a população de um importante engraulídeo, *Lycengraulis* sp. *Hoplias malabaricus* (traíra) e *Geophagus brasiliensis* (acará) foram encontrados nos lagos estudados. Caracóides dominaram a fauna ictíica dos lagos antes da introdução de tucunaré e piranha.

Impactos nos lagos do médio rio Doce

Os lagos do médio rio Doce sofrem o impacto das seguintes atividades humanas:

▶ desmatamento da floresta tropical atlântica;
▶ construção de estradas e erosão;
▶ remoção de áreas alagadas;
▶ introdução de espécies exóticas de peixes;
▶ atividades de turismo que afetam os lagos: pesca excessiva, desmatamento;
▶ plantações de *eucalyptus* sp que substituem a vegetação natural.

Segundo Barbosa, Esteves e Tundisi (1982), a serrapilheira da floresta tropical atlântica tem um papel muito importante no metabolismo dos lagos e nos ciclos biogeoquímicos. Portanto, a remoção dessa floresta causa problemas nos ciclos biogeoquímicos dos lagos e na estrutura e composição química do sedimento.

16.3.5 A bacia do Prata
Os rios Paraná, Paraguai e Uruguai

Os rios Paraguai (2.550 km), Uruguai (1.612 km), Paraná (2.570 km) e o da Prata (250 km) formam a bacia do Prata, com três milhões de quilômetros quadrados. Essa bacia é a mais desenvolvida da América do Sul, com uma população de aproximadamente 150 milhões de habitantes, abarcando porções do Sudeste do Brasil, Nordeste da Argentina, Sudeste do Uruguai, Sudeste da Bolívia e todo o Paraguai. É a segunda bacia em área da América do Sul e a quinta do mundo (Welcomme, 1985).

Essa bacia apresenta quatro áreas bem distintas, que são a bacia *superior*, a *alta*, a *média* e a *inferior* (Bonetto, 1994). O principal rio da bacia do Prata é o rio Paraná, formado pelos rios **Paranaíba** e Rio Grande, no território brasileiro. Estudos limnológicos, ecológicos e de biologia aquática foram desenvolvidos por pesquisadores do Brasil, da Bolívia, da Argentina, do Paraguai e do Uruguai, durante mais de 80 anos de pesquisas nas quatro áreas geográficas. A bacia superior do Prata, que é formada pelo rio Paraná superior e nos seus tributários, apresenta grandes alterações produzidas sobretudo pela construção.

O grupo de pesquisadores do Nupélia, da Universidade Estadual do Paraná, estudou intensivamente as porções superior e média do rio Paraná e seus vales de inundação. Um volume recente, editado por Thomaz, Agostinho e Hahn (2004), sintetiza os principais mecanismos fisiográficos, físicos, ecológicos e de conservação dessa região situada no rio Paraná e nos seus tributários. Há uma enorme e variada literatura tratando dos aspectos geomorfológicos e geológicos, que incluem estudos estratigráficos, palimnologia, transporte de sedimentos e a influência de represas nos processos naturais desses vales de inundação (Rocha *et al.*, 1999, 2001; Fernández, 1990; Crispim, 2001; Thomaz *et al.*, 2004). A bacia do rio Paraná superior, segundo esses autores, ocupa uma área de 802.150 km². Os principais tributários do rio Paraná são descritos na Tab. 16.7.

Os **canais fluviais** apresentam um dinâmico conjunto de processos que controlam o transporte e a deposição de material aluvial, com diferenças em cada tributário, em razão da velocidade da corrente, tipo e origem do solo e estrutura geológica. A presença de grandes ilhas nesses trechos do rio Paraná é consequência desse transporte e deposição de sedimentos. A "superfície dos Médios Interflúvios" (Bigarella e Ab'Saber, 1964) forma os divisores de águas das bacias dos pequenos e dos grandes tributários do rio Paraná. Os depósitos desses tributários são as principais fontes de sedimentos na bacia. Trata-se de depósitos arenosos, argilosos e, com alguma importância, quartzosos (Fig. 16.14).

A planície do rio Paraná compreende uma área de deposição que tem aproximadamente 450 km de extensão e que se distingue por duas áreas: terraço baixo e planície fluvial (Sousa Filho e Stevaux, 2004). A planície fluvial apresenta diferenças ao longo de seu trajeto, por causa da presença de paleocanais, com padrões espaciais de grandes ramos interligados, canais naturais, pequenos lagos e bacias. Em depressões de planícies ocorrem lagos e lagoas associados ao canal principal do rio Paraná ou a canais naturais ativos com amplas e diversificadas áreas de inundação. Segundo Filho e Stevaux (2004), o rio Paraná é um rio de multicanais com vários ramos interligados.

Toda essa estrutura dinâmica e variada sofrendo periodicamente as inundações apresenta um enorme e constante desafio para a sobrevivência, a colonização e a perenização da biota aquática.

Deve-se considerar esse ecossistema, portanto, como constituído por um conjunto de processos dinâmicos de flutuações e variações, em curto espaço de tempo (alguns dias) e estacionais, dependendo do nível de flutação da água, da velocidade da corrente e

Tabela 16.7 Principais tributários do rio Paraná superior

Rio	Comprimento do rio (km)	Área da bacia (km²)	Descarga anual média (m³.s⁻¹)
Paranaíba[d]	1.075	222.000	3.000
Grande[e]	1.227	143.000	2.100
Tietê[e]	1.150	74.100	602
Iguaçu[e]	1.320	69.000	1.542
Ivaí[e]	860	34.000	727
Ivinheima[d]	444	31.100	287

[d]Margem direita; [e]Margem esquerda

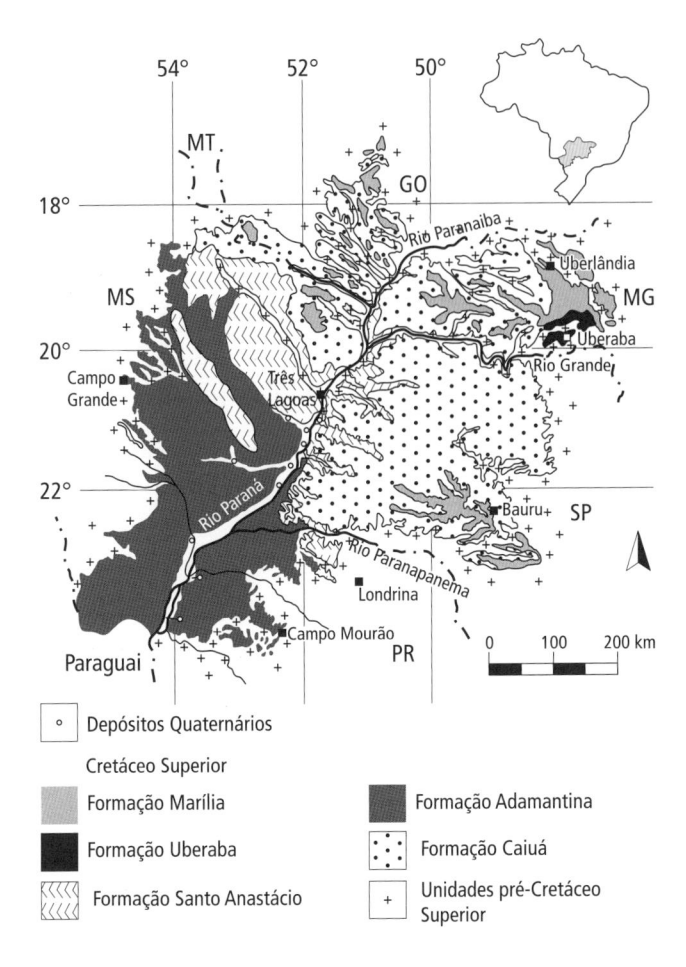

Fig. 16.14 Mapa geológico da bacia do alto do Paraná, com ênfase nas rochas cretáceas
Fonte: Stevaux (1997) *apud* Vazzoler *et al.* (1997).

das suas características.

É preciso levar em conta que, além da presente situação, ocorreram grandes alterações climáticas e hidrológicas durante o quaternário, caracterizando quatro eventos climáticos, segundo Stevaux e Santos (1998): o primeiro evento foi árido, com uma atividade de 40 mil anos antes do presente; o segundo, úmido, com atividade entre 7.500-8.000 anos antes do presente; o terceiro, árido, entre 3.500-4.500 anos antes do presente; e o quarto, úmido, aproximadamente 1.500 anos até o presente. Mudanças climáticas que ocorreram durante o quaternário devem ter sido acompanhadas de **movimentos neotectônicos** que resultaram em incisões, novos canais, depósitos fluviais, formação de pequenos terraços e construção e ressurgência de condições semi-áridas (Iriondo, 1988; Souza Filho, 1993).

Alterações de ciclos de precipitação, erosão, seca, crescimento de florestas e desenvolvimento de savanas (cerrados) refletem as mudanças que ocorreram na geomorfologia, geologia, hidrografia e hidrodinâmica, temperatura da água, pH, transporte de sedimento, precipitação. Essas alterações, sem dúvida, tiveram um impacto considerável na biota aquática e sua diversidade, na organização espacial e na sucessão em toda a bacia de drenagem.

A construção de represas na região do Paraná superior apresentou um impacto considerável nesses sistemas fluviais complexos do rio Paraná e na sua dinâmica. Os impactos das represas de **Porto Primavera**, Ilha Solteira, Jupiá, **Três Irmãos**, Itaipu e Rosana foram considerados no estudo realizado por Souza Filho *et al.* (2004). Do ponto de vista desses impactos, uma das consequências principais são as alterações no regime hidrológico, na descarga e no transporte de sedimentos pelo rio. Transporte de sedimento de 24,9 mg.ℓ^{-1} foi reduzido a 14,74 mg.ℓ^{-1} imediatamente durante a construção.

Fernandez (1990) constatou alterações nas margens e no padrão de erosão. As alterações produzidas pelas construções das barragens e seu impacto a jusante ocorreram no prazo de uma década, com a modificação dos regimes hidrológicos. Isso provocou novos processos de ajustes espaciais e temporais nas **estruturas anastomosadas** de canais, com consequências na biota aquática.

Os regimes hidrológicos do rio Paraná (Fig. 16.15) apresentam pulsos de inundação de variadas magnitudes, os quais têm um papel relevante no funcionamento dos vales de inundação e nos lagos permanentes. Essas lagoas permanentes dos vales de inundação do rio Paraná e outros ecossistemas

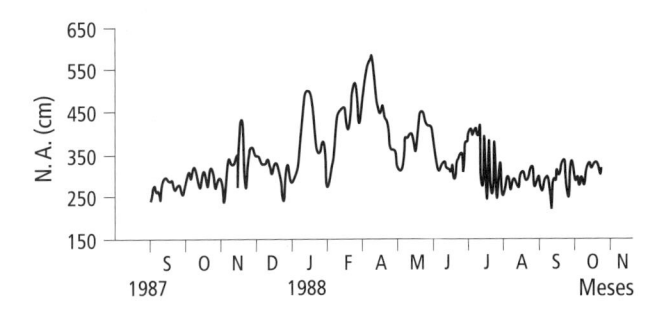

Fig. 16.15 Flutuações do nível de água do rio Paraná durante o curso de um ano
Fonte: Thomaz *et al.* (1997).

Tab. 16.8 Valores de alguns parâmetros limnológicos registrados em diferentes hábitats da planície de inundação do alto rio Paraná

Ambientes	Temperatura (°C)	D. Secchi (m)	pH	Cond. Elétrica (µS.cm⁻¹)	Alc. Total (meq.ℓ⁻¹)	O₂ Dissolv. (% sat.)	N-Kjeldahl (mg.ℓ⁻¹)	P-total (µg.ℓ⁻¹)	Clorofila a (µg.ℓ⁻¹)
Lagoas	23,7 (3,9) 15,8-31,7 n=116	0,90 (0,40) 0,25-2,85 n=116	6,6 (0,5) 5,1-9,1 n=116	30,8 (10,0) 16-55 n=115	0,26 (0,09) 0,08-0,49 n=107	61,9 (31,8) 6,4-116,0 n=115	0,70 (0,34) 0,20-2,59 n=91	65,4 (42,4) 9,3-262,2 n=107	8,6 (9,1) 0,2-64,7 n=114
Ambientes semilóticos		0,91 (0,26) 0,45-1,80 n=57	6,9 (0,4) 5,8-7,6 n=58	27,0 (9,7) 16-58 n=57	0,24 (0,09) 0,11-0,52 n=42	88,3 (20,4) 40,0-126,4 n=57	0,46 (0,17) 0,18-1,07 n=45	44,0 (11,3) 17,4-66,5 n=40	7,8 (8,2) 0,4-35,7 n=58
Rio Ivinheima	24,0 (3,8) 16,8-30,5 n=46	0,7 (0,4) 0,15-2,95 n=46	7,0 (0,3) 6,3-7,6 n=46	41,3 (4,4) 32-55 n=46	0,40 (0,07) 0,22-0,62 n=42	88,5 (16,7) 43,7-116,7 n=46	0,36 (0,14) 0,10-0,68 n=33	51,2 (19,9) 27,8-132,3 n=38	1,8 (1,3) 0,1-4,9 n=35
Rio Paraná	24,2 (3,3) 18,3-30,0 n=69	1,1 (0,5) 0,35-2,15 n=68	7,4 (0,3) 6,7-8,2 n=68	58,4 (6,2) 42-74 n=68	0,44 (0,05) 0,27-0,57 n=64	104,4 (8,7) 67,8-125,7 n=51	0,32 (0,11) 0,14-0,6 n=49	23,5 (11,6) 4,9-53,6 n=53	2,5 (1,4) 0,1-6,3 n=46
Lagoas temporárias	24,0 (2,7) 18,2-27,7 n=24	0,30 (0,30) 0,05-1,55 n=24	6,2 (0,5) 4,9-6,8 n=24	53,6 (24,7) 24-131 n=24	0,31 (0,20) 0,06-0,87 n=23	69,2 (30,4) 4,0-139,0 n=24	2,08 (1,06) 0,36-5,38 n=24	223,0 (113,3) 28,0-348,5 n=24	—
Riachos	23,5 (3,2) 18,2-29,3 n=24	—	6,1 (0,4) 5,1-6,8 n=24	57,2 (7,1) 41-74 n=24	—	99,8 (26,2) 88-172 n=24	0,45 (0,24) 0,14-1,14 n=24	60,3 (46,7) 16,0-202,0 n=24	—

São apresentados os valores médios, o desvio-padrão (entre parênteses), a amplitude de variação e o número de observações (n)
Fonte: Thomaz et al. (1997).

associados – rios, lagoas temporárias, riachos – apresentam as variáveis indicadas na Tab. 16.8.

Os níveis hidrométricos têm um papel fundamental na dinâmica dos lagos e das lagoas permanentes e temporários dos vales de inundação, o que depende, de acordo com Junk et al. (1989), do nível e volume da inundação e do grau de conectividade com os rios e canais principais. Há, evidentemente, um tempo de retardo das respostas das variáveis limnológicas, em especial oxigênio dissolvido, fósforo total, nitrogênio total, transparência e clorofila a. Esta última variável apresenta um padrão bimodal que depende do nível hidrométrico, com valores menores durante períodos de inundação (máximo de 20 µg clorofila $a.\ell^{-1}$). Os pulsos de inundação têm um efeito de diluição no fitoplâncton (Huszar, 2000), o que diminui sua biomassa. Durante períodos de alto nível da água, os processos de respiração e decomposição superam a produção primária líquida (Paes da Silva e Thomaz, 1997).

Apesar dos efeitos da construção das barragens, Thomaz et al. (2004) consideram que uma certa estacionalidade ocorre, dependendo do ciclo hidrológico ainda existente e regulado.

De acordo com Neiff (1990, 1996), as comunidades aquáticas dos grandes vales de inundação estão reguladas por períodos denominados potamofase (fase de rio) ou limnofase (fase de lago, fase seca). O **pulso hidrossedimentológico**, de nutrientes e de diluição ou concentração de organismos do fito e zooplâncton, ocorre nessas várias fases. Esse pulso de inundação é a principal função de força que atua no alto, baixo e médio rio Paraná.

As diferenças no ciclo hidrológico e a periódica perturbação do **sistema de vales fluviais** de inundação e seus lagos podem explicar a alta diversidade fitoplanctônica dos lagos dos vales de inundação, e a intensidade, a frequência e a regularidade da inundação dependem não só do grau de conectividade com os canais e o rio principal, mas da amplitude do tempo de retenção, morfometria e posição topográfica (Garcia de Emiliani, 1993; Train, 1998). As lagoas rasas do vale de inundação do Paraná apresentam grande complexidade na composição do fitoplâncton, com estacionalidade acentuada devido aos pulsos de energia e matéria associada com inundação. A diversidade do fitoplâncton estudada em inúmeras lagoas varia de 139 a 272 espécies (Train e Rodrigues, 2004).

As respostas do fitoplâncton a diferentes padrões de inundação, mistura vertical e concentração de nutrientes variam, de acordo com esses autores, em função da estacionalidade, da capacidade de manutenção de estoques de algas diatomáceas no sedimento (Reynolds, 1994) e da sua ressuspensão; o padrão de distribuição em tamanho do fitoplâncton e o biovolume variam em função da limnofase e da potamofase.

A colonização e a sucessão do perifíton também apresentam inter-relações com o ciclo e o nível hidrométrico, os recursos existentes e o regime de perturbação/estresse ambiental produzido pela inundação ou recessão do nível de água. Perturbações físicas, segundo Rodrigues e Bicudo (2004), têm um papel controlador na dinâmica das comunidades, favorecendo o desenvolvimento de clorofíceas; o incremento da biomassa de perifíton foi maior durante o período de nível elevado; o conteúdo de clorofila *a* tende a aumentar do ambiente lêntico para o ambiente lótico. Isso pode estar relacionado, segundo Rodrigues e Bicudo (2004), a um aumento do fósforo.

Segundo esses autores, porém, alterações no tipo de hábitat são os principais fatores reguladores do ciclo da comunidade perifítica, além das alterações do ciclo hidrológico. A **dinâmica de nutrientes**, especialmente fósforo, também parece ser um fator decisivo na sucessão do perifíton.

Um conjunto de autores (Lansac-Tôha *et al.*, 1997) pesquisou intensivamente o zooplâncton do rio Paraná e seus vales de inundação, desde tecamebas – gênero Difflugia com 27 espécies; Arcella com 18 espécies; Centropyxis com oito espécies, que são dominantes no zooplâncton, perfazendo 75% das espécies encontradas – até rotíferos (25 famílias encontradas) e microcrustáceos. O aumento da riqueza de espécies durante o período de nível alto das águas foi relacionado com o aumento do número de hábitats, em consequência da inundação, do aumento da disponibilidade de alimentos e do transporte de organismos de zooplâncton durante o período de inundação, aumentando a homogeneização faunística e conectando hábitats. A presença de macrófitas aquáticas nas lagoas permanentes pode influenciar a diversidade do zooplâncton (Lansac-Tôha *et al.*, 2004).

A **comunidade do zoobentos** nessas planícies de inundação foi estudada por Takeda *et al.* (1997). De acordo com esses autores, um dos importantes componentes dos ecossistemas é a vegetação, composta principalmente por gramíneas e poligonáceas. Essa influência da vegetação ripária – que fornece alimentos de variados tipos, em particular detritos, para os invertebrados (sobretudo detritívoros) – varia a cada fase do pulso hidrológico. A composição do zoobentos varia também em função do substrato, que pode ser material fino com grande concentração de matéria orgânica, ou material arenoso, de origem inorgânica e restos de vegetação, como folhas e troncos. Os macroinvertebrados bênticos encontrados nas planícies de inundação são principalmente insetos holometabólicos, e os fatores que influenciam a distribuição espacial desses invertebrados bentônicos são: 1) tipo de substrato (consolidado ou não consolidado); 2) **vazão do rio** principal; 3) alimento disponível; 4) alterações do sistema terrestre; 5) pulso de inundação. As variações temporais que afetam as condições físicas e químicas de rios e canais, lagos e áreas de inundação influenciam a variação temporal dos invertebrados bentônicos, principalmente os da região litorânea, conforme Takeda *et al.* (1997).

A abundância e a dominância dos *taxa* de macroinvertebrados bentônicos dependem da morfometria, do volume dos lagos e canais, da presença ou ausência de macrófitas e do estágio do ciclo de inundação. Por exemplo, Takeda *et al.* (1991a, 1991b) mostram o aumento potencial de caoborídeos durante a fase de águas altas. Rios, bacias, canais e lagoas de várzea apresentam diferentes composições de invertebrados bentônicos, e as associações estão relacionadas com os vários fatores determinantes. Substrato é um desses componentes fundamentais em que, nos espaços intersticiais de sedimentos arenosos, vivem nemátodes, oligoquetos, quironomídeos e copépodes harpacticóides. Já nas áreas com lama e material de substrato fino predominam *Campsaurus* sp, que constroem tocas na lama.

É difícil reconhecer um padrão determinado, por causa das diferenças nos substratos, no ciclo hidrológico e no nível e estágio de inundação. Como em outras comunidades das planícies de inundação, o conjunto das funções de força é grande e complexo, o que determina padrões espaciais e temporais em escala muito maiores do que a escala espacial e temporal de toda a planície de inundação.

A ictiofauna foi estudada por Agostinho *et al.* (1997), autores que constataram a existência de uma ictiofauna de 170 espécies de peixes, seis das quais introduzidas de outras bacias (corvina – *Plagioscion squamosissimus*; tucunaré – *Cichla monoculus*; tilápia – *Oreochromis niloticus*; trairão – *Hoplias lacerdae*; apaiari – *Astronotus ocellatus*; e tambaqui – *Colossoma macropomum*).

Na calha do rio Paraná, ocorrem cem espécies. Seus afluentes Ivinhema e Iguatemi apresentam, respectivamente, 91 e 77 espécies. Na planície alagável do rio Paraná, registram-se 103 espécies nas lagoas, atribuindo-se esse número à diversidade de hábitats, abrigos e alimentos. Muitas espécies utilizam-se de lagoas para o desenvolvimento, e os adultos estão adaptados a flutuações de oxigênio dissolvido na água, à temperatura da água e a outras condições físicas e químicas, como ocorre também em peixes de áreas de inundação da África (Beadle, 1981) ou do Amazonas (Junk, 2006).

A predominância de Characiformes e Siluriformes (85% de ambas as ordens) é característica desses ambientes. Algumas espécies são localizadas em determinadas regiões ou lagoas temporárias, e outras, como *Astyanax bimaculatus*, têm distribuição espacial ampla, provavelmente devido a uma maior tolerância a condições ambientais e a flutuações físicas e químicas.

A Tab. 16.9 apresenta vários índices relacionados com número de espécies, diversidade e equitabilidade nos vários componentes dos vales de inundação. A Fig. 16.16 mostra a captura, por unidade de esforço, das 15 principais espécies em diferentes períodos. Agostinho *et al.* (1997) listaram 35 espécies vulneráveis na ictiofauna nesse trecho da bacia do rio Paraná. Entre essas espécies destacam-se importantes representantes da fauna ictíica que têm grande valor comercial, como o pintado (*Pseudoplatystoma coruscans*), o pacu (*Piaractus mesopotamicus*), o dourado (*Salminus maxillosus*) e o jaú (*Paulicea luetkeni*).

O sucesso reprodutivo dessas espécies é afetado pelos barramentos na região, especialmente sobre os grandes migradores – espécies potamódromas que migram para hábitats preferenciais de desova e desenvolvimento inicial. Segundo Agostinho *et al.* (1992), as barragens interferem sobre a planície de inundação com um conjunto de impactos que vão desde alterações

Tab. 16.9 Índice de diversidade de Simpson (H), equitabilidade (E) e número de espécies (N) nos diferentes ambientes e períodos amostrados

Ambientes	1986-87			1987-88			1992-93			1993-94		
	N	H	E	N	H	E	N	H	E	N	H	E
Lagoas	53	0,840	0,856	52	0,862	0,878	51	0,916	0,934	48	0,907	0,926
Canais	54	0,895	0,912	58	0,919	0,935	48	0,930	0,949	49	0,884	0,902
Rios	63	0,954	0,968	62	0,936	0,951	72	0,932	0,945	62	0,900	0,915

Fonte: Agostinho *et al.* (1997).

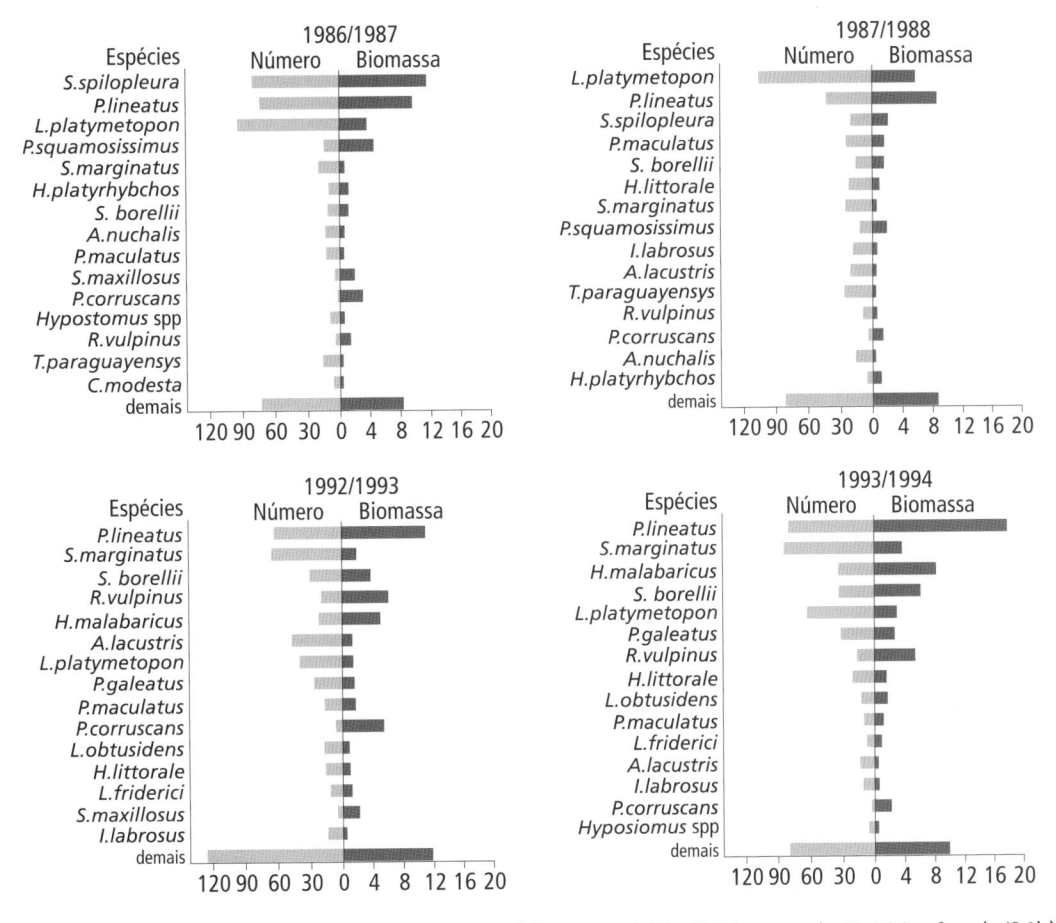

Fig. 16.16 Captura por unidade de esforço, em número e biomassa (n° indivíduos ou kg/1.000 m² rede/24h) das 15 principais espécies nos diferentes anos de amostragem
Fonte: Agostinho et al. (1997).

hidrodinâmicas e transporte de sedimentos até a interpretação de rotas migratórias das espécies e a redução e/ou alteração de nichos alimentares e reprodutivos.

A **dieta alimentar** da fauna ictíica dos vales de inundação do rio Paraná mostrou grande variedade e adaptabilidade trófica. A dieta de 57 espécies analisadas por Hahn et al. (1997) compreende moluscos, insetos (aquáticos e terrestres), detritos, zooplâncton, algas, outras espécies de peixes, sedimentos e vegetais (restos de vegetação aquática e terrestre). Os principais recursos alimentares são insetos, peixes e microcrustáceos. Peixes comedores de detritos (detritívoros) são frequentes, em particular os loricarídeos, sendo este recurso alimentar predominante.

Os insetos mais explorados pelos peixes nesses ecossistemas são os quironomídeos e, em segundo plano, os efemerópteros. A atividade alimentar dos peixes varia de acordo com as características do ambiente e da espécie. A planície de inundação e os vales fluviais são amplamente utilizados para a alimentação, sendo que as várias espécies de peixes utilizam-se de todos os ambientes simultaneamente. Padrões de atividade alimentar diurnos, noturnos ou vespertinos ocorrem, evidenciando ritmos circadianos de atividade, com ciclos de luz/escuro como fatores sincronizadores ou estimuladores. As relações tróficas entre os componentes da biota aquática da planície de inundação são complexas e variadas, com ampla exploração de nichos alimentares. Agostinho et al. (1997) descreve oito categorias tróficas para os peixes, de acordo com o alimento preferencial ou dominante: herbívoros; planctófagos; insetívoros; iliófagos; detritívoros; bentófagos; piscívoros; onívoros. Recursos alimentares aquáticos e terrestres são utilizados por essas espécies de peixes.

Ambientes lóticos e semilóticos têm um papel importante na reprodução, sendo hábitats reprodutivos de espécies de pequeno e médio porte. Afluentes do rio Paraná sem represamentos são importantes como áreas de desova das espécies que ocorrem na planície de inundação, onde predominam jovens dessas espécies.

A maioria das espécies de interesse comercial utiliza a calha dos rios (ambientes lóticos) para reprodução e as lagoas e canais como áreas de crescimento e recuperação, daí a necessidade, segundo Agostinho *et al.* (1993, 1995), de manter a integridade e a complexidade da planície de inundação. Vazzoler *et al.* (1997) demonstram influências ambientais na estacionalidade reprodutiva, especialmente temperatura da água e intensidade luminosa, junto dos ciclos de inundação e comprimento do dia.

O acoplamento entre os **períodos de reprodução**, **intensidade reprodutiva**, ciclos de temperatura e inundação e dias longos é de tal forma intenso que as larvas que resultam da desova podem usufruir condições propícias de alimento e abrigo proporcionadas pelo ambiente da planície.

Vazoller *et al.* (1997) consideram como fatores *proximais sincronizadores* os **níveis fluviométricos**, o pico das cheias como fator *proximal finalizador* e a ampliação dos ambientes de planícies como **fatores terminais**. Esses autores propõem que: "(1) temperatura e duração do dia são **gatilhos preditivos** que desencadeiam a maturação gonadal; (2) início de enchente é um fator sincronizador da desova; (3) o pico da cheia é um dos gatilhos finalizadores do processo reprodutivo" (p. 278 op. cit.).

Nakatami *et al.* (1997), ao estudar ovos e larvas de peixes dessa planície de inundação do rio Paraná, demonstram que existem espécies que desenvolvem todo o ciclo de vida e suas diferentes fases nas áreas inundadas, enquanto espécies migradoras utilizam essas áreas somente em parte do ciclo. As regiões de várzea e lagoas são fundamentais para o crescimento, a alimentação e o desenvolvimento inicial das espécies de peixes. Larvas que ocorrem junto a macrófitas aquáticas são mais pigmentadas; larvas com comportamento pelágico são pouco pigmentadas.

Um grande número de pesquisadores estudou o sistema fluvial do médio e baixo Paraná, dentre os quais se destacam Bonetto (1970, 1975, 1976, 1978, 1994), Bonetto *et al.* (1968, 1969, 1972, 1981, 1983, 1994), Neiff (1975, 1986), Paggi (1978), Poi de Neiff (1981, 1983) e Zalocar *et al.* (1982).

O rio Paraná médio comporta-se como um típico rio de grandes vales de inundação, com um grande e expandido vale fluvial. Suas águas nesse trecho têm uma composição química que difere das águas do Paraná superior. A condutividade média é de 90 µs.cm^{-1}, o dobro daquela do alto Paraná. Íons bicarbonatos dominam os ânions nesse Paraná médio (> 35 mg.ℓ^{-1}, em média). Valores de pH tendem a 7,5 no Paraná médio. Há baixas concentrações de sulfato nesse trecho. No baixo rio Paraná há um aumento da condutividade média (120 µS.cm^{-1}), e as dominâncias iônicas são $^-HCO_3 > ^{--}SO_4 > Cl^-$ com $Na^+ > Ca^{++}$ e aumento das concentrações de sódio e sulfato.

Os estudos realizados nessa região do Paraná médio e baixo mostram claramente a influência dos fluxos de água do rio no funcionamento de lagos permanentes e temporários, nos canais naturais.

Segundo Bonetto *et al.* (1969), há uma constante dinâmica do rio, tanto durante períodos de águas elevadas quanto períodos de recessão dessas águas, alterando a composição, a biomassa e a produtividade de comunidades do fitoplâncton, zooplâncton e perifíton. A Fig. 16.17 mostra a flutuação da densidade da população do fitoplâncton no médio Paraná.

Durante os períodos de inundação, há um efeito de diluição também observado no alto Paraná; o rio Paraguai recebe altas concentrações de sólidos em suspensão provenientes do **rio Bermejo**.

Fig. 16.17 Flutuações do fitoplâncton no rio Paraná. Variações na densidade (D) e diversidade (H' = índice de Shannon-Winner) em duas estações
Fonte: Zalocar *et al.* (2007).

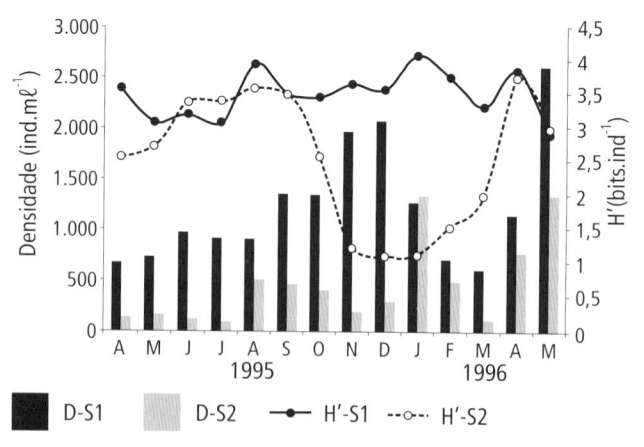

S1 – Estação 1 (margem esquerda associada com água do alto Paraná e a represa de Yaciretá)
S2 – Estação 2 (margem direita associada com água do rio Paraná)

Há uma abundante e variada fauna associada a plantas aquáticas, flutuantes ou submersas. Números de indivíduos de grupos como nematódeos, oligoquetos, cladóceros, copépodes, ostracodes, anfípodes, decápodes e moluscos podem chegar a 70 mil indivíduos . kg^{-1} de peso seco. No caso de fauna associada a *Eichhornia crassipes*, determinaram números de até 100 mil indivíduos . kg^{-1} de peso seco.

A fauna associada a essas macrófitas varia de acordo com a espécie de macrófita e sua permanência ou temporalidade no ciclo estacional. Neiff (1986) apresentou uma revisão sobre as plantas aquáticas do rio Paraná e classificou-as em sete unidades funcionais, de acordo com sua dependência do fluxo do rio e das correntes:

▸ Plantas aquáticas que vivem no rio e seus tributários. Todas essas plantas são **podostemáceas** – correspondentes, segundo Dugand (1944), ao *tachyreophyton*. Essas plantas ocupam um nicho especializado.

▸ Plantas aquáticas associadas com fluxos baixos a moderados, situadas ao longo das margens em áreas alagadas permanentes. Essas **plantas do rheophyton** são principalmente dominadas por *Paspalum repens*, *Panicum elephantines*, *Echinochloa polystachya*. São plantas com raízes cuja biomassa pode atingir 15 t.ha^{-1}.

▸ Plantas aquáticas nas áreas alagadas estacionais (*Polygonum stelligerum*, *Ludwigia peploides*). Crescem em áreas alagadas, mas não se desenvolvem com inundação permanente.

▸ Plantas aquáticas que ocorrem em áreas que se alagam somente durante enchentes excepcionais. *Typha latifolia*, *Typha dominguensis* e *Cyperus giganteus* são dominantes. Normalmente, essas plantas formam ilhas.

▸ Plantas aquáticas em lagos permanentes que sofrem a ação anual de inundações: *Salvinia* spp, *Eichhornia* spp, *Myriophyllum brasiliensis* são comuns.

▸ Plantas aquáticas presentes em lagos que são atingidos por enchentes excepcionais (*Eichhornia crassipes*, *Pistia stratioides*, *Salvinia* spp, como flutuantes, e *Cabomba australis*, como submersas).

▸ **Plantas anfíbias** que são submetidas a três ou quatro meses de inundação, a cada ano. Essas plantas incluem *Panicum prionitis* e *Andropogon lateralis*.

As flutuações espaciais e temporais dessas plantas aquáticas dependem da velocidade da corrente, dos vales de inundação, da frequência das inundações e das características fisiográficas, morfológicas e morfométricas dos rios. Entre os principais fatores ou funções de força que atuam nas distribuições espacial e temporal das macrófitas aquáticas podem-se destacar as interações dos componentes de fluxo e sedimentação e do regime do rio.

Portanto, a dinâmica dos grandes vales fluviais do rio Paraná, que é bastante acentuada no médio e baixo Paraná, está muito relacionada, dos pontos de vista quantitativo e qualitativo, com os pulsos de inundação. Essa dinâmica regula processos biogeoquímicos, processos geomorfológicos e a estrutura das comunidades. A produção da matéria orgânica depende dos pulsos de inundação, e a organização das comunidades e o seu metabolismo estão relacionados, em grande parte, com a concentração de carbono orgânico dissolvido, a concentração de carbono orgânico particulado e as taxas de decomposição e de atividade das comunidades de bactérias (Drago, 1973; Depretis e Cascante, 1985; Power *et al.*, 1995).

A presença de espécies de peixes detritívoros que se alimentam de matéria orgânica particulada é característica desses vales de inundação do rio Paraná. As macrófitas aquáticas têm um papel fundamental no funcionamento dos ecossistemas, em particular no ciclo de matéria orgânica e nutrientes. As macrófitas flutuantes fornecem abrigo para peixes, alteram a qualidade das águas e provêem alimento e abrigo para invertebrados aquáticos (Poi de Neiff *et al.*, 1994).

A fauna de peixes do rio Paraná é representada por 540 a 550 espécies, embora Bonetto (1986a) considere que o número se aproxima de 600. O Paraguai superior e o Pantanal têm a comunidade mais rica em espécies de peixes (cerca de 300). O número de espécies declina em direção ao sul, para jusante. A fauna de peixes do rio Paraná superior tem pouca afinidade com o Paraná médio e o baixo Paraná. No Paraná superior, há cerca de 130 espécies de peixes, mas com significante endemicidade.

O **comportamento estacional dos peixes** pode ser **sedentário** ou *migrador*. Os sedentários permanecem em uma região e exploram um hábitat para reprodução e crescimento sem realizar migrações reprodutoras. São espécies de pequeno e médio porte. Já as espécies migradoras são potamódromas, movem-se para montante por centenas de quilômetros e depois da reprodução retornam à calha principal do rio. Os alevinos e as larvas deslocam-se para jusante, localizam-se nos lagos e lagoas de várzeas e completam lá o seu desenvolvimento. Os movimentos migratórios dos peixes do rio Paraná são atribuídos à reprodução, à alimentação e também são induzidos pela temperatura. Bonetto (1963) e Bonetto *et al.* (1971, 1981a) registraram migrações de peixes, particularmente das espécies de valor comercial (Fig. 16.18).

As migrações envolvem distâncias de mais de 2.000 km (ida e retorno). Velocidades de migração de 10-16 km.dia^{-1} e de 21-22 km.dia^{-1} foram observadas, respectivamente, para *Prodilodus platensis* e *Salminus maxilosus* (Godoy, 1975). Caraciformes e siluriformes são os principais componentes da fauna ictíica do rio Paraná, constituindo os caraciformes 40% dessa fauna.

Usos múltiplos dos recursos hídricos da bacia do Prata

Os recursos hídricos dos rios Paraná, Paraguai, Uruguai e da Prata e seus afluentes são intensivamente utilizados por um grande conjunto de atividades econômicas e têm um papel relevante no desenvolvimento dessa região. As "frentes pioneiras" de desenvolvimento para urbanização, desmatamento e produção agrícola aceleraram-se a partir da segunda metade do século XIX, primeiro em direção ao noroeste de São Paulo, através das ferrovias, e depois em direção ao sul, Estado do Paraná e oeste, Estado de Mato Grosso.

> **Nota dos autores:**
> O número de espécies de peixes das várias sub-bacias do rio Paraná varia de autor para autor. Isso se deve a diferentes metodologias de coleta, problemas de identificação, períodos de coleta e esforços de pesca. Embora discrepantes, as ordens de grandeza do número de espécies de peixes, quando comparadas, estão razoavelmente dentro das margens de erro das estatísticas de amostragem.

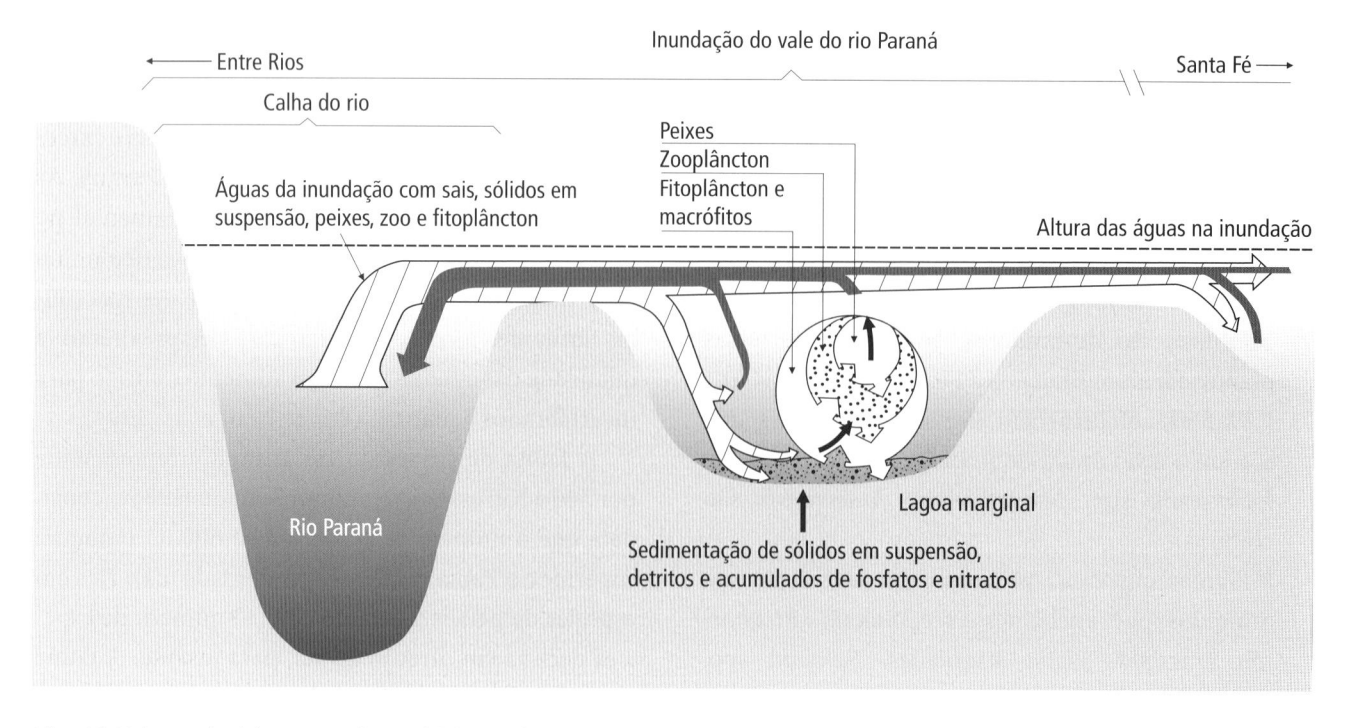

Fig. 16.18 Intercâmbios entre águas lóticas e lênticas no Paraná médio e os diferentes componentes da rede trófica
Fonte: Bonetto *et al.* (1969).

A partir de 1920, as frentes intensificaram-se ainda mais, ocupando espaços virgens e pouco explorados, a não ser pelos indígenas. O último esforço de ocupação do espaço e das grandes áreas para agricultura, que utilizam cada vez mais os recursos hídricos e sua biota, foi a construção de rodovias e hidroelétricas, particularmente no Paraná superior e seus afluentes. O adensamento das populações no oeste do Estado de São Paulo e nos Estados do Paraná, de Santa Catarina e do Mato Grosso produziu uma urbanização rápida e irreversível, que começou a demandar os recursos hídricos de forma muito ampla e diversificada a partir da segunda metade do século XX, quando a industrialização acelerada e o agronegócio passaram a demandar investimentos crescentes em energia, irrigação e abastecimento público.

Atualmente, os seguintes usos múltiplos ocorrem na bacia do Prata e seus principais tributários:

- abastecimento público urbano e rural;
- irrigação no agronegócio;
- transporte hidroviário – navegação comercial;
- produção de energia (hidroelétrica);
- pesca nos rios e represas;
- aquicultura intensiva em represas;
- recreação – parques e marinas;
- turismo – navegação turística.

Esse conjunto de usos múltiplos ocorre com maior ou menor intensidade em todas as áreas da bacia do Prata até o estuário do rio da Prata (Rosa, 1997).

Impactos e decorrências dos usos múltiplos

Um dos grandes impactos que ocorreu nos sistemas hídricos da bacia do Prata foi o desenvolvimento de um programa intenso de produção de energia elétrica, com a construção de dezenas de barramentos (mais de 60) para hidroeletricidade, em 80 anos (Tundisi *et al.*, 2006). Esses barramentos produziram grandes e irreversíveis mudanças nos vales de inundação de todo o sistema do Paraná superior, com reflexos no Paraná médio e inferior (Tundisi, 1993).

Além desses impactos da construção de hidroelétricas, devem-se destacar outros muitos complexos, com consequências na organização espacial do sistema, na fauna e na flora. São eles:

- Retiradas de água para abastecimento público e despejos de esgotos não tratados.
- Irrigação e descargas de águas com excesso de fertilizantes e pesticidas.
- Efluentes industriais. Usos da água nas indústrias e despejos de resíduos.
- Navegação e impactos decorrentes.
- Recreação e turismo, que causam impactos diferenciados e diversos em toda a bacia.
- Pesca comercial excessiva e introdução de espécies exóticas, em especial nos reservatórios.

Esses impactos têm como consequência os seguintes processos de degradação:

- **Alteração do regime hidrológico** pelo barramento, aumento da evaporação e impactos nos aquíferos.
- Eutrofização de represas e rios, com crescimento de espécies de macrófitas aquáticas em larga escala.
- Crescimento excessivo de cianobactérias e seus impactos na qualidade das águas, nos organismos e na saúde pública. Efeitos nas redes alimentares, sua estrutura e dinâmica.
- Remoção de espécies de peixes nativos e introdução de espécies exóticas que alteram a estrutura da rede alimentar e o seu funcionamento.
- Introdução de espécies exóticas, por exemplo, o molusco *Limnoperna fortunei* (Cap.18).
- Perda da biodiversidade aquática.

Todos esses impactos têm consequências na saúde pública, na estrutura das comunidades de peixes e plantas aquáticas, e têm reflexos econômicos, em razão do aumento dos custos de tratamento da água, da perda das biodiversidades aquática e terrestre, do aumento da toxicidade em geral e dos custos gerais para a sociedade.

Um dos grandes impactos e suas consequências, com grandes prejuízos econômicos, está na perda da integridade ecológica desses grandes rios, representada pelas perdas econômicas relativas aos serviços dos ecossistemas. Além disso, deve-se levar em conta a perda da capacidade evolutiva e a deterioração das dinâmicas dos fluxos gênicos entre os componentes do sistema, com consequências quantitativas e qualitativas de alto impacto na biota aquática e nos processos (Tundisi, 2007).

16.3.6 Limnologia na Argentina

Além dos intensos estudos desenvolvidos na bacia do rio da Prata por Bonetto (1986, 1993), Bazan e Amaja (1993), Bechara (1993) e Martinez (1993), limnólogos argentinos produziram um conjunto muito consistente de informações sobre as biotas aquáticas neotropical, subtropical e austral (Ezcurra de Drago, 1972, 1974, 1975). Pesquisas sobre a distribuição geográfica de cladóceros e o zooplâncton de represas e lagos naturais foram realizadas por Paggi (1978, 1980, 1989, 1990); a fauna bentônica e seu uso como indicadora de condições tróficas ou contaminação foi abordada por Marchese (1987) e Marchese e Ezcurra de Drago (1992, 2006); Quirós (1990, 2002) e Quirós et al. (2006) empreenderam outros estudos sobre reservatórios e lagoas dos pampas; e os processos de eutrofização foram estudados por Cirelli et al. (2004, 2006).

A ecologia e a biologia das comunidades ictiicas do rio Paraná e seus tributários foram objeto de intensas pesquisas por Baigun et al. (2005) e Oldani (1990). Macrófitas aquáticas e a fauna associada do rio Paraná, acumulando os efeitos de períodos de inundação e seca, foram estudadas por Neiff (1978) e Poi de Neiff et al. (1994, 1997); a hidrodinâmica do rio Paraná e seus tributários, o transporte de sedimentos e os ciclos biogeoquímicos, por Drago (1973) e Drago et al. (1981, 1998); os ciclos biogeoquímicos das planícies aluviais desse rio, por Bonetto et al. (1983, 1994). Além disso, uma série de trabalhos relacionados com a ecologia e a fisiologia do protozooplâncton e do zooplâncton de lagos austrais na Argentina foi desenvolvida por Balseiro (2002).

A Limnologia regional na Argentina tem apresentado inúmeros avanços, em particular relacionados com a dinâmica das comunidades aquáticas, as espécies de peixes de interesse comercial, os efeitos de impactos sobre rios e reservatórios e as modificações da dinâmica fluvial e ciclos biogeoquímicos.

16.3.7 Limnologia no Uruguai

O trabalho de Conde e Sommaruga (1999) apresenta o desenvolvimento dos estudos limnológicos no Uruguai, país inserido na bacia do Prata, localizado na zona temperada, com temperaturas de 17°C na primavera, 25°C no verão, 18°C no outono e 12°C no inverno. A média anual de precipitação é de 1.100 mm na região sul e 1.300 mm na região norte. A distribuição da precipitação durante o ano é homogênea. A Fig. 16.19 localiza as cinco principais bacias hidrográficas do Uruguai.

Uma das características principais do Uruguai é uma rede muito diversificada de rios, 200 mil hectares de áreas úmidas e três grandes rios (da Prata, Negro e Uruguai). Lagoas costeiras são importantes ecótonos já intensivamente estudados (Jorcin, 1993, 1996).

Os trabalhos limnológicos desenvolveram-se em represas urbanas, descrevendo-se seu estado trófico e sua composição química e biológica (Pintos e Sommaruja, 1984; Fabian, 1995). Fluxos de carbono entre bactérias, flagelados, ciliados, rotíferos e macrozooplâncton foram estudados em outra represa (**lago Rochó**) por Sommaruga (1995). Conde et al. (1995,

Fig. 16.19 As cinco maiores **bacias hidrográficas do Uruguai**, incluindo os sistemas de água doce mais importantes
Fonte: Conde e Sommaruga (1999).

1996a, 1996b) realizaram pesquisas sobre rios urbanos poluídos e grandes reservatórios hidroelétricos, como a represa de Salto Grande e Bonete. Em seus estudos, Sommaruga e Conde (1990), Sommaruga e Pintos (1991) e Jorcin (1996) abordaram as lagoas costeiras.

O Quadro 16.4 indica as regiões com maior risco de eutrofização no Uruguai (Sommaruga et al., 1995), e a Tab. 16.10 descreve, comparativamente, os dados de três lagoas costeiras do Uruguai.

Um dos grandes rios do Uruguai é o rio Uruguai, cujos principais parâmetros limnológicos são descritos na Tab. 16.11. Várias instituições, governos municipais e companhias públicas estão envolvidas com monitoramento, estudos limnológicos, saneamento e política ambiental no Uruguai. Do ponto

Quadro 16.4 Regiões com maiores riscos de eutrofização no Uruguai

Região	Consumo de fertilizantes fosfatados (Mg P_2O_5 yr^{-1})	Nível de erosão	Atividades produtivas e assentamentos humanos	Casos de erosão relatados
Centro-Sul	1.700 (11%)	Moderada a alta	Terras destinadas à agricultura, alto desenvolvimento industrial e três cidades grandes	Colonização de macrófitas em rios durante o verão
Oeste	5.475 (45%)	Moderada a baixa	Terras destinadas à agricultura e o maior assentamento humano depois de Montevidéu	Florescimentos de *Microcystis* em baías e reservatórios
Sudeste	4.777 (13%)	Moderada a baixa	Extensos campos de arroz e alta descarga de água doce no oceano; nenhuma cidade grande	Eventos periódicos de maré vermelha em áreas oceânicas costeiras

Fonte: modificado de Sommaruga et al. (1995).

Tab. 16.10 Características comparadas de três lagoas costeiras do Uruguai

Parâmetro	Lagoa Negra	Lagoa de Castillos	Lagoa de Rocha
Distância da costa (km)	4	10	0,1
Área da lagoa (km²)	142	100	72
Profundidade média (m)	2,9	1	0,56
Profundidade máxima (m)	3,8	2	1,4
Volume (km³)	0,42	—	0,04
Área da bacia (km²)	720	1.453	1.312
Área da bacia/área da lagoa	5,1	14,5	18,2
Tributários importantes	0	1	4
Influência do oceano	Vento marinho	Através de um rio de 10 km	Direto
Conexão com o oceano	Não	Periódica	Periódica
Vazão média (m³/s^{-1})	Baixa	14,6	570
Regime hidrológico	Modificado	Natural	Natural
População	Não	Raro	30.000
Atividades humanas na bacia	Campos de arroz	Pesca	Pesca
Indústrias	Não	Não	Poucas

de vista científico, os Departamentos de Limnologia e Oceanografia têm contribuído de forma importante para o conhecimento limnológico e ecológico de represas, rios, estuários e bacias das áreas continental e costeira do Uruguai.

Os estudos limnológicos no Uruguai tendem à utilização cada vez maior da informação científica para aplicação em gerenciamento e recuperação de represas eutrofizadas e para a **recuperação de bacias hidrográficas**.

Tab. 16.11 Parâmetros limnológicos selecionados do rio Uruguai

Parâmetro	Valor
Vazão anual (km³)	145,0
Drenagem (mm.ano^{-1})	443,0
Condutividade (µS.cm^{-1})	47,0
pH	7,35
Alcalinidade (mg.ℓ^{-1})	23,1
Sedimentos totais em suspensão (mg.ℓ^{-1})	76,0
Sódio (mg.ℓ^{-1})	5,0
Potássio (mg.ℓ^{-1})	2,0
Cálcio (mg.ℓ^{-1})	7,0
Magnésio (mg.ℓ^{-1})	2,0
(Cloreto) Cloridato (mg.ℓ^{-1})	3,0
Sulfato (mg.ℓ^{-1})	5,0
Bicarbonato (mg.ℓ^{-1})	36,2
Sílica reativa (mg.ℓ^{-1})	15,0
Carbono orgânico dissolvido (mg.ℓ^{-1})	6,6
Carbono orgânico particulado (mg.ℓ^{-1})	1,15
Clorofila *a* (µg.ℓ^{-1})	2,6

Fonte: Conde e Sommaruga (1999).

16.3.8 Estudos limnológicos na Venezuela

Lagos, represas e rios da Venezuela têm sido objeto de estudos por um longo período, e estes incluem não somente os ecossistemas aquáticos, mas as bacias hidrográficas, suas formações geológicas e a geomorfologia. Uma contribuição importante às Limnologias regional e mundial, a partir dos estudos de sistemas aquáticos continentais na Venezuela, foram as pesquisas no rio Orinoco (Weibezahn *et al.*, 1990). Por sua vez, uma grande contribuição aos trabalhos científicos de ecossistemas aquáticos da Venezuela foi dada por Infante (1988, 1997) e Infante e Riehl (1984). Neste último trabalho, os autores destacam os efeitos de cianobactérias e suas toxinas no zooplâncton do **lago Valencia**. Em outra etapa, desenvolveram-se estudos comparados de represas da Venezuela e da Nicarágua (Infante *et al.*, 1992, 1995).

Pesquisas mais recentes sobre o fitoplâncton de represas, a produtividade primária e os impactos do enriquecimento no funcionamento da comunidade fitoplanctônica foram apresentadas por Gonzalez *et al.* (2000, 2003, 2004), bem como estudos de zooplâncton (Gonzalez *et al.*, 2002) e comparações da composição do zooplâncton e do fitoplâncton com o estado trófico (Gonzalez *et al.*, 2002, 2003).

Estudos mais dinâmicos com microcosmos experimentais foram desenvolvidos por Gonzalez *et al.* (2001), bem como pesquisas no **reservatório Pao-Cachinche**, um reservatório hipereutrófico tropical utilizado para abastecimento público e irrigação. Continuando com essa linha de investigação, Gonzalez *et al.* (2006) apresentaram um projeto de recuperação e gerenciamento desse reservatório, por meio de técnicas modernas de aeração. Os estudos limnológicos em andamento na Venezuela mostram que a transferência de conhecimentos básicos para o gerenciamento dos sistemas está se consolidando rapidamente e se transformando em um dos canais competentes de gerenciamento de sistemas lacustres, especialmente reservatórios.

Historicamente, contribuições relevantes à ecologia aquática e à biologia aquática foram dadas por Rodriguez (1973), por meio dos estudos sobre o sistema Maracaibo. Os sistemas aquáticos da Venezuela estão submetidos a impactos como descargas de poluentes, fósforo e nitrogênio, substâncias tóxicas e material em suspensão, tornando difícil o gerenciamento e o tratamento das águas.

16.3.9 Estudos limnológicos na Colômbia

Um grande número de pesquisadores realizou estudos limnológicos intensivos na Colômbia, como Mathias e Moreno (1983), Roldán *et al.* (1988, 1992, 1999, 2001a, 2001b, 2003), Zuniga de Cardozo *et al.* (1997) e Gavilán-Diaz (1990). Esses estudos deram ênfase aos bioindicadores de qualidade das águas, tendo a informação produzida avançado nitidamente e de forma competente a metodologia e o dimensionamento experimental nos rios, lagos e represas da Colômbia.

Roldán (1992) produziu um volume importante sobre Limnologia neotropical. Implementou-se o uso de sistemas de tratamento de águas residuárias com *Eichhornia crassipes* (Floresz, 1990; Eicheverri *et al.*, 2006) e novas áreas de estudo iniciaram-se recentemente na Colômbia (Bolaños e Pelaez-Rodriguez, 2006).

A Limnologia na Colômbia mostra claramente como o desenvolvimento de uma linha de investigação científica, aplicada à Limnologia regional, pode ser útil para todo o continente, utilizando-se a metodologia desenvolvida nesses sistemas regionais.

16.3.10 Limnologia no Chile

Lagos e reservatórios do Chile estão situados em clima temperado e árido, em altitudes que os fazem receber baixas concentrações de nitrogênio. A produção primária nesses lagos está relacionada à temperatura do fundo e à concentração de nitrogênio. Os lagos e represas do Chile estão sujeitos à corrente de Humboldt, que influencia os processos climáticos e o funcionamento dos sistemas de águas continentais (Pardo e Vila, 2006). Publicou-se um volume grande de informações sobre a produtividade primária de lagos chilenos (Cabrera, 1984) e as características físicas e químicas de lagos araucanos (Campos, 1984; Campos *et al.*, 1978, 1983, 1987, 1993, 1998), bem como realizaram-se estudos sobre a produtividade primária, os ciclos biogeoquímicos e a importância do sedimento nesses ciclos (Pizarro *et al.*, 2003; Pizarro e Rubio, 2006).

Cabrera *et al.* (1995) pesquisaram as variações da radiação UV no Chile e seu impacto sobre o fitoplâncton e a produtividade primária. Estudos detalhados e importantes sobre a produtividade primária do fitoplâncton na represa Rapel foram publicados por Cabrera *et al.* (1977), Caraf (1984), Bahamonde e Cabrera (1982) e Montecino (1981). Reynolds *et al.* (1986) publicaram um extenso estudo sobre *Melosira* (*Aulacoseira* spp) na mesma represa.

16.3.11 Lagos em vales glaciais no hemisfério Sul

Os lagos araucanos estudados por Thomason (1963) são um exemplo bastante interessante de lagos em vales glaciais formados durante o último período glacial. Esses lagos localizam-se entre os Andes e o Pacífico, de 39° a 41° latitude Sul. A região é conhecida como Araucária, por causa do antigo nome dos habitantes. A Tab. 16.12 mostra algumas características de 11 lagos araucanos.

Tab. 16.12 Características gerais de 11 lagos araucanos

Lago	Ano da descoberta	Altitude (m)	Área (km²)
Cólico	—	—	57,2
Calbuco	—	—	53,0
Villarrica	1.550	230	172,2
Calafquén	1.576	240	121,3
Panguipulli	1.576	140	114,6
Rimihue	1.576	117	82,8
Ranco	1.552	70	407,7
Puyehue	-	212	153,3
Rupanco	1.553	172	224,1
Llanquihue	1.552	51	851,1
Todos los Santos	—	184	180,7

Fonte: Margalef (1983).

O balanço hidrológico desses lagos depende do suprimento de água proveniente dos Andes, resultante do degelo e da elevada precipitação. O lago Villarrica, estudado mais detalhadamente, apresentou no fitoplâncton espécies do gênero Melosira (*Melosira ambigua, Melosira granulata, Melosira* spp – *Aulacoseira* spp) e *Rhizosolenia eriensis* como mais comuns. No zooplâncton, foram identificados protozoários (principalmente do gênero *Stentor* sp), rotíferos (*Hexarthra fennica*), cladóceros (*Bosmina chilensis* e *Ceriodaphnia dubia*). Encontraram-se poucas espécies de cianofíceas. Thomason (1963) divide os lagos estudados em dois grupos: lagos com dominância de *Melosira granulata* (*Aulacoseira granulata*) e melhores condições nutricionais, e lagos com predominância de *Dinobryon* sp e em condições nutricionais mais pobres, com pequena área de drenagem.

Chama a atenção (Margalef, 1983) a ausência de zooplâncton predador (cladóceros ou ciclopóides) nesses lagos.

16.3.12 Tipologia de represas do Estado de São Paulo

Em 1978/1979, realizou-se um amplo estudo limnológico promovido pela Fapesp para comparar 52 represas do Estado de São Paulo. Esse projeto tinha a finalidade de promover um estudo comparativo de represas que pudessem representar um gradiente de condições limnológicas e de regiões de preservação/impactadas do Estado de São Paulo. Ao mesmo tempo, o projeto visava promover um programa de padronização de metodologia para o estudo de reservatórios e consolidar mecanismos de formação de pessoal de apoio à iniciação científica, doutorado e pós-doutorado.

O projeto possibilitou uma ampla avaliação limnológica dos 52 reservatórios e contribuiu para o avanço da Biologia Aquática em reservatórios no Brasil e em regiões subtropicais. As principais descobertas científicas, descrições e sínteses foram publicadas ao longo dos últimos 25 anos (Tundisi, 1981, 1983, 1993, 1994; Arcifa et al., 1981; Esteves, 1983). As conclusões mais importantes desse trabalho foram:

▸ A maioria dos reservatórios do Estado de São Paulo é polimítica, com períodos intermitentes de estratificação e circulação e muitas circulações anuais. Em alguns casos específicos, estratificações ocorrem devido a peculiaridades de construção, como, por exemplo, a "estratificação hidráulica" (Tundisi, 1984) (ver Cap. 12).

▸ Os sedimentos apresentam grande concentração de matéria orgânica, nitrogênio e fósforo, como resultado dos processos de contaminação das bacias hidrográficas e da polimixia, a qual, especialmente no caso do fósforo, força a precipitação de fosfato férrico no sedimento.

▸ A distribuição de organismos planctônicos, sobretudo de zooplâncton, e as relações Calanoida/Cyclopoida estão ligadas à condutividade elétrica e à concentração iônica da água. As alterações da composição do fitoplâncton e do zooplâncton, nos últimos 20 anos, são devidas a variações promovidas pelas diferenças em concentração aniônica e catiônica (Tundisi et al., 2003).

▸ A produção primária fitoplanctônica era de moderada a alta (0,5 a 3,0 gC.m^{-2}.ano^{-1}), refletindo processos de eutrofização e contribuição de nitrogênio e fósforo das bacias hidrográficas.

▸ O projeto proporcionou uma base de informações limnológicas que foi fundamental para o acompanhamento das alterações promovidas pela degradação das bacias hidrográficas e pelo aumento das contribuições de nitrogênio e fósforo provenientes de esgotos domésticos não tratados e de atividades agrícolas. Estudos posteriores em reservatórios já amostrados em 1978/1979 revelaram um aumento de 15 vezes da produção primária fitoplanctônica em 20 anos (represa de Barra Bonita) (Tundisi, 2006).

▸ A fauna ictíica sofreu grandes alterações, em virtude da introdução de espécies exóticas, como, por exemplo, a introdução de *Plagioscion squamosissimus* no médio Tietê, a qual teve grande impacto na fauna pelágica dessas represas.

▸ A tipologia de represas gerou um banco de dados fundamental para a informação científica da época e da atualidade, uma vez que dados comparativos recentes baseiam-se nesse banco de dados inicial.

Os trabalhos realizados na represa da UHE Carlos Botelho (Lobo/Broa), a partir de 1971, (Fig. 16.20) culminaram com o desenvolvimento do projeto "Tipologia de Represas do Estado de São Paulo" (Tundisi e Matsumura Tundisi, 1995). Esses trabalhos foram pioneiros na abordagem "bacia hidrográfica" e na introdução de tecnologias e metodologias para estudos de populações e comunidades (Panitz, 1979; Tundisi, 1983; Chamixaes, 1994).

16.3.13 O Programa Biota/Fapesp

No Programa Biota/Fapesp foram estudados 220 ecossistemas aquáticos do Estado de São Paulo, na maioria represas. Coletaram-se parâmetros físicos e químicos e o zooplâncton das zonas pelágica e litoral, para comparação. A distribuição de espécies do zooplâncton foi pesquisada em função do estado

Fig. 16.20 Represa da UHE Carlos Botelho (Lobo/Broa), onde se iniciaram trabalhos de Limnologia cujas metodologia e abordagem deram origem ao projeto "Tipologia de Represas do Estado de São Paulo" e a outros projetos no Brasil, especialmente na região Sudeste

trófico do sistema, do grau de contaminação e da tolerância das espécies a determinadas condições físicas e químicas dos sistemas aquáticos. Estudou-se também a distribuição geográfica das espécies de zooplâncton no Estado de São Paulo.

Como exemplo de resultado desse Programa, a Fig. 16.21 mostra a distribuição de Cyclopoida no Estado de São Paulo.

Segundo o trabalho realizado por Matsumura Tundisi e Tundisi (2003, 2005), os fatores que influenciaram essa distribuição do zooplâncton e a sucessão do fitoplâncton, sobretudo nos reservatórios, são: o grau de trofia, a condutividade elétrica da água, a presença ou ausência de predadores, a predação intra-zooplanctônica e o grau de contaminação da água (metais pesados, substâncias orgânicas dissolvidas, substâncias e outros componentes na água e no sedimento).

Thermocyclops decipiens

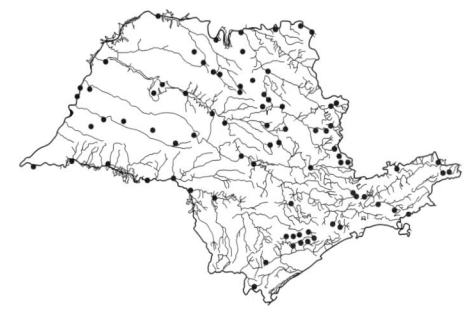

Thermocyclops minutus

Thermocyclops iguapensis n. sp

Thermocyclops inversus

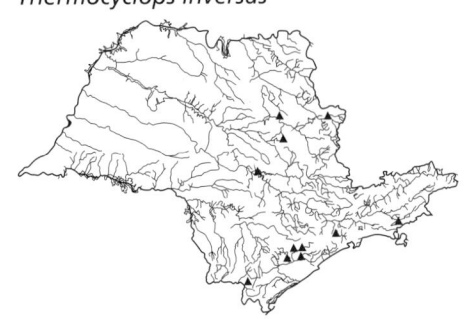

Fig. 16.21 Distribuição de Cyclopoida (espécies de Thermocyclops) no Estado de São Paulo
Fonte: Silva e Matsumura Tundisi (2005).

17 Limnologia regional no continente africano e em regiões temperadas

Barcos de pesca no lago Vitória (África)
Fonte: IIec.

Resumo

Neste capítulo, sintetizam-se os estudos limnológicos realizados no continente africano e em ecossistemas aquáticos continentais de regiões temperadas. São destacados os principais distritos lacustres estudados e as contribuições de diferentes especialistas para o aprofundamento da pesquisa dos mecanismos de funcionamento de lagos, represas e rios.

Foram selecionados, sob o aspecto comparativo, estudos de caso em distritos lacustres que constituíram avanços fundamentais na Limnologia regional e contribuíram para o desenvolvimento da Limnologia mundial.

Um destaque especial é dado aos estudos realizados em lagos muito antigos, os quais apresentam peculiaridades de biodiversidade e funcionamento que é importante registrar.

17.1 Lagos e Represas do Continente Africano

Beadle (1981) publicou uma extensa revisão sobre a exploração e o estudo limnológico em rios e lagos africanos. Desde o século XV até o século XVIII, explorações e expedições de portugueses, franceses, ingleses e alemães penetraram para o interior da África a partir de bases nos rios Senegal e **Gâmbia**.

A história da exploração européia na África, segundo informaram Fage (1978) e Beadle (1981), esteve voltada para a procura das fontes do rio Nilo, um rio que teve importante papel nas civilizações mediterrâneas.

Expedições européias ou de europeus na África desvendaram a existência do **rio Níger**, as origens do rio Nilo (Moorhead, 1962), o lago Tanganica, os lagos Alberto e Vitória, o **rio Zambezi** e os lagos **Nyasa** (atualmente, lago Malawi, **Maveru** e **Banganelu**, estas últimas descobertas realizadas pelo famoso explorador britânico David Livingstone).

Emil Pasha (ou Eduard Schnitzer) foi outro explorador importante que coletou as espécies da fauna e da flora da região do rio Nilo e confirmou as origens desse rio, conforme identificadas por Speke, e descobriu o **lago Edward**.

Portanto, durante um século aproximadamente, entre 1796 e 1889, a geografia dos grandes rios africanos e dos lagos a eles associados em suas bacias hidrográficas – rios Nilo, Níger, Zaire e Zambezi – foi apresentada e divulgada principalmente na Europa. O rio Níger foi descoberto em 1796 pelo explorador escocês Mungo Park, o que se considera um marco importante na exploração geográfica de rios e lagos africanos.

A partir de 1890, segundo Beadle (1981), os interesses científicos ultrapassaram as descrições e descobertas geográficas e desenvolveram-se projetos nas áreas de Geologia, Botânica e Zoologia, terrestres e aquáticas. As expedições de Moore ao lago Tanganica (Moore, 1903), em 1894 e 1897, podem ser consideradas um marco na Limnologia de lagos e rios africanos. A partir de 1920, intensificaram-se os trabalhos de Limnologia nos lagos e rios desse continente, com uma frequência maior de expedições e a realização de trabalhos mais consistentes, com melhor desenvolvimento tecnológico (Worthington e Worthington, 1933). Esse trabalho de pesquisa limnológica nos lagos e rios africanos intensificou-se mais ainda após 1945, tendo em vista, sobretudo, o desenvolvimento e a exploração da pesca e da piscicultura, bem como a necessidade de estudar melhor a Biologia aquática e a Limnologia dos ecossistemas aquáticos da África.

A construção de grandes represas em vários países impulsionou o trabalho em Limnologia. A instalação de laboratórios em universidades de países da África, em muitos casos após 1950, acelerou os trabalhos de pesquisa fundamentada em atividades locais.

As Figs. 17.1 e 17.2 apresentam, respectivamente, a distribuição de lagos e represas na África em um gradiente de latitudes, e as características e os principais lagos dos vales de falhas do continente africano ("**Rift Valley lakes**").

Dumont (1992) e Talling (1992) publicaram extensas revisões sobre os fatores que regulam e controlam o funcionamento de lagos rasos e áreas alagadas na África. Talling (1969) compilou as variações anuais de temperatura da superfície da água e, de modo geral, para os lagos rasos africanos, o ciclo anual de temperatura da superfície segue aproximadamente o ciclo anual de radiação solar. Pequenas variações estacionais ocorrem em lagos de altitude da região equatorial, como demonstrado também para outros continentes (Löffler, 1968).

Estratificação persistente em lagos rasos (lagos rasos africanos definidos por Talling (1992) como aqueles com profundidade média < 5 m) é muito rara, por causa da ação dos ventos. Entretanto, variações diurnas são muito comuns (ciclos nictemerais), ocorrendo gradientes de temperatura muito acentuados nas camadas superiores dos lagos (1-2 m). Em áreas rasas dos lagos próximos às margens, pode dar-se um aquecimento mais acentuado, com diferenças de até 2°C na temperatura da água superficial durante o dia (Talling, 1990). Tundisi (resultados não publicados) observou o mesmo fato na represa de Barra Bonita (São Paulo, Brasil). Com aumento de salinidade pode ocorrer um aquecimento térmico maior, conforme demonstrado por Melack e Kilham (1972) em lagos de Uganda.

Os ciclos diurnos foram extensivamente estudados no lago George (Talling, 1992). As interações dos ciclos de temperatura da água, do regime de ventos e da profundidade determinam o tipo de padrão de estratificação térmica e de densidade que ocorre. Verificaram-se temperaturas de superfície de até 35ºC em algumas águas muito rasas (~< 2 m) de lagos africanos. Tundisi (resultados não publicados) mediu temperaturas de 36ºC em lagos rasos amazônicos. Os ciclos diurnos de temperatura limitam e controlam os ciclos de oxigênio dissolvido na água e o pH. As estratificações térmica e química desaparecem com ventos fortes ou durante o período noturno, devido ao resfriamento térmico. Esse padrão de mistura vertical noturna causa significante redistribuição de oxigênio dissolvido e elementos e substâncias químicas nesses lagos rasos (Beadle, 1932).

Os ciclos estacionais nos lagos africanos são controlados pelos períodos de precipitação e seca, pela topografia dos lagos e pela relação precipitação/evaporação. Por sua vez, a composição química desses lagos depende da hidrogeoquímica regional e das relações precipitação/radiação solar. A Tab. 17.1 (ver p. 502-503) apresenta essa composição química para muitos lagos rasos desse continente. Segundo Talling (1992), os fatores que controlam a composição química e o funcionamento limnológico desses lagos rasos são o balanço térmico, as variações na concentração de oxigênio dissolvido, as variações nictemerais em estratificação e desestratificação, os efeitos do vento na circulação vertical e a estratificação de densidade devida à salinidade. As interações do sedimento com a água são extremamente importantes nesses lagos rasos; sedimentos são acumulados

Fig. 17.1 Distribuição de lagos e represas na África em um gradiente de latitudes
Fonte: Talling (1993).

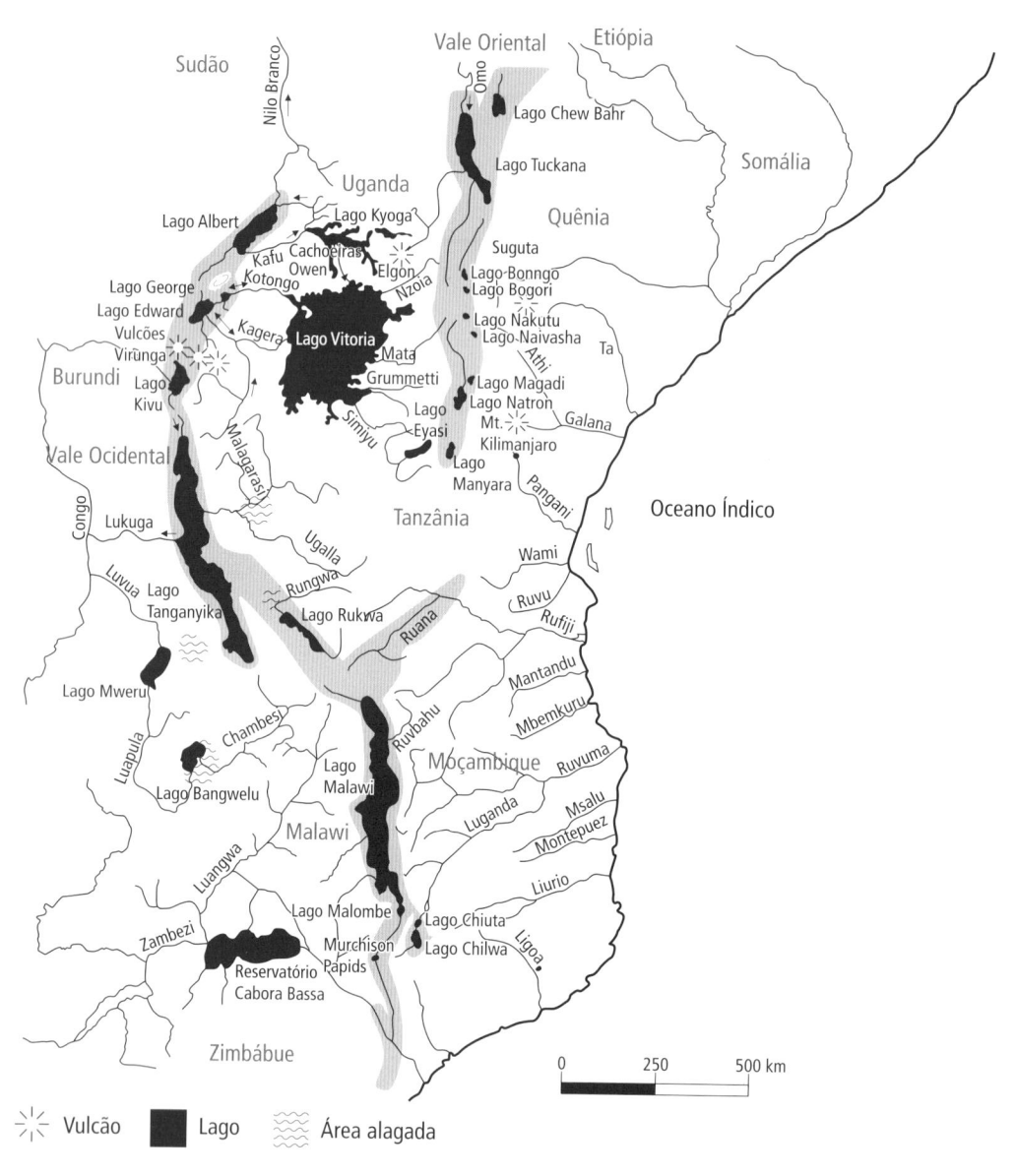

Fig. 17.2 Características e principais lagos dos vales e falhas do continente africano ("Rift Valley lakes")
Fonte: Beadle (1981).

nas bacias hidrográficas, e a forma e a topografia desses lagos promovem a salinização deles.

Os lagos rasos africanos apresentam densas concentrações de biomassas vegetal e animal (macrófitas aquáticas; fitoplâncton; zooplâncton e, em alguns lagos, grande biomassa de peixes). Essa biomassa interfere no funcionamento do sistema, dos pontos de vista físico e químico, alterando concentrações de oxigênio dissolvido e CO_2 da água.

Períodos de precipitação e grande evaporação produzem expansões e contrações importantes das massas de água e de áreas alagadas, com adaptações importantes da fauna e flora aquáticas e dos usos desses lagos pelas populações humanas (Talling, 1957a, b, c, d).

Dumont (1992) apresentou uma extensa análise dos fatores que regulam e controlam as espécies de plantas e animais e das comunidades em lagos rasos africanos. Esse autor listou: flutuação do nível da água (Ex.: lago Chad – Fig. 17.3a), temperatura da água, salinidade, acidez, gases dissolvidos, turbidez, vento, tipo de substrato, mudanças climáticas e geológicas e a ação do homem como fatores fundamentais no controle da fauna e flora desses lagos rasos e apresentou os estudos de caso do lago Chad (Carmouze *et al.*, 1983) e do lago George (Burgis *et al.*, 1973).

Um dos mecanismos adaptativos fundamentais discutidos por Dumont (1992) é a capacidade de adaptação da flora e fauna aquáticas ao dessecamento e à salinidade excessivos (2.000 – 3.000 µS.cm^{-1}), o que promove um rápido crescimento e repovoamento após novos períodos de precipitação, diluição e aumento de volume (Fig. 17.3b).

Outro lago amplamente estudado no continente africano é o lago Tanganica (Coulter, 1991), a respeito do qual são descritos trabalhos intensivos de geografia, hidrodinâmica, composição da fauna e flora, zoogeografia e evolução, ictiologia e fauna bentônica. Segundo Coulter (1991), a diversidade e a abundância da fauna aquática do lago Tanganica e dos lagos Vitória e Malawi são paralelas em diversidade e especificidade da fauna terrestre. O lago Tanganica é um dos exemplos clássicos de lago de grande diversidade biológica, cujo equivalente em regiões temperadas é o lago Baikal, na Rússia.

Os estudos sobre a fauna ictíica dos lagos africanos e das represas artificiais foram sintetizados por Lévêque *et al.* (1988) e Lowe-McConnell (1987), o qual publicou uma extensa revisão sobre a fauna ictíica, suas características evolutivas e comparações com a fauna ictíica sul-americana, mostrando a abundância de ciclídeos nos lagos Vitória, Tanganica e Malawi. A Fig. 17.4 mostra a relação entre a área da bacia hidrográfica de sistemas de rios da África e o número de espécies de peixes, segundo Welcomme e De Merona (1988), autores que fizeram estimativas da biomassa das diferentes comunidades de peixes.

Como já descrito no início deste capítulo, Talling (1965b) traçou comparações entre o ciclo estacional do lago Vitória e de um lago de regiões temperadas (lago Windermere). A Tab. 17.2 resume dados da produtividade primária de lagos africanos, compilados a partir de Beadle (1981).

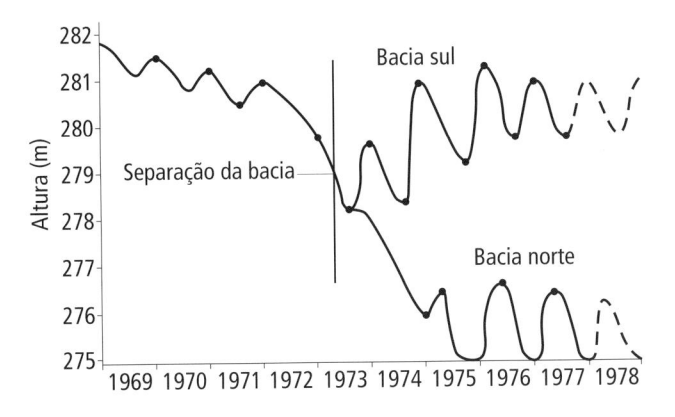

Fig. 17.3a Flutuação de nível do lago Chad e a separação em duas bacias, durante a década de 1970
Fonte: Dumont (1992).

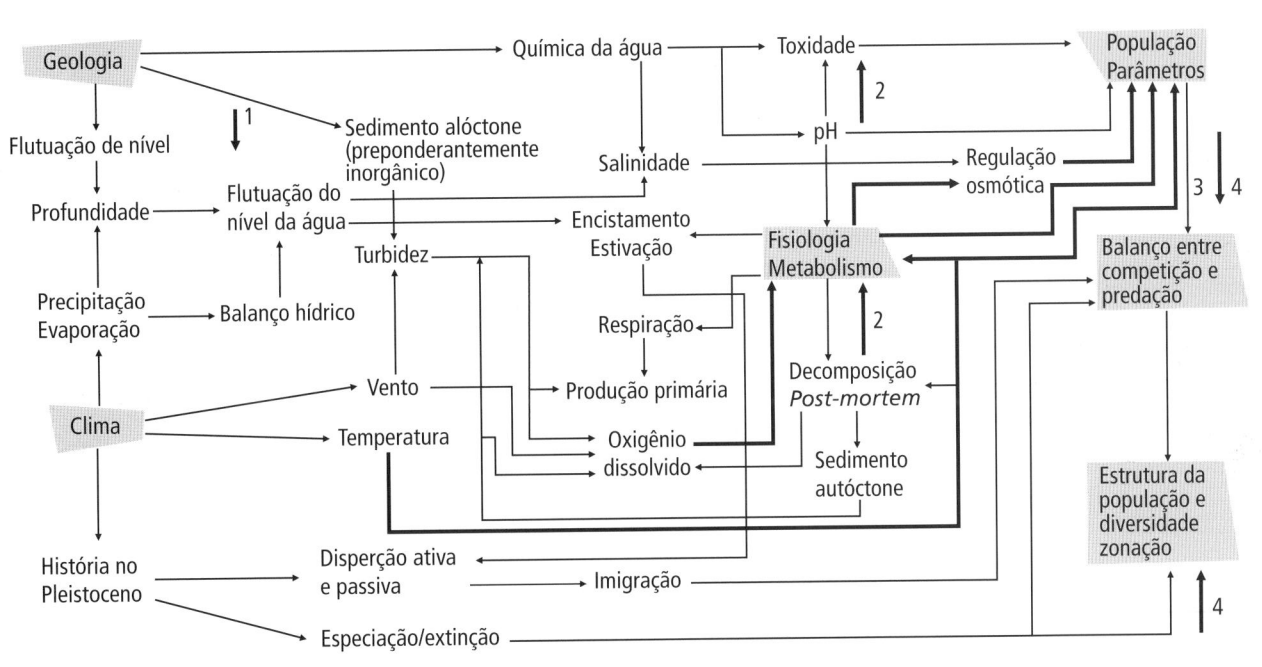

Fig. 17.3b Fatores limitantes e controladores relativos à distribuição e estrutura das comunidades em lagos rasos africanos
Fonte: Dumont (1992).

As repercussões das variações nictemerais na dinâmica das comunidades aquáticas, com exemplos dos lagos africanos, foram discutidas no Cap. 7.

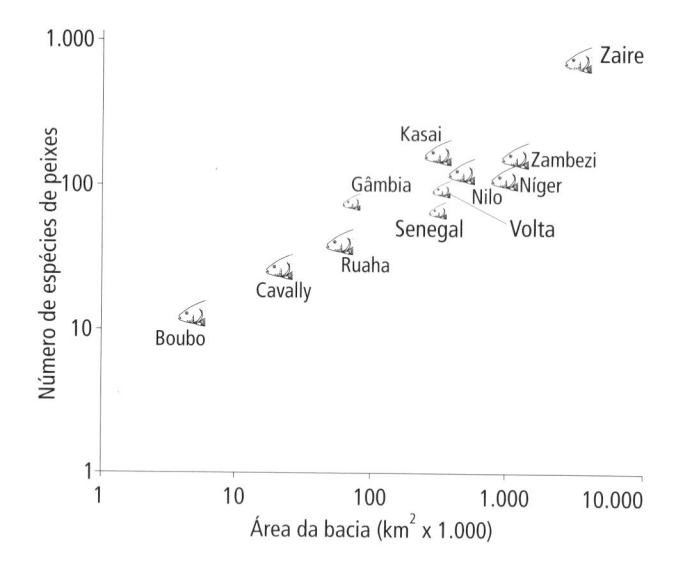

Fig. 17.4 Número de espécies de peixes presentes em alguns rios da África e sua relação com a área da bacia hidrográfica
Fonte: modificado de Welcomme e De Merona (1988).

Estudos limnológicos intensivos realizaram-se nos lagos Vitória (Talling e Lemoalle, 1998), Chilwa (Falk, McLachlan e Howard-Williams, 1979), Chad (Carmouze, Durand e Lévêque (1983) e George (Ganf, 1975; Ganf e Horne, 1975; Ganf e Viner, 1973).

Talling e Talling (1965) discutiram os possíveis efeitos ecológicos da **composição iônica dos lagos africanos** com relação à presença ou ausência de espécies do fitoplâncton. Kilham (1971b) encontrou uma correlação entre a concentração de silicato dissolvido e a composição da flora de diatomáceas.

Talling (1992) também correlacionou a condutividade elétrica de lagos rasos africanos e a concentração iônica com a concentração de *Spirulina* sp e *Aulacoseira* sp (*Melosira* sp). Lagos com condutividade elétrica (K_{20}) acima de 10^4 $\mu S.cm^{-1}$ e predominância de HCO_3^- + CO_3^{--}, Cl^- e SO_4^{--} apresentam elevadas concentrações de *Spirulina* sp. Lagos com condutividade elétrica (K_{20}) entre 100 e 10^3 $\mu S.cm^{-1}$ e predominância de Ca^{++}, Mg^{++}, K^+ e Na^+ apresentam altas concentrações de *Aulacoseira* sp.

Tab. 17.2 Produtividade primária bruta de lagos africanos (com inclusão de outros dados)

Lago	Latitude aproximada	Altitude aproximada (m)	Profundidade nas estações de coleta (m)	Profundidade da zona eufótica (m)	Temperatura da água na zona eufótica (°C)	Clorofila *a* na zona eufótica (mg.m^{-2})	Produção fotossintética bruta (mgC.m^{-2}.dia^{-1})	Produção anual (gC.m^{-2}.ano^{-1})	Referências
Vitória (zona pelágica)	1°S	1.230	79	13-14	24-26	35-100	1,08-4,20	950	Talling (1965b)
Tanganica (zona pelágica)	7°S	773	500	20-25	25-27	—	0,8-1,1	—	Melack (1976)
Bunyoni	1° 16' S	1.970	40	4	20	—	1,80	—	Talling (1965a)
Kivu	2° S	1.500	480	—	22-24	—	1,44	—	Degens *et al.* (1971b)
George (Uganda)	Equador	913	4,5	0,7	24-35	—	5,4	1.980	Ganf (1969, 1975)
Chad	13° N	283	12	—	23-29	—	0,7-2,7	—	Lemoalle (1965, 1975)
Nakuru	0,2° S	1.758	3,3	—	—	—	2,3-3,2	—	Melack e Kilham (1974)
Araguandi	9° N	1.910	28,3	0,14	19-21	221-235	13-22	—	Baxter *et al.* (1965); Talling *et al.* (1973)

Fonte: várias fontes citadas em Talling e Lemoalle (1998).

Lago Nakuru – um lago alcalino da África

O lago Nakuru é um lago raso, fortemente alcalino, permanente, situado na região de falhas do leste africano. Situa-se a uma latitude equatorial 00° 24'S e 36° 05'E, 1.750 m acima do nível do mar e com 1.800 km², dos quais cerca de 3.300 hectares formam o lago. A principal espécie produtora primária nesse lago é a cianobactéria *Spirulina platensis*, que, ocorrendo em grandes florescimentos, suporta uma fauna enorme do flamingo *Phoeniconaias minor*.

O lago apresenta alta alcalinidade, em parte devido à alta evaporação e à drenagem de rochas alcalinas. Suporta 450 espécies de aves, das quais 70 são de pássaros aquáticos. Sua população de flamingos pode atingir 1 milhão de indivíduos e é uma das fontes de manutenção da alta biodiversidade regional (Fig. 17.5). As áreas alagadas no entorno dos lagos suportam altas densidades de mamíferos. As variações nas populações de flamingos dos últimos 29 anos são mostradas na Fig. 17.6 para três lagos alcalinos.

O lago Nakuru atrai 300 mil visitantes por ano, com uma renda total anual de 24 milhões de dólares americanos. Esse lago e suas áreas alagadas são regiões de conservação internacional e é um dos locais da convenção de Rumsar de proteção a áreas alagadas. Encontra-se dentro da área do Parque Nacional do Quênia e as principais ameaças à sua integridade ecológica são:

- aumento do material em suspensão, em consequência de atividades agrícolas;
- flutuações excessivas do nível da água, provocadas pelo uso inadequado e excessivo de águas subterrâneas;
- alterações na qualidade da água, em razão do excesso de nutrientes – resíduos agrícolas e esgotos domésticos;
- efeitos de pesticidas e herbicidas devido às atividades agrícolas na bacia hidrográfica.

Principais referências sobre o lago Nakuru: Mavuti (1975); Raíro (1991); Vareschi (1978, 1979, 1982).

Fig. 17.5 Flamingos (*Phoeniconaias minor*) no lago Nakuru

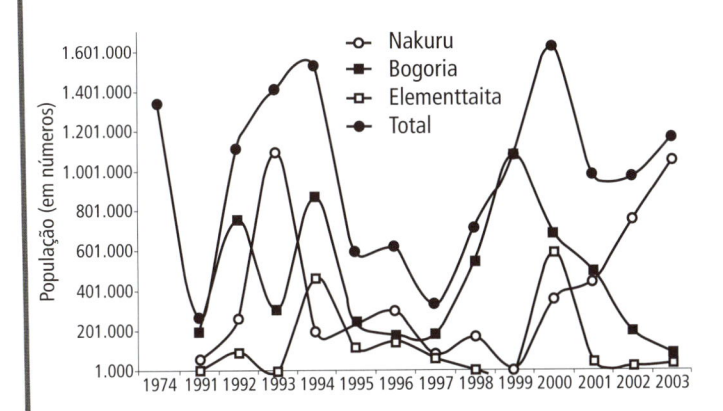

Fig. 17.6 Tendências na flutuação da população de flamingos em três lagos alcalinos do continente africano
Fonte: Vareschi (1978).

Qualidade da água do lago Nakuru

Temperatura da água	20,5°C – 27,2°C
pH	10,0 – 10,6
Condutividade (µS.cm⁻¹)	36 – 50
Salinidade (g.kg⁻¹)	23 – 35
Oxigênio dissolvido (mg.ℓ⁻¹)	5,7 – 23,8
DBO (mg.ℓ⁻¹)	240 – 640
DQO (mg.ℓ⁻¹)	650 – 1.000
STS (mg.ℓ⁻¹)	140 – 810
N total (mg.ℓ⁻¹)	26 – 88
P total (mg.ℓ⁻¹)	8,0 – 12,0

DBO – Demanda biológica de oxigênio;
DQO – Demanda química de oxigênio;
STS – Sólidos totais em suspensão

17.1.1 Contribuição dos estudos em lagos africanos às Limnologias tropical e mundial

Os estudos limnológicos, geográficos, biológicos e evolutivos em lagos africanos rasos e profundos são contribuições clássicas à Limnologia tropical e durante muito tempo foram citados como exemplos de funcionamento de sistemas aquáticos continentais (Margalef, 1983).

Entretanto, a diversidade de ecossistemas continentais nos trópicos, nos vários continentes, os mecanismos de variação e flutuabilidade climatológica, a hidrogeoquímica regional e a circulação mostram que há uma grande diferença entre os vários ecossistemas tropicais de águas continentais. Por exemplo, Barbosa e Tundisi (1980) apresentaram estudos na lagoa Carioca (Parque Florestal do Rio Doce – MG), demonstrando que a estratificação diurna nesse lago raso é uma das expressões do seu mecanismo de funcionamento limnológico, no qual se incluía a atelomixia, mas a estratificação estacional que ocorre é igualmente fundamental, o que pode não ser enquadrado no caso clássico de lago raso tropical, em que predomina somente a grande flutuabilidade nictemeral.

Os estudos limnológicos e outras contribuições científicas desenvolvidas nos lagos, áreas alagadas e rios africanos demonstraram inúmeros processos biogeofísicos de extrema importância ao conhecimento científico mundial em Limnologia, tais como:

▸ as relações ciclo estacional, ciclo nictemeral e a influência da biomassa nesses ciclos;
▸ os mecanismos de adaptação ao dessecamento e à alta salinidade;
▸ as interações dos componentes da rede alimentar, incluindo não só os invertebrados, mas os vertebrados, desde peixes até outros vertebrados (crocodilos, aves aquáticas);
▸ os processos evolutivos em **sistemas isolados**, particularmente a irradiação evolutiva em peixes.

A Fig. 17.7 mostra os principais rios, lagos e bacias hidrográficas internacionais da África, com destaque para a bacia internacional do rio Nilo, que é compartilhada por dez países.

Os grandes problemas referentes a ameaças ambientais e à conservação dos sistemas aquáticos continentais na África, com reflexos na economia e no desenvolvimento, são (Unesco, Unep, 2005):

▸ Fisiografia: mudanças climáticas e variabilidade climática. O continente africano é extremamente suscetível a esses fatores.
▸ Ameaças aos ecossistemas:
  – Poluição da água e contaminação
  – Usos excessivos da água
  – Desmatamento
  – Introdução de espécies exóticas
  – Acesso a água de boa qualidade e a saneamento básico
  – Conflitos decorrentes dos usos múltiplos da água (nacionais e internacionais)
  – Diminuição da recarga dos aquíferos
  – Dificuldades e ineficiência do monitoramento de águas superficiais e subterrâneas

A variabilidade climática e a disponibilidade e qualidade da água produzem impactos na produtividade dos ecossistemas aquáticos e sua diversidade. Áreas alagadas do continente africano apresentam alta diversidade e produtividade, tendo importância regional socioeconômica.

17.2 Estudos Limnológicos nos Lagos da Inglaterra

O *distrito de lagos* localiza-se na costa da Inglaterra em uma região conhecida originalmente como "Cumbria". A Fig. 17.8 apresenta um mapa do distrito de lagos, com a disposição dos vários lagos, todos de origem glacial. Os estudos mais aprofundados nesses lagos iniciaram-se com Pearsall (*apud* Macan, 1970), e contribuições substanciais à pesquisa básica em Limnologia foram dadas durante décadas.

As medidas batimétricas realizadas por Mill (1895 *apud* Macan, 1970) e o desenvolvimento das idéias de Pearsall levaram à formação da hipótese inicial de que os lagos estavam colocados em uma série. A subsequente fundação da Freshwater Biological Association permitiu um avanço considerável na pesquisa limnológica e alterou substancialmente a visão puramente botânica e zoológica que existia em relação à fauna e à flora aquáticas.

A maioria dos lagos é monomítica, sendo apenas alguns polimíticos ou, em casos mais raros, dimíticos.

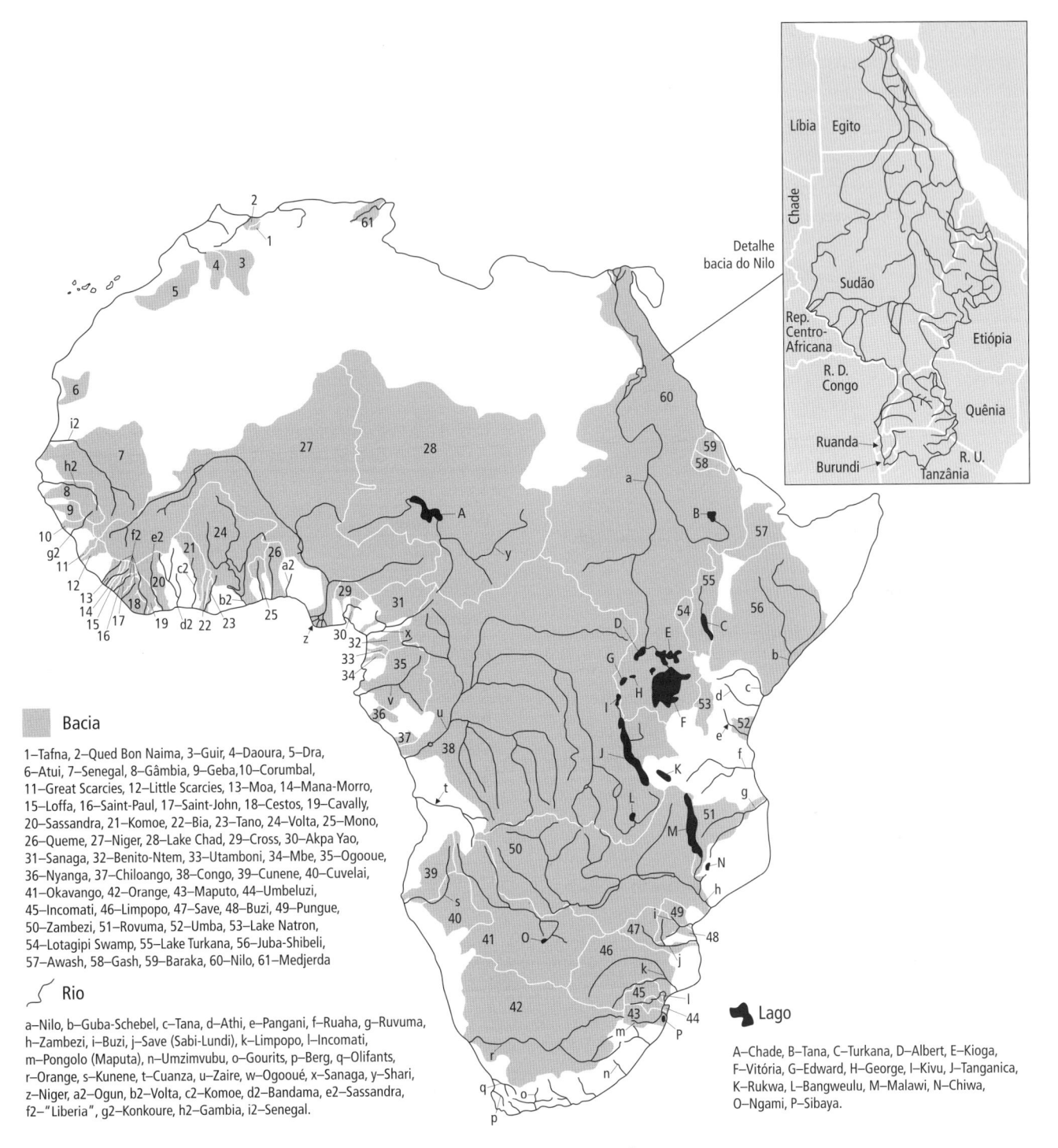

Fig. 17.7 Principais rios, lagos e bacias hidrográficas internacionais da África
Fonte: Human Development Report (2006).

Os estudos básicos sobre estratificação térmica, desenvolvimento da termoclima e efeito do vento sobre a estrutura térmica foram realizados por Mortimer (1951) em vários lagos, particularmente no lago Windermere, onde esse autor demonstrou o efeito do vento na produção de ondas internas e as respostas a impulsos periódicos. Além disso, inter-relacionou estratificação térmica com o processo de desoxigenação do hipolímnio, o potencial redox e a liberação de nutrientes do fundo (Mortimer, 1941, 1942).

Estudaram-se os aspectos sequenciais do aquecimento térmico e o processo de desestratificação (Mortimer, 1955), bem como o processo de complexação resultante de concentrações mais elevadas de

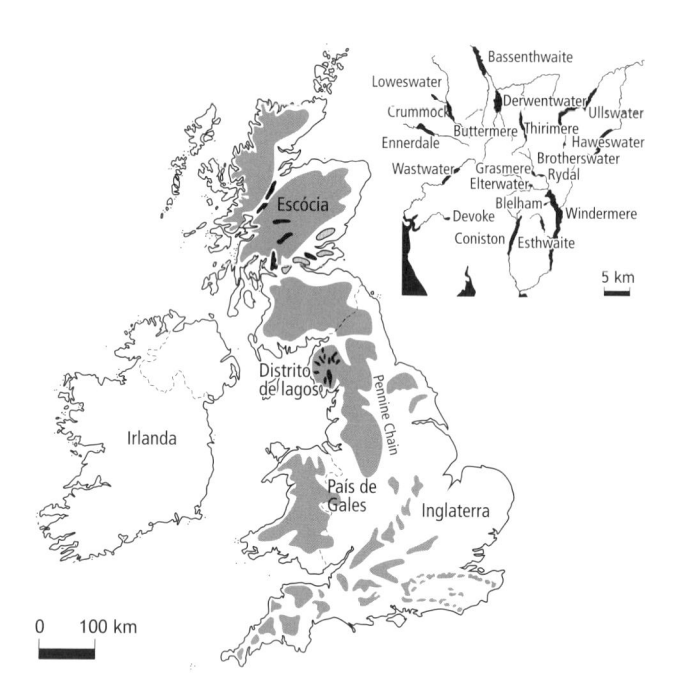

Fig. 17.8 As ilhas britânicas e a posição do distrito de lagos
Fonte: Macan (1970).

os lagos em uma série, e a composição iônica é 99% constituída por sódio, cálcio, magnésio, potássio, bicarbonato, hidrogênio, sulfato e nitrato. A Tab. 17.3 mostra os valores da leitura do disco de Secchi para vários lagos (Macan, 1970); a Tab. 17.4 apresenta a média de concentração iônica dos principais íons em 13 lagos (Macan, 1970). Ciclos sazonais de temperatura da água, nutrientes inorgânicos, ciclo do fitoplâncton, precipitação e nível da água dos lagos foram estudados durante muitos anos.

A comparação da concentração de bicarbonato de cálcio nos vários lagos permite observar que há

oxigênio durante o período de circulação. A redução de Fe^{+++} para Fe^{++} no hipolímnio anóxico, que resulta em um enriquecimento da água sobrejacente, foi igualmente objeto de estudo por Mortimer (1942). Dessa forma, pesquisou-se detalhadamente o ciclo de complexação do ferro, com a circulação e a liberação durante o período de anoxia.

Diferenças em penetração de luz (a partir de medidas com disco de Secchi) permitiram colocar

Tab. 17.3 Profundidade da visibilidade do disco de Secchi nos lagos do distrito de lagos

Lago	M
Wastewater	9
Ennerdale	8,3
Buttermere	8,0
Crummock	8,0
Haweswater	5,8
Derwentwater	5,5
Bassenthwaite	2,2
Coniston	5,4
Windermere	5,5
Ullswater	5,4
Esthwaite	3,1

Fonte: Pearsall (1921).

Tab. 17.4 Concentrações médias (mg.ℓ⁻¹) dos principais íons nos lagos do distrito de lagos

	Ca^{++}	Mg^{++}	Na^+	K^+	HCO_3^-	Cl^-	SO_4^-	NO_3^-
Esrom Lake	42	5,6	12	—	140	22	8,2	0
Esthwaite	8,3	3,5	4,7	0,90	18,3	7,6	9,9	0,78
Windermere S.	6,2	0,70	3,8	0,59	11,0	6,7	7,6	1,2
Windermere N.	5,7	0,61	3,5	0,51	9,7	6,6	6,9	1,2
Coniston	6,1	0,89	4,4	0,66	10,8	7,8	8,0	1,1
Ullswater	5,7	0,89	3,3	0,35	12,7	5,5	6,8	0,75
Bassenthwaite	5,3	1,2	5,0	0,66	10,0	9,1	7,4	1,1
Derwentwater	4,5	0,46	4,8	0,39	5,4	10,1	4,8	0,44
Crummock	2,1	0,78	3,7	0,31	2,9	6,8	4,5	0,35
Buttermere	2,1	0,72	3,5	0,27	2,6	6,9	4,1	0,48
Ennerdale	2,2	0,79	3,8	0,39	3,5	6,7	4,5	0,62
Wastewater	2,4	0,68	3,6	0,35	3,2	5,9	4,8	0,62
Thirlmere	3,3	0,67	3,1	0,31	4,1	5,4	6,0	0,62

Fonte: Macan (1970).

um aumento de lagos pouco produtivos para lagos produtivos, havendo nestes últimos uma tendência de aumento do sulfato.

Observaram-se diferenças na fauna zooplanctônica, bem como no fitoplâncton. A periodicidade de *Asterionella formosa* (Lund, 1964) e de outros gêneros de diatomáceas do fitoplâncton está relacionada às flutuações em concentração de sílica e aos ciclos de estratificação e desestratificação. Da mesma forma, o ciclo estacional da *aulacoseira italica* subsp. *subarctica*, estudado por Lund, está relacionado com os efeitos do vento sobre as massas de água e a capacidade de sobrevivência dessa diatomácea em condições de baixa concentração de O_2 ou mesmo de anoxia. De acordo com Lund (1961), o número de filamentos/litros na água de *Melosira italica* depende praticamente só de fatores físicos – no caso, vento e turbulência. Essa diatomácea foi objeto de um estudo clássico do seu ciclo estacional em função da estratificação e desestratificação térmica Lund (1954, 1955).

Os lagos também podem ser classificados em relação à composição do fito e do zooplâncton. Por exemplo, nos lagos Wastwater e Ennerdale, há dominância de *Staurastrum* no plâncton, enquanto que nos lagos Windermere e **Esthwaite** há dominância de *Asterionella*. As diferenças na composição do zooplâncton estão relacionadas à presença relativa de copépodes, rotíferos ou cladóceros. Por exemplo, nos copépodes do zooplâncton, *Cyclops* e *Mesocyclops* encontram-se simultaneamente em três lagos. Todos os lagos apresentam *Diaptomus gracilis* no zooplâncton (Macan, 1970), e na maioria também ocorre *Daphnia hyalina* (Smyly, 1968). O trabalho intenso sobre o zooplâncton demonstrou, ainda, predação de Cyclopoida sobre crustáceos, quironomídeos e oligoquetos (Fayer, 1957).

Empreenderam-se muitos estudos sobre a fauna bentônica. Macan (1950) pôde comparar os lagos em função da composição de gastrópodes, além de estudar espécies indicadoras de Corixidae (Macan, 1955), encontrando uma sequência de lagos oligotróficos para eutróficos. Por exemplo, *S. dorsalis* ou *stuniata* é comum em lagos oligotróficos e *S. fossorum* é comum em lagos eutróficos, incluindo lagos dinamarqueses usados para comparação, igualmente eutróficos (lagos Esrom e Funeso). Detectaram-se também inter-relações das faunas de oligoquetos e protozoários (ciliados) com a matéria orgânica do sedimento e o grau de eutrofização.

A fauna de peixes (crescimento e alimentação) de vários lagos foi objeto de estudos comparativos (Le Cren, 1965). O sedimento dos lagos revelou diferenças na composição da flora terrestre em função do pólen, envolvendo diferenças no perfil vertical do sedimento em relação ao carbono. As coincidências encontradas nos perfis verticais de distribuição de carbono orgânico nos sedimentos dos lagos do distrito de lagos e alguns lagos norte-americanos estão, provavelmente, relacionadas com os fatores climatológicos que operaram conjuntamente no hemisfério Norte na era pós-glacial (Mackereth, 1966). Este último aspecto discutido mostra um dos estudos muito valiosos da Limnologia regional, que é a comparação com outros sistemas em latitudes diversas, o que permite uma análise mais aprofundada de princípios unificadores em Limnologia.

Talling (1965b) apresentou uma comparação muito interessante e importante entre os lagos Vitória, na África, e Windermere, no distrito de lagos da Inglaterra. A origem desses lagos é diversa: o Windermere é de origem glacial e o Vitória, tectônica. Diferenças no ciclo sazonal de radiação solar incidente, temperatura da água, profundidade da zona eufótica e na concentração de clorofila a foram marcantes. Talling aponta que as diferenças de temperatura da água (10 a 12ºC mais elevadas no lago Vitória) e na capacidade fotossintética podem ser as causas mais importantes da produção mais elevada no lago Vitória (950 $gC.m^{-2}.ano^{-1}$) do que no Windermere (20,4 $gC.m^{-2}.ano^{-1}$). Esse tipo de estudo comparado entre sistemas lacustres ou lagos de diferentes latitudes é fundamental, portanto, para a compreensão dos processos sazonais e dos fatores que interferem na reciclagem de nutrientes, na produção primária do fitoplâncton e na estrutura da rede trófica (Fig. 17. 9).

17.3 Outros Estudos na Europa

Ainda na Europa, consideram-se fundamentais para a Limnologia regional os estudos desenvolvidos na Itália, no **lago Maggiore**, pelo *Istituto Italiano*

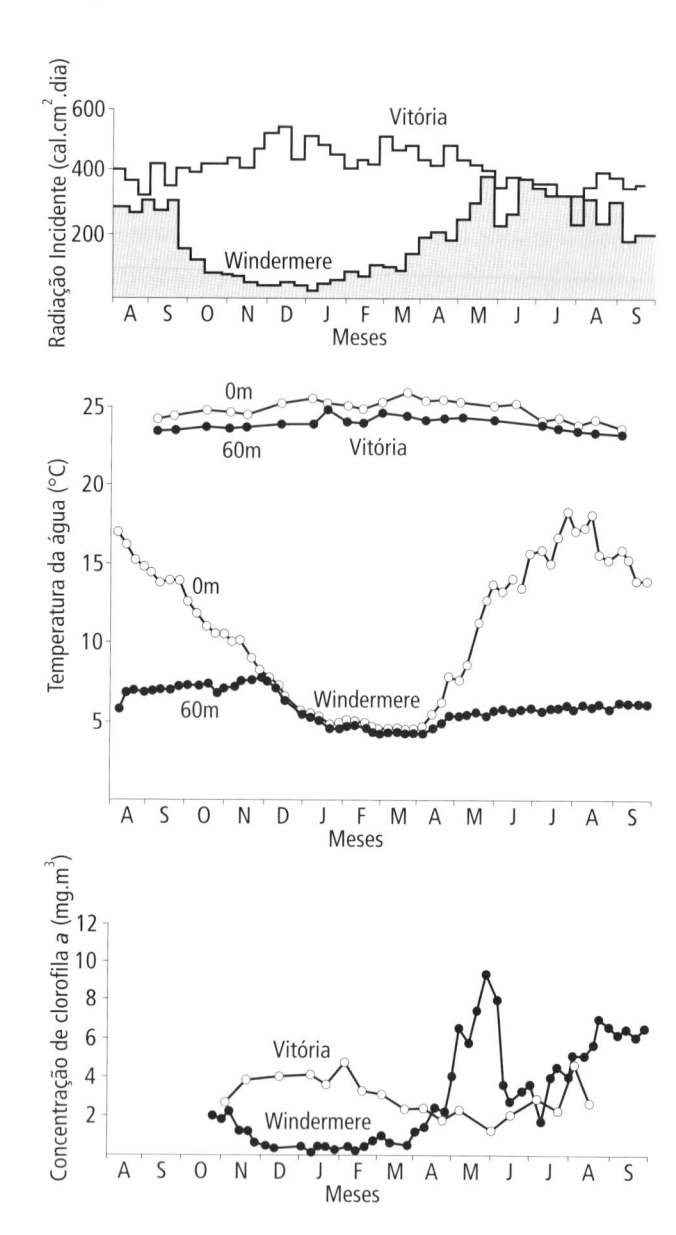

Fig. 17.9 Comparação clássica entre um lago temperado (Windermere, do distrito de lagos da Inglaterra) e um lago africano (Vitória)
Fonte: Beadle (1981) *apud* Talling (1965).

lago Chade (Carmouze, Durand e Lévêque, 1983), e para os estudos de produtividade primária aquática (Lemoalle, 1979).

O desenvolvimento da Limnologia regional em lagos da Alemanha foi muito importante para o progresso da Limnologia mundial, em particular os trabalhos realizados no **lago Plussee** por Ohle (1956) e Overbeck *et al.* (1984). Este último autor, particularmente, destacou-se por seu trabalho sobre microbiologia aquática e sua importância como produtores heterotróficos e nos ciclos biogeoquímicos (Overbeck, 1994). Nos trabalhos clássicos de Limnologia regional, deve-se ainda considerar a importância do lago Balaton, na Hungria, situado na bacia dos Carpatos (> 300 mil km^2), com mais de 1.000 km de comprimento e um dos clássicos lagos rasos com idade entre 12.500 a 10 mil anos.

O lago Balaton é raso (profundidade média > 3,0 m) e intensamente estudado na Europa Central. Com uma área de superfície de 593 km^2, esse lago tem apenas 1,8 km^3 de volume, tendo sido submetido a intensa eutrofização. Estudos clássicos de sucessão no fitoplâncton foram empreendidos por Padisak (1980, 1981) e Padisak *et al.* (1984). Devem-se destacar as pesquisas sobre os mecanismos controladores do desenvolvimento de florescimentos de verão em lagos rasos, realizadas por Padisak *et al.* (1988) no lago Balaton (ver Cap. 7), e os estudos de Biró (1995a, 1995b, 1997) para o controle da pesca e da produção pesqueira.

17.3.1 Estudos em reservatórios e pequenos tanques de piscicultura na República Checa

Limnólogos na Checoslováquia desenvolveram uma série de estudos, entre os quais se destacam aqueles destinados a aprofundar técnicas de manejo e controle desses ecossistemas. Deu-se particular ênfase a longas séries de estudos sobre flutuações de nível e tempo de residência, com suas consequências nas comunidades planctônicas e bentônicas. Especial atenção também foi dada aos balanços de massa relacionados com entradas, saídas e sedimentação de nitrogênio e fósforo e às diferenças nas distribuições vertical e horizontal de oxigênio dissolvido, em função

di Idrobiologia, em Pallanza, cujos trabalhos nesse lago e em outros lagos alpinos em Limnologia física e química e na dinâmica das populações planctônicas (Tonolli, 1961; di Bernardi *et al.*, 1990, 1993) são exemplos de estudos regionais que contribuíram enormemente para a Limnologia mundial.

Inúmeros estudos regionais em rios e lagos da França foram importantes para o avanço da Limnologia mundial (Dussart, 1966). Além disso, equipes francesas contribuíram, de forma significativa e competente, para estudos em lagos tropicais, como o de correntes de superfície e da circulação vertical. Da mesma forma, o ciclo estacional do zooplâncton em reservatórios, os estudos morfométricos em pequenos tanques de piscicultura e suas inter-relações com a biomassa de organismos bentônicos e planctônicos foram intensivamente estudados (Straškraba e Harbacek, 1966; Harbacek, 1966).

Os estudos regionais desenvolvidos na Boêmia mostram claramente a contribuição que pode ser feita com enfoques limnológicos em distritos de lagos ou sistemas artificiais. Toda uma teoria de manejo e controle de reservatórios de pequeno porte foi desenvolvida nessa região a partir desses estudos limnológicos (Straškraba, 1986).

17.3.2 Tipologia de represas da Espanha

Segundo Margalef (1976), a Espanha passou a ser de um país sem lagos – apenas dois lagos naturais: **Sanabria** (glacial) e **Bañolas** (cárstico) – a um país com mais de 700 represas. A motivação para o trabalho "Tipologia de Represas da Espanha" foi, inicialmente, a de comparar um grande número de represas situadas em todo o território espanhol e analisar cientificamente o comportamento dessas represas, sua limnologia e o processo de colonização. Essas represas da Espanha constituem um conjunto grande de ambientes artificiais, com variações em forma, tamanho, tempo de retenção, características físicas e químicas da água. Um conjunto como esse é propício para analisar as respostas da biota aquática, do ponto de vista da diversidade, da seleção de espécies, da produtividade primária, do ciclo de nutrientes e do fluxo de energia.

Além da motivação científica e da comparação desses ecossistemas aquáticos artificiais, propôs-se nesse trabalho promover uma contribuição para o processo de gestão das represas. O projeto tinha quatro objetivos fundamentais: a) ampliar a informação existente sobre as represas da Espanha; b) analisar a Limnologia das represas, a Biologia aquática e contribuir para a Limnologia fundamental; c) dar condições para a previsão de futuras respostas das represas e da sua biota a impactos da bacia hidrográfica; d) promover critérios e apresentar recomendações para a proteção e recuperação das represas.

Selecionaram-se 104 represas situadas em todo o território da Espanha, em condições diversas de clima, geologia, solo e vegetação. Incluíram-se represas com diversas capacidades de propiciar água potável, irrigação ou uso industrial. Em cada represa foi feita uma coleta no ponto mais profundo (perfis verticais), quatro vezes ao ano.

Os resultados mostraram que se podem ordenar as represas em sistemas de várias dimensões: composição química da água (sílica ou carbonatos); oligotróficos e eutróficos; acúmulo de sulfato; aumento de condições redutoras (em algumas represas) e liberação de fósforo e metais, como manganês e cobalto. Além disso, o estudo contribuiu para detectar efeitos dos reservatórios sobre o clima local e efeitos sobre a retenção de material em suspensão. A natureza das rochas, do solo e do clima foram os fatores mais importantes para determinar a composição química da água, principalmente a concentração total iônica.

A Fig. 17.10 apresenta a distribuição das represas com composição química básica de sulfatos, bicarbonatos e cloro. A Fig. 17.11 mostra a correlação estatística entre um certo número de parâmetros medidos simultaneamente nos mesmos campos, em duas campanhas de campo.

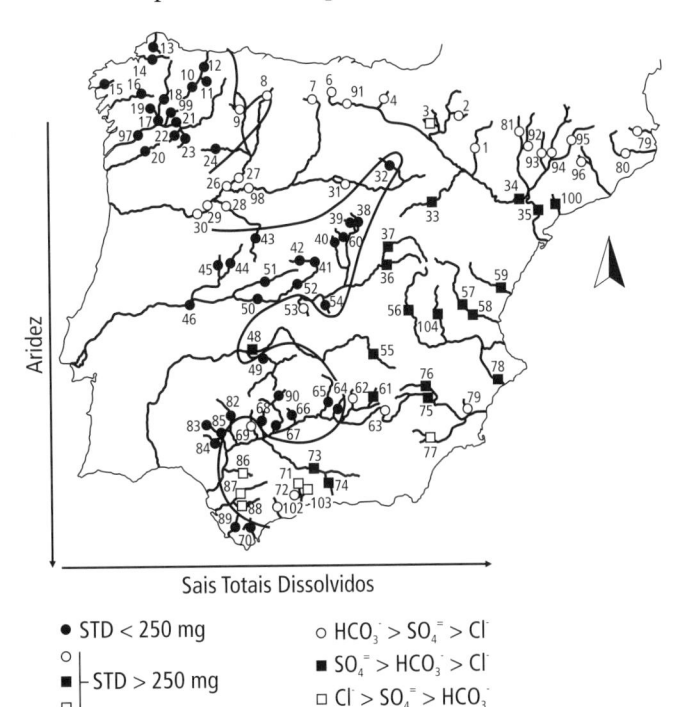

Fig. 17.10 Distribuição dos sais totais dissolvidos na Espanha e composição iônica em função da aridez
Fonte: Armengol (2008).

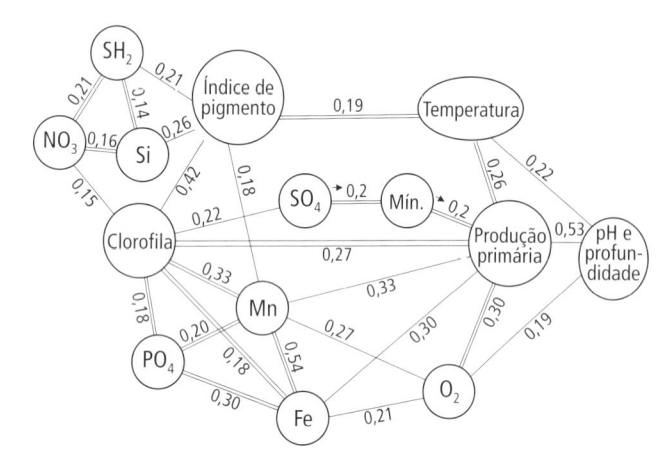

Fig. 17.11 Rede de correlações estatísticas entre diversas medidas nas represas da Espanha. Correlações positivas, linhas duplas. Correlações negativas, linhas simples. Cada correlação se baseia em pelo menos 120 grupos de valores. Foram feitas tranformações logarítmicas de dados originais exceto para pH, temperatura, índice de pigmentos e profundidade. Somente se demonstram as correlações que excedem 0,14
Fonte: Margalef et al. (1976).

Os estudos do plâncton e do bentos permitiram identificar 700 espécies de algas, 113 de rotíferos, 63 de crustáceos e 72 de quironomídeos, além de destacar associações de organismos, por exemplo, represas com comunidades de *Tubellaria* e *Aulacoseira* sp e represas com comunidades de Cyclotella, Ceratium e Dinobryon no fitoplâncton. Da mesma forma, foi possível classificar as represas nos eixos oligotrofia-eutrofia, em função da concentração de clorofila e de nutrientes inorgânicos (especialmente NO_3^- – PO_4).

Variações na composição e na dominância de rotíferos, cladóceros, copépodes e do grupo do bentos profundo e do bentos litoral possibilitam mais uma base comparativa.

Esse projeto, um marco nas Limnologias regional e mundial, mostra como uma abordagem comparada, utilizando a mesma metodologia e um eixo espacial-temporal definido, pode possibilitar a comparação de massas de água e da distribuição de organismos, bem como compreender processos originados na bacia hidrográfica e que afetam os sistemas aquáticos continentais. Uma síntese recente mostra a grande contribuição dada pelo Prof. Ramon Margalef e seus colaboradores na Limnologia da Península Ibérica.

17.4 Os Grandes Lagos da América do Norte

Em conjunto, estes cinco lagos representam o maior volume de águas doces do Planeta. A idade deles é de aproximadamente 10 mil anos, e o tempo de residência para os lagos Superior e Michigan é por volta de 200 e 100 anos, respectivamente (Fig. 17.12).

O estudo desses lagos é difícil, dada a sua dimensão, e o desenvolvimento da pesquisa limnológica só pode ser feito com a utilização de técnicas oceanográficas.

A Tab. 17.5 relaciona algumas características morfométricas e limnológicas desses lagos, os quais ocupam uma superfície de 245.240 km² e situam-se em uma área intensamente povoada e industrializada, sendo submetidos, portanto, a um processo de eutrofização contínua, em razão, também, da ampla área de drenagem das bacias hidrográficas.

A Tab. 17.6 mostra a composição química desses lagos. Constatou-se um aumento considerável de sulfato, cloreto, cálcio e sólidos dissolvidos, principalmente nos lagos Huron, Ontário, Erie e Michigan. Entretanto, os três últimos apresentam valores mais elevados de clorofila (entre 1,5 a 10 $\mu g.\ell^{-1}$ – 20 $\mu g.\ell^{-1}$) e produção primária entre 50 e 5.000 $mgC.m^{-2}.dia^{-1}$.

As cianofíceas mais comuns nos lagos eutróficos são *Anabaena spiroides* e *Aphanizomenon flos-aquae*. Diatomáceas do gênero *Aulacoseira*, *Asterionella*, *Fragilaria* ocorrem nos lagos Ontário, Erie e Michigan durante o período de mistura vertical, no outono. De um modo geral, diatomáceas predominam nos Grandes Lagos, principalmente *Fragilaria*, *Tabellaria*, *Asterionella*, *Synedra* e várias espécies de *Aulacoseira*.

A Tab. 17.7 relaciona a fauna de macroinvertebrados bentônicos dos Grandes Lagos (Margalef, 1983). Essa tabela apresenta a progressão da biomassa desses vários macroinvertebrados em função do grau de trofia dos lagos. A Tab. 17.8, por sua vez, indica a variação de temperatura nos Grandes Lagos.

O zooplâncton dos Grandes Lagos é composto principalmente por espécies de *Diaptomus* nos lagos mais profundos e oligotróficos; nos lagos mais rasos e eutróficos, predominam copépodes ciclopóides do gênero *Cyclops* e cladóceros como *Bosmina* e

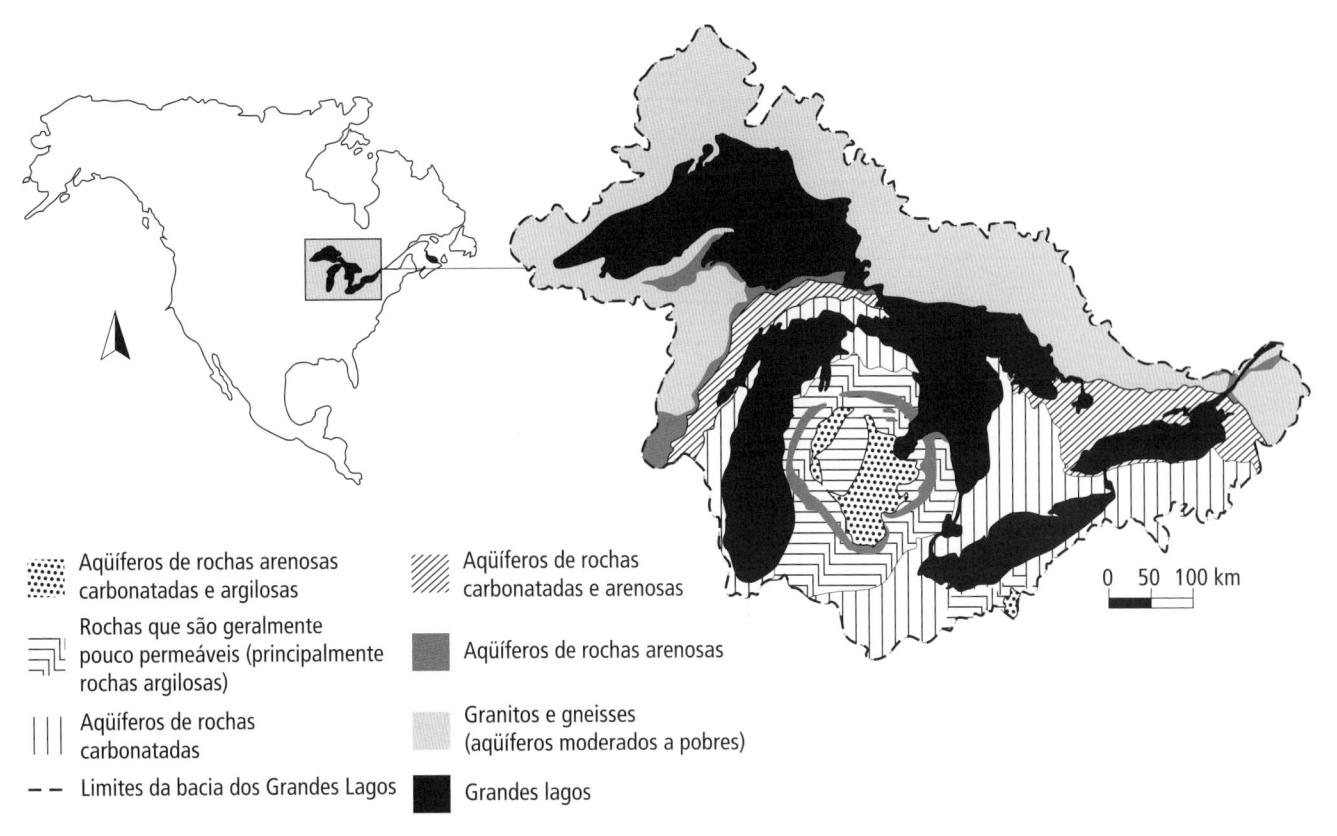

- Aqüíferos de rochas arenosas carbonatadas e argilosas
- Aqüíferos de rochas carbonatadas e arenosas
- Rochas que são geralmente pouco permeáveis (principalmente rochas argilosas)
- Aqüíferos de rochas arenosas
- Aqüíferos de rochas carbonatadas
- Granitos e gneisses (aqüíferos moderados a pobres)
- -- Limites da bacia dos Grandes Lagos
- Grandes lagos

Fig. 17.12 Substrato rochoso dos aquíferos das bacias dos Grandes Lagos norte-americanos
Fonte: U.S. Departmente of Interior U.S. Geological Survey.

Tab. 17.5 Características morfométricas e limnológicas dos Grandes Lagos norte-americanos

Lago	L (km) B (km) A (km²)	$Z_{máx}$ (z) (m)	Área da bacia hidrográfica (km².10³)	Profundidade da termoclima (m)	Temperatura máxima/ mínima verão (inverno) (°C)	Tempo de retenção hidráulica (anos)	Período aproximado de estratificação térmica	Inverno (verão) nutrientes da superfície (µg.ℓ⁻¹)		
								NO_3-N^+ NH_4-N	PO_4-P	SiO_2
Superior	560 256 82.000	406 (149)	125	10-30	14 (0,5)	184	Ago-dez	280 (220)	0,5 (0,5)	2.200 2.000
Michigan	490 188 58.000	281 (85)	118	10-15	18-20 (< 4)	104	Jul-dez	300 (130)	6 (5)	1.300 (700)
Huron	330 292 60.000	228 (59)	128	15-30	18,5 (< 4)	21	Final de jun-out ou nov	260 (180)	0.5 (0.5)	1.400 (800)
Erie	385 91 26.000	o: 13(7,3) c: 24(18) l: 70(24)	59	o:p c: 14-20 l: 30	24 (< 4)	o: 0,13 c: 1,7 l: 0,85 todos: 3	Meio de jun-nov	o: 640 (80) c: 140 (20) l: 180 (20)	23 (2) 7 (1) 7 (1)	1.300 (60) 350 (30) 300 (30)
Ontario	309 85 20.000	244 (86)	70	15-20	20,5 (< 4)	8	Final de jun-nov	280 (40)	14 (1)	400 (100)

o – oeste; c – central; l – leste; p – polimítico; L – comprimento máximo; B – largura máxima; A – área
Fonte: Horne e Goldman (1994).

Tab. 17.6 Composição química da água dos Grandes Lagos norte-americanos

	Superior	Michigan	Huron	Ontário	Erie
pH	7,4	8,0	8,1	8,5	8,3
Condutividade ($\mu S.cm^{-1}$ $mg.\ell^{-1}$)	78,7	225,8	168,3	272,3	241,8
Cálcio	12,4	31,5	22,6	39,3	36,7
Magnésio	2,8	10,4	6,3	9,1	8,9
Sódio	1,1	3,4	2,3	10,8	8,7
Potássio	0,6	0,9	1,0	1,2	1,4
Cloro	1,9	6,2	7,0	23,5	21,0
Sulfato	3,2	15,5	9,7	32,4	21,1
Sílica	1,4	3,1	2,3	0,3	1,5

Fonte: Horne e Goldman (1994).

Daphnia. Rotíferos e cladóceros são dominantes nos lagos mais produtivos.

Realizaram-se nesses lagos inúmeros estudos referentes à eutrofização, cujos resultados estão sumarizados em Horne e Goldman (1994).

Tab. 17.7 Biomassa de macroinvertebrados e o grau de trofia dos Grandes Lagos norte-americanos

Lagos	Classificação trófica regional	Animais/m^2 (excluídos harpacticóides e nematódeos)	% Oligoquetos	% Larvas de quironomídeos
Superior	O	392 – 1.720		
Huron	O – M	625 – 2.000	10 – 20	0 – 5
Michigan	O	660 – 4.265		
Erie	M – E	660 – 10.000	30	
Ontário	M	1.100 – 20.000	34 – 86	10 – 50

O – Oligotrófico; M – Mesotrófico; E – Eutrófico
Fonte: Margalef (1983).

Tab. 17.8 Temperaturas máxima e mínima nos Grandes Lagos norte-americanos

Lago	Temp. máx. no verão (°C)	Temp. mín. no inverno (°C)
Superior	14	0,5
Michigan	18 – 20	< 4
Huron	18,5	< 4
Erie	24	< 4
Ontário	20,5	< 4

Fonte: Horne e Goldman (1994).

17.5 Outros Lagos em Regiões Temperadas no Hemisfério Norte

Em várias regiões e países do hemisfério Norte, existem muitos lagos de origem glacial resultantes de erosão, com profundidades relativamente baixas; são lagos dimíticos, com períodos de formação de gelo na superfície que abrangem cerca de 7 – 8 meses. O máximo de temperatura que atingem no verão é de 19°C – 20°C. São lagos oligotróficos. Na Escandinávia são muito numerosos, contando-se 55 mil lagos entre 60 e 64°N. Trata-se de lagos muito estudados, que têm sofrido um processo rápido de eutrofização. Alguns desses lagos são meromíticos, com altas concentrações de ferro no monimolímnio. Igualmente importantes e muito numerosos são pequenos lagos glaciais na América do Norte, dentre os quais podemos citar os lagos da Área Experimental de Lagos no Canadá (entre 49°30' e 50°N e 093° e 094°30' Oeste) (Schindler, 1980). Esses lagos são pouco profundos, com profundidade máxima de 20 m, a maioria dimíticos e alguns poucos polimíticos.

17.6 Lagos do Japão

Um exemplo muito claro e bastante característico da Limnologia regional são os estudos desenvolvidos em lagos do Japão, país que se estende por quatro ilhas principais e inúmeras menores, desde a região ao norte até a subtropical ao sul. Há inúmeros **lagos de origem vulcânica**, de depressão, atividade fluvial e por movimentação de dunas (Mori *et al.*, 1984).

Além dos lagos naturais, existem muitos campos de cultivo de arroz, inundados, pequenos tanques e pequenas estações de piscicultura. Poluição e eutrofização de lagos no Japão são um problema, uma vez que o uso de organismos aquáticos (fauna e flora) para alimentação no Japão é tradicional e importante sob o aspecto econômico.

Durante o Programa Biológico Internacional, fez-se uma comparação entre vários tipos de lagos (Mori e Yamamoto, 1975) – oligotróficos, mesotróficos e eutróficos –, rios e tanques de cultivo de peixes, principalmente tendo em vista a estrutura e a função das comunidades, bem como aspectos químicos e físicos.

Yoshimura (1938) realizou um primeiro levantamento de lagos do Japão, baseando-se na estrutura térmica e no oxigênio dissolvido. Dividindo os lagos por categorias e por porcentagem de saturação, esse autor chegou à conclusão apresentada na Tab. 17.9.

Tab. 17.9 Porcentagem de saturação de oxigênio dissolvido em lagos do Japão

Tipos de lagos	%
Salobros	77 – 194
Oligotróficos	86 – 120
Mesotróficos	68 – 126
Eutróficos	87 – 16
Distróficos	36 – 112
Ácidos	36 – 127

Fonte: Yoshimura (1938).

Esse foi um trabalho clássico de estudo comparado realizado por Yoshimura (1938), o qual, com a medida de poucas variáveis – como oxigênio dissolvido, perfil térmico e transparência (medida com o disco de Secchi) –, pôde propor uma classificação e uma tipologia de lagos baseadas nessas poucas variáveis, o que foi extremamente útil na seleção futura de sistemas para estudo intensivo durante o Programa Biológico Internacional.

Entre os lagos do Japão de maior significado, o lago Biwa – que é um **lago temperado monomítico** com 674,4 km² e volume de 27,8 km³ – é um dos mais antigos do Planeta. Ele apresenta muitas espécies endêmicas, e estudos dos sedimentos realizados por Horie (1984) demonstraram inúmeros aspectos relativos à sucessão fitoplanctônica, às alterações de vegetação ao redor do lago e à química do sedimento.

O lago Biwa tem apresentado um rápido processo de eutrofização (Kira, 1984), e medidas para sua recuperação têm sido implementadas: redução dos aportes de nitrogênio e fósforo, aumento de áreas pantanosas e alagadas nas entradas dos rios, tratamento de margens com gramíneas para evitar sedimentação, campanhas de esclarecimento público e tratamento de resíduos industriais.

O lago Biwa está localizado no centro da ilha de Honshu, no Japão, e é intensivamente estudado por limnólogos, ecólogos, botânicos, zoólogos e oceanógrafos físicos há muito tempo. Suas características principais são apresentadas na Tab. 17.10.

Tab. 17.10 Principais características do lago Biwa

Altitude	85 m
Comprimento	68 km
Largura máxima	22,6 km
Perímetro	188 km
Área	674,4 km²
Índice de desenvolvimento da margem	2,04
Profundidade máxima	104 m
Profundidade média	41,2 m
Volume	27,8 km³

Fonte: Horie (1984).

Horie (1984) publicou um resumo fundamental desse trabalho, além de uma "História do lago Biwa" (Horie, 1987). Esse lago tem características biológicas importantes, apresentando muitas espécies endêmicas, objeto de estudos intensivos. Os estudos de produtividade primária no lago Biwa foram desenvolvidos para o Programa Biológico Internacional por Mori *et al.* (1975), tendo sido apresentado nesse trabalho o fluxo de energia em kcal.ano^{-1}.

Estudos recentes sobre o lago Biwa, sobretudo com a finalidade de solucionar o problema de eutrofização, foram encetados pelo Lake Biwa Research Institute (LBRI), e um volume editado por Nakamura e Nakajima (2002) estabelece os critérios, mecanismos e programas para a recuperação desse lago, pesadamente atingido pela eutrofização. De especial interesse nesse contexto foi o estudo da bacia hidrográfica, dos usos do solo, do impacto na concentração de nitrogênio e fósforo e das respostas das comunidades de fitoplâncton, bentos e peixes à eutrofização. Por outro lado, ficou evidente o impacto causado para a restauração desse lago, graças à pesquisa fundamental que envolveu componentes climatológicos, físicos, químicos e biológicos (Fig. 17.13).

O conhecimento do papel desempenhado pelo picofitoplâncton fotoautotrófico e suas relações com a circulação de matéria orgânica e os ciclos biogeoquímicos induzidos pelos efeitos de tufões e grandes velocidades verticais de circulação também foi de particular interesse no estudo do lago Biwa e da progressão de sua eutrofização (Fig. 17.14) (Frenete *et al.*, 1996b).

Há ainda dois grupos importantes de lagos no Japão: lagos vulcânicos, cujas características são apresentadas na Tab. 17.11, e lagos meromíticos (Tabs. 17.12 e 17.13).

Nos lagos vulcânicos, uma das fontes de CO_2 é o constante suprimento a partir das fumarolas provenientes do fundo do lago. Outra fonte é por meio da decomposição da matéria orgânica por bactérias e

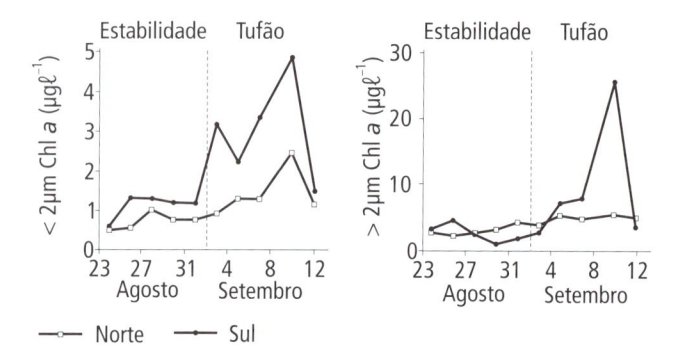

Fig. 17.14 Clorofila *a* do fitoplâncton menor que 2 µm e maior que 2 µm na superfície das bacias norte e sul do lago Biwa, antes e depois da passagem de um tufão
Fonte: Frenette *et al.* (1996b).

Fig. 17.13 Lago Biwa, o maior lago do Japão. No detalhe, intrusão de sedimento no lago Biwa, originado a partir do degelo (base norte do lago
Fonte: Nakamura e Nakagima (2002).

Tab. 17.11 Lagos vulcânicos típicos do Japão: composição química da água

Lago	Distrito	Íons em mg.ℓ^{-1}					Ano de observação
		pH	Ca^{++}	$Fe^{++} + Fe^{+++}$	SO_4^{--}	Cl^-	
Yugama	Gumma	0,6	255	320	5.349	5.010	1949
Yugama	Gumma	0,9	56	163	1.656	230	1968
Katanuma	Miyagi	1,8	2	5,8	1.003	3,5	1968
Okana	Miyagi	2,9	72	10,8	421,3	0,3	1968
Osoresanko	Aomori	3,1	5,2	0,4	19,9	23,8	1934
Akadoronuma	Bandai	3,2	330	69,5	2.767	7,0	1968

Fonte: Mori *et al.* (1984).

Tab. 17.12 Lagos meromíticos do Japão

Lago	Localização	Clorinidade (‰)		Referência
		Superfície	Fundo	
Meromixia ectogênica				
Harutori	Hokkaido	1,1	13,3 (8,5 m)	Kusuki (1937)
Mokotonuma	Hokkaido	0,17	16,8 (5 m)	Ueno (1937)
Notoro	Hokkaido	12,5	16,2 (20 m)	Kuroda *et al.* (1958)
Hamana	Shizuoka	11,3	14,1 (10 m)	Yoshimura (1938)
Suigetsu	Fukui	0,5-1,9	7,3-8,4 (30 m)	Matsuyama (1973)
Koyamaike	Tottori	0,01	0,15 (6 m)	Yoshimura (1973)
Kaiike	Kagoshima	6,6-9,9	18,8 (10 m)	Yoshimura (1929)
Namakoike	Kagoshima	13,6	17,0 (20 m)	Matsuyama (em prep.)
Meromixia crenogênica				
Towada	Aomori	0,010	0,014 (320 m)	Yoshimura (1934b)
Zao-okama	Miyagi	0,14	0,20 (35 m)	Yoshimura (1934b)
Shinmiyo	Tokyo	1,3	10,4 (32 m)	Yoshimura (1934a)
Meromixia biogênica				
Haruna	Gumma	0,006	0,006 (12 m)	Yoshimura (1934b)
Hangetsu	Hokkaido	0,007	0,008 (17 m)	Yoshimura (1934b)

Fonte: Matsuyama (1978).

a respiração dos organismos. Os principais decompositores nesses lagos vulcânicos são fungos, e não bactérias (Satake e Saijo, 1974). A atividade fotossintética determinada em um dos lagos (**lago Katanuma**) é resultante da presença de *Chlamydomonas avidophila*, que sobrevive em pH de 1,8 a 2,0.

Lagos meromíticos no Japão foram intensamente estudados por Matsuyama (1978).

Situados próximo às regiões costeiras, esses lagos apresentam alta salinidade no fundo, devido à intrusão de águas salinas que se originam do oceano. A maioria dos lagos tem um hipolímnio anóxico com elevada concentração de H_2S no monimolímnio e também altas concentrações de amônia, fosfato e CO_2 total nessa camada. Mediram-se altas taxas de produção fotossintética por bactérias fotossintetizantes nesses lagos (Mori *et al.*, 1984).

Pequenos reservatórios, áreas alagadas e tanques foram intensivamente estudados. O aumento de silte (devido à erosão) e uma grande redução no volume dos reservatórios (entre 70% e 80%) são um problema nos lagos artificiais do Japão.

Tab. 17.13 Conteúdo de sulfeto de alguns lagos meromíticos, fiordes e águas marinhas anóxicas, comparados com lagos do Japão

Corpos de água	Localização	Gradiente de profundidade contendo sulfeto (m)	Conteúdo máximo (mgS.ℓ^{-1})	Referência
Lago Big Soda	Estados Unidos	20-60	740	Hutchinson (1937)
Lago Harutori	Japão	4-9	630	Kusuki (1937)
Hemmelsdorfersee	Alemanha	33-43	290	Griesel (1935)
Rio Pettaquamscutt	Estados Unidos	6-13	130	Gaines et al. (1972)
Lago Suigetsu	Japão	8-34	110	Yamamoto (1953)
Hellefjord	Noruega	15-70	60	Strom (1936)
Lago Verde	Estados Unidos	18-45	38	Brunskill and Ludlam (1969)
Lago Namakoike	Japão	15-21	38	Kobe Marine Observatory (1935)
Lago Ritom	Suíça	13-45	29	Düggeli (1924)
Lago Belovod	Rússia	15-25	24	Kuznetsov (1968)
Lago Kaiike	Japão	5-11	21	Matsuyama (1999)
Lago Shinmiyo	Japão	20-35	19	Yoshimura (1934a)
Lago Wakuike	Japão	3-7	18	Yoshimura (1934a)
Baía Habu	Japão	5-20	18	Ohara (1941)
Rotsee	Suíça	10-16	15	Bachmann (1931)
Lago Sodon	Estados Unidos	8-15	15	Newcombe and Slater (1950)
Lago Hiruga	Japão	35-38	12	Yoshimura (1934a)
Lago Mokotonuma	Japão	4-6	11	Ueno (1937)
Lago Nitinat	Canadá	20-200	11	Richards et al. (1965)
Mar Negro		150-200	9	Sorokin (1972)
Fossa de Cariaco (oceano)		400-1300	0,9	Richards e Vaccaro (1956)
Golfo Dulce	Costa Rica	150-200	0,2	Richards et al. (1971)

Fonte: Matsuyama (1978).

17.7 Lagos Muito Antigos

Muitos lagos têm uma origem pós-glacial, o que significa que existem há entre 10 mil e 15 mil anos. Entretanto, cerca de 24 lagos no planeta Terra são considerados muito antigos, ou lagos com "vida muito longa" (Gorthner, 1994). Neste capítulo, apresentam-se as características de alguns desses lagos, acerca dos quais Brooks (1950) e Fryer (1995) publicaram extensas revisões e Martens (1997), uma revisão avançada sobre a especiação que neles ocorre.

Lagos com mais de cem mil anos de idade ("ancient lakes") têm sido estudados comparativamente. Esses lagos têm uma importância evolutiva, ecológica, econômica, histórica e cultural, e seu estudo pode explicar a existência de um processo de especiação intralacustre que deu origem a grupos de espécies ("flocks"). Em alguns lagos, como o Tanganica, muitos grupos de espécies existem em várias famílias de peixes. Como os organismos aquáticos têm uma história evolutiva em comum com os ecossistemas nos quais evoluíram, sua evolução e especiação são resultado de um longo processo de co-evolução e co-adaptação com os sistemas biótico e abiótico.

Uma excepcional diversidade de fauna ocorre nesses lagos muito antigos, chamados por Martens (1997) de "lagos de vida longa". Um agregado de muitas espécies caracteriza-se como um conjunto somente se seus membros são endêmicos à área geograficamente circunscrita, bem como parentes próximos. A longevidade de alguns desses lagos pode explicar suas **radiações endêmicas evolutivas**. A **especiação simpátrica** ocorre quando o isolamento reprodutivo desenvolveu-se dentro de determinado gradiente geográfico contínuo, apesar do fluxo gênico contínuo.

A diversidade da fauna nos lagos antigos é uma herança biológica de grande importância e sua preservação é fundamental. Cada um dos grandes lagos do leste da África (Vitória, Tanganica e Malawi) apresenta uma fauna lacustre endêmica de peixes ciclídeos que evoluiu aparentemente de estoques ancestrais dos rios dessas regiões. Especiações de ciclídeos ocorrem também em menor intensidade em outros lagos, tais como Albert, Turkana, Edward, George e Kivu.

A Tab. 17.14 relaciona a idade de alguns dos lagos mais antigos da Terra.

Tab. 17.14 Idade de alguns dos lagos mais antigos da Terra

Lago	Idade
Biwa (Japão)	400 mil anos
Vitória (África)	250 mil a 750 mil anos
Malawi (África)	3,6 a 5,6 milhões de anos
Tanganica (África)	20 a 140 milhões de anos
Baikal (Rússia)	25 a 30 milhões de anos

Fonte: várias fontes.

Com relação a espécies endêmicas de ciclídeos, o lago Vitória tem mais de 300; o Malawi, mais de 500 e o Tanganica, aproximadamente 200. O lago Titicaca tem um gênero (*Orestias* sp) endêmico ao altiplano dos Andes; o Baikal, por sua vez, tem 56 espécies e subespécies de peixes que pertencem a 14 famílias.

A fauna desses lagos, particularmente a ictíica, tem sido ameaçada pela introdução de espécies exóticas e pelo excesso de pesca convencional não regulada. No lago Vitória, a introdução da perca do Nilo (*Lates niloticus*) causou problemas de depleção da fauna endêmica de peixes ciclídeos, e isso ocorreu tanto em virtude da predação exercida por esse peixe introduzido como do uso de novas técnicas de pesca em larga escala.

A **pesca tradicional** em lagos muito antigos, como os mencionados, tinha as características de preservar os estoques de peixes e manter o equilíbrio entre a pressão da pesca, a diversidade de espécies e a preservação.

A cultura das populações residentes próximas a esses grandes lagos foi por eles influenciada. A população local – que tem uma história importante de interação com os lagos dos pontos de vista econômico e social – tem uma enorme e diversificada visão do uso de recursos naturais e do funcionamento dos sistemas lacustres.

Sistemas e métodos de pesca foram tradicionalmente desenvolvidos por populações que viviam nos lagos Titicaca (Peru), Biwa (Japão) e em lagos do leste africano com a finalidade de, ao mesmo tempo, explorar a pesca e preservar os recursos biológicos vitais para a sua sobrevivência (Lévêque, 1999) (Fig. 17.15).

Esses lagos com uma longa história evolutiva, que originou uma fauna endêmica de grande valor biológico e histórico, são laboratórios naturais e atualmente estão submetidos a uma grande variedade de impactos. O impacto humano e a resposta desses lagos, dos pontos de vista físico, químico e biológico, variam bastante e dependem também da população próxima do lago, suas atividades industriais e comerciais e sua capacidade de exploração dos recursos naturais.

Lagos muito antigos têm, portanto, as seguintes características fundamentais:

▶ são **laboratórios de evolução** e de biodiversidade;
▶ são ecossistemas aquáticos com grande número de espécies endêmicas;
▶ são laboratórios para estudo das **interações culturais**, sociais e econômicas das populações com esses lagos durante longos períodos históricos;
▶ são ecossistemas aquáticos em que os usos dos recursos naturais – como a fauna ictíica e a flora de macrófitas (lago Titicaca) – ocorreram por muitas gerações e milhares de anos.

Os impactos nesses lagos podem ser assim resumidos:

▶ eutrofização;
▶ diminuição da biodiversidade;
▶ contaminação e poluição por atividades industriais;

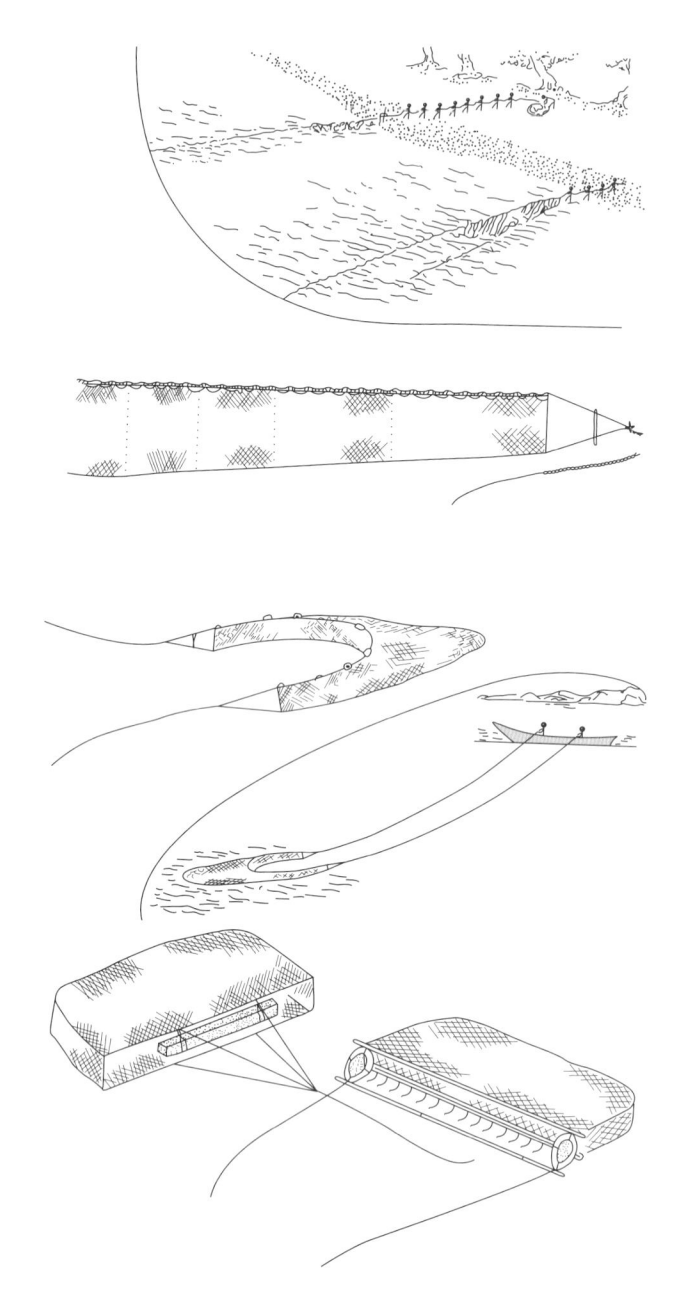

Fig. 17.15 Tipos de intrumentos tradicionais de pesca utilizados no lago Biwa
Fonte: modificado de Kawanabe (1999).

▶ pesca excessiva;
▶ superexploração dos recursos naturais (macrófitas, crustáceos e peixes).

17.7.1 Lago Baikal

O lago Baikal tem uma idade estimada de 25 a 30 milhões de anos e é o mais antigo lago do planeta Terra. Sua profundidade máxima é de 1.620 m – completamente oxigenado até o fundo – e tem o maior volume de água não congelada da Terra – cerca de 1/5 do suprimento total de água doce. Atualmente, esse lago é considerado um ecossistema aquático de megadiversidade, com o maior número de espécies de metazoários de água doce.

O livro clássico sobre a biodiversidade do lago Baikal é o de Kozhov (1963), intitulado *Biologia do Lago Baikal*, no qual numerosos problemas de evolução e especiação foram apresentados e discutidos. Trata-se de um dos marcos do estudo da biodiversidade desse lago.

Em 1925 foi estabelecido o primeiro laboratório de Limnologia no lago Baikal, uma iniciativa da Academia de Ciências da antiga União Soviética. Esse lago é considerado um ecossistema aquático com vasta **especiação autóctone**, sendo esse o seu mais importante processo. Um conjunto grande de estudos da flora e da fauna do lago Baikal foi empreendido ao longo do tempo (mais de cem anos).

A Tab. 17.15 apresenta as características morfométricas do lago Baikal e a Tab. 17.16, seu balanço hídrico.

Tab. 17.15 Características morfométricas do lago Baikal

Altitude (acima do nível do mar)	455,6 m
Comprimento	636 km
Largura máxima	79,4 km
Largura mínima	25 km
Largura média	47 km
Área	31.500 km^2
Perímetro	2.000 km
Perímetro das ilhas	139,2 km
Profundidade máxima	1.620 m
Profundidade média	740 m
Volume	23.000 km^3

Fonte: Kozhov (1963).

As duas tabelas anteriores dão uma dimensão da grandeza do lago Baikal. Esse lago apresenta uma grande diversidade de espécies que o colonizaram desde a zona litoral até a zona pelágica. Nele as condições de vida foram tão favoráveis que os organismos imigrantes a partir da bacia hidrográfica do lago e de seus tributários se estabeleceram e desenvolveram um conjunto de fauna e flora com um grande número de gêneros e espécies.

Tab. 17.16 Balanço hídrico do lago Baikal

Suprimento de água	Volume (km³)	%
Precipitação	9,29	13,1
Fluxo de superfície	58,75	82,7
Fluxo de águas subterrâneas	2,30	3,0
Suprimento total	71,16	98,8
Perda de água		
Drenagem da superfície a jusante	69,39	84,8
Evaporação	10,33	14,6
	71,16	99,4

Fonte: Kozhov (1963).

A descoberta de como essa **fauna dos tributários** se estabeleceu no lago Baikal e multiplicou-se em inúmeras espécies é um dos grandes desafios do estudo da biogeografia e da evolução da fauna e flora aquáticas. Estudos paleontológicos mais recentes nas áreas de depressões continentais centrífugas da Ásia Central (que foram, no passado geológico, grandes lagos) mostraram o grau de complexidade e de comunicações existentes na bacia hidrográfica do lago Baikal. Os grandes lagos residuais ainda existentes em depressões tectônicas profundas que ocorrem nas vizinhanças do lago Baikal ainda contêm **relictos vivos** da fauna existente nele e em sua bacia hidrográfica.

Estudos sobre as flutuações anuais do plâncton, os ciclos estacionais da fauna e flora pelágicas, as migrações diurnas e as relações alimentares foram realizados intensivamente no lago Baikal e são contribuições importantes para o conhecimento mundial da biota aquática.

Impactos no lago Baikal

Como todos os demais lagos antigos do planeta Terra, o Baikal sofre a ação das atividades humanas, sobretudo as de caráter econômico. Indústria de polpa de papel, uso de fertilizantes minerais em larga escala, urbanização, usos intensivos do solo, aumento do turismo e da navegação são algumas das principais ameaças à integridade biológica do lago Baikal e também ameaçam a sua diversidade. Outros impactos são causados pelo desmatamento e pelo aumento da agricultura.

Compostos químicos, hidrocarbonetos e metais pesados resultantes de atividades agrícolas e industriais contribuem para a degradação do lago Baikal e de sua bacia hidrográfica. Nele, uma das fontes importantes de contaminação por metais pesados é a contribuição atmosférica resultante da poluição do ar fora de sua bacia hidrográfica. A contribuição atmosférica é maior que a dos tributários. Os metais adicionados ao Baikal pela poluição atmosférica são: alumínio, manganês, ferro, cobalto, cobre, zinco, selênio, sódio, bário, mercúrio e chumbo.

Fósforo e nitrogênio também são adicionados a partir de esgotos não tratados, e há contribuições elevadas de nitrogênio atmosférico. Estudos experimentais demonstraram grande sensibilidade da flora e da fauna do lago Baikal a substâncias tóxicas.

Tab. 17.1 Composição química da água de lagos africanos rasos* (< 5 m profundidade)

Lago	País	Data	K₂₀ (µS.cm⁻¹)	Σ Cátions	Σ Ânions	Na⁺	K⁺	Ca⁺⁺	Mg⁺⁺ (meq.ℓ⁻¹)	Alc.	Cl⁻	SO₄⁻⁻	Total P	PO₄⁻⁻⁻-P (µg.ℓ⁻¹)	Si (mg.ℓ⁻¹)	Total Fe (µg.ℓ⁻¹)	pH	Referências
Nabugabo	Uganda	Jun. 1967	25	0,198	0,199	0,090	0,028	0,060	0,020	0,140	0,040	0,019	–	–	–	–	7,0–8,2	Beadle (1981)
Tumba	Zaire	1955	24–32	–	–	–	–	0,03	0,02	0	–	–	–	–	–	–	4,5–5,0	Dubois (1959)
Bangweulu	Zâmbia	1960	–	0,285	0,293	0,113	0,033	0,075	0,066	0,260	0,08	0,02	–	–	–	–	–	Talling e Talling (1965)
Opi A	Nigéria	Jan. a Fev. 1980 Maio 1980	15,3	0,315	–	0,113	0,049	0,100	0,053	–	–	–	–	–	–	–	–	Hare e Carter (1984)
Mweru	Zâmbia–Zaire	Jul. 1961	76	1,03	1,05	0,20	0,032	0,375	0,418	0,83	0,141	<0,1	–	15	4,9	100	6,5	Talling e Talling (1965)
Tana	Etiópia	Mar. 1964	137	1,68	1,62	0,24	0,040	0,945	0,45	1,52	0,044	0,052	–	30	6,8	–	8,4	Wood e Talling (1988)
Ras Amer	Sudão	Jan. 1956	178	–	–	–	–	1,20	–	0,81	–	–	–	200	11	–	9,1	Talling (não publicado)
George	Uganda	Jun. 1961	201	2,37	2,39	0,59	0,11	1,01	0,66	1,91	0,25	0,23	412	<18	8,5	250	9,6	Talling e Talling (1965)
Kabara	Mali	Fev. 1976	(199)	2,63	2,55	0,40	0,37	1,30	0,56	1,70	0,48	0,37	–	–	–	–	–	Dumont et al. (1981)
Mulehe	Jganda	Jun. 1961	260	2,94	3,09	0,470	0,246	1,085	1,131	2,18	0,34	0,65	272	220	15,9	48	8,0	Talling e Talling (1965)
Naivasha	Quênia	Jun. 1961	330	3,92	3,97	1,96	0,58	0,76	0,63	3,31	0,41	0,25	122	–	15,2	500	–	Talling e Tall ng (1965)
Zwel	Etiópia	Mar. 1964	322	3,72	3,80	2,11	0,30	0,70	0,615	3,34	0,24	0,22	–	–	21,1	–	8,0	Wood e Talling (1988)
Baringo	Quênia	Dez. 1979	530	6,3	6,11	4,85	0,33	0,70	0,35	4,93	0,82	0,36	70	–	14,0	5.410	–	Talling e Rigg (não publicado)
Chade– N	Chad - Nigéria	Jul. 1976 Ago. 1976	(565) (45)	6,66 0,55	– –	1,87 0,12	0,76 0,07	2,22 0,20	1,81 0,16	6,27 0,46	– –	– –	–	–	11,8 4,5	–	8,7 7,7	Carmouza et al. (1983)
Chade– SE																		
Mohasi	Uganda	Maio 1952	–	7,47	7,19	3,791	0,235	1,390	2,05	3,10	4,06	0,022	–	–	4,1	–	–	Damas (1954)
Kitangirl	Tanzânia	Jul. 1961	785	8,60	9,15	6,74	0,123	1,205	0,55	6,65	1,80	0,10–0,71	1.020	–	16,1	–	–	Talling e Talling (1965)
Abaya	Etiópia	Fev. 1964	623	9,1	9,1	7,70	0,41	0,76	0,22	7,41	1,10	0,60	128	–	18,7	–	–	Wood e Talling (1988)
Tete pan	África do Sul	Mar. 1976 Out. 1976	(187) (720)	3,18 11,04	– –	1,70 6,70	0,03 0,05	0,30 1,26	1,15 3,03	– –	– –	– –	–	4 34	–	–	–	Rogers e Breen (1980)
Hippo Pool	Uganda	Nov. 1969	978	8,58	8,25	0,65	2,61	2,60	2,72	5,27	2,82	0,15	–	1.120	–	–	6,4	Kilham (1982)

Tab. 17.1 Composição química da água de lagos africanos rasos* (< 5 m profundidade) (continuação)

Lago	País	Data	K_{20} (μS.cm⁻¹)	Σ Cátions	Σ Ânions	Na⁺	K⁺	Ca⁺⁺	Mg⁺⁺ (meq.l⁻¹)	Alc.	Cl⁻	SO₄⁻⁻	Total P	PO₄---P (μg.l⁻¹)	Si (mg.l⁻¹)	Total Fe (μg.l⁻¹)	pH	Referências
Chamo	Etiópia	Jul. 1966	–	10,8	11,7	9,1	0,36	0,70	0,64	9,4	1,66	0,62	–	14	18	–	8,9	Wood e Talling (1988)
Chilwa	Malawi	Jan. 1970	1.000	12,85	–	11,3	0,35	0,60	0,60	6,7	7,89	–	–	5.100	–	–	8,5	McLachlan (1979)
		Dez. 1970	2.500	35,85	–	33,9	0,59	0,66	0,70	19,0	14,51	–	–	5.200	–	–	8,8	
Sonachi	Quênia	Dez. 1979	4.770	58,6	59,9	53,4	4,41	0,33	0,44	52,6	4,41	2,91	450	–	32	530	–	Talling e Rigg (não public.)
Marlut. Sta.1	Egito	1966	–	59,1	59,3	45,03	1,45	2,80	9,83	5,23	45,15	8,88	–		–	–	–	El–Wakeel et al. (1970a, 1970b)
Rukwa – N	Tanzânia	1961	5.120	51,7	67,7	49,6	2,17	<0,05	<0,08	53,3	10,79	3,44	4.500	–	54	–	–	Talling e Talling (1965)
Kilotes	Etiópia	Abr. 1963	–	75,7	77,4	70,5	4,5	0,7	<0,6	63,4	13,6	0,4	–	5.500	15,0	–	9,6	Wood e Talling (1988)
Nakuru	Quênia	Dez. 1979	10.500	139,0	139,0	136,0	29,6	0,05	0,01	107,0	25,3	6,7	650	–	66	620	–	Talling e Rigg (não public.)
Elmenteita	Quênia	Jul. 1969	11.700	172	182	165	7,3	<0,1	<0,1	107,0	55,5	2,8	–	9.200	83	–	9,4	Hecky e Kilham (1973)
Abiata	Etiópia	Mar. 1964	15.800	228,5	240,5	222	6,5	<0,1	<0,1	166,5	51,5	22,5	–	50	60	–	10,3	Wood e Talling (1988)
Eyasi	Tanzânia	Ago. 1969	23.500	301	324	300	0,24	0,15	0,16	116,4	186,5	17,3	–	86.000	8,4	9,5	9,5	Hecky e Kilham (1973)
Qarun	Egito	Jun. 1978	–	616	532	493	6,1	23,7	93,3	3,6	181	347	191	–	–	–	–	Talling e Rigg (não public.)
Bogoria (Hammington)	Quênia	Jan. 1970	57.400	1.245	1.205	1.235	9,9	<0,05	0,18	965	180	4,5	–	–	122	–	10,6	Hecky e Kilham (1973)
Pretoria Salt Pan	África do Sul	1978–1980	(52.000)	1.264	1.249	1.260	3,3	<0,05	<0,1	400	845	5,0	9.000	7.000	120	–	10,4	Ashton e Schoeman (1983)
Metahara	Etiópia	Maio 1961	72.500	784	831	774	10,4	<0,15	<0,6	580	154,6	97,5	11.000	–	–	500	9,9	Wood e Talling (1988)
Manyara	Quênia	Jun. 1961	94.000	937	1.097	935	2,4	<0,5	<2,5	806	244	47,5	65.000	–	8,9	–	–	Talling e Talling (1965)
Magadi	Quênia	Fev. 1961	160.000	1.666	1.867	1.652	13,7	<0,5	<2,5	1.180	637	50	11.000	–	117	–	–	Talling e Talling (1965)
Mahega	Uganda	Maio 1971	(111.300)	2.879	2.870	2.565	302	0,76	11,0	150	1.450	1.270	–	9.600	13	–	10,1	Melack e Kilham (1972)
Gaar (Wadi Natrun)	Egito	Ago. 1976	–	–	5.620	5.959	34,8	–	–	220	4.900	500	–	4.120	–	–	10,9	Imhoff et al. (1979)

*Os nomes originais dos lagos foram mantidos nesta tabela
Fonte: Beadle (1981).

Impactos em lagos e represas resultantes das atividades humanas; eutrofização
Foto: J. G. Tundisi

18 | Impactos nos ecossistemas aquáticos

Resumo

O impacto das atividades humanas nos ecossistemas continentais tem produzido uma contínua e inexorável deterioração da qualidade das águas e alterações profundas no ciclo hidrológico, nos ciclos biogeoquímicos e na biodiversidade. Esse processo de deterioração causa impactos econômicos e sociais e, em alguns casos, alterações permanentes e irreversíveis em lagos, rios e represas. Os custos para tratamento da água e para a recuperação de lagos, rios e represas são muito elevados.

A eutrofização das águas interiores é outro impacto de considerável efeito. Eutrofização, aumento de toxicidade, sedimentação de rios e lagos e alterações na hidrodinâmica são algumas das consequências mais comumente encontradas em quase todos os continentes, regiões e países. Contaminação química das águas e efeitos nas redes alimentares são outras consequências das atividades humanas.

O monitoramento das causas e consequências dessas alterações é fundamental para o diagnóstico dos processos da deterioração e para a recuperação dos ecossistemas. Substâncias tóxicas e elementos químicos, como metais pesados, contribuem para a deterioração das águas continentais e tornam complexa a identificação dos impactos e o diagnóstico nos ecossistemas aquáticos e na biota aquática.

Lagos, represas e rios de regiões temperadas e regiões tropicais diferem em relação ao grau e à progressão da eutrofização e da contaminação, no tempo de resposta das comunidades e na concentração de nutrientes, especialmente nitrogênio e fósforo. Também há diferenças no limiar das concentrações de nitrogênio e fósforo necessárias para desencadear o processo de eutrofização.

Mudanças globais afetam rios, lagos, represas e áreas alagadas e produzem efeitos sinérgicos relacionados ao desenvolvimento de vetores que afetam a saúde humana.

18.1 Principais Impactos e suas Consequências

Todos os ecossistemas aquáticos continentais estão submetidos a um conjunto de impactos resultantes das atividades humanas e dos usos múltiplos das bacias hidrográficas, às quais lagos, rios, represas, áreas alagadas e brejos pertencem. Esses impactos, de forma direta ou indireta, produzem alterações em estuários e águas costeiras. À medida que os usos múltiplos aumentam e se diversificam, mais complexos se tornam os impactos e mais difícil a solução dos problemas a eles relacionados.

Há impactos naturais, provenientes dos próprios mecanismos de funcionamento dos ecossistemas e das bacias hidrográficas, e impactos produzidos pelas atividades humanas. Os impactos naturais são, de certa forma, absorvidos pelo ecossistema, que tem mecanismos apropriados e de múltiplos controles para reproduzir e minimizar os impactos naturais. Por exemplo, as respostas de rios e lagos às flutuações de nível que ocorrem nas grandes *planícies de inundação* dos rios Amazonas e Paraná fazem parte de um processo natural de funcionamento e de um ciclo de respostas que está perfeitamente integrado a esse processo natural (Junk *et al.*, 2000); entretanto, o somatório dos impactos produzidos pelas atividades humanas é extenso e produz grandes alterações na estrutura e na função dos ecossistemas aquáticos.

Os impactos classificam-se em: *primários*, de efeitos imediatos e relevantes (como, por exemplo, a interferência no *ciclo hidrológico* ou a entrada de poluentes por fontes pontuais); *secundários*, de efeitos muito mais difíceis de detectar ou mensurar e igualmente severos (como, por exemplo, alterações na rede alimentar, cujas consequências podem aparecer muito mais tarde no processo); ou *terciários*, com respostas complexas de longo prazo (como, por exemplo, alterações na composição química do sedimento ou modificações na composição de espécies).

Impactos cumulativos consistem justamente na interação e **sinergia** de diferentes efeitos físicos, químicos ou biológicos de longa duração e que podem tornar-se irreversíveis ao longo de vários anos ou décadas, dada a extensão do acúmulo de alterações que ocorrem.

Com relação aos diferentes impactos das atividades humanas, é necessário considerar: a) a quantificação desses impactos e a sua detecção ainda em um estágio que possibilite ações reparadoras ou mitigadoras; b) a avaliação econômica dos impactos e seus possíveis efeitos nas socioeconomias regional e local, em função da degradação.

A história dos impactos das atividades humanas no ciclo da água e nos processos de degradação da sua qualidade é longa. Entretanto, pode-se considerar que o grande volume e complexidade das alterações ocorreram principalmente após a Revolução Industrial, na segunda metade do século XIX, como resultado da interferência direta das atividades humanas no ciclo hidrológico e como consequência da urbanização, dos usos do solo para agricultura e da irrigação.

As várias atividades humanas e o acúmulo de usos múltiplos implicam diferentes ameaças e problemas para a disponibilidade de água, causando riscos elevados (Quadro 18.1). A Tab. 18.1 relaciona as principais modificações que ocorreram entre 1680 e 1980, com relação às drenagens total e de superfície, em todos os continentes.

A principal dificuldade ao tratar das dimensões qualitativa e quantitativa dos impactos é que estão ocorrendo impactos e novos problemas com enorme rapidez e uma frequência maior, com efeitos múltiplos diretos e indiretos que demandam ações rápidas interdisciplinares e de tecnologia adequada para sua solução (Somlyody, 1993).

Essa interferência contínua produziu impactos cumulativos e um conjunto grande de efeitos indiretos (Branski *et al.*, 1989). Tundisi (1990, 2003) descreve as seguintes causas resultantes dos impactos das atividades humanas nos sistemas aquáticos continentais e nas águas costeiras do Brasil:

▶ Desmatamento.
▶ Irrigação.
▶ Mineração.
▶ Urbanização.
▶ Construção de estradas.
▶ Construção de canais.
▶ Descarga de esgotos com fontes pontuais e não-pontuais.
▶ Descarga de efluentes industriais e agrícolas.

▶ Introdução de espécies exóticas nos sistemas terrestres e aquáticos.
▶ Remoção de espécies-chave nos ecossistemas.
▶ Construção de represas.
▶ Disposição de resíduos sólidos nas bacias hidrográficas.
▶ Eutrofização (causa e consequência).
▶ Construção de hidrovias.
▶ Impactos nos mananciais (desmatamento, disposição de resíduos sólidos, ocupação de bacias hidrográficas).

Quadro 18.1 Impactos que ocorrem nos ecossistemas aquáticos em consequência das várias atividades humanas

ATIVIDADE HUMANA	IMPACTO NOS ECOSSISTEMAS AQUÁTICOS	VALORES/SERVIÇOS EM RISCO
Construção de represas	Altera o fluxo dos rios e o transporte de nutrientes e sedimentos, bem como interfere na migração e na reprodução de peixes	Altera hábitats e as pescas comercial e esportiva, bem como os deltas e suas economias
Construção de diques e canais	Destrói a conexão do rio com as áreas inundáveis	Afeta a fertilidade natural das várzeas e os controles das enchentes
Alteração do canal natural dos rios	Danifica ecologicamente os rios; modifica os fluxos dos rios	Afeta os hábitats, as pescas comercial e esportiva, a produção de hidroeletricidade e o transporte
Drenagem de áreas alagadas	Elimina um componente-chave dos ecossistemas aquáticos	Perda de biodiversidade, de funções naturais de filtragem, de reciclagem de nutrientes e de hábitats para peixes e aves aquáticas
Desmatamento/uso do solo	Altera padrões de drenagem; inibe a recarga natural dos aquíferos; aumenta a sedimentação	Altera a qualidade e a quantidade da água, a pesca comercial, a biodiversidade e o controle de enchentes
Poluição não controlada	Diminui a qualidade da água	Altera o suprimento de água e a pesca comercial; aumenta os custos de tratamento; diminui a biodiversidade; afeta a saúde humana
Remoção excessiva de biomassa	Diminui os recursos vivos e a biodiversidade	Altera as pescas comercial e esportiva, bem como os ciclos naturais dos organismos; diminui a biodiversidade
Introdução de espécies exóticas	Diminui as espécies nativas; altera ciclos de nutrientes e ciclos biológicos	Perda de hábitats, da biodiversidade natural e de estoques genéticos; alteração de pesca comercial
Poluentes do ar (chuva ácida) e metais pesados	Altera a composição química de rios e lagos	Altera a pesca comercial; afeta a biota aquática, a recreação, a saúde humana e a agricultura
Mudanças globais no clima	Afeta drasticamente o volume dos recursos hídricos; altera padrões de distribuição de precipitação e evaporação	Afeta o suprimento de água, o transporte, a produção de energia elétrica, a produção agrícola e a pesca; aumenta as enchentes e o fluxo de água em rios
Crescimento da população e padrões gerais do consumo humano	Aumenta a pressão para a construção de hidroelétricas, a poluição da água e a acidificação de lagos e rios; altera ciclos hidrológicos	Afeta praticamente todas as atividades econômicas que dependem dos serviços dos ecossistemas aquáticos

Fontes: Turner *et al.* (1990a); NAS (1999); Tundisi *et al.* (2000); Tundisi (2002).

Tab. 18.1 Principais alterações nas drenagens total e de superfície entre 1680 e 1980, em todos os continentes

Continente	Drenagem Total (R) 1680 – 1980 m³.ano⁻¹			Drenagem de superfície (S) m³.ano⁻¹		
	1680	Alteração Antropogênica	1980	1680	Alteração Antropogênica	1980
Europa	3.240	−200	3.040	2.260	−410	1.850
Ásia	14.550	−1.740	12.810	10.920	−1.790	9.130
África	4.300	−140	4.160	3.075	−595	2.480
América N	6.200	−320	5.880	5.020	−1.490	3.530
América S	10.420	−60	10.360	6.770	−320	6.450
Antártica e Oceania	1.970	−10	1.960	1.520	−50	1.470

Fonte: L'vovich (1974).

Principais impactos e problemas na qualidade da água de lagos, represas e rios

• Poluição de matéria orgânica de origem doméstica (esgoto não tratado).
• Contaminação por bactérias e vírus.
• Doenças de veiculação hídrica.
• Eutrofização: introdução excessiva de matéria orgânica no sistema aquático, devido à entrada de nutrientes (especialmente nitrogênio e fósforo).
• Poluição por nitrato, produzindo problemas de saúde pública.
• **Anoxia hipolimnética** (em lagos e represas estratificados). Agressividade a estruturas. Aumento nas concentrações de manganês e fósforo. Liberação de nutrientes dos sedimentos.
• Acidificação: diminuição do pH e liberação de metais.
• Problemas de turbidez produzidos por material em suspensão.
• Salinização decorrente da excessiva aplicação de fertilizantes no solo, ou salinização do solo em regiões áridas ou semi-áridas.
• Poluição por metais pesados.
• Impactos de substâncias tóxicas resultantes de produtos agroquímicos. Acumulação nos sedimentos e bioacumulação nos organismos.
• Impactos de substâncias tóxicas resultantes da eutrofização e do crescimento acelerado de cianobactérias.
• Descarga de óleos e outras substâncias químicas nos rios, lagos, represas e nos estuários e águas costeiras.
• Aumento da temperatura da água por poluição térmica, desequilíbrio nos ciclos hidrológicos, aumento da temperatura da água devido a alterações associadas a mudanças climáticas globais.

Fonte: Straškraba (1996).

Como consequência desses impactos, muitos problemas resultaram, produzindo efeitos diretos e indiretos. Esses efeitos podem ser descritos como:

▶ **Eutrofização**

Como consequência de atividades como descarga de esgotos domésticos não tratados e descargas industriais e agrícolas, há um rápido aumento da eutrofização dos ecossistemas aquáticos continentais, e isso inclui estuários e regiões costeiras.

▶ **Aumento da turbidez e material em suspensão**

Em razão do uso inadequado das bacias hidrográficas, sobretudo do desmatamento, esse é um dos problemas mais sérios que afetam rios, lagos e represas. Muitas consequências ocorrem, resultantes do aumento da turbidez, tais como redução da produção primária fitoplanctônica e da capacidade do fluxo; danos à pesca, a turbinas e à tubulação em represas; e alterações na linha térmica de rios e represas.

▶ **Perda da diversidade biológica**

A introdução de espécies exóticas, o desmatamento, a construção de represas, as atividades de mineração e a perda do mosaico de vegetação nas regiões de várzea produzem drásticas reduções na diversidade biológica. Reservatórios na Amazônia reduzem também a diversidade biológica dos ecossistemas terrestres, produzindo perda de espécies nativas de plantas e animais. Eutrofização e contaminação química são causas da perda da diversidade biológica.

▶ **Alterações no ciclo hidrológico e no nível da água**

As **mudanças no ciclo hidrológico** podem ser atribuídas aos seguintes fatores: modificações na reserva de água, construção de represas, aumento ou alterações na evapotranspiração de lagos e represas, modificações no nível dos aquíferos e alterações de recarga. O desmatamento de matas e florestas ciliares ao longo dos rios produz alterações e reduz a recarga dos aquíferos.

▶ **Perda da capacidade-tampão**

Perda de áreas alagadas e redução da vegetação dessas áreas e dos ecótonos produzem diminuição da capacidade-tampão dos ecossistemas aquáticos. Áreas alagadas são também regiões de desnitrificação que influem no ciclo do nitrogênio, funcionando como sistemas naturais de tamponamento dos impactos, ampliando ainda a biodiversidade (ver Caps. 6 e 15).

▶ **Mudanças nas cadeias alimentares**

Com a introdução de espécies exóticas e a remoção de espécies-chave, muitas alterações nas cadeias alimentares podem ocorrer. A perda de espécies endêmicas de peixes dos grandes rios da América do Sul é um exemplo dessas alterações.

▶ **Expansão da distribuição geográfica de doenças tropicais**

Com a rápida alteração da qualidade da água e a construção de represas, uma expansão das doenças tropicais de veiculação hídrica ocorre. Por exemplo, a área de expansão da esquistossomose pode ser atribuída à construção de represas, à eutrofização e à migração humana para as regiões de reservatórios em construção ou construídos (Straškraba e Tundisi, 2000).

▶ **Toxicidade**

O aumento da toxicidade se dá em consequência de operações de mineração, descargas industriais, práticas agrícolas, descargas de pesticidas e herbicidas, metais pesados e aumento da concentração de poluentes nas cadeias alimentares (Lacerda e Solomons, 1998). Além disso, cianobactérias resultantes da eutrofização aumentam as substâncias tóxicas na água de lagos, rios e represas. Chellappa *et al.* (2004).

▶ **Construção de represas**

Os impactos negativos e positivos da construção de represas foram discutidos com detalhes no Cap. 12.

A Fig. 18.1 detalha os principais impactos e suas consequências, como resultado de uma análise de 600 lagos e represas de todo o Planeta, um trabalho realizado pelo International Lake Environmental Comittee – Ilec (Firal, 1998). A Fig. 18.2 apresenta a sequência de degradação detectada nos países industrializados.

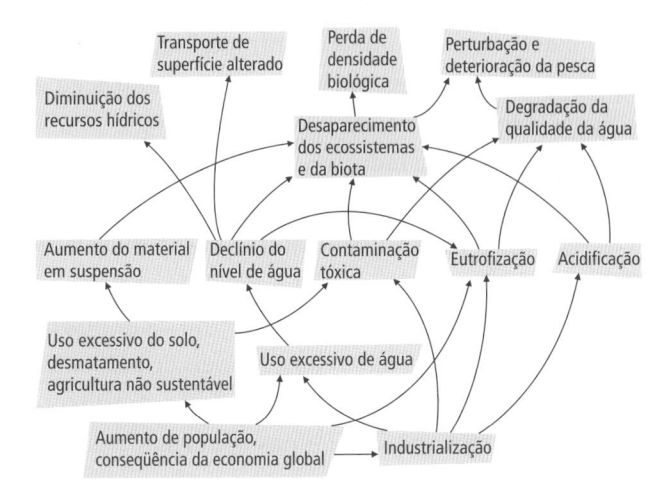

Fig. 18.1 Principais problemas e processos relacionados com a contaminação de águas superficiais (lagos, rios, represas). Resultado de estudo realizado em 600 lagos de vários continentes pelo Ilec
Fontes: Kira (1993); Tundisi (1999).

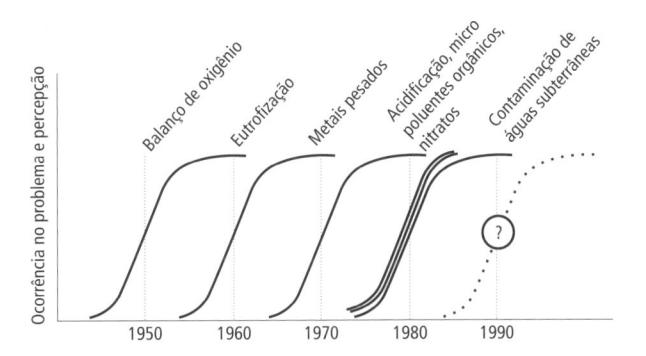

Fig. 18.2 Sequência de degradação detectada nos países industrializados
Fonte: Straškraba e Tundisi (2000).

Entre todos os impactos, aqueles relacionados a seguir são fundamentais dos pontos de vista quantitativo e qualitativo:

▸ **Urbanização**

Em 1800, a população urbana do planeta Terra era de 29 milhões de pessoas, ou seja, 3% da população mundial daquela época. Em 1986, essa população urbana já era de 2,2 bilhões de pessoas e, atualmente, ultrapassa 3 bilhões de pessoas (aprox. 50% da população mundial).

O crescimento da urbanização implica uma enorme alteração do ciclo hidrológico, devido à impermeabilização da superfície, bem como um aumento dos despejos de esgotos domésticos, nitrogênio e fósforo, resultantes do acúmulo da população urbana e de seus resíduos diários. Portanto, a urbanização introduz uma aceleração no ciclo dos processos, na contaminação e na poluição (Tundisi, 2003).

▸ **Uso agrícola e industrial dos recursos hídricos**

O aumento no uso agrícola e industrial dos volumes de recursos hídricos superficiais e subterrâneos, bem como a poluição resultante, são causas de graves alterações no ciclo hidrológico e de aumentos consideráveis de poluentes orgânicos e inorgânicos, com efeitos consideráveis na biota aquática e nas condições físicas e químicas da água.

Os efeitos resultantes desses dois intensos impactos e descargas podem ser atribuídos também ao desenvolvimento tecnológico e industrial nos últimos 300 anos. A introdução de novos mecanismos de remoção de terra, as estruturas de concreto e de aço, os sistemas de drenagem, o avanço da capacidade de abrir e operar poços profundos, o aumento do uso de pesticidas e herbicidas, todos esses desenvolvimentos técnicos e inovações tiveram efeitos no ciclo hidrológico e na qualidade das águas, de uma forma ampla e numa escala nunca antes ocorrida.

O consumo de água per capita aumentou quatro vezes entre 1687 e 1987, e a taxa de consumo acelerou-se nos últimos 20 anos do século XX. A exploração dos aquíferos subterrâneos mais acessíveis foi implementada a partir de 1930, como resultado dos **avanços tecnológicos** na perfuração de poços e no bombeamento de água.

▸ **Sedimentação dos ecossistemas continentais**

Um grande impacto quantitativo e qualitativo é a sedimentação de rios, lagos, represas e áreas alagadas, em razão de usos inadequados do solo e de práticas agrícolas intensas que atingem esses ecossistemas de forma contínua e com diversas consequências físicas, químicas e biológicas.

Pode-se sintetizar o conjunto de alterações produzidas pelo transporte dos sedimentos para os ecossistemas aquáticos da seguinte forma:

▸ Aumento da turbidez.
▸ Interferência nos ciclos biogeoquímicos.
▸ Interferência nos organismos: o efeito na rede alimentar, sombreamento da luz, e na disponibilidade para o fitoplâncton e macrófitas aquáticas.
▸ Interferência na hidrodinâmica de rios, lagos e represas.
▸ Interferência na hidrodinâmica e na direção e velocidade da água dos rios.
▸ Diminuição do volume de água disponível em represas e lagos.
▸ Acúmulo de metais pesados e substâncias tóxicas orgânicas em locais de alta sedimentação.
▸ Interferência nos ciclos de vida de organismos aquáticos, pela modificação de substratos.
▸ Diminuição drástica da concentração de oxigênio dissolvido na água, quando ocorrem elevadas taxas de sedimentação e altas concentrações de material em suspensão na água.

A Fig. 18.3 aponta os principais efeitos do material em suspensão na água sobre os peixes e outros organismos aquáticos.

O transporte de sedimentos e de material em suspensão carregado pela drenagem da água sobre o solo e pela erosão depende, evidentemente, do tipo de solo (rocha sedimentar ou rocha ígnea), da cobertura vegetal da declividade e da intensidade da drenagem. Esse efeito é local e regional e depende do impacto produzido pelos usos múltiplos: agricultura, urbanização, intensidade do desmatamento, atividades de remoção do solo (construção de estradas, ferrovias, portos e canais) (Campagnoli, 2002).

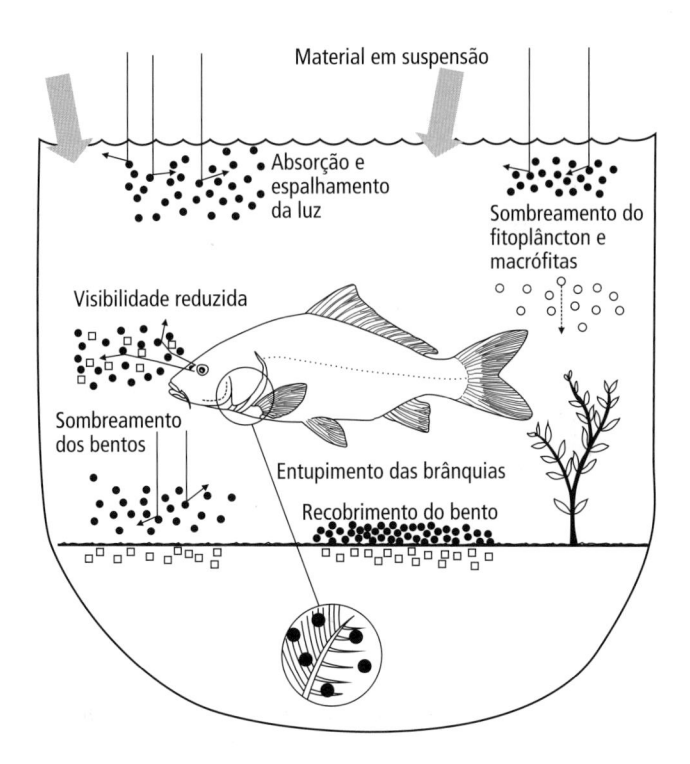

Fig. 18.3 Impactos do material em suspensão na água sobre os peixes e outros organismos aquáticos
Fonte: modificado de Melack (1985).

Recentemente, Syvitski *et al.* (2005) apresentaram o impacto das atividades humanas no fluxo do transporte de sedimentos dos continentes para os oceanos, como contribuição dos rios nos diferentes continentes, e a principal conclusão a que chegaram é que os usos múltiplos do solo pelas atividades humanas aumentaram o transporte de sedimentos de todos os rios e da erosão do solo em 2,3 ± 0,6 bilhões de toneladas métricas por ano. Esses autores também concluíram que 100 bilhões de toneladas métricas por ano de sedimento, bem como 1 a 3 bilhões de toneladas métricas de carbono, foram retidas em reservatórios, principalmente nos últimos 50 anos. A carga do fluxo de sedimentos retidos nos reservatórios varia entre 0% em ilhas oceânicas e um máximo de 31% em reservatórios da Ásia.

Ainda de acordo com Syvitski *et al.* (2005), a intensificação das atividades humanas que alteram o transporte de sedimentos – como, por exemplo, a construção de barragens – teve como consequência efeitos na **exploração dos aquíferos, mudanças na direção do** transporte de água **de superfície, mudanças do volume dos lagos, drenagem de áreas alagadas e desmatamento**.

A Fig. 18.4 mostra os impactos produzidos pela construção de barragens em todos os continentes, e a Fig. 18.5, a carga de sedimentos transportada pelos rios em períodos pré-antropogênicos.

Um trabalho recente de Nilsjon *et al.* (2005) demonstrou que, de 292 rios citados, 172 são impactados por reservatórios construídos pelo homem. Nessas áreas de reservatórios, há uma intensa utilização da água para irrigação e outras atividades econômicas por unidade de água em relação a áreas não afetadas por reservatórios. Os autores apontam riscos e vulnerabilidade associados a essas atividades e aos usos da água nas regiões impactadas pela presença de reservatórios.

Nas regiões impactadas pelos reservatórios há, ainda, **ameaças à biodiversidade aquática**, devido à perda de mecanismos e de processos evolutivos naturais que ocorrem nessas bacias hidrográficas, em suas várzeas e áreas inundadas. Portanto, quando se constroem represas, há perdas consideráveis de biodiversividade e de processos evolutivos naturais.

Os usos totais da água no período de 1900 a 2000 são indicados na Fig. 18.6, e as projeções até 2080, apresentadas na Fig. 18.7.

18.2 Eutrofização de Águas Continentais: Consequências e Quantificação

Um dos mais importantes impactos qualitativos e quantitativos em rios, lagos e represas é o da eutrofização, que afeta, com maior ou menor intensidade, praticamente todos os ecossistemas aquáticos continentais.

O aumento do grau de trofia dos lagos em condições naturais pode levar algumas centenas de anos, pois depende, como já foi visto, da **carga inorgânica** para o lago e da contribuição dos processos naturais nas bacias hidrográficas. O aumento de nitrogênio e fósforo produzido pela atividade humana acelera acentuadamente esse processo de **eutrofização natural**, reduzindo as características naturais de lagos e represas e deteriorando a qualidade da água, tornando-a não disponível para vários usos e encarecendo consideravelmente o processo de tratamento. Esse processo de eutrofização associada às atividades humanas tem sido denominado eutrofização artificial (Esteves e

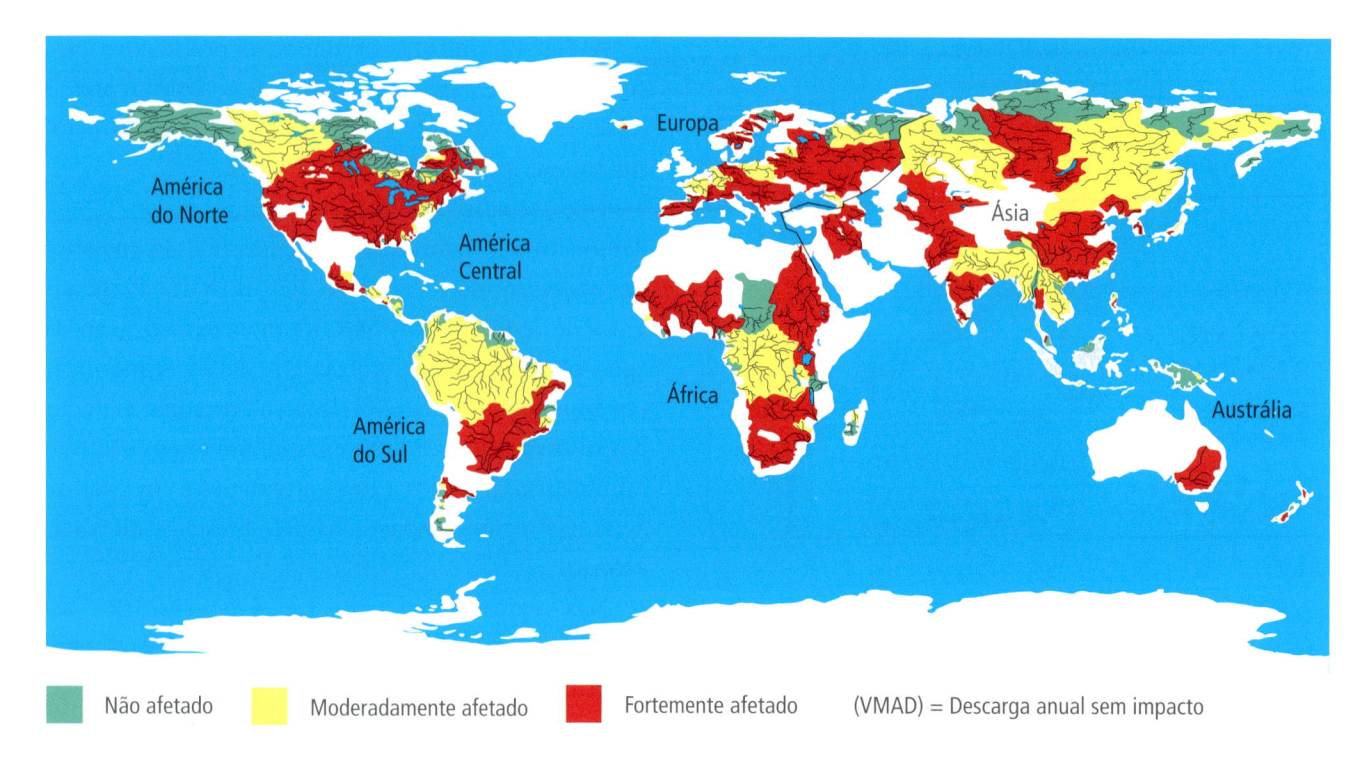

Fig. 18.4 Impactos produzidos pela construção de barragens e pela modificação dos cursos dos rios em 292 bacias hidrográficas, em todos os continentes
Fonte: modificado de Nilson *et al.* (2005).

Barbosa, 1986) ou eutrofização cultural (NAS, 1969; Welch, 1980; Margalef, 1983; Tundisi 1986).

Os processos naturais que ocorrem em uma bacia hidrográfica e que causam um aumento progressivo e lento da sedimentação, da concentração de nitrogênio e fósforo e da matéria orgânica estão relacionados com efeitos do vento, erosão por chuvas, adição de material biológico (matéria orgânica morta ou em decomposição, como, por exemplo, a adição de folhas e restos vegetais nas matas ciliares de lagos). A **taxa de eutrofização** em um lago depende, fundamentalmente, desses vários fatores, considerando-se uma carga constante de nutrientes.

De acordo com Margalef (1983), os termos oligotrofia e eutrofia foram introduzidos por Weber (1907) para distinguir áreas alagadas com maior ou menor concentração de nutrientes, e Naumann (1919) estendeu esses termos aos lagos. Às considerações

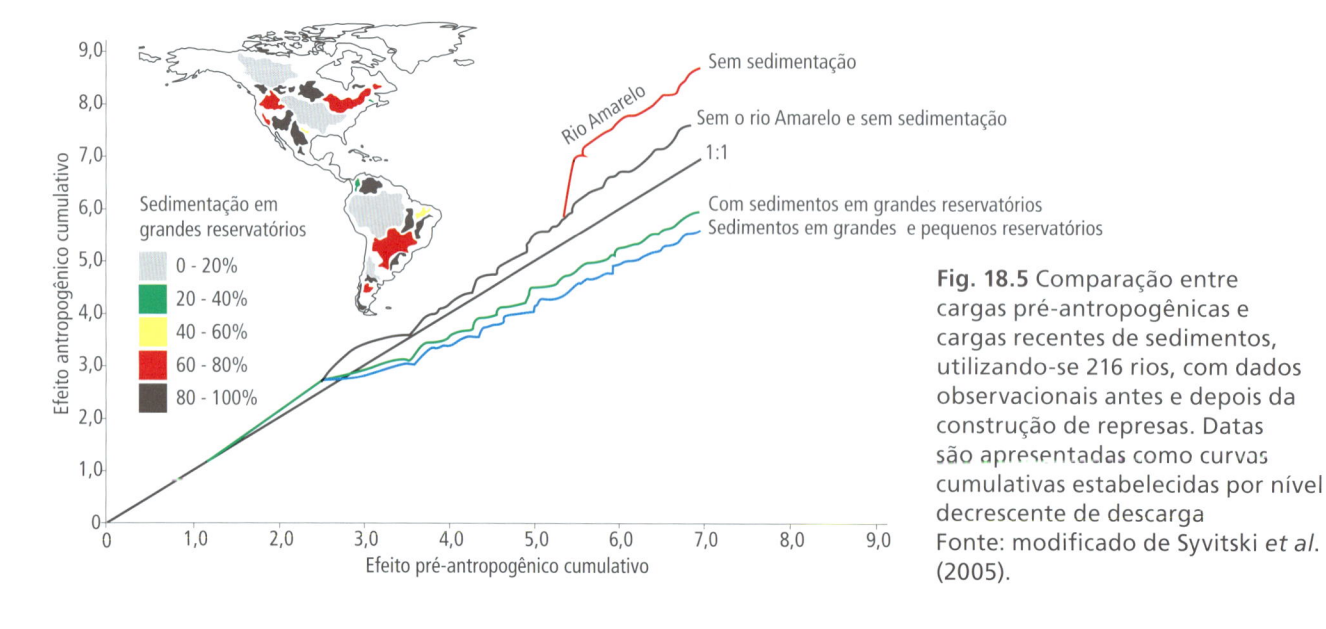

Fig. 18.5 Comparação entre cargas pré-antropogênicas e cargas recentes de sedimentos, utilizando-se 216 rios, com dados observacionais antes e depois da construção de represas. Datas são apresentadas como curvas cumulativas estabelecidas por nível decrescente de descarga
Fonte: modificado de Syvitski *et al.* (2005).

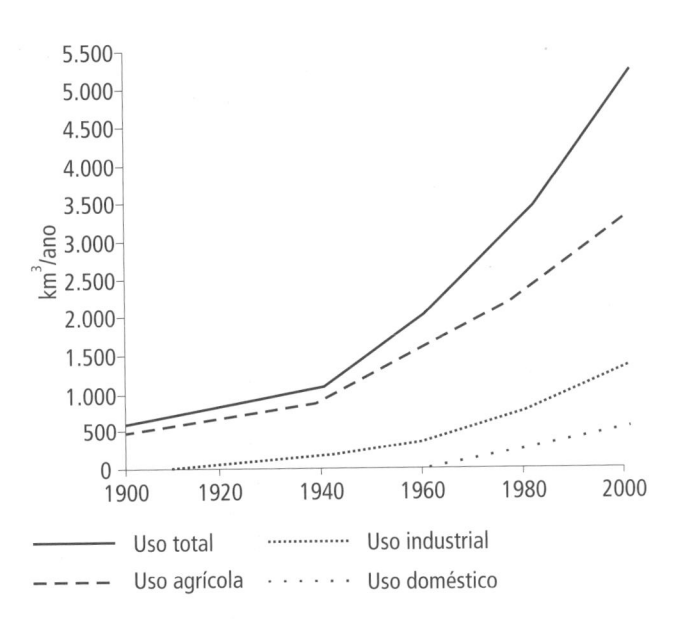

Fig. 18.6 Usos totais da água por atividade humana

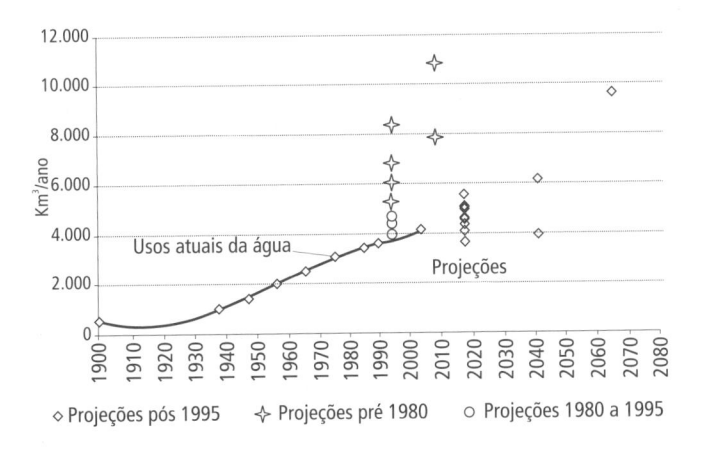

Fig. 18.7 Cenários dos usos da água na atualidade, com projeções até 2080
Fonte: Gleick (2000).

iniciais de elevado grau de turbidez e concentração de plâncton para lagos eutróficos somaram-se às poucas outras características, de modo que a matriz de eutrofização, atualmente, é bastante complexa.

Os termos mesotrofia e hipereutrofia foram acrescentados à sequência de trofia e designam, respectivamente, sistemas intermediários entre eutrófico e oligotrófico e sistemas com alto grau de eutrofização.

A taxa e o tempo de progressão da eutrofização em um lago depende, fundamentalmente, dos seguintes fatores, considerando-se uma carga constante de nutrientes:

18.2.1 Estado trófico inicial do lago

Lagos hipereutróficos respondem lentamente ou muito pouco a uma adição de nitrogênio e fósforo, em razão da alta taxa de mobilização já existente, do auto-sombreamento e da expressiva carga inorgânica presente. Lagos oligotróficos ou mesotróficos respondem mais rapidamente à adição de nutrientes por eutrofização. Isso também depende da circulação, uma vez que o sedimento, como já acentuado em capítulo anterior, pode funcionar como fonte de imobilização e de carga interna de nutrientes, em virtude da alteração no potencial redox de sedimento em função da circulação (ver Cap. 10).

18.2.2 Profundidade média e morfometria

Esse fator é importante porque pode aumentar ou diminuir a diluição de nutrientes e, consequentemente, a concentração por volume ou área. Uma diminuição da profundidade média significa uma zona eufótica mais próxima dos sedimentos, estando estes mais próximos à superfície do lago. A morfometria do lago é outro fator importante, por causa das relações epilímnio/hipolímnio que se estabelecem e da compartimentalização que ocorre em **lagos dendríticos**. Esta pode produzir segmentos eutróficos dos lagos ou represas mais rapidamente.

As inter-relações entre a entrada de nutrientes e a área da bacia hidrográfica foram demonstradas por Schindler (1971a) para lagos no Canadá situados em condições de pouca ou nenhuma influência de atividade humanas.

18.2.3 Tempo de residência ou tempo de retenção

Esse problema tem sido estudado com considerável minúcia e, naturalmente, à medida que aumenta o tempo de residência, maior é a disponibilidade para o uso de nutrientes. Se o tempo de residência é muito curto, a tendência para acúmulo de fitoplâncton é menor e há perda de células ou colônias. Tundisi e Matsumura Tundisi (1990) demonstraram o efeito do tempo de residência no processo de eutrofização da represa de Barra Bonita, no médio Tietê (SP), e concluíram que o crescimento acelerado de cianofíceas e o aumento da condutividade durante períodos de

Qualidade da água

De acordo com Chapman (1992), a qualidade da água pode ser definida como "o conjunto de concentrações, especiações e partições físicas de substâncias orgânicas e inorgânicas e a composição, diversidade e estado da biota encontrada em um determinado ecossistema aquático. Essa qualidade apresenta variações temporais e aquáticas, devido a fatores externos e internos ao ecossistema aquático".

Poluição do ecossistema aquático significa a introdução pelo homem, direta ou indiretamente, de substâncias ou energia que resultam em efeitos deletérios a:

i) recursos vivos;

ii) impactos na saúde humana;

iii) comprometimento de atividades nos sistemas aquáticos, por exemplo, pesca;

iv) comprometimento da qualidade da água e de seu uso em atividades agrícolas, econômicas e industriais;

v) redução de amenidades.

A qualidade da água é, portanto, utilizada como indicador das condições do sistema aquático e para avaliar o estado de poluição, degradação ou conservação de rios, lagos, represas, estuários, águas costeiras e áreas alagadas. Pode-se realizar essa avaliação utilizando-se monitoramento, que é a coleta de informações regulares e a formação de um banco de dados fundamental para futuras ações. Os limites dos usos da água, devido à deterioração da sua qualidade, são apontados no Quadro 18.2.

seca estavam relacionados com o aumento do tempo de residência do reservatório e com a estabilidade térmica.

18.2.4 Causas da eutrofização

As principais causas da eutrofização cultural (ou seja, aquela produzida pelas atividades humanas) estão relacionadas com as entradas de águas residuárias domésticas e industriais, a drenagem superficial, a contribuição de águas subterrâneas e de fertilizantes utilizados na agricultura. Erosão do solo e uso excessivo de detergentes não-biodegradáveis são outras causas da eutrofização.

As maiores **fontes de poluição** a partir dos agroecossistemas são a drenagem de nitrogênio e fósforo aplicados no solo e a entrada de resíduos orgânicos da pecuária. Os fertilizantes aplicados podem ser removidos pela água de precipitação e pelos ventos, aumentando a concentração de nitrogênio e fósforo na água.

Os **fertilizantes inorgânicos** são rapidamente removidos pela água de precipitação e pela drenagem do solo. Recentemente, a utilização de fertilizantes de baixa solubilidade em água, à base de uréia-aldeído, tem sido feita com a finalidade de reduzir a drenagem. A combinação básica na fertilização por nutrientes no solo é a de nitrogênio, fósforo e potássio, cuja aplicação

Quadro 18.2 Limites dos usos da água, devido à degradação da sua qualidade

Poluente	Usos						
	Água potável	Vida aquática	Recreação	Irrigação	Usos industriais	Energia e resfriamento	Transporte
Patógenos	xx	0	xx	x	xx	na	na
Sólidos em suspensão	xx	xx	xx	x	x	x	xx
Matéria orgânica	xx	x	xx	+	xx	x	na
Algas	xx	x	xx	+	xx	x	x
Nitrato	xx	x	na	+	xx	na	na
Sais	xx	xx	na	xx	xx	na	na
Elementos traço	xx	xx	x	x	x	na	na
Micropoluentes orgânicos	xx	xx	x	x	?	na	na
Acidificação	x	xx	x	?	x	x	na

(xx) impacto elevado impedindo o uso; (x) impacto negligível; (0) sem impacto; (na) não aplicável; (+) maior impacto na qualidade; (?) efeitos não completamente determinados
Fonte: Chapman (1992).

em larga escala produz um estoque de nutrientes em que a fração solúvel é removida. Os fertilizantes nitrogenados contêm amônia, uréia ou condensados de uréia-aldeído. Soluções de nitrato de amônia e uréia, com um conteúdo típico de 28% – 36% de nitrogênio, podem ser utilizadas com herbicidas (Henderson, Sellers e Markland, 1987). Produzem-se fertilizantes de fósforo superfosfatados (P_2O_5-P), nitrofosfatados em partes solúveis em água, ou fosfatos sob forma granulada pouco solúvel, com 7% – 22% de fosfato.

O uso de **fertilizantes orgânicos** a partir de detritos animais é também frequente.

Na atualidade, é amplamente reconhecido que o fósforo é a causa principal da eutrofização provocada por fontes difusas ou pontuais.

18.2.5 Consequências da eutrofização e características de lagos eutróficos e oligotróficos

Distinguem-se algumas características qualitativas e quantitativas em lagos eutróficos e oligotróficos. A eutrofização é um processo de entrada forçada de nutrientes nos lagos e, consequentemente, provoca uma aceleração do ciclo. Esta causa um aumento de ósforo e nitrogênio, com consequente aumento de carbono particulado, resultante da produção acelerada de matéria orgânica. Entretanto, parte do ciclo pode ser eliminada com os mecanismos reguladores do sistema.

A urbanização ainda contribui com apreciáveis quantidades de resíduos domésticos, em muitos casos não tratados. Geralmente, calcula-se que a contribuição de nitrogênio e fósforo por dejetos humanos é:

Fósforo: 2,18 g per capita.dia^{-1}
Nitrogênio: 10,8 g per capita.dia^{-1}
(Henderson, Sellers e Markland, 1987)

Devido à intensa urbanização, conjugada com atividades industriais, ocorre um aumento considerável da descarga de nitrogênio e fósforo nos lagos. Uma proporção importante do fósforo nos resíduos domésticos é constituída por detergentes sintéticos, que em alguns países representam 50% do total. Em alguns países, proibiu-se o uso de fosfatos em detergentes, como forma de evitar a eutrofização.

As atividades industriais contribuem consideravelmente para a eutrofização. **Contaminação por substâncias químicas e metais tóxicos** resultantes de vários processos industriais atingem os lagos. Descargas diretas de resíduos industriais não tratados podem alterar o pH, o oxigênio dissolvido e a temperatura das águas naturais.

Diferentes tipos de indústrias contribuem com o aumento da demanda bioquímica de oxigênio, material em suspensão, fenóis, sulfetos, amônia, fosfatos e cianetos, substâncias orgânicas e inorgânicas, as quais resultam de tipos diversos de processamento (alimentos e laticínios, refinação de óleo e indústria de aciaria fina). **Poluição térmica** e consequentes aquecimentos térmicos de lagos, represas e rios podem acelerar o processo de eutrofização.

Deve-se considerar que a eutrofização é um dos componentes do processo de degradação e, frequentemente, o mais importante. Entretanto, a eutrofização dá início a um conjunto muito grande de outros processos. Acúmulo de substâncias tóxicas e de metais pesados, bem como outros resultados das atividades humanas nas bacias hidrográficas, são componentes adicionados à água de rios, lagos e represas, tornando a recuperação dos ecossistemas eutrofizados extremamente complexa e de alto custo.

O Quadro 18.3 apresenta a clássica diferença entre lagos eutróficos e oligotróficos. Trata-se de uma concepção que, atualmente, está modificada pela evolução do conhecimento sobre o problema e pela compreensão científica da complexidade do processo. Entretanto, esse quadro é útil para comparar extremos e estabelecer critérios de classificação.

Os lagos eutróficos, porém, como mencionado anteriormente, apresentam alguns mecanismos reguladores da eutrofização – em parte por imobilização ou perda de fósforo e nitrogênio –, a qual pode ser resumida no ciclo mostrado na Fig. 18.8.

18.2.6 Indicadores quantitativos e critérios de medida dos índices de estado trófico

A quantificação do estado trófico por meio de vários índices permite agrupar os lagos em categorias: oligotróficos, mesotróficos, eutróficos e hipereutróficos. Esses índices funcionam como referências e

Quadro 18.3 Características gerais de lagos oligotróficos e eutróficos

CARACTERÍSTICAS DOS LAGOS	OLIGOTRÓFICO	EUTRÓFICO
FÍSICO-QUÍMICAS		
Concentração de O_2 no hipolímnio	Alta	Baixa ou Zero
Concentração de nutrientes na coluna de água	Baixa	Alta
Concentração de nutrientes no sedimento	Baixa	Alta
Material em suspensão particulado	Baixa	Alta
Penetração de energia radiante	Alta	Baixa
Profundidade	Lago profundo	Lago raso
BIOLÓGICAS		
Produção primária	Baixa	Alta
Diversidade de espécies de plantas e animais	Alta	Baixa
Macrófitas aquáticas (densidade por m²)	Baixa	Alta
Biomassa do fitoplâncton	Baixa	Alta
Floração de cianofíceas	Rara	Comum ou permanente
Grupos característicos do fitoplâncton	Diatomáceas/Clorofíceas	Clorofíceas/Cianofíceas

Fontes: Welch (1980); Margalef (1983).

permitem acompanhar as alterações quantitativas sofridas pelos lagos, em virtude das cargas de nutrientes. É evidente que as características dinâmicas dos lagos e sua individualidade produzem alguns desvios nessa generalização, a qual é importante principalmente do ponto de vista da aplicação, como, por exemplo, na recuperação dos lagos e na **prevenção da eutrofização**.

O estado trófico não é uma quantificação apenas da concentração de nutrientes nos lagos, mas envolve a determinação de outros parâmetros que levam à elaboração de um **índice de estado trófico**, a partir de uma matriz de vários indicadores, tais como biomassa do fitoplâncton, zooplâncton e bacterioplâncton; concentração de oxigênio no hipolímnio; transparência e concentração de fósforo total na água. A cada uma das características do lago em relação a esses indicadores é conferido um valor numérico que permite, por meio de uma fórmula empírica, calcular esse índice de estado trófico. Entretanto, a correlação entre esses fatores é imperfeita, e o mesmo lago pode ser classificado como oligotrófico, mesotrófico ou eutrófico, dependendo do índice. Por exemplo, um reservatório do Texas (*Canyon reservoir*) foi classificado como oligotrófico por 11 índices, mesotrófico por quatro e eutrófico por sete (Henderson, Sellers e Markland, 1987). Portanto, o uso de um único critério não é indicado para determinar o índice de estado trófico.

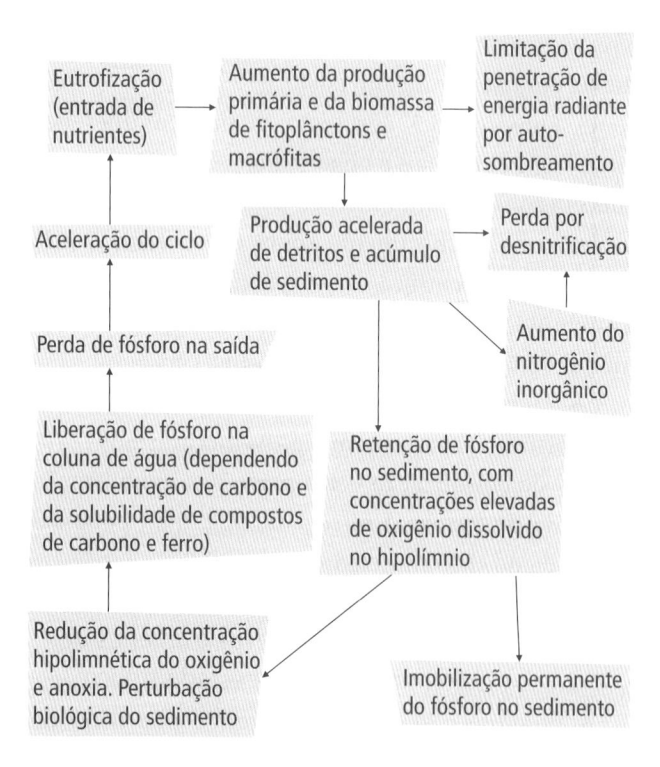

Fig. 18.8 Ciclo resumido de alguns mecanismos reguladores da eutrofização
Fonte: Margalef (1983).

Os diversos critérios utilizados para definir o estado trófico de uma massa de água referem-se aos seguintes parâmetros:

▸ **Concentração de nutrientes** (fósforo total, ortofosfato, nitrogênio total e nitrogênio inorgânico dissolvido – amônia, nitrito, nitrato) – Abaixo da concentração de 0,001 g.m^{-3} (ou 10 µg.ℓ^{-1}) para fósforo e de 0,3 g.m^{-3} (ou 300 µg.ℓ^{-1}) para nitrogênio pode ocorrer limitação por nutrientes.

▸ **Carga alóctone e autóctone de nutrientes inorgânicos** – Essa carga é medida por meio da quantificação dos usos da bacia hidrográfica e das interações sedimento-água.

▸ **Taxa de consumo do oxigênio hipolimnético** – O consumo de oxigênio dissolvido no hipolímnio aumenta com a eutrofização. Esse método só pode ser utilizado em lagos estratificados; os vários índices tróficos indicam os seguintes valores:

Lagos oligotróficos: 250 mg.m^{-3}.dia^{-1}

Lagos mesotróficos: 250 – 550 mg.m^{-3}.dia^{-1}

Lagos eutróficos: 550 mg.m^{-3}.dia^{-1}

(Henderson, Sellers e Markland, 1987)

▸ **Produção primária do fitoplâncton** – Rodhe (l969) e Welch (1980) sugeriram taxas de produção primária indicativas do estado trófico. A Tab. 18.2 apresenta os respectivos valores. Lagos hipereutróficos apresentam valores acima de 8.700 mgC.m^{-2}.ano^{-1}.

▸ **Clorofila** *a* – Para lagos oligotróficos, os valores de clorofila variam de 0 a 4 µg clorofila *a*.ℓ^{-1}; para lagos mesotróficos, entre aproximadamente 4 a 10 µg clorofila *a*.ℓ^{-1}; e para lagos eutróficos, de 10 a 100 µg clorofila *a*.ℓ^{-1}. Entretanto, Tundisi *et al.* (1994) encontrou valores de 150 µg clorofila *a*.ℓ^{-1} para a represa de Barra Bonita.

▸ **Transparência ao disco de Secchi** – O uso do disco de Secchi permite calcular o coeficiente de contraste de atenuação vertical, como visto no Cap. 4. Essa técnica muito simples mede a atenuação total da radiação solar subaquática no lago, devido à concentração de matéria inorgânica e orgânica viva ou em decomposição. Porém, quando há acúmulo de matéria inorgânica particulada no sistema aquático, a transparência ao disco de Secchi deve ser utilizada com cautela. Se a concentração de material em suspensão na água for sempre elevada, o uso do disco de Secchi para avaliar o grau de eutrofização não é recomendado.

▸ **Outros critérios** – Utilizam-se também critérios qualitativos e quantitativos que associam os índices de estado trófico à composição de espécies, entre os quais destacam-se as razões Diatomáceas/Cianofíceas e Calanoida/Cyclopoida, bem como a biomassa de invertebrados bentônicos. Geralmente, as espécies planctônicas predominantes na eutrofização são *Microcystis aeruginosa*, *Microcystis flos-aquae*, *Anabaena* spp e *Aphanizomenon flos-aquae*.

Todos esses critérios descritos anteriormente devem levar em conta as características hidrológicas e morfométricas do lago, tais como: volume; profundidade máxima; área do lago; área da bacia hidrográfica; balanço hidrológico; área e volume do hipolímnio (em caso de estratificação), e tempo de residência.

Portanto, **fatores geográficos** como **latitude** (e, em consequência, temperatura do ar, ciclo anual de precipitação, drenagem, ciclo estacional da temperatura da água e ventos), **morfológicos**, **morfométricos** e **hidrodinâmicos** são fundamentais para a compreensão dos processos de eutrofização nos lagos (Uhlmann, 1982), principalmente em suas bases regionais.

Entre os principais métodos propostos para medir o índice de estado trófico, o de Carlson (1977) tem sido o mais usado. Utilizando dados de uma série de lagos, esse autor relacionou fósforo total, clorofila *a* e transparência do disco de Secchi na base do log$_2$, valendo-se das seguintes equações:

$$IET = 10(6 - log_2 DS)$$
$$IET = 10\left(6 - log_2 \frac{7,7}{0,68}\right)$$

Tab. 18.2 Taxas de produção primária indicativas do estado trófico

Taxa anual de produção	Oligotrófico	Eutrófico
gC.m^{-2}.ano^{-1}	7 – 25	75 – 700
mgC.m^{-2}.dia^{-1}	30 – 100	300 – 3.000

Fonte: Welch (1980).

$$IET = 10 \left(6 - \log_2 \frac{64,9}{P_{total}}\right) \quad Chla$$

A Tab. 18.3 relaciona os valores de fósforo total, clorofila *a* e disco de Secchi e os respectivos índices de estado trófico.

Tab. 18.3 Índices de estado trófico para fósforo, clorofila *a* e disco de Secchi

IET	P_{TOTAL}	Cla	DS
20	3	0,34	16
30	6	0,94	8
40	12	2,6	4
50	24	6,4	2
60	48	20,0	1
70	96	56,0	0,5

Fonte: Carlson (1977).

Existem algumas correlações entre os vários parâmetros utilizados para medida do índice de estado trófico. Dillon e Rigler (1974) demonstram que a clorofila média de superfície no verão em lagos temperados e o fósforo total apresentam uma correlação:

$$Chla = 0,0731\, P^{1,449}$$

Os dados de correlação apresentados pela OECD (1982) são:

$$Chla = 0,28\, P^{0,26}$$

onde:
Chl*a* – concentração média de clorofila na zona eufótica (em mg.m^{-3})
P – concentração média anual de fósforo (também em mg.m^{-3})

A correlação entre profundidade do desaparecimento do disco de Secchi e clorofila *a* (em mg.m^{-3}) pode ser dada pela seguinte fórmula:

$$DS = 8,7\, (1 + 0.47\, Chla)$$

onde:
DS – profundidade em metros

Utilizam-se também correlações entre a demanda hipolimnética de oxigênio (DHO) e a carga de fósforo:

$$DHO = 1,58 + 0,37\, CR$$

(Welch e Perkins, 1979)

onde:
DHO – demanda hipolimnética de oxigênio (em mgO$_2$.m^{-2}.dia^{-1})
C – carga de fósforo por área (em .m^{-2}.ano^{-1})
R – tempo de residência (em anos)

Os limites entre os diversos índices de estado trófico dados pelos diversos parâmetros variam muito. A Tab. 18.4 mostra os valores apresentados pela OECD (Organization for Economic Co-operation and Development) (1982) para clorofila, transparência ao disco de Secchi e carga de fósforo.

Deve-se enfatizar que esses limites correspondem a valores determinados, em sua maioria, para um conjunto de lagos de regiões temperadas; portanto, com outras características climatológicas, hidrológicas e de cargas pontual e não-pontual. Por exemplo, Tundisi e Matsumura Tundisi (1990) encontraram valores mínimos de 0,2 m para o disco de Secchi em florescimentos intensos de cianobactérias, na represa de Barra Bonita.

Entretanto, há dificuldades para utilizar o Índice de Estado Trófico a partir de medidas do disco de Secchi em represas e lagos de muitas regiões tropicais sujeitos a intensas descargas de material em suspensão após precipitações e extremos hidrológicos.

Um outro índice global utilizado recentemente pela EPA (Environmental Protection Agency, dos Estados Unidos) é o **Índice de Avaliação de Lagos (IAL)**, dado por:

$$IAL = 0,25\, |\,(Chla + MAC)\,|\, 2 + DS + OD + T\,(N, P)$$

(Henderson, Sellers e Markland, 1987)

onde:
Chl*a* – clorofila *a*
MAC – macrófitas
DS – disco de Secchi

Tab. 18.4 Estado trófico e valores médios de fósforo, clorofila a e disco de Secchi

Estado Trófico	Carga média de fósforo mg.m^{-3}	Clorofila a (média) mg.m^{-3}	Clorofila a (máxima) mg.m^{-3}	D. Secchi (m) máximo (med. an.)	D. Secchi (m) mínimo (med. an.)
Ultra-oligotrófico	4,0	1,0	2,5	12,0	6,0
Oligotrófico	10,0	2,5	8,0	6,0	3,0
Mesotrófico	10 – 35	2,5 – 8,0	8 – 25	6 – 3	3 – 1,5
Eutrófico	35 – 100	8,0 – 25	25 – 75	3 – 1,5	1,5 – 0,7
Hipereutrófico	100	25	75	1,5	0,7

Fonte: OECD (1982).

OD – oxigênio dissolvido

T (N,P) – nitrogênio e fósforo total

Os modelos que tratam do **balanço de massa** de fósforo em um lago relacionam carga, taxa de sedimentação, vazão e área:

$$\frac{dP}{dT} = \frac{L}{\overline{Z}} - (\int + \tau).P$$

(Vollenweider, 1969)

onde:

L – carga anual de fósforo por área

$\int$ – vazão

τ – taxa de sedimentação

P – concentração de fósforo

As contribuições de fósforo a partir do sedimento podem ser definidas pela equação:

$$\overline{P} = \frac{L + Rs}{Z(\int + \tau)}$$

(Welch et al., 1973)

onde:

L – carga anual por área

Rs – coeficiente de retenção (estimado a partir das relações entre vazão e sedimentação)

Z – profundidade média do lago

$\int$ e τ – valores de vazão e sedimentação de fósforo, respectivamente

O Quadro 18.4 resume os principais critérios para definição do estado trófico e a resposta dos vários parâmetros ao processo de eutrofização.

Os lagos e reservatórios de regiões tropicais apresentam, com relação à eutrofização, aproximadamente os mesmos sintomas e impactos que ocorrem nos lagos e reservatórios de regiões temperadas. Entretanto, a ausência de uma estação fria e de um ciclo estacional bem marcado de temperatura e, por outro lado, uma estacionalidade caracterizada por altas precipitações, em muitas regiões tropicais, produzem outras características que tornam difícil a comparação entre o índice de estado trófico de lagos e represas de regiões tropicais com as de regiões temperadas. Por exemplo, com a alta precipitação de verão ocorre uma entrada maciça de material em suspensão nos sistemas aquáticos tropicais, em regiões desmatadas e com intensa agricultura, tornando a radiação solar subaquática muito baixa e praticamente limitante. Concentrações baixas de nitrogênio e fósforo em lagos tropicais, muitas vezes produzem baixas razões N:P, o que leva a um florescimento rápido e excessivo de cianofíceas, que fixam nitrogênio.

Em uma revisão sobre o problema, Henry et al. (1986) sugerem que em lagos naturais é comum a limitação de nitrogênio, e em sistemas com eutrofização cultural já avançada, a limitação de fósforo é mais comum. Os sistemas tropicais parecem tolerar maiores cargas de fósforo do que os sistemas temperados, enquanto os níveis limites do nitrogênio apresentam-se, aproximadamente, nas mesmas concentrações.

Índices de estado trófico definidos, portanto, para regiões tropicais, podem diferir em ordem de magnitude daqueles obtidos para regiões temperadas. A individualidade dos lagos nas respostas à eutrofização e à concentração química inicial – que depende das

Quadro 18.4 Principais critérios para a determinação do estado trófico

Físicos	Químicos	Biológicos
Transparência (D)	Concentração de nutrientes (A)	Frequência de florações (A)
Morfometria (D)	Condutividade elétrica (A)	Diversidade de fitoplâncton (D)
Mat. Suspensão (A)	Déficit hipolimnético de oxigênio (A)	Biomassa de fitoplâncton (A)
		Clorofila *a* (A)
	Supersaturação de oxigênio no epilímnio (A)	Zooplâncton (biomassa) e peixes (A)
		Diversidade da fauna Bentônica (D)
		Biomassa da fauna Bentônica (A)
		Vegetação no litoral (A)

A – Aumenta
D – Diminui
Fontes: modificado de Brezonick (1969), Taylor *et al.* (1980), Welch (1980).

características geoquímicas regionais – é importante também quando se compara o processo de eutrofização, sua quantificação e seus efeitos em lagos de regiões temperadas e tropicais. Fósforo e nitrogênio são, por conseguinte, os principais limitantes e os principais elementos na eutrofização de lagos e reservatórios tropicais, temperados e subárticos, mas os limiares e limites diferem.

Dados recentes da Organização Pan-americana da Saúde e da Organização Nacional da Saúde (1986) propõem a seguinte classificação trófica preliminar para lagos tropicais:

	Média de fósforo total
Oligotrófico	< 30 mcg.ℓ^{-1}
Mesotrófico	30 – 50 mcg.ℓ^{-1}
Eutrófico	> 50 mcg.ℓ^{-1}

A questão está centrada na concentração limitante do nutriente e nos níveis dos limiares da eutrofização em lagos temperados tropicais. Thornton (1980) sugere, por exemplo, níveis de 50 – 60 µgN.ℓ^{-1} e de 200 – 1.000 µgN.ℓ^{-1} para lagos tropicais como um limite inferior para a eutrofização.

As Figs. 18.9 e 18.10 mostram, respectivamente, as faixas de probabilidade propostas por Salas e Martino (1991) e por Vollenweider (1968). O Quadro 18.5 (p. 541) detalha critérios primários para a avaliação da eutrofização.

A Tab. 18.5 mostra os vários métodos da classificação do estado trófico, as variáveis utilizadas e os valores descritos para os diferentes estados tróficos.

A comparação de vários índices de estado trófico é fundamental. O índice de Carlson, por exemplo, foi desenvolvido para lagos de regiões temperadas (Carlson, 1977). Salas e Martino (1991) propuseram um índice de estado trófico para lagos tropicais baseados em um grande número de estudos de lagos e reservatórios tropicais. Esses dois autores, além de um

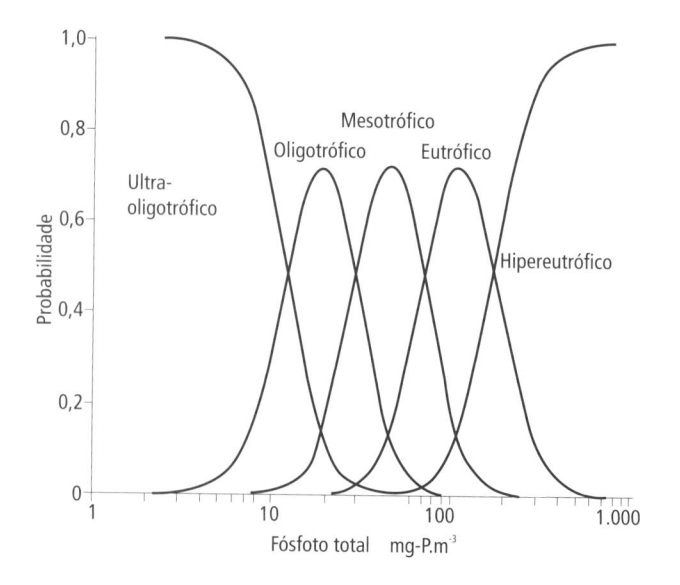

Fig. 18.9 Distribuição probabilística de nível trófico de lago tropicais em função da concentração de fósforo total
Fonte: Salas e Martino (1991).

Fig. 18.10 Distribuição probabilística das categorias tróficas em função da concentração de fósforo total (a), da concentração média de clorofila (b) e da visibilidade do disco de Secchi (c). Indicam-se as possíveis classificações do Lago McIlwaine (atualmente lago Chivero)

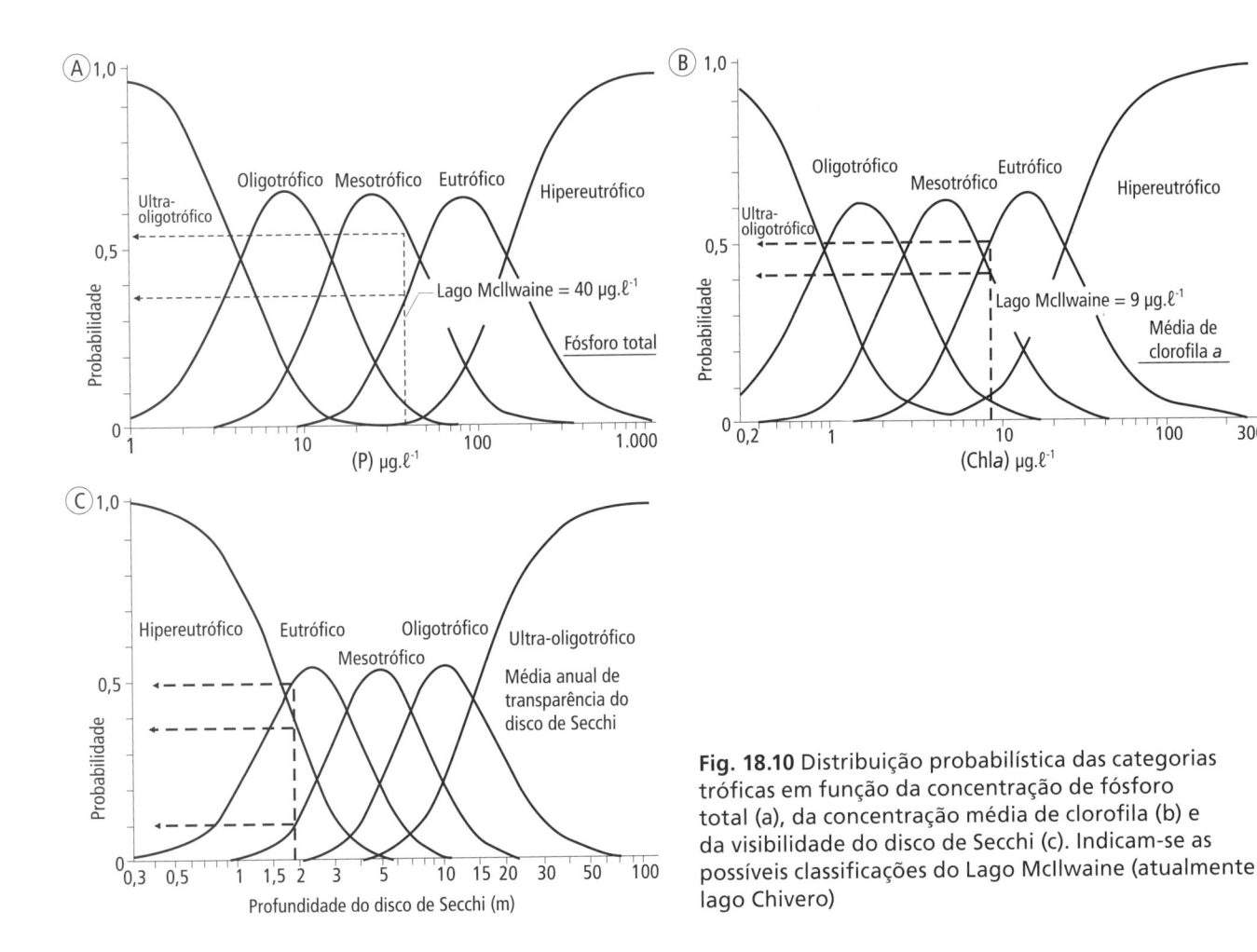

Tab. 18.5 Índices de classificação do estado trófico

Variável	Fonte	Oligotrófico	Mesotrófico	Eutrófico
Fósforo total (mg.m^{-3})	Sakamoto (1966)	2-20	10-30	10-90
	Vollenweider (1968)	5-10	10-30	30-100
	Usepa (1974)	<10	10-30	>20
Nitrogênio inorgânico (mg.m^{-3})	Vollenweider (1968)	200-400	300-650	500-1.500
Clorofila a (mg.m^{-3})	Sakamoto (1966)	0,3-2,5	1-15	5-140
	Usepa (1974)	<7	7-12	>2
Biovolume do fitoplâncton (cm^3.m^{-3})	Vollenweider (1968)	1	3-5	10
Índice de diatomáceas	Nygaard (1949)	0,0-0,3		0,0-1,75
Profundidade Secchi (m)	Usepa (1974)	>3,7	2,0-3,7	<2,0

índice diferenciado, apresentaram também os seguintes índices para estimativas de fontes não-pontuais que contribuem para os lagos, represas e rios tropicais (Tab. 18.6):

A Tab. 18.7 relaciona os **coeficientes de descarga** per capita, de acordo com Jorgensen (1989).

18.2.7 Eutrofização e cianobactérias

Frequentes florescimentos de cianobactérias são uma das consequências mais importantes da eutrofização. Muitos florescimentos não têm outras consequências, a não ser desencadear um processo muito rápido de aumento da matéria orgânica

Tab. 18.6 Coeficientes de exportação de fósforo e nitrogênio, de acordo com os usos do solo

Uso da bacia	Fósforo total (g.m^{-2}.ano^{-1})	Nitrogênio total (g.m^{-2}.ano^{-1})
Urbano	0,1	0,5
Agrícola rural	0,05	0,5
Bosque	0,01	0,5

Fonte: Salas e Martino (1991).

Tab. 18.7 Coeficientes de descarga per capita

Fósforo	Variação média	800 – 1.800 (g.ano^{-1})
		1.300 (g.ano^{-1})
Nitrogênio	Variação média	3.000 – 3.800 (g.ano^{-1})
		3.400 (g.ano^{-1})

Fonte: Jorgensen (1989).

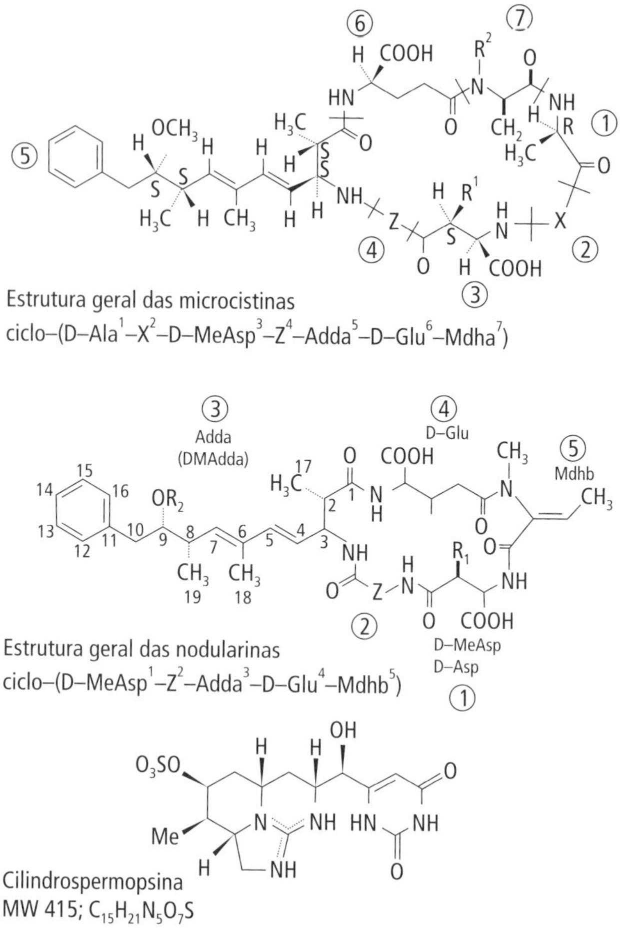

particulada viva, que se decompõe rapidamente após o início da degradação do florescimento. As cianofíceas liberam consideráveis concentrações de matéria orgânica dissolvida na água (MOD), seja por efeito de altas intensidades luminosas que danificam as colônias e causam mortalidade em massa, seja por decomposição dos florescimentos após extensas mortalidades. Essa matéria orgânica dissolvida é utilizada por bactérias, e, portanto, para as cianobactérias em decomposição, há uma vasta e diversificada flora bacteriana associada, conforme demonstrado por Sandes (1998) e Panhota et al. (2003).

Além dos efeitos gerais dos florescimentos das cianobactérias, há outro efeito não específico e de graves consequências para a biota aquática e a saúde humana, que é a produção de diferentes tipos de toxinas, cuja estrutura é mostrada na Fig. 18.11. Essas toxinas podem causar inúmeros problemas à saúde humana e mesmo a morte de seres humanos e animais, quando ingeridas ou em contato (Carmichael e Chorus, 2001). A exposição a cianobactérias pode resultar em morbidez e mortalidade.

As principais consequências das toxinas são irritação na pele, respostas alérgicas, irritação das mucosas, paralisia de músculos respiratórios, diarréia, danos ao fígado e rins. Evidências epidemiológicas do aumento de câncer no fígado e no reto mostraram associações com o consumo de cianobactérias em água contaminada (Zalewski et al., 2004).

Estrutura geral das microcistinas
ciclo–(D–Ala^1–X^2–D–MeAsp^3–Z^4–Adda^5–D–Glu^6–Mdha^7)

Estrutura geral das nodularinas
ciclo–(D–MeAsp^1–Z^2–Adda^3–D–Glu^4–Mdhb^5)

Cilindrospermopsina
MW 415; $C_{15}H_{21}N_5O_7S$

Fig. 18.11 A estrutura de peptídeos cíclicos e de cilindrospermopsina.
Fonte: Chorus e Barthram (1999).

O Quadro 18.6 descreve as principais toxinas provenientes de cianobactérias e os efeitos ou gêneros que as produzem. A Tab. 18.8 mostra as ocorrências de cianotoxinas em várias regiões, nos últimos 20 anos, como consequência da presença de cepas tóxicas de cianobactérias. A Fig. 18.12, por sua vez, indica as principais inter-relações da microcistina com outros componentes biológicos do sistema aquático.

A remoção dessas cianobactérias das águas continentais é um processo complexo e de alto custo. O Quadro 18.7 descreve como essas cianotoxinas podem ser removidas no tratamento da água por meio de diversos mecanismos e metodologias.

18.2.8 Modelagem do processo de eutrofização

A eutrofização tem atingido muitos lagos, rios e estuários em todas as regiões do planeta.

Quadro 18.6 Cianotoxinas de cianobactérias

CIANOTOXINAS	PESO MOLECULAR TIPO DE COMPOSTO	DL 50 µg.kg⁻¹ RATO	ESPÉCIES TÓXICAS
HEPATOXINAS			
Microcistina-LR	Heptapeptídeo cíclico (MW 994)	50	*Microcystis aeruginosa, M. wesenbergi, Oscillatoria agardhii, O. tenuis, Anabaena flos-aquae, Nostoc rivulare*
Nodularina	Pentapeptídeo cíclico (MW 824)	50	*Nodularia spumigena*
Cylindrospermopsin	Hydroximetiluracil Guanidina tricíclica (MW 415)	500	*Cylindrospermopsis raciborskii, Umezakia natans*
NEUROTOXINAS			
Anatoxina-A	Amina secundária Alcalóide (MW 165)	200	*Anabaena flos-aquae, O. agardhii, Aphanizomenon flos-aquae, M. aeruginosa*
Anatoxina-A-S	Guanidina cíclica N-Hidroxi Éster de metil fosfato (MW 252)	20	*Anabaena flos-aquae*
Afantoxina I	Purina alcalóide (Neosaxitoxina MW 315)	10	*Aphanizomenon flos-aquae*
Afantoxina II	(Saxitoxina MW 299)	10	*Anabaena circinalis*
CITOTOXINAS			
Citoficina A e B	Metilformamida (Citoficina A MW 821) (Citoficina B MW 819)	650	*Scytonema pseudohofmani* *Scytonema pseudohofmani*
Cianobacterina	Diarilaloctona clorada		*Scytonema hofmani*
Hapalindol A	Indolalcalóide		*Hapalosiphon fontinalis*
Acutificina	Macrolídio		*Oscillatoria acutissima*
Tubercidina	Nucleolídeo de pirrolopirimidina		*Tolypothrix byssoidea*
DERMATOXINAS			
Debromoaplysiatoxin	Fenol (MW 560)		*O. nigroviridis, Schizotothrix calcicola*
Oscilatoxina A	Fenol (MW 560)		*O. nigroviridis, S. calcicola*
Lyngbiatoxina A	Alcaloideindol (MW 435)		*Lyngbya majuscula*

DL – Dose letal
Fonte: Carmichael (1992).

A modelagem do processo de eutrofização é, portanto, muito importante como mecanismo para resolução desse problema (recuperação do lago, represa ou rio, minimização dos efeitos). A definição do processo para fins de introdução do modelo implica a identificação dos contornos dos sistemas, escalas de tempo e subsistemas. A definição das escalas espaciais e temporais e dos subsistemas depende, evidentemente, de um conhecimento limnológico e ecológico aprofundado do sistema.

Tab. 18.8 Frequências de ocorrência em massa de **cianobactérias tóxicas** em ecossistemas aquáticos continentais

País	Nº de amostras testadas	% de amostras tóxicas	Tipo de toxicidade	Referência
Austrália	231	42	Hepatotóxico Neurotóxico	Baker e Humpage (1994)
Austrália	31	84	Neurotóxico	Negri et al. (1997)
Brasil	16	75	Hepatotóxico	Costa e Azevedo (1994)
Canadá, Alberta	24	66	Hepatotóxico Neurotóxico	Gorham (1962)
Canadá, Alberta	39	95	Hepatotóxico	Kotak et al. (1993)
Canadá, Alberta (3 lagos)	226	74	Hepatotóxico	Kotak et al. (1995)
Canadá, Saskatchewan	50	10	Hepatotóxico Neurotóxico	Hammer (1968)
China	26	73	Hepatotóxico	Carmichael et al. (1988b)
República Tcheca	63	82	Hepatotóxico	Marsalek et al. (1996)
Dinamarca	296	82	Hepatotóxico FML Neurotóxico	Henriksen et al. (1996b)
Antiga Alemanha Oriental	10	70	Hepatotóxico FML	Henning e Kohl (1981)
Alemanha	533	72	Hepatotóxico	Fastner (1998)
Alemanha	393	22	Neurotóxico	Bumke-Vogt (1998)
Grécia	18	?	Hepatotóxico	Lanaras et al. (1989)
Finlândia	215	44	Hepatotóxico Neurotóxico	Sivonen (1990)
França, Brittany	22	73	Hepatotóxico	Vezie et al. (1997)
Hungria	50	66	Hepatotóxico	Torokné (1991)
Japão	23	39	Hepatotóxico	Watanabe e Oishi (1980)
Holanda	10	90	Hepatotóxico	Leeuwangh et al. (1983)
Noruega	64	92	Hepatotóxico Neurotóxico FML	Skulberg et al. (1994)
Portugal	30	60	Hepatotóxico	Vasconcelos (1994)
Escandinávia	81	60	Hepatotóxico	Berg et al. (1986)
Suíça	331	47	Hepatotóxico Neurotóxico	Willén e Mattsson (1997)
Reino Unido	50	48 / 28	Hepatotóxico	Codd e Bell (1996)
EUA (Minnesota)	92	53	Não especificado Neurotóxico	Olson (1960)
EUA (Wisconsin)	102	25	Hepatotóxico Neurotóxico	Repavich et al. (1990)
Média		59		

FML – Fatores de morte lenta
Fonte: Chorus e Barthram (1992).

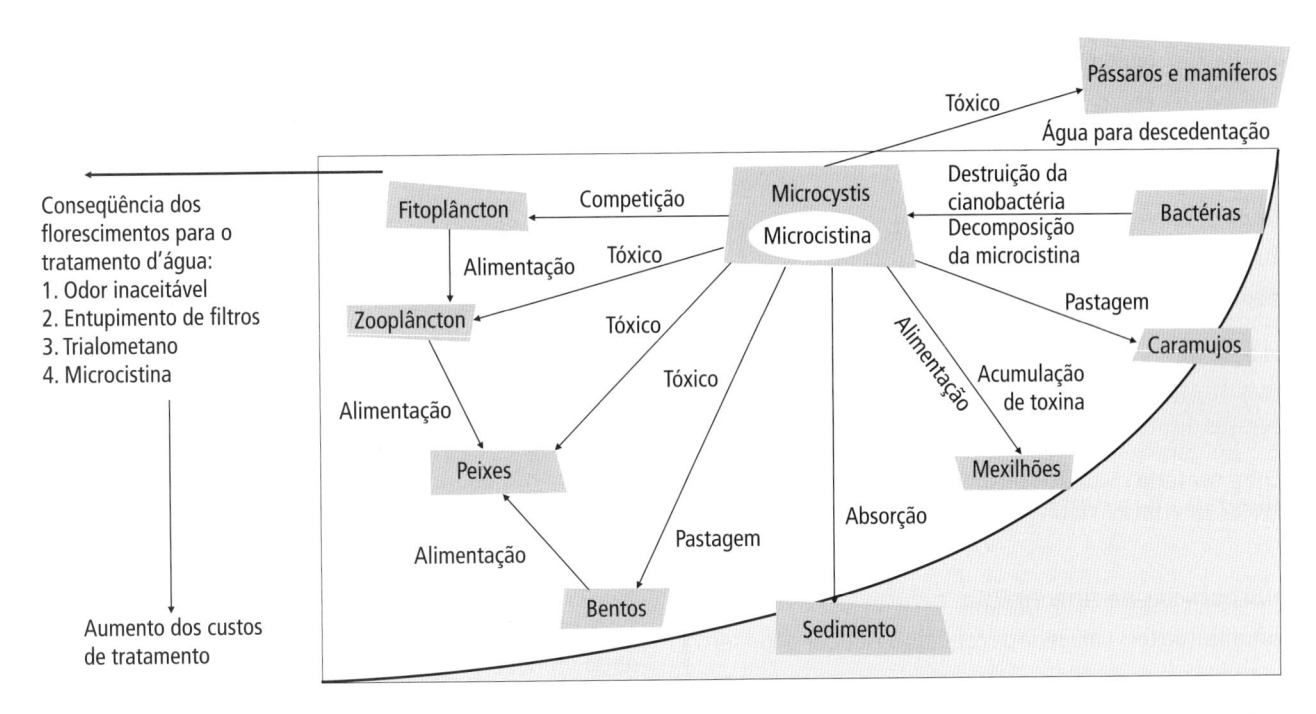

Fig. 18.12 Interação da microcistina resultante de cepas tóxicas de Microcystis spp com componentes da flora e da fauna aquática de lagos, reservatórios e rios, e as consequências para o tratamento da água e sua potabilização
Fonte: Park et al. (2001).

Quadro 18.7 Remoção das hepatotoxinas (microcistinas) pelos sistemas de tratamento da água

Técnica de tratamento	Resultados (% de remoção)		Comentários
	Intracelular	Extracelular	
Coagulação/sedimentação Injeção de ar	> 80%	< 10%	Remoção eficiente somente para toxinas nas células, sem que estas sejam danificadas
Filtração rápida	> 60%	< 10%	Remoção eficiente somente para toxinas nas células, sem que estas sejam danificadas
Filtração lenta em areia	~99%	Provavelmente significante	Remoção efetiva das toxinas nas células
Técnicas combinadas de sedimentação, coagulação/filtração	> 90%	< 10%	Remoção eficiente de toxinas nas células sem que estas sejam danificadas
Injeção de ar	> 90%	Provavelmente baixa	Remoção eficiente da toxina nas células, só se estas forem danificadas
Adsorção – Carvão ativado em pó	Negligível	> 85%	Doses de carvão ativado adequadas > 20 mg.ℓ^{-1}; MOD reduz capacidade de remoção
Adsorção – Carvão granulado ativado	> 60%	> 80%	Competição com MOD reduz a capacidade e acelera quebra de células
Carvão granulado ativado biologicamente	> 60%	> 90%	Atividade biológica no carvão granulado melhora eficiência e duração do sistema
Pré-ozonização	Muito efetiva na eficiência da coagulação	Aumento potencial da concentração extracelular	Útil em baixa dosagem para melhorar a coagulação de células. Há risco de liberação de toxinas, o que requer monitoramento contínuo
Pré-cloração	Efetivo na coagulação	Causa lise e liberação de metabólitos	Efetivo na coagulação de células, mas há aumento do risco de substâncias dissolvidas e tóxicas
Pós-clarificação ozonização	—	> 98%	Rápido e eficiente nas toxinas solúveis
Aplicação de cloro pós-filtração	—	> 80%	Efetivo quando o cloro livre é > 0,5 mg.ℓ^{-1} com pH < 8 e baixa MOD; efeito negligível com pH > 8

Quadro 18.7 Remoção das hepatotoxinas (microcistinas) pelos sistemas de tratamento da água (continuação)

Técnica de tratamento	Resultados (% de remoção)		Comentários
	Intracelular	Extracelular	
Cloramina	—	Negligível	Não efetivo
Dióxido de cloro	—	Negligível	Não efetivo
Permanganato de potássio	—	95%	Efetivo nas toxinas solúveis
Peróxido de hidrogênio	—	Negligível	Não efetivo
Radiação UV	—	Negligível	Capaz de degradar microcistinas L-R e anatoxina, mas em altas dosagens, o que é impraticável
Processos de membrana	Muito alto > 99%	Incerto	Depende do tipo de membrana. Pesquisa posterior é necessária

MOD – Matéria orgânica dissolvida
Fonte: Zalewski et al. (2004).

CONSEQUÊNCIAS DA EUTROFIZAÇÃO

A eutrofização tem uma série de consequências que pode ser sintetizada nos seguintes processos gerais:

• Anoxia (ausência de oxigênio na água), que provoca mortalidade em massa de peixes e invertebrados e produz liberação de gases com odor, muitas vezes tóxicos (H_2S e CH_4).

• Florescimento de algas e crescimento não controlado de plantas aquáticas, especialmente macrófitas.

• Produção de toxinas por algumas espécies de algas tóxicas.

• Altas concentrações de matéria orgânica, as quais, se tratadas com cloro, podem produzir substâncias carcinogênicas.

• Deterioração dos valores recreacionais dos lagos ou represas, em razão da diminuição da transparência.

• Acesso restrito à pesca e a atividades recreacionais, por causa do acúmulo de plantas aquáticas que podem impedir a locomoção e o transporte.

• Acentuada queda na biodiversidade e no número de espécies de plantas e animais.

• Alterações na composição de espécies de peixes, com diminuição de seu valor comercial (mudanças nas espécies e perda do valor comercial pela contaminação).

• Diminuição da concentração de oxigênio dissolvido, sobretudo nas camadas mais profundas de lagos de regiões temperadas, durante o outono.

• Diminuição dos estoques de peixes, causada pela depleção de oxigênio dissolvido na água, nas regiões mais profundas de lagos e represas.

• Efeitos crônicos e agudos na saúde humana (Azevedo, 2001).

Com relação à eutrofização dos lagos, tem sido dada atenção principalmente ao crescimento de algas e aos ciclos de nutrientes, como uma base para a predição dos efeitos dos nutrientes no processo. Nesse caso, um conhecimento básico dos ciclos das principais espécies do fitoplâncton é fundamental. Frequentemente, florescimentos de cianofíceas são associados ao processo de eutrofização. A detecção acurada das épocas de florescimento e de suas inter-relações com fatores climatológicos externos, descargas de nutrientes e fatores internos de funcionamento dos lagos é básica para a resolução do problema.

A elaboração do modelo para estudo e solução do processo de eutrofização implica um extenso programa inicial de amostragem e coleta de material. A definição do período de amostragem e a frequência dependem do conhecimento inicial das principais funções de força que atuam sobre o lago ou reservatório. Por exemplo, pode-se definir um programa intensivo de coletas durante períodos de intensa precipitação e durante períodos de seca. Pode-se também utilizar a temperatura da água como base para o período intensivo de amostragem. O acoplamento das amostragens das diversas variáveis e informações biológicas com as determinações de certos processos (como circulação e turbulência) é fundamental para a compreensão do problema. A resolução de problemas relativos aos processos e taxas deve ser feita experimentalmente, levando-se em conta os mecanismos intrínsecos de funcionamento dos lagos ou represas e os efeitos das funções de força sobre esses processos.

O uso de dados da literatura, com taxas para os diferentes processos para lagos de regiões tropicais e temperadas deve ser feito apenas como sistema comparativo.

Nos últimos dez anos, desenvolveu-se um grande número de **modelos de eutrofização**. A Tab. 18.9 apresenta os principais modelos, com algumas de suas características mais importantes.

18.2.9 Histórico do processo de eutrofização na represa de Barra Bonita nos últimos dez anos

O crescimento recente da agroindústria no Estado de São Paulo, referente à produção em larga escala de cana-de-açúcar e *Eucalypto* spp, resultou em elevada perda de biodiversidade no sistema terrestre. A grande biomassa de monoculturas, com uso intenso de fertilizantes, tem causado variados impactos nos corpos aquáticos. O incremento das taxas de exportação de nutrientes dos solos, associado ao aumento da descarga doméstica sem tratamento, são grandes responsáveis pela eutrofização de rios, lagos e reservatórios (Tundisi e Matsumura Tundisi, 1992).

A **bacia do médio Tietê** é um exemplo, no Estado de São Paulo, de como o crescimento da produção agroindustrial e a elevada urbanização alteram significativamente os ecossistemas aquáticos.

Por ser o primeiro grande represamento de águas no rio Tietê (Estado de São Paulo), o reservatório de Barra Bonita reflete os processos de toda a área de captação, a qual conta com uma população de 23 milhões de habitantes em áreas urbanizadas, incluindo a região metropolitana de São Paulo, Campinas e Sorocaba e as regiões com cultivo extensivo de cana-de-açúcar. Saggio (1992) observou que, ao longo dos rios que compõem a bacia de drenagem, há problemas de alta carga orgânica e de hipoxia, os quais se refletem no reservatório, que é altamente fertilizado por nitrogênio e fósforo, conduzindo ao elevado processo de eutrofização.

A mesma água em que ocorre a deposição de resíduos é drenada para abastecimento. O reservatório, além de acumular excesso de nutrientes, suporta atividades como transporte fluvial, recreação, piscicultura e produção de energia elétrica.

Para a análise das alterações da qualidade da água da represa de Barra Bonita, ao longo dos últimos dez anos, obtiveram-se dados climatológicos (como vento e precipitação) e hidrológicos (como vazões turbinada, vertida e total, e tempo de residência da água).

A Fig. 18.13 mostra as condições de contorno em que o reservatório funciona, as quais são essen-

Tab. 18.9 Principais modelos utilizados para a determinação do processo de eutrofização

Tipo de modelo	Número de variáveis de estado por camada ou segmento	Nutriente considerado	Segmentos	Dimensão (D) ou Camadas (L)	CS ou NC	Calibrado (C) ou Validado (V)	Estudo de caso na literatura
Vollenweider	1	P (N)	1	1L	CS	C+V	muitos
Imboden	2	P	1	2L, 1D	CS	C+V	3
Onelia	2	P	1	1L	CS	C	1
Larsen	3	P	1	1L	CS	C	1
Lorenzen	2	P	1	1L	CS	C+V	1
Patten	33	P, N, C	1	1L	CS	C	2
Ditoro	7	P, N	7	1L	CS	C+V	1
Canale	25	P, N, Si	1	2L, 1D	CS	C	1
Jorgensen	17	P, N, C	1	1 – 2L	NC	C+V	3
Cleaner	40		muitos	muitas	CS	C+V	muitos

P – Fósforo Total; N – Nitrogênio Total; C – Carbono Total; Si – Sílica "reativa"; CS – Constante; NC – Ciclo de nutrientes independentes
Fonte: modificado de Jorgensen (1980).

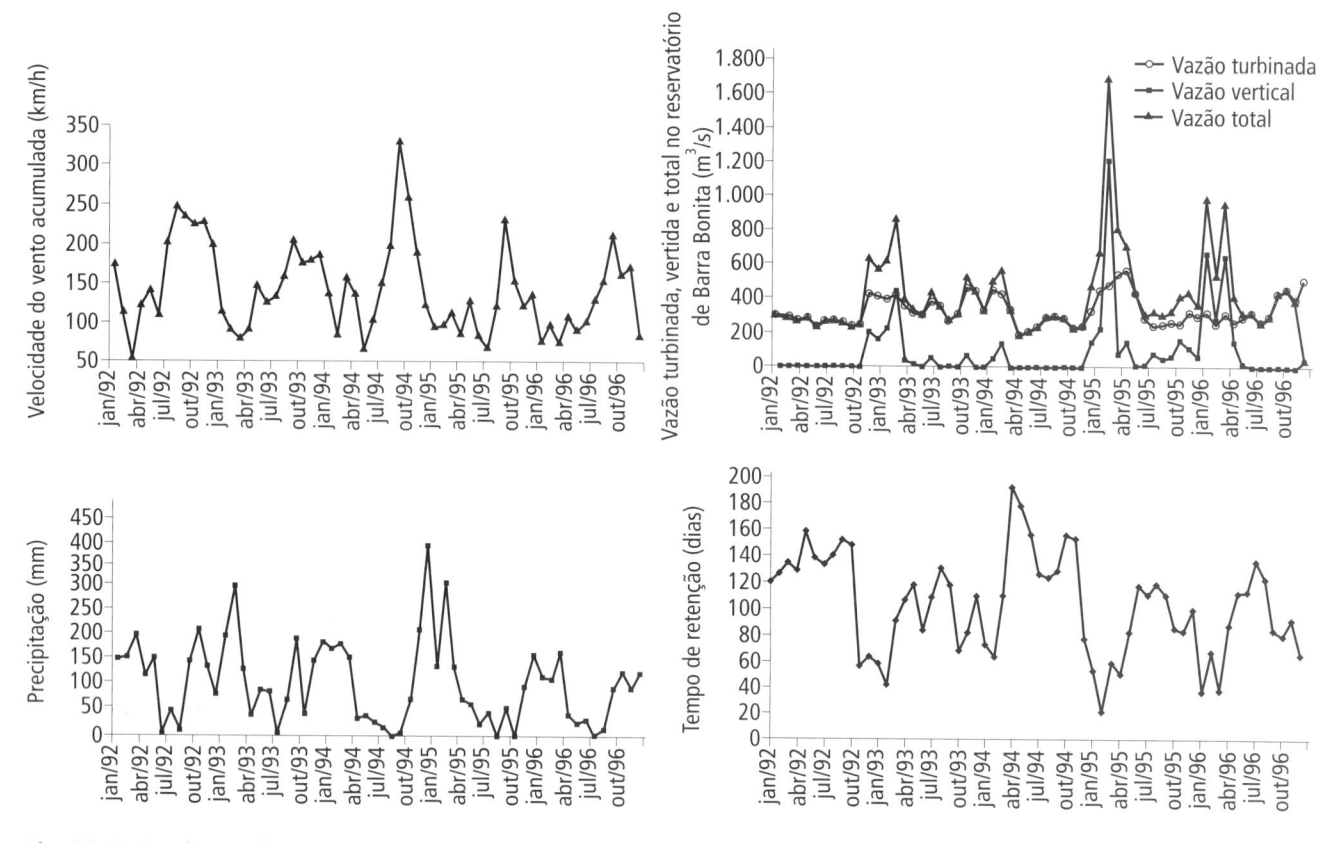

Fig. 18.13 Condições de contorno em que funciona o reservatório de Barra Bonita
Fonte: IIE/PNUMA (2001).

ciais para a compreensão e o controle do processo de eutrofização. Verifica-se que a precipitação e o vento são duas funções de força fundamentais, as quais atuam de forma diferente no tempo.

As **descargas de precipitação no verão** coincidem com os valores mais baixos de ventos. No inverno, período seco, ocorre maior incidência de ventos, que produz alterações na estrutura vertical do reservatório e circulação mais intensa. O tempo de retenção também é uma função de força importante que aumenta no inverno.

O conjunto dessas funções de força atua no sistema e produz **pulsos de eutrofização**, acúmulo de biomassa fitoplanctônica ou perda por abertura de comportas. As taxas de exportação de material em suspensão, nitrogênio e fósforo para os reservatórios a jusante refletem a atuação das várias forças que controlam os ciclos da represa de Barra Bonita. As interações do funcionamento hidrológico do reservatório (como consequência do ciclo climatológico estacional), dos sistemas de operação hidráulica (tempo de retenção) e das cargas pontual e não-pontual de nutrientes determinam os ciclos de eutrofização e florescimentos de cianobactérias (*Microcystis aeruginosa* no verão, e *Anabaena flos-aquae* no inverno).

18.2.10 A desnitrificação no controle da eutrofização

A desnitrificação, processo realizado por bactérias que reduzem nitrato, nitrito e formas gasosas de nitrogênio, quando o oxigênio dissolvido torna-se limitante, possui um papel ecológico e bioquímico fundamental no ciclo do nitrogênio, atuando na prevenção do acúmulo de nitrato, indesejável, não assimilado pelas plantas (Whatley e Whatley 1981). Em ambientes aquáticos que recebem quantidades substanciais de compostos nitrogenados de origem antropogênica, derivados do escoamento de águas residuárias de origem agrícola e de esgoto municipal, a desnitrificação ajuda a controlar o grau de eutrofização, impondo uma limitação nutricional ao crescimento excessivo de algas.

Em condições normais de disponibilidade de

oxigênio dissolvido, as bactérias oxidam a matéria orgânica com a concomitante redução de oxigênio. Porém, com esgotamento do oxigênio, as bactérias desnitrificantes utilizam o nitrato do meio como aceptor de elétrons para oxidação da matéria orgânica. Portanto, para que a desnitrificação ocorra, é necessário que o oxigênio dissolvido esteja muito reduzido, inferior a 1 mg.ℓ^{-1} (Abe *et al.*, 2000), bem como haver a presença de nitrato como aceptor de elétrons e de matéria orgânica como substrato no ambiente.

Pode-se fazer a representação linear do processo da seguinte forma, segundo Payner (1973):

$$NO_3^- \rightarrow NO_2^- \rightarrow NO \rightarrow N_2O \rightarrow N_2$$

O óxido nítrico (NO) e o óxido nitroso (N_2O), subprodutos gasosos intermediários da desnitrificação, liberados para a atmosfera durante o processo, podem, por outro lado, envolver-se em reações que incluem redução da camada de ozônio e efeito estufa (Yung *et al.*, 1976; Davidson, 1991), as quais alteram a climatologia global. De fato, sabe-se que a concentração de N_2O na atmosfera tem aumentado nas últimas décadas em 0,25% ao ano (IPCC, 1990), em razão do uso indiscriminado de fertilizantes nitrogenados, do crescimento populacional e do aumento progressivo do aporte de esgotos domésticos.

Os reservatórios do médio Tietê destacam-se por comportar, em sua porção média, uma série de grandes reservatórios em cascata. Esse sistema, incluindo o reservatório de Barra Bonita, revela um avançado grau de eutrofização, indicado pela elevada produtividade primária e pelas altas concentrações de nutrientes e condutividade da água (Tundisi e Matsumara Tundisi, 1990).

Abe *et al.* (2001) realizaram experimentos de desnitrificação na coluna de água das represas em cascata do médio e baixo rio Tietê e verificaram que as maiores taxas ocorreram na represa de Barra Bonita (Fig. 18.14). Segundo esses autores, tal resultado está relacionado às altas concentrações de nutrientes e às baixas concentrações de oxigênio dissolvido observadas nessa represa, tornando as condições nesse local propícias para que o processo de desnitrificação ocorresse de forma mais intensa em relação às outras represas. Essas condições na represa de Barra Bonita ocorreram, possivelmente, em função do aporte de esgoto proveniente da cidade de São Paulo pelo rio Tietê e do escoamento de nutrientes de origem agrícola. As **taxas máximas de desnitrificação** observadas por esses autores nessa represa – as quais variaram entre 1,36 e 1,77 mmolN.dia^{-1} no verão e no inverno, respectivamente – estão na faixa de valores observados por outros pesquisadores que realizaram medidas em lagos eutróficos de várias partes do mundo, conforme as medidas apresentadas na Tab. 18.10.

Os referidos autores também calcularam a atividade desnitrificante *in situ* máxima integrada na coluna de água, na represa de Barra Bonita, a qual variou de 1,36 mmol-N_2O.m^{-2}.dia^{-1}, em março de 1999, a 3,79 mmol-N_2O.m^{-2}.dia^{-1}. A média diária anual seria de 2,58 mmolN_2O.m^{-2}.dia^{-1}, e a contribuição anual da desnitrificação na emissão de N_2O para a atmosfera pode ser extrapolada em 941,70 mmol-N_2O.m^{-2}.dia^{-1}. Assim, em uma área de 1 km^2, a emissão de N_2O para a atmosfera seria de 941.700 mols por ano, o equivalente a 13.183,8 toneladas de nitrogênio retiradas do

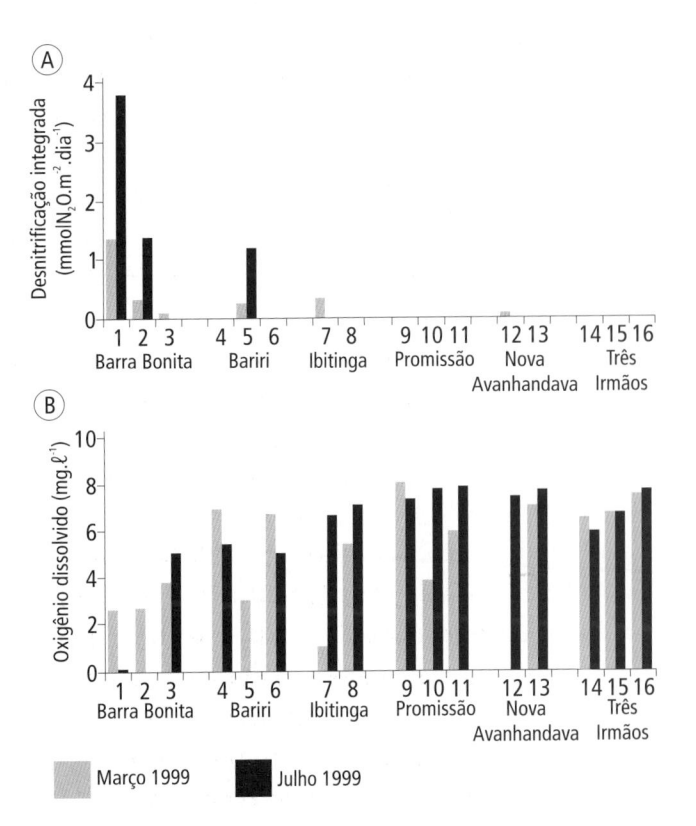

Fig. 18.14 A) Desnitrificação integrada; B) Oxigênio dissolvido em seis reservatórios do rio Tietê, represa de Barra Bonita – SP
Fonte: Abe *et al.* (2001).

Tab. 18.10 Taxas máximas de desnitrificação observadas em corpos de água eutróficos de diversas regiões

Sistema	Atividade desnitrificante (mmolN.dia^{-1})	Método	Referência
Lago Mendota, Estados Unidos	0,6 a 1,9	$^{15}NO_3^-$	Brezonik e Lee (1968)
Lago 227, Canadá	0,2 a 1,6	$^{15}NO_3^-$	Chan e Campbell (1980)
Lago Fukami-ike, Japão	0,64	C_2H_2	Terai e Yoh (1987)
Represa de Barra Bonita, Brasil	1,36 a 1,77	C_2H_2	Abe *et al.* (2001)

Fonte: Abe *et al.* (2001).

sistema pelo processo de desnitrificação.

Tanto no verão como no inverno, a desnitrificação ocorreu somente nos locais onde se verificam concentrações muito baixas de oxigênio dissolvido (< 1 mg.ℓ^{-1}). Sendo as represas do médio Tietê polimíticas, a ocorrência de estratificação térmica seguida da formação da camada anóxica no fundo da coluna de água é um evento esporádico, razão pela qual não se detectou atividade desnitrificante na maioria dos pontos amostrados, exceto nos locais sob influência do aporte de esgoto, como na estação 1 e no rio Piracicaba.

Apesar de não haver dados acerca da desnitrificação no sedimento das represas do médio e baixo rio Tietê, é possível que esse processo esteja ocorrendo com maior intensidade em relação à coluna de água, visto que, nesses locais, frequentemente anóxicos, a concentração de matéria orgânica e nutrientes e a densidade de bactérias são muito elevadas.

18.3 Introdução de Espécies Exóticas em Lagos, Represas e Rios

A introdução de espécies exóticas (que não são nativas de determinada região), por acidente ou deliberadamente pelo homem, tem provocado inúmeros problemas nos ecossistemas aquáticos, causando efeitos diretos ou indiretos de curto, médio e longo prazo. Essa introdução pode ocasionar modificações extensas na rede alimentar. Se a espécie introduzida for um predador, por exemplo, efeitos negativos severos na estrutura trófica de lagos e represas são passíveis de ocorrer.

Casos clássicos da introdução de espécies exóticas em lagos e represas são o lago Vitória, na África, e o da **represa Gatún**, no Panamá. No lago Vitória, a introdução, em 1960, da perca do Nilo (*Lates niloticus*), um voraz predador, dizimou a população nativa de mais de 400 espécies de ciclídeos que tinham variados hábitos alimentares: essas espécies nativas alimentavam-se de algas, insetos, outras espécies de ciclídeos, matéria orgânica e crustáceos. Como as espécies de ciclídeos que se alimentavam de algas foram dizimadas pelos predadores, a população de algas começou a reproduzir-se em massa, e sua decomposição tem contribuído para diminuir a concentração de oxigênio dissolvido nas águas mais profundas desse lago. A população local, atualmente, pesca somente a perca do Nilo, cujos estoques estão diminuindo, devido ao esgotamento dos estoques das espécies nativas de ciclídeos.

Outro exemplo clássico do impacto de espécies introduzidas pelo homem é a introdução de *Cichla ocellaris* (tucunaré) no reservatório Gatún (Panamá), que simplificou drasticamente a rede alimentar, por causa da intensa predação.

Nos últimos 20 anos, tem ocorrido um aumento muito grande da introdução de espécies em todo o Planeta, devido à intensificação da navegação, à globalização da economia e a outras atividades humanas. O uso de água de lastro e a bioincrustação em navios e outras estruturas navais são os principais agentes que produzem a veiculação de espécies exóticas aquáticas (Tavares e Mendonça, 2004). A água de lastro de navios, prática mais recente, é a grande responsável pela introdução de espécies exóticas nos oceanos e nas águas continentais.

Os casos globais mais recentes de invasão de espécies exóticas são os seguintes:

▶ *Dreissena polymorpha*, uma espécie de molusco nativa do mar Cáspio e do mar Negro, chegou ao lago Saint Clair em 1988, na água de lastro de um navio transatlântico, e em dez anos já ocupava todos os Grandes Lagos norte-americanos.

Essa espécie, formadora de colônias maciças que afetam estruturas, reduziu drasticamente a população de espécies nativas de moluscos e causou prejuízos econômicos de U$ 5 bilhões às economias norte-americana e canadense. Esse molusco – cujo nome popular em inglês é "Zebramussel" (molusco zebra), porque tem conchas raiadas – afetou a pesca porque filtra nanofitoplâncton < 5 μm, e a redução desse alimento para o zooplâncton produziu perdas de 20% na pesca dos Grandes Lagos.

▶ O aguapé *Eichhornia crassipes* é nativo da bacia Amazônica e já se espalhou em rios, lagos e represas de todos os trópicos, afetando estruturas, canais de navegação, reduzindo a penetração de luz e o oxigênio dissolvido.

▶ Uma variedade de *Vibrio cólera* foi introduzida no Peru a partir de águas de lastro de navios provenientes de Bangladesh, causando dez mil mortes em três anos naquele país.

▶ Uma espécie de salpa (*Mnemiopsis leidy*) foi introduzida no mar Negro em 1980. Proveniente da América do Norte, essa espécie alterou completamente a rede trófica do mar Negro, pois se trata de um predador voraz de zooplâncton e de larvas de peixes. Invadiu também o **mar de Azow** e o mar Cáspio.

▶ *Pomacea caniculata*, pequeno molusco, foi introduzido como fonte de alimento no Sudeste da Ásia e atualmente é uma praga na Tailândia, no Camboja, em Hong Kong, na China e no Japão. Nativa do Amazonas, essa espécie se dispersou em arrozais de todo o Sudeste da Ásia.

▶ Na América do Sul, os casos mais recentes de introdução de espécies exóticas estão relacionados com duas espécies de moluscos: *Corbicula fluminea* e *Limnoperna fortunei*. Esta última espécie, conhecida popularmente como mexilhão dourado, é originária do Sudeste da Ásia, tendo sido introduzida acidentalmente no porto de Buenos Aires, em 1991, por água de lastro. Espalhou-se por todos os principais rios e lagos da bacia do Prata, tendo alcançado os lagos e rios do Pantanal mato-grossense e os reservatórios da bacia superior do rio Paraná. Tem alta capacidade reprodutiva, ampla tolerância às condições ambientais, fixa-se a substratos, causando entupimentos de canalizações e afetando indústrias, usinas hidrelétricas e estações de tratamento de água (Mansur *et al.*, 1999, 2003, 2004a, 2004b). Altera o hábitat, as redes alimentares e modifica estruturas. Atualmente, um projeto de estudo para o controle dessa espécie está sendo desenvolvido no Brasil (Fernandes *et al.*, 2005).

Um volume produzido por Penchaszadeh (2005) aborda inúmeros problemas relativos a invertebrados exóticos no rio da Prata e em regiões adjacentes, inclusive regiões marinhas. Segundo esse autor, espécies invasoras têm as seguintes características:

▶ aumento do ciclo de vida;
▶ crescimento rápido, com maturação sexual em estágio mais jovem – por exemplo, o curso de *limnoperna fortunei*;
▶ maturação sexual rápida, com enorme produção de gametas, ovos e larvas;
▶ alta fecundidade;
▶ capacidade de tolerar condições ambientais amplas (eurióico);
▶ associação com atividades humanas, como alimento (*corbicula fluminea*, *oreochromis niloticus* – tilápia);
▶ ampla variabilidade genética;
▶ capacidade de repovoar ambientes já previamente colonizados.

A literatura sobre essas invasões de moluscos tem aumentado consideravelmente nos últimos anos (Mansur *et al.*, 1999; Callil e Mansur, 2002; Mansur *et al.*, 2003, 2004a, 2004b, 2004c).

Os exemplos de introdução de espécies exóticas de peixes em sistemas continentais da América do Sul são inúmeros. Essas espécies foram introduzidas sobretudo com a construção de represas no Sudeste e, inicialmente, nos açudes do Nordeste, provocando alterações substanciais dos hábitats, das redes alimentares e da diversidade de espécies nativas. A introdução de *Cichla ocellaris* (tucunaré) em muitos reservatórios do Sudeste alterou substancialmente a fauna ictíica local. Da mesma forma, existem muitas evidências e estudos sobre a introdução de espécies exóticas em represas e açudes no Brasil, com grandes impactos no funcionamento das redes tróficas e na ecologia dos reservatórios (Agostinho et al., 1997,

Fig. 18.15 O mexilhão dourado é uma das espécies invasoras que, desde 2002, tem causado mais problemas nas bacias hidrográficas do Sul e Sudeste do Brasil
Fonte: Furnas Centrais Elétricas.

1999) (Fig. 18.15).

O Quadro 18.8 relaciona as diferentes espécies de peixes introduzidas nas bacias hidrográficas do Brasil.

18.4 Substâncias Tóxicas

A concentração de substâncias tóxicas nos ecossistemas terrestres e aquáticos tem aumentando substancialmente nas últimas décadas. Essas substâncias tóxicas resultam de atividades industriais e agrícolas e da produção de toxinas pelas cianobactérias. Todo o conjunto de elementos e substâncias tóxicas dissolvidas na água, acumulados no sedimento e na cadeia alimentar por meio do processo de bioacumulação, tem efeitos de toxicidade crônica e aguda sobre os organismos aquáticos e, em último caso, sobre a espécie humana.

O conjunto de substâncias tóxicas e elementos acumulados em águas naturais é muito grande, dada a variedade e a diversidade das atividades industriais e agrícolas. Essas substâncias tóxicas classificam-se em:

▸ **Contaminantes orgânicos**: Milhares de compostos orgânicos que atingem os sistemas aquáticos têm muitas propriedades físicas, químicas e toxicológicas. Óleos minerais, produtos de petróleo, fenóis, pesticidas, compostos de bifenila policlorados são exemplos desses compostos orgânicos, cuja determinação na água requer equipamentos especializados e equipes altamente treinadas. Essa determinação deve, portanto, considerar hidrocarbonetos aromáticos e policromáticos, grupos diversos de pesticidas, fenóis, nitrosaminas, derivados de benzidina e ésteres, bem como ser feita em material particulado e na água, após filtração em filtro tipo GFE 0,2 μm. As toxinas produzidas por cianobactérias, já descritas neste capítulo, também têm um papel relevante como substâncias tóxicas orgânicas.

▸ **Metais**: Alguns metais são importantes para manter os processos fisiológicos dos tecidos vivos e dos organismos. Esses metais regulam os processos bioquímicos; por exemplo, manganês, zinco e cobre, os quais, quando em concentrações muito baixas, são fundamentais nos processos fisiológicos de regulação. Todavia, esses mesmos metais, quando em concentrações elevadas, podem ser tóxicos aos organismos e ao homem. A poluição por metais, atualmente, atinge muitos ecossistemas aquáticos de todo o Planeta e causa sérios problemas ecológicos e de saúde pública, especialmente após sua bioacumulação na rede alimentar.

Metais podem destacar-se de um compartimento aquático para outro, e a sua concentração no sedimento ser altamente deletéria para a qualidade da água.

A **toxicidade dos metais** na água depende do grau de oxidação de um determinado íon metálico e da forma como ele ocorre. De um modo geral, a forma iônica do metal é a mais tóxica; porém, essa toxicidade é reduzida se houver complexação, por exemplo, com ácidos fúlvicos e húmicos.

Certas condições que propiciam a formação de compostos metalorgânicos de baixo peso molecular tornam o composto altamente tóxico (por exemplo, o **metil-mercúrio**).

Na água, os metais ocorrem sob forma dissolvida, coloidal e particulada. Geralmente, os seguintes

Quadro 18.8 Espécies de peixes introduzidas nas bacias hidrográficas do Brasil

Bacia hidrográfica	Espécies alóctones		Espécies exóticas	
	Nome científico	Nome popular	Nome científico	Nome popular
Amazônica	*Prochilodus argenteus*	Curimatã pacu	*Oreochromis niloticus*	Tilápia do Nilo
Araguaia/Tocantins	*Piaractus mesopotamicus*	Pacu		
	Leporinus macrocephalus	Piau-açu		
Nordeste	*Astronatus ocellatus*	Apaiari	*Cypinus carpio*	Carpa comum
	Plagioscion surinamensis	Pescada cacunda	*Hypophthlmictys molitrix*	Carpa prateada
	Plagioscion squamosissimus	Pescado do Piauí	*Aristichthys nobilis*	Carpa cabeça grande
	Cichla ocellaris	Tucunaré comum	*Oreochromis niloticus*	Tilápia do Nilo
	Cichla temensis	Tucunaré pinima	*Tilapia rendalli*	Tilápia do Congo
	Colossoma macropomum	Tambaqui	*Clarias gariepinus*	Bagre africano
	Piaractus mesopotamicus	Pacu		
	Arapaima gigas	Pirarucu		
	Colossoma brachypomum	Piratitinga		
	Triportheus signatus	Sardinha		
	Hypophtalmus edentatus	Mapará		
São Francisco	*Cichla ocellaris*	Tucunaré comum	*Cypinus carpio*	Carpa comum
	Astronatus ocellatus	Apaiari	*Hypophthlmictys molitrix*	Carpa prateada
	Colossoma macropomum	Tambaqui	*Aristichthys nobilis*	Carpa cabeça grande
	Piaractus mesopotamicus	Pacu	*Oreochromis niloticus*	Tilápia do Nilo
	Plagioscion squamosissimus	Pescado do Piauí	*Tilapia rendalli*	Tilápia do Congo
	Colossoma brachypomum	Piratitinga	Híbrido	Tilápia vermelha (St. Peter)
	Híbrido	Tambaqui/Pacu	*Ctenopharyngodon idella*	Carpa-capim
			Clarias lazera	Bagre africano
Leste	*Piaractus mesopotamicus*	Pacu	*Oreochromis niloticus*	Tilápia do Nilo
	Colossoma macropomum	Tambaqui	*Tilapia rendalli*	Tilápia do Congo
	Hoplias lacerdae	Trairão	*Cypinus carpio*	Carpa comum
	Prochilodus margravii	Curimba	*Aristichthys nobilis*	Carpa cabeça grande
	Brycon lundi	Matrinxã	*Ctenopharyngodon idella*	Carpa-capim
	Lophiosiluros alexandri	Pacamã	*Clarias gariepinus*	Bagre africano
	Pseudoplatistoma sp	Surubim	*Micropterus salmoides*	"black-bass"
	Cichla ocellaris	Tucunaré comum		
	Salminus maxillosus	Dourado		
	Pygocentrus sp	Piranha		
	Leporinus macrocephalus	Piau-açu		
	Leporinus elongatus	Piapara		
Alto Paraná	*Colossoma macropomum*	Tambaqui	*Cypinus carpio*	Carpa comum
	Cichla ocellaris	Tucunaré comum	*Aristichthys nobilis*	Carpa cabeça grande

	Hypophtalmus edentatus	Mapará	*Hypophthlmictys molitrix*	Carpa prateada
	Triportheus signatus	Sardinha	*Oreochromis niloticus*	Tilápia do Nilo
	Leporinus macrocephalus	Piau-açu	*Tilapia rendalli*	Tilápia do Congo
	Leporinus elongatus	Piapara	*Oreochromis hornorum*	Tilápia do Zambibar
	Brycon cephalus	Matrinxã	*Oreochromis mossambicus*	Tilápia do Moçambique
	Plagioscion squamosissimus	Pescado do Piauí	*Oreochromis aureus*	Tilápia áurea
	Astronatus ocellatus	Apaiari	*Micropterus salmoides*	"black-bass"
	Hoplias lacerdae	Trairão	*Odontesthis bonariensis*	Peixe rei
	Colossoma brachypomum	Piratitinga	*Ictalurus punctatus*	Bagre-do-canal
	Híbrido	Piau/Piracajuba	*Onchorhynchus mikss*	Truta
	Híbrido (Tambacu)	Tambaqui/Pacu	*Clarias gariepinus*	Bagre africano
	Híbrido (Paqui)	Pacu/Tambaqui	Híbrido	Tilápia vermelha (St. Peter)
	Híbrido (Tambatinga)	Tambaqui/Pirapitinga		
Paraguai	*Colossoma macropomum*	Tambaqui	*Cypinus carpio*	Carpa comum
	Piaractus brachypomum	Pirapitinga		
	Cichla ocellaris	Tucunaré comum		
	Brycon cephalus	Matrinxã		

Fonte: Rocha *et al.* (2005).

metais são monitorados, dada a sua importância ecológica e toxicológica: alumínio, cádmio, crômio, cobre, ferro, mercúrio, manganês, níquel, chumbo e zinco. Incluem-se também arsênio e selênio (que não são estritamente metais), além de outros metais tóxicos, como berílio, vanádio, antimônio e molibdênio. Determinações de ferro e manganês são igualmente consideradas nas análises, uma vez que em águas subterrâneas pode ocorrer alta concentração de óxidos de ferro (hidróxido de ferro), e em águas anóxicas pode haver concentrações de íon ferroso (Fe^{++}) da ordem de 50 mg.ℓ^{-1}. A concentração de diferentes metais na água varia de 0,1 a 0,0001 mg.ℓ^{-1}, podendo elevar-se muito em função das atividades humanas.

Um dos elementos de grande importância epidemiológica e toxicológica é o arsênico, cuja contaminação é um problema global, causando inúmeros distúrbios de saúde pública, interferindo em doenças como diabetes e gerando desordens dos sistemas imunológico, nervoso e reprodutivo. O arsênico é um promotor de câncer, e a contaminação de água potável por esse elemento é um caso muito bem conhecido (Drurphy e Guo, 2003). A exploração de aquíferos pode mobilizar arsênico e metais pesados.

Outro metal de grande importância toxicológica é o mercúrio. Mais de 1.400 pessoas já morreram em todo o mundo e cerca de 20 mil foram afetadas por envenenamento com esse metal. O mercúrio pode ser rapidamente transformado em metil-mercúrio e tornar-se estável pela ação de vários microorganismos. Esse composto tem um longo tempo de residência na biota aquática e causa severas contaminações em seres humanos.

O caso clássico de contaminação por mercúrio ocorreu no Japão, entre 1956 e 1960, período em que mais de 150 pessoas morreram e cerca de mil ficaram inabilitadas por envenenamento com mercúrio. Até dezembro de 1987, mais de 17 mil pessoas já haviam sido envenenadas por metil-mercúrio e 999 indivíduos tinham falecido (Lacerda e Salomons, 1998).

O livro que trata dos efeitos do mercúrio e de todos os problemas ecológicos, químicos e ambientais relacionados com a distribuição desse metal e seu acúmulo em compartimentos na biota aquática é a monografia de Lacerda e Salomons (1998) sobre o tema. Esse livro também analisa a contaminação de pessoas com mercúrio como resultado do uso desse metal em áreas de mineração de ouro e prata, onde o mercúrio é utilizado para algamar o ouro e a prata.

As Tabs. 18.11 e 18.12 indicam, respectivamente, as concentrações de mercúrio em peixes da região de exploração de ouro de Carajás e as concentrações de mercúrio em peixes de regiões mineradoras do Amazonas, comparadas com outras áreas contaminadas.

Peixes de grandes áreas de várzeas tropicais, rios de água preta e reservatórios artificiais apresentam maior conteúdo de mercúrio quando comparados com outros sistemas aquáticos. A **concentração de mercúrio nos peixes** não está correlacionada com a concentração de mercúrio na água, e isso se deve ao efeito da metilação de mercúrio. Na verdade, é a capacidade de produção de metil-mercúrio, determinada pelas características biogeoquímicas de rios de água preta, reservatórios tropicais e várzeas, que controla a concentração de mercúrio nos peixes. Esses sistemas aquáticos tropicais são extremamente ricos em matéria orgânica oxidável, baixo pH (< 6,0) e baixa condutividade (< 50 $\mu S.cm^{-1}$) promovendo condições para a formação de metil-mercúrio. A matéria orgânica dissolvida produz condições de estabilidade e solubilidade do mercúrio na água, por meio da complexação (Lacerda e Salomons, 1998).

18.5 Água e Saúde Humana

Apesar de ser uma substância vital para a saúde humana, a água também debilita as pessoas, produz doenças por vários mecanismos e aumenta a mortalidade. Essas são consequências produzidas pela água contaminada e de baixa qualidade. O Conselho Nacional Americano de Sanidade Ambiental e Água Potável (1977) publicou uma lista completa de doenças associadas com a água e seus efeitos adversos na saúde humana. Essa lista apresenta cem organismos patogênicos associados com água e cerca de cem efeitos adversos.

Cerca de 2 bilhões de pessoas não têm saneamento básico ao final do século XX e início do século XXI. 93% das pessoas em países industrializados e com alto padrão de vida têm acesso a água potável; em países emergentes e em desenvolvimento, esse índice

Tab. 18.11 Concentrações de mercúrio ($\mu g.g^{-1}$ peso úmido) em peixes da região de exploração de ouro de Carajás (coletas realizadas entre 1988 e 1990)

Espécies de peixes	Hg ($\mu g.g^{-1}$ peso úmido)	
	1988	1990
Paulicea luetkeni (C)	0,80 – 1,46	1,25 – 2,30
Prochilodus nigricans (H)	0,13 – 0,31	0,01 – 0,02
Pimelodus sp (C)	0,09 – 0,24	0,17 – 0,19
Brycon sp (H)	0,05 – 0,16	0,04
Serrasalmus nattereri (C)	0,10	0,01 – 0,87
Leporinus sp (H)	0,01	0,01 – 0,03
Hoplias malabaricus (C)	0,35 – 0,91	0,31

C – Peixes carnívoros
H – **Peixes herbívoros**
Fonte: Lacerda e Salomons (1998).

Tab. 18.12 Concentrações extremas de mercúrio ($\mu g.g$ peso líquido) em várias espécies de peixes carnívoros originárias de regiões de mineração do Amazonas, comparadas com diferentes áreas contaminadas

Espécie	Local	Hg ($\mu g.g^{-1}$ peso líquido)	Autor
Paulicea luetkeni (Steindachner)	Carajás	2,19	Fernandes *et al.* (1989)
Pseudoplatystoma fasciatus L.	**Rio Madeira**	2,70	Pfeiffer *et al.* (1989)
Brachyplatystoma filamentosum (Lichtenstein)	**Rio Teles Pires**	3,82	Akagi *et al.* (1994)
Esox lucius L.	Lagos Canadenses	2,87	Olgivie (1991)
Mullus barbatus L.	**Mar Tirreno** (Itália)	2,20	Bacci *et al.* (1990)
Esox lucius L.	Lagos Finlandeses	1,80	Mannio *et al.* (1986)

Fonte: Lacerda e Salomons (1998).

é de apenas 43%.

A Fig. 18.16 mostra as relações entre o homem, os parasitas, a água e os vetores de doenças de veiculação hídrica.

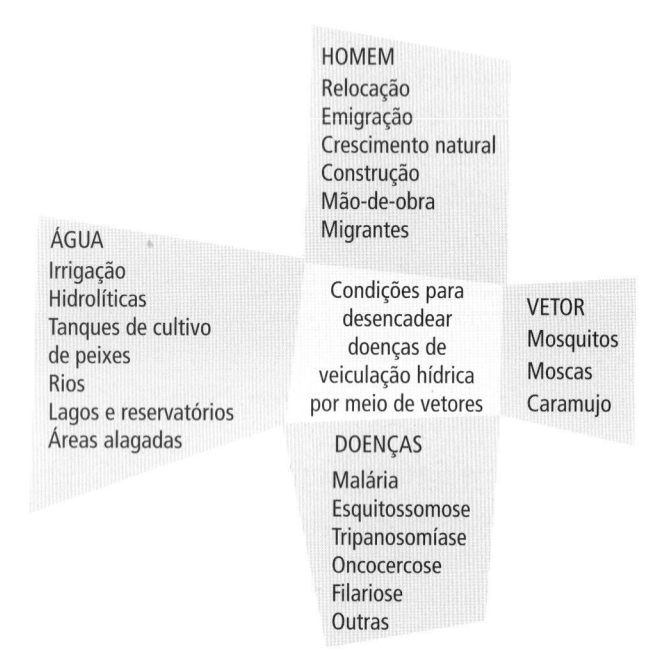

Fig. 18.16 Hábitat aquático e doenças de veiculação hídrica
Fonte: INWEH (1992).

As doenças associadas com a água classificam-se em quatro categorias:

▶ **doenças com origem na água** (organismos que se desenvolvem na água): cólera, febre tifóide e disenteria;

▶ **doenças produzidas por água contaminada a partir de organismos que não se desenvolvem na água**: tracoma e leishmaniose;

▶ **doenças relacionadas com organismos cujos vetores se desenvolvem na água**: malária, filariose, febre amarela e dengue;

▶ **doenças dispersadas pela água**: bactérias de diversos tipos; viroses.

O Quadro 18.9 descreve os principais problemas de saúde humana transmitidos por água poluída e contaminada.

As doenças de veiculação hídrica podem ter seus efeitos exacerbados com as alterações climáticas e, a longo prazo, com as mudanças globais. A transmissão depende do ciclo de vida do vetor – mosquito – e dos microorganismos que eles transportam. Temperaturas mais altas e climas mais quentes aumentam a capacidade de infecção dos mosquitos, e o aumento da precipitação produz aumento das poças de água e condições ecológicas para o desenvolvimento dos anofelinos que transmitem a doença.

Períodos secos podem aumentar o número de lagos marginais em rios e riachos, resultando em condições favoráveis para a reprodução dos mosquitos. Para o mosquito *Aedes aegypti*, que transporta e transmite o vírus da dengue, condições normalmente quentes e úmidas podem precipitar rápidos desenvolvimentos. Na América Latina, especificamente, o aumento das ocorrências de malária e dengue foi relacionado a episódios como o El Niño, devido ao aumento das temperaturas do ar e da água: chuvas pesadas ocorridas durante eventos climáticos extremos podem transportar o *Vibrio cholerae* e contaminar reservas de águas límpidas, aumentando a probabilidade de dispersão de doenças e seus impactos.

As correlações entre a incidência de malária em muitas regiões do Planeta e o evento El Niño são muito significantes. O aumento potencial de transmissão da doença ocorre com maior precipitação em certas áreas ou ausência de precipitação em outras. Epidemias de malária correlacionadas com o El Niño foram documentadas em países como Bolívia, Colômbia, Peru, Equador, Venezuela, Paquistão e Sri Lanka. Na América do Sul e em grande parte da África, correlacionou-se o aumento da doença com índices maiores de precipitação. O mesmo se verificou com relação à cólera em países como Somália, Congo, Quênia, Bolívia, Honduras e Nicarágua (Epstein, 1999).

18.6 Mudanças Globais e seus Impactos sobre os Recursos Hídricos

Mudanças globais em curso e já detectadas por meio de inúmeros estudos, análises e trabalhos conjuntos de organismos internacionais como o IPCC (Intergovernmental Panel on Climate Change – Painel Intergovernamental de Mudanças Climáticas, 1996, 2007) demonstram claramente a existência de alteração significativa na atmosfera aumentando as temperaturas da superfície e produzindo outros

Quadro 18.9 Principais problemas de saúde humana causados por água poluída e contaminada

Doença	Agente infeccioso	Tipo de organismo que causa a doença	Sintomas
Cólera	*Vibrio cholerae*	Bactéria	Diarréia severa; vômitos; perda de líquido
Disenteria	*Shigella dysenteriae*	Bactéria	Infecção do cólon que causa diarréia e perda de sangue; dores abdominais intensas
Enterite	*Clostridium perfringens*	Bactéria	Inflamação do intestino; perda de apetite; diarréia e dores abdominais
Febre tifóide	*Salmonella typhi*	Bactéria	Sintomas iniciais são dores de cabeça, perda de energia, febre; hemorragia dos intestinos e manchas na pele ocorrem em estágios posteriores da doença
Hepatite infecciosa	Vírus da hepatite A	Vírus	Inflamação do fígado que causa vômitos, febre e náuseas, perda de apetite
Poliomielite	Vírus da pólio	Vírus	Sintomas iniciais incluem febre, diarréia e dores musculares; nos estágios mais avançados, paralisia e atrofia dos músculos
Criptosporidiose	*Cryptosparodium* sp	Protozoário	Diarréia e dores que podem durar mais de 20 dias
Disenteria amebiana	*Entoamoeba histolytica*	Protozoário	Infecção no cólon que causa diarréia, perda de sangue e dores abdominais
Esquistossomose	*Schistosoma* sp	Verme	Doença tropical que ataca o fígado, causa diarréia, fraqueza, dores abdominais
Ancilostomíase	*Ancylostoma* sp	Verme	Anemia; sintomas de bronquite
Malária	*Anopheles* sp (transmissor)	Protozoário	Febre alta; prostração
Febre amarela	*Aedes* sp (transmissor)	Vírus	Anemia
Dengue	*Aedes* sp (transmissor)	Vírus	Anemia

Fonte: Tundisi (2003).

efeitos, tais como o acúmulo de CO_2, CH_4 e N_2O na atmosfera. As causas desse aquecimento global do Planeta estão relacionadas ao exacerbado efeito estufa. A temperatura média da superfície da Terra já aumentou de 0,3ºC para 0,6ºC nos últimos cem anos. As projeções para os próximos cem anos é de que a temperatura média do Planeta, com o cenário de emissões mais altas e maior aquecimento, apresente um aumento médio de 3,5ºC.

Existe um consenso entre pesquisadores de que o aquecimento global deverá ter um considerável impacto nos recursos hídricos da Terra. Os impactos principais deverão estar relacionados com aumento da drenagem, mudanças na precipitação, aumento no nível dos rios, alterações no padrão de uso do solo e deslocamento da população em função das alterações climáticas locais e regionais. Temperaturas mais altas deverão acelerar os ciclos hidrológicos, a **frequência de inundações** e secas e aumentar as taxas de evapotranspiração, alterando a infiltração no solo, a umidade do solo e a distribuição e os ciclos de organismos aquáticos. Os padrões regionais de precipitação poderão mudar, causando alterações significativas no volume de lagos, rios e represas e aumentando substantivamente a frequência de inundações em muitas regiões do Planeta.

A hidrologia de regiões áridas e semi-áridas é particularmente sensível às mudanças climáticas, podendo-se esperar um dessecamento permanente de áreas úmidas atuais, com o desaparecimento definitivo de lagos temporários. Com o declínio do volume de água, o possível aumento da eutrofização e a aceleração dos ciclos, há possibilidade de aumentar a eutrofização, com a consequente degradação da qualidade da água dos mananciais.

A Tab. 18.14 mostra os indicadores de provisões de serviços de água e suas projeções históricas de 1960 a 2010, como um exemplo das pressões futuras sobre os usos da água e suas consequências, o que inclui alterações globais.

Os lagos são particularmente sensíveis às mudanças globais, em razão de suas respostas às condições climáticas. Variação na temperatura do ar, radiação solar e precipitação causam alterações em evaporação e balanço de calor nos regimes hidroquímicos e ciclos biogeoquímicos de lagos endorréicos, como o mar Cáspio e o mar de Aral (já com grandes mudanças – ver neste capítulo). Os lagos Titicaca, Malawi e Tanganica podem sofrer muitas alterações, por causa do desequilíbrio hidrológico resultante dos refluxos de água e do aumento da salinização. As alterações na qualidade da água desses lagos são possíveis consequências dessas mudanças climáticas, colocando-se em risco os recursos hídricos disponíveis e promovendo alterações na diversidade de espécies aquáticas por aumento de salinização/condutividade.

Também é possível que ocorram alterações no balanço iônico (por exemplo, soluções com balanços diferentes de Na^+, F^+, Ca^{++}, Mg^{++}, CO_3^- e SO_4^{--}), produzindo efeitos na fauna e na flora aquáticas. Como a composição química da água depende, em grande parte, das **cargas químicas** resultantes da bacia hidrográfica, modificações climáticas podem alterar processos químicos no solo, incluindo o intemperismo químico. Por exemplo, prognostica-se na Espanha um aumento substancial de cátions na água, resul-

Tab. 18.14 Indicadores de provisão de serviços de água e suas tendências históricas e projetadas, de 1960 a 2010

Região geográfica de acordo com AEM	População (milhões)	Uso d'água U_a (km³/ano)	População que tem acesso ao suprimento renovável de água[a] (milhões/pessoas/m³/ano)	Uso relativo ao suprimento renovável (U_a/B_a)
Ásia	1960: 1.490	1960: 860	1960: 161	1960: 9
	2000: 3.230	2000: 1.553	2000: 348	2000: 17
	2010: 3.630	2010: 1.717	2010: 391	2010: 19
Ex-União Soviética	1960: 209	1960: 131	1960: 116	1960: 7
	2000: 288	2000: 337	2000: 160	2000: 19
	2010: 290	2010: 359	2010: 161	2010: 20
América Latina	1960: 215	1960: 100	1960: 25	1960: 1
	2000: 510	2000: 269	2000: 59	2000: 3
	2010: 584	2010: 312	2010: 67	2010: 4
África do Norte/Oriente Médio	1960: 135	1960: 154	1960: 561	1960: 63
	2000: 395	2000: 284	2000: 1.650	2000: 117
	2010: 486	2010: 323	2010: 2.020	2010: 133
África Subsaariana	1960: 225	1960: 27	1960: 55	1960: <1
	2000: 670	2000: 97	2000: 163	2000: 2
	2010: 871	2010: 117	2010: 213	2010: 3
OECD	1960: 735	1960: 552	1960: 131	1960: 10
	2000: 968	2000: 1.021	2000: 173	2000: 18
	2010: 994	2010: 1.107	2010: 178	2010: 20
Total mundial	1960: 3.010	1960: 1.824	1960: 101	1960: 6
	2000: 6.060	2000: 3.561	2000: 204	2000: 12
	2010: 6.860	2010: 3.935	2010: 231	2010: 13

[a] Suprimento renovável calculado de acordo com o fluxo de água diretamente da atmosfera ou evaporado do oceano ("blue water")

tante do aumento da temperatura e da precipitação (Avila *et al.*, 1996). Condições mais secas e quentes podem promover mineralização mais rápida de nitrogênio orgânico e, com isso, aumentar a carga desse elemento para rios e lagos.

A concentração de oxigênio dissolvido, sendo mais baixa em temperaturas mais altas, é passível de sofrer drásticas mudanças, afetando a vida aquática. Alterações na vazão de rios podem produzir aumento de eutrofização e transporte de nutrientes – essas alterações ocorrem com maior vazão. Por outro lado, o aumento da precipitação e da drenagem em outras áreas, com o consequente aumento da vazão dos rios, devem acelerar a carga de nutrientes para lagos, reservatórios e águas costeiras.

As mudanças climáticas podem alterar consideravelmente o padrão de estratificação térmica em lagos situados em latitudes entre 30° e 45° e entre 65° e 80°. Substanciais mudanças na cobertura de gelo de lagos foram simuladas a partir do aumento da temperatura produzido pelas mudanças globais, e, em alguns lagos, com a diminuição da vazão dos rios e afluentes e com temperaturas mais altas, a termoclina se aprofundou.

A redução da concentração de oxigênio dissolvido em lagos, rios e reservatórios, pelo efeito das mudanças globais, e o aumento dos florescimentos devido à eutrofização têm sido prognosticados como uma das consequências mais importantes das mudanças globais. Essas alterações colocam em risco a vida aquática e a qualidade da água. O crescimento da demanda de água resultante dos efeitos das alterações climáticas é outra consequência importante do processo. O aumento da demanda para irrigação e uso doméstico é, provavelmente, devido a temperaturas mais altas e à escassez de água em algumas regiões. Portanto, haverá alterações na disponibilidade/demanda de água (Schindler *et al.*, 1996).

A Fig. 18.17 mostra as variações da temperatura média global da superfície da Terra, em função das alterações globais que provocam o aquecimento. A Fig. 18.18 aponta as principais interações dos processos globais, da toxicação da biosfera, dos usos do solo e da saúde humana. Por sua vez, a Fig. 18.19

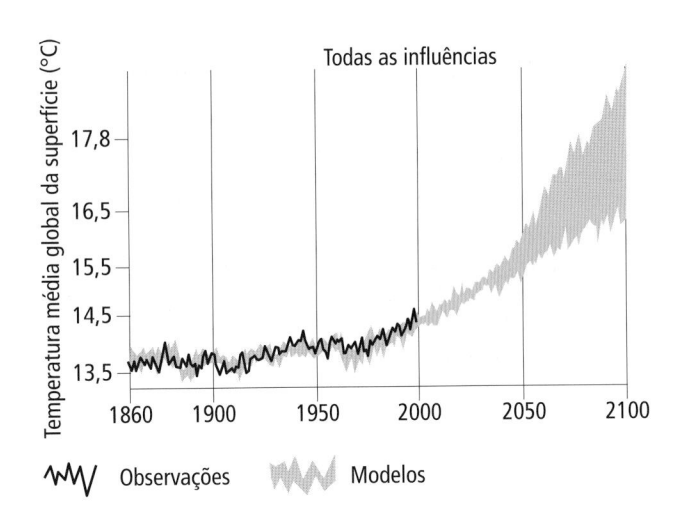

Fig. 18.17 Variações da temperatura média global da superfície da Terra, em função das alterações globais que provocam o aquecimento
Fonte: National Geographic Brasil (Set./2004).

Fig. 18.18 Principais interações dos processos globais, toxificação da biosfera, uso do solo e saúde humana
Fonte: modificado de Likens (2001).

apresenta uma das consequências do uso excessivo e desordenado da água.

O Quadro 18.10 resume alguns dos problemas mais críticos referentes aos impactos nos recursos hídricos e as implicações para o gerenciamento, a administração e o controle dos impactos e para a recuperação de lagos, rios, represas e áreas alagadas.

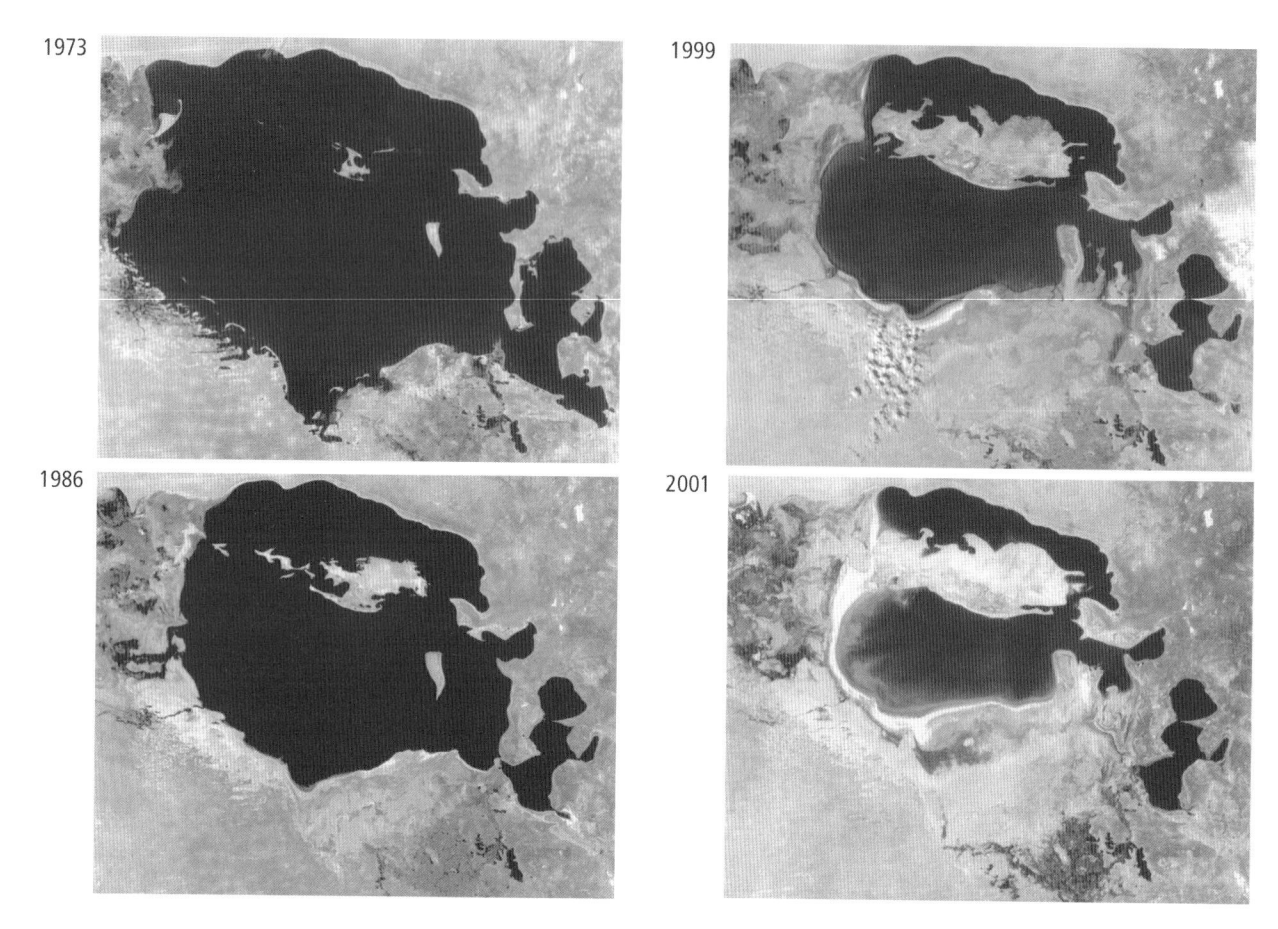

Fig. 18.19 Alterações produzidas no mar de Aral como resultado do uso excessivo da água dos tributários para irrigação
Fonte: Millenium Ecosystem Assessrent (2005).

Quadro 18.10 Interações dos problemas de recursos hídricos, gerenciamento e administração

Problema na área de recursos hídricos	Manifestações físicas diretas e indiretas	Implicações para o gerenciamento	Implicações para a organização e administração
Erosão e sedimentação: perdas econômicas para a pesca, a hidroeletricidade e a capacidade de reserva	Aumento da sedimentação em rios e represas, como resultado do mau gerenciamento do sistema terrestre	Implica a ausência de planejamento e gerenciamento adequados: programas de proteção, restauração e ajuda técnica	Implica múltiplas agências de controle e falta de articulação nas bacias hidrográficas
Enchentes: perdas econômicas para a agricultura, contaminação por águas residuárias e deterioração da infra-estrutura	Aumento dos picos de enchentes, devido à ocupação das várzeas, e aumento das taxas de sedimentação do sistema; mistura de águas residuárias e águas de enchentes	Deficiência no gerenciamento das bacias; falta de controle do sistema terrestre; mais práticas agrícolas; ausência de sistemas de alerta a enchentes	Ausência de articulação institucional e consideração das enchentes como um problema mais amplo de gerenciamento integrado institucional
Irrigação: perdas econômicas para a agricultura, o manejo florestal e as disponibilidades doméstica e industrial da água; ameaças à saúde humana	Uso excessivo da água para irrigação; condições de drenagem inadequadas; redução do fluxo de águas de superfície	Deficiência ou ausência de gerenciamento em irrigação ou uso excessivo de águas subterrâneas	Falta da articulação institucional, especialmente no gerenciamento da irrigação

Quadro 18.10 Interações dos problemas de recursos hídricos, gerenciamento e administração (continuação)

Problema na área de recursos hídricos	Manifestações físicas diretas e indiretas	Implicações para o gerenciamento	Implicações para a organização e administração
Desequilíbrio entre suprimento e demanda, limitando o desenvolvimento econômico	A variabilidade da precipitação causa incerteza no suprimento e limita atividades agrícolas	Dificuldade no gerenciamento das bacias; incapacidade de previsão dos picos de precipitação e seca; ausência de banco de dados confiável	Responsabilidades diluídas em várias agências
Poluição das águas: perdas econômicas para a agricultura, a pesca e a indústria; ameaças à saúde pública; contaminação química de rios, riachos, lagos e represas; aumento dos custos do tratamento de águas	**Poluição biológica** causada por disposição inadequada de resíduos sólidos e líquidos em zonas rurais e urbanas; **poluição química** proveniente de pesticidas, herbicidas e fertilizantes; poluição química gerada por indústrias	Implica a ausência ou falta de adequação de programas de saneamento básico em áreas rurais; falta de sistemas de disposição de resíduos em zonas urbanas; uso inadequado de fertilizantes e pesticidas	Falta de articulação entre agências de controle da poluição; agências de recursos hídricos não têm controle sobre a poluição

Quadro 18.5 Critérios primários para avaliação da eutrofização

Parâmetro	Unidade
Condições morfométricas	
Área de superfície do lago	km^2
Volume do lago	m^3
Profundidades mínima e máxima	m
Localização das entradas e saídas de água (nível da entrada e saída de água)	
Condições hidrodinâmicas	
Volume total do influxo de água e volume total de saída	$m^3.dia^{-1}$
Tempo de retenção teórico	Mês
Estratificação térmica	Ano
Condições de fluxo (saída de superfície ou do fundo)	
Concentração de nutrientes no lago	
Fósforo reativo dissolvido; fósforo total dissolvido; fósforo total	$mgP.\ell^{-1}$
Nitrato; nitrito; amônia; nitrogênio total	$mgN.\ell^{-1}$
Silicato (se diatomáceas constituírem uma proporção grande de populações de fitoplâncton)	$mgSiO_2.\ell^{-1}$
Respostas à estratificação no lago	
Clorofila *a*; feofetina	$mg.\ell^{-1}$
Transparência (Secchi)	m
Taxa de depleção de oxigênio no hipolímnio (durante período de estratificação térmica)	$gO_2.dia^{-1}$
Produção primária	$gC.m^{-3}.dia^{-1}$ / $gC.m^{-2}.ano^{-1}$
Variação diurna em oxigênio dissolvido	$mg.\ell^{-1}$
Principais grupos taxonômicos e espécies dominantes de fitoplâncton, zooplâncton e fauna de fundo	Dominância e relações
Extensão do crescimento de perifíton na zona litoral	Biomassa $(mg.m^{-2})$
Biomassa e dominância de espécies de macrófitas aquáticas	g ou $kg.m^{-2}$

Fonte: Ryding e Rast (1989).

Fontes: PNUMA, PNUD, Banco Mundial, WRI.

19 Planejamento e gerenciamento de recursos hídricos

Resumo

Os estudos limnológicos são fundamentais para a implantação de medidas de planejamento e gerenciamento de recursos hídricos, bem como para um melhor acompanhamento de ações de conservação e recuperação de ecossistemas aquáticos continentais.

Atualmente, a "economia da recuperação" difunde-se de forma rápida, promovendo uma nova dimensão no uso de informações básicas e no gerenciamento do banco de dados. Essa "economia da recuperação" impulsiona uma revitalização de rios, lagos e represas, representando um avanço conceitual considerável.

Para o gerenciamento ser mais efetivo, atualmente, utiliza-se a Limnologia com caráter preditivo para antecipar impactos ou minimizá-los. Além disso, o gerenciamento é integrado (usos múltiplos considerados) e com visão ou abordagem sistêmica (bacia hidrográfica como unidade). O gerenciamento de rios, lagos, represas, áreas alagadas e de recursos hídricos deve ter dois enfoques que se complementam: qualidade e quantidade das águas superficiais e subterrâneas.

Existem várias técnicas para a recuperação e o gerenciamento de bacias hidrográficas, rios, lagos e represas. Essas técnicas implicam custos diversos, dependendo da extensão da recuperação ou conservação e dos impactos existentes. Além de descrever as várias técnicas, este capítulo dá exemplos da implementação de ações de recuperação e gestão em vários sistemas naturais e artificiais (represas). Apresentam-se os fundamentos básicos da modelagem ecológica e sua utilização, especialmente nos projetos de recuperação e na elaboração de cenários, úteis para minimizar impactos, antecipar efeitos e promover gerenciamento integrado e sistêmico.

19.1 Limnologia, Planejamento e Gerenciamento de Recursos Hídricos

Como já apresentado no Cap. 18, as águas naturais das bacias hidrográficas e praticamente todos os sistemas continentais aquáticos estão submetidos a um conjunto de impactos resultantes das atividades humanas na bacia hidrográfica e dos usos múltiplos da água. Drenagens urbana e rural, bem como o despejo de efluentes em lagos, represas e rios modificam sensivelmente as características químicas e físicas das águas, produzindo inúmeras alterações que as tornam impróprias para consumo humano e para outros usos.

Uma das contribuições fundamentais da Limnologia é dar condições adequadas para a *proteção*, *conservação* e *recuperação* de ecossistemas aquáticos continentais. Ao contribuir para quantificar impactos de fontes pontuais e não-pontuais, promover a implementação de bancos de dados e séries históricas e desenvolver sistemas de padrões regionais de indicadores e de funcionamento de lagos, represas e rios, a Limnologia proporciona uma informação fundamental para o planejamento regional e programas de conservação, proteção e recuperação de sistemas.

A Limnologia pode promover uma adequada avaliação de alternativas e impactos nos processos e **projetos de recuperação e gerenciamento**. Por exemplo, no caso específico do lago Tahoe (Goldman e Horne, 1983), ficou demonstrado por estudos básicos que mesmo a adição muito baixa de nutrientes poderia ter um efeito estimulante muito grande no crescimento do fitoplâncton e provocar rápida eutrofização. Portanto, mesmo a adição de águas tratadas poderia ter um efeito no lago.

A **reutilização de águas de esgoto** nas bacias hidrográficas é muito importante, e um processo economicamente viável. Em muitas regiões, entretanto, estudos limnológicos básicos unidos aos estudos de permeabilidade do solo, escoamento superficial e características das águas naturais demonstraram que essa reutilização produz danos maiores, inclusive às águas subterrâneas, produzindo custos excessivos ao eutrofizar rios e lagos. Estudos limnológicos possibilitam também a avaliação de custos adequados, principalmente em se tratando de quantidades de água a tratar ou a evitar que se deteriorem.

Um aspecto importante em relação aos usos múltiplos é a contribuição que a Limnologia básica pode oferecer no *monitoramento* dos efeitos dessas várias atividades nos lagos, represas e bacias hidrográficas. Esse monitoramento e o acompanhamento, se bem programados e executados, podem ser um indicador sensível de algumas interações e alterações dos sistemas. Outro aspecto importante é o de que, normalmente, quando é necessário preservar o uso múltiplo no lago, represa ou rio e se necessita de restauração e recuperação, a **pesquisa científica limnológica** pode contribuir efetivamente, por meio do conhecimento dos inúmeros processos, mecanismos e interações, e promover alternativas com vários custos.

Outro problema relacionado com o manejo de lagos, rios ou represas é o aproveitamento da biomassa para cultivo intensivo, semi-extensivo ou extensivo de organismos aquáticos. Todo estudo limnológico integrado resulta em um conhecimento aprofundado das comunidades e suas interações, das principais espécies e sua biologia, da sucessão e da biomassa das comunidades, o que é fundamental para uma aplicação posterior em aquicultura. Além disso, os *limites de tolerância* das espécies e os intervalos de variação de parâmetros, como temperatura da água e oxigênio dissolvido, são determinados com os estudos limnológicos, o que amplia o potencial de aplicação, acoplado a determinações de tolerância e ciclos de vida em laboratório (Tavares e Rocha, 2001).

A identificação de *indicadores biológicos* de condições de contaminação e poluição é outro fator fundamental que a Limnologia pode oferecer. Por exemplo, dados do programa Biota/Fapesp (Matsumura Tundisi *et al.*, 2003) informam que o copépode calanóide *Argynodiaptomus furcatus* é indicador de ecossistemas com baixo grau de *eutrofização* e *contaminação*, e, portanto, sua presença ou ausência pode possibilitar a caracterização de determinado lago ou represa e dar condições para estudos mais profundos, que quantifiquem os principais processos.

O resultado obtido nos lagos já recuperados mostra que, em todos eles, programas intensos de pesquisa limnológica existiam ou foram implementados e possibilitaram rápidas ações bem-sucedidas.

Portanto, o estabelecimento de programas de pesquisa limnológica adequada às condições regionais proporciona uma visão importante para o *planejamento* e **gerenciamento regional**. A construção de um banco de informações científicas com base em dados limnológicos é um passo importante no estabelecimento de programas de planejamento regional com bases ecológicas, possibilitando equacionar rapidamente os problemas existentes e planejar soluções alternativas e medidas adequadas, utilizando-se o sistema aquático como catalisador e "coletor de eventos" ao longo das bacias hidrográficas.

19.2 Limnologia e Aspectos Sanitários

Neste tópico, devemos ressaltar a importância que os conhecimentos básicos em Limnologia podem assumir quando se consideram problemas sanitários. Muitas doenças e parasitoses que afligem os seres humanos são de veiculação hídrica, como já demonstrado no Cap. 18. Esses estudos básicos podem contribuir com os seguintes aspectos:

▸ no conhecimento dos *ciclos de vida* e **biologia dos vetores e dos parasitos** e no tipo característico de sistema aquático em que se desenvolvem. esses estudos podem indicar a vulnerabilidade dos parasitas ou vetores a certos tipos de tratamento ou atuação;

▸ no estabelecimento de **padrões de tolerância** desses organismos e de fatores limitantes à sua distribuição, tais como temperatura, oxigênio dissolvido (excesso ou falta) e características físicas e químicas da água, como ph e condutividade, por exemplo;

▸ no conhecimento de interações dos diversos componentes das comunidades – processos como **inter-relações predador-presa** e relações de *parasitismo* –, o que pode ser extremamente útil na procura de mecanismos de controle biológico de certos parasitas;

▸ na prevenção, procurando apresentar alternativas para os usos das águas naturais, a fim de evitar contaminações, por exemplo;

▸ na procura de soluções economicamente viáveis para a resolução de *problemas sanitários* e no uso de sistemas de tratamento mais viáveis e de baixo custo.

19.3 Limnologia e Planejamento Regional

Os estudos limnológicos proporcionam uma visão integrada e integradora dos diversos e conflitantes problemas que ocorrem nas bacias hidrográficas. A água, sendo um dos recursos indispensáveis para os seres humanos, tem sido utilizada para múltiplos usos e é, portanto, natural que o uso integrado das bacias hidrográficas leve em conta os recursos aquáticos. Os **usos dos recursos aquáticos** e sua demanda, seu desenvolvimento e gerenciamento podem proporcionar uma base poderosa e empírica para o planejamento regional.

Todo o planejamento regional deve levar em conta a Limnologia dos diferentes componentes das bacias hidrográficas: rios, lagos, represas e áreas alagadas. As alterações no sistema terrestre e seus efeitos nos rios, represas e lagos; a utilização múltipla de ecossistemas naturais e artificiais; os usos múltiplos da água; o aproveitamento da biomassa de organismos aquáticos e a destinação de resíduos industriais necessitam de informações fundamentais sobre a estrutura dos ecossistemas aquáticos de águas continentais e suas características principais: hidrodinâmicas, biológicas, físicas e químicas. Nesse particular, a interação bacia hidrográfica-lago, represa ou rio representa um importante papel. O acoplamento de estudos ecológicos do sistema terrestre na bacia hidrográfica com a Limnologia de lagos, represas e rios é outro componente fundamental.

O planejamento deve considerar também modificações na bacia hidrográfica e seus impactos nos sistemas aquáticos; dessa forma, a partir de estudos limnológicos básicos adequados, podem-se propor diversas alternativas.

A Fig. 19.1 apresenta aplicações práticas do estudo científico de lagos, represas e rios. A Limnologia básica pode ser utilizada para aplicação em caráter preventivo ou de prognóstico e para a correção/recuperação de lagos, represas e rios, ou ainda, no planejamento regional. Portanto, uma função importante da

Limnologia básica é proporcionar conhecimento para o manejo correto do ecossistema aquático.

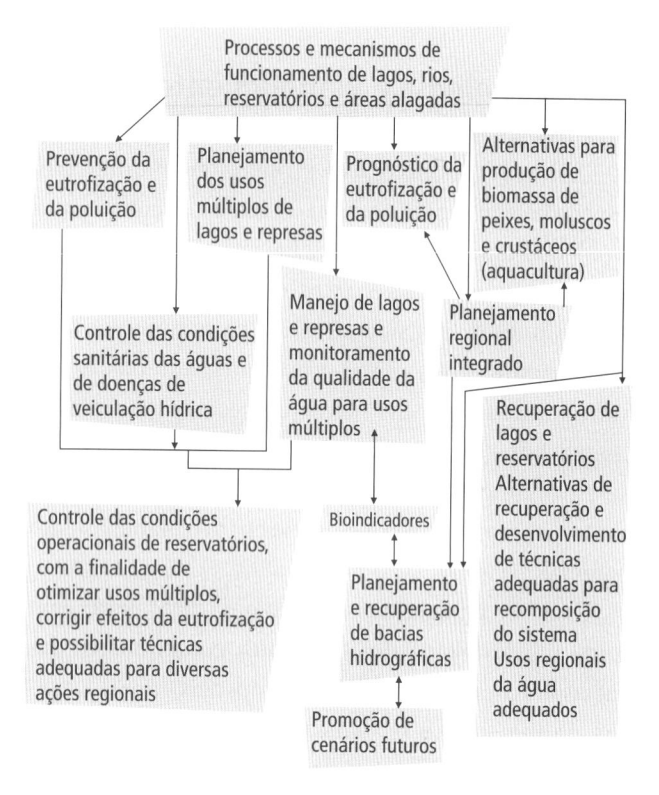

Fig. 19.1 Aplicações práticas da Limnologia básica

19.4 Os Avanços Conceituais no Gerenciamento de Recursos Hídricos

Nas últimas décadas do século XX, houve uma mudança conceitual em relação ao gerenciamento de recursos hídricos: de um **gerenciamento local, setorial e de resposta**, ocorreu e vem ocorrendo uma alteração bastante significativa, que implica um *gerenciamento integrado e preditivo do ecossistema*. Essa mudança conceitual, ainda em curso, deverá promover consideráveis alterações no processo de gestão, o que coloca a Limnologia como uma ciência central relacionada à gestão de rios, lagos e represas.

O Quadro 19.1, extraído e adaptado de Somlyody et al. (2001) e Tundisi (2003), apresenta a evolução dos sistemas de gerenciamento e a fase de transição existente.

Outro avanço conceitual importante e integrado, em curso em algumas regiões do Planeta e, em alguns Estados do Brasil, em fase de implantação, é a adoção da bacia hidrográfica como unidade de planejamento e gerenciamento de recursos hídricos. São características essenciais dessa unidade, dos pontos de vista funcional, operacional e como **geoecossistema**:

▸ A bacia hidrográfica é uma unidade física com fronteiras delimitadas, podendo estender-se por várias escalas espaciais, desde pequenas bacias de 10, 20 ou 100 a 200 km^2 até grandes bacias hidrográficas, como a bacia do Prata (3.000.000 km^2) (Tundisi e Matsumura Tundisi, 1995).

▸ É um ecossistema *hidrologicamente integrado*, com componentes e subsistemas interativos.

▸ Oferece oportunidade para o desenvolvimento de parcerias e a resolução de conflitos (Tundisi e Straškraba, 1995).

Quadro 19.1 Evolução dos sistemas de gerenciamento e a fase de transição existente

Passado	Presente	Futuro (desejado/esperado)
(1) Gerais		
Problemas locais	Escala aumentada	
Resposta rápida, reversibilidade	Respostas retardadas	
Número limitado de poluentes	Poluentes múltiplos	
Limitado a um meio (água)	Múltiplos meios (solar/ar/água)	
Estático, determinístico, previsto	Dinâmico, estocástico, incerto	
Independência regional	Independência global	
Fontes pontuais	Fontes não pontuais	
(2) Tipo de controle		
Final do processo	Controle da fonte, fechamento de ciclos da matéria, controle das bacias hidrográficas	
Padrões para descarga	Uso e adaptação	
Puramente técnico	Elementos não técnicos	

Quadro 19.1 Evolução dos sistemas de gerenciamento e a fase de transição existente (continuação)

Passado	Presente	Futuro (desejado/esperado)
(3) Infra-estrutura e sistemas de tratamento		
Tecnologia tradicional		Métodos especiais de tratamento, ecotecnologias, tratamento natural e em pequena escala
Aterros sanitários		Reúso e reciclagem
Controle e exploração em larga escala		Desenvolvimento em pequena escala, gerenciamento integrado, conservação
Infra-estrutura urbana maciça		Infra-estrutura localizada, desenvolvimento de sistemas criativos
(4) Monitoramento		
Determinações locais		Redes, sensoreamento remoto, medidas contínuas
Parâmetros convencionais		Parâmetros especiais (micropoluentes, ecotoxicologia)
Monitoramento da água		Integração de monitoramento das fontes e dos efluentes
Dados pouco confiáveis		Melhora na **confiabilidade**, banco de dados, sistemas de informações
Dados não disponíveis		Fluxo aberto de informações
(5) Modelagem		
Tópicos limitados a gerações e processos		Integração GIS, sistemas de decisão
Resultados limitados numericamente		Cenários, estudos de casos, uso da multimídia
Uso somente pelos especialistas		Uso em administração e gerenciamento
(6) Planejamento e avaliação de projetos		
Definição muito difusa dos objetivos		Objetivos bem definidos
Visão de curto prazo		Visão de longo prazo
Avaliação de custos		Avaliação global Rimas, impactos políticos e sociais
Pouca preocupação com falhas ou ajustes necessários		Incertezas: adaptabilidade, resiliência, vulnerabilidade, robustez
Impactos positivos e negativos separados		Impactos positivos e negativos
(7) Ciência e engenharia		
Ciência não dirige ações		Ciência para ação e combinação de ciência e engenharia
Isolamento do problema e soluções de engenharia		Planejamento mais eficiente
Barreiras e problemas interdisciplinares		Integração de qualidade, quantidade, hidrologia, economia, política, ciência, social e gerenciamento
Apenas um paradigma correto – uma disciplina		Muitos paradigmas aceitos e dentro do conceito de disciplinas
(8) Legislação, instituições para gerenciamento e desenvolvimento		
Regras gerais e rigidez		Regras especiais e flexibilidade
Implementação rápida		Exame e análise crítica dos processos
Pouco reforço legal		Aumento do reforço legal
Organização institucional confusa		Estruturas e responsabilidades claras, menos barreiras, mais comunicação*
Decisão por políticos e administradores		**Políticas internacionais**
Políticas nacionais		Desenvolvimento sustentável (como prosseguir)

*Participação do público e de ONGs, bem como integração de especialistas, gestores e administradores
Fonte: Somlyody *et al.* (2001).

▶ Permite que a população local participe do **processo de decisão** (Nakamura e Nakajima, 2000).

▶ Estimula a participação da população e a **educação ambiental** e sanitária (Tundisi *et al.*, 1997).

▶ Garante uma visão sistêmica adequada para o **treinamento em gerenciamento** de recursos hídricos e para o controle da eutrofização (gerentes, tomadores de decisão e técnicos) (Tundisi, 1994a).

▶ É uma forma racional de organização do banco de dados.

▶ Garante alternativas para o uso dos *mananciais* e de seus recursos.

▶ É uma abordagem adequada para proporcionar a elaboração de um banco de dados sobre **componentes biogeofísicos, econômicos e sociais**.

▶ Sendo uma unidade física, com limites bem definidos, o manancial garante uma base de **integração institucional** (Hufschmidt e McCauley, 1986).

▶ A abordagem de manancial promove a integração de cientistas, gerentes e tomadores de decisão com o público em geral, permitindo que todos trabalhem juntos em uma unidade física com limites definidos.

▶ Promove a **integração institucional** necessária para o gerenciamento do desenvolvimento sustentável (Unesco, 2003).

Fonte: Tundisi *et al.* (1998); Tundisi e Schiel (2002).

Portanto, o conceito de bacia hidrográfica aplicado ao gerenciamento de recursos hídricos estende as barreiras políticas tradicionais (municípios, estados, países) para uma unidade física de gerenciamento, planejamento e desenvolvimento econômico e social (Schiavetti e Camargo, 2002). A falta da *visão sistêmica* na **gestão de recursos hídricos** e a incapacidade de incorporar/adaptar o projeto a processos econômicos e sociais (Fig. 19.2) atrasam o planejamento e interferem em **políticas públicas** competentes e saudáveis (Biswas, 1976, 1983). A capacidade de desenvolver um conjunto de indicadores é um aspecto importante do uso dessa unidade no planejamento. A bacia hidrográfica é também um processo descentralizado de conservação e proteção ambiental, sendo um estímulo para a integração da comunidade e a integração institucional. Os indicadores das condições que fornecem o **índice de qualidade da bacia hidrográfica** podem representar um passo importante na consolidação da descentralização e do gerenciamento. São eles:

▶ qualidade da água de rios e riachos;

▶ espécies de peixes e vida selvagem (fauna terrestre) presentes;

▶ taxa de preservação ou de perda de áreas alagadas;

▶ taxa de preservação ou de perda das florestas nativas;

▶ taxa de contaminação de **sedimentos de rios, lagos e represas**;

▶ taxa de preservação ou contaminação das fontes de abastecimento de água;

▶ taxa de urbanização (% de área da bacia hidrográfica);

▶ relação população urbana/população rural (Revenga *et al.*, 1998; Tundisi *et al.*, 2002).

Com os *indicadores de qualidade*, devem-se considerar os *indicadores de vulnerabilidade* da bacia hidrográfica:

▶ poluentes tóxicos (pimentel e edwards, 1982);

▶ carga de poluentes;

▶ descarga urbana;

▶ descarga agrícola;

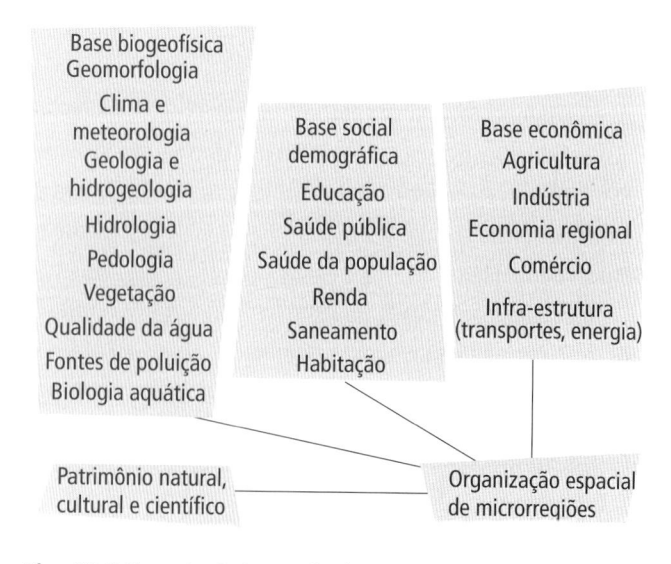

Fig. 19.2 Características principais dos projetos que necessitam de análise no planejamento regional
Fonte: modificado de PNUD (1999).

- alterações na população: taxa de crescimento e ou migração/imigração;
- efeitos gerais das atividades humanas (Tundisi, 1978);
- potencial de eutrofização (Tundisi, 1986a).

Para o gerenciamento adequado da bacia hidrográfica, é fundamental a integração dos setores público e privado, dos usuários e das universidades. Tundisi e Straškraba (1995) destacaram os seguintes aspectos participativos entre esses vários componentes do sistema:

Universidade:
- diagnóstico qualitativo e quantitativo dos problemas;
- elaboração dos bancos de dados e sistemas de informação;
- apoio na implementação de *políticas públicas*;
- apoio ao desenvolvimento metodológico e na introdução de novas tecnologias.

Setor público:
- implantação de políticas públicas nos comitês de bacia;
- implantação de projetos para conservação, proteção e recuperação;
- informação ao público e **educação sanitária** e ambiental.

Setor privado:
- apoio na implantação de políticas públicas;
- desenvolvimento tecnológico e implantação de novos projetos;
- financiamento de tecnologias em parceria.

Usuários e público em geral:
- participação na *mobilização*, para *conservação* e *recuperação*;
- informações ao Ministério Público e ao setor público;
- participação no processo de educação sanitária.

Deve-se ainda elaborar mais um conjunto de proposições e idéias para a gestão e a recuperação de

1. Componentes do ecossistema
e processos ao nível de organismos, populações, comunidades e ecossistemas
Roberts e Roberts (1984); Wetzel (1992); Reynolds (1997)

2. Valores do ecossistema, valores econômicos, componentes, processos, usos
Rosegrant (1996)

3. Usos do ecossistema
Serviços do ecossistema
Ayensu *et al*. (1999);
Goulder e Kennedy (1997)

4. Impactos nos ecossistemas
e nos processos
Likens (1992); Tundisi (1989)

5. Valor econômico dos processos e serviços
Constanza *et al*. (1997);
World Bank (1993a)

6. Custos do impacto
e valores econômicos da recuperação
Unep (2000);
Watson *et al*. (1998)

7. Metodologia de recuperação
baseada nos processos, na interação dos componentes e na participação de usuários
Straškraba *et al*. (1993);
Straškraba e Tundisi (2000)

Fig. 19.3 Sequência dos procedimentos e etapas na recuperação dos ecossistemas
Fonte: Tundisi *et al*. (2003).

bacias hidrográficas, seguindo os procedimentos e as etapas indicados na Fig. 19.3.

A **economia da restauração** é hoje uma atividade bastante significativa em alguns países e leva em conta uma série de estudos básicos e mecanismos de funcionamento para recuperar bacias hidrográficas, represas, rios e lagos. A restauração de ecossistemas aquáticos continentais pode render trabalho, emprego e renda, bem como revitalizar a economia regional decadente em consequência da degradação de ecossistemas, da qualidade da água e dos "serviços" proporcionados por esses ecossistemas. A questão dos "serviços" deve ser considerada ponto fundamental do projeto de recuperação ou conservação.

A Fig. 19.4 indica as principais interações dos componentes dos sistemas terrestres e aquáticos, destacando a questão dos "serviços" proporcionados por esses ecossistemas.

Duas abordagens mais comumente utilizadas no gerenciamento de recursos hídricos são apresentadas na Fig. 19.5.

As abordagens mais recentes que envolvem a base de conhecimento existente apontam para os seguintes aspectos fundamentais:

▶ reconhecimento das incertezas;

▶ reconhecimento de que as ações sobre a política de gerenciamento e planejamento a ser adotada não proverão soluções "exatas", mas "adaptativas" e em etapas, incorporando novas idéias e metodologias ao longo do processo (Cooke e Kennedy, 1989);

▶ desenvolvimento da capacidade preditiva por meio de interações de clientes, usuários, planejadores e gerentes;

▶ definição de objetivos precisos: gerenciamento integrado, preditivo, adaptativo; avanço por etapas; introdução de ecotecnologias adequadas e implantação de sistemas de suporte à decisão com a participação de usuários e gestores.

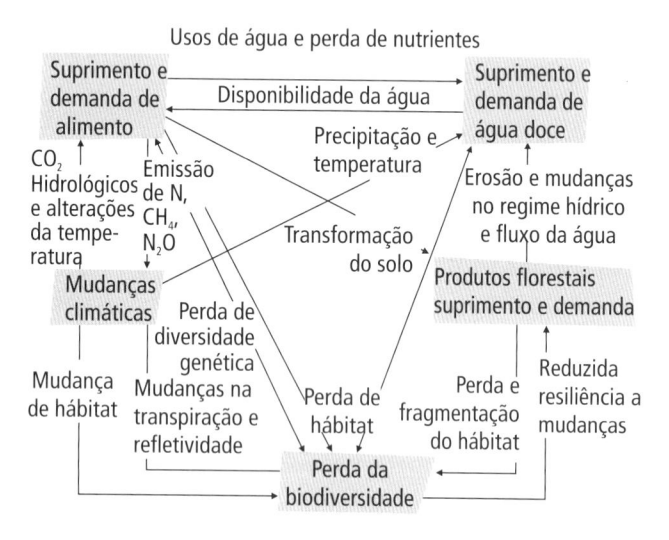

Fig. 19.4 Principais interações dos componentes do sistema hídrico e do sistema de produção; biodiversidade e mudanças globais
Fonte: Ayensu et al. (1999).

É fundamental a construção de uma capacidade local de gerenciamento, com base no conhecimento científico e nas diferentes situações regionais (IETC, 2001; Tundisi, 2007).

19.5 Técnicas de Recuperação, Gestão e Conservação de Recursos Hídricos

Para uma abordagem adequada do problema, é necessário levar em conta um conjunto de atributos e características dos ecossistemas que pode ser utilizado como base para a implementação de ecotecnologias

Preventiva
Prevenção de problemas na qualidade da água
Horizonte de longa duração

Exemplos:
Mistura epilimnética
Uso de áreas alagadas
Prevenção da poluição

→ Menor desperdício
Duradoura
Sem efeitos indiretos

Corretiva
Correção de problemas existentes na qualidade da água
Horizonte de curta duração

Exemplos:
Mistura hipolimnética
Uso de algicidas
Remoção de macrófitas
Precipitação de fósforo

→ Mais dispendiosa
Efeitos indiretos

Objetivos de longo prazo
Aumento da capacidade preditiva
Respeito às futuras gerações
Horizonte de longa duração (5 - 10 anos)
Componente avançado de planejamento
Gerenciamento integrado
**Ecotecnologia e engenharia ecológica como suporte
Reciclagem de materiais
Produção limpa**

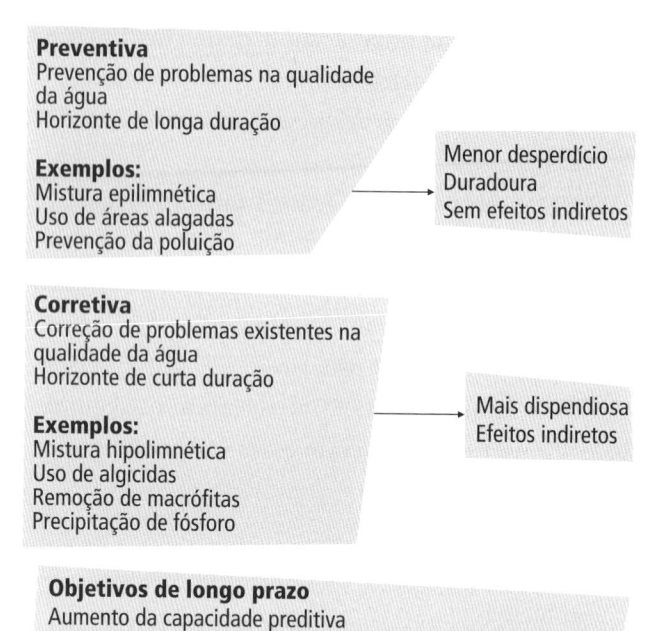

Fig. 19.5 Abordagens no gerenciamento de recursos hídricos e objetivos de longo prazo
Fonte: modificado de Straškraba e Tundisi (2000).

na sua preservação ou recuperação. Por ecotecnologias, entende-se a aplicação de tecnologias que levem em conta os mecanismos naturais de funcionamento dos ecossistemas e promovam um gerenciamento avançado utilizando-se os conhecimentos adquiridos a partir de pesquisa básica (Straškraba, 1985, 1986; Tundisi e Straškraba, 1995).

Os princípios de funcionamento dos ecossistemas que podem ser utilizados como base para a adaptação de ecotecnologias são:

1. Os ecossistemas conservam energia e matéria.
2. Os ecossistemas reservam informação.
3. Os ecossistemas são dissipativos. A dissipação proporciona as forças necessárias para manter ordem e estrutura. Os ecossistemas por dissipação (degradação de energia) produzem eutropia.
4. Os ecossistemas são abertos à entrada de energia, matéria e informação. O funcionamento dos ecossistemas depende da entrada de energia externa, como radiação solar, vento e precipitação.

5. Os ecossistemas têm como componentes subsistemas com vários processos de auto-regulação; muitas vezes, efeitos indiretos predominando sobre efeitos diretos. Há um constante acoplamento dos sistemas em rede (*network*) de uma forma dinâmica e hierárquica.

6. Os ecossistemas têm **capacidade de auto-regulação**, dentro de certos limites.

7. Os ecossistemas têm capacidade de auto-organização e de adaptar-se, o que é uma característica de organismos, populações e comunidades.

8. Os ecossistemas são diferenciados, cada organização dependendo de sua história evolutiva (co-evolução) e dos efeitos das funções de força externas.

Portanto, em função dessas características, deve-se:

1. Minimizar a perda de energia e fechar a circulação de matéria: esses dois processos possibilitam otimizar o uso da energia e aumentar a reciclagem de material, reduzindo o transporte externo (para jusante, no caso de represas e lagos) e aumentando a produção de biomassa e a complexidade das estruturas em rede.

2. Aumentar o equilíbrio entre entradas e saídas – consideração com a sensibilidade às funções de força externas: as alterações produzidas pelos efeitos das funções de força devem ser equilibradas com a regulação das saídas, tais como vazão, retirada seletiva e controle do tempo de retenção. A sensibilidade à entrada de substâncias tóxicas, por exemplo, e sua bioacumulação devem ser consideradas, bem como a capacidade seletiva exercida por essas substâncias na biota.

3. Retenção de estruturas da **diversidade genética** e da biodiversidade: a conservação e o aumento da heterogeneidade espacial – áreas alagadas, zonas de florestas ripárias, zona litoral – possibilita um aumento da diversidade biológica e, ao mesmo tempo, preserva o potencial para crescimento e adaptação mantido pelo patrimônio genético. A **retenção da biodiversidade** aumenta a capacidade-tampão do sistema e a capacidade de reciclagem de nitrogênio e fósforo. Áreas alagadas tornam-se um centro importante de recolonização para os ecossistemas aquáticos. A colonização com espécies exóticas pode ser um mecanismo perigoso de perda de biodiversidade, devido ao preenchimento de nichos não utilizados e a efeitos de predação deletérios para as espécies nativas.

A implementação de qualquer projeto de recuperação do ecossistema aquático implica um **plano de diagnóstico** que consiste na avaliação da situação do ecossistema aquático e seu nível de estado trófico; a origem das fontes pontuais e não-pontuais de nitrogênio e fósforo e de contaminação de poluentes; a identificação de biodiversidades e de suas respostas às variações e a diferentes impactos.

Essas análises incluem: a bacia hidrográfica e os rios, lagos ou reservatórios; o desenvolvimento de balanços de nutrientes, anuais ou estacionais; a morfometria do sistema; as características dos subsistemas; o tempo de retenção; a composição e a quantificação do fitoplâncton e do zooplâncton; a determinação da diversidade da fauna ictíica e da sua biomassa, bem como das biomassas planctônica e bentônica. Estas são as etapas fundamentais para o diagnóstico. Também é importante caracterizar de que forma as *funções de força* atuam nos sistemas aquáticos, uma vez que elas, de modo geral, estão relacionadas com fatores climatológicos e hidrológicos, como já descrito nos Caps. 4 e 12.

No Quadro 19.2, descrevem-se com detalhes os princípios teóricos básicos e sua utilização na recuperação de bacias hidrográficas e ecossistemas continentais.

19.5.1 Tecnologias

Um conjunto de tecnologias deve ser aplicado tendo por base as características dos ecossistemas e a base conceitual existente sobre o seu funcionamento. Essas tecnologias iniciam-se na bacia hidrográfica e são medidas de controle externo aos ecossistemas aquáticos. Inicialmente, um conjunto de informações sobre as bacias hidrográficas deverá ser reunido e as seguintes questões ser levantadas:

Quadro 19.2 Princípios teóricos e sua utilização na recuperação de bacias hidrográficas e ecossistemas aquáticos continentais

Princípio	Uso
Efeitos no topo da cadeia alimentar ("top down effects")	Biomanipulação e controle da rede alimentar
Efeitos na base da cadeia alimentar ("bottom up effects")	Controle de fatores químicos determinantes da produção primária
Conceito de fatores limitantes	Controle da eutrofização pelo conhecimento e manipulação dos fatores limitantes
Interações de subsistemas	Interações dos compartimentos das represas; interações bacias hidrográficas-represas
Retroalimentação negativa	Relações fitoplâncton-nutrientes
Conectividade	Relações de conectividade entre componentes do sistema (predador-presa, por exemplo)
Adaptabilidade do ecossistema e auto-organização do ecossistema	Resposta do ecossistema a influências antropogênicas
Heterogeneidade espacial do ecossistema	Proteção das cabeceiras, da margem e da zona litoral
Diversidade biológica e indicadores biológicos	Reflorestamento, áreas alagadas, proteção dos ecótonos, diagnóstico ambiental
Competição	Introdução de espécies exóticas e seus efeitos
Teoria dos pulsos	Regulação do tempo de retenção; controle dos pulsos com a manutenção da mata galeria
Colonização	Exploração do ambiente pelágico; acompanhamento da colonização e recolonização da represa, do lago ou do rio

Fonte: modificado de Straškraba *et al.* (1993b); Bozelli *et al.* (2000).

1. Qual é a área do ecossistema aquático, e a área das bacias hidrográficas, e qual é a relação entre ambos?

2. Qual é a rede hidrográfica existente nas bacias hidrográficas?

3. Quais são os principais focos de poluição existentes nas bacias hidrográficas?

4. Como se organiza o mosaico existente nas bacias hidrográficas: várzeas, florestas de diversos tipos, vegetação, agricultura, indústria e assentamentos humanos? Qual é a relação de áreas entre esses diversos componentes?

5. Quais são os tipos e as declividades dos solos que compõem as bacias hidrográficas, considerando-se a erosão e seus efeitos na composição das águas?

6. Quais são os tipos predominantes de uso do solo?

7. Quais são as consequências desses tipos de uso? (Considerar a erosão, o transporte de material em suspensão, o transporte de poluentes e a contaminação das águas subterrâneas.)

8. Quais são as possíveis consequências do desmatamento para os rios e para o reservatório e lago?

9. Quais são as entradas (carga) de nutrientes (N, P) no reservatório, rio ou lago?

10. Qual é o tempo de retenção do reservatório ou lago?

11. Qual é a composição dos sedimentos do reservatório ou lago e quais são suas concentrações de nitrogênio e fósforo?

12. Há contaminantes nos sedimentos? Em caso afirmativo, em quais concentrações (carga interna)?

13. Qual é a taxa de aplicação de herbicidas e pesticidas nas áreas de bacias hidrográficas?

14. Qual é o tipo de uso que o público faz do reservatório, lago ou rio e das bacias hidrográficas? (Incluir considerações sobre pesca, recreação, irrigação, transporte, geração de energia elétrica, abastecimento de água potável, agricultura existente nas bacias hidrográficas e tipos de cultura.)

15. Quais são os valores econômicos das bacias hidrográficas relacionados à produção, recreação ou a qualquer outro tipo?

16. Como ocorreu o desenvolvimento histórico? (Considerar o número atual de habitantes nas bacias e suas projeções para o futuro.)

17. Quais são os dados disponíveis? (Considerar mapas, dados sobre qualidade da água, dados climatológicos, sensoreamento remoto, problemas de saúde pública relacionados ao abastecimento de água, dados demográficos.)

18. Qual é o estado da **cobertura vegetal**? (Incluir considerações sobre a vegetação natural e os cultivos existentes nas bacias hidrográficas.)

19. Qual é o estado das várzeas e florestas das bacias hidrográficas? Elas necessitam de recuperação ou proteção?

20. Qual é a taxa de sedimentação do reservatório, lago ou rio?

21. Que legislação regula as bacias hidrográficas, os usos de água e as políticas de gerenciamento?

22. Quais são os principais fatores impactantes existentes? (Considerar indústrias [tipo, produção, resíduos], mineração [tipo, produção, conservação], agricultura e outros.)

23. Analisar a posição e a distância dos focos de poluição em relação aos rios, várzeas e reservatório.

Além dessas questões, o planejamento e o gerenciamento integrado referem-se à/ao:

▸ unidade de planejamento – bacia hidrográfica;
▸ água como fator econômico;
▸ plano articulado com projetos sociais e econômicos;
▸ participação da comunidade, usuários, organizações;
▸ educação sanitária e ambiental da comunidade;
▸ treinamento técnico;
▸ monitoramento permanente, com a participação da comunidade;
▸ integração de engenharia, operação e gerenciamento de ecossistemas aquáticos;
▸ permanente prospecção e avaliação de impactos e tendências;
▸ implantação de sistemas de suporte à decisão.

Para um controle efetivo nas bacias hidrográficas, os seguintes processos devem ser implementados (Tundisi e Straškraba, 1994; Tundisi *et al.*, 1999):

i) **Controle da erosão** – utilização de vários métodos, incluindo reflorestamento. A consequência principal é reduzir a entrada de material em suspensão e reduzir a eutrofização e o escorrimento de substâncias tóxicas para os sistemas aquáticos.

ii) **Reflorestamento com espécies nativas** – Utilização de várias técnicas de reflorestamento, principalmente de vegetação ripária e nas encostas, o que diminui o transporte de material em suspensão, aumenta a heterogeneidade espacial, diminui a entrada de nitrogênio e fósforo e melhora a recarga do aquífero (ver Cap. 11).

iii) **Restauração de rios** – Os rios da bacia hidrográfica transportam material para os sistemas aquáticos. A restauração de rios por várias técnicas inclui: restauração das margens, aumento da heterogeneidade espacial com diversificação do substrato, aumento da capacidade de reoxigenação do sistema com a introdução de turbulência artificial. Esse processo reduz a eutrofização de rios, aumenta a concentração de oxigênio dissolvido, aumenta a diversidade do substrato e reduz a carga de nitrogênio e fósforo para o reservatório.

iv) **Conservação e restauração de áreas alagadas** – Áreas alagadas próximas dos lagos e reservatórios funcionam como eficientes sistemas-tampão, pois reduzem a eutrofização e a contaminação (Withaker, 1993), e aumentam a diversidade de espécies, uma vez que podem ser áreas de estabelecimento de várias espécies nativas, sendo efetivas no aumento da heterogeneidade espacial do reservatório. Por outro lado, funcionam muito bem como propiciadoras de abrigo, alimento e área de reprodução para peixes. A associação dessas áreas alagadas com os sistemas aquáticos é, portanto, fundamental nos projetos de manejo integrado do sistema.

v) **Construção de pré-represas ("pre-impoundments")** – Uma das alternativas para o controle da sedimentação e da carga externa aos lagos e rios é o uso de **pré-represas**, as quais retêm material em suspensão e reduzem a entrada de nitrogênio e fósforo. A construção de uma série de pequenas pré-represas pode reduzir a erosão do solo, além de controlar o fluxo de água e a carga externa. Geralmente, essas estruturas são construídas em vales estreitos, com material rudimentar, e, após o seu enchimento com sedimento, pode-se reflorestá-las e reduzir substancialmente a erosão. Essas pré-represas podem ser um método muito eficiente de controle da contaminação e sedimentação, reduzindo cargas pontuais. Sua efetividade foi demonstrada em áreas rurais, em regiões áridas e semi-áridas (Biswas, 1990). Essas pré-represas necessitam de inspeção e manutenção permanente, pois podem constituir-se em focos de doenças de veiculação hídrica.

vi) **Reintrodução de espécies nativas de peixes** – Grande número de represas e lagos perde a fauna nativa dos rios devido às várias limitações impostas pelos represamentos, impactos diversos e introduções. A re-introdução de espécies nativas de peixes e o desenvolvimento efetivo de tecnologias para sua adaptação e reprodução em ecossistemas aquáticos continentais é outra das técnicas importantes de recuperação, uma vez que possibilita o aumento da biomassa e o aumento da exploração dos nichos ecológicos nos rios, ampliando a capacidade de exploração econômica da bacia hidrográfica e dos sistemas aquáticos (Agostinho *et al.*, 2001, 2004).

vii) **Manutenção de áreas preservadas como sistemas-tampão** – Áreas preservadas podem ser extremamente efetivas no gerenciamento e na otimização das bacias hidrográficas. Elas proporcionam redução da eutrofização, do material em suspensão, da carga externa de contaminantes; fornecem substrato para invertebrados e alimento para peixes; aumentam a heterogeneidade espacial e propiciam a manutenção de bancos genéticos de espécies nativas (Tundisi *et al.*, 2003).

viii) **Manejo da zona litoral e das margens** – O manejo das margens e da zona litoral com reflorestamento possibilita aumento do substrato para invertebrados e para peixes, reduzindo a carga de contaminantes, ampliando a heterogeneidade espacial. O gerenciamento da zona litoral promove a introdução e a manutenção de filtros adequados aos processos de sedimentação, entrada de substâncias tóxicas e de poluentes, sendo um mecanismo efetivo de redução da eutrofização e da degradação (Bozelli *et al.*, 2000). Por exemplo, Whitaker *et al.* (1995) demonstraram que a área alagada existente a montante da represa da UHE Carlos Botelho (Lobo/Broa) retira 30% da carga de nitrogênio e fósforo que chega ao reservatório.

ix) **Manejo da zona litoral (manutenção de bancos de macrófitas)** – A manutenção e o controle de bancos de macrófitas possibilitam áreas de reprodução para peixes, suprimento de matéria orgânica para invertebrados e a sua efetiva atuação como "filtro", reciclando matéria orgânica dissolvida e contaminantes. Esses bancos de macrófitas também funcionam como áreas de alimentação para aves aquáticas, tendo importância no aumento da biodiversidade de vertebrados e invertebrados aquáticos (Mitsch e Gosselink, 1986).

Ações nos ecossistemas aquáticos

1. **Redução da penetração de luz** – Dá-se pela ampliação da turbulência e pelo aumento da circulação do fitoplâncton na zona afótica. Podem-se utilizar várias técnicas para produção de turbulência e redução da zona eufótica, a fim de se controlar a eutrofização.

2. **Biomanipulação** – A retirada de predadores do zooplâncton herbívoro pode aumentar a eficiência de remoção de fitoplâncton pelo zooplâncton (Fig. 19.6).

3. **Remoção e isolamento químico do sedimento** – Utilizam-se muitas técnicas para isso. A aeração, por exemplo, acelera a precipitação de fósforo no fundo do reservatório. Muitos reservatórios com descarga de fundo podem ter o sedimento reduzido em pouco dias (a descarga de fundo pode provocar depleção de oxigênio

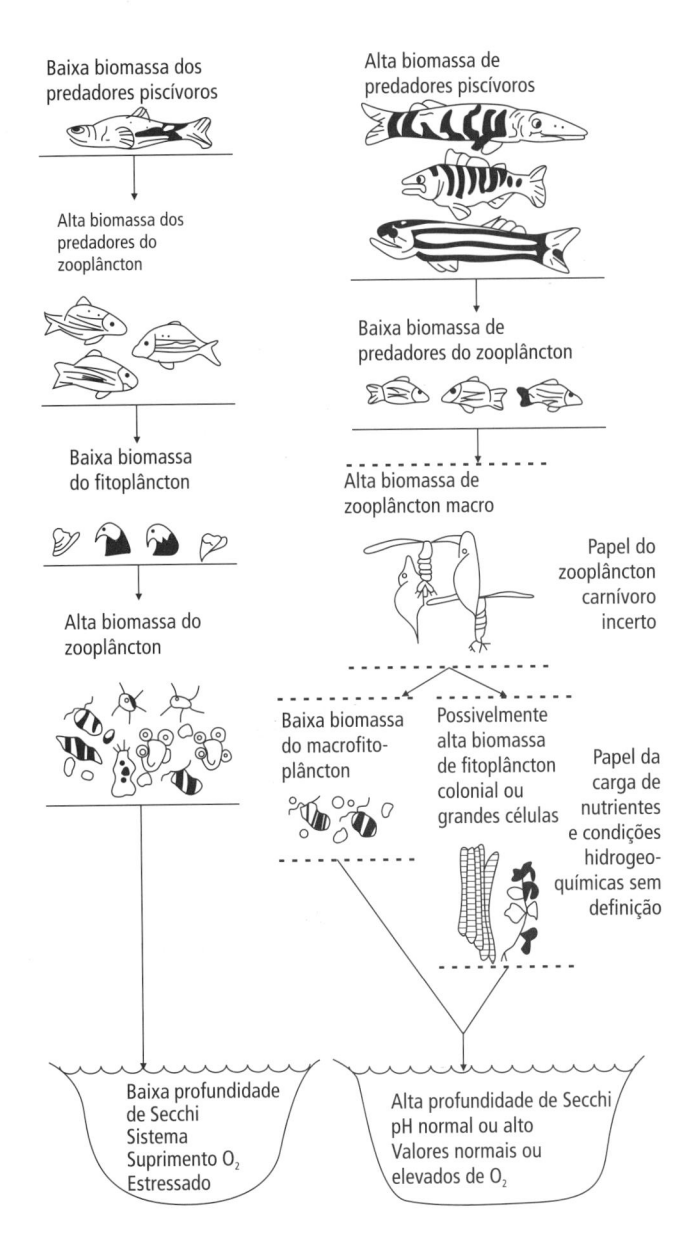

Fig. 19.6 Representação esquemática da biomanipulação. Uma baixa biomassa de peixes predadores piscívoros implica uma baixa biomassa fitoplanctônica devida à pastagem do zooplâncton (lado esquerdo da figura). Uma alta biomassa de peixes predadores piscívoros indica alta biomassa de zooplâncton e alta biomassa de fitoplâncton colonial ou celular de maior tamanho (> 50μm ou > 100μm) Fonte: Straškraba e Tundisi (2000).

a jusante). O isolamento químico do sedimento pode ser feito com camadas sucessivas de sulfato de alumínio.

4. **Aeração do lago, reservatório ou rio** – Para tanto, utilizam-se várias técnicas, as quais produzem acúmulo de fósforo no sedimento, diminuem a zona eufótica, provocando diversos efeitos que reduzem, em parte, a carga orgânica do reservatório (Fig. 19.7) (Cooke e Kennedy, 1989; Cooke *et al.*, 1993).

5. **Controle do tempo de retenção** – Pode-se controlar o tempo de retenção dos reservatórios e lagos de pequeno porte por meio da abertura periódica das várias comportas, em acoplamento com os vários usos da água a montante e a jusante, considerando-se possíveis efeitos a jusante. A teoria existente mostra que é possível controlar florescimentos de fitoplâncton com a redução do tempo de residência e a consequente perda de biomassa a jusante (Reynolds, 1997). De uma forma simplificada, considera-se que, em condições de baixo tempo de retenção, predominam fitoflagelados, clorofíceas e espécies de pequena dimensão (< 20 μm); já em condições de alto tempo de retenção, predominam espécies ou colônias com maior dimensão (> 50 μm) e tempo mais elevado de reprodução. É nessas condições que podem ocorrer florescimentos de *Microcystis aeruginosa*, *Anabaena* sp ou *Anabaenopsis* sp, provocando grandes alterações na composição química da água e na estrutura da rede alimentar. Portanto, a regulação do tempo de retenção pode ser um fator essencial no controle da qualidade da água a montante e a jusante. Reservatórios ou lagos com alto tempo de retenção tendem a acumular nitrogênio e fósforo, bem como biomassa.

6. **Inativação do fósforo** – A precipitação e remoção do fósforo da coluna de água e a sua subsequente deposição e imobilização no sedimento é uma prática importante na restauração de lagos, represas e rios – evidentemente, se tomada em conjunto com outras medidas. Para essa inativação do fósforo, utilizam-se **coagulantes** químicos, sendo o sulfato de alumínio um dos mais comuns. O sucesso do sulfato de alumínio para remoção de fósforo de águas residuárias explica o aumento na sua produção e comercialização no início da década de 1970.

As fontes de alumínio utilizadas são bauxita de grau analítico (com baixa concentração de ferro

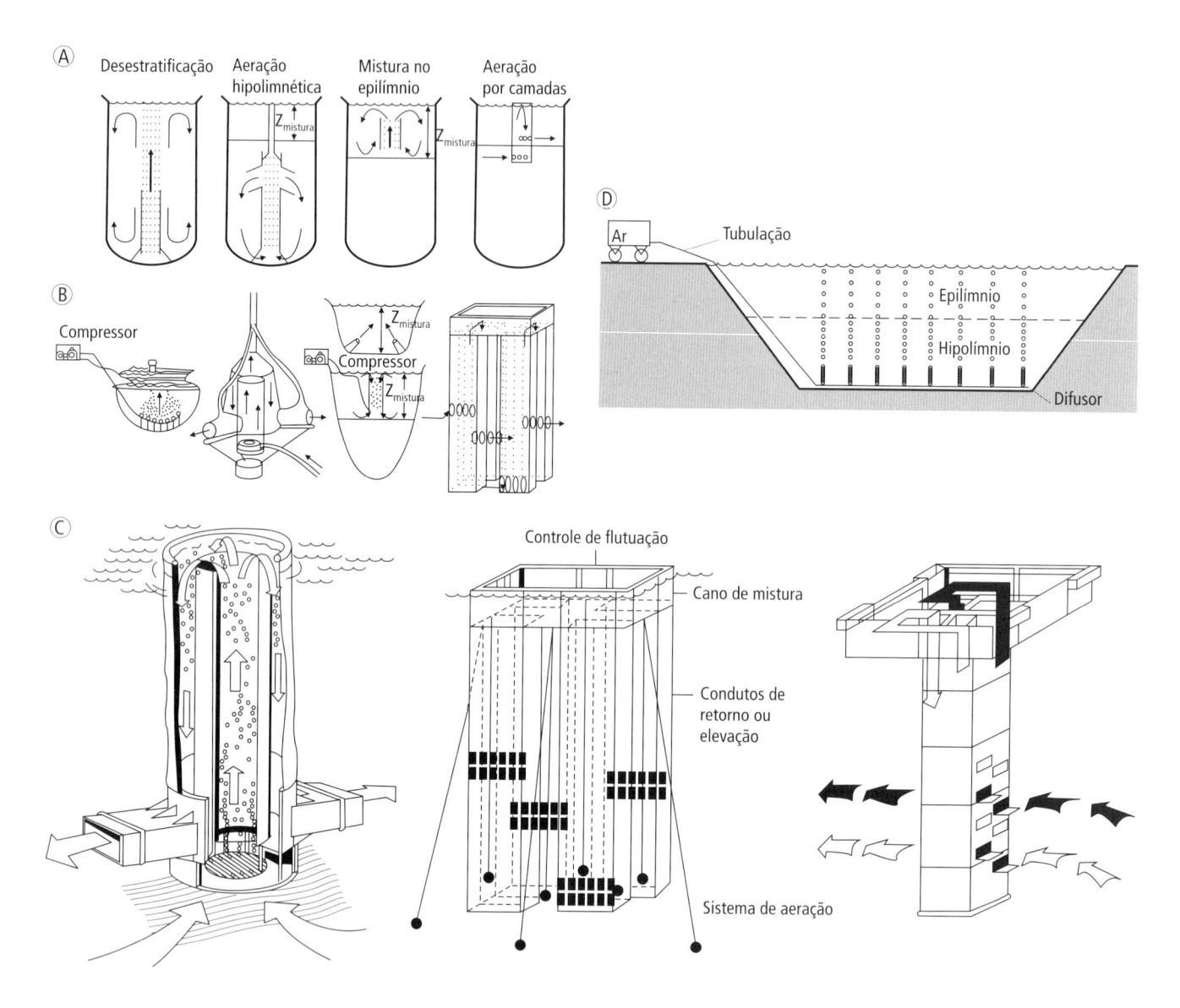

Fig. 19.7 Tipos de aeração em lagos e represas: A – tipos de mistura; B, C e D – tipos de aeradores hipolimnéticos e de camadas
Fonte: Straškraba e Tundisi (2000).

e metais pesados), argilas com alta concentração de alumínio ou triidrato de alumínio. Uma das formulações também frequentemente usada é o $Al_2(SO_4)_3.14H_2O$, denominado "alumínio anidro". Há outros grupos de coagulantes todos categorizados como hidroxicloretos polialumínicos, com a adição de sulfato ou cálcio e polietrólitos.

Sulfato férrico é outro coagulante muito empregado (com concentração de ferro entre 10% e 12%), mas o mais comum, na atualidade, é o cloreto férrico.

Coagulantes que contêm alumínio estão sendo pouco utilizados em águas de abastecimento público, por causa de possíveis efeitos que esse metal provoca na saúde humana.

A inativação do fósforo é feita por precipitação simples, como um fosfato de metal. Emprega-se também hidróxido de cálcio, com a inconveniência de este promover elevação do pH acima de 10 e efeitos decorrentes dessa elevação. As equações que representam o efeito desses coagulantes são:

▶ Sulfato de Alumínio

$$Al_2(SO_4)_3 + 2H_3PO_4 \rightarrow 2A\ell PO_4 + 3H_2SO_4$$

▶ Sulfato Férrico

$$Fe_2(SO_4)_3 + 2H_3PO_4 \rightarrow 2FePO_4 + 3H_2SO_4$$

▶ Sulfato de Ferro

$$2FeSO_4 + 2H_3PO_4 \rightarrow 2FePO_4 + 2H_2SO_4 + 2H^+$$

A aplicação desses coagulantes químicos requer técnicas especializadas e conhecimento das doses necessárias dos produtos escolhidos.

A inativação do fósforo proveniente das cargas internas, especialmente em lagos rasos, é fundamental para as técnicas de recuperação. Lagos rasos ou lagos mais profundos (entre 10 m e 30 m de profundidade) que estratificam têm uma carga interna de fósforo elevada, cuja remoção depende da aplicação de camadas finas de argila ou de sulfato de alumínio, para impedir as trocas sedimento-água.

Nessa questão de inativação do fósforo, um dos problemas importantes é estabelecer qual a causa ou as causas da carga de fósforo: externa, pontual, a partir da bacia hidrográfica ou difusa e interna a partir do sedimento. Por exemplo, em 17 lagos do estado de Washington (Estados Unidos), Welsh e Jacoby (1997) demonstraram que entre 26% a 97% da carga de fósforo eram provenientes da carga interna.

Como exemplos de aplicação de tecnologias, o Quadro 19.3 relaciona os principais mecanismos de controle externos de restauração de lagos e reservatórios, utilizados em várias regiões, em represas, lagos ou rios.

A aplicação conjunta desses métodos nos ecossistemas aquáticos e nas bacias hidrográficas tende a reduzir a carga interna e a eutrofização, controlar o florescimento de espécies indesejáveis de fitoplâncton e melhorar a qualidade da água, diminuindo o grau de carga orgânica e a toxicidade. Isso pode ser altamente eficiente, possibilitando um gerenciamento integrado de bom nível.

Em todos esses casos, o acúmulo de informações limnológicas, antes das ações de gerenciamento, foi fundamental. Ainda como exemplo de sistemas

Quadro 19.3 Medidas de controle externas de restauração de lagos e reservatórios

1) CONTROLE DO CICLO HIDROLÓGICO E DA EROSÃO

Reflorestamento das nascentes – **lago Dianchi** *(China)*

Estabilização dos taludes – *lago Biwa (Japão)*

Instalação e manutenção de zonas-tampão entre regiões agrícolas e a zona marginal do lago ou reservatório – *represa da UHE Carlos Botelho (Lobo/Broa, Brasil); represa da UHE Luís Eduardo Magalhães (Lajeado/Tocantins)*

Técnicas adequadas de tratamento do solo e curvas de nível – *lago Biwa (Japão)*

Tratamento do solo impactado com matéria orgânica – *lago Batata (Amazonas)*

2) LEGISLAÇÃO E CONTROLE DOS USOS DO SOLO E DOS DESPEJOS DE EFLUENTES

Regulação restrita do uso do solo – *lago Tahoe (Estados Unidos)*

Retirada de poluentes da bacia hidrográfica – **represa Feitsui** *(Taiwan)*

Impedimento de aterros – **lago Boden** *(Alemanha, Áustria, Suíça)*

Fechamento de fábricas com emissários poluentes – *lago Baikal (Rússia)*

3) TRATAMENTO DE ESGOTOS E ÁGUAS RESIDUÁRIAS

Construção de estações de tratamento em larga escala – *lago Maggiore (Itália)*

Construção de lagos de oxidação – **lago Ya-er** *(China)*

Construção de plantas de tratamento de pequeno porte – **lago Naka**-*Uni (Japão)*

Usos de fossas sépticas – *lago Biwa (Japão)*

Diversão de saídas de esgotos – **lago Mac Illwain**/*Waine (Zimbábue)*

Tratamento de resíduos animais – **lago Furen** *(Japão)*

Fermentação de águas com resíduos domésticos – *lago Chao-Chu (China)*

Regulação do uso de agroquímicos – **lago Kinneret** *(mar da Galiléia, Israel)*

Proibição do despejo de substâncias tóxicas – **lago Orta** *(Itália)*

Recuperação do pH – *lago Orta (Itália)*

Quadro 19.3 Medidas de controle externas de restauração de lagos e reservatórios (continuação)

4) CONTROLE DE NUTRIENTES EM TRIBUTÁRIOS

Uso de áreas alagadas como sistema de filtração e contenção de metais pesados e resíduos – **lago Balaton** *(Hungria)*; **represa da UHE Carlos Botelho** *(Lobo/Broa, Brasil)*; **represas Billings e Guarapiranga** *(São Paulo, Brasil)*; **rio Paraná** *(Brasil)*

Estabelecimento de unidades de coordenação e gestão de bacias hidrográficas, internacionais e nacionais – **bacia do rio Reno** *(vários países)*; **bacias do Piracicaba e Jacaré Pepira** *(Brasil)*; **bacia do Prata**; unidades de gestão de recursos hídricos

Construção de pré-represas – **lago Rorotua** *(Nova Zelândia)*

Uso controlado de fertilizantes agrícolas – **lago Dota** *(Colômbia)*

Reciclagem de água tratada por meio de áreas de reflorestamento – **represa San Roque** *(Argentina)*

Tratamento de solos destinados a resíduos domésticos – *vários lagos do Japão*

Revegetação com *Oryza* sp e espécies arbóreas – **lago Batata** *(Amazonas)*

Alteração do nível da água de represas e tanques para o **controle de macrófitas** (Cooke *et al.*, 1943)

Fontes: IETC (2000); Tundisi e Straškraba (1999); Bozelli *et al.* (2000).

de gerenciamento e conservação no Brasil, pode-se apresentar o caso da Reserva de Desenvolvimento Sustentável Mamirauá, no Amazonas (Fig. 19.8); o plano de conservação e gerenciamento da represa da UHE Carlos Botelho (Lobo/Broa) (Tundisi *et al.*, 2002); o plano de recuperação e gerenciamento do lago Batata, no Amazonas (Bozelli, Esteves e Roland, 2000); o plano de gerenciamento integrado da represa da UHE Luís Eduardo Magalhães (Lajeado/Tocantins) (Fig. 19.9); e o plano de gerenciamento e conservação das áreas alagadas e regiões de várzea a montante, no rio Paraná (Agostinho *et al.*, 2004).

No Quadro 19.4, apresentam-se medidas de controle interno aplicadas para a recuperação de vários lagos e reservatórios.

Em todos esses sistemas e processos de recuperação, é preciso levar em conta os custos dessas tecnologias e sua sustentabilidade, bem como considerar que cada lago, represa ou rio é uma situação única, o que exige aplicar medidas de recuperação ou conservação a cada caso específico, após os estudos básicos. Além disso, há efeitos indiretos causados pela aplicação de tecnologias que podem causar danos à biota aquática e aos seres humanos. Por exemplo, a aplicação de sulfato de alumínio não é recomendada para controle do fósforo em reservatórios de abastecimento público. Aplicação de sulfato de cobre

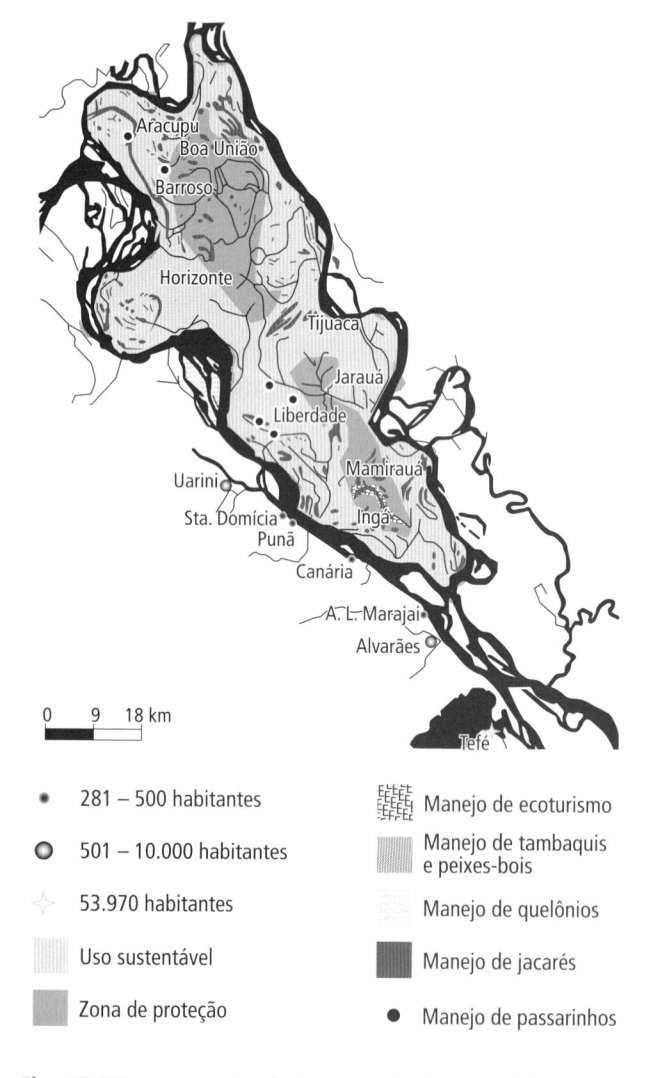

Fig. 19.8 Zoneamento da Reserva de Desenvolvimento Sustentável Mamirauá (AM)
Fonte: Sociedade Civil Mamirauá (1999) *apud* Tundisi (2003).

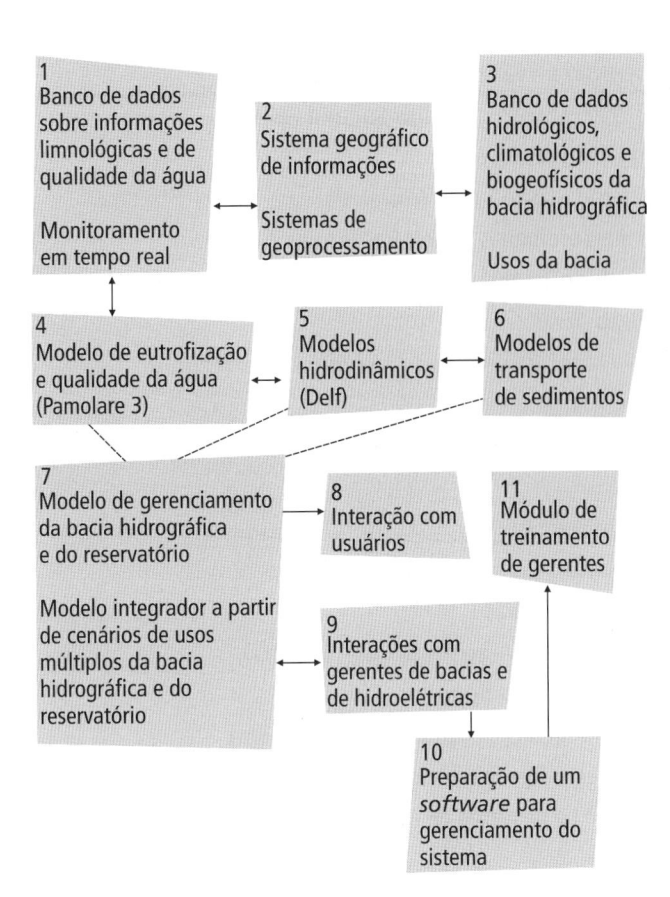

Fig. 19.9 Síntese dos principais modelos em montagem para utilização no projeto de gerenciamento da represa da UHE Luís Eduardo Magalhães, Tocantins Fontes: Investco/IIE; Tundisi *et al.* (2002, 2003).

Diagrama dos modelos:

1. Banco de dados sobre informações limnológicas e de qualidade da água — Monitoramento em tempo real
2. Sistema geográfico de informações — Sistemas de geoprocessamento
3. Banco de dados hidrológicos, climatológicos e biogeofísicos da bacia hidrográfica — Usos da bacia
4. Modelo de eutrofização e qualidade da água (Pamolare 3)
5. Modelos hidrodinâmicos (Delf)
6. Modelos de transporte de sedimentos
7. Modelo de gerenciamento da bacia hidrográfica e do reservatório — Modelo integrador a partir de cenários de usos múltiplos da bacia hidrográfica e do reservatório
8. Interação com usuários
9. Interações com gerentes de bacias e de hidroelétricas
10. Preparação de um *software* para gerenciamento do sistema
11. Módulo de treinamento de gerentes

para controle de cianobactérias, ou moluscos, pode ser muito efetiva por curtos períodos de tempo e para controle de florescimentos em lagos e represas que não são utilizados para abastecimento público. Concentrações elevadas de neurotoxinas foram determinadas após aplicação de 0,5 mgCuSO$_4$.ℓ^{-1} em florescimentos de *Microcystis aeruginosa*, o que indica que o cobre não deve ser utilizado no tratamento de florescimentos de cianofíceas, particularmente em águas de abastecimento (Cooke *et al.*, 1993), em razão dos efeitos que provoca nas células, resultando na liberação dessas neurotoxinas.

19.6 Gerenciamento Integrado: Consequências e Perspectivas

O gerenciamento integrado pode ser definido como uma série de medidas preventivas, corretivas, mitigadoras e de restauração, que mantém o ambiente em condições próximas ou quase próximas do ótimo e permite uma exploração racional e um desenvolvimento auto-sustentado. Os principais benefícios que resultam do manejo integral de ecossistemas são:

▸ proteção e **utilização racional dos recursos do ecossistema**;
▸ potencial aumentado para usos múltiplos;
▸ redução de custos e conflitos, com melhor aplicação dos recursos em programas ambientais;
▸ restauração mais rápida e efetiva de ecossistemas danificados e melhor utilização dos "serviços" disponíveis no ecossistema.

Qualquer plano de gerenciamento integrado deve, sem dúvida, ser fundamentado em uma ampla base de dados, que possibilite um conhecimento profundo do ecossistema, dos seus principais processos e taxas de transferência entre seus componentes.

Os princípios básicos de um gerenciamento integrado são:

▸ identificação dos limites do sistema e diagnóstico;
▸ limites geográficos, morfometria, topografia, dados fisiográficos;
▸ história, situação atual do uso dos recursos;
▸ identificação:
  a) dos principais usuários do recurso;
  b) dos impactos do uso do sistema;
  c) da organização institucional e das instituições usuárias do recurso.
▸ informação ao público em geral sobre os vários usos do recurso e as instituições que os utilizarão;
▸ solicitação de uma lista de **impactos potenciais** produzida pelo uso dos recursos, a partir de cada instituição;
▸ estabelecimento de um programa adequado de monitoramento que possibilite avaliar permanentemente a qualidade ambiental, a magnitude dos impactos e o grau de recuperação/**persistência dos impactos** no ecossistema;
▸ **integração dos processos biogeofísicos**, econômicos e sociais (Fig. 19.10).

A integração de processos econômicos, sociais e ambientais no programa de desenvolvimento sustentado possibilitará a bacias hidrográficas, lagos e represas um planejamento de longo prazo e um programa contínuo de preservação, restauração e

Quadro 19.4 Medidas de controle interno aplicadas para a recuperação de vários lagos e reservatórios

1) Medidas físicas	Desestratificação térmica e aumento da mistura vertical – **lago Sagami** *(Japão)*
	Aceleração da taxa de reciclagem – **lago Bled** *(Eslovênia)*
	Introdução de água com baixa contaminação – **lago Igsell** *(Holanda)*
	Remoção do sedimento e das camadas mais profundas – **lago Baldegger** *(Suíça)*
	Remoção do sedimento para dragagem – **lago Trummer** *(Suécia)*
	Isolamento do sedimento com areia – *lago Biwa (Japão)*
	Aeração para desestratificação artificial – *reservatório Pao-Cachinche (Venezuela)*
2) Medidas químicas	Destruição de algas – *lago Mendota (Estados Unidos)*
	Destruição de aguapé – **represa Kariba** *(Zâmbia - Zimbábue)*
	Adição de carbonato – *lago Orta (Itália)*
	Inativação de fósforo – *vários lagos (Estados Unidos)*
3) Medidas quanto aos organismos (biológicas)	Remoção e coleta de macrófitas – *lago Leman (Suíça - França)*
	Remoção de cianofíceas – lago *Kasumigaura (Japão)*
	Manipulação da rede alimentar - biomanipulação – *lago Paranoá – Brasília*
	Controle de macrófitas com peixes herbívoros – **lago Bong-hu** *(China)*
	Controle do nível da água para proteção da vegetação – **lago Chao-Lu** *(China)*
	Proteção da vegetação ribeirinha – *lago Neusidlersee (Áustria - Hungria)*
	Proibição da navegação para evitar aumento de descarga de óleos combustíveis e lubrificantes – **lago Tampo** *(Nova Zelândia)*
	Uso de gafanhotos para controle de macrófitas aquáticas – *represa Kariba (Zâmbia - Zimbábue)*
	Plantio de espécies de **igapó** – *lago Batata (Amazonas)*

Fontes: Straškraba *et al*. (1993); Straškraba e Tundisi (2000); Starling (2006); Bozelli *et al*. (2000); Nakamura e Nakajima (2002); Gonzalez *et al*. (2002).

Fig. 19.10 Articulação de processos ambientais, econômicos e sociais no gerenciamento integrado e sustentável

controle da poluição, representado pelo controle das fontes pontuais e não-pontuais (Quadro 19.5).

19.7 Modelos Ecológicos e seu Uso no Gerenciamento

Entre os vários recursos para conservação e recuperação de ecossistemas aquáticos, a utilização de modelos ecológicos é extremamente relevante, pois funcionam como sistemas de orientação (ou reorientação) à pesquisa básica, devido às várias perguntas geradas pela sua implementação.

Modelos ecológicos podem ser definidos como a expressão formal dos elementos essenciais de um problema colocado em termos físicos e matemáticos. Eles representam uma simplificação da realidade e são basicamente utilizados para a resolução de problemas aplicados e como estímulo à pesquisa fundamental. A aplicação intensiva de modelos ecológicos em Limnologia é relativamente recente (últimas duas

Quadro 19.5 Elementos principais na dinâmica dos ecossistemas de águas continentais, importantes para o gerenciamento integrado e o planejamento de longo prazo

Bacia hidrográfica e atividades humanas	Prováveis efeitos ambientais adversos	Integração das considerações ambientais no desenvolvimento
Grau de urbanização Resíduos domésticos	Carga ambiental resultante do aumento de população	Ordenação dos espaços; saúde pública; saneamento
Mineração e indústrias de manufaturas	Poluição localizada (pontual)	**Controle da poluição industrial**
Geração de hidroeletricidade	Efeitos gerais nos ecossistemas	Controle dos afluentes, resíduos e processos; controle de acidentes ambientais
Turismo, comércio, transporte	Efeitos da navegação	Controle de acidentes ambientais
Construção civil	**Efeitos irreversíveis** no ambiente	Usos do solo; problemas de engenharia ambiental; operação de plantas industriais
Agricultura Silvicultura Pesca Reservas ecológicas Parques naturais	**Poluição difusa** Degradação dos recursos naturais Disrupção dos sistemas de funcionamento	Aquicultura sustentada; regulação da pesca; uso de pesticidas; manejo do solo; irrigação; controle de rios e várzeas
Base de funcionamento natural dos sistemas		Conservação da natureza; proteção da vida silvestre; controle de secas e enchentes

Fonte: PNUMA (1987).

décadas) e, em parte, resultado da pesquisa limnológica desenvolvida durante o Programa Biológico Internacional. Após o término desse projeto, verificou-se a necessidade de estudos completos de ecossistemas que possibilitassem quantificar processos e integrar os conceitos fundamentais com a pesquisa básica e a aplicação. O modelo, naturalmente, não tem todos os detalhes do ecossistema real, mas pode conter as características essenciais ao funcionamento do ecossistema.

Existem muitas formas de definir e categorizar modelos, mas é importante que eles apresentem critérios de *generalidade, realismo* e *precisão* (Vollenweider, 1987). A generalidade refere-se à concepção global do ecossistema; o realismo, ao desenvolvimento de hipóteses e teorias; a precisão, a dados específicos obtidos no sistema real e que delimitam a validade do modelo.

O campo da modelagem ecológica desenvolveu-se rapidamente durante a última década, em razão de dois fatores essenciais:

▶ o desenvolvimento da **tecnologia de computação**, que permitiu a manipulação de complexos sistemas matemáticos;

▶ uma compreensão mais aprofundada dos problemas de poluição, que mostrou a impossibilidade da obtenção de "poluição zero"; entretanto, seria possível controlá-la com recursos econômicos limitados e com o uso de modelos ecológicos, para a promoção de cenários e otimizações.

A urbanização, o crescimento populacional e o desenvolvimento tecnológico apresentam um impacto considerável sobre os ecossistemas. Os modelos ecológicos permitem estabelecer as características principais do ecossistema que estão sendo afetadas; consequentemente, possibilitam a correção do processo e a seleção da tecnologia ambiental mais adequada à resolução do problema. Aplicados a lagos, reservatórios e rios, esses modelos permitem a elaboração de cenários futuros.

De acordo com Jorgensen (1981), os modelos ecológicos também permitem o conhecimento das propriedades do ecossistema, com os seguintes critérios:

▶ podem indicar características fundamentais de sistemas complexos;

ÍNDICES DE QUALIDADE DAS BACIAS HIDROGRÁFICAS

A adoção de índices de qualidade das bacias hidrográficas possibilita avançados diagnósticos e caracterizam condições que promovam a adoção de tecnologias e de aplicação de cenários alternativos. Os índices de qualidade das bacias hidrográficas têm quatro objetivos principais (EPA, 1998):

i) Caracterizar as condições e a vulnerabilidade à poluição das bacias hidrográficas.

ii) Promover uma base para o diálogo entre cientistas e gerentes de recursos hídricos.

iii) Promover para os cidadãos uma visão integrada e sistêmica e estimular a sua capacidade de interação com as administrações de bacias hidrográficas familiarizando-se com os principais problemas.

iv) Desenvolver sistemas e metodologias adequadas de avaliação permitindo o acompanhamento dos efeitos de aplicação de tecnologias e medidas de proteção e recuperação.

Para implementar esses índices, consideram-se duas categorias de informação: condição e vulnerabilidade.

Na categoria condição, utilizam-se os seguintes indicadores:

1) Índices de integridade biótica em função de parasitas de peixes.
2) Indicadores da qualidade da água dos mananciais para abastecimento público.
3) Índice de contaminação dos sedimentos.
4) Qualidade das águas superficiais em função de poluentes tóxicos: cinco poluentes tóxicos.
5) Qualidade da água em função de poluentes convencionais.
6) Índice de perda de áreas alagadas.

Na categoria vulnerabilidade, caracterizam-se os seguintes indicadores:

1) Espécies aquáticas em risco.
2) Cargas de poluentes tóxicos.
3) Cargas de poluentes convencionais.
4) Potencial de drenagem urbana.
5) Potencial de drenagem em regiões agrícolas.
6) Mudanças populacionais.
7) Modificações hidrológicas produzidas pelas represas.

Fonte: Matsumura Tundisi (2006).

▸ podem demonstrar falhas no estudo do ecossistema e, dessa forma, auxiliar no estabelecimento de prioridades de pesquisa;

▸ podem ser utilizados para testar hipóteses científicas em simulações que são, posterior ou simultaneamente, comparadas com observações.

O enfoque principal relacionado à aplicação de modelos ecológicos em Limnologia deve ser considerado tendo em vista a definição do problema e as suas delimitações espaciais e temporais. Naturalmente, as referidas definição e delimitação do problema dependem do conhecimento do nível de informação científica inicial existente sobre o ecossistema. A Fig. 19.11 é um esquema extraído de Jorgensen (1981) que permite verificar quais são as principais etapas na aplicação de um modelo ecológico.

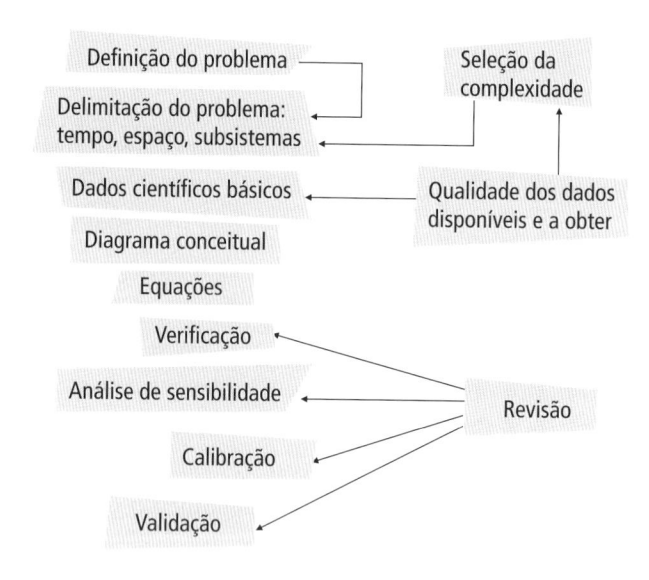

Fig. 19.11 Etapas do desenvolvimento de modelos ecológicos
Fonte: Jorgensen (1981).

19.7.1 Principais conceitos sobre modelos

Um modelo ecológico consiste, basicamente, na formulação matemática de cinco componentes:

▸ *Funções de força* ou *variáveis externas* – Estas são de natureza externa ao ecossistema e podem influenciar o seu estado. São funções de força, por exemplo, precipitação, radiação solar e vento, os quais atuam sobre o ecossistema produzindo alterações e introduzindo *energia externa*. A variação dessas funções de força no tempo certamente produzirá modificações no funcionamento temporal do ecossistema.

▶ *Variáveis de estado* – Essas variáveis mostram o *estado* do ecossistema, ou seja, são importantes na delimitação e na montagem da estrutura do modelo. São variáveis de estado, por exemplo, concentração de nutrientes inorgânicos, concentração do fitoplâncton em termos de biomassa por m^3, biomassa de organismos bentônicos por m^2, concentração de zooplâncton por m^3 ou m^2 e quantidade de carbono, fósforo e nitrogênio na matéria particulada. Naturalmente, o número dessas variáveis de estado também depende das perguntas iniciais e do problema inicial que se quer resolver com o uso de modelos.

▶ Os processos químicos, físicos e biológicos do ecossistema são representados pelo uso de *equações matemáticas*, as quais caracterizam a magnitude das relações entre as funções de força e as variáveis de estado. Por exemplo, alguns processos são relativamente similares nos vários lagos. A representação matemática dos vários processos pode ser extremamente complexa, em virtude da própria complexidade dos processos envolvidos.

▶ A representação matemática dos processos contém *coeficientes* ou *parâmetros*, os quais podem ser considerados constantes para um ecossistema específico. Contudo, deve-se enfatizar que muitos desses coeficientes são conhecidos apenas em seus limites. Diferentes espécies de plantas ou animais têm parâmetros diferentes. Existe também escassez desses coeficientes para lagos e processos em regiões tropicais, de forma que a aplicação dos coeficientes que existem na literatura (Jorgensen *et al.*, 1979) nem sempre é apropriada (Tundisi, 1992). Taxas de crescimento de fitoplâncton, zooplâncton e peixes variam muito com a temperatura da água e a disponibilidade de substrato (nutrientes, alimento). Portanto, esses coeficientes devem ser encontrados para os ecossistemas aquáticos individuais, que são objeto da modelagem.

▶ Por *calibração* do modelo entende-se a melhor correlação entre as variáveis de estado computadas e observadas, utilizando-se a variação em um grande número de parâmetros. A calibração pode ser calculada por procedimentos de erro e tentativa.

A Fig. 19.12 mostra a representação de um ecossistema aquático sob a forma esquemática (A) e sob a forma de modelos e fluxos (B).

A Fig. 19.13 apresenta um modelo conceitual do ciclo do nitrogênio em um lago. As variáveis de estado são nitrato e amônia, bem como nitrogênio no fitoplâncton, no zooplâncton, nos peixes, no sedimento e no detrito. As principais funções de força são: entrada de nitrogênio por afluentes, saída de nitrogênio por efluentes, radiação solar e temperatura, ventos e precipitação. Esse modelo conceitual deve, portanto, ser corroborado com medidas, determinações e experimentos no laboratório e no campo.

19.7.2 Principais tipos de modelos utilizados em Limnologia

Os **modelos estocásticos** contêm entradas, perturbações estocásticas e medidas com erro, ao acaso. Se a entrada e a saída forem iguais a zero, o modelo será **determinístico**, o que implicará parâmetros muito bem determinados, e não estimados em termos estatísticos.

A maioria dos modelos utilizados em Limnologia são **determinísticos**, o que implica a existência de somente uma saída para um dado número de variáveis de entrada.

Os **modelos reducionistas** incorporam, tanto quanto possível, os detalhes do sistema; os **modelos holísticos**, por sua vez, utilizam princípios gerais do sistema e incorporam teorias de funcionamento do ecossistema como um **sistema**. Os modelos reducionistas interpretam o sistema como a soma das partes, ao passo que os modelos holísticos interpretam-no como uma unidade funcional única, acima das partes.

Os **modelos dinâmicos** descrevem a resposta do sistema a fatores externos e levam em conta as diferenças de estado com o tempo. Um **modelo estático** assume que todas as variáveis do sistema são independentes do tempo.

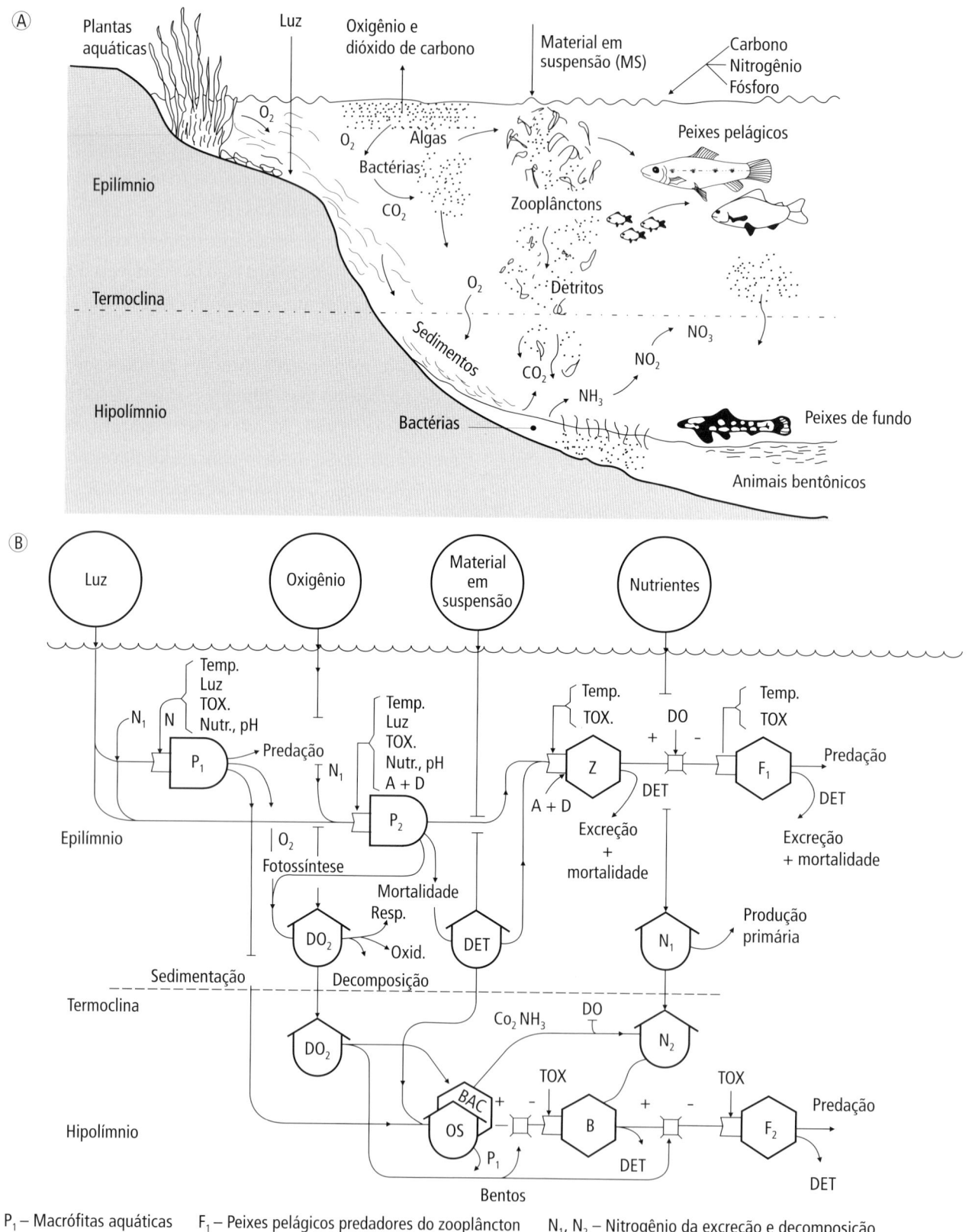

Fig. 19.12 Representação de um ecossistema aquático sob a forma de esquema (A) e sob a forma de modelos e fluxos (B). Os modelos e fluxos possibilitam determinar as funções de transferência entre os componentes do sistema e elaborar cenários quantitativos de respostas
Fonte: Jongensen (1982).

P_1 – Macrófitas aquáticas
P_2 – Fitoplâncton
Z – Zooplâncton
B – Bentos
F_1 – Peixes pelágicos predadores do zooplâncton
F_2 – Peixes de fundo
DET – Detrito de várias fontes
N_1, N_2 – Nitrogênio da excreção e decomposição
TOX – Substâncias tóxicas podem acumular-se na rede alimentar através da biomagnificação
OS – Respiração do sedimento

Fig. 19.13 Modelo do **ciclo de nitrogênio** para um lago ou represa

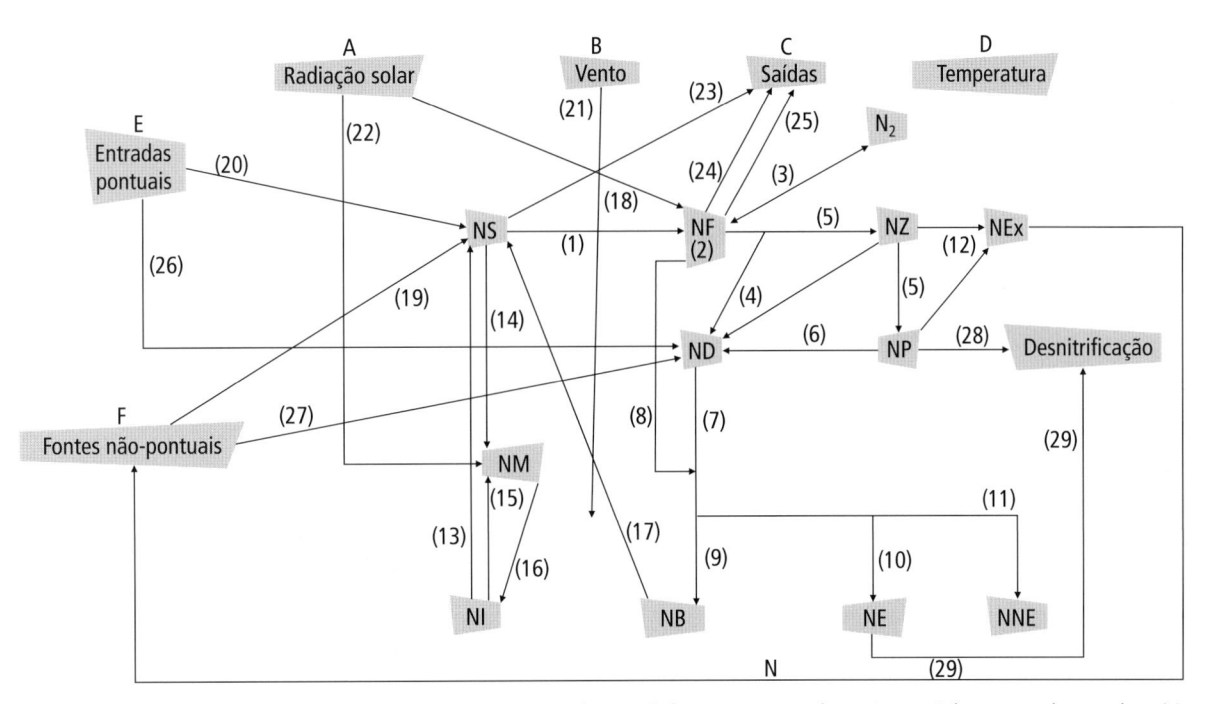

NB – Nitrogênio da biomassa no sedimento
ND – Nitrogênio dos detritos
NE – Nitrogênio disponível
NEx – Nitrogênio excretado – zooplâncton
NF – Nitrogênio da biomassa – fitoplâncton
NI – Nitrogênio inorgânico no sedimento
NM – Nitrogênio da biomassa – macrófitas
NP – Nitrogênio da biomassa – peixes
NS – Nitrogênio inorgânico solúvel
NZ – Nitrogênio da biomassa – zooplâncton
NNE – Nitrogênio não disponível

A, B, C, D, E e F são funções de força que atuam sobre o sistema. D (temperatura) atua sobre vários processos:

(1) Fixação de NO_3 e NH_4 pelas algas
(2) Fotossíntese do fitoplâncton
(3) Fixação de nitrogênio pelo fitoplâncton
(4) Alimentação do zooplâncton herbívoro e perda de material não digerido
(5) (6) (7) Predação e perda de material não digerido
(8) Perda por mortalidade do fitoplâncton
(9) Nitrogênio dos detritos para o sedimento
(10) (11) Sedimentação do fitoplâncton e dos detritos
(12) Excreção de nitrogênio pelo zooplâncton
(13) Liberação de nutrientes a partir do sedimento
(14) Nitrificação
(15) (16) Entradas e saídas de nitrogênio
(17) Contribuição do nitrogênio do sedimento para o nitrogênio da água
(18) Entrada e saída de material biológico/fitoplâncton
(19) Nitrogênio dos detritos
(20) Nitrogênio dissolvido na entrada (fontes pontuais)
(21) Energia da radiação solar fotossinteticamente ativa (fitoplâncton)
(22) Energia da radiação solar fotossinteticamente ativa (macrófitas aquáticas)
(23) (24) (25) Perdas de nitrogênio do sistema (transporte a jusante)
(26) Contribuição de nitrogênio solúvel por fontes não-pontuais
(27) Contribuição do nitrogênio nos detritos por fontes não-pontuais
(28) Perda de nitrogênio dos peixes (pesca ou predação)
(29) Perda de nitrogênio por desnitrificação

Os principais modelos dinâmicos utilizados em Limnologia são:
- **Modelos hidrodinâmicos.**
- **Modelos hidroquímicos.**
- **Modelos ecológicos.**

Os vários tipos de modelos que podem ser utilizados em Limnologia são apresentados no Quadro 19.6.

19.7.3 Utilização de modelos para gerenciamento, prognóstico e recuperação de lagos, represas e rios

Minimização, correção dos impactos ou recuperação dos ecossistemas aquáticos podem ser feitas com o uso de modelos ecológicos, daí a grande utilidade destes para a resolução de problemas aplicados.

O Quadro 19.7 apresenta os problemas associados a lagos e represas que, de um modo geral, demandam uma série de medidas preventivas ou corretivas nas quais podem-se utilizar modelos ecológicos.

Irrigação, salinização, navegação e doenças de veiculação hídrica são outras áreas-problema a considerar. Podem também interferir fatores como descargas térmicas nos lagos, intrusões salinas e substâncias húmicas em excesso.

A utilização dos modelos pode ser feita nos seguintes tópicos do gerenciamento, possibilitando a elaboração de cenários e alternativas:

Quadro 19.6 Principais tipos de modelos geralmente utilizados em Limnologia

Tipo de modelo	Caracterização
Determinísticos	Os valores predizíveis são computados com exatidão
Estocásticos	Os valores predizíveis dependem de distribuição probabilística
Estáticos	As variáveis definidoras do sistema não dependem do tempo
Dinâmicos	As variáveis definidoras do sistema são quantificadas por equações diferenciais que dependem do tempo (ou espaço)
Lineares	Utilizam-se equações do 1º grau
Não-lineares	Uma ou mais equações não são do 1º grau

1. determinações quantitativas sobre a **distribuição de poluentes**;
2. avaliação de critérios de **aporte** de substâncias e elementos;
3. predição e prognóstico de respostas e tipos de respostas ao tratamento e programas de recuperação;
4. otimização de manipulações no lago;
5. gerenciamento das bacias hidrográficas;
6. avaliação de benefícios sociais para manejo das bacias hidrográficas (escolha de alternativas);
7. resolução de problemas de eutrofização (em parte já considerada em 2);
8. distribuição de poluentes e contaminantes em função da modelagem hidrodinâmica, considerando-se a circulação total e a circulação em várias camadas;
9. planejamento regional integrado das bacias hidrográficas.

Quadro 19.7 Problemas nos sistemas aquáticos e nos mananciais, suas causas e consequências

Áreas-problema	Causada por, ou dependendo indiretamente de			
	Descargas de nutrientes	Despejos domésticos ou industriais	Chuva ácida	Turbidez
Alterações na qualidade da água – eutrofização, toxicidade / Aumento nos custos de tratamento	X X X	X X X	X X	X
Alterações na qualidade recreacional / Aumento do risco (saúde)	X X	X X	X X	X X X
Alterações na pesca / Mortalidade elevada de peixes	X X	X X X	X X X	X X X
Redução do volume / Diminuição do fluxo	X X	X X	X	X X X

Frequência (importância): XXX – Muito alta; XX – Alta; X – Ocasional
Fonte: Vollenweider (1987).

20 | Abordagens, métodos de estudo, presente e futuro da Limnologia

Fonte: Millenium Ecosystem.

Resumo

Neste capítulo, apresentam-se as várias abordagens para o desenvolvimento de estudos limnológicos, que incluem **abordagem descritiva** ou de história natural, **abordagem experimental**, modelagem matemática e ecológica, balanços de massa e **Limnologia preditiva**.

Discutem-se a tecnologia de monitoramento de lagos, rios, represas e áreas alagadas, bem como as técnicas de interpretação de resultados em Limnologia. São também apresentados conceitos e programas para a formação de recursos humanos nessa área.

São apresentadas pelos autores propostas de novos avanços na pesquisa científica em Limnologia. Apesar dos avanços do conhecimento já desenvolvidos na área, há, especialmente no Brasil, a necessidade de um contínuo progresso, baseado em Limnologia descritiva dos diferentes ecossistemas aquáticos, e de investimentos em algumas linhas de pesquisa básica, como microbiologia aquática, fluxos de energia, estudos hidrodinâmicos, e maior conhecimento de bioindicadores.

Completam este capítulo, idéias fundamentais relacionadas com pesquisas ecológicas de longa duração. Os mais recentes desenvolvimentos científicos de ecohidrologia e ecotecnologias são aqui discutidos, bem como a necessidade de se estimular a cooperação internacional no âmbito da América do Sul, compartilhando conhecimentos e experiências de gestão.

Estudos sobre eutrofização e seus impactos, cargas de fósforo e elaboração de cenários para compreender os efeitos das variáveis ambientais nos florescimentos intensivos de cianobactérias são desafios nessa área, bem como a implementação de projetos de pesquisa e gestão em bacias hidrográficas, em projetos piloto e demonstrativos. Também é necessário um avanço nas pesquisas relacionadas com a alça microbiana e seus impactos no funcionamento de redes alimentares, ciclos biogeoquímicos e efeitos indiretos nos ecossistemas.

20.1 A Complexidade dos Ecossistemas Aquáticos Continentais

A complexidade dos ecossistemas aquáticos continentais implica que se desenvolva um conjunto de métodos de abordagem e de estudo que possibilite construir um conhecimento científico que represente essas complexidades. Essa é uma tarefa extremamente difícil, levando-se em conta a diversidade de ambientes em que se inserem lagos, represas, rios e áreas alagadas, e, ao mesmo tempo, que depende da origem desses sistemas. Muitas vezes, essa origem estabelece os **padrões de complexidades** espaciais e temporais, como abordado no Cap. 3.

A variabilidade intrínseca que apresentam esses sistemas, a diversidade de organismos, os processos de evolução e distribuição geográfica, bem como as respostas desses organismos às condições físicas e químicas da bacia hidrográfica e dos ecossistemas aquáticos, acrescidos, ainda, dos impactos das atividades humanas, são outros fatores que interferem na decisão de como abordar, estudar e amostrar sistemas tão variados, complexos e com grande interdependência de vários componentes.

O volume apresentado por Bicudo e Bicudo (2004) tratou exaustivamente da amostragem em Limnologia. No presente capítulo, os autores discutem a abordagem do trabalho científico em Limnologia, a metodologia de monitoramento de variáveis físicas, químicas e biológicas (com avanços recentes de tecnologia) e a interação de vários tipos de análises e metodologias para uma compreensão científica mais completa e, evidentemente, nunca totalmente satisfatória, desses ecossistemas de grande variabilidade e complexidade.

O estudo dos ecossistemas aquáticos continentais pode ter múltiplas abordagens, como demonstrarão os tópicos a seguir.

20.2 Abordagem Descritiva ou de História Natural

Essa foi a abordagem utilizada em muitos estudos de lagos, rios, represas e áreas alagadas, e consiste na descrição do sistema e seus componentes, utilizando-se a observação e a medição periódicas de variáveis físicas, químicas e biológicas, procurando interpretar, dessa forma, o funcionamento dos sistemas e a interação dos seus componentes. Essa abordagem descritiva, com forte ênfase no componente biológico do sistema, deu origem a uma extensa massa de informações que contribuíram para ampliar e aprofundar o conhecimento da biologia aquática, da ecologia e da física e química da água. Tal abordagem, desenvolvida por um longo período em determinados lagos, represas ou rios, pode originar um enorme e bem detalhado banco de dados que mostra as principais tendências do sistema.

Assim, combinar a *abordagem descritiva* com *estudos de longa duração* em um sistema é altamente relevante e informativo. Mesmo que as análises sejam reduzidas a algumas poucas variáveis, tais como temperatura da água, transparência ao disco de Secchi, oxigênio dissolvido e coletas de plâncton e/ou bentos, isso já pode ser informativo, se coletado em longos períodos. Nessa abordagem descritiva, utilizam-se também dados climatológicos e hidrológicos, os quais, em muitas regiões, estão disponíveis na Internet, possibilitando, portanto, acoplar informações relevantes a longo prazo.

20.3 Abordagem Experimental

Se o laboratório estiver próximo de um lago, represa, rio, área alagada ou águas costeiras, há a possibilidade de combinar as observações e a abordagem descritiva com experimentos controlados em laboratório. Goldman e Horne (1994) detalharam métodos experimentais em: métodos experimentais no campo, **culturas de organismos, experimentos em microcosmos** ou **experimentos em mesocosmos** (Fig. 20.1). Os ensaios e estudos de laboratório com culturas puras e em condições controladas têm a vantagem de promover uma melhor avaliação de certos processos, como crescimento de organismos, impactos de temperatura e condutividade na sobrevivência, reprodução e alimentação.

Os métodos experimentais, no laboratório, possibilitam desenvolver capacidade preditiva limitada (como, por exemplo, no caso de indicadores biológicos), mas, se combinados com análises e observações no campo, podem ser instrumentos importantes de predição (Fig. 20.2).

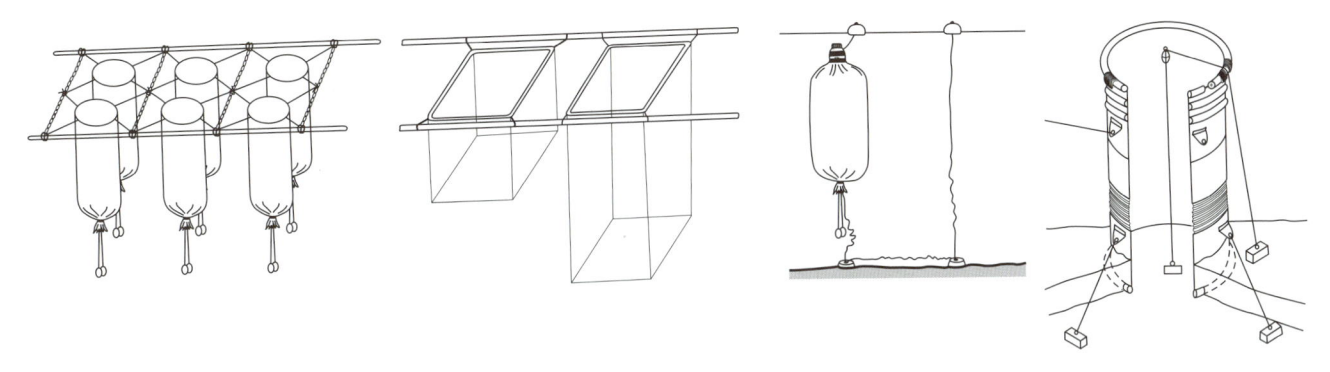

Fig. 20.1 Vários tipos de sistemas experimentais para estudos de enriquecimento e manipulação

Em três oportunidades, os autores deste livro puderam exercer essa atividade e abordagem:

▸ nos estudos realizados na represa da UHE Carlos Botelho (Lobo/Broa), onde intensivas coletas de campo (Tundisi e Matsumura Tundisi, 1995) foram acopladas a estudos em laboratório (Rocha et al., 1978; Rietzler et al., 2002), o que resultou no conhecimento de diversos processos, dando origem a hipóteses devidamente confirmadas (Tundisi et al., 1978, 2003);

▸ nos estudos realizados nos lagos do Parque Florestal do Rio Doce, leste de Minas Gerais, onde desenvolveram-se pesquisas de campo e pesquisas experimentais no campo e no laboratório, que resultaram em uma ampliação do conhecimento científico sobre lagos tropicais (Tundisi e Saijo, 1997);

Fig. 20.2 Exemplos de experimentos de várias dimensões e complexidades para estudo dos efeitos do enriquecimento com nitrogênio e fósforo e biomanipulação em microcosmos e macrocosmos. (A) Represa da UHE Luís Eduardo Magalhães, Tocantins; (B) Lago Suwa, Japão; (C) e (D) Represa da UHE Carlos Botelho (Lobo/Broa), Brotas-SP

nos estudos realizados na região lagunar de Cananéia, a partir de 1960, onde acoplaram-se observações e medidas periódicas durante vários anos, bem como trabalhos experimentais em laboratório (Teixeira, Tundisi e Kutner, 1965; Tundisi e Tundisi, 1968; Tundisi e Matsumura Tundisi, 2002).

Em Blenham Tarn, na Inglaterra, Lund (1981) utilizou mesocosmos experimentais de grande porte durante 11 anos. Ali, o controle das sucessões fitoplanctônicas e os experimentos de enriquecimento com nitrogênio e fósforo possibilitaram acompanhar com eficiência os processos de sucessão sazonal e interação de fitoplâncton, zooplâncton e parasitas, do plâncton.

Grandes tanques experimentais cilíndricos, de 18.000 cm^3 de água cada um, foram instalados em Blenham Tarn. Após quatro anos, outro tubo do mesmo volume foi colocado no lago. Experimentos de fertilização dos tubos com fósforo e nitrogênio, proporcionaram uma avaliação dos efeitos do enriquecimento sobre o plâncton, do efeito da adição de fósforo sobre o florescimento de cianobactérias e da dinâmica da sucessão fitoplanctônica nos lagos e, comparativamente, nos tubos (Fig. 20.3).

Tanto a abordagem descritiva como a experimental podem ser utilizadas em um único lago (um sistema único – estudado intensamente) ou em muitos lagos ou represas, produzindo um estudo comparado intensivo em regiões ou distritos lacustres. Por exemplo, Margalef *et al.* (1976) desenvolveu uma tipologia de represas na Espanha, estudando cem reservatórios desse país e desenvolvendo um estudo comparado que estabeleceu fundamentos importantes para a compreensão de mecanismos de funcionamento em represas.

Tundisi *et al.* (1978) e Tundisi (1981) desenvolveram uma tipologia de represas para o Estado de São Paulo, comparando 50 reservatórios (com apoio da Fapesp), tipologia esta que deu origem a inúmeros trabalhos e, por outro lado, auxiliou muito na escolha de futuros reservatórios para estudos mais profundos. Essa Limnologia comparada desenvolveu-se também nos lagos de várzea do rio Amazonas estudados por Sioli (1984) e Junk *et al.* (2001), bem como nos lagos de várzea do rio Paraná estudados por Agostinho *et al.* (2004).

A mesma abordagem, combinando trabalho experimental com trabalho de campo, foi utilizada por Rocha, Esteves e Carani (2004) no estudo de lagoas costeiras do Estado do Rio de Janeiro, e por Bicudo *et al.* (2002) no estudo de lagos do Parque Estadual das Fontes do Ipiranga (Pefi), na cidade de São Paulo.

20.4 Modelagem Ecológica e Matemática

A utilização de modelagem ecológica e matemática é uma abordagem inovadora e importante, pois permite quantificar processos essenciais e entender componentes dinâmicos dos ecossistemas aquáticos. Para a implementação de modelos ecológicos, é necessário, todavia, um volume muito grande de informações científicas básicas que possam servir de fundamento para a montagem do modelo conceitual, a calibração e a validação. A aplicação de modelos ecológicos a lagos, reservatórios e rios sem uma base de informações sobre os ciclos estacionais, as variações diurnas, a composição de espécies e os ciclos biogeoquímicos é pouco eficiente e funciona muito mais como um exercício teórico do que propriamente uma modelagem efetiva do sistema.

Dois exemplos dessa abordagem podem ser citados: o trabalho de Jorgensen (1982), para o rio Nilo (Fig. 20.4) e o de Angelini e Petrere (1996), para a represa da UHE Carlos Botelho (Lobo/Broa) (Fig. 20.5), utilizando o software Ecopath, que

Fig. 20.3 Experimentos em larga escala para estudos dos efeitos dos nutrientes em lagos
Fonte: LTER (1998).

combina a estimativa da biomassa e a composição de componentes em um ecossistema com as teorias de Ulanowitz (1986). Os dois modelos – para o rio Nilo e para a represa da UHE Carlos Botelho (Lobo/Broa) – só puderam ser implantados, evidentemente, devido ao volume e à qualidade das informações existentes sobre a estrutura e a função dos ecossistemas aquáticos modelados.

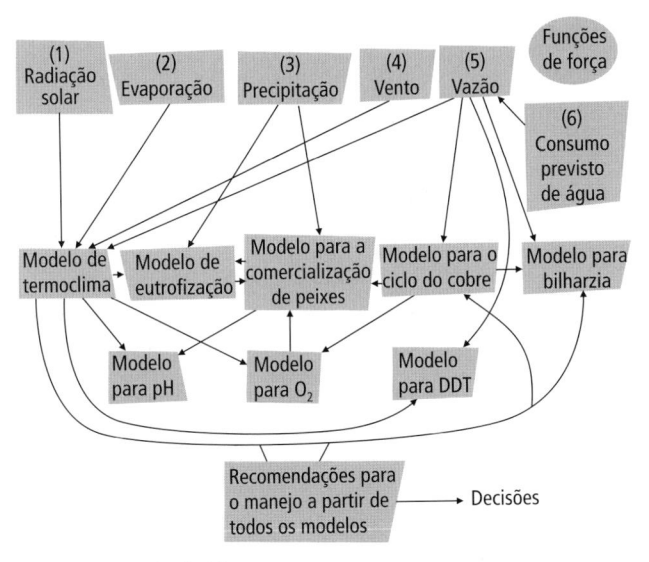

DDT – Dicloro Difenil Tricloretano

Fig. 20.4 Conjunto de modelos utilizados para o estudo do rio Nilo
Fonte: Jorgensen (1986).

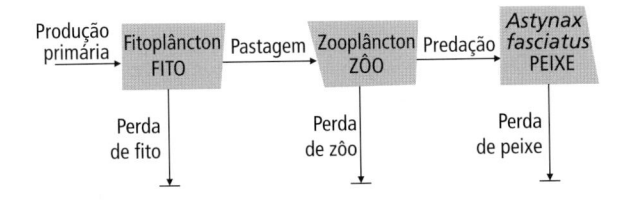

Fig. 20.5 Diagrama do modelo Ecopath
Fonte: Angelini e Pretere (2000).

De acordo com Marani (1988), a evolução da tecnologia de computação e das capacidades de processamento de dados, bem como o contínuo avanço das técnicas de inteligência artificial promoverão uma sólida expansão da modelagem interativa aplicada a ecossistemas naturais. Os modelos são influenciados pelas escolhas das escalas espaciais e temporais, que definem os parâmetros e determinam os algoritmos adequados. Os modelos conceituais baseados na realidade dos dados experimentais e observados têm um papel importante também na definição de protocolos experimentais e na identificação de lacunas na investigação básica. Da mesma forma, são úteis na organização de normas de monitoramento para controle ambiental e na identificação de funções de força entre componentes dos sistemas.

LIMNOLOGIA PREDITIVA APLICADA AOS RESERVATÓRIOS DE ABASTECIMENTO DA REGIÃO METROPOLITANA DE SÃO PAULO

Em estudo recente, Tundisi et al. (2004) demonstraram que as frentes frias atuam sobre reservatórios relativamente rasos (≤ 30 m) do sudeste do Brasil, promovendo uma turbulência e um processo de reorganização vertical durante sua passagem. Quando ocorre uma frente fria, a temperatura do ar diminui, a força dos ventos aumenta (de 3 a 4 para 8 a 12 km/h), aumenta a cobertura de nuvens, diminuindo a radiação solar direta e, em alguns casos, aumentando a radiação solar indireta.

Todos os reservatórios de abastecimento da região metropolitana de São Paulo são rasos (entre 10 e 30 m de profundidade) e ficam, portanto, submetidos a um conjunto dessas forças externas que promovem a circulação vertical. Como consequência, nutrientes (NO_3, PO_4^{---}) aumentam na coluna de água; há remoção do sedimento do fundo, com aumento de substâncias tóxicas na água; aumenta a concentração de material em suspensão na água – por turbulência e por drenagem das bacias (Campagnoli, 2002). Em vista disso, aumentam os custos do tratamento de água durante esse período.

Após a passagem das frentes frias, há estabilização da coluna de água e estratificações diurnas que conferem certa estabilidade ao sistema, promovendo as condições para o florescimento de cianobactérias do gênero Microcystis sp. Portanto, a passagem de frentes frias tem um papel importante, quantitativo e qualitativo no funcionamento dos reservatórios de abastecimento da região metropolitana de São Paulo.

Considerando-se que as frentes frias deslocam-se a uma velocidade de 500 km.dia^{-1}, é possível estabelecer capacidade de predição para antecipar o impacto das frentes frias nesses reservatórios e predizer, até certo ponto, os impactos na tratabilidade da água e nos custos do tratamento.

20.5 Limnologia Preditiva

Em virtude dos inúmeros processos de degradação que ocorrem na estrutura e na função dos ecossistemas aquáticos continentais, a necessidade de instrumentos de predição em trabalhos experimentais de modelagem ecológica e matemática aumentou consideravelmente.

Limnologia preditiva é uma nova abordagem em Limnologia, que procura, por meio da interpretação das informações existentes para lagos, rios e represas, promover modelos preditivos que deverão apresentar cenários diversificados sobre impactos em sistemas aquáticos e a resposta de componentes: biota e ciclos biogeoquímicos, por exemplo. Essa predição tem grande valor teórico e aplicado.

Questões típicas em Limnologia preditiva, de acordo com Hakanson e Peters (1995), são a qualidade dos dados empíricos (amostragem; representatividade dos dados; compatibilidade) e a capacidade de estabelecer hierarquias de fatores estruturais e dinâmicos, que constituem as principais funções de força que atuam no sistema, cuja alteração ou permanência deve indicar as respostas da comunidade biológica ou dos fatores abióticos. Limnologia preditiva pode ser aplicada, por exemplo, no estudo dos impactos do uso de bacias hidrográficas em lagos, represas ou rios; na antecipação de florescimentos de cianobactérias entre períodos de turbulência e estratificação; e na resposta de organismos aos efeitos de metais pesados, pesticidas e herbicidas. Pode ser aplicada também aos estudos das respostas de lagos, represas, rios e áreas alagadas relacionadas com as mudanças globais, bem como ao comportamento de organismos sob contínuo estresse.

20.6 Balanços de Massa

Outra abordagem normalmente utilizada em Limnologia é o balanço de massa, no qual considera-se o lago como um "tanque de reação" (Hakanson e Peters, 1995) que pode sofrer completa mistura durante um determinado intervalo de tempo, ou pode permanecer completamente estratificado durante longos períodos. Assim, para qualquer substância ou elemento que entra em um lago ou reservatório, obtém-se a taxa de entrada, a taxa de saída e a taxa de sedimentação, de acordo com a seguinte fórmula:

$$Vdc/dt = Q.Cin - QCs - KT.vC$$

onde:
Vdc/dt – alterações na concentração de substância ou elemento no lago

---

PESQUISAS ECOLÓGICAS DE LONGA DURAÇÃO

Informações de longa duração são fundamentais para a compreensão de alterações ambientais e para o futuro gerenciamento. Historicamente, muitos países têm tido dificuldade em manter programas de longa duração, devido à inconstância nos fundos disponíveis para a pesquisa. Os projetos de estudos ecológicos de longa duração permitem estabelecer bancos de dados sobre processos e compreender fenômenos que ocorrem em extensos períodos de tempo. Barbosa e Padisak (2004) definem períodos de longa duração para estudos limnológicos como períodos maiores de cinco anos, considerando-se ainda estudos que abrangem períodos entre cinco e dez anos como "variações interanuais".

Uma das dificuldades é manter a metodologia adequada para os estudos de longa duração durante todo o período do projeto. A metodologia pode apresentar mudanças causando, portanto, dificuldades na comparação de resultados. Barbosa e Padisak (2004) listam ainda 25 lagos e reservatórios em 13 países, nos quais realizaram-se pesquisas de longa duração para estudo de fitoplâncton.

No Brasil, iniciaram-se estudos de longa duração em ecossistemas aquáticos e terrestres em 1998, por iniciativa do CNPq com outras instituições (Capes e Finep) como parceiras. Hoje, existem 14 locais de estudos de longa duração que envolvem ecossistemas aquáticos e terrestres.

A pesquisa ecológica de longa duração nos ecossistemas aquáticos tem por finalidade acompanhar as alterações dos ecossistemas ao longo do tempo, gerar um banco de dados, compreender cientificamente as alterações dos ecossistemas e dos processos nas comunidades, os fatores físicos e químicos relacionados às mudanças globais, bem como comparar a estrutura e a função dos ecossistemas aquáticos ao longo do tempo.

Q.Cin – entrada de substância ou elemento Q = vazão e C = concentração
QCs – saída da substância ou elemento C = concentração
KT.vC – taxa de sedimentação
K – taxa de sedimentação (ℓ/tempo)
v – velocidade da sedimentação
V – volume do lago
T – tempo de retenção, que é a relação volume/descarga = V/Q

Balanço de massa é uma abordagem muito utilizada no controle de eutrofização ou nas tecnologias para recuperação de lagos e reservatórios. Ele inclui uma série de componentes:
- fontes pontuais de substâncias e elementos;
- fontes não-pontuais de substâncias e elementos;
- interações sedimento-água;
- tempo de retenção;
- acúmulo de substâncias ou elementos no hipolímnio (quando ocorre estratificação);
- taxa de reciclagem interna de nutrientes.

20.7 Tecnologias de Monitoramento de Lagos, Rios e Represas

O monitoramento é uma importante etapa na avaliação do funcionamento de ecossistemas aquáticos continentais, águas costeiras ou oceânicas. É um dos apoios importantes à futura pesquisa, pois auxilia na detecção de problemas como as fontes pontuais de contaminação e poluição, as alterações biológicas (no plâncton, bentos ou nécton) que podem ocorrer em função de impactos a partir das alterações nas bacias hidrográficas, e, se for efetuado continuamente por muitos anos, fornece informações fundamentais sobre os impactos globais em lagos, reservatórios, rios, águas costeiras e regiões alagadas.

Esse monitoramento tem dois componentes principais: o **monitoramento de orientação**, que consiste na coleta de informação em larga escala para avaliar o "estado do sistema", ou o **monitoramento sistemático** em pontos fixos, por longos períodos, o que proporciona um volume importante de dados fundamentais e permite interpretações baseadas em correlações com as funções de força, tais como o efeito dos ventos, a precipitação, a radiação solar e o impacto das atividades humanas.

Se realizado comparativamente em diferentes ecossistemas aquáticos, o monitoramento possibilita uma comparação efetiva desses ecossistemas, seus mecanismos de funcionamento e sua estrutura (Straškraba, 1993). A Fig. 20.6 apresenta o monitoramento da qualidade das águas como um sistema que oferece condições para a seleção de estratégias adequadas para o gerenciamento.

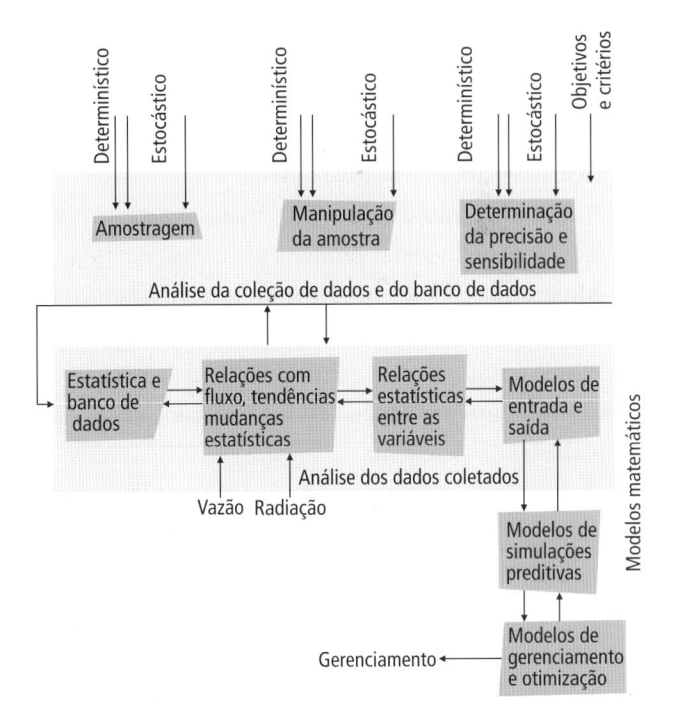

Fig. 20.6 Abordagem sistêmica de determinação da qualidade da água, conduzindo à seleção das estratégias adequadas de gerenciamento
Fonte: Straškraba e Tundisi (2000).

Os seguintes tópicos devem ainda ser considerados quando se trata das questões de monitoramento:
- Seleção dos dados e das informações necessárias, o que deverá relacionar-se com a definição dos objetivos da pesquisa e da avaliação.
- As medidas de cada variável devem compreender níveis de **sensibilidade, detectabilidade e acuracidade**.
- A relação *custo/benefício* do monitoramento deve ser levada em conta. Por exemplo, podem-se colocar poucas variáveis em muitos pontos de amostragem ou aprofundar o número de variá-

veis em pontos estratégicos e selecionados de amostragem.

▸ Deve-se considerar o nível de informação proporcionado pelas amostras e pelo monitoramento, nível este que depende do rigor da seleção dos melhores métodos de amostragem e avaliação.

Os principais fundamentos do monitoramento referem-se ainda aos seguintes tópicos que necessitam de uma avaliação adequada quando se monta um projeto de monitoramento:

▸ Rapidez na obtenção da informação.
▸ Baixos custos operacionais do monitoramento.
▸ Cobertura máxima para incorporação de todas as áreas críticas e as áreas-problema.
▸ **Erro mínimo** de amostragem.
▸ Ausência de idéias predeterminadas.
▸ Identificação dos usuários da informação.

Ainda com relação ao problema dos custos de monitoramento e obtenção da informação, a Fig. 20.7 pode ilustrar o problema:

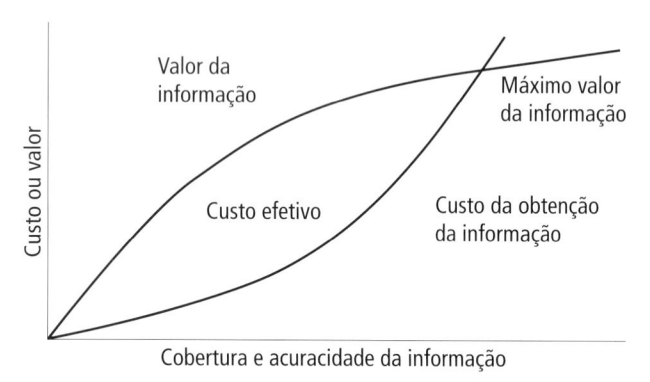

Fig. 20.7 Relação entre custo ou valor de monitoramento, cobertura e acuracidade da informação
Fonte: Biswas (1990).

20.7.1 Monitoramento: variáveis e sua avaliação

O Quadro 20.1 mostra a extensão das determinações para sistemática e para orientação, com as finalidades para vida aquática, águas de abastecimento, recreação e irrigação.

A relação das variáveis para determinar a qualidade da água e a avaliação das condições do ecossistema aquático depende, evidentemente, dos objetivos do monitoramento e das questões iniciais formuladas por gerentes e administradores. Nesse caso, os pesquisadores, ecólogos e limnólogos têm um papel fundamental na avaliação e na escolha dos parâmetros para determinação.

O monitoramento por orientação utiliza dados espaciais horizontais mais amplos e coletas mais limitadas no tempo. O monitoramento sistemático utiliza dados espaciais horizontais mais limitados e coletas verticais detalhadas, com localização estratégica no ecossistema aquático.

Outros elementos que podem ser incluídos no monitoramento são: arsênio, selênio e boro, dependendo da situação do ecossistema aquático, da proximidade de indústrias químicas ou de possível contaminação detectada.

20.8 Monitoramento e Limnologia Preditiva

O monitoramento é fundamental para o estabelecimento de programas de Limnologia preditiva. Esta deve possibilitar ao pesquisador, ao gerente de recursos hídricos e ao administrador meios e métodos para antecipar situações críticas e produzir cenários que dêem condições adequadas de gerenciamento. O gerenciamento *integrado*, *ecossistêmico* e *preditivo* deve, sem dúvida, embasar-se na capacidade de predição e antecipação dos limnólogos. Uma comparação das abordagens utilizadas para avaliar a qualidade da água com monitoramento a partir de informações biológicas (vantagens e desvantagens) é descrita no Quadro 20.2.

Monitoramento de rios com o uso de diatomáceas na América do Sul foi apresentado por Lobo *et al.* (2004), método este utilizado no Brasil e na Argentina para avaliar poluição orgânica e eutrofização.

20.9 Interpretação de Resultados em Limnologia

O conjunto de informações obtidas com os estudos limnológicos deve ser submetido a análises que possibilitam ampliar a capacidade de interpretação de fenômenos físicos, químicos e biológicos. Valentin (2000) publicou uma introdução à análise multivariada de dados ecológicos, intitulada "Ecologia numérica", na qual demonstra inúmeras tecnologias

Quadro 20.1 Extensão das determinações para sistemática e para orientação, com as finalidades para vida aquática, águas de abastecimento, recreação e irrigação

Taxa de entrada ou saída da água (m³.s⁻¹) ES	Tipo de determinação	VA	AA	RS	I
Temperatura da água	O e S	x	x	x	x
Oxigênio dissolvido	O e S	x	x	x	x
pH	O e S	x	x	x	x
Condutividade elétrica	O e S	x	x	x	x
Sólidos em suspensão	O e S	x	x	x	x
Turbidez	O e S	x	x	x	x
Transparência	O e S	x	x	x	x
Clorofila a	O e S	x	x	x	x
Fitoplâncton	O e S	x	x	x	–
Zooplâncton	O e S	–	x	x	–
Estoque de peixes	S	x	–	–	–
Macrófitas aquáticas	O e S	x	x	x	–
Nitrato	S	x	x	x	–
Nitrito	S	x	x	x	–
Amônia	O e S	x	x	x	x
N total	O e S	x	x	x	x
Fosfato inorgânico dissolvido	S	x	–	–	–
Fosfato orgânico	S	x	–	–	–
Fósforo total	O e S	x	x	x	x
Demanda bioquímica de oxigênio	O e S	x	x	x	x
Demanda química de oxigênio	S	x	–	–	–
Carbono orgânico total	S	x	x	x	–
Carbono orgânico dissolvido	S	x	x	–	–
Carbono orgânico particulado	O e S	x	x	–	–
Ferro	O e S	x	x	x	–
Manganês	S	x	x	x	–
Cloreto	S	x	x	–	–
Sulfato	S	x	x	–	–
Sódio	S	x	x	–	–
Potássio	S	x	–	–	–
Cálcio	S	x	–	–	–
Magnésio	S	x	–	–	–
Flúor	S	x	x	–	–
Metais pesados	O e S	x	x	x	x
Solventes orgânicos	S	x	x	x	x
Ferro	O e S	x	x	x	x
Pesticidas	O e S	x	x	x	x
Óleo e hidrocarbonetos	S	x	x	x	x
Cor e odor	O e S	x	x	x	–
Indicadores microbiológicos		x	x	–	–
Coliformes fecais	O e S	x	x	x	–
Coliformes totais	O e S	x	x	x	–
Patógenos	O e S	x	x	x	x

VA – vida aquática; AA – águas de abastecimento público; RS – recreação e saúde; I – irrigação; E – entrada no reservatório ou lago; S – saída do reservatório ou lago; O – monitoramento de orientação; S – monitoramento sistemático
Fontes: modificado de Chapman *et al.* (1992); Straškraba *et al.* (1993); Straškraba e Tundisi (2000).

Quadro 20.2 Análise crítica comparativa de vários métodos ecológicos e biológicos para **avaliação da qualidade** da água

	Métodos ecológicos				Métodos biológicos		
	1. Espécies indicadoras	2. Estudos de comunidades	3. Métodos microbiológicos	4. Métodos fisiológicos e bioquímicos	5. Bioensaios e testes de toxicidade, invertebrados, peixes	6. Análise química da biota	7. Estudos histológicos e morfológicos
Principais organismos utilizados	Invertebrados, plantas e algas	Invertebrados	Bactérias	Invertebrados, algas e peixes	Invertebrados e peixes	Peixes, plantas e moluscos	Peixes e invertebrados
Principais avaliações empregadas	Levantamentos básicos; levantamento de impactos	Levantamento de impactos; monitoramento de tendências	Levantamentos e avaliações; levantamento de impactos	Levantamento de impactos; métodos de preservação	Levantamentos operacionais; prevenção de impactos; monitoramento	Levantamento de impactos; monitoramento	Levantamento de impactos; monitoramento; avaliação de impactos
Fonte de poluição ou efeitos	Poluição por matéria orgânica; enriquecimento por nutrientes; acidificação	Poluição por matéria orgânica ou detritos tóxicos; enriquecimento por nutrientes	Riscos à saúde humana; poluição por matéria orgânica	Poluição por matéria orgânica; enriquecimento de nutrientes; substâncias tóxicas	Resíduos tóxicos; poluição por pesticidas ou por matéria orgânica	Resíduos tóxicos; poluição por pesticidas; riscos à saúde humana (contaminantes tóxicos)	Resíduos tóxicos; poluição por matéria orgânica ou por pesticidas
Vantagens	Simples para executar; barato; equipamento de baixo custo	Simples para executar; baixo custo; é necessário conhecimento biológico mínimo	Relevante à saúde humana; simples para executar; equipamento relativamente de baixo custo	Respostas rápidas; relativamente de baixo custo; permite monitoramento contínuo	Usualmente muito sensível; resultados rápidos; opções de baixo ou alto custo	Relevante para a saúde humana; requer equipamentos menos avançados do que para análise de amostras de água	Alguns métodos são sensíveis; métodos simples a complexos; opções de baixo ou alto custo
Desvantagens	Uso localizado; conhecimento de taxonomia; sujeito suscetível a mudanças no ambiente	A relevância de alguns métodos nem sempre se aplica a todos os ecossistemas aquáticos; demandam longas séries históricas para acompanhar mudanças a longo prazo; suscetível a alterações naturais no ambiente	Organismos facilmente transportáveis que, portanto, podem dar falsos resultados positivos longe das fontes	Alguns métodos requerem conhecimento e técnicas especializados	Os testes de laboratório nem sempre indicam situações no campo	É necessário equipamento científico e pessoal especializado	É necessário conhecimento especializado e pessoal treinado

Fonte: Chapman et al. (1992).

de tratamento de resultados e de padrões estruturais espaciais e temporais.

A ordenação das informações inicia-se, de fato, pelo plano inicial de abordagem e de amostragem para a obtenção dessas informações. Após a obtenção dos resultados, análises estatísticas e estudo comparando amostras, coeficientes de correlação e regressão múltipla, análises de agrupamento e métodos de ordenação são técnicas utilizadas comumente em estudos ecológicos e limnológicos, segundo Valentin (2000).

A interpretação dos resultados depende também do número de amostras coletadas e de sua representatividade. Em lagos homogêneos horizontalmente, mas heterogêneos verticalmente, o número de amostras horizontais pode ser bem menor do que o número de amostras no eixo vertical. Em rios, que são sistemas geralmente heterogêneos horizontalmente, é preciso um grande número de amostras no eixo horizontal que possam representar essa heterogeneidade. Um perfil vertical em um lago, represa ou rio mais profundo pode ser descrito simplesmente de forma resumida, ou, se mais trabalhado, pode fornecer um conjunto mais amplo de informações. Tundisi e Overbeck (2000) apresentam um conjunto de informações que podem ser obtidas com um perfil vertical na parte mais profunda de um lago ou represa, a partir das quais é possível obter-se outras análises de grande importância teórica e aplicada.

Monitoramento em tempo real

Uma das tendências mais recentes do monitoramento avançado de ecossistemas aquáticos é o *monitoramento em tempo real*. Esse monitoramento envolve a seguinte tecnologia:
- Uso de sensores de alta qualidade para medidas físicas, químicas e biológicas na água.
- Armazenamento de dados.
- Transmissão de dados por meios telefônicos, ou via satélite ou por Internet.
- Acoplamento de sensores de qualidade da água com medições climatológicas.

Uma estação típica de monitoramento em tempo real produz dados de perfis verticais na coluna de água a determinados intervalos de tempo, acoplados a medidas contínuas de parâmetros climatológicos – normalmente, radiação solar, temperatura do ar, ventos (força e direção), umidade relativa e precipitação.

A Fig. 20.8 mostra a estação avançada de monitoramento em tempo real na represa da UHE Carlos Botelho (Lobo/Broa), com capacidade para transmissão contínua de dados climatológicos e de executar perfis verticais na represa (12 m de profundidade). Os perfis verticais são realizados a cada meia hora, de tal forma que todas as oscilações apresentadas pelo sistema aquático e a sua resposta aos processos climatológicos são registradas e enviadas em tempo real.

Essa tecnologia possibilitará a avaliação de processos limnológicos acoplados a processos climatológicos; o aquecimento térmico de superfície e a turbulência promovida pelo vento; o impacto das frentes frias nos lagos e reservatórios; a distribuição vertical de parâmetros físicos, químicos e biológicos, como a estratificação térmica ou circulação; a distribuição vertical de oxigênio dissolvido; e a condutividade, a distribuição vertical de clorofila e do potencial redox. Além disso, essa tecnologia possibilita detectar fenômenos pouco frequentes, o efeito de pulsos, na circulação vertical do sistema as interações da climatologia e limnologia.

Uma versão mais sintética dessa tecnologia consiste na aplicação de monitoramento em tempo real para a avaliação das características físicas, químicas e biológicas da qualidade das águas de rios em bacias hidrográficas. Uma rede de estações de monitoramento em bacias hidrográficas, a partir dos tributários nos rios principais, possibilita acoplar dados de *concentração de nutrientes, pH, oxigênio dissolvido, condutividade, turbidez* e *temperatura da água* com a vazão e, assim, medir a carga que atinge esses tributários e rios principais em função da precipitação, da drenagem, dos impactos da erosão e do aumento de DBO e substâncias químicas.

A tecnologia de monitoramento em tempo real avança consistentemente a gestão de bacias hidrográficas, possibilitando uma predição e respostas rápidas a fenômenos naturais e a impactos causados por atividades humanas, tais como eutrofização, poluição térmica e descargas de substâncias tóxicas e material em suspensão. A Fig. 20.9 relaciona os resultados obtidos com uma série de medidas realizadas na represa da UHE Luís Eduardo Magalhães (Lajeado/Tocantins) (Tundisi *et al.*, 2004).

578 | Limnologia

Fig 20.8 Estação avançada de monitoramento em tempo real. Módulo SMATER®

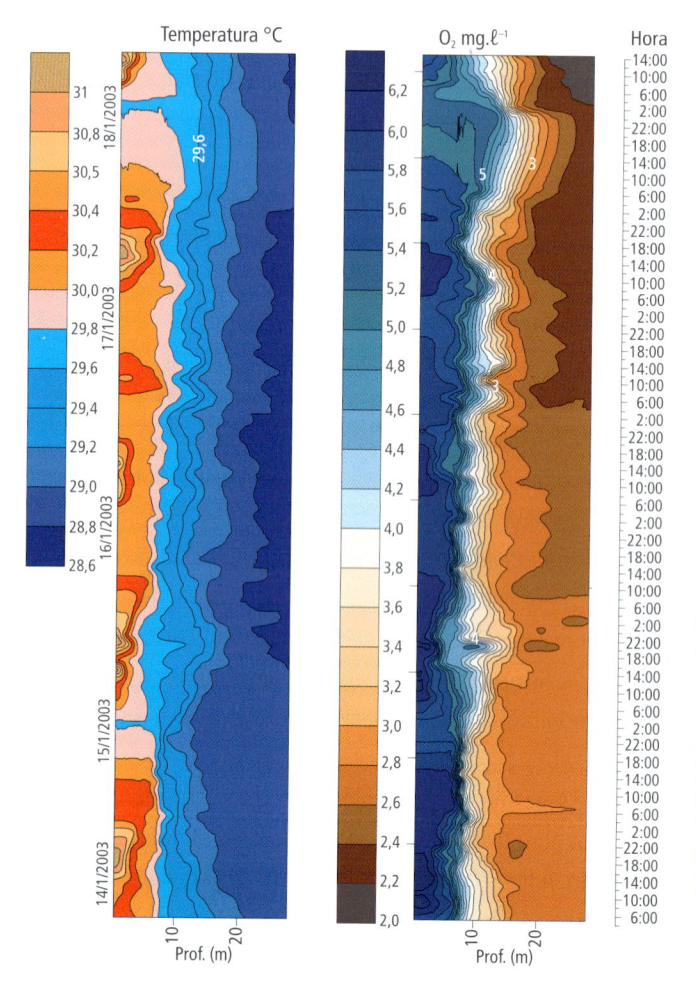

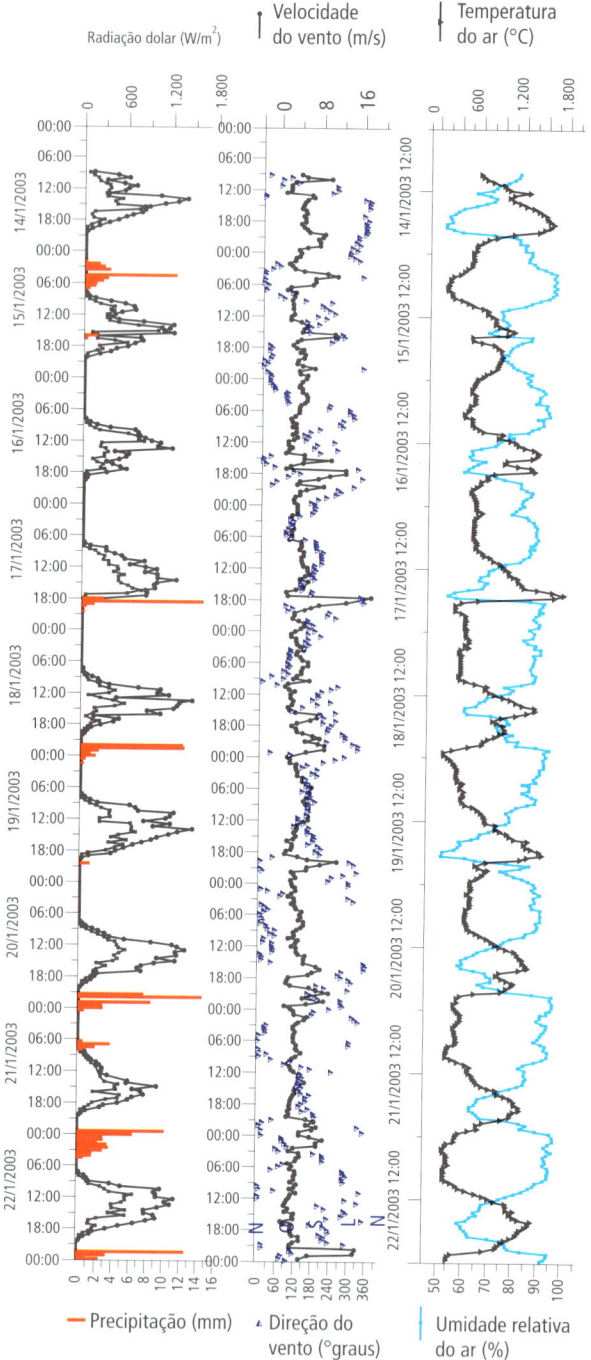

Foto: J. G. Tundisi

Fig. 20.9 A evolução temporal dos dados climatológicos – temperatura do ar, velocidade do vento e radiação solar, e os dados limnológicos da temperatura da água e oxigênio dissolvido na represa da UHE Luís Eduardo Magalhães (Lajeado/Tocantins), obtidos com a estação de monitoramento em tempo real. Observam-se os perfis verticais na represa acoplados aos efeitos da radiação, vento e temperatura. Os dados para oxigênio dissolvido e temperatura da água são apresentados de 14/1/2003 a 18/1/2003
Fonte: Instituto Internacional de Ecologia, Fapesp/Investco/Finep (2001).

20.9.1 Dados básicos do perfil vertical na parte mais profunda do lago ou represa:

- temperatura da água;
- oxigênio dissolvido;
- penetração da luz (clima de radiação subaquática);
- condutividade elétrica da água;
- pH;
- distribuição vertical do fitoplâncton;
- distribuição vertical do zooplâncton;
- produção primária fitoplanctônica;
- distribuição vertical dos nutrientes (nitrato, nitrito, amônia, silicato, fósforo total dissolvido, fósforo total e nitrogênio total);
- distribuição vertical de íons em solução (incluindo metais pesados).

Esses dados básicos são fortemente influenciados pelas funções de força climatológicas, que são:

- radiação solar;
- ventos (força e direção);
- temperatura do ar;
- precipitação.

Portanto, com as determinações sobre as principais variáveis físicas, químicas e biológicas, são necessários a instalação e o uso de uma estação climatológica que forneça as informações essenciais sobre as funções de força.

20.9.2 Análise de sedimentos

- Amostras de sedimentos para análise da composição química, incluindo metais pesados.
- Coleta de amostras de água intersticial.

20.9.3 Informações sobre as bacias hidrográficas

- Usos do solo
- Vazão dos rios
- Carga de nutrientes dos rios
- Tipologia do sistema de drenagem: extensão e características das redes de drenagem
- Relação entre a área do lago e a área da bacia hidrográfica

20.9.4 Dados morfométricos do lago ou represa

- Profundidade máxima ($Z_{máx}$)
- Profundidade média (Z)
- Profundidade mínima ($Z_{mín}$)
- Morfologia da bacia do lago
- Índice de desenvolvimento da margem

20.9.5 Informações extraídas das medidas

- **Relações $Z_{eu}/Z_{máx}$** (zona eufótica/profundidade máxima)
- **Relações Z_{eu}/Z_{af}** (zona eufótica/zona afótica)
- Relações Z_{eu}/Z_{mix} (zona eufótica/zona de mistura)
- Estado trófico do sistema aquático
- Dimensão da carga interna do lago (pela análise dos sedimentos)
- Influência da bacia hidrográfica sobre o sistema aquático
- Frequência de florescimentos de cianofíceas e riscos potenciais
- Características químicas dos lagos
- Grau de instabilidade ou estabilidade térmica do sistema
- Grau de contaminação da água e do sedimento

20.10 Formação de Recursos Humanos em Limnologia

Limnologia é uma ciência integradora e inclusiva. Seu objetivo é a compreensão científica das variações espaciais e temporais e da física, química e biologia de sistemas aquáticos continentais, da interação desses componentes e da sua variabilidade no espaço e no tempo. Os **componentes dos sistemas aquáticos** estão integrados em um sistema interativo em que processos se estendem além dos limites do ecossistema aquático e são dependentes das bacias hidrográficas e suas características (Likens, 1984; Wetzel, 1990). Os sistemas aquáticos continentais apresentam ciclos biogeoquímicos que dependem dos componentes biológicos e das bacias hidrográficas. Processos físicos, químicos, biológicos, hidrológicos, geológicos e biogeoquímicos são examinados e estudados em escalas espaciais e temporais com enormes amplitudes e características. Experimentos são realizados com organismos em laboratório, em mesocosmos e em lagos ou reservatórios que funcionam como grandes laboratórios experimentais. Entretanto, a implantação de uma abordagem interdisciplinar e sistêmica esbarra em algumas questões fundamentais: há, tradicionalmente, um grande número de estudos e projetos relacionados com a física e a química de lagos; quando considerações bióticas são incluídas, elas se concentram nos níveis tróficos inferiores.

Durante muitas décadas, a pesquisa ictiológica não foi tratada como parte da pesquisa limnológica. Por outro lado só mais recentemente, nos últimos 20 anos, é que a pesquisa em microbiologia aquática e sobre a alça microbiana ganhou mais evidência e espaço. Essas disparidades no estudo limnológico e as diferentes abordagens tornaram difícil estabelecer um conjunto interdisciplinar para a formação de recursos humanos em Limnologia, mas é importante continuar produzindo perspectivas nessa direção, para promover inovações na formação de pesquisadores com essa visão sistêmica e interdisciplinar.

A economia de qualquer região ou país depende dos recursos hídricos (quantidade e qualidade). Portanto, o conhecimento regional de lagos, rios, represas, pântanos e áreas alagadas é a primeira etapa para o gerenciamento adequado desses recursos e seu uso. Limnologia é uma ciência eminentemente interdisciplinar que, normalmente, ultrapassa as fronteiras de um departamento clássico das universidades, e, por conseguinte, é com essas premissas básicas que os recursos humanos devem ser formados: **interdisciplinaridade** e **formação sistêmica** que incorporam cursos de graduação: Geomorfologia, Hidrologia, Química Orgânica e Inorgânica da Água, Biologia Aquática (todos os componentes biológicos), Biogeoquímica e Bioestatística. A tarefa de formação de recursos humanos deve incluir trabalho teórico e de laboratório, excursões e coletas no campo, visitas técnicas a regiões de impactos ou sistemas e usinas de tratamento da água. Como formação complementar para cursos de graduação, recomenda-se o uso e a prática de **Sistemas de Informação Geográfica** (SIG) e Hidrodinâmica.

No caso dos cursos de pós-graduação, deve-se considerar o seguinte currículo:

▸ Matemática e Estatística: cálculo, equações diferenciais, análise estatísticas.
▸ Física: termodinâmica, energia, radiação solar.
▸ Química Orgânica e Inorgânica: química da água.
▸ Geologia e Geomorfologia.
▸ Climatologia e Hidrologia.
▸ Biologia Aquática (incluindo todos os componentes do sistema aquático, de bactérias a peixes): taxonomia dos organismos.
▸ Ciclos Biogeoquímicos Aquáticos.
▸ Bioestatística.
▸ Limnologia Física (Hidrodinâmica, circulação).
▸ Microbiologia.
▸ Análise de Água (práticas).
▸ Ecologia Teórica.
▸ Legislação Ambiental.
▸ Comunicação com o Público.

É necessário que esses cursos de pós-graduação em Limnologia incluam trabalho de campo, visitas técnicas e trabalho experimental. Um estudo de caso completo – por exemplo, o estudo integrado de uma bacia hidrográfica – deve ser considerado como um programa piloto durante o curso. As teses de mestrado e doutorado, evidentemente, constituem parte do currículo e do trabalho dos orientadores, mas é fundamental que durante esse trabalho de tese os limnólogos não percam a visão sistêmica e integrada, o que os auxiliará enormemente na futura carreira.

20.11 Limnologia: Teoria e Prática

Limnologia é uma ciência que aponta para o futuro da humanidade. De fato, a conservação e a recuperação de ecossistemas aquáticos, seus mecanismos de funcionamento e sua biota são fundamentais para a sobrevivência da espécie humana e da biodiversidade do Planeta. O incremento das informações científicas é vital para a promoção de mecanismos e tecnologias de recuperação e conservação de lagos, rios, pântanos, represas e outros sistemas aquáticos no interior dos continentes. Como recomenda Margalef (1980), o "ponto de partida necessário consistirá sempre na observação de situações bem definidas, no campo e em experimentos controlados" (p. 1) que, por mais insatisfatórios que sejam (dadas as limitações inerentes ao trabalho de campo e à experimentação), fornecem informações que podem ser utilizadas para ampliar o sistema de referência utilizado e estabelecer princípios unificadores que integrem processos biológico-evolutivos, físicos (termodinâmica), biogeoquímicos e escalas espaciais/temporais.

Sob esse ponto de vista, a Limnologia no Brasil tem condições excepcionais de oferecer à comunidade mundial uma visão nova e inovadora de *sistemas*, *componentes* e *interações*, dadas as características superlativas de diversidade biológica, física e funcional dos sistemas de águas interiores no País. Deve-se ainda considerar que a presença de **"sistemas humanizados"**, como extensas regiões urbanas, represas, áreas agrícolas, ao lado de sistemas naturais em amplas escalas espaciais, representa excelentes oportunidades de pesquisa e aplicação, transformando-se assim a experiência acadêmica em um conjunto de aplicações em estudos de caso reais, e não de exercícios limitados apenas a sistemas experimentais.

Os "sistemas experimentais" no Brasil, que correspondem aos espaços urbanizados e suas periferias e vias de comunicação, representam um conjunto de processos em larga escala que envolve pelo menos 150 milhões de pessoas e sua dependência de sistemas de águas interiores para abastecimento, recreação, transporte, produção de biomassa, energia e lazer. Por outro lado, os grandes alagados e áreas pantanosas, sistemas de várzea do interior do País, apresentam inúmeras oportunidades de testes e procura de novos mecanismos de distribuição, evolução, interações de espécies e de funcionamento conjunto de processos físicos, biológicos, químicos e biogeoquímicos.

20.12 O Futuro da Limnologia: Pesquisa Básica e Aplicação

Como ficou demonstrado neste volume, lagos, rios, represas, tanques e outros ecossistemas aquáticos continentais têm respostas variadas que se manifestam nos seus diferentes componentes físicos, químicos e biológicos. A compreensão dessa individualidade de cada sistema aquático é fundamental. A Limnologia progrediu consideravelmente no século XX de uma ciência em que se procurou compreender, com estudo intensivo, um grande número de componentes, para uma ciência inclusiva em que se procura compreender o ecossistema aquático como um conjunto funcional de componentes, alguns dos quais com predominância muito evidente de poucas variáveis (Hakanson e Peters, 1995).

Essa foi, na verdade, a abordagem de Vollenweider (1968, 1976, 1990) para o estudo e a simplificação, até certo ponto, do entendimento da solução do problema da eutrofização. Os estudos sobre ecossistemas individuais, suas respostas a funções de força externas e as interações dos componentes ainda deverão estender-se por muito tempo no século XXI, pois são esses estudos que promovem a massa de informações científicas necessárias para a elaboração de teorias e para simplificar as concepções sobre os ecossistemas aquáticos, utilizando-se dados comparativos.

20.12.1 Limnologia descritiva

A Limnologia descritiva, em um país de dimensões continentais como o Brasil, e em muitas regiões do Planeta, continuará como atividade prioritária e como parte da avaliação de mecanismos de funcionamento. Essa Limnologia descritiva é também útil para o estabelecimento de unidades e programas de conservação e recuperação de ecossistemas, sejam eles rios, lagos, áreas alagadas ou lagos temporários. Esses estudos limnológicos ainda formarão a base do expressivo volume de informações necessárias para uma melhor compreensão dos grandes mecanismos de funcionamento em nível regional ou continental e das interações **climatologia-hidrologia-limnologia** (Tundisi e Barbosa, 1995).

Dessa Limnologia descritiva deve emergir um conjunto de estudos comparados, como os realizados nos sistemas lacustres da Inglaterra (Macan, 1970), nas represas da Espanha (Margalef, 1976) ou nas represas do Estado de São Paulo (Tundisi, 1981). Ainda há um espaço intelectual muito amplo para esses estudos comparados, que podem render informações fundamentais em curto espaço de tempo, considerando-se os avanços tecnológicos em amostragem (monitoramento em tempo real, sensores confiáveis, imagens de satélite e programas avançados de geoprocessamento).

Ficou claramente demonstrado, no início deste capítulo, que a interação das técnicas de campo e de laboratório, acopladas às tecnologias de análise avançadas, com instrumentação de última geração, é um dos importantes avanços que se espera na descrição dos processos em lagos.

20.12.2 Estudos de processos

Além dessa Limnologia descritiva organizada e realizada com novas técnicas, deve-se avançar no estudo dos *processos* em termos de *organismos, populações, comunidades* e *ecossistemas*. As sínteses realizadas no Brasil, nos últimos dez anos, mostram que o caráter dinâmico dos ecossistemas aquáticos, suas **fases transientes** e suas contínuas organização e reorganização têm sido compreendidos e incorporados aos estudos e pesquisas (Tundisi e Straškraba, 1999; Junk *et al.*, 2000; Junk, 2006; Bozelli *et al.*, 2000; Agostinho *et al.*, 2004). Estudos e processos referentes a comunidades abrangem a resposta destas às alterações nos fatores ambientais (Matsumura Tundisi e Tundisi, 2003; Rietzler *et al.*, 2002), às interações predador-presa (Arcifa *et al.*, 1993, 1997), bem como os efeitos dos impactos em comunidades bentônicas (Callisto *et al.*, 1998b, 2000).

Um dos grandes desafios para o futuro da Limnologia é prover informações sobre o fluxo de energia em lagos, rios, represas e áreas alagadas. É necessário haver avanços substanciais nessa área, com pesquisas de campo, estudos experimentais e elaboração de modelos de fluxo de energia acoplados aos efeitos de funções de força externas (Margalef, 1968; Angelini e Petrere, 1996) e às alterações de biodiversidade.

Há, portanto, ampla necessidade de ampliar esses avanços e a pesquisa com processos. Dentro dessas perspectivas, a pesquisa com indicadores biológicos assume um papel extremamente relevante, dada a biodiversidade ampla no Brasil e a variedade de situações e processos de ecossistemas e comunidades. A Limnologia no Brasil pode contribuir de forma relevante para a Limnologia mundial, por causa da extensão e da variedade dos sistemas aquáticos continentais; da peculiaridade dos processos físicos, químicos e biológicos (grandes extensões de várzea, lagos isolados no médio rio Doce, conjuntos significativos de represas em cascata nas principais bacias hidrográficas); das extensas áreas alagadas, como o Pantanal; e das temperaturas médias anuais mais elevadas. Além disso, as relações C:N:P, as contribuições dos sistemas terrestres para os sistemas lacustres e as respostas à eutrofização podem ser significativamente diferentes do que se encontra usualmente na literatura proveniente de sistemas de regiões temperadas. Salas e Martino (1991) já abordaram essa possibilidade ao descrever novos mecanismos de resposta à eutrofização em lagos tropicais, especialmente a resposta de lagos e comunidades fitoplanctônicas às cargas de fósforo.

Fauna e flora dos ecossistemas aquáticos continentais do Brasil são também características e, para alguns grupos, há um elevado grau de endemicidade. Os mecanismos evolutivos em áreas não perturbadas são dinâmicos. Por exemplo, Margalef (1983, 2002 e comunicação pessoal, 2003) considerava os grandes deltas internos de lagos de várzea e as permanentes e dinâmicas alterações resultantes da flutuação de nível, do transporte de sedimentos e da sedimentação, como "centros ativos de evolução" onde há um permanente fluxo gênico e interações de subpopulações, promovendo especiações.

É preciso aprofundar o conhecimento limnológico espacial-temporal desse grande conjunto de ecossistemas e seus componentes hidrológicos, físicos, químicos e biológicos. Salo *et al.* (1986) contribuíram para o conhecimento dessa dinâmica no sistema amazônico. A fisiologia desses organismos aquáticos tropicais e subtropicais, nessas escalas espaciais e temporais com dinâmicas variadas e com características próprias de fluxo hidrodinâmico, é uma das contribuições importantes que se podem promover (Val, 1991; Val *et al.*, 1993; Cáceres e Vieira, 1988).

20.12.3 Limnologia preditiva

Esses problemas de pesquisa básica deverão, sem dúvida, prover os fundamentos para o desenvolvimento de uma Limnologia preditiva, a qual deverá ser preponderante nos processos de gestão e recuperação dos ecossistemas aquáticos continentais. A Limnologia preditiva deverá propor alternativas para a conservação e recuperação, por meio da implantação de modelos e da elaboração de cenários de análises custo/benefício, os quais deverão suportar **sistemas** de apoio à decisão *flexíveis*, *adaptativos*, *acessíveis* e *práticos*, segundo Hakanson e Peters (1995). Nessa Limnologia preditiva deve-se considerar a integração de várias abordagens em ciência e tecnologia, tais como Limnologia, Engenharia, Matemática e Computação, Biologia, Química e Física, e a abordagem do ecossistema (Tundisi *et al.*, 1995).

Um estudo de processos fundamental em relação à Limnologia preditiva no Brasil é o avanço necessário e urgente no **conhecimento hidrodinâmico** e na calibração e validação de modelos hidrodinâmicos, especialmente nos grandes rios, deltas internos e nas grandes e pequenas represas situadas em várias latitudes, que são objeto de múltiplos usos, sobretudo nas regiões urbanas, onde são utilizadas intensivamente para abastecimento de água. O acoplamento de modelos hidrodinâmicos, com ciclos hidrológicos e modelos hidrológicos e biogeoquímicos, é uma das relevantes metodologias a serem aprofundadas para compreender a distribuição latitudinal da biodiversidade dos sistemas aquáticos e suas respostas a impactos.

A adoção da bacia hidrográfica como unidade de estudo e gestão e a projeção de futuros impactos e respostas nas bacias hidrográficas constituem outro dos processos fundamentais para o desenvolvimento da Limnologia preditiva. Há necessidade de mais estudos experimentais em bacias piloto; da descrição de respostas às cargas de nutrientes, metais pesados e substâncias tóxicas; bem como de estudos avançados dos efeitos da deposição atmosférica nos sistemas aquáticos (Lara *et al.*, 2001; Martinelli *et al.*, 1999; Moraes *et al.*, 1998).

A Fig. 20.10 sintetiza as diferentes etapas no conhecimento científico integrado e a proposta de sistemas de gerenciamento baseados nessas etapas.

A gestão *integrada*, *preditiva* e *adaptativa* dependerá de bases limnológicas confiáveis e consistentes. Os exemplos dos sistemas em gestão no Brasil – represa da UHE Carlos Botelho (Lobo/Broa) (Tundisi *et al.*, 2003); rio Paranapanema (Nogueira *et al.*, 2004); os estudos e a gestão no rio Paraná (Agostinho *et al.*, 2004), nos lagos do Parque Florestal do Rio Doce, em rios da região leste de Minas Gerais (Barbosa, 1994) e em represas do rio São Francisco (Godinho e Godinho, 2003); o gerenciamento da pesca (Petrere, 1996, Freitas *et al.*, 2002); o gerenciamento e a recuperação do lago Batata (Bozelli *et al.*, 2000) e os resultados de

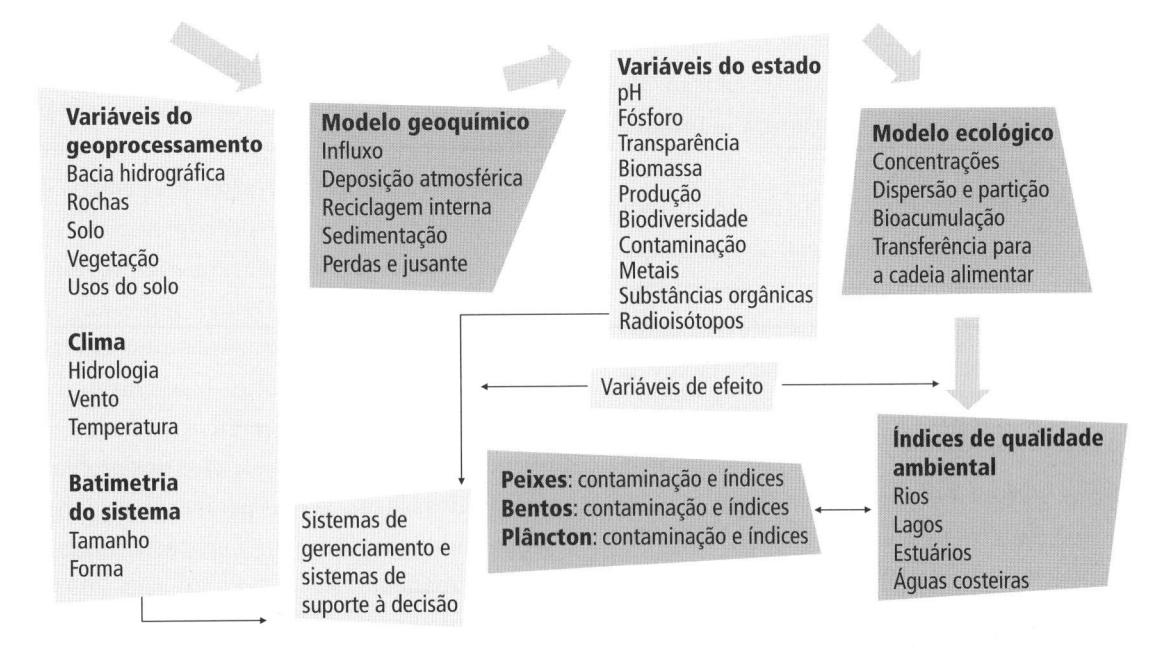

Fig. 20.10 Modelo conceitual de avaliação das respostas dos sistemas e organismos aquáticos aos impactos das bacias hidrográficas, como base para a implementação de índices de qualidade ambiental de integridade dos ecossistemas e da biota, bem como de sistemas de suporte à decisão. Com o apoio de modelos e das respostas, pode-se organizar cenários que promovam as ações necessárias de conservação e recuperação de ecossistemas continentais, estuários e sistemas costeiros
Fontes: baseado em Hakanson e Peters (1995); Straškraba e Tundisi (2000).

Bicudo *et al.* (2002) – mostram de que forma a base limnológica e seus componentes biológicos, físicos e químicos contribuíram para o desenvolvimento de modelos de gestão, com excelentes resultados práticos ou resultados potenciais de ótimo nível. Mais exemplos de pesquisa limnológica e sua aplicação devem ser estimulados em ecossistemas aquáticos de várias regiões do Brasil.

20.12.4 Modelos ecológicos e matemáticos como ferramentas de gestão

Modelos ecológicos e matemáticos precisam ser implantados, mas modelos conceituais devem ser corroborados, calibrados e validados com dados de campo e de laboratório. A Limnologia no Brasil pode ser muito efetiva mundialmente, se puder contribuir com o conhecimento das taxas dos vários processos nos níveis biológico, químico e físico, uma vez que essas taxas são todas utilizadas a partir da literatura internacional, que contém muitas informações de regiões temperadas e de organismos e comunidades de regiões temperadas (Jorgensen, 1981, 1996).

20.12.5 Limnologia experimental

Existem duas áreas especiais de pesquisa em Limnologia que devem ser estimuladas, pois seu desenvolvimento deverá acelerar a resolução de problemas práticos de grande importância mundial e para o Brasil particularmente:

▶ Pesquisas em biologia e interações de organismos aquáticos, especialmente *biologia experimental* com fitoplâncton, zooplâncton, zoobentos e peixes (Arcifa *et al.*, 1995). Essas pesquisas devem aprofundar o conhecimento sobre ciclos de vida, níveis de tolerância de espécies, relações inter/intra-específicas e indicadores biológicos de estresse e respostas a substâncias tóxicas.

▶ Pesquisas dirigidas para o problema da **eutrofização**, especialmente voltadas para a relação eutrofização/*qualidade da água*, desenvolvimento de cepas tóxicas de *cianobactérias* e modelagem ecológica do processo de eutrofização para fins de controle e avaliação (Azevedo, 1998; Azevedo *et al.*, 1994).

Para o aprofundamento dessas áreas da biologia fundamental e da eutrofização, deve-se estimular a pesquisa em microbiologia aquática e suas várias interações. Ainda com relação à eutrofização, deve-se enfrentar o desafio de implementar índices mais consistentes para as regiões tropicais e subtropicais, bem como esclarecer, de forma mais efetiva, o papel das concentrações de fósforo na aceleração da eutrofização e no tempo de duplicação da eutrofização dos sistemas aquáticos continentais sem que medidas de tratamento de esgotos e de **drenagem agrícola** sejam adotadas. As informações científicas existentes (Straškraba e Tundisi, 2000) evidenciam o papel do fósforo na eutrofização, mas as concentrações mínimas para desencadear e acelerar o processo necessitam ser determinadas de forma experimental e com estudos intensivos comparativos no campo, incluindo a contribuição das fontes difusas e as respostas da comunidade fitoplanctônica, de macrófitas aquáticas e do perifíton.

20.12.6 Limnologia e mudanças globais

No contexto do papel avançado da Limnologia na gestão de processos globais, é preciso levar em conta a importância dos estudos limnológicos para a compreensão dos impactos das mudanças globais e seus efeitos nos ecossistemas e nas comunidades. Por exemplo, é conhecimento científico consolidado que alterações na Amazônia provocarão mudanças globais nos sistemas terrestres e aquáticos continentais do planeta Terra, especialmente do continente sul-americano. O que ocorrerá com as respostas dos lagos de várzea, das grandes represas, dos rios e pequenos riachos da Amazônia e do Cerrado? Qual o impacto dessas mudanças de alteração das **frentes frias** nos ecossistemas aquáticos do Sudeste do Brasil (Tundisi *et al.*, 2004)? Os estudos dos problemas e das perspectivas locais versus perspectivas globais devem ser considerados como uma proposta fundamental de ação permanente (Kumagai e Vincent, 2003).

Há, ainda, outro aspecto a considerar, que é o impacto das **mudanças globais** na estrutura e no funcionamento das comunidades, na dispersão e distribuição de espécies invasoras, na estrutura da rede alimentar, bem como na dispersão e incidência de doenças de veiculação hídrica. Estes dois tópicos – espécies invasoras e doenças de veiculação hídrica – necessitam de estudos especiais e de investimentos intensivos em pesquisa básica.

Tais questões devem ser respondidas por pesquisadores, engenheiros e técnicos competentes, com uma visão sistêmica dos problemas e com formação teórica e prática densa, com treinamento em estudos de caso reais. É preciso um avanço rápido na integração entre pesquisa e gerenciamento em *recursos hídricos*, devido à necessidade de preparar gerentes com essa visão sistêmica e integrada, com percepção avançada dos processos ecológicos e limnológicos, econômicos e sociais (Tundisi e Matsumura Tundisi, 2003).

Um dos grandes desafios da Limnologia no século XXI, em nível mundial, será a incorporação e a integração dos processos *biogeofísicos*, econômicos e sociais como base para antecipar eventos e, ao antecipá-los, promover alternativas competentes de sustentabilidade. Dessa forma, a realização de estudos de longa duração em ecossistemas representativos, iniciada no Brasil em 1998 com a finalidade de construção de um processo permanente com visão sistêmica, tem um papel fundamental. Em todo este volume, especialmente no Cap. 16, ficou patente que estudos de longa duração, intensivos e comparativos, foram, em muitos países, a estrutura básica para o progresso da Limnologia, sua aplicação e a resolução de problemas relevantes de conservação e recuperação de ecossistemas aquáticos (Barbosa, 1994, 1995; Barbosa *et al.*, 1995).

20.12.7 Integrações da Limnologia com outras ciências e tecnologias

Em um futuro não muito distante, ainda na primeira metade do século XXI, Limnologia e Engenharia estarão bem mais próximas, em razão das necessidades que a base de pesquisa fundamental deve suprir à tecnologia de gestão dos ecossistemas aquáticos, especialmente aqueles de uso imediato, promovendo serviços relevantes ao homem: abastecimento de água, produção de biomassa, transporte e recreação. É inegável que o gerenciamento de águas, sistemas de tratamento e **proteção de mananciais** deverá ter seu custo aumentado à medida que se acelera a deterioração das fontes superficiais e subterrâneas, e a expansão dos "sistemas humanizados" (Margalef, 2002) elimina os processos naturais de conservação e recuperação.

Portanto, a Limnologia promoverá as bases científica e conceitual necessárias às intervenções para a gestão. Esse movimento, que já se iniciou em muitos países, deverá acelerar-se no Brasil e prover novas oportunidades de gestão e inovação, dadas as peculiaridades dos ecossistemas aquáticos continentais no Brasil e a expansão da economia e da urbanização (Tundisi, 1990, 2004).

A integração da Limnologia com a Oceanografia é outra área de desafios significativos, que no Brasil tem seu ponto geográfico de integração nos estuários e nas águas costeiras, cuja exploração deverá ser ampliada, especialmente no que diz respeito à aquicultura, recreação e pesca. Tecnologias conjuntas de exploração e pesquisa servirão para promover a ampliação da capacidade de gestão e compreensão do *continuum* representado pelos ecossistemas continentais até os estuários, lagoas costeiras e águas costeiras. Esse conceito de *continuum* inclui processos dinâmicos espaciais/temporais que devem ser conhecidos em suas bases naturais, bem como os impactos e as respostas.

A procura de "princípios unificadores" no funcionamento de ecossistemas, particularmente de ecossistemas aquáticos continentais, deve ser uma preocupação constante da área acadêmica de pesquisa em Limnologia, que facilitará, e muito, a aplicação e a gestão (Margalef, 1968, 1974, 1978; Reynolds, 1997). Isso deverá ser realizado com sínteses periódicas e com a promoção de bancos de dados que possibilitem interconectar conhecimentos e articular redes. Sendo o Brasil um país de dimensões continentais com uma imensa variedade de sistemas aquáticos naturais e artificiais, a progressão da pesquisa nessas regiões deverá depender de um processo local e regional permanente de prospecção que apontará o estágio do conhecimento e as necessárias etapas a desenvolver. Para tanto, é fundamental o acoplamento entre a **pesquisa básica e a aplicação em sistemas** que possam ser usados como situações demonstrativas para autoridades e administradores, especialmente para capacitação técnica e científica. Por exemplo, em dois sistemas regionais ainda é necessário um grande avanço na pesquisa limnológica: Pantanal mato-grossense e lagos naturais do médio rio Doce. As próximas etapas de trabalho nesses dois sistemas devem pesquisar e desenvolver conhecimentos em uma variedade maior de lagos, bem como investigar os processos relacionados com a alça microbiana e seu papel na decomposição de matéria orgânica e na rede alimentar.

20.12.8 Cooperação internacional

As duas principais bacias hidrográficas do Brasil, a bacia Amazônia e a bacia do Prata, são ecossistemas que integram quase todos os países da América do Sul. Estes, além disso, têm características sociais, econômicas e culturais relativamente próximas. Em vista disso, a cooperação científica internacional em Limnologia e o estudo conjunto dos grandes rios, lagos de várzea e deltas internos são fundamentais para o

Zonas de rio
1 Huet (1949)
   Illies and Botosaneanu (1963)

2 Hynes (1970)

Continuum do rio
3 Vannote et al. (1980)

4 Newbold et al. (1982)
   Minshall et al. (1983);
   Ward e Stanford (1983)

Conceito da espiral de nutrientes
5 Webster e Patten (1979)
   Newbord et al. (1981)

6 Statzner, Higler (1985)
   Welcomme (1985);
   Naiman et al. (1988)

Conceito dos pulsos de inundação
7 Junk et al. (1989)

8 Schiemer, Zalewski (1992)

Papel dos ecótones na paisagem e ecotecnologias
9 Naiman, Decamps e Fournier (1989)

10 Petersen, Petersen (1992)
    Petts (1990)
    Gilbert et al. (1997)
    Mitsch (1993)
    Jorgensen (1996)
    Straškraba e Tundisi (2000)

Ecohidrologia
11 Zalewski et al. (1997)
    Baird, Wilby (1999)
    Rodriguez-Iturbe (2000)

Fig. 20.11 Evolução dos conhecimentos limnológicos e ecológicos e das propostas integradoras, até a concepção mais recente de Ecohidrologia, que aumenta a capacidade preditiva e a antecipação de impactos, promovendo, simultaneamente, a introdução de ecotecnologias de baixo custo, que incorporam conhecimentos científicos e mecanismos de funcionamento de bacias hidrográficas como base para a conservação e a recuperação de ecossistemas aquáticos
Fonte: modificado de Zalewski (2002).

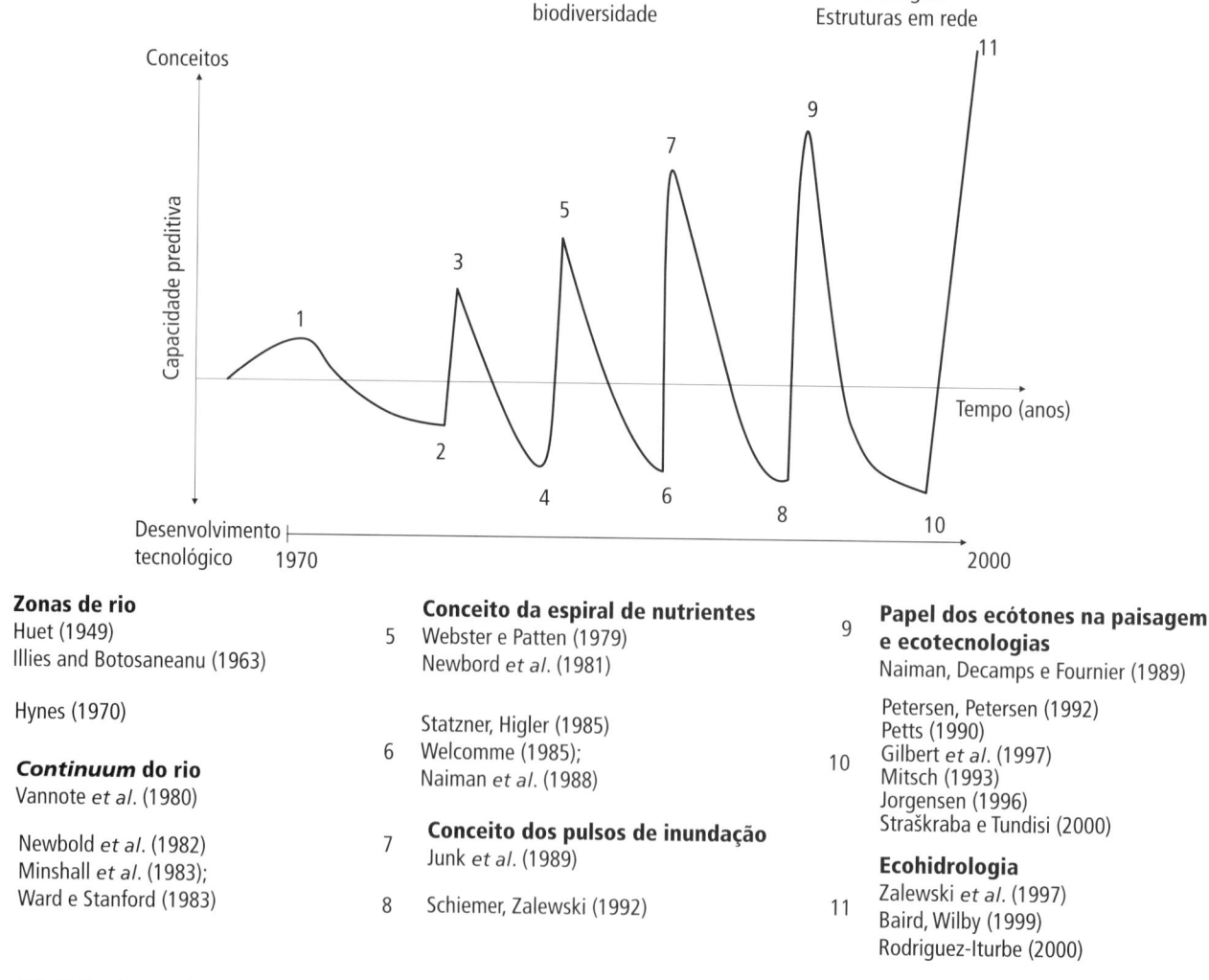

futuro progresso da região e, também, para o uso e a gestão adequados dos recursos hídricos. Elevado grau de urbanização, saneamento deficiente, desmatamento, uso excessivo de água, contaminação e doenças de veiculação hídrica são problemas comuns que devem ser tratados com estratégias conjuntas nesses países, com base em pesquisa científica básica, aplicação e capacitação gerencial qualificada e competente.

20.13 Futuros Desenvolvimentos

O futuro da Limnologia deverá estar relacionado com a introdução e a aplicação dos conceitos relativamente recentes de **ecohidrologia** e **ecotecnologias**, que incorporam a teoria e o conhecimento prático dos ecossistemas aos processos de gestão, produzindo novas alternativas de baixo custo, evitando a introdução de tecnologias pesadas de alto custo e promovendo ações criativas para a gestão (Fig. 20.11).

Os avanços na gestão de bacias hidrográficas e a integração entre pesquisa e gerenciamento dependem dessas novas abordagens e metodologias. A base teórica e conceitual já foi preparada e existe, sendo exemplos os trabalhos de Reynolds (1997), Tundisi e Straškraba (1999) e Tundisi (2007).

A Fig. 20.12 resume todo o conjunto de variáveis químicas, fatores bióticos, regime de fluxo, fontes de energia e a estrutura do hábitat que mantém a integridade do ecossistema aquático. Esse conjunto de componentes deve ser a base do trabalho científico em Limnologia que permite uma abordagem sistêmica aos processos dinâmicos com objetivos de conservação ou recuperação.

Essa figura representa a evolução do conhecimento em Limnologia a partir da original de Rawson (ver Fig. 1.3).

20.14 Instrumentos e Tecnologia

As fotos a seguir (Fig. 20.13) apresentam um conjunto de instrumentos e tecnologias tradicionais e avançadas em Limnologia, indicando a evolução

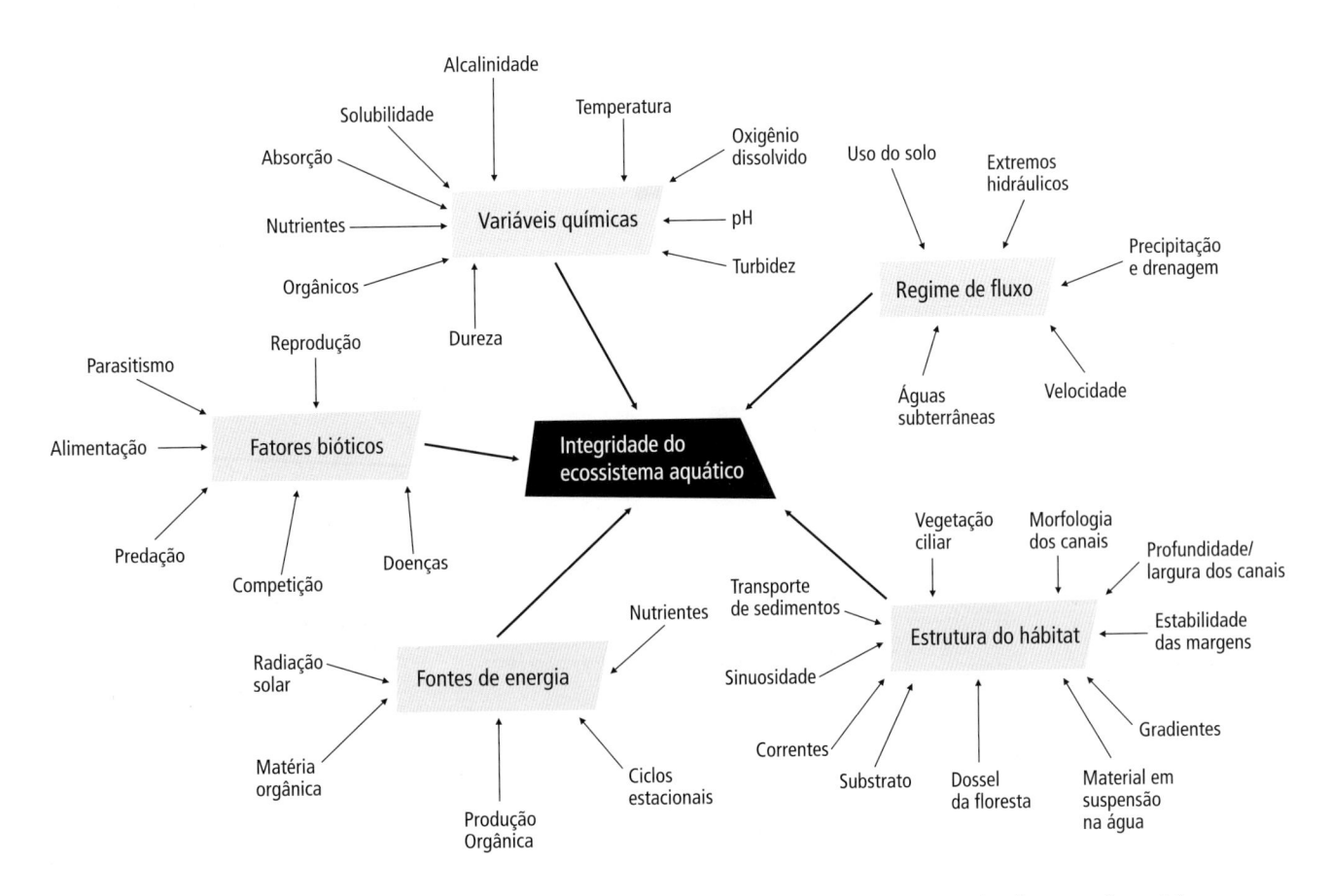

Fig. 20.12 A integridade do ecossistema consiste em um conjunto de atributos que vão desde a morfometria e fatores físicos e químicos até o regime de fluxo e os fatores bióticos
Fonte: Somlyody *et al.* (2001, 2006).

dos sistemas de determinações e medições necessários à compreensão do funcionamento físico, químico e biológico de lagos, rios, represas, áreas alagadas, estuários e lagoas costeiras. Esse conjunto de técnicas e tecnologias com instrumentos utilizados no campo, acoplados a laboratórios de análise sofisticados e técnicas de análise matemática e estatística promove uma abordagem que procura abarcar a complexidade dos ecossistemas aquáticos no espaço e no tempo.

Fig. 20.13 Equipamentos e sistemas tradicionais e avançados para determinações físicas, químicas e biológicas em ecossistemas aquáticos. (1) Coletor de testemunho por gravidade (UWITEC, Áustria), utilizado para quantificação de gases no sedimento; (2) Fluorímetro portátil para determinação de clorofila no campo; (3) Câmaras de difusão (a) e (b) Crédito: tecnologia da COPPE-UFRJ.

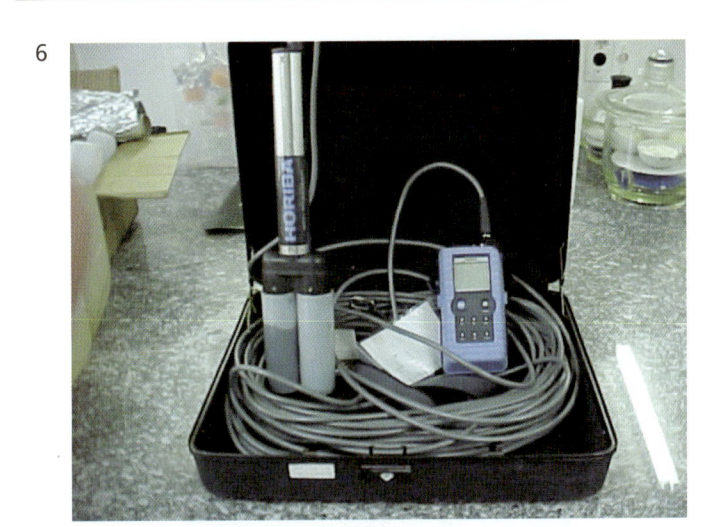

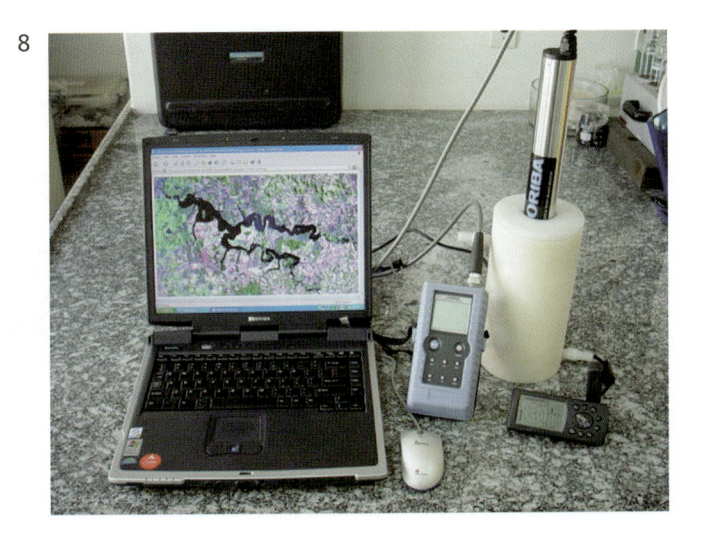

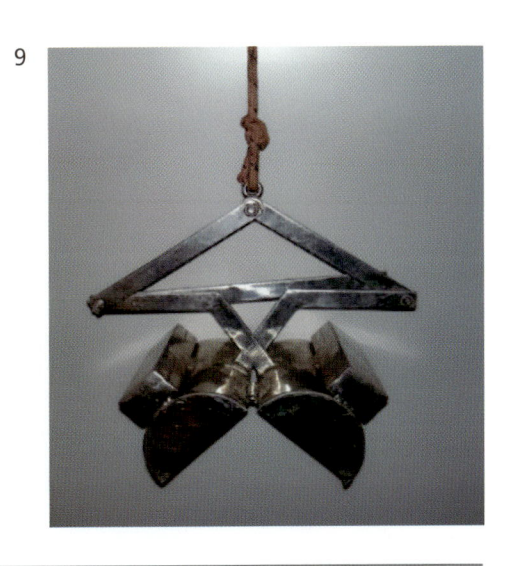

(4) Fatiador de sedimento para gases – Sistema de coleta de gases do tipo squeezer (Adams-Niederreiter Gas Sampler; UWITEC, Áustria); (5) Disco de Secchi, para medida de transparência da água; (6) Sonda multiparamétrica para determinações físicas e químicas na água; (7) Medidor de radiação subaquática; (8) Células de fluxo para uso contínuo e perfis horizontais em lagos, represas e rios; (9) Draga de Petersen para coleta de organismos bentônicos e sedimentos

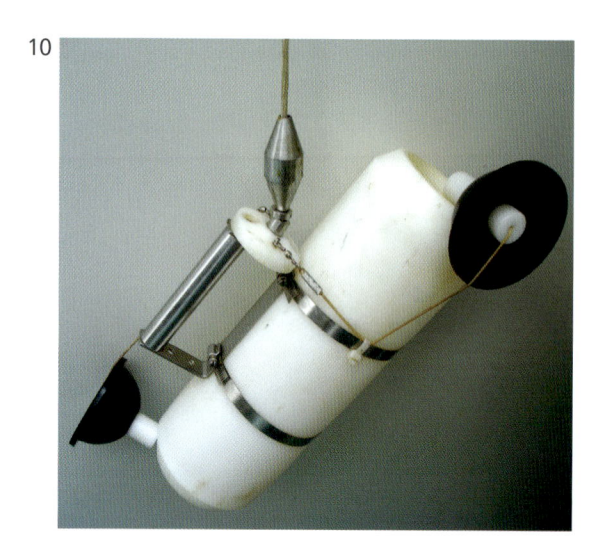

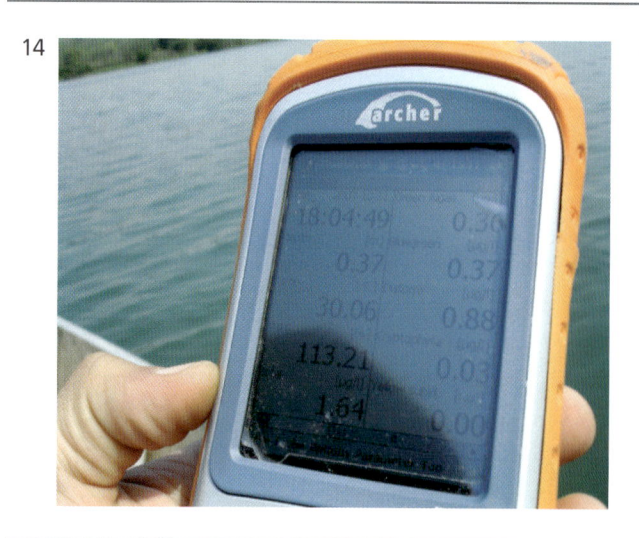

(10) Garrafa Van Dorn para coleta de água; (11) Draga Eckman Birge para coleta de organismos bentônicos e sedimentos; (12) Rede de plâncton; (13) Sensor fluorprobe para determinação seletiva de pigmentos do fitoplâncton; (14) Leitor do sensor fluoroprobe; (15) Leitor de sonda multiparamétrica com GPS
Fotos: Fernando Blanco Nestor F. Mazini.

ANEXO 1 | ESPÉCIES DE PEIXES DO RIO SÃO FRANCISCO

Superordem Clupeomorpha
   Ordem Clupeiformes
      Família Engraulidae
         Anchoviella vaillanti (Steindachner, 1908)

Superordem Ostariophysi
   Ordem Caraciformes
      Família Characidae
         Subfamília Tetragonopterinae
            Astyanax bimaculatus lacustris (Reinhardt, 1874)
            Astyanax eigenmanniorum (Cope, 1894)
            Astyanax fasciatus (Cuvier, 1819)
            Astyanax scabripinnis intermedius (Eigenmann, 1908)
            Astyanax scabripinnis rivularis (Lutken, 1874)
            Astyanax taeniatus (Jenyns, 1842)
            Bryconamericus stramineus (Eigenmann, 1908)
            Creatochanes affinis (Gunther, 1864)
            Hasemania nana (Reinhardt, 1874)
            Hemigrammus brevis (Ellis, 1911)
            Hemigrammus marginatus (Ellis, 1911)
            Hemigrammus nanus (Reinhardt, 1874)
            Hyphessobrycon gr. bentosi (Durbin, 1908)
            Hyphessobrycon gracilis (Reinhardt, 1874)
            Hyphessobrycon santae (Eigenmann, 1907)
            Moenkhausia costae (Steindachner, 1907)
            Moenkhausia sanctae-filomenae (Steindachner, 1907)
            Phenacogaster franciscoensis (Eigenmann, 1911)
            Piabina argentea (Reinhardt, 1866)
            Psellogrammus kennedyi (Eigenmann, 1903)
            Tetragonopterus chalceus (Agassiz, 1829)
         Subfamília Acestrorhynchinae
            Acestrorhynchus britskii (Menezes, 1969)
            Acestrorhynchus lacustris (Reinhardt, 1874)
            Oligosarcus jenynsii (Gunther, 1891)
            Oligosarcus meadi (Menezes, 1969)
         Subfamília Cynopotaminae
            Galeocharax gulo (Cope, 1870)
         Subfamília Characinae
            Roeboides francisci (Steindachner, 1908)
            Roeboides xenodon (Reinhardt, 1849)
         Subfamília Stethaprioninae
            Brachychalcinus franciscoensis (Eigenmann, 1929)
         Subfamília Glandulocaudinae
            Hysteronotus megalostomus (Eigenmann, 1911)
         Subfamília Cheirodontinae
            Cheirodon piaba (Lutken, 1874)
            Compsura heterura (Eigenmann, 1917)
            Holoshestes heterodon (Eigenmann, 1915)
            Megalamphodus micropterus (Eigenmann, 1915)
            Odontostilbe sp
         Subfamília Characidiinae
            Characidium fasciatum (Reinhardt, 1866)
            Jobertina sp
         Subfamília Triportheinae
            Triportheus guentheri (Garman, 1890)
         Subfamília Bryconinae
            Brycon hilarii (Valenciennes, 1849)
            Brycon lundii (Reinhardt, 1874)

                    Brycon reinhardti (Lutken, 1874)
                Subfamília Salmininae
                    Salminus brasiliensis (Cuvier, 1817)
                    Salminus hilarii (Valenciennes, 1849)
                Subfamília Serrasalminae
                    Serrasalmus brandtii (Reinhardt, 1874)
                    Serrasalmus piraya (Cuvier, 1820)
                Subfamília Myleinae
                    Myleus altipinnis (Valenciennes, 1849)
                    Myleus micans (Reinhardt, 1874)
            Família Parodontidae
                    Apareiodon hasemani (Eigenmann, 1916)
                    Apareiodon sp "A"
                    Apareiodon sp "B"
                    Parodon hilarii (Reinhardt, 1866)
            Família Hemiodontidae
                    Hemiodopsis gracilis (Gunther, 1864)
                    Hemiodopsis sp
            Família Anostomidae
                    Leporellus cartledgei (Fowler, 1941)
                    Leporellus vittatus (Valenciennes, 1849)
                    Leporinus elongatus (Valenciennes, 1849)
                    Leporinus marggravii (Reinhardt, 1875)
                    Leporinus melanopleura (Gunther, 1864)
                    Leporinus piau (Fowler, 1941)
                    Leporinus reinhardti (Lutken, 1874)
                    Leporinus taeniatus (Lutken, 1874)
                    Schizodon knerii (Steindachner, 1875)
            Família Curimatidae
                    Steindachnerina elegans (Steindachner, 1875)
                    Cyphocharax gilberti (Quoy e Gaimard, 1824)
                    Curimatella lepidura (Eigenmann e Eigenmann, 1889)
            Família Prochilodontidae
                    Prochilodus affinis (Reinhardt, 1874)
                    Prochilodus marggravii (Walbaum, 1792)
                    Prochilodus vimboides (Kner, 1859)
            Família Erythrinidae
                    Hoplias aff. lacerdae (Ribeiro, 1908)
                    Hoplias aff. malabaricus (Bloch, 1794)
Ordem Siluriformes
    Subordem Gymnotoidei
        Família Gymnotidae
                    Gymnotus carapo (Linnaeus, 1758)
        Família Sternopygidae
                    Eigenmannia virescens (Valenciennes, 1847)
                    Eigenmannia sp "A"
                    Sternopygus macrurus (Block e Schneider, 1801)
        Família Hypopomidae
                    Hypopomus sp
        Família Sternachidae
                    Apteronotus brasiliensis (Reinhardt, 1852)
                    Sternachella schotti (Steindachner, 1868)
    Subordem Siluroidei
        Família Doradidae
                    Franciscodoras marmoratus (Reinhardt, 1874)
        Família Auchenipteridae
                    Glanidium albescens (Reinhardt, 1874)

Parauchenipterus galeatus (Linnaeus, 1777)
Parauchenipterus leopardinus (Borodin, 1927)
Pseudauchenipterus flavescens (Eigenmann e Eigenmann, 1888)
Pseudauchenipterus nodosus (Bloch, 1794)
Pseudotatia parva (Gunther, 1942)

Família Pimelodidae
Bagropsis reinhardti (Lutken, 1875)
Bergiaria westermanni (Reinhardt, 1874)
Cetopsorhamdia sp (aff. C. iheringi)
Conorhynchus conirostris (Valenciennes, 1840)
Duopalatinus emarginatus (Valenciennes, 1840)
Heptapterus sp
Imparfinis microcephalus (Reinhardt, 1875)
Imparfinis minutus (Lutken, 1875)
Lophiosilurus alexandri (Steindachner, 1876)
Microglanis sp
Pimelodella lateristriga (Muller e Troschel, 1849)
Pimelodella laurenti (Fowler, 1941)
Pimelodella vittata (Kroyer, 1874)
Pimelodella sp
Pimelodus fur (Reinhardt, 1874)
Pimelodus maculatus (Lacépede, 1803)
Pimelodus sp (aff. P. blochii)
Pseudopimelodus fowleri (Haseman, 1911)
Pseudopimelodus zungaro (Humboldt, 1833)
Pseudoplatystoma coruscans (Agassiz, 1829)
Rhamdella minuta (Lutken, 1875)
Rhamdia hilarii (Valenciennes, 1840)
Rhamdia quelen (Quoy e Gaimard, 1824)

Família Trichomycteridae
Stegophilus insidiosus (Reinhardt, 1858)
Trichomycterus brasiliensis (Reinhardt, 1873)
Trichomycterus reinhardti (Eigenmann, 1917)

Família Bunocephalidae
Bunocephalus sp "A"
Bunocephalus sp "B"

Família Cetopsidae
Pseudocetopsis chalmersi (Norman, 1926)

Família Callichthyidae
Callichthys callichthys (Linnaeus, 1758)
Corydoras aeneus (Gill, 1861)
Corydoras garbei (R. V. Ihering, 1910)
Corydoras multimaculatus (Steindachner, 1907)
Corydoras polystictus (Regan, 1912)

Família Loricariidae
Subfamília Locariinae
Harttia sp
Loricaria nudiventris (Valenciennes, 1840)
Rhinelephis aspera (Agassiz, 1829)
Rineloricaria lima (Kner, 1854)
Rineloricaria steindachneri (Regan, 1904)
Rineloricaria sp
Subfamília Hypoptomatinae
Microlepidogaster sp
Otocinclus sp
Subfamília Hypostominae
Hypostomus alatus (Castelnau, 1885)

Hypostomus auroguttatus (Natterer e Heckel, 1853)
Hypostomus commersonii (Valenciennes, 1840)
Hypostomus francisci (Lutken, 1873)
Hypostomus garmani (Regan, 1904)
Hypostomus macrops (Eigenmann e Eigenmann, 1888)
Hypostomus cf. margaritifer (Regan, 1908)
Hypostomus wuchereri (Gunther, 1864)
Hypostomus sp "A"
Hypostomus sp "B"
Hypostomus sp "C"
Pterygoplichthys etentaculatus (Spix, 1829)
Pterygoplichthys lituratus (Kner, 1854)
Pterygoplichthys multiradiatus (Hancock, 1828)

Superordem Acanthopterygii
   Ordem Ciprinodontiformes
      Família Poeciliidae
Poecilia hollandi (Henn, 1916)
Poecilia vivipara (Scheneider, 1801)

   Ordem Perciformes
      Família Sciaenidae
Plagioscion auratus (Castelnau, 1855)
Plagioscion squamosissimus (Gill, 1861)
Pachyurus francisci (Cuvier, 1830)
Pachyurus squamipinnis (Agassiz, 1829)

      Família Cichlidae
Cichlasoma facetum (Jenyns, 1842)
Cichlasoma sanctifranciscence (Kullander, 1983)
Crenicichla lepidota (Heckel, 1840)
Geophagus brasiliensis (Quoy e Gaimard, 1824)

Ordem Simbranquiformes
   Família Synbranchidae
Synbranchus marmoratus (Block, 1795)

Fonte: Godinho e Godinho (2003).

ANEXO 2 | ESPÉCIES DE BAGRES DA REGIÃO AMAZÔNICA

	NOMES POPULARES	OCORRÊNCIA
Brachyplatystoma flavicans, Pimelodidae	Dourada (Brasil); zúngaro dorado (Peru); dorado ou plateado (Colômbia)	Ampla distribuição na bacia Amazônica. Similar à espécie da bacia do rio Orinoco, senão a mesma. Ultrapassa corredeiras, como as do Alto Madeira, e é encontrada nas cabeceiras de muitos tributários, como as dos rios Negro e Madeira. É muito comum nas águas doces e de baixa salinidade da foz amazônica.
Brachyplatystoma vaillantii, Pimelodidae	Piramutaba, pira-botão ou mulher-ingrata (Brasil); pirabutón (Colômbia); manitoa (Peru).	Ocorre principalmente ao longo do rio Solimões/Amazonas e nos tributários de água branca. Raramente ultrapassa as primeiras corredeiras, exceto no rio Madeira. Similar à espécie da bacia do rio Orinoco, senão a mesma.
Branchyplatystoma filamentosum, Pimelodidae	Piraíba ou filhote (Brasil); zúngaro saltón (Peru); pirahiba, lechero ou valentón (Colômbia)	Ampla distribuição na bacia Amazônica. Similar à espécie da bacia do rio Orinoco, senão a mesma.
Brachyplatystoma juruense, Pimelodidae	Zebra ou flamengo (Brasil); siete babas (Colômbia); zúngaro alianza (Peru)	Apesar de apresentar uma ampla distribuição na bacia Amazônica, é relativamente raro, não sendo registrado como um peixe importante para o consumo.
Pseudoplatystoma fasciatum, Pimelodidae	Surubim ou surubim-lenha (Brasil); pintado, rayado ou pintadillo (Colômbia); zúngaro (Peru)	Ampla distribuição na bacia Amazônica, mas raro ou ausente na foz. Ocorre nas cabeceiras de todos os tipos de rios, ainda que diferentes espécies possam estar sendo envolvidas.
Pseudoplatystoma tigrinum, Pimelodidae	Caparari ou surubim-tigre (Brasil); bagre tigre (Colômbia); zúngaro tigre (Peru)	Ampla distribuição na bacia Amazônica, mas raro ou ausente na foz. Parece ser mais raro que o surubim nas cabeceiras.
Goslinia platynema, Pilelodidae	Babão, xeréu ou barba-chata (Brasil); baboso ou saliboro (Colômbia)	Ocorre ao longo dos principais rios da Amazônia, inclusive no estuário. Ainda não foi encontrado em tributários de águas pretas e claras.
Sorubimichthys planiceps, Pimelodidae	Pirauaca ou peixe-lenha (Brasil); cabo de hacha ou peje leña (Colômbia); acha cubo (Peru)	Ampla distribuição nos rios da planície da bacia Amazônica a oeste do rio Tapajós. Ainda não foi registrado em tributários de águas pretas ou claras.
Phractocephalus hemiliopterus, Pimelodidae	Pirarara, bigorilo ou guacamaio (Brasil); pirarara ou guacamayo (Colômbia); pez torre (Peru)	Ocorre na bacia dos rios Amazonas e Orinoco, incluindo tributários de águas pretas e claras. Alcança as cabeceiras e as regiões de marés próximas ao estuário.
Paulicea lutkeni, Pimelodidae	Jaú ou pacamão (Brasil); peje negro, chontaduro ou pacamu (Colômbia); cunchi mama (Peru)	Ocorre em diversas bacias da América do Sul, do norte da Argentina à Venezuela, caso se trate de uma mesma espécie; em todos os tipos de água, frequentemente nas cabeceiras, próximo às corredeiras.
Platynematichthys notatus, Pimelodidae	Cara de gato ou coroatá (Brasil); capaz (Colômbia)	Ocorre ao longo do rio Amazonas e em todos os tipos de rios.
Merodontodus tigrinus, Pimelodidae	Dourada zebra (Brasil)	Conhecido somente por meio de poucos exemplares coletados no Alto rio Madeira e na região do rio Caquetá.

Fonte: Barthem e Goulding (1997).

ANEXO 3 | Classificação das espécies do Alto Paraná com base nas estratégias reprodutivas

1. Fecundação externa, grandes migradoras, sem cuidado parental

Brycon orbignyanus	*Leporinus elongatus*
Piaractus mesopotamicus	*Pinirampus pirinampu*
Prochilodus lineatus	*Pseudoplatystoma corruscans*
Pterodoras granulosus	*Rhinelepis aspera*
Salminus hilarii	*Salminus maxillosus*

2. Fecundação externa, não-migradora, sem cuidado parental

Acestrorhynchus falcatus	*Acestrorhyncus lacustris*
Apareiodon affinis	*Aphyocharax difficilis*
Astyanax scabripinnis	*Astyanax bimaculatus*
Astyanax eignmaniorum	*Astyanax fasciatus*
Astyanax schubarti	*Bryconamericus stramineus*
Cheirodon piaba	*Curimata gilberti*
Steindachnerina insculpta	*Gymnotus carapo*
Hypophthalmus edentatus	*Iheringichthys labrosus*
Leporinus friderici	*Leporinus octofasciatus*
Leporinus piau	*Leporellus vittatus*
Moenkhausia intermedia	*Oxidoras knerii*
Parodon tortuosus	*Pimelodus maculatus*
Plagioscion squamosissimus	*Rhaphiodon vulpinus*
Rhamdia hilarii	*Schizodon borellii*
Schizodon knerii	*Shizodon nasutus*
Trachydoras paraguayensis	

3. Fecundação externa, não-migradora, com cuidado parental

Cichla monoculus	
Hoplias lacerdae	*Geophagus brasiliensis*
Hypostomus albopunctatus	*Hoplias malabaricus*
Hypostomus comersonii	*Hypostomus ancistroides*
Serrasalmus marginatus	*Hypostomus hermanni*
Serrasalmus spilopleura	*Serrasalmus nattereri*

4. Fecundação interna, não-migradora, com cuidado parental

Ageneiosus brevifilis	
Ageneiosus valenciennesi	*Ageneiosus ucayalensis*
Parauchenipterus galeatus	*Auchenipterus nuchalis*

Fonte: Vazzoler e Menezes (1992).

ANEXO 4 | CONHECIMENTO DOS GRUPOS TAXONÔMICOS DE INVERTEBRADOS AQUÁTICOS QUE OCORREM NO BRASIL E NO ESTADO DE SÃO PAULO

Grupos taxonômicos	Nº de espécies conhecidas no Estado de São Paulo	Nº de espécies conhecidas no Brasil	% de espécies conhecidas/estimadas no Estado de São Paulo
Esponjas	6	44	?
Cnidários	6	7	?
Platelmintos turbelários	81	84	81
Nemertinos	1	2	?
Gastrótricos	42	63	?
Nematomorfos gordióides	1	10	?
Rotíferos	236	467	50
Briozoários	6	10	60
Tardígrados	58	61	?
Moluscos bivalves	44	115	88
Moluscos gastrópodos	70	193	50
Anelídeos poliquetos	3	4	30
Anelídeos oligoquetos	46	70	?
Ácaros	20	332	6,6
Crustáceos copépodos planctônicos	26	76	80
Crustáceos copépodos não planctônicos	46	120	?
Crustáceos branquiópodos	84	?	70
Crustáceos sincarídeos	3	10	?
Crustáceos decápodos	33	116	68
Insetos efemerópteros	8	150	?
Insetos dípteros quironomídeos	31	188	?
Insetos odonatas	?	641–670	?
Insetos plecópteros	40	110	?

Fonte: Ismael *et al.* (1999).

Anexo 5

Diversidade total de espécies dos principais grupos de animais de água doce, por regiões zoogeográficas

	Paleártica	Neártica	Afrotropical	Neotropical	Oriental	Australásica	Pacífico e ilhas oceânicas	Antártica	Mundial
Outros filos	3.675	1.672	1.188	1.337	1.205	950	181	113	6.109
Anelídeos	870	350	186	338	242	210	10	10	1.761
Moluscos	1.848	936	483	759	756	557	171	0	4.998
Crustáceos	4.449	1.755	1.536	1.925	1.968	1.225	125	33	11.990
Aracnídeos	1.703	1.069	801	1.330	569	708	5	2	6.149
Colêmbola	338	49	6	28	34	6	3	1	414
Insetos[a]	1.5190	9.410	8.594	14.428	13.912	7.510	577	14	75.874
Vertebrados[b]	2.193	1.831	3.995	6.041	3.674	694	8	1	18.235
Total	30.316	17.072	16.789	26.186	22.360	11.860	1.080	174	125.530

[a] A distribuição de espécies por zonas zoogeográficas é incompleta para várias famílias de Díptera; como resultado, a soma do número regional de espécies é inferior ao número de gêneros conhecidos mundialmente
[b] Somente espécies de peixes estritos de água doce estão incluídas (há, adicionalmente, um número aproximado de 2.300 espécies de água salobra)
Fonte: Balian; Segers; Martens (2008).

Diversidade de espécies dos principais grupos de vertebrados de água doce, por regiões zoogeográficas

	Paleártica	Neártica	Afrotropical	Neotropical	Oriental	Australásica	Pacífico e ilhas oceânicas	Antártica	Mundial
Anfíbios	160	203	828	1.698	1.062	301	0	0	4.294
Crocodilianos	3	2	3	9	8	4	0	0	24
Lacertídeos (lagartos)	0	0	9	22	28	14	2	0	73
Cobras	6	22	19	39	64	7			153
Tartarugas	8	55	25	65	73	34			260
Peixes (somente de águas doces)	1.844	1.411	2.938	4.035	2.345	261			12.740
Mamíferos	18	22	35	28	18	11	0	0	124
Aves	154	116	138	145	76	62	6	1	567
Total	2.193	1.831	3.995	6.041	3.674	694	8	1	18.235

Fonte: Balian; Segers; Martens (2008).

Este programa delineia alguns aspectos importantes relacionados com o manejo do reservatório e o prognóstico da qualidade da água. O programa de amostragem, medidas e determinações deve conter as seguintes informações, as quais são fundamentais para o delineamento de opções de manejo e decisões adequadas:

I) Manejo da qualidade da água
- Especificidade de usos da água do reservatório
- Relações entre qualidade e quantidade de água
- Objetivos do manejo da qualidade da água

II) Determinações da qualidade da água da bacia de drenagem
Fatores a considerar: geologia e fisiografia, química do solo, padrões de uso do solo, número e localização dos tributários, vazão dos tributários.
- Fontes primárias de poluentes na bacia de drenagem: poluição pontual e não-pontual
- Fontes não-pontuais: drenagem de solos agrícolas, transporte atmosférico
- Qualidade da água e vazão dos tributários em relação à precipitação
- Transformações químicas e biológicas nos rios afluentes
- Medidas da qualidade da água dos rios

III) Limnologia do reservatório
- Usos e metodologia da construção
- Classificação geográfica, morfométrica, hidrológica e trófica
- Diferenciação e gradientes horizontais
- Condições de estratificação e hidrodinâmica
- Tempo de residência, padrões de circulação
- Sequências biológicas e químicas
- Microbiologia da água e sedimento
- Produções primária e secundária, efeito do fitoplâncton na qualidade da água
- Populações de peixes: diversidade, biomassa, alimentação; inter-relações entre pesca e manejo da qualidade da água
- Efeito a jusante

IV) Sequência de reservatórios em rios
- Sequência de reservatórios e alterações da qualidade da água
- Reservatórios em sistemas de água

V) Tipos de poluição nos reservatórios. Diferenciação dos diversos tipos de poluição
- Poluição orgânica
- Eutrofização de reservatórios
- Metais pesados
- Acúmulo de nitratos
- Substâncias orgânicas dissolvidas
- Chuva ácida e seus efeitos
- Outros tipos de poluentes
- Interações de poluentes

VI) Processos de decisão
Processos gerais que afetam o destino dos poluentes no reservatório:
- Físicos (sedimentação, penetração de luz, vazão, turbulência)
- Químicos (potencial redox, pH)
- Biológicos (decomposição biológica, assimilação do fitoplâncton, concentração em outros níveis tróficos)

VII) Avaliação dos impactos dos poluentes
Testes para avaliação dos impactos: ensaios biológicos, testes em sistemas experimentais (microorganismos ou grandes tanques).

VIII) Avaliação da qualidade da água: metodologia
- Pesquisas antes da construção
- Pesquisa sistemática e monitoramento
- Frequência da amostragem
- Métodos de amostragem
- Parâmetros da qualidade da água
- Métodos que caracterizam a estratificação, poluição orgânica, acidificação e toxidez, nitrato e eutrofização
- Avaliação das tendências por análises estatísticas, classificação da qualidade da água, normas e critérios de qualidade da água

IX) Utilização de modelos matemáticos para avaliação da qualidade da água
- Tipos de modelos e o seu emprego
- Modelos empíricos da qualidade da água
- Modelos de eutrofização
- Modelos de eutrofização e oxigênio dissolvido
- Modelos de chuva ácida
- Modelos de ciclo de nitrogênio e nitrato
- Modelos hidrodinâmicos
- Hierarquia de modelos e seleção de modelos apropriados

X) Técnicas de ecotecnologias
- Ecotecnologia: classificação de técnicas e usos de tecnologia apropriada: medidas na bacia hidrográfica e no reservatório: inativação de poluentes, diluição, aumento da vazão, retirada seletiva, biomanipulação, controle químico
- Combinação de abordagens e modelos de otimização

APÊNDICE 1 | Tabela de Conversão de Unidades

Massa	1 kg = 1.000 g = 0,001 tonelada métrica = 2,20462 libra massa (lbm) 1 libra massa = 453,593 g
Mol	1 mol = 1.000 mmol = 10^6 µmol = 10^9 nmol $\qquad$ = 6 × 10^{23} átomos ou moléculas
Comprimento	1 km = 1.000 m = 10^5 cm = 10^6 mm 1 m = 100 cm = 1.000 mm = 10^6 micra (µ) = 10^{10} angstrons (Å) $\qquad$ = 39,37 polegadas (in) = 3,2808 pés (ft) $\qquad$ = 1,0936 jardas = 0,0006214 milhas 1 pé = 12 polegadas = 30,48 cm 1 jarda = 3 pés 1 polegada = 2,54 cm
Volume	1 km^3 = 10^9 m^3 = 10^{15} cm^3 1 m^3 = 1.000 L = 10^6 cm^3 = 10^6 mL = 35,3145 $pés^3$ = 246,17 galões 1 $pé^3$ = 1.728 $polegadas^3$ = 7,4805 galões = 0,028317 m^3 = 28,317 L 1 galão = 3,785 L
Força	1 Newton (N) = 1 kg.m/s^2 = 10^5 dinas = 10^5 g.cm/s^2 = 0,22481 libra força (lbf) 1 libra força = 32,174 libra massa.pés/s^2 = 4,4482 N = 4,4482 × 10^5 dinas 1 quilograma força (kgf) = 9,8 N
Pressão	1 atmosfera (atm) = 1,01325 × 10^5 N/m^2 (Pa) = 1,01325 báreas $\qquad$ = 1,01325 × 10^6 dinas/cm^2 $\qquad$ = 760 mmHg a 0°C (torr) = 10,333 m H_2O a 4°C $\qquad$ = 14,696 libra força/$polegada^2$ (psi) = 33,9 pés H_2O a 4°C $\qquad$ = 29,921 polegadas Hg a 0°C
Energia	1 Joule (J) = 1 N.m = 10^7 ergs = 10^7 dina.cm = 2,778 × 10^7 kW.h $\qquad$ = 0,23901 calorias (cal) = 0,7376 pés.libra força $\qquad$ = 9,486 × 10^4 BTU (Unidade Térmica Britânica)
Potência	1 Watt (W) = 1 J/s = 0,23901 cal/s = 0,7376 pés.libra força/s $\qquad$ = 9,486 × 10^{-4} BTU/s = 1,341 × 10^{-3} HP (potência do cavalo)
Conversão de temperatura	T (K) = T (°C) + 273,15 $\qquad$ ΔT (°C) = ΔT (K) $\qquad$ K – Kelvin T (°R) = T (°F) + 459,67 $\qquad$ ΔT (°R) = ΔT (°F) $\qquad$ R – Rankine T (°R) = 1,8 T (K) $\qquad$ ΔT (K) = 1,8 ΔT (°R) $\qquad$ C – Celsius T (°F) = 1,8 T (°C) + 32 $\qquad$ ΔT (°C) = 1,8 ΔT (°F) $\qquad$ F – Fahrenheit
Fator de conversão da Lei de Newton	$g_c = \dfrac{1 \text{ kg.m/}s^2}{N} = \dfrac{1 \text{ g.cm/}s^2}{\text{dina}} = \dfrac{32,174 \text{ libra massa.pés}}{s^2.\text{libra força}}$
Constante dos gases	8,314 m^3.Pa/mol.K $\qquad\qquad$ 10,73 $pés^3$.psia/libra.mol.°R 0,08314 L.bar/mol.K $\qquad\qquad$ 8,314 J/mol.K 0,08206 L.atm/mol.K $\qquad\qquad$ 1,987 cal/mol.K 62,36 L.mmHg/mol.K $\qquad\qquad$ 1,987 BTU/libra.mol.°R 0,7302 $pés^3$.atm/libra.mol.°R
Conversão de unidades de concentração	1 µmol de P = 1 at-µg de P = 31 µg de P-PO_4^{3-} = 95 µg de PO_4^{3-} 1 µmol de Si = 1 at-µg de Si = 28,2 µg de Si = 96,1 µg de Si(OH)$_4$ 1 µmol de N = 1 at-µg de N = 14 µg de N-NO_3^- = 62 µg de NO_3^- 1 mmol de O_2 = 2 at-mg de O_2 = 32 mg de O_2 = 22,4 mL de O_2 1 mmol de HS^- = 34,1 at-mg de H_2S = 32,1 mg de S^{2-} = 22,4 mL de H_2S 10 µg de N-NO_3^- = 0,71 at-µg de N-NO_3^- = 0,71 µmol de N-NO_3^- = 0,71 µmol de NO_3^- = 44,3 µg de NO_3^- 10 µg de N-N_2O = 0,71 at-µg de N-N_2O = 0,71 µmol de N-N_2O = 0,357 µmol de N_2O = 15,7 µg de N_2O

APÊNDICE 2 | ESCALA DO TEMPO GEOLÓGICO

EON	ERA	SISTEMA (Período)	SÉRIE (Época)	IDADE (Milhões de anos AP)
Fanerozóico	Cenozóica	Quaternário	Holoceno	(0,01)
			Pleistoceno	1,6
		Neógeno	Plioceno	5,3 (4,8)
			Mioceno	23
		Paleógeno	Oligoceno	(36,5)
			Eoceno	53
			Paleoceno	65 (64,4)
	Mesozóica	Cretáceo	Superior	95
			Inferior	135 (140)
		Jurássico	Superior	152
			Médio	180
			Inferior	205
		Triássico	Superior	230
			Médio	240
			Inferior	250
	Paleozóica	Permiano	Superior	260
			Inferior	290
		Carbonífero	Superior	325
			Inferior	355
		Devoniano	Superior	375
			Médio	390
			Inferior	410
		Siluriano	Superior	428
			Inferior	438
		Ordoviciano	Superior	455 (473)
			Inferior	510
		Cambriano	Superior	(525)
			Inferior	570 (540)
Proterozóico		Neoproterozóica	(Superior)	1.000
		Mesoproterozóica	(Médio)	1.600
		Paleoproterozóica	(Inferior)	2.500
Arqueano				

Fonte: Salgado-Laboriau (1994).

ÍNDICE CORPOS DE ÁGUA

A
Águas naturais do rio Negro 107
Apalichola Bay 403
Atlântico Leste-Norte 45
  Leste-Sul 45
  Norte 45
  Sul 45, 406, 411

B
bacia Amazônica 45, 54, 142, 145, 146, 157, 158, 361, 374, 445, 446, 447, 452, 455, 456, 459, 531
  Atlântico Nordeste 158
  do Paraguai 157, 158
  do Paraná 157, 158
  do Prata 241, 411, 413, 445, 462, 470, 471, 472, 531, 546, 558, 586
    do rio Piracicaba 96
    do rio São Francisco 45, 145, 147, 417
    do Tocantins 45
    do Uruguai 472
Baía Habu 498
Baixo Amazonas 54
Barataria Bay 403
Buttermere 488

C
Cananéia (região lagunar) 99, 215, 216, 219, 220, 381, 382, 386, 388, 389, 390, 391, 393, 394, 395, 396, 398, 413, 570
Charlestown Pond 403
Clear Lake 82, 290
córrego do Peixe 367
  Indaiá 367
Crystal Lake 69

E
Eel Pond 402
Estuário do rio Reno 68

F
Fellmongery Lagoon 281
Fossa de Cariaco 498

G
Galveston Bay 402
golfo da Guiné 398
  Dulce 498
grande Lago do Escravo 43
  do Urso 43
grandes lagos laurencianos 63
  norte-americanos 77, 311, 386, 440, 445, 493, 494, 530
Guiana Francesa 399

I
Igapó 560

L
lago 227 530
  Abaya 502
  Albert 27, 43, 104, 499
  Amatitlán 23
  Anderson 332
  Aranguandi 451
  Athabasca 43
  Atitlán 443, 445
  Baikal 43, 50, 56, 63, 125, 129, 136, 440, 483, 499, 500, 501, 557
  Balaton 185, 186, 216, 424, 490, 558
  Baldegger 560
  Banganelu 480
  Bangweulu 104, 502
  Bañolas 491
  Banyoles III 281
  Barra 59
  Bassenthwaite 488
  Batata 186
  Belovod 498
  Big Soda 498
  Biwa 424, 496
  Bled 560
  Boden 557
  Bogoria 503
  Bong-hu 560
  Botsumvi 63
  Bunyoni 451, 484
  Cadagno 281
  Calado 106
  Calafquén 475
  Camaleão 269
  Carioca 87, 317
  Castanho 271, 450
  Catemaco 443
  Chade 230
  Chamo 503
  Chao-Lu 560
  Chapala 443
  Chilwa 432
  Cisó 281
  Coatepeque 443
  Cocibolca 445
  Cólico 475
  Coniston 488
  Constanza 262
  Coronation 298
  Crater 63, 69
  Cristalino 80, 260, 261, 450, 453, 454
  Crummock 488
  D. Helvécio 81, 88, 114, 118, 119, 134, 188, 189, 214, 216, 218, 219, 223, 224, 226, 235, 254, 261, 264, 275, 279, 291, 294, 296, 312, 343
  Deadmoose 281
  Derwentwater 488

de várzea amazônico 119, 186
Dianchi 557
di Sangue 281
Domabi 298
Dota 558
Edku 402
Edward 480
Elmenteita 503
Ennerdale 488, 489
Erie 43, 50, 195, 492, 493, 494
Esrom 160, 223, 488, 489, 604
Estanya 281
Esthwaite 488, 489
Eyasi 503
Fango 281
Faro 281
Ferradura 271
Fukami-ike 530
Furen 557
Gatún 69
George 86, 118, 119, 148, 214, 221, 222, 295, 296, 424, 441, 481, 483
Güija 443
Hamana 497
Harrington Sound 403
Hartbeespoort 298
Haruna 497
Harutori 498
Haweswater 488
Hellefjord 498
Hemmelsdorfersee 498
Henry Gallam 298
Hidrodomo 402
Hippo Pool 502
Huron 43, 50, 195, 492, 493, 494
Igsell 560
Ilopango 443
Inversão 426
Issyk-Kul 63, 434
Izabal 442
Jacaré 55, 261, 264, 461
Jacaretinga 86, 111, 119, 453, 454
Kabara 502
Kaiike 498
Kainji 348
Kasumigaura 134, 560
Katanuma 497
Kilotes 264
Kinneret 557
Kitangirl 502
Kivu 27, 50, 82, 104, 451, 484, 499
Koyamaike 497
Ladoga 43
Lanao 87, 215, 216, 220, 441
Le Bouchet 63
Leman 19, 22, 560
Lê Roux 275

Little Connemara 298
Llanquihue 475
Lungwe 104
Mac Illwain 557
Magadi 503
Maggiore 489, 557
Mahega 503
Makoka 298
Mala 298
Malaui 143, 144
Malili 137
Malombe 298
Manágua 23
Manyara 503
Mara-Gel 281
Maracaibo 43, 63, 474
Mariut 402
Marlut. Sta 503
Maveru 480
Mazoe 298
Medicine 281
Mendota 113, 114, 560
Metahara 503
Michigan 43, 50, 492, 493, 494
Mikata 82
Mlungusi 298
Mokotonuma 498
Mpyupyu 298
Mulehe 451, 502
Muliczne 281
Mweru 43, 502
Nabugabo 502
Naivasha 275, 502
Naka 557
Nakuru 148, 437, 485
Namakoike 498
Natrium 435
Negre 1 281
Neusiedlersee 58
Niassa 27
Nicarágua 43, 69
Niriz 432
Nitinat 498
Notoro 497
Nou 281
Nyasa 480
Ohrid 129
Okana 497
Onega 43
Ontário 43, 50, 492, 494
Opí 85
Orta 557, 560
Osoresanko 497
Panguipulli 475
Parakrama 58
Paranoá 197, 238, 560
Pátzcuaro 443

Plussee 490
Poso 137
Pretoria Salt Pan 503
Prince Edward 298
Puyehue 475
Ranco 475
Ras Amer 502
Redondo 271
Reindeer 43
Repnoe 281
Rietvlei 298
Rimihue 475
Ritom 498
Ritomsee 281
Rochó 472
Roodeplast 298
Rorotua 558
Rotsee 498
Rudolf 43
Rupanco 475
Sagami 560
Salgado 435
Sanabria 491
Sarez 63
do Médio Rio Doce 48, 54, 57, 58, 59, 60, 82
do Rio Mississipi 63
Sem-Dollard 403
Shantropay 435
Shire 298
Silvana 316
Simbi 435
Sodon 498
Solar 281
Sonachi 299, 503
Suigetsu 498
Superior 43, 50, 155, 376, 492, 493, 494
Tahoe 264, 544, 557
Tampo 560
Tana 27
Tanganica 27
Tapacura 451
Tete pan 502
Thirlmere 488
Titicaca 43, 129, 145, 445, 446, 499
Toba 35
Tonlé Sap 43
Towada 497
Transjoen 281
Trummer 560
Tumba 104, 502
Tung Ting 43
Tupé 225, 451
Turkana 107
Ullswater 488
Umgasa 298
Urmia 434
Valencia 273, 474

Vall 298
Vallon 63
Vanerm 43
Vechten 281
Verde 498
Vilar 281
Viti 63
Vitória 24, 50, 81, 85, 129, 345, 440, 441, 483, 489, 499, 530
Volta 345
Wakuike 498
Washington 273
Wastewater 488
Windermere 441, 483, 487
Winnipeg 43
Winnipegosis 43
Wintergreen 281
Wisdom 63
Ya-er 557
Yugama 497
Zao-okama 497
Zaysan 43
lagoa 33 101, 105
  Amarela 264, 275, 461
  Araruama 400
  Cabiúnas 401, 404, 405
  Carapebus 406
  Carioca 84, 87, 101, 105, 118, 183, 256, 264, 275, 293, 460, 461, 486
  Colorada 437
  Comprida 400, 404
  de Venecia 402
  do Infernão 269
  dos Patos 381, 399, 406, 407, 408, 409, 410, 411, 413
  Dourada 134, 275, 276
  Ferradura 271
  Fora 403
  Grado Marano 402
  Imboassica 406
  Madre 402
  Manglar 402
  Maricá 400
  Mirim 407
  Saquarema 400
  Urussanga 403
laguna de Alvarado 402
  de Terminos 403
  Tamaulipas 109
  Ebrié 299, 403
  Mauguio 403
  Thau 403
Long Island Sound 403

M

Manaus 29, 54, 449
mar Báltico 68

Cáspio 56, 386, 434, 530, 531, 538
de Aral 107, 379, 538, 540
de Azow 531
do Caribe 442
dos Sargaços 68
Morto 432, 435
Tirreno 535
Médio-Baixo Amazonas 54
Médio Amazonas 54
Rio Doce 48, 54, 55, 57, 58, 59, 60, 82, 85, 87
Tietê 69, 108

N
Ninigret Pond 403

O
oceano Atlântico 147, 393, 398, 399, 407, 411
Pacífico 329, 399

P
Pamlico Pond 403
Pedreira 273
Porto Vermelho 271
Potter Pond 403

R
represa Billings 336, 337, 351, 423
Caconde 273
UHE Carlos Botelho (Lobo/Broa) 55, 70, 73, 74, 139, 186, 196, 203, 213, 214, 241, 265, 267, 268, 275, 276, 277, 285, 297, 300, 302, 305, 340, 341, 342, 343, 422, 423, 554, 558, 569, 570, 571, 577, 583
da UHE Luís Eduardo Magalhães 134, 347, 557, 558, 559, 577, 578
de Barra Bonita 69, 70, 71, 84, 86, 102, 105, 111, 194, 213, 214, 215, 236, 273, 275, 289, 342, 343, 351, 480, 517, 518, 527, 528, 529
de Capivara 107, 190
de Furnas 191, 333
de Guarapiranga 141, 423
de Ibitinga 241
de Itaipu 348
de Promissão 84, 85, 102
de Salto Grande 276, 473
de Samuel 319
do Jacaré-Pepira 215
Feitsui 557
Gatún 530
Ilha Solteira 340, 463
Jupiá 340, 463
Kariba 560
Monjolinho 275, 331
Paranoá 273, 331
Porto Primavera 463
Rapel 23, 475
Rosana 342, 463
Salto de Avanhandava 107
San Roque 558
Três Irmãos 463
Volta 341, 348
Volta Grande 331, 340
reservatório Boa Esperança 331
Bodocongó 332
das Garças 331
de Jurumirim 330
de Mosão 342
de SAU 338
de Tucuruí 339, 351
Guri 68
Pampulha 331
Pao-Cachinche 474, 560
Ribeirão do Feijão 422
Ribeirão do Lobo 196, 359, 361
Rift Valley lakes 480, 482
rio Amazonas 54, 101, 214, 316, 364, 372, 398, 399, 446, 447, 451, 459, 570
Amur 41
Bermejo 468
Brahmaputra 41, 43, 398
Burma 398
Colorado 379
Colúmbia 41, 50, 219
Congo 27, 41, 43, 137, 398, 536
Cuiabá 458
Danúbio 216
da Prata 137, 381, 411, 412, 413, 462, 470, 471, 472, 531
Doce 59, 88, 312, 367, 376, 441, 445, 460, 461, 582, 586
dos Sinos 190
Fraser 41
Gâmbia 480
Ganges 41, 43, 398
Grande 190, 381, 406, 429, 462
Guaíba 407
Hwang-Ho (Rio Amarelo) 42
Ienisei 41
Indus 41
Irrawaddy 41, 398
Ivinheima 464
Japurá 54
Jutaí 54
Lantz 43
Lena 41
Limon 268
Macaé 368
Mackenzie 41, 372, 373, 374
Madalena 373
Madeira 535
Mekong 373
Miramichee 389
Mississipi 63
Mogi-Guaçu 204
Murray-Darling 42, 372, 373
Negro 80, 105, 107, 120, 446, 447, 449, 452, 453, 454

Nelson 42
Níger 41, 372, 373, 374, 398, 480
Nilo 372, 480, 486, 570, 571
Obi 41
Orange-Vaal 373, 374
Orinoco 373, 399, 474
Paraguai 271
Paraná 227, 271, 464
Paranaíba 462
Paranapanema 107, 147, 220, 305, 583
Pettaquamscutt 498
Piracicaba 96, 213, 530
Purus 120
Reno 68, 558
Ribeira de Iguape 394, 398
Sana 368
São Francisco 145, 147, 228, 335, 355, 365, 377, 417, 429, 583
São Lourenço 41
Senegal 398, 480
Solimões 103, 105, 146, 269, 454
Tapajós 54
Teles Pires 535
Tietê 102, 105, 107, 213, 243, 335, 351, 429, 527, 529, 530
Tocantins 135, 244, 327, 338, 346, 347, 349, 351, 365
Trombetas 54, 186, 187
Uruguai 137, 372, 473
Vistula 363
Volga 372
Xingu 54, 244
Yangtze 41
Yukon 41
Zaire 63, 137, 265, 372, 373, 480, 502
Zambezi 480

S
Sapelo Island 402

V
várzea do Amazonas 120, 187, 270, 446, 448, 459

W
Woods Hole 402

A

abastecimento de água 322, 328, 353, 548, 552, 553, 583, 585
    público 190
abordagem descritiva 567, 568, 570
    experimental 567, 568
absorção 37, 66, 68, 69, 72, 73, 74, 83, 100, 108, 131, 132, 153, 199, 201, 202, 270, 295, 308, 334, 425
ação do vento 21, 49, 50, 75, 76, 77, 81, 83, 87, 88, 91, 93 110, 111
aceleração de ciclos 441
acessibilidade dos estuários 415, 416
acidificação 26, 242, 507, 576
adaptação biológica 425
    funcional 151
    progressiva 389
advecção 80, 83, 84, 89, 91, 119, 184, 266, 311, 331, 332, 334, 385, 392, 448
aerênquima 198
água atalássica 431, 435, 436
    continental 20, 31, 35, 44, 96, 100, 101, 103, 176, 182
    de percolação 50
    de precipitação 81, 96, 119
    doce 19, 20, 21, 28, 35, 37, 40, 43, 44, 52, 87, 101, 102, 107, 108, 116, 117, 170, 173, 179
    intersticial 89
    preta 146, 595
    salobra 198
    superficial 75, 96, 103, 111, 181, 182
    temporária 21
    transparente 447
alça microbiana 26, 239, 240, 371, 567, 580, 586
alevinos 309, 313, 346, 347, 399, 425, 427, 470
alga 123, 128, 131, 132, 134, 141, 149, 160, 161, 163, 172, 175, 176, 179, 183, 188, 194, 195, 196, 198, 199, 202, 211, 239, 240, 243, 250, 251, 253, 269, 278, 298, 299, 300, 308, 309, 313, 338, 339, 341, 345, 346, 357, 364, 366, 368, 369, 371, 377, 380, 384, 387, 402, 403, 415, 416, 421, 424, 426, 427, 438, 452, 465, 467, 492, 526, 528, 530, 560, 576
    perifíticas 132, 161, 194, 195, 196, 202, 339, 341, 369, 402
alimentação 21, 29, 132, 136, 138, 139, 145, 156, 198, 202, 210, 212, 216, 221, 228, 233, 236, 237, 248, 296, 306, 310, 323, 344, 346, 347, 348, 350, 367, 371, 373, 375, 379, 387, 392, 409, 410, 425, 431, 437, 448, 451, 452, 453, 458, 459, 467, 468, 470, 489, 495, 554, 568
    seletiva 132, 145, 221, 248
alteração das várzeas 378
    do regime hidrológico 471
    dos sedimentos 379
    climática 32, 316, 317, 336, 457, 463, 536, 537, 539
    evolutiva e ambiental 441
    morfológica 151, 232
ambiente lêntico 345, 465
    lótico 344, 348, 465
    pelágico 227, 340, 552
ameaças à biodiversidade aquática 511
amônia 96, 130, 148, 176, 228, 277, 292, 359, 422, 459, 497, 515, 517, 541, 563, 579

amplitude térmica 330, 331
anádromos 142, 228
anaeróbica 119, 201, 277, 278, 279, 290, 301, 421
    facultativa 290
anelídeo 136, 156, 223, 364, 396
anfíbio 125, 128, 147, 149, 202, 310, 426, 436
anfífito 162
animal aquático primário 126
anomalia da densidade 37
anoxia 86, 112, 113, 119, 159, 178, 188, 223, 230, 231, 278, 289, 292, 293, 302, 327, 331, 333, 338, 346, 383, 398, 415, 416, 425, 488, 489
    hipolimnética 508
    no fundo 82, 338, 415
    no fundo 82
anticiclone do Atlântico 407
aquicultura 23, 232, 320, 322, 456, 544
aquífero 35, 44, 306, 428, 471, 486, 507, 509, 510, 511, 534
área alagada 19, 20, 21, 25, 26, 28, 48, 49, 59, 101, 105, 122, 128, 129, 140, 147, 148, 149, 150, 194, 201, 228, 239, 240, 276, 295, 301, 303, 306, 307, 309, 310, 311, 312, 317, 342, 345, 346, 347, 348, 356, 372, 378, 387, 407, 408, 409, 411, 413, 414, 416, 417, 418, 419, 420, 421, 422, 423, 424, 425, 426, 427, 428, 429, 430, 438, 440, 445, 459, 460, 461, 469, 480, 482, 485, 486, 497, 505, 506, 507, 509, 510, 511, 512, 514, 539, 543, 545, 548, 551, 552, 553, 558, 562, 567, 568, 572, 580, 581, 582
    alteração da 460
    conservação e restauração de 553
área de distribuição 126
    de refúgio 380, 457
    pantanosa 20, 42, 68, 202, 418, 426, 428, 437, 438, 495, 581
armazenamento de águas 323
arsênico 98, 534
assinatura ótica 69
associações simbióticas 173
assoreamento 58, 309, 400, 405
Asterionella formosa 489
atelomixia 83, 84, 87, 486
atenuação 67, 68, 69, 72, 73, 283, 517
atividade fotossintética 85, 111, 117, 118, 120, 250, 251, 253, 257, 258, 261, 268, 269, 287, 396, 497
    antropogênica 28
    humana 21, 28, 31, 32, 52, 55, 95, 96, 98
    industrial 310, 415, 459, 499, 515, 532
autóctone 31, 160, 161, 223, 313, 338, 350, 355, 356, 361, 366, 368, 370, 375, 424, 500, 517
autopurificação 111
autótrofo 150, 247, 250, 339, 369, 370, 379
avanços tecnológicos 510, 581
ave aquática 58, 129, 148, 313, 338, 358, 442, 458, 486, 507, 554

B

bacia de drenagem 48, 49, 61, 96, 356, 432
    do médio Tietê 527
    hidrográfica 19, 20, 24, 25, 27, 28, 40, 42, 43, 45, 49, 55, 57, 60, 79, 90, 95, 96, 98

hidrográfica continental 414, 415, 416
bactéria 26, 86, 87, 100, 120, 168, 183, 186, 189, 192, 194, 195, 198, 199, 206
    de vida livre 130
    desnitrificante 279, 529
    fixadora 197
    fotoautotrófica 183
    fotossintetizante 88, 108, 179, 188
    halofílica 435
    heterotrófica 123, 130, 240, 271, 277, 278, 367, 368, 401
    quimiolitotrófica 130
    quimiossintetizante 248, 250, 278
bagres 145, 146, 228
balanço de calor 73, 76, 330, 538
    de massa 519, 572
    de material 95, 97
    de dados 355, 476, 514, 541, 543, 547, 548, 568, 572
    de deposição 383
    de macrófita 159, 342, 346, 347, 426, 554
bentos da zona profunda 160
    litoral 223, 492
    profundo 56, 223, 492
bioacumulação 243, 508, 532, 551
biocenoses 338, 364, 365
biodiversidade 26, 28, 32, 43, 89, 121, 127, 128, 129, 145, 163, 165, 243, 307, 309, 312, 313, 314, 315, 320, 338, 358, 372, 373, 379, 380, 381, 386, 398, 400, 405, 406, 411, 414, 417, 423, 427, 428, 431, 456, 459, 471, 479, 485, 499, 500, 505, 507, 509, 511, 526, 527, 550, 551, 554, 580, 582, 583
    aquática 43, 89, 121, 129, 145, 163, 165, 320, 379, 381, 414, 456, 471, 511
    avaliação do dano à 165
biofilme 198
biogeografia 26, 27, 28, 129, 310, 372, 501
biologia aquática 29, 462, 474, 480, 491, 568
    da espécie 232, 350, 405
    do vetor 545
biomanipulação 26, 238, 552, 554, 555, 560, 569
biomassa 20, 30, 40, 44, 96, 111, 119, 169, 171, 173, 177, 179, 183, 185, 187, 190, 194, 195, 196, 198, 202, 203, 204, 206
    de bactéria 276, 277, 313
    do fitoplâncton 179, 219, 458, 461, 516
biomonitoramento 243
bioperturbação 95
biossíntese microbiana 188
biota aquática 43, 121, 125, 128, 140, 163, 308, 335, 337, 355, 356, 361, 363, 369, 462, 463, 467, 472, 491, 501, 505, 507, 510, 522, 534, 535, 558
    aquática neotropical 121
    das águas temporárias 431
bioturbation 293, 393
bomba de bicarbonato 287
    iônica 286

C

^{14}C 297, 298

cadeia de detritos 240
    alimentar 238, 359, 367, 375, 381, 392, 397, 413, 414, 415, 416, 509
calor específico 37, 38
camada metalimnética 76
cambissolo 308
canal artificial 380
    fluvial 462
capacidade de adaptação 389, 431, 483
    de auto-organização 28, 551
    de predição 178
    de auto-regulação 551
    de osmorregulação 386, 388, 436
    de predição 178, 571, 574
    fotossintética 261, 270, 271, 440, 441, 489
    preditiva 183, 550, 568, 586
captura por unidade de esforço 467
características espacial/temporal 356
    geológica 324
    térmica 25, 35, 56
    hidrológica 324, 517
    morfométrica 52, 74, 91, 327, 405, 440, 492, 500
carbono inorgânico 115, 116, 117, 120, 253, 287, 385
    inorgânico dissolvido 115, 253, 287
    orgânico
    orgânico dissolvido 26, 98, 99, 100, 256, 363, 469
    orgânico do sedimento 461
    orgânico particulado 98, 99, 100, 366, 469
    orgânico total 100
    radioativo 252, 262
carga alóctone 338
    inorgânica 511, 513
    interna 300, 315, 352, 513, 552, 557, 579
    química 538
carnívoros 156, 215, 216, 221, 233, 272, 280, 370, 371, 383, 410, 412, 431, 535
catádromos 142, 228, 230
célula eucariota 122, 170
    procariota 122, 123
centro ativo de evolução 165, 372, 582
Chile 23, 432, 475
cianobactéria 72, 88, 111, 112, 170, 176, 178, 182, 189, 190, 191, 193, 198
    associações de 189
    fotoautotrófica 123
    tóxica 524
cianofíceas 118, 120, 170, 172, 180, 192, 195, 196
cianotoxinas 238, 522
ciclídeo 129, 143, 144, 145, 229, 409, 443, 483, 499, 530
ciclo biogeoquímico 22, 24, 26, 29, 58, 61, 89, 113, 178, 200, 202, 205, 206
    de decomposição 397
    em estuários 386
    do carbono 287, 339
    estacional 83, 87, 117, 119, 179, 184, 185, 194, 196, 209, 210, 212, 213, 214, 215, 216, 228, 267, 287, 290, 333, 382, 399, 408, 413, 424, 452, 457, 459, 469, 483, 486, 489, 491, 517, 519

　　　　　hidrológico 35, 38, 39, 40, 43, 160, 169, 306, 359, 369, 379, 416, 420, 421, 423, 424, 429, 438, 456, 464, 465, 466, 505, 506, 509, 510, 557
　　　　　climatológico 29
　　　　　da anoxia 188
　　　　　de biomassa 395
　　　　　de nitrogênio 565
　　　　　de nutrientes 280, 294, 312, 334, 372, 441, 454, 491
　　　　　de vida 30, 38, 40, 173
　　　　　do enxofre 188, 189, 279, 291, 301
　　　　　do fósforo 288, 289, 294
　　　　　estacional 83, 87, 117, 119, 179, 184, 185, 194, 196
　　　　　hidrológico 35, 38, 39, 43, 60, 169
ciclomorfose 210, 211
circulação compartimentalizada 327
　　　　　de lagos 37, 65
　　　　　nictemeral 453
　　　　　positiva 383
cisalhamento 79, 91
cistos de resistência 172
classificação dos biotipos 364
　　　　　dos rios 357
　　　　　química 25
　　　　　térmica 25
　　　　　zoológica 25
climatologia-hidrologia-limnologia 581
clímax 170
clorofila 67, 72, 86, 108, 111, 117, 118, 170, 172, 173, 177, 178, 189, 194, 196, 197, 203
　　　　　total de macrófitas 267
cloroplastos 170
cnidários 134
coagulantes 555, 556, 557
cobertura vegetal 35, 43, 80, 96, 306, 316, 368, 510, 553
coeficiente de absorção 66, 68, 69
　　　　　de atenuação 67, 69, 73
　　　　　de decaimento 207
　　　　　de descarga 521
　　　　　de exportação 522
coletores 366, 391, 399, 427
colonização 20, 21, 25, 108, 196, 203
　　　　　de ambientes 108, 122, 123
　　　　　de sedimentos 25
　　　　　do perifíton 196, 197
　　　　　de sistema aquático continental 124
　　　　　compartimentalizada 327
competição por recursos 221, 297
　　　　　exclusiva 127
　　　　　interespecífica 204
complexação 100, 288, 302, 311, 362, 487, 488, 532, 535
complexidade do ecossistema aquático continental 28, 568
componente biogeofísicos, econômicos e sociais 548
　　　　　biótico 168, 410, 421, 457
　　　　　do sistema aquático 579
　　　　　fotoautotrófico 194, 197, 267, 338, 339
comportamento estacional dos peixes 470
　　　　　fisiológico 30, 87, 169, 259, 260

　　　　　paleogeográfico 457
composição iônica das águas 102, 105
　　　　　química das águas doces 101
　　　　　florística e faunística 430
　　　　　iônica dos lagos africanos 484
　　　　　química das águas doces 101
　　　　　química dos lagos salinos 433
composto hidrofóbico 161
comprimento máximo 52, 53
comunidade 31, 86, 119
　　　　　bentônica 157, 160, 344, 367, 396, 452
　　　　　da região neotropical 121
　　　　　de peixe 21, 29, 228, 229, 241, 436, 471, 483
　　　　　de peixe tropical 228, 229
　　　　　do fitoplâncton 187, 468
　　　　　do estuário 388
　　　　　do zoobento 465
　　　　　lótica 159
　　　　　nectônica 140
　　　　　neustônica 161
　　　　　perifítica 161, 194, 196, 198, 342, 402, 465
concentração de mercúrio nos peixes 535
　　　　　de nutrientes 21, 88, 169, 172, 173, 179, 181, 182, 184, 192, 195, 196, 198, 203
　　　　　de nutrientes no sedimento 516
　　　　　de oxigênio 85, 100, 109, 110, 111, 113, 119, 169, 176
　　　　　iônica 103, 107, 108, 115, 123, 125, 126, 150, 342, 343, 448, 458, 476, 484, 488
　　　　　solúvel de fósforo 177
　　　　　universal 123
concepção de Rawson 32
condição hidrodinâmica 215
　　　　　meteorológica 73, 83
　　　　　subtropical semi-árida 457
condução de calor 37, 72
　　　　　de evaporação 72
　　　　　evaporação 72
condutividade 32, 101, 105, 107, 108, 125, 126, 198, 220, 222, 226, 242, 306, 342, 343, 349, 359, 361, 362, 375, 380, 433, 458, 468, 476, 484, 513, 529, 535, 538, 545, 568, 577
conectividade 202, 203, 310, 367, 427, 464, 465, 552
confiabilidade 547
conhecimento hidrodinâmico 583
conjunto funcional de componente 581
conservativos 97
constante dielétrica 37, 38
　　　　　solar 66
construção de reservatório 231, 320, 323, 346, 373
consumo do oxigênio hipolimnético 517
contaminação por mercúrio 459, 534
　　　　　por substâncias químicas e metais tóxicos 515
　　　　　química 416, 508, 541
continente africano 42, 349, 372, 398, 433, 479, 480, 482, 483, 485, 486
　　　　　centro-americano 442
controle da erosão 553
　　　　　da eutrofização 424, 528, 548

da poluição industrial 561
das perturbações no sistema 380
de enchente 378, 428, 507
de inundação 405
de macrófitas 558, 560
de nutrientes 558
do ciclo hidrológico e da erosão 557
do tempo de retenção 341, 551
físico 186
químico 341
convecção 77, 91, 110, 202
convergência subtropical 399, 406
correntede advecção 80, 184
de densidade 74
covariância 311
crenon-eucrenon 365
crescimento autogênico 187
do organismo 274
replicativo 252
criptodepressões 56
crustáceos 125, 126, 137, 138, 139, 156, 161, 163, 164, 210, 223, 225, 235, 241, 242, 274, 364, 371, 377, 383, 396, 398, 412, 414, 415, 416, 425, 429, 431, 435, 452, 489, 492, 500, 530
cultivo de arroz 235, 495
culturas de organismos 568
curva heterograda
negativa 112
positiva 112

D

decápodes 137, 164, 409, 416, 431, 469
declividade 202
média 52, 53, 54
decomposição 78, 82, 98, 100, 111, 112, 114, 116, 176, 177, 195, 196, 197, 200, 202, 203, 207
da serrapilheira 398
por bactérias 448
déficit de oxigênio 113, 114, 117
de oxigênio dissolvido 113, 114
relativo 113
degradação da qualidade hídrica 320
do ecossistema de floresta tropical 456
deltas 23, 43, 50, 61, 62, 202
densidade 35, 36, 37, 62, 74, 75, 76, 77, 78, 80, 82, 83, 85, 86, 87, 91, 92, 112, 168, 169, 180, 183, 192, 193, 203
da população 266, 278, 468
máxima 37, 205
dependência da densidade 169
da temperatura 168
do substrato 168
latitudinal da temperatura 330
deposição 49, 50, 52, 57, 59, 75, 96, 200, 316, 357, 359, 363, 367, 372, 382, 383, 384, 385, 386, 401, 422, 462, 527, 555, 583
de sedimentos 50, 59, 383, 462
depressões 50, 52, 55, 201
naturais 61

deriva em rios 375, 378
descarga 43, 44, 91, 98, 101, 196
da água fluvial 382
de fundo 326, 344, 554
de precipitação no verão 528
durante o ciclo hidrológico 359
descontinuidade física 125
de densidade 413
desenvolvimento regional 352
sustentável 456, 548, 558
desequilíbrio entre suprimento e demanda 541
desestratificação 79, 81, 83, 84, 85, 86, 111, 119
térmica 48, 560
deslocamento horizontal 77, 88
desnitrificação 130, 289, 290, 307, 313, 334, 422, 424, 427, 429, 509, 528, 529, 530
desova 147, 200, 314, 466, 467, 468
despejo agrícola 96
de efluente 557
industrial 96
dessecamento 126, 129, 212, 310, 346, 368, 391, 417, 425, 430, 431, 483, 486, 537
dessorção 293
detritivoria 145, 215, 239
detritívoro 130, 139, 159, 221, 223, 239, 240, 241, 282, 348, 370, 371, 375, 383, 393, 410, 414, 448, 455, 465, 467, 469
detrito 52, 65, 171, 200, 202
no estuário 393
orgânico 130, 200, 223, 393
diádromo 142
diapausa 222
diatomácea 48, 170, 171, 172, 173, 178, 180, 182, 183, 185, 188, 192, 195
dieta alimentar 467
diferença biogeofisiográfica 445
entre estuário e lagoa costeira 381
difusão 37, 57, 88, 90, 110, 199
molecular 89, 110, 302
vertical e horizontal 89
diluição 57, 316, 328, 383, 385, 414, 458, 464, 465, 468, 483, 513
dinâmica de nutriente 465
de população 26, 252
do aquecimento 83
dióxido de carbono 66, 95, 108, 114, 120, 199
dipolo 36
disco de Secchi 58, 69, 73, 177, 188
dispersão 89, 91
dissolução 50, 100, 101, 109, 115
do oxigênio 110
distância intermolecular 36
distinção funcional 150
distribuição de organismo 21, 29, 77, 108
de poluente 566
espacial das comunidade aquática 121
filogenética 132, 133
geográfica 202
global de lago 47, 61, 62

vertical da produtividade 173
vertical de temperatura 25, 179
vertical dos nutrientes 189
distrito lacustre 56, 440
distróficos 99, 304
diversidade da biota aquática 121, 125
da comunidade 21
de espécie 108, 168, 187, 200, 203
genética 551
divisão simultânea 172
doença 128, 129, 194, 313, 316, 320, 322, 329, 509, 534, 535, 536, 545, 554, 565, 585, 587
de veiculação hídrica 313, 316, 536, 554, 565, 585, 587
tropical 509
drenagem 35, 39, 41, 43, 47, 48, 49, 52, 57, 61, 89, 96, 98, 100, 101, 102, 111, 186
agrícola 584
continental 382, 411
urbana 379, 562
dureza 116

E

ecologia teórica 19, 21, 26, 442, 580
economia da restauração 549
ecossistema aquático 23, 28, 29, 30, 31, 32, 56, 57, 69, 73, 74, 87, 95, 96, 101, 105, 107, 108, 168, 169, 170, 173, 176, 178, 183, 184, 190, 197
continental 194, 196
de alta biodiversidade 373
de transição 382, 427
hidrologicamente integrado 546
terrestre 66
ecotecnologia 238, 319, 547, 550, 567, 586, 587
ecótono 21, 307, 310, 313
litorâneo 428
ripário 428
ectogênica 87, 497
educação ambiental 548
sanitária 549
efeito altitudinal e estacional 330
do vento 66, 75, 84, 90, 111
estufa 301, 320, 456, 529, 537
indireto 169, 316, 351, 506, 551, 558, 567
irreversível 561
eficiência fotossintética 264
efluente doméstico 401, 405, 406
industrial 242, 405, 414, 415, 423, 446, 506
elemento faunístico 455
químico 86, 175, 285, 505
El Niño 273, 536
emergência 50, 83, 157, 223, 383, 461
enchente 170, 187, 230, 314, 320, 367, 368, 378, 423, 428, 469, 507, 540, 561
energia externa 227, 249, 266, 304, 455, 550, 562
química 131, 164, 248, 250, 290
radiante 37, 66, 69, 70, 71, 73, 118, 173, 199, 334

radiante subaquática 70, 71, 130, 199, 251, 259, 260, 278
engenharia da água 378
enzimáticos 108, 250, 259, 262
epifauna 163, 409
epilímnio 76, 77, 85, 87, 88, 111, 116, 117, 119
epinêuston 160
equilíbrio termodinâmico 248
equivalente calórico 274
erosão 50, 52, 58, 59, 75, 107
das margens dos rios 459
química 107
erro mínimo 574
escala de tempo 25, 79, 169, 180, 181
espacial 28, 91, 128, 523, 546, 571, 579, 581, 582
esgoto doméstico 289, 402, 406, 414, 415, 476, 485, 508, 510, 529
espalhamento 66, 67, 270, 334
especiação autóctone 500
simpátrica 499
espécie dulcícola 404
endêmica 125, 129, 136, 137, 220, 441, 495, 499, 509
estuarina 386, 388, 390, 404
indicadora 202, 226, 227, 243, 489
invasora 108, 129, 148, 415, 531, 532, 584, 585
marinha 141, 387, 388, 404, 405, 409, 442
ocasional 404
residente 409
espectro eletromagnético 66
espirais de Ekman 77
esporo de resistência 172
estabilidade 30, 37, 69, 76, 80, 83, 86, 91, 92, 118, 183, 184, 186, 188, 192
no lago e represa 86
hidrológica 372
estado transiente 382
senescente 180
trófico 26, 57, 193, 226, 231, 315, 342, 343, 472, 474, 476, 515, 516, 517, 518, 519, 520, 521, 551
estratégia reprodutiva 147, 196, 455
estratificação 25, 28, 32, 35, 48, 53, 55, 58, 59, 74, 75, 76, 77, 78, 79, 81, 82, 83, 84, 85, 86, 88, 90, 91, 93, 95, 100, 101, 111, 112, 113, 114, 118, 119, 170, 189, 192
biológica 59, 87, 88
da coluna de água 91
de populações 87
hidráulica 83, 84, 329, 330, 333, 476
química 60
salina 82
térmica 22, 53, 59, 77, 83, 84, 88, 114, 117, 118, 192, 330
vertical 74, 84, 91, 170
estresse turbulento 74
estrutura anastomosada 463
de espécie de peixe 404
estuário
condição física e fisiográfica do 382
condição ótima em 392
hipersalino 386, 436
estudo de longa duração 183, 568, 572, 585

  de processo 24, 583
  geomorfológico 48
  hidrobiológico 29
  hidrogeoquímico 25
eucariota ancestral 123
euperifíton 194
euplâncton 156
eurialina 389, 390
eurialinidade 386
eutrófica 23, 112, 243
eutrofização 21, 23, 25, 26, 30, 31, 52, 58, 111, 113, 178, 184, 189, 190, 193, 195, 202
  artificial 406, 511
  cultural 315, 327, 512, 514, 519
  natural 511
evaporação 35, 37, 38, 39, 50, 72, 101, 107, 110, 176, 359, 382, 383, 386, 407, 425, 430, 431, 432, 433, 434, 446, 458, 459, 471, 481, 482, 485, 507, 538
evolução biogeográfica 374
  convergente 372
  da comunidade 21
excreção 95, 140, 148, 162, 238, 239, 245, 248, 253, 254, 256, 258, 260, 272, 274, 287, 288, 289, 290, 291, 295, 296, 300, 310, 334, 361, 362, 385, 414, 437
  do zooplâncton 295
exergia 184
expedição Sunda 23, 25, 27, 28
experimento em mesocosmos 568
  em microcosmos 568
extinção de espécies 129, 455

F

fase transiente 582
fator abiótico 168, 169, 213, 342
  biótico 127, 215
  climatológico 28, 61, 74, 88, 93, 119
  de estresse 242, 243
  físico 20, 126, 168, 186, 213, 222, 224, 228, 266, 303, 339, 363, 393, 441, 489, 572
  geográfico 517
  hidrológico 326
  limitante 24, 182, 195
  químico 202, 222, 339, 552
  regulador 235, 341
  terminal 468
fauna aquática 129, 209, 358, 455, 483, 525
  bentônica 157, 160, 223, 344, 364, 390, 396, 409, 415, 436, 472, 483, 489
  de estuário 386
  dos tributários 501
  e flora lótica 361, 363
  hipogea 163
  marinha 387
fenômenos biológicos, biogeoquímicos e ecológicos 448
fertilizante inorgânico 514
  orgânico 515

filtragem 308, 507
filtro ecológico 31, 326
fisiologia 37, 143, 145, 153, 173, 203, 212, 214, 224, 228, 229, 230, 231, 232, 245, 251, 291, 313, 363, 459, 472, 582
fitoplanctófago 455
fitoplâncton 21, 61, 67, 68, 69, 71, 72, 76, 77, 79, 83, 87, 88, 100, 107, 108, 111, 112, 118, 168, 170, 171, 172, 173, 174, 175, 178, 179, 180, 181, 182, 183, 184, 185, 186, 187, 188, 189, 192, 194, 195, 196, 198, 199, 203, 206
  de estuário 387
fotoautotrófico 173, 179, 194
fotossintetizante 108, 179, 234, 239
fixação biológica 120, 289, 290, 422
  heterotrófica 461
fixador de nitrogênio 188
flagelado heterotrófico 212, 338, 409
flamingo 437, 485
floculação 385, 422
  de partículas finas 384
flora microbiana 385
Floresta Tropical Atlântica 398
fluidos celulares 123
flutuabilidade 83, 179, 180, 192, 193
flutuação de nível 26, 58, 419, 420, 426, 428, 452, 453, 454, 455, 459, 482, 582
  hidrológica 229
  quaternária 457
fluxo de energia 20, 21, 170, 171
  laminar 65, 75, 76, 186
  líquido de calor 72
  principal 339, 380
  turbulento 65, 75, 77, 110, 187
fonte alóctone 270, 375, 391
  autotrófica 240
  de dispersão de espécie 380
  de poluição 514
  não-pontual 309, 521, 573
  pontual 190, 353, 378, 506, 544, 551, 560, 573
força de Coriolis 74, 77, 311
  de viscosidade 75
  inercial 75
fósforo 22, 49, 61, 168, 176, 177, 178, 185, 190, 192, 195, 196, 197, 199, 201, 202, 206
fossa tectônica 50
fotolitotrófica 130
fótons 66, 283
fotoquímico 250, 259, 260
fotossíntese 36, 72, 95, 111, 112, 115, 116, 117, 118, 119, 120, 169, 170, 173, 175, 180, 192, 195, 202, 203
  bruta 173, 254, 255, 257, 258
  do fitoplâncton 175, 263
  líquida 254, 255, 257, 258
fotossintetizante 88, 108, 170, 173, 179, 188
fragmentador 366, 367
frente fria 69, 193, 236, 260, 330, 341, 383, 407, 571, 577, 584
frequência de inundação 537
função de força 25, 28, 73, 74, 77, 91, 169, 170, 182, 185, 187, 202

funcionamento ecológico 231, 399, 401, 440, 448
    limnológico 58, 320, 328, 440, 481, 486
fungo aquático 130

G

gás dissolvido 84, 86, 95, 97, 108, 109, 117, 118, 119, 120
    volátil 301
gatilho preditivo 468
geoecossistema 546
geomorfologia 48, 49, 175, 306, 310, 356, 358, 368, 394, 406, 407, 440, 446, 463, 474
    do lago 48
geoquímica 25, 95, 96, 116
    da bacia hidrográfica 116, 286, 326
    do solo 95, 96
geotaxia negativa 216
    positiva 216
gerenciamento 19, 26, 28, 193, 203
    da fauna ictíica 349, 350
    de reservatório 319, 321
    integrado 28, 413, 415, 540, 543, 546, 547, 550, 553, 557, 558, 559, 560, 574
    local, setorial e de resposta 546
    regional 545
gestão da bacia hidrográfica 414, 415
    de recursos hídricos 548
glaciação 40, 50, 52, 383
gleissolos 307
gradiente biológico 388, 389
    de densidade 76, 85, 112, 333, 413
    de matéria orgânica 366
    de salinidade 375, 382, 383, 386, 387, 388, 401
    horizontal 58, 61, 83, 84, 127, 324, 330, 331, 333, 342, 381, 387, 428
    vertical 61, 76, 80, 82, 83, 84, 87, 126, 179, 329, 330, 331, 333, 383, 408
    vertical e horizontal 61, 329, 333, 408
grandes lagos 27, 43, 52, 56, 69, 77, 145, 226, 311, 386, 441, 499, 501
grau de dureza 116
    de sinuosidade 356
    de trofia 304, 440, 477, 492, 494, 511
grupo de espécie 368, 441, 498
    funcional trófico 367
    taxonômico 134, 138, 156, 250, 541

H

hábitat aquático 125, 449
    hidráulico 368
    úmido 126
helófitos 162
herbicida 308, 355, 359, 369, 378, 485, 509, 510, 515, 541, 552, 572
herbívoro 179, 199, 205
herpobento 163
herpon 163

heterocisto 176, 290
heterogeneidade do substrato 194, 368
    espacial 21, 29, 184, 310, 552
    espacial do ecossistema 552
    espacial em reservatório 213
    vertical 330
heterograda 112, 116, 117
Hidrobiologia 24, 33
hidrodinâmica 30, 60, 89
    de lagos 25
hidroeletricidade 320, 352, 353, 378, 471, 507, 540, 561
hidrófita 419
hidrogeomorfológico 307
hidrogeoquímica da água intersticial 334
    regional 100, 175, 306, 446, 447, 458, 459, 481, 486
hidrografia 186, 333, 407, 463
hidrologia regional 356, 457
hidrologicamente profundo 325
    raso 325
hidroperíodo 307, 420, 428
hidropulso 420
hidrovia 315, 507
hipereutrófico 192, 275, 276, 295, 474
hipereutrofização 351
hipervolume 242
hipocrenon 365
hipolímnio 74, 78, 79, 82, 83, 84, 86, 88, 89, 111, 112, 113, 114, 116, 117, 118, 119, 120
    acúmulo de substâncias no 84, 86
    anóxico 291
hiponêuston 160
holomítico 82
holoplâncton 156, 389
horizontalidade da isoterma 83

I

ictiofauna 145, 147, 344, 345, 346, 348, 374, 404, 406, 409, 466
impacto da atividade humana 32, 314, 355, 357, 506, 568
    da mudança global 25, 584
    na saúde humana 107, 514
    no ecossistema 505
    no sistema aquático 456, 545
    positivo 320, 547
    potencial 559
    sobre a biodiversidade aquática 320
inativação do fósforo 555
indicador biológico 243, 544, 552, 568, 582, 584
    de vulnerabilidade 548
índice da área foliar 267
    de avaliação de lago 518
    de estado trófico 516, 517, 519, 520
    de qualidade da bacia hidrográfica 548
    de Redfield 286
infauna 163, 390, 392, 409
infiltração 39, 306, 537
influência reguladora 441

Inglaterra 23, 50, 96
inibição da atividade fotossintética 118
inseto aquático 21, 125, 140, 141, 142, 199, 223, 355, 356, 364, 366, 367, 386, 404, 427, 443, 452
    holometabólico 140, 141
integração dos processos biogeofísicos 559
institucional 548
intensidade reprodutiva 468
inter-relação da bacia hidrográfica 354
    predador-presa 545
interação água-sedimento 392
    cultural 499
    física-biológica 441
    física-física 441
    física-química 441
    sedimento-água 25, 448
interdisciplinaridade e formação sistêmica 580
interface ar-água 83, 108, 109, 110, 111, 115, 117
    sedimento-água 111
intermitência 49
intra-específica 204
introdução de espécies exóticas 30, 129, 146, 232, 241, 242, 316, 350, 365, 378, 405, 414, 416, 442, 461, 471, 476, 499, 508, 509, 530, 531
intrusão 74, 82, 89, 90, 91, 189, 330
invertebrado aquático 123, 455
    bentônico 145, 156, 159, 223, 225, 344, 355, 356, 366, 368, 370, 404, 465, 466, 517
    estuarino 409
íon dissolvido 95, 339, 458
    em solução 96, 579
irrigação 44, 159, 314, 320, 322, 323, 329, 373, 378, 379, 411, 471, 474, 491, 506, 511, 539, 540, 552, 561, 574, 575
isolamento químico 554, 555
isotermia 81, 85, 86, 458

J
Japão 23, 25, 50, 82, 130, 134, 275, 316, 424, 440, 452, 494, 495, 496, 497, 498, 499, 524, 530, 531, 534, 557, 558, 560, 569

L
laboratório de evolução 499
lago africano 24, 27, 199
    amítico 82, 93
    centro-americano 442
    da Amazônia Central 450, 451, 452
    dendrítico 513
    de origem vulcânica 494
    dicotérmico 87
    dimítico 81, 93
    hipersalino 436
    hipossalino 436
    meromítico 50, 87, 88, 113
    mesotérmico 87
    monomítico 81, 87, 88, 112, 119, 188
    muito antigo 43, 498, 499
    natural 24, 28, 47, 48, 49, 55, 61, 89
    poiquilotermo 88
    polimítico 81, 82, 93, 112, 119, 183
    raso salino 58
    salino 19, 20, 26, 80, 87, 101, 105, 109
    salino heliotérmico 438
    temperado monomítico 495
lagoa costeira 30, 48, 49, 101, 195, 197
    de tabuleiro 399, 400
laminar 49, 65, 75, 76, 186, 356, 364, 365
largura máxima 52, 53, 495, 500
larva de Chaoborus 140, 159, 210, 214, 216, 219, 223, 225, 236, 461
    de simulídeo 140
latitude 66, 68, 74, 77, 91, 93, 169, 220, 303, 304, 306, 314, 335, 349, 356, 365, 441, 475, 485, 517
latitudinal da temperatura 330
limite de tolerância 146, 544
limnética 56, 87, 213, 214, 226, 303, 313, 314, 344, 411
limnofase 203, 465
limnófito 162
Limnologia básica 442, 544
    descritiva 567, 581, 582
    preditiva 567, 571, 572, 574, 582, 583
    regional 439, 442
    regional comparada 440
    tropical 19, 23, 24, 27, 28, 486
litoral 56, 139, 145, 159, 160, 194, 201, 205, 206, 214, 219, 223, 226, 228, 271, 288, 303, 304, 310, 312, 313, 314, 334, 344, 346, 347, 351, 353, 399, 411, 412, 414, 416, 435, 436, 452, 476, 492, 500, 520, 541, 551, 552, 554
lixiviação 288, 422, 427
localização geográfica 93, 303, 304, 306, 446

M
macroalga 196, 369, 387, 391, 403, 409
macroescala 335
macrófita aquática 21, 26, 56, 67, 100, 101, 108, 115, 118, 179, 194, 196, 198, 199, 201, 202, 203, 204, 205, 206, 207
    com folha flutuante 162
    emergente 201, 243, 342
    flutuante 198, 199, 202, 338, 342, 426, 469
    submersa 131, 203, 204, 206, 243, 267, 313, 346, 414, 426
macroflora 408
macroinfauna 391
macroinvertebrado aquático 226, 379
    bentônico 160, 223, 224, 225, 226, 242, 243, 364, 367, 368, 379, 404, 429, 466, 492
macronutriente 168, 285, 286
macrozoobento 206
mamífero 126, 128, 137, 147, 148, 149, 200, 410, 413, 425, 426, 428, 438, 459, 485
manancial 190, 191, 507, 537, 548, 562, 566, 585
manejo da zona litoral 554
mares de morros 460
mata ciliar 80, 306, 307, 308, 309, 310, 356, 358, 380, 512

    de restinga 399
    paludosa 399
    ripária 242
matéria alóctone 370, 461
    orgânica dissolvida 98, 99, 100, 105, 179, 183, 212, 213, 239, 240, 277, 303, 313, 343, 357, 361, 363, 385, 397, 422, 425, 435, 522, 535, 554
    orgânica particulada fina 361
    orgânica particulada grossa 366
    particulada 68, 99, 206, 285, 286, 306, 317, 318, 356, 359, 363, 393, 563
material alóctone 31, 113, 160, 194, 241, 277, 355, 356, 361, 372, 375, 424, 448, 455, 460, 461
    autóctone 31, 313, 375
    em suspensão 43, 65, 67, 68, 76, 80, 89, 90, 111, 177, 195, 196
    orgânico 68, 100, 130, 160, 338, 356, 357, 369
    orgânico particulado 100
    particulado dos detritos 241
mecanismo externo 74
    hidrodinâmico 132, 293
    interno 74
meromixia 82, 87, 88
    biogênica 82, 497
    crenogênica 82, 497
    de primavera 88
mesocosmo 236, 238, 243, 248, 568, 570, 579
mesoescala 227, 335
mesozooplâncton 210, 212, 213, 277
metabolismo 25, 36, 87, 117, 119, 170, 171, 194, 195, 198, 199, 200, 201, 202, 203, 205, 206
    dos lagos 117, 119, 205
    heterotrófico 369
microbiano 397
metabolismo bacteriano 130
metal alcalino 105
    pesado 89, 100, 198, 242, 307, 355, 362, 369, 378, 414, 422, 423, 429, 477, 501, 505, 507, 508, 509, 510, 515, 534, 556, 558, 572, 579, 583
metalímnio 76, 77, 78, 81, 83, 88, 89, 92, 112, 113, 116, 188, 189
metanogênese 422
metazoário 126, 194, 500
metil-mercúrio 532, 534, 535
metilmercaptanas 301
métodos experimentais 239, 252, 262, 267, 568
mexilhão dourado 241, 531, 532
micro-hábitat 128, 213, 220, 227, 342, 356, 369
micro-heterogeneidade 326
microaerofílicas 201
microalga epifítica 408
microbiologia 28, 451, 490, 567, 580, 584
    aquática 26, 490, 567, 580, 584
microcompartimentalização 334
microcosmo 19, 21, 243, 304, 474, 568, 569
microdistribuição 369
microescala 30, 335
microestratificação 85

microestrutura 83, 85, 87, 128
micrófita bentônica 250
microflora 199, 200
microlitosfera 239
micronutrientes 168, 176, 286
microzooplâncton 210, 211, 212, 217, 235, 239, 313
migração de peixes 320, 345, 350
    horizontal 219
    vertical 21, 71, 169
    vertical nictemeral 461
migrador 216, 228, 345, 346, 390, 466, 470
mistura 74, 75, 76, 83, 86, 90, 91, 92, 93, 119, 169, 170, 175, 181, 182, 184, 186, 187, 188, 192
    horizontal 91, 181
    vertical 68, 74, 76, 90, 93, 119, 169, 181, 182, 186, 187, 188, 192
mixolímnio 82, 88
modelagem 26, 27, 30
    ecológica 27, 427, 543, 561, 570, 572, 584
    ecológica e matemática 570, 572
modelo de eutrofização 527
    determinístico 546, 563
    dinâmico 563, 565
    ecológico 565
    ecológico e matemático 584
    estocástico 563
    hidrodinâmico 565
    hidrológico 427, 583
    hidroquímico 565
    holístico 563
    matemático 251, 411
    reducionista 563
modificação no hábitat 379
molibdênio 168, 176, 178, 291, 302, 534
molusco 126, 129, 136, 137, 154, 156, 159, 164, 199, 223, 225, 241, 274, 277, 361, 367, 371, 372, 377, 383, 386, 396, 398, 399, 404, 410, 412, 414, 415, 425, 429, 436, 452, 458, 467, 469, 531, 559, 576
    pulmonado 125, 126, 386
monimolímnio 82, 87, 88, 494, 497
monitoramento 52
    biológico 242, 243
    de orientação 573, 575
    em tempo real 577, 578, 581
    sistemático 573, 574, 575
morfometria 26, 28, 47, 48, 50, 52, 53, 55, 56, 57, 59, 93, 188
    do estuário 384
    do reservatório 327
    do rio 379
movimento neotectônico 463
    tectônico 50, 52
    unidirecional 356
mucilagem 151, 152, 170, 182, 192, 280
mudança global 25, 411, 536, 538, 539, 550, 572, 584
    na cadeia alimentar 509
    no ciclo hidrológico 509

N

nanofitoplâncton 153, 179, 183, 213, 241, 263, 391, 531
    fotossinteticamente ativo 241
    heterotrófico 241
nanômetro 66, 73, 99, 100, 160
nécton 160, 170, 228, 243, 384, 573
neossolo 307
nêuston 38, 160, 161, 164
neutro 207, 383, 421
nicho alimentar 125, 213, 221, 345, 383, 414, 416, 448, 453, 467
    ecológico 382, 431, 455, 554
nictemeral 84, 87, 111, 115, 119, 159, 187, 453, 458, 480, 481, 484
nitrato 96, 130, 176, 178, 288, 289, 290, 292, 293, 294, 300, 302, 359, 373, 374, 379, 422, 488, 508, 515, 517, 528, 529, 563, 579
    redutase 302
nitrificação 130, 289, 290, 422
nitrito 130, 176, 178, 288, 289, 290, 300, 359, 422, 517, 528, 541, 579
nitrogênio 61, 96, 97, 100, 120, 168, 172, 176, 177, 178, 180, 183, 185, 188, 189, 190, 195, 196, 197, 202, 206
    atmosférico 176, 183, 190, 278, 422, 501
    orgânico 461, 539
nível fluviométrico 468
    hidrométrico 187
    trófico 229, 233, 238, 268, 274, 280, 281, 282, 329, 361, 363, 371, 393, 406, 440, 580
número adimensional 65, 89, 92
    de Reynolds 75, 92
    de Richardson 76
nutriente inorgânico 150, 182, 188, 295, 304, 335, 391, 488, 492, 517, 563
    limitante 176, 184, 296, 297, 361

O

oceano 20, 35, 39, 43, 66, 73, 74, 77, 103, 123, 124, 126, 131, 132, 143, 145, 151, 153, 173, 182, 210, 228, 247, 250, 251, 252, 259, 260, 261, 266, 269, 270, 290, 341, 386, 391, 432, 511, 530
oligomítico 82
oligotrófica 23, 273, 324, 423, 494, 513, 516
onda 21, 58, 65, 66, 67, 68, 69, 73, 74, 75, 76, 77, 83, 89, 90, 199, 203
organismo aquático 21, 30, 35, 37, 38, 48, 71, 72, 87, 98, 108, 111, 120, 125, 126, 127, 129, 130, 149, 150, 163, 169, 190, 233, 241, 242, 274, 285, 295, 310, 313, 314, 319, 414, 495, 498, 510, 511, 532, 537, 544, 545, 582, 583, 584
    bentônico 137, 156, 159, 160, 223, 226, 278, 304, 313, 334, 338, 385, 388, 399, 410, 414, 416, 436, 491, 563
    da epifauna 409
    de posição fixa 164
    endêmico 126
    errante 164
    estuarino 386, 388
    fotoautotrófico 131, 132, 173, 178, 248, 250, 251, 260, 273
    fotossintetizante 67, 249, 250, 266, 287
    heterótrofo 251
    marinho estenoalino 388
    marinho eurialino 387
    oligoalino 387
    protozooplanctônico 409
    quimioautotrófico 251
    quimiossintetizante 248, 249, 250, 278
organização espacial 149, 242, 306, 326, 329, 351, 358, 401, 457, 463, 471
    espacial do reservatório 329
    espacial e temporal 242
    estrutural espacial e temporal 182
origem do lago 47, 48, 58, 226
    do rio 447
oscilação periódica 74, 76
osmorregulação 386, 388, 436
ostracodos 129, 156
ovo de resistência 126, 129, 222, 227, 228, 343, 417, 430, 455
oxidação química 111, 178
oxigênio dissolvido 22, 25, 84, 85, 86, 100, 109, 110, 111, 112, 113, 114, 116, 117, 118, 119, 120, 169, 176, 178, 189, 196, 202

P

padrão de circulação 312, 315, 383, 384
    de complexidade 568
    de costa 383
    de distribuição 83, 213, 267, 300, 384, 408, 507
    de drenagem 47, 48, 306, 507
    de microescala 335
    de tolerância 545
    de variação diurna 117
    distribuição 83
    longitudinal 335
    morfométrico 84
    térmico 81, 87, 304, 335
paleolimnologia 128
Palmae 399
Pantanal 55, 72, 87, 202, 426
parâmetro morfométrico 47, 52, 330, 331
parasita 126, 129, 130, 134, 139, 141, 149, 159, 211, 536, 545, 562, 570
parasitismo 127, 145, 169, 179, 194, 213, 339, 342, 364, 368, 545
pássaro 126, 137, 147, 200, 310, 314, 322, 391, 392, 410, 413, 427, 431, 437, 438, 458, 459, 485
pecton 163
peixe amazônico 229, 230, 231, 452
    anádromo 228
    bentônico 145
    catádromo 228
    demersal 143
    detritívoro 240
    do rio Paraná 348, 469, 470
    epibêntico 409
    herbívoro 238, 535, 560
    nativo 461, 471
pelágico 145
planctófago 145, 219, 236, 238, 239, 348

pulmonado 129, 145
pelágica 25, 56, 139, 173, 182, 184, 194, 196, 226, 228, 229, 232, 241, 277, 313, 314, 345, 346, 348, 351, 476, 484, 500
pelon 163
percolação 39, 50
perda da biodiversidade aquática 379
    de área alagada 416, 548, 562
    de biodiversidade 320, 507, 527, 551
    de hábitat 379, 416, 507
perfil batimétrico 55
    longitudinal 357
    vertical 56, 83, 87, 101, 112, 118, 251, 421, 489, 577, 579
perifíton 21, 111, 118, 170, 179, 194, 195, 196, 197, 198, 199, 200, 202, 203, 206
    fotoautotrófico 194, 195
perímetro 52, 53, 54, 495, 500
período de dessecamento 431
    de estratificação 55, 84, 86, 88, 101, 114, 118, 119, 192
    de inundação 453, 465
    de reprodução 468
    de senescência 111
persistência do impacto 559
perturbação biológica 293
    externa 171, 182, 315
    física 310
    intermediária 227, 343
pesca 19, 28, 57, 201
    tradicional 499
peso seco 107, 176, 180, 194, 196, 197, 204
    médio individual 275
pesquisa básica e a aplicação em sistemas 585
    científica limnológica 544
pesticida 243, 355, 359, 370, 411, 471, 485, 509, 510, 532, 541, 552, 561, 572, 576
picofitoplâncton 153, 182, 183, 239, 241, 264, 340, 496
    fotoautotrófico 340, 496
    fotossintetizante 239
plâncton 21, 22, 28, 56, 65, 73, 120, 130, 140, 145, 148, 150, 154, 156, 160, 179, 180, 182, 183, 200, 210, 211, 212, 217, 226, 228, 236, 274, 277, 297, 324, 328, 336, 343, 356, 365, 384, 398, 399, 411, 413, 437, 489, 492, 501, 513, 568, 570, 573, 590
planejamento 27, 31
    regional 31
planície de inundação 228, 307, 428, 465, 466, 506
    de restinga 400
    fluvial 400, 462
plano de diagnóstico 551
planta anfíbia 469
    aquática 115, 120, 130, 145, 161, 162, 163, 169, 176, 177, 200, 202, 203, 231, 233, 239, 267, 269, 286, 287, 288, 291, 295, 296, 314, 322, 361, 369, 393, 408, 409, 423, 426, 459, 469, 471, 526
    do rheophyton 469
    fotoautotrófica 248
    vascular 125, 269
Platelminto 135, 136
Pleistoceno 50, 60, 446

plêuston 38, 160, 164, 409
plintossolo 307
plocon 163
podostemácea 469
polimítico 26, 58, 82, 84, 93, 112, 119, 183, 186, 493
política internacional 547
    pública 548, 549
poluente 69, 77, 89, 90, 160, 209, 213, 222, 226, 242, 245, 309, 310, 312, 322, 379, 380, 423, 428, 474, 506, 509, 510, 546, 548, 551, 552, 554, 557, 562, 566
poluição atmosférica 96, 353, 501
    biológica 541
    da água 541
    difusa 561
    por metais pesados 414
    química 541
    térmica 515
ponto de evaporação 37
    de fusão 37, 38
população 21, 26, 60, 87, 88, 167, 168, 169, 170, 172, 176, 179, 192, 202
    fitoplanctônica 176
    natural 172
porífero 134
potamofase 203, 465
Potamon 365
potencial de eutrofização 184, 549
    de exploração racional 411
    de oxirredução 288, 292, 295, 335
    redox 178, 292, 294, 300, 302, 309, 362, 380, 396, 421, 487, 513, 577
pre-impoundments 553
pré-represa 553, 554, 558
precipitação 35, 39, 44, 45, 46, 52, 57, 61, 81, 82, 86, 88, 89, 96, 97, 100, 101, 107, 111, 113, 117, 119, 183, 185, 186, 196
    atmosférica 101
    diferencial 107
    média anual 46
predação 145, 146, 156, 160, 169, 178, 179, 198, 210, 212, 213, 214, 215, 219, 221, 222, 223, 224, 227, 234, 235, 236, 237, 238, 239, 339, 342, 343, 344, 368, 369, 377, 443, 459, 477, 489, 499, 530, 551
    de invertebrados 235
    intrazooplanctônica 156, 235, 236, 477
predador 77, 179, 200, 205
predição 26, 30, 178
pressão hidrostática 162, 216
prevenção da eutrofização 516
princípio unificador 38, 440, 489, 581, 585
problema geomorfológico 142
    sanitário 136, 545
processo advectivo 83
    biológico 116, 168, 194
    de advecção 89
    de decisão 548
    de dessecamento 129
    de envelhecimento 350, 351

erosão na bacia hidrográfica 317, 356
de evaporação 101
de extinção 129
de regeneração 286, 295
de sucessão 132, 157, 169, 170, 171, 175, 182, 186, 193, 203, 227, 346
de transporte 110
dinâmico 20, 74, 168
ecológico 24, 30
fisiológico 95, 169, 179
fotossintético 66, 85, 115, 120
metabólico 175, 198
quimiossintético 461
reprodutivo 87
sazonal 29
produção de matéria orgânica 95, 179
de toxina 353, 532
fotossintética bruta 484
heterotrófica de bactéria 452
máxima teórica 269
nova 185, 187
orgânica máxima teórica 270
pesqueira 231, 232, 247, 282, 348, 349, 350, 400, 490
primária 21, 24, 120, 185, 188, 192, 194, 196, 203
primária bruta 196, 248, 370, 392
primária do fitoplâncton 24, 254, 265, 270, 272, 308, 334, 435, 451, 489
primária do perifíton 194, 268, 450
primária fitoplanctônica 188, 251, 252, 255, 264, 265, 266, 343, 351, 392, 408, 450, 461, 476, 508, 579
primária líquida 132, 248, 270, 273, 370, 402, 450, 464
primária marinha 270, 271
regenerada 185, 187, 270, 273, 300
secundária 240, 247, 273, 274, 276, 277
produtividade do bacterioplâncton 276, 435
primária 24, 25, 26, 29, 173, 194, 204
primária do fitoplâncton 173, 194
primária fitoplanctônica 194, 251, 252, 253, 254, 255, 256, 259, 262, 263, 264, 335, 341, 391, 402, 435
produtor primário 95, 98, 111, 176
primário em estuário 391
primário fotoautotrófico 248
secundário 272, 273, 274
profundidade de compensação 251
do reservatório 325
Secchi 73, 521
prognóstico 31, 48, 88, 242, 411, 545, 565, 566
Programa Biológico Internacional 24, 25, 162, 248, 418, 495, 561
projeto de recuperação e gerenciamento 544
propagação da maré 385
propriedade da bacia hidrográfica 305
física da água 35, 37, 38
proteção contra enchentes 314
de mananciais 585
protozoário 129, 134, 139, 160, 161, 163, 194, 195, 210, 211, 212, 238, 239, 266, 277, 309, 339, 361, 371, 475, 489
pulso a jusante 336
anual de inundação 457
de biomassa 203
de bombeamento 337
de circulação 81
de eutrofização 528
de inundação 372, 453, 460, 463, 464, 469
de origem natural 336
em reservatório 336
estacional 336
hidrológico 310
hidrossedimentológico 465
natural 320, 336
ocasional 336

Q

qualidade
avaliação da 576
da água 35, 66, 96, 195, 198, 210, 225, 226, 238, 245, 308, 314, 319, 321, 322, 323, 325, 326, 327, 328, 329, 336, 345, 354, 416, 428, 485, 486, 507, 508, 509, 511, 514, 527, 532, 537, 538, 539, 548, 549, 553, 555, 557, 562, 566, 573, 574, 576, 577, 584
quantas 66
quantidade de trabalho 86
quimicamente pobre 103
quimioclina 82, 88
quimiolitotrófico 241, 250, 251, 289
quimiomorfose 211
quimiorganotrófico 279
quimiossíntese 248
quociente fotossintético 258, 262
respiratório 117, 258

R

radiação eletromagnética 66
endêmica evolutiva 499
solar subaquática 69, 73, 132, 149, 182, 184, 215, 260, 279, 369, 408, 517, 519
subaquática 67, 69, 71, 72, 73, 99, 127, 254, 256, 259, 260, 261, 266, 272, 337, 342, 408, 579, 589
raíz adventícia 425
raspadores 140, 141, 366, 367, 427, 455
reabilitação das margens do rio 379
dos corredores 379
reação enzimática 250
reciclagem 79, 130, 134, 148, 149, 185, 196, 198, 247, 266, 270, 272, 278, 285, 286, 287, 288, 295, 296, 300, 301, 304, 305, 306, 307, 308, 313, 314, 334, 361, 362, 363, 384, 397, 423, 424, 426, 429, 438, 448, 453, 454, 455, 489, 507, 547, 551, 560, 573
de nutriente 79, 148, 149, 185, 196, 247, 285, 295, 296, 300, 306, 313, 314, 334, 384, 423, 424, 426, 429, 438, 453, 489, 507
recipientes não-tóxico 255
recolonização da fauna bentônica 409
recreação 320, 322, 323, 353, 373, 413, 414, 415, 428, 442, 471, 507, 527, 552, 553, 574, 575, 581, 585

recuperação da função 380
    de bacia hidrográfica 474, 549, 551, 552
    de lago 21, 31, 505, 539, 545, 565, 573
recurso alimentar 228, 467
    autóctone 346
rede alimentar 25, 26, 145, 146, 147, 148, 156, 177, 178, 183, 198, 200, 228, 232, 233, 238, 239, 240, 241, 242, 248, 249, 273, 279, 337, 338, 346, 347, 348, 350, 351, 361, 370, 371, 372, 378, 391, 392, 409, 410, 423, 427, 437, 459, 471, 486, 506, 510, 530, 532, 552, 555, 560, 584, 586
    hidrográfica 27, 48, 315, 323, 356, 552
    trófica 131, 156, 161, 233, 268, 458, 470, 489, 531
redução da erosão 314, 428
redundância 440
reflexão 66, 67, 69
refração 66, 67
região anóxica 130, 415
    árida 50, 58, 101, 107, 134, 310, 368, 417, 418, 508, 537, 554
    de transição 163, 350
    lêntica 350
    lótica 350
    mixoalina 411, 412
    neotropical 121, 142, 146, 167, 240
    seca 442
    temperada 113, 220, 442
    tropical 23, 27, 28, 84, 101, 178, 182, 223, 225, 441, 442, 446
regime fluvial 323
registro químico 316
regulação hiperosmótica 436
    hipoosmótica 436
    osmótica 108, 142, 152, 386, 436
relação predador-presa 350, 361, 364, 545
    Zeu/Zaf 579
    Zeu/Zmáx 579
    Zeu/Zmix 184, 579
relicto vivo 501
represa 19, 20, 21, 24, 25, 26, 27, 28, 29, 30, 31, 35, 39, 40, 43, 47, 48, 49, 53, 57, 60, 61, 65, 68, 69, 70, 72, 74, 76, 78, 80, 83, 84, 86, 88, 89, 90, 91, 92, 99, 100, 102, 107, 108, 110, 111, 112, 120, 178, 182, 183, 185, 186, 192, 193, 194, 195, 198, 201, 202, 205, 206
reprodução 29, 61, 71, 168, 169, 171, 172, 173, 176, 178, 184, 185, 186, 194, 202, 206
répteis 128, 147, 310, 425, 426, 438, 459
reservatório em cascata 328, 335
    para bombeamento 328, 329
    polimítico 84
    raso 324, 331, 335
    urbano 352
resfriamento térmico 78, 81, 83, 85, 87, 110, 117, 311, 312, 441, 458, 461, 481
resiliência 165, 303, 314, 315, 547
resistência à seca 455
    térmica à circulação 92
respiração 87, 95, 111, 112, 115, 116, 117, 118, 119, 120, 171, 173, 178, 180, 195, 202
    aeróbica e anaeróbica 119
    microbiana 178
respostas biológicas 440
ressuspensão 61, 75, 111, 317, 407, 422, 427, 465
restauração de rios 379, 553
retenção da biodiversidade 551
retirada seletiva 89, 333, 551
reúso e reciclagem 547
reutilização de águas de esgoto 544
Rhithron 364, 365
rio tributário 60
riqueza de espécies 127, 149, 226, 227, 339, 341, 342, 386, 457, 465
risco de extinção 165
ritmo endógeno 216, 261, 390
rizófitos 162
rotação de Langmuir 77
rotífero 125, 129, 136, 139, 155, 161, 178, 179, 210, 212, 213, 226, 235, 239, 274, 275, 338, 339, 343, 361, 403, 452, 465, 472, 475, 489, 492
rugosidade do sedimento 356
ruído 440

S

sais dissolvidos 100, 101, 107
    totais dissolvidos 101, 103
salinidade 37, 57, 58, 74, 82, 87, 90, 101, 107, 109, 110, 198
salinização 329, 411, 482, 508, 538, 565
saturação 109, 110, 111, 112, 113, 117, 118, 169, 175, 203
    de oxigênio 109, 111, 113, 169
sedentário 470
sedimentação 32, 50, 54, 56, 58, 61, 88, 91, 179, 180, 199, 202
    de matéria orgânica 294, 422
    do fitoplâncton 179
    pleistocênica 457
    progressiva 199
    quaternária 446
sedimento anaeróbico 117, 130, 301
    de rio, lago e represa 548
    do estuário 384
    do fundo 55, 117, 185, 314, 421, 441
    do lago de várzea 455
    recente 316
sedimento-água 25, 111, 156, 286, 288, 292, 293, 294, 302, 329, 334, 379, 407, 427, 437, 448, 517, 557, 573
seleção de hábitat 168
sensibilidade, detectabilidade e acuracidade 573
sequência de reservatórios 334
serrapilheira 82, 203, 238, 239, 379, 380, 397, 398, 461
serviço do ecossistema 127
simbiose 123, 211, 229
sinergia 506
sistema amazônico 440
    de apoio à decisão 582
    de informação 245, 547, 549
    de Informação Geográfica 580

de múltiplos reservatórios 328, 329
de reservatórios 328
de vales fluviais 465
endorréico 445
fluvial 48
humanizado 581, 585
isolado 486
lêntico 48
lótico 196
sólido total dissolvido 57, 107
solo orgânico 421
solubilidade 107, 108, 109, 112, 199
de gases 87, 108, 109
solvente universal 36, 37, 38, 97
sombreamento pela vegetação 450
sorção 100
submergência 383
subsidência 50
substância conservativa 286
dissolvida 41, 42, 67, 68, 77, 82, 83, 96, 97
húmica 23, 68, 98, 99, 100, 105, 178, 179, 183
inibidora 127
não-conservativa 286
orgânica 355, 362, 393, 425, 477, 514, 515
orgânica dissolvida 37, 68, 69, 82, 98, 99, 100, 198
tóxica 26, 61, 89, 198
substrato 20, 35, 95, 108, 168, 194, 196, 197, 199, 202
artificial 196, 198
tipo de 196
sucessão da alga perifítica 196
da comunidade 21, 176
do perifíton 21, 194, 195, 196, 198
estacional do perifíton 197
fitoplanctônica 21, 25, 30, 175, 179, 180, 183, 185, 186, 189, 192
na população e comunidade 169
pelágica 184
supersaturação 111
de oxigênio dissolvido 111
suspensão coloidal 99

T

tapete microbiano 198
taxa de crescimento 169, 175, 179, 192, 194, 195
de eutrofização 512
de mortalidade 184
de produção 251, 263, 274, 276, 397, 402
de reciclagem 272, 285, 286, 296, 560, 573
de reprodução 184
de respiração 195, 224, 441
de sedimentação 179, 180
máxima de desnitrificação 529
tecnologia de computação 561, 571
temperaturas absolutas 78
tempo de residência 48, 52, 88
de resposta 28

de retenção 32, 60, 184
teórico de retenção 324, 325
tensão superficial 35, 37, 38, 44, 160
teoria do equilíbrio 96
dos pulsos 552
trófico-dinâmica 25
termoclina planar 78
primária 87
secundária 83, 84, 85, 433
temporária 78, 458
tipo de solo 286, 306
tipologia de lago 22, 28, 495
de represa 24, 476, 570
tolerância 87, 108, 127, 142, 146, 160, 162, 168, 220, 231, 280, 386, 388, 390, 395, 413, 414, 417, 430, 433, 442, 466, 477, 531, 544, 545, 584
à hipoxia 231
à salinidade 388, 390, 413, 414, 433, 442
topo da cadeia alimentar 238, 552
totalmente homogêneos 384
toxicidade 184, 190, 232, 243, 245, 251, 353, 398, 427, 459, 471, 505, 509, 524, 532, 557, 566, 576
dos metais 532
transferência de calor 37, 72
de energia 25, 108, 212, 273, 390, 392
hídrica 328, 329
transmitância 68, 69, 73
transporte de água 306, 511
de fósforo 363
de material orgânico e inorgânico 356
de matéria particulada 317, 318, 356
de nutriente 76, 91, 307, 425, 448, 507, 539
de sedimento 43, 50, 223, 295, 307, 317, 327, 329, 334, 384, 416, 447, 459, 462, 463, 466, 472, 510, 511, 582
de substância dissolvida 41, 42, 314
hidroviário 459, 471
horizontal 83, 112
vertical 57, 65, 88, 91, 110, 151, 173, 303, 329, 458
tratamento de esgoto 413, 414, 460, 584
treinamento em gerenciamento 548
trípton 68, 69, 160
troca de energia 108, 169
epilímnio, metalímnio, hipolímnio 448
trofodinâmica 277, 278
turbidez
aumento da 203, 416, 441, 508
mineral 442
turbulência 30, 58, 65, 71, 74, 75, 76, 83, 84, 90, 91, 92, 100, 110, 132, 151, 179, 182, 183, 185, 186, 188, 202, 204, 211, 250, 259, 266, 273, 293, 302, 328, 334, 341, 370, 392, 450, 489, 526, 553, 554, 571, 572, 577
turbulento 29, 65, 74, 75, 76, 77, 110, 179, 187, 215, 356, 363, 364
turismo 320, 353, 411, 461, 471, 501

U

unidades sinecológicas 364
urbanização 378, 459, 470, 471, 501, 506, 510, 515, 527, 548, 561,

585, 587
uso de gafanhoto 560
    do recurso aquático 545
    intensivo do solo 378, 501
    múltiplo 43, 319, 321, 322, 323, 328, 330, 335, 336, 350, 352, 353, 414, 471, 486, 506, 510, 511, 543, 544, 545, 559
utilização racional dos recursos do ecossistema 559

V

vacúolos contráteis 152
vale de inundação 55, 231, 306, 453, 455, 462, 463, 464, 465, 466, 467, 468, 469, 471
valoração econômica 165
variabilidade climática 125, 486
    do fator ambiental 441
    física 125
    química 125
variação da salinidade 409
    diurna 21, 60, 73, 81, 84, 85, 86, 87, 95, 117, 118, 119, 223, 256, 258, 261, 268, 380, 433, 458, 480, 541, 570
    espacial 213, 401, 409, 579
    estacional 81, 87, 119, 127, 216, 257, 361, 375, 407, 408, 480
    fenotípica 215
    genotípica 215
    nictemeral 87, 187, 216
    temporal 310, 331, 334, 465, 514
    térmica diurna 84
variável de estado 527, 563
    limnológica 349, 464
vazão do rio 465
vegetação aquática 140, 346, 382, 399, 467
    de mangue 382, 391, 393, 394, 395, 396, 397, 398, 399, 414, 415, 418, 429
    herbácea 424, 429
    ripária 232, 308, 363, 378, 465, 553
    terrestre 313, 405, 455
velocidade da água 75, 356, 510
    da corrente 75, 157, 160, 161, 163, 194, 195, 196, 197, 202, 204, 213, 223, 224, 306, 345, 356, 357, 363, 364, 367, 369, 371, 424, 462, 463, 469
    de sedimentação 88, 180, 384
Veneza 389, 390, 433
Venezuela 23, 68, 192, 265, 268, 273, 398, 402, 474, 536, 560, 595
vesículas de gás 180, 192, 193, 280
vida anfíbia 455
vírus 129, 130, 149, 168, 508, 536
viscosidade dinâmica 38
    estrutural 180
volume de água 107, 217, 283, 337, 382, 383, 385, 405, 421, 445, 459, 500, 510, 537
vulcanismo 432
vulnerabilidade de lago e represa 316

Z

zona afótica 56, 57, 69, 266, 334, 554, 579
    de infravermelho 68
    de transição 75, 313, 314, 328, 333
    eufótica 56, 57, 69, 72, 73, 88, 111, 151, 162, 179, 189, 194, 216, 248, 250, 251, 252, 254, 262, 263, 266, 270, 273, 283, 334, 336, 341, 350, 453, 460, 484, 489, 513, 518, 554, 555, 579
    litoral 56, 139, 159, 160, 194, 206, 214, 223, 303, 310, 312, 313, 314, 344, 346, 347, 353, 435, 452, 500, 541, 551, 552, 554
    pelágica 25, 56, 173, 182, 277, 313, 345, 346, 348, 351, 484, 500
    profunda 56, 145, 159, 160, 223
    sublitoral 56
    trofogênica 294
zonação de macrófita aquática 202
    em lago 56
    horizontal 58, 332
zoobento 140, 159, 223, 224, 372, 461, 465, 584
zooplanctófago 348, 455
zooplâncton
    alimentação do 21, 221
    coleta e quantificação do 217
    de reservatório 342, 343
    distribuição latitudinal do 220
    dos lago e rios amazônico 452

Referências Bibliográficas

As mais de 1.3000 referências bibliográficas que fazem parte deste livro estão disponíveis em: www.ofitexto.com.br/limnologia

AB'SABER, N. A. *Geomorfologia*: Os Domínios Morfoclimáticos na América do Sul. São Paulo: Instituto de Geografia da USP, 1977.

_____. O Pantanal Matogrossense e a Teoria dos Refúgios. *Revista Brasileira de Geografia*, Rio de Janeiro, v. 50, n. 2, p. 9-57, 1988.

_____. *Litoral Brasileiro*. São Paulo: Metalivros, 2001.

ABE, D. S.; KATO, K.; TERAI, H.; ADAMS, D. D. & TUNDISI, J. G. Contribution of free-living and attached bacteria to denitrification in the hypolimnion of a mesotrophic japanese lake. *Microbes and Environments*, Tóquio, n. 15, p. 93-101, 2000.

ABSY, M. L. *A Palynological Study of Holocene Sediments in the Amazon Basin*. [Tese]. Amsterdã: University of Amsterdan, 1979.

AGOSTINHO, A. A. & GOMES, L. C. Manejo e Monitoramento de Recursos Pesqueiros: Perspectivas para o Reservatório de Segredo. In: AGOSTINHO, A. A. & GOMES, L. C. (Eds.). *Reservatório de Segredo*: bases ecológicas para o manejo, p. 275-292. Maringá: EDUEM, 1997.

AGOSTINHO, A. A.; GOMES, L. C.; THOMAZ, S. M. & HAHN, S. N. The Upper Paraná River and its Floodplain: Main Characteristics and Perspectives for Management and Conservation. In: THOMAZ, S. M.; AGOSTINHO, A. A. & HAHN, N. S. (Eds.). *The Upper Paraná River and its Floodplain*: Physical Aspects, Ecology and Conservation, p. 381-393. Leiden, Holanda: Backhuys Publishers, 2004.

ALLAN, D. *Stream Ecology*: Structure and Functioning of Running Waters. Oxford: Chapman and Hall, 1995.

ARAUJO-LIMA, C. A. R. M. & GOULDING, M. *Os Frutos do Tambaqui*: Ecologia, Conservação e Cultivo na Anatomia. Tefé: Sociedade Civil Mamirauá, 1998. MCT-KNPG.

ARCIFA, M. S. Feeding habits of *Chaoboridae larvae* in a tropical Brazilian reservoir. *Rev. Bras. Biol.*, São Carlos, v. 60, p. 591-597, 2000.

ARMENGOL, J.; GARCIA, J. C.; COMERMA, M.; ROMERO, M.; DOLZ, J.; ROURA, M.; HAN, B. H.; VIDAL, A.; SIMEK, K. Longitudinal processes in canyon type reservoir: the case of Sau (N.E. Spain), p. 313-345. In: TUNDISI, J. G. & STRASKRABA, M. (Eds.). *Theoretical reservoir ecology and its applications*. Academia Brasileira de Ciências & Backhuys Publishers, 1999.

AZAM, F.; FENCHEL, T.; FIELD, J. G.; GRAF, J. S.; MEYER-REII, L. A. & THINGSTAD, F. The Ecological Role of Water-Column Microbes in the Sea. *Marine Ecology*: Progress Series, v. 10, p. 257-263. Luhe, Alemanha: Inter Research, 1983.

BALON, E. K. & COCHE, A. G. (Eds.). *Lake Kariba*: A Man-made Tropical Ecosystem in Central Africa. Haia, Holanda: Springer, 1974. (Monographiae Biologicae, 24).

BARBOSA, F. A. R. & PADISAK, J. The Forgothen Lake Stratification Pattern: Atelomixis and its Ecological Importance. *Verh. Internat. Verein. Limnol.*, Stuttgart, v. 28, p. 1385-1395, 2002.

BARTHEM, R. B. & GOULDING, M. *The Catfish Connection*: ecology, migration, and conservation of amazon predators. New York: Columbia University Press, 1997.

BAYLEY, P. B. & PETRERE Jr., M. Amazon fisheries: assessment methods, current status and management options. In: DODGE, D. P. (Ed.). Proceedings of the International Large River Symposium. *Can. Spec. Publ. Fish. Aquat. Sci.*, Ottawa, v. 106, p. 385-398, 1989.

BAYLY, I. A. E. & WILLIAMS, W. D. *Inland Water and Their Ecology*. Melbourne: Longman, 1973.

_____. *The Inland Waters of Tropical Africa*: An Introduction to Tropical Limnology. 2nd ed. Londres: Longman, 1981.

BICUDO, C. E. M. & BICUDO, D. C. *Amostragem em Limnologia*. São Carlos: RIMA, 2004.

BICUDO, D. C.; FORTI, M. C.; BICUDO, C. E. M. (Eds.). *Parque Estadual das Fontes do Ipiranga (PEFI)*: Unidade de Conservação que Resiste à Urbanização de São Paulo. São Paulo: Secretaria do Meio Ambiente de Estado de São Paulo, 2002.

BOND-BUCKUP, G. & BUCKUP, L. A família Aeglidae (Crustacea, Decapoda, Anomura). *Arquivos de Zoologia*, São Paulo, v. 34, p. 43-49, 1994.

BONETTO, A. A. *Calidad de las aguas del Rio Paraná*: introducción a su estudio ecologico. Buenos Aires: Dirección Nacional de Construcciones Portuarias y Vias Navegables, 1976.

_____. The Paraná River System. In: DAVIES, B. F. & WALTER, F. F. (Eds.). *The Ecology of River Systems*, p. 541-555. Dordrecht, Holanda: Dr. W. Junk, 1986a.

BORMAN, F. & LIKENS, G. E. *Pattern and Processes in a Forested Ecosystem*. Nova York: Springer, 1979.

BOZELLI, R. L.; ESTEVES, F. A. & ROLAND, F. (Eds.) *Lago Batata*: Impacto e Recuperação de um Ecossistema Amazônico. Rio de Janeiro: UFRJ, SBL, 2000.

BRANCO, C. W. C. & SENNA, A. C. Relations among heterotrophic bacteria, chlorophylla, total phytoplankton, total zooplankton and physical and chemical features in Paranoa Reservoir, Brasilia, Brazil. *Hydrobiologia*, Baarn, Holanda, v. 337, p. 171-181, 1996.

BROOKS, J. L. & DODSON, S. I. Predation, body size and composition of plankton. *Science, Washington*, v. 150, p. 28-35, 1965.

CALIJURI, M. C.; TUNDISI, J. G. & SAGGIO, A. A. Um Modelo de Avaliação do Comportamento Fotossintético para Populações de Fitoplâncton Natural. *Rev. Brasil. Biol.*, São Carlos, v. 49, n. 4, p. 969-977, 1989.

CALLISTO, M.; MORETTI, M.; GOULART, M. Macroinvertebrados bentônicos como ferramenta para avaliar a saúde de riachos. *Revista Brasileira de Recursos Hídricos*, Porto Alegre, v. 6, n. 1, p. 71-82, 2001.

CARAMASCHI, E. P., MAZZONI, R., PERES-NETO, P. R. *Ecologia de peixes de riachos*. Rio de Janeiro: UFRJ, 1999. (Série Oecologia brasiliensis, 6).

CHAPMAN, D. (Ed.). *Water quality assessments*: UNESCO, UNEP, WHO. Londres: Chapman & Hall, 1992.

CINTRA, R. & YAMASHITA, C. Habitats, Abundância e Ocorrência das Espécies de Aves do Pantanal de Paconé, Mato Grosso, Brasil. *Papéis Avulsos de Zoologia*. São Paulo, v. 37, n. 1, p. 1-21, 1990.

CONSTANZA, R. et al. The value of the world's ecosystem services and natural capital. *Nature*, v. 387, p. 253-260, 1997.

COOKE, G. D.; WELCH, E. B.; PETERSON, S. A. & NEWROTH, P. R. *Restoration and Management of Lakes and Reservoirs*. Boca Ratón, EUA: Lewis Publisher, 1993.

DAVIES B. R. & WALKER, K. F. (Eds.). *The Ecology of River Systems*. Dordrecht, Holanda: Dr. W. Junk Publishers, 1986.

DECAMPS, H. The Renewal of Floodplain Forests Along Rivers: A Landscape Perspective. *Verh. Internat. Verein. Limnol.*, v. 26, n. 1, p. 35-59, 1996.

DODSON, S. I. *Introduction to limnology*. Nova York: McGraw-Hill, 2005.

DUMONT, H. J. The regulation of plant and animal species and communities in African shallow lakes and wetlands. *Rev. Hydrobiol. Trop.*, Paris, v. 4, p. 303-346, 1992.

_____. Biodiversity: a resource with a monetary value? *Hydrobiologia*, Baarn, Holanda, v. 542, p. 11-14, 2005.

DUMONT, H. J.; TUNDISI, J. G. & ROCHE, K. (Eds.). *Intrazooplankton Predation*. Dordrecht, Holanda: Kluwer, 1990.

DUSSART, B. *Limnologie*: L'Etude des Eaux Continentales. Paris: Gauthier Villars, 1966.

EDMONDSON, W. T. & WIMBERG, G. C. *A Manual on Methods for the Assessment of Secondary Productivity in Freshwaters*. 1st ed., v. 17. Oxford: Blackwell, 1971.

ESTEVES, F. A. *Fundamentos de Limnologia*. Rio de Janeiro: Interciência/FINEP, 1988.

_____. *Ecologia das Lagoas Costeiras do Parque Nacional da Restinga de Jurubatiba e do Município de Macaé*. Rio de Janeiro: Nupem; Dep. Ecologia, UFRJ, 1998.

FALKOWSKI, P. G.; MIRIAM, E. K.; ANDREW, H. K.; ANTONIETTA, Q.; RAVEN, J. A.; SCHOFIELD, O. & TAYLOR, F. J. R. The Evolution of Modern Eukaryotic Phytoplankton. *Science*, Washington, v. 305, 2004.

FERNANDO, C. H. & HOLCIK, J. Fish in Reservoirs. *Int. Revue Ges. Hydrobiol.*, Weinheim, Alemanha, v. 76, p. 149-167, 1991.

FORBES, S. T. The Lake as a Microcosm. *Bulletin of the Peoria (Illinois) Scientific Association*, p. 77-87. Peoria, EUA: Peoria Sci. Ass., 1887.

FURCH, K. Water Chemistry of the Amazon Basin: The Distributioin of Chemical Elements among Freshwaters. In: SIOLI, H. *The Amazon: Limnology and Landscape Ecology of a Mighty Tropical River and its Basin*, p. 167-200. Dordrecht, Holanda: Dr. W. Junk Publishers, 1984.

GANF, G. G. Phytoplankton Biomass and Distribution in a Shallow Eutrophic Lake. George, Uganda. *Oecologia*, Berlim, v. 16, p. 9-29, 1974.

GANF, G. G. & VINER, A. B. Ecological Stability in a Shallow Equatorial Lake (Lake George, Uganda). *Trans. R. Soc. B.*, Londres, v. 84, p. 321-346, 1973.

GIBBS, R. J. Water Chemistry of the Amazon River. *Geochim. Cosmoch. Acta*, St. Louis, EUA, v. 36, p. 1061-1066, 1972.

GOLTERMAN, H. L.; CLYMO, R. S. & OHMSTAD, M. A. *Methods for Chemical, Physical and Chemical Analysis of Freshwaters*. Oxford: Blackwell Scientific Publications, 1978.

GOULDING, M. *Ecologia da Pesca do Rio Madeira*. Manaus: Conselho Nacional de Desenvolvimento Científico e Tecnológico (INPA), 1979.

_____. *The Fishes and the Forest*: Explorations in Amazonian Natural History. Berkeley, Los Angeles, Londres: University of California Press, 1980.

_____. *Man and fisheries on an Amazon frontier*. Haia, Holanda: Dr. W. Junk Publishers, 1981.

HAKANSON, L. *A Manual of Lake Morphometry*. Berlim: Springers Verlag, 1981.

HAKANSON, L. & PETERS, R. H. *Predictive Limnology*: Methods for Predictive Modelling. Amsterdã: SPB Academic Publishing, 1995.

HAMMER, U. T. *Saline Lake Ecosystems of the World*. Dordrecht, Holanda; Boston, EUA; Lancaster, Inglaterra: Dr. W. Junk Publishers, v. 59, 1986. (Monographiae Biologicae, 59).

HARRIS G. P. *Photosynthesis, Productivity and Growth*: The Physiological Ecology of Phytoplankton. Stuttgart: Schweizerbart'sche Verlagsbuchhandlung, 1978. (Ergebnisse der Limnologie, v. 10.).

_____. *Phytoplankton Ecology*: Structure, Function and Fluctuation. Londres: Chapman and Hall, 1986.

HAWKES, H. A. River zonation and classification, pp. 313-374. In: WHITTON, B. A. (Ed.). *River Ecology*. Berkely, EUA: University of California Press, 1975.

HENRY, R. The oxygen deficit in Jurumirim Reservoir (Paranapanema River, Sao Paulo, Brazil). *Jpn. J. Limnol.*, Osaka, Japão, v. 53, n. 4, n. 379-384, 1992.

HENRY, R. Primary production by phytoplankton and its controlling factors in Jurumirim Reservoir (Sao Paulo, Brazil). *Rev. Brasil. Biol.*, São Carlos, v. 53, n. 3, p. 489-499, 1993b.

HENRY, R. Heat Budgets, Thermal Structure and Dissolved Oxygen in Brazilian Reservoirs. 125 – 152 pp. In: TUNDISI, J. G. & STRASKRABA, M. (Eds.). *Theoretical Reservoir Ecology and its Applications*. Leiden, Holanda: IIE, BAS, Backhuys Publishers, 1999a.

HENRY, R. *Ecologia de Reservatórios*: Estrutura, Função e Aspectos Sociais. Botucatu: FAPESP-FUNDRIO, 1999b.

HENRY, R. & TUNDISI, J. G. O Conteúdo de Calor e a Estabilidade em Dois Reservatórios com Diferentes Tempos de Residência. In: TUNDISI, J. G. (Ed.). *Limnologia e Manejo de Represas*, v. I, Tomo 1, p. 299-322. São Carlos: ACIESP/EESC/USP, 1988.

HORIE, S. (Ed). *Lake Biwa*. Dordrecht, Holanda: Dr. W. Junk Publishers, 1984.

HORNE, A. J. & GOLDMAN, C. R. *Limnology*. 2nd ed. Nova York: McGraw-Hill, 1994.

HOWARD-WILLIAMS, C. & LENTON, G. M. The role of the litoral zone in the functioning of a shallow lake ecosystem. *Freshwater Biology*, Victoria, Austrália, v. 5, p. 445-459, c. 1975.

HUSZAR, V. L. M. & REYNOLDS, C. S. Phytoplankton Periodicity and Sequences of Dominance in an Amazonian Flood-plain Lake (Lago Batata, Pará, Brazil): Responses to Gradual Environmental Change. *Hydrobiologia*, Baarn, Holanda, v. 346, p. 169-181, 1997.

HUTCHINSON, G. E. A treatise on Limnology. Vol. I. Geography Physics and Chemistry. Nova York: John Wiley & Sons, 1957.

_____. Concluding Remarks. *Cold Spring Harbour Symposium of quantitative biology*, v. 22, p. 415-427, 1958.

_____. *A treatise on Limnology*. Vol. II. Introduction to lake biology and the limnoplankton. Nova York: John Wiley & Sons, 1967.

_____. *A treatise on Limnology*. Vol. III. Limnological Botany. Nova York: John Wiley & Sons, 1975.

_____. *A treatise on Limnology*. Vol. IV. The Zoobenthos. Nova York: John Wiley & Sons, 1993.

IMBERGER, J. Transport process in lakes: a review. In: MARGALEF, R. (Ed.). *Limnology now: a paradigm of planetary problems*, p. 99-194. Nova York: Elsevier Science, 1994.

INFANTE, A. El Plankton de las Águas Continentales. Washington: Secretaria General de la Organización de los Estados Americanos, 1988. (Série de Biologia, Monografia 33).

IPCC WGI. Climate Change: The IPCC Scientific Assessment. R. A. Houghton et al. (eds.), Cambridge Univ. Press, Cambridge, UK. Japanese lakes and its dependence on lake depth. Archiv fur Hydrobiologie 62: 1-28. Japanese lakes and its significance in the photosynthetic production of hytoplankton communities. Botanical Magazine, Tokyo, n. 79, p. 77-88, 1990.

JOLY, C. A. & BICUDO, C. E. M. (Orgs.). *Biodiversidade do Estado de São Paulo, Brasil: síntese do conhecimento ao final do século XX*, v.7. São Paulo: Fapesp, 1999.

JORCIN, A. *Distribuição espacial (vertical e horizontal) do macrozoobenthos na região extramarina de Cananéia (SP) e suas relações com algumas variáveis físicas e químicas*. [Tese de Doutorado]. São Paulo: USP, 1997.

JORCIN, A. & NOGUEIRA, M. G. Benthic macroinvertebrates in the Paranapanema reservoir cascade (Southeast Brazil). *Braz. Journ. of Biol.*, v. 68, n. 4 (supp), p. 1013-1024, 2008.

JORGENSEN, S. E. Water Quality and Environmental Impact Model of the Upper Nile Basin. Water Supply and Management, v. 4, n. 3, p. 147-153, 1980a.

_____. *Lake Management*. Oxford, Londres: Pergamon Press, 1980b.

_____. *Integration of Ecosystem Theories*: A Pattern. Copenhaguem: Royal Danish School of Pharmacy, Departament of Environmental Chemistry, 1992.

_____. The Application of Ecosystem Theory in Limnology. *Verh. Internat. Verein. Limnol.*, Stuttgart, v. 26, p. 181-192, 1996.

JORGENSEN, S. E. & LÖFFLER, H. *Gerenciamento de litorais lacustres*. Shiga, Japão: Ilec; Unep, 1995. (Diretrizes para o gerenciamento de lagos, 3).

JUNK, W. J. (Ed). *The Central Amazon Floodplain: Ecology of a Pulsing System (Ecological Studies)*. Berlim, Heilderberg: Springer-Verlag, 1997.

_____. Amazonian Floodplains: Their Ecology, Present and Potencial Use. *Rev. Hydro. Trop.*, Paris, v. 15, n. 4, p. 285-301, 1982.

JUNK, W. J.; BAYLEY, P. B. & SPARKS, R. E. The Flood Pulse Concept in River-Floodplain Systems In: DODGE, D. P. (Ed.). Proceedings of the International Large River Symposium (LARS). *Canadian Special Publication of Fisheries and Aquatic Sciences*, Ottawa, v. 106, p. 110-127, 1989.

KAJAK, Z. & HILBRICHT-ILLKOVSKA, A. *Productivity Problems of Freshwaters: Proceedings of the IBPENESCO Symposium on Productivity*. Varsóvia: Polish Scientific Publishers, 1972.

KALFF, J. 2002. *Limnology*: Inland Water Ecosystems. Nova Jersey, EUA: Prentice Hall, 2002.

KLEEREKOPER, H. *Introdução ao Estudo da Limnologia*, 2a ed. Porto Alegre: Editora UFRGS, 1944.

KUMAGAI, M. & VINCENT, W. F. *Freshwater Management*: Global Versus Local Perspectives. Tóquio: Springer-Verlag, 2003.

L'VOVICH, M. I. *World Water Resource and Their Future*. Washington: American Geophysical Union (World Population Data Sheet), 1979.

LACERDA, L. D. & SALOMONS, W. *Mercury From Gold and Silver Mining*: a Chemical time Bomb? Nova York: Springer-Verlag, 1998. (Environmental Science Series).

LAMPERT, W. & SOMMER, U. *Limnoecology*: the Ecology of Lakes and Streams, tradução James F. Haney. Nova York; Oxford: Oxford University Press, 1997.

LAMPERT, W. & WOLF H. G. Cyclomorphosis in Daphinia Cucullata: Morphometric and Population Genetic Analyses. *Journal of Plankton Research*, Oxford, v. 8, n. 2, p. 289-303, 1986.

LANSAC-TOHA, F. A.; VELHO, L. F. M. & BONECKER, C. C. Estrutura da comunidade zooplanctônica antes e após a formação do reservatório de Corumbá (GO). In: HENRY, R. (Ed.). *Ecologia de reservatórios: estrutura, função e aspectos sociais*, p. 347-374. São Paulo: Fundibio/FAPESP, 1999.

LARA, L. B. S. L.; ARTAXO, P.; MARTINELLI, L. A.; VICTORIA, R.; CAMARGO, P. B.; KRUSCHE, A.; AYNES, G. P.; FERRAZ, E. S. B. & BALLESTER, M. V. Chemical Composition of Raiwater and Anthropogenic Influences in the Piracicaba River Basin, Southeast Brazil. *Atmospheric Environment*, Amsterdã, v. 37, p. 4937-4945, 2001.

LEGENDRE, L. & DEMERS, S. Towards Dynamic Biological Oceanography and Limnology. *Can. J. Fish. Aquatic Science*, Ottawa, v. 41, p. 2-19, 1984.

LÉVÊQUE, C. *Biodiversity dynamics and conservation*: The freshwater fish of tropical Africa. Cambridge: Cambridge Univ. Press, 1997.

LIKENS, G. E. *Long Term Studies in Ecology*: Approaches and Alternatives. Nova York: Springer-Verlag, 1988.

_____. *The Ecosystem Approach*: Its Use and Abuse. Luhe, Alemanha: Ecology Institute, 1992. (Excellence in Ecology 3).

LIND, O. T. *Handbook of Common Methods in Limnology*. 2nd Ed. St. Louis, EUA: The C.V. Mosby Co., 1979.

LUND, J. W. G. The Seasonal Cycle of the Plankton Diatom Melosira italica (Ehr) Kutz. Subsp. *Subarctica* O. Müll. *J. Ecol.*, Londres, v. 42, p. 151-179, 1954.

_____. The ecology of the freshwater phytoplankton. *Biol. Rev.*, Cambridge, v. 40, p. 231-293, 1965.

MACAN, T. T. A review of running water studies. *Verh. Int. Verein. theor. angew. Limnol.*, Stuttgart, v. 14, p. 587-602, 1961.

_____. Biological Studies of the English Lakes. Londres: Longman, 1970.

MANSUR, M. C. D.; QUEVEDO, C. B.; SANTOS, c. P. & CALLIL, C. T. Prováveis vias da introdução de *Limnoperna fortunei* (Dunker, 1857) (Mollusca, Bivalvia, Mytilidae) na bacia da Laguna dos Patos, Rio Grande do Sul e novos registros de invasão no Brasil pelas bacias do Paraná e Paraguai. In: SILVA, J. S. V. & SOUZA, R. C. C. L. (Eds.). *Água de lastro e bioinvasão*, p. 33-38. Rio de Janeiro: Interciência, 2004a.

MARCHESE, M. & EZCURRA DE DRAGO, I. Bentos como Indicadores de Condiciones Tróficas del Rio Paraná Medio. In: TUNDISI, J.G., MATSUMURA TUNDISI, T. & GALLI, C. S. (Eds.). *Eutrofização na América do Sul*: Causas, Consequências e Tecnologias de Gerenciamento e Controle, pp. 339-362. São Carlos: IIE, 2006.

MARGALEF, R. *Perspectives in ecological theory*. Chicago: The University of Chicago Press, 1967.

_____. *Ecologia*. Barcelona: Ediciones Omega, 1974.

_____. *Limnologia*. Barcelona: Ediciones Omega, 1983.

_____. *Limnology Now*: a paradigm of planetary problems. Amsterdã: Elsevier Science, 1994.

MARGALEF, R.; PLANAS, D. M.; ARMENGOL, J. B.; CELMA, A. V.; FORNELLS, P. N.; SERRA, A. G.; SANTILLANA, T. J. & MIYANES, M. E. Limnologia de los embalses españoles. *Dirección General de Obras Hidráulicas*. Madri, Ministerio de Obras Públicas, 1976.

MARSHALL, S. M. & ORR, A. P. *The Biology of a Marine Copepod*. Berlim: Springer-Verlag, 1972.

MARTINELLI, L. A.; KRUSCHE, A. V. & VICTORIA, R. L. Effects of Sewage on the Chemical Composition of the Piracicaba River, Brazil. *Water, Air and Soil Pollution*, Baarn, Holanda, v. 110, p. 67-79, 1999.

MATSUMURA TUNDISI, T. Latitudinal Distribution of Calanoida Copepods in Freshwater Aquatic Systems of Brazil. *Rev. Bras. Biol.*, São Carlos, v. 43, n. 3, p. 527-553, 1986.

MATSUMURA TUNDISI, T.; TUNDISI, J. G. & TAVARES, L. H. S. Diel migration and vertical distribution of cladocera in lake D. Helvécio (Minas Gerais, Brazil). Tropical Zooplankton: Series Development in Hydrobiology. *Hydrobiol.*, Baarn, Holanda, v. 113, p. 299-306, 1984.

MEIBECK, M. Global Distribution of Lakes. In: HER, A.; IMBOLEN, D. & GAT, J. (Eds.). *Physics and Chemistry of Lakes*, 2nd ed., p. 1-32. Nova York: Springer-Verlag, 1995.

MELACK, J. M. Amazon Floodplain Lakes: Shape, Fetch and Stratification. *Verh. Internat. Verein. Limnol.*, Stuttgart, v. 22, p. 1278-1282, 1984.

MELACK, J. M. & FISHER, T. R. Diel Oxygen Variations and Their Ecological Implications in Amazon Floodplain Lakes. *Archiv fur Hydrobiologie*, Stuttgart, v. 98, n. 4, p. 422-442, 1983.

MELÃO, M. G. G. & ROCHA, O. Macrofauna associada a *Metania spinata* (Carter, 1881), Porífera, Metaniidae. *Acta Limnologica Brasiliensia*, Campinas, v. 8, p. 59-64, 1996.

MELÃO, M.G.G. & ROCHA, O. Life History, Biomasa and Production of Two Planktonic Cyclopoid Copepods in a Shallow Subtropical Reservoir. *Journal of Plankton Research*, Oxford, v. 26, n. 8, p. 909-923, 2004.

MESQUITA, H. S. L. Suspended particulate organic carbon and phytoplankton in the Cananéia Estuary (25S, 48W), Brazil. *Oceanogr. Trop.*, Montpellier, França, v. 18, n. 1, p. 55-68, 1983.

MIRANDA, L. B.; CASTRO, B. M. & KJERFVE, B. *Princípios de oceanografia física de estuários*. São Paulo: Edusp, 2002.

MITSCH, W. J. & GOSSELINK, J. G. *Wetlands*. Nova York: Van Nostrand Reinhold, 1986.

MITSCH, W. J.; STRAŠKRABA, M. & JORGENSEN, S. *Wetland Modelling*. Amsterdã: Elsevier, 1988.

MORTIMER, C. H. *Water Movements in Stratified Lakes, Deduced From Observations in Windermere and Model Experiments*, tomo 3, p. 335-348. Bruxelas: Union Geod. Geophy. Intern., 1951.

_____. Lake hydrodynamics. *Mitt. Int. Ver. Limnol.*, Stuttgart, v. 20, p. 124-197, 1974.

MOSS, B. *Ecology of Fresh Waters*: Man and Medium, 2nd ed. Liverpool: Blackwell Scientific Publications, 1988.

MUNK, W. H. & RILEY, G. A. Absorption of nutrients by aquatic plants. *J. Mar. Res.*, Londres, v. 11, p. 215-240, 1952.

NAKAMURA, M. & NAKAJIMA, T. (Eds.) *Lake Biwa and its watersheds*: a review of LBRI research notes. Otsu, Japão: Lake Biwa Research Institute, 2002.

NEIFF, J. J. Aquatic plants of Parana System. Pp. 557-571. In: DAVIES, B. R. & WALKER, K. F. (Eds.). *The Ecology of River Systems*. Dordrecht, Holanda: Dr. W. Junk, 1986.

NELSON, J. S. *Fishes of the World*, 3rd edn. Chichester, Inglaterra: John Wiley & Sons, 1994.

NOGUEIRA, M. G. Zooplankton composition, dominance and abundance as indicators of environmental compartmentalization in Jurumirim Reservoir (Paranapanema River), Sao Paulo, Brazil. *Hydrobiologia*, Baarn, Holanda, v. 455, n. 1, p. 1-18, 2001.

NOGUEIRA, M. G.; FERRAREZE, M. MOREIRA, M.; I. L. & GOUVEIA, R. M. Phytoplankton assemblages in a reservoir cascade of a large tropical – subtropical river (SE Brazil). *Braz. Journ. of Biol.*, v. 70, n. 3 (supp), p. 781-793, 2010.

ODUM, E. P. The strategy of ecosystem development. *Science*, Washington, v. 164, p. 262-270, 1969.

OECD. *Eutrophication of Waters*: Monitoring, Assessment and Control. Paris: OECD, 1982.

PADISAK, J.; REYNOLDS, C. S. & SOMMER, U. Intermediatic *Disturbance Hypothesis in Phytoplankton Ecology*. Dordrecht, Holanda: Kluwer Academic Publishers, 1993. (Developments in Hydrobiology 81) (Reimpresso de Hydrobiologia 249.)

PAYNE, A. I. *The ecology of tropical lakes and rivers*. Nova York: John Wiley & Sons, 1986.

PENCHASZADEH, P.E. (Coord.) *Invasores: invertebrados exóticos en el Rio de La Plata y Region Marina Aledaña*. Buenos Aires: Eudeba, 2005.

PENNAK, R. W. *Fresh-water invertebrates of the United States*: Protozoa to Mollusca, 3rd ed. Nova York: John-Wiley, 1989.

PETRERE, M. Fisheries in Large Tropical Reservoirs in South America. *Lakes & Reservoirs*: Research and Management, Kusatsu-shi, Japão, v. 2, p. 111-133, 1996.

PETTS, G. E. *Impouded Rivers*: Perspectives for Ecological Management. Nova York: Wiley-Intersience Publication, 1984.

PETTS, G. E. & CALOW, P. (Eds.). *River Restoration*. Liverpool: Blackwell Science, 1996.

PIELOU, E. *Freshwater*. Chicago: The University of Chicago Press, 1988.

POTT, V. J. & POTT, A. (Eds.). *Plantas Aquáticas do Pantanal*. Brasília: EMBRAPA, 2000. (Comunicação para Transferência de Tecnologia).

PROJETO BALCAR. *Estado da arte em ciclo do carbono em reservatórios*. Rio de Janeiro: MME, Eletrobrás, Cepel, Coppetec, IIEGA, Funcate, Furnas, Chesf, Aneel, UFPR, UFJF, 2012a.

PROJETO BALCAR. *Diretrizes para análises quantitativas de emissões líquidas de gases de efeito estufa em reservatórios*. Rio de Janeiro: MME, Eletrobrás, Cepel, Coppetec, IIEGA, Funcate, Furnas, Chesf, Aneel, UFPR, UFJF, 2012b.

QUIRÓS, R. The Nitrogen to Phosphorus Ratio For Lakes: A Cause or a Consequence of Aquatic Biology? In: FERNANDEZ-CIRELLI, A. & CHALAR, G. (Eds.). *El Agua em Iberoamérica: de la Limnologia a la Gestión en Sudamérica*, p. 123-141. Buenos Aires: CYTED XVII, 2002.

RAWSON, D. S. The Total Mineral Content of Lake Waters. *Ecology*, Washington, v. 32, n. 4, p. 669-672, 1951.

_____. Morphometry as a Dominant Factor in the Productivity of Large Lakes. *Verh. Internat. Verein Limnol.*, Stuttgart, v. 12, p. 164-175, 1955.

RAYMONT, J. E. G. *Plankton and Productivity in the Oceans*. Oxford, Londres: Pergamon Press, 1963.

REDFIELD, A. C. The biological control of chemical factors in the environment. *Amer. Sci.*, Research Triangle Park, NC, EUA, v. 46, p. 205-221, 1958.

REVENGA, C.; MURRAY, S.; ABRAMOVITZ, J. & HAMMOND, A. *Watershed of World*: Ecological Value and Vulnerability. Washington: World Resources Institute, 1998.

REYNOLDS, C. S. Phytoplankton Assemblages and Their Periodicity in Stratifying Lake Systems. *Holarctic Ecology*, Lund, Suécia, v. 3, n. 3, p. 141-159, 1980.

_____. *The Ecology of Freshwater Phytoplankton*. Cambridge: Cambridge University Press, 1984. (Cambridge Studies in Ecology).

_____. *Vegetation Processes in the Pelagic*: a Model for Ecosystem Theory. Luhe, Alemanha: Inter-Research Science Center, Ecology Institute, 1997b. (Excellence in Ecology, 9).

ROCHA, O. et al. *Espécies invasoras em águas doces*: estudos de caso e propostas de manejo. São Carlos: Editora Universidade Federal de São Carlos, 2005.

ROCHA, O.; MATSUMURA TUNDISI, T. & TUNDISI, J. G. Seasonal fluctuation of *Argyrodiaptomus furcatus* populations in Lobo Reservoir (Sao Carlos, SP, Brazil). Trop. Ecol., Nova Déli, v. 23, n. 1, p. 134-150, 1982.

ROCHA. O.; SENDACZ. S. & MATSUMURA TUNDISI, T. Composition, biomass and productivity of zooplankton in natural lakes and reservoirs in Brazil, In: TUNDISI, J. G.; BICUDO, C. E. M. & MATSUMURA TUNDISI, T. (Eds.). *Limology in Brazil*, p. 151-166. Rio de Janeiro: ABC/SBL, 1995.

ROLDÁN, G. *Guía para el estudio de los macroinvertebrados acuáticos del Departamento de Antioquia*. Bogotá: Presencia, 1988.

ROUND, F. E. *The Ecology of Algae*. Cambridgem Cambridge University Press, 1981.

RYTHER, J. H. Photosynthesis and Fish production in the sea. The production of organic matter and its conversion to higher forms of life vary throughout the World Ocean. Science, *Washington*, v. 166, p. 72-76, 1969.

SATO, Y. & GODINHO, H. P. Peixes da bacia do rio São Francisco. In: LOWE-McCONNELL, R. H. (Ed.). *Estudos ecológicos de comunidades de peixes tropicais*, p. 401-413. São Paulo: Edusp, 1999.

SCHAFER, A. *Fundamentos de Ecologia e Biogeografia das Águas Continentais*. Porto Alegre: Editora da Universidade UFRGS, 1985.

SCHWOERBEL, J. *Handkook of Limnology*. Chichester, Inglaterra: Ellis Horwood, 1987.

SIOLI, H. *The Amazon*: Limnology and Landscape Ecology of a Mighty Tropical River and its Basin. Dordrecht, Holanda: Dr. W. Junk Publishers, 1984.

STEEMANN NIELSEN, E. The use of Radioctive Carbon (C14) for Measuring Organic Production in the Sea. *Journ. Cons. Int. Explor. Mer.*, Copenhaguem, v. 18, n. 2, p. 117-140, 1952.

STRAŠKRABA, M. Ecotechnological Measuring Against Eutrophication. *Limnologica*, Berlin, v. 17, p. 239-249, 1986.

STRAŠKRABA, M. & TUNDISI, J. G. Reservoir Ecosystem Functioning: Theory and Applications. In: STRASKRABA, M. & TUNDISI, J. G. (Eds.). *Theorethical Reservoir Ecology and its Applications*, p. 565-597. Leiden, Holanda: Backhuys, 1999.

STRAŠKRABA, M.; TUNDISI, J. G. & DUNCAN, A. (Eds.). *Comparative Reservoir Limnology and Water Quality Management*. Dordrecht, Holanda: Kluwer Academic Publishers, 1993a.

TALLING, J. F. The Photosynthetic Activity of Phytoplankton in East African Lakes. *Int. Rev. Hydrobiol.*, Weinheim, Alemanha, v. 50, p. 1-32, 1965a.

TALLING, J. F. & LEMOALLE, J. L. *Ecological dynamics of tropical inland waters*. Cambridge: Cambridge University Press, 1998.

TEIXEIRA, C. & TUNDISI, J. G. Primary production and phytoplankton in equatorial waters. *Bull. of Marine Science*, Miami, v. 17, n. 4, p. 884-891, 1967.

THOMAZ, S. M. & BINI, L. M. Ecologia e manejo de macrófitas aquáticas em reservatórios. *Acta Limnol. Brasil.*, Campinas, v. 10, p. 103-116, 1998.

_____. *Ecologia e Manejo de Macrófitas Aquáticas*. Maringá: EDUEM, 2003.

THOMAZ, S. M.; AGOSTINHO, A. A. & HAHN, N. S. *The Upper Paraná River and its Floodplain*: Physical Aspects, Ecology and Conservation. Leiden, Holanda: Backhuys Publishers, 2004.

TIMMS, B. V. *Lake Geomorphology*. Adelaide: Gleneagles, 1993.

TUNDISI, J. G. *Produção Primária, "Standing-Stock" e Fracionamento de Fitoplâncton na Região Lagunar de Cananéia*. [Tese de Doutorado]. São Paulo: USP, 1969a.

_____. Ecological studies at the lagunar region of Cananéia. *Proceedings of a workshop*, p. 298-304. Roma: FAO, UNESCO, SCOR, 1981b.

_____. A Review of Basic Ecological Processes Interacting With Production and Standing stock of Phytoplankton in Lakes and Reservoirs in Brazil. *Hydrobiologia*, Baarn, Holanda, v. 100, p. 223-243, 1983b.

_____. Estratificação hidráulica em reservatórios e suas consequências ecológicas. *Ciência e Cultura*, Campinas, v. 36, n. 9, p. 1498-1504, 1984.

_____. *Limnologia e Manejo de Represas*. São Paulo: USP, 1988b. (Série Monografias em Limnologia, Vol. I, Tomo 1).

_____. Distribuição espacial, sequência temporal e ciclo sazonal do fitoplâncton em represas: fatores limitantes e controladores. *Rev. Brasil. Biol.*, São Carlos, v. 50, n. 4, p. 937-955, 1990e.

_____. Tropical South América: Present and Perspectives. In: MARGALEF, R. (Ed.). *Limnology Now*: A Paradigm of Planetary Problems, p. 353-424. Amsterdã: Elsevier Science, 1994b.

_____. Limnologia no século XXI: Perspectivas e Desafios. *7º Congresso Brasileiro de Limnologia*, p. 1-24. São Carlos: IIE, 1999.

_____. *Água no século XXI*: enfrentando a escassez. São Carlos: RIMA, IIE, 2003a.

TUNDISI, J. G. & MATSUMURA TUNDISI, T. Plankton studies in mangrove environment. V. Salinity tolerances of some planktonic crustaceans. *Bol. Inst. Oceanogr. USP*, São Paulo, v. 17, n. 1, p. 57-65, 1968.

_____. The Lobo-Broa Ecosystem Research. In: TUNDISI, J. G.; BICUDO, C. F. M. & MATSUMURA TUNDISI, T. (Eds.). *Limnology in Brazil*, p. 219-244. Rio de Janeiro: Academia Brasileira de Ciências, Sociedade Brasileira de Limnologia, 1995.

TUNDISI, J. G. & SAIJO, Y. (Eds.). *Limnological studies on the Rio Doce Valley Lakes*, Brazil. Rio de Janeiro: Academia Brasileira de Ciências, 1997a.

TUNDISI, J. G. & STRAŠKRABA, M. Ecological basis for the application of ecotechnologies to watershed/reservoir recovery and management. In: Workshop: Brazilian Programme on Conservation and Management of Inland Waters. *Acta Limnologica Brasiliensia*, Campinas, v. V, n. especial, p. 49-72, 1994.

_____. *Theoretical reservoir ecology and its applications*. Leiden, Holanda: IIE, BAS, Backhuys Publishers, 1999.

TUNDISI, J. G.; TUNDISI, T. M. & GALLI, C. S. *Eutrofização na América do Sul*: causas, consequências e tecnologias para gerenciamento e controle. São Carlos: IIE, 2006.

TUNDISI, J. G.; MATSUMURA TUNDISI, T. & ABE, D. S. The ecological dynamics of Barra Bonita (Tietê River-SP, Brazil) reservoir: implications for its biodiversity. *Braz. Journ. of Biol.*, v. 68., p 1079-1098, 2008.

TUNDISI, J. G.; MATSUMURA TUNDISI, T.; TEIXEIRA, C.; KUTNER, M. B. & KINOSHITA, L. Plankton studies in mangrove environment. IX. Comparative studies with oligotrophic coastal waters. *Rev. Bras. Biol.*, São Carlos, v. 38, n. 2, p. 301-320, 1978.

TUNDISI, J. G.; MATSUMURA TUNDISI, T.; PEREIRA, F. C.; LUZIA, A. P.; PASSERINI, M. D.; CHIBA, W. A. C.; MORAIS, M. A. & SEBASTIAN, N. Y. Cold fronts and reservoir limnology: an integrated approach towards the ecological dynamics of freshwater ecosystems. *Braz. Journ. of Biol.*, v. 70, n. 3 (supp), p. 815-824, 2010.

VAN DER HEIDE, J. *Lake Brokopondo*: Filling Phase Limnology of a Man-Made Lake in the Humid Tropics. Amsterdã: Universidade de Amsterdã, 1982.

VANNOTE, R. L.; MINSHALL, G. W.; CUMMINS, K. W.; SEDELL, J. R. & CUSHING, C. E. The River Continuum Concept. *Can. J. Fish. Aquat. Sci.*, Toronto, v. 37, p. 130-137, 1980.

VOLLENWEIDER, R. A. *Scientific Fundamentals of the Eutrophication of Lakes and Flowing Waters, with Particular Reference to Nitrogen and Phosphorus as Factors in Eutrophication*. Paris: OECD, 1965. (DAS/CSI/68.27).

VON SPERLING, E. *Morfologia de Lagos e Represas*. Belo Horizonte: DESA/UFMG, 1999.

WELCH, P. S. *Limnology*. Nova York: McGraw-Hill, 1935.

WELCOMME, R. L. *Fisheries Ecology of Floodplain Rivers*. Londres: Longman, 1979.

WETZEL, R. G. *Limnology*, 2nd ed. Philadelphia: Saunders Company, 1983b.

WETZEL, R. G. & LIKENS, G. E. *Limnological analysis*, 2nd ed. Nova York: W. B. Saunders Company, 1991.

WORTHINGTON, E. B. (Ed.). *The Evolution of the IBP*. Cambridge: Cambridge University Press, 1975.

ZALEWSKI, M.; JANAUER, G. A. & JOLANKAI, G. *Ecohydrology*: A new Paradigm for the Sustainable Use of Aquatic Resources. Paris: UNESCO, 1997. (UNESCO IHP-V Projects 2.3/2.4: Technical Document in Hydrobiology, 7).

ZARET, T. M. Central American Limnology and Gatun Lake, Panamá. In: TAUB, F. B. (Ed.). *Ecosystems of the World*: Lakes and Reservoirs, p. 447-465. Amsterdã: Elsevier, 1984.

José Galizia Tundisi é presidente do Instituto Internacional de Ecologia de São Carlos-SP. Com doutorado em Ciências Biológicas pela USP e pela Universidade de Southampton, Inglaterra, dedicou-se a pesquisas em ecologia de estuários, represas e lagos. Orientou doutores e mestres nas áreas de Limnologia, Oceanografia, Ecologia e Recursos Naturais. Publicou inúmeros trabalhos científicos e diversos livros.

Na área de consultoria, atuou em projetos de gestão e recuperação de bacias hidrográficas, represas e lagos em 38 países das Américas, da África e do Extremo Oriente (China, Japão, Tailândia), com apoio do Banco Mundial, da Organização dos Estados Americanos e do Pnuma (Programa das Nações Unidas para o Meio Ambiente).

É membro titular da Academia Brasileira de Ciências, do Institute of Ecology (Alemanha), do International Network on Water and Human Health (Nações Unidas, Canadá), da Academia de Ciências do Terceiro Mundo –TWAS (Triestre, Itália).

Recebeu a Medalha Augusto Ruschi, da Academia Brasileira de Ciências; o prêmio Bouthors Galli – Nações Unidas; o prêmio Anísio Teixeira do Ministério da Educação do Brasil e o prêmio Fundação Conrado Wessel de Ciência Aplicada à Água, entre outros.

Takako Matsumura Tundisi é professora titular aposentada da Universidade Federal de São Carlos-SP e diretora e pesquisadora do Instituto Internacional de Ecologia de São Carlos. Possui mais de cem trabalhos publicados em revistas nacionais e internacionais, além de quatro livros. Coordenou grandes projetos de pesquisa financiados pela Fapesp, CNPq e CTHIDRO, destacando-se no projeto Biota/Fapesp, na área de Limnologia. Orientou inúmeras teses de mestrado e doutorado. Suas principais linhas de pesquisa e consultoria são nas áreas de Limnologia; gestão e recuperação de bacias hidrográficas; qualidade da água e eutrofização. Apresenta contribuições fundamentais na distribuição de zooplâncton de águas interiores e nos estudos da biodiversidade de fito e zooplâncton de reservatórios.

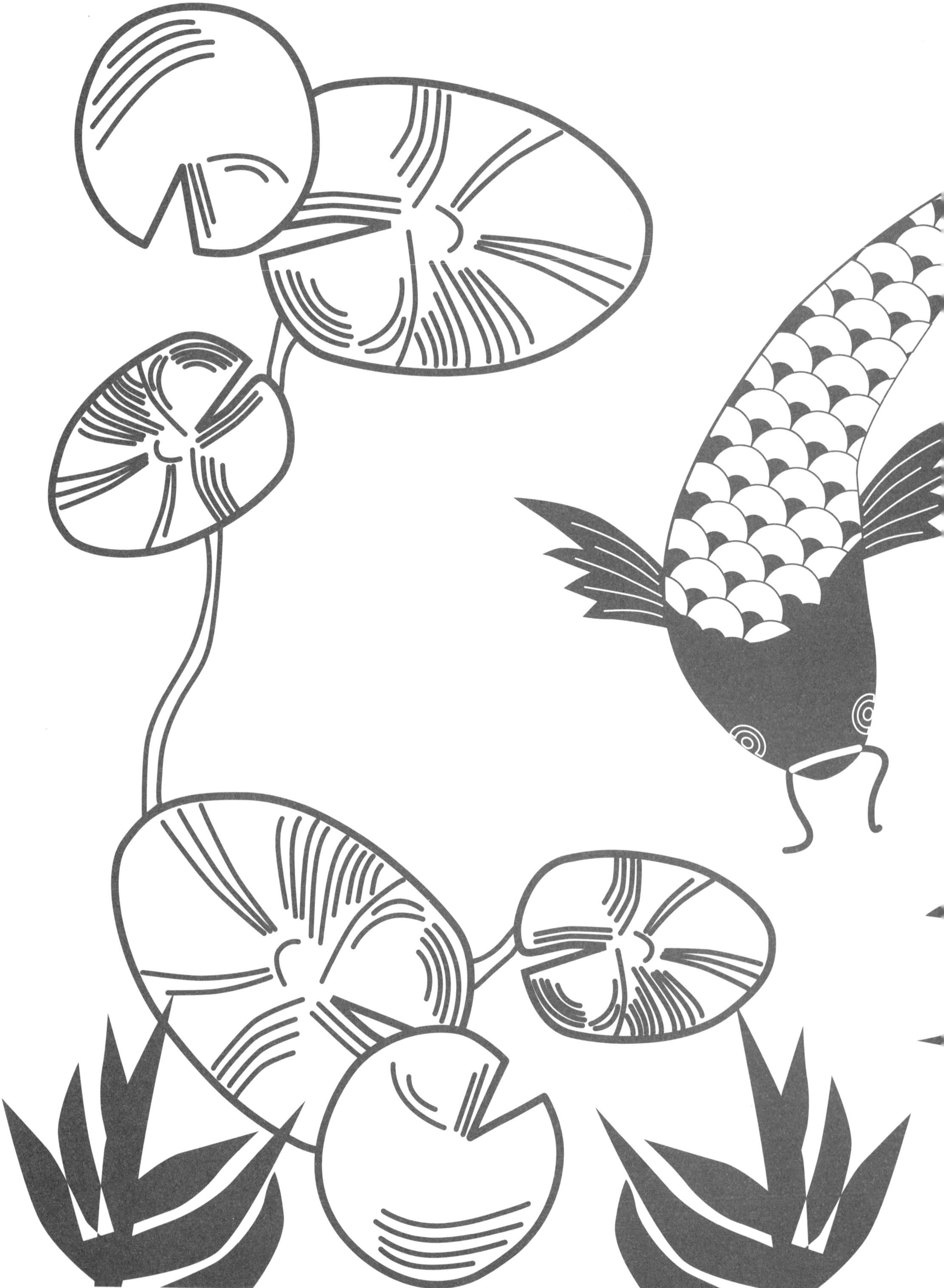